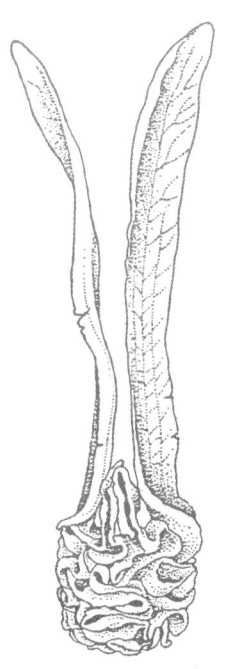

BRUN
1010

A CHECKLIST OF THE FLOWERING PLANTS & GYMNOSPERMS OF BRUNEI DARUSSALAM

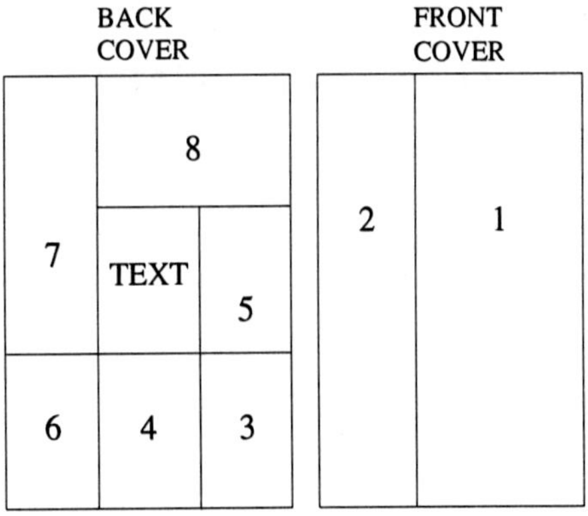

	BACK COVER			FRONT COVER	
	8				
7	TEXT		2	1	
		5			
6	4	3			

Cover design: Idris M Said
Photographs: 1 Andrew McRobb
2-8 Idris M Said

1 - View of Bukit Retak, Temburong
2 - *Dryobalanops beccarrii*, Nyamokning
3 - Fruits of *D. beccarrii*, Peradayan
4 - *Alpinia sp.*, Nyamokning
5 - *Licuala sp.*, Nyamokning
6 - *Gnetum* sp., Nyamokning
7 - *Agathis borneensis*, Badas
8 - Forest view over Temburong

©Ministry of Industry and Primary Resources
Brunei Darussalam

All rights reserved. No part of this publication may be
reproduced, stored in a retrieval system, or transmitted
in any form or by any means, electronic, mechanical
photocopying, recording, or otherwise without the prior
permission of the Copyright owner.

First published 1996

ISBN 99917 31 00 8

Printed by
Darusima Trading and Printing Co.

A CHECKLIST OF THE FLOWERING PLANTS & GYMNOSPERMS OF BRUNEI DARUSSALAM

Initiated by K.M. Wong & J. Dransfield

Prepared under the direction of
Hj Mohd Yassin bin Ampuan Salleh, Dr Hj Morni bin Othman
and G.Ll. Lucas
by the Forestry Department, Brunei Darussalam and
the Royal Botanic Gardens, Kew

DATABASE DESIGN & TEXT GENERATION BY
D.W. KIRKUP

EDITED BY M.J.E. COODE, J. DRANSFIELD, L.L. FORMAN,
D.W. KIRKUP & IDRIS M. SAID

SUPPORTED BY THE GOVERNMENT OF BRUNEI DARUSSALAM, BRUNEI SHELL
PETROLEUM AND THE ROYAL BOTANIC GARDENS, KEW

Published by Ministry of Industry and Primary Resources
Brunei Darussalam

CONTENTS

MESSAGE from the Minister of Industry & Primary Resources, Brunei Darussalam
FOREWORD from Director, Forestry Department, Brunei Darussalam
PREFACE from Director, Royal Botanic Gardens, Kew

List of colour plates xii
Introduction xiii
Acknowledgements xvii

DICOTYLEDONS 1
MONOCOTYLEDONS 339
GYMNOSPERMS 424

Orchid Appendix 428
New taxa and combinations 432
INDEX 441

منتري ڤرايندوسترين دان سومبر۲ اوتام
MINISTER OF INDUSTRY AND PRIMARY RESOURCES
BRUNEI DARUSSALAM

MESSAGE

بِسْمِ اللهِ الرَّحْمٰنِ الرَّحِيْمِ

During the past decade, we have witnessed the growing global concern over the environment. The 1992 Earth Summit in Rio de Janeiro addressed this crucial issue that has been threatening our very own civilisation. Agenda 21, the principal output of the Summit, called on all nations of the world to commit themselves to carry out nature conservation and restoration programmes. This is to prevent further deterioration in environmental quality world-wide, and bring back general ecological health.

In line with this global agenda, Brunei Darussalam gives highest priority to forest and biodiversity conservation. It has fulfilled the national policy and commitment to keep intact at least 55% of our total land area as Permanent Forest Reserves to serve multiple purposes in perpetuity. At present, more than three-fourths of the country is still under forest, of which nearly two-thirds is undisturbed, primary forest. This is the highest proportion of forest in the region, and we are proud of it.

In conserving our rich and unique tropical rainforests, we commit ourselves to contribute to the vision of sustainable and environmentally sound growth and development. We pursue to achieve and enhance a happy, healtny society living in a peaceful, prosperous country, and contributing to a stable and secure global community.

In this regard, I would like to congratulate both the Forestry Department and the Royal Botanic Gardens at Kew, England for successfully collaborating in conducting the joint botanical survey of the country and publishing this book, *A Checklist of Flowering Plants and Gymnosperms of Brunei Darussalam*. This is the first truly comprehensive and detailed work on the flora of this country. I believe that this publication is a significant and meaningful milestone in the conservation of our national heritage.

ABDUL RAHMAN TAIB
MINISTER OF INDUSTRY AND PRIMARY RESOURCES
BRUNEI DARUSSALAM

FOREWORD

Envisaging the next millenium, the Forestry Deprtment has embarked on a "5-Star Excellence" strategy towards realising its vision of world-class Excellence in Tropical Forestry. The pivotal arms of this vision are forest ecosystem conservation, sustainable and environmentally sound forest production, provision of adequate social forest amenities, promotion of active public participation, and the attainment of international prestige for the country. All programmes and resources of the Department have been harnessed and focussed to cater to these critical aspects.

One key prerequisite to this strategy or approach is ready availability of relevant and timely information which, though it may have to be in technical form, should ideally be in layman's language. Particularly in a field as complex and multidisciplinary as forestry, this information is extremely important in instilling awareness, understanding and appreciation among specific groups of people of diverse interest and persuasion, but more so among the general public.

In this context, information on the country's rich and unique botanical diversity goes a long way into facilitating forest conservation, enhancing science education, promoting technology development, boosting nature appreciation, and ultimately putting Brunei Darussalam in the world map of excellence in tropical forestry, especially on biological conservation.

Thus, coming as the product of the joint project between the Forestry Department and the Royal Botanic Gardens, Kew, England this book, *A Checklist of the Flowering Plants and Gymnosperms of Brunei Darussalam* is a timely and highly significant development. It gives us the latest, most comprehensive yet detailed identification and taxonomy of the plants found in the country. It provides us with an essential tool in knowing and appeciating our floral diversity, which leads to a proper conservation of our forest ecosystems and natural heritage.

I therefore wish to acknowledge the valuable support and expert assistance of the Royal Botanic Gardens at Kew, England in the preparation of the Memorandum of Agreement for, and the actual implementation of, this joint project on the botanical survey of Brunei Darussalam's forests. Further, I commend the officers and staff of the Botany Unit of the Forestry Department, headed then by Dr. Wong Khoon Meng and followed by Dr. Idris Mohd. Said; and the specialist team coming from Kew Gardens, led by Dr. John Dransfield as well as those who, in one way or another, contributed to this excellent and valuable publication. I am also deeply elated and thankful that, in addition to this book, the joint project has produced a sophisticated computerised database and a botanical Management Information System (MIS) which enables easy updating and reproduction in the future. Lastly, the collaboration has added substantially to the botanical collection in the Brunei National Herbarium, and this contributes much to the conservation and enrichment of our national heritage.

HAJI MOHD. YASSIN AMPUAN SALLEH
DIRECTOR OF FORESTRY
BRUNEI DARUSSALAM

PREFACE

This book is the product of genuine collaboration and partnership between a long-established institute in temperate Europe and a tropical Forestry Department now sixty years old itself — helped out by financial support from the oilfields. Its exciting new features are the foundation stones of floristics in the future. It represents only a part of the achievement of the collaboration, the visible tip of the 'iceberg' that is the database underlying it — a database that is continually enriched and enhanced. It is like a snapshot of the current state of knowledge.

Computers and databases like the one at the heart of this project allow us to envisage progressive new programmes for the future that could only be dreamed of until recently — into sophisticated searches for flowering and fruiting times of important groups of trees, for instance, or for links with physiographic, geological or soil conditions made accessible by GIS techniques, into interpretation of satellite imagery, and many others. By selectively enriching the collections and thereby the database, we shall be able to gain insights into the most suitable species for rehabilitation of damaged sites and into the ways of sustainable management.

Early collections from Brunei Darussalam that were stored in the Forestry Department had to endure high levels of humidity and insect attack not experienced in temperate zones; some were lost. Since the arrival of air-conditioning, however, storage in the humid tropics has been less vulnerable. Good news indeed, is that a new larger building is nearly ready for the Brunei Herbarium to be moved into. Thus the stage is set for taking the collaboration further. The Royal Botanic Gardens, Kew is proud to have been asked to help Brunei explore and catalogue the extraordinary richness of its flora. We are aware of responsibilities not only to continue to maintain our collections of types and material from Brunei and surrounding countries but also to share the information they contain. The possession of such old-established collections, together with new technology and ways of thinking, means that we can jointly 'mine' this often new and unsuspected information, and communicate it in new ways that are accessible to non-specialists.

On the personal level, all of us fortunate enough to have visited Brunei have been grateful for the welcome we have received there, the facilities granted to us and the skills and knowledge of the field staff and the friendships that we have formed. I will always remember the experience of a visit to the wonderfully preserved rain-forest on and around Bukit Belalong.

PROFESSOR SIR GHILLEAN PRANCE,
DIRECTOR,
ROYAL BOTANIC GARDENS, KEW

LIST OF COLOUR PLATES
Between Pages 440 & 441

Plate 1	A	A River scene, upper Tutong. *Dipterocarpus oblongifolius* & *Licuala sp.* [AMcR]
	B	The lower reaches of the Temburong R., lined with *Nypa fruticans* [AMcR]
Plate 2	A	*Artabotrys sp. 1* — Prance 30698 [JD]
	B	*Artabotrys sp. 1* — Prance 30698 [JD]
	C	*Uvaria ovalifolia* — Coode 6981 [MC]
	D	*Fissistigma sp. 3* — J. Dransfield 7383 [JD]
Plate 3	A	*Monocarpia sp. nov.* — J. Dransfield 7030 [JD]
	B	*Disepalum anomalum* — Kirkup 402 [DK]
Plate 4	A	*Thottea penitilobata* — J. Dransfield 6641 [JD]
	B	*Begonia eutricha* — J. Dransfield 6708 [JD]
	C	*Cnestis platantha* — Coode 7698 [MC]
	D	*Crypteronia glabriflora* — J. Dransfield 7373 [JD]
Plate 5	A	*Weinmannia borneensis* — Coode 7566 [MC]
	B	*Drypetes longifolia* — Coode 7244 [MC]
Plate 6	A	*Blumeodendron tokbrai* — J. Dransfield 7370 [JD]
	B	*Elaeocarpus sphaeroblastus* — Coode 7955 [JD]
	C	*Elaeocarpus acrantherus* — Coode 7863 [JD]
	D	*Lithocarpus nieuwenhuisii* — Prance 30569 [JD]
Plate 7	A	*Sindora leiocarpa* — Coode 7373 [MC]
	B	*Koompassia malaccensis* — Dransfield 7368 [JD]
	C	*Helixanthera setigera* — Kirkup 297 [DK]
	D	*Macrosolen crassus* — Kirkup 415 [DK]
Plate 8	A	*Macrosolen beccarii* — Kirkup 258 [DK]
	B	*Beilschmiedia* aff. *maingayi* — J. Dransfield 6847 [JD]
Plate 9	A	*Knema galeata* — Coode 6922 [DK]
	B	*Medinilla alternifolia* — Coode 6406 [AMcR]
	C	*Dysoxylum sp. indet.* — Kirkup 571 [DK]
	D	*Syzygium hirtum* — J. Dransfield 7404 [JD]
Plate 10	A	*Praravinia sp. indet.* — Wong 2063 [JD]
	B	*Zizyphus horsfieldii* — J. Dransfield 6667 [JD]
	C	*Payena sp. indet.* — Coode 6939 [MC]
	D	*Pterisanthes grandis* — J. Dransfield 6556 [JD]
Plate 11	A	*Scleropyrum sp. indet* — J. Dransfield 7413 [JD]
	B	*Ternstroemia* aff. *microcalyx* — Coode 7100 [MC]
Plate 12	A	*Corybas pictus* — J. Dransfield 6527 [JD]
	B	*Vanilla borneensis* — Boyce 452 [JD]
Plate 13	A	*Borassodendron borneense* — J. Dransfield 6947 [JD]
	B	*Pogonotium divaricatum* — J. Dransfield 6594 [JD]
	C	*Daemonorops ingens* — J. Dransfield 6612 [JD]
	D	*Pinanga yassinii* — J. Dransfield 6569 [JD]
Plate 14	A	*Livistona exigua* — J. Dransfield 6568 [JD]
	B	*Pinanga rivularis* — J. Dransfield 6597 [JD]
Plate 15	A	*Hapaline celatrix* — Boyce 358 [JD]
	B	*Temburongia simplex* — S. Dransfield 1200 [SD]
	C	*Orchidantha holttumii* — Boyce 232 [JD]
	D	*Pinanga veitchii* — J. Dransfield 6584 [JD]
Plate 16	A	*Costus globosus* — Cowley 92 [JC]
	B	*Etlingera nasuta* — Cowley 121 [JC]

AMcR = A. McRobb, DK = D. Kirkup, JC = J. Cowley, JD = J. Dransfield,
MC = M. Coode, SD = S. Dransfield

INTRODUCTION

1. Brief description of Brunei Darussalam

Brunei Darussalam is situated on the north-western coast of the island of Borneo, between longitudes 114° 23' and 115° 23' East and latitudes 4° 00' and 5° 05' North. It is bordered by the South China Sea in the north, and on all other sides by the Malaysian state of Sarawak. It is geographically divided into two separate parts, the larger western part comprising three districts, namely, Brunei-Muara, Tutong and Belait Districts, and a smaller eastern part, Temburong District. It has a total land area of approximately 5765 square kilometres (or less than 1% of the whole island of Borneo), and a coastline of some 160 kilometres.

The climate is equatorial, characterised by high temperatures, humidity and rainfall throughout the year. There is no distinct seasonality, but the climate is governed by a low-pressure trough called the Inter-Tropical Convergence Zone, and the trade winds. The north-east monsoon blows from November to March, and the south-west monsoon from April to October. Average daily temperature is about 28° C, and average annual rainfall about 2800 mm. Relative humidity averages 93%. There are no records of typhoons, earthquakes or severe floods in the country.

Brunei Darussalam is a Malay Sultanate with a low population of about 280,000 people. Endowed with huge reserves of oil and gas, much of the economy is dependent on these resources. There is little logging and the annual log production is about 100,000 cubic metres. As a result, Brunei Darussalam supports large areas of natural forests covering more than 75% of its land area. At least six major natural forest types are known — mangrove, peat swamp, freshwater swamp, *kerangas* (tropical heath), mixed dipterocarp and montane forest types. These in turn are further classified into some 32 forest subtypes. In this small part of Borneo, most of the Bornean forest types are represented except for those associated with limestone formations and ultramafic rock.

2. Short history of the project

Brunei was perhaps not an obvious choice for a major floristic project. With a high 'collection index' (number of herbarium specimens per square kilometer), the flora of Brunei appeared to be better represented in herbaria than almost any other part of South-east Asia. The relatively high representation is due almost entirely to the efforts of Peter Ashton who, between 1957 and 1960, was employed as Forest Botanist charged with surveying the forests of Brunei to provide baseline data on timber resources. Ashton collected throughout Brunei. His collections, well represented in the Brunei Forest Herbarium, Kew and Leiden, show that the tree flora is a rich one. Ashton concentrated on timber trees. He, at times together with G.H.S. Wood from Sandakan, collected other groups, but much less thoroughly. Representation of the non-timber groups such as palms and aroids included undescribed taxa not recorded for Sarawak, suggesting that the flora might well be very much richer than the herbarium representation indicated. It was this more than anything that suggested that concentrated fieldwork in Brunei would be most rewarding – and this has been amply borne out. Other significant collectors of this period were B.E. Smythies, J.A.R. Anderson and E.F.W Brünig. This first wave of intensive collecting in Brunei provided the basis for the published Checklist of Brunei Trees by Hasan bin Pukul and P.S. Ashton published in 1964 and reprinted in 1988.

In September 1988 J. and S. Dransfield paid a brief visit to Brunei on their way back to UK from a conference in Australia to meet the Forestry Department staff and to discuss with Dr. Wong Khoon Meng, the newly appointed Forest Botanist, the possibilities for setting up a major collaborative project. Encouraged to proceed further, WKM and JD drafted a letter of agreement to cover a period of five years' collaboration. In 1989 the wording of the letter of agreement was approved by both parties and, although the agreement was not signed ceremonially until the following year, the collaborative field work began in June 1989. The agreement was offically signed by Haji Mohd Yassin bin Ampuan Salleh, Director of Forestry, in the presence of Yang Berhormat Pehin Orang Kaya Setia Pahlawan Dato Seri Setia Awang Haji Abdul Rahman bin Dato Setia Haji Mohd Taib, the Minister for Industry and Primary Resources, and Professor G. Ll. Lucas, Keeper of the Herbarium at Kew. Since the signing there have been numerous collaborative field trips.

Three staff of the botany section of the Forestry Department have received training in herbarium techniques at Kew, all three attending the Kew International Diploma Course in different years, and two of them spending a year each in on-the-job training. Soon a third party, the Biology Department of the Universiti Brunei Darussalam also became involved; Dr. David Edwards and Dr. Kamariah Abu Salim both providing their expertise and hospitality. In 1991–1992, the University, together with the Royal Geographical Society in London, set up a year-long multidisciplinary expedition at Kuala Belalong in Temburong District and inevitably the Brunei Forestry Department/Royal Botanic Gardens Kew floristic inventory programme became involved to varying degrees with the activities at Kuala Belalong.

In 1992 K.M. Wong left the Forestry Department to take up a job in Sabah. He was eventually replaced by Dr. Idris M. Said. In order to cope with the ever increasing amount of material arriving from Brunei, Kew sought extra funding in order to employ assistance in curating and naming the material, and shipping material elsewhere for specialist naming. Brunei Shell Petroleum generously provided the finance to employ Dr. Aaron Davis and Mr Paul Bygrave and to continue to pay an honorarium to Mr. L.L. Forman in his retirement to assist on the project.

3. Distribution of collections

Under the agreement, the first set of all collections are lodged in the Brunei Herbarium (BRUN) with the second set at Kew. This means that for some collections the Kew duplicate is sterile because the only flowers that were collected were retained in BRUN; for unicates, the only set is, of course, in BRUN.

Whenever possible, a minimum of five other duplicates were collected for distribution to A, KEP, L, SAN and SAR or, better, enough for other regional herbaria (such as BO, SING and PNH and some herbaria elsewhere) were also collected. Specialists in particular plant groups were also sent duplicates if enough had been collected.

The van Niel collections are a special case: these are held at Leiden, occasionally duplicated elsewhere (but not at Kew). We have not yet, in general, seen these but, where they have occurred in determination lists from specialists, they are listed without details (since they have not yet been incorporated into the database).

4. Identification of collections

We have tried to identify all collections to the level of species. However, some could not be so identified and have therefore been listed as *indet.* because:

    a. they have not yet been seen at Kew, being represented only at BRUN or
    b. they are sterile (at least at Kew) and as yet impossible to identify; probably identifiable one day, or

c. the group is too 'difficult' and there is no current specialist or
d. they arrived at Kew too late for full identification

We have not distinguished between these categories.

In addition, some collections (in addition to van Niel's) are listed without details because they arrived at Kew (or label data was entered) too late for inclusion in the database without holding up the progress in production of this printed list.

5. *The Database*

The checklist is printed out from the specimen database, with some editing in word-processing.

The database is duplicated in K and BRUN although the linkage is not at present 'live'. It is based on field-labels as captured by an initial sweep through the Herbarium at Kew (and subsequently through BRUN in Brunei) and then by collectors' field notes being typed in a standard format. The details given under each taxon are automatic extracts from this database and for the most part have not been edited.

Some extra points need to be made:

a. There are some inconsistencies in the positioning of information in the correct fields. Field-scoring is therefore also inconsistent although we have tried to correct the most obvious mistakes. We hope that there is nothing actually wrong, but information visible in some of the printed field-notes is still locked away in 'memo' fields or in the wrong text fields. Eventually this information will be retrieved and organised, but we are unwilling to delay the printing of this first version of the Checklist further while we do the work.

b. The label-data have been replaced in the checklist by standard phrases and some rounding-off of fine detail has had to occur. Thus a particular collector may see one of his or her collections listed under a taxon in the checklist and, remembering the plant, be surprised to see the phrase associated with it – e.g. in a patch of really tall forest a 30 m tree may not be in the canopy but it has been scored for canopy/emergent because of the size classes that fit most of the country. This kind of irritation seems inevitable at present; possibly in the future (after fuller development of GIS techniques and improved local knowledge) allowances can be made for the particular site at which the collection was made. Also, field-books in the future can be designed to encourage the recording of more information more consistently, thus minimising the risk of such anomalies. In all cases the collector's original words are still present in the database text-fields and can be retrieved whenever required. Of course, in certain instances (the most obvious being the Dipterocarps), the information given here could be considered a step backwards, since P.S. Ashton in his various accounts of the family gives much more detailed and accurate descriptions – but for the rest which have received no such attention in the literature, this crude approximation is at least a start.

c. Some paragraphs in this list currently contain information mixed from different fields – thus we may appear to consider 'Belait Formation' and 'sandstone' as equivalent. The information is stored in separate fields but in the interests of brevity and manageable page-numbers we have run them together in this printed version.

d. The information given under a taxon is gathered field-by-field (not specimen-by-specimen) from the database and it has not yet been possible to prevent what appear to be contradictions in some taxa represented by several specimens (particularly taxa apparently undemanding in ecological requirements) – such as "ridge tops, seasonally flooded". Also, what is printed is only what has been positively recorded, so the indication that *Elaeocarpus mutabilis* was collected on a gentle slope does not mean that it never occurs elsewhere, merely that no-one who has collected the species on flat ground has actually noted that fact.

e. Specimens that happen to be types have not been highlighted in any way; it may be possible to do this in later versions.

6. Abbreviations & 'technical' vegetation terms

In this checklist we use the following abbreviations:

LMDF lowland mixed dipterocarp forest
HDF   hill dipterocarp forest
MDF mixed dipterocarp forest

Other vegetation types are spelled out in full.

ACKNOWLEDGEMENTS

The project would have been impossible without collaboration and support from very many people and organisations.

Yang Berhormat Pehin Orang Kaya Setia Pahlawan Dato Seri Setia Awang Haji Abdul Rahman bin Dato Setia Haji Mohd Taib, the Minister for Industry and Primary Resources, gave the necessary approval for the project to start and gave his support throughout. Haji Mohd Yassin bin Ampuan Salleh, Director of the Forestry Department until 1990 and then again from 1995, and Dato Paduka Dr. Haji Morni bin Othman, Director of Forestry from 1990 to 1995, Deputy Directors Haji Hafneh Mohd Salleh and Haji Abd Rahman Haji Chuchu and all their staff, especially Roslinah Haji Mokhsin, Wong Tuck Meng and V.J.A. Ramos, sustained enthusiasm for the project and made the visitors from Kew feel more than welcome.

Our heartfelt thanks go to Dr. Wong Khoon Meng, Forest Botanist, for all he did to initiate the project and organise the whole collecting and training programme. When he left Brunei in 1991, his position was eventually filled by Dr. Idris M. Said, who took over the running of the project in Brunei, enabling the project to continue as before.

Half way through the project, when it was realised that extra assistance was needed, the Director of the Kew Foundation, Giles Coode-Adams, approached John Jennings, Larry McMahon and Peter Bright of Shell International Petroleum and obtained generous support from Brunei Shell Petroleum. We thank in particular, Asif Abdulla, Joppe Cramwinkel and Jack Verouden of Brunei Shell Petroleum.

Dr. Kamariah Abu Salim, Department of Biology, Universiti Brunei Darussalam, has enthusiastically supported the project, providing excellent hospitality and contributing her knowledge of the Actinidiaceae. Her colleagues, Dr. David Edwards, Dr. Webber Booth and Dr. Peter Becker have all taken a strong interest in our progress.

In our field work, the extensive coverage of Brunei was made possible by the Airwing of the Brunei Armed Forces and their helicopter crews, who transported the botanical teams to remote parts of the country. We are immensely grateful for this.

Throughout the last six years, we have received encouragement and support from the Director of the Royal Botanic Gardens, Kew (Professor Sir G.T. Prance) and the Keeper of the Herbarium, Professor G.Ll. Lucas. Leonard Forman, Aaron Davis and Paul Bygrave worked full time in managing the incoming material and in naming much of it. They were assisted by a series of Sandwich Course students, Jo Pandya, Anne Morgan and Tim Utteridge and volunteer Audrey Thorne. Christine Abrahams and Vacation Students Catherine Fleming and Daniel Ormsby assisted Don Kirkup in data manipulation.

We thank all our colleagues, both in Kew and elsewhere who gave of their expertise in naming our collections.

Finally, we wish to thank all our friends in the Botany Section, who made work, both in the forest and the herbarium, so enjoyable and rewarding. To Joffre Haji Ali Ahmad, Ariffin Kalat, Niga Nangkat, Hussain Haji Osman, Mohd Haslani Abdullah, Ramlee Luang, Suhaili Haji Zinin, Sharbini Mohidin, Jangarun Eri, Ibrahim Abdullah bin Awong Kaya, M.P.H. Clayton Janol, Han Sing, Mohd. Salleh Abdullah Bat, Maung Soe Paing, Shanang Pikir, Halimah Haji Morni, Talip Malang, Melinau Gangar, Mahani Ismail, Hjh Napiah Abd. Ghani, Ranah Libut, Sulianah Omar, Angga Jenuang and Liming Daman, our heartfelt thanks.

DICOTYLEDONS

ACANTHACEAE
Determinations by B. HANSEN
Hansen in Nord. J. Bot. 9(2): 209–215 (1989)

ACANTHUS

A. ebracteatus Vahl
Herb • VEG: Mangrove
TUT: Telisai, Danau, *Forman* 1010. **Without prov.:** *van Niel* 3724 • SE Asia, Malesia

A. ilicifolius L. — *Jeruju* (Mal.)
Suffrutescent herb/subshrub • VEG: Mangrove
BRM: Pengkalan Batu, Sg. Brunei, *Ashton* BRUN 5059 • SE Asia, Malesia to Australia

A. sp. indet.
District not traced: Sg. Palu-Palu, Silanjak Forest Reserve, BRUN 15658.

ANDROGRAPHIS

A. paniculata (Burm.) Nees
Herb • VEG: Degraded Kerangas • HAB: flat ground; near brackish water • GEO: White sand • ALT: sea level
TUT: Telisai, Danau, *Coode* 7762 • Widespread from India and S China through SE Asia and Malesia, also ?introduced in West Indies

ASYSTASIA

A. gangetica (L.) T.Anders.
Herb • HAB: near sea water • GEO: Sea/marine sands, silts
BEL: Kuala Belait, K. Belait, *Forman* 1118; Kuala Belait, K. Belait, *Forman* 1119 • Pantropic weed

A. sp. indet.
Without prov.: *van Niel* 3793.

BARLERIA

B. cristata L.
Without prov.: *van Niel* 3742 • Introduced; origin India

B. lupulina Lindl.
Without prov.: *van Niel* 3999 • Widely naturalised in tropics; origin ?Mauritius

BORNEACANTHUS

B. grandifolius Bremek.
Shrub, herb • VEG: Secondary Forest • ALT: 20–80 m
TEM: Bangar, Bt. Biang, *Forman* 898; Batu Apoi, Sg. Selapon, *Wong* 2044. **TUT:** Lamunin, Kpg. Lamunin, *Wong* 60. **Without prov.:** *van Niel* 3543 • Borneo: Sarawak, Sabah

COSMIANTHEMUM

C. dido B.L.Burtt & R.M.Sm. — *Empudok* (Dus.)
Herb • VEG: Peatswamp Forest with Shorea albida, Degraded Secondary Forest • HAB: gentle slope; near running fresh water • ALT: 20 m • USES: Medicinal, antidote to food poisoning for child, Medicinal, for nauseous baby
BEL: Melilas, Sg. Belait, *Forman* 1213; Melilas, Sg. Ingei, *Wong* 625. **TUT:** Rambai, Tasek

Merimbun, *Bernstein* 153,196, 510; Rambai, Sg. Medit, *Simpson* 2546 • Borneo: Sarawak

C. obtusifolium Bremek.
Herb • HAB: gentle slope • GEO: Setap Shales • ALT: 70 m
TEM: Amo, Batu Apoi Forest Reserve, *Poulsen* 117 • Borneo: Sarawak

C. angustifolium Bremek.
Herb • HAB: periodically flooded; near running fresh water • ALT: 50 m
TEM: Amo, Sungai Temburong, *Argent* 91182 • Borneo: Sarawak

DYSCHORISTE

D. oligosperma (Steenis) Bremek.
Lithophyte; shrub, suffrutescent herb/subshrub, herb; on ground • VEG: Alluvial Forest, HDF • HAB: seasonal watercourse, periodically flooded; near running fresh water • GEO: shale, Setap Shales; alluvial deposits • ALT: 60–500 m
TEM: Amo, Batu Apoi Forest Reserve, *Nielsen* 1046; Amo, Batu Apoi Forest Reserve, *Poulsen* 115; Amo, K. Belalong, *Ashton* A 28; Amo, K. Belalong, *Ashton* A 354; Amo, K. Belalong, *Jacobs* 5582; Amo, Sg. Belalong, *Sands* 5604; Amo, Sg. Temburong, *Coode* 6483; Amo, Sg. Temburong, *Coode* 6647; Amo, Sg. Temburong, *Wong* 247 • Borneo

HEMIGRAPHIS

H. bicolor (Blume) Hallier f.
Herb • HAB: near running fresh water • GEO: Setap Shales • ALT: 10–20 m
TEM: Batu Apoi, Kpg. Selapon, *Dransfield J.* 6922 • Sulawesi, Moluccas

H. sp. indet.
TEM: Amo, K. Belalong, *Boyce* 364.

HYGROPHILA

H. cf. polysperma T.Anders.
Without prov.: *van Niel* 3749 • The species occurs in India, Cambodia, Malaya

LINARIANTHA

L. bicolor B.L.Burtt & R.M.Sm.
Herb • HAB: impeded drainage • GEO: Setap Shales • ALT: 60 m
TEM: Amo, Batu Apoi Forest Reserve, *Poulsen* 256. **Without prov.:** *van Niel* 3556; *van Niel* 3606 • Borneo: Sarawak

PSEUDERANTHEMUM

P. sp. indet.
Without prov.: *van Niel* 3561.

PTYSSIGLOTTIS
Hansen in Op. Bot. 116: 1–58 (1992)

P. psychotriifolia (Stapf) B.Hansen
Endotrophic terrestrial; shrub, suffrutescent herb/subshrub, herb • VEG: LMDF, Degraded LMDF, HDF • HAB: base of slope, gentle slope, steep slope, ridge, sharp ridge; well-drained, periodically flooded; near running fresh water • GEO: sandstone, shale, clay, Setap Shales; alluvial deposits; clay soil, grey clay soil • ALT: 70–150 m
BEL: Labi, Wong Kadir, *Coode* 7203; Labi, Wong Kadir, *Coode* 7207. **TEM:** *Johns* 6955; Amo, *Sands* 5532; Amo, *Wong* 256; Amo, Apan, *Cowley* 83; Amo, Apoi Forest Reserve, *Sands*

5826; Amo, Batu Apoi Forest Reserve, *Poulsen* 40; Amo, Batu Apoi Forest Reserve, *Poulsen* 157; Amo, Batu Apoi Forest Reserve, *Poulsen* 158; Amo, Batu Apoi F.R., K. Belalong FSC, *Hansen* 1577; Amo, Batu Apoi F.R., K. Belalong FSC, *Hansen* 1637; Amo, Batu Apoi F.R., K. Belalong FSC, *Hansen* 1640; Amo, Batu Apoi F.R., K. Belalong F.S.C., *Hansen* 1542; Amo, K. Belalong, *Wong* 1193; Amo, K. Belalong, Batu Apoi F.R., *Hansen* 1501; Amo, K. Belalong, Batu Apoi F.R., *Hansen* 1524; Amo, Sg. Belalong, *Sands* 5585; Batu Apoi, Selapon, *Dransfield J.* 7454; Batu Apoi, Selapon, *Dransfield J.* 7463; Batu Apoi, Selapon, *Kirkup* 939 • Borneo: Sarawak, Sabah

P. staminodifera B.Hansen
Herb • HAB: impeded drainage; near running fresh water • GEO: Setap Shales • ALT: 60 m
TEM: Amo, Batu Apoi Forest Reserve, *Poulsen* 67 • Borneo: Sarawak

P. frutescens Hallier f.
Shrub, herb • VEG: LMDF • HAB: ridge • GEO: Lambir formation • ALT: 250– 80 m
BEL: Labi, Mendarem Valley, *Sands* 5446. **TEM:** Amo, Batu Apoi F.R., K. Belalong FSC, *Hansen* 1610 • Borneo: Sarawak, Kalimantan

P. gibbsiae S.Moore
Without prov.: *van Niel* 3550 • Borneo: Sabah, Kalimantan

P. peranthera (Bremek.) B.Hansen
Lithophyte; herb • GEO: shale • ALT: 120–550 m
TEM: Amo, Sg. Temburong, *Coode* 6708 • Borneo: Sarawak, Sabah

STAUROGYNE

S. jaherii Bremek. var. jaherii
Herb • HAB: near running fresh water • GEO: Setap Shales; clay soil • ALT: 60 m
TEM: Amo, Batu Apoi Forest Reserve, *Poulsen* 28; Amo, Batu Apoi F.R., K. Belalong FSC, *Hansen* 1574. **Without prov.:** *Coode* 7169 • Borneo: Sarawak Kalimantan

S. jaherii Bremek. var. nov.
Rheophyte; herb • VEG: LMDF, Degraded LMDF • HAB: gentle slope; periodically flooded; near running fresh water • GEO: shale, Setap Shales • ALT: 20–500 m
TEM: *Johns* 7386; Amo, K. Belalong, *Boyce* 379; Amo, K. Belalong, *Jacobs* 5646; Amo, Sg. Temburong, *Coode* 6502 • Borneo: Sarawak

THUNBERGIA

T. affinis S.Moore
Without prov.: *van Niel* 3677 • Cultivated; origin E tropical Africa

T. grandiflora (Rottl.) Roxb.
Without prov.: *van Niel* 3693 • Cultivated in Malesia; origin SE Asia

ACANTHACEAE INDET.
BEL: Andulau F.R., *Richards* 5573; Labi, Wong Kadir, *Coode* 7196. **BRM:** Lumapas, Bukit Lumapas, *Bygrave* 48. **TEM:** Amo, Batu Apoi Forest Reserve, *Nielsen* 1004; Amo, Batu Apoi Forest Reserve, *Nielsen* 1095. **TUT:** Telisai, Danau, *Coode* 7755; Rambai, Tasek Merimbun, *Bernstein* 507. **Without prov.:** *van Niel* 3816; *van Niel* 4087; *van Niel* 4339.

ACTINIDIACEAE
KAMARIAH ABU SALIM
(Bornean revision currently under way; names to be validated later)

SAURAUIA

S. agamae Merr.
Treelet • VEG: LMDF • HAB: gentle slope • ALT: 30 m
TUT: Lamunin, Belabau, *Coode* 6396.

S. bruneiensis A.S. Kamariah sp. nov. — *Kayu Tungod* (Dus.), *Terinsap* (Ib.), *Malango* (Dus.), *Mata Ikan* (Ib.); *Tinsap* (Ib.)
Midstorey/subcanopy tree, treelet, shrub; in understorey/low vegetation • VEG: LMDF, Degraded LMDF, HDF, Lower Montane Forest, secondary forest • HAB: gentle slope, ridge, sharp ridge; near running fresh water • GEO: Meligan formation, Setap Shales; stony; clay soil, grey clay soil, Brown clay-loam • ALT: 60–1160 m • USES: Firewood, Wood used to make chopsticks
BEL: Labi, Sungai Rampayoh, *Coode* 7792. **TEM:** Amo, Apoi Forest Reserve, *Sands* 5836; Amo, Batu Apoi Forest Reserve, *Nielsen* 1049; Amo, Batu Apoi F.R., K. Belalong FSC, *Hansen* 1576; Amo, Bt. Belalong, *Wong* 1459; Amo, Bukit Tudal, *Davis* 485; Amo, K. Belalong, *Ashton* BRUN 5680; Amo, K. Belalong, *Dransfield J.* 6623; Amo, K. Belalong, *Wong* 1199; Amo, Kuala Belalong, *Argent* 91110; Amo, Sg. Temburong, BRUN 15294; Amo, Sg. Belalong, *Dransfield J.* 7082; Amo, Sg. Belalong, *Smythies* SAN 17373; Amo, Sg. Temburong, *Wong* 239; Amo, Temburong river, *Atkins* 477; Amo, Temburong river, *Atkins* 485. **TUT:** Lamunin, Kpg. Lamunin, *Wong* 55; Rambai, Tasek Merimbun, *Bernstein* 194; Rambai, Tasek Merimbun, *Bernstein* 212.

S. euryphylla Airy Shaw — *Terinsap* (Ib.)
Treelet, shrub • VEG: Alluvial Forest, LMDF, HDF • HAB: steep slope; near running fresh water • GEO: Setap Shales; alluvial deposits; grey clay soil • ALT: 20–350 m
TEM: *Johns* 7257; Amo, Apoi Forest Reserve, *Sands* 5851; Amo, Batu Apoi F.R., K. Belalong FSC, *Hansen* 1547; Amo, Kuala Belalong F.S.C., *Argent* 9195; Batu Apoi, Bt. Gelagas (Bt. Suang), *Simpson* 2486. **TUT:** Lamunin, *Dransfield J.* 6816; Rambai, Sg. Tutong, *Coode* 6382.

S. ferox Korth.
Treelet • VEG: HDF, Secondary Forest • HAB: near running fresh water • GEO: Setap Shales; grey clay soil • ALT: 130 m
TEM: Amo, Apoi Forest Reserve, *Sands* 5802; Amo, Sg. Temburong, BRUN 15602; Amo, Sg. Apan, BRUN 15288; Bangar, Bt. Biang, *Forman* 913; Batu Apoi, Bt. Gelagas (Bt. Suang), *Simpson* 2371; Batu Apoi, Kpg. Selapon, *Dransfield J.* 6908.

S. hooglandii A.S. Kamariah nom. nov. (*S. glabra* sensu Merr. (1918) not (Ruiz & Pavon) Soejarto (1980); *Nauclea bernadoi* sensu Hasan Pukul & Ashton (1964) not Merr. (1918)) — *Mingor* (Ib.), *Terinsap* (Ib.)
Midstorey/subcanopy tree, treelet, shrub • VEG: Alluvial Forest, Peatswamp Forest with Shorea albida, Degraded Peatswamp Forest, Kerangas, LMDF, Lower Montane Forest, Secondary Forest, Open areas • HAB: gentle slope, steep slope, ridge; near running fresh water • GEO: sandstone, Setap Shales; clay soil, sandy soil, sandy loam • ALT: 20–200 m • USES: Edible fruit
BEL: Bukit Sawat, Jln. Merangking - Buau, *Niga* 260; Labi, Jln. Labi, *Niga* 35; Labi, Jalan Labi, Sg. Malayan rd., BRUN 17148; Labi, Labi rd., *van Neil* 4578; Melilas, Sg. Ingei, *Wong* 612; Sungai Liang, Andulau F.R., *Ashton* BRUN 5522; Sungai Liang, Andulau F.R., *Fuchs* 21162; Sungai Liang, Andulau F.R., *Wong* 80; Sungai Liang, Andulau F.R., *Wong* 1542; Sungai Liang, Sg. Lumut, *Coode* 7741. **TEM:** Amo, Apoi Forest Reserve, *Atkins* 505; Amo, Ulu Belalong, *Dransfield J.* 7426; E slope of Bukit Bangar, *Hotta* 13099. **TUT:** *Johns* 7630; Lamunin, Ladan Hills, *Coode* 7361; Rambai, Bt. Bahak, *Coode* 7104; Rambai, Sg. Medit, *Simpson* 2549.

S. horrida Hook. f. — *Lalangau* (Dus.), *Mata Ikan* (Ib.), *Tinsap* (Ib.)
Midstorey/subcanopy tree, treelet, shrub, suffrutescent herb/subshrub, herb; on ground • VEG: LMDF, Lower Montane Forest, Secondary Forest • HAB: gentle slope; near running fresh water

- GEO: Meligan formation • ALT: 40–1150 m
    BEL: Labi, Wong Kadir, *Coode* 7234. **BRM:** Lumapas, Bukit Lumapas, *Davis* 507. **TEM:** *Johns* 7139; *Johns* 7313; Amo, Bt. Retak, *Sands* 5306; Amo, Bt. Retak, *Sands* 5350; Bukok, *Forman* 933. **TUT:** Rambai, Tasek Merimbun, *Bernstein* 407.

S. isosepala A.S. Kamariah sp. nov.
Treelet • VEG: MDF • HAB: slopes • GEO: shales • ALT: 400 m
TEM: Amo, Sg. Temburong, *Coode* 6731b.

S. javanica (Bl. ex Nees) Hoogl.
Midstorey/subcanopy tree • VEG: Lower Montane Forest • GEO: Meligan formation • ALT: 850 m
TEM: Amo, Bt. Retak, *Sands* 5345.

S. kinabaluensis Merr.
Midstorey/subcanopy tree • VEG: Lower Montane Forest • GEO: Meligan formation • ALT: 870 m
TEM: Amo, Bt. Retak, *Sands* 5336.

S. longistyla Merr. — *Mata Ikan* (Ib.), *Tinsap* (Ib.)
Canopy/emergent tree, midstorey/subcanopy tree, treelet, shrub; in understorey/low vegetation • VEG: LMDF, Degraded LMDF, Secondary Forest • HAB: flat ground, gentle slope; periodically flooded; near running fresh water, in running fresh water • GEO: shale, Setap Shales; yellow sandy loam • ALT: 15–500 m • USES: Edible fruit, Edible leaves, cooked as a vegetable
BEL: Sungai Liang, Andulau F.R., *Ashton* BRUN 3251. **TEM:** *Johns* 7309; *Johns* 7380; Amo, K. Belalong, *Dransfield J.* 6660; Amo, K. Belalong, *Jacobs* 5581; Amo, Sg. Temburong, *Schatz* 3298; Amo, Sungai Temburong, *Argent* 91179; Bangar, Bt. Biang, *Forman* 893; Batu Apoi, Kpg. Selapon, *Dransfield J.* 6906; Bukok, Kpg. Sibatang, *Forman* 948; Peradayan F.R., *Sow* KEP 80173.

S. myrmecoidea Merr. — *Tinsap* (Ib.)
Treelet • VEG: LDF, Lower Montane Forest • GEO: Meligan formation, shale • ALT: 120–800 m
TEM: Amo, Bt. Retak, *Sands* 5365; Amo, K. Belalong, *Wong* 268; Amo, Sg. Temburong, *Coode* 6624; Amo, Ulu Belalong, *Coode* 7841.

ALANGIACEAE
Bloembergen in Bull. Jard. Bot. Buitnzg. ser.3, 16: 139–235 (1939)

ALANGIUM

A. griffithii (Clarke) Harms — *Mayam Kampong* (Ib.)
Midstorey/subcanopy tree, treelet • VEG: HDF, Roadsides • GEO: sandstone • ALT: 350 m
BEL: Bukit Sawat, Jln. Sg. Mau–Merimbun, *Wong* 376; Labi, Bt. Teraja, *Simpson* 2046A; Labi, Labi F.R., *Niga* 6. **TEM:** Amo, K. Belalong, *Wong* 1208. **TUT:** Lamunin, Ladan Hills F.R., *Dransfield J.* 6882 • W & C Malesia

A. havilandii Bloemb.
Midstorey/subcanopy tree • VEG: Peatswamp Forest with Shorea albida • ALT: sea level
BEL: Seria, Seria, *Smythies* S 5851. **TEM:** Labu, Labu F.R., *Smythies* SAN 17429 • Borneo: Sarawak

A. hirsutum Bloemb.
Treelet • VEG: HDF • HAB: near running fresh water • GEO: Setap Shales; • ALT: 720 m
TEM: Amo, Bt. Belalong, *Dransfield J.* 7128 • Sumatra, Borneo

A. javanicum (Blume) Wangerin
Canopy/emergent tree, treelet • HAB: gentle slope, steep slope • GEO: sandstone; yellow sandy clay soil • ALT: 270–90 m
TEM: Batu Apoi, *Ashton* BRUN 338. **TUT:** Lamunin, Ladan Hills, *Coode* 7360 • Malesia

A. sp. indet.
   TEM: Amo, K. Belalong, *Wong* 1202.

AMARANTHACEAE
Backer in Fl. Males. 4: 69–98 (1949)

ALTERNANTHERA
A. sessilis (L.) Roem. & Schult.
   Without prov.: *van Niel* 3981; *van Niel* 4169 • Old World tropics

AMARANTHUS
A. gracilis Desf.
   Without prov.: *van Niel* 3960 • Pantropic

CYATHULA
C. prostrata (L.) Blume — *Empelah* (Dus.)
   Herb • HAB: gentle slope • USES: Edible, branches cooked with rice
   TUT: Rambai, Tasek Merimbun, *Bernstein* 332. Without prov.: *Haslani - Mohd. A.* 60 • Old World tropics

GOMPHRENA
G. globosa L.
   Without prov.: *van Niel* 4160 • Native in tropical America, introduced and naturalised in SE Asia

ANACARDIACEAE
Ding Hou in Fl. Males. 8: 395–548 (1978)

ANACARDIUM
A. occidentale L.
   Midstorey/subcanopy tree • VEG: Kerangas • HAB: raised beach • GEO: White sand • ALT: 20 m
   BRM: Serasa, Kpg. Muara, *Ashton* BRUN 94. Without prov.: *van Niel* 3720 • Tropical America, widely cultivated in tropics

ANDROTIUM
A. astylum Stapf
   Name in Hassan & Ashton • Malaya, Borneo

BOUEA
B. macrophylla Griff.
   Name in Hassan & Ashton • Malaya, Sumatra, Java

B. oppositifolia (Roxb.) Meisn. — *Rambaniah* (*)
   Tree, treelet • ALT: sea level • USES: Edible fruit
   BEL: Seria, Kpg. Badas, *Sinclair* 10534. BRM: Berakas, Berakas F.R., *Anderson* S 4933. Without prov.: *Ashton* J 771 • SE Asia, Sumatra, Malaya, Borneo

BUCHANANIA

B. arborescens (Blume) Blume (*B. lucida* Bl.) — *Angas* (Dus.), *Kasat* (Ked.), *Retundong* (*), *Rengas Cit* (Ib.)

Midstorey/subcanopy tree, treelet • VEG: Kerangas, Degraded Kerangas, Secondary Forest • HAB: gentle slope, terrace, raised beach; near sea water • GEO: White sand; Podsol, sandy soil, yellow sand, yellow sandy loam; Mor • ALT: 150 m

BEL: Labi, K.Mendaram, KEP 30399; Seria, Seria, *Flemmich* KEP 37155. **BRM:** Berakas, Berakas camp, *Hassan Pukol* BRUN 1014; Berakas, Berakas F.R., *Ashton* BRUN 5046; Berakas, Berakas F.R., *Ashton* BRUN 5050; Berakas, Berakas F.R., *Ashton* S 7831; Sengkurong, Bt. Shahbandar, *Wong* 195. Labuan: Tanjong Kubong, *Ashton* BRUN 705. **TUT:** Jln. Tutong, *Ashton* BRUN 5035; Rambai, Tasek Merimbun, *Bernstein* 45; Tanjong Maya, *Wong* 41; Tanjong Maya, Jalan Tutong–Seria, *Thomas* 245; Telisai, *Niga* 75; Telisai, *Sands* 5203; Telisai, *Sands* 5410; Telisai, *Sands* 5413. **Without prov.:** *van Niel* 3491; *van Niel* 3622; *van Niel* 4076; *van Niel* 4174 • SE Asia, Malesia to Solomon Is. & Australia

B. sessifolia Blume — *Kepala Tuing* (*), *Terentang Cit* (Ib.)

Midstorey/subcanopy tree • VEG: Degraded Peatswamp Forest • HAB: flat ground, gentle slope; impeded drainage; near running fresh water • GEO: sandstone; yellow sandy clay soil • ALT: 100 m

BEL: Seria, Kpg. Badas, *Abot* KEP 37214; Sungai Liang, Sg. Lumut, *Coode* 7733. **TEM:** Amo, *Ashton* BRUN 715; Amo, K. Belalong, *Ashton* BRUN 788 • Indochina, Sumatra, Malaya, Borneo

B. spp. indet.

BEL: Sg. Liang, Andulau Forest Reserve, BRUN 15654. **TEM:** Labu, Peradayan Forest Reserve, *Atkins* 452. **TUT:** Muara–Tutong highway, BRUN 15057; Lamunin, *Thomas* 156.

CAMPNOSPERMA

C. auriculatum (Blume) Hook.f.

Name in Hassan & Ashton • Thailand, Malaya, Sumatra, Borneo

C. coriaceum (Jack) Steenis — *Terentang* (*), *Terentang Paya* (*)

Canopy/emergent tree, midstorey/subcanopy tree • VEG: Peatswamp Forest • HAB: flat ground; impeded drainage; near still fresh water

BEL: Seria, Anduki F.R., *Abot* KEP 37145; Seria, Badas Stateland Forest, *Mat Salleh* 2445b. **TUT:** Jln. Tutong, *Abang Suhaili* KEP 37059 • Sumatra, Malaya, Borneo, New Guinea

C. squamatum Ridl. — *Terentang Paya* (*)

Midstorey/subcanopy tree • VEG: Peatswamp Forest with Shorea albida, Peatswamp Forest, Degraded Kerangas • ALT: 10 m

BEL: Labi, Bt. Teraja, *Coode* 6916; Seria, Badas Stateland Forest, *Mat Salleh* 2446b; Seria, Jln. Badas, *Mat Salleh* 2415b; Sungai Liang, Badas, *Coode* 6472 • Malaya, Borneo

DRACONTOMELON

D. dao (Blanco) Merr. & Rolfe (*D. sylvestre* Bl.) — *Sengkuang* (*)

Canopy/emergent tree, midstorey/subcanopy tree, treelet, giant herb • VEG: Degraded Peatswamp Forest, Degraded Kerangas, LMDF, Secondary Forest • HAB: periodically flooded; near running fresh water • GEO: White sand; alluvial deposits • ALT: 30 m

BEL: Labi, Sg. Labi, *anon.* s.n. 12.xi.66. **TEM:** Amo, K.Amoh, *Ashton* BRUN 404. **TUT:** Lamunin, Kpg. Lamunin, *Wong* 56; Rambai, Sg. Tutong, *Coode* 6320; Rambai, Sg. Tutong, *Simpson* 2618 • SE Asia, Malesia, Solomon Is.

GLUTA

G. aptera (King) Ding Hou (*Melanorrhoea tricolor* Ridley) — *Rengas* (Br.)

Canopy/emergent tree • HAB: flat ground; periodically flooded; near still fresh water • GEO: sandy soil

BEL: Labi, Bt. Puan, *Smith* KEP 30412; Seria, Seria, *Flemmich* KEP 37185 • Malaya, Sumatra, Borneo

G. beccarii (Engl.) Ding Hou (*Melanorrhoea beccarii* Engler) — *Rengas* (Mal.)
Canopy/emergent tree, midstorey/subcanopy tree • VEG: Peatswamp Forest with Shorea albida, Peatswamp Forest • HAB: gentle slope, ridge • GEO: sandstone; yellow sand; peat • ALT: 670 m
BEL: Andulau F.R., *Ashton* S 5933; Seria, Anduki F.R., *Ladi* BRUN 5107; Seria, Kpg. Badas, *Ashton* BRUN 5535; Seria, Kpg. Badas, *Smythies* S 5872. **TEM:** Amo, Bt. Belalong, *Ashton* BRUN 423 • Malaya, Borneo

G. laxiflora Ridl.
Midstorey/subcanopy tree • VEG: Secondary Forest • HAB: gentle slope • GEO: yellow clay soil • ALT: 20–150 m
TEM: Bangar, Bt. Biang, *Forman* 907; Labu, *Ashton* BRUN 3322. **TUT:** Tanjong Maya, Andulau F.R., *Niga* 320 • Borneo: Sarawak

G. rugulosa Ding Hou — *Rengas* (Br.)
Tree, midstorey/subcanopy tree, treelet • VEG: LMDF, Roadsides • ALT: 40 m
BEL: Labi, Bt. Puan, *Sinclair* 10478; Sungai Liang, Andulau F.R., *Smythies* SAN 17513; Sungai Liang, Sungai liang Arboretum, *Coode* 6869; Sungai Liang, Sungei Liang Arboretem, *Wong* 1618 • Borneo: Sarawak

G. speciosa (Ridl.) Ding Hou (*Melanorrhoea speciosa* Ridley)
Canopy/emergent tree • VEG: Secondary Forest • ALT: sea level
BRM: Berakas, Berakas F.R., *Ashton* S 7832 • Borneo: Sarawak

G. torquata (King) Tardieu (*Melanorrhoea torquata* King)
Name in Hassan & Ashton • Malaya, Sumatra

G. velutina Blume
Without prov.: *van Niel* 4170 • Burma, Indochina, W & C Malesia

G. wallichii (Hook.f.) Ding Hou (*Melanorrhoea wallichii* Hook.f.)
Canopy/emergent tree • HAB: gentle slope, ridge • GEO: yellow clay soil • ALT: 150–250 m
TEM: Labu, *Ashton* BRUN 3309; Labu, *Smythies* SAN 17147. **TUT:** Lamunin, Ladan Hills F.R., *Wong* 1647 • Sumatra, Malaya, Borneo

G. spp. indet.
BEL: Bukit Sawat, Jln. Labi–Meranking, *Wong* 932. **BEL/TUT:** Jln. Seria–Tutong, *Corner* BRUN 5343.

KOORDERSIODENDRON

K. pinnatum (Blanco) Merr. — *Ranggu* (Ib.)
Canopy/emergent tree • HAB: periodically flooded; near running fresh water • GEO: alluvial deposits • ALT: sea level–150 m
TEM: Amo, Bt. Belalong, *Asah* BRUN 3098. **TUT:** Rambai, Ulu Sg. Tutong, *Ashton* BRUN 889 • Borneo to New Guinea

MANGIFERA

M. caesia Jack — *Barun* (Dus.), *Belunu* (Ked.), *Binjai* (Br., Ib.)
Canopy/emergent tree, midstorey/subcanopy tree • VEG: Cultivated Areas • HAB: gentle slope • GEO: yellow sandy clay soil
Locality not traced: *Kostermans* s.n. iv.63D; *Kostermans* s.n. v.63E. **BEL:** Sungai Liang, Sungei Liang Arboretem, *Wong* 972. **BRM:** Jln. Muara, *Hassan Pukol* BRUN 5724; Jln. Muara, *Hassan Pukol* BRUN 5725. **TUT:** Lamunin, Jln. Tutong, *Hassan Pukol* BRUN 5722 • Sumatra, Malaya; widely cultivated

M. decandra Ding Hou — *Barun* (Dus.), *Binjai* (Br.)
Canopy/emergent tree, midstorey/subcanopy tree • HAB: gentle slope • GEO: sandstone, clay; yellow sandy clay soil • ALT: 90 m • USES: Edible fruit
BEL: Andulau F.R., *Ashton* BRUN 270; Seria, Sg. Belait, *Niga* 51. **TEM:** Amo, Sg. Temburong, *Ashton* BRUN 411 • Sumatra, Borneo

M. foetida Lour. — *Barun* (Dus.)
• USES: Edible fruit
TUT: Rambai, Tasek Merimbun, *Bernstein* 308 • Indochina, Thailand, Malaya, Sumatra, ?Java, Borneo

M. griffithii Hook.f. — *Raba* (Ib.), *Rancah-Rancah* (Br.)
Canopy/emergent tree
BEL: Bukit Sawat, Jln. Labi, *Niga* 110. **Without prov.:** *Maidin* KEP 37206 • Sumatra, Malaya, Borneo

M. cf. havilandii Ridl.
Without prov.: *Ashton* H 2341 • The species occurs in Borneo

M. cf. indica L.
Without prov.: *Ashton* KEP 5700 • The species occurs in SE Asia, W & C Malesia

M. khoonmengiana Kochummen
Canopy/emergent tree • HAB: flat ground; impeded drainage; near still fresh water
BEL: Melilas, *Wong* 682

M. lagenifera Griff. — *Dedahan* (Ib.), *Ukong* (Dus., Bel.)
Canopy/emergent tree, midstorey/subcanopy tree • VEG: Peatswamp Forest • HAB: flat ground; impeded drainage; near still fresh water • USES: Edible fruit
BEL: Labi, Jln. Labi, *Niga* 146. **TEM:** Labu, Kpg. Labu, *Smythies* BRUN 377 • Sumatra, Malaya

M. longipes Griff.
Name in Hassan & Ashton • W & C Malesia

M. odorata Griff. — *Kuini* (*)
Midstorey/subcanopy tree
BEL: Seria, *Wong* 1623 • Widely cultivated; origin unknown

M. pajang Kosterm. — *Mambangan* (Ked.)
Canopy/emergent tree
BRM: Berakas, *Ashton* BRUN 5172 • Borneo: Sarawak, Sabah

M. parvifolia Boerl. & Koord.
Without prov.: *Ashton* Y 66 • Malaya, Sumatra

M. quadrifida Jack (*M. longipetiolata* King) — *Kemantan* (Ib.), *Matan* (Br.), *Rancah-Rancah* (*), *Tedion* (Dus.)
Canopy/emergent tree • VEG: Cultivated Areas • HAB: near running fresh water
BRM: Gadong, Kpg. Rimba, *Wong* 1633. **TUT:** Tanjong Maya, Kpg. Tanjong Maya, *Abd. Hamid* KEP 37065 • Sumatra, Malaya, Borneo

M. rigida Blume
Without prov.: *Wyatt-Smith* KEP 80114 • Sumatra, Malaya, Borneo

M. sp. indet.
Without prov.: *Wong* s.n. 3.i.89x.

MELANOCHYLA

M. beccariana Oliv.
Midstorey/subcanopy tree • ALT: 60 m
BEL: Sungai Liang, Andulau F.R., *Smythies* SAN 17526 • Borneo

M. condensata Koch. — *Rengas* (Br., Dus., Ib.)
Midstorey/subcanopy tree
BEL: Melilas, Sg. Ingei, *Wong* 611 • Sumatra, Malaya, Borneo

M. elmeri Merr. — *Rengas* (Mal.), *Rengas Hitam* (*)
Canopy/emergent tree • HAB: gentle slope • GEO: sandstone; yellow sandy clay soil • ALT: 30 m
BEL: Andulau F.R., *Ashton* BRUN 54. **TEM:** *Brunig* S 1120 • Borneo

M. sp. nov.
Canopy/emergent tree • ALT: 40 m
BEL: Sungai Liang, Andulau F.R., *Smythies* SAN 17495.

PARISHIA

P. maingayi Hook.f. (*P. polycarpa* Ridley) — *Semundu* (*)
Tree, canopy/emergent tree, midstorey/subcanopy tree • VEG: Peatswamp Forest, Kerangas • HAB: flat ground, gentle slope, ridge; impeded drainage; near still fresh water • GEO: sandstone; yellow sandy clay soil; peat • ALT: 360 m
BEL: Andulau F.R., *Anderson* S 2248; Kuala Balai, Kpg. K. Balai, *Bujang Abg.* KEP 30493; Labi, Bt. Telingan, *Ashton* BRUN 13; Seria, Anduki F.R., *Ladi* BRUN 5108. **TEM:** Bangar, Bt. Biang, *Smythies* S 5783. **Without prov.:** *van Niel* 3417 • W & C Malesia

P. cf. maingayi Hook.f. (*P. polycarpa* Ridley)
Canopy/emergent tree • VEG: LMDF • HAB: steep slope • GEO: Belait formation • ALT: 100 m
BEL: Labi, Bt. Teraja, *Dransfield J.* 7022.

P. paucijuga Engl. — *Semundu* (Br.)
Midstorey/subcanopy tree • HAB: ridge
TUT: Ukong, Bt. Besong, *Niga* 230 • Sumatra, Malaya, Borneo

P. sericea Ridl.
Midstorey/subcanopy tree
BEL: Sungai Liang, Jln. Labi, *Niga* 84 • Borneo: Sarawak, Sabah

P. sp. nov.
Canopy/emergent tree, midstorey/subcanopy tree • VEG: Degraded Kerangas • HAB: gentle slope • GEO: yellow sandy loam • ALT: 40 m
BEL: Andulau F.R., *Ashton* BRUN 3272; Labi, Bt. Teraja, *Coode* 6959 • Borneo: Sarawak

PENTASPADON

P. motleyi Hook.f.— *Pelajau* (Br., Dus.), *Umpit* (Ib.)
Canopy/emergent tree, midstorey/subcanopy tree, treelet • VEG: Alluvial Forest, LMDF, Degraded Secondary Forest • HAB: gentle slope; seasonal watercourse; near running fresh water • GEO: alluvial deposits; sandy soil • ALT: sea level–30 m • USES: Edible fruit
BEL: Labi, Bt. Teraja, *Coode* 6986; Labi, Bt. Teraja, *Simpson* 2041; Sukang, Kpg. Sukang, *Ashton* BRUN 113; Sukang, Sg. Belait, *Forman* 1159. **TUT:** Rambai, Tasek Merimbun, *Bernstein* 59; Rambai, *Coode* 6439; Rambai, Sg. Tutong, *Coode* 6307 • Malesia, Solomon Is.

RHUS

R. borneensis Stapf
Climber • VEG: Upper Montane Forest • HAB: steep slope • ALT: 1480 m
TEM: Amo, G. Pagon, *Coode* 7563 • Borneo

SEMECARPUS

S. bunburyanus Gibbs (*S. oblanceolatus* Merr.)
Midstorey/subcanopy tree • VEG: LMDF • ALT: 50 m
TEM: *Johns* 7318; Amo, Sg. Belalong, *Ashton* BRUN 5215 • Borneo, Philippines

S. cuneiformis Blanco — *Rengas* (Br.)
Midstorey/subcanopy tree
BEL: Sungai Liang, *Wong* 722; Sungai Liang, Sungai Liang Arboretum, *Niga* 92 • Taiwan, C Malesia

S. glaucus Engl.
Name in Hassan & Ashton • Borneo

S. rufovelutinus Ridl.
Name in Hassan & Ashton • Borneo

SPONDIAS

S. cytherea Sonn. — *Kedondong* (Br., Dus., Ib.)
Midstorey/subcanopy tree
TUT: Kiudang, Kpg. Kiudang, *Wong* 562 • Indo-Malesia; widely cultivated

SWINTONIA

S. acuta Engl. — *Pitoh* (*)
Canopy/emergent tree, midstorey/subcanopy tree • HAB: flat ground; impeded drainage; near running fresh water • GEO: yellow sandy clay soil • ALT: 10 m
TEM: Amo, K.Amoh, *Ashton* BRUN 403; Amo, Kpg. Sibut, *Abot* KEP 37230 • Borneo, Philippines

S. foxworthyi Elmer — *Rengas* (Br.)
Canopy/emergent tree, midstorey/subcanopy tree • HAB: gentle slope, ridge • GEO: sandstone; yellow sandy clay soil, yellow sandy loam • ALT: 450 m
BEL: Pak Gambal, *Flemmich* KEP 34582; Labi, *Flemmich* KEP 34457. **TEM:** Amo, K. Temburong Machang, *Ashton* BRUN 774; Bangar, Pekan Bangar, *Ashton* BRUN 482; Labu, *Ashton* BRUN 3334. **Without prov.:** KEP 30471; KEP 48208 • Sumatra, Borneo, Philippines

S. glauca Engl.
Canopy/emergent tree • ALT: 60 m
BEL: Sungai Liang, Andulau F.R., *Smythies* SAN 17485 • Sumatra, Borneo

S. schwenkii (Teijsm. & Binn.) Teijsm.& Binn.
Name in Hassan & Ashton • SE Asia, Malaya, Sumatra, Borneo

ANISOPHYLLEACEAE
Ding Hou in Fl. Males. 5: 474–481 (1958) under Rhizophoraceae

ANISOPHYLLEA

A. corneri Ding Hou — *Dulang* (Ked.), *Merama* (Ib.)
Treelet • VEG: LMDF • HAB: gentle slope • GEO: yellow sandy clay soil • ALT: 280 m
BEL: Andulau F.R., *Ashton* S 5925; Labi, Bt. Teraja, *Coode* 6976 • Malaya

A. disticha (Jack) Baill. — *Ambun-Ambun* (Br.), *Sesapad* (Dus.)
Midstorey/subcanopy tree, treelet • VEG: Kerangas, LMDF, Degraded HDF, Secondary Forest • HAB: gentle slope, ridge • GEO: Belait formation • ALT: sea level–60 m
BEL: Andulau F.R., *Wong* 203; Labi, *Boyce* 233; Labi, Jln. Teraja–Redan, *Niga* 267; Sungai Liang, Andulau F.R., *Coode* 6791; Sungai Liang, Sungei Liang Arboretem, *Wong* 580. **BRM:** Berakas, Berakas F.R., *Ashton* S 7845 **TUT:** Rambai, Tasek Merimbun, *Bernstein* 107 • Sumatra, Malaya, Borneo

A. ferruginea Ding Hou — *Sireh-Sireh* (Br.)
Midstorey/subcanopy tree • HAB: gentle slope • GEO: yellow sand • ALT: 30 m
BEL: Labi, Bt. Puan, *Ashton* S 7867; Labi, Luagan Lalak, *Niga* 186 • Borneo: Kalimantan

COMBRETOCARPUS

C. rotundatus (Miq.) Danser — *Perepat* (Dus.), *Teruntum* (Br., Ib., Mal.)
Midstorey/subcanopy tree, treelet • VEG: Peatswamp Forest, Secondary Forest • HAB: flat ground, valley bottom, raised beach; impeded drainage; near still fresh water • GEO: White sand • ALT: 10 m
BEL: Seria, Badas, *Sinclair* 10474; Sungai Liang, Badas, *Coode* 6834. **TEM:** Batu Apoi, Bt. Pasir Putih, *Ashton* BRUN 281. **TUT:** Jln. Tutong, *Abang Suhaili* KEP 37061; Rambai, Sg. Medit, *Simpson* 2571; Tanjong Maya, *Wong* 49. **Without prov.:** *van Niel* 4020; *van Niel* 4271 • Sumatra, Borneo

C. sp. indet.
BEL: Melilas, Kuala Ingei, *Kirkup* 782.

ANNONACEAE
P.C. BYGRAVE

Sinclair in Gard. Bull. Sing. 14 (2): 149–516 (1955), a treatment of Malayan taxa; however, also includes many taxa from Borneo and is the only useful general reference for the family in SE Asia. Also, see Kessler P.J.A. & Heusden E.C.H. van, in Rheedea 3: 50–89 (1993) for an account of Annonaceae in Samarinda, E Kalimantan

ANNONA

A. muricata L.
Without prov.: *van Niel* 4305 • Widely cultivated across tropics; origin Americas

ARTABOTRYS

A. borneensis Merr.
Climber • VEG: Roadsides
BEL: Labi, Bt. Puan, *Sinclair* 10490 • Borneo

A. cf. gracilis King
Climber • VEG: LMDF • HAB: near running fresh water • ALT: 20–30 m
TUT: Rambai, Sg. Tutong, *Coode* 6353 • *A. gracilis* is known from Malay Peninsula & Borneo

A. havilandii Ridl.
Liana, climber • VEG: Degraded LMDF, Secondary Forest • ALT: 50–60 m
BEL: Sg. Liang, Andulau Forest Reserve, BRUN 15253; Sungai Liang, Andulau F.R., *Coode* 6770 • Borneo: Sarawak

A. cf. polygynus Miq.
Climber • VEG: Degraded LMDF • HAB: gentle slope • ALT: 70 m
BEL: Labi, Jln. Melayan, *Dransfield J.* 7271 • *A. polygynus* is known from Borneo

A. suaveolens (Blume) Blume
Climber • VEG: Degraded Peatswamp Forest, Kerangas, LMDF, Degraded LMDF, HDF, Degraded Secondary Forest, Roadsides • HAB: gentle slope, terrace, ridge; periodically flooded; near running fresh water • GEO: Belait formation, sandstone; alluvial deposits; clay soil, sandy clay soil • ALT: 540 m
BEL: Bt. Sawat, UBD plot, *Thomas* 232; Bukit Sawat, Ulu Sg. Merangking, *Niga* 239; Melilas, Paleh Bangawong, *Thomas* 93; Sg. Liang, Andulau Forest Reserve, BRUN 15251; Sungai Liang, Andulau F.R., *Wong* 1554. **BRM:** Berakas, *Sinclair* 10545. **TEM:** Amo, Ulu Belalong,

Dransfield J. 7346; Batu Apoi, Selapon, *Dransfield J.* 7439; Batu Apoi, Selapon, *Dransfield J.* 7447. **TUT:** Rambai, Sg. Tutong, *Simpson* 2602. **Without prov.:** *van Niel* 4238 • Burma, Assam, Thailand, Malesia

A. sp. 1
Climber • VEG: HDF, Secondary Forest • HAB: valley bottom, gentle slope, ridge; near running fresh water • GEO: Belait formation • ALT: 70 m
BEL: Sukang, Sungai Paleh Bangawong, *Kirkup* 674. **TEM:** Amo, Bt. Belalong, *Prance* 30698; Amo, K. Belalong, *Ashton* BRUN 5209; Labu, *Smythies* SAN 17404.

A. sp. 2
Climber • VEG: LMDF • GEO: Setap Shales • ALT: 20–40 m
TEM: Batu Apoi, Kpg. Selapon, *Kirkup* 330.

A. spp. indet.
BEL: Bt. Sawat, UBD plot, *Thomas* 217. **TUT:** Keriam, Jln. Tutong, BRUN 15058. **Without prov.:** *van Niel* 3906; *van Niel* 4338.

CYATHOCALYX

C. bancana Boerl. — *Mempisang* (Mal.)
Midstorey/subcanopy tree • VEG: Lower Montane Forest • GEO: Meligan formation • ALT: 1100 m
TEM: Amo, Headwaters of the Temb. river, *Sands* 5339 • Bangka, Borneo: Sarawak, Kalimantan

C. biovulatus Boerl.
Canopy/emergent tree, midstorey/subcanopy tree, treelet • VEG: Peatswamp Forest with Shorea albida, Peatswamp Forest • ALT: 40 m
BEL: Kuala Balai, K. Balai, *Flemmich* KEP 37175; Seria, Badas railway, *Smythies* SAN 17458; Seria, Badas State land, *Smythies* SAN 17444; Seria, Badas Stateland Forest, *Mat Salleh* 2429b; Seria, Badas swamps, *Sinclair* 10471; Seria, Kpg. Badas, *Wong* 162; Sungai Liang, Andulau F.R., *Smythies* SAN 17549 • Sumatra, Borneo: Sarawak & Moluccas

C. carinatus (Ridl.) J.Sinclair — *Mandap* (Dus.), *Merpisang* (Br.), *Selanok* (*)
Midstorey/subcanopy tree, climber • VEG: HDF, Belukar • HAB: valley bottom, gentle slope, ridge • GEO: sandstone, Sediments; clay soil, yellow sandy clay soil • ALT: 540 m
BEL: Bukit Sawat, Jln. Labi, *Niga* 283; Labi, Bt. Telingan area, *Ashton* BRUN 17. **BRM:** Kilanas, Kpg. Kilanas, *Dransfield J.* 7100. **TEM:** Amo, Ulu Belalong, *Coode* 7854. **TUT:** Jln. Abang, *Abang Suhaili* KEP 37054; Lamunin, Ladan Hills F.R., *Kirkup* 281 • Malaya, Borneo: Sarawak, Sabah

C. havilandii Boerl.
Canopy/emergent tree, midstorey/subcanopy tree • HAB: ridge • GEO: shale • ALT: 120–550 m
TEM: Amo, K. Temburong Machang, *Wong* 1950; Amo, Sg. Temburong, *Coode* 6704 • Borneo: Sarawak, Sabah, Kalimantan

C. magnificus Diels
Treelet • VEG: LMDF • HAB: gentle slope • GEO: Belait formation • ALT: 30 m
BEL: Labi, Bt. Teraja, *Coode* 6979 • Borneo: Sarawak, Sabah

C. sp. 1 (sp.nov. Sinclair) — *Pendok* (Ib.)
Midstorey/subcanopy tree, treelet • VEG: LMDF, Roadsides • GEO: sandy soil
BEL: Labi, Bt. Puan, *Sinclair* 10511; Sungai Liang, Sungai Liang Arboretum, *Wong* 120.

C. spp. indet.
TEM: Amo, K. Temburong, *Wong* 262. **TUT:** Rambai, Tasek Merimbun, *Bernstein* 425. **Without prov.:** *van Niel* 4236a.

CYATHOSTEMMA

C. excelsum (Hook.f. & Thoms.) J.Sinclair — *Akau Tudong* (Dus.)
Liana, climber • VEG: Kerangas, HDF • HAB: gentle slope, steep slope • ALT: 40–790 m • USES: Medicinal, for stomach ache
BEL: Bukit Sawat, Merangking Buau, *Coode* 7661; Sungai Liang, Andulau F.R., *Coode* 6758; Sungai Liang, Sungai Liang Arboretum, *Wong* 308. **BRM:** Berakas, Berakas F.R., *Ariffin Kalat* BRUN 15028. **TEM:** Amo, Bt. Belalong, *Prance* 30612. **TUT:** Rambai, Tasek Merimbun, *Bernstein* 520. **Without prov.:** *Ashton* BRUN 606 • Malaya, Borneo

DASYMASCHALON

D. clusiflorum Merr. — *Kayu Guis* (Dus.)
Canopy/emergent tree, treelet • VEG: Peatswamp Forest, LMDF • HAB: flat ground, gentle slope, steep slope; impeded drainage; near running fresh water, near still fresh water • GEO: Belait formation, White sand, sandstone; sandy soil • ALT: 80 m
BEL: Bukit Sawat, Merangking Buau, *Coode* 7663; Bukit Sawat, Merangking Buau, *Coode* 7683; Labi, Bt. Teraja, *Coode* 6971; Labi, Bt. Teraja, *Dransfield J.* 6860; Labi, Sg. Rampayoh, *Coode* 7289; Sungai Liang, Andulau F.R., *Coode* 6765; Sungai Liang, Sungai Lumut, *Kirkup* 594. **TUT:** Rambai, Tasek Merimbun, *Bernstein* 362; Tanjong Maya, Jln. Tutong–Seria, *Simpson* 2177 • Borneo, Philippines

DESMOS

D. dumosus (Roxb.) Stafford
Climber • VEG: Alluvial Forest • HAB: valley bottom • GEO: alluvial deposits • ALT: 20 m
BEL: Labi, Sg. Rampayoh, *Dransfield J.* 7320 • Assam to Thailand, Malaya, Borneo

D. teijsmannii (Boerl.) Merr.
Climber • HAB: gentle slope • GEO: clay • ALT: 40 m
BEL: Sungai Liang, Andulau F.R., *Ashton* BRUN 569 • Malaya, Borneo

DISEPALUM

D. anomalum Hook.f. — *Kelimpanas* (Br.), *Limpanas* (Dus., Br.)
Canopy/emergent tree, midstorey/subcanopy tree, treelet; in understorey/low vegetation • VEG: Kerangas, LMDF, HDF • HAB: gentle slope, ridge • GEO: Belait formation, Lambir formation, sandstone; yellow sandy clay soil • ALT: 390 m
BEL: Labi, Bt. Teraja, *Ashton* S 7899; Labi, Bt. Teraja, *Coode* 6977; Labi, Bt. Teraja, *Hotta* 12865; Labi, Bt. Teraja, *Simpson* 2101; Labi, Bukit Teraja, *Kirkup* 402; Labi, Teraja F.R., *Hotta* 12795; Labi, Teraja F.R., *Hotta* 12933; Melilas, Bt. Batu Patam, *Wong* 1005B; Seria, Anduki F.R., *Corner* BRUN 5350; Seria, Badas F.R., *Ashton* BRUN 5558; Seria, Badas F.R., *Coode* 7348; Seria, Badas Forest Reserve, *Duling* 2; Seria, Kpg. Badas, *van Niel* 4102; Seria, Kpg. Badas, *Wong* 164; Sungai Liang, Andulau F.R., *Sinclair* 10455; Sungai Liang, Lumut, *Niga* 165 • Borneo: Sarawak

D. coronatum Becc. — *Kelimpanas* (Br.), *Pendok* (Ib.)
Midstorey/subcanopy tree, treelet, shrub • VEG: Peatswamp Forest, Kerangas Forest with Agathis • HAB: flat ground, terrace • GEO: Sand; peat • ALT: sea level
BEL: Seria, Badas F.R., *Brunig* S 1064; Seria, Badas F.R., *Dransfield J.* 7283; Seria, Badas F.R., *Wong* 11; Seria, Badas railway, *Ashton* BRUN 983; Seria, Badas Stateland forest, *Mat Salleh* 2430b. **TUT:** Pekan Tutong, *van Niel* 4399 • Borneo: Sarawak, Sabah, Kalimantan

ELLIPEIA

E. sp. 1
Climber
TEM: Amo, Sg. Temburong, *Wong* 1282.

ENICOSANTHUM

E. coriaceum (Ridl.) Airy Shaw
Midstorey/subcanopy tree • VEG: HDF • HAB: gentle slope; near running fresh water • ALT: 350 m
TEM: Batu Apoi, Bt. Gelagas (Bt. Suang), *Simpson* 2485 • Borneo: Sarawak

E. paradoxum Becc.
Midstorey/subcanopy tree • VEG: Degraded LMDF • HAB: valley bottom • GEO: Lambir formation • ALT: 40 m
BEL: Labi, Rampayoh, *Sands* 5749 • Borneo

FISSISTIGMA

F. fulgens (Hook.f. & Thoms.) Merr.
Liana, climber • VEG: Degraded Peatswamp Forest • HAB: near running fresh water • GEO: sandy soil; peat • ALT: 10 m
BEL: Seria, Anduki F.R., *Coode* 6477; Seria, Badas, *Sinclair* 10532; Sukang, Sg. Belait, *Wong* 109 • Malaya, Sumatra, Borneo, Philippines

F. aff. hypoglaucum (Miq.) Merr.
Canopy/emergent tree • VEG: Degraded Peatswamp Forest • HAB: near running fresh water • ALT: 20 m
BEL: Bukit Sawat, Sg. Mau, *Simpson* 2004 • *F. hypoglaucum* is known from Malaya, Sumatra, ?Philippines

F. paniculata (Ridl.) Merr.
Climber • VEG: HDF • HAB: steep slope • GEO: Setap Shales • ALT: 900 m
TEM: Amo, Bt. Belalong, *Dransfield J.* 7154 • Borneo

F. sp. 1
Climber • VEG: Upper Montane Forest • HAB: ridge • GEO: sandstone/shale; sandy soil • ALT: 1520 m
TEM: Amo, Pagon ridge, *Ashton* BRUN 2343; Amo, Pagon ridge, *Wong* 1851.

F. sp. 2
Liana • VEG: Secondary Forest • ALT: sea level
BRM: Berakas, Berakas F.R., *Ashton* S 7835.

F. sp. 3
Climber • VEG: HDF • HAB: steep slope • GEO: Brown clay-loam; Leaf litter • ALT: 480 m
TEM: Amo, Ulu Belalong, *Dransfield J.* 7383.

F. spp. indet.
BRM: Lumapas, Bukit Lumapas, *Bygrave* 38. **Without prov.:** *van Niel* 3913; *van Niel* 4069; *van Niel* 4278.

FRIESODIELSIA

F. argentea (J.Sinclair) Steenis var. pubescens Salleh ined.
Climber • HAB: gentle slope • GEO: clay • ALT: 40 m
BEL: Sungai Liang, Andulau F.R., *Ashton* BRUN 546 • Borneo: Sarawak, Sabah (& Malaya for the species s.l.)

F. biglandulosa (Scheff.) Blume
Canopy/emergent tree, liana, climber • HAB: gentle slope • GEO: yellow sandy loam • ALT: 60 m
BEL: Seria, Audulau F.R., *Ashton* BRUN 5517; Seria, Kpg. Seria, *Ashton* S 5902. TEM: Amo, K. Belalong, *Prance* 30714; Amo, Sg. Temburong, *Smythies* SAN 17053 • Sumatra, Malaya, Borneo

F. sp. indet.
BEL: Sukang–Melilas, Belait river, *Forman* 1149.

GONIOTHALAMUS

G. andersonii J.Sinclair
Midstorey/subcanopy tree • VEG: Peatswamp Forest with Shorea albida • ALT: sea level
BEL: Labi, Bt. Puan, *Ashton* S 7864; Seria, Badas railway, *Smythies* SAN 17452; Seria, Kpg. Seria, *Smythies* S 5901 • Borneo: Sarawak

G. macrophyllus (Blume) Hook.f. & Thoms. — *Kelimpanas* (Dus.)
• USES: Medicinal
TUT: Rambai, Tasek Merimbun, *Bernstein* 433 • Thailand, Malaya, Sumatra, Java, Borneo

G. malayanus Hook.f. & Thoms. — *Mempisang* (Mal.), *Selukai* (*)
Canopy/emergent tree, midstorey/subcanopy tree, treelet, shrub • VEG: Peatswamp Forest with Shorea albida • HAB: flat ground; impeded drainage; near still fresh water • ALT: sea level
BEL: K. Balai, Sg. Mendaram, *Symington* KEP 35698; Seria, Badas, *Ashton* BRUN 685; Seria, Badas, *Sinclair* 10458; Seria, Badas F.R., *Brunig* S 1067; Seria, Kpg. Seria, *Smythies* S 5895; Seria, Seria, *Wong* 18. TEM: Labu, Labu F.R., *Smythies* SAN 17424 • Malaya, Sumatra, Java, Borneo, Bangka

G. ridleyi King — *Kelimpanas* (Br.), *Selukai* (Ib.), *Tutud* (Dus.)
Midstorey/subcanopy tree • VEG: Lower Montane Forest • HAB: gentle slope, ridge • GEO: Meligan formation • ALT: 800–900 m
TEM: *Johns* 6726; Amo, Bt. Pagon, *Wong* 1895; Amo, Sg. Temburong, *Sands* 5370 • Malaya, Borneo: Sarawak

G. umbrosus J.Sinclair — *Kayu Medit* (Dus.), *Limpanas Putih* (*), *Medit* (Dus.), *Pendok* (Ib.)
Canopy/emergent tree, midstorey/subcanopy tree, treelet • VEG: Empran, LMDF, Degraded LMDF, HDF, Lower Montane Forest, Secondary Forest, Degraded Secondary Forest • HAB: gentle slope, steep slope, ridge; seasonal watercourse, periodically flooded; near running fresh water • GEO: Belait formation, Lambir formation, Meligan formation, sandstone, shale, Setap Shales; alluvial deposits; Podsol, yellow • ALT: 1160 m • USES: Bark used for making straps, Twigs used for protection from ghosts
BEL: Labi, Jln. Melayan, *Dransfield J.* 7257; Labi, Kpg. Teraja, *Forman* 1074; Labi, Kpg. Tenajor, *Haslani - Mohd. A.* 32; Labi, Sungai Rampayoh, *Atkins* 601; Labi, Wong Kadir, *Coode* 7208; Melilas, Bt. Batu Patam, *Wong* 1084; Melilas, Paleh Bangawong, *Thomas* 90; Melilas, Sg. Belait, *Forman* 1206; Melilas, Sg. Topi, *Ashton* BRUN 206; Sungai Liang, Andulau F.R., *Ashton* BRUN 5521; Sungai Liang, Andulau F.R., *Mat Salleh* 2455. TEM: Amo, Belalong ridge, *Duling* 21; Amo, Bt. Belalong, *Dransfield J.* 7209; Amo, Bt. Belalong, *Prance* 30564; Amo, Bt. Belalong, *Wong* 1375; Amo, Bt. Retak, *Wong* 839; Amo, Bukit Tudal, *Bygrave* 10; Amo, Sg. Temburong, BRUN 15619; Amo, Sg. Temburong, *Coode* 6567; Amo, Sg. Temburong, *Dransfield J.* 6637; Bangar, Pekan Bangar, *Ashton* BRUN 494; Batu Apoi, Kpg. Selapon, *Kirkup* 322. TUT: Rambai, Tasek Merimbun, *Bernstein* 113, 491a; Ulu Tutong, Bukit Bahak, *Kirkup* 467 • Malaya, Borneo

G. cf. umbrosus J.Sinclair
Treelet, shrub • VEG: Degraded LMDF, HDF • HAB: gentle slope; near running fresh water • GEO: Setap Shales • ALT: 20–350 m
TEM: Batu Apoi, Bt. Gelagas (Bt. Suang), *Simpson* 2492. TUT: Lamunin, *Dransfield J.* 6887.

G. uvarioides King
Treelet • VEG: Secondary Forest • GEO: Belait formation • ALT: 100–200 m
BEL: Melilas, Paleh Bangawong, *Thomas* 120 • Malaya, Java (?cult.), Borneo

G. velutinus Airy Shaw — *Limpanas Hitam* (Dus.)
Treelet; in understorey/low vegetation • VEG: LMDF, HDF • HAB: gentle slope, steep slope, ridge; near running fresh water • GEO: Belait formation; clay soil • ALT: 100 m

BEL: Labi, Bt. Teraja, *Coode* 6970; Labi, Bt. Teraja, *Simpson* 2032A; Labi, Bt. Teraja, *Simpson* 2107; Labi, Labi Hills F.R., *Wong* 1579; Labi, Sungai Rampayoh, *Coode* 7794; Sukang, Sungai Paleh Bangawong, *Kirkup* 623; Sungai Liang, Andulau F.R., *Mat Salleh* 2454. **TUT:** Lamunin, Ladan Hills, *Coode* 7333; Ulu Tutong, Bukit Bahak, *Kirkup* 532; Rambai, Tasek Merimbun, *Bernstein* 387 • Borneo

G. sp. 1
TEM: Amo, Belalong ridge, *Duling* 17.

G. sp. 2
Canopy/emergent tree • VEG: LMDF • HAB: gentle slope • GEO: Lambir formation; White sand; Mor • ALT: 40–120 m
BEL: Labi, Bukit Teraja, *Kirkup* 449; Sungai Liang, Andulau F.R., *Ashton* S 5924. **TEM:** Bangar, Jln. Bangar– Batu Apoi, *Smythies* SAN 17114.

G. sp. 3
Treelet • VEG: LMDF • HAB: ridge; periodically flooded; near running fresh water • GEO: sandstone; alluvial deposits • ALT: 20–150 m
BEL: Labi, Wong Kadir, *Coode* 7206. **TEM:** *Johns* 7137; Amo, Bt. Belalong, *Wong* 1512. **TUT:** Lamunin, Ladan Hills F.R., *Wong* 1676; Rambai, Ladan Hills F.R., *Coode* 6421.

G. spp. indet.
BEL: Labi, Bt. Telingan, *Dransfield J.* 6823; Melilas, Ulu Ingei, *Atkins* 567; Melilas, Ulu Ingei, *Sands* 5892; Sukang, Sungai Paleh Bangawong, *Kirkup* 608. **TEM:** *Johns* 7161; *Johns* 7319; Amo, Apoi Forest Reserve, *Atkins* 466; Amo, Apoi Forest Reserve, *Atkins* 467. **TUT:** *Johns* 7556. **Without prov.:** *Johns* 7379; *van Niel* 4037.

MARSYPOPETALUM

M. pallidum (Blume) Kurz
Midstorey/subcanopy tree • VEG: HDF • HAB: ridge • ALT: 500 m
TEM: Batu Apoi, Bt. Gelagas (Bt. Suang), *Simpson* 2243 • Thailand, Malaya, Java, Borneo

MEIOGYNE

M. virgata (Blume) Miq.
Midstorey/subcanopy tree • HAB: gentle slope • GEO: yellow sandy loam • ALT: 60 m
TUT: Lamunin, K. Abang road, *Ashton* BRUN 5093 • Malaya, Sumatra, Java, Borneo

MEZZETTIA

M. havilandii (Boerl.) Ridl. — *Karai* (Dus.), *Pisang-Pisang* (Ib.)
Canopy/emergent tree • VEG: Peatswamp Forest with Shorea albida • HAB: flat ground; near running fresh water, near sea water • GEO: sandy soil • ALT: sea level
BEL: Seria, Kpg. Seria, *Flemmich* KEP 37186; Seria, Kpg. Seria, *Smythies* S 5891 • Sumatra, Borneo

M. macrocarpa Heijden & Kessler
Impeded drainage • VEG: LMDF • HAB: valley bottom; impeded drainage • GEO: Setap Shales • ALT: 60 m
TEM: Amo, Sg. Belalong, *Dransfield J.* 7093 • N Borneo

M. parviflora Becc.
Canopy/emergent tree • VEG: Secondary Forest • HAB: raised beach, ridge; impeded drainage • GEO: White sand, sandstone; yellow sandy clay soil; peat • ALT: sea level–240 m
BEL: Labi, Bt. Telingan area, *Ashton* BRUN 27. **BRM:** Berakas, Berakas F.R., *Ashton* S 7839. **TEM:** Bangar, Pekan Bangar, *Ashton* BRUN 479 • Thailand, W Malaysia, Sumatra, Borneo, Moluccas

M. umbellata Becc. — *Barun* (*), *Dilah sa'ie* (Ib.), *Mempisang* (*), *Pisang-Pisang* (Ib.), *Yuris* (*)
Canopy/emergent tree, midstorey/subcanopy tree • VEG: Degraded Alluvial Forest, Peatswamp Forest with Shorea albida, Peatswamp Forest, Kerangas, LMDF, Secondary Forest • HAB: flat ground, gentle slope, raised beach; impeded drainage; near still fresh water • GEO: Belait formation, White sand; White sand; Mor, peat • ALT: 300 m
BEL: Badas, Kpg. Badas, *Coode* 6451; Bukit Sawat, Sg. Mau, *Coode* 7721; Melilas, K. Ingei, *Ashton* BRUN 180; Seria, Anduki F.R., *Brunig* S 1149; Seria, Anduki F.R., *Sinclair* 10417; Seria, Badas F.R., *Brunig* S 1062; Seria, Kpg. Seria, *Flemmich* KEP 34483; Seria, Seria State Land, *Abot* KEP 37132. **BRM:** Berakas, Berakas F.R., *Ashton* BRUN 840. **TEM:** Batu Apoi, Bt. Pasir Putih, *Ashton* BRUN 5010; Batu Apoi, Bt. Pasir Putih, *Ladi* BRUN 5114. **TUT:** Ulu Tutong, Bukit Bahak, *Kirkup* 577 • Borneo (?Malaya)

M. sp. indet.
Without prov.: *van Niel* 4130.

MITRELLA

M. dielsii J.Sinclair
Climber • VEG: Secondary Forest • ALT: sea level
BEL: Seria, Badas, *Coode* 7353 • Borneo: Sarawak

M. kentii (Blume) Miq.
Climber • VEG: Peatswamp Forest with Shorea albida, Peatswamp Forest, Roadsides • HAB: flat ground; near sea water • GEO: Coastal beach sand; peat • ALT: 10 m
BEL: K. Belait, Sg. Satu, *Sinclair* 10524; Seria, Badas F.R., *Dransfield J.* 7284; Seria, Jln. Badas, *Mat Salleh* 2414. **Without prov.:** *van Niel* 4259 • Malaya, Sumatra, Java, Borneo

MITREPHORA

M. glabra Scheff.
Midstorey/subcanopy tree • VEG: LMDF, HDF • HAB: sharp ridge • GEO: Setap Shales; grey clay soil • ALT: 150 m
BEL: Labi, Labi Hills F.R., *Wong* 1586. **TEM:** Amo, Apoi Forest Reserve, *Sands* 5827 • Borneo

M. cf. glabra Scheff.
Midstorey/subcanopy tree
BEL: Bt. Sawat, Sg. Merangking, *Wong* 380.

MONOCARPIA

M. marginalis (Scheff.) J.Sinclair
Midstorey/subcanopy tree • HAB: gentle slope, ridge • GEO: yellow sandy clay soil, sandy soil • ALT: 40 m
BEL: Sungai Liang, Andulau F.R., *Ashton* S 5946; Sungai Liang, Andulau F.R., *Sinclair* 10435 • Thailand, Malaya, Sumatra, Borneo

M. sp. nov.
Midstorey/subcanopy tree • VEG: LMDF • HAB: gentle slope, steep slope • GEO: Belait formation, sandstone; yellow sandy clay soil • ALT: 40–50 m
BEL: Labi, Bt. Teraja, *Dransfield J.* 7030; Labi, Sg. Mendaram, *Ashton* BRUN 660 • Borneo: Sabah

NEO-UVARIA

N. acuminatissima (Miq.) Airy Shaw
Midstorey/subcanopy tree • VEG: HDF • HAB: ridge • ALT: 250 m
BEL: Sungai Liang, Sungai Liang Arboretum, *Wong* 973. **TEM:** Batu Apoi, Bt. Gelagas

(Bt. Suang), *Simpson* 2355 • Malaya, Sumatra, Borneo, Philippines

N. foetida (Hook.f. & Thoms.) Airy Shaw — *Merpisang* (Br.)
Midstorey/subcanopy tree
TUT: Lamunin, Ladan Hills F.R., *Niga* 220 • Malaya, Borneo: Sarawak, Sabah

OROPHEA

O. kostermansiana Kessler
Midstorey/subcanopy tree • HAB: vertical • GEO: shale • ALT: 120–550 m
TEM: Amo, Sg. Temburong, *Coode* 6728 • Borneo: Sarawak, Sabah

O. sp. indet.
TEM: Batu Apoi, Kpg. Selapon, *Kirkup* 326.

PHAEANTHUS

P. crassipetalus Becc.
Midstorey/subcanopy tree, treelet; in understorey/low vegetation • VEG: LMDF, Secondary Forest • HAB: gentle slope • GEO: yellow sandy loam • ALT: 40 m
BEL: Labi, Bt. Teraja, *Simpson* 2148; Sungai Liang, Andulau F.R., *Ashton* BRUN 3012.
BRM: Mentiri, Mentiri, *Wong* 1626 • Malaya, Sumatra, Borneo

P. ophthalmicus (G.Don) J.Sinclair
Treelet • VEG: LMDF, HDF • HAB: gentle slope, steep slope, ridge; near running fresh water • GEO: Setap Shales; sandy clay soil • ALT: 100–350 m
TEM: Amo, K. Belalong, *Dransfield J.* 7058; Amo, K. Belalong, *Wong* 1248; Amo, K. Belalong National Park, BRUN 15040; Batu Apoi, Bt. Gelagas (Bt. Suang), *Simpson* 2467 • Malaya, Java, Borneo

POLYALTHIA

P. cf. asteriella Ridl.
Midstorey/subcanopy tree • HAB: ridge
TEM: Amo, Bt. Retak, *Wong* 852 • *P. asteriella* is known from Thailand, Malay Peninsula & Borneo

P. cauliflora Hook.f. & Thoms. *sens. lat.*
Midstorey/subcanopy tree, treelet • VEG: LMDF, Degraded LMDF, HDF • HAB: gentle slope, steep slope, terrace, ridge • GEO: Belait formation, Sand/clay, Setap Shales; sandy clay soil, Brown clay-loam; Leaf litter • ALT: 20–150 m
BEL: Labi, Bt. Teraja, *Suhaili Hj. Zinin* BRUN 15008; Melilas, Sungai Mutip, *Atkins* 580; Melilas, Ulu Ingei, *Atkins* 560; Melilas, Ulu Ingei, *Atkins* 573; Sukang, Sungai Paleh Bangawong, *Kirkup* 602. TEM: Amo, Ulu Belalong, *Dransfield J.* 7389. TUT: Lamunin, *Dransfield J.* 6815; Lamunin, Kpg. Menangah, *Kirkup* 726; Rambai, Tutong river, *Wong* 1691 • Thailand, Malaya, Sumatra, Borneo

P. cauliflora Hook.f. & Thoms. var. **beccarii** (King) J.Sinclair
Midstorey/subcanopy tree, treelet; in understorey/low vegetation • VEG: Empran, Kerangas, HDF • HAB: gentle slope, ridge; seasonal watercourse • GEO: sandstone; alluvial deposits; yellow sandy loam • ALT: 30–990 m • USES: Edible fruit, pickled
BEL: Labi, Bt. Teraja, *Simpson* 2129; Melilas, K. Ingei,, *Ashton* BRUN 225. TEM: Amo, K. Belalong Fld. Studies Centre, *Schatz* 3300; Bangar, Pekan Bangar, *Ashton* BRUN 486. TUT: Lamunin, K. Abang road, *Ashton* BRUN 5087 • Malaya, Sumatra, Borneo

P. chrysotricha Ridl.
Midstorey/subcanopy tree • VEG: Degraded LMDF, Secondary Forest • HAB: gentle slope • ALT: 50–150 m
BEL: Bukit Sawat, Labi Road, *Thomas* 257; Labi, Jln. Melayan, *Dransfield J.* 7262 • Malaya, Sumatra, Borneo: Sabah

P. clavigera King
Midstorey/subcanopy tree • VEG: LMDF • GEO: Setap Shales • ALT: 20–40 m
TEM: Batu Apoi, Kpg. Selapon, *Kirkup* 336. **Without prov.:** *Argent* 91108 • Thailand, Malaya, Sumatra, Borneo

P. flagellaris (Becc.) Airy Shaw
Canopy/emergent tree, midstorey/subcanopy tree, treelet • VEG: LMDF, Degraded LMDF, HDF • HAB: valley bottom, gentle slope, steep slope, ridge; near running fresh water • GEO: Belait formation, Lambir formation, Setap Shales; grey clay soil • ALT: 130 m
BEL: Labi, Rampayoh, *Sands* 5750. **TEM:** Amo, Apoi Forest Reserve, *Sands* 5795; Amo, K. Belalong, *Sands* 5507; Amo, Kuala Belalong, *Duling* 38; Amo, Sg. Temburong, BRUN 15639; Amo, Sg. Belalong, *Dransfield J.* 7052; Amo, Sg. Temburong, *Wong* 1958; Batu Apoi, Bt. Gelagas (Bt. Suang), *Simpson* 2488; Batu Apoi, Kpg. Selapon, *Dransfield J.* 6952; Labu, Peradayan F.R., *Sands* 5643 • Borneo: Sarawak, Sabah

P. glauca (Hassk.) Boerl.
Canopy/emergent tree • ALT: 10 m
BEL: Seria, Badas State land, *Smythies* SAN 17439 • Malaya, Sumatra, Java, Borneo, Sulawesi, Philippines, New Guinea

P. hookeriana King
Midstorey/subcanopy tree • VEG: LMDF • HAB: gentle slope • GEO: Setap Shales; clay soil • ALT: 100 m
BEL: Labi, Bt. Teraja, *Suhaili Hj. Zinin* BRUN 15014. **TEM:** Batu Apoi, Selapon, *Kirkup* 943 • Thailand, Malaya, Borneo

P. hypogaea King
Midstorey/subcanopy tree • HAB: gentle slope, ridge • GEO: shale • ALT: 100–130 m
TEM: Amo, K. Belalong, *Wong* 1245; Amo, Sg. Temburong, *Coode* 6671 • Malaya, Borneo

P. hypoleuca Hook.f. & Thoms.
Midstorey/subcanopy tree, treelet • VEG: Peatswamp Forest with Shorea albida • HAB: near running fresh water • ALT: sea level
BEL: Seria, Badas railway, *Smythies* SAN 17457; Seria, Badas timber rail tracks, *Sinclair* 10460; Seria, Kpg. Seria, *Smythies* S 5892 • Malaya, Sumatra, Borneo

P. insignis (Hook.f.) Airy Shaw
Midstorey/subcanopy tree, treelet, shrub; in understorey/low vegetation • VEG: Kerapah, LMDF, Degraded LMDF, HDF, Secondary Forest • HAB: gentle slope, steep slope, terrace, ridge; periodically flooded; near running fresh water • GEO: Lambir formation, White sand, Setap Shales; alluvial deposits; clay soil • ALT: 10–150 m
BEL: Labi, Bt. Teraja, *Sands* 5455. **BRM:** Serasa, Kpg. Sabun, *Wong* 922. **TEM:** Batu Apoi, Selapon, *Coode* 7942; Batu Apoi, Selapon, *Kirkup* 922. **TUT:** Lamunin, Kpg. Menangah, *Kirkup* 724; Lamunin, Lamunin, *Kirkup* 230; Lamunin, Lamunin, *Kirkup* 285 • Borneo

P. jenkinsii (Hook.f. & Thoms.) Hook.f. & Thoms.
Treelet • VEG: Roadsides
BEL: Labi, Bt. Puan, *Sinclair* 10489 • Assam, Thailand, Malesia

P. lateriflora (Blume) King
Midstorey/subcanopy tree • VEG: Peatswamp Forest • ALT: sea level–10 m
BEL: Badas, Kpg. Badas, *Coode* 6452 • Thailand, Sumatra, Java, Borneo

P. longipes (Miq.) Koord. & Valeton
Treelet • VEG: LMDF • HAB: ridge • GEO: Setap Shales • ALT: 100–150 m
TUT: Lamunin, *Kirkup* 221 • Borneo & Philippines

P. motleyana (Hook.f.) Airy Shaw — *Kayu Medit* (Dus.), *Semukau* (Ib.)
Treelet; in understorey/low vegetation • VEG: LMDF, HDF, Lower Montane Forest • HAB: gentle slope, steep slope, ridge; waterfall spray zone • GEO: Meligan formation, sandstone, Setap Shales; stony; clay soil • ALT: 10–850 m • USES: Bark used for making straps, Medicinal

BEL: Labi, Labi Hills F.R., *Coode* 6828; Melilas, Ulu Ingei, *Wong* 1119; Sungai Liang, Andulau F.R., *Smythies* SAN 17569; Sungai Liang, Sungei Liang Arboretum, *Wong* 135. **TEM:** Amo, Bt. Belalong, *Prance* 30604; Amo, Bt. Belalong, *Prance* 30605; Amo, G. Retak, *Sands* 5288; Amo, Sg. Temburong, *Sands* 5341; Amo, Ulu Belalong, *Dransfield J.* 7352. **TUT:** Lamunin, Lamunin, *Kirkup* 223; Rambai, Ladan Hills F.R., *Coode* 6397; Rambai, Tasek Merimbun, *Bernstein* 139, 151 • Malaya, Borneo, Riouw Archipelago

P. rumphii (Blume) Merr. — *Semukau* (Ib.)

Midstorey/subcanopy tree, treelet • VEG: LMDF, Degraded Secondary Forest • HAB: gentle slope, terrace, ridge; periodically flooded; near running fresh water • GEO: sandstone, clay; alluvial deposits; clay soil, sandy clay soil, yellow sandy clay soil • ALT: 90 m

BEL: Labi, Labi Hills F.R., *Wong* 1589; Sungai Liang, Andulau F.R., *Ashton* BRUN 589; Sungai Liang, Andulau F.R., *Sinclair* 10444. **TEM:** Batu Apoi, Selapon, *Dransfield J.* 7443; Batu Apoi, Selapon, *Dransfield J.* 7461. **TUT:** Lamunin, K. Abang road, *Ashton* BRUN 75 • Malaya, Sumatra, Borneo, Moluccas, Philippines, New Guinea

P. sumatrana (Miq.) Kurz — *Dilah* (Ib.), *Dilah Sa'ie* (Ib., Mal.), *Sengkarai* (Dus.)

Canopy/emergent tree, midstorey/subcanopy tree, treelet, shrub • VEG: Peatswamp Forest with Shorea albida, LMDF, HDF, Secondary Forest • HAB: gentle slope, steep slope, ridge; near running fresh water • GEO: Belait formation, sandstone, Setap Shales; clay soil, yellow sandy clay soil, sandy soil; peat • ALT: 300 m • USES: Edible fruit, pickled

BEL: Labi, Labi Hills F.R., *Wong* 1583; Labi, Labi Hills F.R., *Wong* 1584; Labi, Sungai Rampayoh, *Coode* 7796; Melilas, K. Ingei, *Ashton* BRUN 187; Melilas, Paleh Bangawong, *Thomas* 74; Sungai Liang, Andulau F.R., *Sinclair* 10454; Sungai Liang, Sungai Liang F.R., *Bygrave* 5. **TEM:** Amo, Batu Apoi Forest Reserve, *Nielsen* 1066; Amo, K. Belalong, *Ashton* BRUN 465; Amo, K. Belalong Fld. Studies Centre, *Schatz* 3257; Amo, Kuala Belalong, *Duling* 35; Amo, Sg. Belalong, *Dransfield J.* 7039; Amo, Ulu Belalong, *Dransfield J.* 7425. **TUT:** Rambai, Ladan Hills F.R., *Coode* 6419; Rambai, Ulu Tutong, *Ashton* BRUN 897 • Malaya, Sumatra, Borneo

P. tenuipes Merr. — *Kayu Bangking* (Dus.)

Canopy/emergent tree, midstorey/subcanopy tree, treelet; on ground, in understorey/low vegetation • VEG: LMDF, Degraded LMDF, HDF • HAB: gentle slope, ridge; near running fresh water • GEO: Lambir formation, shale, Setap Shales • ALT: 850 m • USES: Edible fruit, wood to make fish traps

BEL: Bukit Sawat, Merangking, *Coode* 7702; Labi, Bt. Teraja, *Simpson* 2158; Labi, Bt. Teraja, *Suhaili Hj. Zinin* BRUN 15007; Labi, Rampayoh, *Atkins* 435; Labi, Sg. Teraja, *Wong* 1005A; Labi, Teraja, *Sands* 6017. **TEM:** Amo, Bt. Belalong, *Dransfield J.* 7170; Amo, Sg. Temburong, *Coode* 6625; Labu, *Smythies* SAN 17408. **TUT:** Lamunin, Lamunin, *Kirkup* 216; Lamunin, Lamunin, *Kirkup* 217; Rambai, Tasek Merimbun, *Bernstein* 206 • Borneo: Sarawak, Sabah

P. sp. 1

Shrub, suffrutescent herb/subshrub; on ground • VEG: Degraded LMDF, HDF • HAB: ridge; near running fresh water • GEO: Belait formation, sandstone, Setap Shales • ALT: 150 m

BEL: Labi, Mendaram, *Dransfield J.* 6554; Labi, Wong Kadir, *Coode* 7189. **TEM:** Amo, Apoi Forest Reserve, *Cowley* 46.

P. sp. 2

Midstorey/subcanopy tree, treelet; in understorey/low vegetation • VEG: Degraded LMDF, HDF • HAB: gentle slope, steep slope, ridge • GEO: Belait formation, Setap Shales; clay soil; • ALT: 120–850 m

BEL: Labi, Bt. Telingan, *Kirkup* 242; Labi, Bt. Teraja, *Simpson* 2132; Labi, Sungai Rampayoh, *Coode* 7797. **TEM:** Amo, Bt. Belalong, *Dransfield J.* 7177.

P. sp. 3

Treelet • VEG: LMDF • HAB: gentle slope • GEO: sandstone; clay soil • ALT: 250 m
TEM: Batu Apoi, Selapon, *Dransfield J.* 7468.

P. spp. indet.
BEL: Bukit Sawat, Sg. Belait, *Wong* 98; Melilas, Ulu Ingei, *Brunig* S 1004. TEM: Amo, Bukit Tudal, *Bygrave* 32. TUT: *Puff* 9008252/2.

POLYAULAX

P. cylindrocarpa (Burck) Backer
Canopy/emergent tree • GEO: clay soil
TEM: Amo, K. Belalong, Batu Apoi F.R., *Hansen* 1511 • Borneo, New Guinea to Australia & ?Pacific

POPOWIA

P. pisocarpa (Blume) Endl.
Canopy/emergent tree, midstorey/subcanopy tree, treelet • VEG: Alluvial Forest, Kerangas, LMDF, Degraded LMDF • HAB: gentle slope, terrace; near running fresh water • GEO: Belait formation, shale, Sand/clay, Setap Shales; alluvial deposits; yellow sand • ALT: 20–250 m
BEL: Labi, Sungai Rampayoh, *Coode* 7802; Melilas, Ulu Ingei, *Atkins* 572; Sukang, Sungai Paleh Bangawong, *Kirkup* 603. TEM: *Johns* 7268; Amo, Sg. Temburong, *Coode* 6591. TUT: Lamunin, Layong–Gadong pipeline track, *Dransfield J.* 6817 • Indo-China, Malaya, Sumatra, Java, Borneo, Philippines

P. sp. 1
Treelet • VEG: Lower Montane Forest • HAB: steep slope, ridge • ALT: 780–850 m
TEM: Amo, Bt. Belalong, *Prance* 30600; Amo, Bt. Belalong, *Wong* 1523.

P. sp. 2
Midstorey/subcanopy tree, treelet • VEG: LMDF • GEO: Setap Shales • ALT: 20–50 m
TEM: Batu Apoi, Kpg. Selapon, *Dransfield J.* 6981. TUT: Lamunin, *Kirkup* 289.

P. sp. 3
Treelet • VEG: Degraded LMDF, HDF • HAB: gentle slope; near running fresh water • ALT: 350–70 m
BEL: Labi, Jln. Melayan, *Dransfield J.* 7275. TEM: Batu Apoi, Bt. Gelagas (Bt. Suang), *Simpson* 2387.

P. sp. indet.
TEM: Amo, Sg. Temburong, BRUN 15631.

PSEUDUVARIA

P. pamathonis (Miq.) J.Sinclair
Treelet • HAB: steep slope
TEM: Amo, Batu Apoi F.R.., K. Belalong FSC, *Hansen* 1545 • Borneo

P. spp. indet.
TEM: Amo, Apoi Forest Reserve, *Sands* 5813; Amo, K. Belalong, *Jacobs* 5642; Amo, K. Belalong Fld. Studies Centre, *Schatz* 3261; Amo, Sg. Belalong, *Dransfield J.* 7044; Amo, Sg. Temburong, *Dransfield J.* 6702; Amo, Temburong, BRUN 15289.

PYRAMIDANTHE

P. prismatica (Hook.f. & Thoms.) J.Sinclair
Climber • ALT: 40 m
BEL: Sungai Liang, Andulau F.R., *Smythies* SAN 17507 • Thailand, Sumatra, Borneo

SAGERAEA

S. elliptica (A.DC.) Hook.f. & Thoms.
Midstorey/subcanopy tree

BEL: Sungai Liang, Sungai Liang Arboretum, *Wong* 942 • Indo-China, Malaya, Borneo

S. lanceolata Miq.
Midstorey/subcanopy tree • HAB: ridge • GEO: Podsol
TEM: Amo, Sg. Temburong, BRUN 15630. **Without prov.:** *De Vogel* 8941 • Malaya, Borneo

STELECHOCARPUS

S. cauliflorus (Scheff.) R.E.Fr.
Midstorey/subcanopy tree
TEM: Amo, Sg. Belalong, *Wong* 1169 • Thailand, Malaya, Sumatra, Borneo

UVARIA

U. lamponga Scheff.
Climber • HAB: gentle slope • ALT: 40 m
TEM: Labu, *Smythies* SAN 17134 • Java, Borneo

U. lanuginosa Ridl.
Liana, climber • VEG: Roadsides • GEO: sandstone • ALT: 230 m
BEL: Labi, Bt. Puan, *Sinclair* 10487. TUT: Rambai, Bt. Bahak, *Coode* 7119 • Borneo

U. ovalifolia Blume — *Akar Rarak* (Ib.), *Entopak* (Ib.)
Treelet, liana, climber • VEG: Degraded Peatswamp Forest, LMDF • HAB: flat ground, gentle slope; periodically flooded; near running fresh water • GEO: Belait formation, Lambir formation; alluvial deposits; clay soil, sandy clay soil, sandy soil • ALT: 30 m
BEL: Bukit Sawat, Sg. Mau, *Niga* 64; Labi, Bt. Teraja, *Coode* 6981; Labi, Bt. Teraja, *Simpson* 2144; Labi, Sungai Rampayoh, *Kirkup* 825; Sukang–Melilas, Belait river, *Forman* 1151. TUT: *Forman* 997; Rambai, Sg. Tutong, *Coode* 6444; Rambai, Sg. Tutong, *Simpson* 2617 • Bangka, Borneo: Sarawak, Sabah

U. rufa Blume
Climber • ALT: 190 m
TEM: Amo, K. Belalong, *Smythies* SAN 17079 • Indo-China, Malaya, Sumatra, Java, Borneo, Philippines, New Guinea

U. spp. indet.
BEL: Sg. Belait, *Wong* 570; Sungai Liang, Andulau F.R., *Wong* 1546. BRM: Lumapas, Bukit Lumapas, *Bygrave* 39. TEM: Labu, *Smythies* SAN 17403.

WOODIELLANTHA

W. sympetala (Merr.) Rauschert
Midstorey/subcanopy tree, shrub • VEG: HDF, Lower Montane Forest • HAB: gentle slope; near running fresh water • GEO: Meligan formation • ALT: 1120–800 m
TEM: Amo, G. Retak, *Sands* 5283; Amo, G. Retak, *Sands* 5362; Batu Apoi, Bt. Gelagas (Bt. Suang), *Simpson* 2490 • Borneo: Sarawak

W. sympetala (Merr.) Rauschert var. **grandifolia** Airy Shaw
Treelet • VEG: LMDF • HAB: valley bottom; impeded drainage • GEO: Setap Shales • ALT: 60 m
TEM: Amo, K. Belalong, *Dransfield J.* 7089; Amo, Sg. Belalong, *Wong* 1180 • Borneo: Sarawak, Sabah

W. sp. indet.
TEM: Batu Apoi, Bt. Gelagas (Bt. Suang), *Simpson* 2445.

XYLOPIA

X. coriifolia Ridl.
Midstorey/subcanopy tree • VEG: Peatswamp Forest with Shorea albida • ALT: sea level
BEL: Seria, Kpg. Seria, *Smythies* S 5848 • Borneo: Sarawak

X. aff. coriifolia Ridl.
Midstorey/subcanopy tree • HAB: ridge
BEL: Melilas, Bt. Batu Patam, *Wong* 1142.

X. ferruginea (Hook.f. & Thoms.) Hook.f. & Thoms. — *Jangkang Bukit* (Ib.), *Sinkajang* (Ib.)
Canopy/emergent tree, midstorey/subcanopy tree • VEG: Empran, Peatswamp Forest with Shorea albida, Secondary Forest • HAB: ridge; seasonal watercourse; near running fresh water • GEO: sandstone; alluvial deposits; yellow sandy clay soil; peat • ALT: 300 m
BEL: Bukit Sawat, Ulu Sg. Badas, *Niga* 105; Labi, Jln. Labi, *Ashton* BRUN 41; Melilas, *Ashton* BRUN 223; Melilas, Bt. Batu Patam, *Wong* 1094; Melilas, Sg. Ingei, *Ashton* BRUN 129; Seria, Kpg. Seria, *Smythies* S 5906; Sg. Liang, Andulau F.R., Compt.7, BRUN 15260. **TEM:** Batu Apoi, Limpaku–Sebatu watershed, *Ashton* BRUN 332. **TUT:** Jln. Tutong, *Abot* KEP 37227 • Thailand, Malaya, Sumatra, Borneo

X. aff. fusca Hook.f. & Thoms.
Midstorey/subcanopy tree • VEC Secondary Forest • ALT: sea level
BRM: Berakas, Berakas F.R., *Ast,* ∙ S 7838 • *X. fusca* is known from Malay Peninsula & Borneo

X. malayana Hook.f. & Thoms. — *Sengkarai Ragang* (Dus.)
Treelet • VEG: LMDF • GEO: yellow sandy clay soil • ALT: 40 m • USES: Firewood
BEL: Labi, Sungai Rampayoh, *Coode* 7785. **TUT:** Rambai, Tasek Merimbun, *Bernstein* 492 • Malaya, Sumatra, Borneo

X. spp. indet.
BEL: Bukit Sawat, Merangking Buau, *Coode* 7690; Labi, Bukit Teraja, *Kirkup* 437. **Without prov.:** *van Niel* 4038.

ANNONACEAE INDET.

BEL: Labi, Bt. Teraja, *Coode* 6929; Labi, Sungai Rampayoh, *Coode* 7821; Melilas, Kuala Ingei, *Thomas* 214; Melilas, Sungai Mutip, *Atkins* 585; Sukang, *Ashton* BRUN 111; Sukang, Sungai Paleh Bangawong, *Kirkup* 624; Sukang, Sungai Paleh Bangawong, *Kirkup* 689; Sungai Liang, Andulau F.R., *Ashton* BRUN 587; . **TEM:** *Johns* 6945; Amo, Apoi Forest Reserve, *Sands* 5789; Amo, Bt. Belalong, *Wong* 1455; Amo, Sg. Temburong, *Coode* 6705; Amo, Sg. Temburong, *Coode* 6748; Amo, Sg. Temburong, *Wong* 1710; Amo, Ulu Belalong, *Dransfield J.* 7395; Batu Apoi, Bt. Gelagas (Bt. Suang), *Simpson* 2244. **TUT:** Rambai, Bt. Bahak, *Coode* 7043; Rambai, Bt. Bahak, *Coode* 7060; Rambai, Tasek Merimbun, *Bernstein* 118, 429; Tanjong Maya, Jalan Tutong–Seria, *Thomas* 248.

APOCYNACEAE
determinations by A.J.M. LEEUWENBERG & D.J. MIDDLETON

ALLAMANDA

A. cathartica L. — *Jempaka* (Dus.)
TUT: Rambai, Tasek Merimbun, *Bernstein* 342. **Without prov.:** *van Niel* 3660 • Cultivated widely across tropics

ALSTONIA

A. angustifolia A.DC.
Name in Hassan & Ashton • Malaya

A. angustiloba Miq. — *Tembilek Bukit* (Dus.)
• USES: Wood used for posts and boards
TUT: Rambai, Tasek Merimbun, *Bernstein* 163 • Malaya, Borneo

A. scholaris (L.) R.Br. — *Pulai* (Br.), *Tembilek Lilin* (Dus.)
Canopy/emergent tree, midstorey/subcanopy tree • VEG: Degraded Peatswamp Forest, Secondary Forest • GEO: peat
BEL: Labi, Luagan Lalak, *Niga* 184. TUT: Jln. Tutong, *Ashton* BRUN 5407; Telisai, *Ashton* BRUN 5005 • Old World tropics

A. spatulata Blume
Midstorey/subcanopy tree • VEG: Degraded Peatswamp Forest
TUT: Pekan Tutong, Kpg. Penanjong, BRUN 5710; Pekan Tutong, Kpg. Penanjong, BRUN 5711. Without prov.: *Flemmich* KEP 48167; *van Niel* 3419 • W & C Malesia

ALYXIA
Markgraf in Blumea 23(2): 377–414 (1977)

A. pagonensis Markgr.
Shrub, climber • VEG: Upper Montane Forest, Upper Montane Shrubbery • HAB: ridge • ALT: 1400–1520 m
TEM: Amo, *Ashton* BRUN 2299; Amo, G. Pagon, *Coode* 7422 • Endemic

A. palawanensis Markgr.
Climber • VEG: Upper Montane Forest • HAB: ridge • ALT: 1520 m
TEM: Amo, *Ashton* BRUN 2330 • Philippines

A. pilosa Miq.
Liana, climber • VEG: Kerangas, Kerangas Forest with Agathis, Degraded Lower Montane Forest, Secondary Forest • HAB: steep slope • GEO: White sand; Podsol, sandy soil; Mor • ALT: 1480 m
BEL: Melilas, Batu Patam, *Wong* 1063; Seria, Anduki F. R., *Forman* 879; Seria, Badas F.R., *Coode* 7639. BRM: Sengkurong, Bt. Shahbandar, *Wong* 197. TEM: Amo, G. Pagon, *Coode* 7576; Batu Apoi, Bt. Pasir Putih, *Ashton* BRUN 5034. TUT: Tanjong Maya, *Wong* 48; Tanjong Maya, Coastal road–Bt. Udal junction, *Wong* 33 • Sumatra, Malaya, Borneo

A. reinwardtii Blume var. **lucida** (Wall.) Markgr.
Without prov.: *van Niel* 3865; *van Niel* 3894; *van Niel* 4327.

A. sp. 1
Liana, climber • VEG: Kerangas, Upper Montane Forest, Upper Montane Shrubbery • HAB: gentle slope, ridge • GEO: Meligan formation • ALT: 1350 m
TEM: Amo, *Sands* 5406; Amo, *Wong* 1846; Amo, Bt. Retak, *Sands* 5229; Amo, Bukit Retak, *Hussain Hj. Osman* 24; Amo, Bukit Retak, *Hussain Hj. Osman* 25.

A. spp. indet.
BEL: Andulau F.R., *Ashton* BRUN 278. BRM: Berakas, Berakas F.R., *Ashton* BRUN 71.

ANODENDRON

A. borneense (King & Gamble) D.J.Middleton
Climber • VEG: HDF • HAB: steep slope • GEO: Setap Shales; Brown clay-loam; Leaf litter • ALT: 480–900 m
TEM: Amo, Bt. Belalong, *Dransfield J.* 7205; Amo, Ulu Belalong LP382, *Kirkup* 873 • Borneo: Sarawak, Sabah

BAHARUIA

B. gracilis D.J. Middleton
Climber • VEG: LMDF • HAB: ridge • ALT: 850 m
BEL: Labi, Bt. Telingan, *Wong* 1590. **TEM:** Amo, Bt. Belalong, *Wong* 1490 • Sumatra, Borneo

CATHARANTHUS

C. roseus (L.) G.Don
Without prov.: *van Niel* 3832 • Widely cultivated in tropics; origin Madagascar

CERBERA

C. manghas L. — *Merbadak* (Br.)
Midstorey/subcanopy tree • VEG: Mangrove, Secondary Forest • HAB: near running fresh water • GEO: alluvial deposits; yellow loam
BRM: Pengkalan Batu, Sg. Brunei, *Ashton* BRUN 5069; Sengkurong, Kpg. Jerudong, *Ashton* BRUN 5174. **TEM:** Labu, *Hassan Pukol* BRUN 3104 • SE Asia, Malesia

CHILOCARPUS

C. anguineus Stapf
Climber • VEG: LMDF • HAB: ridge • GEO: Belait formation • ALT: 50–200 m
BEL: Melilas, Kuala Ingei, *Thomas* 211; Melilas, Paleh Bangawong, *Thomas* 94 • Borneo

C. beccarianus Pierre
Liana • VEG: LMDF • HAB: gentle slope • ALT: 280 m
BEL: Labi, Bt. Teraja, *Coode* 6969 • Borneo

C. conspicuus (Steenis) Markgr.
Liana, herb, climber • VEG: HDF • HAB: valley bottom; periodically flooded; near running fresh water • GEO: Setap Shales; alluvial deposits; grey clay soil, sandy soil • ALT: 80 m
BEL: Melilas, K. Topi–K. Penipir, *Ashton* BRUN 231; Melilas, Sg. Belait, *Forman* 1189 • Borneo: Sarawak

C. obtusifolius Merr. — *Akar Kara Ayam Sebayam* (Ib.)
Treelet, liana, climber • VEG: Peatswamp Forest, Kerangas, LMDF, HDF, Secondary Forest • HAB: gentle slope, ridge • GEO: White sand; sandy soil • ALT: 400 m
BEL: Andulau F.R., *Wong* 1555; Labi, Bt. Teraja, *Coode* 6925; Labi, Bt. Teraja, *Simpson* 2117; Sungai Liang, Jln. Labi, *Niga* 40; Sungai Liang, Sg. Lumut, *Sinclair* 10424. **TEM:** Labu, *Wong* 1148. **TUT:** Rambai, Bt. Bahak, *Coode* 7118; Tanjong Maya, *Forman* 815; Telisai, *Wong* 146. **Without prov.:** *van Niel* 4279 • Sumatra, Borneo

C. torulosus (Boerl.) Markgr.
Midstorey/subcanopy tree, treelet, climber • VEG: HDF • HAB: steep slope, ridge • GEO: Setap Shales; clay soil, sandy soil • ALT: 10–900 m
BEL: Sukang, Sg. Belait, *Forman* 1171. **TEM:** Amo, Bt. Belalong, *Dransfield J.* 7158; Amo, K. Belalong, *Abd. Latip* BRUN 5656 • Borneo: Sarawak

DYERA

D. costulata (Miq.) Hook.f.
Canopy/emergent tree • HAB: gentle slope • ALT: 190 m
TEM: Amo, K. Belalong, *Wong* 252 • Sumatra, Malaya, Borneo

D. lowii Hook.f.
Canopy/emergent tree, midstorey/subcanopy tree • VEG: Peatswamp Forest with *Shorea albida* • HAB: gentle slope
BEL: Kuala Balai, Kpg. K. Balai, *Ja'amat and Bujang* KEP 39682; Seria, Jln. Badas, *Mat*

Salleh 2406. **Without prov.**: *Bujang Abg.* KEP 30549 • Borneo

D. sp. indet.
TEM: Amo, K. Belalong, *Asah* BRUN 3152.

EUCORYMBIA

E. alba Stapf
Without prov.: *van Niel* 3658 • Sumatra, Borneo: Sarawak

ICHNOCARPUS

I. frutescens (L.) W.T.Aiton
Climber • VEG: HDF • HAB: gentle slope • GEO: Belait formation • ALT: 150 m
TUT: Lamunin, Ladan Hills, *Sands* 5766 • Indo-Malesia to Australia

KOPSIA

K. caudata Merr. — *Belah Periok Putih* (Br.)
Tree, midstorey/subcanopy tree, treelet, climber • HAB: gentle slope • GEO: sandstone; yellow sandy clay soil • ALT: 60–90 m
TEM: Bangar, Bt. Biang, *Smythies* S 5788; Bangar, Pekan Bangar, *Smythies* S 5794; Batu Apoi, Kpg. Selapon, *Wong* 2066; Labu, Bt. Peradayan, *Hassan Pukol* BRUN 3101 • Borneo: Sabah

K. fruticosa A.DC.
Without prov.: *van Niel* 3675 • Java

K. sp.indet.
TUT: *Johns* 7615.

LEUCONOTIS

L. anceps Jack
Liana, climber • VEG: Lower Montane Forest • HAB: gentle slope, steep slope, ridge • ALT: 40–860 m
BEL: Bukit Sawat, Merangking Buau, *Coode* 7677. TEM: Amo, Bt. Belalong, *Prance* 30575; Amo, Bt. Belalong, *Wong* 1445 • Sumatra, Borneo

L. eugeniifolius (G.Don) A.DC. — *Akar Serapit* (Br.)
Climber • VEG: Kerangas, LMDF, Secondary Forest • HAB: terrace; periodically flooded; near running fresh water • GEO: Sand/clay; alluvial deposits; sandy soil • ALT: 10–50 m
BEL: Bukit Sawat, Sg. Belait, *Wong* 567; Labi, *Johns* 7428; Labi, Jln. Teraja–Redan, *Niga* 268; Labi, Kpg. Tenajor, *Haslani - Mohd. A.* 12; Melilas, Sg. Belait, *Forman* 1176; Sukang, Kampong Sukang, *Atkins* 520 • Sumatra, Malaya, Borneo

MELODINUS

M. lancifolius Ridl.
Climber • HAB: ridge
BEL: Sungai Liang, Andulau F.R., *Smythies* SAN 17467. TEM: Amo, Bt. Belalong, *Wong* 1486 • Borneo

M. orientalis Blume
Liana • HAB: ridge • GEO: sandstone; yellow sandy clay soil • ALT: 270 m
TEM: Amo, Ulu Belalong, *Ashton* BRUN 440 • Java, Borneo

M. sp. indet.
BEL: Sukang, Sungai Paleh Bangawong, *Kirkup* 670.

NERIUM

N. oleander L. (*N. indicum* Mill.)
Without prov.: *van Niel* 3689 • Cultivated, native of tropical America

PARAMERIA

P. laevigata (Juss.) Moldenke
Climber • VEG: HDF • HAB: ridge • GEO: sandstone; clay soil • ALT: 540 m
TEM: Amo, Ulu Belalong LP382, *Kirkup* 865 • W & C Malesia

P. polyneura Hook.f.
Without prov.: *Hotta* 12712 • Borneo

PARSONSIA

P. alboflavescens (Dennst.) Mabberley
Climber • VEG: Degraded Peatswamp Forest • GEO: clay soil • ALT: sea level–10 m
TUT: *Forman* 967 • India to Malesia

PLUMERIA

P. obtusa L.
Without prov.: *van Niel* 4088 • Cultivated, native in W Indies

TABERNAEMONTANA

Leeuwenberg, Revision of Tabernaemontana: Old World Species (1991)

T. antheonycta Leeuwenb.
Treelet • VEG: LMDF, HDF • HAB: gentle slope, ridge • GEO: sandstone, Setap Shales; clay soil • ALT: 250–300 m
BEL: Melilas, Batu Patam, *Wong* 1073; Melilas, Sg. Ingei, *Wong* 643. TEM: Amo, Batu Apoi Forest Reserve, *Nielsen* 1015; Batu Apoi, Selapon, *Kirkup* 932 • Borneo: Sarawak, Sabah

T. macrocarpa Jack (*Ervatamia macrocarpa* (Jack) Merr.) — *Merbadak* (Br.)
Canopy/emergent tree, midstorey/subcanopy tree • VEG: Degraded Mangrove, Degraded LMDF, Secondary Forest • HAB: flat ground, valley bottom, base of slope, steep slope, terrace, ridge; periodically flooded; near running fresh water • GEO: Lambir formation, Sand/clay, Setap Shales; alluvial deposits • ALT: 60 m
BEL: Labi, Rampayoh, *Sands* 5752; Sukang, Kampong Sukang, *Cowley* 105. BRM: *Ashton* BRUN 5412; Kota Batu, Kpg. Kota Batu, *Hassan Pukol* BRUN 3122. TEM: Amo, Apoi Forest Reserve, *Atkins* 465; Amo, K. Belalong Fld. Studies Centre, *Schatz* 3263. TUT: Lamunin, Ladan Hills F.R., *Wong* 327 • S Thailand, W & C Malesia

T. pauciflora Blume — *Berancang Asu* (Dus.)
Treelet, shrub • VEG: LMDF, HDF, Secondary Forest • HAB: terrace, ridge; periodically flooded; near running fresh water • GEO: sandstone, Sand/clay, Setap Shales • ALT: 10–50 m
BEL: Sukang, Kampong Sukang, *Cowley* 108. TEM: Amo, Bukit Belalong, *Argent* 91122; Amo, Kuala Belalong F.S.C., *Argent* 91186; Amo, Sg. Belalong, *Wong* 1161; Amo, Sg. Sibut, *Sands* 5513; Amo, Sg. Temburong Machang, *Wong* 1941. TUT: Rambai, Bt. Bahak, *Coode* 7039; Rambai, Tasek Merimbun, *Bernstein* 236 • Burma, Indochina, W & C Malesia

URCEOLA

U. brachysepala Hook.f.
Climber • ALT: 40 m
BEL: Sungai Liang, Jln. Labi, *Forman* 844 • Malaya

U. torulosa Hook.f.
Liana • HAB: gentle slope • ALT: 40 m
TEM: Bangar, Pekan Bangar, *Ashton* BRUN 3371 • Malaya

U. aff. torulosa Hook.f.
Climber • VEG: Kerangas
BEL: Bukit Sawat, Jln. Merangking–Buau, *Niga* 244.

WILLUGHBEIA
Middleton in Blumea 38: 1–24 (1993)

W. angustifolia (Miq.) Markgr. — *Serapit* (Br., Dus., Ib., Ked., Tut., Mal.)
Liana, climber • VEG: Degraded LMDF, HDF, Secondary Forest • HAB: flat ground, gentle slope, ridge; well-drained, periodically flooded • GEO: Belait formation, White sand, sandstone; alluvial deposits; clay soil, yellow-red clay soil; Leaf litter, peat • ALT: 620 m
BEL: Andulau F.R., *Sinclair* 10449; Labi, Bt. Telingan, *Dransfield J.* 6831. **BRM:** Berakas, Berakas F.R., *Ashton* BRUN 845. **TEM:** Amo, Ulu Belalong LP382, *Kirkup* 864; Amo, Ulu Belalong LP382, *Kirkup* 902. **TUT:** Telisai, *Coode* 6852 • Sumatra, Malaya, Borneo, Moluccas

W. anomala Markgr. — *Ketabu* (Dus.), *Kubal* (Ib.), *Tabau* (Ib.)
Liana, climber • HAB: gentle slope • GEO: clay • ALT: 40 m
BEL: Andulau F.R., *Ashton* BRUN 600; Sungai Liang, Andulau F.R., *Niga* 175; Sungai Liang, Andulau F.R., *Smythies* SAN 17525 • Borneo: Sarawak; Philippines

W. beccariana (Pierre) K. Schum — *Akar Serapit* (Br.), *Serapit* (Br., Dus., Ib., Ked., Tut., Mal.)
Liana, climber • VEG: Cultivated Areas
BEL: Labi, *Niga* 164. **BRM:** Kumbang Pasang, Jln. Muara, *Wong* 557. **TEM:** Bukok, *Forman* 956 • Borneo, Sulawesi

W. coriacea Wall.
Climber • VEG: HDF • HAB: ridge • GEO: Setap Shales • ALT: 210–860 m
TEM: Amo, Bt. Belalong, *Dransfield J.* 7182; Amo, K. Belalong, *Smythies* SAN 17074 • S Thailand, W & C Malesia

W. gigantea (Boerl.) Markgr. — *Rendau Kawit* (Ib.)
Liana • HAB: periodically flooded • GEO: alluvial deposits
BEL: Sungai Liang, Andulau F.R., *Ashton* BRUN 2633 • Sumatra, Borneo

W. grandiflora Hook.f.
Climber • VEG: Peatswamp Forest • ALT: sea level–10 m
BEL: Sungai Liang, Badas, *Coode* 6459 • S Thailand, Malaya, Borneo

W. sarawacensis (Pierre) K. Schum. — *Serapit* (*)
Climber • HAB: near running fresh water
BEL: Labi, Bt. Puan, *Sinclair* 10518 • Borneo, Philippines

W. spp. indet.
BEL: Andulau F.R., *Wong* 1552. **Without prov.:** *van Niel* 3971; *van Niel* 4050; *van Niel* 4274.

APOCYNACEAE INDET.
BEL: Andulau F.R., *Wong* 1548; Melilas, Sg. Topi–Ingei watershed, *Kirkup* 743; Melilas, Ulu Ingei, *Sands* 5891; Sukang, Sungai Paleh Bangawong, *Kirkup* 691; Sukang, Sungai Paleh Bangawong, *Kirkup* 699. **TEM:** Amo, Bt. Belalong, *Wong* 1391; Amo, Bukit Tudal, *Bygrave* 9; Amo, Bukit Tudal, *Kirkup* 970; Amo, G. Pagon, *Coode* 7571; Amo, Sg. Temburong, BRUN 15297; Amo, Sg. Temburong, BRUN 15638; Batu Apoi, *Ashton* BRUN 310. **TUT:** *Johns* 7111; Rambai, Bt. Bahak, *Coode* 7108.

AQUIFOLIACEAE
S. ANDREWS

ILEX

I. cissoidea Loes.
Midstorey/subcanopy tree • VEG: LMDF, Degraded Secondary Forest • HAB: valley bottom; near running fresh water • GEO: Belait formation, sandstone • ALT: 30–150m
TEM: Batu Apoi, Selapon, *Dransfield J.* 7495. **TUT:** Lamunin, Ladan Hills F.R., *Sands* 5711 • Sumatra, Borneo, Sulawesi

I. clemensiae Heine
Epiphytic; shrub • VEG: HDF, Upper Montane Shrubbery • HAB: gentle slope, ridge; impeded drainage • GEO: Setap Shales • ALT: 850–1500 m
TEM: Amo, Bt. Belalong, *Dransfield J.* 7203; Amo, Bt. Belalong, *Prance* 30686; Amo, G. Pagon, *Coode* 7547 • Borneo: Sarawak, Sabah

I. cymosa Blume — *Bengkulat* (Br.), *Mengkulat* (Br.), *Perdoh* (Ib.), *Kemarich* (*)
Canopy/emergent tree, midstorey/subcanopy tree, shrub • VEG: Peatswamp Forest, Kerangas Forest with Agathis • HAB: flat ground; impeded drainage; near running fresh water, in running fresh water • GEO: sandy soil; peat • ALT: s.l.–10 (–300?) m
BEL: Sg. Badas, *Wong* 544; Sg. Belait, *Niga* 45; Sg. Belait, *van Niel* 4629; Kuala Belait, K. Belait, *Ashton* S 7857; Kuala Belait, K. Belait, *Ashton* S 7860; Kuala Belait, Sg. Damit, *Ja'amat and Bujang* KEP 39672; Seria, Badas F.R., *Coode* 7654; Seria, Seria, S 25980; Seria, Seria, *van Niel* 3892; Seria, Seria, *van Niel* 3934; Seria, Seria, *van Niel* 4041. **TEM:** Bangar, Bt. Biang, *Ec L* 43; Labu, *Hotta* 13562. **TUT:** Rambai, Sg. Medit, *Simpson* 2576. **Without prov.:** KEP 80175; *Flemmich* KEP 32642 • Thailand, Malaya, Singapore, Sumatra, Java, Borneo, Moluccas, Sulawesi, Philippines; ?Solomon Is.

I. glomerata King
Midstorey/subcanopy tree • VEG: Upper Montane Forest, Kerangas • HAB: ridge
BEL: Melilas, Ulu Belait, S 12357. **TEM:** Amo, Bt. Retak, *Wong* 822. **Without prov.:** S 941 • Burma, Malaya, Sumatra, Borneo: Sarawak, Sabah

I. glomerata King var. nov.
Treelet • VEG: Upper Montane Forest • HAB: ridge • GEO: Meligan formation • ALT: 1350 m
TEM: Amo, ridge NE of Bukit Retak, *Sands* 5272 • Endemic

I. havilandii Loes.
Treelet • VEG: Upper Montane Shrubbery • HAB: ridge • ALT: 1500 m
TEM: Amo, G. Pagon, *Coode* 7462 • Borneo

I. cf. laurocerasus Airy Shaw
• ALT.: 1500 m
TEM.: Amo, Gn. Pagon Periok, BRUN 1175. **Without prov.:** BRUN 1280 • Borneo: Sarawak

I. malaccensis Loes.
Small tree • GEO: shale • ALT: 120 m
TEM: Amo, Sg. Temburong, *Coode* 6580 • Sumatra, Malay Peninsula, Borneo, Sulawesi, Moluccas, Philippines, New Guinea

I. sp. 1 ?spicata Blume
Epiphytic; treelet, shrub • VEG: HDF, Upper Montane Shrubbery • HAB: ridge • GEO: Setap Shales • ALT: 870–1500 m
TEM: Amo, Bt. Belalong, *Dransfield J.* 7153; Amo, Bt. Retak, *Wong* 757; Amo, G. Pagon, *Coode* 7421 • Borneo

I. stapfiana Loes.
Epiphytic • ALT: 60 m

TEM: Amo, Sg. Temburong, above Kuala Belalong, *Smythies* SAN 17390 • Borneo: Sarawak, Kalimantan

I. triflora Blume (*I. polyphylla* Ridl.)
Treelet, scrambling shrub, shrub • VEG: Upper Montane Forest • HAB: ridge • ALT: 1520–1620 m
TEM: Amo, Pagon ridge, *Ashton* BRUN 2348; Amo, Pagon ridge, *Wong* 1857; Amo, Bt. Retak, *Wong* 727 • Borneo: Sabah

I. wallichii Hook.f. — *Ukut* (*)
Midstorey/subcanopy tree • VEG: Peatswamp Forest, Kerangas • HAB: terrace • ALT: sea level–10 m
BEL: S 2857; Melilas, Ulu Ingei, S 1010; Seria, Badas railway, *Smythies* SAN 17459; Sungai Liang, Badas, *Coode* 6840. **TEM:** Amo, Bt. Pagon, *Ashton* BRUN 2463; Amo, Bt. Pagon, *Ashton* BRUN 2485; Bukok, *Brunig* S 1124 • Burma, Thailand, Indochina, Malaya, Sumatra, Borneo

I. sp. 4 — *Ubah nuak* (Ib.), *Kemenjanz, Kemenyan larat* (*)
• ALT: 30 m
BEL: Labi, Bt. Puan, *Ashton* J 825; Seria, Badas F.R., S 1061. **BRM:** Berakas, Berakas F.R., S 4930 • Malay Peninsula, Singapore, Sumatra, Borneo: Sarawak

I. sp. 5
Midstorey/subcanopy tree • HAB: ridge • GEO: sandstone; yellow sandy clay soil • ALT: 400 m
BEL: Labi, Bt. Teraja, *Ashton* BRUN 1. **TEM:** Amo, Apoi Forest Reserve, S 3114 • Borneo: Sarawak, Sabah

I. sp. 8
Epiphytic • GEO: shale • ALT: 120 m
TEM: Amo, Sg. Temburong, *Coode* 6500; Amo, Sg. Temburong, *Coode* 6574. • Borneo: Sarawak

I. spp. indet.
BEL: Melilas, Batu Patam, *Wong* 1040; Sungai Liang, Sungei Liang Arboretem, *Wong* 578. **TEM:** Amo, G. Pagon, *Coode* 7424; Batu Apoi, Bt. Gelagas (Bt. Suang), *Simpson* 2276; Batu Apoi, Bt. Gelagas (Bt. Suang), *Simpson* 2305. **Without prov.:** BRUN 2825, *van Niel* 4243

ARALIACEAE
D.G. FRODIN

ARTHROPHYLLUM

A. ahernianum Merr.
Tree. • VEG.: Old Belukar • HAB valley bottoms on sedimentaries
BEL: Labi, *Wong* 67. **BRM:** Kilanas, Kpg. Kilanas, *Dransfield J.* 7094 • Borneo, Philippines, Moluccas (Talaud Is.?; Ternate)

A. angustifolium Ridl.
Treelet • VEG: Degraded Peatswamp Forest • ALT: sea level
BRM: Berakas, Berakas F.R., *Ashton* S 7840 • Malaya

A. ashtonii Philipson
Shrub • VEG: Upper Montane Forest • HAB: ridge • ALT: 1520 m
TEM: Amo, *Ashton* BRUN 2341; Amo, Bukit Retak, *Wong* XII • Borneo: Sarawak

A. diversifolium Blume — *Bonglai* (Br.), *Inas-Inas* (Dus.), *Sujang* (*)
Midstorey/subcanopy tree, treelet • VEG: Peatswamp Forest, Kerangas, Lower Montane Forest, Secondary Forest, Belukar • HAB: valley bottom, raised beach, ridge • GEO: White sand, Sediments; Podsol, Kerangas soil, yellow sandy clay soil; Humus, Mor • ALT: 10 m

BEL: Kuala Balai, *Bujang Abg.* KEP 30420; Seria, Badas, *Smythies* SAN 17442; Seria, Badas F.R., *Ashton* BRUN 979; Seria, Badas Stateland Forest, *Mat Salleh* 2432b; Seria, Badas–Lumut F.R., *Fuchs* 21182; Sungai Liang, Badas, *Coode* 6843. **TEM:** Amo, *Wong* 1833; Amo, G. Pagon, *Coode* 7496A; Batu Apoi, Bt. Pasir Putih, *Ashton* BRUN 5019; Bukok, Kpg. Sibatang, *Forman* 943. **TUT:** Tanjong Maya, Coastal road–Bt. Udal junction, *Wong* 38; Tanjong Maya, Jln. Tutong–Seria, *Simpson* 2179; Ukong, *Ashton* BRUN 931. **Without prov.:** *van Niel* 3895; *van Niel* 4312 • W & C Malesia

OSMOXYLON

O. borneense Seem.

Rheophyte; shrub, herb • VEG: Degraded LMDF, HDF • HAB: flat ground; impeded drainage, periodically flooded; near running fresh water • GEO: shale, Setap Shales; alluvial deposits • ALT: 20–130 m

TEM: *Johns* 6944; *Johns* 7314; Amo, Batu Apoi Forest Reserve, *Poulsen* 59; Amo, K. Belalong, *Ashton* A 25; Amo, K. Belalong, *Boyce* 387; Amo, Sg. Belalong, *Sands* 5571; Amo, Sg. Temburong, *Coode* 6560 • Borneo

POLYSCIAS

P. sp. indet.

Without prov.: *van Niel* 3811. Not verified by D.G.F.; unlikely to be native in Brunei.

SCHEFFLERA

S. 'andulauensis' Frodin sp. nov. ined.

Liana • HAB: raised beach; impeded drainage; near still fresh water • ALT: sea level

BEL: Andulau F.R., *Smythies* SAN 17573. **TEM:** Bangar, Pekan Bangar, *Ashton* BRUN 477. **Without prov.:** *Ashton* PA 60 • Endemic; two collections from Sarawak may be referable to this taxon

S. elliptica (Blume) Harms

Epiphytic; scrambling shrub • VEG: Degraded Empran • HAB: impeded drainage, seasonal watercourse; near still fresh water • GEO: alluvial deposits • ALT: 10 m

BEL: Bukit Sawat, Jln. Labi, *Niga* 286; Kuala Balai, *Kirkup* 209; Kuala Balai, *Kirkup* 211. **Without prov.:** *van Niel* 4079 • Malesia

S. 'ficifolia' Frodin sp. nov. ined.

Epiphytic; herb • VEG: Upper Montane Forest • HAB: ridge • ALT: 1370 m

TEM: Amo, *Wong* 1814; Amo, Bt. Retak, *Wong* s.n. 19.ix.88; Amo, Bt. Retak, *Wong* 444; Amo, Bukit Tudal, *Davis* 475 • Borneo: Sarawak; known only from Pagon massif

S. lasiocalyx Ridl. — *Jari Lamatai* (Dus.), *Kayu Ala* (Ib.)

Epiphytic; scrambling shrub, shrub, climber • VEG: LMDF, Degraded LMDF, HDF • HAB: ridge; near running fresh water • GEO: Setap Shales • ALT: 20–50 m • USES: Put on baby's hammock to scare ghosts.

BEL: Bukit Sawat, Bang Tajok, *Wong* 93; **TEM:** Amo, Apoi Forest Reserve, *Sands* 5824; Amo, Bt. Belalong, *Wong* 1454; Amo, K. Belalong, *Dransfield J.* 6664; Amo, K. Belalong, *Wong* 286; Amo, K. Belalong Fld. Studies Centre, *Schatz* 3269; Amo, Sg. Temburong Machang, *Wong* 1940; Amo, Sungai Temburong, *Argent* 91170. **TUT:** Rambai, Tasek Merimbun, *Bernstein* 124. **Without prov.:** *van Niel* 3933; *van Niel* 4112; *van Niel* 4596 • Borneo: Sarawak, Sabah

S. littoralis (Miq.) Harms

Epiphytic; shrub • VEG: LMDF • HAB: near running fresh water • ALT: 20– 30 m

TEM: Amo, Sg. Temburong Machang, *Wong* 1936. **TUT:** Rambai, Sg. Tutong, *Coode* 6341. **Without prov.:** *Ashton* BRUN 760 • Sumatra, Borneo

S. 'mangiferifolia' Frodin sp. nov. ined.

TEM.: Temburong Valley, *Johns* 7310. **Without prov.:** *Ashton* BRUN 761 • Borneo: Sarawak, ?also in Sabah & Kalimantan

S. petiolosa (Miq.) Harms *agg.*
BEL: Labi, *Niga* 310. TEM.: Amo, K. Belalong, Batu Apoi F.R., *Hansen* 1530. These two specimens represent different entities.

S. 'rhododendrifolia' Frodin sp. nov. ined.
Epiphytic • VEG: Upper Montane Shrubbery • HAB: ridge • ALT: 1500 m
TEM: Amo, *Wong* 1850; Amo, G. Pagon, *Coode* 7486 • Borneo: Sarawak; known only from Pagon massif

S. tomentosa (Blume) Harms — *Kayu Sangga* (Dus.), *Tapak Mondow* (Dus.)
Epiphytic; shrub • VEG: Peatswamp Forest • ALT: 20–100 m • USES: Medicinal, leaves soaked to bathe sick person.
TEM: *Johns* 6965. TUT: Lamunin, Kpg. Lamunin, *Wong* 1556; Rambai, Ladan Hills F.R., *Coode* 6425; Rambai, Tasek Merimbun, *Bernstein* 103; Rambai, Tasek Merimbun, *Bernstein* 247. Without prov.: *Haslani - Mohd. A.* 21 • Malaya, Sumatra, Java, N Borneo

S. 'trineura' Frodin sp. nov. ined.
Treelet, climber • VEG: Upper Montane Forest, Upper Montane Shrubbery • HAB: ridge • GEO: Meligan formation, sandstone; peat • ALT: 1500 m
TEM: Amo, Bt. Retak, *Sands* 5216; Amo, Bt. Retak, *Wong* 395; Amo, G. Pagon, *Coode* 7449. Without prov.: *Anderson* S 83007 • Borneo: Sarawak, Sabah

S. 'verticilligera' Frodin sp. nov. ined.
Epiphytic • VEG: Upper Montane Shrubbery • HAB: ridge • ALT: 1500 m
TEM: Amo, G. Pagon, *Coode* 7526. Without prov.: *Ashton* BRUN 1204 • Borneo: Sarawak, Kalimantan

S. sp. 1 — *Akau Jari Lamatai* (Dus.), *Kayu Ala* (Ib.)
Epiphytic; treelet, shrub
TEM: Amo, K. Belalong, *Wong* 1303; Amo, Sg. Temburong, *Wong* 1215. TUT: Rambai, Tasek Merimbun, *Bernstein* 82 • N Borneo

S. sp. 2
Epiphytic • GEO: sandy soil • ALT: 10 m
BEL: Sukang, Sg. Belait, *Forman* 1143 • Borneo: Sabah

ARALIACEAE INDET.
TEM: Amo, Sg. Temburong, BRUN 15601; Amo, Sg. Temburong, *Wong* 227.

ARALIDIACEAE

ARALIDIUM

A. pinnatifidum (Jungh. & de Vriese) Miq. — *Biabas* (Dus.), *Daun Tucol Antu* (Ib.)
Treelet • USES: Leaf makes good ghost medicine, Medicinal, to treat a stroke and body swelling
TEM: Amo, *Asah* BRUN 3154. TUT: Rambai, Tasek Merimbun, *Bernstein* 535 • S Thailand, Sumatra, Malaya, Borneo

ARISTOLOCHIACEAE
Ding Hou in Fl. Males. 10: 53–108 (1984)

ARISTOLOCHIA

A. cf. foveolata Merr.
Climber • VEG: LMDF
BEL: Labi, Bt. Telingan, *Wong* 1592 • The species is known from W & C Malesia

A. transtillifera Ding Hou
Climber • VEG: HDF • ALT: 350 m
TEM: Batu Apoi, Bt. Gelagas (Bt. Suang), *Simpson* 2507 • Borneo: Sabah

THOTTEA

T. muluensis Ding Hou
Suffrutescent herb/subshrub • HAB: near running fresh water • GEO: Setap Shales • ALT: 10–20 m
TEM: Batu Apoi, Kpg. Selapon, *Dransfield J.* 6930 • Borneo: Sarawak

T. paucifida Ding Hou
Herb • VEG: LMDF • HAB: gentle slope • GEO: Belait formation • ALT: 100–170 m
BEL: Melilas, Bt. Batu Patam, *Dransfield J.* 6616 • Borneo: Sarawak

T. cf. paucifida Ding Hou
Herb • HAB: near running fresh water • GEO: sandstone; sandy soil; Leaf litter • ALT: 80 m
BEL: Labi, Sg. Rampayoh, *Coode* 7290.

T. penitilobata Ding Hou
Shrub, suffrutescent herb/subshrub • VEG: LMDF, Secondary Forest • HAB: valley bottom, gentle slope, steep slope, ridge; near running fresh water • GEO: Belait formation, Setap Shales; clay soil • ALT: 20–150 m
TEM: Amo, Batu Apoi Forest Reserve, *Poulsen* 1; Amo, Batu Apoi Forest Reserve, *Poulsen* 196; Amo, Batu Apoi F.R., K. Belalong FSC, *Hansen* 1634; Amo, K. Belalong, *Dransfield J.* 6641; Amo, Kuala Belalong F.S.C., *Argent* 9183; Amo, Sungai Temburong, *Argent* 91174; Bangar, Bt. Biang, *Forman* 929; Labu, Bukit Patoi, *Hussain Hj. Osman* 36; Labu ?, *Dransfield J.* 6622 • Borneo

T. cf. penitilobata Ding Hou
Herb • VEG: HDF • HAB: ridge • GEO: Setap Shales • ALT: 70 m
TEM: Amo, Batu Apoi Forest Reserve, *Nielsen* 1003.

T. spp. indet.
BEL: Labi, Bt. Teraja, *Dransfield J.* 6863; Melilas, Bt. Batu Patam, *Dransfield J.* 6615.
TEM: Amo, *Wong* 1732; Amo, Sg. Temburong, BRUN 15637; Amo, Ulu Belalong, *Dransfield J.* 7393; Batu Apoi, *Dransfield J.* 6933; Batu Apoi, *Dransfield J.* 6956.

ASCLEPIADACEAE
D. GOYDER

ABSOLMSIA

A. spartioides (Benth.) Kuntze
Without prov.: *van Niel* 3926.

ASCLEPIAS

A. curassavica L.
Without prov.: *van Niel* 3851 • Pantropic weed, native of Central America

CALOTROPIS

C. gigantea Dryand.
Without prov.: *van Niel* 4148 • Cutivated/Naturalised, native of India

CRYPTOSTEGIA

C. grandiflora R.Br.
Without prov.: *van Niel* 3685 • Cultivated

CYNANCHUM

C. ovalifolium Wight
Climber • VEG: Kerangas • GEO: White sand; sandy soil • ALT: 10 m
TUT: Telisai, *Sands* 5204 • Malaya, Java, Borneo

C. sp. indet.
Without prov.: *van Niel* 3732.

DISCHIDIA

D. acutifolia Hook.f.
Without prov.: *van Niel* 4128.

D. albida Griff.
Epiphytic; climber • VEG: LMDF, HDF • HAB: ridge • GEO: Setap Shales • ALT: 50–880 m
TEM: *Johns* 7187; Amo, Bt. Belalong, *Dransfield J.* 7196 • W & C Malesia

D. gaudichaudii Decne.
Without prov.: *van Niel* 3713; *van Niel* 3929.

D. hirsuta (Blume) Decne.
Climber • VEG: Kerangas Forest with Agathis • GEO: sandy soil • ALT: 20–10 m
BEL: Seria, Badas F.R., *Coode* 7637. Without prov.: *van Niel* 4109 • Burma, W & C Malesia

D. latifolia Decne.
Without prov.: *van Niel* 3807.

D. major (Vahl) Merr.
Climber • VEG: Kerangas • GEO: White sand; Podsol, sandy soil • ALT: 10–30 m
BEL: Sungai Liang, Jln. Labi, *Boyce* 453. TUT: *Johns* 6792 • Borneo

D. nummularia R.Br.
Epiphytic • VEG: Degraded Kerangas • GEO: White sand • ALT: sea level
TUT: Telisai, *Coode* 7376 • W & C Malesia

D. rafflesiana Wall.
Without prov.: *van Niel* 4004.

D. tubiflora King & Gamble
Without prov.: *Wong* s.n. 3.v.91.

D. spp. indet.
BEL: Melilas, Bt. Batu Patam, *Boyce* 309. TEM: Amo, Bukit Belalong, *Joffre* 7; Amo, Bukit Tudal, *Davis* 474; Amo, G. Pagon, *Coode* 7573; Amo, K. Belalong, *Boyce* 368; Amo, Sg. Temburong, *Coode* 6526; Batu Apoi, Bt. Gelagas (Bt. Suang), *Simpson* 2461. Without prov.: *van Niel* 4072.

FINLAYSONIA

F. obovata Wall.
Without prov.: *van Niel* 3781; *van Niel* 3806.

HOYA

H. acuta Haw. (*H. parasitica* (Roxb.) Wight)
Without prov.: *van Niel* 3919 • SE Asia, W & C Malesia

H. campanulata Blume
Climber • VEG: LMDF • ALT: 1520 m
BEL: Labi, *Kirkup* 354. **TEM:** Amo, *Ashton* BRUN 2523 • Sumatra, Java, Borneo

H. aff. campanulata Blume
Climber • VEG: Kerangas • GEO: White sand
TUT: Telisai, *Wong* 1566.

H. coronaria Blume
Epiphytic; climber • VEG: Kerangas, Degraded Kerangas • HAB: gentle slope; near running fresh water • GEO: White sand; Kerangas soil • ALT: 150 m
TEM: Amo, K. Belalong, *Prance* 30712; Amo, Sg. Temburong, *Puff* 9205062/2. **TUT:** Tanjong Maya, Jalan Tutong–Seria, *Kirkup* 732; Tanjong Maya, Jalan Tutong–Seria, *Thomas* 241; Telisai, *Boyce* 223; Telisai, *Sands* 5430; Telisai, *Wong* 1575. **Without prov.:** *van Niel* 3745 • Throughout Malesia

H. aff. coronaria Blume
Climber • VEG: LMDF • HAB: valley bottom • GEO: Setap Shales • ALT: 20–70 m
TEM: Amo, Sg. Temburong, *Sands* 5616. **TUT:** Lamunin, *Kirkup* 294.

H. diversifolia Blume
Without prov.: *van Niel* 3901 • Indochina, Malaya, W & C Malesia

H. finlaysonii Wight
Climber • VEG: LMDF • HAB: impeded drainage • GEO: Setap Shales • ALT: 20–30 m
BEL: Sungai Liang, Andulau F.R., *Wong* 1562. **TEM:** Amo, K. Belalong, *Boyce* 428 • S Thailand, W & C Malesia

H. lacunosa Blume
Climber • HAB: flat ground; impeded drainage; near still fresh water
BEL: Melilas, *Wong* 706 • W & C Malesia

H. aff. lacunosa Blume
Climber • VEG: LMDF • HAB: gentle slope • GEO: Belait formation • ALT: 70–80 m
BEL: Melilas, Bt. Batu Patam, *Boyce* 305.

H. cf. lacunosa Blume
Without prov.: *van Niel* 3876.

H. lasiantha Korth.
Epiphytic • VEG: Degraded LMDF • HAB: valley bottom • GEO: Lambir formation • ALT: 40 m
BEL: Labi, Rampayoh, *Sands* 5757 • S Thailand, W & C Malesia

H. mitrata Kerr
Without prov.: *van Niel* 4096 • S Thailand, Malaya, Sumatra, Borneo

H. multiflora Blume
Epiphytic • VEG: Degraded LMDF • HAB: gentle slope • ALT: 80 m
BEL: Labi, Jln. Melayan, *Dransfield J.* 7265 • Burma to Malesia

H. sussuela (Roxb.) Merr.
Climber • VEG: Degraded Kerangas • GEO: White sand • ALT: 10–20 m
TUT: Telisai, *Boyce* 228 • Borneo, Sulawesi

H. spp. indet.
BEL: Labi, Bt. Teraja, *Simpson* 2064; Melilas, Paleh Bangawong, *Thomas* 110; Melilas, Ulu Ingei, *Kirkup* 758. **BRM:** Sg. Brunei, *Forman* 957. **TEM:** Amo, Bt. Belalong, *Wong* 1522; Amo,

Ulu Belalong LP382, *Kirkup* 895; Batu Apoi, Selapon, *Coode* 7926.

OISTONEMA

O. aff. dischidioides Schltr.
• VEG: Kerangas • ALT: 10–20 m
TUT: Telisai, Pasir Putih, *Coode* 6304 • *Oistonema dischidioides* is known from Borneo

STEPHANOTIS

S. suaveolens (Blume) K. Schum.
Liana, climber • VEG: HDF • HAB: near running fresh water • GEO: Setap Shales • ALT: 120–70 m
TEM: Amo, Batu Apoi Forest Reserve, *Poulsen* 265; Amo, Sg. Belalong, *Sands* 5570. **Without prov.:** SAN 17365 • Borneo

TELOSMA

T. cordata (Burm.f.) Merr.
Without prov.: *van Niel* 3852.

TYLOPHORA

T. wallichii Hook.f.
Climber • VEG: Peatswamp Forest with Shorea albida • ALT: 20 m
TUT: Rambai, Sg. Medit, *Simpson* 2527 • Malaya, Borneo

T. sp. indet.
Without prov.: *van Niel* 4302.

ASCLEPIADACEAE INDET.

TEM: Amo, Batu Apoi F.R., K. Belalong FSC, *Hansen* 1561; Amo, K. Belalong, *Dransfield J.* 6693; Amo, Kuala Belalong, *Argent* 91200; Amo, Ulu Belalong, *Dransfield J.* 7418.

AVICENNIACEAE

AVICENNIA

A. alba Blume — *Api Api Hitam* (Br.)
Midstorey/subcanopy tree • VEG: Mangrove • HAB: near brackish water • GEO: Sea/marine sands, silts
BRM: *Hassan Pukol* BRUN 5718 • SE Asia to Pacific

A. marina (Forssk.) Vierh.
Treelet • VEG: Mangrove
BRM: Serasa, *Maxwell* s.n. 5.xi.90 • SE Asia, W & C Malesia

A. spp. indet.
Without prov.: *van Niel* 3412; *van Niel* 3783.

BALANOPHORACEAE
Hansen in Fl. Males. 7: 783–805 (1976)

BALANOPHORA

B. papuana Schltr.
Parasitic • VEG: Lower Montane Forest
TEM: Amo, *Wong* 1839 • Malesia

B. aff. reflexa Becc.
Parasitic • ALT: 1430 m
TEM: Amo, *Ashton* A 270 • *Balanophora reflexa* is known from Malaya, Borneo

B. spp. indet.
TEM: Amo, Bt. Retak, *Sands* 5304; Amo, Bt. Retak, *Sands* 5388.

BEGONIACEAE
M.J.S. SANDS

BEGONIA

B. awongii Sands
Herb • VEG: LMDF, HDF • HAB: impeded drainage • GEO: Setap Shales • ALT: 100–70 m
TEM: Amo, Apoi Forest Reserve, *Argent* 9188; Amo, Apoi Forest Reserve, *Hansen* 1591; Amo, Batu Apoi Forest REserve, *Poulsen* 258; Amo, Belalong River, *Duling* 27; Amo, K. Belalong, *Sands* 5569; Amo, Sg. Belalong, *Sands* 5568; Amo, Sg. Temburong, *Sands* 5618.

B. bahakensis Sands
Herb • VEG: LMDF • HAB: steep slope; near running fresh water • GEO: Belait formation • ALT: 210 m
TUT: Ulu Tutong, Bukit Bahak, *Kirkup* 476; Ulu Tutong, Bukit Bahak, *Kirkup* 503.

B. baramensis Merr. — *Peringas* (Dus.), *Peringas Purak* (Dus.), *Peringas Ragang* (Dus.)
Suffrutescent herb/subshrub, herb, climber; on ground • VEG: LMDF, HDF • HAB: valley bottom, gentle slope, steep slope, ridge; near running fresh water • GEO: shale, Setap Shales; grey clay soil • ALT: 130 m • USES: Edible leaves, cooked as a vegetable, Edible leaves, eaten as asam substitute
BRM: *Hotta* 13196. **TEM:** *Johns* 7301; *Johns* 7406; *Johns* 7415; Amo, Apoi Forest Reserve, *Sands* 5785; Amo, Apoi Forest Reserve, *Sands* 5808; Amo, Apoi Forest Reserve, *Sands* 5861; Amo, Batu Apoi Forest Reserve, *Poulsen* 316; Amo, Batu Apoi F.R., K. Belalong FSC, *Hansen* 1589; Amo, Batu Apoi F.R., K. Belalong FSC, *Hansen* 1609; Amo, Belalong River, *Duling* 25; Amo, Bt. Belalong, *Wong* 1381; Amo, Sg. Belalong, *Sands* 5579; Amo, Sg. Temburong, *Coode* 6577; Amo, Sg. Temburong, *Coode* 6684; Amo, Sg. Temburong, *Coode* 6692; Amo, Sg. Temburong, *Sands* 5565; Amo, Sg. Temburong, *Sands* 5620; Bangar, Bt. Bangar, *Hotta* 13141; Batu Apoi, K. Sekurop, *Ashton* BRUN 387; Batu Apoi, Sg. Selapon, *Dransfield J.* 6963. **TUT:** Lamunin, Ladan Hills, *Coode* 7338; Rambai, Belebau, *Coode* 6390; Rambai, Tasek Merimbun, *Bernstein* 55; Rambai, Tasek Merimbun, *Bernstein* 508; Rambai, Tasek Merimbun, *Bernstein* 509.

B. bruneiana Sands subsp. **angustifolia** Sands
Herb • HAB: impeded drainage • GEO: Setap Shales • ALT: 70 m
TEM: Amo, Batu Apoi Forest Reserve, *Poulsen* 105; Amo, Belalong River, *Duling* 26. **TUT:** *Johns* 7510.

B. bruneiana Sands subsp. **bruneiana**
Suffrutescent herb/subshrub, herb • VEG: LMDF, Degraded LMDF, HDF • HAB: valley bottom; near running fresh water • GEO: Belait formation, Setap Shales • ALT: 150 m
TUT: Lamunin, *Dransfield J.* 6890; Lamunin, Ladan Hills, *Sands* 5762; Lamunin, Ladan Hills, *Sands* 5769; Lamunin, Ladan Hills F.R., *Sands* 5733; Lamunin, Ladan Hills F.R., *Sands* 5734; Lamunin, Ladan Hills F.R., *Sands* 5735; Ulu Tutong, *Marina Wong* 2.

B. bruneiana Sands subsp. **labiensis** Sands
Herb; on ground • VEG: LMDF, Degraded LMDF, Secondary Forest • HAB: flat ground, valley bottom, gentle slope; near running fresh water • GEO: Lambir formation, sandstone, Setap Shales; alluvial deposits; stony; sandy soil; fallen logs • ALT: 100 m

BEL: Labi, *Johns* 7454; Labi, Bt. Teraja, *Sands* 5698; Labi, Bt. Teraja, *Sands* 5699; Labi, Mendarem Valley, *Sands* 5453; Labi, Mendarem Valley, *Sands* 5454; Labi, Rampayoh, *Sands* 5756; Labi, Rampayoh, *Sands* 5990; Labi, Rampayoh, *Sands* 5991; Labi, Sg. Rampayoh, *Coode* 7293; Labi, Sg. Mendaram, *Sands* 5505; Labi, Sungai Rampayoh, *Coode* 7769. **TEM:** Batu Apoi, Kpg. Selapon, *Dransfield S.* 1167. **TUT:** Rambai, Ladan Hills F.R., *Coode* 6404; Rambai, Sg. Tutong, *Coode* 6373. **Without prov.:** *Sands* 3554.

B. cf. bruneiana Sands subsp. labiensis Sands
Endotrophic terrestrial; herb • HAB: ridge; near running fresh water • GEO: sandstone • ALT: 120–150 m
BEL: Labi, Wong Kadir, *Coode* 7191.

B. bruneiana Sands subsp. retakensis Sands
Herb; on ground • VEG: LMDF, Lower Montane Forest • HAB: gentle slope, ridge • GEO: Meligan formation • ALT: 20–900 m
TEM: *Johns* 7297; *Johns* 7298; *Johns* 7394; *Johns* 7396; Amo, Bt. Belalong, *Wong* 1378; Amo, Bt. Retak, *Sands* 5316; Amo, Bt. Retak, *Sands* 5396; Amo, Bt. Retak, *Sands* 5397. **TUT:** Rambai, Sg. Tutong, *Coode* 6327.

B. cf. bruneiana Sands subsp. retakensis Sands
Without prov.: *Johns* s.n..

B. chlorandra Sands
Suffrutescent herb/subshrub • VEG: LMDF • GEO: Belait formation • ALT: 120 m
TUT: Lamunin, Ladan Hills F.R., *Sands* 5700.

B. cyanescens Sands
Shrub, herb • VEG: LMDF, HDF • HAB: gentle slope, steep slope, ridge, sharp ridge; near running fresh water • GEO: Belait formation, shale, Setap Shales; clay soil, grey clay soil; Leaf litter • ALT: 300 m
TEM: *Hotta* 13830; Amo, *Sands* 5567; Amo, Apoi Forest Reserve, *Sands* 5790; Amo, Apoi Forest Reserve, *Sands* 5805; Amo, Apoi Forest Reserve, *Sands* 5838; Amo, Batu Apoi Forest Reserve, *Poulsen* 6; Amo, Batu Apoi Forest Reserve, *Poulsen* 30; Amo, Batu Apoi F.R., K. Belalong FSC, *Hansen* 1588; Amo, Batu Apoi F.R., K. Belalong FSC, *Hansen* 1570; Amo, K. Belalong, *Boyce* 441; Amo, K. Belalong, *Sands* 5519; Amo, K. Belalong, Batu Apoi F.R., *Hansen* 1514; Amo, Sg. Belalong, *Sands* 5576; Amo, Sg. Belalong, *Sands* 5577; Amo, Sg. Belalong, *Sands* 5591; Amo, Sg. Belalong, *Wong* 1183; Amo, Sg. Sibut, *Sands* 5517; Amo, Sg. Sibut, *Sands* 5518; Amo, Sg. Temburong, *Coode* 6662; Amo, Sg. Temburong, *Sands* 5619; Batu Apoi, *Kirkup* 324; Labu, *Sands* 5649. **Without prov.:** *Argent* 91183; *Jacobs* 5609.

B. eutricha Sands
Midstorey/subcanopy tree, herb; on ground • VEG: Kerangas Forest with Agathis, LMDF • HAB: flat ground, terrace; impeded drainage; near running fresh water, near still fresh water • GEO: sandstone, shale, Sand, Setap Shales; bare rock and boulders; peat • ALT: 130 m
BEL: Melilas, *Wong* 697; Seria, Badas F.R., *Marina Wong* 3. **TEM:** Amo, *Wong* 477; Amo, Batu Apoi Forest Reserve, *Poulsen* 45; Amo, K. Belalong, *Dransfield J.* 6699; Amo, K. Belalong, *Dransfield J.* 6708; Amo, K. Belalong, Batu Apoi F.R., *Hansen* 1504; Amo, Sg. Belalong, *Wong* 1184; Amo, Sg. Temburong, *Coode* 6641; Amo, Temburong river, *Atkins* 500. **TUT:** Telisai, Kpg. Telisai, *van Niel* 3476. **Without prov.:** *Argent* 9194.

B. aff. eutricha Sands
TEM: Amo, Temburong river, *Atkins* 486.

B. fuscisetosa Sands
Suffrutescent herb/subshrub, herb; on ground • VEG: LMDF, HDF, Lower Montane Forest, Secondary Forest • HAB: valley bottom, gentle slope, steep slope, ridge; periodically flooded; near running fresh water • GEO: Meligan formation, shale, Setap Shales; alluvial deposits; stony; grey clay soil • ALT: 500 m

TEM: *Johns* 7302; Amo, Apoi Forest Reserve, *Sands* 5781; Amo, Apoi Forest Reserve, *Sands* 5810; Amo, Apoi Forest Reserve, *Sands* 5843; Amo, Batu Apoi Forest Reserve, *Poulsen* 58; Amo, Bt. Belalong, *Wong* 1513; Amo, Bt. Retak, *Sands* 5317; Amo, Bt. Retak, *Sands* 5353; Amo, Bt. Retak, *Sands* 5393; Amo, Bt. Retak, *Sands* 5394; Amo, Bt. Retak, *Sands* 5395; Amo, K. Belalong, *Jacobs* 5587; Amo, K. Belalong, *Jacobs* 5629; Amo, Sg. Temburong, *Coode* 6550; Amo, Sg. Temburong, *Coode* 6670; Amo, Sg. Temburong, *Sands* 5606; Amo, Sg. Temburong, *Wong* 1968. **Without prov.:** *Argent* 9145.

B. hexaptera Sands
Herb • VEG: LMDF, HDF • HAB: steep slope • GEO: Belait formation • ALT: 80 m
BEL: Melilas, Ulu Ingei, *Sands* 5940. **TEM:** Amo, K. Belalong, Sg. Belalong, *Dransfield J.* 7046.

B. laccophora Sands
Herb; on ground • VEG: LMDF • GEO: Setap Shales • ALT: 50–850 m
TEM: *Johns* 7180; *Johns* 7181; *Johns* 7303; *Johns* 7304; Amo, Batu Apoi Forest Reserve, *Poulsen* 317; Amo, Ulu Belalong, *Coode* 7866.

B. leucochlora Sands
Herb • VEG: LMDF • GEO: Setap Shales • ALT: 100 m
TEM: Amo, K. Belalong, *Wong* 1207b; Amo, Sg. Temburong, *Sands* 5566.

B. leucotricha Sands
Herb • VEG: LMDF • GEO: Lambir formation • ALT: 70 m
BEL: Labi, Mendarem Valley, *Sands* 5452.

B. papyraptera Sands
• VEG: LMDF • ALT: 200 m
TEM: *Johns* 7422.

B. sibutensis Sands
Epiphytic; herb • VEG: LMDF, HDF • HAB: gentle slope, ridge • GEO: Setap Shales • ALT: 20–300 m
TEM: Amo, Batu Apoi Forest Reserve, *Poulsen* 31; Amo, Sg. Sibut, *Sands* 5515; Batu Apoi, *Dransfield J.* 6982; Labu, Bt. Paradayan, *Hotta* 13630.

B. stenogyna Sands — *Riang Kura* (*), *Riang Kura-Kura* (Ib.)
Shrub, suffrutescent herb/subshrub, herb; on ground • VEG: LMDF, HDF, Degraded Lower Montane Forest, Secondary Forest • HAB: valley bottom, gentle slope, steep slope, terrace; periodically flooded; near running fresh water • GEO: Setap Shales; grey clay soil • ALT: 120–70 m • USES: Edible, plant cooked with fish (sour)
TEM: *Johns* 7148; *Johns* 7393; Amo, Apoi Forest Reserve, *Sands* 5782; Amo, Apoi Forest Reserve, *Sands* 5846; Amo, Batu Apoi F.R.., K. Belalong FSC, *Hansen* 1546; Amo, Belalong River, *Duling* 24; Amo, G. Pagon, *Coode* 7595; Amo, Sg. Belalong, *Sands* 5582; Amo, Sg. Temburong Machang, *Wong* 1926. **TUT:** Lamunin, *Kirkup* 292. **Without prov.:** *Argent* 91194; *Nielsen* 1052; *Wong* 1207a.

B. temburongensis Sands
Suffrutescent herb/subshrub, herb; on ground • VEG: LMDF, Lower Montane Forest • HAB: gentle slope, steep slope • GEO: Meligan formation, sandstone; clay soil • ALT: 1000–800 m
TEM: Amo, Bt. Retak, *Sands* 5318; Amo, Bt. Retak, *Sands* 5398; Amo, Bt. Retak, *Sands* 5399; Amo, Sg. Temburong, *Johns* 7179; Amo, Sg. Temburong, *Johns* 7305; Amo, Sg. Temburong, *Johns* 7395; Amo, Sg. Temburong, *Johns* 7424; Amo, Ulu Belalong, *Dransfield J.* 7430.

B. spp. indet.
BEL: Sukang, Sungai Paleh Bangawong, *Kirkup* 665; Sungai Liang, Arboretum Forest Reserve, *Duling* 51. **TEM:** Amo, Ulu Belalong, *Dransfield J.* 7396; Amo, Ulu Belalong LP382, *Kirkup* 883; Amo, Ulu Belalong LP382, *Kirkup* 884; Amo, Ulu Belalong LP382, *Kirkup* 889; Amo, Ulu Belalong LP382, *Kirkup* 911; Bangar, Biang, *Hotta* 13333; Batu Apoi, Batu Apoi, *Hotta* 13510; Batu Apoi, Bt. Gelagas (Bt. Suang), *Simpson* 2205; Batu Apoi, Bt. Gelagas (Bt. Suang), *Simpson* 2426; Batu Apoi, Sg. Tongkat, *Hotta* 13755. **TUT:** Rambai, Tasek Merimbun,

Bernstein 158. **Without prov.**: *van Niel* 3547.

BIGNONIACEAE
van Steenis in Fl. Males. 8: 114–186

DEPLANCHEA

D. bancana (Scheff.) Steenis
Without prov.: *van Niel* 4019 • Malaya, Sumatra, Borneo

D. glabra (Steenis) Steenis
Canopy/emergent tree • VEG: Padang • GEO: White sand
BRM: Sengkurong, Kpg. Jerudong, *Wong* 589 • Borneo, Sulawesi, New Guinea

BOMBACACEAE

CEIBA

C. pentandra (L.) Gaertn.
• Cultivated, " Kapok"

COELOSTEGIA
Soegeng in Reinwardtia 5: 269–291 (1960)

C. griffithii Benth. — *Lalit Burung* (Dus.)
Canopy/emergent tree, midstorey/subcanopy tree • ALT: 100–200 m
BEL: Labi, Labi Hills F. R., *Coode* 6826; Melilas, Sg. Ingei, *Wong* 607 • Sumatra, Malaya, Borneo

DURIO
Kostermans in Reinwardtia 4: 357–460 (1958)

D. acutifolius (Mast.) Kosterm.
Canopy/emergent tree • GEO: shale • ALT: 120–550 m
TEM: Amo, Sg. Temburong, *Coode* 6726 • Borneo

D. affinis Becc. — *Durian* (*)
Canopy/emergent tree • VEG: LMDF • HAB: gentle slope • ALT: 70 m
BEL: Andulau F.R., *Wyatt-Smith* KEP 80086; Sungai Liang, Sungei Liang Arboretem, *Wong* 1617 • Borneo

D. carinatus Mast. — *Durian Kuning* (Br., Mal.), *Durian Putih* (Br.), *Lampun* (Dus.)
Canopy/emergent tree, midstorey/subcanopy tree • VEG: Degraded LMDF, HDF • HAB: gentle slope • GEO: Belait formation • ALT: 120–350 m
BEL: Labi, Bt. Telingan, *Dransfield J.* 6833; Labi, Bt. Teraja, *Simpson* 2052. **TUT:** Kiudang, Kpg. Kiudang, *Wong* 561 • Sumatra, Borneo

D. aff. carinatus Mast. — *Dedan Seriba* (Dus.), *Durian Kura-Kura* (Br., Ib., Ked.)
Midstorey/subcanopy tree
TUT: Kiudang, Kpg. Kiudang, *Wong* 558.

D. cf. carinatus Mast.
Canopy/emergent tree • VEG: LMDF • ALT: 40 m
BEL: Sungai Liang, Labi Road, *Forman* 839.

D. dulcis Becc. — *Durian Burung* (Br., Ib.), *Lalit Manuk* (Dus.)
Canopy/emergent tree • VEG: LMDF
BEL: Sungai Liang, Sungei Liang Arboretem, *Wong* 1619 • Borneo

D. excelsus (Korth.) Bakh.
Canopy/emergent tree • HAB: ridge • ALT: 50 m
BEL: Labi, Labi, *Abot and Binjang* KEP 37118. TUT: Rambai, Belebau, *Coode* 6388 • Borneo

D. grandiflorus (Mast.) Kosterm. & Soegeng — *Sebunkih* (Ib.)
Canopy/emergent tree • HAB: ridge • GEO: sandstone; yellow sandy clay soil • ALT: 300 m
BEL: Bukit Sawat, Sg. Mau, *Niga* 106. TEM: Amo, K. Belalong, *Ashton* BRUN 468; Amo, Sg. Temburong, *Wong* 1217 • Borneo

D. graveolens Becc. — *Durian* (*), *Durian Burung* (Ib.), *Durian Kuning* (Br.), *Isu Kuning* (Ib.), *Lalit* (Dus.), *Lapun* (Mur.)
Canopy/emergent tree, midstorey/subcanopy tree • VEG: Secondary Forest • HAB: gentle slope, ridge • GEO: sandstone; yellow sandy clay soil • ALT: 40–180 m
BRM: Gadong, Jln. Tungku, *Wong* 386. TEM: Bangar, Pekan Bangar, *Ashton* BRUN 3372; Batu Apoi, *Ashton* BRUN 347; Labu, Perdayan F.R., *Wyatt-Smith* KEP 80131. TUT: Kiudang, Kpg. Kiudang, *Wong* 563 • Sumatra, Malaya, Borneo

D. cf. graveolens Becc.
Canopy/emergent tree, midstorey/subcanopy tree • VEG: LMDF, Secondary Forest • HAB: steep slope; near running fresh water • GEO: Belait formation; bare rock and boulders • ALT: 20–80 m
BEL: Labi, Bt. Teraja, *Coode* 6909. TEM: Bangar, Bt. Biang, *Forman* 930.

D. griffithii (Mast.) Bakh. — *Durian Burung* (Ib.)
Midstorey/subcanopy tree, treelet • HAB: gentle slope • ALT: 40 m
BEL: Bukit Sawat, Merangking Buau, *Coode* 7671; Labi, *Wong* 522. TEM: Amo, K. Belalong, *Wong* 1304 • Sumatra, Malaya, Borneo

D. kutejensis (Hassk.) Becc.
Midstorey/subcanopy tree • VEG: Secondary Forest • HAB: raised beach • GEO: White sand • ALT: 20 m
TUT: Lamunin, Jln. K.Abang, *Ashton* BRUN 88 • Borneo

D. lanceolatus Mast. — *Rian Burung* (Ib.)
• HAB: ridge • GEO: Meligan formation; Mor • ALT: 610–760 m
TEM: Amo, *Ashton* BRUN 5253 • Borneo

D. aff. oblongus Mast. — *Dedan* (Dus.), *Durian Pulu* (Br.), *Nyekak* (Ib.)
Midstorey/subcanopy tree • VEG: Secondary Forest
BEL: Labi, Kpg. Labi, *Wong* 577.

D. spp. indet.
BEL: Labi, *Wong* 1002; Sungai Liang, Andulau F.R., *Ashton* BRUN 586.

NEESIA
Soepadmo in Reinwardtia 5: 481–508 (1961)

N. altissima (Blume) Blume — *Bengang* (Dus., Br.), *Tuka Kura* (Ib.)
Canopy/emergent tree
BEL: Melilas, Sg. Ingei, *Wong* 606 • Malaya, Sumatra, Java, Borneo: Sarawak

N. glabra Becc.
Canopy/emergent tree • VEG: LMDF • HAB: gentle slope • GEO: Setap Shales • ALT: 20–40 m
TEM: Batu Apoi, *Dransfield J.* 6935 • Sumatra, Borneo

N. pilulifera Becc.
Endotrophic terrestrial; midstorey/subcanopy tree • VEG: Degraded LMDF • HAB: valley bottom; impeded drainage; near still fresh water • GEO: sandstone; alluvial deposits • ALT: 30 m
BEL: Sungai Liang, Sungai Liang Arboretum, *Dransfield J.* 7500 • Sumatra, Borneo

N. sp. indet.
TEM: Batu Apoi, Kpg. Selapon, *Wong* 2070.

BORAGINACEAE
CORDIA

C. curassavica (Jacq.) Roem. & Schult.
Treelet • HAB: gentle slope • GEO: sandy soil
BEL: Bt. Sawat, Simpang Bukit Mau, *Awong* 1 • Native in S America; introduced and naturalised elsewhere

C. cylindristachya (Ruiz & Pavon) Roem. & Schult.
Shrub • VEG: Roadsides • GEO: sandy soil • ALT: 10 m
BEL: Sungai Liang, Sungai Liang, *Coode* 7613. **Without prov.:** *van Niel* 3460 • Native in Tropical America

PTELEOCARPA

P. lamponga (Miq.) Bakh.
Canopy/emergent tree • HAB: ridge • GEO: sandstone; yellow sandy clay soil • ALT: 390 m
BEL: Labi, Bt. Teraja, *Ashton* BRUN 2 • Sumatra, Malaya, Borneo

BURSERACEAE
Leenhouts in Fl. Males. 5: 209–296 (1959) & 6: 917–928 (1972)

CANARIUM

C. apertum H.J.Lam
Canopy/emergent tree • HAB: gentle slope • GEO: yellow sand • ALT: 30 m
BEL: Labi, Bt. Puan, *Ashton* S 7884 • Malaya, Sumatra, Borneo

C. caudatum King
Midstorey/subcanopy tree • VEG: Kerangas • ALT: 60 m
BEL: Melilas, Sg. Ingei, *Brunig* S 12354 • Sumatra, Malaya, Borneo

C. cf. caudatum King
Midstorey/subcanopy tree • HAB: gentle slope • GEO: clay • ALT: 40 m
BEL: Andulau F.R., *Ashton* BRUN 279.

C. caudatum King f. **auriculiferum** Leenh. — *Sabal* (Ib.), *Sibut* (Br., Dus., Tut., Mal.., Ked.)
Midstorey/subcanopy tree, treelet • HAB: raised beach • GEO: White sand; Podsol, sandy soil • ALT: 10 m
BEL: Bukit Sawat, Jln. Labi, *Wong* 968; Seria, Badas F.R., *Smythies* S 5840; Sungai Liang, *Niga* 131 • Sumatra, Malaya, Borneo

C. dichotomum (Blume) Miq.
Midstorey/subcanopy tree • VEG: LMDF • HAB: near running fresh water • ALT: 50 m
TEM: Amo, Sg. Belalong, *Ashton* BRUN 5224. **TUT:** Rambai, Sg. Tutong, *Coode* 6377 • Sumatra, Borneo

C. littorale Blume *sens. lat.* — *Mitus* (Dus.)
Canopy/emergent tree, midstorey/subcanopy tree • VEG: LMDF, Lower Montane Forest • HAB: gentle slope; impeded drainage; near running fresh water, near still fresh water • GEO: sandstone, clay • ALT: 40– 890 m • USES: Edible fruit
BEL: Andulau F.R., *Ashton* BRUN 571; Sungai Liang, Andulau F.R., *Wong* 501; Sungai Liang, Jln. Labi, *Forman* 845. TEM: Amo, Bt. Belalong, *Prance* 30556; Labu, Bt. Perdayan, *Smythies* SAN 17414. TUT: Rambai, Bt. Bahak, *Coode* 7107; Rambai, Tasek Merimbun, *Bernstein* 394. • Vietnam, W & C Malesia

C. littorale Blume f. **pruinosum** (Engl.) Leenh. — *Sala* (Ib.)
Canopy/emergent tree, midstorey/subcanopy tree • VEG: LMDF • HAB: gentle slope • GEO: sandstone; yellow sand • ALT: 30–120 m
BEL: Labi, Bt. Puan, *Ashton* S 7870. TEM: Amo, K. Belalong, *Smythies* SAN 17075. TUT: Rambai, Bt. Bahak, *Coode* 7027 • Borneo: Sarawak, Sabah

C. megalanthum Merr.
Without prov.: *Wong* s.n. 21.x.89 • Malaya, Sumatra, Borneo

C. patentinervium Miq. — *Adal* (Dus., Ked.), *Kedondong* (Br.)
Tree, canopy/emergent tree, midstorey/subcanopy tree • VEG: Degraded Kerangas • HAB: gentle slope, raised beach; near running fresh water • GEO: White sand, sandstone; Podsol, yellow sandy clay soil • ALT: 10– 90 m
BRM: Berakas, Berakas F.R., *Anderson* S 4899; Berakas, Berakas F.R., *Ashton* S 7830. TEM: Amo, K. Belalong, *Ashton* BRUN 789 • Sumatra, Malaya, Borneo

C. pilosum Benn. subsp. **pilosum**
Canopy/emergent tree, treelet • VEG: Kerangas • GEO: Belait formation • ALT: 30–40 m
BEL: Sungai Liang, Andulau F.R., *Smythies* SAN 17532. BRM: Mentiri, *Sands* 5668. TUT: Lamunin, Ladan Hills F.R., *Wong* 326 • Sumatra, Malaya, Borneo, Fiji

C. pseudopatentinervium H.J.Lam
Midstorey/subcanopy tree • HAB: gentle slope • GEO: sandstone; yellow sandy clay soil • ALT: 40 m
BEL: Andulau F.R., *Ashton* BRUN 50 • Sumatra, Borneo

C. spp. indet.
BEL: Sg. Liang, Andulau Forest Reserve, *Suhaili Hj. Zinin* BRUN 15018; Sungai Liang, Sungai Lumut, *Kirkup* 595. TEM: Amo, Kuala Belalong, *Argent* 9175; Batu Apoi, Selapon, *Coode* 7934.

DACRYODES

D. cf. breviracemosa Kalkman
Midstorey/subcanopy tree • HAB: periodically flooded; near running fresh water • GEO: alluvial deposits • ALT: 10 m
BEL: Melilas, Ulu Belait, *Ashton* BRUN 244.

D. costata (Benn.) H.J.Lam — *Adal* (Dus.), *Kedondong* (Br.)
Midstorey/subcanopy tree
BEL: Sungei Liang, Andulau F.R., *Niga* 336. TUT: Lamunin, Ladan Hills F.R., *Wong* 1643 • Malaya, Sumatra, Borneo, Philippines

D. expansa (Ridl.) H.J.Lam — *Sabal* (Ib.), *Sibut* (Tut., Dus.)
Canopy/emergent tree, midstorey/subcanopy tree • VEG: Kerangas • HAB: gentle slope, ridge • GEO: Belait formation, clay; sandy soil; peat • ALT: 350 m • USES: Medicinal, fruit used as an aperient
BEL: Andulau F.R., *Ashton* BRUN 253; Labi, Bt. Teraja, *Dransfield J.* 6867; Labi, Labi F.R., *Sinclair* 10492; Melilas, Batu Patam, *Wong* 1038. TEM: Amo, Bt. Belalong, *Wong* 1356; Amo, Bt. Belalong, *Wong* 1534 • Borneo: Sarawak

D. incurvata (Engl.) H.J.Lam — *Ungit* (Ib.)
Tree, canopy/emergent tree, midstorey/subcanopy tree, treelet • VEG: Kerangas, Upper Montane Forest • HAB: flat ground, gentle slope, ridge; impeded drainage; near still fresh water • GEO: clay • ALT: 1440 m • USES: Edible fruit
Locality not traced: *Hassan Pukol* S 2194. **BEL:** Andulau F.R., *Ashton* BRUN 543; Kuala Balai, KEP 36954; Sungai Liang, Andulau F.R., *Smythies* SAN 17490; Sungai Liang, Andulau F.R., *Smythies* SAN 17524; Sungai Liang, Kpg. Lumut, KEP 34413. **TEM:** Amo, Bt. Pagon, *Ashton* BRUN 1034; Batu Apoi, Bt. Pasir Putih, *Ladi* BRUN 5111. **TUT:** Tanjong Maya, Andulau F.R., *Niga* 315 • W & C Malesia

D. laxa (Benn.) H.J.Lam — *Kemayau* (Ib.), *Ungit* (Ib.)
Midstorey/subcanopy tree, treelet • VEG: LMDF • HAB: flat ground, gentle slope; impeded drainage; near still fresh water • GEO: yellow clay soil • ALT: 90 m
BEL: Andulau F.R., *Ashton* BRUN 3162; Sungai Liang, Kpg. Lumut, *Flemmich* KEP 34406. **TEM:** Labu, *Ashton* BRUN 3191; Labu, Bukit Patoi, *Hussain Hj. Osman* 34 • Sumatra, Malaya, Borneo

D. longifolia (King) H.J.Lam var. **penangensis** (Ridl.) H.J.Lam — *Kedondong* (Br.)
Canopy/emergent tree
BEL: Sungai Liang, Sungai Liang Arboretum, *Niga* 91 • Malaya

D. macrocarpa (King) H.J.Lam var. **macrocarpa**
Tree, canopy/emergent tree, midstorey/subcanopy tree • VEG: Peatswamp Forest • ALT: 180 m
BEL: Seria, Anduki F.R., *Corner* BRUN 5344; Sungai Liang, Badas, *Coode* 6457. **TEM:** Amo, K. Belalong, *Smythies* SAN 17083; Labu, Labu F.R., *Smythies* SAN 17425. **Without prov.:** *van Niel* 4262 • Sumatra, Malaya, Borneo

D. macrocarpa (King) H.J.Lam var. **patentinervia** Leenh. — *Sabal* (Br.), *Sibut* (Dus., Tut.)
Canopy/emergent tree, midstorey/subcanopy tree • VEG: LMDF • HAB: gentle slope, ridge • GEO: Belait formation • ALT: 90 m • USES: Edible fruit
BEL: Andulau Hills F.R., *Wyatt-Smith* KEP 80093; Labi, Bt. Teraja, *Coode* 6892; Labi, Luagan Lalak, *Niga* 185 • Borneo: Sarawak

D. rostrata (Blume) H.J.Lam — *Kedondong* (Br.), *Kembayau* (Ib.), *Kembayau Air* (Ib.), *Kerakas Paya* (May.), *Merembang* (*), *Pinanasan* (Br.)
Canopy/emergent tree, midstorey/subcanopy tree • VEG: Degraded Empran, Kerangas, LMDF, Cultivated Areas • HAB: gentle slope, terrace, ridge; periodically flooded • GEO: clay; alluvial deposits • ALT: 240 m
BEL: Andulau F.R., *Ashton* BRUN 544; Sukang, Sg. Belait, *Wong* 717; Sungai Liang, Andulau F.R., *Smythies* SAN 17479; Sungai Liang, Bt. Besong, *Niga* 229. **BRM:** Berakas, Berakas camp, *Ashton* BRUN 5708; Gadong, Kpg. Rimba, *Wong* 1634. **TEM:** *Brunig* S 1133; Kampong Negalang, *Hussain Hj. Osman* 41; Bangar, Bt. Biang, *Smythies* SAN 17117. **TUT:** Rambai, Ulu Supon, *Ashton* BRUN 851 • Vietnam, W & C Malesia

D. rugosa (Blume) H.J.Lam — *Kedondong* (*), *Tunying* (Ib.)
Canopy/emergent tree, midstorey/subcanopy tree, treelet • VEG: LMDF, HDF, Secondary Forest • HAB: gentle slope, steep slope, ridge • GEO: Belait formation, Lambir formation, Setap Shales; clay soil, yellow clay soil • ALT: 20–150 m • USES: Edible fruit
BEL: Labi, *Dransfield J.* 6536; Labi, Teraja, *Atkins* 613; Melilas, Batu Patam, *Wong* 1050. **TEM:** Amo, K. Belalong, *Ashton* BRUN 5677; Amo, K. Belalong, *Dransfield J.* 6685; Amo, K. Belalong Fld. Studies Centre, *Schatz* 3259; Amo, Sg. Temburong Machang, *Wong* 1972; Labu, *Ashton* BRUN 3329. **TUT:** Ukong, Bt. Besong, *Niga* 197 • W & C Malesia

D. sp. indet.
BEL: Sungai Liang, Compartment 5, BRUN 15272.

SANTIRIA

S. aff. apiculata Benn. — *Sabang Ribut* (Ib.)
Midstorey/subcanopy tree • VEG: Secondary Forest • GEO: sandy clay soil • USES: Medicinal, young shoots treat stomach aches
BEL: Bukit Sawat, Kpg. Kagu Baru, *Wong* 365.

S. apiculata Benn. var. **apiculata** — *Kedondong* (Br.), *Ribut* (Ib.), *Sabang Ribut* (Ib.), *Sambar Burung* (Dus.)
Midstorey/subcanopy tree, treelet, shrub • VEG: Peatswamp Forest with Shorea albida, LMDF, Upper Montane Shrubbery, Secondary Forest • HAB: gentle slope, ridge • GEO: Lambir formation, sandstone, Setap Shales; yellow sandy clay soil • ALT: 1500 m • USES: Medicinal, used to stimulate appetite
BEL: Bukit Sawat, Andulau F.R., *Coode* 6751; Labi, Bt. Teraja, *Simpson* 2157; Labi, Teraja, *Atkins* 614; Seria, Seria, *Smythies* S 5887. **TEM:** Amo, G. Pagon, *Coode* 7471; Amo, K. Temburong Machang, *Ashton* BRUN 776; Batu Apoi, *Kirkup* 329. **TUT:** *Niga* 158; Rambai, Tasek Merimbun, *Bernstein* 148 • W & C Malesia

S. conferta Benn.
Canopy/emergent tree, midstorey/subcanopy tree • VEG: LMDF • HAB: gentle slope, ridge • GEO: Belait formation • ALT: 40–150 m
BEL: Bukit Sawat, Merangking Buau, *Coode* 7699; Melilas, Sg. Topi, *Thomas* 167 • Sumatra, Malaya, Borneo: Sabah

S. grandiflora Kalkman — *Kedondong* (Br.), *Merambang* (Ib.)
Canopy/emergent tree, midstorey/subcanopy tree
BEL: Sungai Liang, Arboretum Reserve, *Wong* 944; Sungai Liang, Sungai Liang Arboretum, *Niga* 124 • Borneo: Sarawak

S. griffithii (Hook.f.) Engl.
Canopy/emergent tree • ALT: 60 m
BEL: Sungai Liang, Andulau F.R., *Smythies* SAN 17548 • Malaya, Sumatra, Borneo

S. aff. griffithii (Hook.f.) Engl.
Treelet
BEL: Melilas, Batu Patam, *Wong* 1097.

S. laevigata Blume f. **laevigata**
Canopy/emergent tree, midstorey/subcanopy tree • VEG: Kerangas • HAB: flat ground, gentle slope • GEO: sandstone, clay, Sand; White sand • ALT: 10–390 m
BEL: Andulau F.R., *Ashton* BRUN 260; Andulau F.R., *Ashton* BRUN 271; Andulau F.R., *Ashton* BRUN 562; Labi, Bt. Puan, *Ashton* BRUN 630. **TEM:** Bangar, Bt. Biang, *Ashton* BRUN 511 • Sumatra, Malaya, Borneo, Sulawesi

S. laevigata Blume f. **glabrifolia** (Engl.) H.J.Lam — *Kembayau Burung* (Dus.), *Kerantai* (*), *Sala* (Ib.)
Canopy/emergent tree, midstorey/subcanopy tree • VEG: Peatswamp Forest, LMDF • HAB: flat ground, gentle slope, terrace; periodically flooded; near running fresh water • GEO: Belait formation, clay; alluvial deposits; sandy soil • ALT: 30 m • USES: Wood used for posts and sawmills
BEL: Andulau F.R., *Ashton* BRUN 594; Melilas, Ulu Belait, *Sands* 5881; Seria, Anduki F.R., *Wong* 919; Seria, Seria, *Flemmich* KEP 32632. **TUT:** Rambai, Tasek Merimbun, *Bernstein* 359 • Sumatra, Malaya, Borneo

S. megaphylla Kalkman — *Merambang Burung* (Ib.)
Midstorey/subcanopy tree • VEG: Open areas • ALT: 20 m
TUT: Telisai, Andulau F. R., *Fuchs* 21154 • Borneo: Sarawak, Sabah

S. mollis Engl. — *Bantungol* (Dus.)
Canopy/emergent tree, midstorey/subcanopy tree • HAB: gentle slope • GEO: sandstone, clay; yellow sandy clay soil • ALT: 30–130 m

BEL: Andulau F.R., *Ashton* BRUN 276; Andulau F.R., *Ashton* BRUN 596; Labi, Bt. Teraja, *Ashton* BRUN 668; Sungai Liang, Andulau F.R., *Smythies* SAN 17515; Sungai Liang, Sungei Liang Arboretem, *Wong* 132. **TUT:** Rambai, Tasek Merimbun, *Bernstein* 368 • Borneo

S. oblongifolia Blume — *Kedondong* (*), *Merembang* (*)
Tree, midstorey/subcanopy tree • VEG: Kerangas • HAB: gentle slope, terrace, ridge; well-drained • GEO: White sand, clay; Kerangas soil • ALT: 280 m
BEL: Andulau F.R., *Ashton* BRUN 598; Seria, Badas–Lumut F.R.,, *Fuchs* 21179. **BRM:** Berakas, Berakas F.R., *Anderson* S 2158. **TEM:** *Brunig* S 1126; Labu, *Smythies* SAN 17148 • Malaya, Sumatra, Borneo

S. rubiginosa Blume
Without prov.: *Anderson* S 2040 • Malaya, Sumatra, Borneo, New Guinea

S. tomentosa Blume — *Kedondong* (Ib.), *Kembayau* (Ib.)
Canopy/emergent tree, midstorey/subcanopy tree • VEG: Alluvial Forest, LMDF, Secondary Forest • HAB: flat ground, valley bottom, gentle slope; periodically flooded • GEO: alluvial deposits • ALT: sea level– 40 m • USES: Edible fruit
BEL: Bukit Sawat, Merangking Buau, *Coode* 7680; Labi, Sg. Rampayoh, *Dransfield J.* 7295; Labi, Sungai Rampayoh, *Kirkup* 821. **BRM:** Berakas, Berakas F.R., *Ashton* BRUN 843 • Malaya, Sumatra, Borneo

S. spp. indet.
BEL: Sungai Liang, Sungai Liang Arboretum, *Haslani - Mohd. A.* 56; Sungai Liang, Sungai Liang Arboretum, *Niga* 90.

SCUTINANTHE

S. brunnea Thwaites — *Luring* (Br., Ked.)
Canopy/emergent tree • VEG: Cultivated Areas
BRM: Gadong, *Wong* 1629 • Sumatra, Malaya, Borneo

TRIOMMA

T. malaccensis Hook.f. — *Kemidan* (Ib.), *Sepalok* (Br.)
Canopy/emergent tree • VEG: LMDF • HAB: steep slope • GEO: Belait formation • ALT: 20–100 m
BEL: Labi, Bt. Teraja, *Dransfield J.* 7023. **TUT:** Rambai, Ladan Hills F.R., *Coode* 6426.
Without prov.: *Hussain Hj. Osman* s.n. 12.ix.92 • Sumatra, Malaya, Borneo

BURSERACEAE INDET.
BEL: Melilas, R.Topi, *Ashton* BRUN 215. **TEM:** Bangar, Bt. Biang, *Smythies* SAN 17123.

CAMPANULACEAE
Moeliono & Tuyn in Fl. Males. 6: 107–141 (1960)

LAURENTIA

L. longiflora (L.) Peterm. — *Lidah Payau* (Br.)
Herb
BEL: Sungai Liang, *Haslani - Mohd. A.* 81 • Introduced, native in W Indies

CAPPARACEAE
Jacobs in Fl. Males. 6: 61–105 (1960)

CAPPARIS

C. buwaldae Jacobs
Climber • VEG: LMDF • HAB: gentle slope • GEO: Setap Shales • ALT: 120 m
BEL: Seria, Anduki F.R., *Corner* BRUN 5349. **TEM:** Amo, K. Belalong, *Dransfield J.* 7038 • Borneo

CLEOME

C. rutidosperma DC.
Herb • VEG: Roadsides • GEO: sandy soil • ALT: 10 m
TUT: Telisai, *Coode* 7402. **Without prov.:** *van Niel* 3459 • Introduced, native in W tropical Africa

C. spinosa Jacq.
Without prov.: *van Niel* 4158 • Cultivated, native in tropical America

CRATAEVA

C. nurvala Buch.-Ham.
• Introduced, cultivated plant

STIXIS

S. scortechinii (King) Jacobs
Liana, climber • VEG: LMDF • HAB: near running fresh water • GEO: Setap Shales • ALT: 60 m
TEM: Amo, Sg. Belalong, *Dransfield J.* 7078; Amo, Sg. Temburong Machang, *Wong* 1935 • Malaya, Sumatra

CAPPARACEAE INDET.
TEM: Amo, Sg. Temburong, *Coode* 6718.

CASUARINACEAE

CASUARINA

C. equisetifolia L. subsp. **equisetifolia**
Canopy/emergent tree • VEG: Coastal Forest • HAB: near sea water • GEO: Coastal beach sand • ALT: sea level
BEL: Sungei Liang, Sungei Liang Beach, *Dransfield J.* 7293. **Without prov.:** *van Niel* 3452 • Burma, Indochina, Malesia, Australia, Pacific

C. spp. indet.
TEM: *Johns* 6670. **TUT:** *Johns* 6787.

GYMNOSTOMA

G. nobile (Whitmore) L.A.S.Johnson (*Casuarina nobilis* Whitmore)
Midstorey/subcanopy tree • VEG: Kerangas • HAB: gentle slope; well-drained • GEO: White sand; White sand; Mor • ALT: 20 m
BRM: Berakas, Berakas F.R., *Sinclair* 10544. **TUT:** Telisai, *Coode* 6870; Telisai, Bt. Pasir Putih, *Ashton* BRUN 5014. **Without prov.:** *van Niel* 3629 • Borneo

CECROPIACEAE
A.P. DAVIS

POIKILOSPERMUM
Chew in Gard. Bull. Sing. 20: 1–103 (1963)

P. cordifolium (Barg.-Petr.) Merr.
Suffrutescent herb/subshrub • VEG: LMDF • GEO: Lambir formation • ALT: 90 m
BEL: Labi, Mendarem Valley, *Sands* 5437 • Sumatra, Malaya, Borneo

P. microstachys (Barg.-Petr.) Merr. — *Enjotol* (Dus.), *Entaban* (Ib.)
Epiphytic; shrub, climber • VEG: Peatswamp Forest, Kerangas Forest with Agathis, LMDF • HAB: terrace • GEO: Belait formation, Sand; peat • ALT: 120 m
BEL: Seria, Badas F.R., *Wong* 10; Seria, Kpg. Badas, *Wong* 167. **TUT:** Lamunin, Ladan Hills F.R., *Sands* 5705. **Without prov.:** *van Niel* 3446; *van Niel* 4105; *van Niel* 4244 • Sumatra, Malaya, Borneo

P. oblongifolium (Barg.-Petr.) Merr.
Epiphytic; climber • VEG: Degraded LMDF • HAB: flat ground; periodically flooded • GEO: Setap Shales; alluvial deposits • ALT: 30–50 m
BEL: Labi, Sungai Rampayoh, *Coode* 7767. **TEM:** Amo, Temburong river, *Atkins* 482 • Borneo

P. cf. peltatum (Winkl.) Merr.
Treelet • VEG: Degraded Peatswamp Forest • GEO: clay soil • ALT: sea level–10 m
TUT: *Forman* 982 • The species is known from Borneo

P. scabrinervium (Barg.-Petr.) Merr. — *Entaban* (Ib.)
Epiphytic; treelet, climber • VEG: HDF • HAB: near running fresh water • GEO: Setap Shales • ALT: 110–70 m
TEM: Amo, *Wong* 1285; Amo, sg.Temburong, *Sands* 5521; Amo, Sungai Temburong, *Argent* 9144 • Borneo

P. suaveolens (Blume) Merr. — *Akar Kayas* (Ib.), *Entaban* (Ib.)
Epiphytic; liana, climber • VEG: Peatswamp Forest with Shorea albida, Peatswamp Forest • HAB: near running fresh water • GEO: alluvial deposits; peat • ALT: 10 m
BEL: Kuala Belait, Sg. Damit, *Dransfield J.* 6795; Labi, Wong Kadir, *Coode* 7256; Melilas, Sg. Ingei, *Wong* 712; Seria, Jln. Badas, *Mat Salleh* 2420b. **TUT:** Rambai, Ulu Tutong, *Ashton* BRUN 891. **Without prov.:** *van Niel* 3610 • SE Asia, W & C Malesia

P. aff. suaveolens (Blume) Merr. — *Enjotol* (Dus.)
Climber • HAB: gentle slope • USES: Edible young leaves
TUT: Rambai, Tasek Merimbun, *Bernstein* 73.

P. cf. suaveolens (Blume) Merr.
Epiphytic • HAB: ridge • ALT: 850 m
TEM: Amo, Bt. Belalong, *Wong* 1501.

P. subtrinervium (Miq.) Chew
Epiphytic; shrub, climber • VEG: Peatswamp Forest with Shorea albida • HAB: near running fresh water • GEO: peat • ALT: sea level
BEL: Labi, Wong Kadir, *Coode* 7239; Seria, *Richards* 5604; Seria, Seria, *Richards* 5583; Seria, Seria, *Smythies* S 5859 • Sumatra

P. tangaum Chew — *Enjotol* (Dus.), *Entaban* (Ib.)
Epiphytic; liana, climber • VEG: Peatswamp Forest with Shorea albida, Degraded LMDF, HDF, Secondary Forest • HAB: valley bottom; near running fresh water • GEO: Lambir formation, Setap Shales; grey clay soil • ALT: 130 m
BEL: Labi, Rampayoh, *Sands* 5755; Seria, Badas, *Coode* 7622; Seria, Jln. Badas, *Mat Salleh* 2403. **TEM:** Amo, Apoi Forest Reserve, *Sands* 5801 • Borneo: Sabah

P. sp. 1
Scrambling shrub • VEG: LMDF • GEO: Belait formation • ALT: 120 m
TUT: Lamunin, Ladan Hills F.R., *Sands* 5724.

P. spp. indet.
BEL: Kuala Balai, *Kirkup* 210; Kuala Belait, Sg. Damit, *Dransfield J.* 6802; Labi, *Johns* 7429; Labi, Sungai Rampayoh, *Kirkup* 797; Melilas, Ulu Ingei, *Cowley* 119. **TEM:** Amo, Apan, *Cowley* 80; Amo, K. Belalong, Sg. Belalong, *Dransfield J.* 7088; Amo, Sg. Temburong, BRUN 15295. **TUT:** Ulu Tutong, Bukit Bahak, *Kirkup* 488.

CELASTRACEAE
Ding Hou in Fl. Males. 6:227–291 (1962) & 389–421 (1964)

BHESA

B. paniculata Arn. — *Silang Kampung* (Br., Tut.Mal.), *Simun* (Ib.), *Simun Bukit* (Ib.)
Canopy/emergent tree, midstorey/subcanopy tree, treelet • VEG: Degraded Peatswamp Forest, LMDF, Degraded LMDF, Secondary Forest, Degraded Secondary Forest • HAB: gentle slope, steep slope, terrace; periodically flooded; near running fresh water • GEO: Belait formation, Sand/clay, Setap Shales; alluvial deposits; clay soil, sandy clay soil • ALT: 450 m
BEL: Labi, *Dransfield J.* 6552; Labi, *Wong* 72; Melilas, K. Penipir, *Ashton* BRUN 238; Melilas, Ulu Belait, *Atkins* 527; Melilas, Ulu Ingei, *Kirkup* 770; Sukang, Sungai Paleh Bangawong, *Kirkup* 659; Sungai Liang, Jln. Labi, *Niga* 83; Sungai Liang, Sungai Liang Arboretum, *Niga* 120. **TEM:** Amo, K. Temburong Machang, *Ashton* BRUN 2613; Batu Apoi, Selapon, *Kirkup* 919; Labu, Bt. Perdayan, *Smythies* SAN 17412. **TUT:** *Forman* 998 • SE Asia, W & C Malesia

B. robusta (Roxb.) Ding Hou
Canopy/emergent tree, midstorey/subcanopy tree • HAB: ridge • GEO: White sand; clay soil • ALT: 80–540 m
BRM: Lumapas, Bukit Lumapas, *Davis* 499. **TEM:** Amo, K. Belalong, *Ashton* BRUN 5525 • SE Asia, Sumatra, Malaya, Borneo

CASSINE

C. viburnifolia (Juss.) Ding Hou
Tree, midstorey/subcanopy tree, treelet, shrub • VEG: Mangrove • HAB: near brackish water • GEO: sandstone • ALT: sea level
BRM: Sg. Brunei, *Ashton* BRUN 5068; Pengkalan Batu, Sg. Brunei, *Ashton* BRUN 5071. Muara: Mentiri, Brunei Bay, off Jln. Muara, *Coode* 7308. **TUT:** Telisai, Danau, *Forman* 1023 • Andaman Is., W & C Malesia

CELASTRUS

C. monospermoides Loes.
Climber • VEG: Upper Montane Shrubbery • HAB: ridge • ALT: 1500 m
TEM: Amo, G. Pagon, *Coode* 7463 • Malesia

EUONYMUS

E. castaneifolius Ridl.
Midstorey/subcanopy tree, treelet, scrambling shrub • VEG: LMDF, HDF • HAB: gentle slope, steep slope, ridge • GEO: Setap Shales; Brown clay-loam; Leaf litter • ALT: 50–820 m
BEL: Bukit Sawat, Andulau F.R., *Coode* 6762; Sungai Liang, Sungai Liang Arboretum, *Haslani - Mohd. A.* 42; Sungai Liang, Sungei Liang Arboretem, *Wong* 303. **TEM:** Amo, Bt. Belalong, *Prance* 30690; Amo, K. Belalong, *Dransfield J.* 6723; Amo, Ulu Belalong LP382, *Kirkup* 877 • Sumatra, Borneo

E. sp. indet.
TEM: Amo, Ulu Belalong, *Coode* 7834.

KOKOONA

K. littoralis Laws. — *Mata Ulat* (Br., Ib.)
Midstorey/subcanopy tree • VEG: Peatswamp Forest, Degraded Kerangas • GEO: White sand • ALT: 10–20 m
BEL: Seria, Kpg. Badas, *Wong* 166. TUT: Telisai, *Dransfield J.* 6517 • Malaya, Sumatra, Borneo

K. cf. littoralis Laws. — *Mata Ulat* (Br., Ib.)
Midstorey/subcanopy tree • VEG: Padang
BEL: Bukit Sawat, Jln. Labi, *Wong* 1656.

K. ovatolanceolata Ridl.
Midstorey/subcanopy tree • GEO: White sand; Podsol; Mor
TEM: Batu Apoi, Bt. Pasir Putih, *Ashton* BRUN 5027 • Borneo

K. cf. reflexa (Laws.) Ding Hou
Without prov.: *Ashton* BRUN 5279.

K. sp. indet.
Without prov.: *van Niel* 3743.

LOPHOPETALUM

L. beccarianum Pierre — *Mata Ulat* (Br., Ib.), *Perupok* (Ib.)
Canopy/emergent tree, midstorey/subcanopy tree, treelet • VEG: HDF, Lower Montane Forest • HAB: gentle slope, ridge • GEO: Meligan formation; Brown clay-loam • ALT: 990 m
BEL: Labi, *Flemmich* KEP 34470; Labi, Bt. Teraja, *Simpson* 2029; Melilas, Batu Patam, *Wong* 1039. TEM: Amo, Bukit Tudal, *Kirkup* 977; Amo, K. Belalong, *Wong* 1261 • Malaya, Borneo

L. glabrum Ding Hou
Midstorey/subcanopy tree, treelet • VEG: LMDF, Degraded LMDF • HAB: gentle slope, ridge • GEO: Belait formation • ALT: 220 m
BEL: Labi, *Kirkup* 363; Labi, Bt. Telingan, *Dransfield J.* 6822. TUT: *Johns* 7579 • Borneo

L. javanicum (Zoll.) Turcz.
Without prov.: *Smith* KEP 30482 • Thailand, Malesia

L. multinervium Ridl.
Canopy/emergent tree • HAB: impeded drainage; near running fresh water • ALT: sea level
BEL: Kuala Belait, K. Belait, *Ashton* S 7853. Without prov.: *van Niel* 4255 • Sumatra, Malaya, Borneo

L. rigidum Ridl. — *Dual Paya* (Br., Dus.), *Perupok Paya* (Ib.)
Midstorey/subcanopy tree, treelet • VEG: Peatswamp Forest, Kerangas, Upper Montane Shrubbery • HAB: ridge • GEO: Belait formation • ALT: 1500 m
BEL: Melilas, Bt. Batu Patam, *Brunig* S 12356; Melilas, Bt. Batu Patam, *Dransfield J.* 6564. TEM: Amo, G. Pagon, *Coode* 7535. TUT: Telisai, *Niga* 76 • Borneo

L. subobovatum King — *Dual* (*)
Canopy/emergent tree • HAB: near running fresh water
BEL: Andulau F.R., *Mohsin* S 1920 • Sumatra, Malaya, Borneo

L. spp. indet.
TEM: Amo, Bt. Retak, *Wong* 735; Amo, K. Sekurop, *Ashton* BRUN 745. TUT: *Wong* 2007.

MICROTROPIS

M. rigida Ridl. — *Adau* (Br.), *Dual* (Br., Dus.), *Perupok* (Ib.)
Midstorey/subcanopy tree • HAB: ridge • ALT: 700 m
TEM: Amo, Bt. Belalong, *Wong* 1476 • Borneo: Sarawak

M. sp. nov.
Midstorey/subcanopy tree • VEG: Lower Montane Forest • HAB: steep slope • ALT: 820 m
TEM: Amo, Bt. Belalong, *Prance* 30581.

M. sp. indet.
Without prov.: *Ashton* 3948.

PERROTTETIA

P. alpestris (Blume) Loes. subsp. **philippinensis** (Vidal) Ding Hou
Shrub • VEG: LMDF • ALT: 50 m
TEM: *Johns* 7390 • Borneo, Sulawesi, Philippines

SALACIA

S. chinensis L.
Liana • GEO: Coastal beach sand
BRM: Serasa, Kpg. Muara, *Ashton* BRUN 5140 • SE Asia, Malesia, N Australia

S. cf. chinensis L. — *Piantok* (Dus.)
Liana, climber • VEG: LMDF • HAB: ridge • ALT: 780 m • USES: Wood used to make chopsticks
TEM: Amo, Bukit Belalong, *Joffre* 5. **TUT:** Rambai, Tasek Merimbun, *Bernstein* 165; Ukong, *Niga* 156.

S. laurifolia Stapf
Climber • VEG: LMDF • HAB: steep slope • GEO: sandstone; stony; clay soil • ALT: 500 m
TEM: Amo, Ulu Belalong, *Dransfield J.* 7354 • Borneo

S. macrophylla Blume
Climber • VEG: HDF • HAB: sharp ridge • GEO: Setap Shales • ALT: 850 m
TEM: Amo, Bt. Belalong, *Dransfield J.* 7112 • SE Asia, Malesia

S. oblongifolia Blume
Climber • VEG: LMDF • HAB: steep slope • GEO: sandstone; clay soil • ALT: 500 m
TEM: Amo, Ulu Belalong, *Dransfield J.* 7434. Without prov.: *Coode* 6756a • Thailand, W & C Malesia

S. cf. oblongifolia Blume
Liana • HAB: ridge
BEL: Sungai Liang, Sungei Liang Arboretem, *Wong* 584.

S. sp. 2
Climber • VEG: Kerangas • HAB: ridge • GEO: Belait formation • ALT: 20– 350 m
BEL: Labi, Bt. Teraja, *Dransfield J.* 6864. **TEM:** Amo, *Wong* 1264.

S. sp. 3
Climber • VEG: LMDF • HAB: gentle slope • GEO: Belait formation • ALT: 10–20 m
BEL: Bukit Sawat, Jln. Labi–Merangking, *Kirkup* 252.

CELASTRACEAE INDET.

BEL: Labi, Labi F.R., *Niga* 326. **TUT:** Rambai, Tasek Merimbun, *Bernstein* 401. Without prov.: *Kessler* 414.

CHLORANTHACEAE
Verdcourt in Fl. Males. 10: 123–144 (1986)

CHLORANTHUS

C. erectus (Buch.-Ham.) Verdc.
Endotrophic terrestrial; suffrutescent herb/subshrub, herb • VEG: Degraded LMDF • HAB: valley bottom, ridge; near running fresh water • GEO: sandstone, Setap Shales • ALT: 20–150 m
BEL: Labi, Wong Kadir, *Coode* 7200. **TUT:** Lamunin, *Dransfield J.* 6885 • SE Asia, Malesia

CHRYSOBALANACEAE
DETS BY G.T. PRANCE
Prance in Fl. Males. 10: 635–678 (1989)

ATUNA

A. racemosa Raf. subsp. **excelsa** (Jack) Prance.) (*Parinarium asperulum* Miq.).)
— *Balibu* (Dus., Ib.), *Kayu Balibu* (Dus.), *Melibu* (Ib.), *Merbatu* (Br.), *Pugino* (Dus
Canopy/emergent tree, midstorey/subcanopy tree • VEG: Degraded Alluvial Forest, Degraded Empran • HAB: flat ground; periodically flooded; near running fresh water • GEO: alluvial deposits • ALT: 20 m • USES: Edible fruit, trunks made into a canoes, Edible fruit, wood used for boards and firewood
BEL: Bukit Sawat, Sg. Belait, *Wong* 721; Bukit Sawat, Sg. Mau, *Coode* 7715; Sukang, Kpg. Sukang, *Flemmich* KEP 32634; Sukang, Kpg. Sukang, *Wong* 110. **TUT:** Rambai, Tasek Merimbun, *Bernstein* 364, 494; Rambai, Ulu Supon, *Ashton* BRUN 854 • W & C Malesia

A. racemosa Raf. subsp. **racemosa** (*Parinarium elatum* King) — *Baduk* (Dus.)
Midstorey/subcanopy tree • VEG: Alluvial Forest • GEO: alluvial deposits • ALT: 30–50 m • USES: Edible fruit, contains edible seeds
TUT: Rambai, Sg. Tutong, *Coode* 6306; Rambai, Tasek Merimbun, *Bernstein* 461. **Without prov.:** *Ashton* BRUN 3184 • Thailand, Malesia to Pacific

KOSTERMANTHUS

K. heteropetalus (King) Prance
Midstorey/subcanopy tree • VEG: Degraded Alluvial Forest • GEO: clay • ALT: 40 m
BEL: Andulau F.R., *Ashton* BRUN 621; Bukit Sawat, Sg. Belait, *Niga* 70; Bukit Sawat, Sg. Mau, *Coode* 7708 • W & C Malesia

LICANIA

L. splendens (Korth.) Prance (*Angelesia splendens* Korth.) — *Piasau-Piasau* (Br.), *Sesian Batu* (Dus.)
Midstorey/subcanopy tree • VEG: Secondary Forest • GEO: sandy clay soil • ALT: 30 m • USES: Wood used in house construction and posts
BEL: Bukit Sawat, Kpg. Kagu Baru, *Wong* 363; **BRM:** Berakas, Berakas F.R., *Hassan Pukol* BRUN 5401. **TUT:** Rambai, Tasek Merimbun, *Bernstein* 423. **Without prov.:** *Anderson* S 4883 • W & C Malesia

MARANTHES

M. corymbosa Blume — *Tanyit* (Ib.)
Canopy/emergent tree, midstorey/subcanopy tree • VEG: Degraded Peatswamp Forest, LMDF • HAB: ridge; well-drained; near running fresh water • GEO: White sand, Setap Shales • ALT: 10–150 m
TUT: Lamunin, *Dransfield J.* 6808; Rambai, Sg. Tutong, *Simpson* 2601; Telisai, *Coode* 6855 • Malesia to Australia and Pacific

PARASTEMON

P. grandifructus Prance
  Without prov.: *Tan* 155 • Borneo

P. urophyllus (A.DC.) A.DC. — *Mendalas* (Ked.), *Mengilas* (Ked.)
  Midstorey/subcanopy tree, treelet • VEG: Peatswamp Forest, Kerangas, Degraded Kerangas, Secondary Forest • GEO: White sand; yellow sandy loam • ALT: 10–100 m
  BRM: Berakas, Berakas F.R., *Ashton* BRUN 948. **TUT:** Rambai, Sg. Medit, *Simpson* 2582; Telisai, *Dransfield J.* 6519; Telisai, Jln. K. Belait–Pekan Muara, *Jacobs* 5676. **Without prov.:** *van Niel* 4058 • Nicobar Is., Sumatra, Malaya, Borneo

P. sp. indet.
  BRM: Berakas, Berakas Forest Reserve, *Ariffin Kalat* BRUN 15033.

PARINARI

P. canarioides Kosterm.
  Canopy/emergent tree • HAB: ridge • GEO: clay soil • ALT: 540 m
  TEM: Amo, K. Belalong, *Ashton* BRUN 5644; Amo, K. Belalong, *Ashton* BRUN 5669 • Sumatra, Borneo, Sulawesi, Philippines

P. costata (Korth.) Blume
  Midstorey/subcanopy tree • HAB: gentle slope • GEO: sandstone; yellow sandy clay soil • ALT: 130 m
  TEM: Bangar, Bukit Biang, *Ashton* BRUN 497 • Burma, Malaya, Sumatra, Borneo, Philippines

P. metallica Kosterm.
  Canopy/emergent tree • GEO: yellow sandy clay soil • ALT: 240 m
  BEL: Labi, Bt. Teraja, *Ashton* S 7889 • Borneo: Sarawak, Sabah

P. oblongifolia Hook.f.
  Midstorey/subcanopy tree • HAB: gentle slope • GEO: yellow sandy clay soil, yellow sandy loam • ALT: 40 m
  BEL: Andulau F.R., *Ashton* BRUN 3267; Labi, Bt. Teraja, *Ashton* BRUN 673. **Without prov.:** *Tan* 324 • Sumatra, Malaya, Borneo

P. oblongifolia Hook.f. *vel aff.*
  Midstorey/subcanopy tree • GEO: sandy soil • ALT: 10 m
  BEL: Melilas, Sg. Belait, *Forman* 1186.

P. sp. indet.
  BEL: Sukang, Sungai Paleh Bangawong, *Kirkup* 646.

CHRYSOBALANACEAE INDET.
  BEL: Sukang, Sungai Paleh Bangawong, *Kirkup* 641.

CLETHRACEAE
Sleumer in Fl. Males. 7: 139–150 (1971)

CLETHRA

C. longispicata J.J.Sm.
  Treelet • VEG: HDF • HAB: steep slope • GEO: Setap Shales • ALT: 900 m
  TEM: Amo, Bt. Belalong, *Dransfield J.* 7179 • C Malesia

C. pachyphylla Merr.
  Midstorey/subcanopy tree, treelet • VEG: HDF • HAB: gentle slope • ALT: 830 m
  TEM: Amo, *Wong* 1906; Amo, Bt. Belalong, *Prance* 30615 • Borneo: Sarawak, Sabah

C. spp. indet.
   TEM: Amo, Bt. Belalong, *Dransfield J.* 7180; Amo, Bt. Belalong, *Wong* 1437; Amo, G. Pagon, *Coode* 7425.

COMBRETACEAE
Exell in Fl. Males. 4: 533–628 (1954)

COMBRETUM

C. borneense Exell
   Climber • HAB: flat ground; impeded drainage; near still fresh water
   BEL: Bt. Sawat, Simpang Bukit Mau, *Awong* 7 • Borneo: Sarawak

C. sundaicum Miq.
   Liana • VEG: Degraded Peatswamp Forest • HAB: flat ground; periodically flooded • GEO: alluvial deposits; sandy clay soil • ALT: 30 m
   BEL: Labi, Sungai Rampayoh, *Coode* 7816 • Thailand, W & C Malesia

C. tetralophum C.B.Clarke
   Liana • VEG: LMDF • HAB: valley bottom; near running fresh water • GEO: sandy soil • ALT: 30 m
   BEL: Labi, Sungai Rampayoh, *Coode* 7832 • Indochina, Malesia

C. sp. 1 (*Terminalia creaghii* Ridl.)
   Liana • VEG: Degraded Empran • HAB: periodically flooded • GEO: alluvial deposits • ALT: 10 m
   BEL: Labi, Sg. Rampayoh, *Dransfield J.* 7315. **TUT:** Rambai, Ulu Supon, *Ashton* BRUN 862 • Borneo: Sabah. The transfer of this apetalous species will be published shortly

LUMNITZERA

L. littorea (Jack) Voigt (*L. coccinea* Wight & Arn.)
   Midstorey/subcanopy tree, treelet, shrub • VEG: Mangrove • HAB: near brackish water, near sea water • GEO: Sea/marine sands, silts • ALT: sea level
   BRM: *Puff* 9008272/3; Berakas, Serasa, *Kirkup* 951; Serasa, Kpg. Muara, *Ashton* BRUN 5146. Muara: Mentiri, Brunei Bay, off Jln. Muara, *Coode* 7309. **Without prov.:** *van Niel* 3882 • Tropical Asia to N. Australia & Polynesia

L. racemosa Willd.
   Without prov.: *van Niel* 3858 • E Africa, tropical Asia, N Australia, Polynesia

QUISQUALIS

Q. indica L.
   Climber
   BEL: Sungai Liang, Sungai Liang, *Wong* 309 • Old World Tropics, often cultivated

TERMINALIA

T. catappa L.
   Without prov.: *van Niel* 3695 • Tropical Asia to N. Australia & Polynesia

T. foetidissima Griff. — *Alud Tambang* (Dus.), *Telinsi* (Ib.)
   Canopy/emergent tree, midstorey/subcanopy tree • VEG: Kerangas • HAB: gentle slope, ridge • GEO: Setap Shales; clay soil • ALT: 210–90 m • USES: Wood used for boat making
   BEL: Bukit Sawat, Jln. Merangking–Buau, *Niga* 259; Labi, *Coode* 7962; Labi, Kpg. Tenajor, *Haslani - Mohd. A.* 59; Labi, Labi Hills F.R., *Niga* 347; Labi, Sungai Rampayoh, *Coode* 7830. **TEM:** Amo, Apoi Forest Reserve, *Atkins* 510; Bangar, Bt. Biang, *Ashton* BRUN 5583. **TUT:** Rambai, Tasek Merimbun, *Bernstein* 304. • Indochina, Sumatra, Malaya, Borneo, Philippines

T. phellocarpa King — *Kedandi* (Ib.)
Canopy/emergent tree • HAB: gentle slope; near running fresh water • GEO: clay soil • ALT: 210 m
    TEM: Bangar, Bt. Biang, *Ashton* BRUN 5581; Bangar, Pekan Bangar, *Ashton* BRUN 5685 • Sumatra, Malaya, Sarawak, Sabah

COMPOSITAE
D.J. HIND

AGERATUM

A. conyzoides L. subsp. **conyzoides** — *Mambung* (Ib.)
Herb • USES: Medicinal, leaves crushed and used for eye drops
BEL: Labi, *Wong* 357. Without prov.: *van Niel* 3751 • Pantropic weed, native to S America

BLUMEA

B. sp. indet.
TUT: *Johns* 7460.

CHROMOLAENA

C. odorata (L.) R.M.King & H.Rob. (*Eupatorium odoratum* L.)
Suffrutescent herb/subshrub, climber • VEG: Degraded Kerangas, Degraded Secondary Forest • HAB: gentle slope • GEO: White sand • ALT: sea level–10 m
    TUT: Tanjong Maya, Jalan Tutong–Seria, *Kirkup* 730; Telisai, *Sands* 5426. Without prov.: *van Niel* 4342 • Pantropic weed native to S America

COSMOS

C. caudatus Kunth — *Irupang* (Dus.)
    • USES: Medicinal, boiled root used to increase appetite
TUT: Rambai, Tasek Merimbun, *Bernstein* 111 • Cosmopolitan weed

CRASSOCEPHALUM

C. crepidioides (Benth.) S.Moore
Without prov.: *van Niel* 3984 • Weed in Old World tropics, native to Tropical Africa

ECLIPTA

E. prostrata (L.) L.
Without prov.: *van Niel* 3785; *van Niel* 3861; *van Niel* 3940 • Cosmopolitan weed

ELEPHANTOPUS

E. scaber L.
Without prov.: *van Niel* 3663 • Old World tropics

EMILIA

E. prenanthoidea DC.
Herb • VEG: Alluvial Forest, Cultivated Areas • HAB: periodically flooded • GEO: Belait formation; alluvial deposits • ALT: 10–50 m
    BEL: Melilas, Bt. Batu Patam, *Dransfield J.* 6598. TEM: Batu Apoi, *Dransfield J.* 6958 • SE Asia

E. sonchifolia (L.) DC.
Without prov.: *van Niel* 3760 • Pantropic weed, native in Old World tropics

ERECHTITES

E. hieraciifolia (L.) DC. — *Umbus Kenawai* (Dus.)
Herb • VEG: Roadsides • GEO: sandy soil • ALT: 10 m • USES: Edible leaves, cooked as a vegetable
TUT: Rambai, Tasek Merimbun, *Bernstein* 353; Telisai, *Coode* 7398 • Weed in SE Asia, native in Americas

E. valerianifolia (Wolf) DC. — *Asang-Asang* (Dus.)
TUT: Rambai, Tasek Merimbun, *Bernstein* 334 • Introduced, native in C & S America

MELANTHERA

M. biflora (L.) Wild (*Wedelia biflora* (L.) DC.)
Herb • VEG: Mangrove
TUT: Telisai, Danau, *Forman* 1017. Without prov.: *van Niel* 4045; *van Niel* 4077 • Tropical Africa and Asia

MIKANIA

M. micrantha Kunth — *Akau Bengkali* (Dus.)
Herbaceous climber, climber • VEG: HDF, Cultivated Areas • HAB: gentle slope; periodically flooded • GEO: Belait formation; alluvial deposits • ALT: 150 m
TEM: Batu Apoi, *Dransfield J.* 6957. TUT: Lamunin, Ladan Hills, *Sands* 5761; Rambai, Tasek Merimbun, *Bernstein* 257 • Weed in SE Asia, native in S America

SPILANTHES

S. anactina F.Muell.
• VEG: Secondary Forest • HAB: near sea water • GEO: Coastal beach sand
BEL: Sungai Liang, Kpg. Lumut, *Forman* 1099. BRM: Serasa, Kpg. Muara, *Sinclair* 10549.
Without prov.: *van Niel* 4147 • Malaya, Borneo, Australia

STRUCHIUM

S. sparganophorum (L.) Kuntze
Without prov.: *van Niel* 4162 • Weed in SE Asia, native in Tropical America

THELECHITONIA

T. trilobata (L.) H.Rob & Cuatrec. (*Wedelia trilobata* (L.) Hitchc.)
Herb • VEG: Open areas • HAB: gentle slope • GEO: Belait formation • ALT: 20 m
TEM: Bangar, *Sands* 5638 • Introduced, native in S America

VERNONIA
Koster in Blumea 1: 380–455 (1935)

V. arborea Ham. ***sens. lat.*** — *Ambong* (Dus.), *Enterupong* (Ib.), *Medang Gambong* (Br.)
Canopy/emergent tree, midstorey/subcanopy tree, treelet • VEG: Alluvial Forest, HDF • HAB: ridge; near running fresh water • GEO: sandstone; clay soil, sandy soil • ALT: 200–990 m
TEM: Amo, K. Belalong Fld. Studies Centre, *Schatz* 3304; Amo, Ulu Belalong, *Dransfield J.* 7367. TUT: Lamunin, Ladan Hills F.R., *Niga* 214; Rambai, Bt. Bahak, *Coode* 7080; Rambai, Tasek Merimbun, *Bernstein* 51, 70. • SE Asia, Malesia

V. arborea Ham. var. **arborea** — *Enterupong* (Ib.)
Midstorey/subcanopy tree • HAB: gentle slope
TEM: Amo, *Wong* 1867. TUT: Lamunin, Ladan Hills F.R., *Wong* 1648 • India to New Guinea

V. arborea Ham. var. **obovata** S.Moore — *Enterupong* (Ib.)
Midstorey/subcanopy tree
BEL: Bukit Sawat, Jln. Labi, *Wong* 91 • Malesia

V. cinerea (L.) Less. *sens. lat.*
Herb • VEG: Cultivated Areas • HAB: periodically flooded • GEO: alluvial deposits • ALT: 10 m
TEM: Batu Apoi, *Dransfield J.* 6962. **Without prov.**: *van Niel* 3786; *van Niel* 3802 • Pantropic weed, native in Old World

V. spp. indet.
TEM: Batu Apoi, Selapon, *Kirkup* 916. TUT: Ulu Tutong, Bukit Bahak, *Kirkup* 519.

CONNARACEAE
Leenhouts in Fl. Males. 5: 495–541 (1958)

AGELAEA

A. borneensis (Hook.f.) Merr. — *Akau Sengkarai* (Dus.), *Rendau Malam* (Ib.)
Tree [?], liana, climber • VEG: Degraded Empran, Peatswamp Forest, Degraded Peatswamp Forest, Kerangas, LMDF, Secondary Forest, Belukar • HAB: flat ground, gentle slope; periodically flooded; near running fresh water • GEO: Belait formation, Setap Shales; alluvial deposits; clay soil, sandy soil • ALT: 500 m • USES: Leaves rolled to wrap cigarettes
BEL: Bukit Sawat, Jln. Merangking–Buau, *Niga* 254; Bukit Sawat, Merangking Buau, *Coode* 7673; Bukit Sawat, new road to Merankin, *Thomas* 144; Labi, Bt. Puan, *Sinclair* 10516; Melilas, Paleh Bangawong, *Thomas* 87; Melilas, Ulu Ingei, *Sands* 5914; Sukang, Sg. Belait, *Forman* 1146; Sukang, Sg. Belait, *Forman* 1158. TEM: Amo, Batu Apoi F.R., *Smythies* SAN 17090; Amo, K. Belalong, Sg. Belalong, *Dransfield J.* 7080; Amo, K. Belalong, *Jacobs* 5611; Labu, *Wood* SAN 17299. TUT: *Forman* 999; Lamunin, Layong–Gadong Pipeline track, *Dransfield J.* 7233; Rambai, Sg. Tutong, *Coode* 6355; Rambai, Tasek Merimbun, *Bernstein* 321, 501; Rambai, Ulu Supon, *Ashton* BRUN 861 • W & C Malesia

A. macrophylla (Zoll.) Leenh.
Climber • ALT: 40 m
BEL: Sungai Liang, Andulau F.R., *Smythies* SAN 17516 • W & C Malesia

CNESTIS

C. palala (Lour.) Merr. — *Akau Kabul* (Dus.), *Akau Udang-Udang* (Dus.), *Buah Ampang* (Ib.), *Tarakang* (Dus.)
Canopy/emergent tree, liana, climber • VEG: LMDF, Secondary Forest • HAB: gentle slope, steep slope, ridge • GEO: Belait formation, sandstone, Sand/clay; clay soil, yellow sandy clay soil • ALT: 20–60 m • USES: Edible, flavouring for fish
BEL: Bukit Sawat, *Niga* 306; Labi, Bt. Teraja, *Coode* 6923; Sungai Liang, Andulau F.R., *Wong* 1612. TEM: Amo, K. Belalong Fld. Studies Centre, *Schatz* 3246; Bangar, Pekan Bangar, *Ashton* BRUN 493; Batu Apoi, Bt. Pasir Putih, *Ashton* BRUN 296. TUT: Rambai, Tasek Merimbun, *Bernstein* 53, 90, 505 • SE Asia, W & C Malesia

C. platantha Griff.
Liana • HAB: gentle slope • ALT: 40 m
BEL: Bukit Sawat, Merangking Buau, *Coode* 7698 • SE Asia, W & C Malesia

CONNARUS

C. monocarpus L. subsp. **malayensis** Leenh.
Liana, climber • VEG: LMDF, HDF • HAB: gentle slope • ALT: 20–760 m
TEM: Amo, Bt. Belalong, *Prance* 30570. **TUT:** Rambai, Sg. Tutong, *Coode* 6312 • W & C Malesia

C. odoratus Hook.f.
Treelet, liana, scrambling shrub, climber • VEG: Kerangas, Degraded LMDF • HAB: gentle slope, ridge • GEO: yellow sand • ALT: 30–80 m
BEL: Bukit Sawat, Andulau F.R., *Coode* 6767; Bukit Sawat, Jln. Merangking–Buau, *Niga* 241; Labi, Bt. Puan, *Ashton* S 7876; Sungai Liang, Andulau F.R., *Coode* 6781; Sungai Liang, Sungai Liang Arboretum, *Wong* 958; Sungei Liang, Andulau F.R., *Dransfield J.* 7237. **TUT:** Tanjong Maya, Andulau F.R., Bukit Kukub, *Niga* 349 • Malaya, Borneo

C. semidecandrus Jack
Liana, climber • VEG: Degraded Empran, Peatswamp Forest with Shorea albida • HAB: seasonal watercourse; near running fresh water • GEO: alluvial deposits • ALT: 10 m
BEL: Kuala Balai, *Kirkup* 207; Kuala Belait, K. Belait, *Ja'amat* KEP 39680; Seria, Seria, *Smythies* S 5854. Without prov.: *van Niel* 3587; *van Niel* 3820; *van Niel* 4228 • Indochina, Malesia, Pacific

C. aff. winkleri Schellenb. — *Akar Kemedu* (Ib.)
Liana • GEO: shale • ALT: 120–550 m
TEM: Amo, Sg. Temburong, *Coode* 6712 • *Connarus winkleri* is known from Borneo, Philippines

C. peltatus Forman
BEL: Melilas, Batu Patam, *Wong* 1089 • Endemic

C. spp. indet.
BEL: K. Balai, Kuala Balai, BRUN 15650; Melilas, Kuala Ingei, *Thomas* 210.

ELLIPANTHUS

E. beccarii Pierre var. **beccarii**
Midstorey/subcanopy tree • VEG: Peatswamp Forest with Shorea albida
BEL: Seria, Badas, *Sinclair* 10462 • Borneo: Sarawak

ROUREA

R. mimosoides (Vahl) Planch.
Liana • GEO: sandy soil • ALT: 10–60 m
BEL: Bukit Sawat, Andulau F.R., *Coode* 6768; Melilas, Sg. Belait, *Forman* 1185. **Without prov.:** *van Niel* 4251 • Burma, Indochina, W & C Malesia

R. minor (Gaertn.) Leenh. — *Rendau Jangkang* (Ib.)
Liana • VEG: Degraded Kerangas • HAB: gentle slope, raised beach • GEO: White sand, shale; Podsol, yellow clay soil • ALT: 10–430 m
BEL: Sungai Liang, Andulau F.R., *Coode* 6778. **BRM:** Berakas, Berakas F.R., *Ashton* S 7825. **TEM:** Amo, Sg. Temburong, *Coode* 6739; Labu, *Ashton* BRUN 3326 • SE Asia, Malesia, Australia, Pacific

CONNARACEAE INDET.
BEL: Labi, Wasai Teraja, *Thomas* 274; Sukang, Kpg. Sukang, *Wong* 111; Sukang, Sungai Paleh Bangawong, *Kirkup* 657. **TEM:** Batu Apoi, Selapon, *Coode* 7952.

CONVOLVULACEAE
van Ooststroom in collaboration with Hoogland in Fl. Males. 4: 388–512 (1953)

ARGYREIA

A. elongata Forman
Climber • VEG: HDF • HAB: steep slope • GEO: Setap Shales • ALT: 800 m
TEM: Amo, Bt. Belalong, *Dransfield J.* 7115. Endemic

CUSCUTA

C. sp. indet.
TUT: Telisai, Bt. Basong, *Wong* 174.

ERYCIBE

E. borneensis (Merr.) Hoogl. var. **borneensis**
Midstorey/subcanopy tree, treelet • HAB: ridge; near running fresh water
BEL: Melilas, Ulu Ingei,, *Wong* 1115. **TEM:** Amo, Sg. Temburong Machang, *Wong* 1991 • Borneo: Sarawak

E. borneensis (Merr.) Hoogl. var. **collina** Hoogl.
Shrub, climber • VEG: LMDF • HAB: gentle slope • GEO: Belait formation • ALT: 10–100 m
BEL: Labi, Jln. Labi–Merangking, *Dransfield J.* 6850. **TUT:** Rambai, Ladan Hills F.R., *Coode* 6415 • Borneo: Sarawak, Sabah

E. cf. bullata Hoogland
Treelet • GEO: yellow clay soil • ALT: 610 m
TEM: Amo, K. Temburong Machang, *Ashton* BRUN 2611 • The species is known from Borneo: Sarawak

E. crassipes Hoogland
Midstorey/subcanopy tree • HAB: near running fresh water
BEL: Melilas, Ulu Ingei,, *Wong* 1120 • Borneo

E. glomerata Blume subsp. **angustifolia** (Hallier f.) Hoogl.
Treelet • VEG: LMDF • HAB: steep slope • GEO: Setap Shales • ALT: 80 m
TEM: Amo, K. Belalong, *Dransfield J.* 6687; Labu, *Symington* KEP 35463 • Borneo

E. cf. impressa Hoogland
Canopy/emergent tree, climber • VEG: HDF, Lower Montane Forest • HAB: steep slope, ridge • GEO: Setap Shales • ALT: 830–860 m
TEM: Amo, Bt. Belalong, *Dransfield J.* 7188; Amo, Bt. Belalong, *Prance* 30537 • The species is known from Borneo: Sabah

E. stenophylla Hoogland — *Butir* (Mur., Br.), *Kera Indong* (Ib.), *Semuto* (Ib.)
Rheophyte; treelet, shrub • VEG: LMDF, HDF • HAB: gentle slope; periodically flooded; near running fresh water • GEO: sandstone, shale, Setap Shales; alluvial deposits; bare rock and boulders • ALT: 130 m
TEM: Amo, K. Belalong, Sg. Belalong, *Dransfield J.* 7042; Amo, K. Belalong, *Jacobs* 5596; Amo, Sg. Belalong, *Sands* 5597; Amo, Sg. Temburong, *Coode* 6557; Amo, Sg. Temburong, *Coode* 6669; Amo, sg.Temburong, *Sands* 5522; Amo, Sg. Temburong, *Wong* 234; Amo, Sungai Belalong, *Argent* 9121; Batu Apoi, *Ashton* BRUN 352; Batu Apoi, *Kirkup* 333 • Borneo

E. villosa Forman
Climber • VEG: Kerangas
TUT: Sg. Liang, Andulau F.R., *Niga* 314. Endemic

IPOMOEA

I. aquatica Forssk. — *Kangkong* (Dus.)
Climber • VEG: Belukar • HAB: periodically flooded • GEO: alluvial deposits • USES: Edible leaves and stem
TUT: Rambai, Tasek Merimbun, *Bernstein* 351. **Without prov.:** *van Niel* 3705 • Pantropic

I. cairica (L.) Sweet
Without prov.: *van Niel* 3758 • Old World Tropics

I. gracilis R.Br.
Without prov.: *van Niel* 3774 • Madagascar, SE Asia to Australia & Pacific

I. pes-caprae (L.) Sweet subsp. **brasiliensis** (L.) Ooststr.
Climber • GEO: sandy soil • ALT: 40 m
BEL: Labi, Luagan Lalak, *Forman* 860. **Without prov.:** *van Niel* 3502; *van Niel* 3774a • Pantropic

I. quamoclit L. — *Bunga Butang* (Dus.)
Climber • VEG: Belukar • HAB: gentle slope
TUT: Rambai, Tasek Merimbun, *Bernstein* 327 • Pantropic

JACQUEMONTIA

J. tomentella (Miq.) Hallier f.
Climber • VEG: LMDF • HAB: slope • GEO: clay • ALT: 240 m
TEM: K. Belalong, *Ashton* BRUN 5679 • Sumatra, Borneo

J. tomentella (Miq.) Hallier f. var. **micrantha** Hallier f. — *Akau Genonop* (Dus.), *Sentukul* (Ib.)
Climber • VEG: LMDF, Roadsides • HAB: gentle slope • GEO: sandstone • ALT: 30 m
BEL: Labi, *Coode* 7963. BRM: Sengkurong, Kpg. Jerudong, *Wong* 191. TUT: Keriam, *Sinclair* 10539; Rambai, Tasek Merimbun, *Bernstein* 50 • Sumatra, Borneo

J. tomentella (Miq.) Hallier f. var. **tomentosa** Ooststr.
Climber • VEG: Secondary Forest
BEL: Jalan kecil, *Niga* 344. TEM: Bukok, Kpg. Sibatang, *Forman* 945 • Borneo: Sarawak

MERREMIA

M. borneensis Merr. — *Akar Melabok* (Ib.), *Akau Belan* (Dus.)
Climber • HAB: gentle slope • USES: Medicinal, extract of fruit used as shampoo, Thick part of vine used for tying
BEL: Sungai Liang, *Niga* 148. TUT: Rambai, Tasek Merimbun, *Bernstein* 48. **Without prov.:** *van Niel* 4164 • Malaya, Borneo

M. korthalsiana Ooststr.
Without prov.: *van Niel* 3559 • Borneo

M. peltata (L.) Merr.
Without prov.: *van Niel* 3541 • Indian Ocean, Malesia, Australia, Pacific

M. pulchra Ooststr.
Without prov.: *van Niel* 3769 • Borneo: Sarawak; ?Philippines

M. sp. nov.
Climber • VEG: Roadsides • HAB: steep slope • ALT: 90 m
TUT: Lamunin, Ladan Hills, *Coode* 7368.

OPERCULINA

O. riedeliana (Oliv.) Oostsr.
Without prov.: *van Niel* 3759 • Malesia

CONVOLVULACEAE INDET.
TEM: Batu Apoi, Selapon, *Coode* 7958.

CORNACEAE
Matthew in Fl. Males. 8: 85–97 (1977)

MASTIXIA

M. eugenioides K.M.Matthew
Without prov.: *Ashton* J 262 • Borneo: Sarawak

M. pentandra Blume
Without prov.: *Ashton* 2445 • N India, S China across SE Asia and Malesia

M. trichotoma Blume var. **maingayi** (Clarke) Danser
Canopy/emergent tree • HAB: near running fresh water • GEO: sandstone; yellow sandy clay soil • ALT: 250 m
BEL: Labi, Bt. Teraja, *Ashton* BRUN 5 • Sumatra, Malaya, Borneo

CRYPTERONIACEAE
van Beusekom-Osinga in Fl. Males. 8: 187–204 (1977)

CRYPTERONIA
Pereira J.T. & Wong, K.M. Three new species of *Crypteronia* (Crypteroniaceae) from Borneo. Sandakania 6: 41–53 (1995)

C. borneensis J.T. Pereira & K.M. Wong
BEL: Melilas, Sg. Ingei, *Wong* 710; Melilas, Ulu Ingei, *Brunig* S 1012.

C. elegans J.T. Pereira & K.M. Wong
Canopy/emergent tree • GEO: shale • ALT: 120–430 m
TEM: Amo, Sg. Temburong, *Coode* 6747. **Without prov.:** *Hussain Hj. Osman* s.n. • Borneo: Sarawak

C. glabriflora J.T. Pereira & K.M. Wong
TEM: Amo, Bt. Belalong, *Dransfield J.* 7225; Amo, K. Belalong, Sg. Belalong, *Dransfield J.* 7056; Amo, Ulu Belalong, *Dransfield J.* 7373

C. griffithii Clarke
Name in Hassan & Ashton • Burma, Malaya, Sumatra, Borneo

C. macrophylla Beus.-Osinga
Without prov.: *Tan* 303; *Wong* s.n. 20.vii.88 • Borneo: Sarawak

DACTYLOCLADUS

D. stenostachys Oliv. — *Medang Jangkang* (*), *Medang Tabak* (Mal.), *Medang Tabak* (Br.), *Merbong* (Ib.)
Midstorey/subcanopy tree, shrub • VEG: Degraded Peatswamp Forest with Shorea albida, Peatswamp Forest, Secondary Forest • HAB: flat ground; impeded drainage; near running fresh water, near still fresh water • GEO: White sand; peat • ALT: 10 m
BEL: Seria, Badas F.R., *Smythies* S 5835; Seria, Badas Stateland Forest, *Mat Salleh* 2443b;

Seria, Kpg. Badas, *Fuchs* 21186; Sungai Liang, Badas, *Coode* 6480; Sungai Liang, Sungai Liang Arboretum, *Niga* 17. **TEM:** Batu Apoi, Bt. Pasir Putih, *Ashton* BRUN 280 • Borneo

CTENOLOPHONACEAE
van Hooren & Nooteboom in Fl. Males. 10: 629–634 (1988)

CTENOLOPHON

C. parvifolius Oliv.
Canopy/emergent tree • HAB: raised beach • ALT: 10–270 m
BEL: Labi, Bt. Puan, *Ashton* BRUN 681. **TEM:** *Smythies* SAN 17139 • Malesia

CUCURBITACEAE

CUCUMIS

C. sp. indet.
Without prov.: *van Niel* 4013.

GYNOSTEMMA

G. pentaphyllum (Thunb.) Makino
Climber • VEG: Alluvial Forest • HAB: valley bottom • GEO: alluvial deposits • ALT: 60 m
TEM: Amo, K. Belalong, Sg. Belalong, *Dransfield J.* 7049 • SE Asia, Malesia

HODGSONIA

H. macrocarpa (Blume) Cogn.
Climber • VEG: LMDF • HAB: gentle slope • GEO: Setap Shales; clay soil • ALT: 30 m
TEM: Batu Apoi, Selapon, *Dransfield J.* 7487 • SE Asia, Malesia

TRICHOSANTHES

T. cf. celebica Cogn.
Climber • VEG: Belukar • HAB: flat ground • GEO: alluvial deposits • ALT: sea level–10 m
BEL: Labi, *Dransfield J.* 6852.

T. tricuspidata Lour. *sens. lat.*
Climber • VEG: LMDF
BEL: Labi, *Bygrave* 49; Labi, Bt. Telingan, *Wong* 1581 • India to Indochina, Malesia to New Guinea

T. spp. indet.
Without prov.: *van Niel* 3996; *van Niel* 4134.

ZEHNERIA

Z. marginata (Blume) M.Kerauden — *Sangup Lowow* (Dus.)
• USES: Edible fruit
TUT: Rambai, Tasek Merimbun, *Bernstein* 341. Without prov.: *Awong* s.n. 1.viii.88 • Indochina, Thailand to Malaya, Java, Borneo

CUCURBITACEAE INDET.
Without prov.: *van Niel* 3946; *van Niel* 4086.

CUNONIACEAE

WEINMANNIA

W. borneensis Engl.
Midstorey/subcanopy tree • VEG: Upper Montane Forest • HAB: steep slope, ridge • ALT: 1480 m
TEM: Amo, Bt. Pagon, *Ashton* BRUN 1044; Amo, G. Pagon, *Coode* 7566 • Borneo: Sarawak

DAPHNIPHYLLACEAE

DAPHNIPHYLLUM

D. laurinum (Benth.) Baill.
Name in Hassan & Ashton

D. sp. indet.
TEM: Labu, *Smythies* SAN 17145.

DATISCACEAE
van Steenis in Fl. Males. 4: 382–387 (1953)

OCTOMELES

O. sumatrana Miq.
Canopy/emergent tree • ALT: 20–50 m
TUT: Rambai, Belabau, *Coode* 6386 • Malesia

DICHAPETALACEAE
Leenhouts in Fl. Males. 5: 305–316 (1957)

DICHAPETALUM

D. gelonioides (Roxb.) Engl. subsp. **pilosum** Leenh. — *Julong-Julong* (Dus.), *Tis Merugi* (Dus.)
Midstorey/subcanopy tree, liana, climber • VEG: Coastal MDF, LMDF • HAB: steep slope, ridge; near running fresh water • GEO: sandstone, Setap Shales; sandy clay soil • ALT: 60 m • USES: Medicinal, sap put on teeth to prevent decay.
BEL: Sg. Liang, Andulau F.R., *Forman* 1111. **TEM:** Amo, K. Belalong, *Dransfield J.* 7087. **TUT:** *Johns* 7571; Rambai, Bt. Bahak, *Coode* 7021; Rambai, Tasek Merimbun, *Bernstein* 258, 376 • Borneo, Philippines

D. setosum Leenh.
Climber • VEG: LMDF
BEL: Labi, Jln. Labi, *Kirkup* 349 • Borneo

D. setosum Leenh. *vel aff.*
Climber • VEG: Secondary Forest • HAB: steep slope • GEO: sandy soil • ALT: 70 m
BEL: Sungai Liang, Sungai Liang F.H., *Bygrave* 4.

D. timoriense (DC.) Boerl.
Without prov.: *van Niel* 4070 • Malesia

D. sp. indet.
TUT: Rambai, Tasek Merimbun, *Bernstein* 155.

DILLENIACEAE
Hoogland in Fl. Males. 4: 141–174 (1951)

DILLENIA

D. beccariana Martelli
Midstorey/subcanopy tree • VEG: Alluvial Forest • HAB: flat ground; periodically flooded; near running fresh water • GEO: Setap Shales; alluvial deposits; stony
TEM: Amo, Batu Apoi Forest Reserve, *Nielsen* 1055; Amo, Sg. Temburong, *Wong* 1213 • Borneo: Sarawak

D. excelsa (Jack) Gilg var. **excelsa** — *Simpor Laki* (Br., Dus.)
Midstorey/subcanopy tree • VEG: Roadsides • HAB: flat ground; impeded drainage; near still fresh water
TUT: Sengkrong, Jln. Tutong, *Hassan Pukol* BRUN 5720; Ukong, Bt. Besong, *Niga* 200 • Sumatra, Malaya, W Java, Borneo, Philippines

D. excelsa (Jack) Gilg var. **tomentella** (Martelli) Masamune
Midstorey/subcanopy tree • HAB: gentle slope • GEO: yellow sandy loam • ALT: 40 m
BEL: Sungai Liang, Andulau F.R., *Ashton* BRUN 3296 • Sumatra, Malaya, Borneo

D. eximia Miq.
Canopy/emergent tree
BEL: Melilas, Sg. Ingei, *Wong* s.n. 10189 • Malaya, Sumatra, Borneo

D. indica L.
Without prov.: *Ashton* s.n. 50157 • Ceylon, India, Burma, S China, Indochina to Malaya, Sumatra, Java, Borneo

D. pulchella (Jack) Hoogland — *Simpoh* (Br.), *Simpoh Laki* (*), *Simpoh Paya* (*)
Midstorey/subcanopy tree • VEG: Peatswamp Forest • HAB: flat ground; impeded drainage; near still fresh water • GEO: sandstone; stony; White sand • ALT: 270 m
BEL: Kuala Balai, K. Balai, *Bujang Abg.* KEP 30492; Kuala Belait, Sg. Tujoh, *Maidin* KEP 36957; Labi, Jln. Labi, *Niga* 112. **TEM:** Labu, *Smythies* S 5823; Labu, Kpg. Labu Eststt, *Smythies* BRUN 373 • Sumatra, Malaya, Sarawak

D. reticulata King
Midstorey/subcanopy tree • HAB: periodically flooded • GEO: alluvial deposits; sandy clay soil
BEL: Sungai Liang, Andulau F.R., *Ashton* BRUN 2638 • Sumatra, Malaya, Borneo

D. suffruticosa (Griff.) Martelli
Shrub • VEG: Degraded Kerangas • GEO: White sand • ALT: sea level
TUT: Rambai, Tasek Merimbun, *Bernstein* 526; Telisai, *Coode* 7374. **Without prov.:** *Tan* 412; *van Niel* 3449 • W & C Malesia

D. sumatrana Miq. — *Menterong* (*), *Simpor Laki* (Br.)
Midstorey/subcanopy tree • HAB: gentle slope • GEO: yellow sandy loam • ALT: 30–60 m
BEL: Labi, Bt. Teraja, *Niga* 290; Melilas, Sg. Ingei, *Brunig* S 998; Sungai Liang, Andulau F.R., *Ashton* BRUN 2619 • Sumatra, Malaya, Sarawak

D. spp. indet.
TEM: Amo, Sg. Temburong, *Ashton* BRUN 458. **TUT:** *Johns* 6774.

TETRACERA

T. akara (Burm.f.) Merr.
Liana, climber • VEG: Kerangas, Degraded LMDF • HAB: gentle slope • GEO: Belait formation, sandstone • ALT: 120–240 m
BEL: Labi, Bt. Telingan, *Dransfield J.* 6819. **TEM:** *Ashton* BRUN 3306 • S India, Sumatra, Malaya, W Java, Borneo, Sulawesi

T. arborescens Jack — *Akar Mempelas* (Ib.)
Liana • USES: Edible, cut stems yield potable water
BEL: Bukit Sawat, Sg. Mau, *Niga* 137 • Malaya, Sumatra, Borneo

T. fagifolia Blume
Liana • HAB: near running fresh water • ALT: 20–30 m
TUT: Rambai, Sg. Tutong, *Coode* 6384 • W & C Malesia

T. fagifolia Blume var. **borneensis** (Miq.) Hoogland — *Akar Mempelas* (Br.)
Liana • GEO: sandy soil • ALT: 10 m
BEL: Sukang, Sg. Keduan, *Forman* 1172. TEM: Bukok, Kpg. Sibatang, *Forman* 952 • Singapore, Sumatra, Borneo, Sulawesi

T. macrophylla Hook.f. & Thoms. — *Akar Mempelas* (Ib.), *Akau Pampan* (Dus.)
Liana, climber • VEG: Secondary Forest • HAB: gentle slope • USES: Dried leaves used as sandpaper
BEL: Bukit Sawat, Ulu Sg. Badas, *Niga* 104. TUT: Rambai, Tasek Merimbun, *Bernstein* 14 • Malaya, Sumatra, Borneo

T. cf. macrophylla Hook.f. & Thoms.
Liana • GEO: shale • ALT: 120–130 m
TEM: Amo, Sg. Temburong, *Coode* 6569.

T. spp. indet
BEL: Labi, Sungai Rampayoh, *Coode* 7823. TEM: Amo, Sg. Temburong, BRUN 15615.

DIPTEROCARPACEAE
P.S.Ashton, Manual of the Dipterocarp Trees of Brunei State (1964); Manual of Dipterocarp Trees of Brunei State and of Sarawak, Supplement (1968); in Fl. Males. 9:237–552 (1982)
Further field information, localities and specimen citations are given in Ashton 1964

ANISOPTERA

A. costata Korth.
Canopy/emergent tree • HAB: ridge • GEO: clay soil, yellow clay soil • ALT: 300–540 m
TEM: Amo, K. Belalong, *Ashton* BRUN 3387; Amo, K. Belalong, *Ashton* BRUN 3389; Amo, K. Belalong, *Ashton* BRUN 5651 • Burma, Indochina, W & C Malesia

A. grossivenia Slooten — *Bincaloi* (Br.), *Kelapok* (Ib.), *Mersawa* (*)
Canopy/emergent tree • HAB: gentle slope, ridge • GEO: sandstone; yellow sandy clay soil, sandy loam, yellow sandy loam • ALT: 60 m
BEL: Andulau F.R., *Ashton* BRUN 3028; Andulau F.R., *Ashton* BRUN 3055; Andulau F.R., *Ashton* BRUN 3286; Andulau F.R., *Wyatt-Smith* KEP 80080; Labi, Ulu Mendaram, *Rahman Abd.* S 1644. TEM: Bangar, Bukit Biang, *Ashton* S 5780 • Borneo

A. laevis Ridl. — *Bincaloi* (Br.), *Pundan* (Dus.)
Canopy/emergent tree • VEG: Secondary Forest • HAB: gentle slope, ridge • GEO: Meligan formation; clay soil, yellow clay soil, yellow sandy clay soil; Mor • ALT: 760 m
TEM: Amo, *Ashton* BRUN 525; Amo, K. Belalong, *Ashton* BRUN 5650; Labu, *Ashton* BRUN 3192; Labu, *Zainal Abidin* BRUN 3053. TUT: *Niga* 153 • Malaya, Borneo: Sarawak, Sabah

A. marginata Korth. — *Pundan* (*)
Midstorey/subcanopy tree • VEG: Secondary Forest
BEL: Kuala Balai, Labong Tapang, *Bujang Abg.* KEP 30418. **Without prov.:** *Wong* s.n. 5.i.89x • Malaya, Sumatra, Borneo

A. reticulata Ashton
Midstorey/subcanopy tree • VEG: Padang
BEL: Bukit Sawat, Jln. Labi, *Wong* 1654 • Borneo: Sarawak, Sabah

COTYLELOBIUM

C. burckii (Heim) Heim — *Resak Durian* (Br., Ib., Dus.)
Canopy/emergent tree, midstorey/subcanopy tree • VEG: Degraded Kerangas • HAB: raised beach, ridge; seasonal watercourse; near sea water • GEO: White sand, sandstone; Podsol • ALT: 40 m
BEL: Bukit Sawat, Jln. Labi, *Wong* 935; Seria, Kpg. Badas, *Flemmich* KEP 32615. **BRM:** Berakas, Berakas F.R., *Ashton* BRUN 70; Berakas, Berakas F.R., *Smythies* S 7805 • Borneo

C. cf. burckii (Heim) Heim
Canopy/emergent tree • GEO: sandstone; yellow sandy clay soil • ALT: 360 m
TEM: Bangar, Bukit Biang, *Ashton* S 5779; Bangar, Bukit Biang, *Ashton* S 5779a.

C. lanceolatum Craib (*C. malayanum* Slooten)
Midstorey/subcanopy tree • VEG: HDF • HAB: ridge; well-drained • GEO: sandstone; clay soil, yellow sandy loam; Mor • ALT: 610–900 m • USES: Edible flowers, pickled
TEM: Amo, *Ashton* BRUN 5242; Amo, Bt. Belalong, *Asah* BRUN 3045; Amo, Bt. Belalong, *Ashton* BRUN 414; Amo, K. Belalong Fld. Studies Centre, *Schatz* 3311 • Thailand, Malaya, Borneo

C. melanoxylon (Hook.f.) Pierre — *Resak* (Br.), *Resak Bukit* (Br., Ib.), *Resak Hitam* (Br., Dus., Ib.), *Resak Tempurong* (*)
Canopy/emergent tree, midstorey/subcanopy tree • VEG: Kerangas, Secondary Forest • HAB: base of slope, gentle slope, ridge • GEO: sandstone, clay, Sand/clay; clay soil, sandy soil, White sand, yellow sandy loam • ALT: 390 m
BEL: Andulau F.R., *Abang Suhaili* S 1934; Andulau F.R., *Ashton* BRUN 604; Seria, Kpg. Badas, *Flemmich* KEP 32616; Sungai Liang, Sungai Liang Arboretum, *Haslani - Mohd. A.* 40; Sungai Liang, Sungai Liang Arboretum, *Haslani - Mohd. A.* 57; Sungai Liang, Sungai Liang Arboretum, *Niga* 98. **BRM:** Berakas, Berakas F.R., *Ashton* BRUN 5039. **TEM:** Bangar, Bt. Biang, *Ashton* BRUN 515; Batu Apoi, Bt. Pasir Putih, *Ashton* BRUN 292 • Thailand, Malaya, Sumatra, Borneo

DIPTEROCARPUS

D. acutangulus Vesque (*D. tawaensis* Slooten) — *Keruing* (*)
Canopy/emergent tree • VEG: Secondary Forest • HAB: gentle slope, ridge; periodically flooded; near running fresh water • GEO: alluvial deposits; yellow clay soil, yellow sandy clay soil, yellow sandy loam • ALT: 120 m
BEL: Andulau F.R., *Ashton* BRUN 2637; Labi, Bt. Teraja, *Ashton* BRUN 985. **TEM:** Labu, *Ashton* BRUN 3348. **TUT:** *Smythies* S 1669; Lamunin, Jln. K.Abang, *Salleh Daud* BRUN 3039; Ukong, *Ashton* BRUN 927 • Malaya, Borneo

D. cf. acutangulus Vesque (*D. tawaensis* Slooten)
Canopy/emergent tree, midstorey/subcanopy tree • VEG: HDF • HAB: gentle slope • GEO: sandstone; yellow sandy clay soil • ALT: 40–80 m
BRM: Kilanas, Bukit Silat,, *Ashton* BRUN 69. **TUT:** Lamunin, Kuala Abang Road, *Ashton* BRUN 78.

D. apterus Foxw.
Midstorey/subcanopy tree • VEG: Alluvial Forest • HAB: near running fresh water • GEO: sandstone; sandy soil • ALT: 200 m
TUT: Rambai, Bt. Bahak, *Coode* 7081 • Malaya, Sumatra, Borneo

D. borneensis Slooten — *Keruing Sindor* (Br.)
Canopy/emergent tree • VEG: Kerangas • GEO: sandstone; sandy soil
BEL: Bukit Sawat, Jln. Labi–Merangking junction, *Niga* 141; Melilas, Batu Patam, *Wong* 1006 • Sumatra, Borneo

D. caudatus Foxw. subsp. **penangianus** (Foxw.) Ashton (*D. penangianus* Foxw.) — *Keruing* (*)
Canopy/emergent tree • HAB: ridge • ALT: sea level
TUT: *Smythies* S 1674 • Malaya, Sumatra, Borneo

D. caudiferus Merr. — *Keruing* (*)
Canopy/emergent tree, treelet • HAB: gentle slope, steep slope, ridge • GEO: sandstone; yellow clay soil, yellow sandy clay soil • ALT: 30– 180 m
TEM: Amo, K. Belalong, *Ashton* BRUN 2639; Amo, K. Temburong Machang, *Ashton* BRUN 2601; Bangar, Bt. Biang, *Ashton* BRUN 3025; Batu Apoi, Sg. Sebatu, *Ashton* BRUN 331; Labu, Bukit Patoi, *Ashton* BRUN 519. **TUT:** *Smythies* S 1673 • Borneo

D. confertus Slooten
Midstorey/subcanopy tree • HAB: ridge • GEO: sandstone; yellow sandy clay soil • ALT: 270 m
TEM: Amo, Sg. Temburong, *Ashton* BRUN 441 • Borneo

D. conformis Slooten subsp. **borneensis** Ashton
Canopy/emergent tree • HAB: ridge, gentle slope • GEO: sandstone; clay soil, yellow clay soil, yellow sandy clay soil • ALT: 120–390m
TEM: Amo, Kuala Belalong, *Ashton* S 5741; Amo, Kuala Belalong, *Ashton* S 5744, Amo, K. Belalong, *Ashton* BRUN 3390; Amo, K. Belalong, *Ashton* BRUN 5673; Amo, K. Sekurop, *Ashton* BRUN 738; Amo, K. Temburong Machang, *Asah* BRUN 3130; Amo, K. Temburong Machang, *Ashton* BRUN 2602 • Borneo: Sarawak, Sabah

D. crinitus Dyer
Canopy/emergent tree, sapling • VEG: Kerangas • HAB: gentle slope, ridge • GEO: Kerangas soil, yellow sandy clay soil, yellow sandy loam • ALT: 160 m
BEL: Andulau F.R., *Ashton* BRUN 3268; Melilas, Sg. Ingei, *Ashton* BRUN 172. **BRM:** Berakas, Berakas F.R., *Ashton* BRUN 5043. **TEM:** Bangar, Bt. Biang, *Ladi* BRUN 3137 • Thailand, Malaya, Sumatra, Borneo

D. elongatus Korth.
Canopy/emergent tree • HAB: periodically flooded; near running fresh water • GEO: alluvial deposits
BEL: Sukang, Kpg. Sukang, *Ashton* BRUN 5638. **TEM:** Batu Apoi, K. Sekurop, *Ashton* BRUN 2603 • Malaya, Sumatra, Borneo

D. eurynchus Miq.
Canopy/emergent tree, midstorey/subcanopy tree • HAB: ridge • GEO: clay soil; Mor • ALT: 610–760 m
TEM: Amo, *Ashton* BRUN 54a; Amo, *Ashton* BRUN 5235 • Malaya, Sumatra, Borneo, Philippines

D. geniculatus Vesque subsp. **grandis** Ashton — *Resak Kerubong* (*)
Tree, canopy/emergent tree • HAB: gentle slope • GEO: sandstone; yellow sandy clay soil • ALT: 10 m
BEL: Andulau F.R., *Ashton* BRUN 3064; Labi, Labi F.R., *Ashton* KEP 35666. **TUT:** Lamunin, Jln. Abang, *Ashton* BRUN 74 • Borneo: Sarawak, Sabah

D. globosus Vesque
cited by Ashton (1964) • Borneo: Sarawak, Sabah

D. gracilis Blume
cited by Ashton (1964) • Burma, Thailand, W & C Malesia

D. humeratus Slooten
Canopy/emergent tree • HAB: gentle slope, ridge • GEO: sandstone; yellow sandy clay soil • ALT: 160–570 m
TEM: Amo, K. Belalong, *Ashton* BRUN 2618; Batu Apoi, Ulu Batu Apoi, *Ashton* BRUN 329 • Sumatra, Borneo

D. cf. kerrii King
Midstorey/subcanopy tree • HAB: ridge • GEO: sandstone; yellow sandy clay soil • ALT: 270 m
TEM: Batu Apoi, R.Batu Apoi, *Ashton* BRUN 307.

D. kunstleri King (*D. exalatus* Slooten)
Canopy/emergent tree, midstorey/subcanopy tree, sapling • HAB: periodically flooded; near running fresh water • GEO: alluvial deposits • ALT: sea level
TEM: Bangar, Pekan Bangar, *Ashton* BRUN 3075. **TUT:** Rambai, K.Kebubok, *Ashton* BRUN 903. **Without prov.:** *Ashton* BRUN 138; *Ashton* BRUN 138; *Ashton* BRUN 138 • Malaya, Sumatra, Borneo, Philippines

D. lamellatus Hook.f.
Canopy/emergent tree
TUT: Lamunin, Ladan Hills F.R., *Wong* 1652 • Borneo: Sabah

D. lowii Hook.f.
Canopy/emergent tree • VEG: LMDF • HAB: flat ground, gentle slope; periodically flooded • GEO: alluvial deposits; yellow sandy loam • ALT: 10 m
BEL: Andulau F.R., *Ashton* BRUN 3285; Sungai Liang, Sg. Lumut, *Wong* 1610. **Without prov.:** *Ashton* KEP 35657; *Wong* s.n. 10.viii.91 • Malaya, Sumatra, Borneo

D. nudus Vesque
Canopy/emergent tree • HAB: ridge • GEO: sandstone; clay soil, yellow clay soil, yellow sandy clay soil • ALT: 160–180 m
TEM: Amo, Bt. Belalong, *Asah* BRUN 3095; Amo, K. Sekurop, *Ashton* BRUN 727; Amo, K. Temburong Machang, *Asah* BRUN 3127; Amo, K. Temburong Machang, *Asah* BRUN 3134. **Without prov.:** *Ashton* BRUN 773 • Borneo: Sarawak

D. oblongifolius Blume — *Ensurai* (Ib.)
Canopy/emergent tree • VEG: LMDF • HAB: periodically flooded; near running fresh water • GEO: sandstone, Setap Shales; alluvial deposits; yellow sandy clay soil • ALT: 10–60 m
TEM: Amo, Batu Apoi Forest Reserve, *Poulsen* 250; Amo, K. Belalong, *Wong* 1156; Amo, Sg. Temburong, *Ashton* BRUN 401; Amo, Sg. Temburong, *Schatz* 3281; Batu Apoi, Batu Apoi Sg., *Ashton* BRUN 353. **TUT:** Rambai, Sg. Tutong, *Coode* 6342 • Thailand, Malaya, Borneo

D. pachyphyllus Meijer — *Keruing* (*)
Canopy/emergent tree • HAB: ridge • GEO: sandstone; yellow sandy clay soil • ALT: 30–0 m
TEM: Batu Apoi, Batu Apoi Sg., *Ashton* BRUN 365. **TUT:** *Smythies* S 1671 • Borneo: Sarawak, Sabah

D. palembanicus Slooten subsp. borneensis Ashton — *Keruing Belimbing* (*)
Canopy/emergent tree, midstorey/subcanopy tree, sapling • VEG: Secondary Forest • HAB: gentle slope, ridge • GEO: sandstone; yellow clay soil, yellow sandy clay soil, yellow sandy loam • ALT: 160 m
BEL: Labi, Labi F.R., *Ashton* S 1643. **TEM:** Amo, K. Belalong, *Ashton* BRUN 2617; Amo, K. Belalong, *Ashton* BRUN 3386; Amo, Kuala Belalong, *Ashton* S 5742; Batu Apoi, Selapon Sg., *Ashton* BRUN 335; Labu, *Ashton* BRUN 3353 • Borneo: Sarawak, Sabah

D. sarawakensis Slooten — *Keruing Bulu* (*), *Sugoi* (Dus.)
Canopy/emergent tree • HAB: gentle slope, ridge; near running fresh water • GEO: yellow sandy clay soil, yellow sandy loam • ALT: 40 m
BEL: Andulau F.R., *Abang Suhaili* KEP 37090; Melilas, Batu Patam, *Wong* 1080; Sungai Liang, Andulau F.R., *Smythies* SAN 17484. **BRM:** Berakas, Berakas F.R., *Ashton* BRUN 5154. **TUT:** Ukong, *Ashton* BRUN 928 • Malaya, Borneo: Sarawak, Kalimantan

D. stellatus Vesque
Canopy/emergent tree • HAB: gentle slope
TEM: Bangar, Bt. Bangar, *Ashton* S 5799.

D. cf. stellatus Vesque
Midstorey/subcanopy tree • VEG: HDF • GEO: sandstone; yellow sandy clay soil • ALT: 40 m
TUT: Lamunin, Kuala Abang Road, *Ashton* BRUN 77.

D. stellatus Vesquesubsp. parvus Ashton
Canopy/emergent tree, midstorey/subcanopy tree • HAB: gentle slope, ridge • GEO: yellow sandy clay soil, yellow sandy loam • ALT: 540 m
TEM: Bangar, Bt. Biang, *Ladi* BRUN 3138; Bangar, Pekan Bangar, *Ashton* BRUN 3008; Bangar, Pekan Bangar, *Ashton* BRUN 3176. **Without prov.:** *Wong* s.n. 20.xi.88 • Borneo: Sarawak, Sabah

D. verrucosus Slooten
Canopy/emergent tree • VEG: Kerangas • HAB: gentle slope, raised beach, ridge • GEO: White sand, sandstone; clay soil, yellow clay soil, yellow sandy clay soil • ALT: 160 m
BEL: Melilas, R.Ingei, *Ashton* BRUN 144. **TEM:** Amo, K. Belalong, *Ashton* BRUN 3388; Amo, K. Belalong, *Ashton* BRUN 5675; Amo, K. Belalong, *Ashton* BRUN 5700; Amo, Kuala Belalong, *Ashton* S 5734; Amo, Sg. Temburong, *Ashton* BRUN 436; Bangar, Pekan Bangar, *Zainal Abidin* BRUN 3170 • Malaya, Sumatra, Borneo

D. spp. indet.
BEL: Bukit Sawat, Jln. Merangking–Buau, *Niga* s.n. 10.viii.91x; Bukit Sawat, Jln. Merangking–Buau, *Niga* s.n. 10.viii.91y; Melilas, Sg. Ingei, *Ashton* BRUN 121. **TEM:** Amo, Kuala Belalong, *Ashton* S 5743.

DRYOBALANOPS

D. aromatica Gaertn. — Kapur (*), *Kapur Peringgi* (Br.)
Canopy/emergent tree • VEG: LMDF • HAB: gentle slope, ridge • GEO: yellow sandy loam • ALT: sea level
BEL: Labi, *Flemmich* KEP 34454; Labi, Bt. Telingan, *Wong* 1595; Labi, Labi Hills F.R., *Wong* 1604. **TEM:** Bangar, Pekan Bangar, *Ashton* BRUN 3001. **TUT:** *Johns* 7566; Ukong, Bt. Besong, *Niga* 228 • Malaya, Sumatra, Borneo

D. beccarii Dyer
Canopy/emergent tree, midstorey/subcanopy tree • VEG: Kerangas • HAB: gentle slope, ridge • GEO: sandstone; clay soil, yellow clay soil, white sand • ALT: 130 m
BEL: Melilas, Batu Patam, *Wong* 1074. **TEM:** Amo, *Ashton* BRUN 5282; Amo, K. Belalong, *Ashton* BRUN 3361; Amo, K. Belalong, *Ashton* BRUN 3377; Bangar, Bukit Biang, *Ashton* BRUN 508; Bangar, Bukit Biang, *Ashton* BRUN 508a; Labu, *Wong* 310. **TUT:** Lamunin, Ladan Hills F.R., *Wong* 1651 • Borneo

D. lanceolata Burck
Canopy/emergent tree • VEG: LMDF • HAB: ridge • GEO: sandstone; yellow sandy clay soil • ALT: 180 m
BEL: Labi, Bt. Telingan, *Wong* 1594. **TEM:** Batu Apoi, Batu Apoi Sg., *Ashton* BRUN 311. **Without prov.:** *Wong* s.n. 5.i.89y • Borneo

D. rappa Becc. — *Kapur Paya* (*)
Canopy/emergent tree, midstorey/subcanopy tree • VEG: Peatswamp Forest, Kerangas • HAB: raised beach • GEO: White sand; sandy soil; peat
BEL: Labi, Labi road, *Wong* 977; Melilas, R.Ingei, *Ashton* BRUN 145; Melilas, R.Ingei, *Ashton* BRUN 146; Seria, Anduki F.R., *Abot* KEP 37127; Seria, Anduki F.R., *Ashton* BRUN 5105; Seria, Anduki F.R., *Sinclair* 10421; Seria, Anduki F.R., *Wong* 917. **TEM:** Batu Apoi, Bt. Pasir Putih, *Ashton* BRUN 5106 • Borneo: Sarawak, Sabah

HOPEA

H. acuminata Merr.
Canopy/emergent tree, midstorey/subcanopy tree • HAB: periodically flooded; in still fresh water • GEO: alluvial deposits • ALT: 30 m
BEL: Melilas, Ingei Sungei, *Ashton* BRUN 125; Melilas, Ingei Sungei, *Ashton* BRUN 127• Philippines

H. beccariana Burck — *Garang Buaya* (*)
Canopy/emergent tree • HAB: gentle slope, ridge • GEO: sandstone; yellow sandy clay soil • ALT: 70 m
BEL: *Ashton* BRUN 540; Andulau F.R., *Ashton* BRUN 56; Sungai Liang, Andulau F.R., *Niga* 173. **TEM:** *Hanajeah* S 1954 • Thailand, Malaya, Sumatra, Borneo

H. bracteata Burck
Canopy/emergent tree, midstorey/subcanopy tree, sapling • HAB: gentle slope, ridge • GEO: sandstone; yellow sandy clay soil • ALT: 210–570 m
TEM: Amo, Kuala Belalong, *Ashton* S 5713; Amo, Kuala Belalong, *Ashton* S 5740; Amo, Sg. Temburong, *Ashton* BRUN 435; Batu Apoi, Batu Apoi Sg. , *Ashton* BRUN 363; Batu Apoi, Selapon–Sg. Sebatu watershed, *Ashton* BRUN 336; Batu Apoi, Selapon–Sg. Sebatu watershed, *Ashton* BRUN 341; Batu Apoi, Ulu Batu Apoi, *Ashton* BRUN 328 • Cited by Ashton (1964) • Malaya, Borneo

H. centipeda Ashton
Midstorey/subcanopy tree • HAB: periodically flooded; near running fresh water • GEO: alluvial deposits • ALT: 70 m
TEM: Amo, K. Belalong, *Smythies* S 5750 • Borneo: Sarawak, Sabah

H. cernua Teijsm. & Binn.
Canopy/emergent tree, treelet • VEG: HDF • HAB: ridge • ALT: 1280–1640 m
TEM: Amo, *Ashton* BRUN 2359; Amo, *Ashton* BRUN 2532 • Sumatra, Borneo

H. coriacea Burck (*H. garangbuaya* Ashton) — *Garang Buaya* (*)
Canopy/emergent tree • VEG: LMDF, Secondary Forest • HAB: gentle slope • GEO: yellow sandy clay soil, yellow sandy loam • ALT: 40–120 m
TEM: Labu, *Ashton* BRUN 3347; Labu, *Ladi* BRUN 2006 • Malaya, Borneo

H. dryobalanops Miq.
Canopy/emergent tree, midstorey/subcanopy tree, treelet • HAB: gentle slope, ridge • GEO: sandstone; yellow clay soil, yellow sandy clay soil • ALT: 90–180 m
TEM: Amo, K. Belalong, *Ashton* BRUN 714; Amo, Kuala Belalong, *Ashton* BRUN 792; Amo, Kuala Belalong, *Ashton* S 5761; Labu, *Ashton* BRUN 3179; Labu, *Ashton* BRUN 3338 • Malaya, Sumatra, Borneo

H. dyeri Heim
Canopy/emergent tree, midstorey/subcanopy tree • HAB: gentle slope, ridge • GEO: sandstone; yellow clay soil, yellow sandy clay soil • ALT: 540 m
BEL: Labi, Bt. Teraja, *Ashton* S 7892. **TEM:** Amo, Kuala Sekurop, *Ashton* BRUN 735; Bangar, Pekan Bangar, *Ashton* BRUN 3068; Bangar, Pekan Bangar, *Ashton* BRUN 3180; Bangar, Pekan Bangar, *Ashton* BRUN 3362; Bangar, Pekan Bangar, *Ashton* BRUN 3366. **TUT:** Rambai, Bt. Bedawan, *Ashton* BRUN 876 • Borneo: Sarawak, Sabah

H. ferruginea Parijs
Canopy/emergent tree • HAB: ridge • GEO: yellow clay soil • ALT: 300 m
TEM: Amo, K. Belalong, *Ashton* BRUN 3375 • Malaya, Sumatra, Borneo

H. fluvialis Ashton — *Luis* (Ib.), *Meranti* (Mal.)
Midstorey/subcanopy tree, treelet, sapling • VEG: Degraded Alluvial Forest • HAB: gentle slope, ridge; near running fresh water • GEO: sandstone; clay soil, yellow sandy clay soil, sandy soil • ALT: 130 m
BEL: Bukit Sawat, Sg. Mau, *Coode* 7707; Labi, Bt. Puan, *Sinclair* 10514; Sukang, Sg. Belait,

Forman 1165. **TEM:** Amo, *Wong* 1265; Amo, K. Belalong, *Prance* 30711; Amo, K. Belalong, *Ashton* BRUN 794; Amo, K. Belalong, *Ashton* BRUN 3394; Amo, K. Belalong, *Ashton* BRUN 5668; Amo, Sg. Belalong, *Ashton* BRUN 5219; Amo, Sg. Temburong, *Ashton* BRUN 412; Amo, Sg. Temburong, *Ashton* BRUN 722 • Borneo

H. griffithii Kurz
Midstorey/subcanopy tree • HAB: ridge • GEO: sandstone; yellow sandy clay soil • ALT: 450 m
TEM: Amo, K. Sekurop, *Smythies* BRUN 786 • Burma, Malaya, Borneo

H. latifolia Symington
Cited by Ashton (1964) • Malaya, Borneo: Sarawak

H. mesuoides Ashton (*H. subulata* non Symington) — Merauran (*)
Midstorey/subcanopy tree, treelet • HAB: gentle slope, ridge • GEO: sandstone; clay soil, yellow sandy clay soil • ALT: 540 m
BEL: Labi, Kpg. Rampayoh, *Flemmich* KEP 34451. **TEM:** Amo, K. Belalong, *Ashton* BRUN 5674. **TUT:** Rambai, *Ashton* BRUN 879 • Borneo: Sarawak

H. micrantha Hook.f.
Canopy/emergent tree, midstorey/subcanopy tree • VEG: Freshwater Swamp Forest, Kerangas • HAB: gentle slope, terrace, raised beach • GEO: Belait formation, White sand; alluvial deposits; Podsol, Kerangas soil, yellow sandy clay soil • ALT: 390 m
BEL: Melilas, Sg. Topi–Ingei watershed, *Kirkup* 748; Seria, Badas, *Ashton* BRUN 694; Seria, Badas, *Ashton* BRUN 696; Seria, Badas F.R., *Ashton* BRUN 5526. **TEM:** Bangar, Bt. Biang, *Ashton* BRUN 512 • N Borneo

H. nervosa King — Luis (Ib.)
Midstorey/subcanopy tree • HAB: gentle slope, ridge; near running fresh water • GEO: sandstone; yellow sandy clay soil • ALT: 150–240 m
TEM: Amo, K. Belalong, *Ashton* BRUN 790; Amo, Kuala Belalong, *Ashton* BRUN 464; Amo, Sg. Temburong Machang, *Wong* 1922 • Malaya, Borneo

H. nutans Ridl.
Cited by Ashton (1964) • Malaya, Borneo

H. pachycarpa (Heim) Symington
Canopy/emergent tree, midstorey/subcanopy tree, treelet • HAB: flat ground, gentle slope; periodically flooded; near running fresh water • GEO: sandstone; alluvial deposits; clay soil, yellow sandy clay soil • ALT: 70 m
BEL: Melilas, R.Ingei, *Ashton* BRUN 168. **TEM:** Amo, K. Belalong, *Ashton* BRUN 5647; Amo, Sg. Temburong, *Schatz* 3285; Labu, *Ashton* BRUN 3345 • Borneo: Sarawak

H. pedicellata (Brandis) Symington
Midstorey/subcanopy tree, sapling • HAB: ridge • GEO: Meligan formation; clay soil, yellow clay soil; Mor • ALT: 300–760 m
TEM: Amo, *Ashton* BRUN 5230; Amo, *Ashton* BRUN 5240; Amo, *Ashton* BRUN 5241; Amo, *Ashton* BRUN 5249; Amo, *Ashton* BRUN 5255; Amo, K. Belalong, *Ashton* BRUN 3376 • Indochina, Malaya, Borneo

H. aff. pedicellata (Brandis) Symington
Without prov.: *Wong* s.n. 20.vii.89.

H. pentanervia Wood
Canopy/emergent tree, midstorey/subcanopy tree • VEG: Kerangas Forest with Agathis, Secondary Forest • HAB: ridge • GEO: sandstone; sandy soil; peat • ALT: 390 m
BEL: Seria, Badas F.R., *Coode* 7649. **TEM:** Bangar, Bt. Biang, *Smythies* S 5775; Batu Apoi, Jln. Bangar–Batu Apoi, *Smythies* SAN 17110. **TUT:** Telisai, *Ashton* BRUN 5007. **Without prov.:** *Wong* s.n. 20.ix.88d • Borneo: Sarawak, Sabah

H. pterygota Ashton
Cited by Ashton (1964) • Borneo: Sarawak

H. sangal Korth.
Canopy/emergent tree • HAB: ridge • GEO: clay soil • ALT: 130 m
TEM: Amo, K. Belalong, *Ashton* BRUN 3378 • Thailand, W & C Malesia

H. sphaerocarpa (Heim) Ashton
Midstorey/subcanopy tree • HAB: ridge • ALT: 700 m
TEM: Amo, Bt. Belalong, *Wong* 1414 • Borneo: Sarawak, Kalimantan

H. cf. subalata Symington
Canopy/emergent tree • VEG: HDF • GEO: sandstone; yellow sandy clay soil • ALT: 60 m
TUT: Lamunin, Kuala Abang Road, *Ashton* BRUN 91.

H. tenuinervula Ashton (*H. philippinensis* non Dyer)
Midstorey/subcanopy tree • HAB: gentle slope • GEO: yellow sandy loam • ALT: 40–60 m
BEL: Andulau F.R., *Ashton* BRUN 2624; Andulau F.R., *Ashton* BRUN 3290 • Borneo: Sarawak, Kalimantan

H. treubii Heim
Canopy/emergent tree, midstorey/subcanopy tree, treelet • VEG: Alluvial Forest • HAB: gentle slope; near running fresh water • GEO: sandstone, clay; yellow sandy clay soil, sandy soil, yellow sandy loam • ALT: 40 m
BEL: Andulau F.R., *Ashton* BRUN 620; Andulau F.R., *Ashton* BRUN 3262; Andulau F.R., *Ashton* BRUN 3283; Andulau F.R., *Ashton* BRUN 5432; Melilas, R.Ingei, *Ashton* BRUN 167.
TUT: Rambai, Bt. Bahak, *Coode* 7103 • Borneo: Sarawak

H. vacciniifolia Ashton
Midstorey/subcanopy tree, treelet, sapling • VEG: Kerangas • HAB: raised beach • GEO: White sand; Podsol, sandy soil; peat • ALT: 20 m
BEL: Labi, Labi F.R., *Sinclair* 10494; Sungai Liang, Jln. Labi, *Ashton* BRUN 3035. **Without prov.:** *Ashton* BRUN 140; *Ashton* BRUN 140 • Borneo: Sarawak

H. wyatt-smithii Ashton
Midstorey/subcanopy tree • HAB: impeded drainage • GEO: alluvial deposits • ALT: 150 m
TUT: Rambai, Ulu Tutong, *Ashton* BRUN 885 • Borneo: Sarawak, Sabah

PARASHOREA

P. macrophylla Ashton — *Bilat* (Ib.), *Peran* (Br., Mal.)
Canopy/emergent tree • HAB: gentle slope; periodically flooded; near running fresh water • GEO: alluvial deposits; clay soil • ALT: 70 m
TEM: Amo, K. Belalong, *Ladi* BRUN 2002; Bangar, Ulu Biang, *Ladi* BRUN 3136. **TUT:** Rambai, K.Kebubok, *Ashton* BRUN 901 • Borneo

P. malaanonan (Blanco) Merr.
Canopy/emergent tree • HAB: ridge • GEO: sandstone • ALT: 270 m
TEM: Amo, Kuala Belalong, *Ashton* S 5728 • Cited by Ashton (1964) • Borneo: Sabah; Philippines

P. parvifolia Ashton — *Kawang Pinang* (*)
Canopy/emergent tree • VEG: LMDF, HDF • HAB: gentle slope, ridge; periodically flooded • GEO: alluvial deposits; yellow clay soil • ALT: 1280 m
TEM: Amo, *Ashton* BRUN 2528; Amo, K. Belalong, *Ashton* BRUN 3381; Amo, K. Temburong Machang, *Ashton* BRUN 2604; Amo, Sg. Belalong, *Ashton* BRUN 5217; Bangar, Bt. Biang, *Ashton* BRUN 3013; Bangar, Kpg. Bangar, *Ashton* BRUN 3074. **TUT:** Kiudang, Kpg. Kiudang, *Abang Suhaili* KEP 37057; Lamunin/Rambai, *Wong* 1614. **Without prov.:** *Ashton* BRUN 455 • Borneo

P. smythiesii Ashton — *Sepit Undang* (*)
Canopy/emergent tree, midstorey/subcanopy tree • HAB: gentle slope, steep slope; near running fresh water • GEO: clay soil, yellow clay soil • ALT: 150 m
   TEM: Amo, K. Belalong, *Asah* BRUN 3129; Amo, K. Belalong, *Ladi* BRUN 2000; Amo, K. Belalong, *Ladi* BRUN 2004B; Bangar, Bt. Biang, *Ashton* BRUN 3016; Bangar, Bt. Biang, *Ashton* BRUN 3169; Labu, *Symington* KEP 35456. **Without prov.:** *Ashton* BRUN 472; *Wong* s.n. 20.ix.88a • Borneo

SHOREA

S. acuminatissima Symington — *Medang Sisek* (Mal., Ked.)
Canopy/emergent tree • VEG: Secondary Forest • HAB: gentle slope • GEO: yellow sandy loam • ALT: 120 m
   TEM: Labu, *Ashton* BRUN 3350 • Borneo: Sarawak, Sabah

S. acuta Ashton — *Meranti* (*)
Canopy/emergent tree, midstorey/subcanopy tree • HAB: ridge; well-drained, periodically flooded • GEO: sandstone; alluvial deposits; sandy soil • ALT: 360 m
   BEL: Andulau F.R., *Ladi* BRUN 3164; Sungai Liang, Sungai Liang Arboretum, *Mohsin* S 1924. **TEM:** Bangar, Bukit Biang, *Ashton* BRUN 500 • Borneo: Sarawak

S. agamii Ashton subsp. **agamii** — *Damar Laut* (*), *Meranti* (*), *Meranti Putih Timbul* (Br.)
Canopy/emergent tree • HAB: gentle slope, ridge • GEO: sandstone; clay soil, yellow sandy clay soil • ALT: 540 m
   BEL: Andulau F.R., *Abang Suhaili* S 1939; Andulau F.R., *Ladi* BRUN 3092; Labi, *Rahman Abd.* S 1640; Labi, Kenapol F.R., *Rahman Abd.* S 1632; Labi, Labi F.R., *Rahman Abd.* S 1636. **TEM:** FMS 35457; Amo, K. Belalong, *Wong* 1313; Amo, K. Sekurop, *Ashton* BRUN 739; Amo, K. Temburong Machang, *Asah* BRUN 3135. **TUT:** Lamunin, Ladan Hills F.R., *Niga* 217 • Borneo

S. albida Symington — *Seringawan* (*)
Canopy/emergent tree • VEG: Secondary Forest • HAB: flat ground; impeded drainage; near still fresh water • GEO: peat
   BEL: Kuala Balai, Kpg. K. Balai, *Bujang Abg.* KEP 30435; Kuala Belait, K. Belait, *Zainal Abidin* KEP 30353; Seria, *Abot* KEP 37149. **TUT:** Telisai, *Ashton* BRUN 5009 • Borneo: Sarawak

S. amplexicaulis Ashton — *Meranti* (*)
Canopy/emergent tree, midstorey/subcanopy tree • HAB: gentle slope, ridge • GEO: sandstone; yellow clay soil, yellow sandy clay soil, yellow sandy loam • ALT: 270 m
   BEL: Andulau F.R., *Ashton* BRUN 3261; Andulau Hills F.R., *Wyatt-Smith* KEP 80094; Labi, *Flemmich* KEP 32590; Labi, Bt. Teraja, *Smythies* S 2131; Labi, Labi F.R., *Rahman Abd.* S 1633. **TEM:** Amo, Bukit Tanggoi, *Ashton* BRUN 751; Amo, Kuala Belalong, *Ashton* S 5719; Bangar, Pekan Bangar, *Ashton* BRUN 3006; Bangar, Pekan Bangar, *Ashton* BRUN 3151 • Borneo

S. andulensis Ashton — *Kumus* (Ib.), *Merawan* (Ib.)
Tree, canopy/emergent tree • HAB: gentle slope, ridge; periodically flooded; near running fresh water • GEO: sandstone; alluvial deposits; yellow sandy clay soil, yellow sandy loam, yellow loam • ALT: 360 m
   BEL: Andulau F.R., *Ashton* BRUN 3263; Andulau F.R., *Ashton* BRUN 3275; Andulau F.R., *Ashton* BRUN 5435; Melilas, R.Ingei, *Ashton* BRUN 173; Sungai Liang, Andulau F.R., *Ashton* BRUN 3030. **TEM:** Labu, *Ashton* BRUN 3332. **TUT:** Rambai, *Ashton* BRUN 878 • Borneo: Sarawak, Sabah

S. angustifolia Ashton
Canopy/emergent tree, midstorey/subcanopy tree • VEG: Degraded LMDF • HAB: gentle slope, ridge • GEO: Belait formation, sandstone; clay soil, yellow clay soil, yellow sandy clay soil • ALT: 120–450 m
   BEL: Labi, Bt. Telingan, *Dransfield J.* 6834. **TEM:** Amo, K. Belalong, *Ashton* BRUN 3393; Amo, K. Belalong, *Ashton* BRUN 5682; Amo, K. Temburong Machang, *Ashton* BRUN 778; Amo, Kuala Belalong, *Ashton* S 5736; Amo, Kuala Sekurop, *Ashton* BRUN 748 • Cited by Ashton

(1964) • Borneo: Sarawak, Sabah

S. argentifolia Symington
Canopy/emergent tree • HAB: periodically flooded; in still fresh water • GEO: alluvial deposits • ALT: 30 m

BEL: Melilas, Ingei Sungei, *Ashton* BRUN 126 • Cited by Ashton (1964) • Borneo: Sarawak, Sabah

S. asahii Ashton — *Tekam Padi* (Ib.)
Canopy/emergent tree • VEG: Kerangas • HAB: ridge • GEO: sandstone; sandy soil • ALT: 180–450 m

BEL: Labi, *Brunig* S 1183. **TEM:** Amo, K. Temburong Machang, *Ashton* BRUN 772. **TUT:** Ladan Hills, *Ashton* BRUN 5632 • NW Borneo

S. atrinervosa Symington
Canopy/emergent tree • VEG: Secondary Forest • HAB: gentle slope, ridge • GEO: yellow clay soil, yellow sandy loam • ALT: 90–180 m

TEM: Labu, *Ashton* BRUN 3182; Labu, *Ashton* BRUN 3337; Labu, *Ashton* BRUN 3342; Labu, *Ashton* BRUN 3357 • Malaya, Sumatra, Borneo

S. balanocarpoides Syminton (*S. dolichocarpa* Slooten)
Canopy/emergent tree, midstorey/subcanopy tree • HAB: gentle slope • GEO: sandstone, Sand; yellow clay soil, yellow sandy clay soil, yellow sandy loam • ALT: 130 m

BEL: Andulau F.R., *Ashton* BRUN 3165; Andulau F.R., *Ashton* BRUN 3289; Andulau F.R., *Ashton* BRUN 5539; Andulau F.R., *Ladi* BRUN 3057; Labi, Bt. Puan, *Ashton* BRUN 645. **TEM:** Amo, K. Belalong, *Ashton* BRUN 449; Bangar, Bukit Biang, *Ashton* S 5787; Bangar, Pekan Bangar, *Ashton* BRUN 3003; Bangar, Pekan Bangar, *Ashton* BRUN 3004; Bangar, Pekan Bangar, *Ashton* BRUN 3009; Bangar, Pekan Bangar, *Ashton* BRUN 3171; Bangar, Pekan Bangar, *Ashton* BRUN 3364; Bangar, Pekan Bangar, *Ashton* BRUN 3365. **Without prov.:** FMS 35528 • Malaya, Sumatra, Borneo

S. beccariana Burck — *Meranti Melantai* (Br.)
Canopy/emergent tree, midstorey/subcanopy tree • HAB: gentle slope, ridge • GEO: sandstone, clay, Sand/clay; yellow sandy clay soil • ALT: 660 m

BEL: Andulau F.R., *Ashton* BRUN 3079; Andulau F.R., *Ashton* BRUN 3086; Andulau F.R., *Ladi* BRUN 3063; Andulau F.R., *Smythies* S 1648; Labi, *Rahman Abd.* S 1629; Labi, Bt. Puan, *Ashton* BRUN 651; Labi, Bt. Puan, *Ashton* BRUN 652; Sg. Liang, Andulau Forest Reserve, *Smythies* S 2137; Sungai Liang, Andulau F.R., *Ashton* BRUN 605. **TEM:** Amo, Kuala Belalong, *Ashton* S 5737; Amo, Sg. Temburong, *Ashton* BRUN 418; Labu, *Ashton* BRUN 3187. **TUT:** Ukong, Bt. Besong, *Niga* 225 • Borneo: Sarawak, Sabah

S. biawak Ashton — *Resak Biawak* (Ked.)
Canopy/emergent tree, midstorey/subcanopy tree • VEG: Secondary Forest • HAB: gentle slope, ridge • GEO: yellow clay soil, yellow sandy loam • ALT: 30–300 m

TEM: Amo, K. Belalong, *Ashton* BRUN 3385; Bangar, Pekan Bangar, *Ashton* BRUN 3005; Bangar, Pekan Bangar, *Ashton* BRUN 3369; Labu, *Ashton* BRUN 3351 • Borneo: Sarawak, Sabah

S. bracteolata Dyer — *Sepit Udang* (Tut., Ib.)
Canopy/emergent tree, midstorey/subcanopy tree • VEG: Degraded LMDF • HAB: ridge; periodically flooded; near running fresh water • GEO: sandstone, Setap Shales; alluvial deposits • ALT: 10–20 m

TEM: Amo, K. Belalong, *Dransfield J.* 6662; Amo, Kuala Belalong, *Ashton* S 5703. **TUT:** Rambai, K.Kebubok, *Ashton* BRUN 907 • Malaya, Sumatra, Borneo

S. bullata Ashton
Canopy/emergent tree • VEG: Kerangas • HAB: gentle slope, raised beach • GEO: White sand, sandstone; Kerangas soil, yellow sandy clay soil • ALT: 20–60 m

TEM: Bangar, Bukit Biang, *Ashton* S 5773; Bangar, Pekan Bangar, *Ladi* BRUN 2003. **TUT:** Tanjong Maya, Bt. Kukub, *Ashton* BRUN 924 • Borneo: Sarawak

S. cf. brunnescens Ashton
Canopy/emergent tree, treelet • VEG: HDF, Upper Montane Forest • HAB: ridge • GEO: clay soil • ALT: 1280–1580 m
TEM: Amo, *Ashton* BRUN 2531; Amo, *Ashton* BRUN 2538.

S. confusa Ashton (*S. virescens* auct. non Parijs) — *Raru* (Ib., Ked.)
Canopy/emergent tree • VEG: Secondary Forest • HAB: gentle slope, ridge • GEO: clay; yellow sandy clay soil • ALT: 20–180 m
TEM: Amo, *Ashton* BRUN 5281; Bangar, Pekan Bangar, *Ladi* BRUN 2004A. **TUT:** Rambai, Ulu Tutong, *Ashton* BRUN 895 • Borneo: Sarawak, Sabah

S. coriacea Burck
Canopy/emergent tree • ALT: 240 m
TEM: Labu, *Ashton* BRUN 3335 • Borneo

S. crassa Ashton — *Selangan Batu* (*)
Canopy/emergent tree • HAB: gentle slope, ridge; near running fresh water • GEO: clay, Sand/clay; sandy loam, yellow sand, yellow sandy loam • ALT: 10–40 m
BEL: Andulau F.R., *Ashton* BRUN 570; Labi, Bt. Puan, *Ashton* BRUN 641; Labi, Bukit Puan, *Ashton* BRUN 642; Sungai Liang, Andulau F.R., *Smythies* BRUN 832. **BRM:** Berakas, Berakas F.R., *Ashton* BRUN 5156 • Borneo

S. curtisii King subsp. **curtisii**
Canopy/emergent tree, midstorey/subcanopy tree, sapling • HAB: gentle slope • GEO: clay; yellow sandy clay soil, yellow sandy loam • ALT: 40– 50 m
BEL: Andulau F.R., *Ashton* BRUN 246; Andulau F.R., *Ashton* BRUN 3279; Andulau F.R., *Ashton* BRUN 5544; Ulu Belait, *Ashton* BRUN 240 • Thailand, Malaya, Sumatra, Borneo

S. domatiosa Ashton
Canopy/emergent tree, midstorey/subcanopy tree • VEG: Secondary Forest • HAB: gentle slope, ridge; near running fresh water • GEO: sandstone, clay; clay soil, yellow sandy clay soil, yellow sandy loam • ALT: 120– 540 m
TEM: Amo, K. Belalong, *Ashton* BRUN 3395; Amo, K. Belalong, *Ashton* BRUN 5210; Amo, K. Belalong, *Ashton* BRUN 5665; Amo, K. Belalong, *Ashton* BRUN 5666; Amo, Kuala Belalong, *Ashton* S 5726; Batu Apoi, R.Batu Apoi, *Ashton* BRUN 305; Labu, *Ashton* BRUN 3346. **TUT:** Rambai, Bt. Bedawan, *Ashton* BRUN 888 • Borneo

S. elliptica Burck
Canopy/emergent tree • HAB: ridge • GEO: sandstone; yellow sandy clay soil • ALT: 360 m
TUT: Rambai, *Ashton* BRUN 880 • Borneo: Sarawak, Kalimantan

S. exelliptica Meijer — *Selangan Batu* (*)
Canopy/emergent tree • VEG: Kerangas • HAB: gentle slope, ridge • GEO: sandstone; clay soil, yellow sandy clay soil • ALT: 540 m
BEL: *Rahman Abd.* S 1641. **TEM:** Amo, K. Belalong, *Ashton* BRUN 5661; Amo, K. Belalong, *Ashton* BRUN 5662; Bangar, Bukit Biang, *Ashton* S 5785 • Malaya, Borneo

S. faguetiana Heim — *Meranti* (*), *Penyau Rian* (Ib.)
Canopy/emergent tree, midstorey/subcanopy tree • HAB: gentle slope, ridge; periodically flooded; in still fresh water • GEO: White sand, sandstone, clay; alluvial deposits; sandy clay soil, yellow clay soil, yellow sandy clay soil, yellow sandy • ALT: 300 m
BEL: Andulau F.R., *Ashton* BRUN 3081; Andulau F.R., *Ashton* BRUN 3185; Andulau F.R., *Ashton* BRUN 3282; Labi, Bt. Teraja F.R., *Smythies* S 2110; Labi, Bt. Teraja, *Ashton* BRUN 669; Labi, Kenapol F.R., *Rahman Abd.* S 1631; Labi, L.H.F.R., *Rahman Abd.* S 1627; Melilas, R.Ingei– Ulu R.Belait watershed, *Ashton* BRUN 161; Sungai Liang, Andulau F.R., *Ashton* BRUN 627; Sungai Liang, Jln. Labi, *Ashton* BRUN 3034. **TEM:** Amo, Sg. Temburong Machang, *Wong* 1980; Labu, *Zainal Abidin* BRUN 3178. **TUT:** Ladan Hills, *Smythies* S 1672; Rambai, Ulu Tutong, *Ashton* BRUN 884. **Without prov.:** KEP 48193 • Thailand, Malaya, Borneo

S. faguetioides Ashton
Canopy/emergent tree • HAB: gentle slope, ridge • GEO: sandstone; yellow clay soil • ALT: 150–250 m
TEM: Amo, Kuala Belalong, *Ashton* S 5733; Labu, *Ashton* BRUN 3340; Labu, *Ashton* BRUN 5645 • N Borneo

S. falciferoides Foxw. — *Balau* (*), *Selangan Batu* (*), *Seraya Batu* (*), *Upun Penyau* (Ib., Tut., Mal.)
Canopy/emergent tree, midstorey/subcanopy tree • HAB: gentle slope, ridge • GEO: sandstone; yellow sandy clay soil • ALT: 270 m
BEL: Labi, *Rahman Abd.* S 1646; Labi, Bt. Teraja, *Ashton* BRUN 986; Labi, Bt. Teraja, *Smythies* S 2116; Labi, Bt. Teraja, *Smythies* S 2125. **TEM:** Amo, K. Belalong, *Ashton* BRUN 795. **TUT:** Rambai, Ulu Tutong, *Ashton* BRUN 886.

S. falciferoides Foxw. subsp. glaucescens (Meijer) Ashton (*S. glaucescens* Meijer)
Canopy/emergent tree • HAB: ridge • GEO: sandstone; yellow sandy clay soil • ALT: 150–270 m
TEM: Amo, Kuala Belalong, *Ashton* S 5759; Batu Apoi, R.Batu Apoi, *Ashton* BRUN 309 • Borneo

S. fallax Meijer
Midstorey/subcanopy tree • HAB: ridge • GEO: sandstone; yellow sandy clay soil • ALT: 150 m
TUT: Rambai, Ulu Tutong, *Ashton* BRUN 887 • Borneo: Sarawak, Sabah

S. ferruginea Brandis — *Meranti* (*)
Canopy/emergent tree • HAB: gentle slope, ridge • GEO: sandstone; clay soil, yellow sandy clay soil • ALT: 300 m
BEL: Labi, Bt. Teraja, *Smythies* S 2126. **TEM:** Amo, K. Belalong, *Ashton* BRUN 3396; Amo, K. Sekurop, *Ashton* BRUN 729; Amo, Sg. Temburong, *Ashton* BRUN 422; Batu Apoi, Batu Apoi Sg. , *Ashton* BRUN 320; Batu Apoi, Sebatu Sg. , *Ashton* BRUN 345; Labu, Perdayan F.R., *Wyatt-Smith* KEP 80129 • Borneo

S. flaviflora Ashton
Canopy/emergent tree, sapling • HAB: gentle slope, ridge • GEO: Meligan formation, sandstone; clay soil, yellow sandy clay soil; Mor • ALT: 390–760 m
TEM: Amo, *Ashton* BRUN 5276; Amo, Bt. Belalong, *Ashton* BRUN 5211; Amo, Bt. Belalong, *Ashton* BRUN 5664; Amo, Kuala Belalong, *Ashton* S 5739; Amo, Kuala Sekurop, *Ashton* BRUN 736; Amo, Kuala Temburong Machang, *Ashton* BRUN 781 • Borneo: Sarawak, Sabah

S. flemmichii Symington
Canopy/emergent tree, midstorey/subcanopy tree • HAB: gentle slope, ridge • GEO: clay; sandy clay soil, yellow clay soil • ALT: 150 m
BEL: Andulau F.R., *Ashton* BRUN 3082; Andulau F.R., *Ashton* BRUN 3090; Labi, Bt. Teraja, *Ashton* BRUN 3037; Melilas, Ulu Ingei, *Ashton* BRUN 5602; Sg. Liang, Andulau F.R., *Ashton* BRUN 561; Sg. Liang, Andulau F.R., *Ashton* BRUN 563; Sungai Liang, Andulau F.R., *Smythies* SAN 17468 • Borneo: Sarawak

S. foraminifera Ashton
Canopy/emergent tree • HAB: flat ground; impeded drainage; near still fresh water
BEL: Andulau F.R., *Sabli Gemok* S 1916 • Borneo: Sarawak

S. foxworthii Symington
Cited by Ashton (pers. comm.) as occurring in Brunei • Thailand, Malaya, Sumatra, Borneo

S. geniculata Ashton — *Upun* (Dus.), *Upun Penyau* (*)
Canopy/emergent tree • HAB: gentle slope • GEO: sandy loam, yellow sandy loam • ALT: 70 m
BEL: Andulau F.R., *Abang Suhaili* S 1929; Andulau F.R., *Ashton* BRUN 3027; Andulau F.R., *Ashton* BRUN 3264; Andulau F.R., *Ladi* BRUN 3060. **TUT:** Rambai, Tasek Merimbun, *Bernstein* 446; Tanjong Maya, Bt. Kubub, *Ashton* BRUN 919 • Borneo: Sarawak

S. gibbosa Brandis
Cited by Ashton (pers. comm.) as occurring in Brunei • Malaya, Sumatra, Borneo

S. glauca King
Canopy/emergent tree • HAB: ridge • GEO: sandstone • ALT: 210 m
TEM: Amo, Kuala Belalong, *Ashton* S 5702 • Thailand, Malaya, Sumatra

S. havilandii Brandis — Selangan Batu (*)
Canopy/emergent tree, midstorey/subcanopy tree • HAB: gentle slope, ridge; periodically flooded; near running fresh water • GEO: White sand, sandstone; alluvial deposits; yellow sandy clay soil, yellow sandy loam • ALT: 30–40 m
BEL: Melilas, Sg. Ingei, *Ashton* BRUN 169; Sg. Liang, Andulau F.R., *Ashton* BRUN 557. TEM: Amo, Kuala Belalong, *Ashton* S 5727; Bangar, Pekan Bangar, *Ashton* BRUN 3007; Bangar, Pekan Bangar, *Ashton* BRUN 3370 • Borneo: Sarawak, Sabah

S. hopeifolia (Heim) Symington
Midstorey/subcanopy tree • VEG: HDF • HAB: ridge • ALT: 1280 m
TEM: Amo, *Ashton* BRUN 2529 • Malaya, Sumatra, Borneo, Philippines

S. inaequilateralis Symington — Semayor (*)
BEL: Kuala Balai, Kpg. K. Balai, *Smith* KEP 30358; Kuala Balai, Kpg. K. Balai, *Zainal Abidin* KEP 30351 • Borneo: Sarawak

S. inappendiculata Burck
Canopy/emergent tree • HAB: gentle slope
BEL: Andulau F.R., *Ashton* BRUN 3080 • Malaya, Sumatra, Borneo

S. isoptera Ashton
Canopy/emergent tree, midstorey/subcanopy tree • HAB: gentle slope, steep slope, ridge • GEO: clay soil, yellow sandy clay soil • ALT: 120– 540 m
TEM: Amo, K. Belalong, *Ashton* BRUN 5676; Labu, *Ashton* BRUN 3018; Labu, *Ashton* BRUN 3343 • Borneo: Sarawak, Sabah

S. johorensis Foxw. (*S. leptoclados* Symington) — Selangan Pelam (*)
Canopy/emergent tree • HAB: gentle slope; near running fresh water • GEO: sandstone; sandy clay soil • ALT: 70 m
TEM: *Rahman Abd.* S 1951; Batu Apoi, Batu Apoi Sg. , *Ashton* BRUN 355 • Malaya, Sumatra, Borneo

S. kunstleri King
Canopy/emergent tree • HAB: gentle slope, ridge • GEO: sandstone; yellow sandy clay soil • ALT: 190 m
BEL: Andulau F.R., *Abang Suhaili* S 1935. TEM: Batu Apoi, Sebatu Sg. , *Ashton* BRUN 346 • Malaya, Sumatra, Borneo

S. ladiana Ashton
Midstorey/subcanopy tree • HAB: gentle slope • GEO: sandy loam, yellow sandy loam • ALT: 40–60 m
BEL: Andulau F.R., *Ashton* BRUN 2622; Andulau F.R., *Ashton* BRUN 2629; Andulau F.R., *Ashton* BRUN 5543 • Borneo: Sarawak

S. laevis Ridl.
Canopy/emergent tree • HAB: gentle slope, ridge • GEO: sandstone; yellow clay soil, yellow sandy clay soil, yellow sandy loam • ALT: 60 m
TEM: *Ashton* BRUN 409; Amo, Sg. Temburong, *Ashton* BRUN 424; Amo, Sg. Temburong, *Ashton* BRUN 424a; Batu Apoi, Batu Apoi Sg. , *Ashton* BRUN 321; Labu, Bt. Perdayan, *Ashton* BRUN 3190. TUT: Lamunin, Jln. Abang, *Ashton* BRUN 5089 • Burma, Thailand, W & C Malesia

S. laxa Slooten
Canopy/emergent tree, midstorey/subcanopy tree • HAB: gentle slope • GEO: yellow clay soil, yellow sandy clay soil, yellow sandy loam • ALT: 100 m

BEL: Andulau F.R., *Ashton* BRUN 3077; Andulau F.R., *Ashton* BRUN 3278; Jln. Labi, *Ashton* BRUN 45; Sungai Liang, Andulau F.R., *Smythies* SAN 17563. **TEM:** *Ashton* BRUN 3062; *Zainal Abidin* BRUN 3061; Bangar, Pekan Bangar, *Ashton* BRUN 3010; Labu, *Ashton* BRUN 3177. **TUT:** Tanjong Maya, Bt. Kubub, *Ashton* BRUN 918 • Borneo: Sarawak, Sabah

S. leprosula Miq. — *Lusi* (Dus.)
Canopy/emergent tree, midstorey/subcanopy tree • HAB: gentle slope; seasonal watercourse; near running fresh water • GEO: sandstone; alluvial deposits; yellow sandy clay soil • ALT: 40 m
BEL: Kuala Belait, K. Belait, *Bujang Abg.* KEP 37463. **TEM:** Batu Apoi, Batu Apoi S., *Ashton* BRUN 300; Batu Apoi, Batu Apoi Sg. , *Ashton* BRUN 318. **Without prov.:** KEP 48196 • Thailand, Malaya, Sumatra, Borneo

S. longiflora (Brandis) Symington
Canopy/emergent tree, midstorey/subcanopy tree • HAB: gentle slope; seasonal watercourse; near running fresh water • GEO: alluvial deposits • ALT: 60 m
BEL: Melilas, Ulu Ingei, *Bujang Abg.* KEP 30455; Sukang, Sukang Kpg. , *Ashton* BRUN 109; Sungai Liang, Andulau F.R., *Smythies* SAN 17535 • Borneo: Sarawak, Kalimantan

S. longisperma Roxb.
Canopy/emergent tree • VEG: HDF • HAB: ridge • GEO: clay soil • ALT: 540–1280 m
TEM: Amo, *Ashton* BRUN 2539; Amo, *Ashton* BRUN 2552; Amo, K. Temburong Machang, *Asah* BRUN 3128 • Malaya, Sumatra, Borneo

S. macrophylla (de Vriese) Ashton — *Engkabang* (*), *Kawang Jantong* (Br.), *Piton* (Dus)
Canopy/emergent tree, midstorey/subcanopy tree, sapling • VEG: HDF • HAB: gentle slope; near running fresh water • GEO: sandstone; yellow sandy clay soil • ALT: 450 m
BEL: Labi, *Wong* 1570; Labi, Mendaram, *Niga* 280; Melilas, Ulu Belait, *Smith* KEP 30485. **TEM:** Batu Apoi, Ulu Ropan, *Ashton* BRUN 5280. **TUT:** Lamunin, Kuala Abang Road, *Ashton* BRUN 83 • Borneo

S. macroptera Dyer subsp. macropterifolia Ashton — *Mengkawang Bukit* (*), *Meranti* (*)
Tree, canopy/emergent tree • HAB: gentle slope • GEO: sandstone; yellow sandy clay soil • ALT: 60–120 m
BEL: Labi, *Flemmich* KEP 32582; Labi, Labi F.R., *Rahman Abd.* S 1639. **TEM:** Batu Apoi, Batu Apoi Sg. , *Ashton* BRUN 356; Batu Apoi, Kpg. Batu Apoi, *Abang Suhaili* KEP 30546. **TUT:** Lamunin, Ladan Hills F.R., *Smythies* S 2151 • N Borneo

S. materialis Ridl.
cited by Ashton (1964) • Malaya, ?Sumatra, Borneo

S. maxwelliana King
Canopy/emergent tree • HAB: gentle slope, ridge • GEO: sandstone; yellow clay soil, yellow sandy clay soil • ALT: 300 m
BEL: Labi, *Rahman Abd.* S 1626. **TEM:** Amo, K. Belalong, *Ashton* BRUN 3397; Bangar, Bukit Biang, *Ashton* S 5774; Bangar, Bukit Biang, *Ashton* S 5774a • Malaya, Sumatra, Borneo

S. mecistopteryx Ridl. — *Meranti* (*)
Canopy/emergent tree • HAB: gentle slope
BEL: *Rahman Abd.* S 1634 • Borneo

S. micans Ashton
cited by Ashton (pers. comm.) as occurring in Brunei • Borneo: Sabah

S. monticola Ashton
Canopy/emergent tree, midstorey/subcanopy tree • ALT: 1220–1640 m
TEM: Amo, *Ashton* BRUN 2315; Amo, *Ashton* BRUN 2360; Amo, *Ashton* BRUN 2377 • Borneo

S. multiflora (Burck) Symington — *Damar Hitam* (*), *Damar Siput Jantan* (*), *Dismantok* (Br.)
Canopy/emergent tree, midstorey/subcanopy tree • VEG: LMDF • HAB: gentle slope, ridge • GEO: Lambir formation, sandstone, clay; yellow sandy clay soil, yellow sandy loam • ALT: 540 m
BEL: *Rahman Abd.* S 1635; Andulau F.R., *Arbi* S 1940; Andulau F.R., *Ashton* BRUN 68; Andulau F.R., *Ashton* BRUN 2627; Andulau F.R., *Ashton* BRUN 2628; Andulau F.R., *Ashton* BRUN 2630; Andulau F.R., *Ashton* BRUN 3260; Andulau F.R., *Ashton* BRUN 3293; Labi, *Rahman Abd.* S 1628; Labi, Bukit Teraja, *Kirkup* 439; Melilas, Batu Patam, *Wong* 1061; Sg. Liang, Andulau F.R., *Ashton* BRUN 574. **TEM:** Amo, K. Sekurop, *Asah* BRUN 3047; Amo, K. Sekurop, *Ashton* BRUN 746; Batu Apoi, Kpg. Batu Apoi, *Zainal Abidin* KEP 30380; Batu Apoi, R.Batu Apoi, *Ashton* BRUN 303; Labu, *Ashton* BRUN 5648; Labu, *Ashton* BRUN 5649. **TUT:** Rambai, Bt. Bedawan, *Ashton* BRUN 875 • Malaya, Sumatra, Borneo

S. myrionerva Ashton
Sapling
TEM: Amo, K. Belalong, *Ashton* BRUN 5200; Amo, Sg. Belalong, *Ashton* BRUN 5218 • Borneo

S. obscura Meijer
Canopy/emergent tree, midstorey/subcanopy tree, sapling • VEG: Kerangas, HDF • HAB: gentle slope, ridge • GEO: sandstone; clay soil, yellow clay soil, yellow sandy clay soil • ALT: 150–820 m
TEM: Amo, Bt. Belalong, *Asah* BRUN 3043; Amo, Bt. Belalong, *Prance* 30589; Amo, K. Belalong, *Ashton* BRUN 2640; Amo, Kuala Belalong, *Ashton* S 5704; Amo, Kuala Belalong, *Ashton* S 5712; Amo, Kuala Belalong, *Ashton* S 5729; Batu Apoi, Batu Apoi Sg. , *Ashton* BRUN 322; Batu Apoi, Ulu Batu Apoi, *Ashton* BRUN 326; Labu, *Zainal Abidin* BRUN 5438; Labu, Bukit Patoi, *Ashton* BRUN 521; Labu, Bukit Patoi, *Ashton* BRUN 521a; Labu, Bukit Patoi, *Ashton* BRUN 521b • Borneo: Sarawak, Kalimantan

S. ochracea Symington
Canopy/emergent tree, midstorey/subcanopy tree • HAB: gentle slope, ridge • GEO: sandstone; yellow sandy clay soil, yellow sandy loam • ALT: 40–60 m
BEL: Andulau F.R., *Ashton* BRUN 3274; Andulau F.R., *Ashton* BRUN 5434. **TEM:** Amo, Kuala Temburong Machang, *Ashton* BRUN 780. **TUT:** Lamunin, Jln. K.Abang, *Ashton* BRUN 5088. **Without prov.:** *Wong* s.n. 4.i.89b • Borneo

S. cf. ochracea Symington
Sapling • HAB: periodically flooded; in still fresh water • GEO: alluvial deposits • ALT: 30 m
BEL: Melilas, Ingei Sungei, *Ashton* BRUN 128.

S. ovalis (Korth.) Blume
Canopy/emergent tree, midstorey/subcanopy tree • HAB: gentle slope, ridge • GEO: sandstone; yellow sandy clay soil • ALT: 120–180 m
TEM: Batu Apoi, Batu Apoi Sg. , *Ashton* BRUN 312; Batu Apoi, R.Batu Apoi, *Ashton* BRUN 301.

S. ovalis (Korth.) Blume subsp. **sarawakensis** Ashton — *Mata Udang* (*), *Meranti Kepong* (*)
Canopy/emergent tree • HAB: gentle slope • GEO: yellow sandy loam • ALT: 40 m
BEL: Andulau F.R., *Ashton* BRUN 3281. **TEM:** Batu Apoi, Kpg. Batu Apoi, *Ashton* KEP 30547 • Borneo: Sarawak, Sabah

S. ovata Brandis — *Meranti Sarang Punai* (Br.), *Meranti Sarang Punai Bukit* (Br.)
Canopy/emergent tree, midstorey/subcanopy tree • VEG: Kerangas, Secondary Forest • HAB: gentle slope, ridge; near running fresh water • GEO: sandstone, clay; yellow sandy clay soil, sandy loam, White sand, yellow sandy loam • ALT: 70 m
BEL: Andulau F.R., *Abang Suhaili* S 1938; Andulau F.R., *Ashton* BRUN 551; Andulau

F.R., *Ashton* BRUN 3265; Sungai Liang, Andulau F.R., *Smythies* BRUN 824; Sungai Liang, Bt. Besong, *Niga* 196. **BRM:** Berakas, Berakas camp, *Ashton* BRUN 5163. **TEM:** Labu, Bukit Patoi, *Ashton* BRUN 532. **TUT:** Ukong, Bt. Besong, *Niga* 227 • Malaya, Sumatra, Borneo, Philippines

S. pachyphylla Symington — *Meranti Kerukup* (Br.), *Perawan Tangkalong* (Ib.)

Canopy/emergent tree • VEG: Peatswamp Forest with Shorea albida, Peatswamp Forest • HAB: flat ground, terrace; impeded drainage • GEO: White sand; Podsol, sandy soil; peat

BEL: Bukit Sawat, Sg. Mau, *Niga* 116; Seria, Badas, *Ashton* BRUN 695; Sungai Liang, Jln. Labi, *Ashton* BRUN 5531; Sungai Liang, Sg. Lumut, *Sinclair* 10433 • Borneo: Sarawak, Kalimantan

S. parvifolia Dyer — *Meranti Sarang Punai* (*), *Ubah Suluk* (Mal.)

Canopy/emergent tree • VEG: LMDF • HAB: gentle slope, steep slope, ridge; near running fresh water • GEO: sandstone; clay soil, yellow clay soil, yellow sandy clay soil, sandy loam, yellow sand • ALT: 450 m

BEL: Labi, *Johns* 7439; Labi, Sg. Mendalam, *Ashton* BRUN 3052. **TEM:** Amo, K. Belalong, *Ashton* BRUN 5681; Amo, K. Temburong Machang, *Ashton* BRUN 2612; Amo, Kuala Belalong, *Ashton* S 5717; Amo, Kuala Belalong, *Shahri Hj. Hasin* s.n.; Amo, Ulu Temburong, *Ashton* BRUN 770; Bangar, Bt. Biang, *Ashton* BRUN 3014; Labu, *Zainal Abidin* BRUN 3054. **TUT:** Lamunin, Kpg. Lamunin, *Wong* 1625. **Without prov.:** *Wong* s.n. 20.ix.88b.

S. parvistipulata Heim

Canopy/emergent tree • VEG: HDF • HAB: ridge; periodically flooded • GEO: clay; alluvial deposits; yellow clay soil • ALT: 1280 m

BEL: Melilas/Sukang, *Ashton* BRUN 5630. **TEM:** Amo, *Ashton* BRUN 2542; Amo, K. Belalong, *Ashton* BRUN 3382; Labu, *Ashton* BRUN 3341; Labu, *Ladi* BRUN 2005.

S. parvistipulata Heim subsp. parvistipulata (*S. cristata* Brandis)

Canopy/emergent tree • HAB: ridge • GEO: sandstone; yellow sandy clay soil • ALT: 180 m

TEM: Batu Apoi, Batu Apoi Sg. , *Ashton* BRUN 313 • Borneo

S. parvistipulata Heim subsp. albifolia Ashton

cited by Ashton (pers. comm.) as occurring in Brunei • Borneo: Sarawak

S. patoiensis Ashton

Canopy/emergent tree, midstorey/subcanopy tree • HAB: gentle slope, steep slope, ridge • GEO: sandstone; clay soil, yellow sandy clay soil • ALT: 120–300 m

TEM: Amo, K. Belalong, *Ashton* BRUN 457; Amo, Kuala Belalong, *Ashton* S 5746; Amo, Kuala Belalong, *Ashton* S 5757; Labu, *Ashton* BRUN 3017; Labu, *Ashton* BRUN 3324 • Borneo

S. pauciflora King

cited by Ashton (1964) • Malaya, Sumatra, Borneo

S. pilosa Ashton — *Meranti* (*)

Canopy/emergent tree, midstorey/subcanopy tree • GEO: sandstone • ALT: 360 m

BEL: *Abang Suhaili* S 1930. **TEM:** Bangar, Bukit Biang, *Ashton* S 5777 • NW Borneo

S. pinanga Scheff.

Midstorey/subcanopy tree • HAB: gentle slope • GEO: sandstone; yellow sandy clay soil • ALT: 150 m

TEM: Batu Apoi, Batu Apoi Sg. , *Ashton* BRUN 319 • Cited by Ashton (1964) • Borneo

S. platycarpa Heim — *Meranti Lilin* (Br.)

Canopy/emergent tree • VEG: Peatswamp Forest

BEL: Jln. Labi, *Niga* 151. **TEM:** Labu, Kpg. Labu Estet, *Smythies* BRUN 372 • Malaya, Sumatra, Borneo

S. platyclados Foxw.

Canopy/emergent tree • VEG: HDF • HAB: ridge • GEO: sandstone; yellow sandy clay soil • ALT: 1280 m

TEM: *Ashton* BRUN 410; Amo, *Ashton* BRUN 2541 • Sumatra, Borneo

S. quadrinervis Slooten — *Meranti* (*)
Canopy/emergent tree, midstorey/subcanopy tree • VEG: Degraded LMDF • HAB: gentle slope, ridge • GEO: Belait formation, Meligan formation; yellow clay soil, yellow sandy clay soil, sandy loam; Mor • ALT: 760 m
BEL: Andulau F.R., *Ashton* BRUN 3026; Andulau F.R., *Ashton* BRUN 3084; Andulau F.R., *Ladi* BRUN 3066; Andulau F.R., *Mohsin* S 1922; Labi, *Rahman Abd.* S 1630; Labi, Bt. Telingan, *Dransfield J.* 6824. **TEM:** Amo, *Ashton* BRUN 5252. **Without prov.:** *Wong* s.n. 27.i.89 • Borneo: Sarawak, Sabah

S. revoluta Ashton
Canopy/emergent tree, midstorey/subcanopy tree • VEG: Kerangas • HAB: ridge • GEO: sandstone; yellow sandy clay soil • ALT: 270–360 m
TEM: Bangar, Bukit Biang, *Ashton* S 5782; Labu, *Ashton* BRUN 5646; Labu, *Smythies* S 5814 • Borneo: Sarawak, Sabah

S. rubella Ashton
Canopy/emergent tree • HAB: gentle slope • GEO: clay; yellow clay soil • ALT: 40 m
BEL: Andulau F.R., *Ashton* BRUN 3078; Sungai Liang, Andulau F.R., *Ashton* BRUN 616 • Borneo: Sarawak, Sabah

S. rubra Ashton — *Merawan Tembaga* (Ib.)
Canopy/emergent tree, treelet • VEG: HDF, Secondary Forest • HAB: gentle slope, ridge • GEO: sandstone; clay soil, yellow sandy clay soil • ALT: 40–1280 m
TEM: Amo, *Ashton* BRUN 2535; Amo, *Ashton* BRUN 2537; Amo, K. Temburong Machang, *Ashton* BRUN 2615; Amo, Kuala Belalong, *Ashton* S 5754; Amo, Kuala Sekurop, *Smythies* BRUN 784; Batu Apoi, Batu Apoi Sg. , *Ashton* BRUN 364. **TUT:** Rambai, Ulu Tutong, *Ashton* BRUN 896 • N Borneo

S. rugosa Heim — *Meranti* (*)
Canopy/emergent tree • HAB: gentle slope, raised beach • GEO: White sand, sandstone, clay; sandy clay soil, yellow sandy clay soil • ALT: 60–270 m
BEL: Labi, Bt. Puan, *Ashton* BRUN 3056; Labi, Bt. Teraja, *Ashton* BRUN 3036; Labi, Bt. Teraja, *Smythies* S 2129. **TEM:** Bangar, Bukit Biang, *Ashton* S 5792. **TUT:** Tanjong Maya, Bt. Kubub, *Ashton* BRUN 920 • Borneo

S. scaberrima Burck — *Engkabang Pinang* (*), *Meranti* (*)
Canopy/emergent tree, midstorey/subcanopy tree • HAB: gentle slope, steep slope, ridge; near running fresh water • GEO: shale, clay; yellow clay soil, yellow sandy clay soil, yellow sandy loam • ALT: 210 m
BEL: Andulau F.R., *Abang Suhaili* S 1931; Andulau F.R., *Ashton* BRUN 583; Andulau F.R., *Ashton* BRUN 2623; Andulau F.R., *Wyatt-Smith* KEP 80085; Melilas, Ulu Ingei, *Ashton* BRUN 5641; Sungai Liang, Sungai Liang Arboretum, *Smythies* S 2132. **BRM:** Sengkurong, Kpg. Jerudong, *Ashton* BRUN 5169. **TEM:** Amo, K. Belalong, *Asah* BRUN 3046; Amo, K. Belalong, *Asah* BRUN 3065; Amo, K. Belalong, *Ladi* BRUN 2001; Amo, Ulu Temburong, *Ashton* BRUN 769 • Borneo

S. scabrida Symington — *Meranti Lobang Idong* (Br., May.), *Meranti Lop* (Br.), *Meranti Telor* (Ked.), *Merawan Buaya* (Ib.)
Canopy/emergent tree • VEG: Kerangas, Secondary Forest • HAB: flat ground, valley bottom, gentle slope, ridge; impeded drainage, periodically flooded; near still fresh water • GEO: alluvial deposits; sandy loam, yellow sandy loam; peat • ALT: 300 m
BEL: Andulau F.R., *Ashton* BRUN 5433; Andulau F.R., *Ashton* BRUN 5542; Andulau Hills F.R., *Wyatt-Smith* KEP 80099; Labi, Jln. Labi, *Niga* 143; Sungai Liang, Andulau F.R., *Ashton* BRUN 3029. **TEM:** Sg. Temburong, *Smith* KEP 30513; Bangar, Bt. Biang, *Ashton* BRUN 3015. **TUT:** Telisai, *Ashton* BRUN 5008 • Sumatra, Borneo

S. scrobiculata Burck — *Selangan Batu* (*)
Canopy/emergent tree, midstorey/subcanopy tree • VEG: Alluvial Forest • HAB: flat ground, gentle slope, ridge; periodically flooded; in still fresh water • GEO: White sand, sandstone, Sand; alluvial deposits; yellow clay soil, yellow sandy clay soil, yellow sandy loam • ALT: sea level–

610 m
   BEL: Andulau F.R., *Ashton* BRUN 52; Andulau F.R., *Ashton* BRUN 623; Andulau F.R., *Ashton* BRUN 3271; Labi, Bt. Puan, *Ashton* BRUN 632; Sungai Liang, Andulau F.R., *Smythies* SAN 17530. **TEM:** *Rahman Abd.* S 1952; Amo, K. Sekurop, *Ashton* BRUN 740; Amo, K. Temburong Machang, *Ashton* BRUN 2606; Amo, Kuala Belalong, *Ashton* S 5723; Amo, Kuala Belalong, *Ashton* S 5760 • Malaya, Borneo

S. seminis (de Vriese) Slooten — *Kawang Tikus* (*)
Canopy/emergent tree, midstorey/subcanopy tree • VEG: Secondary Forest • HAB: seasonal watercourse, periodically flooded; near running fresh water • GEO: alluvial deposits; sandy soil • ALT: 30 m
   BEL: Melilas, R.Topi, *Ashton* BRUN 220; Sukang, Sg. Belait, *Forman* 1166. **TEM:** Labu, *Ashton* BRUN 3359. **TUT:** Sg. Tutong, *Abang Suhaili* KEP 37077; Lamunin, Kuala Abang Road, *Ashton* BRUN 92; Rambai, *Coode* 6446 • Borneo, Philippines

S. slootenii Ashton
Canopy/emergent tree • HAB: gentle slope; near running fresh water • GEO: yellow clay soil, yellow sandy loam, yellow loam • ALT: 40 m
   BEL: Andulau F.R., *Ashton* BRUN 3070; Andulau F.R., *Ashton* BRUN 3270; Andulau F.R., *Ashton* BRUN 5436. **TEM:** Bangar, Pekan Bangar, *Ashton* BRUN 3175 • Borneo: Sarawak, Sabah

S. smithiana Symington — *Engkabang* (*), *Meranti* (*), *Meranti Rambai* (Br.)
Canopy/emergent tree • HAB: gentle slope, ridge • GEO: yellow sandy loam • ALT: 40–150 m
   BEL: Labi, Bt. Teraja, *Smythies* S 2124. **BRM:** Sengkurong, Kpg. Jerudong, *Ashton* BRUN 5170. **TEM:** Batu Apoi, *S.F.O. Brunei* KEP 30538. **TUT:** Ukong, Bt. Besong, *Niga* 201 • Borneo

S. superba Symington
Canopy/emergent tree • HAB: ridge • GEO: clay soil • ALT: 180 m
   TEM: Amo, K. Belalong, *Ashton* BRUN 5660 • Borneo: Sarawak, Sabah

S. teijsmanniana Brandis
Canopy/emergent tree • HAB: impeded drainage • GEO: peat • ALT: 20 m
   BEL: Melilas, Ulu Belait, *Ashton* BRUN 243 • Malaya, Sumatra, Borneo

S. venulosa Meijer
Canopy/emergent tree • VEG: Kerangas • HAB: gentle slope, raised beach • GEO: White sand, sandstone • ALT: 600 m
   BEL: Melilas, R.Ingei, *Ashton* BRUN 148. **TEM:** Batu Apoi, Ulu Batu Apoi, *Ashton* BRUN 324 • Borneo: Sarawak, Sabah

S. virescens Parijs (*S. lamellata* Foxw.)
Canopy/emergent tree • HAB: gentle slope, ridge • GEO: sandstone; yellow sandy clay soil • ALT: 150–90 m
   TEM: Bangar, Bukit Biang, *Ashton* S 5793; Batu Apoi, Batu Apoi Sg., *Ashton* BRUN 323 • Borneo, Philippines

S. xanthophylla Symington — *Mera Bubok* (Ib.)
Canopy/emergent tree, midstorey/subcanopy tree • VEG: LMDF • HAB: ridge • GEO: clay soil, yellow clay soil, yellow sandy loam • ALT: 150–610 m
   TEM: Amo, K. Temburong Machang, *Asah* BRUN 3126; Amo, K. Temburong Machang, *Ashton* BRUN 2605. **TUT:** *Johns* 7474; Sukang, Bt. Ulu Tutong, *Ashton* BRUN 5634 • Borneo: Sarawak, Sabah

S. spp. indet.
   Locality not traced: *Ashton* BRUN 461. **BEL:** Labi, Bt. Teraja, *Coode* 6967; Labi, Bukit Teraja, *Ashton* S 7897; Melilas, Ingei Sg., *Ashton* BRUN 119; Melilas, Ingei Sg., *Ashton* BRUN 124. **TEM:** Bangar, Bangar, *Ashton* S 5796; Batu Apoi, Sg. Selapon, *Wong* 2086. **TUT:** Rambai, Tasek Merimbun, *Bernstein* 180.

UPUNA

U. borneensis Symington — *Upun* (Dus., Tut.), *Upun Batu* (*), *Upun Durian Resak* (*)
Canopy/emergent tree • HAB: gentle slope • ALT: 120 m
BEL: Andulau F.R., *Ashton* BRUN 3091; Bukit Sawat, Sg. Mau, *Flemmich* KEP 48158; Labi, Ulu Sg. Terawan, *Zainal Abidin* KEP 30369; Sungai Liang, *Flemmich* KEP 34552. **TUT:** *Gimbar Giom* S 1851; Ukong, Bt. Besong, *Niga* 221 • Borneo

VATICA

V. albiramis Slooten — *Resak* (Br., Mal.)
Canopy/emergent tree, midstorey/subcanopy tree • VEG: LMDF, Roadsides • HAB: gentle slope, steep slope, ridge • GEO: sandstone, Setap Shales; yellow sandy clay soil • ALT: 540 m
BEL: Labi, Labi F.R., *Ja'amat* KEP 39647. **TEM:** Amo, K. Belalong, Sg. Belalong, *Dransfield J.* 7060; Amo, K. Belalong, *Ashton* BRUN 791; Amo, K. Sekurop, *Asah* BRUN 3048; Amo, K. Sekurop, *Ashton* BRUN 747; Bangar, Bukit Biang, *Ashton* S 5772. **TUT:** Lamunin, Ladan Hills F.R., *Dransfield J.* 6883 • Borneo: Sarawak, Sabah

V. badiifolia Ashton — *Resak* (Br.)
Canopy/emergent tree • HAB: gentle slope, ridge • ALT: 150 m
BEL: Labi, Bt. Teraja, *Smythies* S 2120; Labi, Labi F.R., *Ja'amat* KEP 39650 • Borneo: Sarawak, Kalimantan

V. bantamensis (Hassk.) Miq.
Canopy/emergent tree • VEG: HDF • HAB: steep slope • GEO: Setap Shales • ALT: 740–870 m
TEM: Amo, Bt. Belalong, *Dransfield J.* 7144; Amo, Bt. Belalong, *Prance* 30565 • Java, Borneo: Sarawak

V. borneensis Burck
Without prov.: *Wong* s.n. 20.viii.91. Cited by Ashton (1964) • Borneo: Sarawak

V. brunigii Ashton — *Resak* (Br.)
Canopy/emergent tree • VEG: Kerangas • HAB: gentle slope • ALT: 90 m
BEL: Melilas, Ulu Ingei, *Brunig* S 12352 • Sumatra, Borneo: Sarawak, Kalimantan

V. coriacea Ashton
Midstorey/subcanopy tree • HAB: ridge; near running fresh water • GEO: sandstone; yellow sandy loam • ALT: sea level–270 m
BRM: Berakas, Berakas F.R., *Ashton* BRUN 5155. **TEM:** Labu, *Ashton* BRUN 5652 • Borneo: Sarawak

V. dulitensis Symington — *Resak Padi* (Ib.)
Canopy/emergent tree, midstorey/subcanopy tree, treelet • VEG: HDF • HAB: ridge; well-drained • GEO: sandstone; clay soil, yellow sandy clay soil, yellow sand, yellow sandy loam • ALT: 660 m
BEL: Labi, Labi F.R., *Symington* KEP 35684. **TEM:** Amo, Bt. Belalong, *Asah* BRUN 3042; Amo, Bt. Belalong, *Asah* BRUN 3156; Amo, K. Sekurop, *Ashton* BRUN 741; Amo, K. Sekurop, *Ashton* BRUN 743; Amo, Sg. Temburong, *Ashton* BRUN 415; Amo, Sg. Temburong, *Ashton* BRUN 415a; Amo, Sg. Temburong, *Ashton* BRUN 425; Amo, Sg. Temburong, *Ashton* BRUN 425a; Amo, Ulu Belalong, *Dransfield J.* 7366. **TUT:** Rambai, Bt. Bedawan, *Ashton* BRUN 877 • Borneo: Sarawak, Sabah

Vatica glabrata Ashton
Cited by Ashton (pers. comm.) as occurring in Brunei • Borneo: Sarawak

V. granulata Slooten subsp. **sabaensis** Ashton
Midstorey/subcanopy tree • VEG: Lower Montane Forest • HAB: steep slope, ridge • ALT: 540–850 m
TEM: Amo, Bt. Belalong, *Prance* 30578; Amo, K. Belalong, *Ashton* BRUN 2641 • Borneo:

Sarawak, Sabah

V. havilandii Brandis — *Resak Degong* (Mal.)
Midstorey/subcanopy tree, sapling • HAB: gentle slope, ridge • GEO: sandstone, clay; yellow sandy clay soil, yellow sand • ALT: 390 m • USES: Wood used in house building
BEL: Labi, Bukit Teraja, *Ashton* BRUN 676; Melilas, R.Belait, *Ashton* BRUN 194. **TEM:** Bangar, Kpg. Biang, *Smith* KEP 30517 • Malaya, Borneo

V. mangachapoi Blanco
Canopy/emergent tree, midstorey/subcanopy tree • VEG: Peatswamp Forest with Shorea albida, Kerangas • GEO: Kerangas soil • ALT: sea level–270 m
BEL: Seria, Seria, *Smythies* S 5867. **TEM:** Labu, *Smythies* S 5813.

V. mangachapoi Blanco subsp. **mangachapoi**
Midstorey/subcanopy tree, treelet • VEG: Peatswamp Forest, Kerangas • ALT: 20 m
BEL: Bukit Sawat, Jln. Labi, *Wong* 975. **TUT:** Rambai, Sg. Medit, *Simpson* 2558 • Thailand, Malaya, Borneo, Philippines

V. maritima Slooten — *Resak* (Br.)
Midstorey/subcanopy tree
TUT: Pekan Tutong, *Ashton* KEP 37066 • Borneo: Sabah, Kalimantan; Philippines

V. micrantha Slooten — *Resak* (Br.), *Resak Air* (Br., Dus.), *Resak Kerangas* (Ib.), *Resak Padi* (Ib.), *Resak Padi Paya* (Ib.)
Canopy/emergent tree, midstorey/subcanopy tree, treelet • VEG: Degraded Alluvial Forest, Degraded LMDF • HAB: flat ground, gentle slope, ridge; impeded drainage, periodically flooded; near running fresh water, near still fresh water • GEO: Belait formation, sandstone, clay; alluvial deposits; sandy clay soil, yellow clay soil, yellow sandy clay soil, sandy loam, • ALT: 300 m
BEL: Andulau F.R., *Abang Suhaili* S 1936; Andulau F.R., *Ashton* BRUN 613; Andulau F.R., *Ashton* BRUN 3031; Andulau F.R., *Ashton* BRUN 3085; Andulau F.R., *Ashton* BRUN 3266; Bukit Sawat, Jln. Labi, *Niga* 289; Bukit Sawat, Jln. Labi–Merangking, *Kirkup* 370; Bukit Sawat, Sg. Mau, *Coode* 7710; Bukit Sawat, Sg. Mau, *Coode* 7717; Labi, *Flemmich* KEP 34441; Labi, *Flemmich* KEP 34450; Labi, Bt. Puan, *Ashton* BRUN 655; Labi, Bt. Teraja, *Ashton* BRUN 672; Labi, Bt. Teraja, *Smythies* S 2128; Sungai Liang, Andulau F.R., *Smythies* BRUN 825; Sungai Liang, Andulau F.R., *Ashton* BRUN 2621. **TEM:** Bangar, Bukit Biang, *Ashton* S 5771; Bangar, Pekan Bangar, *Ashton* BRUN 3173; Bangar, Sg. Biang, *Symington* KEP 35492; Labu, *Ashton* BRUN 3316. **TUT:** Lamunin, Jln. Abang, *Salleh Daud* BRUN 3040; Lamunin, Ladan Hills F.R., *Dransfield J.* 6897; Ukong, Kpg. P.Ran, *Symington* KEP 35526; Ukong, Kpg. Pengkalan Ran, *Symington* KEP 35530. **Without prov.:** KEP 30570 • Borneo

V. cf. micrantha Slooten — *Resak Aing* (Mal.)
Midstorey/subcanopy tree • HAB: near running fresh water • GEO: Setap Shales • ALT: 10–20 m
TEM: Batu Apoi, Kpg. Selapon, *Dransfield J.* 6923.

V. nitens King — *Resak* (Mur.), *Resak Daun Panjang* (Br.)
Canopy/emergent tree, midstorey/subcanopy tree • HAB: gentle slope, ridge; periodically flooded; near running fresh water • GEO: White sand, sandstone; alluvial deposits; yellow clay soil, yellow sandy clay soil • ALT: 60 m
BEL: Andulau F.R., *Ashton* BRUN 3276; Andulau F.R., *Mohsin* S 1918; Andulau F.R., *Smythies* S 1647; Labi, *Flemmich* KEP 32587; Labi, Bt. Puan, *Smythies* S 2108; Sg. Liang, Andulau F.R., *Ashton* BRUN 556. **TEM:** Batu Apoi, Sg. Batu Apoi, *Smith* KEP 30528. **TUT:** Lamunin, Jln. Abang, *Salleh Daud* BRUN 3041; Ukong, Bt. Besong, *Niga* 236 • Malaya, Borneo

V. aff. nitens King
Midstorey/subcanopy tree • HAB: ridge
TEM: Amo, K. Belalong, *Wong* 1312.

V. oblongifolia Hook.f. subsp. **crassilobata** Ashton
Canopy/emergent tree, midstorey/subcanopy tree • HAB: gentle slope; near running fresh water • GEO: clay; yellow sandy loam • ALT: 10–40 m
BEL: Andulau F.R., *Ashton* BRUN 614; Andulau F.R., *Ashton* BRUN 615. **BRM:** Berakas, Berakas F.R., *Ashton* BRUN 5157 • Borneo: Sarawak

V. oblongifolia Hook.f. subsp. **elliptifolia** Ashton
Cited by Ashton (pers. comm.) as occurring in Brunei • Borneo: Sarawak

V. oblongifolia Hook.f. subsp. **multinervosa** Ashton
Cited by Ashton (pers. comm.) as occurring in Brunei • Borneo: Sarawak, Sabah

V. oblongifolia Hook.f. subsp. **oblongifolia** — *Resak* (Br.)
Canopy/emergent tree, Midstorey/subcanopy tree • VEG: Kerangas, LMDF • HAB: gentle slope • GEO: clay soil, sandstone; yellow sandy clay soil, yellow sandy loam • ALT: 60–240 m
BEL: Andulau F.R., *Ashton* BRUN 2625; Sungai Liang, Andulau F.R., *Wong* 84. **TEM:** Amo, K. Belalong, *Ashton* BRUN 5683; Bangar, Bukit Biang, *Ashton* S 5786 • Borneo

V. odorata (Griff.) Symington subsp. **mindanensis** (Foxw.) Ashton
Midstorey/subcanopy tree, treelet • VEG: HDF • HAB: ridge • GEO: clay soil; Mor • ALT: 540–1280 m
TEM: Amo, *Ashton* BRUN 2316; Amo, *Ashton* BRUN 2346; Amo, *Ashton* BRUN 2540; Amo, *Ashton* BRUN 5237; Amo, K. Belalong, *Asah* BRUN 3125; Amo, K. Belalong, *Ashton* BRUN 2642; Amo, K. Temburong Machang, *Asah* BRUN 3131 • Borneo: Sarawak, Sabah; Philippines

V. parvifolia Ashton — *Resak* (Br.)
Midstorey/subcanopy tree • HAB: gentle slope
BEL: Seria, Kpg. Badas, *Flemmich* KEP 34475 • Borneo: Sarawak

V. rynchocarpa Ashton
Canopy/emergent tree • HAB: periodically flooded; near running fresh water • GEO: alluvial deposits
TEM: Labu, *Ashton* BRUN 3354 • Borneo

V. sarawakensis Heim — *Resak* (Br.)
Canopy/emergent tree, midstorey/subcanopy tree • VEG: LMDF, Degraded Secondary Forest • HAB: gentle slope, steep slope; near running fresh water • GEO: sandstone, Setap Shales • ALT: 40 m
TEM: Batu Apoi, *Kirkup* 338; Batu Apoi, Kpg. Batu Apoi, *Zainal Abidin* KEP 30382; Batu Apoi, Selapon, *Dransfield J.* 7491. **TUT:** Rambai, Bt. Bahak, *Coode* 7001 • Borneo

V. umbonata (Hook.f.) Burck subsp. **umbonata** — *Resak* (Br., Dus., Ib.), *Resak Air* (Ib.), *Resak Bunga* (Dus.)
Canopy/emergent tree, midstorey/subcanopy tree, treelet • VEG: Degraded Alluvial Forest, Degraded Empran, Peatswamp Forest with Shorea albida, Degraded Peatswamp Forest, LMDF, HDF, Secondary Forest, Cultivated Areas • HAB: flat ground, gentle slope, terrace, sharp ridge; impeded drainage, seasonal watercourse, periodically flooded; near running • GEO: Belait formation, sandstone, Setap Shales; alluvial deposits; yellow sandy clay soil, grey clay soil, sandy soil; peat • ALT: 250 m
BEL: Bukit Sawat, Sg. Mau, *Coode* 7706; Bukit Sawat, Sg. Mau, *Simpson* 2010; Kuala Balai, *Kirkup* 202; Labi, Bt. Teraja, *Ashton* BRUN 3; Melilas, Sg. Belait, *Forman* 1134; Seria, Badas, *Ashton* BRUN 690; Seria, Seria, *Smythies* S 5883; Sukang, Kampong Sukang, *Kirkup* 735; Sukang, Sungai Paleh Bangawong, *Kirkup* 651; Sukang, Sungai Paleh Bangawong, *Kirkup* 664. **TEM:** Amo, Apoi Forest Reserve, *Sands* 5830. **TUT:** Rambai, Tasik Merimbun, *Wong* 330; Rambai, Ulu Supon, *Ashton* BRUN 860; Tanjong Maya, *Ashton* BRUN 933; Ukong, Sg. Damit, *Ashton* BRUN 993; Ukong, Sg. Damit, *Corner* BRUN 5381. **Without prov.:** *Flemmich* KEP 34423; *van Niel* 4074 • Malaya, Borneo, Philippines

V. venulosa Blume — *Resak Letop* (*)
Tree, treelet • VEG: Peatswamp Forest • HAB: flat ground; impeded drainage; near running fresh water, near still fresh water
BEL: Sungai Melayan, *Awong* 13; Kuala Balai, Lubok Tapang, *Symington* KEP 35704.

V. vinosa Ashton
Canopy/emergent tree, midstorey/subcanopy tree • HAB: flat ground, gentle slope, ridge; periodically flooded • GEO: sandstone; alluvial deposits; yellow clay soil, yellow sandy clay soil • ALT: 120–300 m
TEM: Amo, K. Belalong, *Ashton* BRUN 3383; Amo, K. Belalong, *Smythies* S 5753; Amo, Sg. Temburong, *Ashton* BRUN 764; Batu Apoi/Bukok, *Ashton* BRUN 357 • Borneo

V. spp. indet.
BEL: Kuala Balai, Kuala Balai, BRUN 15644. **TEM:** Amo, Kuala Belalong, *Ashton* S 5730; Amo, Kuala Temburong Machang, *Ashton* BRUN 777; Amo, Ulu Belalong, *Coode* 7847; Batu Apoi, Selapon–Sg. Sebatu watershed, *Ashton* BRUN 337. **TUT:** Kiudang, Bt. Beruang, *Ochiai* s.n. 20.viii.91.

DROSERACEAE
M.R. CHEEK
van Steenis in Fl. Males. 4: 377–381 (1953)

DROSERA

D. burmanii Vahl
Acaulescent, herb • VEG: Peatswamp Forest, Kerangas, Secondary Forest • HAB: impeded drainage • GEO: White sand; sandy soil • ALT: sea level–150 m
BEL: Bt. Sawat, UBD plot, *Thomas* 239; Bukit Sawat, Jln. Labi, *Wong* 936; Seria, Badas F.R., *Wong* 206. **TUT:** Telisai, *Sands* 5419 • Tropical & E Asia, Australia

D. sp. indet.
TUT: Telisai, Pasir Putih, *Sands* 5773.

EBENACEAE
P.C. BYGRAVE
Bakhuizen van den Brink in Bull. Jard. Bot. Buitenzorg ser.3, 15: 1–515, tt 1–92 (1936–55)

DIOSPYROS

D. bantamensis Bakh. — *Kayu Malam* (Mal.), *Tegaram* (Ib.)
Canopy/emergent tree, midstorey/subcanopy tree • HAB: gentle slope, ridge • GEO: clay • ALT: 40–60 m
BEL: Andulau F.R., *Ashton* BRUN 267; Andulau F.R., *Ashton* BRUN 550; Andulau F.R., *Ashton* BRUN 603; Sungai Liang, Andulau F.R., *Smythies* BRUN 835 • Sumatra, Java, Borneo

D. beccarii Hiern
Name in Hassan & Ashton

D. borneensis Hiern — *Kayu Balih* (Ib.), *Kayu Malam* (Br., Mal.)
Midstorey/subcanopy tree, treelet • VEG: Degraded Alluvial Forest, LMDF, Degraded LMDF, HDF, Secondary Forest • HAB: gentle slope, ridge; periodically flooded; near running fresh water • GEO: Belait formation, Setap Shales; alluvial deposits • ALT: 10–510 m
BEL: Bukit Sawat, Sg. Mau, *Coode* 7725; Labi, *Johns* 7451. **TEM:** Amo, Bt. Belalong, *Prance* 30706; Amo, K. Belalong, *Jacobs* 5572. **TUT:** Lamunin, *Dransfield J.* 6812; Lamunin, Ladan Hills F.R., *Dransfield J.* 6900; Lamunin, Ladan Hills F.R., *Niga* 210; Rambai, Ulu Supon, *Ashton* BRUN 871 • Malaya, Sumatra, Borneo

D. cf. borneensis Hiern — *Kayu Balih* (Ib.)
Midstorey/subcanopy tree • VEG: Secondary Forest • GEO: sandy clay soil
BEL: Bukit Sawat, Kpg. Kagu Baru, *Wong* 366.

D. buxifolia (Blume) Hiern
Seasonal watercourse • VEG: Empran • HAB: seasonal watercourse; near running fresh water • GEO: alluvial deposits • ALT: 40 m
TEM: Batu Apoi, *Ashton* BRUN 299 • SE Asia, Malesia

D. cf. buxifolia (Blume) Hiern
Midstorey/subcanopy tree • ALT: 50–60 m
BEL: Bukit Sawat, Andulau F.R., *Coode* 6753.

D. confertiflora (Hiern) Bakh.
Without prov.: *van Niel* 4270; *van Niel* 4285.

D. consanguinea Merr. — *Kayu Balih* (Ib.), *Kayu Malam* (Mal.)
Canopy/emergent tree, midstorey/subcanopy tree • VEG: LMDF, HDF • HAB: gentle slope, ridge • GEO: sandstone; Leaf litter • ALT: 300–560 m
TEM: Amo, *Wong* 264; Amo, Ulu Belalong, *Dransfield J.* 7412. **TUT:** Rambai, Bt. Bahak, *Coode* 7050 • Sumatra, Borneo

D. dictyoneura Hiern — *Parong* (Dus.)
Canopy/emergent tree, midstorey/subcanopy tree • HAB: gentle slope • GEO: yellow sand • ALT: 30–60 m
BEL: Labi, Bt. Puan, *Ashton* S 7868; Sungai Liang, Andulau F.R., *Smythies* SAN 17466. **TUT:** Rambai, Tasek Merimbun, *Bernstein* 179 • Thailand, Sumatra, Malaya, Borneo

D. elliptifolia Merr. — *Kayu Malam* (Mal.)
Midstorey/subcanopy tree, treelet • VEG: LMDF, Secondary Forest • HAB: steep slope, terrace; near running fresh water • GEO: Belait formation; alluvial deposits • ALT: 20–80 m
BEL: Labi, Bt. Teraja, *Dransfield J.* 6859; Labi, Bt. Teraja, *Dransfield J.* 7029; Labi, Bt. Teraja, *Simpson* 2146; Sukang, Kampong Sukang, *Sands* 5864 • Sumatra, Borneo, Philippines

D. cf. elliptifolia Merr.
Midstorey/subcanopy tree • VEG: Belukar • HAB: valley bottom • GEO: Sediments • ALT: 10–30 m
BEL: Melilas, Sg. Belait, *Forman* 1139. **BRM:** Kilanas, Kpg. Kilanas, *Dransfield J.* 7099.

D. euphlebia Merr.
Midstorey/subcanopy tree • VEG: Degraded LMDF • HAB: gentle slope; periodically flooded • GEO: sandstone; alluvial deposits • ALT: 20–30 m
TUT: Lamunin, Ladan Hills F.R., *Dransfield J.* 6874 • Borneo: Sarawak, Sabah

D. evena Bakh.
Midstorey/subcanopy tree • VEG: Peatswamp Forest with Shorea albida, Peatswamp Forest • GEO: sandy soil • ALT: sea level
BEL: Labi, Labi F.R., *Sinclair* 10498; Seria, Seria, *Smythies* S 5855 • Sumatra, Borneo

D. ferox Bakh.
Shrub • VEG: Roadsides • GEO: sandy soil
BEL: Labi, Bt. Puan–Labi Road, *Sinclair* 10509 • Borneo: Sarawak

D. cf. ferox Bakh.
Without prov.: *Tan* 511.

D. ferruginescens Bakh.
Canopy/emergent tree, midstorey/subcanopy tree • VEG: Degraded LMDF, Secondary Forest • HAB: gentle slope, ridge • GEO: sandstone, clay; yellow sandy clay soil • ALT: 30–80 m
BEL: Andulau F.R., *Ashton* BRUN 592; Labi, Jln. Melayan, *Dransfield J.* 7267. **BRM:** Sengkurong, Kpg. Jerudong, *Wong* 1637. **TEM:** Amo, K. Temburong Machang, *Ashton* BRUN 775; Labu, *Wong* 1147 • Borneo

D. frutescens Blume
   Name in Hassan & Ashton • Thailand, W & C Malesia

D. hermaphroditica (Zoll.) Bakh.
   Name in Hassan & Ashton

D. korthalsiana Hiern var. **macrocarpa** (Korth.) Bakh.
   Midstorey/subcanopy tree • GEO: Setap Shales • ALT: 80 m
   TEM: Amo, Apoi Forest Reserve, *Atkins* 507 • Borneo

D. maingayi (Hiern) Bakh. — *Kayu Arang* (*), *Kayu Malam* (*)
   Canopy/emergent tree • VEG: Peatswamp Forest
   BEL: Labi, Bt. Labi F.R., *Sinclair* 10505 • Sumatra, Malaya, Borneo

D. mindanaensis Merr.
   Treelet • VEG: Degraded LMDF • HAB: gentle slope • ALT: 70 m
   BEL: Labi, Jln. Melayan, *Dransfield J.* 7277 • Borneo, Philippines

D. aff. mindanaensis Merr.
   Midstorey/subcanopy tree • VEG: HDF • HAB: near running fresh water • ALT: 350 m
   TEM: Batu Apoi, Bt. Gelagas (Bt. Suang), *Simpson* 2454.

D. mindanaensis Merr. *vel aff.*
   Midstorey/subcanopy tree • VEG: LMDF • ALT: 200 m
   BEL: Labi, Bt. Teraja, *Simpson* 2161.

D. pendula Hassk.
   Canopy/emergent tree • HAB: gentle slope; periodically flooded; near running fresh water • GEO: alluvial deposits • ALT: 30 m
   BEL: Melilas, K. Ingei, *Ashton* BRUN 154. **TEM:** Labu, *Smythies* SAN 17405 • Burma, Malaya, Java, Borneo

D. cf. pendula Hassk.
   Midstorey/subcanopy tree • VEG: Peatswamp Forest with Shorea albida • ALT: sea level
   BEL: Labi, Bt. Puan, *Ashton* S 7863.

D. pilosanthera Blanco — *Kayu Malam* (Mal.)
   Canopy/emergent tree • VEG: LMDF • HAB: steep slope • GEO: Belait formation • ALT: 150 m
   BEL: Labi, Bt. Teraja, *Dransfield J.* 7025 • Indochina, W & C Malesia

D. pseudomalabarica Bakh.
   Midstorey/subcanopy tree • VEG: LMDF • HAB: gentle slope • ALT: 310 m
   BEL: Labi, Bt. Teraja, *Coode* 6944 • Malaya, Borneo

D. puncticulosa Bakh.
   Without prov.: *Ashton* J 4567 • Borneo

D. rigida Hiern
   Tree, midstorey/subcanopy tree • HAB: flat ground; impeded drainage; near still fresh water • ALT: 50–60 m
   BEL: Labi, Labi road, *Wong* 1291; Sungai Liang, Andulau F.R., *Coode* 6785 • Sumatra, Malaya, Borneo

D. sarawakana Bakh. — *Kayu Malam* (Br.)
   Midstorey/subcanopy tree, treelet • VEG: Secondary Forest • HAB: terrace, ridge • GEO: Podsol; Mor • ALT: 280 m
   BEL: Sungai Liang, Sungai Liang Arboretum, *Niga* 88. **BRM:** Berakas, Berakas F.R., *Ashton* BRUN 5042. **TEM:** Labu, *Smythies* SAN 17137. **Without prov.:** *Ashton* BRUN 3314 • Borneo: Sarawak, Sabah

D. sumatrana Miq. *sens. lat.* — *Kayu Balih* (Ib.)
Midstorey/subcanopy tree, treelet, shrub • VEG: LMDF, Lower Montane Forest • HAB: steep slope, ridge; periodically flooded; near running fresh water • GEO: Meligan formation; alluvial deposits • ALT: sea level–90 m
TEM: *Johns* 7381; Amo, Bt. Retak, *Sands* 5338; Amo, K. Belalong, *Wong* 1232. **TUT:** Lamunin, Ladan Hills, *Coode* 7335; Rambai, K. Supon, *Ashton* BRUN 909 • Thailand, Sumatra, Malaya, Borneo

D. swingleri Kosterm.
Canopy/emergent tree, midstorey/subcanopy tree • HAB: gentle slope, ridge • GEO: sandstone, clay; yellow sandy clay soil • ALT: 40 m
BEL: Andulau F.R., *Ashton* BRUN 266; Labi, Bt. Telingan, *Ashton* BRUN 24 • Borneo: Sarawak

D. toposioides King & Gamble — *Kayu Malam* (Mal.)
Midstorey/subcanopy tree, treelet • VEG: LMDF, HDF • HAB: steep slope, ridge • GEO: Setap Shales • ALT: 20–90 m
TEM: Amo, Apoi Forest Reserve, *Atkins* 509; Amo, K. Belalong, *Dransfield J.* 6681; Amo, K. Belalong, *Wong* 1254; Amo, K. Belalong Fld. Studies Centre, *Schatz* 3255; Batu Apoi, Bt. Gelagas (Bt. Suang), *Simpson* 2239 • Malaya, Borneo

D. venosa A.DC.
Without prov.: *Ashton* J 3957 • Indochina, W & C Malesia

D. wallichii King — *Kayu Balih* (Ib.), *Seringot* (Dus.)
Canopy/emergent tree, midstorey/subcanopy tree • HAB: gentle slope; near running fresh water • GEO: yellow sandy clay soil • ALT: sea level–60 m
TEM: Amo, K. Belalong, *Smythies* SAN 17399; Amo, Sg. Belalong, *Ashton* BRUN 448; Amo, Sg. Temburong, *Wong* 228; Labu, *Smythies* SAN 17407 • Burma, Thailand, Sumatra, Malaya, Borneo

D. sp. 2
Midstorey/subcanopy tree • VEG: Peatswamp Forest
BEL: Seria, Badas F.R., *Wong* 211.

D. spp. indet.
BEL: Labi, Bukit Teraja, *Kirkup* 413; Labi, Bukit Teraja, *Kirkup* 431; Labi, Sungai Rampayoh, *Coode* 7826; Labi, Sungai Rampayoh, *Kirkup* 830; Melilas, Kuala Ingei, *Kirkup* 778; Melilas, Ulu Ingei, *Cowley* 137. **BRM:** Berakas, Berakas Forest Reserve, *Ariffin Kalat* BRUN 15030. **TEM:** Amo, Bt. Belalong, *Ashton* BRUN 419; Amo, National Park, BRUN 15044; Amo, Ulu Belalong, *Coode* 7905; Amo, Ulu Belalong, *Dransfield J.* 7381; Batu Apoi, Bt. Gelagas (Bt. Suang), *Simpson* 2504; Batu Apoi, Selapon, *Coode* 7922. **TUT:** Lamunin, Ladan Hills F.R., *Dransfield J.* 6895; Rambai, Tasek Merimbun, *Bernstein* 275. **Without prov.:** *Davies* 325.

ELAEOCARPACEAE
M.J.E. COODE

ELAEOCARPUS

E. acmocarpus Weibel — *Tampoi Burung* (*)
Canopy/emergent tree, midstorey/subcanopy tree, treelet, scrambling shrub • VEG: Peatswamp Forest with Shorea albida, Peatswamp Forest, Kerangas Forest with Agathis, Secondary Forest • GEO: sandy soil • ALT: 10 m
BEL: Seria, Badas, *Coode* 7354; Seria, Badas, *Sinclair* 10459; Seria, Badas F.R., *Coode* 7650; Seria, Badas Stateland Forest, *Mat Salleh* 2435b; Sungai Liang, Badas, *Coode* 6464 • Borneo: Sarawak, Kalimantan

E. acrantherus Merr.
Canopy/emergent tree, midstorey/subcanopy tree, treelet • VEG: HDF • HAB: gentle slope, steep slope, ridge • GEO: sandstone; clay soil, Brown clay-loam; Leaf litter • ALT: 480–540 m
TEM: Amo, *Wong* 1873; Amo, Ulu Belalong, *Coode* 7858; Amo, Ulu Belalong, *Coode* 7863 • Borneo: Sarawak, Sabah

E. cf. angustipes R.Knuth
Sapling • VEG: Upper Montane Shrubbery • HAB: ridge • ALT: 1500 m
TEM: Amo, G. Pagon, *Coode* 7492.

E. baramii Weibel — *Pensi* (Ib.)
Midstorey/subcanopy tree • VEG: Lower Montane Forest • HAB: ridge
TEM: Amo, Bt. Pagon, *Wong* 1766 • Borneo: Sarawak

E. barbulatus R.Knuth
Midstorey/subcanopy tree, treelet • VEG: Degraded Lower Montane Forest • HAB: steep slope, ridge • ALT: 910–1480 m
TEM: Amo, Bt. Belalong, *Wong* 1435; Amo, G. Pagon, *Coode* 7603 • Borneo: Sarawak, Kalimantan

E. chrysophyllus Merr. — *Perawa* (Br., Dus.), *Surigam Pasing* (Br.)
Canopy/emergent tree • ALT: 10 m
BEL: Melilas, Batu Patam, *Wong* 1035. **BRM:** Berakas, Berakas F.R., *Anderson* S 2155 • Borneo: Sarawak, Kalimantan

E. clementis Merr. var. clemensiae (R. Knuth) Coode — *Emperdu* (Ib.), *Pensi* (Ib.), *Pensi Hantu* (Ib.), *Singkurad* (Dus.)
Midstorey/subcanopy tree, treelet • VEG: Peatswamp Forest, Kerangas, LMDF, Degraded Secondary Forest • HAB: valley bottom, gentle slope, terrace, ridge; periodically flooded; near running fresh water • GEO: Belait formation, shale; alluvial deposits; clay soil, sandy clay soil, sandy soil • ALT: 50–350 m • USES: Edible fruit
BEL: Bukit Sawat, Merangking, *Coode* 7704; Labi, Bt. Teraja, *Coode* 6883; Labi, Bt. Teraja, *Coode* 6906; Labi, Bt. Teraja, *Coode* 6918; Labi, Bt. Teraja, *Coode* 6927; Labi, Bt. Teraja, *Dransfield J.* 6868; Labi, Sungai Rampayoh, *Coode* 7777; Labi, Sungai Rampayoh, *Coode* 7790; Sungai Liang, Andulau F.R., *Coode* 6790; Sungai Liang, Sg. Lumut, *Coode* 7123; Sungai Liang, Sungai Liang Arboretum, *Wong* 2005. **TEM:** Amo, *Wong* 457; Amo, K. Belalong, *Wong* 298; Amo, Sg. Temburong, *Coode* 6576; Batu Apoi, Selapon, *Coode* 7911. **TUT:** Rambai, Tasek Merimbun, *Bernstein* 306 • Borneo: Sarawak

E. cupreus Merr. — *Perdoh* (Ib.)
Midstorey/subcanopy tree, treelet • HAB: gentle slope, ridge • GEO: sandstone, clay; yellow sandy clay soil • ALT: 40 m
BEL: Andulau F.R., *Ashton* BRUN 553; Labi, Bt. Teraja, *Ashton* BRUN 674 • Borneo: Sarawak, Kalimantan

E. cf. cupreus Merr.
Midstorey/subcanopy tree • GEO: shale • ALT: 120–550 m
TEM: Amo, Sg. Temburong, *Coode* 6725.

E. euneurus Ridl. — *Memperdoh* (Ib.)
Treelet • VEG: Kerangas Forest with Agathis • GEO: sandy soil • ALT: 10 m
BEL: Seria, Badas F.R., *Coode* 7642; Sungai Liang, *Niga* 167 • Borneo, perhaps Malaya

E. cf. euneurus Ridl.
Treelet • VEG: Peatswamp Forest • ALT: sea level–10 m
BEL: Sungai Liang, Badas, *Coode* 6849.

E. ferrugineus (Jack) Steud. subsp. elliptifolius (Merr.) Coode
Midstorey/subcanopy tree, treelet • VEG: Degraded Lower Montane Forest, Upper Montane Shrubbery • HAB: steep slope, ridge • ALT: 1500 m
TEM: Amo, G. Pagon, *Coode* 7420; Amo, G. Pagon, *Coode* 7497; Amo, G. Pagon, *Coode* 7582 • Borneo

E. ferrugineus (Jack) Steud. subsp. **ferrugineus**
Sapling • VEG: LMDF • HAB: gentle slope • ALT: 300 m
BEL: Labi, Bt. Teraja, *Coode* 6957 • Malaya, Borneo

E. floribundus Blume
Canopy/emergent tree • VEG: LMDF • HAB: gentle slope, ridge • GEO: Belait formation • ALT: 60 m
BEL: Labi, Bt. Teraja, *Coode* 6919; Sungai Liang, Andulau F.R., *Smythies* SAN 17465.
TEM: Bangar, Bt. Biang, *Smythies* SAN 17120 • Assam to Yunnan, Indochina, Malaya, Sumatra, Java, Borneo, Lesser Sunda, Palawan

E. glaberrimus R.Knuth
Treelet • VEG: Upper Montane Shrubbery • HAB: ridge • ALT: 1500 m
TEM: Amo, G. Pagon, *Coode* 7460 • Borneo: Sarawak, Sabah

E. griffithii (Wight) A.Gray — *Emperdu* (Ib.), *Perawa* (Br., Dus.), *Perdoh Temuda* (Ib.), *Perius- Perius* (Br.), *Surigam Tikus* (Br.)
Canopy/emergent tree, midstorey/subcanopy tree, treelet • VEG: Peatswamp Forest, LMDF, Secondary Forest • HAB: flat ground, valley bottom; impeded drainage, seasonal watercourse; near running fresh water, in running fresh water, near • GEO: sandy soil; peat • ALT: 50 m • USES: Edible fruit
BEL: Bukit Sawat, Jln. Labi, *Wong* 89; Kuala Belait, K. Belait, *Ashton* S 7855; Labi, Kpg. Tenajor, *Haslani - Mohd. A.* 38; Labi, Sungai Patai, *Coode* 7961; Melilas, Sg. Belait, *Forman* 1195; Seria, Kpg. Badas, *Ashton* BRUN 973; Sungai Liang, *Niga* 128. **BRM:** Berakas, Berakas F.R., *Hassan Pukol* BRUN 5409. **TUT:** Rambai, Benutan Dam, *Turner* 49. **Without prov.:** *van Niel* 4310 • Thailand, Malaya, Sumatra, Borneo

E. gustaviifolius R.Knuth
Midstorey/subcanopy tree, sapling • VEG: Upper Montane Shrubbery • HAB: ridge • ALT: 1500 m
TEM: Amo, G. Pagon, *Coode* 7515; Amo, G. Pagon, *Coode* 7516; Amo, G. Pagon, *Coode* 7522 • Borneo: Sabah, perhaps Sarawak

E. hochreutineri Weibel — *Belinsih* (Ib.)
Canopy/emergent tree, midstorey/subcanopy tree, treelet • VEG: LMDF, Upper Montane Shrubbery • HAB: gentle slope, ridge • ALT: 90–1500 m
BEL: Labi, Bt. Teraja, *Ashton* BRUN 987; Labi, Bt. Teraja, *Coode* 6968. **TEM:** Amo, *Wong* 1865; Amo, G. Pagon, *Coode* 7423 • Borneo: Northern region

E. knuthii Merr. subsp. **knuthii**
Canopy/emergent tree, treelet • VEG: Upper Montane Shrubbery • HAB: ridge • ALT: 1500 m
TEM: Amo, G. Pagon, *Coode* 7427; Amo, G. Pagon, *Coode* 7545 • Borneo: Sabah

E. macrocerus (Turcz.) Merr. subsp. **macrocerus** — *Mengkulat* (Dus.)
Canopy/emergent tree, midstorey/subcanopy tree • VEG: Peatswamp Forest, Secondary Forest • HAB: periodically flooded; near running fresh water • GEO: alluvial deposits • ALT: sea level
TUT: *Wong* 2008; Tanjong Maya, *Ashton* BRUN 934 • Thailand, Indochina, Malaya, Sumatra, Java, Borneo, Palawan

E. marginatus Weibel — *Perawa* (Dus.), *Perdu* (Ib.), *Perius-Perius* (*)
Tree, midstorey/subcanopy tree, treelet • VEG: Peatswamp Forest, Padang • HAB: raised beach • GEO: Sand; Podsol • ALT: 10 m • USES: Edible fruit
BEL: Bukit Sawat, Jln. Labi, *Wong* 969; Seria, Anduki F.R., *Salleh Daud* S 2143; Seria, Badas F.R., *Brunig* S 1073; Sungai Liang, *Niga* 127; Sungai Liang, Badas, *Coode* 6461; Sungai Liang, Badas, *Coode* 6463; Sungai Liang, Badas, *Coode* 6468. **TUT:** *Brunig* S 1163. **Without prov.:** *van Niel* 3619 • Borneo

E. mastersii King — *Pensi* (Mal., Ib.), *Perawa* (Br., Dus., Tut., Ked.), *Perdu*

Temuda (Ib.)
Midstorey/subcanopy tree, treelet, sapling, shrub • VEG: Peatswamp Forest, Degraded Peatswamp Forest, Kerangas, Kerangas Forest with Agathis, Degraded HDF, Lower Montane Forest, Roadsides • HAB: gentle slope; near running fresh water • GEO: Meligan formation, sandstone; sandy soil, Brown clay-loam • ALT: 660 m • USES: Edible fruit
BEL: Labi, Kpg. Mendaram Besar, *Coode* 7729; Labi, Sungai Rampayoh, *Coode* 7808; Seria, Badas F.R., *Coode* 7340; Seria, Badas F.R., *Coode* 7643; Seria, Badas Stateland Forest, *Mat Salleh* 2434b; Sungai Liang, *Niga* 132. TEM: Amo, Bukit Tudal, *Davis* 472; Batu Apoi, Bt. Gelagas (Bt. Suang), *Simpson* 2277. TUT: Rambai, Sg. Tutong, *Simpson* 2616 • Malaya, Sumatra, Borneo

E. aff. mastersii King
Treelet • VEG: HDF • HAB: ridge • ALT: 500 m
TEM: Batu Apoi, Bt. Gelagas (Bt. Suang), *Simpson* 2247.

E. cf. mastersii King
Midstorey/subcanopy tree • ALT: 90 m
TEM: Batu Apoi, Jln. Bangar–Batu Apoi, *Smythies* SAN 17109.

E. miriensis Weibel — *Peragam* (Ib.)
Canopy/emergent tree • HAB: near running fresh water • GEO: sandstone • ALT: 210 m
TUT: Rambai, Bt. Bahak, *Coode* 7030 • Borneo: Sarawak

E. multinervosus R.Knuth — *Medang* (Br.)
Midstorey/subcanopy tree, treelet • VEG: Kerangas, Degraded Secondary Forest • HAB: gentle slope; near running fresh water • GEO: sandstone • ALT: 210–30 m
BEL: Bukit Sawat, Jln. Merangking – Buau, *Niga* 261. TEM: Batu Apoi, Selapon, *Coode* 7951. TUT: Rambai, Bt. Bahak, *Coode* 7013 • Borneo: Sarawak, Sabah

E. muluensis Weibel
Recorded on the Sarawak side of Gn Pagon • Borneo: Sarawak

E. murudensis Merr. — *Pensi* (Ib.)
Midstorey/subcanopy tree, treelet, shrub • VEG: Upper Montane Forest, Upper Montane Shrubbery • HAB: ridge • ALT: 1500 m
TEM: Amo, *Wong* 1819; Amo, *Wong* 1843; Amo, Bt. Pagon, *Ashton* BRUN 1054; Amo, G. Pagon, *Coode* 7433; Amo, G. Pagon, *Coode* 7456 • Borneo: Sarawak, Sabah

E. mutabilis Weibel — *Peragam* (Ib., Dus., Br.)
Canopy/emergent tree, midstorey/subcanopy tree • VEG: LMDF, HDF • HAB: gentle slope, ridge • GEO: Belait formation; yellow sandy loam • ALT: 90 m
BEL: Andulau F.R., *Ashton* BRUN 3257; Andulau F.R., *Ashton* BRUN 5506; Andulau F.R., *Ashton* BRUN 5519; Andulau hills, F.R., *Wyatt-Smith* KEP 80100; Labi, Bt. Teraja, *Coode* 6920; Labi, Bt. Teraja, *Simpson* 2114; Sungai Liang, Andulau F.R., *Coode* 6777. TUT: Tanjong Maya, *Coode* 6865 • Borneo: Sarawak

E. nitidus Jack — *Pabom* (Ib.), *Pensi* (Ib.), *Sungkurad* (Dus.)
Canopy/emergent tree, midstorey/subcanopy tree, treelet • VEG: Degraded Peatswamp Forest, Kerangas, Degraded Kerangas, HDF • HAB: ridge, sharp ridge • GEO: sandstone, Setap Shales • ALT: 900 m
BEL: Bukit Sawat, Jln. Merangking–Buau, *Niga* 252; Labi, Bt. Teraja, *Coode* 6886; Sungai Liang, Andulau F.R., *Coode* 6780. BRM: Berakas, Berakas F.R., *Ashton* BRUN 5405. TEM: Amo, Bt. Belalong, *Dransfield J.* 7108; Amo, Bt. Belalong, *Wong* 1450. TUT: Rambai, Bt. Bahak, *Coode* 7007 • Thailand, Malaya, Sumatra, Borneo, perhaps Palawan

E. cf. nitidus Jack
Sapling • GEO: shale • ALT: 200–300 m
TEM: Amo, Sg. Temburong, *Coode* 6603.

E. obtusus Blume subsp. **apiculatus** (Mast.) Coode
Canopy/emergent tree, midstorey/subcanopy tree • VEG: Degraded LMDF • HAB: gentle slope; periodically flooded; near running fresh water • GEO: alluvial deposits • ALT: 20–30 m
   TEM: Batu Apoi, Selapon, *Coode* 7924; Batu Apoi, Sg. Selapon, *Wong* 2028. **TUT:** Rambai, *Coode* 6433 • Malaya, Sumatra, Borneo, perhaps Palawan

E. pachyophrys Warb.
Canopy/emergent tree, midstorey/subcanopy tree, treelet • VEG: HDF, Upper Montane Shrubbery • HAB: gentle slope, ridge • GEO: sandstone; clay soil • ALT: 1500 m
   TEM: Amo, *Wong* 1871; Amo, G. Pagon, *Coode* 7437; Amo, Ulu Belalong, *Coode* 7850. **TUT:** Rambai, Bt. Bahak, *Coode* 7003 • Borneo: Sarawak, Sabah

E. cf. pachyophrys Warb. — *Emperdu* (Ib.), *Perawa* (Br., Dus.)
Canopy/emergent tree, midstorey/subcanopy tree • VEG: LMDF • HAB: gentle slope • GEO: Belait formation, shale • ALT: 120–320 m
   BEL: Labi, Bt. Teraja, *Coode* 6913. **TEM:** Amo, Sg. Temburong, *Coode* 6675.

E. pagonensis Coode
Treelet • VEG: Upper Montane Shrubbery • HAB: ridge • ALT: 1500 m
   TEM: Amo, G. Pagon, *Coode* 7443; Amo, G. Pagon, *Coode* 7466 • Borneo: Sarawak

E. cf. palembanicus (Miq.) Corner — *Pensi* (Ib.), *Perawa* (Dus.)
Midstorey/subcanopy tree, treelet • VEG: Peatswamp Forest, Degraded Kerangas • HAB: ridge; well-drained • GEO: White sand • ALT: sea level–20 m
   BEL: Sungai Liang, Badas, *Coode* 6833. **TEM:** Amo, Bt. Belalong, *Wong* 1532. **TUT:** Tanjong Maya, Jln. Tutong– Seria, *Simpson* 2174; Telisai, *Coode* 6875.

E. pedunculatus Mast. — *Kedok* (Ib.), *Perius-Perius* (Ked.)
Midstorey/subcanopy tree • VEG: Degraded Mangrove, Degraded Kerangas • HAB: raised beach • GEO: White sand; Podsol • ALT: sea level–30 m • USES: Edible fruit
   BEL: Seria, Anduki, *Coode* 6478; Seria, Anduki peatswamp, *Coode* 6473. **BRM:** Berakas, Berakas F.R., *Ashton* S 7810; Berakas, Berakas F.R., *Hassan Pukol* S 2213; Mentiri/Muara, Meragang, SW of Muara, *Coode* 7315. **Without prov.:** *van Niel* 4011 • Malaya, Sumatra, Borneo, Philippines

E. cf. petiolatus (Jack) Wall.
Midstorey/subcanopy tree
   TUT: Rambai, Tasik Merimbun, *Wong* 340.

E. pseudopaniculatus Corner — *Penci* (Ib.)
Midstorey/subcanopy tree, treelet • VEG: HDF • HAB: gentle slope, steep slope, ridge • GEO: Setap Shales • ALT: 120–850 m
   BEL: Labi, Wong Kadir, *Coode* 7572. **TEM:** Amo, Bt. Belalong, *Dransfield J.* 7151; Amo, Bt. Belalong, *Dransfield J.* 7167; Amo, Bt. Belalong, *Dransfield J.* 7175; Amo, Bt. Belalong, *Dransfield J.* 7193 • Malaya, Sumatra, Borneo

E. cf. pseudopaniculatus Corner — *Pensi* (Ib.)
Canopy/emergent tree • HAB: flat ground; impeded drainage; near still fresh water
   BEL: Melilas, *Wong* 688.

E. retakensis Coode
Treelet
   TEM: Amo, Bt. Retak, *Wong* 760 • Borneo: Sarawak

E. roslii Coode subsp. **bracteolatus** Coode — *Pensi* (Ib.), *Sengkurad* (Dus.)
Canopy/emergent tree, midstorey/subcanopy tree • VEG: Alluvial Forest, Peatswamp Forest, HDF • HAB: sharp ridge • GEO: Setap Shales; alluvial deposits; grey clay soil • ALT: 310 m
   BEL: Sungai Liang, Sg. Lumut, *Coode* 7124; Sungai Liang, Sg. Lumut, *Coode* 7125; Sungai Liang, Sg. Lumut, *Wong* 956. **TEM:** Amo, Apoi Forest Reserve, *Sands* 5839 • Endemic

E. roslii Coode subsp. terajanus Coode
Canopy/emergent tree, midstorey/subcanopy tree • VEG: LMDF, HDF • HAB: gentle slope, ridge • GEO: Belait formation, sandstone; clay soil • ALT: 310–540 m
BEL: Labi, Bt. Teraja, *Coode 6921*. TEM: Amo, Ulu Belalong, *Coode 7852* • Endemic

E. sphaeroblastus Ridl.
Midstorey/subcanopy tree • VEG: Degraded Secondary Forest • HAB: gentle slope; near running fresh water • GEO: sandstone • ALT: 30 m
TEM: Batu Apoi, Selapon, *Coode 7955* • Borneo

E. stipularis Blume *sens. lat.*— *Pensi* (Ib.), *Pensi Antu* (Ib.), *Pensi Hantu* (Ib.)
Canopy/emergent tree, midstorey/subcanopy tree, treelet • VEG: Alluvial Forest, Degraded Alluvial Forest, Peatswamp Forest, LMDF, HDF, Secondary Forest, Cultivated Areas, Roadsides • HAB: valley bottom, terrace; periodically flooded; near running fresh water • GEO: Belait formation, sandstone, shale, Sand/clay; alluvial deposits; sandy soil • ALT: 780 m
BEL: Bukit Sawat, Jln. Labi, *Wong 88*; Bukit Sawat, Merangking, *Coode 7684*; Bukit Sawat, Sg. Mau, *Coode 7711*; Bukit Sawat, Sg. Mau, *Niga 42*; Labi, *Wong 74*; Labi, Jln. Labi–Teraja, *Wong 997*; Labi, Kpg. Mendaram Besar, *Coode 7726*; Labi, Sg. Rampayoh, *Dransfield J. 7300*; Seria, Badas, *Ashton BRUN 691*; Sukang, Kampong Sukang, *Cowley 103*; Sukang, Kampong Sukang, *Kirkup 737*; Sukang, Sg. Belait, *Forman 1141*; Sungai Liang, Badas, *Coode 6846*. TEM: Amo, *Wong 301*; Amo, Bt. Belalong, *Dransfield J. 7221*; Amo, Sg. Temburong, *Coode 6621*; Bukok, Kpg. Sibatang, *Forman 947*. TUT: Rambai, *Coode 6441*; Rambai, Bt. Bahak, *Coode 7078*; Rambai, Sg. Tutong, *Coode 6314*. Without prov.: *van Niel 3416*; *van Niel 3536*; *van Niel 3608*; *van Niel 4035*; *van Niel 4168* • Malaya, Sumatra, Java, Borneo, Mindanao

E. submonoceras Miq. subsp. lasionyx (Ridl.) Weibel — *Jirak* (Ib.), *Pensi* (Ib.)
Midstorey/subcanopy tree • VEG: LMDF • ALT: 30 m
BEL: Sg. Mendaram, *Niga 14*. TUT: Rambai, *Coode 6431*; Rambai, Sg. Tutong, *Coode 6319* • Borneo

E. truncatus Weibel
Canopy/emergent tree, midstorey/subcanopy tree • VEG: LMDF • HAB: valley bottom; near running fresh water • GEO: sandstone; sandy soil • ALT: 220–30 m
BEL: Labi, Sungai Rampayoh, *Coode 7773*. TUT: Rambai, Bt. Bahak, *Coode 7023* • Borneo: Sarawak

E. spp. indet.
BEL: Kuala Balai, Kuala Balai, BRUN 15647. TEM: Amo, Bukit Tudal, *Kirkup 962*; Amo, Sg. Temburong, *Ashton BRUN 405*; Batu Apoi, Bt. Gelagas (Bt. Suang), *Simpson 2299*. Without prov.: *van Niel 4175*.

SLOANEA

S. javanica (Miq.) K. Schum.
Canopy/emergent tree • HAB: gentle slope • ALT: 90 m
BEL: Labi, Bt. Teraja, *Ashton BRUN 988* • Malaya, Sumatra, Java, Borneo, Philippines

EPACRIDACEAE
Sleumer in Fl. Males. 6: 422–444 (1964)

STYPHELIA

S. malayana (Jack) J.J.Sm.
Shrub • VEG: Kerangas, Degraded Kerangas, Secondary Forest • HAB: flat ground, terrace, raised beach • GEO: White sand; sandy soil; Mor • ALT: sea level
TEM: Batu Apoi, Bt. Pasir Putih, *Ashton BRUN 284*. TUT: Tanjong Maya, *Wong 42*; Telisai, *Coode 7375*; Telisai, *Sands 5201*; Telisai, Kpg. Danau, *Ashton BRUN 969*; Telisai, Pasir Putih, *Sands 5771*. Without prov.: *van Niel 3615* • Indochina, Malaya, Sumatra, Borneo

ERICACEAE
Determinations by G.C.G. ARGENT
Sleumer in Fl. Males. 6: 469–914 (1967)

COSTERA

C. cyclophylla (Airy Shaw) J.J.Sm. & Airy Shaw
* VEG: Upper Montane Forest * HAB: ridge * ALT: 1440 m
TEM: Amo, Bt. Pagon, *Ashton* BRUN 1056 * Borneo: Sarawak, Kalimantan

C. endertii J.J.Sm.
Epiphytic * VEG: HDF * HAB: ridge * ALT: 500 m
TEM: Batu Apoi, Bt. Gelagas (Bt. Suang), *Simpson* 2245 * Borneo: Kalimantan (?Sarawak)

C. ovalifolia J.J.Sm.
Epiphytic * GEO: sandy soil; peat * ALT: 10 m
BEL: Sukang, Sg. Belait, *Forman* 1145; Sungai Liang, Sg. Lumut, *Sinclair* 10427 * Borneo

DIPLYCOSIA

D. elliptica Ridl.
Epiphytic * HAB: gentle slope * GEO: moss
TEM: Amo, Bt. Retak, *Wong* 409 * Sumatra, Malaya, Borneo

D. fimbriata Sleumer
Shrub * HAB: ridge
TEM: Amo, *Wong* 1817 * Borneo: Sarawak

D. punctulata Stapf
Epiphytic; treelet, scrambling shrub * VEG: Kerangas * HAB: gentle slope, ridge * GEO: moss
TEM: Amo, *Wong* 1838; Amo, Bt. Retak, *Wong* 418; Amo, Bukit Retak, *Hussain Hj. Osman* 14 * Borneo: Sabah

D. salicifolia Sleumer
Treelet * HAB: gentle slope
TEM: Amo, *Wong* 1875 * Borneo: Sarawak

D. spp. indet.
BEL: Melilas, Batu Patam, *Wong* 1064; Melilas, Bt. Batu Patam, *Dransfield J.* 6572.

RHODODENDRON

R. borneense (J.J.Sm.) Argent, A.L.Lamb & Phillipps subsp. **villosum** (J.J.Sm.) Argent, A.L.Lamb & Phillipps
Treelet, shrub * VEG: Kerangas, Upper Montane Forest * HAB: ridge * ALT: 1350 m
TEM: *Johns* 6518; Amo, Bt. Retak, *Wong* 451; Amo, Bt. Retak, *Wong* 821; Amo, Bukit Retak, *Hussain Hj. Osman* 10 * Borneo

R. brookeanum Lindl. var. **brookeanum**
Epiphytic; shrub; * VEG: Kerangas, LMDF * HAB: valley bottom, ridge; impeded drainage; waterfall spray zone, near running fresh water * GEO: Belait formation, shale, Setap Shales * ALT: 20–150 m
BEL: Bt. Sawat, UBD plot, *Thomas* 225; Melilas, Sg. Topi, *Thomas* 196. **TEM:** *Johns* 7306; *Johns* 7398; Amo, K. Belalong, Sg. Belalong, *Dransfield J.* 7091; Amo, K. Belalong, *Jacobs* 5630; Amo, K. Temburong Machang, *Ashton* BRUN 716; Amo, Sg. Temburong, *Coode* 6561; Amo, Sg. Temburong, *Sands* 5609. **TUT:** Rambai, Sg. Tutong, *Coode* 6322. **Without prov.:** *Yoong* 16 * Borneo

R. brookeanum Lindl. var. **gracile** (Lindl.) Argent ined.
Shrub • VEG: Kerangas, HDF • HAB: ridge • GEO: bare rock and boulders • ALT: 620 m
BEL: Labi, Jln. Labi, *Niga* 24. **TEM:** Bangar, Bt. Biang, *Smythies* S 5781; Batu Apoi, Bt. Gelagas (Bt. Suang), *Simpson* 2302 • Borneo

R. commutatum Sleumer
Shrub • VEG: Kerangas • HAB: ridge • GEO: sandstone • ALT: 360 m
TEM: Bangar, Bt. Biang, *Smythies* S 5776 • Borneo: Sarawak

R. crassifolium Stapf
Epiphytic; shrub • VEG: Lower Montane Forest, Upper Montane Shrubbery • HAB: ridge • ALT: 1500 m
TEM: Amo, Bt. Pagon, *Wong* 1790; Amo, Bt. Retak, *Wong* 743; Amo, G. Pagon, *Coode* 7500 • Borneo

R. durionifolium Becc.
Epiphytic; midstorey/subcanopy tree, shrub • VEG: Kerangas, Degraded HDF, Upper Montane Forest • HAB: ridge • GEO: Meligan formation, sandstone; peat • ALT: 1350–660 m
TEM: Amo, *Ashton* BRUN 1046; Amo, Bt. Retak, *Sands* 5218; Amo, Bt. Retak, *Wong* 399; Amo, Bukit Retak, *Hussain Hj. Osman* 5; Batu Apoi, Bt. Gelagas (Bt. Suang), *Simpson* 2280 • Borneo

R. lineare Merr.
Shrub • VEG: HDF • HAB: ridge • ALT: 500 m
TEM: Batu Apoi, Bt. Gelagas (Bt. Suang), *Simpson* 2222 • Borneo: Sarawak

R. longiflorum Lindl.
Epiphytic; treelet, shrub • VEG: Kerangas, LMDF, HDF, Upper Montane Forest, Secondary Forest • HAB: ridge; periodically flooded; near running fresh water • GEO: White sand, sandstone, Setap Shales; alluvial deposits; Podsol, yellow sandy clay soil • ALT: 10–860 m
BEL: Bukit Sawat, Jln. Labi, *Boyce* 229. **TEM:** Amo, *Ashton* BRUN 1035; Amo, Bt. Belalong, *Prance* 30552; Amo, Bt. Retak, *Wong* 793; Amo, K. Belalong, *Dransfield J.* 6715; Amo, Ulu Belalong, *Ashton* BRUN 437; Labu, *Wong* 1297. **TUT:** Rambai, Ulu Supon, *Ashton* BRUN 872 • Sumatra, Malaya, Borneo

R. cf. longiflorum Lindl.
Shrub • VEG: Kerangas • HAB: ridge
TEM: Amo, Bukit Retak, *Hussain Hj. Osman* 4.

R. malayanum Jack
Epiphytic; shrub • VEG: Alluvial Forest, LMDF • HAB: near running fresh water • GEO: sandstone, shale; sandy soil • ALT: 120–500 m
BEL: Melilas, Batu Patam, *Wong* 1066. **TEM:** Amo, *Coode* 6497. **TUT:** Rambai, Bt. Bahak, *Coode* 7064; Rambai, Bt. Bahak, *Coode* 7068 • W & C Malesia

R. micromalayanum Sleumer
Epiphytic • VEG: Lower Montane Forest • HAB: ridge
TEM: Amo, Bt. Pagon, *Wong* 1778 • Borneo: Sarawak

R. nieuwenhuisii J.J.Sm.
Epiphytic; shrub, herbaceous climber • VEG: Peatswamp Forest with Shorea albida, LMDF • GEO: shale • ALT: 120–130 m
BEL: Seria, Seria, *Wong* 17. **TEM:** *Johns* 7210; Amo, Sg. Temburong, *Coode* 6517; Amo, Sg. Temburong, *Coode* 6551. **TUT:** *Johns* 7545 • Borneo

R. orbiculatum Ridl.
Epiphytic; shrub • VEG: Kerangas, Degraded HDF, Upper Montane Forest, Upper Montane Shrubbery • HAB: steep slope, ridge • GEO: Meligan formation, sandstone; peat • ALT: 1500 m
TEM: Amo, Bt. Retak, *Sands* 5215; Amo, Bt. Retak, *Wong* 398; Amo, Bt. Retak, *Wong* 902; Amo, Bukit Retak, *Hussain Hj. Osman* 11; Amo, G. Pagon, *Coode* 7429; Batu Apoi, Bt. Gelagas (Bt. Suang), *Simpson* 2282; Batu Apoi, Bt. Tanggoi, *Ashton* BRUN 755 • Borneo: Sarawak,

Sabah

R. quadrasianum Vidal var. villosum J.J.Sm.
Shrub • VEG: Kerangas • HAB: ridge • GEO: sandstone • ALT: 820 m
TEM: Batu Apoi, Bt. Tanggoi, *Ashton* BRUN 754 • Borneo

R. stenophyllum Becc. subsp. angustifolium (J.J.Sm.) Argent, A.L.Lamb & Phillipps
Epiphytic • VEG: Upper Montane Forest • HAB: ridge • ALT: 1520 m
TEM: Amo, *Ashton* BRUN 2334 • Borneo

R. spp. indet.
BEL: Melilas, Paleh Bangawong, *Thomas* 134. **TEM:** *Johns* 7400; Amo, Bukit Tudal, *Kirkup* 963; Amo, G. Pagon, *Coode* 7442; Amo, Sg. Temburong, *Coode* 6522; Amo, Sg. Temburong, *Coode* 6556; Batu Apoi, Bt. Gelagas (Bt. Suang), *Simpson* 2220. **TUT:** Ulu Tutong, Bukit Bahak, *Kirkup* 584; Ulu Tutong, Bukit Bahak, *Kirkup* 585.

VACCINIUM

V. bancanum Miq.
Midstorey/subcanopy tree, treelet, shrub • VEG: Kerangas, HDF • HAB: ridge • ALT: 500 m
BEL: Bukit Sawat, Jln. Labi, *Haslani - Mohd. A.* 77; Bukit Sawat, Labi road 13 km, *Niga* 22; Melilas, Batu Patam, *Wong* 1045. **TEM:** Batu Apoi, Bt. Gelagas (Bt. Suang), *Simpson* 2249 • Sumatra, Malaya, Java, Borneo

V. bancanum Miq. var. tenuinervium J.J.Sm.
Treelet • VEG: Kerangas • GEO: White sand • ALT: 10–30 m
BEL: Bukit Sawat, Jln. Labi, *Dransfield J.* 6526 • Sumatra, Malaya, Java, Borneo

V. claoxylon J.J.Sm.
Treelet, shrub • VEG: Kerangas, Upper Montane Shrubbery • HAB: gentle slope, ridge • GEO: Meligan formation • ALT: 1470 m
TEM: Amo, Bt. Retak, *Sands* 5252; Amo, Bukit Retak, *Hussain Hj. Osman* 13; Amo, Bukit Retak, *Hussain Hj. Osman* 23 • Borneo

V. clementis Merr. — *Ubah Ribu* (Ib.)
Treelet, shrub • VEG: Kerangas, Upper Montane Forest, Upper Montane Shrubbery • HAB: gentle slope, ridge • GEO: Meligan formation, sandstone; moss • ALT: 820 m
BEL: Melilas, Batu Patam, *Wong* 1047. **TEM:** Amo, *Sands* 5405; Amo, Bt. Retak, *Sands* 5220; Amo, Bt. Retak, *Wong* 391; Amo, Bt. Retak, *Wong* 426; Amo, Bt. Retak, *Wong* 427; Batu Apoi, Bt. Tanggoi, *Ashton* BRUN 757 • Borneo

V. cf. clementis Merr.
Climber • VEG: Lower Montane Forest • HAB: gentle slope • GEO: Meligan formation; Brown clay-loam • ALT: 840–1160 m
TEM: Amo, Bukit Tudal, *Davis* 491.

V. flagellatifolium H.F.Copel.
Epiphytic
TEM: Amo, K. Belalong, *Wong* 285 • Borneo

V. leptanthum Miq.
Epiphytic; shrub • HAB: near running fresh water • GEO: yellow sandy clay soil
TEM: Amo, K. Belalong, *Ashton* BRUN 471; Amo, K. Belalong, *Wong* 1320 • Sumatra, Malaya, Java, Borneo

V. leptanthum Miq. f. leptanthum
Without prov.: *van Niel* 3838 • Sumatra, Malaya, Java, Borneo

V. pachydermum Stapf
Treelet • VEG: Upper Montane Shrubbery • HAB: gentle slope, ridge • GEO: moss • ALT: 1500 m
TEM: Amo, Bt. Retak, *Wong* 417; Amo, G. Pagon, *Coode* 7428 • Borneo: Sarawak, Sabah

V. tenax Argent
Climber • HAB: terrace; periodically flooded • GEO: Sand/clay • ALT: 20 m
BEL: Melilas, Ulu Ingei, *Cowley* 130 • Borneo: Sarawak

V. tenerellum Sleumer
Epiphytic; scrambling shrub, shrub • VEG: Lower Montane Forest, Upper Montane Forest • HAB: gentle slope, ridge • GEO: moss • ALT: 1520 m
TEM: Amo, *Ashton* BRUN 2300; Amo, Bt. Pagon, *Wong* 1775; Amo, Bt. Retak, *Wong* 408; Amo, Bt. Retak, *Wong* 413 • Endemic

V. uniflorum J.J.Sm.
Epiphytic; shrub • VEG: LMDF • HAB: flat ground, terrace; impeded drainage; near still fresh water • GEO: Belait formation; alluvial deposits; branch bark • ALT: 40 m
BEL: Melilas, *Wong* 685; Melilas, Ulu Ingei, *Sands* 5961. **TEM:** Amo, Kuala Belalong, *Duling* 23 • Borneo: Sarawak, Kalimantan

V. uniflorum J.J.Sm. var. monanthum (Ridl.) Argent
Epiphytic • HAB: near running fresh water
TEM: Amo, Sg. Temburong Machang, *Wong* 1928 • Borneo

V. spp. indet.
BEL: Seria, Badas F.R., *Wong* 183. **TEM:** Amo, *Wong* 1815; Amo, *Wong* 1826; Amo, Bukit Tudal, *Bygrave* 33; Labu, *Hassan Pukol* BRUN 5429; Labu, *Smythies* SAN 17144. **BEL/TEM?:** *Ashton* BRUN 5603.

ERICACEAE INDET.
BEL: Labi, Bukit Teraja, *Kirkup* 419. **TEM:** Amo, Batu Apoi Forest Reserve, *Poulsen* 209. **TUT:** Rambai, Tasek Merimbun, *Bernstein* 367; Ulu Tutong, Bukit Bahak, *Kirkup* 582.

ERYTHROXYLACEAE
Payens in Fl. Males. 5: 543–552 (1958); Chung in Sandakania 7: 67–80 (1996)

ERYTHROXYLUM

E. latifolium Burck
Midstorey/subcanopy tree, treelet, shrub, suffrutescent herb/subshrub • VEG: Peatswamp Forest with Shorea albida, Peatswamp Forest, Kerangas, Kerangas Forest with Agathis • HAB: terrace, raised beach; well-drained • GEO: White sand, Sand; Podsol, White sand; Humus, peat • ALT: sea level–100 m
BEL: Bt. Sawat, UBD plot, *Thomas* 218; Seria, *Fuchs* 21201; Seria, Badas F.R., *Ashton* BRUN 980; Seria, Badas F.R., *Coode* 7346; Seria, Badas F.R., *Smythies* S 5843; Seria, Badas F.R., *Wong* 9. **TUT:** Telisai, Jln. K. Belait–Pekan Muara, *Jacobs* 5688. **Without prov.:** *van Niel* 4113; *van Niel* 4293 • Burma, Indo-China, Malesia

E. sp. indet.
BEL: Labi, Bukit Teraja, *Kirkup* 461.

ESCALLONIACEAE

POLYOSMA

P. cf. ilicifolia Blume
Sapling • HAB: ridge
TEM: Amo, *Wong* 1829 • The species is known from Sumatra, Java, Bali

P. integrifolia Blume
Midstorey/subcanopy tree • VEG: Alluvial Forest • HAB: near running fresh water • GEO: sandstone; sandy soil • ALT: 200 m
TUT: Rambai, Bt. Bahak, *Coode* 7077; Rambai, Bt. Bahak, *Coode* 7079 • W & C Malesia

P. latifolia Schltr. — *Bedaru* (Br.)
Midstorey/subcanopy tree • VEG: Alluvial Forest, Degraded Peatswamp Forest, Secondary Forest • HAB: gentle slope • GEO: alluvial deposits; yellow sand, yellow sandy loam • ALT: 40 m
BEL: Melilas, K. Ingei, *Ashton* BRUN 202; Sungai Liang, Sg. Lumut, *Coode* 7734; Sungai Liang, Sg. Lumut, *Wong* 953. **BRM:** Berakas, Berakas F.R., *Anderson* S 4869; Sengkurong, Kpg. Jerudong, *Ashton* BRUN 5166 • Borneo

P. sp. 1
Treelet • VEG: Upper Montane Shrubbery • HAB: ridge • ALT: 1500 m
TEM: Amo, *Wong* 1858; Amo, G. Pagon, *Coode* 7468.

P. sp. 2
Treelet • HAB: ridge
TEM: Amo, *Wong* 1830.

P. sp. 3
Midstorey/subcanopy tree • HAB: near running fresh water
BEL: Melilas, Sg. Ingei, *Wong* 660.

P. sp. 4
Midstorey/subcanopy tree • VEG: LMDF • HAB: ridge • GEO: Belait formation • ALT: 340 m
BEL: Labi, Bt. Teraja, *Coode* 6904.

P. spp. indet.
BEL: Bukit Sawat, Buau, *Kirkup* 712. **TUT:** Ulu Tutong, Bukit Bahak, *Kirkup* 583.

EUPHORBIACEAE
Determinations by C. BARKER & R.I. MILNE except where otherwise stated
H.K.Airy Shaw, Euphorbiaceae of Borneo (1975)

ACTEPHILA

A. sp. indet.
TUT: Rambai, Tasek Merimbun, *Bernstein* 144.

AGROSTISTACHYS

A. longifolia (Wight) Benth. & Hook.f. (*A. borneensis* Becc.) — *Julong-Julong* (Br., Dus.), *Kayu Malau* (Ib.), *Malau Pucok* (Ib.)
Midstorey/subcanopy tree, treelet • VEG: Kerangas, Kerangas Forest with Agathis, HDF • HAB: gentle slope, steep slope, raised beach • GEO: Belait formation, White sand, sandstone; sandy clay soil, yellow sandy clay soil, sandy soil • ALT: 80 m
BEL: Melilas, Sg. Ingei, *Ashton* BRUN 141; Melilas, Sungai Mutip, *Atkins* 586; Melilas, Ulu Ingei, *Sands* 5948; Seria, Badas F.R., *Coode* 7634; Sungai Liang, *Niga* 166. **TUT:** Lamunin, Jln. Abang, *Ashton* BRUN 89; Telisai, *Wong* 158 • S India, Malaya, Borneo

A. sp. indet.
Without prov.: *Osman Hussain Hj.* s.n. 10.iv.90f.

ALEURITES

A. moluccana (L.) Willd.
Treelet • VEG: Secondary Forest • ALT: 30 m
BRM: Berakas, Berakas camp, *Hassan Pukol* BRUN 5419 • Indochina & China to Polynesia & New Zealand

ANTIDESMA
P. HOFFMANN

A. brachybotrys Airy Shaw
Treelet, shrub • VEG: Degraded Peatswamp Forest, LMDF, HDF • HAB: gentle slope, steep slope; near running fresh water • ALT: 20–80 m
BEL: Bukit Sawat, Sg. Mau, *Simpson* 2019 (n.v.); Labi, Bt. Telingan, *Wong* 1582; Labi, Bt. Teraja, *Simpson* 2091; Labi, Sungai Rampayoh, *Coode* 7779. Labi, Wong Kadir, *Coode* 7236. **TEM**: Amo, Sungai Belalong, *Argent* 913; Batu Apoi, Bt. Gelagas (Bt. Suang), *Simpson* 2456. **TUT**: Rambai, Sg. Tutong, *Wong* 1685; Tanjong Maya, *Coode* 6867. **Without prov.**: *Niga* 226 • Burma to N Malaya, Borneo, Philippines

A. cf. brachybotrys Airy Shaw
Treelet • VEG: LMDF, HDF • HAB: steep slope; near running fresh water • GEO: Belait formation • ALT: 200–350 m
BEL: Labi, Bt. Teraja, *Dransfield J.* 7026.

A. bunius (L.) Spreng.
Treelet • Cultivated area
BEL: Seria, *Wong* 351 • Widely cultivated in W Malesia

A. coriaceum Tul. — *Empanai Bukit* (Ib.), *Ubis* (Dus.)
Canopy/emergent tree, midstorey/subcanopy tree • VEG: Peatswamp Forest • ALT: 100–250 m
BEL: Seria, Badas F.R., *Haslani-Mohd. A.* 50. **TEM**: Bangar, Bt. Biang, *Smythies* SAN 17119. **TUT**: Telisai, Jln. K. Belait–Pekan Muara, *Jacobs* 5685. **Without prov.**: *van Niel* 4246 (n.v.) • Sumatra, Malaya, Borneo

A. cuspidatum Muell.Arg.
Shrub • VEG: Peatswamp Forest • ALT: sea level–10 m
BEL: Sungai Liang, Badas, *Coode* 6481.

A. cf. globuligerum Airy Shaw
Tree • VEG: LDF • HAB: near running fresh water • GEO: Shales • ALT: 120 m
TEM: Amo, Sg. Temburong, *Coode* 6622 • Described from Sulawesi, now known Borneo: Sabah, Kalimantan

A. hosei Pax & K. Hoffm. var. **angustatum** (Airy Shaw) Airy Shaw
BEL: Melilas, Sg. Ingei, *Wong* 1101.

A. hosei Pax & K. Hoffm. var. **hosei** (*A. plumbeum* Pax & K. Hoffm.) — *Mempenai* (Ib.), *Tis* (Dus.)
Midstorey/subcanopy tree, treelet, shrub; on ground • VEG: Belukar, Empran, Kerangas, LMDF, HDF, Lower Montane Forest, Secondary Forest • HAB: flat ground, ridge, sharp ridge, valley bottom; gentle slope; seasonal watercourse; periodically flooded; near running fresh water • GEO: Belait formation, Meligan formation, Setap Shales, White sand; alluvial deposits; grey clay soil, Brown clay-loam Sediments • ALT: sea level–1160 m
BEL: Andulau F.R., *Ashton* BRUN 622; Andulau F.R., *Wong* 1547; Melilas, Sg. Ingei, *Wong* 619; Melilas, Sungai Mutip, *Sands* 5970; Melilas, Ulu Ingei, *Sands* 5893; Sukang, Kpg. Sukang,

Ashton BRUN 110; Sungai Liang, Andulau F.R., *Coode* 6779; Sungai Liang, Arboretum Reserve, *Wong* 946. **BRM:** Kilanas, Kpg. Kilanas, *Dransfield J.* 7102. **TEM:** Amo, Apoi Forest Reserve, *Sands* 5834; Amo, Bt. Belalong, *Prance* 30569a; Amo, Bt. Belalong, *Prance* 30691; Amo, Bt. Belalong, *Prance* 30693; Amo, Bt. Belalong, *Wong* 1412; Amo, Bukit Retak, *Hussain Hj. Osman* 7; Amo, Bukit Tudal, *Bygrave* 14; Amo, Bukit Tudal, *Bygrave* 23; Amo, K. Belalong, *Dransfield J.* 6724. **TUT:** *Johns* 7638; *Niga* 155; Rambai, Tasek Merimbun, *Bernstein* 58.

A. cf. hosei Pax & K. Hoffm. var. hosei
Treelet • VEG: HDF • HAB: gentle slope • ALT: 820 m
TEM: Amo, Bt. Belalong, *Prance* 30691.

A. hosei Pax & K. Hoffm. var. microcarpum Airy Shaw
Midstorey/subcanopy tree; shrub • VEG: Kerangas, Upper Montane Forest • HAB: ridge • ALT: 1520 m
TEM: Amo, *Ashton* BRUN 1051; Amo, Bukit Pagon, *Niga* 353 • Borneo

A. leucopodum Miq. var. leucopodum (*A. cauliflorum* W.W.Sm. pro parte) — Mempenai (Ib.), Engkuni (Ib.)
Canopy/emergent tree, midstorey/subcanopy tree, treelet • VEG: LMDF, HDF, Belukar • HAB: valley bottom, gentle slope, steep slope, ridge; near running fresh water • GEO: Belait formation, Lambir formation, Sediments, Setap Shales; clay soil; Mor • GEO: sandstone • ALT: 300–760 m
BEL: Labi, *Wong* 79; Labi, Mendarem Valley, *Sands* 5447; Labi, Wong Kadir, *Coode* 7185; Melilas, Ulu Ingei, *Sands* 5942. **BRM:** Kilanas, Kpg. Kilanas, *Dransfield J.* 7103; Lumapas, Bukit Lumapas, *Davis* 505. **TEM:** Amo, *Ashton* BRUN 5274; Amo, Batu Apoi F.R., *Smythies* SAN 17089; Amo, Batu Apoi Forest Reserve, *Nielsen* 992; Amo, Kuala Belalong F.S.C., *Argent* 91188. **TUT:** Rambai, Bt. Bahak, *Coode* 7040; Rambai, Sg. Tutong, *Coode* 6356; Rambai, Sg. Tutong, *Wong* 1687 • Sumatra, Malaya, Borneo

A. leucopodum Miq. var. platyphyllum Airy Shaw (*A. cauliflorum* W.W.Sm. pro parte)
Midstorey/subcanopy tree, treelet • VEG: Alluvial Forest, Kerangas, LMDF, HDF • HAB: gentle slope, ridge; near running fresh water • GEO: Belait formation, Lambir formation, sandstone; sandy soil, yellow sandy loam • ALT: 40–50 m
BEL: Labi, Bt. Teraja, *Coode* 6972; Labi, Bt. Teraja, *Sands* 5458; Labi, Bt. Teraja, *Simpson* 2071. **BRM:** Mentiri, *Sands* 5670; Sengkurong, Kpg. Jerudong, *Ashton* BRUN 5168. **TUT:** Rambai, Bt. Bahak, *Coode* 7010; Rambai, Bt. Bahak, *Coode* 7070 • Borneo: Sarawak

A. linearifolium Pax & K. Hoffm.
Shrub • VEG: LMDF • ALT: 20–30 m
TUT: Rambai, Sg. Tutong, *Coode* 6350 • Borneo

A. montanum Blume
Treelet • VEG: Secondary Forest • HAB: gentle slope; near running fresh water • GEO: Lambir formation, shale; yellow clay soil • ALT: 120–130 m
BEL: Labi, Sungai Rampayoh, *Atkins* 599. **TEM:** Labu, *Ashton* BRUN 3330 • SE Asia, W & C Malesia

A. neurocarpum Miq.
Midstorey/subcanopy tree, treelet • VEG: LMDF, HDF • HAB: gentle slope, steep slope, vertical, ridge • GEO: Belait formation, sandstone, Setap Shales; bare rock and boulders • ALT: 20–170 m
BEL: Labi, Bt. Teraja, *Kirkup* 268; Melilas, Batu Patam, *Wong* 1012. **TEM:** *Johns* 6730; Amo, *Ashton* BRUN 2545; Amo, Apoi Forest Reserve, *Atkins* 511; Amo, Bt. Belalong, *Wong* 1379; Amo, Bt. Retak, *Wong* 841; Amo, K. Belalong, *Dransfield J.* 6640; Labu, *Wong* 311 • Sumatra, Malaya, Borneo

Antidesma cf. polystylum Airy Shaw
Tree • VEG: MDF • HAB: gentle slopes & ridges • GEO: Setap shales, clay soils • ALT: 100 m

TEM: Batu Apoi, Selapon, *Coode* 7945 • Borneo: Sabah, ?Kalimantan; Sulawesi

A. riparium Airy Shaw — *Engkuni Ai* (Ib.)
Midstorey/subcanopy tree, treelet, shrub • VEG: LMDF • HAB: near running fresh water • GEO: Setap Shales • ALT: 70 m

TEM: Amo, *Wong* 1271; Amo, K. Belalong, Sg. Belalong, *Dransfield J.* 7079; Amo, Sg. Belalong, *Ashton* BRUN 5214; Amo, Sg. Temburong, *Coode* 6622; Amo, Sg. Temburong, *Wong* 1216; Amo, Sungai Temburong, *Argent* 9139 • Borneo

A. stipulare Blume — *Mempenai* (Ib.)
Midstorey/subcanopy tree, treelet • VEG: LMDF, HDF, Lower Montane Forest • HAB: gentle slope, steep slope, ridge; waterfall spray zone, near running fresh water • GEO: Lambir formation, sandstone, shale, Setap Shales; clay soil, sandy soil • ALT: 30–850 m

BEL: Labi, *Johns* 6804; Labi, Bt. Teraja, *Sands* 5456; Labi, Mendaram, *Haslani-Mohd. A.* 73; Labi, Sg. Rampayoh, *Coode* 7294. **TEM:** *Johns* 7052; Amo, Apoi Forest Reserve, *Atkins* 506; Amo, Bt. Belalong, *Prance* 30597 (n.v.); Amo, K. Belalong, *Ashton* A 7; Amo, K. Belalong, *Ashton* A 64; Amo, Kuala Belalong F.S.C., *Argent* 9128; Amo, Sg. Sibut, *Sands* 5510; Amo, Sg. Temburong, *Coode* 6592; Amo, Sg. Temburong, *Coode* 6681; Batu Apoi, Selapon, *Dransfield J.* 7458 • W & C Malesia to Moluccas

A. cf. stipulare Blume
Midstorey/subcanopy tree • GEO: White sand; Kerangas soil

TUT: Telisai, Bt. Basong, *Wong* 176. **Without prov.:** *Haslani-Mohd. A.* 66.

A. tomentosum Blume — *Mempenai* (*)
Midstorey/subcanopy tree, treelet, shrub, scrambling shrub • VEG: Kerangas, Degraded LMDF, HDF, Degraded Secondary Forest • HAB: valley bottom, gentle slope, steep slope, ridge; near running fresh water • GEO: Belait formation, sandstone, Setap Shales; grey clay soil, stony; yellow sandy clay soil • ALT: 10–430 m

BEL: Bukit Sawat, Jln. Sg. Mau–Merimbun, *Wong* 373; Melilas, Ulu Ingei, *Kirkup* 759. **TEM:** Amo, Apoi Forest Reserve, *Sands* 5854; Amo, Bt. Belalong, *Wong* 1397; Amo, K. Belalong, *Dransfield J.* 7032; Amo, Sg. Temburong, *Coode* 6738; Batu Apoi, Selapon, *Dransfield J.* 7490. **TUT:** *Johns* 7478; Lamunin, *Kirkup* 229; Lamunin, *Kirkup* 290; Lamunin, Jln. Abang, *Ashton* BRUN 86; Lamunin, Kpg. Menangah, *Kirkup* 723; Rambai, Ladan Hills F.R., *Coode* 6411; Rambai, Ladan Hills F.R., *Coode* 6418; Rambai, Sg. Tutong, *Coode* 6392 • W & C Malesia; Philippines

A. venenosum J.J.Sm. — *Cermai-Cermai* (Br.), *Mempenai* (Ib.)
Midstorey/subcanopy tree, treelet, shrub • VEG: LMDF • HAB: near running fresh water • GEO: Belait formation, Lambir formation • ALT: 20 m

BEL: Labi, Rampayoh, *Atkins* 432. **TEM:** Amo, *Wong* 1269; Amo, Ulu Belalong, *Coode* 7899; Batu Apoi, Kpg. Selapon, *Wong* 2018; Bukok, Kpg. Sibatang, *Forman* 942; Labu, *Wong* 2006; Labu, Bukit Patoi, *Hussain Hj. Osman* 39. **TUT:** Lamunin, Ladan Hills F.R., *Sands* 5726 • Borneo

A. spp. indet. (n.v.)
BRM: Gadong, Gadong, *Joffre* 11. **TUT:** Ulu Tutong, Bukit Bahak, *Kirkup* 541. **Without prov.:** *van Niel* 3873; *van Niel* 4254; *van Niel* 4303.

APORUSA
Determinations by A. SCHOT

A. alia Schot
Treelet • VEG: HDF • HAB: ridge • GEO: sandstone; clay soil • ALT: 540 m

TEM: Amo, Ulu Belalong, *Dransfield J.* 7371.

A. antennifera (Airy Shaw) Airy Shaw
Midstorey/subcanopy tree • HAB: ridge • ALT: 800 m

TEM: Amo, Bt. Belalong, *Wong* 1465 • Bangka, Malaya, Borneo

A. benthamiana Hook.f.
Midstorey/subcanopy tree, treelet • VEG: LMDF, HDF • HAB: ridge • GEO: Belait formation • ALT: 340–350 m
BEL: Labi, Bt. Teraja, *Coode* 6905; Labi, Bt. Teraja, *Simpson* 2111; Melilas, Batu Patam, *Wong* 1082 • Malaya, Borneo, Philippines

A. bullatissima Airy Shaw — *Senumpol Bulu* (Ib.)
Midstorey/subcanopy tree • ALT: 40 m
BEL: Sungai Liang, Andulau F.R., *Smythies* SAN 17508 • Borneo

A. elmeri Merr. — *Kayu Masam* (Ib.)
Midstorey/subcanopy tree, treelet • VEG: Peatswamp Forest, Kerangas, LMDF • HAB: gentle slope, steep slope, terrace; impeded drainage • GEO: Belait formation, Setap Shales; alluvial deposits • ALT: 10–300 m
BEL: Bukit Sawat, Jln. Labi–Merangking, *Kirkup* 255; Labi, Jln. Teraja–Redan, *Niga* 274; Labi, Kampong Rampayoh, *Niga* 370; Melilas, Sungai Mutip, *Sands* 5975. **TEM:** Amo, K. Belalong Fld. Studies Centre, *Schatz* 3249; Batu Apoi, *Dransfield J.* 6972 • Borneo

A. falcifera Hook.f. (*A. hosei* Merr.)
Midstorey/subcanopy tree • VEG: LMDF • HAB: gentle slope, ridge • ALT: 150–170 m
BRM: Lumapas, Bukit Lumapas, *Bygrave* 40. **TEM:** Amo, Bt. Belalong, *Wong* 1498 • Sumatra, Malaya, Borneo

A. cf. falcifera Hook.f. (*A. hosei* Merr.)
Midstorey/subcanopy tree • VEG: HDF • HAB: sharp ridge • GEO: Setap Shales
TEM: Amo, Bt. Belalong, *Dransfield J.* 7107.

A. frutescens Blume
Treelet • VEG: LMDF, HDF • HAB: steep slope, ridge; near running fresh water • GEO: Setap Shales • ALT: 50–210 m
BEL: Labi, Bt. Teraja, *Simpson* 2152. **TEM:** Amo, K. Belalong, *Dransfield J.* 6714; Amo, K. Belalong Fld. Studies Centre, *Schatz* 3265; Amo, K. Temburong Machang, *Wong* 1948; Batu Apoi, Bt. Gelagas (Bt. Suang), *Simpson* 2442 • S Burma, S Thailand, W Malesia

A. grandistipula Merr.
Midstorey/subcanopy tree, treelet • VEG: Degraded Peatswamp Forest, LMDF • HAB: steep slope, terrace; periodically flooded; near running fresh water • GEO: Belait formation, Setap Shales; alluvial deposits; clay soil, sandy soil • ALT: 70 m
BEL: Labi, *Forman* 1057; Labi, *Johns* 7449; Labi, *Niga* 163; Melilas, Ulu Belait, *Sands* 5879; Sukang, Sg. Belait, *Forman* 1147. **TEM:** Amo, K. Belalong, *Dransfield J.* 6676; Amo, K. Belalong Fld. Studies Centre, *Schatz* 3254; Amo, Sg. Belalong, *Wong* 1170. **TUT:** *Forman* 987; Rambai, Sg. Tutong, *Coode* 6329; Rambai, Ulu Supon, *Ashton* BRUN 866 • Borneo, Sulawesi

A. granularis Airy Shaw
Treelet • VEG: LMDF • HAB: flat ground, steep slope; periodically flooded • GEO: sandstone; clay soil, yellow clay soil • ALT: 450–50 m
TEM: Amo, K. Belalong Fld. Studies Centre, *Schatz* 3279; Amo, Ulu Belalong, *Dransfield J.* 7399; Amo, Ulu Belalong, *Dransfield J.* 7424 • Borneo

A. lucida (Miq.) Airy Shaw
Midstorey/subcanopy tree, treelet • VEG: LMDF • HAB: gentle slope, ridge; near running fresh water • GEO: Belait formation, Lambir formation; alluvial deposits; clay soil • ALT: 540 m
BEL: Bukit Sawat, Jln. Labi–Merangking, *Kirkup* 367; Labi, Bt. Teraja, *Coode* 6911; Labi, Bukit Teraja, *Kirkup* 432. **TEM:** Amo, Bt. Belalong, *Wong* 1531; Amo, K. Belalong, *Ashton* BRUN 5678 • W & C Malesia

A. lucida (Miq.) Airy Shaw var. **trilocularis**
Midstorey/subcanopy tree • VEG: Kerangas, HDF • HAB: ridge; near running fresh water • GEO: White sand, sandstone; clay soil
Locality not traced: *Brunig* S 1200. **BEL:** Melilas, Batu Patam, *Wong* 1068. **BRM:** Lumapas, Bukit Lumapas, *Davis* 503. **TEM:** Amo, Ulu Belalong, *Dransfield J.* 7349.

A. lunata (Miq.) Kurz
Midstorey/subcanopy tree • VEG: Degraded LMDF • HAB: gentle slope; periodically flooded; near running fresh water • GEO: alluvial deposits • ALT: 30 m
TEM: Batu Apoi, Selapon, *Dransfield J.* 7445.

A. illustris Airy Shaw
Canopy/emergent tree • ALT: 60 m
BEL: Sungai Liang, Andulau F.R., *Smythies* SAN 17550 • Borneo: Sarawak

A. maingayi Ridl.
Name in Hassan & Ashton

A. miqueliana Muell.Arg.
Name in Hassan & Ashton

A. nigricans Hook.f. — *Mata Ikan* (Ib.)
Midstorey/subcanopy tree • VEG: Kerangas • HAB: terrace • ALT: sea level
TEM: *Brunig* S 1140 • Sumatra, Malaya, Borneo

A. nitida Merr.
Midstorey/subcanopy tree, treelet • VEG: LMDF, Cultivated Areas • HAB: gentle slope, steep slope, ridge • GEO: Belait formation • ALT: 10–300 m
BEL: Bukit Sawat, Jln. Labi–Merangking, *Kirkup* 254; Labi, Labi Hills F.R., *Niga* 302. **BRM:** Gadong, Kpg. Rimba, *Wong* 1628. **TEM:** Amo, *Schatz* 3256; Labu, *Forman* 882 • Borneo

A. prainiana Gage
Treelet, shrub • VEG: Degraded LMDF • HAB: gentle slope, ridge; near running fresh water • GEO: Belait formation, sandstone; yellow sandy clay soil • ALT: 50–70 m
TEM: Amo, Sungai Temburong, *Argent* 9160; Amo, Sungai Temburong, *Argent* 9161; Amo, Ulu Belalong, *Ashton* BRUN 430. **TUT:** Lamunin, Ladan Hills F.R., *Dransfield J.* 6899 • Sumatra, Malaya, Borneo

A. sarawakensis Schot
Treelet • VEG: LMDF, Degraded LMDF, Secondary Forest • HAB: gentle slope, steep slope, ridge • GEO: Belait formation, sandstone, Setap Shales; yellow sandy clay soil • ALT: 20–100 m
TEM: Amo, K. Belalong, *Dransfield J.* 6650; Amo, Sg. Temburong Machang, *Wong* 1984; Bangar, Bt. Biang, *Forman* 908; Batu Apoi, *Kirkup* 341; Batu Apoi, Bt. Tanggoi, *Ashton* BRUN 750. **TUT:** Lamunin, Ladan Hill F.R., *Niga* 345; Lamunin, Ladan Hills F.R., *Dransfield J.* 6894 • Borneo

A. subcaudata Merr. (*A. acuminatissima* Merr.) — *Menkuning* (Ib.), *Tematan* (Dus.)
Canopy/emergent tree, midstorey/subcanopy tree • VEG: LMDF • HAB: gentle slope, steep slope, ridge • GEO: Belait formation, sandstone, Setap Shales; yellow sandy clay soil • ALT: 10–40 m
BEL: Andulau F.R., *Ashton* BRUN 57; Andulau F.R., *Ashton* BRUN 65; Andulau F.R., *Ashton* S 5934; Labi, Jln. Labi–Merangking, *Dransfield J.* 6841. **TEM:** Amo, K. Belalong, Sg. Belalong, *Dransfield J.* 7059; Amo, K. Belalong, *Wong* 1250 • Malaya, Borneo

A. cf. subcaudata Merr. (*A. acuminatissima* Merr.)
Midstorey/subcanopy tree • VEG: HDF • HAB: ridge • ALT: 250 m
TEM: Batu Apoi, Bt. Gelagas (Bt. Suang), *Simpson* 2353.

A. aff. symplocoides (Hook.f.) Gage
Midstorey/subcanopy tree • HAB: ridge • ALT: 100 m
TEM: Amo, K. Belalong, *Wong* 1190.

A. cf. symplocoides (Hook.f.) Gage var. symplocoides
Treelet • HAB: ridge
TEM: Amo, Sg. Temburong Machang, *Wong* 1974 • The species is known from Malaya, Sumatra, Borneo

A. spp. indet.
TEM: Amo, National Park, BRUN 15048. **Without prov.:** *Osman Hussain Hj.* s.n. 10.iv.90a.

ASHTONIA

A. excelsa Airy Shaw — *Senumpol* (Ib.)
Canopy/emergent tree, midstorey/subcanopy tree • VEG: Peatswamp Forest with Shorea albida, LMDF • HAB: gentle slope, terrace; impeded drainage • GEO: Belait formation, White sand; Podsol; peat • ALT: 30–40 m
BEL: Melilas, K. Ingei, *Ashton* BRUN 183; Melilas, Ulu Ingei, *Kirkup* 768 • Borneo

AUSTROBUXUS

A. nitidus Miq. (*Longetia malayana* (Benth.) Pax & K. Hoffm.) — *Kalat Ular* (*), *Ubah Daging* (*), *Ubah Merah* (Br., Ked., Ib.)
Canopy/emergent tree, midstorey/subcanopy tree • VEG: LMDF, Secondary Forest • GEO: sandstone; peat • ALT: sea level
BEL: Kuala Balai, *Bujang Abg.* KEP 30419; Labi, Labi F.R., *Sinclair* 10497; Seria, Badas F.R., *Brunig* S 1063; Seria, Badas F.R., *Brunig* S 1082. **TUT:** Rambai, Bt. Bahak, *Coode* 7063 • Sumatra, Malaya, Borneo

BACCAUREA
Determinations by R. HAEGENS

B. angulata Merr. — *Belimbing Hutan* (Br.), *Embaling* (Dus.), *Ucong* (Ib.)
Midstorey/subcanopy tree • USES: Edible
BEL: Bukit Sawat, Jln. Sg. Mau–Merimbun, *Wong* 370. **TUT:** Rambai, Tasek Merimbun, *Bernstein* 248 • Borneo

B. bracteata Muell.Arg. var. **bracteata** — *Masam* (*), *Puak Burung* (Ib.)
Midstorey/subcanopy tree, treelet • VEG: Peatswamp Forest with Shorea albida, Degraded Peatswamp Forest with Shorea albida, Peatswamp Forest, Secondary Forest • HAB: flat ground; impeded drainage; near running fresh water • GEO: White sand; Kerangas soil; peat • ALT: 20 m
BEL: Melilas, Sg. Ingei, *Brunig* S 999; Seria, Badas, *Ashton* BRUN 683; Sungai Liang, Badas, *Coode* 6462; Sungai Liang, Badas, *Coode* 6465. **TEM:** Batu Apoi, Bt. Pasir Putih, *Ladi* BRUN 5115. **TUT:** *Ashton* BRUN 960; Rambai, Sg. Tutong, *Coode* 6309; Telisai, *Ashton* BRUN 5006; Telisai, Jln. K. Belait–Pekan Muara, *Jacobs* 5680; Ukong, *Ashton* BRUN 995 • Sumatra, Malaya, Borneo

B. bracteata Muell.Arg. var. **crassifolia** (J.J.Sm.) Airy Shaw — *Puak Burung* (Ib.), *Pugi Burung* (Ib.), *Pugi Entalon* (Dus.), *Pugi Ranau* (Dus.), *Tampoi* (Br., Mal.), *Tampoi Hutan* (Br.), *Tampoi Paya* (Br.)
Midstorey/subcanopy tree, treelet • VEG: Degraded Empran, Peatswamp Forest • HAB: flat ground; seasonal watercourse • GEO: alluvial deposits; sandy soil • ALT: 10 m
BEL: Bukit Sawat, Sg. Belait, *Niga* 50; Kuala Balai, *Dransfield J.* 6790. **TUT:** Rambai, Luagan Merimbun, *Ashton* BRUN 910; Telisai, *Niga* 77 • Sumatra, Borneo

B. costulata (Miq.) Muell.Arg.
Midstorey/subcanopy tree • VEG: Alluvial Forest • HAB: flat ground; periodically flooded • GEO: alluvial deposits • ALT: 10–30 m
TEM: Batu Apoi, *Kirkup* 311 • Sumatra, Borneo: Sabah

B. javanica (Blume) Muell.Arg.
Treelet • VEG: Secondary Forest • GEO: Lambir formation
BEL: Labi, Teraja, *Atkins* 611.

B. kunstleri Gage (*B. caudata* Merr.)
Midstorey/subcanopy tree, treelet • HAB: ridge; periodically flooded • GEO: alluvial deposits • ALT: 40 m

BEL: Sungai Liang, Andulau F.R., *Ashton* BRUN 2632; Sungai Liang, Jln. Labi, *Forman* 846; Sungei Liang, Andulau F.R., *Niga* 333 • Sumatra, Malaya, Borneo

B. lanceolata (Miq.) Muell.Arg. — *Buah Limpaung* (Ib.), *Buah Lipau* (Mur.), *Limpaung* (Ib.), *Tamasu* (Dus.)

Midstorey/subcanopy tree, treelet • VEG: Empran, LMDF, Lower Montane Forest • HAB: steep slope; ridge; seasonal watercourse; near running fresh water • GEO: Meligan formation, Setap Shales; sandstone; yellow clay soil; alluvial deposits • ALT: 40–770 m • USES: Edible fruit

TEM: Amo, Bt. Retak, *Sands* 5363; Amo, K. Belalong, *Wong* 1157; Amo, Kuala Belalong, *Argent* 91163; Amo, Ulu Belalong, *Coode* 7876; Batu Apoi, K. Sebatu, *Ashton* BRUN 350; Batu Apoi, Kpg. Selapon, *Wong* 2017. **TUT:** Lamunin, *Kirkup* 232; Lamunin, *Kirkup* 233 • W & C Malesia

B. latifolia Hook.f. — *Pakang* (Ib.), *Pugi Kilau* (Dus.), *Tampoi Hutan* (Br.)

Midstorey/subcanopy tree • VEG: Kerangas • USES: Edible, fruit used to make drink

BEL: Bukit Sawat, Jln. Merangking–Buau, *Niga* 262. **TUT:** Rambai, Tasek Merimbun, *Bernstein* 16 • Malaya, Borneo

B. macrocarpa (Miq.) Muell.Arg. — *Puak* (Ib.)

Midstorey/subcanopy tree • VEG: LMDF, Secondary Forest • HAB: gentle slope; periodically flooded; near running fresh water • GEO: Belait formation; alluvial deposits • ALT: 10–20 m

BEL: Bukit Sawat, Jln. Labi–Merangking, *Kirkup* 262. **TUT:** Rambai, Ulu Supon, *Ashton* BRUN 870 • Sumatra, Malaya, Borneo

B. aff. maingayi Hook.f. — *Tampoi Laki* (Br.)

Treelet • VEG: Secondary Forest • ALT: 30 m

BRM: Berakas, Berakas camp, *Hassan Pukol* BRUN 5596 • *Baccaurea maingayi* is known from Borneo: Sarawak

B. membranacea Pax & K. Hoffm.

BEL: Labi, Bt. Teraja, *Simpson* 2083.

B. motleyana (Muell.Arg.) Muell.Arg. — *Rambai* (Ked.)

Midstorey/subcanopy tree • VEG: Cultivated Areas • HAB: gentle slope • GEO: yellow sandy clay soil

TUT: Lamunin, Jln. Abang, *Hassan Pukol* BRUN 5723 • W & C Malesia

B. pyriformis Gage

Midstorey/subcanopy tree • HAB: gentle slope • GEO: sandstone; yellow sandy clay soil, yellow sand • ALT: 30 m

BEL: Labi, Bt. Puan, *Ashton* S 7874; Labi, Bt. Teraja, *Ashton* BRUN 663 • Sumatra, Malaya, Borneo

B. racemosa (Reinw.) Muell.Arg. — *Engkuni* (Ib.), *Kunau* (Ib.), *Mata Kunau* (Br.), *Mata Kunau* (*), *Pugi* (Dus.), *Pugi Ranau* (Dus.)

Canopy/emergent tree, midstorey/subcanopy tree, treelet, shrub • VEG: LMDF, HDF • HAB: gentle slope, steep slope, ridge • GEO: sandstone, clay, Setap Shales; yellow clay soil, yellow sandy clay soil, yellow sandy loam • ALT: 800 m • USES: Wood used in house building

BEL: Andulau F.R., *Ashton* BRUN 610; Labi, Bt. Telingan, *Ashton* BRUN 22; Labi, Bt. Telingan, *Wong* 1580; Labi, Bt. Teraja, *Coode* 6974; Sungai Liang, Andulau F.R., *Sinclair* 10441; Sungai Liang, Bt. Besong, *Niga* 223; Sungai Liang, Jln. Labi, *Wong* 1558. **TEM:** Amo, Bt. Belalong, *Dransfield J.* 7214; Amo, K. Belalong, *Dransfield J.* 7061; Batu Apoi, Bt. Gelagas (Bt. Suang), *Simpson* 2250; Labu, *Ashton* BRUN 3323; Labu, *Ashton* BRUN 3336. **TUT:** Rambai, Tasek Merimbun, *Bernstein* 484; Ukong, Bt. Besong, *Niga* 234 • W & C Malesia

B. cf. racemosa (Reinw.) Muell.Arg. — *Sekuno Bukid* (Dus.)

Midstorey/subcanopy tree • ALT: 50–100 m • USES: Edible young leaves

BEL: Labi, Labi Hills F. R., *Coode* 6808. **TUT:** Rambai, Tasek Merimbun, *Bernstein* 6.

B. reticulata Hook.f. — *Puak* (Ib.), *Tampoi* (Br.)
　　Canopy/emergent tree, midstorey/subcanopy tree • HAB: gentle slope • ALT: 60 m • USES: Edible fruit, seed coat is juicy and edible
　　BEL: Sungai Liang, Andulau F.R., *Jacobs* 5662; Sungai Liang, Andulau F.R., *Smythies* SAN 17533; Sungai Liang, Sungai Liang Arboretum, *Wyatt-Smith* KEP 80107; Sungai Liang, Sungei Liang, *Forman* 1090 • Sumatra, Malaya, Borneo

B. stipulata J.J.Sm. — *Engkuni* (Ib.), *Kunau* (Br., Ib.), *Mata Kunau* (Br.), *Sekunau* (Dus.)
　　Midstorey/subcanopy tree, treelet • VEG: Degraded Peatswamp Forest, LMDF • HAB: steep slope; near running fresh water • GEO: Setap Shales; clay soil, sandy soil • ALT: 100 m
　　BEL: Labi, *Johns* 7432; Labi, *Niga* 162; Melilas, Sg. Belait, *Forman* 1191; Sukang, Sg. Belait, *Wong* 718. **TEM:** Amo, K. Belalong, *Dransfield J.* 6648; Amo, K. Belalong, *Wong* 1153; Batu Apoi, Kpg. Selapon, *Dransfield J.* 6904. **TUT:** *Forman* 981 • Sumatra, Malaya, Borneo

B. sumatrana (Miq.) Muell.Arg.
　　Midstorey/subcanopy tree, shrub • VEG: Kerangas, Degraded HDF • HAB: gentle slope, raised beach • GEO: White sand • ALT: sea level–660 m
　　BEL: Seria, Badas F.R., *Coode* 7351; Seria, Badas F.R., *Smythies* S 5842. **TEM:** Batu Apoi, Bt. Gelagas (Bt. Suang), *Simpson* 2300 • Sumatra, Malaya, Borneo

B. trunciflora Merr. — *Engkuni* (Ib.), *Kunau* (Br., Dus.), *Mata Kunau* (Mal.), *Mengkuni* (Ib.)
　　Tree, midstorey/subcanopy tree, treelet • VEG: HDF, Secondary Forest, Degraded Secondary Forest • HAB: gentle slope, ridge; near running fresh water • GEO: Setap Shales; yellow sandy clay soil • ALT: 10–40 m • USES: Iban parang sheaths, tiangs
　　BEL: Melilas, Sg. Belait, *Forman* 1203; Sungai Liang, Andulau F.R., *Wong* 1560. **TEM:** Amo, Bt. Belalong, *Wong* 1528; Amo, K. Belalong, *Wong* 1236; Batu Apoi, Bt. Gelagas (Bt. Suang), *Simpson* 2339. **TUT:** Rambai, Tasek Merimbun, *Bernstein* 5; Rambai, Ulu Tutong, *Ashton* BRUN 893. **Without prov.:** *Schatz* 3251 • Borneo

B. cf. trunciflora Merr.
　　Treelet • HAB: steep slope • GEO: sandstone; bare rock and boulders
　　BEL: Melilas, Batu Patam, *Wong* 1027.

B. spp. indet.
　　BEL: Ulu Sg. Badas, *Niga* 133; Bukit Sawat, Buau, *Kirkup* 705; Kuala Balai, Kuala Balai, BRUN 15648; Labi, Bukit Teraja, *Suhaili Hj. Zinin* BRUN 15002; Melilas, Ulu Ingei, *Sands* 5933. **TEM:** *Johns* 7376; Amo, Bt. Belalong, *Prance* 30697; Amo, K. Belalong, *Wong* 223; Amo, K. Belalong, *Wong* 1240; Amo, Kerangan Maritim, BRUN 15281; Batu Apoi, Sg. Selapon, *Wong* 2092; Labu, Peradayan Forest Reserve, *Sands* 5779. **TUT:** Rambai, Sg. tutong, *Wong* 1681. **Without prov.:** *van Niel* 4242; *van Niel* 4301.

BLUMEODENDRON

B. calophyllum Airy Shaw
　　Canopy/emergent tree • HAB: gentle slope • GEO: yellow sandy clay soil • ALT: 70 m
　　BEL: Andulau F.R., *Ashton* BRUN 2020 • Malaya, Borneo: Sarawak

B. cf. concolor Gage — *Bantas* (Ib.)
　　Midstorey/subcanopy tree
　　BEL: Melilas, Sg. Ingei, *Wong* 602 • The species is known from Malaya, Borneo

B. kurzii (Hook.f.) J.J.Sm.
　　Canopy/emergent tree • HAB: gentle slope • GEO: sandstone; yellow sandy clay soil • ALT: 150 m
　　BEL: Labi, Bt. Telingan, *Ashton* BRUN 15 • Burma to Malesia

B. tokbrai (Blume) Kurz var. **borneense** (Pax & K. Hoffm.) Airy Shaw
　　Midstorey/subcanopy tree • ALT: 270 m

TEM: Amo, K. Belalong, *Smythies* SAN 17086 • Borneo

B. cf. tokbrai (Blume) Kurz var. borneense (Pax & K. Hoffm.) Airy Shaw
Midstorey/subcanopy tree, treelet • VEG: Alluvial Forest, Degraded LMDF • HAB: valley bottom • GEO: alluvial deposits • ALT: 20–60 m
BEL: Labi, Sg. Rampayoh, *Dransfield J.* 7324; Sungei Liang, Andulau F.R., *Dransfield J.* 7241.

B. tokbrai (Blume) Kurz var. tokbrai
Midstorey/subcanopy tree • VEG: Peatswamp Forest with Shorea albida, Kerangas, HDF • HAB: gentle slope, raised beach, ridge • GEO: White sand, sandstone, clay; Kerangas soil, clay soil; peat • ALT: sea level
Locality not traced: *Brunig* S 936. **BEL:** Andulau F.R., *Ashton* BRUN 264; Melilas, Batu Patam, *Wong* 1078; Seria, Anduki F.R., *Ladi* BRUN 5117; Seria, Badas F.R., *Smythies* S 5839; Seria, Seria, *Smythies* S 5884. **TEM:** Amo, Ulu Belalong, *Dransfield J.* 7370 • Malesia

B. sp. indet.
BEL: Labi, Bukit Teraja, *Suhaili Hj. Zinin* BRUN 15013.

B. cf. sp. indet.
BEL: Sungai Liang, Andulau F.R., *Wong* 930.

BREYNIA

B. coronata Hook.f. — *Dampul* (Ib.), *Dampul Parodop* (Dus.)
Tree, treelet, shrub • VEG: Alluvial Forest, HDF • HAB: base of slope, gentle slope; near running fresh water • GEO: shale, Setap Shales; alluvial deposits; stony • ALT: 70 m • USES: Medicinal fruits cure tooth ache, the roots stomach ache
BEL: Jln. Labi, *Wong* 200. **TEM:** Amo, Batu Apoi Forest Reserve, *Nielsen* 1051; Amo, Batu Apoi F.R., K. Belalong FSC, *Hansen* 1578; Amo, K. Belalong, *Ashton* BRUN 5658; Batu Apoi, Bt. Gelagas (Bt. Suang), *Simpson* 2472. **TUT:** Rambai, Tasek Merimbun, *Bernstein* 208. **Without prov.:** *van Niel* 3454; *van Niel* 4083 • ?Sumatra, Malaya, Borneo

B. spp. indet.
Without prov.: *van Niel* 3889; *van Niel* 4296.

BRIDELIA
Determinations by S. DRESSLER

B. glauca Blume
Midstorey/subcanopy tree, treelet • VEG: LMDF, Degraded Secondary Forest • HAB: valley bottom, terrace; periodically flooded; near running fresh water • GEO: alluvial deposits; sandy clay soil, sandy soil
BEL: Labi, Sungai Rampayoh, *Coode* 7780. **TEM:** Batu Apoi, Selapon, *Coode* 7913.

B. penangiana Hook.f. (*B. minutiflora* Hook.f.) — *Rukam* (Br., Dus., Ib.)
Midstorey/subcanopy tree, treelet
BRM: Gadong, Gadong, *Hussain Hj. Osman* 33. **TUT:** Kiudang, Kpg. Kiudang, *Wong* 560 • SE Asia, Malesia, N Queensland, Solomon Is.

B. stipularis (L.) Blume
Shrub, climber • VEG: Secondary Forest
TUT: Lamunin, Kpg. Lamunin, *Wong* 51; Lamunin, Kpg. Lamunin, *Wong* 502 • SE Asia, W & C Malesia

CEPHALOMAPPA

C. beccariana Baill. var. **tenuifolia** Airy Shaw — *Ukud* (Ib.)
Canopy/emergent tree • VEG: LMDF • HAB: steep slope • GEO: Setap Shales • ALT: 20–80 m • USES: Edible fruit
TEM: Amo, K. Belalong, *Dransfield J.* 6688 • Borneo: Sarawak

C. lepidotula Airy Shaw
Name in Hassan & Ashton • Malaya, Sumatra, Borneo: Sarawak

CHAETOCARPUS

C. castanocarpus (Roxb.) Thwaites — *Medang Serukan* (Br., Dus.)
Tree, canopy/emergent tree • VEG: Peatswamp Forest, Degraded Peatswamp Forest • HAB: gentle slope, ridge; near running fresh water • GEO: yellow clay soil, yellow sand • ALT: 300 m
BEL: Bukit Sawat, Sg. Mau, *Simpson* 2009; Labi, Bt. Puan, *Ashton* S 7869; Sungai Liang, Sg. Lumut, *Sinclair* 10425. **BRM:** Berakas, Berakas F.R., *Brunig* S 945. **TEM:** Amo, *Wong* 263; Amo, K. Belalong, *Ashton* BRUN 3391 • SE Asia, Sumatra, N Malaya, Borneo

CHEILOSA

C. montana Blume
Midstorey/subcanopy tree • VEG: LMDF • HAB: steep slope • GEO: sandstone; stony; clay soil
TEM: Amo, Ulu Belalong, *Coode* 7842. **Without prov.:** *Smythies* SAN 17406.

CLAOXYLON

C. longifolium (Blume) Hassk.
Treelet, herb • HAB: valley bottom • GEO: Setap Shales • ALT: 150–20 m
BEL: Labi, Wong Kadir, *Coode* 7237. **TUT:** Lamunin, *Kirkup* 286 • SE Asia, Malesia

C. cf. longifolium (Blume) Hassk.
Suffrutescent herb/subshrub • HAB: near running fresh water • GEO: sandstone; sandy soil • ALT: 80 m
BEL: Labi, Sg. Rampayoh, *Coode* 7271.

CLEISTANTHUS
Determinations by S. DRESSLER

C. bakonensis Airy Shaw
Midstorey/subcanopy tree, treelet • VEG: HDF • HAB: ridge; near running fresh water • ALT: 350 m
BEL: Labi, Bt. Teraja, *Simpson* 2087. **TEM:** Amo, Sg. Temburong Machang, *Wong* 1999. **Without prov.:** *Niga* 194 • Borneo

C. baramicus Jabl.
Midstorey/subcanopy tree, treelet • HAB: ridge
BEL: Melilas, Batu Patam, *Wong* 1146. **TEM:** Labu, *Wong* 1149. **TUT:** Ukong, Bt. Besong, *Niga* 237 • ?Malaya, Borneo

C. brideliifolius C.B.Rob.
• ALT: 100–200 m
BEL: Labi, Labi Hills F. R., *Coode* 6821 • W & C Malesia

C. contractus Airy Shaw
Midstorey/subcanopy tree • VEG: Degraded LMDF • HAB: gentle slope • GEO: Belait formation • ALT: 120–180 m
BEL: Labi, Bt. Telingan, *Kirkup* 235 • Malaya, Borneo: Sabah

C. coriaceus Airy Shaw
Midstorey/subcanopy tree, treelet, shrub • VEG: Degraded LMDF, HDF • HAB: gentle slope, ridge • GEO: Belait formation • ALT: 120–350 m
BEL: Labi, Bt. Telingan, *Dransfield J.* 6830; Labi, Bt. Teraja, *Simpson* 2027; Labi, Bt. Teraja, *Simpson* 2134 • Borneo: Sarawak

C. glaber Airy Shaw
Midstorey/subcanopy tree, treelet • VEG: LMDF, Degraded LMDF • HAB: gentle slope, steep slope • GEO: Belait formation • ALT: 50–180 m
BEL: Labi, Bt. Telingan, *Dransfield J.* 6835; Labi, Bt. Teraja, *Dransfield J.* 6856; Labi, Bt. Teraja, *Dransfield J.* 6858 • Malaya, Borneo, Philippines

C. gracilis Hook.f.
Midstorey/subcanopy tree • VEG: Kerangas Forest with Agathis • GEO: sandy soil • ALT: 20–10 m
BEL: Seria, Badas F.R., *Coode* 7647 • N Malaya, Borneo, ?Philippines

C. myrianthus (Hassk.) Kurz var. spicatus Airy Shaw
Treelet • HAB: near running fresh water
TEM: Amo, Sg. Temburong, *Wong* 1966 • Malaya, Borneo

C. pseudopodocarpus (Roxb.) Thwaites
Treelet • HAB: near running fresh water
BEL: Melilas, Ulu Ingei,, *Wong* 1111 • SE Asia, Sumatra, N Malaya, Borneo

C. pyrrhocarpus Airy Shaw
Canopy/emergent tree, midstorey/subcanopy tree, treelet • VEG: LMDF, HDF • HAB: gentle slope, ridge • GEO: clay • ALT: 40 m
BEL: Andulau F.R., *Ashton* BRUN 268; Labi, Bt. Teraja, *Coode* 6931; Sungai Liang, Andulau F.R., *Sinclair* 10456. **TEM:** Batu Apoi, Bt. Gelagas (Bt. Suang), *Simpson* 2323 • Borneo: Sarawak

C. sumatranus (Miq.) Muell.Arg.
Treelet • VEG: HDF • HAB: steep slope • ALT: 740 m
TEM: Amo, Bt. Belalong, *Prance* 30561a • SE Asia, W & C Malesia

C. winkleri Jabl.
Midstorey/subcanopy tree • HAB: gentle slope • GEO: yellow sandy loam • ALT: 40 m
BEL: Andulau F.R., *Ashton* BRUN 3287 • Borneo: Sarawak

C. sp. indet.
BEL: Melilas, Ulu Ingei, *Atkins* 576.

CROTON

C. argyratus Blume — *Entupak* (Ib.), *Lia Padang* (Ib.), *Lokon Abai* (Dus.)
Midstorey/subcanopy tree, treelet • VEG: LMDF, HDF • HAB: flat ground, ridge • GEO: Setap Shales; yellow sandy loam • ALT: 150 m • USES: Firewood
BEL: Andulau F.R., *Ashton* BRUN 3252; Bukit Sawat, Jln. Sg. Mau–Merimbun, *Wong* 369; Labi, *Flemmich* KEP 34467; Labi, Labi Hills F. R., *Coode* 6800. **TEM:** Batu Apoi, Bt. Gelagas (Bt. Suang), *Simpson* 2206. **TUT:** Lamunin, *Dransfield J.* 6810; Rambai, Tasek Merimbun, *Bernstein* 114, 156 **Without prov.:** KEP 34448 • SE Asia, W & C Malesia

C. caudatus Geisel.
Climber • VEG: Peatswamp Forest
BEL: Labi, *Niga* 309.

C. coriifolius Airy Shaw
Midstorey/subcanopy tree • VEG: Degraded Peatswamp Forest • ALT: 20 m
BEL: Sungai Liang, Sg. Lumut, *Coode* 7731 • Borneo: Sarawak

C. cf. griffithii Hook.f.
Canopy/emergent tree
TUT: Ukong, Bt. Besong, *Niga* 202x • The species is known from Malaya, Borneo

C. heterocarpus Muell.Arg.
Treelet, shrub • VEG: Mangrove • HAB: near brackish water • ALT: 10 m
BRM: Kilanas, Jln. Bebatik–Kilanas, *Wong* 2097; Kilanas, Sg. Brunei, *Ashton* BRUN 5128 • Sumatra, Malaya, Borneo, Philippines

C. krabas Gagnep.
Scrambling shrub
BEL: Labi, Jln. Labi, *Wong* 1004 • Indochina, Sabah

C. oblongus Burm.f. (*C. korthalsii* Muell.Arg.) — *Lia Padang* (Ib.), *Padang-Padang* (Br.).
Canopy/emergent tree, midstorey/subcanopy tree • VEG: Degraded Peatswamp Forest, LMDF, Secondary Forest • HAB: gentle slope, steep slope, terrace; near running fresh water • GEO: Belait formation, sandstone; alluvial deposits • ALT: 20–0 m
BEL: Bukit Sawat, Merangking Buau, *Coode* 7686; Bukit Sawat, Sg. Mau, *Simpson* 2005; Labi, Sungai Rampayoh, *Coode* 7820; Seria, Badas, *Coode* 7370; Sukang, Kampong Sukang, *Sands* 5875 • W Malesia

DICOELIA

D. beccariana Benth.
Midstorey/subcanopy tree • VEG: Degraded LMDF • HAB: gentle slope • GEO: Belait formation • ALT: 120–250 m
BEL: Labi, Bt. Telingan, *Kirkup* 236 • Sumatra, Malaya, Borneo

D. cf. beccariana Benth.
Midstorey/subcanopy tree • VEG: LMDF • HAB: steep slope • ALT: 300 m
TEM: Amo, *Schatz* 3270.

DIMORPHOCALYX

D. denticulatus Merr.
Midstorey/subcanopy tree • VEG: Secondary Forest • ALT: 20–80 m
TEM: Bangar, Bt. Biang, *Forman* 906 • Borneo: Sarawak; Philippines (S)

D. cf. denticulatus Merr.
Shrub • VEG: LMDF • HAB: ridge
TUT: *Johns* 7473.

D. muricatus (Hook.f.) Airy Shaw
Midstorey/subcanopy tree, treelet • VEG: LMDF • HAB: steep slope, ridge • GEO: Belait formation; yellow clay soil • ALT: 50–80 m
BEL: Labi, Bt. Teraja, *Dransfield J.* 6855. TEM: Amo, Ulu Belalong, *Asah* BRUN 3051 • Sumatra, Malaya, Borneo

D. muricatus (Hook.f.) Airy Shaw *vel aff.*
Without prov.: *Niga* 180.

DRYPETES

D. eriocarpa Airy Shaw
Midstorey/subcanopy tree • VEG: LMDF • HAB: ridge • ALT: 200–250 m
BEL: Labi, Bt. Teraja, *Simpson* 2143. TEM: Amo, Kuala Belalong, *Argent* 9177 • Borneo: Sarawak

D. cf. fusiformis Airy Shaw
Liana • VEG: LMDF • HAB: gentle slope • ALT: 40 m
BEL: Labi, Bt. Teraja, *Coode* 6880 • The species is known from Borneo

D. longifolia (Blume) Pax & K. Hoffm. — *Maklawi* (Ib.)
Midstorey/subcanopy tree, treelet • VEG: LMDF, Secondary Forest • HAB: steep slope; near running fresh water • GEO: Lambir formation, Setap Shales • ALT: 150–70 m
BEL: Labi, Sg. Mendaram, *Sands* 5502; Labi, Sungai Rampayoh, *Atkins* 594; Labi, Wong Kadir, *Coode* 7244; Labi, Wong Kadir, *Coode* 7246. **TEM:** Amo, K. Belalong, Sg. Belalong, *Dransfield J.* 7050. **TUT:** Lamunin, Ladan Hills F.R., *Wong* 512 • S Thailand, Malesia

D. sibuyanensis (Elmer) Pax & K. Hoffm.
Canopy/emergent tree, midstorey/subcanopy tree • VEG: Peatswamp Forest • HAB: gentle slope • GEO: sandstone, clay; yellow sandy clay soil; peat • ALT: sea level–40 m
BEL: Andulau F.R., *Ashton* BRUN 58; Andulau F.R., *Ashton* BRUN 252; Andulau F.R., *Ashton* S 5950 • Sumatra, Borneo, Philippines

D. sp. indet.
TEM: Batu Apoi, Selapon, *Kirkup* 929.

ELATERIOSPERMUM

E. tapos Blume — *Kelampai* (Ib.), *Pegio* (Dus.), *Perah* (Br., Ib.), *Pogo* (Dus.)
Canopy/emergent tree, midstorey/subcanopy tree • VEG: Alluvial Forest, HDF • HAB: valley bottom, gentle slope, steep slope; near running fresh water • GEO: sandstone; alluvial deposits; yellow clay soil, yellow sandy clay soil, sandy soil • ALT: 200 m • USES: Edible fruit, wood used for posts and in house building
BEL: Jln. Labi, *Ashton* BRUN 44; Labi, Labi Hills F. R., *Coode* 6820; Labi, Sg. Rampayoh, *Coode* 7299; Labi, Sg. Rampayoh, *Dransfield J.* 7298. **TEM:** Amo, Bt. Belalong, *Prance* 30709; Labu, *Ashton* BRUN 3301; Labu, *Smythies* SAN 17436; Labu, Perdayan F.R., *Sow Tandang* KEP 80171. **TUT:** Lamunin, Ladan Hill F.R., *Niga* 219; Rambai, Bt. Bahak, *Coode* 7000; Rambai, Tasek Merimbun, *Bernstein* 426 • W & C Malesia

ENDOSPERMUM

E. diadenum (Miq.) Airy Shaw (*E. malaccense* Muell.Arg.) — *Antabulan* (Ib.), *Sesendok* (Br.), *Sendok-Sendok* (*)
Canopy/emergent tree, midstorey/subcanopy tree • VEG: Secondary Forest • HAB: flat ground, gentle slope, ridge • GEO: Seria formation, White sand; yellow sandy clay soil, sandy soil, yellow sandy loam • ALT: 330 m
BEL: Bukit Sawat, Buau, *Kirkup* 714; Labi, Labi F.R., *Niga* 1; Seria, *Flemmich* KEP 32614. **BRM:** Berakas, Berakas camp, *Ashton* BRUN 5161; Berakas, Berakas F.R., *Ashton* BRUN 5049. **TEM:** Bangar, Bt. Biang, *Ashton* BRUN 5585 • Sumatra, Malaya, Borneo

E. sp. indet.
BEL: Labi, Kpg. Tenajor, *Haslani-Mohd. A.* 55.

EUPHORBIA

E. thymifolia L.
Herb • VEG: Roadsides • GEO: sandy soil • ALT: 10 m
TUT: Telisai, *Coode* 7408. **Without prov.:** *van Niel* 3790; *van Niel* 4025 • Old World Tropics

EXCOECARIA

E. agallocha L.
Midstorey/subcanopy tree • VEG: Mangrove, Coastal Forest • HAB: near running fresh water, near brackish water • GEO: sandstone

BRM: Kota Batu, Kpg. Kota Batu, *Hassan Pukol* BRUN 5719; Pengkalan Batu, Sg. Brunei, *Ashton* BRUN 5070; Serasa, *Smythies* BRUN 3050. **Without prov.:** *van Niel* 3836; *van Niel* 4258 • SE Asia, Malesia to N Australia & Pacific

E. indica (Willd.) Muell.Arg. — *Gurah* (Br., Dus.)
Midstorey/subcanopy tree • HAB: flat ground; impeded drainage; near still fresh water
TUT: Lamunin, Kpg. Lamunin, *Wong* 518 • SE Asia, Malesia to Solomon Is.

FAHRENHEITIA

F. pendula (Hassk.) Airy Shaw
Midstorey/subcanopy tree • VEG: LMDF, Secondary Forest • HAB: valley bottom, gentle slope; near running fresh water • GEO: alluvial deposits; sandy soil, yellow sandy loam • ALT: 40 m
BEL: Andulau F.R., *Ashton* BRUN 3255; Bukit Sawat, Jln. Labi–Merangking, *Kirkup* 368; Labi, Sungai Rampayoh, *Coode* 7778. **TUT:** *Niga* 157 • S Thailand, W Malesia

GLOCHIDION

G. borneense (Muell.) Boerl.
Name in Hassan & Ashton

G. brunneum Hook.f.
Midstorey/subcanopy tree • VEG: Secondary Forest • ALT: sea level
BEL: Seria, Badas, *Coode* 7625 • Sumatra, Malaya, Borneo

G. celastroides (Muell.Arg.) Pax **var. nov.**
Treelet • VEG: Kerangas • HAB: ridge • GEO: Belait formation • ALT: 350 m
BEL: Labi, Bt. Teraja, *Dransfield J.* 6865 • (type var. in Bangka, Billiton, Sarawak)

G. glomerulatum (Miq.) Boerl.
Midstorey/subcanopy tree
TEM: Bukok, Kpg. Sibatang, *Forman* 949 • Indochina, W & C Malesia

G. kerangae Airy Shaw — *Manyam* (Ib.)
Midstorey/subcanopy tree, treelet, shrub • VEG: Peatswamp Forest with Shorea albida, Kerangas, Kerangas Forest with Agathis • HAB: well-drained • GEO: White sand • ALT: sea level–20 m
BEL: Labi, *Johns* 7457; Seria, Seria, *Smythies* S 5904. **TUT:** Tanjong Maya, *Wong* 40; Telisai, *Coode* 6859; Telisai, Jln. K. Belait–Pekan Muara, *Jacobs* 5678. **Without prov.:** *van Niel* 3727a; *van Niel* 3727b • Borneo

G. lanceisepalum Merr. — *Manyam* (Ib.), *Mayam Bukit* (Ib.)
Midstorey/subcanopy tree, treelet • VEG: LMDF, HDF • HAB: ridge • GEO: sandstone; Leaf litter • ALT: 560 m
BEL: Sungai Liang, Andulau F.R., *Coode* 6789; Sungai Liang, Andulau F.R., *Wong* 28; Sungai Liang, Sungai Liang Arboretum, *Niga* 61; Sungai Liang, Sungei Liang Arboretem, *Wong* 124. **TEM:** Amo, *Ashton* BRUN 2548; Amo, Ulu Belalong, *Dransfield J.* 7411 • Borneo

G. littorale Blume
Scrambling shrub • VEG: Degraded Kerangas • HAB: flat ground; near brackish water • GEO: White sand
TUT: Telisai, Danau, *Kirkup* 787. **Without prov.:** *van Niel* 3423; *van Niel* 3764; *van Niel* 3841; *van Niel* 4027 • SE Asia, W Malesia

G. littorale Blume **var. littorale**
Shrub, suffrutescent herb/subshrub, climber • VEG: Mangrove, Degraded Mangrove, Kerangas • HAB: gentle slope • GEO: Coastal beach sand • ALT: sea level
Locality not traced: *Lobb* s.n. 1852. **BEL:** Sungai Liang, Kpg. Lumut, *Wong* 14. **TUT:** Tanjong Maya, *Wong* 45; Telisai, Danau, *Forman* 1014; Telisai, Telisai Bridge, *Coode* 7386 • SE Asia, W Malesia

G. lutescens Blume
Midstorey/subcanopy tree • VEG: Secondary Forest • GEO: yellow sandy loam
TUT: Telisai, *Ashton* BRUN 5030 • SE Asia, Malesia

G. obscurum (Willd.) Blume
Midstorey/subcanopy tree, treelet • HAB: near running fresh water • GEO: Setap Shales • ALT: 10 m
TEM: Amo, Sg. Temburong, *Wong* 237; Batu Apoi, Kpg. Selapon, *Dransfield J.* 6903 • Indochina, Malesia

G. cf. pubicapsa Airy Shaw var. **pubicapsa** — *Manyam* (Ib.)
Treelet
TEM: Amo, Bt. Retak, *Wong* 738 • The species is known from ?Sumatra, ?Java, Borneo, Philippines

G. rubrum Blume — *Dampul* (Dus.), *Mayam Paya* (Ib.)
Midstorey/subcanopy tree, treelet, shrub, climber • VEG: LMDF • ALT: 50 m • USES: Medicinal, leaves rubbed on stomach to cure ache.
BEL: Bukit Sawat, Jln. Labi, *Wong* 92. **BRM:** Mentiri, *Coode* 6302. **TEM:** *Johns* 7212; *Johns* 7312; *Johns* 7320; Bukok, Kpg. Sibatang, *Forman* 944. **TUT:** Rambai, Sg. Tutong, *Coode* 6364; Rambai, Tasek Merimbun, *Bernstein* 210 **Without prov.:** *van Niel* 4277 • SE Asia, W & C Malesia

G. cf. rubrum Blume
Treelet, shrub • HAB: near running fresh water
BEL: Melilas, Sg. Ingei, *Wong* 711. **TEM:** Amo, *Wong* 483; Amo, Sg. Temburong, *Wong* 1964.

G. sericeum (Blume) Zoll. & Mor.
Midstorey/subcanopy tree, treelet, climber • VEG: Peatswamp Forest with Shorea albida, LMDF • HAB: flat ground, gentle slope, ridge; periodically flooded; near running fresh water • GEO: Belait formation; alluvial deposits • ALT: 30–150 m
BEL: Melilas, Kuala Ingei, *Thomas* 213; Melilas, Ulu Ingei, *Kirkup* 769; Melilas, Ulu Ingei, *Sands* 5895. **TUT:** Lamunin, Ladan Hills F.R., *Sands* 5719; Rambai, Sg. Medit, *Simpson* 2528 • W & C Malesia

G. singaporense Gage *vel aff.*— *Dampul* (Dus.)
Treelet, shrub • ALT: 20–100 m
BEL: Labi, Labi Hills F. R., *Coode* 6813. **TUT:** Rambai, Belebau, *Coode* 6387.

G. superbum Baill.
Midstorey/subcanopy tree, treelet, shrub; in understorey/low vegetation • VEG: LMDF, Secondary Forest • HAB: gentle slope, ridge; near running fresh water • GEO: Belait formation, sandstone; yellow sandy clay soil, yellow sandy loam • ALT: 60 m
BEL: Labi, Bt. Telingan, *Ashton* BRUN 20; Labi, Bt. Teraja, *Coode* 6975; Sungai Liang, Andulau F.R., *Coode* 6784. **TUT:** Telisai, *Ashton* BRUN 5032; Ulu Tutong, Bukit Bahak, *Kirkup* 579 • Sumatra, Malaya, Borneo

G. williamsii C.B.Rob.
Midstorey/subcanopy tree • VEG: Degraded Peatswamp Forest • GEO: clay soil • ALT: sea level–10 m
TUT: *Forman* 1006 • Borneo: Sabah; Philippines

G. sp. 1
• ALT: 70 m
TEM: Amo, Sungai Temburong, *Argent* 9140.

G. spp. indet.
BEL: Labi, Kpg. Tenajor, *Haslani-Mohd. A.* 29; Labi, Sg. Rampayoh, *Coode* 7264; Labi, Sungai Rampayoh, *Kirkup* 804; Labi, Wong Kadir, *Coode* 7225; Melilas, Ulu Ingei, *Sands* 5907; Seria, Badas F.R., *Coode* 7629; Sukang, Kampong Sukang, *Sands* 5865; Sukang, Sungai Paleh

Bangawong, *Kirkup* 638; Sungai Liang, Compartment 7, BRUN 15246; Sungai Liang, Jln. Labi, *Wong* 963; Sungai Liang, Sungei Liang, *Forman* 1093. **TEM:** Amo, *Wong* 1268; Amo, Batu Apoi Forest Reserve, *Nielsen* 1062; Amo, Bt. Belalong, *Dransfield J.* 7127; Amo, Bukit Belalong, *Argent* 91140; Amo, Bukit Belalong, *Argent* 91156; Amo, K. Belalong, *Dransfield J.* 7034; Amo, Kpg. Batang Duri, *Wong* 1348; Amo, sg.Temburong, *Sands* 5524; Amo, Sg. Temburong, *Wong* 1733; Amo, Ulu Belalong, *Coode* 7839; Amo, Ulu Belalong, *Coode* 7888; Batu Apoi, Bt. Gelagas (Bt. Suang), *Simpson* 2278; Batu Apoi, Bt. Gelagas (Bt. Suang), *Simpson* 2352; Batu Apoi, Selapon, *Dransfield J.* 7444. **TUT:** *Forman* 979; *Forman* 1009; Lamunin, Ladan Hills F.R., *Niga* 215; Rambai, Bt. Bahak, *Coode* 7048; Telisai, *Sands* 5212; Telisai, *Sands* 5417; Ulu Tutong, Bukit Bahak, *Kirkup* 491.

HOMALANTHUS

H. caloneurus Airy Shaw — *Belantas* (Dus.), *Tapang Lalat* (Ib.)
Midstorey/subcanopy tree, treelet • VEG: Degraded Lower Montane Forest • HAB: gentle slope, steep slope • ALT: 1480–1550 m
TEM: Amo, *Ashton* BRUN 2520; Amo, *Wong* 1877; Amo, G. Pagon, *Coode* 7579 • Borneo: Sabah

H. populneus (Geisel.) Pax — *Belantas* (Dus.), *Tapang Lalat* (Ib.)
Midstorey/subcanopy tree, treelet • VEG: Roadsides • GEO: sandy soil • USES: Fumigated on tobacco to add flavour, Medicinal, for skin disease
BEL: Labi, Bt. Teraja, *Wong* 75; Labi, Jln. Labi–Bt. Puan, *Sinclair* 10508. **TUT:** Lamunin, *Forman* 876; Rambai, Tasek Merimbun, *Bernstein* 177, 524 • Malesia excluding New Guinea

H. cf. populneus (Geisel.) Pax — *Kedundum* (Dus.)
• USES: Edible flowers
TUT: Rambai, Tasek Merimbun, *Bernstein* 240.

H. spp. indet.
BEL: Labi, Bt. Teraja, *Coode* 6983. **Without prov.:** *van Niel* 3438; *van Niel* 3611.

JATROPHA

J. gossypiifolia L. — *Kerakak Keniu* (Dus.)
Shrub • VEG: Roadsides
BEL: Sungai Liang, Kpg. Lumut, *Wong* 1752 • Native to tropical America

J. sp. indet.
TUT: Rambai, Tasek Merimbun, *Bernstein* 241.

KOILODEPAS

K. longifolium Hook.f.
Midstorey/subcanopy tree • VEG: LMDF • HAB: ridge • GEO: sandy clay soil • ALT: 60 m
BEL: Labi, Sungai Rampayoh, *Coode* 7825; Sungai Liang, Andulau F.R., *Smythies* SAN 17558 • Indochina, Bangka, Malaya, Borneo

MACARANGA

M. anceps Airy Shaw
Treelet • ALT: 40 m
BEL: Sungai Liang, Jln. Labi, *Forman* 849 • Borneo: Sarawak

M. aetheadenia Airy Shaw
Midstorey/subcanopy tree • HAB: near running fresh water
TEM: Amo, K. Belalong Fld. Studies Centre, *Schatz* 3293 • ?Java, Borneo: Sarawak

M. beccariana Merr. — *Purang Semut* (Ib.), *Sedaman Layang* (Ib.)
Epiphytic; midstorey/subcanopy tree, treelet, herb • VEG: Kerangas, Degraded LMDF, Secondary Forest, Roadsides, Open areas • HAB: gentle slope • GEO: sandstone; Loam • ALT: 20–80 m
BEL: Andulau F.R., *Ashton* S 21582; Bt. Sawat, UBD plot, *Thomas* 231; Labi, Jln. Melayan, *Dransfield J.* 7254; Sungai Liang, Andulau F.R., *Fuchs* 21152. **TUT:** Lamunin, Ladan Hills F.R., *Dransfield J.* 6880 • Borneo

M. brevipetiolata Airy Shaw — *Bantas* (Ib.)
Midstorey/subcanopy tree, shrub • HAB: ridge; near running fresh water • GEO: sandy soil
BEL: Melilas, Sg. Ingei, *Wong* 651. **TEM:** Amo, Sg. Temburong Machang, *Wong* 1992 • Borneo

M. caladiifolia Becc. (*M. puncticulata* Gage) — *Purang Semut* (*)
Midstorey/subcanopy tree, treelet • VEG: Peatswamp Forest with Shorea albida, Kerangas, Kerapah • HAB: terrace • GEO: sandy soil; peat • ALT: 30 m
BEL: Melilas, K. Ingei, *Ashton* BRUN 176; Seria, Badas, *Sinclair* 10538; Seria, Jln. Badas, *Mat Salleh* 2408. **TEM:** Bukok/Labu, *Brunig* S 1125 • Malaya, Borneo

M. calcifuga (Whitmore) R.I.Milne — *Layang-Layang* (Dus.), *Sedaman* (Br.)
Midstorey/subcanopy tree • ALT: 50 m
BEL: Bukit Sawat, Sg. Mau, *Niga* 56 • Borneo: Sarawak

M. conifera (Zoll.) Muell.Arg. — *Engkarumai* (Ib.), *Ludai* (Br.), *Merakit* (Dus.), *Sadaman* (Mal.)
Scrambling tree, midstorey/subcanopy tree, shrub • VEG: Degraded Peatswamp Forest, Coastal MDF, LMDF, Open areas • HAB: gentle slope • GEO: Belait formation; sandy clay soil • ALT: 310 m
BEL: Labi, Bt. Teraja, *Coode* 6898; Labi, Labi F.R., *Niga* 371; Seria, Badas F.R., *Kirkup* 388; Sungai Liang, *Niga* 129; Sungai Liang, Andulau F.R., *Forman* 1117; Sungai Liang, Andulau F.R., *Fuchs* 21164 • Sumatra, Malaya, Borneo

M. costulata Pax & K. Hoffm.
• VEG: Belukar
BEL: Sungai Liang, Andulau F.R., *Whitmore* 3053. **Without prov.:** *van Niel* 4125 • Borneo

M. curtisii Hook.f. var. **glabra** Whitmore — *Sedaman* (Br.)
Treelet • HAB: ridge
TEM: Amo, *Wong* 1881 • Malaya, Borneo: Sabah

M. depressa (Muell.Arg.) Muell.Arg. f. **depressa**
Midstorey/subcanopy tree • VEG: Lower Montane Forest • HAB: gentle slope • GEO: Meligan formation • ALT: 1150 m
TEM: Amo, Bt. Retak, *Sands* 5291 • Borneo: Sabah

M. depressa (Muell.Arg.) Muell.Arg. f. **strigosa** Whitmore
BEL: KEP 34405 • Borneo

M. gigantea (Rchb.f. & Zoll.) Muell.Arg. — *Merakubong* (Ib.)
Midstorey/subcanopy tree, treelet • VEG: Degraded Alluvial Forest, Secondary Forest, Open areas • HAB: gentle slope • ALT: 20 m
BEL: Andulau F.R., *Ashton* S 21581; Bt. Sawat, Simpang Bukit Mau, *Awong* 8; Bukit Sawat, Sg. Mau, *Coode* 7724; Sungai Liang, Andulau F.R., *Fuchs* 21165 • Thailand, W & C Malesia

M. hosei Hook.f.
Midstorey/subcanopy tree • VEG: HDF, Secondary Forest, Roadsides • HAB: gentle slope • GEO: Belait formation, White sand • ALT: 350 m
BEL: Andulau F.R., *Ashton* S 21580; Seria, Badas F.R., *Whitmore* 3055. **TEM:** Batu Apoi, Bt. Gelagas (Bt. Suang), *Simpson* 2506. **TUT:** Lamunin, Ladan Hills, *Cowley* 30 • Sumatra, Malaya, Borneo

M. hullettii Hook.f.
Midstorey/subcanopy tree; in understorey/low vegetation • VEG: LMDF • HAB: gentle slope • GEO: Lambir formation • ALT: 20–990 m
BEL: Labi, Bukit Teraja, *Kirkup* 408.

M. hullettii Hook.f. subsp. **borneensis** Whitmore
Midstorey/subcanopy tree, treelet • VEG: LMDF, Degraded LMDF, HDF • HAB: flat ground, steep slope; periodically flooded • GEO: Setap Shales; alluvial deposits
BEL: Labi, Sungai Rampayoh, *Coode* 7766. **TEM:** Amo, Bt. Belalong, *Dransfield J.* 7229; Amo, K. Belalong, *Dransfield J.* 6692; Amo, K. Belalong Fld. Studies Centre, *Schatz* 3310. **TUT:** Lamunin, Ladan Hills, *Coode* 7327 • Borneo

M. hypoleuca (Rchb.f. & Zoll.) Muell.Arg.
Name in Hassan & Ashton

M. kingii Hook.f. var. **platyphylla** Airy Shaw
Midstorey/subcanopy tree, treelet • VEG: LMDF • HAB: steep slope • GEO: Setap Shales • ALT: 10–100 m
TEM: Amo, K. Belalong, *Boyce* 404; Amo, K. Belalong, *Dransfield J.* 6634; Labu, *Forman* 884. **TUT:** Lamunin, Ladan Hills, *Coode* 7358 • Borneo: Sarawak

M. lowii Hook.f. — *Bantas* (Ib.)
Treelet • VEG: Kerangas
BEL: Bukit Sawat, Jln. Merangking–Buau, *Niga* 263 • Indochina, Malaya, Borneo, Philippines

M. cf. motleyana (Muell.Arg.) Muell.Arg. subsp. **motleyana**
Treelet • HAB: ridge
TEM: Amo, *Wong* 1884 • The typical subspecies is known from Borneo

M. populifolia (Miq.) Muell.Arg.
Name in Hassan & Ashton

M. praestans Airy Shaw — *Bantas* (Mal.)
Treelet, shrub • VEG: Alluvial Forest • HAB: valley bottom, gentle slope • GEO: sandstone; alluvial deposits; yellow sandy clay soil • ALT: 20 m
BEL: KEP 34407; Labi, Bt. Teraja, *Ashton* BRUN 666; Labi, Sg. Rampayoh, *Dransfield J.* 7305; Labi, Sg. Rampayoh, *Dransfield J.* 7306 • Borneo: Sarawak

M. puberula Heine — *Sedaman* (Ib.)
Midstorey/subcanopy tree • VEG: Degraded Upper Montane Forest • HAB: steep slope • ALT: 920 m
TEM: Amo, Bt. Belalong, *Dransfield J.* 7212 • Borneo: Sabah

M. recurvata Gage
Midstorey/subcanopy tree • VEG: Secondary Forest • HAB: gentle slope
BEL: Andulau F.R., *Ashton* BRUN 5523 • Malaya, Borneo, ?Sulawesi

M. repando-dentata Airy Shaw
Midstorey/subcanopy tree • VEG: LMDF • HAB: gentle slope • GEO: sandstone; sandy clay soil • ALT: 210–240 m
TEM: Labu, *Ashton* BRUN 3941. **TUT:** Rambai, Bt. Bahak, *Coode* 7033 • Borneo

M. tanarius (L.) Muell.Arg. — *Purang Lingkau* (Ib.)
Treelet • VEG: Secondary Forest, Degraded Secondary Forest
TUT: Lamunin, Kpg. Lamunin, *Wong* 58; Pekan Tutong, K. Tutong, *Ashton* BRUN 972 • SE Asia, Malesia to N Australia & Pacific

M. trachyphylla Airy Shaw — *Purang* (Ib.), *Sedaman* (Br.)
Tree, midstorey/subcanopy tree, treelet • VEG: LMDF, Degraded LMDF, Belukar, Open areas • HAB: valley bottom; near running fresh water • ALT: 20–60 m
BEL: Sungai Liang, Andulau F.R., *Whitmore* 3054; Sungai Liang, Andulau F.R., *Fuchs* 21159; Sungei Liang, Andulau F.R., *Dransfield J.* 7240. **TEM:** *Johns* 7401; Amo, Batu Apoi

F.R., K. Belalong FSC, *Hansen* 1597; Amo, K. Belalong, *Wong* 217 • Borneo: Sarawak

M. triloba (Blume) Muell.Arg.
Treelet • HAB: flat ground; impeded drainage; near still fresh water
BEL: Bt. Sawat, Simpang Bukit Mau, *Awong* 9 • S Burma, S Thailand, W Malesia

M. cf. triloba (Blume) Muell.Arg. — *Sedaman* (Dus.)
Treelet • VEG: LMDF • ALT: 50 m • USES: Wood used to make mallets
TUT: 'Kismat', *Johns* 7465; Rambai, Tasek Merimbun, *Bernstein* 20.

M. winkleri Pax & K. Hoffm. — *Engkoyong* (Dus.), *Perayo* (Dus.), *Sedaman* (Dus.)
Midstorey/subcanopy tree • VEG: LMDF, Secondary Forest • HAB: flat ground; impeded drainage; near still fresh water • ALT: 20–30 m
BEL: Bt. Sawat, Simpang Bukit Mau, *Awong* 6. TEM: Amo, Batu Apoi F.R., K. Belalong FSC, *Hansen* 1598. TUT: Lamunin, Kpg. Lamunin, *Wong* 59; Rambai, Sg. Tutong, *Coode* 6358; Rambai, Tasek Merimbun, *Bernstein* 74, 185 • Borneo

M. spp. indet.
TEM: Amo, Bt. Belalong, *Prance* 30588; Batu Apoi, Selapon, *Coode* 7954. **Without prov.**: *van Niel* 3911; *van Niel* 3968.

MALLOTUS

M. eucaustus Airy Shaw
Midstorey/subcanopy tree • VEG: LMDF, HDF • HAB: gentle slope, ridge • GEO: sandstone; clay soil • ALT: 100–250 m
TEM: Amo, K. Belalong, *Wong* 1191; Batu Apoi, Bt. Gelagas (Bt. Suang), *Simpson* 2348; Batu Apoi, Kpg. Selapon, *Wong* 2050; Batu Apoi, Selapon, *Coode* 7930 • Borneo

M. floribundus (Blume) Muell.Arg. — *Sedaman* (Br.), *Untupak* (Ib.)
Midstorey/subcanopy tree • VEG: Secondary Forest
BEL: Labi, *Niga* 160. **Without prov.**: *van Niel* 3538 • SE Asia, Malesia, Pacific

M. griffithianus (Muell.Arg.) Hook.f. — *Bantas* (Ib.)
Canopy/emergent tree, midstorey/subcanopy tree, treelet, climber • VEG: LMDF, HDF • HAB: gentle slope, ridge • GEO: Belait formation, Lambir formation, sandstone; yellow sand • ALT: 40 m
BEL: Andulau F.R., *Ashton* BRUN 275; Andulau F.R., *Ashton* S 5939; Andulau Hills F.R., *Wyatt-Smith* KEP 80102; Labi, Bt. Teraja, *Coode* 6893; Labi, Bt. Teraja, *Simpson* 2025; Labi, Bt. Teraja, *Simpson* 2113; Labi, Bukit Teraja, *Kirkup* 440; Melilas, Batu Patam, *Wong* 1077; Sungai Liang, Sungei Liang, *Forman* 1094. TUT: Rambai, Bt. Bahak, *Coode* 7038 • Malaya, Borneo

M. macrostachyus Muell.Arg. — *Lekon Abai* (Dus.), *Entupak* (Ib.)
Canopy/emergent tree, midstorey/subcanopy tree • VEG: LMDF • HAB: flat ground, gentle slope • GEO: sandy soil • USES: Wood good for firewood
BEL: Labi, Bt. Teraja, *Coode* 6980. TUT: Rambai, Sg. Tutong, *Coode* 6360; Telisai, *Niga* 74.

M. cf. macrostachyus Muell.Arg.
Midstorey/subcanopy tree • VEG: Secondary Forest • HAB: steep slope
TUT: Lamunin, *Thomas* 157.

M. mollissimus (Geisel.) Airy Shaw — *Jabai* (Dus.), *Laba-Laba* (Dus.)
Treelet • VEG: Secondary Forest • ALT: 30 m
TUT: Lamunin, Kpg. Lamunin, *Wong* 57; Rambai, Tasek Merimbun, *Bernstein* 166 • Indochina, Malesia to Australia & Pacific

M. penangensis Muell.Arg. (*M. sarawacensis* Pax & K. Hoffm.)
Midstorey/subcanopy tree, treelet • VEG: Kerangas, LMDF, HDF • HAB: gentle slope, steep slope, terrace, ridge; periodically flooded • GEO: Belait formation; alluvial deposits; Brown clay-loam; Leaf litter • ALT: sea level–80 m
BEL: Bukit Sawat, Jln. Labi–Merangking, *Kirkup* 250; Labi, Bt. Teraja, *Dransfield J.* 6853; Seria, Badas F.R., *Coode* 7350. **TEM:** Amo, Bt. Belalong, *Wong* 1421; Amo, Ulu Belalong, *Coode* 7861; Bukok/Labu, *Brunig* S 1135. **TUT:** Lamunin, Ladan Hills F.R., *Wong* 1668 • W & C Malesia

M. tenuipes Airy Shaw — *Bantas* (Ib.)
Canopy/emergent tree, midstorey/subcanopy tree • VEG: Degraded LMDF • HAB: gentle slope • GEO: sandstone; yellow sandy clay soil • ALT: 210–70 m
BEL: Labi, Bt. Telingan, *Ashton* BRUN 16; Labi, Jln. Melayan, *Dransfield J.* 7272 • Borneo, Moluccas

M. wrayi Hook.f. (*M. caudatus* Merr.) — *Enserai* (Ib.)
Midstorey/subcanopy tree, treelet • VEG: LMDF, HDF, Degraded HDF • HAB: gentle slope, steep slope, ridge • GEO: Belait formation, Setap Shales; yellow clay soil, yellow sandy clay soil • ALT: 30–350 m
BEL: Labi, *Dransfield J.* 6530; Labi, Bt. Teraja, *Simpson* 2141. **TEM:** Amo, K. Belalong Fld. Studies Centre, *Schatz* 3247; Batu Apoi, Bt. Gelagas (Bt. Suang), *Simpson* 2196; Labu, *Ashton* BRUN 3022; Labu, *Ashton* BRUN 3311. **TUT:** Lamunin, *Kirkup* 218 • Sumatra, Malaya, Borneo

M. cf. wrayi Hook.f.
Treelet • VEG: HDF • HAB: ridge • GEO: sandstone; Leaf litter • ALT: 580 m
TEM: Amo, Ulu Belalong, *Dransfield J.* 7414.

M. sp. indet.
BEL: Labi, Jalan Wasai, *Niga* 331.

MOULTONIANTHUS

M. leembruggianus (Boerl. & Koord.) Steen.
Midstorey/subcanopy tree, shrub • VEG: LMDF • HAB: near running fresh water • GEO: Belait formation • ALT: 130–150 m
BEL: Labi, Wong Kadir, *Coode* 7233. **TUT:** Lamunin, Ladan Hills F.R., *Sands* 5708 • Sumatra, Borneo

NEOSCORTECHINIA

N. kingii (Hook.f.) Pax & K. Hoffm. — *Halia Padang* (Ib.), *Lakon* (Dus.), *Peropok Jantan* (*)
Treelet • VEG: Peatswamp Forest
BEL: Labi, Jln. Labi, *Wong* 202; Seria, *Symington* KEP 35710 • Sumatra, Malaya, Borneo

N. cf. kingii (Hook.f.) Pax & K. Hoffm.
Midstorey/subcanopy tree • HAB: ridge
BEL: Labi, Labi Hills F.R., *Niga* 301.

N. sumatrensis S.Moore var. **sumatrensis**
Midstorey/subcanopy tree • HAB: gentle slope • GEO: yellow sandy loam
TEM: Bangar, Pekan Bangar, *Ashton* BRUN 3172; Batu Apoi, Kpg. Selapon, *Wong* 2059 • Sumatra, Malaya, Borneo

OMPHALEA

O. bracteata (Blanco) Merr.
Climber • VEG: Secondary Forest • ALT: 20–80 m
TEM: Bangar, Bt. Biang, *Forman* 892 • Indochina, W & C Malesia

O. malayana Merr.
   Treelet • VEG: LMDF, HDF • HAB: ridge • ALT: 350–70 m
   BEL: Labi, Bt. Teraja, *Coode* 6930; Labi, Bt. Teraja, *Simpson* 2131. **TEM:** Amo, Sungai Temburong, *Argent* 91173 • Malaya (P.Tioman), Borneo: Sarawak; Philippines

O. cf. malayana Merr. var. nov. ?
   Treelet • HAB: ridge • ALT: 80 m
   TEM: Amo, K. Belalong, *Wong* 1185.

PHYLLANTHUS

P. acidus (L.) Skeels (*Cicca acida* (L.) Merr.) — *Ceramai* (Ked.)
   • VEG: Secondary Forest • HAB: gentle slope
   BEL: Jln. Muara, *Ashton* BRUN 5171 • Native, probably, to Brazil

P. chamaepeuce Ridl. — *Kamunting* (Ib.), *Karamunting* (Br.)
   Rheophyte; shrub, suffrutescent herb/subshrub, herb • VEG: Alluvial Forest, Peatswamp Forest • HAB: seasonal watercourse, periodically flooded; near running fresh water • GEO: Setap Shales; alluvial deposits; stony • ALT: sea level–500 m
   TEM: Amo, Batu Apoi Forest Reserve, *Nielsen* 1047; Amo, K. Belalong, *Jacobs* 5589; Amo, K. Belalong, *Wong* 291; Amo, Sg. Temburong, *Wong* 1221; Batu Apoi, Kpg. Selapon, *Dransfield J.* 6909 • Indochina, Malaya, Borneo

P. reticulatus Lodd.
   Treelet • VEG: LMDF
   TEM: *Johns* 6981.

P. urinaria L.
   Herb • VEG: Roadsides • GEO: sandy soil • ALT: 10–20 m
   TUT: Tanjong Maya, *Forman* 832; Telisai, *Coode* 7407 • Pantropic weed

P. spp. indet.
   BRM: Berakas, Berakas, *Coode* 7417. **TEM:** Amo, Sg. Temburong, *Coode* 6482.

P. ? sp. indet.
   BEL: Labi Hills, *Coode* 7959.

PIMELEODENDRON

P. griffithianum (Muell.Arg.) Benth. — *Kelampai Sitak* (Ib.), *Lampai Pita* (Ib.), *Perah Sekam* (*), *Pulai Pipit* (Mal.), *Sepit Undang* (*), *Togo* (Dus.)
   Midstorey/subcanopy tree, treelet • VEG: Degraded LMDF • HAB: gentle slope • GEO: Belait formation, sandstone; yellow sandy clay soil • ALT: 70 m
   BEL: Andulau F.R., *Ashton* S 5947; Bukit Sawat, Andulau F.R., *Coode* 6756; Bukit Sawat, Merangking Buau, *Coode* 7669; Bukit Sawat, Sg. Belait, *Wong* 96; Labi, Bt. Teraja, *Ashton* BRUN 667; Seria, *Abot* KEP 37148; Seria, Badas, *Sinclair* 10536. **TUT:** Lamunin, Ladan Hills F.R., *Kirkup* 303 • Malaya, Borneo

P. zoanthogyne J.J.Sm.
   Without prov.: *van Niel* 4043; *van Niel* 4051 • Borneo

P. spp. indet.
   BRM: Berakas, Berakas F.R., *Ashton* BRUN 846. **TEM:** Amo, *Asah* BRUN 3099; Amo, K. Sekurop, *Ashton* BRUN 734; Labu, *Zainal Abidin* BRUN 5437.

PTYCHOPYXIS

P. kingii Ridl.
   Midstorey/subcanopy tree
   TEM: Amo, *Wong* 1276.

P. sp. indet.
TUT: Ladan Hills, *Smith* KEP 30638.

SAUROPUS

S. androgynus (L.) Merr.
Treelet • ALT: 100–200 m
BEL: Labi, Labi Hills F. R., *Coode* 6819. **Without prov.:** *van Niel* 3666 • SE Asia, Malesia

S. bacciformis (L.) Airy Shaw
Without prov.: *van Niel* 3441 • Mauritius, W Malesia & Philippines

SEBASTIANIA

S. borneensis Pax
Midstorey/subcanopy tree, treelet, climber • VEG: Kerangas, LMDF, Degraded LMDF • HAB: valley bottom, gentle slope, ridge • GEO: sandstone, Setap Shales; clay soil, yellow sandy clay soil • ALT: 50–210 m
BEL: Bukit Sawat, Jln. Merangking–Buau, *Niga* 245; Labi, Labi F.R., *Niga* 325; Melilas, Batu Patam, *Wong* 1085; Sungai Liang, Andulau F.R., *Coode* 6786; Sungei Liang, Andulau F.R., *Dransfield J.* 7238. **TEM:** Amo, K. Belalong, *Dransfield J.* 6722; Amo, Ulu Belalong, *Ashton* BRUN 443; Batu Apoi, Selapon, *Dransfield J.* 7460 • Malaya, Borneo

S. chamaelea (L.) Muell.Arg.
Herb, annual herb • VEG: Degraded Kerangas, Strand vegetation • HAB: flat ground; near brackish water • GEO: White sand; sandy soil • ALT: 40 m
BEL: Labi, Luagan Lalak, *Forman* 861; Seria, Anduki F. R., *Forman* 881; Sungai Liang, Kpg. Lumut, *Forman* 1100; Sungai Liang, Kpg. Lumut, *Forman* 1101. **BRM:** Mentiri/Muara, Meragang, SW of Muara, *Coode* 7325. **TUT:** Telisai, Danau, *Coode* 7757. **Without prov.:** *van Niel* 3440 • SE Asia, Malesia to Australia & Pacific

S. spp. indet.
BEL: Sungai Liang, Compartment 7, BRUN 15247. **TEM:** Batu Apoi, Selapon, *Coode* 7931.

SUREGADA

S. glomerulata (Blume) Baill.
Treelet, shrub • VEG: LMDF, HDF, Lower Montane Forest • HAB: gentle slope, steep slope; near running fresh water • GEO: Belait formation, Meligan formation, Setap Shales; Brown clay-loam • ALT: 130–1160 m
BEL: Sungai Liang, Andulau F.R., *Wong* 549. **TEM:** Amo, Bukit Tudal, *Davis* 483; Amo, K. Belalong, Sg. Belalong, *Dransfield J.* 7054; Amo, K. Belalong, *Wong* 1204. **TUT:** Lamunin, Ladan Hills, *Sands* 5763; Ulu Tutong, Bukit Bahak, *Kirkup* 490 • Malesia, N Australia

TRIGONOPLEURA

T. malayana Hook.f.
Canopy/emergent tree, midstorey/subcanopy tree • VEG: HDF • HAB: ridge • GEO: sandstone; yellow-red clay soil; Leaf litter • ALT: 10–580 m
BEL: Sungai Liang, Andulau F.R., *Smythies* SAN 17572. **TEM:** Amo, Ulu Belalong, *Dransfield J.* 7416 • W & C Malesia

TRIGONOSTEMON
R.I. MILNE

T. detritiferus R.I.Milne
Treelet, shrub • VEG: Alluvial Forest, Kerapah, LMDF, HDF • HAB: flat ground, steep slope, terrace, ridge; periodically flooded; near running fresh water • GEO: Setap Shales; alluvial deposits • ALT: 10–70 m

TEM: Amo, *Wong* 1275; Amo, Apoi Forest Reserve, *Atkins* 461; Amo, Bt. Belalong, *Dransfield J.* 7230; Amo, K. Belalong, *Dransfield J.* 6677; Batu Apoi, *Dransfield J.* 6913; Batu Apoi, Selapon, *Dransfield J.* 7449 • Endemic

T. ionthocarpus Airy Shaw
Treelet
TEM: Amo, *Wong* 1273 • Borneo

T. laevigatus Muell.Arg.
Midstorey/subcanopy tree, treelet, scrambling shrub • VEG: Coastal MDF, LMDF, Degraded LMDF • HAB: gentle slope, steep slope, ridge • GEO: Belait formation, Setap Shales; sandy clay soil • ALT: 180 m
BEL: Bukit Sawat, Andulau F.R., *Coode* 6760; Labi, Bt. Telingan, *Dransfield J.* 6832; Labi, Labi F.R., *Niga* 324; Sungai Liang, Andulau F.R., *Forman* 1115. **TEM:** Amo, K. Belalong, *Dransfield J.* 6644; Amo, Kuala Belalong, *Argent* 91165. **TUT:** Lamunin, *Dransfield J.* 6813 • Malaya, Borneo, Philippines

T. polyanthus Merr. (*T. merrillianus* Airy Shaw)
Treelet • VEG: Kerangas, LMDF • HAB: gentle slope, terrace • GEO: White sand; Kerangas soil
BEL: Bukit Sawat, Jln. Labi, *Wong* 1293; Bukit Sawat, Jln. Labi, *Wong* 1572; Labi, Bt. Teraja, *Coode* 6947 • Borneo: Sarawak; Philippines

T. polyanthus Merr. var. lychnus R.I.Milne
Treelet • VEG: Kerangas • GEO: sandy soil • ALT: 20–60 m
BEL: Bukit Sawat, Andulau F.R., *Coode* 6766. **TUT:** Tanjong Maya, *Forman* 814 • Endemic

T. salicifolius Ridl.
• VEG: Kerangas • HAB: terrace • ALT: 10 m
TEM: Bukok/Labu, *Brunig* S 1137 • Malaya

T. sp. A
Shrub • VEG: Belukar • HAB: gentle slope; periodically flooded • GEO: alluvial deposits • ALT: 50 m
TUT: Lamunin, Layong–Gadong Pipeline track, *Dransfield J.* 7235.

T. spp. indet.
TEM: Batu Apoi, Kpg. Selapon, *Wong* 2060. **TUT:** Rambai, Tasek Merimbun, *Bernstein* 381.

EUPHORBIACEAE INDET.
BEL: Bukit Sawat, Sg. Belait, *Wong* 99; Labi, Bukit Teraja, *Kirkup* 442; Labi, Sg. Rampayoh, *Coode* 7291; Labi, Wong Kadir, *Coode* 7229; Melilas, Paleh Bangawong, *Thomas* 119; Sukang, Sg. Belait, *Wong* 102; Sukang, Sungai Paleh Bangawong, *Kirkup* 628; Sungai Liang, Compartment 5, BRUN 15275; Sungai Liang, Sungai Liang Arboretum, *Davis* 497. **TEM:** Amo, Sg. Temburong Machang, *Wong* 1979; Amo, Sungai Temburong, *Argent* 9155; Amo, Temburong, BRUN 15627; Amo, Ulu Belalong, *Dransfield J.* 7420; Amo, Ulu Belalong LP382, *Kirkup* 913. **TUT:** Rambai, Tasek Merimbun, *Bernstein* 421, 479b.

FAGACEAE
E. SOEPADMO
Soepadmo in Fl. Males. 7: 265–403 (1972)

CASTANOPSIS

C. borneensis King — *Berangan* (Br.), *Berangan Padi* (Ib.)
Midstorey/subcanopy tree, treelet • HAB: gentle slope, ridge • GEO: clay • ALT: 30 m
BEL: Bukit Sawat, Jln. Labi, *Niga* 281; Sungai Liang, Andulau F.R., *Ashton* BRUN 597; Sungai Liang, Bt. Besong, *Niga* 206 • Borneo

C. costata (Blume) A.DC.
Midstorey/subcanopy tree • HAB: near running fresh water • GEO: yellow sandy clay soil • ALT: 30–70 m
TEM: Amo, K. Belalong, *Ashton* BRUN 474 • Sumatra, Malaya, Borneo

C. foxworthii Schottky
Canopy/emergent tree • HAB: terrace, ridge • GEO: Sand/clay • ALT: 30 m
BEL: Melilas, Ulu Ingei, *Atkins* 565. TEM: Amo, Sg. Temburong Machang, *Wong* 1978. Without prov.: *Davies* B 838 • Malaya, Borneo: Sarawak, Sabah

C. fulva Gamble
Canopy/emergent tree • VEG: Lower Montane Forest • ALT: 20 m
TEM: Amo, *Wong* 1842 • Sumatra, Malaya, Borneo

C. hypophoenicea (Seemen) Soepadmo — *Berangan* (Mal.), *Berangan Bu* (Ib.), *Bedayang* (Dus.)
Canopy/emergent tree, midstorey/subcanopy tree • VEG: Alluvial Forest, LMDF, Secondary Forest, Roadsides • HAB: valley bottom • GEO: sandstone; alluvial deposits • ALT: 20–50 m
BEL: Bukit Sawat, *Niga* 305; Labi, Sg. Rampayoh, *Dransfield J.* 7304. TUT: Lamunin, Ladan Hills F.R., *Kirkup* 283; Rambai, Sg. Tutong, *Coode* 6376 • Borneo

C. motleyana King
Canopy/emergent tree, midstorey/subcanopy tree • VEG: Degraded Kerangas, LMDF • HAB: gentle slope • GEO: Lambir formation, clay • ALT: 30 m
BEL: Andulau F.R., *Ashton* BRUN 595; Labi, Bt. Teraja, *Coode* 6933; Labi, Bukit Teraja, *Kirkup* 454. Without prov.: *Hotta* 12871; *Hotta* 12931; *Hotta* 13102 • Borneo, Philippines

C. oligoneura Imlay
Canopy/emergent tree, midstorey/subcanopy tree • VEG: LMDF • HAB: near running fresh water • GEO: Belait formation
BEL: Sungai Liang, Sungei Liang, *Forman* 1081. BRM: *Johns* 7080. TUT: Ulu Tutong, Bukit Bahak, *Kirkup* 514.

C. spp. indet.
BEL: Sungai Liang, Compartment 5, BRUN 15266. Without prov.: *van Niel* 4295.

LITHOCARPUS

L. andersonii (Korth.) Soepadmo
Canopy/emergent tree, midstorey/subcanopy tree • VEG: Lower Montane Forest • HAB: ridge • GEO: Meligan formation; Brown clay-loam • ALT: sea level–60 m
BEL: Seria, Badas F.R., *Coode* 7347. TEM: Amo, Bukit Tudal, *Bygrave* 30 • Borneo: Sarawak, Kalimantan

L. bancanus (Scheff.) Rehder
Canopy/emergent tree, midstorey/subcanopy tree • VEG: HDF • HAB: gentle slope, ridge • GEO: sandstone, clay; clay soil • ALT: 40 m
BEL: Andulau F.R., *Ashton* BRUN 607; Sungai Liang, Andulau F.R., *Coode* 6788. TEM: Amo, Ulu Belalong, *Dransfield J.* 7377 • Sumatra, Malaya, Borneo

L. beccarianus (Benth.) A.Camus — *Mempening* (Br., Ib., Dus.)
Midstorey/subcanopy tree • VEG: LMDF
BEL: Sungai Liang, Andulau F.R., *Wong* 1565; Sungai Liang, Jln. Labi, *Wong* 961.

L. bennettii (Miq.) Rehder — *Mempening* (Br.)
Canopy/emergent tree, midstorey/subcanopy tree • HAB: ridge • GEO: clay soil; Mor • ALT: 20–760 m
TEM: Amo, *Wong* 1286; Batu Apoi, *Ashton* BRUN 5236. TUT: Ukong, Bt. Besong, *Niga* 198 • Sumatra, Malaya, Borneo

L. blumeanus Rehder
Midstorey/subcanopy tree • VEG: Secondary Forest • HAB: flat ground • GEO: Lambir formation
BEL: Labi, Teraja, *Sands* 6021. TUT: Rambai, *Coode* 6445.

L. cantleyanus Rehder
Canopy/emergent tree • VEG: LMDF • ALT: 150–280 m
BEL: Sungai Liang, Labi Road, *Forman* 837.

L. conocarpus (Oudem.) Rehder — *Empili* (Ib.), *Tekolod* (Dus.)
Canopy/emergent tree, midstorey/subcanopy tree • VEG: LMDF • HAB: flat ground, gentle slope; periodically flooded; near running fresh water • GEO: Belait formation, shale; alluvial deposits
BEL: Labi, Bt. Teraja, *Coode* 6964; Melilas, Ulu Ingei, *Sands* 5902. TEM: Amo, Sg. Temburong, *Coode* 6593; Batu Apoi, Sg. Selapon, *Wong* 2037 • Sumatra, Malaya, Borneo

L. coopertus (Blanco) Rehder — *Bedayang* (Dus.), *Berangan* (Br., Ib.), *Mempening* (Br., Dus.), *Tekolod* (Dus.)
Canopy/emergent tree, midstorey/subcanopy tree • VEG: Degraded Alluvial Forest, Degraded Empran, HDF, Secondary Forest • HAB: terrace, ridge; seasonal watercourse; near running fresh water • GEO: sandstone, Sand/clay; alluvial deposits; yellow-red clay soil, sandy soil; Leaf litter • ALT: 250 m • USES: Fruit made into spinning-tops for children
BEL: Bukit Sawat, Sg. Mau, *Coode* 7723; Kuala Balai, *Kirkup* 214; Melilas, Melilas longhouse, *Wong* 118; Melilas, Sg. Belait, *Forman* 1175; Melilas, Sg. Belait, *Forman* 1192; Sukang, Kampong Sukang, *Atkins* 521; Sukang, Sg. Belait, *Wong* 716. TEM: Amo, Kuala Belalong, *Argent* 9181; Amo, Sg. Temburong Machang, *Wong* 1938; Amo, Ulu Belalong, *Coode* 7890; Amo, Ulu Belalong LP382, *Kirkup* 897. TUT: Rambai, Tasek Merimbun, *Bernstein* 9. **Without prov.:** KEP 34556 • Malaya, Borneo, Philippines

L. cyclophorus (Endl.) A.Camus
Name in Hassan & Ashton • S Thailand, Malaya, Sumatra

L. daphnoideus (Blume) A.Camus (*L. sarawakensis* E.F.Warb.)
Name in Hassan & Ashton • Malaya, Sumatra, Java, Borneo

L. dasystachyus (Miq.) Rehder — *Empili* (Ib.), *Mempening* (Br., Ib., Mal.), *Tekolod* (Dus.)
Tree, midstorey/subcanopy tree, treelet • VEG: Peatswamp Forest with Shorea albida, Peatswamp Forest, Kerangas, LMDF, Secondary Forest • HAB: steep slope, terrace; well-drained, impeded drainage • GEO: White sand, sandstone, Setap Shales; stony; Podsol • ALT: 270 m
BEL: Bukit Sawat, Jln. Labi, *Niga* 152; Melilas, Ulu Ingei, *Kirkup* 773; Seria, Badas F.R., *Coode* 7341; Seria, Badas Stateland Forest, *Mat Salleh* 2433b; Seria, Seria, *Smythies* S 5868; Sungai Liang, Badas, *Coode* 6839; Sungai Liang, Jln. Labi, *Ashton* BRUN 5550. TEM: Labu, *Smythies* S 5820. TUT: *Ashton* BRUN 955; Tanjong Maya, Jln. Tutong–Seria, *Simpson* 2175; Telisai, *Coode* 6857. **Without prov.:** BRUN 5820; BRUN 5868; *Hassan Pukol* S 2043 • Borneo

L. echinifer (Merr.) A.Camus
Canopy/emergent tree • HAB: gentle slope • GEO: sandstone; yellow sandy clay soil • ALT: 10–130 m
BEL: Labi, Jln. Labi, *Ashton* BRUN 36. TEM: Bukok, *Ashton* BRUN 763 • Borneo

L. elegans (Blume) Soepadmo (*L. spicata* (Sm.) Rehder & Wilson)
Name in Hassan & Ashton • SE Asia, W & C Malesia

L. ewyckii (Korth.) Rehder
Midstorey/subcanopy tree • VEG: HDF, Lower Montane Forest, Upper Montane Forest • HAB: steep slope, ridge • GEO: Meligan formation, sandstone; yellow-red clay soil; Mor, Leaf litter • ALT: 610–900 m
TEM: Amo, *Sands* 5240; Amo, Bt. Belalong, *Prance* 30580; Amo, Bt. Belalong, *Prance* 30609; Amo, Bt. Belalong, *Prance* 30619; Amo, Ulu Belalong, *Coode* 7887; Batu Apoi, *Ashton* BRUN 5258 • Sumatra, Malaya, Borneo

L. ferrugineus Soepadmo
Midstorey/subcanopy tree • VEG: HDF, Lower Montane Forest • HAB: steep slope, ridge • GEO: sandstone, Setap Shales; yellow-red clay soil; Leaf litter • ALT: 620–860 m
TEM: Amo, Bt. Belalong, *Dransfield J.* 7183; Amo, Bt. Belalong, *Prance* 30586; Amo, K. Belalong Fld. Studies Centre, *Schatz* 3309; Amo, Ulu Belalong LP382, *Kirkup* 901 • Borneo

L. gracilis (Korth.) Soepadmo (*L. cyrtorhynchus* (Miq.) Rehder) — Mempening (*)
Canopy/emergent tree, midstorey/subcanopy tree • VEG: LMDF, Lower Montane Forest, Degraded Secondary Forest • HAB: flat ground, gentle slope, terrace, ridge; impeded drainage; near running fresh water • GEO: Belait formation, sandstone, Sand/clay • ALT: 150–20 m
BEL: Melilas, Ulu Ingei, *Atkins* 537. **BRM:** Lumapas, Kpg. Lumpas, *Maidin* KEP 37224. **TEM:** Batu Apoi, Selapon, *Dransfield J.* 7489. **TUT:** *Johns* 7627; Lamunin, Ladan Hills F.R., *Sands* 5709 • Sumatra, Malaya, Borneo

L. hystrix (Korth.) Rehder
Name in Hassan & Ashton • Malaya, Sumatra, Borneo

L. jacobsii Soepadmo — Memaluh (Ib.), Susuk Pending (Ib.), Tekolod (Dus.)
Canopy/emergent tree, midstorey/subcanopy tree, treelet • VEG: Secondary Forest • HAB: gentle slope; near running fresh water • ALT: 40–150 m
BEL: Bukit Sawat, Merangking Buau, *Coode* 7672; Bukit Sawat, new road to Merankin, *Thomas* 141; Labi, Kpg. Tenajor, *Haslani-Mohd. A.* 37. **TEM:** Amo, Sg. Temburong, *Wong* 1969 • Borneo: Sarawak, Sabah

L. aff. jacobsii Soepadmo
Midstorey/subcanopy tree • HAB: terrace; periodically flooded • GEO: Sand/clay • ALT: 20 m
BEL: Melilas, Ulu Ingei, *Cowley* 125.

L. leptogyne (Korth.) Soepadmo — Empili (Ib.)
Canopy/emergent tree, midstorey/subcanopy tree • VEG: LMDF • HAB: ridge • GEO: sandstone; yellow sandy clay soil • ALT: 300 m
TEM: *Johns* 7325; Amo, K. Belalong, *Ashton* BRUN 466; Amo, Sungai Temburong, *Argent* 9152 • Sumatra, Malaya, Borneo

L. lucidus (Roxb.) Rehder
• HAB: ridge • GEO: Meligan formation; Mor • ALT: 610–760 m
TEM: Batu Apoi, *Ashton* BRUN 5259 • Sumatra, Malaya, Borneo

L. meijeri Soepadmo
Without prov.: *Sow Tandang* KEP 80174.

L. nieuwenhuisii (Seemen) A.Camus (*L. borneensis* (Merr.) Rehder)
Midstorey/subcanopy tree • VEG: HDF • HAB: gentle slope, steep slope, ridge • GEO: sandstone; clay soil, yellow-red clay soil, yellow sand; Leaf litter • ALT: 30–740 m
BEL: Labi, Bt. Puan, *Ashton* S 7886. **TEM:** Amo, Bt. Belalong, *Prance* 30569; Amo, Sg. Temburong Machang, *Wong* 1996; Amo, Ulu Belalong, *Coode* 7857; Amo, Ulu Belalong LP382, *Kirkup* 903. **Without prov.:** KEP 80182 • Borneo: Sarawak; Philippines

L. papillifer Soepadmo — Empili (Ib.), Mempening (Br.)
Midstorey/subcanopy tree, treelet • VEG: HDF, Lower Montane Forest • HAB: steep slope, ridge • GEO: Setap Shales • ALT: sea level–900 m
TEM: Amo, Bt. Belalong, *Dransfield J.* 7178; Amo, Bt. Pagon, *Wong* 1767; Amo, Bukit Belalong, *Argent* 91154 • Borneo

L. pseudokunstleri A.Camus
Midstorey/subcanopy tree • VEG: LMDF • HAB: flat ground, gentle slope; impeded drainage; near still fresh water • GEO: Setap Shales; clay soil
BEL: Melilas, *Wong* 708. **TEM:** Batu Apoi, Selapon, *Coode* 7947 • Borneo

L. cf. pseudokunstleri A.Camus
Canopy/emergent tree • VEG: Lower Montane Forest • HAB: ridge • ALT: 150 m
TEM: *Johns* 7336.

L. pulcher (King) Markgr. — *Bedayang* (Dus.), *Berangan* (Br., Ib.)
Canopy/emergent tree • VEG: LMDF • HAB: gentle slope • GEO: shale, clay • ALT: 120–430 m
BEL: Andulau F.R., *Ashton* BRUN 547; Labi, Bt. Telingan, *Wong* 1578. **TEM:** Amo, Sg. Temburong, *Coode* 6746 • Borneo

L. cf. pulcher (King) Markgr.
Canopy/emergent tree • HAB: gentle slope • GEO: sandstone; yellow sandy clay soil • ALT: 180 m
BEL: Labi, Bt. Teraja, *Ashton* BRUN 8.

L. ruminatus Soepadmo — *Tekolod* (Dus.)
Midstorey/subcanopy tree • VEG: Secondary Forest
TUT: Rambai, Tasek Merimbun, *Bernstein* 310; Rambai, Tasik Merimbun, *Hussain Hj. Osman* 46 • Borneo: Sabah

L. cf. sundaicus (Blume) Rehder — *Berangan Pili* (*)
Canopy/emergent tree • VEG: LMDF • HAB: gentle slope • ALT: 120 m
BEL: Labi, Bt. Teraja, *Brunig* S 1184 • The species is known from W & C Malesia

L. urceolaris (Jack) Merr. — *Berangan* (Br.)
Midstorey/subcanopy tree • VEG: LMDF, Secondary Forest, Belukar • HAB: valley bottom, gentle slope • GEO: Sediments; sandy soil, sandy loam
BEL: Labi, Bt. Teraja, *Simpson* 2151; Sukang, Sg. Belait, *Forman* 1163; Sungai Liang, Jln. Muara,, *Hassan Pukol* BRUN 5132. **BRM:** Kilanas, Kpg. Kilanas, *Dransfield J.* 7106 • Sumatra, Malaya, Borneo

L. sp. nov.
Without prov.: *Ashton* BRUN 534.

L. spp. indet.
BEL: Seria, Kpg. Badas, *Wong* 170. **TEM:** *Johns* 6540; Amo, Bt. Belalong, *Wong* 1440; Amo, Bukit Tudal, *Kirkup* 964; Amo, Sg. Belalong, *Sands* 5600; Amo, Sg. Temburong, *Coode* 6570; Amo, Sg. Temburong, *Coode* 6676. **TUT:** Lamunin, Ladan Hills, *Atkins* 443.

QUERCUS

Q. kerangasensis Soepadmo — *Berangan* (*)
Canopy/emergent tree • ALT: sea level
BEL: Seria, Badas F.R., *Brunig* S 1065 • Borneo

Q. percoriacea Soepadmo
Canopy/emergent tree • VEG: Lower Montane Forest • HAB: gentle slope • GEO: Meligan formation; Brown clay-loam • ALT: 480–540 m
TEM: Amo, Bukit Tudal, *Kirkup* 974.

Q. subsericea A.Camus
Canopy/emergent tree, midstorey/subcanopy tree • VEG: HDF • HAB: steep slope, ridge • GEO: sandstone; clay soil, Brown clay-loam; Leaf litter • ALT: 910–1640 m
TEM: Amo, Ulu Belalong, *Dransfield J.* 7385; Amo, Ulu Belalong LP382, *Kirkup* 870 • Malaya, Sumatra, Java, Borneo

Q. valdinervosa Soepadmo
Canopy/emergent tree • VEG: Lower Montane Forest
TEM: Amo, *Ashton* BRUN 2378; Amo, *Wong* 1810 • Borneo

Q. sp. indet.
Without prov.: *Ashton* BRUN 475.

FLACOURTIACEAE
determinations variously by P. BYGRAVE, L. FORMAN, H. SLEUMER & S. ZMARZTY
Sleumer in Fl. Males. 5: 335–344 (1957)

CASEARIA

C. elliptifolia Merr.
Shrub • VEG: Peatswamp Forest, Kerangas Forest with Agathis, Secondary Forest • HAB: terrace • GEO: Sand; peat • ALT: sea level
BEL: Seria, Badas, *Coode* 7627; Seria, Badas F.R., *Wong* 13; Seria, Badas peatswamp F.R., *Kirkup* 391 • Malaya, Borneo: Sarawak, Sabah

C. cf. elliptifolia Merr.
TEM: Amo, Bukit Pagon, *Niga* 351.

C. cf. flexula Ridl.
Treelet • HAB: ridge • GEO: Meligan formation; Brown clay-loam
TEM: Amo, Bukit Tudal, *Kirkup* 952 • The species is known from Malaya

C. grewiifolia Vent. var. **deglabrata** Koord. & Valeton
Midstorey/subcanopy tree, treelet • HAB: near running fresh water • ALT: 50 m
TEM: Amo, K. Belalong, *Ashton* BRUN 5201; Amo, Kuala Belalong, *Argent* 91197 • Indochina to Malaya, Sumatra, Java, Borneo, Philippines to NG, Pacific

C. lobbiana Turcz.
Without prov.: *Sow* KEP 80165, det. Sleumer - Zmarzty considers better with next sp.

C. rugulosa Blume
Treelet, shrub; in understorey/low vegetation • VEG: Peatswamp Forest with Shorea albida, Kerangas, LMDF, Degraded LMDF, HDF, Degraded HDF, Secondary Forest • HAB: gentle slope, steep slope, terrace, ridge • GEO: Belait formation, Lambir formation; clay soil, sandy soil • ALT: 20–180 m
BEL: Andulau F.R., *Wong* s.n. 3.x.1989; Labi, Bt. Telingan, *Dransfield J.* 6827; Labi, Jln. Labi–Merangking, *Dransfield J.* 6837; Labi, Labi, *Forman* 1070; Labi, Labi Hills F.R., *Coode* 6814; Labi, Sungai Rampayoh, *Kirkup* 811; Sukang, Sungai Paleh Bangawong, *Kirkup* 667; Sungai Liang, Sungai Liang Arboretum, *Wong* 951; Sungai Liang, Sungai Liang F.R., *Wong* 921. BRM: Kota Batu, Banda Seria Begawan, *Sands* 5434. TEM: Bangar, Sg. Pandaruan, *Brunig* S 1143; Bangar, Temburong river, *Sands* 5625; Batu Apoi, Bt. Gelagas (Bt. Suang), *Simpson* 2357. TUT: Lamunin, Kpg. Menangah, *Kirkup* 725; Rambai, Sg. Medit, *Simpson* 2536 • Malaya, Borneo

C. cf. rugulosa Blume
Canopy/emergent tree, treelet, suffrutescent herb/subshrub • VEG: Kerapah, LMDF, HDF • HAB: steep slope, terrace; periodically flooded; near running fresh water • GEO: sandstone; alluvial deposits; yellow clay soil, sandy soil • ALT: 80 m
BEL: Labi, Bt. Teraja, *Simpson* 2090; Labi, Sg. Rampayoh, *Coode* 7292; Labi, Wong Kadir, *Coode* 7230. TEM: Amo, Ulu Belalong, *Dransfield J.* 7400; Batu Apoi, Selapon, *Dransfield J.* 7453.

C. sp. 1
Treelet • VEG: Alluvial Forest, LMDF • HAB: flat ground; periodically flooded • GEO: Setap Shales; alluvial deposits • ALT: 10–30 m
TEM: Batu Apoi, Kpg. Selapon, *Dransfield J.* 6910; Batu Apoi, Kpg. Selapon, *Dransfield J.* 6968.

C. spp. indet.
BEL: Labi, Kpg. Mendaram Besar, *Niga* 9; Labi, Rampayoh, *Sands* 5987; Labi, Sungai Rampayoh, *Kirkup* 805; Melilas, Bt. Batu Patam, *Dransfield J.* 6619; Melilas, Ulu Ingei, *Sands* 5906. **TEM:** Amo, Bt. Belalong, *Wong* 1432. **TUT:** Lamunin, Ladan Hills F.R., *Wong* 1678; Rambai, Tasek Merimbun, *Bernstein* 142.

FLACOURTIA

F. rukam Zoll. & Mor. — *Rukam* (Br., Dus., Ib.)
Midstorey/subcanopy tree, treelet • VEG: LMDF • HAB: ridge; near running fresh water • GEO: Setap Shales; clay soil • ALT: 20–30 m
BEL: Labi, Sungai Rampayoh, *Coode* 7789. **TEM:** Amo, K. Belalong, *Wong* 1197; Batu Apoi, Kpg. Selapon, *Dransfield J.* 6970 • Widely cultivated in Malesia

HOMALIUM

H. caryophyllaceum (Zoll. & Mor.) Benth. — *Sendukong* (Dus.)
Canopy/emergent tree, treelet • VEG: Peatswamp Forest, Degraded Peatswamp Forest • HAB: flat ground; impeded drainage; near running fresh water • GEO: sandy soil; peat • ALT: 20 m
BEL: Bukit Sawat, Sg. Belait, *Kirkup* 372; Bukit Sawat, Sg. Mau, *Simpson* 2020; Labi, Bt. Puan, *Sinclair* 10513; Melilas, Ulu Belait, *Awong* 15; Seria, Badas, *Wong* 547; Sukang, Sg. Belait, *Forman* 1131. **TUT:** Rambai, Sg. Medit, *Simpson* 2567 • Indochina to Malaya, Sumatra, Java, Borneo, Sulawesi

H. moultonii Merr.
Midstorey/subcanopy tree • VEG: Kerangas • HAB: ridge • GEO: sandstone • ALT: 120 m
TEM: Bangar, Bt. Biang, *Ashton* BRUN 507 • Borneo: Sarawak

HYDNOCARPUS

H. borneensis Sleumer
Midstorey/subcanopy tree • VEG: LMDF, Secondary Forest • HAB: terrace; near running fresh water • GEO: Belait formation; alluvial deposits; sandy soil • ALT: 20–100 m
BEL: Labi, Mendaram, *Forman* 1035 • Borneo

H. cf. borneensis Sleumer
• HAB: gentle slope • GEO: clay soil • ALT: 130 m
TEM: Amo, K. Temburong Machang, *Ashton* BRUN 2614.

H. cf. calophylla (Ridl.) Sleum.
TEM: Amo, K. Belalong Fld. Studies Centre, *Schatz* 3250 • The species is known from Borneo: Sarawak

H. elmeri Merr.
Midstorey/subcanopy tree • GEO: sandy soil • ALT: 10 m
BEL: Melilas, Sg. Belait, *Forman* 1190; Sukang, Kampong Sukang, *Sands* 5873 • Borneo

H. kunstleri (King) Warb.
BEL: Andulau F.R., *Ashton* H 3; Andulau F.R., *Ashton* A 2460. **TEM:** Amo, Gunung Pagon Periuk, *Ashton* BRUN 2478 • Malay, Sumatra, Borneo

H. pentagyna Slooten
BEL: Andulau Forest Reserve, *Ashton* A 3595; Labi, Bt. Puan, *Ashton* 2245. **TEM:** Amo, K. Temburong Machang, *Ashton* 2614. **Without prov.:** *Ashton* H 88.

H. pinguis Sleum.
BEL: Andulau F.R., *Ashton* H 4005; Sungai Liang, Andulau F.R., Compt. 1, *Wood et al.* SAN 17539 • Borneo: Sarawak

H. polypetala (Slooten) Sleumer — *Senumpol Landak* (Ib.)
Midstorey/subcanopy tree • VEG: Empran • HAB: seasonal watercourse • GEO: alluvial deposits • ALT: sea level
TUT: Rambai, Ulu Supon, *Ashtón* BRUN 857 • Sumatra, Borneo

H. 'subfalcata'
BEL: Melilas, Sg. Ingei, *Ashton* BRUN 122.

H. woodii Merr. — *Senumpol* (Ib.)
Canopy/emergent tree, midstorey/subcanopy tree, treelet • VEG: Kerangas, Lower Montane Forest • HAB: gentle slope, ridge • GEO: Meligan formation, sandstone; yellow sandy clay soil, Brown clay-loam • ALT: 10–20 m • USES: Timber tree, fine hard wood
BEL: Melilas, Sg. Ingei, *Brunig* S 4409; Sungai Liang, Andulau F.R., *Ashton* BRUN 61. **TEM:** Amo, Bukit Tudal, *Bygrave* 18; Amo, Bukit Tudal, *Kirkup* 978. **TUT:** Rambai, Bt. Bahak, *Coode* 7120 • Malaya, Sumatra, Borneo

H. spp. indet.
BEL: Melilas, Ulu Ingei, *Sands* 5916; Sungai Liang, Compartment 5, BRUN 15270. **TEM:** Amo, Pagon ridge, *Wong* 1918.

OSMELIA

O. philippina (Turcz.) Benth.
Midstorey/subcanopy tree, treelet, shrub • VEG: Degraded Peatswamp Forest, LMDF, Degraded LMDF, Belukar • HAB: flat ground, gentle slope; periodically flooded; near running fresh water • GEO: Belait formation, Lambir formation, Setap Shales; alluvial deposits; clay soil, sandy clay soil • ALT: 30 m
BEL: Bukit Sawat, Jln. Sg. Mau–Merimbun, *Wong* 374; Labi, Bt. Teraja, *Simpson* 2137; Labi, Rampayoh, *Niga* 365; Labi, Sungai Rampayoh, *Kirkup* 823; Labi, Tenajor, *Dransfield J.* 6851; Sukang, Sungai Paleh Bangawong, *Kirkup* 605. **TEM:** Amo, Batu Apoi F.R., K. Belalong FSC, *Hansen* 1558; Batu Apoi, Kpg. Selapon, *Dransfield J.* 6973. **TUT:** *Forman* 977 • Malaya, Sumatra, Borneo, Sulawesi, Moluccas, Philippines, New Guinea

RYPAROSA

R. acuminata Merr.
Treelet, shrub • VEG: LMDF, Degraded LMDF, Lower Montane Forest • HAB: gentle slope, steep slope, ridge • GEO: Belait formation, sandstone, clay; yellow clay soil • ALT: 20–850 m
BEL: Sungai Liang, Andulau F.R., *Ashton* BRUN 576. **TEM:** Amo, Bt. Belalong, *Prance* 30598; Amo, Ulu Belalong LP382, *Kirkup* 880. **TUT:** Lamunin, Kpg. Menangah, *Kirkup* 721; Lamunin, Ladan Hills F.R., *Dransfield J.* 6901; Rambai, Ladan Hills F.R., *Coode* 6424 • Malaya, Borneo

R. hirsuta J.J.Sm.
Midstorey/subcanopy tree, treelet • VEG: Peatswamp Forest, HDF • HAB: near running fresh water • GEO: peat • ALT: sea level–350 m
BEL: Sungai Liang, Andulau F.R., *Ashton* S 5949. **TEM:** Batu Apoi, Bt. Gelagas (Bt. Suang), *Simpson* 2455 • Borneo

R. cf. glauca
TEM: Amo, Sg. Temburong, *Dransfield J.* 6720; Batu Apoi, Kpg. Selapon, *Wong* 2067.

R. hullettii King
Canopy/emergent tree, midstorey/subcanopy tree • VEG: LMDF • HAB: gentle slope • GEO: Belait formation • ALT: 100–200 m
BEL: Melilas, Ulu Ingei, *Atkins* 562; Melilas, Paleh Bangawong, *Thomas* 86; Sukang, Sungai Paleh Bangawong, *Kirkup* 644. **TEM:** Amo, Ulu Belalong, *Dransfield J.* 7358 • Malaya, Borneo

R. aff. javanica (Blume) Kurz
Treelet • VEG: Degraded LMDF, Secondary Forest • HAB: flat ground; impeded drainage; near running fresh water • ALT: 20–80 m
TEM: Bangar, Bt. Biang, *Forman* 924. **TUT**: Rambai, Ladan Hills F.R., *Coode* 6401 • The species is known from Andamans, Thailand, Malaya, Sumatra, Java, Borneo, New Guinea

R. kostermansii Sleumer
Treelet • HAB: ridge
TEM: Amo, Bukit Belalong, *Argent* 91120. **Without prov.**: *Tan* 194 • Borneo

R. spp. indet.
TEM: Amo, Bt. Belalong, *Wong* 1489; Amo, K. Belalong, Batu Apoi F.R., *Hansen* 1532; Amo, Sg. Temburong, *Dransfield J.* 6719; Amo, Ulu Belalong, *Dransfield J.* 7372; **TUT**: Lamunin, Ladan Hills F.R., *Sands* 5723.

FLACOURTIACEAE INDET.
BEL: Melilas, Ulu Ingei, *Atkins* 536. **TUT**: Rambai, Tasek Merimbun, *Bernstein* 267.

GESNERIACEAE
Determinations by B.L. BURTT

AESCHYNANTHUS

A. albidus (Blume) Steud.
Epiphytic; treelet • VEG: Freshwater Swamp Forest, Peatswamp Forest • HAB: near running fresh water • ALT: 20 m
TUT: Rambai, Sg. Medit, *Simpson* 2557; Rambai, Sg. Medit, *Simpson* 2620.

A. angustifolius Steud.
Epiphytic • VEG: Lower Montane Forest • HAB: steep slope • ALT: 850 m
TEM: Amo, Bt. Belalong, *Prance* 30618.

A. bicolor Hook.f.
Epiphytic; herb • VEG: LMDF
BEL: Sungai Liang, Andulau F.R., *Wong* 552.

A. curtisii C.B.Clarke
Epiphytic; shrub, climber • VEG: Kerangas, LMDF, HDF • HAB: steep slope, terrace, ridge; periodically flooded; near running fresh water • GEO: Belait formation, Setap Shales; alluvial deposits; branch bark • ALT: 100 m
BEL: Melilas, Ulu Belait, *Sands* 5882; Melilas, Ulu Ingei, *Kirkup* 762; Sukang, Sungai Paleh Bangawong, *Kirkup* 637. **TEM**: Amo, K. Belalong, *Prance* 30713; Amo, Kuala Belalong, *Argent* 91168; Amo, Sg. Belalong, *Sands* 5581; Batu Apoi, Kpg. Selapon, *Kirkup* 317. **TUT**: Ulu Tutong, Bukit Bahak, *Kirkup* 528.

A. magnificus Stapf
Epiphytic • VEG: Upper Montane Shrubbery • HAB: ridge • ALT: 1500 m
TEM: Amo, G. Pagon, *Coode* 7533.

A. parvifolius R.Br.
Epiphytic; climber • VEG: LMDF • GEO: shale • ALT: 120 m
TEM: *Johns* 7197; *Johns* 7272; Amo, Sg. Temburong, *Coode* 6484. **TUT**: *Johns* 7540; *Johns* 7633.

A. speciosus Hook.f.
Epiphytic • VEG: LMDF • GEO: Setap Shales • ALT: 150–50 m
TEM: *Johns* 7397; Amo, *Wong* 1289; Amo, Batu Apoi Forest Reserve, *Poulsen* 199; Amo, Batu Apoi F.R., K. Belalong FSC, *Hansen* 1633; Amo, K. Belalong, *Wong* 1638.

A. trichocalyx Kraenzl.
Epiphytic • HAB: near running fresh water • GEO: shale, Setap Shales • ALT: 120–130 m
TEM: Amo, Batu Apoi Forest Reserve, *Poulsen* 194; Amo, Sg. Temburong, *Coode* 6509.

A. tricolor Hook.f.
Epiphytic; herb • VEG: Freshwater Swamp Forest, Secondary Forest • HAB: near running fresh water • GEO: stony • ALT: 20–150 m
BEL: Labi, Wasai Teraja, *Thomas* 273. **TEM:** Amo, Sg. Temburong, *Puff* 9205062/1; Amo, Sungai Temburong, *Argent* 9151. **TUT:** Rambai, Sg. Medit, *Simpson* 2607.

A. spp. indet.
BEL: Bukit Sawat, Bang Tajok, *Wong* 95; Labi, Sg. Rampayoh, *Coode* 7277; Labi, Sungai Rampayoh, *Kirkup* 807; Melilas, Sg. Topi, *Thomas* 189; Melilas, Sg. Ingei,, *Wong* 656; Melilas, Ulu Ingei, *Kirkup* 767. **TEM:** Amo, *Wong* 475; Amo, Bt. Belalong, *Wong* 1473; Amo, K. Belalong, *Wong* 1305; Amo, Sg. Belalong, *Wong* 1172; Amo, Sg. Temburong, *Coode* 6505; Batu Apoi, Bt. Gelagas (Bt. Suang), *Simpson* 2291. **TUT:** *Puff* 9008032/1; Rambai, Bt. Bahak, *Coode* 7065.

AGALMYLA

A. johannis-winkleri (Kraenzl.) B.L.Burtt
Epiphytic; climber • HAB: ridge • ALT: 1300 m
TEM: *Johns* 6553.

CYRTANDRA

C. ammitophila B.L.Burtt
Herb • HAB: ridge
TEM: Amo, *Wong* 1897.

C. athrocarpa B.L.Burtt
Herb • GEO: shale • ALT: 120–130 m
TEM: Amo, Sg. Temburong, *Coode* 6656.

C. basiflora C.B.Clarke
Shrub, suffrutescent herb/subshrub, herb; on ground • VEG: LMDF, HDF • HAB: gentle slope, ridge; seasonal watercourse; near running fresh water • GEO: shale, Setap Shales; stony; grey clay soil • ALT: 100–130 m
TEM: *Johns* 7253; *Johns* 7299; Amo, Apoi Forest Reserve, *Sands* 5859; Amo, Batu Apoi Forest Reserve, *Poulsen* 288; Amo, Bt. Belalong, *Prance* 30707; Amo, Bt. Belalong, *Wong* 1398; Amo, K. Temburong Machang, *Wong* 1952; Amo, Sg. Sibut, *Sands* 5512; Amo, Sg. Temburong, *Coode* 6631; Amo, Sg. Temburong, *Coode* 6650; Amo, Temburong river, *Atkins* 476.

C. aff. bracheia B.L.Burtt
Herb • VEG: Lower Montane Forest • HAB: gentle slope, ridge; near running fresh water • GEO: Meligan formation • ALT: 750–1000 m
TEM: Amo, Bt. Belalong, *Wong* 1515; Amo, Bt. Retak, *Sands* 5308.

C. bullifolia B.L.Burtt
Suffrutescent herb/subshrub • GEO: shale • ALT: 120–130 m
TEM: Amo, Sg. Temburong, *Coode* 6674.

C. chrysea C.B.Clarke — *Merjemu* (Ib.)
Treelet, suffrutescent herb/subshrub • VEG: Degraded Lower Montane Forest • HAB: steep slope • ALT: 1480 m
TEM: Amo, G. Pagon, *Coode* 7585; Amo, K. Belalong, *Wong* 294.

C. cuprea B.L.Burtt
Herb • VEG: Degraded Lower Montane Forest • HAB: steep slope • ALT: 1480 m
TEM: Amo, G. Pagon, *Coode* 7594.

C. digitaliflora B.L.Burtt
Shrub, suffrutescent herb/subshrub, herb; on ground • VEG: Kerangas, LMDF • HAB: gentle slope, vertical, ridge; near running fresh water • GEO: Belait formation; bare rock and boulders • ALT: 100–220 m
BEL: Melilas, Batu Patam, *Wong* 1011; Melilas, Bt. Batu Patam, *Boyce* 273; Melilas, Bt. Batu Patam, *Boyce* 331. TEM: Amo, *Ashton* A 433; Amo, Bt. Belalong, *Wong* 1479. TUT: Ulu Tutong, Bukit Bahak, *Kirkup* 505.

C. aff. digitaliflora B.L.Burtt
Suffrutescent herb/subshrub, herb • VEG: HDF • HAB: steep slope • GEO: Lambir formation • ALT: 250 m
BEL: Labi, Bt. Teraja, *Sands* 5460. TEM: Amo, *Wong* 1729.

C. elmeri Merr.
Shrub, herb • VEG: Kerangas • HAB: ridge • GEO: sandstone • ALT: 30–290 m
TEM: Amo, K. Belalong, *Wong* 1263; Labu, *Ashton* A 124.

C. erythrotricha B.L.Burtt
Herb; on ground • VEG: Kerangas • HAB: ridge; near running fresh water • GEO: Belait formation • ALT: 80–200 m
BEL: Melilas, Bt. Batu Patam, *Boyce* 286a; Melilas, Bt. Batu Patam, *Boyce* 289; Melilas, Sg. Ingei, *Wong* 671.

C. eximia C.B.Clarke
Suffrutescent herb/subshrub • GEO: shale • ALT: 120–130 m
TEM: Amo, Sg. Temburong, *Coode* 6541.

C. glomeruliflora B.L.Burtt
Suffrutescent herb/subshrub, herb • HAB: gentle slope • GEO: Lambir formation • ALT: 100 m
BEL: Labi, Rampayoh, *Atkins* 442; Labi, Rampayoh, *Sands* 5985; Labi, Wong Kadir, *Coode* 7247.

C. hololeuca B.L.Burtt
Herb • VEG: LMDF, Secondary Forest • HAB: valley bottom, gentle slope; near running fresh water • GEO: Lambir formation; bare rock and boulders, stony; sandy soil • ALT: 50–150 m
BEL: Labi, Bt. Teraja, *Sands* 5696; Labi, Kpg. Teraja, *Forman* 1079; Labi, Rampayoh, *Sands* 6006; Labi, Sungai Rampayoh, *Kirkup* 800; Labi, Wasai Teraja, *Thomas* 276. TUT: *Johns* 7108.

C. hoseana B.L.Burtt
Suffrutescent herb/subshrub • VEG: HDF • GEO: Lambir formation • ALT: 220 m
BEL: Labi, Bt. Teraja, *Sands* 5462.

C. integerrima B.L.Burtt
Herb • VEG: HDF • GEO: Setap Shales • ALT: 130 m
TEM: Amo, Sg. Belalong, *Sands* 5584.

C. lacerata B.L.Burtt
Suffrutescent herb/subshrub, herb; on ground • VEG: LMDF, HDF, Secondary Forest • HAB: valley bottom, steep slope; near running fresh water • GEO: Belait formation, Lambir formation; Leaf litter • ALT: 200 m
BEL: Labi, Rampayoh, *Cowley* 161; Labi, Sungai Rampayoh, *Atkins* 606; Melilas, Paleh Bangawong, *Thomas* 100; Melilas, Ulu Ingei, *Sands* 5955.

C. aff. lacerata B.L.Burtt
Suffrutescent herb/subshrub, herb • VEG: LMDF • HAB: gentle slope; near running fresh water • GEO: Lambir formation; bare rock and boulders; sandy soil • ALT: 20–100 m
BEL: Labi, *Forman* 1039; Labi, Mendarem Valley, *Sands* 5449; Melilas, Sg. Ingei, *Wong* 624.

C. lambirensis B.L.Burtt
Suffrutescent herb/subshrub, herb • VEG: Lower Montane Forest • HAB: ridge; waterfall spray zone • GEO: Lambir formation; stony • ALT: 350 m
BEL: Labi, *Wong* 534; Labi, Bt. Teraja, *Sands* 5493.

C. neiothiantha B.L.Burtt
Endotrophic terrestrial; shrub, herb • VEG: LMDF • HAB: ridge; near running fresh water • GEO: sandstone • ALT: 10–150 m
BEL: Labi, Wong Kadir, *Coode* 7193. **TEM:** Labu, *Forman* 883.

C. oblongifolia (Blume) C.B.Clarke
Epiphytic; herb • VEG: LMDF, Degraded LMDF • HAB: gentle slope, ridge; near running fresh water • GEO: Setap Shales; clay soil • ALT: 300 m
TEM: Amo, K. Belalong, *Ashton* BRUN 3205; Amo, K. Belalong, *Ashton* BRUN 3399; Amo, K. Belalong, *Boyce* 382; Amo, K. Belalong, *Wong* 274; Batu Apoi, *Dransfield J.* 6983. **Without prov.:** *van Niel* 3562.

C. paragibbsiae B.L.Burtt
Suffrutescent herb/subshrub, herb • VEG: LMDF, HDF • HAB: gentle slope; near running fresh water • GEO: Setap Shales; bare rock and boulders; grey clay soil • ALT: 130 m
TEM: Amo, Apoi Forest Reserve, *Sands* 5800; Amo, Batu Apoi Forest Reserve, *Poulsen* 161; Amo, Temburong river, *Atkins* 491; Amo, Temburong river, *Atkins* 497.

C. penduliflora Kraenzl.
Lithophyte; herb; on ground • VEG: LMDF, Degraded LMDF, Lower Montane Forest • HAB: gentle slope, steep slope; near running fresh water • GEO: Belait formation, Lambir formation, Meligan formation, shale, Setap Shales • ALT: 130 m
BEL: Labi, *Boyce* 269; Labi, Rampayoh, *Sands* 5989. **TEM:** Amo, Batu Apoi Forest Reserve, *Poulsen* 49; Amo, Bt. Retak, *Sands* 5309; Amo, K. Belalong, Batu Apoi F.R., *Hansen* 1541; Amo, Sg. Temburong, *Coode* 6508; Amo, Sg. Temburong, *Coode* 6649. **TUT:** Rambai, Ladan Hills F.R., *Coode* 6409.

C. phoenicolasia Lauterb.
Herb • VEG: HDF, Secondary Forest • HAB: steep slope; near running fresh water • GEO: Setap Shales; stony • ALT: 20–80 m
TEM: Amo, Batu Apoi Forest Reserve, *Poulsen* 188; Amo, Bt. Belalong, *Dransfield J.* 7231; Amo, Temburong river, *Atkins* 489; Bangar, Bt. Biang, *Forman* 916.

C. prolata B.L.Burtt
Herb; on ground • VEG: Kerangas, Degraded LMDF • HAB: valley bottom, ridge • GEO: Belait formation, Setap Shales • ALT: 20–200 m
BEL: Melilas, Bt. Batu Patam, *Boyce* 286. **TUT:** Lamunin, *Dransfield J.* 6889.

C. sarawakensis C.B.Clarke
Herb; on ground • VEG: LMDF, HDF • HAB: gentle slope; near running fresh water • GEO: shale, Setap Shales • ALT: 120–130 m
TEM: Amo, *Wong* 1698; Amo, Batu Apoi Forest Reserve, *Poulsen* 297; Amo, Sg. Temburong, *Coode* 6658; Amo, Sg. Temburong, *Coode* 6683; Batu Apoi, Bt. Gelagas (Bt. Suang), *Simpson* 2402.

C. tenebrosa B.L.Burtt
Shrub • VEG: HDF • HAB: near running fresh water • GEO: Setap Shales; grey clay soil • ALT: 70 m
TEM: Amo, Apoi Forest Reserve, *Sands* 5849.

C. aff. trisepala C.B.Clarke
Herb • VEG: Degraded Lower Montane Forest • HAB: steep slope • ALT: 1480 m
TEM: Amo, G. Pagon, *Coode* 7592.

C. sp. 1
Herb • HAB: near running fresh water • ALT: 40–50 m
BRM: Lumapas, Bukit Lumapas, *Davis* 508.

C. sp. 2
Suffrutescent herb/subshrub, herb; on ground • VEG: LMDF, HDF, Secondary Forest • HAB: valley bottom; near running fresh water • GEO: Belait formation, Lambir formation • ALT: 40–150 m

BEL: Labi, Bt. Teraja, *Sands* 5466; Labi, Bt. Teraja, *Simpson* 2067; Labi, Rampayoh, *Cowley* 169. TEM: Labu, *Sands* 5641.

C. spp. indet.
TEM: Amo, Apoi Forest Reserve, *Sands* 5825; Amo, Batu Apoi Forest Reserve, *Poulsen* 120; Amo, Batu Apoi Forest Reserve, *Poulsen* 221; Amo, Bt. Belalong, *Dransfield S.* 1259; Amo, Bt. Belalong, *Dransfield S.* 1260; Amo, Bt. Belalong, *Wong* 1500.

HENCKELIA
See comments in Appendix: new names & combinations

H. amoena (C.B.Clarke) B.L.Burtt p.438
Lithophyte; herb; on ground • VEG: Kerangas, LMDF, HDF, Upper Montane Forest, Secondary Forest • HAB: base of slope, gentle slope, steep slope, ridge; near running fresh water • GEO: Belait formation, Meligan formation, sandstone, shale, Setap Shales; bare rock and boulders; Brown clay-loam; moss • ALT: 90–1100 m

BEL: Melilas, Batu Patam, *Wong* 1043. TEM: *Puff* 9008161/2; Amo, Batu Apoi Forest Reserve, *Nielsen* 1081; Amo, Batu Apoi Forest Reserve, *Poulsen* 189; Amo, Bt. Belalong, *Dransfield J.* 7174; Amo, Bt. Belalong, *Prance* 30568a; Amo, Bt. Belalong, *Wong* 1503; Amo, Bt. Belalong, *Wong* 1517; Amo, Bt. Retak, *Sands* 5225; Amo, Bt. Retak, *Wong* 423; Amo, Bukit Tudal, *Kirkup* 956; Amo, Sg. Temburong, *Coode* 6611; Bangar, *Sands* 5636; Bangar, Pekan Bangar, *Ashton* A 83; Batu Apoi, Bt. Gelagas (Bt. Suang), *Simpson* 2261; Batu Apoi, Bt. Gelagas (Bt. Suang), *Simpson* 2359; Labu, Bt. Peradayan, *Hassan Pukol* BRUN 3102.

H. aff. amoena (C.B.Clarke) B.L.Burtt
Herb; on ground • GEO: shale • ALT: 120–130 m
TEM: Amo, Sg. Temburong, *Coode* 6619.

H. coodei B.L.Burtt p.437
Suffrutescent herb/subshrub; on ground • GEO: shale • ALT: 120–130 m
TEM: Amo, Sg. Temburong, *Coode* 6617.

H. crinita (Jack) Spreng. sens. lat.
Herb; on ground • VEG: Kerangas • HAB: ridge • GEO: Belait formation • ALT: 180–200 m
BEL: Melilas, Bt. Batu Patam, *Boyce* 282.

H. cf. crinita (Jack) Spreng.
Herb • VEG: Kerangas • HAB: ridge • GEO: Belait formation • ALT: 10–30 m
BEL: Melilas, Ulu Ingei, *Kirkup* 760.

H. diffusa B.L.Burtt p.437
Herb • VEG: LMDF, Degraded LMDF, Secondary Forest • HAB: gentle slope, vertical; near running fresh water • GEO: Belait formation, Lambir formation, sandstone; bare rock and boulders; sandy soil; fallen logs • ALT: 180 m

BEL: Labi, Bt. Telingan, *Dransfield S.* 1135; Labi, Bt. Teraja, *Richards* 5630; Labi, Mendarem Valley, *Sands* 5443; Labi, Rampayoh, *Sands* 6004; Labi, Sg. Rampayoh, *Coode* 7288; Labi, Sungai Rampayoh, *Atkins* 596.

H. gardneri B.L.Burtt p.437
Herb • VEG: Lower Montane Forest, Upper Montane Shrubbery • HAB: ridge • ALT: 1500 m
TEM: Amo, *Wong* 1835; Amo, G. Pagon, *Coode* 7553.

H. gracilipes (C.B.Clarke) B.L.Burtt p.438
Herb; on ground • GEO: shale • ALT: 120–130 m
TEM: Amo, Sg. Temburong, *Coode* 6673.

H. aff. gracilipes (C.B.Clarke) B.L.Burtt p 438
Herb • VEG: Upper Montane Forest • HAB: ridge • GEO: Meligan formation • ALT: 1370 m
TEM: Amo, *Sands* 5274.

H. aff. myricifolia (Ridl.) B.L.Burtt
Shrub, suffrutescent herb/subshrub, herb; on ground • VEG: Alluvial Forest, LMDF • HAB: steep slope, ridge • GEO: Setap Shales; alluvial deposits • ALT: 20–100 m
TEM: Amo, Batu Apoi Forest Reserve, *Nielsen* 984; Amo, Batu Apoi Forest Reserve, *Poulsen* 85; Amo, Batu Apoi F.R., K. Belalong FSC, *Hansen* 1571; Amo, K. Belalong, *Boyce* 365; Amo, K. Belalong, *Wong* 1241; Amo, Sg. Temburong Machang, *Wong* 1989.

H. pagonensis B.L.Burtt p 437
Herb; on ground • VEG: Lower Montane Forest • HAB: ridge
TEM: Amo, Bt. Pagon, *Wong* 1784.

H. petiolaris (C.B.Clarke) B.L.Burtt
Epiphytic; herb • VEG: LMDF • HAB: near running fresh water • GEO: Belait formation; vertical tree trunk
TUT: Ulu Tutong, Bukit Bahak, *Kirkup* 489.

H. taeniophylla B.L.Burtt p 438
Lithophyte; herb • VEG: HDF • HAB: gentle slope • ALT: 10 m
TEM: *Johns* 7043; Labu, *Wong* 316.

H. sp. 1
Herb • VEG: Upper Montane Shrubbery • HAB: ridge • ALT: 1500 m
TEM: Amo, G. Pagon, *Coode* 7513.

H. sp. 2
Epiphytic; herb • VEG: Peatswamp Forest • HAB: gentle slope, terrace; impeded drainage • GEO: Belait formation, sandstone; alluvial deposits; bare rock and boulders • ALT: 150 m
BEL: Melilas, Sungai Mutip, *Sands* 5977. **TEM:** Labu, *Ashton* A 122.

H. sp. 3
Lithophyte; herb • VEG: LMDF • HAB: steep slope • GEO: Belait formation • ALT: 60–90 m
BEL: Melilas, Bt. Batu Patam, *Boyce* 324.

H. sp. 4
Suffrutescent herb/subshrub, herb • VEG: Upper Montane Forest • HAB: gentle slope, steep slope • ALT: 1480 m
TEM: Amo, *Wong* 1913; Amo, G. Pagon, *Coode* 7568.

H. spp. indet.
BEL: Labi, *Johns* 7436; Labi, Wong Kadir, *Coode* 7195; Melilas, Sg. Topi, *Thomas* 185; Melilas, Sg. Topi, *Thomas* 199. **TEM:** Amo, *Wong* 1723; Amo, G. Pagon, *Coode* 7593; Amo, Sg. Temburong, BRUN 15620; Amo, Sg. Temburong, *Coode* 6667; Amo, Sg. Temburong, *Coode* 6686; Amo, Ulu Belalong, *Coode* 7896; Batu Apoi, Bt. Gelagas (Bt. Suang), *Simpson* 2265. **TUT:** Ulu Tutong, Bukit Bahak, *Kirkup* 566.

GESNERIACEAE INDET.
BEL: Labi, Sungai Rampayoh, *Atkins* 607; Labi, Sungai Rampayoh, *Kirkup* 801; Labi, Wong Kadir, *Coode* 7197; Labi, Wong Kadir, *Coode* 7252. **TEM:** Amo, Batu Apoi F.R., K. Belalong FSC, *Hansen* 1638; Amo, Bt. Belalong, *Wong* 1467; Amo, G. Pagon, *Coode* 7534; Amo, Temburong river, *Atkins* 495; Amo, Ulu Belalong, *Coode* 7872; Amo, Ulu Belalong, *Coode* 7874; Amo, Ulu Belalong, *Coode* 7903; Labu, Peradayan Forest Reserve, *Sands* 5780.

GOODENIACEAE
Leenhouts in Fl. Males. 5: 335–344 (1957)

SCAEVOLA

S. taccada (Gaertn.) Roxb. (*S. sericea* Vahl)
Shrub • VEG: Degraded Secondary Forest • HAB: near sea water • GEO: Coastal beach sand
TUT: Telisai, K. Tutong, *Ashton* BRUN 963. **Without prov.:** *van Niel* 3422 • Madagascar, SE Asia to Australia and Pacific

GUTTIFERAE

CALOPHYLLUM
P.F. STEVENS
P.F.Stevens in Journ. Arn. Arb. 61: 117–699 (1980)

C. alboramulum P.F.Stevens — *Bintangor* (Br., Dus., Ib,.Ked., Tut.)
Canopy/emergent tree • HAB: ridge
BEL: *Rahman Abd.* S 1642 • Malaya, Borneo

C. ardens P.F.Stevens (*C. obliquinervium* auct. non Merr.)
Midstorey/subcanopy tree • HAB: raised beach; impeded drainage • GEO: White sand; peat • ALT: sea level • USES: Firewood
TEM: Batu Apoi, Bt. Pasir Puteh, *Ashton* BRUN 297 • Borneo: Sarawak, Kalimantan

C. biflorum M.R.Hend. & Wyatt-Sm.
Canopy/emergent tree, midstorey/subcanopy tree • VEG: Peatswamp Forest, HDF, Lower Montane Forest • HAB: steep slope; near running fresh water • GEO: alluvial deposits; Brown clay-loam; Leaf litter • ALT: 10 m
BEL: Melilas, Ulu Ingei, *Ashton* BRUN 131; Sungai Liang, Andulau F.R., *Smythies* SAN 17518. **TEM:** Amo, Bt. Belalong, *Prance* 30536; Amo, Ulu Belalong, *Coode* 7862 • Malaya

C. canum Hook.f. (*C. borneense* Vesque) — *Bintangor* (Br., Dus., Ked., Ib., Mal.)
Midstorey/subcanopy tree, treelet • HAB: gentle slope; near running fresh water • ALT: 40 m
BEL: Bukit Sawat, Merangking Buau, *Coode* 7670; Bukt Sawat, Sg. Mau, *Niga* 139; Sukang, Sg. Belait, *Wong* 108 • Sumatra, Malaya, Borneo

C. cf. canum Hook.f. — *Penaga* (Ib.)
Canopy/emergent tree • HAB: ridge • GEO: sandstone; yellow sandy clay soil, sandy soil • ALT: 10–130 m
BEL: Sukang, Belait river, *Forman* 1167. **TEM:** Amo, K. Sekurop, *Ashton* BRUN 733.

C. confertum P.F.Stevens
Canopy/emergent tree • HAB: ridge • ALT: 70 m
TEM: Labu, *Smythies* SAN 17146 • Borneo: Sarawak

C. depressinervium M.R.Hend. & Wyatt-Sm.
Canopy/emergent tree • ALT: sea level
TEM: Bangar, Jln. Bangar–Batu Apoi, *Smythies* SAN 17093 • Indo-China, Sumatra, Malaya, Borneo

C. ferrugineum Ridl.
Canopy/emergent tree • HAB: gentle slope • ALT: 10 m
BEL: Sungai Liang, Andulau F.R., *Ashton* BRUN 251 • Borneo: Sarawak

C. ferrugineum Ridl. var. **orientale** P.F.Stevens — *Bintangor* (Br., Dus., Ib., Ked., Tut.), *Penaga Jongkong* (Br.)
 Canopy/emergent tree, midstorey/subcanopy tree • VEG: LMDF, Secondary Forest • HAB: terrace, raised beach, ridge • GEO: Lambir formation, White sand, Sand; Podsol • ALT: 60 m
 BEL: Labi, Bukit Teraja, *Kirkup* 436; Melilas, Ulu Ingei, *Brunig* S 1003; Melilas, Ulu Ingei, *Brunig* S 1013. **BRM:** Berakas, Berakas F.R., *Ashton* S 7811; Berakas, Berakas F.R., *Ashton* S 7827. **TUT:** Telisai, Telamba, *Ashton* BRUN 5696; Telisai, Telamba, *Ashton* BRUN 5697 • Borneo: Sarawak

C. garcinioides P.F.Stevens
 • HAB: sharp ridge • ALT: 560 m
 TEM: Amo, G. Pagon Periok, *Ashton* BRUN 2386 • Borneo: Sarawak, Sabah

C. gracilipes Merr. — *Bintangor* (Br., Dus., Ib., Ked., Mal., Tut.)
 Midstorey/subcanopy tree, treelet • VEG: LMDF, Degraded LMDF, HDF • HAB: gentle slope • GEO: Belait formation, Setap Shales • ALT: 120–990 m
 BEL: Labi, Bt. Telingan, *Dransfield J.* 6826. **TEM:** Amo, K. Belalong Fld. Studies Centre, *Schatz* 3299; Batu Apoi, Kpg. Selapon, *Kirkup* 331 • Borneo, Philippines

C. griseum P.F.Stevens — *Bintangor* (Br., Dus., Ib., Ked., Tut.)
 Canopy/emergent tree, midstorey/subcanopy tree • HAB: gentle slope, ridge • GEO: sandstone; yellow sandy clay soil • ALT: 40 m
 BEL: Labi, Bt. Teraja, *Ashton* BRUN 670; Labi, Kpg. Labi, *Labindin* KEP 30474. **TUT:** Ukong, Bt. Besong, *Niga* 235 • Borneo: Sarawak, Sabah

C. havilandii P.F.Stevens (*C. rhizophorum* auct. non Boerl. & Koord.)
 Midstorey/subcanopy tree • ALT: sea level
 BEL: Seria, Badas State land, *Smythies* SAN 17449 • Borneo: Sarawak

C. incumbens P.F.Stevens
 Midstorey/subcanopy tree • GEO: sandstone; yellow sandy clay soil • ALT: 10 m
 BEL: Melilas, Ulu Ingei, *Ashton* BRUN 158 • Sumatra, Borneo

C. inophyllum L. — *Penaga Laut* (Br., Ked.)
 Midstorey/subcanopy tree • GEO: Coastal beach sand
 BEL: *Sahat* KEP 30647. **Without prov.:** *van Niel* 3860 • E Africa to Taiwan & Pacific

C. lowii Hook.f.
 Canopy/emergent tree • ALT: sea level
 TEM: Labu, Labu F.R., *Smythies* SAN 17433 • Sumatra, Borneo

C. macrocarpum Hook.f.
 Canopy/emergent tree • VEG: Freshwater Swamp Forest • HAB: seasonal watercourse • GEO: alluvial deposits; clay soil • USES: Edible fruit
 BEL: Sungai Liang, Andulau F.R., *Ashton* S 21579 • Sumatra, Malaya, Borneo

C. multitudinis P.F.Stevens
 Midstorey/subcanopy tree • VEG: LMDF • HAB: steep slope • GEO: Belait formation • ALT: 100 m
 BEL: Labi, Bt. Teraja, *Dransfield J.* 7021.

C. nodosum Vesque (*C. depressinervium* auct. non M.R.Hend. & Wyatt-Sm.)
 Scrambling tree, canopy/emergent tree, midstorey/subcanopy tree, treelet, shrub • VEG: Peatswamp Forest, Kerangas, Degraded Kerangas, LMDF, HDF, Lower Montane Forest, Upper Montane Forest, Upper Montane Shrubbery • HAB: gentle slope, steep slope, raised beach, ridge; well-drained • GEO: Belait formation, Meligan formation, White sand, sandstone, clay; Podsol; peat • ALT: 860 m
 BEL: Labi, Bt. Teraja, *Coode* 6887; Labi, Bt. Teraja, *Coode* 6948; Sungai Liang, Andulau F.R., *Ashton* BRUN 249; Sungai Liang, Andulau F.R., *Sinclair* 10448. **BRM:** Berakas, Berakas F.R., *Ashton* S 7822. **TEM:** *Johns* 6543; Amo, Bt. Belalong, *Prance* 30540; Amo, Bt. Belalong, *Prance* 30560a; Amo, Bt. Retak, *Wong* 396; Amo, Bukit Retak, *Hussain Hj. Osman* 21; Amo, G.

Retak, *Sands* 5250; Amo, G. Retak, *Sands* 5408; Amo, G. Pagon Periok, *Ashton* BRUN 2389. **TUT:** Tanjong Maya, Jalan Tutong–Seria, *Thomas* 246; Tanjong Maya, Jln. Tutong–Seria, *Simpson* 2178; Telisai, Bt. Pasir, *Wong* 156; Telisai, *Coode* 6862. **Without prov.:** *van Niel* 3736; *Wong* s.n. 3.i.89b • Malaya, Borneo

C. obliquinervium Merr. (*C. muscigerum* Heyne) — *Bintangor* (Br., Dus., Ib., Ked., Tut.)

Canopy/emergent tree, midstorey/subcanopy tree, treelet • VEG: Degraded Kerangas • HAB: gentle slope • GEO: White sand; Podsol, Kerangas soil; Mor • ALT: 30 m

BRM: Berakas, Berakas, S.L., *Abang Suhaili* KEP 37212; Lumapas, Kpg. Lumapas, *Maidin* KEP 32223; Mentiri/Muara, Meragang, SW of Muara, *Coode* 7323. **TEM:** Bangar, *Anderson* S 2204; Batu Apoi, Bt. Pasir Puteh, *Ashton* BRUN 5020. **TUT:** Telisai, *Anderson* S 27681. **Without prov.:** *van Niel* 3453; *van Niel* 4046 • Sabah, Philippines

C. rigidum Miq. — *Bintangor* (Br., Dus., Ib.)

Canopy/emergent tree

BEL: Sungai Liang, Sungai Liang Arboretum, *Niga* 123.

C. sclerophyllum Vesque

BEL: Rambai, Tasek Merimbun, FMS 30397 • Sumatra, Malaya, Borneo

C. cf. sclerophyllum Vesque

Midstorey/subcanopy tree • VEG: Kerangas • GEO: White sand

TUT: Telisai, Bt. Pasir, *Wong* 149.

C. soulatri Burm.f.

Without prov.: *Bujang Abg.* KEP 30429 • Indochina, SE Asia, Malesia to N Australia and Pacific

C. teijsmannii Miq. var. **inophylloide** (King) P.F.Stevens (*C. inophylloide* King) — *Bintangor* (Br., Dus., Ib.)

Canopy/emergent tree • VEG: Alluvial Forest, Lower Montane Forest • HAB: gentle slope, ridge; periodically flooded • GEO: alluvial deposits; yellow sand • ALT: 10–860 m

BEL: Sungai Liang, Andulau F.R., *Ashton* S 5935; Sungai Liang, Andulau F.R., *Smythies* SAN 17476; Sungai Liang, Sg. Lumut, *Wong* 952. **TEM:** Amo, Bt. Belalong, *Prance* 30595. **Without prov.:** *Wong* s.n. 5.i.89 • Malaya, Sumatra, Borneo

C. tetrapterum Miq. var. **ovale** (Miq.) P.F.Stevens — *Bintangor* (Br., Dus., Ib., Ked., Tut.)

Midstorey/subcanopy tree • HAB: flat ground, ridge • ALT: 80 m

BEL: Seria, Anduki F.R., *Abot* KEP 37144. **TEM:** Labu, *Smythies* SAN 17132 • Sumatra, Malaya, Borneo

C. tetrapterum Miq. var. **tetrapterum** (*C. floribundum* Hook.f.)

Canopy/emergent tree, midstorey/subcanopy tree • VEG: Kerangas, Degraded Kerangas • HAB: raised beach • GEO: White sand; Podsol • ALT: 10 m

BEL: Sungai Liang, Andulau F.R., *Smythies* SAN 17529. **BRM:** Berakas, Berakas F.R., *Ashton* S 7820; Berakas, Berakas F.R., *Smythies* S 7802 • Cambodia, Sumatra, Malaya, Borneo

C. wallichianum Planch. & Triana var. **incrassatum** (M.R.Hend. & Wyatt-Sm.) P.F. Stevens — *Bintangor* (*)

Canopy/emergent tree • VEG: HDF • HAB: ridge • GEO: Setap Shales • ALT: 820–900 m

TEM: Amo, Bt. Belalong, *Dransfield J.* 7199; Amo, Bt. Belalong, *Prance* 30591 • Malaya, Sumatra, Borneo

C. woodii P.F.Stevens

Without prov.: *Wong* s.n. 2.i.89b.

C. sp. indet.

BRM: Serasa, Brunei Bay, *Amin* SAN 86365.

CRATOXYLUM

C. arborescens (Vahl) Blume — *Geronggang* (Ib., Br.)
Canopy/emergent tree, midstorey/subcanopy tree • VEG: Peatswamp Forest with Shorea albida, Roadsides • HAB: flat ground, gentle slope; impeded drainage; near running fresh water • GEO: sandstone, Sand/clay; yellow sandy clay soil, sandy soil; peat • ALT: 120 m • USES: Timber tree, used for planks, boats and parang sheaths
BEL: K. Balai, Sg. Mendaram, *Flemmich* KEP 36990; Labi, *Coode* 6817; Labi, Bt. Puan, *Ashton* BRUN 639; Seria, Anduki F.R., *Wong* 918; Seria, Kpg. Seria, *Flemmich* KEP 32561. **TUT:** Lamunin, Ladan Hills F.R., *Kirkup* 276. **Without prov.:** KEP 30494; *van Niel* 3712 • Burma, Sumatra, Malaya, Borneo

C. cochinchinense (Lour.) Blume (*C. ligustrinum* (Spach) Bl.) — *Geronggang* (Br.)
Midstorey/subcanopy tree • VEG: Secondary Forest, Roadsides • HAB: flat ground • GEO: sandstone • ALT: 80 m • USES: Medicinal, leaves pounded and applied to wounds
BEL: Labi, Bt. Rotan, *Flemmich* KEP 34445; Labi, Kpg. Tenajor, *Haslani-Mohd. A.* 58. **TEM:** Bangar, Bt. Biang, *Forman* 904. **TUT:** Lamunin, Ladan Hills F.R., *Kirkup* 282 • SE Asia, Sumatra to Philippines

C. formosum (Jack) Dyer subsp. **formosum** — *Geronggang Derum* (Br.), *Palawan* (*)
Midstorey/subcanopy tree, treelet • VEG: Roadsides • HAB: near running fresh water • ALT: 90 m
BEL: Sg. Belait, *Ashton* BRUN 5554; Sg. Belait, *Ashton* BRUN 5555; Bukit Sawat, Jln. Labi, *Wong* 966; Sg. Liang, Sg. Liang Arboretum F.R., *Hussain Hj. Osman* 31; Sungai Liang, Sungai Liang Forestry Centre, *Niga* 103. **TUT:** Jln. Tutong, *Abot* KEP 37216; Lamunin, Ladan Hills, *Coode* 7367 • SE Asia, Sumatra, Java to Philippines

C. glaucum Korth.
Canopy/emergent tree • VEG: Kerangas • HAB: raised beach • GEO: White sand; Kerangas soil • ALT: sea level
BEL: Labi, Bt. Puan, *Ashton* BRUN 653 • Bangka, Malaya, Borneo

C. sumatranum (Jack) Blume subsp. **sumatranum** (*C. hypericinum* (Bl.) Merr.)
Canopy/emergent tree, treelet • GEO: yellow sandy clay soil • ALT: 90 m
TEM: Amo, Bt. Belalong, *Wong* 387; Amo, K. Belalong, *Ashton* BRUN 460 • Sumatra, Malaya to Philippines

C. spp. indet.
BEL: Labi, Sungai Rampayoh, *Coode* 7831; Sungai Liang, Compartment 7, BRUN 15256. **Without prov.:** *Osman Hussain Hj.* s.n. 10.iv.90d.

GARCINIA
P.F. STEVENS

G. bancana Miq. (*G. myristicaefolia* Pierre) — *Kandis* (Ib., Br., Dus., Mur., Tut.), *Perdah-Perdah* (Ked.), *Sikup Bungkang* (Ib.)
Midstorey/subcanopy tree, treelet • VEG: Peatswamp Forest with Shorea albida, Peatswamp Forest, Degraded Kerangas, Secondary Forest, Cultivated Areas • HAB: flat ground, terrace, raised beach; impeded drainage; near still fresh water • GEO: White sand, Sand; Podsol; yellow sand; peat • ALT: sea level
Locality not traced: *Flemmich* KEP 34430. **BEL:** Seria, Badas, *Ashton* BRUN 953. **BRM:** Berakas, Berakas F.R., *Ashton* BRUN 941; Berakas, Berakas F.R., *Ashton* S 7813; Berakas, Berakas F.R., *Ashton* S 7824. **TUT:** *Ashton* BRUN 956; *Brunig* S 1160; Rambai, Sg. Medit, *Simpson* 2587 • Sumatra, Malaya

G. beccarii Pierre (*G. forbesii* King)
Midstorey/subcanopy tree • VEG: HDF, Cultivated Areas • HAB: near running fresh water • GEO: sandstone • ALT: 740 m
BEL: Labi, Sg. Rampayoh, *Kirkup* 364. **TEM:** Amo, Bt. Belalong, *Prance* 30703. **TUT:** Luagan Merimbun, *Forman* 870; Rambai, Bt. Bahak, *Coode* 7025 • Borneo: Sarawak

G. cf. beccarii Pierre
Midstorey/subcanopy tree • VEG: LMDF • GEO: sandy soil • ALT: 20–100 m
BEL: Labi, *Forman* 1029.

G. beccarii Pierre *sens. lat.*
Midstorey/subcanopy tree • VEG: HDF • ALT: 990 m
TEM: Amo, K. Belalong Fld. Studies Centre, *Schatz* 3305.

G. cantleyana Whitmore var. **grandifolia** Whitmore
Midstorey/subcanopy tree • VEG: Alluvial Forest • HAB: near running fresh water • GEO: sandstone; sandy soil • ALT: 200 m
TUT: Rambai, Bt. Bahak, *Coode* 7095 • Malaya

G. celebica L. (*G. hombroniana*) — *Kandis* (Br., Ib.), *Lusi* (Dus.), *Manggis* (Br.)
Canopy/emergent tree, midstorey/subcanopy tree, treelet • VEG: Kerangas, LMDF • HAB: well-drained • GEO: White sand • ALT: 10–20 m
Muara: Sengkurong, Bt. Shahbandar, *Wong* 959. **TEM:** Labu, *Wong* 1597. **TUT:** Telisai, *Coode* 6856 • Sumatra to Moluccas

G. cuneifolia Pierre
Midstorey/subcanopy tree • VEG: Upper Montane Shrubbery • HAB: ridge • ALT: 1500 m
TEM: Amo, G. Pagon, *Coode* 7536 • Borneo: Sarawak

G. cf. cuneifolia Pierre
Canopy/emergent tree, midstorey/subcanopy tree, shrub • VEG: LMDF, Upper Montane Forest • HAB: ridge • GEO: Belait formation, Meligan formation • ALT: 50–440 m
BEL: Melilas, Sg. Topi, *Thomas* 179. **TEM:** Amo, Bt. Pagon, *Ashton* BRUN 1048; Amo, Bt. Retak, *Sands* 5219; Amo, Bt. Retak, *Sands* 5228.

G. cf. desrousseauxii Pierre
Midstorey/subcanopy tree, treelet • HAB: gentle slope, ridge • GEO: moss
TEM: Amo, *Wong* 1854; Amo, Bt. Retak, *Wong* 415.

G. dryobalanoides Pierre
• ALT: sea level
Locality not traced: *Brunig* S 1192. **BEL:** Melilas, Sg. Ingei, *Brunig* S 991 • Borneo: Sarawak

G. gaudichaudii Planch. & Triana (*G. scortechinii* King)
Midstorey/subcanopy tree, treelet • VEG: LMDF • HAB: terrace, ridge • GEO: Belait formation; alluvial deposits • ALT: 40 m
BEL: Melilas, Batu Patam, *Wong* 1075; Melilas, Ulu Ingei, *Sands* 5956. **TUT:** Luagan Merimbun, *Forman* 872 • Indochina, Thailand to Malaya, Borneo

G. humilis Kosterm.
Treelet • HAB: ridge • GEO: sandstone; yellow sandy clay soil • ALT: 130 m
TEM: Amo, K. Sekurop, *Ashton* BRUN 744 • Borneo: Kalimantan

G. aff. lateriflora Blume — *Kandis Emli* (Mal., Ib.)
Midstorey/subcanopy tree • VEG: LMDF, HDF • HAB: ridge • GEO: Belait formation, sandstone; yellow sandy clay soil • ALT: 130–350 m
BEL: Labi, Bt. Teraja, *Coode* 6903; Labi, Bt. Teraja, *Simpson* 2028. **TEM:** Amo, K. Temburong Machang, *Ashton* BRUN 782.

G. linearis Pierre — *Entabunau* (Ib.)
Canopy/emergent tree • HAB: ridge • GEO: sandy loam • ALT: 20 m • USES: Wood used for beliong handles
BEL: Andulau F.R., *Smythies* BRUN 827 • Borneo: Sarawak, Sabah

G. maingayi Hook.f. (*G. trianii* Pierre) — *Lusi* (Dus., Br.), *Sikup Munsang* (Ib.)
Canopy/emergent tree, midstorey/subcanopy tree • VEG: LMDF • HAB: ridge • GEO: Belait formation • ALT: 340 m
BEL: Labi, Bt. Teraja, *Coode* 6907; Melilas, Sg. Ingei, *Wong* 622 • Borneo: Sarawak, Sabah

G. mangostana L.
Midstorey/subcanopy tree • VEG: Cultivated Areas • HAB: ridge • GEO: yellow clay soil, yellow sandy clay soil • ALT: 90 m
BRM: Jln. Muara, *Hassan Pukol* BRUN 5726. **TEM:** Amo, K. Belalong, *Ashton* BRUN 3392 • Widely cultivated in Malesia, wild origin unknown

G. cf. murtonii Whitmore
Canopy/emergent tree • VEG: Upper Montane Forest • HAB: ridge • GEO: Meligan formation • ALT: 1350 m
TEM: Amo, *Sands* 5325.

G. nervosa Miq. (*G. spectabilis* Pierre) — *Engkaiwong* (Dus.)
Canopy/emergent tree, treelet • VEG: LMDF • HAB: steep slope • GEO: Belait formation, shale • ALT: 120–130 m • USES: Leaves used to make roofs
BEL: Labi, Bt. Teraja, *Kirkup* 267. **TEM:** Amo, Sg. Temburong, *Coode* 6545. **TUT:** Rambai, Tasek Merimbun, *Bernstein* 482. • W & C Malesia

G. aff. nitida Pierre
Midstorey/subcanopy tree • VEG: HDF • HAB: ridge • GEO: sandstone; yellow-red clay soil; Leaf litter • ALT: 620 m
TEM: Amo, Ulu Belalong, *Coode* 7886.

G. parvifolia (Miq.) Miq. (*G. stigmacantha* Pierre) — *Asam Kandis* (Br., Dus., Ib.), *Kandis* (Br., Dus., Ib., Mal., Tut.), *Kedul* (Ib.), *Sempat Tubu* (Ib.)
Canopy/emergent tree, midstorey/subcanopy tree, treelet • VEG: Degraded Alluvial Forest, LMDF, Degraded Secondary Forest • HAB: flat ground, gentle slope, steep slope, ridge; periodically flooded; near running fresh water • GEO: Belait formation, sandstone, Setap Shales; alluvial deposits; stony; clay soil, yellow sandy clay soil, yellow sand • ALT: 110 m • USES: Edible fruit
BEL: Bukit Sawat, Sg. Belait, *Niga* 67; Bukit Sawat, Sg. Mau, *Coode* 7718; Melilas, Sg. Belait, *Ashton* BRUN 233; Melilas, Ulu Ingei, *Sands* 5908. **TEM:** Amo, K. Sekurop, *Ashton* BRUN 731; Amo, Ulu Belalong, *Dransfield J.* 7362; Batu Apoi, *Dransfield J.* 6969; Batu Apoi, Selapon, *Coode* 7953. **TUT:** Rambai, *Ashton* BRUN 874; Rambai, Tasik Merimbun, *Wong* 343 • Malaya, Sumatra, Java, Borneo

G. cf. parvifolia (Miq.) Miq. (*G. stigmacantha* Pierre)
Midstorey/subcanopy tree • VEG: Peatswamp Forest with Shorea albida • ALT: sea level
BEL: Seria, Seria, *Smythies* S 5833.

G. penangiana Pierre — *Bunau Puteh* (Ib.), *Kandis* (Br.)
Midstorey/subcanopy tree • VEG: Kerangas • HAB: terrace • ALT: sea level
TEM: *Brunig* S 1131; *Brunig* S 1142 • Malaya, Borneo: Sarawak

G. sarawakensis Pierre — *Kandis* (Ib., Br., Dus., Mur., Tut.)
Midstorey/subcanopy tree • ALT: 20 m
BEL: Seria, Anduki F.R., *Flemmich* KEP 34482. **TEM:** Amo, Batu Apoi F.R., *Smythies* SAN 17091 • Borneo: Sarawak, Sabah

G. sp. 1
Canopy/emergent tree • HAB: gentle slope • GEO: yellow sandy clay soil • ALT: 10 m
BEL: Andulau F.R., *Ashton* S 5938.

G. sp. 2
Without prov.: *Wong* s.n. 2.i.89x.

G. sp. 3
Midstorey/subcanopy tree
TEM: Amo, Bt. Retak, *Wong* 754.

G. sp. 5
Treelet • HAB: ridge • ALT: 100 m
TEM: Amo, K. Belalong, *Wong* 1247.

G. sp. 6 — *Bunau* (Ib.)
Tree • VEG: LMDF • HAB: steep slope • GEO: Setap Shales • ALT: 20–80 m • USES: Edible fruit
TEM: Amo, K. Belalong, *Dransfield J.* 6691.

G. sp. 7
• ALT: sea level–10 m
BEL: Seria, Anduki peatswamp, *Coode* 6475.

G. sp. 8
Midstorey/subcanopy tree • VEG: LMDF • HAB: steep slope • GEO: Belait formation • ALT: 50–80 m
BEL: Labi, Bt. Teraja, *Kirkup* 265.

G. spp. indet.
BEL: Andulau F.R., *Ashton* BRUN 5510; Andulau F.R., *Kostermans* s.n. iv.63A; Labi, Bt. Teraja, *Coode* 6954; Melilas, Paleh Bangawong, *Thomas* 82; Melilas, Sg. Topi, *Ashton* BRUN 224; Seria, Anduki F.R., *Anderson* S 27680; Seria, Badas railway, *Smythies* SAN 17456; Sukang, Sungai Paleh Bangawong, *Kirkup* 610; Sungai Liang, Andulau F.R., *Smythies* SAN 17475; Sungai Liang, Andulau F.R., *Smythies* SAN 17571. **TEM:** *Johns* 6559; Amo, Bt. Pagon, *Ashton* BRUN 1052; Amo, Bt. Belalong, *Prance* 30576; Amo, Bukit Tudal, *Bygrave* 19; Amo, Bukit Tudal, *Kirkup* 972; Amo, Bukit Tudal, *Kirkup* 981; Amo, K. Belalong, *Dransfield J.* 6646; Amo, K. Belalong, *Smythies* SAN 17081; Amo, Ulu Belalong, *Coode* 7849; Amo, Ulu Belalong, *Dransfield J.* 7390; Batu Apoi, Jln. Bangar–Batu Apoi, *Smythies* SAN 17100; Batu Apoi, Selapon, *Coode* 7944; Batu Apoi, Selapon, *Dransfield J.* 7484; Labu, *Smythies* SAN 17141; Labu, *Smythies* SAN 17142. **TUT:** Rambai, Bt. Bahak, *Coode* 7089; Rambai, Tasek Merimbun, *Bernstein* 233. **Without prov.:** KEP 34411; *van Niel* 3618; *van Niel* 3890.

KAYEA
P.F. STEVENS

K. borneensis P.F.Stevens
Canopy/emergent tree • HAB: ridge • ALT: 750 m
TEM: Amo, Bt. Belalong, *Wong* 1382 • Borneo: Sarawak, Kalimantan

K. calophylloides Ridl.
Midstorey/subcanopy tree • VEG: Peatswamp Forest with Shorea albida • ALT: sea level
BEL: Melilas, K. Ingei, *Ashton* BRUN 182 • Borneo: Sarawak

K. cf. elmeri Merr. — *Lulai Bukit* (Ib.)
Midstorey/subcanopy tree • VEG: LMDF • HAB: flat ground, ridge • GEO: Belait formation, clay • ALT: sea level–50 m
BEL: Labi, *Dransfield J.* 6540; Labi, Bt. Puan, *Ashton* BRUN 657.

K. elmeri Merr. subsp.tenuis P.F.Stevens. — *Bintangor* (Br., Dus., Ib., Ked., Tut.)
Midstorey/subcanopy tree • VEG: Kerangas
BEL: Labi, Jln. Teraja–Redan, *Niga* 269.

K. ferruginea Pierre
River banks, often in the tidal zone.
BEL: Belait River, *van Niel* 4642 (L) • Vietnam (nr Saigon), Thailand, Malaya, Sumatra & Borneo.

K. hexapetala (Hook.f.) P.F.Stevens *sens. lat.*
Canopy/emergent tree, midstorey/subcanopy tree • VEG: HDF • HAB: gentle slope, ridge; impeded drainage • GEO: Setap Shales; sandy soil • ALT: 10–900 m
BEL: Melilas, Sg. Belait, *Forman* 1128. **TEM:** Amo, Bt. Belalong, *Dransfield J.* 7202; Amo, Bt. Belalong, *Prance* 30692 • Borneo: Sarawak, Sabah

K. macrantha Baill.
Canopy/emergent tree • HAB: ridge • GEO: sandstone; yellow sandy clay soil • ALT: 270 m
BEL: *Rahman Abd.* S 1637. **TEM:** Batu Apoi, R.Batu Apoi, *Ashton* BRUN 306 • Borneo

K. oblongifolia Ridl. — *Mergasing* (Br.)
Tree, midstorey/subcanopy tree • VEG: LMDF, HDF • HAB: gentle slope, steep slope, ridge; impeded drainage; near still fresh water • GEO: sandstone, Setap Shales; yellow-red clay soil; Leaf litter • ALT: 20– 80 m
BEL: Melilas, Batu Patam, *Wong* 1141; Sungai Liang, Andulau F.R., *Wong* 500. **TEM:** Amo, K. Belalong, *Dransfield J.* 6684; Amo, Ulu Belalong, *Coode* 7884. **TUT:** *Johns* 7570 • Borneo: Sarawak, Sabah

K. scalarinervosa P.F.Stevens
Canopy/emergent tree, midstorey/subcanopy tree • HAB: gentle slope • GEO: sandstone; yellow sandy clay soil • ALT: 10–0 m
BEL: Labi, Bukit Teraja, *Ashton* BRUN 678; Seria, Badas, *Smythies* SAN 17441 • Borneo: Sabah

K. sp. nov.
Canopy/emergent tree • GEO: sandy soil • ALT: 10 m
BEL: Melilas, Sg. Belait, *Forman* 1179.

MAMMEA

M. woodii Kostermans
Without prov.: Bt Biang, *Ec. L.* 987 (SAR).

M. calciphila Kostermans var. fasciculata P.F. Stevens
Small tree in forest on limestone, alluvium or sandstone, 65–305 m.
TEM: Bt. Patoi, 240 m, *Ec. P.* 3869 (SAR) • NE Sarawak, Brunei, locally not uncommon.
The other three varieties of *M. calciphila* grow in Sabah and eastern Kalimantan.

MESUA

M. spp. indet.
BEL: Melilas, Sg. Ingei, *Wong* 648; Sungai Liang, Compartment 5, BRUN 15268.

PLOIARIUM

P. alternifolium (Vahl) Melchior — *Kawi Kerangas* (Ib.), *Soma* (Mal.), *Sumah* (Br.)
Midstorey/subcanopy tree, treelet, shrub • VEG: Degraded Kerangas, Secondary Forest • HAB: flat ground, raised beach; well-drained • GEO: White sand; sandy soil; Mor • ALT: sea level • USES: Wood good for fence poles
BEL: Labi, Bt. Teraja, *Coode* 6891; Labi, Bt. Teraja, *Coode* 6962. **BRM:** Berakas, Berakas F.R., *Ashton* BRUN 73; Sengkurong, Bt. Shahbandar, *Niga* 373. **TUT:** Telisai, *Niga* 78; Telisai, Kpg. Danau, *Ashton* BRUN 968. **Without prov.:** *Ashton* BRUN 283; *Johns* 6744; *van Niel* 3614 • Indo-China, Sumatra, Malaya, Borneo

P. cf. alternifolium (Vahl) Melchior — *Kawi* (Ib.)
Treelet • HAB: ridge
BEL: Labi, Bt. Teraja, *Niga* 297.

GUTTIFERAE INDET.
BEL: Sukang, Kampong Sukang, *Atkins* 523; Sukang, Sungai Paleh Bangawong, *Kirkup* 640. **TEM:** Amo, Ulu Belalong LP382, *Kirkup* 896. **TUT:** Ulu Tutong, Bukit Bahak, *Kirkup* 569.

ICACINACEAE
Sleumer in Fl. Males. 7: 1–87 (1971)

CANTLEYA
C. corniculata (Becc.) Howard — *Sanala* (Tut.)
Canopy/emergent tree • HAB: base of slope; impeded drainage
TUT: BRUN 5712 • Sumatra, Malaya, Borneo

GOMPHANDRA
G. cumingiana (Miers) F.-Vill.
Midstorey/subcanopy tree, treelet, shrub; on ground • VEG: Kerangas, LMDF, Secondary Forest • HAB: flat ground, valley bottom, ridge; periodically flooded; near running fresh water • GEO: Belait formation, Lambir formation, sandstone, Setap Shales; alluvial deposits; sandy soil • ALT: 150 m
BEL: Bukit Sawat, Jln. Merangking–Buau, *Niga* 255; Labi, Rampayoh, *Cowley* 165; Labi, Rampayoh, *Sands* 5748; Labi, Sg. Rampayoh, *Coode* 7263; Melilas, Sg. Ingei, *Wong* 653; Melilas, Ulu Ingei, *Sands* 5905. **TUT:** Lamunin, *Kirkup* 220 • Borneo, Philippines

G. sp. nov. — *Jirak* (Ib.)
Treelet • VEG: LMDF • HAB: steep slope, ridge • GEO: sandstone; clay soil • ALT: 500 m
TEM: Amo, Sg. Temburong Machang, *Wong* 1977; Amo, Ulu Belalong, *Dransfield J.* 7433.

G. spp. indet.
BEL: Labi, Jln. Labi–Merangking, *Dransfield J.* 6839. **TEM:** Amo, Bt. Belalong, *Dransfield J.* 7156.

GONOCARYUM
G. macrophyllum (Blume) Sleumer
Treelet, scrambling shrub • VEG: Secondary Forest • ALT: 20–100 m
TUT: Lamunin, Kpg. Panchong, *Niga* 207; Rambai, Ladan Hills F.R., *Coode* 6410 • Sumatra, Borneo

G. cf. macrophyllum (Blume) Sleumer
Treelet • VEG: LMDF • HAB: gentle slope • GEO: Setap Shales • ALT: 20–30 m
TEM: Batu Apoi, *Dransfield J.* 6946.

G. minus Sleumer — *Limau Antu* (Ib.), *Limau Sebayan* (Br.)
Midstorey/subcanopy tree, treelet • VEG: LMDF, HDF • HAB: gentle slope, ridge • GEO: Belait formation, sandstone, Setap Shales; yellow sandy clay soil • ALT: 10–40 m
BEL: Andulau F.R., *Ashton* BRUN 55; Bukit Sawat, Jln. Labi–Merangking, *Kirkup* 251; Labi, Labi road, *Wong* 978; Sungai Liang, Andulau F.R., *Smythies* SAN 17501; Sungai Liang, Sungei Liang, *Forman* 1084 **TEM:** Amo, K. Belalong, *Dransfield J.* 7065; Amo, Sg. Temburong Machang, *Wong* 1973. **TUT:** Rambai, Tasek Merimbun, *Niga* 179; Rambai, Tasik Merimbun, *Wong* 338 • Borneo

IODES

I. cf. cirrhosa Turcz.
Without prov.: *Wong* s.n. 28.ix.88.

PHYTOCRENE

P. cf. borneensis Becc.
Climber • VEG: LMDF • GEO: sandy soil • ALT: 50 m
BEL: Labi, *Forman* 1058 • The species is known from Borneo

P. bracteata Wall.
Without prov.: *Niga* 4 • Thailand, Malaya, Sumatra, Borneo

P. cf. racemosa Sleumer
Climber • VEG: LMDF • GEO: sandy soil • ALT: 20–100 m
BEL: Labi, *Forman* 1043 • The species is known from Borneo: Sarawak

P. sp. indet.
BEL: Labi, Sg. Rampayoh, *Dransfield J.* 7313.

PLATEA

P. cf. excelsa Blume
Without prov.: *Ashton* 3931.

P. excelsa Blume var. **borneensis** (Heine) Sleumer
Midstorey/subcanopy tree • GEO: sandy soil • ALT: 10 m
BEL: Melilas, Sg. Belait, *Forman* 1177. Without prov.: *Anderson* S 1774 • Malesia

SARCOSTIGMA

S. paniculata Pierre
Liana, climber • HAB: gentle slope • ALT: sea level–40 m
TEM: Bangar, Pekan Bangar, *Ashton* BRUN 3373; Batu Apoi, Jln. Bangar–Batu Apoi, *Smythies* SAN 17107 • Vietnam, W & C Malesia

S. sp. indet.
BEL: Labi, Sg. Rampayoh, *Dransfield J.* 7314.

STEMONURUS

S. malaccensis (Mast.) Sleumer
Midstorey/subcanopy tree • GEO: yellow clay soil • ALT: 610 m
TEM: Amo, K. Temburong Machang, *Ashton* BRUN 2610 • Burma to Malaya, Borneo

S. scorpioides Becc. — *Enteburok* (*)
Canopy/emergent tree, midstorey/subcanopy tree, treelet • VEG: Peatswamp Forest with Shorea albida, Degraded Peatswamp Forest with Shorea albida • GEO: peat • ALT: sea level
BEL: Seria, Badas, *Anderson* S 27682; Seria, Badas, *Ashton* BRUN 684; Seria, Badas, *Ashton* BRUN 687; Seria, Badas, *Sinclair* 10457. TEM: Labu, Labu F.R., *Smythies* SAN 17426. Without prov.: *van Niel* 4136; *Wong* s.n. 4.i.89y • Sumatra, Malaya, Borneo

S. cf. secundiflorus Blume var. **lanceolatus** (Becc.) Sleumer — *Enteburok* (*)
Midstorey/subcanopy tree • HAB: terrace • ALT: sea level
BEL: Seria, Badas F.R., *Brunig* S 1092.

S. umbellatus Becc. — *Kakuli* (Dus.)
Canopy/emergent tree, midstorey/subcanopy tree • ALT: 60 m
BEL: Andulau F.R., *Salleh Daud* S 2138; Sungai Liang, Andulau F.R., *Smythies* SAN 17489. TEM: Batu Apoi, Bt. Pasir Puteh, *Ladi* BRUN 5112 • Malaya, Borneo, Philippines

S. sp. indet.
BEL: Kuala Balai, BRUN 15645.

ICACINACEAE INDET.
BEL: Labi, *Wong* 1751; Labi, Sungai Rampayoh, *Coode* 7786. **TEM:** Amo, National Park, BRUN 15041.

IRVINGIACEAE
Nooteboom in Fl. Males. 6: 223–226 (1962), under Simaroubaceae

IRVINGIA

I. malayana Benn. — *Kayu Tulang* (Br.), *Patok Entalik* (Ib.), *Tenggilan* (Dus.)
Canopy/emergent tree • USES: Timber tree
BEL: Sungai Liang, Andulau F.R., *Wong* 1559; Sungai Liang, Andulau F.R., *Niga* 174.
TUT: Rambai, Tasek Merimbun, *Bernstein* 371 • Burma, Thailand, Malaya, Borneo

IXONANTHACEAE
Kool in Fl. Males. 10: 622–627 (1988), see also reference for
Allantospermum

ALLANTOSPERMUM
Nooteboom in Fl. Males. 6: 517–526 (1962), under Simaroubaceae

A. borneense Forman var. **borneense** Forman
Tree • ALT: 20 m
BEL: Andulau, *Ashton* J 546; Sungai Liang, Sungei Liang, *Forman* 1097 • Malaya, Borneo

A. borneense Forman var. **rostratum** Noot.
Canopy/emergent tree • ALT: 60 m
BEL: Sungai Liang, Andulau F.R., *Smythies* SAN 17478 • Borneo: Sabah

IXONANTHES

I. reticulata Jack
Canopy/emergent tree, midstorey/subcanopy tree, treelet • VEG: Degraded Kerangas, Secondary Forest • HAB: gentle slope, raised beach; well-drained • GEO: White sand, Sand; Podsol, yellow sandy clay soil, yellow sand; Mor • ALT: 30 m
BRM: Berakas, Berakas F.R., *Anderson* S 2011; Berakas, Berakas F.R., *Ashton* BRUN 400; Berakas, Berakas F.R., *Ashton* S 7821; Berakas, Berakas F.R., *Ashton* S 7843. **TUT:** Brunig S 1162; Telisai, *Dransfield J.* 6520; Telisai, Kpg. Danau, *Ashton* BRUN 966. **Without prov.:** van Niel 4009 • SE Asia & Malesia

JUGLANDACEAE
Jacobs in Fl. Males. 6: 143–154 (1960)

ENGELHARDIA

E. rigida Blume — *Tansanglang* (Ib.)
Midstorey/subcanopy tree • HAB: gentle slope
BEL: Andulau F.R., *Ashton* BRUN 3094 • Malesia

E. serrata Blume
Canopy/emergent tree, midstorey/subcanopy tree • HAB: flat ground • GEO: clay, Sand/clay; sandy clay soil • ALT: 10–40 m
BEL: Labi, Bt. Puan, *Ashton* BRUN 654; Melilas, Sg. Ingei, *Ashton* BRUN 171 • Indochina, W & C Malesia

LABIATAE
Keng in Fl. Males., 8: 301–394 (1978)

GOMPHOSTEMMA
G. javanicum (Blume) Benth.
Treelet, suffrutescent herb/subshrub • VEG: HDF • HAB: valley bottom; near running fresh water • GEO: Setap Shales; grey clay soil • ALT: 80 m
TEM: Amo, Apoi Forest Reserve, *Cowley* 98; Amo, Apoi Forest Reserve, *Sands* 5822 • Thailand, Malaya, Sumatra, Java, Borneo, Sulawesi

HYPTIS
H. brevipes Poit.
Periodically flooded • VEG: Cultivated Areas • HAB: periodically flooded • GEO: alluvial deposits • ALT: 10 m
TEM: Batu Apoi, *Dransfield J.* 6959. Without prov.: *van Niel* 3761 • Introduced weed, native in Mexico

H. capitata Jacq.
Without prov.: *van Niel* 3821 • Introduced weed, native in tropical America

H. suaveolens (L.) Poit.
Without prov.: *van Niel* 3738 • Introduced weed, native in tropical America

LEUCAS
L. lavandulifolia Sm.
Without prov.: *van Niel* 4290 • SE Asia, Malesia

L. zeylanica (L.) R.Br.
Without prov.: *van Niel* 3504; *van Niel* 3941 • S & SE Asia, Malesia

PLECTRANTHUS
P. scutellarioides (L.) R.Br.
Without prov.: *van Niel* 3813 • SE Asia, Malesia, Australia, Pacific

POGOSTEMON
P. auricularia (L.) Hassk.
Herb • VEG: Cultivated Areas • HAB: periodically flooded • GEO: alluvial deposits • ALT: 10 m
TEM: Batu Apoi, *Dransfield J.* 6960 • SE Asia, Malesia

LABIATAE INDET.
TUT: Telisai, Pasir Puteh, *Cowley* 31.

LAURACEAE
S. ATKINS

J.G.Rohwer in Families & Genera of Vascular Plants vol. 2 (Kubitzki et al. eds.) : 366–391, key to genera (worldwide) 378–380 (1994)

ACTINODAPHNE

A. borneensis Meissn.
Midstorey/subcanopy tree, treelet; in understorey/low vegetation • VEG: Freshwater Swamp Forest, Peatswamp Forest, LMDF • HAB: ridge; near running fresh water • GEO: Belait formation, Lambir formation, White sand; alluvial deposits • ALT: 10–390 m
BEL: Labi, Bukit Teraja, *Kirkup* 438; Melilas, Sg. Topi–Ingei watershed, *Kirkup* 749; Melilas, Ulu Ingei,, *Wong* 1116; Seria, Kpg. Badas, *Wong* 163; Sungai Liang, Andulau F.R., *Wong* 20; Telisai, Pasir Puteh, *Atkins* 450 • Malaya, Borneo

A. aff. borneensis Meissn.
Treelet, shrub • VEG: Kerangas, Kerangas Forest with Agathis • GEO: White sand; sandy soil • ALT: 20–10 m
BEL: Seria, Badas F.R., *Coode* 7631. TUT: Tanjong Maya, Coastal road–Bt. Udal junction, *Wong* 36; Telisai, *Wong* 144.

A. diversifolia Merr.
Treelet • VEG: LMDF • HAB: gentle slope • GEO: sandstone; clay soil • ALT: 200 m
TEM: Batu Apoi, Selapon, *Dransfield J.* 7467. **Without prov.:** *Ashton* BRUN 565 • Borneo

A. glomerata (Blume) Nees — Medang (Br.), Medang Balong (Ib.)
Midstorey/subcanopy tree, treelet • VEG: Secondary Forest, Belukar • HAB: valley bottom, steep slope • GEO: Lambir formation, sandstone, Sediments • ALT: 30 m
BEL: Labi, *Wong* 68; Labi, Rampayoh, *Atkins* 439; Seria, Anduki F.R., *Flemmich* KEP 34480. BRM: Kilanas, Kpg. Kilanas, *Dransfield J.* 7096. TEM: Amo, Bt. Retak, *Wong* 835 • W & C Malesia

A. aff. glomerata (Blume) Nees — Engkala Burung (Ib.), Talus Dala (Dus.)
Midstorey/subcanopy tree
BEL: Bukit Sawat, Jln. Sg. Mau–Merimbun, *Wong* 367.

A. macrophylla (Blume) Nees
Midstorey/subcanopy tree • VEG: Kerangas • HAB: gentle slope; impeded drainage; near still fresh water • GEO: sandy soil • ALT: 20 m
BEL: Sungai Liang, Andulau F.R., *Wong* 499. TUT: Tanjong Maya, *Forman* 805 • Malaya, Java, Borneo

A. oleifolia Gamble
Name in Hassan & Ashton • Malaya, Borneo

A. pruinosa Nees
Midstorey/subcanopy tree, treelet • VEG: HDF, Degraded Lower Montane Forest • HAB: gentle slope, steep slope, ridge • GEO: Setap Shales • ALT: 800–910 m
TEM: Amo, *Wong* 1866; Amo, Bt. Belalong, *Dransfield J.* 7171; Amo, Bt. Belalong, *Dransfield J.* 7181; Amo, Bt. Belalong, *Wong* 1368; Amo, Bukit Belalong, *Argent* 91121; Amo, Bukit Belalong, *Argent* 91149; Amo, G. Pagon, *Coode* 7590 • Malaya, Borneo

A. aff. pruinosa Nees
Treelet • VEG: Upper Montane Forest • GEO: Meligan formation • ALT: 1300 m
TEM: Amo, Bt. Retak, *Sands* 5328.

A. spp. indet.
BEL: Labi, Bt. Puan, *Sinclair* 10522; Melilas, Ulu Ingei, *Atkins* 539; Seria, Badas F.R., *Anderson* S 19114; Sungai Liang, Andulau F.R., *Smythies* SAN 17570. BRM: Berakas, Berakas camp, *Anderson* S 2179; Sengkurong, Bt. Silat, *Maidin* KEP 37221. BRM: Berakas, Berakas Forest Reserve, *Ariffin Kalat* BRUN 15026. **Without prov.:** *van Niel* 4280.

ALSEODAPHNE
Kostermans in Candollea, 28: 93–136 (1973)

A. bancana Miq. — *Libas* (Dus.)
Midstorey/subcanopy tree, liana • HAB: gentle slope, steep slope; near running fresh water • GEO: sandstone; bare rock and boulders; sandy clay soil, yellow sandy clay soil • ALT: 30–70 m
BEL: Andulau F.R., *Ashton* S 5923; Melilas, Batu Patam, *Wong* 1033. **TEM:** Amo, Sg. Belalong, *Ashton* BRUN 447 • W & C Malesia

A. aff. bancana Miq. — *Medang Sisik* (Br., Dus., Ib.)
Midstorey/subcanopy tree • VEG: Degraded LMDF • GEO: Belait formation, sandstone • ALT: 20–50 m
BEL: Labi, *Dransfield J.* 6551; Melilas, Sg. Ingei, *Wong* 600. **TUT:** Rambai, Bt. Bahak, *Coode* 7026.

A. borneensis Gamble — *Atong* (Dus.)
TUT: Rambai, Tasek Merimbun, *Bernstein* 451.

A. insignis Gamble — *Medang Kala* (Ib.), *Medang Sisik* (Mal.)
Canopy/emergent tree, midstorey/subcanopy tree • VEG: Peatswamp Forest, Kerangas • HAB: gentle slope, terrace • GEO: sandstone, clay; yellow sandy clay soil, White sand, yellow sandy loam; Mor • ALT: sea level
BEL: Andulau F.R., *Ashton* BRUN 601; Seria, Badas F.R., *Brunig* S 1089; Seria, Badas F.R., *Kirkup* 393. **BRM:** Berakas, Berakas F.R., *Ashton* BRUN 5185. **TEM:** Batu Apoi, Bt. Pasir Puteh, *Ladi* BRUN 5109. **TUT:** Lamunin, Jln. Abang, *Ashton* BRUN 81; Telisai, *Ashton* BRUN 5012 • Sumatra Malaya, Borneo

A. oblanceolata (Merr.) Kosterm. — *Medang Sisik* (Mal.)
Canopy/emergent tree • HAB: gentle slope • GEO: sandstone; yellow sandy clay soil • ALT: 40 m
TUT: Lamunin, Jln. Abang, *Ashton* BRUN 82 • Borneo

A. obovata Kosterm. — *Medang Sisik* (Mal.)
Midstorey/subcanopy tree • ALT: 60 m
TUT: Telisai, Pangkalan Ban, *Ashton* BRUN 915 • Borneo: Sarawak

A. aff. obovata Kosterm.
Without prov.: *Anderson* S 4905.

BEILSCHMIEDIA

B. eusideroxylocarpa (Kosterm.) Kosterm.
Canopy/emergent tree • HAB: ridge • GEO: sandy loam • ALT: 10 m
BEL: Sungai Liang, Andulau F.R., *Smythies* BRUN 831 • Borneo: Sarawak

B. aff. maingayi Hook.f.
Treelet • VEG: LMDF • HAB: gentle slope, ridge • GEO: Belait formation • ALT: 10–20 m
BEL: Labi, Jln. Labi–Merangking, *Dransfield J.* 6847. **TEM:** Amo, K. Belalong, *Wong* 1234 • *Beilschmiedia maingayi* is known from Malaya, Java, Borneo

B. praecox Koord. & Valeton
Name in Hassan & Ashton • Java

B. spp. indet.
TUT: Rambai, Tasek Merimbun, *Bernstein* 469. **TEM:** Amo, K. Belalong, *Dransfield J.* 7036; Batu Apoi, Bt. Gelagas (Bt. Suang), *Simpson* 2450; Batu Apoi, Selapon, *Coode* 7914. Without prov.: KEP 34471; *Niga* 238.

CASSYTHA

C. filiformis L.
Parasitic; climber • VEG: Coastal Forest, Kerangas • HAB: near sea water • GEO: White sand; Coastal beach sand; Kerangas soil, sandy soil • ALT: 10–0 m
BEL: Sungei Liang, Sungei Liang Beach, *Dransfield J.* 7294. **TUT:** Telisai, *Sands* 5206; Telisai, *Sands* 5428. **Without prov.:** *van Niel* 3439; *van Niel* 3733 • Pantropic

CINNAMOMUM

C. cf. burmannii Blume
Treelet • VEG: HDF • HAB: ridge • GEO: Setap Shales • ALT: 860 m
TEM: Amo, Bt. Belalong, *Dransfield J.* 7187 • The species is known from Malesia

C. cuspidatum Miq. — *Medang Lawang* (*)
• VEG: Kerangas • HAB: terrace • ALT: 10 m
TEM: *Brunig* S 1123 • Sumatra

C. aff. cuspidatum Miq.
Without prov.: *Ashton* 4051.

C. iners Blume — *Kayu Manis* (Br.)
Midstorey/subcanopy tree
BEL: Bukit Sawat, Jln. Labi, *Niga* 109. **Without prov.:** *Smith* KEP 30512 • Indo-Malesia

C. javanicum Blume
Epiphytic • HAB: near running fresh water • ALT: 70 m
TEM: Amo, K. Belalong, *Ashton* BRUN 793 • Malesia

C. politum Miq.
Canopy/emergent tree, midstorey/subcanopy tree • VEG: Kerangas, Secondary Forest • HAB: terrace, ridge • GEO: Podsol; Mor • ALT: 40 m
BRM: Berakas, Berakas F.R., *Ashton* BRUN 5047; Berakas, Berakas F.R., *Smythies* S 7803. **TEM:** Bangar, Bt. Biang, *Smythies* BRUN 369 • Borneo

C. 'pseudo-javanicum' Kosterm. ined.
Midstorey/subcanopy tree, sapling • HAB: flat ground, gentle slope; impeded drainage • GEO: alluvial deposits; yellow clay soil • ALT: 20–90 m
TEM: Amo, K. Belalong, *Asah* BRUN 3124. **TUT:** *Ashton* BRUN 899 • Borneo: Sabah

C. aff. 'pseudo-javanicum' Kosterm.
Without prov.: *Wong* s.n. 4.i.89x.

C. sp. indet.
BEL: Bukit Sawat, Sg. Mau, *Coode* 7714.

CRYPTOCARYA

C. crassinervia Miq.
Midstorey/subcanopy tree • VEG: Roadsides • ALT: 40 m
BEL: Labi, Bt. Puan, *Flemmich* KEP 32572; Labi, Bt. Puan, *Sinclair* 10486; Labi, Labi F.R., *Forman* 866. **Without prov.:** *Ashton* 3621 • Malaya, Borneo

C. densiflora Blume
Treelet • HAB: ridge • ALT: 850 m
TEM: Amo, Bt. Belalong, *Wong* 1456 • Malaya, Java

C. enervis Hook.f. — *Medang Pawas* (Mal.)
Canopy/emergent tree, midstorey/subcanopy tree • VEG: Peatswamp Forest with Shorea albida, Peatswamp Forest • HAB: near sea water • ALT: sea level
Locality not traced: *Kostermans* s.n. iv.63F. **BEL:** Seria, Badas railway, *Smythies* SAN 17451; Seria, Kpg. Badas, *Smythies* S 5890 • Malaya, Borneo

C. ferrea Blume
Canopy/emergent tree
BEL: Sungai Liang, Arboretum Reserve, *Wong* 950 • Malaya, Java, Borneo

C. kurzii Hook.f.
Canopy/emergent tree • HAB: ridge • ALT: 800 m
TEM: Amo, Bt. Belalong, *Wong* 1480 • Malaya, Java, Borneo

C. nigra Kosterm.
Without prov.: *Smythies* SAN 17104.

C. scortechinii Gamble
Midstorey/subcanopy tree, treelet • HAB: gentle slope; periodically flooded • GEO: clay; yellow sandy clay soil, yellow sand • ALT: 40 m
BEL: Andulau F.R., *Ashton* BRUN 578; Labi, Bt. Puan, *Ashton* S 7888; Sungai Liang, Andulau F.R., *Ashton* BRUN 2635. Without prov.: *Davies* A 502; *Ladi* 9.

C. tuanku-bujangii Kosterm.
• HAB: sharp ridge • ALT: 1860 m
TEM: Amo, *Ashton* BRUN 2388.

C. spp. indet. — *Medang* (Br.)
BEL: Bukit Sawat, Jln. Labi, *Niga* 285; Labi, Labi F.R., *Abot and Binjang* KEP 37104; Labi, Sg. Mendaram, *Ashton* BRUN 659. TEM: Amo, Bt. Retak, *Wong* 752; Batu Apoi, Selapon, *Coode* 7921.

DEHAASIA
Kostermans in Bot. Jahrb. Syst., 93: 424–480 (1973)

D. caesia Blume
Canopy/emergent tree, midstorey/subcanopy tree • VEG: Alluvial Forest • HAB: ridge; near running fresh water • GEO: sandstone; sandy soil • ALT: 200 m
TEM: Amo, Bt. Belalong, *Wong* 1497. TUT: Rambai, Bt. Bahak, *Coode* 7085. Without prov.: *Ashton* J 3997 • Sumatra, Java, Borneo

D. corynantha Kosterm.
Midstorey/subcanopy tree • VEG: LMDF • ALT: 20–30 m
TUT: Rambai, Sg. Tutong, *Coode* 6348 • Borneo: Sarawak

D. firma Blume — *Medang Hantu* (*)
• ALT: 30 m
BEL: Melilas, Ulu Ingei, *Brunig* S 994 • Borneo

D. incrassata (Jack) Kosterm. — *Medang* (Br.), *Mengkulat* (Ib.)
Midstorey/subcanopy tree • HAB: near running fresh water • GEO: Setap Shales • ALT: 10 m
BEL: Bukit Sawat, Jln. Labi, *Niga* 107. TEM: Batu Apoi, *Kirkup* 309 • W & C Malesia

D. turfosa Kosterm. — *Merpulat* (*)
Midstorey/subcanopy tree, shrub • VEG: Peatswamp Forest • GEO: sandy soil; peat
BEL: *Ashton* BRUN 5538; Seria, Badas, *Sinclair* 10533. Without prov.: *van Niel* 4193; *van Niel* 4337 • Borneo

D. sp. indet.
BEL: Kuala Balai, *Kirkup* 208.

ENDIANDRA

E. clavigera Kosterm.
Without prov.: *Tan* 257.

E. coriacea Kosterm.
Name in Hassan & Ashton • Philippines

E. 'falcata' Kosterm. ined.
Without prov.: *Tan* 44.

E. maingayi Hook.f.
Name in Hassan & Ashton • Malaya

E. aff. rubescens (Blume) Miq.
Without prov.: BRUN 450.

E. spp. indet.
BEL: Labi, Jln. Teraja–Redan, *Niga* 270; Labi, Kpg. Tenajor, *Haslani-Mohd. A.* 27; Sungai Liang, Andulau F.R., *Forman* 1107; Sungai Liang, Sg. Lumut, *Coode* 7736. TEM: Amo, G. Retak, *Sands* 5251.

LINDERA

L. caesia Reinw. ex Villar
Treelet • VEG: Upper Montane Shrubbery • HAB: ridge • GEO: Meligan formation • ALT: 1500 m
TEM: Amo, *Sands* 5402; Amo, *Wong* 1852; Amo, Bt. Retak, *Sands* 5334; Amo, Bt. Retak, *Wong* 729; Amo, G. Pagon, *Coode* 7487 • W & C Malesia

L. lucida (Blume) Boerl.
Midstorey/subcanopy tree, treelet • VEG: Degraded Secondary Forest, Belukar • HAB: valley bottom, terrace; periodically flooded; near running fresh water • GEO: Sediments; alluvial deposits; sandy clay soil • ALT: 30 m
BRM: Kilanas, Kpg. Kilanas, *Dransfield J.* 7101. TEM: Batu Apoi, Selapon, *Dransfield J.* 7440 • Malesia

L. subumbellifera (Blume) Kosterm.
Treelet, shrub • HAB: ridge • GEO: sandstone; peat • ALT: 1320 m
TEM: Amo, *Wong* 1883; Amo, Bt. Retak, *Wong* 394 • Malaya, Borneo

L. sp. indet.
TEM: Amo, Bt. Pagon, *Ashton* BRUN 1064.

LITSEA

L. accedens (Blume) Boerl. — *Atong Bukid* (Dus.), *Buah Talus Dala* (Dus.)
Midstorey/subcanopy tree, treelet, shrub • VEG: Peatswamp Forest, Kerangas Forest with Agathis, LMDF, HDF, Degraded Secondary Forest • HAB: steep slope, terrace; periodically flooded; near running fresh water • GEO: Belait formation; alluvial deposits; sandy clay soil, sandy soil • ALT: sea level–350 m • USES: Firewood
BEL: Labi, Bt. Teraja, *Dransfield J.* 7020; Seria, Badas F.R., *Coode* 7652; Sungai Liang, Badas, *Coode* 6847. TEM: Batu Apoi, Bt. Gelagas (Bt. Suang), *Simpson* 2397; Batu Apoi, Selapon, *Dransfield J.* 7438. TUT: Lamunin, Ladan hills, *Atkins* 445; Rambai, *Coode* 6442, Rambai, Tasek Merimbun, *Bernstein* 272, 493 • Malaya, Borneo

L. cauliflora Stapf
Midstorey/subcanopy tree • ALT: 50–60 m
BEL: Sungai Liang, Andulau F.R., *Coode* 6774 • Borneo: Sarawak

L. aff. chewii Kosterm.
Treelet • VEG: Degraded Lower Montane Forest • HAB: steep slope • ALT: 1480 m
TEM: Amo, G. Pagon, *Coode* 7581 • The species is known from Borneo: Sarawak

L. cubeba (Lour.) Pers.
Midstorey/subcanopy tree
TEM: Amo, K. Belalong, *Wong* 1200 • Vietnam, Thailand, Sumatra, Java, Borneo

L. aff. curtisii Gamble — *Engkala Burung* (Ib.), *Medang* (Br.)
Midstorey/subcanopy tree • VEG: Kerangas
BEL: Bukit Sawat, Jln. Merangking–Buau, *Niga* 242 • The species is known from Malaya

L. cylindrocarpa Gamble — *Pawas* (Dus.), *Pawas Mowow* (Dus.)
Canopy/emergent tree, midstorey/subcanopy tree • VEG: Alluvial Forest, Peatswamp Forest • HAB: flat ground, gentle slope, terrace, ridge; periodically flooded • GEO: White sand, sandstone; alluvial deposits; Podsol, yellow sandy clay soil • ALT: 10 m • USES: Leaves burned to ward off insects, Medicinal
BEL: Andulau F.R., *Ashton* BRUN 46; Seria, Badas F.R., *Ashton* BRUN 5553; Sungai Liang, Badas, *Coode* 6460. Sungei Liang, Andulau F.R., *Niga* 334. **TEM:** Batu Apoi, *Kirkup* 312. **TUT:** Rambai, Tasek Merimbun, *Bernstein* 154, 255, 485. **Without prov.:** van Niel 4185 • Malaya, Java, Borneo

L. elliptica Blume — *Libas* (Ib.), *Medang Libas* (Ib.), *Medang Pawas* (Br., Dus.)
Midstorey/subcanopy tree, treelet • VEG: Peatswamp Forest, Secondary Forest • HAB: flat ground, gentle slope • GEO: White sand; sandy loam, yellow sandy loam • ALT: 10 m
BEL: Jln. Muara, *Hassan Pukol* BRUN 5131; Kuala Belait, Jln. K. Baram, *Corner* BRUN 5363; Seria, Seria, *Abot and Suhaile* KEP 37136; Sungai Liang, Badas, *Coode* 6455. **TUT:** Telisai, *Ashton* BRUN 5031; Telisai, *Wong* 145 • Malaya, Borneo, New Guinea

L. fenestrata Gamble
Name in Hassan & Ashton • Malaya, Sumatra, Borneo

L. ferruginea (Blume) Blume — *Medang* (Br.)
Midstorey/subcanopy tree, treelet • VEG: Peatswamp Forest with Shorea albida, Kerangas, LMDF, Secondary Forest • HAB: steep slope; near running fresh water • GEO: Belait formation, Lambir formation; sandy clay soil • ALT: 70 m
BEL: Bukit Sawat, Jln. Merangking–Buau, *Niga* 264; Labi, Teraja, *Atkins* 612; Melilas, Sungai Mutip, *Atkins* 581; Melilas, Ulu Ingei, *Sands* 5938; Sungai Liang, Sungai Liang Arboretum, *Niga* 99. **TUT:** Rambai, Sg. Medit, *Simpson* 2547. **Without prov.:** *Johns* 6554a • W & C Malesia

L. aff. ferruginea (Blume) Blume
Midstorey/subcanopy tree, treelet • VEG: LMDF, Degraded LMDF • HAB: steep slope, ridge • GEO: Setap Shales • ALT: 80 m
BEL: Sungei Liang, Andulau F.R., *Dransfield J.* 7251. **TEM:** Amo, K. Belalong, *Dransfield J.* 7062.

L. ficoidea Kosterm.
Canopy/emergent tree, midstorey/subcanopy tree • VEG: LMDF • HAB: ridge • GEO: Sediments • ALT: 100–120 m
BEL: Bukit Sawat, Meranking Buau, *Coode* 7965. **TEM:** Batu Apoi, Jln. Bangar–Batu Apoi, *Smythies* SAN 17112 • Borneo: Sabah

L. firma (Blume) Hook.f.
Name in Hassan & Ashton • Malaya, Sumatra, Borneo, Sulawesi

L. aff. fulva (Blume) Vill.
Midstorey/subcanopy tree, treelet • VEG: LMDF, Lower Montane Forest • HAB: gentle slope, steep slope • GEO: Belait formation, Meligan formation, sandstone; yellow clay soil • ALT: 100–900 m
BEL: Melilas, Paleh Bangawong, *Thomas* 57. **TEM:** Amo, Bt. Retak, *Sands* 5287; Amo, Bt. Retak, *Sands* 5374; Amo, Ulu Belalong, *Dransfield J.* 7397 • The species is known from Borneo, Philippines

L. garciae Vidal — *Buah Talus* (Dus.), *Engkala* (Ib.), *Pengalaban* (Br.), *Talus* (Dus.)
Midstorey/subcanopy tree • VEG: Secondary Forest • HAB: gentle slope • ALT: 40 m
BEL: Bukit Sawat, Merangking Buau, *Coode* 7676; Labi, *Wong* 71; Labi, Kpg. Labi, *Wong* 574. **TEM:** Batu Apoi, Kpg. Selapon, *Wong* 2056 • W & C Malesia

L. gracilipes Hook.f.
   Without prov.: *van Niel* 3967 • Malaya, Borneo

L. grandis (Nees) Hook.f.
   Midstorey/subcanopy tree • VEG: LMDF • HAB: gentle slope • GEO: Belait formation • ALT: 310–340 m
   BEL: Bukit Sawat, Merangking Buau, *Coode* 7693; Labi, Bt. Teraja, *Coode* 6894. **Without prov.:** *anon.* s.n. 29.ii.60 • Burma, W & C Malesia

L. lanceolata (Blume) Kosterm.
   Treelet • VEG: Kerangas • GEO: sandstone; sandy soil • ALT: 10–270 m
   BEL: Sukang, Sg. Belait, *Forman* 1142. **TEM:** Labu, *Smythies* S 5822 • Malaya, Borneo

L. lancifolia (Nees) Hook.f. — *Medang* (Br., Ib.)
   Midstorey/subcanopy tree, treelet • VEG: LMDF • HAB: steep slope • GEO: Setap Shales; sandy soil • ALT: 100 m
   BEL: Labi, *Forman* 1056; Sungai Liang, Jln. Labi, *Niga* 85. **TEM:** Amo, Bt. Retak, *Wong* 785; Amo, K. Belalong, *Dransfield J.* 6645 • India to W & C Malesia

L. machilifolia Gamble
   Midstorey/subcanopy tree • VEG: Degraded LMDF • HAB: valley bottom, ridge; near running fresh water • ALT: 60–80 m
   BEL: Sukang, Sg. Belait, *Wong* 116; Sungei Liang, Andulau F.R., *Dransfield J.* 7249 • Malaya, Borneo

L. megacarpa Gamble
   Midstorey/subcanopy tree
   BEL: Melilas, Batu Patam, *Wong* 1138 • Borneo

L. ochracea (Blume) Boerl.
   Midstorey/subcanopy tree, treelet • VEG: HDF • HAB: gentle slope, ridge; near running fresh water • ALT: 700–740 m
   TEM: Amo, *Wong* 1870; Amo, Bt. Belalong, *Prance* 30695; Amo, Bt. Belalong, *Wong* 1413 • Sumatra, Malaya, Borneo

L. oppositifolia Gibbs
   Midstorey/subcanopy tree, treelet, shrub, suffrutescent herb/subshrub • VEG: LMDF, HDF • HAB: flat ground, steep slope, ridge; periodically flooded • GEO: Belait formation, sandstone, shale, Setap Shales; alluvial deposits; stony; clay soil • ALT: 20–550 m
   BEL: Labi, Wong Kadir, *Coode* 7222; Melilas, Paleh Bangawong, *Thomas* 137; Melilas, Ulu Ingei, *Sands* 5911. **TEM:** Amo, Batu Apoi Forest Reserve, *Nielsen* 1063; Amo, Bt. Belalong, *Dransfield J.* 7227; Amo, Bt. Belalong, *Wong* 1457; Amo, K. Belalong, *Wong* 1252; Amo, Sg. Temburong, *Coode* 6702; Amo, Ulu Belalong, *Dransfield J.* 7353. **TUT:** *Johns* 7574; Rambai, Sg. Tutong, *Coode* 6340. **Without prov.:** *Ashton* 1365 • Java, Borneo

L. pallidifolia Merr.
   Treelet • VEG: LMDF • HAB: ridge • ALT: 100–200 m
   TEM: Amo, K. Belalong, *Wong* 1192; Amo, K. Belalong, *Wong* 1253. **TUT:** *Johns* 7521 • Borneo

L. palustris Kosterm.
   Name in Hassan & Ashton • Borneo: Sarawak

L. resinosa Blume
   Midstorey/subcanopy tree • VEG: Peatswamp Forest with Shorea albida, Degraded Peatswamp Forest with Shorea albida, Peatswamp Forest • GEO: sandy soil; peat • ALT: 10 m
   BEL: Melilas, Sg. Belait, *Forman* 1188; Seria, Badas, *Ashton* BRUN 688; Seria, Badas, *Ashton* BRUN 954; Sungai Liang, Badas, *Coode* 6456 • Malaya, Borneo

L. rubicunda Kosterm. — *Engkala Burung* (Ib.), *Talus* (Dus.)
Tree, midstorey/subcanopy tree, treelet • HAB: near running fresh water • GEO: shale • ALT: 120–130 m
BEL: Labi, Kpg. Tenajor, *Haslani-Mohd. A.* 67. **TEM:** Amo, Sg. Temburong, *Coode* 6628; Amo, Sg. Temburong Machang, *Wong* 1943 • W & C Malesia

L. sessilis Boerl. — *Engkala* (Ib.), *Engkala Burung* (Br., Mal.), *Pengalaban Burung* (Br.), *Talus Dala* (Dus.)
Treelet, shrub • VEG: Peatswamp Forest with Shorea albida, LMDF, HDF, Degraded Secondary Forest • HAB: gentle slope, steep slope • GEO: Belait formation, shale, Setap Shales • ALT: 20–130 m
BEL: Labi, Bt. Teraja, *Dransfield J.* 6857; Melilas, Sg. Belait, *Forman* 1202. **TEM:** Amo, Kuala Belalong F.S.C., *Argent* 9190; Amo, Sg. Belalong, *Sands* 5588; Amo, Sg. Temburong, *Coode* 6533; Batu Apoi, *Dransfield J.* 6936. **TUT:** Lamunin, Kpg. Lamunin, *Wong* 505; Rambai, Sg. Medit, *Simpson* 2524 • Borneo

L. trunciflora Gamble
Midstorey/subcanopy tree • VEG: LMDF
BEL: Sungai Liang, Sungei Liang Arboretem, *Wong* 125 • Borneo: Sarawak

L. turfosa Kosterm. — *Medang Tabak* (Mal.)
Canopy/emergent tree • VEG: Peatswamp Forest with Shorea albida • ALT: sea level
BEL: Seria, Seria, *Smythies* S 5869. **Without prov.:** *van Niel* 4240 • Borneo

L. varians Boerl.
Midstorey/subcanopy tree, treelet • VEG: HDF • HAB: ridge • ALT: 500–800 m
TEM: Amo, Bt. Belalong, *Prance* 30607; Batu Apoi, Bt. Gelagas (Bt. Suang), *Simpson* 2258 • Borneo: Sarawak

L. spp. indet.
BEL: Andulau F.R., *Ashton* BRUN 277; Andulau F.R., *Kostermans* s.n. iv.63G; Andulau Hills F.R., *Wyatt-Smith* KEP 80101; Bukit Sawat, Jln. Merangking - Buau, *Niga* 257; Bukit Sawat, Merangking Buau, *Coode* 7674; Labi, *Wong* 1001; Labi, Bt. Telingan, *Ashton* BRUN 18; Labi, Bukit Teraja, *Suhaili Hj. Zinin* BRUN 15006; Labi, Labi Hills F. R., *Coode* 6815; Melilas, K. Ingei, *Ashton* BRUN 179; Melilas, Sg. Topi–Ingei watershed, *Kirkup* 742; Melilas, Ulu Ingei,, *Wong* 1112; Seria, Jln. Badas, *Mat Salleh* 2412; Seria, Jln. Badas, *Mat Salleh* 2413; Seria, Kpg. Badas, *Smythies* S 5889; Sukang, Sungai Paleh Bangawong, *Kirkup* 609; Sungai Liang, Andulau F.R., *Coode* 6775; Sungai Liang, Compartment 7, BRUN 15243; Sungai Liang, Jln. Labi, *Niga* 38. **TEM:** Amo, *Ashton* BRUN 5261; Amo, *Wong* 1885; Amo, Bt. Belalong, *Prance* 30566; Amo, Bt. Belalong, *Wong* 1369; Amo, Bt. Belalong, *Wong* 1387; Amo, Bt. Belalong, *Wong* 1509; Amo, Bukit Tudal, *Kirkup* 957; Amo, K. Belalong, Sg. Belalong, *Dransfield J.* 7057; Amo, K. Belalong, *Smythies* S 5716; Amo, K. Belalong, *Smythies* S 5764; Amo, Ulu Belalong, *Coode* 7869; Amo, Ulu Belalong, *Coode* 7898; Amo, Ulu Belalong, *Dransfield J.* 7391; Bangar, Bt. Biang, *Smythies* SAN 17122; Bangar, Pekan Bangar, *Ashton* BRUN 478; Batu Apoi, Selapon, *Coode* 7932; Batu Apoi, Selapon, *Kirkup* 942; Labu, *Forman* 887. **TUT:** Muara-Tutong highway, BRUN 15053; Muara-Tutong highway, BRUN 15059; Rambai, Bt. Bahak, *Coode* 7075; Rambai, Tasik Merimbun, *Hussain Hj. Osman* 43. **Without prov.:** *van Niel* 4127.

NOTHAPHOEBE

N. coriacea (Kosterm.) Kosterm. ined. (*Alseodaphne coriacea* Kosterm.) — *Medang* (Br.)
Canopy/emergent tree, midstorey/subcanopy tree • VEG: Peatswamp Forest with Shorea albida • HAB: flat ground • GEO: sandy soil; peat • ALT: sea level
BEL: Seria, Kpg. Badas, *Smythies* S 5845; Seria, Seria, *Flemmich* KEP 32850 • Sumatra, Malaya, Borneo

N. 'havilandii' Gamble ined.? (not in I.K.) — *Berunok* (Ib.), *Medang Sisik* (Mal., Ked.)
Midstorey/subcanopy tree • HAB: impeded drainage; near running fresh water, near brackish water • GEO: sandy soil • ALT: 10 m
BEL: Melilas, Sg. Belait, *Forman* 1135. **TUT:** Rambai, Tasik Merimbun, *Wong* 344; Ukong, *Ashton* BRUN 991; Ukong, Sg. Damit, *Corner* BRUN 5379; Ukong, Sg. Damit, *Corner* BRUN 5380 • Borneo

N. heterophylla Merr.
Midstorey/subcanopy tree • VEG: LMDF • HAB: gentle slope; seasonal watercourse; near running fresh water • GEO: Belait formation, sandstone; alluvial deposits; sandy clay soil, yellow sandy clay soil • ALT: sea level
BEL: Labi, Jln. Labi, *Ashton* BRUN 11; Melilas, Sg. Topi, *Ashton* BRUN 219; Melilas, Sungai Mutip, *Atkins* 582; Sukang, Kpg. Sukang, *Ashton* BRUN 112. **TUT:** *Johns* 7549 • Borneo

N. cf. heterophylla Merr.
Treelet • VEG: Secondary Forest • HAB: near running fresh water • GEO: Lambir formation • ALT: 20 m
BEL: Labi, Sungai Rampayoh, *Atkins* 592.

N. panduriformis (Hook.f.) Gamble
Name in Hassan & Ashton • Malaya, Borneo

N. 'sarawacensis' Gamble ined.? (not in I.K.) — *Medang Hantu* (*)
Midstorey/subcanopy tree, treelet • VEG: Kerangas • HAB: terrace; near running fresh water • ALT: 10 m
TEM: *Brunig* S 1136; Batu Apoi, *Wong* 2025; Batu Apoi, Sg. Selapon, *Wong* 2088 • Borneo: Sarawak

N. spp. indet.
BEL: Melilas, Batu Patam, *Wong* 1099. **TEM:** Amo, Ulu Belalong LP382, *Kirkup* 850; Labu, *Ashton* BRUN 3183.

PERSEA

P. sp. indet.
BEL: Sungai Liang, Sungai Liang Arboretum, *Wong* 937.

PHOEBE

P. declinata (Blume) Nees
Without prov.: KEP 30514 • Sumatra, Java, Borneo

P. grandis (Nees) Merr.
Midstorey/subcanopy tree • HAB: near running fresh water • GEO: Setap Shales • ALT: 40 m
TEM: Amo, Apoi Forest Reserve, *Atkins* 516 • Sumatra, Java, Borneo

P. 'nana' Kosterm. ined.
Name in Hassan & Ashton • Borneo

P. opaca Blume
Canopy/emergent tree • VEG: Degraded LMDF • HAB: valley bottom • ALT: 60 m
BEL: Sungei Liang, Andulau F.R., *Dransfield J.* 7245 • Java, Borneo

P. spp. indet.
BEL: Melilas, K. Penipir, *Ashton* BRUN 236; Melilas, Ulu Ingei, *Sands* 5949. **TEM:** Labu, Bt. Peradayan, *Smythies* S 5827.

POTOXYLON
Kostermans in Mal. Nat. J. 32 (2): 143–147 (1979)

P. melagangai (Symington) Kosterm. (*Eusideroxylon melagangai* Symington) — *Belian* (Ib.), *Belian Batu* (*), *Belian Simpor* (Br., Dus.), *Ganggai* (Ib.)
Canopy/emergent tree, midstorey/subcanopy tree, treelet • VEG: Secondary Forest • HAB: gentle slope • GEO: sandstone; yellow sandy clay soil • ALT: 60 m
BEL: Labi, *Flemmich* KEP 32594; Labi, Jln. Labi, *Ashton* BRUN 32; Labi, Labi Hills, *Flemmich* KEP 34474; Labi, Sg. Mendaram, *Ashton* BRUN 640; Labi, Sg. Rampayoh, *Flemmich* KEP 34452. **TUT:** Lamunin, Kpg. Lamunin, *Wong* 325 • Borneo

P. sp. indet.
BEL: Labi, Wong Kadir, *Coode* 7204.

LAURACEAE INDET.
BEL: Bukit Sawat, Jln. Merangking–Buau, *Niga* 253; Bukit Sawat, Merangking, *Coode* 7685; Labi, Bt. Teraja, *Dransfield J.* 7018; Labi, Sungai Rampayoh, *Joffre* 13; Melilas, Sg. Topi-Ingei watershed, *Kirkup* 740; Melilas, Sg. Belait, *Forman* 1180; Sukang, Sungai Paleh Bangawong, *Kirkup* 627; Sukang, Sungai Paleh Bangawong, *Kirkup* 643; Sungai Liang, Sungei Liang Arboretem, *Wong* 128. **BRM:** Lumapas, Bukit Lumapas, *Davis* 512. **TEM:** Amo, *Sands* 5245; Amo, Batu Apoi F.R., K. Belalong FSC, *Hansen* 1603; Amo, Batu Apoi F.R., K. Belalong FSC, *Hansen* 1617; Amo, Bt. Belalong, *Prance* 30573; Amo, Bukit Tudal, *Davis* 493; Amo, Bukit Tudal, *Kirkup* 965; Amo, K. Belalong, *Wong* 226; Amo, Sg. Temburong, BRUN 15636; Batu Apoi, *Wong* 2026; Batu Apoi, Selapon, *Kirkup* 918; Batu Apoi, Selapon, *Kirkup* 926; Batu Apoi, Selapon, *Kirkup* 946; Labu, Bukit Patoi, *Hussain Hj. Osman* 35. **TUT:** *Johns* 7621; Muara–Tutong highway, BRUN 15055; Lamunin, Kpg. Menangah, *Kirkup* 720; Tanjong Maya, Andulau F.R., *Niga* 319; Rambai, Tasek Merimbun, *Bernstein* 203; Ulu Tutong, Bukit Bahak, *Kirkup* 510; Ulu Tutong, Bukit Bahak, *Kirkup* 518.

LECYTHIDACEAE
Payens in Blumea 15: 157–263 (1967), *Barringtonia* only

BARRINGTONIA

B. acutangula (L.) Gaertn. subsp. **acutangula** — *Jempalang* (Dus.), *Langkong* (Ib.)
Midstorey/subcanopy tree • VEG: LMDF • USES: Bark used for poisoning fish
BEL: Labi, *Kirkup* 355; Labi, Ulu Sg. Mendaram, *Niga* 12 • W & SE Asia, Malesia to N Australia

B. asiatica (L.) Kurz (*B. speciosa* J.R. & G.Forster)
Without prov.: *van Niel* 3973 • Madagascar to SE Asia, Malesia, N Australia and Pacific

B. conoidea Griff.
• VEG: Mangrove
BRM: Pengkalan Batu, Sg. Brunei, *Ashton* BRUN 5073. **TUT:** Ukong, Sg. Damit, *Corner* BRUN 5382 • Burma, Sumatra, Malaya, Borneo

B. fusiformis King
Name in Hassan & Ashton • Malaya

B. cf. gigantostachya Koord. & Valeton var. **megistophylla** (Merr.) Payens — *Tembuka* (Dus.)
TUT: Rambai, Tasek Merimbun, *Bernstein* 452 • The variety is known from Borneo

B. havilandii Ridl.
Midstorey/subcanopy tree • VEG: LMDF • HAB: near running fresh water • ALT: 50 m
BEL: Labi, *Johns* 7441 • Borneo

B. lanceolata (Ridl.) Payens — *Jempalang* (Dus.), *Jempalang Apoi* (Dus.), *Langkong* (Ib.), *Putat* (Br.)
Canopy/emergent tree, midstorey/subcanopy tree, treelet • VEG: LMDF • HAB: gentle slope, steep slope, ridge • GEO: sandstone, clay, Setap Shales; sandy clay soil, yellow sand • ALT: 40–70 m • USES: Bark used to cure tabacco, Fish poison
BEL: Andulau F.R., *Ashton* BRUN 255; Melilas, Sg. Ingei, *Wong* 601. **TEM:** Amo, Apoi Forest Reserve, *Atkins* 502; Amo, Bt. Belalong, *Wong* 1405; Amo, K. Belalong, *Dransfield J.* 6679; Labu, Bt. Peradayan, *Smythies* S 5826. **TUT:** Rambai, Tasek Merimbun, *Bernstein* 474, 502. • Borneo

B. macrostachya (Jack) Kurz
Name in Hassan & Ashton

B. pauciflora King — *Jempalang* (Dus.), *Langkong* (Ib.), *Putat* (Br.)
Canopy/emergent tree • USES: Bark used for poisoning fish
BEL: Sungai Liang, Sungai Liang Arboretum, *Niga* 96 • Indo-China, Malaya

B. racemosa (L.) Spreng.
Without prov.: *van Niel* 4163; *van Niel* 4190 • E & S Africa to SE Asia, Malesia, N Australia & Pacific

B. reticulata (Blume) Miq.
Without prov.: *van Niel* 3937 • W & C Malesia

B. revoluta Merr. — *Buah Karot* (Dus.)
Midstorey/subcanopy tree, treelet • VEG: Secondary Forest • HAB: gentle slope, ridge • GEO: Belait formation; yellow sandy loam, yellow sandy clay soil • ALT: 10–60 m
BRM: Berakas, Berakas camp, *Ashton* BRUN 5162. **TEM:** Bangar, *Sands* 5633. **TUT:** Ukong, *Ashton* BRUN 929 • Sumatra, Malaya, Borneo

B. sarcostachys (Blume) Miq. f. **dolichophylla** (Merr.) Payens — *Jempalang* (Dus.), *Langkong* (Ib.), *Putat* (Br.)
Midstorey/subcanopy tree • VEG: LMDF • HAB: ridge; well-drained; near running fresh water • ALT: 50 m
BEL: Melilas, Sg. Ingei, *Wong* 636; Melilas, Ulu Ingei,, *Wong* 1121; Sungai Liang, Andulau F.R., *Fuchs* 21173; Sungai Liang, Jln. Labi, *Wong* 960. **BRM:** Berakas, Berakas F.R., *Ashton* S 7842. **TEM:** Amo, K. Belalong, *Wong* 1210. **Without prov.:** *Wong* s.n. 2.i.89y • Borneo: Sarawak, Sabah

B. spp. indet.
BEL: Labi, Sungai Rampayoh, *Kirkup* 824; Labi, Wong Kadir, *Coode* 7217; Melilas, Kuala Ingei, *Kirkup* 775; Melilas, Sg. Ingei, *Wong* 621; Sukang, Sungai Paleh Bangawong, *Kirkup* 650; Sukang, Sungai Paleh Bangawong, *Kirkup* 676. **TEM:** Batu Apoi, Kpg. Selapon, *Wong* 2051.

LEEACEAE
Ridsdale in Fl. Males. 7: 755–782 (1976)

LEEA

L. indica (Burm.f.) Merr. — *Kamburi* (Dus.), *Kemali* (Ib.), *Mali-Mali* (Br., Ib.)
Midstorey/subcanopy tree, treelet, scrambling shrub, shrub • VEG: Degraded Peatswamp Forest, LMDF, HDF, Lower Montane Forest • HAB: steep slope; near running fresh water • GEO: Meligan formation, sandstone, Setap Shales; stony; clay soil, grey clay soil • ALT: sea level–870 m • USES: Medicinal, leaves used for medicine and bandage
BEL: Bukit Sawat, Jln. Sg. Mau–Merimbun, *Wong* 383. **TEM:** *Johns* 6731; *Johns* 7323; Amo, Apoi Forest Reserve, *Sands* 5853; Amo, Bt. Retak, *Sands* 5359; Amo, Bt. Retak, *Sands* 5361; Amo, K. Belalong, *Wong* 269; Amo, K. Belalong, Batu Apoi F.R., *Hansen* 1529; Amo, Kuala Belalong, *Argent* 91196; Amo, Sg. Temburong Machang, *Wong* 1931; Amo, Ulu Belalong LP382, *Kirkup* 856. **TUT:** *Forman* 992; Rambai, Tasek Merimbun, *Bernstein* 396. • SE Asia to Pacific

L. sp. indet.
TEM: Amo, Sg. Temburong, BRUN 15613.

LEGUMINOSAE-CAESALPINIOIDEAE
Determinations by G.P. LEWIS & L. RICO-ARCE

BAUHINIA

B. acuminata L.
Without prov.: *van Niel* 3595 • India, Indochina, Malesia

B. campanulata S.S.Larsen
Climber • VEG: HDF • ALT: 350 m
BEL: Labi, Bt. Teraja, *Simpson* 2051 • Endemic

B. diptera Miq.
Liana, climber • VEG: LMDF, Secondary Forest, Roadsides • GEO: sandstone • ALT: 20–80 m
TEM: Bangar, Bt. Biang, *Forman* 905. TUT: Lamunin, Ladan Hills F.R., *Dransfield J.* 6881; Rambai, Sg. Tutong, *Coode* 6323 • Borneo

B. excelsa (Miq.) Prain (*Phanera excelsa* Miq.)
Liana, climber • HAB: near running fresh water • ALT: 20–500 m
TEM: Amo, K. Belalong, *Jacobs* 5631; Batu Apoi, K. Sekurop, *Ashton* BRUN 388. TUT: Rambai, *Coode* 6434 • Sumatra, Borneo

B. excelsa (Miq.) Prain var. **excelsa**
Climber • VEG: Secondary Forest • ALT: 50–150 m
BEL: Bukit Sawat, Labi Road, *Thomas* 265 • Borneo: Sarawak, Sabah

B. aff. excelsa (Miq.) Prain var. **excelsa**
Liana • HAB: gentle slope • ALT: 40 m
BEL: Bukit Sawat, Merangking Buau, *Coode* 7659.

B. finlaysoniana (Benth.) Baker var. **leptopus** (Perkins) K.Larsen & S.S.Larsen (*Phanera finlaysonia* Benth. var *leptopus* Perkins)
Liana, climber • VEG: Roadsides • GEO: Podsol, sandy soil; peat
BEL: Bukit Sawat, Jln. Labi, *Wong* 971; Labi, Bt. Labi F.R., *Sinclair* 10502; Labi, Bt. Teraja, *Coode* 6899 • W & C Malesia

B. foraminifera Gagnep. var. **falcata** K. & S.S.Larsen — *Tapak Unta* (Mal.)
Climber • VEG: Kerangas • HAB: ridge • GEO: Belait formation • ALT: 190–200 m
BEL: Melilas, Bt. Batu Patam, *Dransfield J.* 6565 • Endemic

B. havilandii Merr.
Liana, climber • VEG: Kerangas, Lower Montane Forest • HAB: steep slope • GEO: sandy soil • ALT: 20–830 m
TEM: Amo, Bt. Belalong, *Prance* 30539. TUT: Tanjong Maya, *Forman* 813 • Borneo: Sarawak, Kalimantan

B. kockiana Korth. (*Phanera kockiana* Benth.) — *Kuku Benaul* (Ib.)
Liana, shrub, climber • VEG: Freshwater Swamp Forest, Kerangas, LMDF, HDF, Secondary Forest • HAB: ridge; periodically flooded; near running fresh water • GEO: alluvial deposits; yellow sandy clay soil, sandy soil, White sand • ALT: 500 m
BEL: Bt. Sawat, UBD plot, *Thomas* 230; Labi, *Niga* 10; Labi, Bt. Puan, *Ashton* BRUN 650; Melilas, Kuala Ingei, *Puff* 9008101/4; Melilas, Sg. Belait, *Forman* 1130; Melilas, Sg. Ingei, *Ashton* BRUN 170. TEM: Amo, K.Amoh, *Ashton* BRUN 402; Batu Apoi, Bt. Gelagas (Bt. Suang), *Simpson* 2248. TUT: Rambai, Sg. Tutong, *Coode* 6311; Rambai, Sg. Tutong, *Coode* 6391 • W & C Malesia

B. aff. kockiana Korth.
Liana • GEO: sandy soil • ALT: 10 m
BEL: Sukang, Sg. Belait, *Forman* 1152.

B. aff. lambiana Baker.f.
Liana, climber • VEG: LMDF • GEO: Setap Shales • ALT: 60 m
BEL: Bukit Sawat, Sg. Badas, *Niga* 72; Sungai Liang, Jln. Labi, *Wong* 1557. **TEM:** Amo, Batu Apoi Forest Reserve, *Poulsen* 57. **Without prov.:** *Puff* 9208101/4 • *B. lambiana* is known from Borneo: Sarawak

B. purpurea L.
Without prov.: *van Niel* 3672 • Cultivated, native in China, Philippines

B. cf. semibifida Roxb. — *Daup Daup* (*)
Liana • VEG: LMDF • HAB: ridge • GEO: Setap Shales • ALT: 100–150 m
TUT: Lamunin, *Kirkup* 231.

B. semibifida Roxb. var. **bruneiana** K. & S.S.Larsen
Without prov.: *van Niel* 3455 • Borneo: Sarawak, Sabah

B. cf. semibifida Roxb. var. **longebracteata** K. & S.S.Larsen
Liana • HAB: gentle slope • ALT: 40 m
BEL: Bukit Sawat, Merangking Buau, *Coode* 7666 • The variety is known from Borneo: Kalimantan

B. wrayi Prain var. **borneensis** K. & S.S.Larsen — *Daup* (Dus.)
Climber • VEG: Kerangas, Degraded Secondary Forest • GEO: White sand • ALT: 10–30 m • USES: Medicinal, cough medicine
BEL: Bukit Sawat, Jln. Labi, *Dransfield J.* 6525; Seria, Badas Forest Reserve, *Awong* 22. TUT: Rambai, Tasek Merimbun, *Bernstein* 249; Telisai, *Sands* 5425. **Without prov.:** *Ashton* BRUN 5614 • Borneo: Sarawak, Sabah

B. wrayi Prain var. **cardiophylla** (Merr.) K. & S.S.Larsen (*Phanera cardiophylla* (Merr.) de Wit)
Liana, climber • VEG: Kerangas, Roadsides • HAB: flat ground; well-drained • ALT: 10 m
BEL: Labi, Bt. Puan, *Sinclair* 10480; Sungai Liang, Jln. Labi, *Ashton* BRUN 679. TUT: Tanjong Maya, *Wong* 46; Telisai, Bt. Pasir puteh, *Ashton* BRUN 5018. **Without prov.:** *van Niel* 4268 • Borneo: Sarawak

B. spp. indet.
BEL: Bukit Sawat, Buau, *Kirkup* 708; Bukit Sawat, Buau, *Kirkup* 716; Melilas, K. Ingei, *Ashton* BRUN 184; Melilas, Ulu Ingei, *Sands* 5937; Sungai Liang, Sungai Liang Arboretum, *Bygrave* 37. BRM: Berakas, Berakas Forest Reserve, *Ariffin Kalat* BRUN 15025. **TEM:** Batu Apoi, Sg. Selapon, *Wong* 2079. TUT: Rambai, K.Kebubok, *Ashton* BRUN 902; Rambai, Tasek Merimbun, *Bernstein* 479a. **Without prov.:** *van Niel* 4107.

CAESALPINIA

C. crista L.
Without prov.: *van Niel* 4166 • SE Asia, Malesia, N Australia, New Caledonia

C. latisiliqua (Cav.) Hattink — *Sarunit* (Dus.), *Unak Menaul* (Ib.)
Treelet, climber • HAB: gentle slope • ALT: 90 m
BEL: Labi, Bt. Teraja, *Ashton* BRUN 989; Labi, Kpg. Tenajor, *Haslani-Mohd. A.* 52 • Vietnam, Malesia

C. major (Medik.) Dandy & Exell
Without prov.: *van Niel* 4260; *van Niel* 4288 • W Indies, Madagascar, SE Asia to Pacific

C. pulcherrima (L.) Sw.
Without prov.: *van Niel* 3659; *van Niel* 3734 • Native in tropical America, widely cultivated and often naturalised in tropics

C. sp. indet.
TUT: *Wong* 2009.

CASSIA

C. alata L.
Without prov.: *Ashton* BRUN 5732 • Introduced, native in S America

C. fistula L.
Without prov.: *van Niel* 3796 • Widely cultivated in Malesia, probably native in Ceylon

COPAIFERA

C. palustris (Symington) de Wit (*Pseudosindora palustris* Symington) — *Sepetir* (Mal.)
Canopy/emergent tree • HAB: flat ground; impeded drainage; near still fresh water • ALT: sea level
BEL: *Flemmich* KEP 32577. TEM: Labu, Labu F.R., *Smythies* SAN 17427. Without prov.: *Ashton* BRUN 5690; *Flemmich* KEP 48170 • Borneo

CRUDIA

C. beccarii Ridl.
Midstorey/subcanopy tree; • VEG: LMDF • HAB: gentle slope • GEO: Belait formation; alluvial deposits • ALT: 50 m
BEL: Melilas, Sungai Mutip, *Sands* 5978 • Borneo: Sarawak, Kalimantan

C. beccarii Ridl. *vel aff.* — *Lakun* (Ib.)
Midstorey/subcanopy tree • VEG: Peatswamp Forest • HAB: near running fresh water • GEO: alluvial deposits; peat • ALT: 10 m
BEL: Kuala Belait, Sg. Damit, *Dransfield J.* 6799.

C. tenuipes Merr.
Midstorey/subcanopy tree • VEG: LMDF • HAB: gentle slope • GEO: Setap Shales; clay soil • ALT: 80 m
TEM: Batu Apoi, Selapon, *Dransfield J.* 7483 • Borneo

C. sp. indet.
TEM: Amo, National Park, BRUN 15046.

DELONIX

D. regia (Hook.) Raf.
Without prov.: *van Niel* 3815 • Native to Madagascar, widely cultivated in tropics

DIALIUM

D. indum L. var. **indum** — *Keranji* (Br., Ib.), *Keranji Batu* (*)
Tree, scrambling tree, midstorey/subcanopy tree • HAB: ridge; near running fresh water • GEO: sandstone; clay soil, yellow sandy clay soil • ALT: 610 m
BEL: Sukang, Sg. Belait,, *Kirkup* 374. BRM: Berakas, Berakas F.R., *Anderson* S 2161. TEM: Amo, Bt. Belalong, *Ashton* BRUN 5212; Bangar, Pekan Bangar, *Smythies* S 5803 • Malaya, Java, Borneo

D. indum L. var. **bursa** (de Wit) Rojo — *Bubuk* (Dus.), *Keranji* (Mal.), *Keranji Empelawa* (Ib.)
Canopy/emergent tree, midstorey/subcanopy tree • HAB: gentle slope • GEO: clay • ALT: 60 m • USES: Edible fruit, Wood used for axe handles
BEL: Andulau F.R., *Ashton* BRUN 263; Bukit Sawat, *Niga* 138; Bukit Sawat, Jln. Labi, *Niga* 71; Sungai Liang, Andulau F.R., *Smythies* SAN 17477; Sungai Liang, Andulau F.R., *Smythies* SAN 17553 • Malaya, Borneo

D. kunstleri Prain var. **kunstleri**
Canopy/emergent tree • VEG: HDF • HAB: gentle slope • GEO: Setap Shales • ALT: 300 m
TEM: Amo, K. Belalong, *Dransfield J.* 7067 • Malaya

D. platysepalum Baker — *Enkaranji Empelawa* (Ib.), *Keranji* (Ib.)
Canopy/emergent tree, midstorey/subcanopy tree • VEG: Empran, Peatswamp Forest, HDF • HAB: steep slope, ridge; near running fresh water • GEO: sandstone, Setap Shales; peat • ALT: sea level–850 m • USES: Wood used in house construction
BEL: Andulau F.R., *Ashton* S 5937; Sungai Liang, Andulau F.R., *Smythies* BRUN 823. **TEM:** Amo, Bt. Belalong, *Dransfield J.* 7165; Amo, Bukit Belalong, *Argent* 91142; Labu, *Ashton* BRUN 3331 • Malaya, Sumatra, Borneo

D. procerum (Steenis) Stey.
Without prov.: *Ashton* BRUN 856 • Malaya, Sumatra, Borneo

D. spp. indet.
BEL: Sungai Liang, Compartment 5, BRUN 15261. **TEM:** Amo, Ulu Belalong, *Coode* 7891.

INTSIA

I. bijuga (Colebr.) Kuntze — *Ipil Ipil* (May.), *Merbau Ipil* (*)
Midstorey/subcanopy tree, treelet • VEG: Mangrove • HAB: near running fresh water, near brackish water
BEL: Kuala Belait, K. Belait, *Flemmich* KEP 34544; Sungai Liang, Kpg. Lumut, *Forman* 1098. **BRM:** Pengkalan Batu, Sg. Brunei, *Ashton* BRUN 5075. **Without prov.:** *van Niel* 4084 • E Africa to SE Asia, Pacific & Australia

I. palembanica Miq. — *Ipil* (Dus.), *Merbau Ayer* (Ib.), *Merbau Bukit* (*)
Canopy/emergent tree, midstorey/subcanopy tree • VEG: Secondary Forest • HAB: impeded drainage; near running fresh water • GEO: yellow sandy loam • ALT: sea level • USES: Wood used to make posts
BEL: Sg. Belait, *Ashton* BRUN 5642; Kuala Belait, K. Belait, *Ashton* S 7851; Sukang, Ulu Biadong, *Ashton* BRUN 5643. **BRM:** Berakas, Berakas F.R., *Hassan Pukol* BRUN 5102; Rambai, Tasek Merimbun, *Bernstein* 427 • Bangladesh, Burma, Thailand, Malesia

KOOMPASSIA

K. excelsa (Becc.) Taub.
Without prov.: *Tan* 458; *Tan* 458 • S Thailand, Malaya, Sumatra, Borneo, ?Philippines

K. malaccensis Benth. — *Kempas* (*)
Canopy/emergent tree • VEG: HDF • HAB: flat ground, gentle slope, ridge • GEO: sandstone, Sand; clay soil, White sand, yellow sandy loam • ALT: 10–60 m
BEL: Andulau F.R., *Ashton* BRUN 3288; Andulau F.R., *Wyatt-Smith* KEP 80079; Labi, Bt. Puan, *Ashton* BRUN 633. **TEM:** Amo, K. Belalong Fld. Studies Centre, *Schatz* 3278; Amo, Ulu Belalong, *Dransfield J.* 7368 • Malaya, Sumatra, Borneo

PELTOPHORUM

P. pterocarpum (DC.) K.Heyne
Treelet
BRM: Gadong, Rimba Horticultural centre, *Hussain Hj. Osman* 32. **Without prov.:** *Ashton* BRUN 5742; *van Niel* 3798 • SE Asia, Malesia, Australia

SARACA

S. declinata (Jack) Miq. — *Babai* (Ib.), *Debai* (Ib.), *Separang* (Mur.)
Midstorey/subcanopy tree, treelet • VEG: HDF • HAB: flat ground, steep slope, ridge; periodically flooded; near running fresh water • GEO: Setap Shales; alluvial deposits; yellow sandy clay soil • ALT: 130 m

TEM: Amo, *Sands* 5527; Amo, Batu Apoi Forest Reserve, *Poulsen* 301; Amo, K. Belalong Fld. Studies Centre, *Schatz* 3272; Amo, Sg. Belalong, *Ashton* BRUN 444; Amo, Sg. Temburong, *Ashton* BRUN 718; Amo, Sg. Temburong, *Schatz* 3286; Amo, Ulu Temburong, *Ashton* BRUN 768; Batu Apoi, K. Sebatu, *Ashton* BRUN 351 • SE Asia, Malesia

S. spp. indet.
TEM: Amo, Sg. Temburong, *Coode* 6523; Amo, Sungai Temburong, *Argent* 9146.

SENNA

S. alata (L.) Roxb. (*Cassia alata* L.) — *Besulok* (Dus.)
• USES: Medicinal, leaves used to cure ringworm
TUT: Rambai, Tasek Merimbun, *Bernstein* 345. **Without prov.:** *van Niel* 4253 • Pantropic weed

S. occidentalis (L.) Link — *Besulok* (Dus.)
• USES: Medicinal, leaves used to cure ringworm
TUT: Rambai, Tasek Merimbun, *Bernstein* 339. **Without prov.:** *van Niel* 3722 • Native possibly in Old World, a widely naturalised weed in tropics and subtropics

S. siamea (Lam.) Irwin & Barneby (*Cassia siamea* Lam.)
Without prov.: *van Niel* 3897 • SE Asia

SINDORA

S. beccariana de Wit — *Sepetir* (Mal.)
Canopy/emergent tree • HAB: ridge • GEO: sandy loam • ALT: 70 m
BEL: Labi, *Wong* 994; Sungai Liang, Andulau F.R., *Smythies* BRUN 826. **Without prov.:** KEP 37153 • Borneo

S. leiocarpa de Wit — *Sepetir Kerangas* (*)
Canopy/emergent tree, midstorey/subcanopy tree • VEG: Kerangas, Kerangas Forest with Agathis • HAB: terrace • GEO: White sand; Podsol, sandy soil; Mor • ALT: 10 m
BEL: Seria, Badas F.R., *Brunig* S 1076; Seria, Badas F.R., *Coode* 7641. **TEM:** Batu Apoi, Bt. Pasir Puteh, *Ashton* BRUN 5026. **TUT:** Tanjong Maya, *Coode* 7373. **Without prov.:** *van Niel* 3616; *van Niel* 3809; *van Niel* 3954 • Borneo

S. sp. indet.
TEM: Amo, *Wong* 1743.

CAESALPINOIDEAE INDET.
BEL: Labi, Sungai Rampayoh, *Coode* 7817.

LEGUMINOSAE-MIMOSOIDEAE
Determinations by G.P. LEWIS & L. RICO-ARCE
Nielsen (& Fortune-Hopkins: *Parkia*) in Fl. Males. 11:1–226 (1992)

ACACIA

A. auriculiformis Benth.
Without prov.: *van Niel* 3593 • Introduced and naturalised across Malesia

A. holosericea G.Don
• Introduced as an ornamental across Malesia; apparently naturalised along the main road from Tutong to Muara. Native of Australia

A. mangium L.
• Introduced and widely used as a plantation crop across Malesia; apparently also naturalised in Brunei. Native of Australia

ADENANTHERA

A. pavonina L.
Midstorey/subcanopy tree • HAB: ridge • GEO: yellow clay soil • ALT: 300 m
TEM: Amo, K. Belalong, *Ashton* BRUN 2616. **Without prov.:** *van Niel* 3741 • Tropical SE Asia to Pacific; widely planted as an ornamental

ALBIZIA

A. chinensis (Osbeck) Merr. subsp. nov. ined.
Midstorey/subcanopy tree • HAB: gentle slope • GEO: clay soil
TEM: Amo, K. Belalong, *Wong* 296 • Native to continental SE Asia, cultivated in Sumatra and Borneo

A. corniculata (Lour.) Druce (*A. scandens* Merr.)
Canopy/emergent tree, midstorey/subcanopy tree • VEG: Degraded Kerangas • HAB: near sea water • GEO: White sand; Coastal beach sand • ALT: 30 m
BRM: Mentiri/Muara, Meragang, SW of Muara, *Coode* 7321; Serasa, Kpg. Muara, *Ashton* BRUN 99. **Without prov.:** *van Niel* 4068; *van Niel* 4082 • S China, Indochina, Borneo, Philippines

A. pedicellata Benth. — *Sansan Lang* (Ib.)
Canopy/emergent tree, midstorey/subcanopy tree • VEG: Secondary Forest • HAB: seasonal watercourse; near running fresh water • GEO: White sand; alluvial deposits; Podsol • ALT: 30 m
BEL: Melilas, Sg. Ingei, *Ashton* BRUN 132. **BRM:** Berakas, Berakas F.R., *Hassan Pukol* BRUN 5431 • W & C Malesia

A. rosulata (Kosterm.) Nielsen — *Arak Arak* (Br., Ked.), *Engrutak* (Ib.), *Gurak* (Ib.), *Kungkur* (Br.)
Canopy/emergent tree • VEG: Peatswamp Forest, Kerangas • HAB: ridge; near running fresh water • GEO: Meligan formation; yellow sandy clay soil, sandy soil; Mor • ALT: 760 m
BEL: Andulau F.R., *Ashton* BRUN 368; Andulau F.R., *Ashton* BRUN 5500. **TEM:** Amo, *Ashton* BRUN 5278. **TUT:** Lamunin, Ladan Hill F.R., *Niga* 209; Tanjong Maya, *Forman* 806 • Borneo

ARCHIDENDRON

A. borneense (Benth.) Nielsen (*Abarema borneense* Benth.) — *Saga Hutan* (*)
Midstorey/subcanopy tree, sapling • VEG: Peatswamp Forest, Degraded Peatswamp Forest • HAB: terrace • GEO: Sand/clay • ALT: sea level
BEL: Melilas, Ulu Ingei, *Atkins* 535; Seria, Badas F.R., *Brunig* S 1086; Seria, Badas F.R., *Wong* 213; Seria, Kpg. Badas, *Ashton* BRUN 5528; Seria, Kpg. Badas, *Ashton* BRUN 5593. **Without prov.:** *van Niel* 4119 • Sumatra, Borneo

A. clypearia (Jack) Nielsen subsp. clypearia — *Saga-Saga* (Dus.)
Treelet • VEG: Degraded Peatswamp Forest • HAB: near running fresh water • ALT: 20 m
BEL: Bukit Sawat, Sg. Mau, *Simpson* 2017. **TUT:** Rambai, Tasek Merimbun, *Bernstein* 253. **Without prov.:** *van Niel* 3443.

A. clypearia (Jack) Nielsen subsp. clypearia *vel aff.* — *Saga-Saga* (Dus.)
TUT: Rambai, Tasek Merimbun, *Bernstein* 344.

A. clypearia (Jack) Nielsen subsp. clypearia var. clypearia — *Saga-Saga* (Br.)
Midstorey/subcanopy tree, treelet • VEG: Degraded Peatswamp Forest with Shorea albida, Degraded Peatswamp Forest, Secondary Forest • HAB: flat ground; periodically flooded • GEO: alluvial deposits; clay soil; peat • ALT: 30 m
BEL: Seria, Kpg. Badas, *Ashton* BRUN 5591; Sukang, K. Baran, *Ashton* BRUN 106. **BRM:** Berakas, Berakas camp, *Hassan Pukol* BRUN 5410; Berakas, Berakas F.R., *Ashton* BRUN 842. **TUT:** Lamunin, *Forman* 958 • India, Burma, S China, Indochina, Thailand, Malaya, Sumatra, Java, Borneo, Sulawesi, Philippines

A. clypearia (Jack) Nielsen subsp. **clypearia** var. **casai** (Blanco) Nielsen *vel aff.* — *Berambom* (Dus.), *Tansanglang* (Ib.)
Midstorey/subcanopy tree • HAB: gentle slope
TEM: Amo, *Wong* 1879 • Malaya, Java, Borneo, Philippines

A. cockburnii Nielsen — *Kanarang Bukit* (Ib.)
Midstorey/subcanopy tree, treelet • VEG: Secondary Forest • ALT: 50– 100 m
BEL: Labi, Labi Hills F. R., *Coode* 6804; Sungai Liang, Kpg. Sungai Liang, *Wong* 353.
TUT: Rambai, Tasek Merimbun, *Bernstein* 1 • Borneo

A. ellipticum (Blume) Nielsen subsp. **ellipticum** — *Indelebah Seribus* (Ib.), *Langir Antu* (Ked.), *Sibor* (Dus.)
Canopy/emergent tree, midstorey/subcanopy tree • VEG: LMDF, Secondary Forest, Roadsides • HAB: gentle slope; near running fresh water • GEO: sandy loam • ALT: 50 m
BEL: Jln. Muara, *Ashton* BRUN 5145; Labi, *Johns* 7430. **TEM:** Bukok, *Forman* 941. **TUT:** Lamunin, Kpg. Lamunin, *Wong* 53; Rambai, *Coode* 6438; Rambai, Tasek Merimbun, *Bernstein* 129. • W & C Malesia

A. fagifolium (Miq.) Nielsen var. **borneense** Nielsen
Treelet
BEL: Melilas, Batu Patam, *Wong* 1095 • Borneo

A. kinabaluense (Kosterm.) Nielsen
Treelet • HAB: terrace; periodically flooded; near running fresh water • GEO: Sand/clay • ALT: 20 m
BEL: Melilas, Ulu Belait, *Cowley* 110 • Borneo: Sarawak, Sabah

A. aff. kinabaluense (Kosterm.) Nielsen
Midstorey/subcanopy tree • ALT: 40 m
BEL: Sungai Liang, Andulau F.R., *Smythies* SAN 17482.

A. kunstleri (Prain) Nielsen subsp. **ashtonii** Nielsen — *Daun Sabun* (Ib.), *Gura* (Ib.)
Canopy/emergent tree, midstorey/subcanopy tree, treelet, climber • VEG: Degraded Peatswamp Forest • HAB: periodically flooded; near running fresh water • GEO: Setap Shales; alluvial deposits; sandy soil • ALT: 10–20 m
BEL: Bukit Sawat, Sg. Belait, *Wong* 566; Sukang, Sg. Belait, *Forman* 1140. **TEM:** Batu Apoi, Kpg. Selapon, *Dransfield J.* 6902. **TUT:** Rambai, Sg. Tutong, *Simpson* 2603; Rambai, Ulu Supon, *Ashton* BRUN 864. **Without prov.:** *Coode* 7705 • Sumatra, Borneo

A. microcarpum (Benth.) Nielsen
Canopy/emergent tree, midstorey/subcanopy tree • VEG: HDF, Secondary Forest • HAB: gentle slope, ridge • GEO: Setap Shales; yellow sandy loam • ALT: 10–880 m
BRM: Berakas, Berakas camp, *Ashton* BRUN 5158; Berakas, Berakas F.R., *Hassan Pukol* S 2189. **TEM:** Amo, Bt. Belalong, *Dransfield J.* 7190; Amo, Bt. Belalong, *Dransfield J.* 7198 • Malaya, Sumatra, Borneo

A. spp. indet.
BEL: Bukit Sawat, Jalan Sungai Mau, *Awong* 19; Labi, Sungai Rampayoh, *Coode* 7771; Sg. Liang, Andulau Forest Reserve, BRUN 15653; Sukang, Kpg. Sukang, *Wong* 113.

CALLIANDRA

C. haematocephala Hassk.
Without prov.: *van Niel* 3797 • Native in tropical S America, widely cultivated in Malesia

C. sp. indet.
Without prov.: *van Niel* 3687.

ENTADA

E. borneensis Ridl.
Without prov.: *Nielsen* 1026 • Borneo

E. rheedii Spreng. — *Akau Mungkong* (Dus.)
Climber
TUT: Ukong, Kpg. Pengkalan Padang, *Niga* 208. Without prov.: *Ashton* BRUN 914 • Tropical Africa, Asia, Australia and Pacific

MIMOSA

M. pudica L.
Suffrutescent herb/subshrub • VEG: Roadsides • ALT: 20 m
TUT: Tanjong Maya, *Forman* 824. Without prov.: *van Niel* 3771 • Pantropic weed, native to S America

PARKIA

P. singularis Miq. subsp. **borneensis** H.C.F.Hopkins
Canopy/emergent tree, midstorey/subcanopy tree • HAB: gentle slope • GEO: sandstone; yellow sandy clay soil, yellow sand • ALT: 30–390 m • USES: Edible fruit
BEL: Labi, Bt. Puan, *Ashton* S 7879. TEM: Bangar, Bt. Biang, *Ashton* BRUN 516 • Borneo

P. speciosa Hassk. — *Patau Barombom* (Dus.), *Petai* (Br., Dus., Ib.)
Canopy/emergent tree, midstorey/subcanopy tree, sapling • VEG: Alluvial Forest, HDF • HAB: ridge; near running fresh water • GEO: Setap Shales; alluvial deposits; stony; clay soil • ALT: 220–300 m • USES: Wood used in house construction and used for firewood.
BEL: Sukang, Sg. Belait, *Wong* 117. TEM: Amo, Batu Apoi Forest Reserve, *Nielsen* 1016; Amo, Batu Apoi Forest Reserve, *Nielsen* 1040. TUT: *Johns* 7599; Rambai, Tasek Merimbun, *Bernstein* 422 • W & C Malesia

P. timoriana (DC.) Merr.
Canopy/emergent tree • VEG: HDF • HAB: ridge • ALT: 1280 m
TEM: Amo, *Ashton* BRUN 2550 • SE Asia, Malesia

P. spp. indet.
BRM: Berakas, Berakas Forest Reserve, *Ariffin Kalat* BRUN 15032. TEM: *Johns* 7209.

PITHECELLOBIUM

P. dulce (Roxb.) Benth.
Without prov.: *van Niel* 3662 • Native in C America, naturalised

LEGUMINOSAE-PAPILIONOIDEAE
Determinations by G.P. LEWIS & L. RICO-ARCE

AESCHYNOMENE

A. indica L.
Without prov.: *van Niel* 4131 • Old World tropics & subtropics

AGANOPE

A. heptaphylla (L.) Polhill (*Derris sinuata* Thwaites)
Midstorey/subcanopy tree, climber • VEG: Degraded Peatswamp Forest • HAB: near running fresh water • GEO: sandy soil • ALT: 20 m
BEL: Bukit Sawat, Jalan Sungai Mau, *Awong* 18; Bukit Sawat, Sg. Mau, *Simpson* 2011; Labi, Bt. Puan, *Sinclair* 10521; Melilas, Sg. Belait, *Forman* 1127 • SE Asia, Malesia

AIRYANTHA

A. borneensis (Oliv.) Brummitt — *Berayong* (Dus.)
Canopy/emergent tree, shrub, climber • VEG: Degraded Peatswamp Forest, Roadsides • HAB: gentle slope; near running fresh water • GEO: sandy soil • ALT: 40 m
BEL: Bukit Sawat, Merangking Buau, *Coode* 7658; Bukit Sawat, Sg. Mau, *Simpson* 2003; Melilas, Sg. Belait, *Forman* 1124. **BRM:** Serasa, Kpg. Muara, *Hose* 15. **TUT:** Rambai, Tasek Merimbun, *Bernstein* 7. **Without prov.:** *van Niel* 4048; *van Niel* 4272 • Borneo, Philippines

ALYSICARPUS

A. vaginalis (L.) DC.
Without prov.: *van Niel* 3468; *van Niel* 3822 • Old World tropics

BOWRINGIA

B. callicarpa Champ
Climber • VEG: Kerangas
BEL: Bukit Sawat, Jln. Merangking–Buau, *Niga* 240 • China, Japan, Indochina, Sarawak

CALLERYA

C. eriantha (Benth.) Schot (*Whitfordiodendron erianthum* (Benth.) Merr.)
Canopy/emergent tree • HAB: ridge • GEO: clay soil • ALT: 390 m
TEM: Amo, K. Belalong, *Ashton* BRUN 5672 • Malaya

C. nieuwenhuisii (J.J. Smith) Schot (*Whitfordiodendron nieuwenhuisii* Dunn) — *Akar Belum* (Ib.), *Akau Bingol* (Dus.), *Bingol* (Dus.).
Liana, climber • VEG: LMDF, Lower Montane Forest • HAB: gentle slope, steep slope; periodically flooded; near running fresh water • GEO: Belait formation, Meligan formation; alluvial deposits • ALT: 1120–80 m • USES: Edible fruit, boiled and eaten
BEL: Bukit Sawat, Sg. Belait, *Wong* 572; Labi, Bt. Teraja, *Kirkup* 264. **TEM:** Amo, Bt. Retak, *Sands* 5284. **TUT:** Rambai, Tasek Merimbun, *Bernstein* 27. **Without prov.:** *Ashton* BRUN 454 • Borneo

C. spp. indet.
BEL: Labi, Rampayoh Sg. , *Joffre* 14. **TUT:** Rambai, Tasek Merimbun, *Bernstein* 178.

CALOPOGONIUM

C. mucunoides Desv. — *Kacang Tanah* (Dus.)
Climber • VEG: Roadsides • GEO: sandy soil • ALT: 10 m
TUT: Rambai, Tasek Merimbun, *Bernstein* 329; Telisai, *Coode* 7394. **Without prov.:** *van Niel* 3462; *van Niel* 4276 • Native to S & C America, introduced in Old World tropics

CANAVALIA

C. rosea (Sw.) DC.
Climber • VEG: Mangrove
TUT: Telisai, Danau, *Forman* 1019 • Pantropic

CENTROSEMA

C. pubescens Benth.
Climber • VEG: Roadsides • GEO: sandy soil • ALT: 10–40 m
BEL: Labi, Luagan Lalak, *Forman* 854. **TUT:** Telisai, *Coode* 7393 • Native in tropical America, widely cultivated in tropics

CLITORIA

C. falcata Lam. — *Kacang* (Dus.)
TUT: Rambai, Tasek Merimbun, *Bernstein* 328 • Native in W Indies

C. ternatea L.
Without prov.: *van Niel* 3704 • Native in S America or Malesia, widely cultivated and naturalised in tropics

CROTALARIA

C. pallida Aiton (*C. mucronata* Desv.) — *Kacang Sinsabok* (Br.)
Herb
BRM: Serasa, Kpg. Muara, *Ashton* BRUN 5411. Without prov.: *van Niel* 3442; *van Niel* 3801 • Pantropic

C. retusa L.
Without prov.: *van Niel* 4055; *van Niel* 4135 • Pantropic, origin probably Asia

C. spp. indet.
TUT: Telisai, *Coode* 7413. Without prov.: *van Niel* 4066.

DALBERGIA

D. beccarii Prain
Climber • VEG: Peatswamp Forest • HAB: near running fresh water • GEO: alluvial deposits; peat • ALT: 10 m
BEL: Kuala Belait, Sg. Damit, *Dransfield J.* 6791. Without prov.: *van Niel* 4014 • Malaya, Borneo, New Guinea, Solomon Is.

D. candenatensis (Dennst.) Prain
Without prov.: *van Niel* 3924; *van Niel* 4187 • SE Asia, Malesia, Australia, Pacific

D. cf. havilandii Prain
Climber • VEG: Padang
BEL: Bukit Sawat, Jln. Labi, *Wong* 1655 • The species is known from Borneo: Sarawak

D. parviflora Roxb. — *Akau Tado* (Dus.), *Lakah* (Ib.)
Climber • VEG: Peatswamp Forest • HAB: near running fresh water • GEO: alluvial deposits; peat • ALT: 10 m
BEL: Kuala Belait, Sg. Damit, *Dransfield J.* 6794; Labi, Bt. Puan, *Sinclair* 10512. TUT: Rambai, Tasek Merimbun, *Bernstein* 36 • Burma, Thailand, W & C Malesia

D. pinnata (Lour.) Prain
Liana • HAB: near running fresh water
TEM: Batu Apoi, Kpg. Selapon, *Wong* 2020 • SE Asia, Malesia

D. rostrata Hassk.
Liana • VEG: Degraded Alluvial Forest • HAB: ridge; near running fresh water • ALT: 20 m
BEL: Bukit Sawat, Sg. Mau, *Coode* 7709. TEM: Amo, Sg. Temburong, *Wong* 1970; Amo, Sg. Temburong Machang, *Wong* 1982. Without prov.: *van Niel* 4067 • India, Malesia

DERRIS

D. elegans Benth.
Without prov.: *van Niel* 3535 • SE Asia, Malesia, Solomon Is.

D. aff. scandens Benth.
Climber • ALT: 20 m
TUT: Rambai, *Coode* 6436 • The species is known from Thailand, Malaya, Java, Lesser Sunda Is., Borneo

D. trifoliata Lour. (*D. heterophylla* (Willd.) Backer)
  Without prov.: *van Niel* 3943; *van Niel* 3975; *van Niel* 4064; *van Niel* 4078 • E Africa, Malesia, Australia, Pacific

D. spp. indet.
  Without prov.: KEP 35159; *van Niel* 3721; *van Niel* 3974; *van Niel* 3979; *van Niel* 4036; *van Niel* 4065.

DESMODIUM

D. heterocarpon DC.
  Shrub • VEG: Roadsides • ALT: 20 m
  TUT: Tanjong Maya, *Forman* 817 • E Africa, E & SE Asia, Malesia, Pacific

D. heterophyllum (Willd.) DC.
  Without prov.: *van Niel* 3469 • Mascarene Is., SE Asia, Malesia, Australia, Pacific

D. motorium (Houtt.) Merr.
  Without prov.: *van Niel* 4332; *van Niel* 4343 • SE Asia, Malesia, Australia

D. triflorum (L.) DC.
  Herb • VEG: Roadsides • GEO: sandy soil • ALT: 10 m
  TUT: Telisai, *Coode* 7392 • Pantropic

D. umbellatum (L.) DC.
  Without prov.: *van Niel* 3883 • E Africa, SE Asia, Malesia, Australia, Pacific

ERYTHRINA

E. variegata L.
  Without prov.: *van Niel* 3597 • E Africa, SE Asia, Malesia, Pacific

FORDIA

F. brachybotrys Merr.
  Canopy/emergent tree, midstorey/subcanopy tree • VEG: LMDF • GEO: Belait formation, sandstone • ALT: 70 m
  TEM: Amo, Sg. Belalong, *Smythies* S 5751. TUT: Lamunin, Ladan Hills F.R., *Sands* 5715. Without prov.: *Sow Tandang* KEP 80166; *van Niel* 3549 • Borneo, Philippines

F. splendidissima (Miq.) Buijsen subsp. **splendidissima** — *Entupak* (Ib.), *Lakon Abai* (Dus.), *Tawir* (Dus.), *Tawir Mas* (Dus.), *Tubai Raong* (Ib.)
  Canopy/emergent tree, midstorey/subcanopy tree, treelet, climber • VEG: Alluvial Forest, Degraded Peatswamp Forest, Kerangas, LMDF, Degraded LMDF, Secondary Forest, Degraded Secondary Forest • HAB: valley bottom, gentle slope, steep slope, ridge; periodically flooded; near running fresh water • GEO: Belait formation, Lambir formation, sandstone, shale, Setap Shales; alluvial deposits; sandy soil • ALT: 150 m • USES: Medicinal root, Used to cure tabacco
  BEL: Bukit Sawat, Labi Road, *Thomas* 150; Labi, Sg. Rampayoh, *Coode* 7278; Labi, Sg. Rampayoh, *Coode* 7279; Labi, Sg. Rampayoh, *Dransfield J.* 7311; Labi, Sungai Rampayoh, *Atkins* 608; Melilas, Kuala Ingei, *Thomas* 207; Melilas, Sg. Belait, *Forman* 1217; Sungai Liang, Andulau F.R., *Wong* 27. TEM: Amo, Batu Apoi Forest Reserve, *Nielsen* 1110; Amo, Bt. Belalong, *Wong* 1495; Amo, K. Belalong, *Dransfield J.* 6635; Amo, Sg. Temburong, *Coode* 6544; Amo, Sg. Temburong, *Coode* 6587; Batu Apoi, Selapon, *Coode* 7918. TUT: *Johns* 7539; *Johns* 7575; Lamunin, Ladan Hills F.R., *Wong* 1649; Rambai, Sg. Tutong, *Simpson* 2604; Rambai, Tasek Merimbun, *Bernstein* 17, 44, 379. Without prov.: *De Vogel* 8937 • Java, Borneo

F. sp. nov.
  Tree • VEG: LMDF • ALT: 50 m
  TEM: *Johns* 7247.

F. sp. indet.
TUT: Lamunin, Lamunin, *Niga* 363.

GLIRICIDIA

G. sepium (Jacq.) Walp.
Canopy/emergent tree • VEG: Degraded Kerangas • GEO: White sand • ALT: sea level
TUT: Telisai, *Coode* 7389 • Introduced, native in tropical America

INDIGOFERA

I. arrecta A.Rich. — *Dampul Paradop* (Dus.), *Rengget* (Ib.)
Shrub
BEL: Labi, Kpg. Tenajor, *Haslani-Mohd. A.* 35 • Native in Ethiopia, introduced in Asia

I. suffruticosa Mill.
Without prov.: *van Niel* 3884 • Native in tropical America, introduced in Madagascar, SE Asia & Malesia

KUNSTLERIA

K. ridleyi Prain
Climber • VEG: LMDF
TUT: Ukong, Bt. Besong, *Niga* 193 • Malaya, Sumatra, Borneo

MASTERSIA

M. bakeri (Koord.) Backer
Climber • VEG: LMDF • HAB: ridge • ALT: 150 m
TEM: Amo, *Wong* 1267. TUT: *Johns* 7476 • Sulawesi

MILLETTIA

M. xylocarpa Miq.
Treelet • VEG: Secondary Forest • ALT: sea level
BEL: Seria, Badas, *Coode* 7616 • W & C Malesia

M. sp. indet.
TEM: Amo, Sg. Temburong, *Coode* 6582.

ORMOSIA

O. bancana (Miq.) Merr. — *Beragang* (Dus., Br.), *Buah Piling* (Ib.), *Piling* (Ib.)
Canopy/emergent tree, midstorey/subcanopy tree, treelet • VEG: Peatswamp Forest with Shorea albida, Peatswamp Forest, Kerangas, Degraded Kerangas, LMDF • HAB: raised beach, ridge • GEO: White sand; Podsol; Mor • ALT: 10–100 m • USES: Seeds used by Iban to make necklaces
BEL: Labi, Bt. Teraja, *Coode* 6924; Seria, Anduki F.R., *Sinclair* 10413; Seria, Anduki F.R., *Symington* KEP 35715. TEM: Batu Apoi, Bt. Pasir Puteh, *Ashton* BRUN 282; Batu Apoi, Bt. Pasir Puteh, *Ashton* BRUN 5022. TUT: *Johns* 6503; Tanjong Maya, *Wong* 43; Tanjong Maya, Jln. Tutong–Seria, *Simpson* 2183; Telisai, *Coode* 7383; Telisai, Jln. K. Belait–Pekan Muara, *Jacobs* 5673. Without prov.: *van Niel* 3624; *van Niel* 4000; *van Niel* 4052; *van Niel* 4073 • Malaya, Sumatra, Borneo

O. sumatrana (Miq.) Prain
Midstorey/subcanopy tree • HAB: ridge
BEL: Bukit Sawat, Labi Road, *Niga* 329 • SE Asia, W & C Malesia

O. sumatrana (Miq.) Prain *vel aff.*
Without prov.: *Ashton* BRUN 5940.

O. spp. indet.
TUT: Tanjong Maya, Jalan Tutong–Seria, *Kirkup* 733. Without prov.: *Ashton* S 5940.

PONGAMIA

P. pinnata (L.) Pierre — *Merabahai* (Ked.)
Midstorey/subcanopy tree • GEO: Coastal beach sand • USES: Stems used as tooth-brushes
BRM: Serasa, Kpg. Muara, *Ashton* BRUN 5149; Serasa, Kpg. Muara, *Ashton* BRUN 5151 • SE Asia, Malesia, Australia, Pacific

PTEROCARPUS

P. indicus Willd. — *Sena* (*)
Midstorey/subcanopy tree
Without prov.: *Maidin* KEP 37241; *Maidin* KEP 37242 • SE Asia, Malesia, Pacific

PUERARIA

P. phaseoloides (Roxb.) Benth. var. **javanica** (Benth.) Baker
Without prov.: *van Niel* 4283 • India, Indochina, Malesia, Pacific

SPATHOLOBUS

S. ferrugineus (Zoll.) Benth. — *Akar Kemedu Balok* (Ib.)
Climber
BEL: Bukit Sawat, Jln. Labi, *Wong* 349 • W & C Malesia

S. macropterus Miq.
Treelet, liana • VEG: LMDF • HAB: gentle slope • GEO: yellow clay soil, sandy soil • ALT: 70–150 m
BEL: Sukang, Sg. Belait, *Forman* 1162. TEM: *Johns* 6935; Labu, *Ashton* BRUN 3320 • Malaya, Sumatra, Borneo, Philippines

S. oblongifolius Merr.
Liana • VEG: HDF • ALT: 300 m
TEM: Amo, K. Belalong Fld. Studies Centre, *Schatz* 3273 • Borneo

S. sanguineus Elmer
Liana, climber • HAB: flat ground; periodically flooded • ALT: 20–50 m
TEM: Amo, Sg. Temburong, *Schatz* 3283. TUT: Rambai, *Coode* 6435 • Borneo, Philippines

S. viridis Wiriad. & Ridd.-Num. — *Kemedu* (*)
Climber • VEG: Degraded LMDF • HAB: gentle slope • GEO: Belait formation • ALT: 50 m
TUT: Lamunin, Ladan Hills F.R., *Dransfield J.* 6896 • Borneo

S. spp. indet.
TEM: Batu Apoi, Kpg. Selapon, *Wong* 2021. Without prov.: *van Niel* 3868.

ZORNIA

Z. spp. indet.
BEL: Sungai Liang, Kpg. Lumut, *Forman* 1103. TUT: Tanjong Maya, *Coode* 7416.

PAPILIONOIDEAE INDET.
BEL: Labi, Bukit Teraja, *Kirkup* 453; Sukang, Sungai Paleh Bangawong, *Kirkup* 630; Sukang, Sungai Paleh Bangawong, *Kirkup* 658.

LENTIBULARIACEAE
Taylor in Fl. Males. 8: 275–300 (1977)

UTRICULARIA

U. bifida L.
Herb • VEG: Belukar • GEO: Belait formation • ALT: 20 m
BRM: Kumbang Pasang, *Sands* 5664 • SE Asia, Japan, Malesia, Australia

U. gibba L.
• VEG: beside still freshwater • HAB: near running fresh water • GEO: White sand • ALT: sea level
TUT: Telisai, *Sands* 5433 • Pantropic

U. minutissima Vahl
Herb • VEG: Belukar, Roadsides • GEO: Belait formation • ALT: 20–40 m
BEL: Sungai Liang, Jln. Labi, *Forman* 850. **BRM:** Kumbang Pasang, *Sands* 5665. **Without prov.:** *van Niel* 3398 • SE Asia, Japan, Malesia, Australia

U. spp. indet.
BEL: Kuala Belait, Sg. Damit, *Dransfield S.* 1123; Seria, Jln. K. Belait–Seria, *Sands* 5737. **TUT:** Rambai, Sg. Medit, *Simpson* 2591.

LENTIBULARIACEAE INDET.
TUT: *Johns* 7471.

LINACEAE
van Hooren & Nooteboom in Fl. Males. 10: 607–619 (1988)

INDOROUCHERA

I. contestiana (Pierre) Hall.f. (*I. rhamnifolia* Hall.f.)
Liana • VEG: Secondary Forest
BRM: Sengkurong, Bandar Seri Begawan, *Wong* 555. **Without prov.:** *van Niel* 3607; *van Niel* 3976; *van Niel* 4034 • S Indo-China & NW Borneo

I. griffithiana (Planch.) Hallier f. — *Akar Kacap* (Br.), *Akar Rarak* (Ib.), *Akau Kabul* (Dus.)
Liana, scrambling shrub, climber • VEG: Coastal MDF, Secondary Forest, Degraded Secondary Forest • HAB: terrace; periodically flooded; near running fresh water • GEO: alluvial deposits; sandy clay soil • ALT: 30 m
BEL: Sungai Liang, Andulau F.R., *Forman* 1109. **BRM:** Berakas, Berakas camp, *Hassan Pukol* BRUN 5422; Gadong, Jln. Tungku, *Wong* 384. **TEM:** Batu Apoi, Selapon, *Dransfield J.* 7436; **TUT:** Rambai, Tasek Merimbun, *Bernstein* 486 • W & C Malesia

I. sp. indet.
BEL: Bukit Sawat, Buau, *Kirkup* 703.

PHILBORNEA

P. magnifolia (Stapf) Hallier f.
Climber
BEL: Labi, *Niga* 161 • Sumatra, Borneo, Philippines

LOGANIACEAE
Leenhouts in Fl. Males. 6: 293–387 (1962)

FAGRAEA
following K.M.WONG & J.B. SUGAU in Sandakania 8: 1–93 (1996) — there has not been time to reconcile all our collections with this very recent account, and some 'taxa' are listed here that are not in Wong & Sugau

F. auriculata Jack subsp. auriculata Jack
Epiphytic; shrub • VEG: Mangro VE • GEO: White sand, shale • ALT: 130 m
TUT: Telisai, *Niga* 81. **Without prov.:** *van Niel* 3766; *van Niel* 3885 • Burma, Indochina, Thailand, Malaya, Sumatra, Java, Borneo, Philippines

F. belukar K.M.Wong & Sugau
Canopy/emergent tree, midstorey/subcanopy tree • VEG: Kerangas, Degraded Kerangas • HAB: raised beach • GEO: White sand; Podsol, sandy soil • ALT: 10–290 m
BEL: Labi, Bt. Teraja, *Coode* 6915. BRM: Berakas, Berakas F.R., *Ashton* S 7816. TUT: Tanjong Maya, *Forman* 810 • Borneo

F. borneensis Scheff.
Strangling; midstorey/subcanopy tree • VEG: Freshwater Swamp Forest • GEO: Belait formation; alluvial deposits • ALT: 10–40 m
BEL: Kuala Belait, Jln. K. Baram, *Corner* BRUN 5362; Melilas, Sg. Topi–Ingei watershed, *Kirkup* 741. BRM: Kilanas, Sg. Brunei, *Ashton* BRUN 5120. TUT: Telisai, *Dransfield J.* 6516 • Borneo, Philippines

F. carnosa Jack
Liana • VEG: LMDF • HAB: gentle slope • GEO: Belait formation • ALT: 50–60 m
BEL: Sukang, Sungai Paleh Bangawong, *Kirkup* 652 • Burma, Malaya, Sumatra, Borneo

F. caudata Ridl.
Midstorey/subcanopy tree
BEL: Melilas, Batu Patam, *Wong* 1060 • Borneo

F. crassipes Benth. — *Kabang Pena* (Dus.)
TUT: Rambai, Tasek Merimbun, *Bernstein* 464 • Borneo, Philippines

F. cuspidata Bl.
TEM: Batu Apoi, Kpg. Selapon, *Kirkup* 318 • Borneo, Balabac Islands

F. elliptica Roxb.
BEL: Labi, Kg. Mendaram to Bt. Teraja, *Hotta* 12682 • Sumatra, Borneo, Moluccas, New Guinea

F. fragrans Roxb.
Treelet
BEL: Sg. Liang, Sg. Liang Arboretum F.R., *Hussain Hj. Osman* 30; Anduki F.R., *Anderson* S 4941 • Burma, Indochina, Malesia

F. gigantea Ridl. — *Tembusu* (Ib.)
• HAB: gentle slope • GEO: sandstone; yellow sandy clay soil • ALT: 40 m
TUT: *Ashton* BRUN 908. **Without prov.:** *Ashton* BRUN 5275 • Malaya, Sumatra, Borneo

F. involucrata Merr.
Climber • VEG: Lower Montane Forest • HAB: ridge • GEO: Meligan formation; Brown clay-loam • ALT: 990–1160 m
TEM: Amo, Bukit Tudal, *Davis* 467 • Borneo

F. kinabaluensis Wong & Sugau
Epiphytic
TEM: Amo, K. Belalong, *Ashton* BRUN 5204 • Borneo: Sabah

F. littoralis Bl. var. **borneensis** Wong & Sugau
BEL: Belait R., *van Neil* 4645 • Borneo

F. macroscypha Baker
Treelet • GEO: shale • ALT: 120–130 m
TEM: Amo, K. Belalong, *Ashton* BRUN 5203; Amo, K. Belalong, *Smythies, Wood & Ashton* SAN 17379; Amo, Sg. Temburong, *Coode* 6547. **Without prov.:** *Kamariah* 294 • Borneo

F. racemosa Wall. — *Tembusu* (Mal.), *Sukong* (Ib.), *Sukong Ranyai* (Ib.), *Tinggirang Pirak* (Ked.)
Midstorey/subcanopy tree, treelet, shrub • VEG: Lower Montane Forest, Secondary Forest • HAB: ridge; near running fresh water • GEO: Setap Shales; stony • ALT: 350 m
BEL: Labi, *Niga* 8; Melilas, Sg. Ingei, *Ashton* BRUN 5624. TUT: *Johns* 7622. **Without prov.:** *van Niel* 3939 • SE Asia to Solomon Is. & Australia

F. resinosa Leenh.
Canopy/emergent tree • HAB: ridge • GEO: yellow clay soil • ALT: 610 m
TEM: Amo, Bt. Belalong, *Asah* BRUN 3083; Amo, *Sands* 5407 • Borneo

F. ridleyi King & Gamble
Canopy/emergent tree, liana • VEG: LMDF, Kerangas • HAB: steep slope, gentle slope • GEO: Belait formation, sandstone; yellow sandy clay soil, yellow sand • ALT: 40–330 m
BEL: Andulau F.R., *Ashton* BRUN 66; Labi, Bt. Teraja, *Kirkup* 270. TEM: Labu, Bt. Peradayan, *Ashton* BRUN 537 • Malaya, Borneo

F. rugulosa K.M.Wong & Sugau
Midstorey/subcanopy tree, treelet • VEG: Kerangas, LMDF • HAB: gentle slope, raised beach; periodically flooded; near running fresh water, in still fresh water • GEO: White sand, sandstone, shale, Sand/clay; alluvial deposits; stony • ALT: sea level–250 m
BEL: Andulau F.R., *Ashton* BRUN 628; Labi, Bt. Puan, *Ashton* BRUN 637; Melilas, Sg. Ingei, *Wong* 1104; Melilas, Sg. Topi, *Ashton* BRUN 214; Sungai Liang, Andulau F.R., *Smythies* SAN 17521; Sungai Liang, Sg. Lumut, *Coode* 7735. TEM: *Puff* 9008161/1; Amo, Sg. Temburong, *Coode* 6539; Amo, *Wong* 1702. TUT: Rambai, Bt. Bahak, *Coode* 7029 • Borneo

F. spicata Baker — *Balik Sumpah* (Br.), *Bangking* (Dus.), *Bombong* (Dus.), *Peraub Labi* (Dus.)
Midstorey/subcanopy tree, treelet • VEG: Peatswamp Forest with Shorea albida, HDF • HAB: gentle slope; near running fresh water • ALT: 20–350 m • USES: Leaves used to cut rice crop
BEL: Labi, Bt. Teraja, *Niga* 293; Labi, Bt. Teraja, *Simpson* 2080; Sungai Liang, Sungai Liang Arboretum, *Haslani-Mohd. A.* 48; Sungai Liang, Sungei Liang, *Forman* 1085. TEM: Labu, *Wong* 1299. TUT: Rambai, Sg. Medit, *Simpson* 2521; Rambai, Tasek Merimbun, *Bernstein* 184a, 302, 400 • Borneo, Philippines

F. splendens Bl.
Canopy/emergent tree, epiphytic; • VEG: LMDF • HAB: steep slope, flat ground; impeded drainage; near still fresh water • GEO: Belait formation • ALT: 50–330 m
BEL: Badas F.R., *Ashton* BRUN 5549; Labi, Bt. Teraja, *Kirkup* 270; Kuala Belait, Andulau F.R., *Wood, Smythies &* Ashton SAN 17512; Melilas, *Wong* 683; Seria, *Fuchs* 21196. TEM: Amo, K. Belalong, *Jacobs* 5633 • Sumatra, Borneo

F. stenophylla Merr.
Rheophyte; treelet, shrub, herb • VEG: Alluvial Forest, LMDF, Degraded LMDF • HAB: periodically flooded; near running fresh water • GEO: shale, Setap Shales; alluvial deposits • ALT: 20–500 m
TEM: *Johns* 7283; Amo, *Wong* 1287; Amo, Batu Apoi Forest Reserve, *Nielsen* 978a; Amo, K. Belalong, *Dransfield J.* 6665; Amo, K. Belalong, *Jacobs* 5639; Amo, Sg. Temburong, *Coode* 6559. **Without prov.:** *Wong* BRUN 5628 • Borneo

F. volubilis K.M.Wong & Sugau var. **microcalyx** K.M.Wong & Sugau
• VEG: Peatswamp Forest with Shorea albida
BEL: Seria, Badas, *Brunig* S 1118 • Borneo

F. sp. A sensu Wong & Sugau
TEM: Amo, Sg. Temburong, *Coode* 6553.

F. sp. 2
Tree • VEG: LMDF • ALT: 150 m
TUT: *Johns* 7093.

F. spp. indet.
BEL: Sg. Liang, Andulau Forest Reserve, BRUN 15655.

NORRISIA

N. maior Soler. — *Empaling* (Ib.), *Kiantok* (Dus.), *Mas* (Dus.)
Canopy/emergent tree, midstorey/subcanopy tree, treelet • VEG: Kerangas, Secondary Forest • HAB: base of slope
BEL: Bukit Sawat, Jln. Merangking–Buau, *Niga* 258. BRM: Berakas, *Hassan Pukol* BRUN 5729; Gadong, Jln. Tungku, *Wong* 385. TUT: Tanjong Maya, Andulau F.R., *Niga* 317; Rambai, Tasek Merimbun, *Bernstein* 169 • Sumatra, Malaya, Borneo

STRYCHNOS

S. cf. borneensis Leenh.
Liana; in canopy • VEG: LMDF • HAB: near running fresh water • GEO: Belait formation; sandy soil
TUT: Ulu Tutong, Bukit Bahak, *Kirkup* 559 • The species is known from Borneo

S. ignatii P.J.Bergius
Climber • HAB: near running fresh water
BEL: Sukang, Sg. Belait,, *Kirkup* 375. Without prov.: *Suhaili Hj. Zinin* 6 • Vietnam, W & C Malesia

S. sp. 1
Liana
TEM: Amo, *Wong* 1963.

S. sp. 3
Climber • ALT: 50–60 m
BEL: Bukit Sawat, Andulau F.R., *Coode* 6755.

S. sp. indet.
TEM: Amo, Ulu Belalong, *Coode* 7856.

LOGANIACEAE INDET.
Without prov.: *Ariffin Kalat* BRUN 15027b.

LORANTHACEAE
D.KIRKUP
see Barlow in Flora Malesiana Bulletin 10 (4): 335–338 (1991) for a provisional key to the genera

AMYEMA
Barlow in Blumea 36: 293–381 (1992)

A. beccarii Danser
Woody shrub, branches 0.5 m • VEG: alluvial forest, coastal vegetation with *Casuarina nobilis* and *Tristania obovata*, kerangas, kerangas with *Agathis borneensis*; peatswamp forest • HAB: riparian, coastal lowlands and low ridges, aerial hemiparasite recorded on *Dillenia suffruticosa*, *Elaeocarpus marginatus* and *Rhodomyrtus tomentosa* hosts • GEO: alluvium over Setap shales, sandy terraces and white sands • ALT: sea level–50 m

BEL: Seria, Badas F.R., *Wong* 12; Sungai Liang, Badas, *Coode* 6467. **BRM:** Berakas, Berakas camp, *Sinclair* 10541. **TEM:** Amo, Batu Apoi F.R., *Nielsen* 977. **TUT:** Telisai, Bt. Basong, *Wong* 173. **Without prov.:** *Anderson* S 2207 • Malaya, Anambas Is., Borneo

AMYLOTHECA
Barlow in Blumea 38: 109–113(1993)

A. duthieana Danser

Creeping, multihaustorial, woody shrub, branches to several m • VEG: LMDF, HDF, peatswamp forest, remnant kerangas with *Agathis*, disturbed riverine vegetation • HAB: seasonally flooded areas, gently undulating ground, ridges, steep slopes, aerial hemiparasite usually high in canopy (at 20 m) recorded on *Cotylelobium, Dipterocarpus lowii, Shorea* (inc. *S. smithiana*), *Vatica* (inc. *V. alboramea*) hosts • GEO: clay, clay loam, recent alluvium and white sand • ALT: sea level–550 m

BEL: Andulau F.R., *Ashton* BRUN 625; Bukit Sawat, Jln. Labi–Merangking, *Kirkup* 369; Bukit Sawat, Sg. Mau, *Kirkup* 719; Seria, Badas F.R., *Kirkup* 394; Sukang, Sg. Belait,, *Kirkup* 377. **TEM:** Amo, Sg. Temburong, *Coode* 6740; Amo, Ulu Belalong LP382, *Kirkup* 875; Amo, Ulu Belalong LP382, *Kirkup* 868. **TUT:** Rambai, Sg. Medit, *Simpson* 2517. **Without prov.:** *Smythies* SAN 17447 • Thailand, Malaya, Sumatra, Borneo

DENDROPHTHOE
Danser in Bull. Jard. Bot. Buitenz. Ser. III, XI: 397–425 (1931)
Barlow in Blumea 40: 17–23 (1995)

D. constricta Danser

Woody shrub with branches to 1 m • VEG: Secondary forest, open Padang • HAB: aerial hemiparasite recorded on *Nephelium lappaceum* host • GEO: clay over Belait series sandstone, raised beaches, white sand • ALT: near sea level–50 m

BRM: Sengkurong, Bandar Seri Begawan, *Wong* 556. **TEM:** Bangar, *Sands* 5626. **TUT:** *Brunig* S 1164 • Borneo, Sulawesi

D. curvata (Blume) Miq. – *Nunuk Boncolod* (Dus.)

Woody, monohaustorial (usu.), shrub with branches to 1.5 m • VEG: secondary and disturbed LMDF, degraded kerangas, cultivation • HAB: low forest, scrub, along rivers and roads, aerial hemiparasite recorded on cultivated *Artocarpus integer, Calophyllum, Dillenia, Eugenia, Nauclea subdita, Tristania* hosts • GEO: sandy soils over Belait series sandstone, Seria formation, Setap shales • ALT: near sea level–300 m

BEL: Bukit Sawat, Buau, *Kirkup* 701; Bukit Sawat, Buau, *Kirkup* 713; Labi, Sg. Rampayoh, *Kirkup* 365; Sukang, Sg.Belait, *Forman* 1155; Sungai Liang, Sungai Liang, *Kirkup* 591. **BRM:** Mentiri/Muara, Meragang, SW of Muara, *Coode* 7314; Sengkurong, Bt. Shahbendar, *Kirkup* 347. **TUT:** *Johns* 6789; Lamunin, *Kirkup* 298; Telisai, *Coode* 6872; Ulu Tutong, Bukit Bahak, *Kirkup* 525 • Malaya, Sumatra, Java, Lesser Sunda Is., Sulawesi, Moluccas, New Guinea

D. longituba Danser

Large monohaustorial (?) shrub, branches to 3 m • VEG: MDF, lower facies montane forest with *Agathis* • HAB: moderate slopes and valley bottoms, aerial hemiparasite in canopy • GEO: humus rich soil over Meligan series sandstone, Belait series sandstone • ALT: 100–1000 m

BEL: Sukang, Sungai Paleh Bangawong, *Kirkup* 642. **TEM:** Amo, Bukit Tudal, *Kirkup* 973A • Sumatra, Borneo, Philippines

D. pentandra Miq.

Woody shrub • HAB: aerial hemiparasite on tree branch • ALT: 800–900 m

TEM: Amo, Bt. Belalong, *Wong* 1449 • India, Thailand, Vietnam, Malaya, Sumatra, Java, Borneo

D. spp. indet.
BEL: Jln. Brunei town–Seria, *Fuchs* 21202. **BRM:** Berakas, Berakas camp, *Ashton* BRUN 5159. **TUT:** Ulu Tutong, Bukit Bahak, *Kirkup* 562. **Without prov.:** *van Niel* 3907; *van Niel* 3482.

ELYTRANTHE
Danser in Bull. Jard. Bot. Buitenz. Ser. III, XI: 304–308 (1931)

E. albida Blume
Massive multihaustorial creeping woody shrub, branches exceeding 3 m • VEG: disturbed LMDF, lower montane forest • HAB: shallow to steep slopes, aerial hemiparasite in low scrub and understorey at 16 m, recorded on *Vatica* host • GEO: recent alluvium, Belait series sandstones • ALT: near sea level–900 m
BEL: Sukang, Sg. Belait,, *Kirkup* 378; Sukang, Sungai Paleh Bangawong, *Kirkup* 615. **TEM:** Amo, Bt. Belalong, *Prance* 30574 • Malaya, Sumatra, Java, Borneo

E. sp. A
Woody shrub 1–2 globose haustoria, branches 2 m • VEG: disturbed LMDF • HAB: aerial hemiparasite in canopy at 30 m • GEO: Belait series sandstones • ALT: 250 m
TUT: Ulu Tutong, Bukit Bahak, *Kirkup* 590.

HELIXANTHERA
Danser in Bull. Jard. Bot. Buitenz. Ser. III, XI: 368–392 (1931)

H. coccinea Danser
Woody shrub, branches 0.5 m • VEG: disturbed LMDF, peatswamp forest, kerangas • HAB: valley bottom forest, aerial hemiparasite • GEO: white sand, Setap shales • ALT: sea level–20 m
TUT: Lamunin, *Kirkup* 296; Tanjong Maya, Jln. Tutong-Seria, *Simpson* 2180. **Without prov.:** *van Niel* 4008 • Malaya, Sumatra, Java, Borneo

H. cylindrica Danser – *Kayu ala* (Ib.)
Creeping multihaustorial woody shrub or shrublet • VEG: degraded kerangas, MDF, HDF, montane forest, montane shrubbery • HAB: coastal flats, inland on ridges and steep slopes, aerial hemiparasite, at 2–20 m, recorded on *Garcinia, Melastoma, Syzygium* hosts • GEO: yellow sandy clay, Setap shales, white sand • ALT: sea level–850 m
BEL: Andulau F.R., *Ashton* BRUN 51. **TEM:** Amo, Bt. Retak, *Wong* 445; Amo, Bt. Belalong, *Dransfield J.* 7191; Amo, Bt. Belalong, *Dransfield J.* 7216; Amo, Bt. Retak, *Wong* 761; Amo, G. Pagon, *Coode* 7440. **TUT:** Telisai, Danau, *Kirkup* 785 • Malaya, Sumatra, Java, Borneo, Sulawesi

H. parasitica Danser
Multihaustorial woody shrub, branches 1 m • VEG: LMDF, HDF • HAB: forest slopes and valley bottoms, aerial hemiparasite, recorded on *Nephelium lappaceum* host • GEO: brown clay loam, Belait series sandstone • ALT: 20–500 m
BEL: Bukit Sawat, Jln.Labi–Merangking, *Kirkup* 248. **TEM:** Amo, Ulu Belalong LP382, *Kirkup* 876 • Malaya, Sumatra, Java, Borneo

H. setigera Danser
Creeping shrub • VEG: disturbed LMDF • HAB: riverside, valley bottom, aerial hemiparasite, recorded on *Licania, Syzygium* hosts • GEO: alluvium, Setap shales • ALT: near sea level–20 m
BEL: Sukang, Sg.Belait,, *Kirkup* 376. **TUT:** Lamunin, *Kirkup* 297; Telisai, *Boyce* 224 • Sumatra, Java, Borneo

H. cf. setigera Danser
Without prov.: *van Niel* 4031

H. xestophylla (Korth.) Danser
Creeping multihaustorial shrub • VEG: secondary LMDF • HAB: moderate to steep slopes, aerial hemiparasite in roadside host • GEO: Seria formation
BEL: Bukit Sawat, Buau, *Kirkup* 711 • Borneo, Sulawesi

LEPEOSTEGERES
Barlow in Blumea 38: 115–123 (1993)

L. bahajensis (Korth.)Miq.
Monohaustorial woody shrub • VEG: LMDF, disturbed LMDF, HDF, peatswamp forest, kerangas • HAB: low undulating hills, moderate slopes and ridges, aerial hemiparasite at 4 m to canopy, recorded on *Polyosma sp.4*, *Shorea* hosts • GEO: alluvium, deep yellow sands, yellow-red clay soil overlying Belait series sandstone and Lambir formation sandstone and shale • ALT: near sea level–650 m
BEL: Andulau F.R., *Ashton* BRUN 545; Labi, *Kirkup* 371; Labi, Bukit Teraja, *Kirkup* 414; Labi, Bt. Teraja, *Sands* 5482; Labi, Bukit Teraja, *Kirkup* 462; Melilas, Ulu Ingei, *Kirkup* 757; Seria, Badas F.R., *Kirkup* 392; Seria, Kpg. Badas, *Wong* 168. **TEM:** Amo, Ulu Belalong LP382, *Kirkup* 893. **TUT:** Rambai, Sg. Tutong, *Coode* 6316. **Without prov.:** *van Niel* 3617; *van Niel* 4340 • Borneo

L. aff. bahajensis (Korth.)Miq.
Monohaustorial woody shrub • VEG: cultivation, LMDF, disturbed LMDF • HAB: along rivers and river terraces, aerial hemiparasite at 2 m, on *Nauclea subdita*, *Syzygium sp.* hosts • GEO: recent alluvium, sandy soils overlying Belait and Lambir formation sandstones • ALT: near sea level–100 m
BEL: Labi, Sungai Rampayoh, *Kirkup* 815; Sukang, Sg. Belait, *Forman* 1154; Sukang, Kpg. Tempinak., *Kirkup* 382; Sukang, Sungai Paleh Bangawong, *Kirkup* 649; Sukang, Kampong Sukang, *Kirkup* 738 • Borneo

L. beccarii (King) Gamble
Shrub • VEG: disturbed LMDF • HAB: slopes and ridges, aerial hemiparasite in canopy at 20 m, recorded on *Koompasia malaccensis* • GEO: Belait series sandstone • ALT: 180 m
BEL: Labi, Bt. Telingan, *Kirkup* 245. **BRM:** near Bandar, *Kirkup* s.n • Borneo

L. lancifolius (Tiegh.) Danser
Monohaustorial woody shrub, branches 2.5 m • VEG: LMDF, HDF • HAB: riparian, aerial hemi-parasite, recorded on *Dillenia* hosts • GEO: sand over Belait series sandstone, Setap shale • ALT: 100 m
TEM: Amo, Sg. Temburong, *Sands* 5525; Amo, Sg. Temburong, *Wong* 1214. **TUT:** Ulu Tutong, Bukit Bahak, *Kirkup* 550; Ulu Tutong, Bukit Bahak, *Kirkup* 548 • Borneo

L. aff. lancifolius (Tiegh.) Danser
Shrublet • VEG: montane forest and shrubbery • HAB: ridge crest, aerial hemiparasite in low shrubbery • GEO: Meligan formation • ALT: 1450–1500 m
TEM: Amo, G. Pagon, *Coode* 7452.

L. spp. indet
BEL: Labi, Bukit Teraja, *Kirkup* 405; Melilas, Sg. Topi–Ingei watershed, *Kirkup* 753.

LEPIDARIA
Danser in Bull. Jard. Bot. Buitenz. Ser. III, XI: 308–318 (1931)

L. aff. forbesii Tiegh.
Large multihaustorial shrub, branches to 4 m • VEG: LMDF, HDF, kerangas • HAB: valley bottom and moderate to steep slopes, aerial hemiparasite in canopy at 15–20 m, recorded on *Litsea*, *Sapotaceae*, *Xanthophyllum obscurum* hosts • GEO: yellowish clay soil, Belait series sandstone, Lambir formation • ALT: 250–760 m

BEL: Labi, Bukit Teraja, *Kirkup* 421; Labi, Bukit Teraja, *Kirkup* 423; Sukang, Sungai Paleh Bangawong, *Kirkup* 647. **TEM**: *Wong* 1600; Amo, Ulu Belalong LP382, *Kirkup* 881; Amo, Bt. Belalong, *Prance* 30562a. **TUT**: Ulu Tutong, Bukit Bahak, *Kirkup* 545 • Sumatra, Borneo

L. pulchella Danser

Large creeping multihaustorial shrub, branches to 5 m • VEG: LMDF, freshwater swamp forest, disturbed and secondary forest • HAB: overhanging riverbanks, on ridges and steep slopes, aerial hemiparasite at 2–40 m, often within canopy in shade, recorded on *Cinnamomum, Hopea fluminalis, Vatica* hosts • GEO: yellowish sandy soil, alluvium over Belait series sandstone, Setap shale, Lambir formation • ALT: 20–300 m

BEL: Bukit Sawat, Sg. Belait, *Niga* 49; Labi, Sungai Rampayoh, *Kirkup* 813; Labi, Bukit Teraja, *Kirkup* 450; Melilas, Ulu Ingei, *Kirkup* 771; Sukang, Kampong Sukang, *Sands* 5870; Sukang, Sg. Belait, *Kirkup* 379; Sukang, Sg. Belait, *Kirkup* 380. **TUT**: Rambai, Sg. Medit, *Simpson* 2625; Ulu Tutong, Bukit Bahak, *Kirkup* 530; Ulu Tutong, Bukit Bahak, *Kirkup* 586 • Borneo

L. spp. indet.

BEL: Melilas, Kuala Ingei, *Kirkup* 781; Sukang, Sungai Paleh Bangawong, *Kirkup* 656.

LOXANTHERA
Barlow in Blumea 38: 114–115 (1993)

L. speciosa Blume – *Bedalu* (Ma.), *Kayu ala* (Ib.)

Large woody shrub, branches over 3 m • VEG: secondary LMDF, LMF • HAB: roadside at seashore, steep forested slopes, aerial hemiparasite at 10 m, recorded on *Adinandra dumosa, Ficus* hosts • GEO: sandy, Belait series sandstone, Miri formation clastics • ALT: sea level–850 m

BEL: Kuala Belait, Sg. Dua, *Sinclair* 10526. **BRM**: Lumapas, Bukit Saeh, *Kirkup* 982. **TEM**: Amo, Bt. Belalong, *Prance* 30560. **Without prov.**: *van Niel* 3863 • Malaya, Sumatra, Java, Borneo

MACROSOLEN
Danser in Bull. Jard. Bot. Buitenz. Ser. III, XI: 271–304 (1931)
Barlow in Blumea 40: 25–29 (1995)

M. beccarii Tiegh. ex Becc. – *Dedalu* (Br.), *Bencalud* (Dus.), *Kayu Ala* (Ib.)

Multihaustorial creeping shrub, pendulous branches c. 1 m • VEG: LMDF • HAB: valley bottoms and slopes, aerial hemiparasite in understorey shade, often on trunk, at 5–8 m, recorded on *Canarium* host • GEO: Belait series sandstone, Lambir formation • ALT: 15–350 m

BEL: Bukit Sawat, Jln. Labi–Merangking, *Kirkup* 258; Labi, Bukit Teraja, *Kirkup* 422; Labi, Bt. Teraja, *Niga* 291. **Without prov.**: *Simpson* 2033 • Borneo

M. borneanus Danser

Woody shrub • HAB: aerial hemiparasite on tree • GEO: sandy soil • ALT: 10 m
BEL: Melilas, Sg. Belait, *Forman* 1184 • Borneo

M. cochinchinensis (Lour.)Tiegh.

Creeping multihaustorial woody shrub or shrublet, branches 1 m • VEG: LMDF, HDF, montane forest and shrubbery, kerangas, cultivation • HAB: valley bottoms, slopes and ridges, riverbank, roadside, aerial hemiparasite at 2.5–30 m, on cultivated *Anacardium occidentale, Castanopsis, Elaeocarpus, Ficus, Pternandra, Syzygium* hosts • GEO: sandy soil, grey clay, Belait series sandstone, Seria formation white sand, Setap shale • ALT: near sea level–1500 m

BEL: Bukit Sawat, Jln. Labi–Merangking, *Kirkup* 249; Bukit Sawat, Buau, *Kirkup* 702; Sg. Liang, Sungai Liang Arboretum, *Awong* 21; Sukang, Sungai Paleh Bangawong, *Kirkup* 611; Sukang, Sg. Belait,, *Kirkup* 373; Sukang, Sg. Belait, *Forman* 1164; Sungai Liang, Sungai Lumut, *Kirkup* 597. **TEM**: Amo, G. Pagon, *Coode* 7434; Amo, Apoi F.R., *Sands* 5840; Amo, G. Pagon, *Coode* 7469; Amo, Apoi F.R., *Sands* 5841; Labu, *Ashton* BRUN 530. **TUT**: Luagan Merimbun, *Forman* 873; Lamunin, *Kirkup* 295; Tanjong Maya, Jln. Tutong-Seria, *Simpson* 2181; Telisai,

Kpg. Danau, *Kirkup* 348. **Without prov.**: *van Niel* 4085 • China, India, Thailand, Vietnam, Malaya, Java, Borneo, Sulawesi, Philippines

M. crassus Danser
Multihaustorial shrub, branches 2 m • VEG: MDF, secondary forest • HAB: ridge, aerial hemiparasite in canopy at 20 m, recorded on Anacardiaceae host • GEO: Miri formation clastics, Lambir formation sandstone • ALT: 100–340 m
BEL: Labi, Bukit Teraja, *Kirkup* 415. **BRM**: Lumapas, Bukit Saeh, *Kirkup* 983 • Borneo

M. curvinervis Danser
Woody shrub, branches 1 m • VEG: disturbed LMDF • HAB: forest slopes and ridges, aerial hemi-parasite at 5 m, recorded on *Antidesma* host • GEO: Belait series sandstone • ALT: 170 m
BEL: Labi, Bt. Telingan, *Kirkup* 246 • Borneo

M. aff. formosus Miq.
Creeping multihaustorial shrub • VEG: LMDF, disturbed LMDF • HAB: riverbanks, valley bottoms, slopes, aerial hemiparasite on understory treelets at 5–10 m • GEO: • ALT: sea level–20 m
BEL: Labi, Sungai Rampayoh, *Kirkup* 809; Labi, *Kirkup* 362. **TEM**: Batu Apoi, *Kirkup* 345; Batu Apoi, Kpg. Selapon, *Kirkup* 319 • Malaya, Sumatra, Java, Borneo

M. retusus (Jack.)Miq.
Without prov.: *van Niel* 3400 • Malaya, Sumatra, Borneo

M. sp A
Creeping multihaustorial shrub, branches 1 m • VEG: LMDF, disturbed LMDF, lower montane forest • HAB: riverside forest, ridge, edge of logging track, aerial hemiparasite in open and understorey at 8 m, recorded on *Baccauria, Saurauia, Xanthophyllum* hosts • GEO: sand over Belait series sandstones, Setap shales • ALT: near sea level–350 m
BEL: Labi, Labi Hills F. R., *Coode* 6809; Labi, *Kirkup* 359; Labi, Bt. Telingan, *Kirkup* 237. **TEM**: Amo, K. Belalong, *Dransfield J.* 6661; Amo, K. Belalong, *Wong* 293. **TUT**: *Johns* 7614; Lamunin, Ladan Hills F.R., *Kirkup* 278; Ulu Tutong, Bukit Bahak, *Kirkup* 555. **Without prov.**: *Argent* 91181a.

M. sp B
Woody shrub • VEG: HDF • HAB: steep slope near valley bottom, aerial hemiparasite recorded on 15 m tall Rubiaceae host • ALT: 800 m
TEM: Amo, Bt. Belalong, *Dransfield J.* 7215.

M. spp. indet.
BEL: Labi, Bukit Teraja, *Kirkup* 409. **TEM**: Amo, Ulu Belalong LP382, *Kirkup* 867; Batu Apoi, Bt. Gelagas (Bt. Suang), *Simpson* 2423. **TUT**: *Johns* 7528; Ulu Tutong, Bukit Bahak, *Kirkup* 558.

SCURRULA
Barlow in Blumea 36: 63–85 (1991)

S. ferruginea Danser
Creeping multihaustorial shrub, branches 1 m, • VEG: LMDF, disturbed LMDF, secondary forest, degraded kerangas, old rubber plantation • HAB: riverside, valley bottom, roadside, logging track edges, aerial hemiparasite at 2–7 m, recorded on *Dillenia, Glochidion, Hevea, Macaranga,* cultivated *Mangifera, Melastoma* hosts, recorded as hyperparasitic on *Elytranthe sp.A, Lepeostegeres lancifolius, Lepidaria pulchella* • GEO: recent alluvium, river terrace deposits, white sands, Belait series sandstone, Setap shale • ALT: near sea level–200 m
BEL: Bukit Sawat, Buau, *Kirkup* 706; Bukit Sawat, Buau, *Kirkup* 715; Kuala Balai, *Kirkup* 213; Labi, Wasai Mendaram, *Thomas* 164; Melilas, Batu Patam, *Wong* 1145; Melilas, Ulu Ingei, *Kirkup* 772; Sukang, Kampong Sukang, *Sands* 5866. **TEM**: Batu Apoi, *Kirkup* 307; Labu, *Forman* 889. **TUT**: *Johns* 6500; Lamunin, *Kirkup* 293; Lamunin, *Kirkup* 301; Lamunin, Ladan Hills F.R., *Kirkup* 284; Rambai, *Coode* 6432; Ulu Tutong, Bukit Bahak, *Kirkup* 549; Ulu Tutong, Bukit Bahak, *Kirkup* 589. **Without prov.**: *van Niel* 3470 • Malaya, Sumatra, Java, Borneo

TRITHECANTHERA
Danser in Bull. Jard. Bot. Buitenz. Ser. III, XI: 426–427 (1931)
Barlow in Blumea 40: 29–30 (1995)

T. sparsa Barlow
Large multihaustorial shrub, branches 2 m • VEG: LMDF, disturbed LMDF, roadside plantings • HAB: forest and remnants on slopes and ridges, aerial hemiparasite at up to 15 m, often creeping on main trunk, recorded on *Eugenia*, *Tristaniopsis* • GEO: Belait series sandstone • ALT: 80–300 m
    BEL: Labi, Bt. Teraja, *Kirkup* 274; Labi, Bt. Telingan, *Kirkup* 243; Sungai Liang, Sungai Liang, *Kirkup* 384. TUT: Ulu Tutong, Bukit Bahak, *Kirkup* 531 • Borneo

T. xiphostachya Tiegh.
Large shrub • VEG: LMDF • HAB: ridges, aerial hemiparasite, on trunk and in canopy • GEO: Belait series sandstone, Setap shales • ALT: 150–450 m
    BEL: Labi, Bukit Telingan, *Kirkup* 950. TEM: Amo, Sg. Temburong, *Coode* 6743 • Borneo

LORANTHACEAE INDET.
BEL: Labi, Wong Kadir, *Coode* 7186; Labi, Wong Kadir, *Coode* 7187; Labi, Bt.Puan, *Ashton* S 7880; Melilas, Paleh Bangawong, *Thomas* 123; Melilas, Ulu Ingei, *Atkins* 564. BRM: Berakas, Berakas F.R., *Ashton* BRUN 946. TEM: *Johns* 6993; Amo, *Ashton* BRUN 19A; Amo, K. Belalong, *Ashton* BRUN 797; Batu Apoi, Bt. Pasir Puteh, *Ashton* BRUN 5021; Batu Apoi, Bt. Pasir Puteh, *Ashton* BRUN 294. TUT: Lamunin, Ladan Hills F.R., *Kirkup* 306; Rambai, Sg.Medit, *Simpson* 2577; Telisai, Kpg. Danau, *Ashton* BRUN 970.

LYTHRACEAE
A.P. DAVIS
Backer & van Steenis in Fl. Males. 280–289 (1951)

DUABANGA

D. moluccana Blume — *Sawih* (Ib.)
Canopy/emergent tree, midstorey/subcanopy tree • VEG: Degraded Alluvial Forest, LMDF • HAB: gentle slope; periodically flooded; near running fresh water • GEO: Belait formation, sandstone, Setap Shales; alluvial deposits; clay soil • ALT: 40 m
    BEL: Melilas, Ulu Ingei, *Kirkup* 764. TEM: Amo, K. Belalong, *Ashton* BRUN 5206; Amo, Sg. Temburong, *Wong* 248; Batu Apoi, Selapon, *Dransfield J.* 7481; Batu Apoi, Selapon, *Dransfield J.* 7499 • C & E Malesia

LAGERSTROEMIA

L. sp. indet.
Without prov.: *van Niel* 3795.

LAWSONIA

L. inermis L.
Without prov.: *van Niel* 3898 • probably native to E Africa & SW Asia, cultivated in Malesia

SONNERATIA

S. alba J.Sm.
Without prov.: *Ashton* BRUN 5153.

S. caseolaris (L.) Engl.
Without prov.: *Ashton* BRUN 5061.

S. ovata Backer
Without prov.: *Ashton* BRUN 5065; *Ashton* BRUN 5144.

MAGNOLIACEAE
Noteboom in Fl. Males. 10: 561–605 (1988)

MANGLIETIA

M. sabahensis Noot.
Canopy/emergent tree • VEG: Degraded Lower Montane Forest, Upper Montane Shrubbery • HAB: steep slope, ridge • ALT: 1500 m
TEM: Amo, Bt. Retak, *Wong* 845; Amo, G. Pagon, *Coode* 7520; Amo, G. Pagon, *Coode* 7583 • Borneo: Sabah

MAGNOLIA

M. ashtonii Noot.
Canopy/emergent tree, midstorey/subcanopy tree • VEG: Degraded LMDF • HAB: gentle slope, ridge • GEO: sandstone; yellow sandy clay soil, yellow sandy loam • ALT: 390 m
BEL: Labi, Bt. Teraja, *Ashton* S 7895; Labi, Jln. Melayan, *Dransfield J.* 7263; Sungai Liang, Andulau F.R., *Ashton* BRUN 5503 • Sumatra, Borneo

M. bintuluensis (A. Agostini) Noot.
Canopy/emergent tree • VEG: Kerangas • GEO: White sand • ALT: 240 m
TEM: Labu, *Ashton* BRUN 533 • Sumatra, Malaya, Borneo

M. candollei (Blume) H.Keng var. **candollei**
Midstorey/subcanopy tree, treelet • VEG: Lower Montane Forest • HAB: gentle slope, ridge • GEO: Meligan formation • ALT: 1150 m
BEL: Sg. Liang, Sungai Liang Arboretum, *Wong* 585; Sungai Liang, Jln. Labi, *Wong* 933. **TEM:** Amo, Bt. Retak, *Sands* 5315 • SE Asia, Malesia

M. candollei (Blume) H.Keng var. **obovata** (Korth.) Noot.
Midstorey/subcanopy tree, climber • HAB: ridge
TEM: Bangar, Temada road, *Forman* 935. **TUT:** Rambai, Tutong river, *Wong* 1686 • SE Asia, Malaya, Borneo

M. carsonii Noot. var. **drimifolia** Noot.
Without prov.: *Ashton* 1814 • Borneo

M. gigantifolia (Miq.) Noot.
Midstorey/subcanopy tree • VEG: LMDF • HAB: steep slope • GEO: sandstone; stony; clay soil • ALT: 450 m
TEM: Amo, Ulu Belalong, *Dransfield J.* 7364 • Sumatra, Borneo

M. uvariifolia Noot.
Midstorey/subcanopy tree • VEG: Kerapah • HAB: terrace; periodically flooded; near running fresh water • GEO: alluvial deposits • ALT: 50 m
TEM: Batu Apoi, Selapon, *Dransfield J.* 7452 • Borneo

MALPIGHIACEAE
Jacobs in Fl. Males. 5: 125–145 (1955)

ASPIDOPTERYS

A. concava (Wall.) Juss.
Climber • HAB: steep slope
TEM: Amo, *Wong* 1730. **Without prov.:** *Hussain Hj. Osman* s.n., 10.iv.90a • Burma, Indochina, W & C Malesia

MALVACEAE
van Borssum Waalkes in Blumea 14: 1–213 (1966)

GOSSYPIUM

G. barbadense L. var. **acuminatum** (Roxb.) Mast.
   Without prov.: *Jangarun anak Eri* s.n. 11.iv.88 • Cultivated, origin tropical America

HIBISCUS

H. acetosella Hiern
   Without prov.: *van Niel* 4149 • Cultivated, tropical Africa and Malesia

H. tiliaceus L. — *Kayu Baru* (Dus.)
   Canopy/emergent tree, midstorey/subcanopy tree • VEG: Degraded Mangrove • HAB: near sea water • GEO: Coastal beach sand • ALT: sea level • USES: Wood for making tekiding straps
   TUT: Rambai, Tasek Merimbun, *Bernstein* 205. **BRM:** Serasa, Muara Beach, *Ashton* BRUN 100. **TUT:** Telisai, Telisai Bridge, *Coode* 7747. **Without prov.:** *van Niel* 3497; *van Niel* 3908 • Widespread throughout tropics and subtropics

MALVAVISCUS

M. arboreus Cav.
   Without prov.: *van Niel* 3812 • Cultivated, origin tropical America

SIDA

S. acuta Burm.f. subsp. **acuta**
   Without prov.: *van Niel* 3739 • Pantropic, throughout Malesia

S. sp. indet.
   TUT: Telisai, Danau, *Coode* 7752.

URENA

U. lobata L. subsp. **lobata** var. **lobata** — *Anca-Anca* (Dus.), *Jerupang* (Dus.)
   Treelet, shrub • VEG: Degraded Peatswamp Forest, Degraded Secondary Forest • HAB: near running fresh water • GEO: clay soil • ALT: sea level–100 m • USES: Edible leaves
   BEL: Bukit Sawat, Jalan Sungai Mau, *Awong* 11; Labi, Bt. Teraja, *Simpson* 2039. **TUT:** *Forman* 972; Rambai, Tasek Merimbun, *Bernstein* 110, 291, 326. **Without prov.:** *van Niel* 4319 • Malesia

U. lobata L. subsp. **viminia** (Cav.) Gurke
   Without prov.: *van Niel* 3591 • Malesia

MELASTOMATACEAE
P.C. BYGRAVE & A.P. DAVIS

ANERINCLEISTUS

A. bracteatus C.Hansen
   Herb; on ground • VEG: LMDF • GEO: shale • ALT: 70–130 m
   TEM: *Johns* 6936; *Johns* 6950; *Johns* 6977; Amo, Sg. Temburong, *Coode* 6687 • Borneo

A. hispidissimus (Ridl.) M.P.Nayar
   Shrub • VEG: HDF • HAB: valley bottom, steep slope; near running fresh water • GEO: Setap Shales; clay soil, grey clay soil • ALT: 80 m
   TEM: Amo, Apoi Forest Reserve, *Sands* 5815; Amo, Batu Apoi F.R., K. Belalong FSC, *Hansen* 1623; Amo, Batu Apoi F.R., K. Belalong FSC, *Hansen* 1624; Amo, K. Belalong, Batu

Apoi F.R., *Hansen* 1506; Amo, K. Belalong, Batu Apoi F.R., *Hansen* 1518 • Borneo: Sarawak

A. macrophyllus Bakh.f.
Shrub • VEG: LMDF • HAB: gentle slope • GEO: Setap Shales; clay soil • ALT: 20–70 m
TEM: Amo, Batu Apoi F.R., K. Belalong FSC, *Hansen* 1582; Amo, Sg. Temburong, *Sands* 5607; Batu Apoi, *Dransfield J.* 6950; Batu Apoi, Kpg. Selapon, *Dransfield J.* 6939 • Borneo

A. purpureus (Stapf) J.F. Maxwell
BRM: Lumapas, Bukit Lumapas, *Bygrave* 42.

A. sp. indet.
TEM: Amo, K. Belalong, Batu Apoi F.R., *Hansen* 1510

ASTRONIA

A. cumingiana Vidal
Midstorey/subcanopy tree • VEG: Degraded Lower Montane Forest • HAB: steep slope • ALT: 1480 m
TEM: Amo, G. Pagon, *Coode* 7588 • Borneo: Sarawak, Sabah

CATANTHERA

C. tetrandra (Stapf) M.P.Nayar — *Kecunai* (Ib.)
Climber • VEG: HDF • HAB: gentle slope, ridge • GEO: sandstone, clay; clay soil • ALT: 30–540 m
BEL: Andulau F.R., *Ashton* BRUN 582. **TEM**: Amo, Ulu Belalong, *Dransfield J.* 7374 • Borneo: Sarawak, Sabah

C. spp. indet.
BEL: Melilas, Batu Patam, *Wong* 1134. **Without prov.**: *van Niel* 4117.

CLIDEMIA

C. hirta D.Don
Shrub, climber • HAB: periodically flooded; near running fresh water • ALT: 60 m
TEM: Amo, Batu Apoi F.R., K. Belalong FSC, *Hansen* 1594; Amo, K. Belalong, *Ashton* A 46 • Native to S America, naturalised in Malesia

CREOCHITON

C. monticola (Ridl.) Veldkamp
Climber • VEG: Upper Montane Shrubbery • HAB: ridge • ALT: 1500 m
TEM: Amo, G. Pagon, *Coode* 7537. **Without prov.**: *Wong* s.n. 28.i.89 • Malaya, Borneo

CYANANDRIUM

C. sp. nov.
Herb; on ground • VEG: LMDF • HAB: flat ground, steep slope, terrace; impeded drainage, periodically flooded; waterfall spray zone, near running fresh water, • GEO: Belait formation, Lambir formation; alluvial deposits; stony; sandy soil • ALT: 100–200 m
BEL: Labi, *Wong* 536; Labi, Kpg. Teraja, *Forman* 1080; Labi, Mendarem Valley, *Sands* 5444; Melilas, *Wong* 679; Melilas, Paleh Bangawong, *Thomas* 66; Melilas, Ulu Belait, *Sands* 5889.

DALENIA

D. beccariana (Cogn.) M.P.Nayar
Climber • VEG: Degraded LMDF • HAB: gentle slope; near running fresh water • GEO: Setap Shales • ALT: 20 m
TEM: Amo, *Wong* 1869; Amo, K. Belalong, *Boyce* 392 • Malaya, Borneo

D. pulchra Korth.
Scrambling shrub, shrub, climber • VEG: LMDF, Lower Montane Forest, Open areas • HAB: flat ground; near running fresh water • GEO: Meligan formation • ALT: 350–750 m
   TEM: *Johns* 7286; Amo, Batu Apoi F.R., K. Belalong FSC, *Hansen* 1593; Amo, Bt. Retak, *Sands* 5356; Batu Apoi, Bt. Gelagas (Bt. Suang), *Simpson* 2510 • Borneo

DIPLECTRIA

D. latifolia (Triana) Kuntze
Liana, climber • HAB: gentle slope • GEO: sandy clay soil • ALT: 40 m
   BEL: Andulau F.R., *Ashton* S 5922; Sungai Liang, Sungai Liang Arboretum, *Niga* 89 • Borneo: Sarawak

D. stipularis (Blume) Kuntze — *Akau Kodong* (Dus.)
• VEG: Degraded Peatswamp Forest • HAB: near running fresh water • ALT: 20 m
   TUT: Rambai, Sg. Tutong, *Simpson* 2600; Rambai, Tasek Merimbun, *Bernstein* 324 • Sumatra, Borneo

D. viminalis (Jack) Kuntze
Treelet, liana • VEG: LMDF • HAB: flat ground; periodically flooded • GEO: Belait formation; alluvial deposits • ALT: 20 m
   BEL: Melilas, Ulu Ingei, *Sands* 5899. **TUT:** Rambai, Tasik Merimbun, *Wong* 347 • Thailand, Malaya, Sumatra, Borneo

DISSOCHAETA

D. annulata Triana var. **annulata**
Climber • HAB: ridge • ALT: 910 m
   TEM: Amo, Bt. Belalong, *Wong* 1434 • Thailand, Malaya, N Borneo, Ceram, New Guinea

D. beccariana Cogn.
Treelet, climber • VEG: LMDF, HDF • HAB: steep slope, ridge • GEO: sandstone, shale; yellow clay soil • ALT: 120–500 m
   BEL: Labi, Bt. Teraja, *Simpson* 2115. **TEM:** Amo, Sg. Temburong, *Coode* 6741; Amo, Ulu Belalong, *Dransfield J.* 7392 • Borneo: Sarawak, Sabah

D. bracteata (Jack) Blume
Climber • HAB: ridge • ALT: 900 m
   TEM: Amo, Bt. Belalong, *Wong* 1439 • Malaya, N Borneo

D. celebica Blume — *Kemanti Omang* (Ib.)
Treelet, shrub, climber • VEG: Kerangas, HDF, Lower Montane Forest, Open areas • HAB: gentle slope, ridge • GEO: sandstone; yellow sandy clay soil, Loam • ALT: 20–880 m
   BEL: Bukit Sawat, Jln. Merangking–Buau, *Niga* 265; Labi, Bt. Teraja, *Ashton* BRUN 671; Sungai Liang, Andulau F.R., *Fuchs* 21150. **TEM:** Amo, Bt. Belalong, *Prance* 30592; Amo, Bt. Belalong, *Prance* 30623; Batu Apoi, Bt. Gelagas (Bt. Suang), *Simpson* 2502; Batu Apoi, Bt. Gelagas (Bt. Suang), *Simpson* 2503 • Thailand, Malaya, Sumatra, Borneo, Sulawesi, Philippines

D. rostrata Korth.
Shrub, climber • VEG: Kerangas, LMDF • HAB: base of slope; near running fresh water • GEO: Lambir formation; clay soil, sandy soil • ALT: 20– 100 m
   BEL: Bukit Sawat, Jln. Merangking–Buau, *Niga* 251; Labi, *Forman* 1034; Labi, Mendarem Valley, *Sands* 5445; Labi, Wong Kadir, *Coode* 7227. **TEM:** *Johns* 7389; Amo, Batu Apoi F.R., K. Belalong FSC, *Hansen* 1579. **Without prov.:** *Wong* s.n. 10.v.88; *Wong* s.n. 2.ix.88 • Malaya, Borneo

DRIESSENIA
C.Hansen in Nordic J. Bot. 5(4): 335–352 (1985)

D. glanduligera Stapf
Shrub, suffrutescent herb/subshrub • VEG: Lower Montane Forest, Upper Montane Forest • HAB: gentle slope, ridge; waterfall spray zone • GEO: Meligan formation; stony; moss • ALT: 1000–1370 m

BEL: Labi, *Wong* 535. TEM: Amo, *Sands* 5254; Amo, Bt. Retak, *Sands* 5301; Amo, Bt. Retak, *Wong* 424; Amo, Bt. Retak, *Wong* 782 • Borneo: Sarawak, Kalimantan

D. inaequalifolia M.P.Nayar
Shrub • VEG: LMDF • HAB: ridge • GEO: Setap Shales • ALT: 150 m

TEM: Amo, Batu Apoi Forest Reserve, *Poulsen* 78; Amo, K. Belalong, Batu Apoi F.R., *Hansen* 1508 • Borneo

D. inaequalifolia M.P.Nayar var. alata M.P.Nayar
Shrub, herb; on ground • VEG: LMDF, HDF, Lower Montane Forest • HAB: steep slope, ridge; near running fresh water • GEO: Meligan formation, shale, Setap Shales; stony • ALT: 120–800 m

TEM: Amo, Bt. Belalong, *Wong* 1395; Amo, Bt. Belalong, *Wong* 1510; Amo, Bt. Retak, *Sands* 5378; Amo, Sg. Belalong, *Sands* 5574; Amo, Sg. Temburong, *Coode* 6645; Amo, Sungai Belalong, *Argent* 912. TUT: *Johns* 7487 • Borneo

D. inaequalifolia M.P.Nayar var. inaequalifolia
Suffrutescent herb/subshrub, herb; on ground • VEG: Upper Montane Shrubbery • HAB: ridge • GEO: shale • ALT: 1500 m

TEM: Amo, G. Pagon, *Coode* 7531; Amo, Sg. Temburong, *Coode* 6596; Amo, Sg. Temburong, *Coode* 6720 • Borneo: Sarawak

D. microthrix Stapf var. microthrix
Treelet, scrambling shrub, shrub, suffrutescent herb/subshrub • VEG: HDF, Lower Montane Forest • HAB: valley bottom, steep slope, ridge; near running fresh water • GEO: Meligan formation, shale, Setap Shales; stony; clay soil, grey clay soil • ALT: 800 m

TEM: Amo, Apoi Forest Reserve, *Sands* 5814; Amo, Apoi Forest Reserve, *Sands* 5860; Amo, Batu Apoi F.R., K. Belalong FSC, *Hansen* 1626; Amo, Bt. Belalong, *Wong* 1401; Amo, Bt. Belalong, *Wong* 1406; Amo, Bt. Retak, *Sands* 5351; Amo, Sg. Temburong, *Coode* 6643; Batu Apoi, Bt. Gelagas (Bt. Suang), *Simpson* 2378 • Borneo

D. sp. indet.
TEM: Amo, K. Belalong, Sg. Belalong, *Dransfield J.* 7045.

LIJNDENIA
A.P. DAVIS

L. laurina Zoll. & Mor.
Midstorey/subcanopy tree • HAB: ridge • GEO: White sand • ALT: 150–170 m

BRM: Lumapas, Bukit Lumapas, *Davis* 501 • Malaya, Sumatra, Java, Borneo, Philippines

MACROLENES

M. stellulata (Jack) Bakh.f. var. stellulata
Liana, scrambling shrub, shrub, climber • VEG: Degraded Peatswamp Forest, Kerangas, LMDF, Lower Montane Forest • HAB: gentle slope, steep slope, ridge; periodically flooded; near running fresh water, in still fresh water • GEO: Lambir formation, Meligan formation; alluvial deposits; clay soil, sandy soil, Brown clay-loam • ALT: sea level–50 m

BEL: Bukit Sawat, Jln. Merangking - Buau, *Niga* 246; Labi, Bt. Puan, *Sinclair* 10484; Labi,

Bukit Teraja, *Kirkup* 456; Melilas, K. Ingei, *Ashton* BRUN 151; Melilas, Paleh Bangawong, *Thomas* 109; Melilas, Sg. Belait, *Forman* 1194. **TEM:** *Johns* 7349; Amo, Bukit Tudal, *Davis* 469; Amo, Sungai Belalong, *Argent* 916. **TUT:** *Forman* 994; *Johns* 7625 • Malaya, Sumatra, N Borneo

MEDINILLA
A.P. DAVIS
Regalado in Blumea 35: 5–70 (1990)

M. alternifolia Blume
Liana, climber • VEG: LMDF • HAB: gentle slope, terrace • GEO: Belait formation, sandstone, Sand/clay; yellow sandy clay soil • ALT: 20–100 m
BEL: Melilas, Ulu Ingei, *Atkins* 563. **TEM:** Amo, Batu Apoi Forest Reserve, *Nielsen* 1054; Bangar, Pekan Bangar, *Ashton* BRUN 491. **TUT:** *Johns* 7505; Lamunin, Ladan Hills F.R., *Sands* 5722; Rambai, Ladan Hills F.R., *Coode* 6406; Rambai, Sg. Tutong, *Coode* 6378 • Malaya, Sumatra, Borneo

M. botryocarpa Regalado
TEM: Amo, K. Belalong, *Ashton* BRUN 5207. **Without prov.:** *Argent* 917 • Borneo

M. botryocarpa Regalado *vel aff.*
Epiphytic; shrub • VEG: LMDF • HAB: terrace; periodically flooded; near running fresh water • GEO: Belait formation; alluvial deposits; branch bark • ALT: 20 m
BEL: Melilas, Ulu Belait, *Sands* 5883.

M. crassifolia (Blume) Blume
Epiphytic; treelet, shrub, herb, climber • VEG: Peatswamp Forest, Kerangas Forest with Agathis, LMDF, HDF, Upper Montane Forest, Secondary Forest • HAB: gentle slope, terrace, ridge; periodically flooded; near running fresh water, near still fresh water • GEO: Belait formation, Meligan formation, shale, Sand/clay, Sand, Setap Shales; clay soil; peat • ALT: 300 m
BEL: Labi, Bt. Puan–Labi Road, *Sinclair* 10507; Labi, Bt. Teraja, *Coode* 6941; Labi, Bt. Teraja, *Sands* 5481; Labi, Bt. Teraja, *Simpson* 2092; Labi, Bt. Teraja, *Simpson* 2098; Melilas, *Wong* 695; Melilas, Paleh Bangawong, *Thomas* 59; Melilas, Paleh Bangawong, *Thomas* 60; Melilas, Paleh Bangawong, *Thomas* 85; Melilas, Paleh Bangawong, *Thomas* 97; Melilas, Sg. Topi, *Thomas* 166; Melilas, Sg. Topi, *Thomas* 170; Melilas, Sg. Topi, *Thomas* 172; Melilas, Ulu Ingei, *Cowley* 133; Seria, Badas F.R., *Wong* 6; Seria, Kpg. Badas, *Wong* 169. **TEM:** *Johns* 7211; Amo, *Ashton* A 263; Amo, *Ashton* BRUN 5265; Amo, Batu Apoi Forest Reserve, *Nielsen* 1020; Amo, Batu Apoi F.R., K. Belalong FSC, *Hansen* 1601; Amo, Bt. Retak, *Sands* 5226; Amo, K. Belalong, Sg. Belalong, *Dransfield J.* 7081; Amo, K. Belalong, Batu Apoi F.R., *Hansen* 1509; Amo, Kuala Belalong, *Duling* 22; Amo, Sg. Temburong, *Coode* 6528; Amo, Sg. Temburong, *Coode* 6695; Batu Apoi, Bt. Gelagas (Bt. Suang), *Simpson* 2256; Batu Apoi, Bt. Gelagas (Bt. Suang), *Simpson* 2275; Batu Apoi, Bt. Gelagas (Bt. Suang), *Simpson* 2413A; Batu Apoi, Bt. Gelagas (Bt. Suang), *Simpson* 2413B; Batu Apoi, Kpg. Selapon, *Dransfield J.* 6921. **TUT:** Ulu Tutong, Bukit Bahak, *Kirkup* 542; Ulu Tutong, Bukit Bahak, *Kirkup* 543. **Without prov.:** *van Niel* 4094 • Malaya, Sumatra, Java, Borneo, Sulawesi, Philippines

M. decurrens Cogn.
Climber • VEG: LMDF • HAB: impeded drainage • GEO: Setap Shales • ALT: 20–30 m
TEM: Amo, K. Belalong, *Boyce* 425 • Borneo: Sarawak

M. formanii Regalado
Epiphytic • VEG: HDF • HAB: gentle slope; near running fresh water • ALT: 350 m
TEM: Batu Apoi, Bt. Gelagas (Bt. Suang), *Simpson* 2459 • Borneo: Kalimantan

M. fragilis Regalado
Epiphytic; treelet, shrub, climber • VEG: LMDF, HDF, Lower Montane Forest, Upper Montane Shrubbery • HAB: gentle slope, steep slope, ridge • GEO: Meligan formation, sandstone, Setap Shales; clay soil • ALT: 1000–1500 m
TEM: Amo, Bt. Belalong, *Dransfield J.* 7195; Amo, Bt. Retak, *Sands* 5307; Amo, Bt. Retak,

Wong 758; Amo, G. Pagon, *Coode* 7426; Amo, Ulu Belalong, *Dransfield J.* 7429 • Borneo: Sarawak

M. aff. fragilis Regalado
Scrambling shrub • VEG: Upper Montane Forest • HAB: ridge • GEO: Meligan formation • ALT: 1350 m
TEM: Amo, *Sands* 5243.

M. aff. latericha Regalado
Epiphytic • HAB: waterfall spray zone
TEM: Amo, Batu Apoi F.R., K. Belalong FSC, *Hansen* 1581 • *M. latericha* is known from Borneo: Sarawak

M. laxiflora Ridl.
Epiphytic; shrub • VEG: LMDF • HAB: steep slope • GEO: sandstone; clay soil • ALT: 500 m
TEM: Amo, Ulu Belalong, *Dransfield J.* 7428 • Borneo: Sarawak

M. macrophylla Blume
Epiphytic • VEG: LMDF • HAB: gentle slope • GEO: Setap Shales • ALT: 20– 40 m
TEM: Batu Apoi, *Kirkup* 343 • Sumatra, Borneo, Sulawesi, Moluccas

M. muricata Blume
Epiphytic; shrub • VEG: Degraded LMDF, HDF • HAB: ridge; near running fresh water • GEO: Setap Shales • ALT: 20–70 m
TEM: *Johns* 6989; Amo, *Sands* 5562; Amo, Batu Apoi F.R., K. Belalong FSC, *Hansen* 1629; Amo, K. Belalong, *Dransfield J.* 6654; Amo, K. Belalong, *Wong* 272; Amo, K. Belalong, Batu Apoi F.R., *Hansen* 1538; Amo, Kuala Belalong, Batu Apoi F.R., *Hansen* 1606; Amo, Sg. Belalong, *Smythies* SAN 17374; Amo, Sg. Temburong, *Wong* 1967 • Sumatra, Borneo, Sulawesi

M. myrmecorhiza Regalado
Epiphytic; treelet, shrub, suffrutescent herb/subshrub, herb • VEG: LMDF, HDF • HAB: gentle slope, steep slope; near running fresh water • GEO: Belait formation, Setap Shales; sandy soil • ALT: 10–500 m
TEM: Amo, *Wong* 472; Amo, K. Belalong, *Jacobs* 5577; Amo, Kuala Belalong, *Argent* 91198; Amo, Sg. Belalong, *Sands* 5599; Amo, Sg. Temburong Machang, *Wong* 1939; Batu Apoi, Kpg. Selapon, *Dransfield J.* 6925. **TUT:** *Johns* 7632; Rambai, Bt. Bahak, *Coode* 7114; Ulu Tutong, Bukit Bahak, *Kirkup* 465; Ulu Tutong, Bukit Bahak, *Kirkup* 575 • Borneo

M. quadrialata Regalado
Epiphytic • VEG: Degraded Peatswamp Forest, Lower Montane Forest • HAB: ridge; near running fresh water • GEO: sandy soil • ALT: 10–900 m
BEL: Sukang, Sg. Belait, *Forman* 1160. **TEM:** Amo, Bt. Belalong, *Prance* 30621. **TUT:** Rambai, Sg. Tutong, *Simpson* 2630 • Borneo

M. rufopilosa Regalado
Epiphytic • HAB: terrace • GEO: Sand/clay • ALT: 20 m
BEL: Melilas, Ulu Ingei, *Atkins* 540 • Borneo: Sarawak, Kalimantan

M. sessiliflora Regalado
Epiphytic; shrub • GEO: shale • ALT: 120–500 m
TEM: Amo, *Coode* 6499. **TUT:** *Johns* 7645 • Borneo: Sarawak, Kalimantan

M. subauriculata Regalado
Epiphytic; shrub • VEG: LMDF, Lower Montane Forest • HAB: ridge; near running fresh water • GEO: Belait formation; vertical tree trunk • ALT: 150 m
BEL: Melilas, Sg. Ingei, *Wong* 658. **TEM:** *Johns* 7359. **TUT:** Ulu Tutong, Bukit Bahak, *Kirkup* 515 • Borneo

M. succulenta (Blume) Blume
Endotrophic terrestrial, epiphytic; herb; in canopy • VEG: LMDF, Secondary Forest • GEO: Belait formation, sandstone • ALT: 100–230 m
BEL: Melilas, Paleh Bangawong, *Thomas* 122. **TUT:** Rambai, Bt. Bahak, *Coode* 7061 • Malaya, Sumatra, Java, Borneo, Sulawesi, Moluccas

M. sp. nov.
Epiphytic; shrub • HAB: near running fresh water • GEO: bare rock and boulders
TEM: Amo, Batu Apoi F.R., K. Belalong FSC, *Hansen* 1630.

M. sp. 1
Epiphytic; shrub • HAB: near running fresh water • ALT: 150 m
BEL: Melilas, Sg. Ingei, *Wong* 659. **TEM:** Amo, K. Belalong, *Wong* 289. **TUT:** *Johns* 7639.

M. sp. 2
Shrub, climber • HAB: near running fresh water • GEO: Setap Shales; bare rock and boulders; fallen logs • ALT: 40 m
BEL: Melilas, Sg. Ingei, *Wong* 668. **TEM:** Amo, Temburong river, *Atkins* 492.

M. sp. 3
Epiphytic; impeded drainage • HAB: flat ground; impeded drainage; near still fresh water
BEL: Melilas, *Wong* 699.

M. sp. 4
Herb; on ground • VEG: LMDF • ALT: 50 m
TEM: *Johns* 7184.

M. spp. indet.
BEL: Melilas, Kuala Ingei, *Puff* 9008071/2. **TEM:** Amo, Bt. Belalong, *Dransfield J.* 7206; Amo, Bukit Retak, *Hussain Hj. Osman* 6; Amo, G. Pagon, *Coode* 7569; Amo, Sg. Temburong, BRUN 15298. **TUT:** Tanjong Maya, Jalan Tutong-Seria, *Thomas* 250.

MELASTOMA

M. beccarianum Cogn. — *Kemunting* (Ib.), *Kodok- Kodok* (Br., Dus.)
Midstorey/subcanopy tree, treelet, shrub • VEG: Kerangas, LMDF, Secondary Forest, Open areas • HAB: gentle slope, ridge • GEO: Lambir formation, clay; stony; yellow sandy clay soil • ALT: 150 m
Locality not traced: Sengkalang BRUN 5639. **BEL:** Andulau F.R., *Ashton* BRUN 548; Bt. Sawat, UBD plot, *Thomas* 233; Bukit Sawat, new road to Merankin, *Thomas* 143; Labi, Bt. Teraja, *Sands* 5476; Labi, Kpg. Tenajor, *Haslani-Mohd. A.* 30; Sungai Liang, Compartment 7, BRUN 15258. **BRM:** Sengkurong, Kpg. Jerudong, *Wong* 189. **TUT:** Rambai, Tasek Merimbun, *Bernstein* 2. **Without prov.:** *Ashton* BRUN 5639a • Borneo

M. aff. boryanum Korth.
Shrub • HAB: flat ground; impeded drainage; near running fresh water, near still fresh water • GEO: stony
BEL: Melilas, *Wong* 680; Melilas, Sg. Ingei, *Ashton* BRUN 5629 • Borneo

M. malabathricum L. *sens. lat.*
Suffrutescent herb/subshrub • VEG: LMDF, Roadsides • HAB: periodically flooded; near running fresh water • GEO: Belait formation; fallen logs • ALT: 20–500 m
TEM: Amo, K. Belalong, *Jacobs* 5580. **TUT:** Tanjong Maya, *Forman* 825 • India, Thailand, Malaya, Sumatra, Java, Borneo, Philippines, New Guinea, Australia

M. malabathricum L. var. **malabathricum**
BEL: Melilas, Paleh Bangawong, *Thomas* 112.

M. nitidum Korth.
Treelet, shrub • VEG: Upper Montane Forest, Upper Montane Shrubbery • HAB: ridge • GEO: Meligan formation • ALT: 1520 m
   TEM: Amo, *Ashton* BRUN 2290; Amo, *Sands* 5237; Amo, Bt. Retak, *Sands* 5331; Amo, Bt. Retak, *Wong* 726; Amo, G. Pagon, *Coode* 7432 • Borneo

M. aff. pulcherrimum Korth.
Without prov.: *van Niel* 3731 • *M. pulcherrimum* is known from Borneo

M. sanguineum Sims
Midstorey/subcanopy tree, shrub • VEG: Degraded Lower Montane Forest, Upper Montane Forest • HAB: steep slope • GEO: Meligan formation, shale • ALT: 120–1480 m
   TEM: Amo, Bt. Retak, *Sands* 5326; Amo, G. Pagon, *Coode* 7587; Amo, Sg. Temburong, *Coode* 6571 • Thailand, Malaya, Sumatra, Java, Borneo

M. spp. indet.
BEL: Melilas, Bt. Batu Patam, *Boyce* 326. **TEM:** Amo, Batu Apoi Forest Reserve, *Nielsen* 1041; Amo, Batu Apoi Forest Reserve, *Nielsen* 1072; Amo, Bt. Retak, *Wong* 393. **TUT:** *Johns* 7547; Telisai, *Sands* 5207. Without prov.: *van Niel* 3437; *van Niel* 3552; *van Niel* 3730.

MEMECYLON
A.P. DAVIS
K. Bremer in Op. Bot., 69 (1983)

M. acuminatissimum Blume
Midstorey/subcanopy tree, treelet • VEG: HDF • HAB: ridge; near running fresh water • ALT: 220–350 m
   TEM: Batu Apoi, Bt. Gelagas (Bt. Suang), *Simpson* 2384. **TUT:** *Johns* 7591 • Malaya, Sumatra, Borneo

M. cf. acuminatissimum Blume — *Mutik* (Ib.), *Nipis Kulit* (Mal.)
Midstorey/subcanopy tree • VEG: LMDF • HAB: ridge • GEO: Belait formation • ALT: 340 m • USES: Wood used in house poles in paddy fields
   BEL: Labi, Bt. Teraja, *Coode* 6902.

M. amplexicaule Roxb.
Midstorey/subcanopy tree, treelet • VEG: Peatswamp Forest with Shorea albida, HDF • HAB: gentle slope, ridge; near running fresh water • GEO: sandy clay soil; peat • ALT: 10–350 m
   BEL: Labi, Bt. Teraja, *Simpson* 2112; Melilas, Ulu Ingei,, *Wong* 1114; Seria, Badas F.R., *Smythies* S 5836 • Malaya, Borneo

M. borneense Merr. — *Nipis Kulit* (Br., Dus., Ib., Mal.), *Tempagas* (Dus., Dalam, Danau)
Midstorey/subcanopy tree • VEG: Upper Montane Forest • HAB: gentle slope, ridge • GEO: clay • ALT: 40 m • USES: Firewood
   BEL: Andulau F.R., *Ashton* BRUN 572; Kuala Belait, Sg. Damit, *Dransfield J.* 6800; Melilas, Batu Patam, *Wong* 1136. **TEM:** Amo, Bt. Pagon, *Ashton* BRUN 1039; Amo, Sg. Temburong Machang, *Wong* 1983. **TUT:** Rambai, Tasek Merimbun, *Bernstein* 284; Rambai, Tasik Merimbun, *Wong* 337 • Borneo

M. cf. borneense Merr. — *Tebagas* (Ib.)
Midstorey/subcanopy tree • VEG: Peatswamp Forest • HAB: near running fresh water • GEO: shale; alluvial deposits; peat • ALT: 10–550 m
   TEM: Amo, Sg. Temburong, *Coode* 6716.

M. borneense Merr. *vel aff.*
Shrub • VEG: Peatswamp Forest • ALT: 20 m
   TUT: Rambai, Sg. Medit, *Simpson* 2556.

M. confertiflorum Cogn.
Treelet • VEG: Degraded Kerangas • HAB: gentle slope • GEO: sandstone • ALT: 90 m
BRM: Berakas, Berakas F.R., *Ashton* S 7846. **Without prov.:** *Smythies* SAN 17551 • Borneo

M. durum Cogn.
Treelet • VEG: HDF • ALT: 300 m
TEM: Amo, K. Belalong Fld. Studies Centre, *Schatz* 3262 • Malaya, Borneo

M. edule Roxb. — *Ubah Telinga Basing* (Br.)
Midstorey/subcanopy tree, treelet • VEG: Lower Montane Forest, Secondary Forest • HAB: steep slope • GEO: White sand; Podsol • ALT: 30– 860 m
BRM: Berakas, Berakas camp, *Hassan Pukol* BRUN 5402. **TEM:** Amo, Bt. Belalong, *Prance* 30546; Amo, Bt. Belalong, *Prance* 30572. **Without prov.:** *van Niel* 4639 • SE Asia, W & C Malesia

M. floridum Ridl. — *Muteh* (Ib.)
Midstorey/subcanopy tree, treelet • HAB: gentle slope • GEO: clay • ALT: 30–60 m
BEL: Andulau F.R., *Ashton* BRUN 591; Andulau F.R., *Smythies* SAN 17557 • Malaya, Borneo

M. garcinioides Blume
Without prov.: *van Niel* 4316 • Malaya, Sumatra, Java, Borneo

M. lilacinum Zoll. & Mor. — *Muteh* (Ib.), *Nipis Kulit* (Br., Ib.), *Tembagas* (Dus.)
Midstorey/subcanopy tree, treelet • VEG: Degraded Mangrove, HDF • HAB: base of slope, gentle slope, ridge; periodically flooded; near running fresh water • GEO: sandstone, clay; alluvial deposits; yellow-red clay soil, sandy soil; Leaf litter • ALT: 550 m
BEL: Andulau F.R., *Ashton* BRUN 265; Bukit Sawat, Sg. Belait, *Niga* 54; Bukit Sawat, Sg. Mau, *Niga* 44; Melilas, Sg. Belait, *Forman* 1122; Melilas, Ulu Belait, *Awong* 16; Sungai Liang, Sg. Lumut, *Coode* 7737; Sungai Liang, Sungai Liang Arboretum, *Niga* 58. **BRM:** Kota Batu, Kpg. Kota Batu, *Hassan Pukol* BRUN 3121. **TEM:** Amo, Ulu Belalong, *Dransfield J.* 7408 • Malaya, Sumatra, Java, Borneo

M. paniculatum Jack — *Muteh* (Ib.), *Tebagas* (Dus.), *Tempagas* (Dus.), *Tempagas Hitam* (Dus.)
Midstorey/subcanopy tree, treelet • VEG: Empran, Kerangas, Secondary Forest • HAB: ridge; seasonal watercourse; near running fresh water • GEO: sandstone; alluvial deposits; yellow sandy clay soil, sandy soil • ALT: 80 m • USES: Trunk used to make spear, Used to make traps
BEL: Bukit Sawat, Bt. Sawat, *Niga* 55; Bukit Sawat, Jln. Merangking - Buau, *Niga* 247; Melilas, Sg. Topi, *Ashton* BRUN 210; Sukang, Kpg. Sukang, *Wong* 107; Sukang, Sg. Belait, *Forman* 1170; Sungai Liang, Bt. Besong, *Niga* 224; Sungai Liang, Sungei Liang, *Forman* 1083. **TEM:** Amo, Bt. Belalong, *Wong* 1478; Amo, K. Belalong, *Wong* 1195; Bangar, Bt. Biang, *Forman* 903; Batu Apoi, Selapon, *Coode* 7950; Batu Apoi /Bukok, *Ashton* BRUN 358. **TUT:** Rambai, Tasek Merimbun, *Bernstein* 123; Rambai, Tasek Merimbun, *Bernstein* 303. **Without prov.:** *Ashton* BRUN 242; *Ashton* BRUN 384 • Malaya, Sumatra, Java, Borneo, Sulawesi, Moluccas, Philippines

M. scolopacinum Ridl. — *Tempagas Purak* (Dus.)
Midstorey/subcanopy tree, treelet, shrub • VEG: HDF, Lower Montane Forest, Secondary Forest • HAB: gentle slope, steep slope, ridge; near running fresh water • GEO: Meligan formation, Setap Shales; Brown clay- loam • ALT: 20–1160 m
BEL: Labi, Sungai Rampayoh, *Coode* 7795; Sungai Liang, Andalau F.R., *Fosberg* 43903. **TEM:** Amo, *Ashton* BRUN 2536; Amo, Bt. Belalong, *Dransfield J.* 7136; Amo, Bt. Belalong, *Wong* 1392; Amo, Bt. Retak, *Sands* 5293; Amo, Bukit Tudal, *Bygrave* 34; Amo, K. Belalong, *Wong* 1314; Bangar, Bt. Biang, *Forman* 909; Batu Apoi, Sg. Selapon, *Wong* 2035. **TUT:** *Johns* 7580; Rambai, Tasek Merimbun, *Bernstein* 100; Rambai, Tasek Merimbun, *Bernstein* 122 • Borneo

M. sp. 1
Treelet • VEG: Alluvial Forest, Kerangas, LMDF • HAB: gentle slope, steep slope; near running fresh water • GEO: sandstone; bare rock and boulders; clay soil, sandy soil • ALT: 200 m
BEL: Bukit Sawat, Jln. Labi, *Wong* 1295; Melilas, Batu Patam, *Wong* 1023. TEM: Batu Apoi, Selapon, *Dransfield J.* 7466. TUT: Rambai, Bt. Bahak, *Coode* 7105.

M. spp. indet.
TEM: Amo, Bukit Tudal, *Kirkup* 975; Amo, Ulu Belalong LP382, *Kirkup* 894.

NEODRIESSENIA
C.Hansen in. Bot. Jahrb. 106(1): 1–13 (1985)

N. pilosa M.P.Nayar
Shrub • HAB: ridge • ALT: 700 m
TEM: Amo, Bt. Belalong, *Wong* 1477 • Borneo: Sarawak

N. scorpioidea (Stapf) M.P.Nayar
Treelet, shrub, suffrutescent herb/subshrub • VEG: Degraded Kerangas, Degraded LMDF, HDF, Lower Montane Forest • HAB: flat ground, gentle slope; impeded drainage; near running fresh water, near still fresh water • GEO: Belait formation, Lambir formation, Meligan formation • ALT: 120–350 m
BEL: Labi, Bt. Telingan, *Kirkup* 240; Labi, Bt. Teraja, *Coode* 6889; Labi, Bt. Teraja, *Sands* 5467; Labi, Bt. Teraja, *Simpson* 2095; Melilas, *Wong* 698. TEM: Amo, Bt. Retak, *Sands* 5299 • Borneo: Sarawak, Kalimantan

N. sp. nov.
BEL: Melilas, *Wong* 690.

OCHTHOCHARIS
C. Hansen in Kew Bull. 36(1): 13–29 (1981)

O. borneensis Blume — *Kodok-Kodok* (Br., Dus.)
Climber • VEG: Degraded Empran • HAB: seasonal watercourse • GEO: alluvial deposits • ALT: 10 m
BEL: Kuala Balai, *Kirkup* 204. Without prov.: *van Niel* 4182 • Thailand, Malaya, Java, Borneo, Philippines, New Guinea

O. javanica Blume
Without prov.: *van Niel* 3923 • Thailand, Malaya, Java, Borneo, Philippines, New Guinea

O. ovata Cogn.
Treelet • VEG: Peatswamp Forest
BEL: Labi, Jln. Teraja–Redan, *Niga* 278 • Borneo: Sarawak

O. paniculata Korth.
Shrub • VEG: Open areas • HAB: well-drained • ALT: sea level
BEL: Seria, Kpg. Badas, *Fuchs* 21190 • Sumatra, Borneo

OXYSPORA

O. auriculata (Ridl.) J.F.Maxwell
Shrub • HAB: steep slope, ridge • GEO: shale; bare rock and boulders; clay soil • ALT: 210–250 m
TEM: Amo, Batu Apoi F.R., K. Belalong FSC, *Hansen* 1544; Amo, Batu Apoi F.R., K. Belalong FSC, *Hansen* 1611; Amo, Batu Apoi F.R., K. Belalong FSC, *Hansen* 1636; Amo, Batu Apoi F.R., K. Belalong FSC, *Hansen* 1569; Amo, Sg. Temburong Machang, *Wong* 1988 • Borneo, Sulawesi

O. cf. auriculata (Ridl.) J.F.Maxwell
Suffrutescent herb/subshrub, herb • VEG: Kerangas, Upper Montane Shrubbery • HAB: vertical, ridge • GEO: bare rock and boulders • ALT: 1500 m
BEL: Melilas, Batu Patam, *Wong* 1009. TEM: Amo, G. Pagon, *Coode* 7528.

O. beccarii (Cogn.) J.F.Maxwell — Riang (Dus.)
Treelet, shrub, suffrutescent herb/subshrub • VEG: Alluvial Forest, HDF, Lower Montane Forest, Secondary Forest • HAB: gentle slope, steep slope, ridge; periodically flooded; near running fresh water • GEO: Belait formation, shale, Setap Shales; alluvial deposits; sandy clay soil, yellow sandy clay soil • ALT: 50–990 m
BEL: Ulu Belait, *Ashton* BRUN 239; Melilas, Sungai Mutip, *Atkins* 587. TEM: Amo, *Ashton* BRUN 2551; Amo, *Sands* 5529; Amo, Batu Apoi Forest Reserve, *Nielsen* 986; Amo, Batu Apoi Forest Reserve, *Nielsen* 1065; Amo, Batu Apoi Forest Reserve, *Nielsen* 1078; Amo, Batu Apoi Forest Reserve, *Nielsen* 1114; Amo, Bt. Belalong, *Prance* 30561; Amo, K. Belalong, *Smythies* S 5708; Amo, K. Belalong Fld. Studies Centre, *Schatz* 3307; Amo, Sg. Temburong, *Coode* 6590; Bangar, *Sands* 5623. TUT: *Johns* 7595 • Borneo: Sarawak, Sabah

O. spp. indet.
BEL: Labi, *Boyce* 268. TEM: Amo, Batu Apoi F.R., K. Belalong FSC, *Hansen* 1612; Amo, Bukit Tudal, *Bygrave* 36; Amo, K. Belalong, Batu Apoi F.R., *Hansen* 1517.

PACHYCENTRIA
A.P. DAVIS

P. constricta (Blume) Blume
Epiphytic; shrub, herb • VEG: LMDF, HDF, Secondary Forest • HAB: flat ground, gentle slope, steep slope, terrace, ridge; periodically flooded; near running fresh water • GEO: Belait formation, sandstone, shale, Setap Shales; alluvial deposits; bare rock and boulders; sandy soil; fallen logs; Leaf litter • ALT: 130 m • USES: Medicinal, fruit taken for swollen testicles
BEL: Bukit Sawat, Bang Tajok, *Wong* 94; Melilas, Batu Patam, *Wong* 1034; Melilas, Bt. Batu Patam, *Boyce* 310; Melilas, Ulu Ingei, *Sands* 5909; Melilas, Ulu Ingei, *Sands* 5957; Melilas, Ulu Ingei, *Sands* 5968; Sukang, Kampong Sukang, *Sands* 5872; Sukang, Sg. Belait, *Forman* 1161. TEM: *Johns* 7208; Amo, Batu Apoi Forest Reserve, *Poulsen* 269; Amo, Batu Apoi F.R., K. Belalong FSC, *Hansen* 1616; Amo, Bt. Belalong, *Prance* 30566a; Amo, Bt. Belalong, *Wong* 1438; Amo, Bt. Retak, *Wong* 446; Amo, Sg. Temburong, *Coode* 6579; Batu Apoi, Bt. Gelagas (Bt. Suang), *Simpson* 2272. TUT: Rambai, Sg. Tutong, *Coode* 6351; Rambai, Tasek Merimbun, *Bernstein* 296 • Burma, Malaya, Sumatra, Java, Borneo, Sulawesi

P. glauca Triana
Without prov.: *van Niel* 4007 • Sumatra, Borneo

PHYLLAGATHIS

P. dispar (Cogn.) C.Hansen (*Anerincleistus dispar* (Cogn.) Korth.)
Herb • VEG: Upper Montane Forest • HAB: gentle slope, ridge • GEO: Meligan formation; moss • ALT: 1350 m
TEM: Amo, *Sands* 5273; Amo, Bt. Retak, *Wong* 412 • Borneo: Sarawak, Sabah

P. gymnantha (Cogn.) Korth. var. ovalifolia A.Weber
• GEO: shale • ALT: 120–500 m
TEM: Amo, Sg. Temburong, *Coode* 6485 • Endemic

P. sp. 1
Herb; on ground • VEG: LMDF • ALT: 50 m
TEM: *Johns* 7321.

P. sp. 3
Herb • HAB: gentle slope; near running fresh water • GEO: Lambir formation; bare rock and boulders • ALT: 100 m
BEL: Labi, Rampayoh, *Sands* 6005.

P. spp. indet.
BEL: Melilas, Bt. Batu Patam, *Boyce* 277; Melilas, Sg. Ingei, *Wong* 626. **TEM:** Amo, *Wong* 1898.

PLETHIANDRA
M.P.Nayar in Reinwardtia 9(1): 143–151 (1974)

P. beccariana (Cogn.) Merr.
• VEG: LMDF • ALT: 50 m
TEM: *Johns* 7423 • Borneo: Sarawak

P. cuneata Stapf
Without prov.: *van Niel* 3767 • Borneo

P. hookeri Stapf
Without prov.: *Wyatt-Smith* KEP 80151 • Borneo

P. motleyi Hook.f.
Epiphytic; treelet, shrub, herb; on ground • VEG: Freshwater Swamp Forest, Alluvial Forest, LMDF, Upper Montane Shrubbery • HAB: steep slope, terrace, ridge; periodically flooded; near running fresh water • GEO: Belait formation, sandstone, Sand/clay; clay soil, sandy soil; vertical tree trunk • ALT: 1500 m
BEL: Melilas, Ulu Ingei, *Atkins* 538; Melilas, Ulu Ingei, *Cowley* 131. **TEM:** Amo, G. Pagon, *Coode* 7504; Amo, Sg. Temburong Machang, *Wong* 1942; Amo, Ulu Belalong, *Dransfield J.* 7427. **TUT:** *Johns* 7536; Rambai, Bt. Bahak, *Coode* 7071; Rambai, Sg. Medit, *Simpson* 2622; Ulu Tutong, Bukit Bahak, *Kirkup* 573 • Borneo

P. rejangensis Stapf — *Kayu Ala* (Ib.)
Scrambling shrub, shrub • VEG: Peatswamp Forest with Shorea albida • GEO: peat
BEL: Bukit Sawat, Ulu Sg. Mau, *Niga* 108; Seria, Seria, *Richards* 5581 • Borneo

P. robusta (Cogn.) M.P.Nayar
Epiphytic; shrub • VEG: Kerangas, LMDF, Secondary Forest • HAB: gentle slope, terrace, ridge; near running fresh water • GEO: Belait formation, shale, Setap Shales; alluvial deposits; sandy soil; vertical tree trunk • ALT: 150 m
BEL: Melilas, Sg. Ingei, *Wong* 661; Melilas, Sg. Topi, *Thomas* 169; Melilas, Ulu Ingei, *Sands* 5922; Melilas, Ulu Ingei, *Sands* 5959. **TEM:** Amo, *Wong* 470; Amo, *Wong* 471; Amo, K. Belalong, Sg. Belalong, *Dransfield J.* 7075; Amo, Sg. Temburong, *Coode* 6501; Bangar, *Sands* 5624. **TUT:** Ulu Tutong, Bukit Bahak, *Kirkup* 570. **Without prov.:** *Smythies* S 5818 • Borneo

P. sp. indet.
BEL: Melilas, Sg. Topi, *Thomas* 176.

POGONANTHERA
A.P. DAVIS

P. pulverulenta (Jack) Blume
Epiphytic; treelet, liana, shrub, herb, climber • VEG: Mangrove, Degraded Alluvial Forest, Peatswamp Forest, LMDF, Secondary Forest • HAB: flat ground, gentle slope, terrace, ridge; well-drained, impeded drainage; near running fresh water, near still fresh water • GEO: Belait formation, Lambir formation, White sand, Sand/clay; Kerangas soil, sandy soil; vertical tree trunk • ALT: 50 m

BEL: Bukit Sawat, Sg. Mau, *Coode* 7712; Labi, Sungai Rampayoh, *Atkins* 600; Seria, Badas F.R., *Wong* 208; Seria, Badas–Lumut F.R., *Fuchs* 21177; Sukang, Kampong Sukang, *Atkins* 525; Sungai Liang, Sungai Lumut, *Kirkup* 600. **BRM:** Pengkalan Batu, Sg. Brunei, *Ashton* BRUN 5079. **TEM:** Amo, Bt. Retak, *Wong* 442; Bangar, *Sands* 5634; Labu, *Wong* 319. **TUT:** Tanjong Maya, Andulau F.R., *Niga* 322; Rambai, Tasek Merimbun, *Bernstein* 77; Ulu Tutong, Bukit Bahak, *Kirkup* 574 • Malaya through Malesia to New Guinea

P. spp. indet.
Without prov.: *van Niel* 3864; *van Niel* 4029; *van Niel* 4044.

PTERNANDRA
A.P. DAVIS

J.F.Maxwell in Gard. Bull. Singapore 34(1): 1–90 (1984)

P. azurea (Blume) Burk. var. **azurea**
Epiphytic; midstorey/subcanopy tree, shrub • VEG: LMDF, HDF • HAB: steep slope; near running fresh water • GEO: sandstone; sandy soil • ALT: 170–790 m
TEM: Amo, Bt. Belalong, *Prance* 30611. **TUT:** *Johns* 7535; Rambai, Bt. Bahak, *Coode* 7076 • Sumatra, Java, Borneo

P. coerulescens Jack — *Puloh* (Ib.)
Midstorey/subcanopy tree • VEG: Empran • HAB: seasonal watercourse; near running fresh water • GEO: White sand; alluvial deposits; Kerangas soil • ALT: sea level
BEL: Sukang, Kpg. Sukang, *Ashton* BRUN 115. **TEM:** Amo, Ulu Belalong, *Coode* 7859. **TUT:** Rambai, Tasik Merimbun, *Wong* 334; Telisai, Bt. Basong, *Wong* 178 • Thailand, Malaya, Sumatra, Borneo, Sulawesi, Moluccas, New Guinea, Australia

P. cogniauxii M.P.Nayar
Midstorey/subcanopy tree, treelet • VEG: Kerangas, LMDF, HDF • HAB: vertical; waterfall spray zone, near running fresh water • GEO: Belait formation, Lambir formation; sandy soil • ALT: 350 m
BEL: Labi, *Forman* 1032; Labi, *Boyce* 261; Labi, Bt. Teraja, *Simpson* 2086; Labi, Rampayoh, *Sands* 5999. **BRM:** Mentiri, *Sands* 5672. **TUT:** Rambai, Sg. Tutong, *Coode* 6335 • Borneo

P. cordata (Korth.) Baill. — *Kemunting Umang* (Ib.)
Midstorey/subcanopy tree, treelet • VEG: Kerangas • HAB: ridge • GEO: Belait formation • ALT: 200 m
BEL: Andulau F.R., *Niga* 3; Melilas, Batu Patam, *Wong* 1036; Melilas, Bt. Batu Patam, *Dransfield J.* 6562; Sungai Liang, Sungai Liang Arboretum, *Niga* 100. **TUT:** Rambai, Tasik Merimbun, *Wong* 346 • Sumatra, Borneo

P. crassicalyx J.F.Maxwell — *Benawar Bukit* (Dus.), *Pulu* (Ib.), *Sial Manaun* (Br., Dus.)
Midstorey/subcanopy tree, treelet, shrub • VEG: LMDF, Degraded LMDF, HDF, Secondary Forest • HAB: gentle slope, steep slope, sharp ridge; near running fresh water • GEO: Belait formation, sandstone, Setap Shales; alluvial deposits; yellow sandy clay soil • ALT: 200 m
BEL: Bukit Sawat, Labi Road, *Thomas* 261; Labi, Jln. Melayan, *Dransfield J.* 7258; Labi, Jln. Teraja- Redan, *Niga* 276; Melilas, Paleh Bangawong, *Thomas* 113; Melilas, Sg. Ingei, *Wong* 615; Melilas, Sungai Mutip, *Sands* 5973; Melilas, Ulu Ingei, *Sands* 5951. **TEM:** Amo, Batu Apoi F.R., K. Belalong FSC, *Hansen* 1641; Amo, Batu Apoi F.R., K. Belalong FSC, *Hansen* 1564; Amo, K. Belalong, *Dransfield J.* 7040; Amo, Sungai Temburong, *Argent* 91171; Bangar, Pekan Bangar, *Ashton* BRUN 492; Batu Apoi, Bt. Gelagas (Bt. Suang), *Simpson* 2537. **TUT:** Rambai, Bt. Bahak, *Coode* 7002; Rambai, Tasek Merimbun, *Bernstein* 83 • Borneo

P. galeata (Korth.) Ridl. var. **galeata** — *Benawar* (Dus.)
Midstorey/subcanopy tree, treelet • VEG: Peatswamp Forest, Degraded Peatswamp Forest, Secondary Forest • HAB: near running fresh water • GEO: alluvial deposits; clay soil • ALT: sea level–10 m

BEL: K. Balai, Sungai Belait, *Awong* 4. TUT: *Forman* 974; Rambai, Sg. Medit, *Simpson* 2583; Tanjong Maya, *Ashton* BRUN 932; Rambai, Tasek Merimbun, *Bernstein* 283 • Malaya, Sumatra, Borneo, New Guinea

P. gracilis (Cogn.) M.P.Nayar — *Puloh* (Ib.)
Epiphytic; midstorey/subcanopy tree, treelet, shrub • VEG: LMDF • HAB: gentle slope, steep slope; near running fresh water • GEO: clay, Setap Shales; stony • ALT: 40–60 m
BEL: Andulau F.R., *Ashton* BRUN 385. TEM: *Johns* 7248; *Johns* 7411; Amo, *Wong* 1278; Amo, Batu Apoi F.R., K. Belalong FSC, *Hansen* 1604; Amo, K. Belalong, Sg. Belalong, *Dransfield J.* 7085. TUT: *Johns* 7640 • Borneo

P. hirtella (Cogn.) M.P.Nayar
Treelet • VEG: LMDF • HAB: ridge • GEO: Belait formation • ALT: 340 m
BEL: Labi, Bt. Teraja, *Coode* 6908 • Borneo

P. multiflora (Cogn.) M.P.Nayar — *Benawar* (Dus.), *Sial Manaun* (Br.)
Canopy/emergent tree, midstorey/subcanopy tree; on ground • VEG: Degraded Kerangas, LMDF, HDF, Secondary Forest, Roadsides, Open areas • HAB: gentle slope, ridge; near still fresh water • GEO: Belait formation, Lambir formation, sandstone; sandy soil • ALT: 150 m
BEL: Bukit Sawat, Labi Road, *Thomas* 254; Bukit Sawat, new road to Merankin, *Thomas* 146; Labi, *Dransfield J.* 6532; Labi, *Forman* 1031; Labi, *Niga* 7; Labi, Bt. Teraja, *Coode* 6890; Labi, Bt. Teraja, *Coode* 6985; Labi, Bt. Teraja, *Sands* 5459; Labi, Labi Hills F. R., *Coode* 6807; Labi, Rampayoh, *Cowley* 182. TEM: Amo, Kpg. Batang Duri, *Wong* 1347; Bangar, *Sands* 5622. TUT: Lamunin, Ladan Hills F.R., *Kirkup* 275 • Borneo

P. rostrata (Cogn.) M.P.Nayar — *Benawar* (Dus.), *Benawar Bukit* (Dus.), *Dulang-Dulang* (Ked.), *Pulu* (Ib.), *Pulu Bukit* (Ib.), *Sial Manaun* (Br.), *Sial Menaun* (Br.)
Midstorey/subcanopy tree, treelet, scrambling shrub • VEG: LMDF, Lower Montane Forest • HAB: gentle slope, steep slope, ridge; near running fresh water • GEO: Lambir formation, sandstone, shale, Setap Shales; yellow sandy clay soil, sandy soil • ALT: 130 m • USES: Firewood
BEL: Jln. Labi, *Ashton* BRUN 37; Labi, *Forman* 1050; Labi, Bt. Teraja, *Sands* 5490; Labi, Kpg. Tenajor, *Haslani - Mohd. A.* 18; Labi, Sungai Rampayoh, *Coode* 7803; Sungai Liang, Sungai Liang Arboretum, *Niga* 60. TEM: *Johns* 7276; *Johns* 7414; Amo, K. Belalong, Sg. Belalong, *Dransfield J.* 7084; Amo, Sg. Temburong, *Coode* 6568; Batu Apoi, Kpg. Selapon, *Wong* 2014. TUT: Rambai, Tasek Merimbun, *Bernstein* 207 • Sumatra, Borneo, New Guinea

P. cf. rostrata (Cogn.) M.P.Nayar — *Sirih Sirih* (*)
Midstorey/subcanopy tree, treelet • VEG: LMDF, HDF • HAB: gentle slope • GEO: Lambir formation, Setap Shales • ALT: 20–250 m
BEL: Labi, Bt. Teraja, *Sands* 5480. TEM: Batu Apoi, *Kirkup* 332.

P. sp. nov.
Midstorey/subcanopy tree, shrub • HAB: near running fresh water • GEO: clay soil • ALT: 280 m
TEM: Amo, Batu Apoi F.R., K. Belalong FSC, *Hansen* 1596; Amo, Batu Apoi F.R.., K. Belalong FSC, *Hansen* 1549.

P. spp. indet.
BEL: Labi, Sungai Rampayoh, *Kirkup* 796; Sungai Liang, Sungei Liang Arboretem, *Wong* 306. TEM: Amo, Bukit Tudal, *Kirkup* 979; Amo, Sg. Temburong, BRUN 15616

SONERILA

S. begoniifolia Blume
Suffrutescent herb/subshrub • GEO: Setap Shales • ALT: 880 m
TEM: Amo, Batu Apoi Forest Reserve, *Poulsen* 308 • Borneo

S. aff. begoniifolia Blume
BEL: Labi, Labi Hills F. R., *Coode* 6818. TEM: Amo, Bt. Belalong, *Wong* 1505.

S. gibbsiae Ridl.
Herb • GEO: shale • ALT: 120–430 m
TEM: Amo, Sg. Temburong, *Coode* 6742 • Borneo

S. heterophylla Jack
Herb • GEO: Setap Shales • ALT: 850 m
TEM: Amo, Batu Apoi Forest Reserve, *Poulsen* 319 • Borneo

S. cf. heterophylla Jack
TEM: Amo, Bukit Belalong, *Argent* 91136.

S. minima Ridl.c
Herb • VEG: Upper Montane Forest • HAB: ridge • GEO: Meligan formation • ALT: 1300 m
TEM: Amo, Bt. Retak, *Sands* 5223.

S. nervulosa Ridl.
Herb • HAB: ridge • GEO: sandstone • ALT: 390 m
TEM: Bangar, Bt. Biang, *Ashton* A 115 • Borneo

S. aff. nervulosa Ridl.
TEM: Amo, *Coode* 6496; Amo, Bt. Belalong, *Prance* 30571; Amo, Sg. Temburong Machang, *Wong* 1995.

S. obovata Schwartz
Herb • GEO: Setap Shales • ALT: 980 m
TEM: Amo, Batu Apoi Forest Reserve, *Poulsen* 94 • Borneo

S. pulchella Stapf
Herb • VEG: HDF • GEO: Setap Shales • ALT: 900 m
TEM: Amo, Batu Apoi Forest Reserve, *Poulsen* 100 • Borneo

S. 'pusilla' Ridl.
TEM: Amo, Bt. Retak, *Sands* 5387.

S. tenuifolia Blume
Shrub, herb • VEG: Lower Montane Forest, Upper Montane Forest, Upper Montane Shrubbery • HAB: ridge • GEO: Meligan formation; moss • ALT: 1500 m
TEM: Amo, Bt. Pagon, *Wong* 1773; Amo, Bt. Retak, *Sands* 5232; Amo, Bt. Retak, *Sands* 5264; Amo, G. Pagon, *Coode* 7505; Amo, G. Pagon, *Coode* 7555 • Borneo

S. sp. 2
Herb • VEG: Lower Montane Forest • HAB: gentle slope, ridge • GEO: Meligan formation • ALT: 800–1150 m
TEM: Amo, Bt. Belalong, *Wong* 1506; Amo, Bt. Retak, *Sands* 5319; Amo, Bt. Retak, *Sands* 5320.

S. sp. 3aii aff. nervulosa Ridl. var. hirsutissima Ridl.
Herb • VEG: Upper Montane Shrubbery • HAB: ridge • GEO: moss • ALT: 1500 m
TEM: Amo, G. Pagon, *Coode* 7478; Amo, G. Pagon, *Coode* 7540.

S. sp. 3b
Herb • VEG: LMDF • GEO: sandstone • ALT: 210 m
TUT: Rambai, Bt. Bahak, *Coode* 7031.

S. sp. 3c ?heterophylla
Herb • VEG: LMDF • HAB: near running fresh water • GEO: Setap Shales • ALT: 20–30 m
TEM: Amo, K. Belalong, *Dransfield J.* 6701.

S. sp. 5
Lithophyte; herb • VEG: Secondary Forest • HAB: gentle slope, ridge • GEO: Belait formation • ALT: 40 m
TEM: Amo, Bt. Belalong, *Wong* 1441; Amo, Bt. Belalong, *Wong* 1524; Bangar, *Sands* 5630.

S. sp. 6
Herb • VEG: Lower Montane Forest
TEM: Amo, *Wong* 1805.

S. sp. 7
• VEG: HDF • HAB: ridge • ALT: 500 m
TEM: Batu Apoi, Bt. Gelagas (Bt. Suang), *Simpson* 2262.

S. sp. 8
Herb
BEL: Melilas, Batu Patam, *Wong* 1140.

S. spp. indet.
BEL: Melilas, *Wong* 676. **TEM:** *Johns* 7131; *Johns* 7353; *Johns* 7354; Amo, *Wong* 485; Amo, Apoi Forest Reserve, *Sands* 5799; Amo, Bt. Belalong, *Dransfield S.* 1245; Amo, Bt. Belalong, *Dransfield S.* 1256; Amo, Bt. Retak, *Wong* 736; Amo, Bt. Retak, *Wong* 801; Amo, Bt. Retak, *Wong* 885; Amo, Bt. Retak, *Wong* 887; Amo, Bt. Retak, *Wong* 889; Amo, K. Belalong, Batu Apoi F.R., *Hansen* 1527; Amo, Sg. Temburong, *Coode* 6736. **TUT:** *Johns* 7498; *Johns* 7507; Ulu Tutong, Bukit Bahak, *Kirkup* 557; Ulu Tutong, Bukit Bahak, *Kirkup* 561.

TAYLORIOPHYTON

T. glabrum M.P.Nayar
Shrub, suffrutescent herb/subshrub • VEG: HDF • HAB: near running fresh water • GEO: shale • ALT: 150–350 m
TEM: Amo, Sg. Temburong, *Coode* 6595; Batu Apoi, Bt. Gelagas (Bt. Suang), *Simpson* 2199; Batu Apoi, Bt. Gelagas (Bt. Suang), *Simpson* 2497. **Without prov.:** *Wong* s.n. 20.ix.88c • Thailand, Malaya, Borneo

T. sp. indet.
TEM: Amo, Batu Apoi F.R., K. Belalong FSC, *Hansen* 1635.

MELASTOMATACEAE INDET.
BEL: Bt. Sawat, UBD plot, *Thomas* 235; Labi, Bukit Teraja, *Kirkup* 430; Labi, Bukit Teraja, *Kirkup* 441; Labi, Rampayoh, *Sands* 5998; Labi, Sungai Rampayoh, *Coode* 7772; Labi, Sungai Rampayoh, *Coode* 7807; Labi, Sungai Rampayoh, *Kirkup* 795; Labi, Sungai Rampayoh, *Kirkup* 799; Labi, Sungai Rampayoh, *Kirkup* 809; Labi, Sungai Rampayoh, *Kirkup* 814; Labi, Teraja, *Sands* 6019; Labi, Wong Kadir, *Coode* 7179; Labi, Wong Kadir, *Coode* 7253; Melilas, Kuala Ingei, *Kirkup* 779; Melilas, Kuala Ingei, *Thomas* 208; Melilas, Paleh Bangawong, *Thomas* 69; Melilas, Paleh Bangawong, *Thomas* 80; Melilas, Paleh Bangawong, *Thomas* 104; Melilas, Paleh Bangawong, *Thomas* 115; Melilas, Sg. Topi, *Thomas* 175; Melilas, Sg. Topi–Ingei watershed, *Kirkup* 745; Melilas, Sg. Topi–Ingei watershed, *Kirkup* 747; Melilas, Trail to Sungai Mutip, *Cowley* 147; Melilas, Ulu Ingei, *Kirkup* 766; Melilas, Ulu Ingei, *Sands* 5945; Melilas, Ulu Ingei, *Sands* 5958; Sg. Liang, Sungai Liang, *Joffre* 9; Sukang, Sungai Paleh Bangawong, *Kirkup* 695. **TEM:** Amo, *Wong* 1343; Amo, *Wong* 1882; Amo, Batu Apoi Forest Reserve, *Nielsen* 994; Amo, Bt. Belalong, *Wong* 1410; Amo, Bt. Retak, *Wong* 788; Amo, Bukit Tudal, *Bygrave* 26; Amo, Bukit Tudal, *Bygrave* 27; Amo, Bukit Tudal, *Bygrave* 29; Amo, Bukit Tudal, *Davis* 457; Amo, Bukit Tudal, *Davis* 479; Amo, Bukit Tudal, *Davis* 484a; Amo, G. Pagon, *Coode* 7496B; Amo, G. Pagon, *Coode* 7525; Amo, Sg. Belalong, *Sands* 5598; Amo, Sg. Temburong, *Coode* 6668; Amo, Ulu Belalong, *Coode* 7860; Amo, Ulu Belalong, *Coode* 7864; Amo, Ulu Belalong, *Coode* 7875; Amo, Ulu Belalong, *Coode* 7900; Amo, Ulu Belalong, *Coode* 7904; Amo, Ulu Belalong, *Coode* 7906; Amo, Ulu Belalong LP382, *Kirkup* 851; Amo, Ulu Belalong LP382, *Kirkup* 866; Batu Apoi, Bt. Gelagas (Bt. Suang), *Simpson* 2414; Batu Apoi, Bt. Gelagas (Bt. Suang), *Simpson* 2500; Batu Apoi, Bt. Gelagas (Bt. Suang), *Simpson* 2501; Batu Apoi, Bt. Gelagas (Bt. Suang), *Simpson* 2509; Batu Apoi, Selapon, *Coode* 7912; Batu Apoi, Selapon, *Coode* 7940; Batu Apoi, Selapon, *Kirkup* 925. **TUT:** *Johns* 7509; *Johns* 7624; Bukit Basong, *Suhaili Hj. Zinin* BRUN 15016; Telisai, Pasir Puteh, *Sands* 5772; Ulu Tutong, Bukit Bahak, *Kirkup* 477; Ulu Tutong, Bukit Bahak, *Kirkup* 487; Ulu Tutong, Bukit Bahak, *Kirkup* 502; Ulu Tutong, Bukit Bahak, *Kirkup* 507; Ulu Tutong, Bukit Bahak, *Kirkup* 546; Ulu Tutong, Bukit Bahak, *Kirkup* 572; Ulu Tutong, Bukit Bahak, *Kirkup* 578; Ulu Tutong, Bukit Bahak, *Kirkup* 581. **Without prov.:** *Wong* s.n. 200988.

MELIACEAE
Determinations by D.J. MABBERLEY & A. SING (except *Aglaia*, by C. M. PANNELL)
Mabberley, Pannell (*Aglaia*) & Sing in Fl. Males. 12: 1–405 (1995)

AGLAIA
Pannell, A Monograph of *Aglaia* (1992) & in Fl. Males. 12: 194–314 (1995)

A. angustifolia (Miq.) Miq. (*A. beccariana* (C.DC.) Harms)
Treelet • VEG: LMDF • GEO: yellow sandy clay soil • ALT: sea level–40 m
BEL: Sungai Liang, Andulau F.R., *Ashton* S 21583; Sungai Liang, Andulau F.R., *Ashton* S 21584; Sungai Liang, Andulau F.R., *Smythies* SAN 17565 • Malaya, Sumatra, Borneo, Philippines

A. argentea Blume
Midstorey/subcanopy tree • HAB: near running fresh water • ALT: 70 m
TEM: Amo, Sungai Temburong, *Argent* 9159. **Without prov.:** *Ashton* SAN 17385 • Thailand, Malaya, Sumatra, Java, Borneo, Philippines to NG, Australia

A. coriacea Miq. — *Mambu Kera* (Dus.)
Treelet • VEG: Peatswamp Forest with Shorea albida • ALT: 20 m • USES: Firewood
BEL: Labi, Bukit Teraja, *Kirkup* 424 (not seen by CMP). **TUT:** Rambai, Sg. Medit, *Simpson* 2550; Rambai, Tasek Merimbun, *Bernstein* 366 • Malaya, Borneo

A. crassinervia Hiern
Midstorey/subcanopy tree • VEG: LMDF, HDF • HAB: valley bottom, steep slope; near running fresh water • GEO: sandstone; clay soil • ALT: 500– 740 m
TEM: Amo, Bt. Belalong, *Prance* 30694; Amo, Ulu Belalong LP382, *Kirkup* 912 • Burma, Thailand, Malaya, Sumatra, Borneo, Philippines

A. aff. crassinervia Hiern
Midstorey/subcanopy tree • VEG: LMDF • HAB: gentle slope; near running fresh water • GEO: Belait formation • ALT: 50–60 m
BEL: Sukang, Sungai Paleh Bangawong, *Kirkup* 639.

A. cucullata (Roxb.) Pellegrin — *Jalong-Jalongan* (Br.), *Jalongan* (Mal.)
Midstorey/subcanopy tree, treelet • VEG: Mangrove • HAB: near running fresh water
BRM: Pengkalan Batu, Ulu Brunei, *Ashton* BRUN 5077. **TEM:** Amo, K. Temburong, *Ashton* BRUN 5125. **Without prov.:** *Brunei Museum Staff* s.n. 24.viii.92 • Bangladesh, Indochina, Malaya, Sumatra, Java, Borneo, Philippines, NG

A. cumingiana Turcz.
Treelet • VEG: LMDF • ALT: 200 m
BEL: Labi, Bt. Teraja, *Simpson* 2150 • N Borneo, Philippines

A. elliptica Blume (*A. lancifolia* (Hook.f.) Harms) — *Tegerak Air* (Ib.)
Canopy/emergent tree, midstorey/subcanopy tree, treelet • VEG: LMDF, HDF, Degraded Secondary Forest • HAB: valley bottom, gentle slope; near running fresh water • GEO: sandstone, shale, Setap Shales; bare rock and boulders; grey clay soil • ALT: 130 m
TEM: *Johns* 7189; Amo, Apoi Forest Reserve, *Sands* 5807; Amo, Sg. Belalong, *Sands* 5602; Amo, Sg. Temburong, *Coode* 6513; Amo, Sg. Temburong, *Coode* 6589; Amo, Sg. Temburong, *Coode* 6642; Amo, Sg. Temburong, *Sands* 5520; Amo, Sg. Temburong, *Wong* 236; Amo, Sungai Temburong, *Argent* 9147; Amo, Sungai Temburong, *Argent* 91169; Amo, Temburong river, *Atkins* 469; Batu Apoi, Selapon, *Kirkup* 947. **Without prov.:** *van Niel* 3539 • Burma, Thailand, Malaya, Sumatra, Java, Bali, Borneo, Philippines

A. exstipulata (Griff.) Theobald (*A. griffithii* (Hiern) Kurz)
Midstorey/subcanopy tree, treelet • VEG: HDF • HAB: ridge • GEO: sandstone; clay soil • ALT: 540 m
TEM: Amo, Bt. Belalong, *Wong* 1529; Amo, Bt. Belalong, *Prance* 30542; Amo, Ulu Belalong LP382, *Kirkup* 869 • Burma, Thailand, Vietnam, Malaya, Borneo

A. forbesii King
Midstorey/subcanopy tree • VEG: Degraded LMDF • HAB: gentle slope • ALT: 80 m
BEL: Labi, Jln. Melayan, *Dransfield J.* 7264. **Without prov.**: KEP 30405 • S Burma, S Thailand, Malaya, Sumatra, Borneo

A. foveolata Pannell — *Bunya* (Ib.)
Canopy/emergent tree, treelet • HAB: flat ground • GEO: clay • ALT: 10 m
BEL: Labi, Bt. Puan, *Ashton* BRUN 658; Sungai Liang, Sungai Liang Arboretum, *Wong* 350 • Malaya, Sumatra, Borneo

A. laxiflora Miq.
Canopy/emergent tree, treelet • VEG: LMDF • HAB: flat ground; periodically flooded • GEO: Belait formation; alluvial deposits; sandy soil • ALT: 10–20 m
BEL: Melilas, Ulu Ingei, *Sands* 5912; Sukang, Sg. Belait, *Forman* 1137 • Borneo

A. leptantha Miq.
Canopy/emergent tree • VEG: LMDF • HAB: near running fresh water • ALT: 20 m
TUT: Rambai, *Coode* 6440 • Thailand, Malaya, Sumatra, Borneo, Philippines

A. leucophylla King
Midstorey/subcanopy tree, treelet; in understorey/low vegetation • VEG: Kerapah • HAB: gentle slope, terrace; periodically flooded; near running fresh water • GEO: alluvial deposits; clay soil, yellow sandy loam • ALT: 60–240 m
TEM: Amo, K. Belalong, *Abd. Latip* BRUN 5663; Batu Apoi, Selapon, *Kirkup* 923. TUT: Lamunin, K. Abang road, *Ashton* BRUN 5095. **Without prov.**: *Ashton* SAN 17092 • S Thailand, Malaya, Sumatra, Borneo, Sulawesi, Philippines

A. odoratissima Blume
Midstorey/subcanopy tree, treelet, shrub; in understorey/low vegetation • VEG: LMDF, HDF • HAB: base of slope, gentle slope, ridge; near running fresh water • GEO: Setap Shales • ALT: 100–150 m
TEM: Amo, Bt. Belalong, *Wong* 1396; Amo, Bt. Belalong, *Wong* 1424; Amo, Bukit Pagon, *Niga* 360; Amo, Kuala Belalong F.S.C., *Argent* 9198; Amo, Sg. Temburong, *Wong* 1734; Batu Apoi, Bt. Gelagas (Bt. Suang), *Simpson* 2322; Batu Apoi, Bt. Gelagas (Bt. Suang), *Simpson* 2366; Batu Apoi, Kpg. Selapon, *Kirkup* 344. TUT: Lamunin, Lamunin, *Dransfield J.* 6811; Lamunin, Lamunin, *Kirkup* 219. **Without prov.**: *Hussain Hj. Osman* s.n. 10.iv.90b • Burma, Thailand, Malaya, Sumatra, Java, Borneo, Philippines

A. rubiginosa (Hiern) Pannell — *Kumpang* (Ib.)
Canopy/emergent tree • VEG: Peatswamp Forest with Shorea albida, Kerangas • HAB: gentle slope, terrace • GEO: sandy soil • ALT: 30 m
BEL: Melilas, Sg. Ingei, *Brunig* S 4401; Melilas, Ulu Ingei, *Brunig* S 1002; Seria, Badas, *Ashton* BRUN 949 • Malaya, Sumatra, Borneo

A. sexipetala Griff.
Canopy/emergent tree, midstorey/subcanopy tree • VEG: LMDF • HAB: gentle slope, steep slope • GEO: Belait formation, sandstone; clay soil • ALT: 280–500 m
BEL: Labi, Bt. Teraja, *Coode* 6955. TEM: Amo, Ulu Belalong LP382, *Kirkup* 906 • Thailand, Malaya, Sumatra, Java, Borneo, Philippines, New Guinea

A. silvestris (M.Roemer) Merr.
Midstorey/subcanopy tree, treelet • VEG: HDF • HAB: ridge • GEO: Setap Shales • ALT: sea level
BEL: Seria, Badas State land, *Smythies* SAN 17450. TEM: Amo, *Sands* 5530 • Indochina to Malaya, Sumatra, Java, Borneo, New Guinea to Solomon Is.

A. simplicifolia (Bedd.) Harms (*A. meliosmoides* Craib)
Canopy/emergent tree, treelet, shrub; in understorey/low vegetation • VEG: HDF • HAB: gentle slope, ridge • GEO: sandstone, Setap Shales; yellow sandy clay soil • ALT: 30–330 m
TEM: Amo, Batu Apoi Forest Reserve, *Nielsen* 1104; Amo, K. Belalong, *Ashton* A 67; Bangar, Bt. Biang, *Ashton* BRUN 5586; Batu Apoi, Bt. Gelagas (Bt. Suang), *Simpson* 2354; Lamunin, Jln. K.Abang, *Ashton* BRUN 87 • India, Laos, Thailand, Malaya, Sumatra, Borneo

A. squamulosa King — *Langsat Hutan* (Ib.)
Canopy/emergent tree, midstorey/subcanopy tree • VEG: Upper Montane Forest • HAB: gentle slope, ridge • GEO: Meligan formation • ALT: 1350 m • USES: Edible fruit
TEM: Amo, *Wong* 1908; Amo, G. Retak, *Sands* 5238 • Malaya, Sumatra, Borneo, Sulawesi, Philippines

A. tenuicaulis Hiern
Treelet • VEG: LMDF, HDF • HAB: gentle slope, steep slope; near running fresh water • GEO: sandstone, shale; yellow clay soil • ALT: 200–740 m
TEM: Amo, Bt. Belalong, *Prance* 30559; Amo, Sg. Temburong, *Coode* 6607; Amo, Ulu Belalong LP382, *Kirkup* 887 • Thailand, Malaya, Sumatra, Borneo, Philippines

A. tomentosa Teijsm. & Binn. (*A. cordata* Hiren)
Midstorey/subcanopy tree, treelet; in understorey/low vegetation • VEG: Kerangas, LMDF, HDF • HAB: flat ground, gentle slope, steep slope, ridge, sharp ridge; periodically flooded • GEO: Belait formation, sandstone, clay, Setap Shales; alluvial deposits; stony; clay soil, yellow sandy clay soil, grey clay soil • ALT: 500 m
BEL: Bt. Sawat, Jln. Labi–Merangking, *Dransfield J.* 6844; Melilas, Sg. Ingei, *Wong* 633; Melilas, Sg. Ingei, *Wong* 646; Melilas, Ulu Ingei, *Sands* 5903; Sungai Liang, Andulau F.R., *Ashton* BRUN 259. TEM: Amo, Apoi Forest Reserve, *Sands* 5829; Amo, Bt. Belalong, *Wong* 1409; Amo, Bt. Retak, *Wong* 851; Amo, Ulu Belalong LP382, *Kirkup* 852; Amo, Ulu Belalong LP382, *Kirkup* 858; Amo, Ulu Belalong LP382, *Kirkup* 915; Bangar, Bt. Biang, *Ashton* BRUN 5589; Batu Apoi, Selapon, *Coode* 7929; Batu Apoi, Selapon, *Coode* 7933; Labu, *Wong* 312. TUT: Rambai, Bt. Bahak, *Coode* 7041; Rambai, Tasek Merimbun, *Bernstein* 441; Ulu Tutong, Bukit Bahak, *Kirkup* 537 (not seen by CMP). **Without prov.:** *Brunig* S 1199. • S India to Malaya, Sumatra, Borneo to New Guinea & Australia

A. spp. indet.
BEL: Labi, Sungai Rampayoh, *Coode* 7791; Labi, Teraja, *Cowley* 187; Sungai Liang, Compartment 5, BRUN 15264;. TEM: Amo, National Park, BRUN 15039; Amo, Sg. Temburong, BRUN 15618; Amo, Sg. Temburong, *Schatz* 3282; Amo, Sg. Temburong, *Schatz* 3292; Batu Apoi, Selapon, *Coode* 7939; Batu Apoi, Selapon, *Coode* 7956. TUT: *Johns* 7569; Ulu Tutong, Bukit Bahak, *Kirkup* 534. **Without prov.:** *Osman Hussain Hj.* s.n. 10.iv.90c.

APHANAMIXIS

A. borneensis (Miq.) Merr. — *Langsat Gabok* (Dus.), *Langsat Hutan* (Ib.)
Tree, midstorey/subcanopy tree, treelet, shrub; in understorey/low vegetation • VEG: Peatswamp Forest with Shorea albida, Kerangas, LMDF, Degraded LMDF, HDF • HAB: gentle slope, steep slope, raised beach, ridge • GEO: White sand, sandstone, clay; clay soil, yellow sand • ALT: sea level–60 m
BEL: Bt. Sawat, Jln. Labi, *Wong* 957; Melilas, K. Ingei, *Ashton* BRUN 200; Sungai Liang, Andulau F.R., *Coode* 6771. TEM: *Johns* 7262; Amo, Bt. Belalong, *Prance* 30568; Amo, Bt. Belalong, *Wong* 1374; Amo, Bt. Belalong, *Wong* 1464; Amo, Bukit Pagon, *Niga* 352; Amo, Sg. Temburong, *Wong* 1695; Amo, Sg. Temburong, *Wong* 1742; Bangar, Pekan Bangar, *Smythies* S 5802; Batu Apoi, Kpg. Selapon, *Wong* 2052; Batu Apoi, Selapon, *Dransfield J.* 7456. TUT: *Johns* 7598; Rambai, Sg. Medit, *Simpson* 2520; Rambai, Sg. Medit, *Simpson* 2553. **Without prov.:** *Ashton* BRUN 1067 • Borneo

A. polystachya (Wall.) R.N.Parker
Midstorey/subcanopy tree • HAB: ridge • GEO: shale • ALT: 200–300 m
TEM: Amo, Sg. Temburong, *Coode* 6609 • SE Asia, Malesia to Solomon Is.

AZADIRACHTA

A. excelsa (Jack) Jacobs
Without prov.: *Asah* BRUN 3123; *Tan* 162 • Malesia

CHISOCHETON

C. amabilis (Miq.) C.DC.
Midstorey/subcanopy tree, treelet • GEO: Setap Shales • ALT: sea level
BEL: Seria, Badas railway, *Smythies* SAN 17454; Sungai Liang, Sungai Liang Arboretum, *Wong* 1624. **TEM:** Amo, Batu Apoi Forest Reserve, *Nielsen* 1100. **Without prov.:** *van Niel* 3847; *van Niel* 4335 • Malaya, Sumatra, Borneo

C. ceramicus (Miq.) C.DC.
Canopy/emergent tree, midstorey/subcanopy tree, treelet • HAB: gentle slope, ridge; near running fresh water • GEO: sandstone; clay soil, yellow sandy clay soil • ALT: 150 m
BEL: Labi, Jln. Labi, *Ashton* BRUN 43; Labi, Labi F.R., *Niga* 327; Labi, Wong Kadir, *Coode* 7219. **TEM:** Amo, Bt. Belalong, *Wong* 1536; Amo, Sg. Belalong, *Ashton* BRUN 5221 • Indochina, Malesia

C. aff. ceramicus (Miq.) C.DC.
Canopy/emergent tree • VEG: LMDF • HAB: gentle slope • GEO: Setap Shales; clay soil • ALT: 100 m
TEM: Batu Apoi, Selapon, *Kirkup* 940.

C. erythrocarpus Hiern
Midstorey/subcanopy tree • VEG: Degraded LMDF, Secondary Forest • HAB: gentle slope • GEO: yellow sandy loam • ALT: 80 m
BEL: Labi, Jln. Melayan, *Dransfield J.* 7259. **TUT:** Telisai, ?Telamba, *Ashton* BRUN 5033 • Malaya, Borneo

C. lansiifolius Mabb. — *Langsat Berok* (Br.)
Treelet • VEG: Degraded LMDF • HAB: gentle slope • ALT: 100 m
BEL: Labi, Labi Hills F.R., *Coode* 6805; Sungai Liang, Sungai Liang Arboretum, *Niga* 102 • Borneo

C. macranthus (Merr.) Airy Shaw
Midstorey/subcanopy tree • VEG: LMDF • ALT: 50 m
TEM: *Johns* 7145 • Borneo, Philippines

C. patens Blume
• VEG: Degraded Secondary Forest • HAB: gentle slope; near running fresh water • GEO: sandstone • ALT: 30 m
TEM: Batu Apoi, Selapon, *Kirkup* 944a • S Thailand, W & C Malesia

C. pentandrus (Blanco) Merr. subsp. **medius** Mabb.
Midstorey/subcanopy tree • VEG: LMDF • HAB: steep slope • GEO: sandstone; stony; clay soil • ALT: 450 m
TEM: Amo, Ulu Belalong LP382, *Kirkup* 857 • Borneo, Philippines

C. pentandrus (Blanco) Merr. subsp. **paucijugus** (Miq.) Mabb.
Midstorey/subcanopy tree
TEM: Amo, K. Belalong, *Wong* 1206 • W & C Malesia

C. polyandrus Merr.
Treelet • HAB: ridge
TEM: Amo, K. Belalong, *Wong* 1311 • Borneo

C. sarawakanus (C.DC.) Harms
Canopy/emergent tree, midstorey/subcanopy tree • VEG: Degraded LMDF • HAB: gentle slope • GEO: Belait formation, shale; sandy soil • ALT: 10–250 m
  BEL: Melilas, Sg. Belait, *Forman* 1182; Sukang, Sungai Paleh Bangawong, *Kirkup* 612. TEM: Amo, Sg. Temburong, *Coode* 6598 • Malaya, Borneo, Bangka

C. setosus Ridl.
Midstorey/subcanopy tree, treelet • VEG: LMDF • HAB: steep slope; near running fresh water • GEO: sandstone; stony; clay soil • ALT: 280–90 m
  TEM: Amo, Batu Apoi F.R., K. Belalong FSC, *Hansen* 1595; Amo, Batu Apoi F.R.., K. Belalong FSC, *Hansen* 1550; Amo, Ulu Belalong LP382, *Kirkup* 854 • Borneo: Sabah

DYSOXYLUM

D. alliaceum (Blume) Blume
Midstorey/subcanopy tree, treelet • VEG: Degraded Peatswamp Forest, Secondary Forest • GEO: Belait formation; sandy soil • ALT: 10–200 m
  BEL: Melilas, Paleh Bangawong, *Thomas* 117; Melilas, Sg. Belait, *Forman* 1183; Sungai Liang, Sg. Lumut, *Coode* 7740. **Without prov.:** *Ashton* SAN 17493 • Andaman Is. to Malesia & Solomon Is.

D. augustifolium King
Treelet; in understorey/low vegetation • HAB: gentle slope • GEO: yellow sandy loam • ALT: 40 m
  BEL: Sungai Liang, Andulau F.R., *Ashton* BRUN 3259 • Malaya

D. brachybotrys Merr.
Midstorey/subcanopy tree, treelet • VEG: LMDF, Degraded LMDF, HDF • HAB: gentle slope, steep slope; near running fresh water • GEO: Belait formation, Setap Shales • ALT: 10–850 m
  BEL: Labi, Jln. Melayan, *Dransfield J.* 7276; Labi, New road to Merankin, *Kirkup* 260. TEM: Amo, Batu Apoi F.R., K. Belalong FSC, *Hansen* 1562; Amo, Bt. Belalong, *Dransfield J.* 7164 • Borneo: Sarawak, Sabah

D. carolinae Mabb.
Canopy/emergent tree • VEG: LMDF • HAB: gentle slope; impeded drainage • GEO: sandstone • ALT: 220 m
  TUT: Rambai, Bt. Bahak, *Coode* 7113 • Malaya

D. cauliflorum Hiern
Midstorey/subcanopy tree, treelet; on ground • VEG: Empran, Peatswamp Forest with Shorea albida, LMDF, HDF, Secondary Forest • HAB: gentle slope, steep slope, terrace, ridge; seasonal watercourse, periodically flooded; near running fresh water • GEO: Belait formation, shale, Sand/clay; alluvial deposits; yellow clay soil • ALT: 30–300 m
  BEL: Melilas, Sg. Ingei, *Ashton* BRUN 120; Melilas, Sg. Ingei, *Wong* 604; Melilas, Ulu Ingei, *Cowley* 135; Sukang, Sungai Paleh Bangawong, *Kirkup* 618. TEM: Amo, Bt. Belalong, *Wong* 1462; Amo, K. Belalong, *Wong* 222; Amo, K. Belalong, *Wong* 251; Amo, K. Belalong, *Ashton* BRUN 3380; Amo, K. Belalong Fld. Studies Centre, *Schatz* 3264; Amo, Kuala Belalong, *Argent* 91106; Amo, Sg. Temburong, *Coode* 6542; Amo, Sg. Temburong, *Coode* 6606. TUT: Rambai, Sg. Medit, *Simpson* 2529; Rambai, Tasik Merimbun, *Hussain Hj. Osman* 45 • SE Asia, W & C Malesia

D. aff. cauliflorum Hiern
Midstorey/subcanopy tree • VEG: HDF • HAB: steep slope • GEO: Setap Shales • ALT: 870–90 m
  TEM: Amo, Bt. Belalong, *Dransfield J.* 7137. TUT: Lamunin, Ladan Hills, *Coode* 7357.

D. cyrtobotryum Miq. — *Bungang* (Ib.)
Midstorey/subcanopy tree, treelet • VEG: Degraded LMDF, HDF • HAB: valley bottom; periodically flooded; near running fresh water • GEO: alluvial deposits • ALT: sea level–60 m
BEL: Seria, Sg. Belait, *Ashton* BRUN 692; Sungei Liang, Andulau F.R., *Dransfield J.* 7239. **TEM:** Batu Apoi, Bt. Gelagas (Bt. Suang), *Simpson* 2367 • Indomalesia

D. aff. cyrtobotryum Miq.
Midstorey/subcanopy tree • HAB: ridge • ALT: 700 m
TEM: Amo, Bt. Belalong, *Wong* 1423.

D. cf. cyrtobotryum Miq.
Treelet • VEG: LMDF • HAB: gentle slope • GEO: Belait formation • ALT: 10–20 m
BEL: Labi, New road to Merankin, *Dransfield J.* 6843; Melilas, Sg. Ingei, *Wong* 610.

D. densiflorum (Blume) Miq.
Without prov.: *Nielsen* 1074 • Thailand, W & C Malesia

D. excelsum Blume
Treelet • VEG: Peatswamp Forest • HAB: near running fresh water • GEO: alluvial deposits; peat • ALT: 10 m
BEL: Kuala Balai, Sg. Damit, *Dransfield J.* 6803 • SE Asia to Solomon Is. and Queensland

D. aff. excelsum Blume
Midstorey/subcanopy tree • VEG: HDF • ALT: 860 m
TEM: Amo, Bt. Belalong, *Prance* 30550.

D. flavescens Hiern
Canopy/emergent tree • VEG: LMDF • HAB: steep slope • GEO: Belait formation • ALT: 50–100 m
BEL: Sukang, Sungai Paleh Bangawong, *Kirkup* 631 • Malaya, Sumatra, Borneo

D. aff. grande Hiern — *Kubong* (Ib.), *Sengkuang* (Br., Dus.)
Midstorey/subcanopy tree • HAB: near running fresh water
BEL: Sukang, *Wong* 119 • *D. grande* is known from SE Asia, W & C Malesia

D. pachyrache Merr.
Midstorey/subcanopy tree • HAB: gentle slope
TEM: Amo, K. Belalong, *Wong* 260 • Borneo: Sarawak, Sabah

D. cf. ramosii Merr.
Treelet • VEG: LMDF • HAB: steep slope • GEO: Belait formation • ALT: 50–100 m
BEL: Sukang, Sungai Paleh Bangawong, *Kirkup* 632.

D. rugulosum King
Midstorey/subcanopy tree, treelet • VEG: LMDF • HAB: gentle slope, ridge; near running fresh water • GEO: Belait formation, sandstone; sandy soil • ALT: 200 m
BEL: Labi, Sg. Rampayoh, *Coode* 7270; Melilas, Paleh Bangawong, *Thomas* 58; Sukang, Sungai Paleh Bangawong, *Kirkup* 666. **TUT:** Rambai, Ladan Hills F.R., *Coode* 6383 • Malaya, Sumatra, Borneo

D. sp. nov.
Midstorey/subcanopy tree, treelet • VEG: HDF • HAB: ridge; near running fresh water • GEO: Setap Shales • ALT: 130 m
TEM: Amo, Bt. Belalong, *Wong* 1370; Amo, Sg. Belalong, *Sands* 5587.

D. spp. indet.
TUT: Rambai, Tasek Merimbun, *Bernstein* 393. **BRM:** Pulau Berembang, *Brunei Museum Staff* s.n. 24.viii.92. **TEM:** Amo, *Wong* 1703. **TUT:** Ulu Tutong, Bukit Bahak, *Kirkup* 571.

HEYNEA

H. trijuga Sims (*Trichilia connaroides* (Wight & Arn.) Bentv.)
Midstorey/subcanopy tree, treelet • VEG: Alluvial Forest, LMDF, HDF, Secondary Forest • HAB: valley bottom, gentle slope; near running fresh water • GEO: Lambir formation; alluvial deposits; sandy soil • ALT: 760 m
BEL: Labi, Kpg. Labi, *Wong* 575; Labi, Labi, *Forman* 1069; Labi, Rampayoh, *Sands* 5741; Labi, Sg. Rampayoh, *Dransfield J.* 7302. **BRM:** Kumbang Pasang, Jambatan Ringas, *Ashton* BRUN 5404; Serasa, Brunei town, *Ashton* BRUN 5734. **TEM:** Amo, Bt. Belalong, *Prance* 30565a. **Without prov.:** *Haslani-Mohd. A.* 54 • India, Malaya, Borneo, Philippines

LANSIUM

L. domesticum Correa — *Sibut Gabuk* (Dus.)
Midstorey/subcanopy tree • HAB: ridge • ALT: 100 m
TEM: Amo, K. Belalong, *Dransfield J.* 6642; Amo, K. Belalong, *Wong* 1242. **TUT:** Rambai, Tasek Merimbun, *Bernstein* 370 • Widely cultivated in Malesia

L. sp. indet.
TEM: Batu Apoi, Kpg. Selapon, *Wong* 2048.

SANDORICUM

S. borneense Miq. — *Kerampu* (Ib.)
Midstorey/subcanopy tree, treelet • VEG: LMDF • HAB: ridge; periodically flooded; near running fresh water • ALT: 20–50 m
BEL: Bukit Sawat, Sg. Mau, *Wong* 354. **TEM:** Amo, Bt. Belalong, *Wong* 1373; Amo, Sungai Temburong, *Argent* 91178. **TUT:** Rambai, Sg. Tutong, *Coode* 6317. **Without prov.:** *Ashton* 5707 • Borneo

S. caudatum Mabb.
Midstorey/subcanopy tree, treelet • VEG: Alluvial Forest, LMDF • HAB: valley bottom, steep slope; near running fresh water • GEO: Setap Shales; alluvial deposits; sandy soil • ALT: 20–100 m
BEL: Labi, Labi, *Forman* 1037; Labi, Sg. Rampayoh, *Dransfield J.* 7308. **TEM:** Amo, Sg. Belalong, *Dransfield J.* 7055 • Borneo: Sarawak

S. dasyneuron Baill.
Midstorey/subcanopy tree • HAB: ridge
BEL: Sungei Liang, Andulau F.R., *Niga* 337 • Borneo: Sarawak

S. koetjape (Burm.f.) Merr. — *Apu Apu* (Dus.), *Kelampu* (Ib.), *Sentol* (Br.)
Canopy/emergent tree, midstorey/subcanopy tree • HAB: gentle slope; periodically flooded; near running fresh water • GEO: sandstone; alluvial deposits; yellow sandy clay soil, sandy soil, yellow sand • ALT: 10–60 m
BEL: Labi, Bt. Puan, *Ashton* S 7873; Labi, Jln. Labi, *Ashton* BRUN 40; Melilas, Sg. Belait, *Ashton* BRUN 152; Sukang, Sg. Belait, *Forman* 1121. **TEM:** Amo, K. Belalong, *Wong* 295 • W & C Malesia

TRICHILIA

T. sp. indet.
BEL: Labi, Sungai Rampayoh, *Coode* 7822.

WALSURA

W. chrysogyne (Miq.) Bakh.f. *sens. lat.*
Midstorey/subcanopy tree • HAB: gentle slope, steep slope
BEL: Sg. Liang, Sungai Liang Arboretum, *Awong* 20. **TEM:** Amo, Sg. Temburong, *Wong* 1726 • Indochina, Malesia

W. pachycaulon T.Clark
Treelet • VEG: LMDF • HAB: gentle slope, steep slope; near running fresh water • GEO: clay soil • ALT: 160 m
TEM: Amo, Batu Apoi F.R., K. Belalong FSC, *Hansen* 1566; Labu, Bukit Patoi, *Hussain Hj. Osman* 38 • Borneo: Sarawak, Sabah

W. sp. indet.
TEM: Amo, Bt. Belalong, *Wong* 1458.

XYLOCARPUS

X. granatum J.Koenig — *Nyireh* (Br.), *Nyireh Bunga* (Mal.)
Canopy/emergent tree, midstorey/subcanopy tree • VEG: Mangrove • HAB: near brackish water
BEL: Melilas, Ulu Belait, *Ashton* BRUN 5058. **TEM:** Serasa, Brunei Bay, *Wong* 1659. **TUT:** Telisai, *Forman* 1018. **Without prov.:** *van Niel* 3837 • E Africa, Tropical Asia to Pacific

MELIACEAE INDET.
BEL: K. Balai, Kuala Balai road, BRUN 15641; Labi, Bukit Teraja, *Kirkup* 460; Labi, Bukit Teraja, *Suhaili Hj. Zinin* BRUN 15009; Labi, Wasai Teraja, *Thomas* 268; Melilas, R.Topi, *Ashton* BRUN 221; Sukang, Kampong Sukang, *Sands* 5874; Sukang, Sungai Paleh Bangawong, *Kirkup* 660; Sukang, Sungai Paleh Bangawong, *Kirkup* 680; Sukang, Sungai Paleh Bangawong, *Kirkup* 692. **TEM:** Amo, Bukit Tudal, *Kirkup* 961; Amo, K. Belalong, *Dransfield J.* 6628; Amo, Sg. Temburong, BRUN 15629; Amo, Ulu Belalong LP382, *Kirkup* 886. **TUT:** Rambai, Bt. Bahak, *Coode* 7097; Rambai, Tasek Merimbun, *Bernstein* 276; Tanjong Maya, Jalan Tutong–Seria, *Thomas* 243; Tanjong Maya, Jalan Tutong–Seria, *Thomas* 244.

MELIOSMACEAE
van Beusekom in Blumea 19: 429–529 (1971)

MELIOSMA

M. cf. pinnata (Roxb.) Walp. — *Bulu Manuk* (Ib.)
Midstorey/subcanopy tree • VEG: Lower Montane Forest
TEM: Amo, *Wong* 1811 • The species is known from SE Asia, Malesia

M. sarawakensis Ridl.
• GEO: shale • ALT: 120–130 m
TEM: Amo, Sg. Temburong, *Coode* 6510 • Sumatra, Borneo: Sarawak

M. sumatrana (Jack) Walp. (*M. elmeri* Merr.) — *Mengalis* (Dus.), *Ngalis* (Dus.)
Midstorey/subcanopy tree, treelet • VEG: Coastal MDF, LMDF, HDF • HAB: ridge; near running fresh water • GEO: shale; sandy clay soil • ALT: 1280 m • USES: Edible fruit
BEL: Sungai Liang, Andulau F.R., *Coode* 6782; Sungai Liang, Andulau F.R., *Forman* 1106; Sungai Liang, Sungei Liang Arboretem, *Wong* 123; Sungai Liang, Sungei Liang Arboretem, *Wong* 583. **BRM:** Lumapas, Bukit Lumapas, *Davis* 506. **TEM:** Amo, *Ashton* BRUN 2558; Amo, Sg. Temburong, *Coode* 6514. **TUT:** Rambai, Tasek Merimbun, *Bernstein* 375, 444. • W & C Malesia

M. sp. 1 — *Merutu* (Dus.)
Midstorey/subcanopy tree, treelet • VEG: LMDF, Lower Montane Forest • HAB: gentle slope • GEO: Meligan formation; Brown clay-loam • ALT: 60–1160 m
BEL: Sungai Liang, Andulau F.R., *Smythies* SAN 17536; Sungai Liang, Sungei Liang Arboretem, *Wong* 127. **TEM:** Amo, Bukit Tudal, *Davis* 480. **TUT:** Rambai, Tasek Merimbun, *Bernstein* 490.

MENISPERMACEAE
L.L. FORMAN
Forman in Fl. Males. 10: 157–253 (1986)

ALBERTISIA

A. papuana Becc.
Liana • GEO: sandy soil • ALT: 10 m
BEL: Sukang, Sg. Belait, *Forman* 1132 • Thailand & Sumatra to New Guinea

A. aff. papuana Becc. — *Akau Ipa* (Dus.)
• USES: Edible, source of MSG-like flavouring for food
TUT: Rambai, Tasek Merimbun, *Bernstein* 533.

A. triplinervis Forman
Climber • VEG: Lower Montane Forest • HAB: steep slope • ALT: 820 m
TEM: Amo, Bt. Belalong, *Prance* 30583 • Endemic

A. sp. indet.
BEL: Bukit Sawat, Sg. Mau, *Coode* 7722.

COSCINIUM

C. fenestratum (Gaertn.) Colebr.
Climber
Without locality: KAS 337 • Ceylon, S India, Indochina, W & C Malesia

CYCLEA

C. elegans King
Climber • VEG: Degraded Upper Montane Forest • HAB: steep slope • ALT: 920 m
TEM: Amo, Bt. Belalong, *Dransfield J.* 7213 • Sumatra, Malaya, Borneo

C. cf. laxiflora Miers
Climber • VEG: Secondary Forest
TEM: Batu Apoi, Kpg. Selapon, *Wong* 2075.

DIPLOCLISIA

D. kunstleri (King) Diels
Climber • VEG: Degraded LMDF • HAB: near running fresh water • GEO: Setap Shales • ALT: 20 m
TEM: Amo, Sg. Temburong, *Dransfield J.* 6666 • Malaya, Borneo

FIBRAUREA

F. tinctoria Lour. — *Akau Limbo* (Dus.), *Limbo* (Dus.), *Peler Musang* (*), *Rendau Merakunyit* (Ib.)
Climber • VEG: Alluvial Forest, Secondary Forest • HAB: flat ground, gentle slope; periodically flooded; near running fresh water • GEO: Setap Shales; alluvial deposits; yellow sandy loam • ALT: 10–20 m • USES: Edible fruit, medicinal, Medicinal, treatment for eyes made from the vine
BEL: Bukit Sawat, Sungai Mau, *Niga* 379. **BRM:** Berakas, Berakas camp, *Ashton* BRUN 5165. **TEM:** Batu Apoi, Kpg. Selapon, *Dransfield J.* 6926; Batu Apoi, Kpg. Selapon, *Kirkup* 315. **TUT:** Rambai, Tasek Merimbun, *Bernstein* 105, 532 • India, Indo-China, Malesia (except New Guinea)

F. sp. indet.
BEL: Seria, Badas, *Coode* 7628.

HAEMATOCARPUS

H. validus (Miers) Forman
Climber • VEG: LMDF • HAB: ridge • GEO: Setap Shales • ALT: 100 m
TEM: Amo, Sg. Belalong, *Dransfield J.* 7053 • Mainland SE Asia, Sumatra, Java, Borneo

HYPSERPA

H. nitida Miers
Liana • VEG: Degraded Kerangas, Secondary Forest • HAB: flat ground, terrace; near brackish water • GEO: White sand • ALT: sea level
BRM: Serasa, Kpg. Sabun, *Wong* 926. TUT: Telisai, Danau, *Coode* 7761 • SE Asia, W & C Malesia

LIMACIA

L. oblonga Hook.f. & Thoms.
Climber • VEG: Kerangas, LMDF • HAB: ridge • GEO: Lambir formation; sandy soil • ALT: 20–400 m
BEL: Labi, Bukit Teraja, *Kirkup* 429. TUT: Tanjong Maya, *Forman* 804; Ukong, Bt. Besong, *Niga* 233. Without prov.: *Niga* 232 • Thailand, Malaya, Sumatra, Sarawak

STEPHANIA

S. corymbosa Walp. — *Akau Lanui* (Dus.)
Liana.
TUT: Rambai, Tasek Merimbun, *Bernstein* 523 • W & C Malesia

TINOMISCIUM

T. petiolare Hook.f. & Thoms.
Climber • VEG: LMDF, Roadsides • HAB: gentle slope • GEO: Belait formation, sandstone • ALT: 10–30 m
BEL: Labi, Jln. Labi–Merangking, *Kirkup* 261. TUT: Lamunin, Ladan Hills F.R., *Kirkup* 279 • SE Asia to New Guinea

TINOSPORA

T. crispa (L.) Hook.f. & Thoms. — *Ratnawali* (Br.), *Watnali* (Dus.)
Liana • VEG: Cultivated Areas • USES: Medicinal, stems used
BEL: Sg. Liang, Kpg. Lumut, *Wong* 1753 • Mainland SE Asia, Java & Philippines

T. glabra (Burm.f.) Merr. — *Akar Penawar* (Ib.)
Climber
BEL: Labi, Kpg. Tenajor, *Haslani-Mohd. A.* 69 • SE Asia to Solomon Is.

MENISPERMACEAE INDET.
TEM: Amo, Sg. Temburong, *Coode* 6729. Without prov.: *van Niel* 3735; *van Niel* 3878; *van Niel* 4047; *van Niel* 4133; *van Niel* 4287.

MONIMIACEAE
Philipson, W.R. in Fl. Males., 10: 255–326 (1986)

KIBARA

K. coriacea (Blume) Tul.
Treelet • VEG: LMDF • ALT: 20–30 m
TUT: Rambai, Sg. Tutong, *Coode* 6343 • Malesia

K. spp. indet.
TEM: Amo, Ulu Belalong, *Coode* 7879; Batu Apoi, Kpg. Selapon, *Wong* 2071. TUT: Lamunin, Ladan Hills F.R., *Wong* 1667.

MATTHAEA

M. sancta Blume
Treelet • VEG: Lower Montane Forest • GEO: Meligan formation • ALT: 850 m
TEM: Amo, Bt. Retak, *Sands* 5340 • W & C Malesia

MORACEAE
A.P. DAVIS

ANTIARIS

A. toxicaria Lesch. — *Ipoh* (Br., Dus., Ib.)
Midstorey/subcanopy tree • VEG: Cultivated Areas
BRM: Gadong, Kpg. Rimba, *Wong* 1631 • Tropical Africa, Indochina to Malesia

ARTOCARPUS
Jarrrett in J. Arn. Arb. 40: 114–388 (1959) & 41: 73–140 (1960)

A. anisophyllus Miq. — *Bintawak* (Br., Ib., Dus.)
Canopy/emergent tree
BEL: Sungai Liang, Arboretum Reserve, *Wong* 943 • Sumatra, Malaya, Borneo

A. altilis (Parkinson ex Z) Fosberg (*A. communis* J.R. & G. Forster)
• Widely cultivated in the tropics; origin New Guinea

A. dadah Miq. — *Badak* (Ib.), *Beruni* (Dus.), *Tempinis* (Br.)
Canopy/emergent tree • USES: Edible fruit and bark, Wood used in house building
BEL: Labi, Labi F.R., *Niga* 5. TUT: Rambai, Tasek Merimbun, *Bernstein* 477 • Burma, S Thailand, Sumatra, Malaya, Borneo

A. elasticus Blume — *Danging* (Dus.), *Tebagan* (Dus.), *Tekalong* (Ib.), *Terap Hutan* (Br.), *Timbaran* (Mal.), *Togop* (Dus.)
Canopy/emergent tree, midstorey/subcanopy tree • VEG: Secondary Forest • HAB: periodically flooded • GEO: alluvial deposits • ALT: 20 m • USES: Edible fruit, wood used for making boats
BEL: Labi, Bt. Telingan, *Wong* 1577. TEM: Batu Apoi, *Dransfield J.* 6985. TUT: Rambai, Tasek Merimbun, *Bernstein* 424. • S Burma, Thailand, W & C Malesia

A. excelsus Jarrett
Canopy/emergent tree • VEG: Upper Montane Forest • HAB: valley bottom; impeded drainage • GEO: clay soil • ALT: 540 m
TEM: Amo, *Ashton* BRUN.2512 • Borneo: Sabah

A. glaucus Blume
Name in Hassan & Ashton • W & C Malesia

A. heterophyllus Lam.
Name in Hassan & Ashton • Widely cultivated in tropics; origin India

A. integer Merr. var. **integer** — *Bukoh* (Ib.), *Cempedak* (Mal.), *Temedak* (Ib.)
Canopy/emergent tree • VEG: Degraded LMDF • HAB: gentle slope; periodically flooded • GEO: sandstone; alluvial deposits; yellow sandy clay soil • ALT: 20–30 m
TUT: Lamunin, Jln. Abang, *Ashton* BRUN 85; Lamunin, Ladan Hills F.R., *Dransfield J.* 6877 • Malesia

A. kemanda Miq.
Without prov.: *van Niel* 4122 • Sumatra, Malaya, Borneo

A. lanceifolius Roxb. — *Kateh* (Ib.)
Canopy/emergent tree • HAB: gentle slope • GEO: sandstone; yellow sandy clay soil • ALT: 90 m
TEM: Bangar, Bt. Biang, *Ashton* BRUN 517. Without prov.: *Ashton* BRUN 552b • W & C Malesia

A. melinoxylus Gagnep. subsp. **brevipedunculatus** Jarrett — *Buah Pala Tupai* (Ib.)
Canopy/emergent tree • HAB: gentle slope • GEO: yellow sandy loam
TEM: Bangar, Pekan Bangar, *Ashton* BRUN 3174 • Borneo: Sabah

A. cf. nitidus Trecul — *Badak* (Ib.), *Beruni* (Dus.), *Tempinis* (Br.)
Midstorey/subcanopy tree
BEL: Sungai Liang, Sungai Liang Arboretum, *Niga* 178 • The species is known from SE Asia, W & C Malesia

A. nitidus Trecul subsp. **nitidus**
Midstorey/subcanopy tree • VEG: HDF • HAB: ridge • ALT: 350 m
BEL: Labi, Bt. Teraja, *Simpson* 2106. Without prov.: *Ladi* s.n. 19.vii.60 • Borneo, Philippines

A. odoratissimus Blanco
Without prov.: *Ashton* BRUN 552a • Borneo, Philippines

A. sericicarpus Jarrett
Without prov.: *Ladi* s.n. 19.vi.60 • Borneo, Sulawesi, Moluccas, Philippines

A. tamaran Becc.
Canopy/emergent tree • ALT: 20–100 m
TUT: Rambai, Ladan Hills F.R., *Coode* 6427. Without prov.: *Wong* s.n. 9.iv.89 • Borneo

A. spp. indet.
TEM: Amo, Ulu Belalong LP382, *Kirkup* 904. TUT: Rambai, Tasek Merimbun, *Bernstein* 483; Ulu Tutong, Bukit Bahak, *Kirkup* 529.

FICUS
Corner in Gard. Bull. Sing. 21(1): 1–186 (1965)

F. acamptophylla Miq.
Epiphytic; shrub • VEG: Kerangas • GEO: shale • ALT: 50–130 m
BEL: Bt. Sawat, UBD plot, *Thomas* 220. TEM: Amo, Sg. Temburong, *Coode* 6519 • Borneo, Bangka, St.Barbe Is.

F. androchaete Corner
Treelet, sapling, shrub • HAB: flat ground; periodically flooded; near running fresh water • GEO: shale; alluvial deposits • ALT: 130 m
TEM: Amo, K. Temburong Machang, *Ashton* BRUN 389; Amo, Sg. Temburong, *Coode* 6558; Amo, Sg. Temburong, *Coode* 6578; Amo, Sg. Temburong, *Schatz* 3296; Amo, Ulu Belalong, *Corner* BRUN 5309; Amo, Ulu Belalong, *Corner* BRUN 5310; Amo, Ulu Belalong, *Corner* BRUN 5320 • Borneo

F. annulata Blume
Epiphytic, strangling; liana, shrub, climber • VEG: Peatswamp Forest, Degraded Peatswamp Forest, Secondary Forest, Belukar • HAB: gentle slope; periodically flooded • GEO: alluvial deposits; sandy soil • ALT: 80 m

BEL: Bukit Sawat, Jln. Sg. Mau–Merimbun, *Wong* 381; Labi, Jln. K. Baram–K. Belait, *Corner* BRUN 5360; Seria, Badas, *Sinclair* 10531. BRM: Sengkurong, Kpg. Jerudong, *Ashton* BRUN 5597. TEM: Bangar, Bt. Biang, *Forman* 894A. TUT: Lamunin, Layong–Gadong Pipeline track, *Dransfield J.* 7232; Rambai, *Coode* 6449 • SE Asia, W & C Malesia

F. apiocarpa Miq.
Without prov.: *van Niel* 4346 (n.v.) • Malaya, Sumatra, Bangka, Borneo

F. apiocarpa Miq. var. apiocarpa
TUT: Lamunin, *Forman* 959 • Malaya, Sumatra, Borneo, Bangka

F. aurata Miq. *sens. lat.* — Lemok (Dus.), Uwai Tunggai (Dus.)
Midstorey/subcanopy tree, treelet, shrub • VEG: HDF, Secondary Forest, Open areas • HAB: gentle slope • GEO: Belait formation; yellow sandy loam, Loam • ALT: 150 m • USES: Edible fruit, Firewood

BEL: Bukit Sawat, Merangking Buau, *Coode* 7667; Labi, Jln. Labi, *Ashton* BRUN 5592; Sungai Liang, Andulau F.R., *Fuchs* 21151. TUT: Lamunin, Ladan Hills, *Sands* 5767; Rambai, Tasek Merimbun, *Bernstein* 213, 440 • Malaya, Sumatra, Borneo, Riouw Arch., Bangka, Philippines

F. aurata Miq. var. longipilosa Corner — Lemak-Lemak (Br.), Lenkan (Ib.), Tempan (Ib.)
Midstorey/subcanopy tree, treelet • VEG: Secondary Forest • HAB: gentle slope • GEO: clay • ALT: 40 m

BEL: Andulau F.R., *Ashton* BRUN 575; Sungai Liang, Jln. Labi, *Niga* 41 • Malaya, Sumatra, Borneo

F. beccarii King var. latifolia Corner
Midstorey/subcanopy tree, treelet • VEG: LMDF • HAB: near running fresh water • GEO: Setap Shales • ALT: 30 m

TEM: Amo, K. Belalong, *Dransfield J.* 6694; Amo, Kuala Belalong, *Duling* 39; Amo, Sg. Belalong, *Corner* BRUN 5305; Amo, Sg. Belalong, *Corner* BRUN 5322. TUT: Rambai, Sg. Tutong, *Coode* 6362 • Borneo: Sabah

F. binnendijkii Miq. var. coriacea Corner — Kara Sago (Ib.)
Midstorey/subcanopy tree • HAB: gentle slope • GEO: clay • ALT: 40 m

BEL: Andulau F.R., *Ashton* BRUN 542. Without prov.: *Wong* 1660b • Annam, Malaya, Borneo, Philippines

F. bruneiensis Corner
Midstorey/subcanopy tree • VEG: Upper Montane Shrubbery • HAB: ridge • ALT: 1500 m
TEM: Amo, G. Pagon, *Coode* 7552; Amo, Ulu Belalong, *Corner* BRUN 5338 • Endemic

F. brunneo-aurata Corner
Sapling
TEM: Amo, Sg. Belalong, *Corner* BRUN 5307; Amo, Sg. Belalong, *Corner* BRUN 5308 • Borneo

F. callophylla Blume — Kara (Ib.)
Strangling; midstorey/subcanopy tree • VEG: Coastal Forest, LMDF • HAB: impeded drainage; near running fresh water • GEO: sandy soil • ALT: 30 m

BEL: Kuala Belait, K. Belait, *Corner* BRUN 5353; Kuala Belait, K. Belait, *Corner* BRUN 5358; Kuala Belait, K. Belait, *Ashton* S 7852; Labi, Jln. K. Baram–K. Belait, *Corner* BRUN 5359. TUT: Rambai, Sg. Tutong, *Coode* 6338. Without prov.: *van Niel* 4349 • SE Asia, W & C Malesia

F. cereicarpa Corner
TEM: Amo, Sg. Belalong, *Corner* BRUN 5315 • Borneo

F. chartacea King var. **chartacea**
Treelet • ALT: 230 m
BEL: Labi, Jln. Labi–Teraja, *Wong* 998. **TUT:** Rambai, Bt. Bahak, *Coode* 7109 • Burma, Indochina to Malaya, N Borneo

F. condensa King — *Lemak-Lemak* (Br.), *Leginit Payo* (Dus.), *Lengkau* (Ib.)
Midstorey/subcanopy tree, treelet • VEG: Degraded Peatswamp Forest, HDF, Secondary Forest • HAB: gentle slope; near running fresh water • ALT: 760 m
BEL: Sg. Mendaram, *Niga* 15. **TEM:** Amo, Bt. Belalong, *Prance* 30567a. **TUT:** Rambai, Sg. Tutong, *Simpson* 2599; Rambai, Tasek Merimbun, *Bernstein* 211; Ukong, Kpg. Pengkalan Dong., *Niga* 183 • Borneo: Sarawak, Sabah

F. consociata Blume
Climber • VEG: LMDF • HAB: steep slope • GEO: White sand, sandstone; stony; clay soil • ALT: 100 m
BRM: Lumapas, Bukit Lumapas, *Davis* 500. **TEM:** Amo, Ulu Belalong, *Coode* 7844; Amo, Ulu Belalong, *Corner* BRUN 5334 • Indochina to Malaya, W & C Malesia

F. consociata Blume var. **murtoni** King — *Kara Sago* (Ib.), *Kayu Ara* (Br.)
Strangling; climber • VEG: Empran • HAB: seasonal watercourse • GEO: alluvial deposits • ALT: 30 m
BEL: Melilas, K. Topi, *Ashton* BRUN 207. **TUT:** Lamunin, Ladan Hills F.R., *Niga* 218 • Burma, Indochina, Thailand, Malaya, Sumatra, Borneo

F. crassiramea Miq. var. **crassiramea**
Midstorey/subcanopy tree, climber • VEG: HDF • HAB: periodically flooded; near running fresh water • GEO: alluvial deposits • ALT: 350 m
BEL: Labi, Jln. K. Baram–K. Belait, *Corner* BRUN 5356; Melilas, K. Penipir, *Ashton* BRUN 235. **TEM:** Batu Apoi, Bt. Gelagas (Bt. Suang), *Simpson* 2499. **Without prov.:** *van Niel* 4347 • SE Asia, W & C Malesia

F. delosyce Corner
Strangling; canopy/emergent tree, midstorey/subcanopy tree • VEG: Peatswamp Forest with Shorea albida • HAB: near running fresh water • ALT: sea level
BEL: Sg. Belait, *Ashton* BRUN 5536; Sg. Belait, *Corner* BRUN 5374; Seria, Seria, *Smythies* S 5858 • Malaya, Borneo

F. delosyce Corner var. **obtusa** Corner
BEL: Sungai Liang, Jln. K. Belait–Muara, *Hassan Pukol* BRUN 5133 • Borneo

F. deltoidea Jack
Epiphytic • HAB: near running fresh water
TEM: Amo, Sg. Temburong, BRUN 15296.

F. deltoidea Jack var. **angustifolia** (Miq.) Corner
Treelet, shrub • VEG: Freshwater Swamp Forest, Peatswamp Forest, Kerangas • HAB: near running fresh water • GEO: White sand; Kerangas soil • ALT: 10–20 m
TUT: Rambai, Sg. Medit, *Simpson* 2612; Tanjong Maya, Coastal road–Bt Udal junction, *Wong* 35; Tanjong Maya, Jln. Tutong–Seria, *Simpson* 2187; Telisai, *Sands* 5429 • S Thailand to Malaya, Sumatra, Borneo

F. deltoidea Jack var. **arenaria** Corner — *Ara* (Br.)
Midstorey/subcanopy tree, treelet, shrub, suffrutescent herb/subshrub • VEG: Peatswamp Forest with Shorea albida, Peatswamp Forest, Kerangas, Degraded Kerangas, Degraded HDF • GEO: White sand; Kerangas soil, sandy soil • ALT: 660 m
BEL: Ulu Sg. Badas, *Niga* 20; Ulu Sg. Badas, *Niga* 21; Bukit Sawat, Labi Road, *Thomas* 151; Kuala Belait, K. Belait, *Corner* BRUN 5352; Seria, Kpg. Badas, *Corner* BRUN 5367; Sungai Liang, Badas, *Coode* 6832. **TEM:** Batu Apoi, Bt. Gelagas (Bt. Suang), *Simpson* 2286. **TUT:** Tanjong Maya, Coastal road–Bt. Udal junction, *Wong* 34; Telisai, *Coode* 7377; Telisai, *Sands* 5209; Telisai, *Sands* 5432; Telisai, Jln. K. Belait–Pekan Muara, *Jacobs* 5669; Telisai, Jln. K. Belait–Pekan Muara, *Jacobs* 5675. **Without prov.:** *van Niel* 3728; *van Niel* 3888; *van Niel* 4108 • Borneo

F. deltoidea Jack var. **borneensis** Corner
Epiphytic; canopy/emergent tree, treelet, scrambling shrub, shrub, suffrutescent herb/subshrub • VEG: Alluvial Forest, Peatswamp Forest with Shorea albida, Kerangas, LMDF, Roadsides • HAB: raised beach; near running fresh water • GEO: White sand, sandstone; Podsol, sandy soil, White sand; Mor • ALT: sea level
  BEL: Labi, Bt. Puan, *Ashton* BRUN 649; Labi, Bt. Teraja, *Simpson* 2142; Seria, Badas, *Sinclair* 10475; Seria, Seria, *Smythies* S 5856. TEM: *Johns* 7326. TUT: *Johns* 7096; Rambai, Bt. Bahak, *Coode* 7074; Telisai, *Ashton* BRUN 5016. Without prov.: *van Niel* 3768; *van Niel* 4324 • Borneo

F. deltoidea Jack var. **deltoidea**
Epiphytic; shrub • HAB: near running fresh water • GEO: shale • ALT: 500 m
  TEM: Amo, Kuala Belalong, *Argent* 91164; Amo, Sg. Temburong, *Coode* 6486; Amo, Ulu Belalong, *Corner* BRUN 5314 • Sumatra, Java, Malaya, Borneo, Riouw & Lingga Arch., Bangka

F. deltoidea Jack var. **motleyana** (Miq.) Corner — *Tibadak Umang* (Br.)
Treelet, shrub • VEG: Peatswamp Forest with Shorea albida, Peatswamp Forest, Kerangas • HAB: sharp ridge • GEO: White sand, sandstone; stony; Kerangas soil • ALT: sea level
  BEL: Seria, Badas, *Sinclair* 10467; Seria, Seria, *Smythies* S 5857. TEM: Bangar, Pekan Bangar, *Ashton* BRUN 487; Labu, *Hassan Pukol* BRUN 3113; Labu, *Smythies* S 5821; Labu, *Smythies* S 5825 • Malaya, Borneo, Sulawesi

F. dubia King — *Kara Kuniang* (Ib.)
Canopy/emergent tree • HAB: gentle slope • GEO: sandstone; yellow sandy clay soil • ALT: 240 m
  TEM: Labu, *Ashton* BRUN 522 • Sumatra, Malaya, Borneo

F. fistulosa Blume var. **fistulosa** — *Peranak Purak* (Dus.)
TUT: Rambai, Tasek Merimbun, *Bernstein* 521 • India, S SE Asia, W & C Malesia

F. fistulosa Reinw. var. **tengerensis** (Miq.) Kuntze — *Ara* (Ib.)
Midstorey/subcanopy tree • HAB: ridge; near running fresh water • GEO: stony • ALT: 600 m
  TEM: Amo, Bt. Belalong, *Wong* 1402 • Borneo: Sarawak, Sabah

F. francisci Winkler — *Entimau Bandam* (Ib.), *Leginit* (Dus.), *Sempanai* (Ib.)
Treelet, shrub • VEG: HDF • HAB: near running fresh water • GEO: Setap Shales • ALT: 60 m
  BEL: Bukit Sawat, Jln. Sg. Mau–Merimbun, *Wong* 378. TEM: Amo, Apan, *Cowley* 75; Amo, Sg. Belalong, *Corner* BRUN 5324; Bangar, Bt. Biang, *Asah* BRUN 5588. TUT: Lamunin, Ladan Hills F.R., *Wong* 1646; Rambai, Sg. tutong, *Wong* 1682 • Borneo

F. fulva Blume — *Kempan* (Ib.)
Treelet • HAB: near running fresh water
  TEM: Batu Apoi, Kpg. Selapon, *Wong* 2019.

F. fulva Blume var. **fulva**
Midstorey/subcanopy tree, treelet • VEG: HDF, Secondary Forest, Degraded Secondary Forest, Roadsides • HAB: near running fresh water • GEO: yellow sandy loam • ALT: 40 m
  BEL: Labi, Bt. Teraja, *Simpson* 2097; Labi, Bt. Teraja, *Simpson* 2159; Sungai Liang, Jln. Labi, *Forman* 842. TEM: Batu Apoi, Bt. Gelagas (Bt. Suang), *Simpson* 2508; Bukok, Kpg. Sibatang, *Forman* 950. TUT: Jln. Tutong, *Ashton* BRUN 5595 • S Thailand to Malaya, Sumatra, Java, Borneo, Moluccas & Sulawesi

F. geocharis Corner — *Buah Leginit* (Dus.)
Midstorey/subcanopy tree, treelet • VEG: Secondary Forest • HAB: near running fresh water • ALT: 80 m • USES: Edible fruit
  TEM: Amo, Belalong River, *Duling* 31; Bangar, Bt. Biang, *Forman* 894B; Bangar, Bt. Biang, *Forman* 914; Labu, Ulu Sg. Ayam Ayam, *Hassan Pukol* BRUN 3109. TUT: Rambai, Tasek Merimbun, *Bernstein* 173 • Borneo

F. glandulifera (Miq.) King var. **glandulifera**
Treelet
BEL: Bt. Sawat, Simpang Bukit Mau, *Awong* 5 • Malaya, Sumatra, Java, Borneo, Sulawesi, Moluccas

F. globosa Blume — *Kayu Ara* (Br.)
Epiphytic; scrambling shrub, climber • VEG: Degraded Empran • HAB: impeded drainage, seasonal watercourse; near running fresh water • GEO: alluvial deposits • ALT: 60 m
BEL: Sg. Belait, *Corner* BRUN 5376; Kuala Balai, *Kirkup* 206. TEM: Amo, K. Belalong, *Smythies* SAN 17381. TUT: Ukong, *Ashton* BRUN 2994. **Without prov.**: *van Niel* 4348 • S Burma, Thailand, Malaya, Sumatra, Java, Borneo

F. grandiflora Corner
Climber • HAB: near running fresh water
BEL: Sungai Liang, Sungai Liang Arboretum, *Haslani-Mohd. A.* 49. TEM: Amo, Ulu Belalong, *Corner* BRUN 5318 • Borneo

F. grossivenis Miq.
Shrub, climber • HAB: ridge • ALT: 910 m
TEM: Amo, Bt. Belalong, *Wong* 1436; Amo, Bukit Belalong, *Argent* 91150 • Borneo, Sulawesi, Moluccas, Philippines

F. grossularioides Burm.f. — *Lomok* (Dus.)
• ALT: 20 m • USES: Edible fruit
TUT: Rambai, Tasek Merimbun, *Bernstein* 140.

F. grossularioides Burm.f. var. **grossularioides** — *Kempan* (Ib.)
Treelet, shrub • HAB: gentle slope
BEL: Jln. Labi, *Wong* 199. TUT: Tanjong Maya, *Coode* 6868 • S Thailand to Malaya, Sumatra, Java, Riouw Arch., Borneo

F. hemsleyana King
Epiphytic; climber • VEG: Lower Montane Forest • GEO: Meligan formation • ALT: 870 m
TEM: Amo, Bt. Retak, *Sands* 5342; Amo, Sg. Belalong, *Wong* 1171; Amo, Ulu Belalong, *Corner* BRUN 5316. **Without prov.**: *Johns* 7327 • Borneo

F. lanata Blume
Climber • VEG: HDF • ALT: 830 m
TEM: Amo, Bt. Belalong, *Prance* 30616 • Sumatra, Java, Borneo

F. lepicarpa Blume *sens. lat.*
Midstorey/subcanopy tree
TEM: Amo, Sg. Temburong, *Wong* 1212 • S Burma, Thailand, Malaya, Sumatra, Java, Borneo, Sulawesi, Philippines

F. leptocalama Corner
TEM: Amo, Wong Nguan, Temurong R., *Coode* 6730b • Borneo

F. lowii King
Climber • VEG: HDF • HAB: ridge • ALT: 540–810 m
TEM: Amo, Bt. Belalong, *Prance* 30602 • Borneo

F. aff. lowii King
Epiphytic • VEG: HDF • HAB: ridge • GEO: sandstone; clay soil
TEM: Amo, Ulu Belalong, *Dransfield J.* 7375.

F. macilenta King var. **gibbsae** (Ridl.) Corner
Treelet • HAB: ridge • ALT: 850 m
TEM: Amo, Bt. Belalong, *Wong* 1367 • Borneo: Sabah (Kinabalu)

F. macilenta King var. **macilenta**
Treelet, shrub • HAB: ridge • ALT: 900–910 m

TEM: Amo, *Wong* 1844; Amo, Bt. Belalong, *Prance* 30555; Amo, Bukit Belalong, *Argent* 91152; Batu Apoi, Bt. Gelagas (Bt. Suang), *Simpson* 2281 • Borneo: Sarawak

F. megaleia Corner var. **megaleia**
TEM: Amo, Belalong River, *Duling* 30; Amo, Sg. Belalong, *Corner* BRUN 5301 • Borneo

F. microcarpa L.f. var. **microcarpa**
Canopy/emergent tree
BEL: Seria, Anduki F. R., *Forman* 880 • SE Asia, Malesia to N Australia

F. obscura Blume var. **borneensis** (Miq.) Corner
BEL: Sg. Belait, *Corner* BRUN 5371 • Thailand, Malaya, Sumatra, Java, Borneo, Sulawesi, Philippines

F. obscura Blume var. **obscura**
Treelet • HAB: gentle slope
TEM: Amo, K. Temburong Machang, *Wong* 1951 • S Thailand, Malaya, Sumatra, Java, Borneo, Sulawesi, Philippines

F. oleifolia King *sens. lat.*
Treelet • VEG: Upper Montane Shrubbery • HAB: ridge • ALT: 1500 m
TEM: Amo, G. Pagon, *Coode* 7438.

F. oleifolia King var. **dodonaeiformis** (Gagnep.) Corner
Epiphytic • VEG: HDF • HAB: steep slope • GEO: Setap Shales • ALT: 870 m
TEM: Amo, Bt. Belalong, *Dransfield J.* 7143 • Borneo: Sarawak

F. oleifolia King var. **linearifolia** Corner
Treelet, shrub • VEG: Degraded HDF • HAB: ridge • ALT: 660 m
TEM: Amo, *Wong* 1848; Amo, Bt. Retak, *Wong* 448; Batu Apoi, Bt. Gelagas (Bt. Suang), *Simpson* 2284 • Borneo: Sarawak

F. oleifolia King var. **riparia** Corner
Epiphytic; midstorey/subcanopy tree, treelet, shrub • VEG: HDF, Upper Montane Shrubbery • HAB: steep slope, ridge • GEO: Meligan formation, sandstone, Setap Shales; peat • ALT: 1350–870 m
TEM: Amo, *Ashton* BRUN 2370; Amo, *Sands* 5404; Amo, Bt. Belalong, *Dransfield J.* 7135; Amo, Bt. Retak, *Wong* 400 • Borneo: Sarawak

F. oleifolia King var. **valida** Corner
Treelet • VEG: Lower Montane Forest • GEO: Meligan formation; Brown clay-loam • ALT: 840–1160 m
TEM: Amo, Bt. Retak, *Wong* 762; Amo, Bukit Tudal, *Davis* 473 • Borneo: Sarawak

F. paracamptophylla Corner
Epiphytic; midstorey/subcanopy tree, liana, shrub • VEG: Freshwater Swamp Forest, LMDF, HDF • HAB: valley bottom; near running fresh water • GEO: Setap Shales; grey clay soil, sandy soil • ALT: 40–80 m
BEL: Sukang, Sg. Belait, *Forman* 1169; Sungai Liang, Jln. Labi, *Forman* 848. **TEM:** Amo, Apoi Forest Reserve, *Sands* 5812. **TUT:** *Johns* 7091; Rambai, Sg. Medit, *Simpson* 2606. **Without prov.:** *Corner* BRUN 5323 • Borneo

F. parietalis Blume
Treelet • VEG: Peatswamp Forest • HAB: flat ground; impeded drainage; near still fresh water
BEL: Labi, Kpg. Tenajor, *Haslani-Mohd. A.* 20. **BRM:** Berakas, Jln. Tutong, *Ashton* BRUN 5699. **TEM:** Amo, Sg. Belalong, *Corner* BRUN 5313 • S Annam, Thailand, Malaya, Sumatra, Java, Borneo, Philippines

F. pellucido-punctata Griff.
BEL: Sg. Belait, *Corner* BRUN 5373; Kuala Belait, K. Belait, *Corner* BRUN 5355; Labi, Jln. K. Baram–K. Belait, *Corner* BRUN 5357. **TEM:** Amo, Ulu Belalong, *Corner* BRUN 5335 • Assam, Indochina to Malay, Sumatra, Borneo, Philippines

F. pisocarpa Blume
Strangling • ALT: 20 m
BEL: Sg. Belait, *Corner* BRUN 5375. **TUT:** Rambai, *Coode* 6448 • S Thailand, Malaya, Sumatra, Java, Borneo

F. punctata Thunb. — *Akar Manang* (Ib.), *Kara Enkunial* (Ib.)
Liana, climber • HAB: ridge; periodically flooded • GEO: sandstone, shale; alluvial deposits; yellow sandy clay soil • ALT: 150–270 m
TEM: Amo, K. Belalong, Batu Apoi F.R., *Hansen* 1502; Amo, Sg. Temburong, *Coode* 6600; Amo, Ulu Belalong, *Ashton* BRUN 438. **TUT:** Ulu Tutong, *Ashton* BRUN 900. **Without prov.:** *Wong* 1660a; *Wong* 2105 • Borneo: Sarawak

F. recurva Blume var. recurva
Climber • VEG: Degraded Secondary Forest • HAB: gentle slope; near running fresh water • GEO: sandstone • ALT: 30 m
TEM: Batu Apoi, Selapon, *Dransfield J.* 7493 • Malaya, Sumatra, Java, Borneo, Philippines

F. retusa L. — *Nunuk Boncolod* (Dus.)
Epiphytic; climber • HAB: periodically flooded • GEO: alluvial deposits • ALT: 10 m
BEL: Seria, Badas, *Smythies* SAN 17445. **TUT:** Rambai, Tasek Merimbun, *Bernstein* 34 • Sumatra, Malaya, Java, Borneo

F. retusa L. var. borneensis Corner
TEM: Amo, Ulu Belalong, *Corner* BRUN 5337 • Borneo

F. rubrocuspidata Corner
Strangling • GEO: shale • ALT: 120–550 m
TEM: Amo, Sg. Temburong, *Coode* 6731A • Borneo

F. rubromidotis Corner
Midstorey/subcanopy tree, shrub • VEG: LMDF • HAB: ridge; near running fresh water • GEO: Setap Shales; bare rock and boulders • ALT: 50 m
TEM: *Johns* 7151; Amo, Bt. Belalong, *Wong* 1511; Amo, Sungai Isu, *Duling* 13; Amo, Temburong river, *Atkins* 498; Amo, Ulu Belalong, *Corner* BRUN 5340 • Borneo: Sarawak

F. ruginervia Corner
Midstorey/subcanopy tree • VEG: Kerangas • HAB: gentle slope • ALT: 100–240 m
TEM: Amo, K. Belalong, *Smythies* S 5762; Bangar, Bt. Biang, *Smythies* S 5808 • Sumatra, Malaya, Borneo

F. schwarzii Koord. — *Peranak* (Dus.)
Midstorey/subcanopy tree • VEG: Degraded LMDF • HAB: valley bottom • GEO: Lambir formation • ALT: 40 m • USES: Edible fruit, Wood used in house building
BEL: Labi, Rampayoh, *Sands* 5751. **TEM:** Amo, *Wong* 1270. **TUT:** Rambai, Tasek Merimbun, *Bernstein* 193, 398, 515. **Without prov.:** *Wieblen* 325 • S Burma, S Thailand to Malaya, Sumatra, Borneo, Sulawesi

F. setiflora Stapf var. adelpha Corner
Treelet • VEG: LMDF • HAB: ridge • GEO: Belait formation • ALT: 20 m
BEL: Melilas, Trail to Sungai Mutip, *Cowley* 150 • Borneo: Sabah (Kinabalu)

F. setiflora Stapf var. puberula Corner
Midstorey/subcanopy tree, treelet, shrub • VEG: Lower Montane Forest, Upper Montane Forest, Upper Montane Shrubbery • HAB: ridge • GEO: Meligan formation • ALT: 1500 m
TEM: Amo, Bt. Pagon, *Ashton* BRUN 1041; Amo, Bt. Pagon, *Wong* 1774; Amo, Bt. Retak, *Sands* 5246; Amo, Bt. Retak, *Wong* 742; Amo, G. Pagon, *Coode* 7485; Amo, G. Pagon, *Coode* 7551 • Borneo

F. spathulifolia Corner var. **spathulifolia** — *Kayu Ara* (Br.), *Kera* (Ib.), *Nunuk* (Dus.)
Strangling; midstorey/subcanopy tree • VEG: Padang, Kerangas • HAB: flat ground; well-drained, impeded drainage; near still fresh water • GEO: White sand • ALT: 20 m
BEL: Bukit Sawat, Jln. Labi–Merangking junction, *Niga* 142; Seria, Seria, *Smythies* S 5862. TEM: Labu, *Ashton* BRUN 3333. TUT: Telisai, *Coode* 6858 • Malaya, Borneo: Sarawak, Sabah

F. stolonifera King — *Leginit* (Dus.)
Midstorey/subcanopy tree • HAB: near running fresh water • GEO: Lambir formation • ALT: 20 m
BEL: Bukit Sawat, Jln. Sg. Mau–Merimbun, *Wong* 382; Labi, Rampayoh, *Atkins* 436. TEM: Amo, Sg. Belalong, *Corner* BRUN 5317; Amo, Ulu Belalong, *Corner* BRUN 5339; Batu Apoi, Sg. Selapon, *Wong* 2033 • Borneo: Sarawak, Sabah

F. subgelderi Corner *sens. lat.*
Strangling; seasonal watercourse • VEG: Empran • HAB: seasonal watercourse • GEO: alluvial deposits • ALT: 30 m
BEL: Melilas, K. Ingei, *Ashton* BRUN 226 • Indochina to Malaya, Sumatra, Java, Borneo

F. subterranea Corner
TEM: Amo, Sg. Belalong, *Corner* BRUN 5306; Amo, Sg. Belalong, *Corner* BRUN 5327 • Borneo: Sabah

F. sumatrana Miq. var. **circumscissa** Corner — *Kara Sago* (Ib.)
Strangling; treelet • VEG: Kerangas • HAB: gentle slope • GEO: clay; White sand; Mor • ALT: 30 m
BEL: Andulau F.R., *Ashton* BRUN 590. TUT: Telisai, *Ashton* BRUN 5015 • Malaya

F. sundaica Blume — *Ara* (Ib.), *Ara Sago* (Ib.), *Kayu Ara* (Br.), *Nunok* (Dus.)
Midstorey/subcanopy tree, treelet, liana • VEG: Peatswamp Forest, Degraded Peatswamp Forest, Padang, Kerangas • HAB: well-drained • GEO: White sand • ALT: 150 m
BEL: Bukit Sawat, Labi Road, *Thomas* 152; Bukit Sawat, Sg. Badas, *Niga* 73; Seria, Badas F.R., *Kirkup* 387; Sungai Liang, Badas, *Coode* 6470; Sungai Liang, Badas, *Coode* 6844. TUT: Tanjong Maya, Jln. Tutong-Seria, *Simpson* 2188; Telisai, *Coode* 6850; Telisai, *Wong* 161 • S Burma, Indochina to Malaya, Sumatra, Java, Borneo

F. sundaica Blume *vel aff.*
Treelet • VEG: Peatswamp Forest • GEO: White sand • ALT: 10 m
TUT: Tanjong Maya, Jln. Tutong–Seria, *Simpson* 2186.

F. sundaica Blume var. **beccariana** (King) Corner
Strangling; midstorey/subcanopy tree, climber • VEG: Peatswamp Forest with Shorea albida, Peatswamp Forest • HAB: near running fresh water • GEO: White sand; peat • ALT: sea level
BEL: Sg. Belait, *Corner* BRUN 5370; Labi, Jln. K. Baram–K. Belait, *Corner* BRUN 5354; Seria, Anduki F.R., *Sinclair* 10415; Seria, Badas, *Sinclair* 10535; Seria, Kpg. Badas, *Smythies* S 5876; Seria, Seria, *Smythies* S 5864. TEM: Batu Apoi, Bt. Pasir Puteh, *Ladi* BRUN 5116 • Malaya, Borneo

F. supperforata Corner — *Ara Sago* (*)
Climber • VEG: Peatswamp Forest with Shorea albida
BEL: Seria, Jln. Badas, *Mat Salleh* 2416b • Borneo

F. treubii King
Midstorey/subcanopy tree • VEG: LMDF • HAB: gentle slope • GEO: Setap Shales; clay soil
TEM: Batu Apoi, Selapon, *Coode* 7938.

F. uncinata (King) Becc.
TEM: Amo, *Wong* 1886; Amo, Bt. Belalong, *Wong* 388; Amo, Kuala Belalong, *Duling* 37; Bangar, Bt. Biang, *Forman* 895. TUT: Rambai, Tasek Merimbun, *Bernstein* 109.

F. uncinata (King) Becc. var. **gracilis** Corner
Treelet • HAB: near running fresh water
TEM: Amo, Sg. Belalong, *Corner* BRUN 5302; Amo, Sg. Belalong, *Corner* BRUN 5303 • Endemic

F. uncinata (King) Becc. var. **parva** Corner
Treelet • VEG: Secondary Forest • HAB: ridge • ALT: 80 m
BEL: Andulau F.R., *Corner* s.n. ii.59 • Endemic

F. uncinata (King) Becc. var. **pilosa** Corner
TEM: Batu Apoi, Kpg. Selapon, *Wong* 2015 • Borneo

F. uncinata (King) Becc.var. **strigosa** Corner
TEM: Amo, Sg. Belalong, *Corner* BRUN 5304 • Malaya, Borneo

F. uncinata (King) Becc. var. **truncata** Corner
TEM: Amo, Sg. Belalong, *Corner* BRUN 5329 • Borneo: Sarawak

F. uncinulata Corner — *Leginit* (Dus.)
• USES: Edible fruit
TUT: Rambai, Tasek Merimbun, *Bernstein* 109.

F. uniglandulosa Miq. var. **uniglandulosa**
Shrub • VEG: LMDF • ALT: 150–170 m
BEL: Labi, Wong Kadir, *Coode* 7238. TUT: *Johns* 7551 • Burma, Thailand, Malaya, Sumatra, Borneo, Sulawesi, Borneo, Philippines

F. uniglandulosa Miq. var. **parviflora** Miq.
Midstorey/subcanopy tree, treelet • VEG: LMDF • HAB: gentle slope • GEO: Setap Shales; clay soil • ALT: 30 m
BEL: Kuala Belait, K. Belait, *Corner* BRUN 5372. TEM: Amo, *Wong* 1344; Batu Apoi, *Dransfield J.* 6974; Batu Apoi, Kpg. Selapon, *Wong* 2057; Batu Apoi, Selapon, *Coode* 7941 • Borneo, ?Sulawesi, Philippines

F. urnigera Miq.
Canopy/emergent tree • HAB: gentle slope, ridge; near running fresh water • ALT: 1640 m
TEM: Amo, *Ashton* BRUN 2516; Amo, Batu Apoi F.R., K. Belalong FSC, *Hansen* 1627 • S Thailand, Malaya, Sumatra, Java, Borneo, Philippines

F. variegata Blume *sens. lat.* — *Kara* (Ib.)
Midstorey/subcanopy tree • VEG: Secondary Forest
BEL: Labi, Kpg. Labi, *Wong* 573 • China, SE Asia through Malesia to N Australia and Solomon Is.

F. virescens Corner
Treelet • VEG: LMDF, Secondary Forest • GEO: Belait formation • ALT: 20–80 m
TEM: Bangar, Bt. Biang, *Forman* 911; Labu, *Sands* 5645 • Borneo

F. xylophylla Miq.
Epiphytic; midstorey/subcanopy tree • VEG: Secondary Forest • HAB: terrace • GEO: White sand; Podsol • ALT: 20 m
BEL: Bukit Sawat, Sg. Mau, *Wong* 320; Sungai Liang, Sungai Liang Arboretum, *Haslani-Mohd. A.* 41. BRM: Berakas, Berakas F.R., *Ashton* BRUN 5051 • Indochina, Malaya, Sumatra, Borneo

F. sp. 1
TEM: Batu Apoi, Selapon, *Coode* 7957.

F. spp. indet.
BEL: K. Balai, Kuala Balai, BRUN 15651; Labi, *Johns* 6803; Labi, Bukit Teraja, *Kirkup* 457; Labi, Bukit Teraja, *Sharbini Mohidin* BRUN 15003; Labi, Sungai Rampayoh, *Kirkup* 791; Labi, Sungai Rampayoh, *Kirkup* 827; Melilas, Paleh Bangawong, *Thomas* 53; Sukang, Sungai

Paleh Bangawong, *Kirkup* 696; Sungai Liang, Compartment 7, BRUN 15252. **TEM:** Amo, Belalong River, *Duling* 32; Amo, Bt. Belalong, *Wong* 1446; Amo, Bukit Tudal, *Kirkup* 967; Amo, Ulu Belalong LP382, *Kirkup* 909; Batu Apoi, Selapon, *Kirkup* 927; Batu Apoi, Selapon, *Kirkup* 937; Batu Apoi, Selapon, *Kirkup* 948. **TUT:** Ulu Tutong, Bukit Bahak, *Kirkup* 493.

PARARTOCARPUS

P. venenosus (Zoll. & Mor.) Becc. subsp. **borneensis** (Becc.) Jarrett — *Ara Berteh* (Mal., Br.), *Kateh* (Ib.), *Keledang Babi* (Br.)
Canopy/emergent tree, midstorey/subcanopy tree • VEG: Peatswamp Forest • HAB: gentle slope • GEO: clay • ALT: 20–40 m
BEL: Andulau F.R., *Ashton* BRUN 585; Seria, Badas F.R., *Wong* 207; Sungai Liang, Andulau F.R., *Smythies* SAN 174500 • Borneo

P. venenosus (Zoll. & Mor.) Becc. subsp. **forbesii** (King) Jarrett — *Buah Keledang* (Mur.), *Kateh* (Ib.)
Canopy/emergent tree • HAB: ridge • GEO: sandstone; yellow sandy clay soil • ALT: 180 m
TEM: Batu Apoi, *Ashton* BRUN 348 • Sumatra, Malaya, Borneo

PRAINEA

P. limpato (Miq.) Heyne — *Dadak* (Ib.)
Canopy/emergent tree, midstorey/subcanopy tree • VEG: Alluvial Forest, Cultivated Areas • GEO: alluvial deposits • ALT: 20–30 m
BRM: Gadong, Kpg. Rimba, *Wong* 1630. **TUT:** Rambai, Sg. Tutong, *Coode* 6308 • Sumatra, Malaya, Borneo

STREBLUS

S. glaber (Merr.) Corner — *Nyagang* (Pen.), *Selangking* (Ib.)
Midstorey/subcanopy tree
TEM: Batu Apoi, *Wong* 2027 • Malaya, Borneo, Sulawesi, Philippines and New Guinea

MYRICACEAE
Backer in Fl. Males. 4: 276–279 (1951)

MYRICA

M. javanica Blume
Midstorey/subcanopy tree • VEG: Lower Montane Forest, Upper Montane Shrubbery • HAB: ridge • ALT: 1500 m
TEM: Amo, *Wong* 1809; Amo, G. Pagon, *Coode* 7458 • Malesia

M. sp. indet.
TEM: Amo, *Ashton* BRUN 2336.

MYRISTICACEAE
Determinations by W.J.J.O. de Wilde

ENDOCOMIA

E. virella de Wilde
Midstorey/subcanopy tree • VEG: LMDF • GEO: Lambir formation • ALT: 20 m
BEL: Labi, Bt. Teraja, *Wong* 78; Labi, Jln. Labi, *Sands* 5499 • Borneo

GYMNACRANTHERA
Schouten in Blumea, 31: 451–486 (1986)

G. bancana (Miq.) Sinclair
Canopy/emergent tree • HAB: ridge • GEO: sandy soil
BEL: Andulau F.R., *Sinclair* 10436 • Sumatra, Malaya, Borneo

G. contracta Warb.
Midstorey/subcanopy tree • VEG: LMDF • HAB: gentle slope • GEO: yellow sandy loam
BEL: Andulau F.R., *Ashton* BRUN 5512; Labi, *Kirkup* 358 • Borneo

G. farquhariana (Hook.f. & Thoms.) Warb. var. **eugeniifolia** (A.DC.) R.Schouten
Midstorey/subcanopy tree • HAB: gentle slope • ALT: 40 m
BEL: Andulau F.R., *Ashton* BRUN 568; Sungai Liang, Andulau F.R., *Smythies* SAN 17514 • Sumatra, Malaya, Borneo

G. farquhariana (Hook.f. & Thoms.) Warb. var. **farquhariana**
Canopy/emergent tree, midstorey/subcanopy tree • VEG: Peatswamp Forest with Shorea albida, Secondary Forest • HAB: gentle slope; periodically flooded • GEO: clay; alluvial deposits • ALT: 20 m
BEL: Seria, Anduki F.R., *Sinclair* 10420; Seria, Badas F.R., *Ashton* BRUN 697; Sungai Liang, Sungei Liang, *Forman* 1096. **BRM:** Berakas, Berakas F.R., *Ashton* BRUN 837. **TEM:** Labu, Labu F.R., *Smythies* SAN 17434 • Sumatra, Malaya, Borneo

G. forbesii (King) Warb. var. **forbesii**
Canopy/emergent tree • VEG: Alluvial Forest • HAB: valley bottom • GEO: alluvial deposits • ALT: 20 m
BEL: Labi, Sg. Rampayoh, *Dransfield J.* 7299 • Sumatra, Malaya, Borneo

G. ocellata R.Schouten — *Nera Jukit* (Dus.)
Midstorey/subcanopy tree • HAB: gentle slope • GEO: clay • ALT: 40 m
BEL: Andulau F.R., *Ashton* BRUN 250. **TUT:** Rambai, Tasek Merimbun, *Bernstein* 470 • Borneo

HORSFIELDIA
de Wilde in Gard. Bull. Singapore, 37: 115–179 (1985), 38: 55–144, 185–225 (1985) & 39: 1–65 (1986)

H. affinis de Wilde
Midstorey/subcanopy tree • HAB: ridge • GEO: clay soil • ALT: 540 m
TEM: Amo, K. Belalong, *Abd. Latip* BRUN 5654 • Borneo

H. brachiata (King) Warb.
Midstorey/subcanopy tree • VEG: Kerapah • HAB: terrace; periodically flooded; near running fresh water • GEO: alluvial deposits
TEM: Batu Apoi, Selapon, *Kirkup* 924 • Thailand, W & C Malesia

H. carnosa Warb. — *Kumpang* (Ib.)
Tree, midstorey/subcanopy tree • VEG: Peatswamp Forest, Kerangas • HAB: gentle slope, ridge • GEO: Belait formation; alluvial deposits • ALT: sea level
BEL: Melilas, Sg. Topi–Ingei watershed, *Kirkup* 756; Melilas, Ulu Ingei, *Sands* 5924; Seria, Badas, *Smythies* SAN 17438; Seria, Badas F.R., *Brunig* S 1071; Sungai Liang, Sg. Lumut, *Sinclair* 10428 • Borneo

H. crassifolia (Hook.f. & Thoms.) Warb.
Midstorey/subcanopy tree • VEG: Peatswamp Forest, Secondary Forest • HAB: flat ground; well-drained, periodically flooded • GEO: alluvial deposits; yellow sand • ALT: 40 m
BEL: Seria, *Fuchs* 21193; Seria, Kpg. Badas, *Sinclair* 10473. **BRM:** Berakas, Berakas F.R.,

Ashton BRUN 838. **TEM:** Labu, Kpg. Labu Estet, *Smythies* BRUN 375 • Sumatra, Malaya, Borneo

H. disticha de Wilde
Midstorey/subcanopy tree
BEL: Sungai Liang, Andulau F.R., *Sinclair* 10453 • Endemic

H. fragillima Airy Shaw
Midstorey/subcanopy tree • HAB: flat ground, terrace; periodically flooded • GEO: Sand/clay; alluvial deposits • ALT: 20–130 m
BEL: Labi, *Forman* 1045; Melilas, Ulu Ingei, *Atkins* 533. **TEM:** Amo, Sg. Temburong, *Ashton* BRUN 766 • Borneo

H. gracilis de Wilde
Midstorey/subcanopy tree • HAB: ridge • ALT: 800 m
TEM: Amo, Bt. Belalong, *Wong* 1494 • Borneo: Sarawak

H. cf. gracilis de Wilde
Treelet • VEG: Degraded LMDF • HAB: valley bottom • ALT: 60 m
BEL: Sungei Liang, Andulau F.R., *Dransfield J.* 7242.

H. grandis (Hook.f.) Warb. — *Pendarahan* (Br.)
Canopy/emergent tree, midstorey/subcanopy tree • VEG: Degraded HDF, Secondary Forest, Open areas • HAB: gentle slope, ridge • GEO: Belait formation, sandstone; sandy clay soil, yellow clay soil, yellow sandy clay soil • ALT: 510 m • USES: Medicinal, shoot sap used to cure mouth ulcers
BEL: Andulau F.R., *Ashton* BRUN 64; Andulau F.R., *Wyatt-Smith* KEP 80106; Bukit Sawat, Kpg. Kagu Baru, *Wong* 364; Bukit Sawat, Merangking Buau, *Coode* 7689; Labi, *Dransfield J.* 6529; Sungai Liang, Andulau F.R., *Fuchs* 21160; Sungai Liang, Andulau F.R., *Sinclair* 10445; Sungai Liang, Andulau F.R., *Smythies* SAN 17497. **TEM:** Amo, K. Belalong, *Wong* 1238; Bangar, Bt. Biang, *Ashton* BRUN 3011; Batu Apoi, Bt. Tanggoi, *Ashton* BRUN 752 • Sumatra, Malaya, Borneo

H. irya (Gaertn.) Warb. — *Pendarahan* (*)
Midstorey/subcanopy tree • VEG: Degraded Empran • HAB: seasonal watercourse • GEO: alluvial deposits • ALT: 10 m
BEL: Kuala Balai, *Kirkup* 201 • Ceylon, Indochina, Malesia to Pacific

H. montana Airy Shaw
Midstorey/subcanopy tree • VEG: Upper Montane Forest • HAB: ridge • ALT: 1440 m
TEM: Amo, Bt. Pagon, *Ashton* BRUN 1053 • Borneo

H. oligocarpa Warb. — *Kumpang Parawan* (Ib.), *Kumpang Pendok* (*), *Pendarahan* (Ib.)
Tree, canopy/emergent tree, midstorey/subcanopy tree, shrub • VEG: Alluvial Forest, Peatswamp Forest with Shorea albida, Peatswamp Forest, Kerangas, Secondary Forest, Roadsides • HAB: terrace, ridge; near running fresh water • GEO: sandstone, Sand; sandy soil, White sand, yellow sand; peat • ALT: 200 m
BEL: Labi, Bt. Puan, *Ashton* BRUN 635; Labi, Kpg. Tenajor, *Haslani-Mohd. A.* 19; Labi, Labi F.R., *Sinclair* 10503; Melilas, Batu Patam, *Wong* 1072; Melilas, Sg. Ingei, *Brunig* S 4402; Seria, Anduki F.R., *Sinclair* 10414; Sungai Liang, Andulau F.R., *Sinclair* 10452; Sungai Liang, Sg. Lumut, *Sinclair* 10430. **BRM:** Berakas, Berakas F.R., *Ashton* BRUN 398. **TUT:** Rambai, Bt. Bahak, *Coode* 7091 • Borneo: Sarawak

H. polyspherula (Hook.f.) Sinclair *sens. lat.*
Midstorey/subcanopy tree • VEG: HDF • HAB: ridge • ALT: 800 m
TEM: Amo, Bt. Belalong, *Prance* 30608 • W & C Malesia

H. polyspherula (Hook.f.) J.Sinclair var. maxima de Wilde — *Pendarahan* (Br.Dus.Ib.)
Canopy/emergent tree, midstorey/subcanopy tree • VEG: LMDF, Degraded LMDF • HAB: gentle slope, ridge; near running fresh water • GEO: sandstone; clay soil • ALT: 80 m
BEL: Labi, Jln. Melayan, *Dransfield J.* 7261; Labi, Jln. Melayan, *Dransfield J.* 7266; Melilas, Sg. Belait, *Wong* 715. **TEM:** Batu Apoi, Selapon, *Kirkup* 933. **TUT:** Rambai, Tasik Merimbun, *Wong* 591 • Borneo

H. polyspherula (Hook.f.) J.Sinclair var. polyspherula
Canopy/emergent tree, midstorey/subcanopy tree • VEG: Empran, Lower Montane Forest • HAB: gentle slope; seasonal watercourse; near running fresh water • GEO: Meligan formation; alluvial deposits; Brown clay-loam • ALT: 30 m
BEL: Melilas, Sg. Ingei, *Ashton* BRUN 137. **TEM:** Amo, Bukit Tudal, *Davis* 492 • W & C Malesia

H. polyspherula (Hook.f.) J.Sinclair var. sumatrana — *Kumpang* (Ib.), *Pendarahan* (Mal., Dus.)
Canopy/emergent tree, midstorey/subcanopy tree • VEG: Degraded LMDF • GEO: sandy soil, yellow sand • ALT: 10–20 m
BEL: Labi, Sungai Rampayoh, *Coode* 7806; Seria, Badas F.R., *Coode* 7342; Sukang, Sg. Belait, *Forman* 1157; Sungai Liang, Andulau F.R., *Fuchs* 21168. **Without prov.:** *van Niel* 4053 • Sumatra, Malaya, Borneo

H. punctatifolia J.Sinclair — *Nara Tambing* (Dus.)
Canopy/emergent tree • GEO: sandstone; yellow sandy clay soil • ALT: 120 m • USES: Firewood
TEM: Batu Apoi, *Ashton* BRUN 317. **TUT:** Rambai, Tasek Merimbun, *Bernstein* 538 • Sumatra, Malaya, Borneo

H. ridleyana (King) Warb.
Canopy/emergent tree, midstorey/subcanopy tree • HAB: gentle slope, ridge • GEO: yellow sandy clay soil, sandy soil • ALT: 40 m
BEL: Andulau F.R., *Sinclair* 10438; Andulau F.R., *Ashton* BRUN 3277; Melilas, Batu Patam, *Wong* 1083 • Malaya, Borneo

H. sabulosa J.Sinclair — *Kumpang* (Ib.)
Canopy/emergent tree, midstorey/subcanopy tree • HAB: gentle slope, ridge • GEO: clay; sandy soil, sandy loam; peat • ALT: 70 m
BEL: Andulau F.R., *Sinclair* 10437; Andulau F.R., *Ashton* BRUN 579; Labi, Labi F.R., *Sinclair* 10491; Sungai Liang, Andulau F.R., *Smythies* BRUN 828 • Borneo: Sarawak

H. tenuifolia (J.Sinclair) de Wilde
Midstorey/subcanopy tree • VEG: LMDF
BEL: Sungai Liang, Andulau F.R., *Wong* 85 • Borneo: Sarawak, Sabah

H. wallichii Warb.
Canopy/emergent tree • VEG: LMDF • HAB: near running fresh water • GEO: Belait formation; sandy soil
TUT: Ulu Tutong, Bukit Bahak, *Kirkup* 568.

H. spp. indet.
BEL: Sungai Liang, Compartment 5, BRUN 15271; Sungai Liang, Compartment 5, BRUN 15273. **TEM:** Amo, National Park, BRUN 15043; Amo, Sg. Temburong, BRUN 15293; Amo, Ulu Belalong, *Coode* 7848.

KNEMA
de Wilde in Blumea, 25: 321–478 (1979)

K. ashtonii J.Sinclair var. **ashtonii**
Canopy/emergent tree, midstorey/subcanopy tree, treelet • VEG: LMDF, HDF • HAB: ridge; near running fresh water • GEO: Setap Shales • ALT: 350 m
TEM: Amo, *Wong* 1328; Amo, K. Belalong, *Dransfield J.* 7033; Amo, K. Belalong, *Ashton* BRUN 5202; Batu Apoi, Bt. Gelagas (Bt. Suang), *Simpson* 2377 • Borneo

K. cinerea (Poir.) Warb.
Name in Hassan & Ashton • Thailand, W & C Malesia

K. curtisii (King) Warb. var. **curtisii**
Treelet • VEG: Alluvial Forest • HAB: valley bottom, ridge • GEO: alluvial deposits; yellow sandy clay soil • ALT: 20–270 m
BEL: Labi, Sg. Rampayoh, *Dransfield J.* 7310. TEM: Amo, K. Belalong, *Wong* 1260; Bangar, Bt. Biang, *Ashton* BRUN 5587 • Sumatra, Malaya, Borneo

K. curtisii (King) Warb. var. **amoena** J.Sinclair — *Sulok Tapang* (Ib.)
Midstorey/subcanopy tree • HAB: ridge • ALT: 60 m
BEL: Sungai Liang, Andulau F.R., *Coode* 6787; Sungai Liang, Andulau F.R., *Sinclair* 10442 • Endemic

K. elmeri Merr.
Midstorey/subcanopy tree • VEG: LMDF • HAB: periodically flooded; near running fresh water • GEO: alluvial deposits • ALT: 10–30 m
TUT: Rambai, Sg. Tutong, *Coode* 6326; Rambai, Ulu Supon, *Ashton* BRUN 865 • Borneo

K. furfuracea (Hook.f. & Thoms.) Warb.
Midstorey/subcanopy tree • HAB: gentle slope • ALT: 40–60 m
BEL: Sungai Liang, Andulau F.R., *Smythies* SAN 17504. TEM: Batu Apoi, Jln. Bangar–Batu Apoi, *Smythies* SAN 7111; Labu, *Smythies* SAN 17402 • Malaya

K. galeata J.Sinclair — *Kumpang Jantan* (Br.), *Kumpang* (Ib.), *Pendarahan* (Mal.), *Semah* (Ib.)
Tree, midstorey/subcanopy tree, treelet • VEG: Kerangas, LMDF, Secondary Forest • HAB: flat ground, gentle slope, raised beach; near running fresh water • GEO: Belait formation, Sand; White sand, yellow sandy loam • ALT: 310 m
BEL: Labi, .Bt. Puan, *Ashton* BRUN 636; Labi, Bt. Teraja, *Coode* 6922; Sungai Liang, *Ladi* s.n. 6.i.61; Sungai Liang, Andulau F.R., *Wong* 492; Sungai Liang, Andulau F.R., *Wong* 594; Sungai Liang, Ulu Lumut, *Ladi* s.n. 27.ii.61. BRM: *Sinclair* 10547; Berakas, *Sinclair* 10546; Berakas, Berakas F.R., *Ashton* BRUN 945. TUT: *Brunig* S 1177 • Borneo

K. glaucescens Jack
Canopy/emergent tree, midstorey/subcanopy tree, treelet • VEG: HDF, Lower Montane Forest • HAB: gentle slope, steep slope, ridge • GEO: Meligan formation; Brown clay-loam; Leaf litter • ALT: 40 m
TEM: Amo, Bukit Tudal, *Davis* 459; Amo, Bukit Tudal, *Kirkup* 959; Amo, Ulu Belalong, *Dransfield J.* 7382; Labu, *Smythies* SAN 17401 • Sumatra, Malaya, Borneo

K. cf. glaucescens Jack
Treelet • HAB: ridge • ALT: 800 m
TEM: Amo, Bt. Belalong, *Wong* 1366; Amo, Bt. Belalong, *Wong* 1443.

K. cf. kunstleri (King) Warb. subsp. **alpina** (J.Sinclair) de Wilde
Midstorey/subcanopy tree • VEG: HDF, Lower Montane Forest • HAB: steep slope • GEO: Setap Shales • ALT: 750–820 m
TEM: Amo, Bt. Belalong, *Dransfield J.* 7129; Amo, Bt. Belalong, *Prance* 30585 • The variety is known from Borneo

K. kunstleri (King) Warb. subsp. **coriacea** (Warb.) de Wilde — *Kumpang Kerangas* (Ib.), *Nara* (Dus.), *Pendarahan* (Br.)
  Midstorey/subcanopy tree, treelet • VEG: Peatswamp Forest with Shorea albida, Degraded Peatswamp Forest with Shorea albida, Padang • GEO: White sand; Kerangas soil; peat • ALT: sea level
  BEL: Bukit Sawat, Jln. Labi, *Wong* 1601; Seria, Badas, *Ashton* BRUN 686; Seria, Badas, *Sinclair* 10465; Seria, Seria, *Smythies* S 5847 • Borneo

K. kunstleri (King) Warb. subsp. **kunstleri**
  Midstorey/subcanopy tree • ALT: sea level
  TEM: Labu, Labu F.R., *Smythies* SAN 17428 • Malaya

K. latericia Elmer subsp. **albifolia** (J.Sinclair) de Wilde
  Midstorey/subcanopy tree, treelet • VEG: LMDF • HAB: steep slope, ridge • GEO: sandstone; clay soil • ALT: 140 m
  TEM: Amo, K. Belalong, *Wong* 1249; Amo, Ulu Belalong, *Dransfield J.* 7432 • Borneo

K. aff. latericia Elmer subsp. **latericia** var. **subtilis** de Wilde — *Kumpang Seluai* (Ib.)
  Tree, treelet • VEG: LMDF, HDF • HAB: steep slope, ridge • GEO: Setap Shales • ALT: 20–100 m
  TEM: Amo, K. Belalong, *Dransfield J.* 7071; Amo, K. Belalong, *Dransfield J.* 6638; Amo, K. Belalong, *Dransfield J.* 6639 • *K. latericia* var. *subtilis* is known from the Philippines

K. latericia Elmer subsp. **ridleyi** (Gandoger) de Wilde — *Kayu Nara Bukid* (Dus.), *Pendarahan* (Mal.)
  Midstorey/subcanopy tree, treelet • VEG: LMDF, HDF, Lower Montane Forest • HAB: steep slope, ridge • GEO: Belait formation, Lambir formation, Setap Shales • ALT: 20–80 m
  BEL: Labi, *Dransfield J.* 6538; Labi, Bt. Teraja, *Sands* 5494. TEM: Amo, Bt. Belalong, *Wong* 1411; Amo, K. Belalong, *Dransfield J.* 6686; Amo, K. Belalong, *Wong* 1257; Batu Apoi, Bt. Gelagas (Bt. Suang), *Simpson* 2337. TUT: Rambai, Tasek Merimbun, *Bernstein* 360, *Johns* 7612 • Sumatra, Malaya, Borneo

K. latifolia Warb. — *Kumpang* (Ib.)
  Midstorey/subcanopy tree • VEG: LMDF, Degraded LMDF • HAB: gentle slope, steep slope, ridge • GEO: sandstone, Setap Shales; yellow sandy clay soil • ALT: 30–50 m
  BEL: Melilas, Batu Patam, *Wong* 1076; Melilas, Sg. Ingei, *Ashton* BRUN 157. TEM: Batu Apoi, *Kirkup* 327. TUT: Lamunin, Kpg. Menangah, *Kirkup* 722 • Sumatra, Borneo

K. laurina (Blume) Warb.
  Canopy/emergent tree • HAB: terrace • GEO: Sand/clay • ALT: 20 m
  BEL: Melilas, Ulu Ingei, *Atkins* 541 • Thailand, W & C Malesia

K. linguiformis (J.Sinclair) de Wilde
  Midstorey/subcanopy tree • GEO: shale • ALT: 200–300 m
  TEM: Amo, Sg. Temburong, *Coode* 6602 • Borneo

K. lunduensis (J.Sinclair) de Wilde
  Midstorey/subcanopy tree
  BEL: Melilas, Batu Patam, *Wong* 1127 • Borneo

K. membranifolia H.J.P.Winkl.
  Canopy/emergent tree • VEG: LMDF • HAB: gentle slope, steep slope • GEO: Setap Shales • ALT: 20–80 m
  TEM: Amo, K. Belalong, *Dransfield J.* 6689; Labu, *Smythies* SAN 17127 • Borneo

K. percoriacea J.Sinclair f. **fusca** de Wilde — *Pendarahan* (Br., Dus., Ib.)
  Midstorey/subcanopy tree • VEG: Secondary Forest • HAB: gentle slope, ridge • GEO: clay soil, yellow sandy loam; Mor • ALT: 10–760 m

BEL: Melilas, Batu Patam, *Wong* 1037; Melilas, Sg. Ingei, *Wong* 641. **BRM:** Berakas, Berakas camp, *Ashton* BRUN 5164. **TEM:** Amo, *Ashton* BRUN 5270; Amo, K. Belalong, *Smythies* SAN 17080 • Endemic

K. percoriacea J.Sinclair f. **sarawakensis** de Wilde
Midstorey/subcanopy tree • VEG: LMDF • ALT: 20–30 m
TUT: Rambai, Sg. Tutong, *Coode* 6328 • Borneo

K. pulchra (Miq.) Warb.
Midstorey/subcanopy tree • HAB: gentle slope • ALT: 70 m
TEM: Amo, K. Belalong, *Smythies* SAN 17386; Labu, Perdayan F.R., *Sow Tandang* KEP 80168 • Malaya, Borneo

K. rufa Warb.
Treelet • ALT: 60 m
BEL: Bukit Sawat, Andulau F.R., *Coode* 6761; Sungai Liang, Andulau F.R., *Sinclair* 10451 • Borneo: Sarawak

K. sericea de Wilde
Midstorey/subcanopy tree, treelet • VEG: HDF • HAB: near running fresh water • GEO: Setap Shales; grey clay soil • ALT: 350 m
TEM: Amo, Apoi Forest Reserve, *Sands* 5856; Amo, Batu Apoi F.R., K. Belalong FSC, *Hansen* 1554; Amo, K. Belalong Fld. Studies Centre, *Schatz* 3248; Amo, Sg. Belalong, *Wong* 1166; Batu Apoi, Bt. Gelagas (Bt. Suang), *Simpson* 2403 • Borneo

K. stenophylla (Warb.) J.Sinclair subsp. **longipedicellata** (J.Sinclair) de Wilde — *Raha* (Pun.)
Midstorey/subcanopy tree, treelet • VEG: LMDF • HAB: gentle slope, ridge • GEO: sandstone • ALT: 220–300 m
BEL: Labi, Bt. Teraja, *Coode* 6963. **TUT:** Rambai, Bt. Bahak, *Coode* 7024; Rambai, Bt. Bahak, *Coode* 7046; Rambai, Tasek Merimbun, *Bernstein* 3 • Sumatra, Malaya, Borneo

K. subhirtella de Wilde — *Kumpang Seluai* (Ib.)
Midstorey/subcanopy tree • HAB: gentle slope
TEM: Amo, *Wong* 258 • Borneo

K. tridactyla Airy Shaw
Treelet; on ground • VEG: LMDF • GEO: Belait formation
TUT: Lamunin, Ladan Hills, *Cowley* 26.

K. aff. tridactyla Airy Shaw subsp. **sublaevis** de Wilde
Treelet • VEG: HDF, Lower Montane Forest • HAB: gentle slope, sharp ridge • GEO: Setap Shales • ALT: 850 m
TEM: Amo, Bt. Belalong, *Dransfield J.* 7113; Amo, Bt. Belalong, *Prance* 30685 • *K. tridactyla* subsp. *sublaevis* is known from Borneo

K. tridactyla Airy Shaw subsp. **tridactyla** — *Pendarahan* (Br.)
Treelet • VEG: Kerangas
BEL: Bukit Sawat, Jln. Merangking–Buau, *Niga* 248 • Borneo

K. spp. indet.
TEM: Amo, *Wong* 1704; Amo, K. Belalong Fld. Studies Centre, *Schatz* 3258. **TUT:** Rambai, Tasek Merimbun, *Bernstein* 127.

MYRISTICA
Sinclair in Gard. Bull. Singapore, 23: 1–540 (1968)

M. borneensis Warb. — *Kumpang* (Ib.), *Pendarahan* (Mal.)
Canopy/emergent tree, midstorey/subcanopy tree, treelet • VEG: LMDF, Degraded LMDF, Secondary Forest • HAB: base of slope, gentle slope • GEO: Belait formation, clay; yellow sand • ALT: 20–180 m

BEL: Andulau F.R., *Ashton* BRUN 577; Andulau F.R., *Ashton* S 5945; Labi, Bt. Telingan, *Kirkup* 241; Labi, Bt. Teraja, *Coode* 6942; Labi, Bt. Teraja, *Simpson* 2154. TEM: Bangar, Bt. Biang, *Forman* 896. TUT: Lamunin, Ladan Hills F.R., *Kirkup* 302 • Borneo

M. cinnamomea King
Canopy/emergent tree, midstorey/subcanopy tree • VEG: LMDF, HDF • HAB: gentle slope, ridge • GEO: sandstone, shale, clay, Setap Shales; clay soil, yellow sandy clay soil, yellow-red clay soil, yellow sandy loam; Mor, Leaf • ALT: 30–900 m
BEL: Andulau F.R., *Ashton* BRUN 581; Labi, Bt. Telingan, *Ashton* BRUN 21; Labi, Labi F.R., *Forman* 865. TEM: Amo, *Ashton* BRUN 5244; Amo, Bt. Belalong, *Dransfield J.* 7200; Amo, Bt. Belalong, *Wong* 1475; Amo, Sg. Temburong, *Coode* 6744; Amo, Ulu Belalong, *Coode* 7889. TUT: Lamunin, Jln. Abang, *Ashton* BRUN 5097; Rambai, Bt. Bahak, *Coode* 7036 • W & C Malesia

M. 'corticata' de Wilde ined.
Midstorey/subcanopy tree • HAB: ridge • GEO: sandstone; yellow sandy clay soil • ALT: 450 m
TEM: Amo, K. Sekurop, *Smythies* BRUN 783 • Borneo

M. crassa King
Name in Hassan & Ashton • Thailand, Malaya, Sumatra

M. 'extensa' de Wilde ined.
Canopy/emergent tree
TUT: Lamunin, Ladan Hills F.R., *Wong* 1666.

M. guatteriifolia A.DC.
Midstorey/subcanopy tree • VEG: Coastal Forest, Roadsides • HAB: near sea water • GEO: Coastal beach sand
BEL: Kuala Belait, *Sinclair* 10523; Kuala Belait, Sg. Dua, *Sinclair* 10527; Labi, Jln. K. Baram–K. Belait, *Corner* BRUN 5364; Labi, Jln. K. Baram–K. Belait, *Corner* BRUN 5365 • Vietnam, W & C Malesia

M. iners Blume
Midstorey/subcanopy tree • VEG: HDF • HAB: near running fresh water • ALT: 740 m
BEL: Sungai Liang, Sungei Liang Arboretem, *Wong* 307. TEM: Amo, Bt. Belalong, *Prance* 30702. **Without prov.:** *Ashton* BRUN 190; *Ashton* SAN 17126 • W & C Malesia

M. lowiana King
Canopy/emergent tree • VEG: Peatswamp Forest with Shorea albida, Peatswamp Forest • HAB: gentle slope • GEO: yellow sand • ALT: 30 m
BEL: Labi, Bt. Puan, *Ashton* S 7878; Seria, Anduki F.R., *Sinclair* 10419; Sungai Liang, Sg. Lumut, *Sinclair* 10426. TEM: Labu, *Wong* 1300 • Sumatra, Malaya, Borneo

M. maxima Warb. — *Kumpang* (Ib.), *Pendarahan* (Mal.)
Canopy/emergent tree, midstorey/subcanopy tree • VEG: LMDF • HAB: ridge; periodically flooded; in still fresh water • GEO: Setap Shales; alluvial deposits • ALT: 30–170 m
BEL: Labi, Labi Hills F. R., *Coode* 6802; Melilas, Sg. Ingei, *Ashton* BRUN 118. TUT: Lamunin, *Kirkup* 234 • Sumatra, Malaya, Borneo

M. smythiesii J.Sinclair
Midstorey/subcanopy tree • VEG: Peatswamp Forest • HAB: gentle slope; near running fresh water • GEO: alluvial deposits; clay soil, yellow sandy loam • ALT: 30 m
BEL: Andulau F.R., *Ashton* BRUN 5511; Labi, Sg. Rampayoh, *Ashton* BRUN 30; Melilas, K. Ingei, *Ashton* BRUN 189; Seria, Badas, *Smythies* SAN 17440 • Borneo: Sarawak

M. villosa Warb. — *Kumpang* (Ib.), *Nara* (Dus.), *Pendarahan* (Br.)
Canopy/emergent tree, midstorey/subcanopy tree • VEG: LMDF, Degraded LMDF, Secondary Forest • HAB: flat ground, gentle slope, steep slope, ridge • GEO: Belait formation, sandstone, Sand; clay soil, sandy soil, White sand, yellow sand • ALT: 70 m
BEL: Andulau F.R., *Sinclair* 10434; Labi, Bt. Puan, *Ashton* BRUN 634; Labi, Bt. Teraja,

Brunig S 1181; Labi, Bt. Teraja, *Coode* 6956; Labi, Jln. Melayan, *Dransfield J.* 7278; Melilas, Ulu Ingei, *Ashton* BRUN 5513x; Sukang, Sungai Paleh Bangawong, *Kirkup* 625; Sukang, Sungai Paleh Bangawong, *Kirkup* 675; Sungai Liang, Andulau F.R., *Wong* 1563; Sungai Liang, Labi Road, *Forman* 840. **TEM:** Amo, Ulu Belalong LP382, *Kirkup* 908 • Borneo

M. spp. indet.
BEL: Sungei Liang, Andulau F.R., *Niga* 335. **BRM:** Rimba Kumpal, *Suhaili Hj. Zinin* BRUN 15020. **Without prov.:** *Osman Hussain Hj.* s.n. 10.iv.90g; *van Niel* 4132; *van Niel* 4345.

MYRISTICACEAE INDET.
BEL: Labi, Bukit Teraja, *Suhaili Hj. Zinin* BRUN 15010; Melilas, Ulu Ingei, *Atkins* 542; Sukang, Sungai Paleh Bangawong, *Kirkup* 671; Sukang, Sungai Paleh Bangawong, *Kirkup* 690. **TEM:** Amo, Sg. Temburong, BRUN 15628; Amo, Sg. Temburong, BRUN 15634; Amo, Sg. Temburong, *Coode* 6634; Labu, Peradayan Forest Reserve, *Atkins* 456. **TUT:** Rambai, Tasek Merimbun, *Bernstein* 478.

MYRSINACEAE
A.P. DAVIS

AEGICERAS

A. corniculatum (L.) Blanco
Treelet • VEG: Mangrove • HAB: near brackish water
BRM: Sg. Brunei, *Ashton* BRUN 5064. **Without prov.:** *van Niel* 3413 • SE Asia, Malesia to Australia

ARDISIA

A. borneensis Scheff. — Merjimah (Ib.)
Midstorey/subcanopy tree, treelet • VEG: Alluvial Forest, Empran, LMDF, HDF • HAB: flat ground, valley bottom, steep slope; seasonal watercourse, periodically flooded; near running fresh water • GEO: Belait formation, Setap Shales; alluvial deposits; sandy soil • ALT: 10–200 m
BEL: Labi, Sg. Rampayoh, *Dransfield J.* 7309; Melilas, Paleh Bangawong, *Thomas* 50; Melilas, Sg. Ingei, *Ashton* BRUN 134; Melilas, Ulu Ingei, *Sands* 5913; Sukang, Kpg. Dungun, *Wong* 355; Sukang, Sg. Keduan, *Forman* 1173. **TEM:** Amo, K. Belalong, *Dransfield J.* 6682; Amo, K. Belalong, *Jacobs* 5570; Amo, Sg. Sibut, *Sands* 5509 • Borneo

A. breviramea Merr. — Merjimah (Ib.)
Treelet • VEG: Alluvial Forest • HAB: flat ground; impeded drainage; near still fresh water • GEO: alluvial deposits • ALT: 10 m
BEL: Labi, Bt. Teraja, *Dransfield J.* 7017 • Borneo: Sabah

A. colorata Roxb.
Midstorey/subcanopy tree, treelet • VEG: HDF • HAB: steep slope; near running fresh water • GEO: sandstone, Setap Shales; bare rock and boulders • ALT: 720 m
BEL: Melilas, Batu Patam, *Wong* 1030. **TEM:** Amo, Bt. Belalong, *Dransfield J.* 7126 • India, Indochina, Malaya

A. copelandii Mez — Merjimah (Ib.)
Canopy/emergent tree, midstorey/subcanopy tree • VEG: HDF • HAB: flat ground, ridge; impeded drainage; near still fresh water • GEO: Setap Shales • ALT: 880 m
BEL: Seria, State land, *Abot and Suhaile* KEP 37134; Sungai Liang, *Wong* 725. **TEM:** Amo, Bt. Belalong, *Dransfield J.* 7197. **Without prov.:** *van Niel* 4284 • Borneo

A. elliptica Thunb. — Serusup (*)
Treelet, shrub • VEG: Mangrove • HAB: gentle slope; impeded drainage; near sea water • GEO: Coastal beach sand; clay soil, sandy soil; peat • ALT: 10 m
BEL: Seria, Anduki peatswamp, *Coode* 6476; Sungai Liang, Kpg. Lumut, *Wong* 16. **BRM:** *Ashton* BRUN 96; Sengkurong, Kpg. Jerudong, *Hassan Pukol* S 2209. **TUT:** Pekan Tutong, Kpg.

Penanjong, *Ashton* BRUN 5740; Telisai, Danau, *Forman* 1016. **Without prov.:** *van Niel* 3686; *van Niel* 3723; *van Niel* 3951 • SE Asia to W & C Malesia

A. korthalsiana Scheff.
Treelet • VEG: LMDF, HDF • HAB: steep slope, ridge • GEO: Belait formation, Setap Shales • ALT: 50–330 m
BEL: Labi, Bt. Teraja, *Kirkup* 269. TEM: Amo, Bt. Belalong, *Wong* 1535; Amo, Bukit Belalong, *Argent* 91125; Amo, K. Belalong, *Dransfield J.* 7072; Labu, *Forman* 886 • W & C Malesia

A. lamponga Miq.
Midstorey/subcanopy tree, treelet • VEG: Alluvial Forest, LMDF, Degraded LMDF • HAB: gentle slope, ridge • GEO: alluvial deposits; yellow sandy clay soil • ALT: 40–80 m
BEL: Andulau F.R., *Ashton* S 5927; Melilas, Batu Patam, *Wong* 1098; Sungai Liang, Sg. Lumut, *Wong* 955; Sungai Liang, Sungei Liang Arboretum, *Wong* 129; Sungei Liang, Andulau F.R., *Dransfield J.* 7250 • Sumatra

A. lancifolia Merr.
Treelet • VEG: Upper Montane Forest • HAB: ridge • ALT: 1440 m
TEM: Amo, Bt. Pagon, *Ashton* BRUN 1060 • Borneo

A. cf. lancifolia Merr.
Canopy/emergent tree • ALT: 40 m
BEL: Sungai Liang, Andulau F.R., *Smythies* SAN 17517.

A. livida Mez
Name in Hassan & Ashton • Borneo

A. macrocalyx Scheff.
Treelet, scrambling shrub • VEG: Belukar • HAB: flat ground, ridge • GEO: alluvial deposits • ALT: 10 m
BEL: Labi, *Kirkup* 263. TEM: Amo, K. Belalong, *Wong* 1246 • Borneo

A. macrophylla Blume
Midstorey/subcanopy tree • HAB: ridge
TEM: Amo, K. Temburong Machang, *Wong* 1949 • Sumatra, Java, Borneo

A. cf. macrophylla Blume — Merjimah (Ib.)
Treelet
BEL: Andulau F.R., *Ashton* BRUN 3093.

A. megistosepala Merr.
Treelet • VEG: HDF • ALT: 300 m
TEM: Amo, K. Belalong Fld. Studies Centre, *Schatz* 3253 • Borneo: Sabah

A. miniscula B.C.Stone
Suffrutescent herb/subshrub • VEG: Upper Montane Forest • HAB: ridge • GEO: Meligan formation • ALT: 1350 m
TEM: Amo, *Sands* 5255 • Borneo: Sarawak

A. obovatifolia Merr.
Treelet, suffrutescent herb/subshrub • VEG: Lower Montane Forest • HAB: gentle slope • GEO: Meligan formation • ALT: 1120 m
TEM: Amo, *Wong* 1802; Amo, Bt. Retak, *Sands* 5321 • Borneo: Sarawak

A. oxyphylla A.DC.
Treelet • HAB: ridge • GEO: shale • ALT: 120–550 m
TEM: Amo, Bt. Belalong, *Wong* 1461; Amo, Sg. Temburong, *Coode* 6719 • Burma to Malaya, Borneo

A. polyactis Mez
Midstorey/subcanopy tree • VEG: Upper Montane Forest • HAB: ridge • GEO: Meligan formation • ALT: 1350 m
TEM: Amo, *Sands* 5269 • Borneo: Sarawak

A. sanguinolenta Blume *vel aff.*— *Merjimah* (Ib.)
Treelet
TUT: Lamunin, Ladan Hills F.R., *Wong* 509.

A. sarawakensis Merr. *vel aff.*
Treelet • VEG: Alluvial Forest • HAB: near running fresh water • GEO: sandstone; sandy soil • ALT: 200 m
TUT: Rambai, Bt. Bahak, *Coode* 7072 • Borneo: Sarawak

A. 'steiranthera' B.C.Stone ined.
Canopy/emergent tree • GEO: sandstone; yellow sandy clay soil • ALT: 250 m
BEL: Labi, Bt. Teraja, *Ashton* BRUN 4 • Endemic

A. subamplexicaulis Merr.
Treelet • VEG: Kerapah • HAB: terrace; periodically flooded; near running fresh water • GEO: alluvial deposits • ALT: 50 m
TEM: Batu Apoi, Selapon, *Dransfield J.* 7450 • Borneo

A. synneura Scheff.
Treelet, shrub • VEG: LMDF, HDF, Lower Montane Forest • HAB: gentle slope, ridge • GEO: Meligan formation, sandstone, Setap Shales; yellow sandy clay soil • ALT: 10–900 m
TEM: Amo, Batu Apoi Forest Reserve, *Nielsen* 1073; Amo, Bt. Belalong, *Prance* 30553; Amo, Bt. Belalong, *Wong* 1351; Amo, Bt. Retak, *Sands* 5286; Amo, K. Belalong Fld. Studies Centre, *Schatz* 3260; Batu Apoi, *Dransfield J.* 6977; Batu Apoi, Bt. Tanggoi, *Ashton* BRUN 749. **TUT:** Rambai, Bt. Bahak, *Coode* 7051 • Borneo: Sarawak

A. cf. synneura Scheff. — *Merjimah* (Ib.)
Tree • ALT: sea level
BEL: Seria, Badas F.R., *Brunig* S 1075.

A. synneura Scheff. *vel aff.*
Treelet • VEG: Kerangas • HAB: gentle slope • GEO: Belait formation; alluvial deposits • ALT: 30 m
BEL: Melilas, Ulu Ingei, *Sands* 5930.

A. sp. 1 — *Merjimah* (Br.)
Canopy/emergent tree, treelet, shrub; on ground • VEG: Kerangas, Degraded LMDF, HDF, Lower Montane Forest, Degraded Secondary Forest • HAB: gentle slope, steep slope, terrace, ridge; periodically flooded; near running fresh water • GEO: Lambir formation, Meligan formation, shale, Sand/clay, Setap Shales • ALT: 750 m
BEL: Labi, Jln. Teraja–Redan, *Niga* 266; Labi, Teraja, *Sands* 6013; Melilas, Sg. Belait, *Forman* 1216; Melilas, Ulu Ingei, *Cowley* 126; Sungai Liang, Sungei Liang Arboretem, *Wong* 134. **TEM:** Amo, Apan, *Cowley* 90; Amo, Bt. Belalong, *Dransfield J.* 7121; Amo, Bt. Belalong, *Wong* 1469; Amo, Bt. Belalong, *Wong* 1493; Amo, Bt. Retak, *Sands* 5323; Amo, K. Belalong, *Wong* 1187; Amo, Sg. Temburong, *Coode* 6525; Amo, Sg. Temburong, *Wong* 1223; Amo, Temburong river, *Atkins* 478. **TUT:** Rambai, Ladan Hills F.R., *Coode* 6416.

A. sp. 2
Treelet • VEG: HDF • HAB: ridge • ALT: 350 m
BEL: Labi, Bt. Teraja, *Simpson* 2110.

A. sp. 3 — *Merjimah* (Ib.)
Treelet • VEG: Peatswamp Forest, Kerangas • ALT: 150 m
BEL: Bukit Sawat, Labi Road, *Thomas* 153; Labi, Jln. Teraja–Redan, *Niga* 277; Seria, Badas, *Niga* 348; Seria, Badas F.R., *Niga* 171.

A. sp. 4
Treelet, shrub • VEG: HDF, Lower Montane Forest, Upper Montane Shrubbery • HAB: gentle slope, ridge • GEO: moss • ALT: 1500 m
TEM: Amo, Bt. Pagon, *Wong* 1787; Amo, Bt. Retak, *Wong* 434; Amo, G. Pagon, *Coode* 7480; Batu Apoi, Bt. Gelagas (Bt. Suang), *Simpson* 2290.

A. spp. indet.
BEL: Labi, *Johns* 7450; Labi, Bukit Telingan, *Kirkup* 949; Labi, Bukit Teraja, *Kirkup* 443; Melilas, Batu Patam, *Wong* 1091; Melilas, Kuala Ingei, *Kirkup* 777; Melilas, Paleh Bangawong, *Thomas* 55; Melilas, Ulu Ingei, *Cowley* 141. **TEM:** Amo, Apoi Forest Reserve, *Cowley* 95; Amo, Batu Apoi F.R., K. Belalong FSC, *Hansen* 1642; Amo, Batu Apoi F.R., K. Belalong FSC, *Hansen* 1568; Amo, Bukit Belalong, *Joffre* 2; Amo, Bukit Belalong, *Joffre* 4; Amo, Bukit Retak, *Hussain Hj. Osman* 17; Amo, Bukit Tudal, *Bygrave* 13; Amo, K. Belalong, *Wong* 1317; Amo, National Park, BRUN 15045; Amo, Sg. Temburong, BRUN 15276; Batu Apoi, Selapon, *Kirkup* 928. **TUT:** Ulu Tutong, Bukit Bahak, *Kirkup* 483. **Without prov.:** *van Niel* 4111.

EMBELIA

E. coriacea A.DC.
Liana, climber • VEG: LMDF • HAB: near running fresh water • ALT: 50– 500 m
TEM: *Johns* 7207; Amo, K. Belalong, *Jacobs* 5632 • Sumatra, Malaya, Borneo

E. corymbifera Mez
Treelet • VEG: HDF • HAB: gentle slope • GEO: clay • ALT: 40 m
BEL: Andulau F.R., *Ashton* BRUN 549. **TEM:** Batu Apoi, Bt. Gelagas (Bt. Suang), *Simpson* 2195 • Borneo: Sarawak

E. dasythyrsa Miq.
Liana, shrub, climber • VEG: LMDF, Lower Montane Forest • HAB: gentle slope, ridge • ALT: 150–50 m
BEL: Bukit Sawat, Merangking Buau, *Coode* 7692. **TEM:** *Johns* 7308. **TUT:** *Johns* 7629 • Bangka, Sarawak, Sabah

E. cf. dasythyrsa Miq.
Liana • GEO: sandstone • ALT: 230 m
TUT: Rambai, Bt. Bahak, *Coode* 7004.

E. effusa Mez — *Kancam* (Ib.)
Liana
TEM: Amo, Sg. Temburong, *Wong* 1222 • Borneo: Sarawak, Sabah

E. minutifolia Stapf
Liana, climber • VEG: Upper Montane Shrubbery • HAB: gentle slope, ridge • GEO: Meligan formation; moss • ALT: 1350 m
TEM: Amo, *Sands* 5401; Amo, Bt. Retak, *Wong* 416; Amo, Bt. Retak, *Wong* 794 • Sumatra, Borneo: Sarawak, Sabah

E. myriantha Mez
Liana • VEG: Degraded Empran • HAB: seasonal watercourse; near running fresh water • GEO: alluvial deposits; yellow sandy clay soil • ALT: 10– 70 m
BEL: Kuala Balai, *Kirkup* 215. **TEM:** Amo, Sg. Belalong, *Ashton* BRUN 446 • Borneo: Sarawak, Sabah

E. ribes Burm.f.
Climber
TEM: Amo, Bt. Retak, *Wong* 741 • SE Asia, W & C Malesia

E. spp. indet.
BEL: Labi, Bukit Teraja, *Kirkup* 404. **TEM:** Amo, *Ashton* BRUN 2311; Amo, G. Pagon, *Coode* 7565.

GRENACHERIA

G. fulva (Mez) Airy Shaw
Climber
BEL: Labi, Bt. Puan, *Sinclair* 10477; Melilas, Batu Patam, *Wong* 1144 • Borneo: Sarawak

HYMENANDRA

H. iteophylla (Ridl.) Furtado *vel aff.*
Treelet • HAB: ridge • GEO: Meligan formation; Mor • ALT: 610–760 m
TEM: Amo, *Ashton* BRUN 5231.

LABISIA

L. pumila (Blume) F.Vill. *sens. lat.* — Bakong Entalun (Dus.)
Epiphytic; shrub, suffrutescent herb/subshrub, herb; on ground • VEG: Alluvial Forest, Kerangas Forest with Agathis, LMDF, HDF, Degraded Secondary Forest • HAB: flat ground, terrace, ridge, sharp ridge; periodically flooded; near running fresh water • GEO: Belait formation, sandstone, shale, Setap Shales; alluvial deposits; yellow sandy clay soil, grey clay soil, sandy soil • ALT: 500 m • USES: Fruit used to make dart poison.
BEL: Labi, Bt. Teraja, *Simpson* 2044; Labi, Sg. Rampayoh, *Coode* 7267; Melilas, Sg. Belait, *Forman* 1205; Melilas, Ulu Ingei, *Sands* 5960; Melilas, Ulu Ingei, *Sands* 5964; Seria, Badas F.R., *Coode* 7630; Seria, Badas F.R., *Niga* 168; Sungai Liang, Compartment 5, BRUN 15263. **TEM:** Amo, *Ashton* A 246; Amo, *Ashton* A 301; Amo, *Ashton* A 448; Amo, *Coode* 6494; Amo, Apoi Forest Reserve, *Sands* 5845; Amo, Batu Apoi Forest Reserve, *Poulsen* 77; Bangar, Pekan Bangar, *Ashton* A 73; Batu Apoi, *Dransfield J.* 6912. **TUT:** Rambai, Tasek Merimbun, *Bernstein* 472. **Without prov.:** *van Niel* 4115; *Wong* s.n. 23.v.88 • Indochina, W & C Malesia

L. spp. indet.
BEL: Andulau F.R., *Wong* 1550. **TEM:** Amo, Batu Apoi Forest Reserve, *Nielsen* 997; Amo, Bt. Retak, *Wong* 753. **TUT:** Rambai, Bt. Bahak, *Coode* 6996; Ulu Tutong, Bukit Bahak, *Kirkup* 554.

MAESA

M. ramentacea (Roxb.) Wall.
Treelet, liana, climber • VEG: LMDF, Degraded LMDF, Secondary Forest, Degraded Secondary Forest • HAB: gentle slope, steep slope; near running fresh water • GEO: Belait formation, sandstone, Setap Shales; clay soil, yellow sand, yellow sandy loam • ALT: 150 m
BEL: Andulau F.R., *Ashton* BRUN 2626; Bukit Sawat, new road to Merankin, *Thomas* 145; Labi, Kpg. Tenajor, *Haslani - Mohd. A.* 16; Labi, Labi road, *Bygrave* 2; Labi, Sungai Rampayoh, *Coode* 7801; Melilas, Sg. Belait, *Forman* 1218; Sungai Liang, Andulau F.R., *Fuchs* 21167; Sungai Liang, Andulau F.R., *Wong* 21; Sungai Liang, Jln. Labi, *Niga* 36. **TEM:** Amo, *Wong* 480; Amo, K. Belalong, Sg. Belalong, *Dransfield J.* 7083; Amo, Ulu Belalong, *Coode* 7895. **TUT:** Lamunin, Ladan Hills, *Coode* 7363; Lamunin, Ladan Hills F.R., *Sands* 5703; Lamunin, Ladan Hills F.R., *Sands* 5710; Rambai, Tasek Merimbun, *Bernstein* 76 • SE Asia to W & C Malesia

M. striata Mez
Midstorey/subcanopy tree • VEG: Lower Montane Forest • GEO: Meligan formation • ALT: 870 m
TEM: Amo, Bt. Retak, *Sands* 5364; Amo, Bukit Tudal, *Bygrave* 28 • Sumatra

M. sp. 1
Treelet, suffrutescent herb/subshrub • VEG: Lower Montane Forest, Degraded Lower Montane Forest • HAB: steep slope, ridge • ALT: 1480 m
TEM: Amo, *Wong* 1874; Amo, Bt. Pagon, *Wong* 1760; Amo, G. Pagon, *Coode* 7578. **TUT:**

Lamunin, Ladan Hills, *Coode* 7364.

M. sp. indet.
BEL: Labi, Wasai Teraja, *Thomas* 275.

RAPANEA

R. avenis (Blume) Mez
Midstorey/subcanopy tree, treelet • VEG: Kerangas, Upper Montane Forest, Upper Montane Shrubbery • HAB: ridge • GEO: Meligan formation, sandstone • ALT: 1500 m
TEM: Amo, *Ashton* BRUN 2352; Amo, *Sands* 5403; Amo, *Wong* 1856; Amo, Bt. Retak, *Wong* 734; Amo, Bt. Retak, *Wong* 905; Amo, G. Pagon, *Coode* 7472; Labu, *Smythies* SAN 17410. Without prov.: *Brunig* S 1196 • Java, Sulawesi

R. capitellata (Wall.) Mez
Midstorey/subcanopy tree • HAB: impeded drainage; near running fresh water • ALT: sea level
BEL: Kuala Belait, K. Belait, *Ashton* S 7858 • India, Burma, Borneo

R. multibracteata Merr.
Name in Hassan & Ashton • Borneo: Sabah

R. umbellulata (DC.) Mez
Shrub • VEG: Peatswamp Forest with Shorea albida
BEL: Seria, *Richards* 5607 • Malaya, Sumatra

R. spp. indet.
BRM: Berakas, Berakas camp, *Anderson* S 2159; Berakas, Berakas F.R., *Ashton* BRUN 5044. TEM: Labu, *Smythies* SAN 17133. **Without prov.:** *van Niel* 3602.

MYRSINACEAE INDET.
BEL: Andulau F.R., *Ashton* BRUN 53. TEM: Labu, Kpg. Labu Estet, *Smythies* BRUN 376. TUT: Rambai, Tasek Merimbun, *Bernstein* 459; Ulu Tutong, Bukit Bahak, *Kirkup* 486.

MYRTACEAE
A.P. DAVIS

ACMENA
Merrill, E.D. & Perry, L.M. A synopsis of *Acmena* DC., a valid genus of the Myrtaceae. J. Arnold Arbor. 19 (1): 1–20 (1938)

A. acuminatissima (Blume) Merr. & L.M. Perry — *Ubah* (Br., Ib.), *Ubor* (Dus.)
Midstorey/subcanopy tree
BEL: Seria, Badas F.R., *Haslani-Mohd. A.* 51 • SE Asia, Malesia to Pacific

A. sp. indet.
TEM: Amo, *Ashton* BRUN 2534.

CLEISTOCALYX
Merrill, E.D. & Perry, L.M. Reinstatement and the revision of *Cleistocalyx* Blume (including *Acicalyptus* A. Gray), a valid genus of the Myrtaceae. J. Arnold Arbor. 18 (4): 322–343 (1937)

C. barringtonioides (Ridl.) Merr. & L.M. Perry
Midstorey/subcanopy tree, treelet • VEG: Alluvial Forest • HAB: near running fresh water • GEO: Setap Shales; alluvial deposits; yellow sandy clay soil • ALT: 70 m
TEM: Amo, Batu Apoi Forest Reserve, *Nielsen* 993; Amo, K. Belalong, *Wong* 283; Amo, Sg. Belalong, *Ashton* BRUN 445 • Borneo

C. nitidus Blume — *Ubah* (Br.), *Ubah Lasu* (Ib.)
Midstorey/subcanopy tree
BEL: Bukit Sawat, Jln. Labi, *Niga* 111 • Borneo

C. perspicuinervius (Merr.) Merr. & L.M. Perry
Treelet • VEG: Mangrove
BRM: Kilanas, Sg. Brunei, *Ashton* BRUN 5122 • Borneo

LEPTOSPERMUM

L. javanicum Blume
Canopy/emergent tree, midstorey/subcanopy tree, treelet, shrub • VEG: Kerangas, Upper Montane Forest, Upper Montane Shrubbery • HAB: gentle slope, ridge • GEO: moss • ALT: 1440–1500 m
TEM: Amo, Bt. Pagon, *Ashton* BRUN 1058; Amo, Bt. Retak, *Wong* 429; Amo, Bt. Retak, *Wong* 820; Amo, Bukit Retak, *Hussain Hj. Osman* 22; Amo, G. Pagon, *Coode* 7455 • Indochina, W & C Malesia

L. sp. indet.
TEM: *Johns* 6544 (n.v.).

RHODAMNIA

R. cinerea Jack var. **cinerea** — *Tempagas Jilong* (Dus.)
Treelet • VEG: Kerangas • HAB: raised beach • GEO: Sand; sandy soil • ALT: 20–50 m
TUT: Tanjong Maya, *Forman* 801; Ukong, *Ashton* BRUN 926 • SE Asia, Malesia to Australia

RHODOMYRTUS

R. tomentosa (Aiton) Hassk. — *Keramunting* (*)
Treelet, shrub • VEG: Kerangas, Degraded Kerangas • HAB: flat ground, ridge; near brackish water, near sea water • GEO: White sand; Coastal beach sand; sandy soil • ALT: 100 m
Locality not traced: *Anderson* S 2202. **BEL:** Sungai Liang, Badas, *Coode* 6842. **BRM:** *Ashton* BRUN 95; Lumapas, Bukit Lumapas, *Davis* 511; Serasa, Kpg. Muara, *Haviland* 577. **TUT:** Telisai, *Sands* 5205; Telisai, *Sands* 5214; Telisai, Danau, *Coode* 7750; Telisai, Jln. K. Belait–Pekan Muara, *Jacobs* 5670. **Without prov.:** *van Niel* 3432; *van Niel* 4129 • SE Asia, Malesia

SYZYGIUM
E.D. Merrill & L.M. Perry. The Myrtaceous genus *Syzygium* Gaertn. in Borneo *in* Mem. Amer. Acad. Arts & Sci. 18: 135–202 (1938)

S. alcinae (Merr.) Merr. & L.M. Perry — *Ubah* (Br., Ib., Ked.), *Ubah Ribu* (Ib.)
Tree, midstorey/subcanopy tree, treelet • VEG: Secondary Forest • HAB: raised beach • GEO: White sand, Sand • ALT: 10–20 m
BRM: Berakas, Berakas F.R., *Brunig* S 12353; Sengkurong, Bt. Shahbandar, *Niga* 376; Serasa, Kpg. Muara, *Ashton* BRUN 93. **TUT:** Telisai, *Wong* 160 • Borneo, Philippines

S. ampullarium (Stapf) Merr. & L.M. Perry
Without prov.: *Wong* s.n. 16.xi.88.

S. aqueum (Burm.f.) Alston
Midstorey/subcanopy tree • VEG: Secondary Forest • GEO: alluvial deposits; peat • ALT: sea level
BRM: Berakas, Berakas F.R., *Ashton* BRUN 839 • Widely cultivated in SE Asia

S. attenuatum (Miq.) Merr. & L.M. Perry
Midstorey/subcanopy tree, treelet • VEG: Lower Montane Forest • HAB: gentle slope, steep slope • GEO: yellow sandy clay soil • ALT: 150–850 m

TEM: Amo, Bt. Belalong, *Prance* 30617; Labu, *Smythies* S 5816; Labu, *Wong* 317 • Borneo

S. attenuatum (Miq.) Merr. & L.M. Perry *vel aff.*
Midstorey/subcanopy tree, treelet • VEG: HDF, Degraded HDF • ALT: 660–990 m
TEM: Amo, K. Belalong Fld. Studies Centre, *Schatz* 3303.

S. bankense (Hassk.) Merr. & L.M. Perry — *Ubah Ribu* (Br., Ib)
Treelet • HAB: terrace • ALT: sea level
BEL: Seria, Badas F.R., *Brunig* S 1091. **Without prov.:** *Wong* s.n. 16.ix.88; *Wong* s.n. 26.iii.88 • Borneo, Bangka, Philippines

S. beccarii (Ridl.) Merr. & L.M. Perry
Midstorey/subcanopy tree • HAB: gentle slope • GEO: moss
TEM: Amo, Bt. Retak, *Wong* 411 • Borneo: Sarawak

S. borneense Miq.
Midstorey/subcanopy tree • VEG: Secondary Forest • ALT: 40 m
BEL: Bukit Sawat, Sg. Mau, *Niga* 48; Labi, Labi road, *Wong* 980. **BRM:** Berakas, Berakas F.R., *Smythies* S 7807 • Malaya, Borneo

S. brachyrachis Merr. & L.M. Perry
Midstorey/subcanopy tree • VEG: HDF • HAB: steep slope • ALT: 800 m
TEM: Amo, Bt. Belalong, *Dransfield J.* 7218B • Borneo

S. caryophylliflorum (Ridl.) Merr. & L.M. Perry — *Ubah* (Br., Ib., Ked.)
Midstorey/subcanopy tree • GEO: sandy soil
BEL: Bukit Sawat, Kpg. Sungai Mau, *Haslani-Mohd. A.* 63 • Borneo

S. castaneum (Merr.) Merr. & L.M. Perry
Treelet • VEG: Degraded Kerangas, HDF • HAB: near running fresh water • GEO: White sand • ALT: 10–350 m
BEL: Labi, Bt. Teraja, *Simpson* 2069; Sungai Liang, Sungei Liang Arboretem, *Wong* 302. **TUT:** Telisai, *Dransfield J.* 6521 • Borneo

S. caudatilimbum (Merr.) Merr. & L.M. Perry — *Ubah* (Mal.)
Midstorey/subcanopy tree, treelet, shrub • VEG: Kerangas, Degraded Kerangas • HAB: flat ground, terrace, ridge • GEO: White sand; Podsol • ALT: 670 m
BEL: Labi, Jln. Labi, *Dransfield J.* 7280; Labi, Jln. Labi, *Niga* 26; Melilas, Batu Patam, *Wong* 1041; Melilas, Batu Patam, *Wong* 1070; Seria, Badas F.R., *Ashton* BRUN 5527; Seria, Badas F.R., *Coode* 7339. **TEM:** Amo, Bt. Belalong, *Ashton* BRUN 413; Labu ?, *Ashton* BRUN 3319. **TUT:** *Johns* 7608 • Borneo

S. caudatum (Merr.) Airy Shaw
Canopy/emergent tree, midstorey/subcanopy tree, treelet • VEG: LMDF, HDF, Lower Montane Forest • HAB: gentle slope, ridge • GEO: Meligan formation, sandstone, Setap Shales; clay soil, yellow-red clay soil, Brown clay-loam; Leaf litter • ALT: 50–860 m
BEL: Bukit Sawat, Andulau F.R., *Coode* 6757; Labi, Bt. Teraja, *Coode* 6951. **TEM:** Amo, Bt. Belalong, *Dransfield J.* 7185; Amo, Bt. Belalong, *Wong* 1499; Amo, Bukit Tudal, *Davis* 470; Amo, Ulu Belalong, *Dransfield J.* 7347; Amo, Ulu Belalong, *Dransfield J.* 7421 • Borneo: Sarawak

S. chloranthum (Duthie) Merr. & L.M. Perry — *Ubah* (Br., Ib., Dus.)
Midstorey/subcanopy tree • HAB: near running fresh water • GEO: shale • ALT: 120–300 m
BEL: Sungai Liang, Sungei Liang Arboretem, *Wong* 140. **TEM:** Amo, Sg. Temburong, *Coode* 6534; Amo, Sg. Temburong, *Coode* 6554; Amo, Sg. Temburong, *Coode* 6697. **TUT:** Sg. Tutong, *Wong* 1661 • Malaya, Sumatra, Borneo

S. confertum (Korth.) Merr. & L.M. Perry
Canopy/emergent tree • HAB: gentle slope • GEO: sandstone; yellow sandy clay soil • ALT: 180 m
BEL: Labi, Bt. Teraja, *Ashton* BRUN 9 • Sumatra, Borneo, Palawan

S. aff. creaghii (Ridl.) Merr. & L.M. Perry
Midstorey/subcanopy tree, treelet • VEG: LMDF, HDF • HAB: gentle slope • GEO: Belait formation, Setap Shales • ALT: 10–850 m
BEL: Labi, Jln. Labi–Merangking, *Dransfield J.* 6846. TEM: Amo, Bt. Belalong, *Dransfield J.* 7148.

S. cuneiforme Merr. & L.M. Perry
BEL: Sungei Liang, Andulau F.R., *Dransfield J.* 7246 • Borneo

S. curtisii (King) Merr. & L.M. Perry
Canopy/emergent tree • VEG: LMDF • HAB: steep slope • GEO: sandstone; stony; clay soil • ALT: 450 m
TEM: Amo, Ulu Belalong, *Dransfield J.* 7360 • Malaya, Borneo

S. curtisii (King) Merr. & L.M. Perry *vel aff.*
Midstorey/subcanopy tree • HAB: near running fresh water • GEO: alluvial deposits • ALT: 30 m
BEL: Melilas, K. Topi, *Ashton* BRUN 174.

S. densiflorum Brogn. & Gris *vel aff.*
Treelet • VEG: Freshwater Swamp Forest • HAB: periodically flooded • GEO: alluvial deposits • ALT: 30 m
BEL: Melilas, Kuala Ingei, *Puff* 9008091/6.

S. elliptilimbum (Merr.) Merr. & L.M. Perry
Midstorey/subcanopy tree, treelet • VEG: Degraded Peatswamp Forest • HAB: near running fresh water • ALT: 20 m
BEL: Bukit Sawat, Sg. Mau, *Simpson* 2023. TUT: Rambai, Sg. Tutong, *Simpson* 2629 • Borneo

S. fastigiatum (Blume) Merr. & L.M. Perry — *Ubah* (Mal.)
Midstorey/subcanopy tree, treelet • VEG: LMDF, Lower Montane Forest • HAB: gentle slope, steep slope • GEO: Belait formation • ALT: 310–850 m
BEL: Labi, Bt. Teraja, *Coode* 6897. BRM: Sengkurong, Kpg. Jerudong, *Wong* 190. TEM: Amo, Bt. Belalong, *Prance* 30599 • Indochina, Thailand to Malaya, Sumatra, Java, Borneo

S. foxworthianum (Ridl.) Merr. & L.M. Perry
Tree, canopy/emergent tree, midstorey/subcanopy tree • VEG: LMDF, HDF • HAB: near running fresh water • GEO: Setap Shales • ALT: 130–150 m
TEM: *Johns* 7246; Amo, K. Belalong, *Jacobs* 5604; Amo, Sg. Belalong, *Sands* 5593. **Without prov.:** *Argent & Mitchell* 91113 • Thailand, Malaya, Borneo

S. gaultherioides (Ridl.) Merr. & L.M. Perry — *Ubah Ribu* (Br., Ib.)
Midstorey/subcanopy tree, treelet, shrub • VEG: Upper Montane Forest • HAB: gentle slope, ridge; impeded drainage • GEO: moss; peat • ALT: 1350–1440 m
TEM: *Johns* 6517; *Johns* 6659; Amo, Bt. Pagon, *Ashton* BRUN 1063; Amo, Bt. Retak, *Wong* 392; Amo, Bt. Retak, *Wong* 430. TUT: Telisai, Telamba bridge, *Jacobs* 5690 • Borneo

S. grande Wall.
Canopy/emergent tree • HAB: near running fresh water • GEO: alluvial deposits • ALT: 30 m
BEL: Melilas, K. Ingei, *Ashton* BRUN 204.

S. griffithii (Duthie) Merr. & L.M. Perry
Midstorey/subcanopy tree • HAB: gentle slope • GEO: clay; yellow sand • ALT: 40–200 m
BEL: Andulau F.R., *Ashton* BRUN 247; Labi, Labi Hills F. R., *Coode* 6829 • Malaya, Borneo

S. griffithii (Duthie) Merr. & L.M. Perry *vel aff.*
Midstorey/subcanopy tree • VEG: Degraded Kerangas • HAB: raised beach • GEO: White sand; Podsol • ALT: 10 m
BRM: Berakas, Berakas F.R., *Ashton* S 7819.

S. helferi (Duthie) P.Chantaranothai & J.Parn. — *Ubah* (Br., Ib., Ked.)
Midstorey/subcanopy tree • VEG: LMDF • ALT: 20–30 m
TUT: Rambai, Sg. Tutong, *Coode* 6310 • Burma, Thailand, Malaya

S. heterocladum (Merr.) Merr. & L.M. Perry
Midstorey/subcanopy tree • VEG: LMDF • GEO: sandy soil • ALT: 20–100 m
BEL: Labi, *Forman* 1028 • Borneo

S. hirtum (Korth.) Merr. & L.M. Perry
Midstorey/subcanopy tree • VEG: LMDF, Secondary Forest • HAB: steep slope • GEO: sandstone; yellow clay soil • ALT: 420 m
BEL: Labi, Kampong Rampayoh, *Niga* 367. TEM: Amo, Ulu Belalong, *Dransfield J.* 7404 • Borneo, Sumatra

S. incarnatum (Elmer) Merr. & L.M. Perry
Tree, midstorey/subcanopy tree, treelet • VEG: Peatswamp Forest, Degraded Kerangas, Secondary Forest • HAB: flat ground, gentle slope; well-drained, impeded drainage • GEO: White sand, sandstone; Podsol, yellow sandy clay soil, White sand; Mor, peat • ALT: 30 m
BEL: Bukit Sawat, Jln. Labi, *Wong* 970; Labi, Bt. Teraja, *Ashton* BRUN 677; Labi, Labi road, *Wong* 979; Seria, *Smythies* S 5850; Sungai Liang, Badas, *Coode* 6466; Sungai Liang, Badas, *Coode* 6841. BRM: Mentiri/Muara, Meragang, SW of Muara, *Coode* 7312. TUT: Telisai, *Ashton* BRUN 5028; Telisai, Kpg. Danau, *Ashton* BRUN 964 • Malaya, Borneo, Palawan

S. aff. jambos (L.) Alston
Midstorey/subcanopy tree • VEG: LMDF • HAB: gentle slope; near running fresh water • GEO: Setap Shales • ALT: 20–40 m
TEM: Amo, Sg. Belalong, *Sands* 5595; Batu Apoi, Kpg. Selapon, *Wong* 2013.

S. kiauense (Merr.) Merr. & L.M. Perry
Midstorey/subcanopy tree • ALT: 60 m
TEM: Amo, K. Belalong, *Smythies* SAN 17366; Amo, Sg. Belalong, *Ashton* BRUN 5225 • Borneo

S. kinabaluense (Stapf) Merr. & L.M. Perry
Midstorey/subcanopy tree • VEG: Upper Montane Forest • HAB: ridge • ALT: 1520 m
TEM: Amo, *Ashton* BRUN 2358 • Borneo

S. kingii (Merr.) Merr. & L.M. Perry
Canopy/emergent tree • HAB: ridge • ALT: 450 m
TEM: Amo, K. Belalong, *Smythies* S 5714 • Borneo

S. korthalsianum Miq.
Treelet • HAB: sharp ridge • GEO: sandstone • ALT: 1860 m
TEM: Amo, *Ashton* BRUN 2374.

S. kuchingense (Merr.) Merr. & L.M. Perry
Midstorey/subcanopy tree • HAB: gentle slope • GEO: yellow sand • ALT: 30 m
BEL: Labi, Bt. Puan, *Ashton* S 7877 • Borneo

S. leptostemon (Korth.) Merr. & L.M. Perry
Midstorey/subcanopy tree, treelet • VEG: Peatswamp Forest with Shorea albida • HAB: periodically flooded • GEO: alluvial deposits • ALT: 20 m
BEL: Melilas, K. Topi–K. Penipir, *Ashton* BRUN 230; Seria, Jln. Badas, *Mat Salleh* 2409 • Thailand, Malaya, Borneo

S. leucocladum Merr. & L.M. Perry
Midstorey/subcanopy tree • ALT: 20 m
TUT: Rambai, *Coode* 6437 • Borneo

S. leucoxylon Korth. var. **phaeophyllum** Merr. & L.M. Perry
Midstorey/subcanopy tree • VEG: Peatswamp Forest • GEO: White sand; Podsol; Mor • ALT: 30 m
BEL: Melilas, K. Ingei, *Ashton* BRUN 178. TEM: Batu Apoi, Bt. Pasir Puteh, *Ashton* BRUN 23.

S. lilacinum (Merr.) Merr. & L.M. Perry
BEL: Melilas, Paleh Bangawong, *Thomas* 108 • Borneo

S. lineatum (DC.) Merr. & L.M. Perry
Canopy/emergent tree, midstorey/subcanopy tree • VEG: Peatswamp Forest • HAB: ridge • GEO: sandstone; yellow sandy clay soil • ALT: 300 m
BEL: Seria, Badas F.R., *Wong* 210. TEM: Amo, K. Belalong, *Ashton* BRUN 463 • Indochina, Thailand to Malaya

S. aff. lineatum (DC.) Merr. & L.M. Perry
Midstorey/subcanopy tree • VEG: LMDF • HAB: ridge • GEO: Lambir formation • ALT: 400 m
BEL: Labi, Bukit Teraja, *Kirkup* 433.

S. medium (Korth.) Merr. & L.M. Perry
Rheophyte; shrub • HAB: near running fresh water • GEO: shale • ALT: 120–500 m
TEM: Amo, K. Belalong, *Jacobs* 5584; Amo, K. Belalong, *Wong* 284; Amo, Sg. Temburong, *Coode* 6648 • Borneo

S. megalophyllum Merr. & L.M. Perry
Canopy/emergent tree, midstorey/subcanopy tree • VEG: Kerangas Forest with Agathis, LMDF • HAB: gentle slope; near running fresh water • GEO: sandy soil • ALT: 20–40 m
BEL: Bukit Sawat, Merangking Buau, *Coode* 7665; Seria, Badas F.R., *Coode* 7653; Sukang, Sg. Belait, *Wong* 599. BRM: Sengkurong, Kpg. Jerudong, *Wong* 192. TUT: Tanjong Maya, Coastal Road–Bt. Udal junction, *Wong* 32 • Borneo

S. sp. aff. megalophyllum Merr. & L.M. Perry
BEL: Labi, Bt. Teraja, *Simpson* 2125; Labi, Bukit Teraja, *Kirkup* 445; Labi, Wong Kadir, *Coode* 7228; Melilas, *Wong* 984; Sungai Liang, Sungai Liang Arboretum, *Davis* 496; Sungai Liang, Sungei Liang Arboretem, *Wong* 581. TEM: Bangar, Bt. Biang, *Smythies* S 5784. TUT: Rambai, Tasek Merimbun, *Bernstein* 4.

S. ochneocarpum (Merr.) Merr. & L.M. Perry — *Ubah* (Mal.)
Canopy/emergent tree, midstorey/subcanopy tree • VEG: Degraded Empran, Kerangas • HAB: gentle slope; periodically flooded • GEO: clay; alluvial deposits; yellow sand • ALT: 10–40 m
BEL: Andulau F.R., *Ashton* BRUN 262. TEM: Labu ?, *Ashton* BRUN 3315. TUT: Rambai, Ulu Supon, *Ashton* BRUN 858 • Borneo

S. aff. ovatifolium Merr. & L.M. Perry — *Ubah* (Br., Ib., Ked.)
Midstorey/subcanopy tree
BEL: Labi, Labi road, *Wong* 976.

S. aff. panzeri Merr. & L.M. Perry
• VEG: HDF • HAB: steep slope • ALT: 800 m
TEM: Amo, Bt. Belalong, *Dransfield J.* 7218A.

S. palawanense (C.B.Rob.) Merr. & L.M. Perry
Treelet • HAB: near running fresh water • GEO: sandstone; sandy soil • ALT: 80 m
BEL: Labi, Sg. Rampayoh, *Coode* 7272 • Borneo, Palawan

S. polyanthum (Wight) Walp. — *Ubah* (Br., Ked., Ib., Mur.)
Canopy/emergent tree • VEG: Secondary Forest
TUT: Lamunin, Kpg. Lamunin, *Wong* 64 • Burma, China, Indochina, Thailand to Malaya, Sumatra, Java, Borneo

S. praineanum (King) P.Chantaranothai & J.Parn. var. **praineanum**
Canopy/emergent tree • HAB: gentle slope • GEO: sandstone; yellow sandy clay soil • ALT: 120 m
TEM: Amo, K. Belalong, *Ashton* BRUN 452 • Malaya

S. pseudoformosum (King) Merr. & L.M. Perry
Midstorey/subcanopy tree, treelet • VEG: HDF • HAB: ridge; near running fresh water • GEO: Setap Shales; clay soil, sandy soil • ALT: 10–300 m
BEL: Melilas, Sg. Belait, *Forman* 1178; Sungai Liang, Andulau F.R., *Wong* 1561. TEM: Amo, Batu Apoi Forest Reserve, *Nielsen & Balslev* 1010 • Thailand, Malaya, Java

S. punctilimbum (Merr.) Merr. & L.M. Perry
Midstorey/subcanopy tree, treelet • VEG: Upper Montane Shrubbery • HAB: gentle slope, ridge • GEO: moss • ALT: 1500 m
TEM: Amo, Bt. Retak, *Wong* 419; Amo, G. Pagon, *Coode* 7439; Amo, G. Pagon, *Coode* 7470 • Borneo

S. ramiflorum Airy Shaw
Midstorey/subcanopy tree • GEO: yellow clay soil • ALT: 300 m
TEM: Amo, Bt. Belalong, *Asah* BRUN 3153; Amo, K. Belalong, *Wong* 1201 • Borneo

S. rejangense Merr. & L.M. Perry — *Jambu* (Mal.), *Jambu Air* (Ib., Br.)
Midstorey/subcanopy tree, treelet • HAB: flat ground; periodically flooded; near running fresh water • GEO: Setap Shales; yellow sandy clay soil • ALT: 50–500 m
TEM: Amo, Batu Apoi Forest Reserve, *Poulsen* 102; Amo, K. Belalong, *Ashton* BRUN 473; Amo, K. Belalong, *Jacobs* 5619; Amo, K. Belalong, *Wong* 1154; Amo, Sg. Temburong, *Schatz* 3284; Amo, Sg. Temburong, *Wong* 240; Amo, Temburong river, *Atkins* 470 • Borneo

S. rostratum (Blume) DC.
Midstorey/subcanopy tree • ALT: 670 m
TEM: Amo, Bt. Belalong, *Ashton* BRUN 421 • Sumatra, Java, Borneo

S. rosulentum (Ridl.) Merr. & L.M. Perry
Midstorey/subcanopy tree, treelet • VEG: LMDF • HAB: flat ground, terrace; periodically flooded • GEO: Belait formation, Sand/clay; alluvial deposits • ALT: 30 m
BEL: Melilas, Ulu Ingei, *Atkins* 531; Melilas, Ulu Ingei, *Atkins* 575; Melilas, Ulu Ingei, *Sands* 5900 • Borneo

S. sandakanense (Merr.) Merr. & L.M. Perry
Midstorey/subcanopy tree, treelet • VEG: HDF, Lower Montane Forest • HAB: gentle slope; near running fresh water • GEO: Meligan formation • ALT: 350–1120 m
TEM: *Johns* 6961; Amo, Bt. Retak, *Sands* 5289; Batu Apoi, Bt. Gelagas (Bt. Suang), *Simpson* 2382 • Borneo

S. sarawacense (Merr.) Merr. & L.M. Perry
Midstorey/subcanopy tree, treelet • VEG: Degraded Peatswamp Forest • HAB: impeded drainage; near running fresh water • GEO: peat • ALT: sea level
BEL: Kuala Belait, K. Belait, *Ashton* S 7856; Seria, Kpg. Badas, *Ashton* BRUN 975 • Borneo

S. syzygioides (Miq.) Merr. & L.M. Perry
Canopy/emergent tree, midstorey/subcanopy tree, treelet • VEG: Kerangas • HAB: gentle slope • GEO: clay; yellow sand, yellow sandy loam • ALT: 40 m
BEL: Andulau F.R., *Ashton* BRUN 261; Andulau F.R., *Ashton* BRUN 3273. TEM: Bangar, Bt. Biang, *Ashton* BRUN 514 • Burma, Indochina, Thailand to Malaya, Java, Borneo, Bangka

S. tawahense (Korth.) Merr. & L.M. Perry
Midstorey/subcanopy tree • VEG: Peatswamp Forest with Shorea albida, Peatswamp Forest • HAB: near running fresh water • GEO: alluvial deposits; peat • ALT: sea level
BEL: Melilas, K. Ingei–K. Topi, *Ashton* BRUN 175; Seria, Badas F.R., *Wong* 209; Seria, Seria, *Smythies* S 5885. TUT: Rambai, Tasik Merimbun, *Wong* 335 • Borneo

S. tenuicaudatum Merr. & L.M. Perry
Treelet • HAB: gentle slope • GEO: yellow sand • ALT: 40 m
BEL: Andulau F.R., *Ashton* S 5941 • Borneo

S. velutinum A.P. Davis sp. nov. in press var. parviflorum A.P. Davis var. nov. in press — *Jambu Hutan* (Mal.)
Midstorey/subcanopy tree, treelet • VEG: LMDF • HAB: gentle slope • GEO: Lambir formation • ALT: 310–360 m
TEM: Bangar, Bt. Biang, *Smythies* S 5784 • Borneo: Sarawak, Sabah

S. velutinum A.P. Davis var. velutinum
Midstorey/subcanopy tree, treelet • VEG: LMDF, HDF, Secondary Forest • HAB: ridge • ALT: 70–350 m
BEL: Labi, Bt. Teraja, *Simpson* 2125; Labi, Bukit Teraja, *Kirkup* 445; Sungai Liang, Arboretum Reserve, *Wong* 948; Sungai Liang, Sungai Liang Arboretum, *Davis* 496; Sungai Liang, Sungei Liang Arboretem, *Wong* 581. TUT: Rambai, Tasek Merimbun, *Bernstein* 4 • Endemic.

S. villamillii (Merr.) Merr. & L.M. Perry
Treelet; on ground • HAB: terrace; periodically flooded • GEO: Sand/clay • ALT: 20 m
BEL: Melilas, Ulu Ingei, *Cowley* 123 • Borneo

S. zeylanicum (L.) DC. — *Ubah* (Br., Ib., Ked.)
Midstorey/subcanopy tree, treelet • VEG: Degraded Empran, Peatswamp Forest, Secondary Forest • HAB: ridge; seasonal watercourse; near running fresh water • GEO: Meligan formation; alluvial deposits; White sand; Mor, peat • ALT: 760 m
BEL: Lubuk Kaya, *Awong* 17; Kuala Balai, *Kirkup* 203; Kuala Belait, Sg. Damit, *Dransfield J.* 6798. BRM: Berakas, Berakas F.R., *Ashton* BRUN 5048. TEM: Amo, *Ashton* BRUN 5243. TUT: Rambai, Sg. Medit, *Simpson* 2574; Rambai, Tasik Merimbun, *Wong* 339. **Without prov.:** KEP 371545 • India, China, through Indochina to Malaya, Sumatra, Java, Borneo

S. sp. 2
BEL: Sungai Liang, Arboretum Reserve, *Wong* 948.

S. sp. 3 — *Ubah* (Br., Ib., Ked.)
Canopy/emergent tree, midstorey/subcanopy tree, Treelet • VEG: Kerangas, Degraded Peatswamp Forest • HAB: near running fresh water • GEO: sandstone • ALT: 20–250 m
BEL: Sg. Belait, *Niga* 43; Bukit Sawat, Sg. Mau, *Simpson* 2018; Melilas, Sg. Ingei, *Brunig* S 992; Melilas, Sg. Ingei, *Brunig* S 993; Melilas, Ulu Ingei, *Ashton* BRUN 5604; Seria, Badas Stateland Forest, *Mat Salleh* 2425b.

S. spp. indet.
BEL: K. Balai, K. Balai, BRUN 15642; Labi, Bt. Puan, *Ashton* BRUN 656; Labi, Bukit Teraja, *Suhaili Hj. Zinin* BRUN 15005; Labi, Sungai Rampayoh, *Kirkup* 816; Melilas, Batu Patam, *Wong* 1133; Melilas, Sg. Belait, *Forman* 1120; Seria, Badas railway, *Fuchs* 21184; Sukang, Kampong Sukang, *Kirkup* 736; Sukang, Sg. Belait, *Wong* 101; Sukang, Sg. Belait, *Wong* 103; Sukang, Sg. Belait, *Wong* 104; Sukang, Sungai Paleh Bangawong, *Kirkup* 613; Sukang, Sungai Paleh Bangawong, *Kirkup* 693; Sungai Liang, Compartment 7, BRUN 15242; Sungai Liang, Compartment 7, BRUN 15245; Sungai Liang, Compartment 7, BRUN 15250; Sungai Liang, Sungai Liang Arboretum, *Niga* 101. BRM: *Wong* 934; Berakas, Berakas F.R., *Ashton* S 7836. TEM: Amo, Bt. Pagon, *Ashton* BRUN 1050; Amo, Bt. Pagon, *Ashton* BRUN 1059; Amo, Bt. Belalong, *Dransfield J.* 7192; Amo, Bt. Belalong, *Dransfield J.* 7228; Amo, Bt. Belalong, *Wong* 1452; Amo, Bukit Retak, *Hussain Hj. Osman* 3; Amo, Bukit Tudal, *Bygrave* 31; Amo, G. Pagon, *Coode* 7567; Amo, G. Pagon, *Coode* 7570; Amo, Kuala Belalong, *Ashton* S 5765; Amo, Ulu Belalong LP382, *Kirkup* 871; Amo, Ulu Belalong LP382, *Kirkup* 878; Bukok/Labu, *Brunig* S 1147. TUT: *Brunig* S 1169; Rambai, Tasek Merimbun, *Bernstein* 282; Rambai, Ulu Supon, *Ashton* BRUN 855; Ulu Tutong, Bukit Bahak, *Kirkup* 511. **Without prov.:** *van Niel* 3401; *van Niel* 3495; *van Niel* 3542; *van Niel* 3553; *van Niel* 3772; *van Niel* 3880; *van Niel* 4003; *van Niel* 4032; *van Niel* 4101; *van Niel* 4150; *van Niel* 4161; *van Niel* 4320; *van Niel* 4321; *Wong* s.n. 17.xi.88.

TRISTANIOPSIS

Wilson, P.G. & Waterhouse, J.T. A review of the genus *Tristania* R. Br. (Myrtaceae): a heterogeneous assemblage of five genera. Aust. J. Bot. 30: 413–446 (1982)

T. anomala (Merr.) Peter G.Wilson & J.T.Waterh. — *Kawi* (Ib.), *Selunsor* (Mal.)
   Midstorey/subcanopy tree • VEG: Kerangas, Upper Montane Shrubbery • HAB: gentle slope, ridge • GEO: Meligan formation, sandstone; Podsol • ALT: 250–670 m
   BEL: Melilas, Batu Patam, *Brunig* S 1001; Melilas, Ulu Ingei, *Ashton* BRUN 5606. **TEM:** Amo, Bt. Belalong, *Ashton* BRUN 420; Amo, Bt. Retak, *Sands* 5253 • Borneo

T. merguensis (Griff.) Peter G.Wilson & J.T.Waterh. — *Terkoyong-Terkoyong* (Mal.)
   Midstorey/subcanopy tree • VEG: Peatswamp Forest • GEO: sandstone • ALT: sea level
   BEL: Seria, Seria, *Smythies* S 5898. **TEM:** *Smythies* BRUN 808; Labu, *Smythies* BRUN 819 • Malaya, Borneo

T. obovata (Benn.) Peter G.Wilson & J.T.Waterh. — *Melaban* (Ib.), *Selunsor* (Mal.)
   Tree, canopy/emergent tree, midstorey/subcanopy tree, treelet • VEG: Alluvial Forest, Padang, Kerangas, Degraded Kerangas, HDF, Secondary Forest • HAB: raised beach; well-drained; near running fresh water • GEO: White sand, sandstone, Setap Shales; Kerangas soil, sandy soil, yellow sand • ALT: sea level–850 m
   BRM: Berakas, Berakas F.R., *Ashton* BRUN 399; Berakas, Berakas F.R., *Smythies* S 7801. **TEM:** Amo, Bt. Belalong, *Dransfield J.* 7152; Amo, Ulu Belalong, *Coode* 7885; Bangar, Bt. Biang, *Ashton* BRUN 506; Bangar, Bt. Biang, *Ashton* BRUN 518; Batu Apoi, Bt. Pasir Puteh, *Ashton* BRUN 287. **TUT:** *Brunig* S 1171; Rambai, Bt. Bahak, *Coode* 7102; Telisai, *Coode* 6863; Telisai, *Dransfield J.* 6522 • Malaya, Borneo

T. pentandra (Merr.) Peter G.Wilson & J.T.Waterh.
   Canopy/emergent tree • ALT: 10 m
   BEL: Seria, Badas railway, *Smythies* SAN 17464 • Borneo

T. whiteana (Griff.) Peter G.Wilson & J.T.Waterh. — *Kawi* (Ib.)
   Canopy/emergent tree, midstorey/subcanopy tree • VEG: Kerangas • HAB: gentle slope, vertical • GEO: White sand; Kerangas soil, yellow sandy clay soil • ALT: 10–60 m
   TEM: Bangar, Pekan Bangar, *Ashton* BRUN 485; Labu, *Ashton* BRUN 3303. **TUT:** Rambai, Ulu Tutong, *Ashton* BRUN 881 • Malaya, Sumatra, Borneo

T. spp. indet.
   BEL: Labi, Bt. Puan, *Ashton* BRUN 647. **TEM:** Amo, Bt. Belalong, *Ashton* BRUN 417. **Without prov.:** *van Niel* 4002.

WHITEODENDRON

W. moultonianum (W.W.Sm.) Steenis
   Canopy/emergent tree • VEG: Peatswamp Forest, LMDF • HAB: flat ground, gentle slope, ridge; well-drained, impeded drainage; near still fresh water • GEO: White sand, yellow sandy loam • ALT: 60 m
   BEL: Andulau F.R., *Ashton* BRUN 5502; Andulau F.R., *Fosberg* 43901; Andulau F.R., *Smythies* SAN 17519; Seria, *van Steenis & Bakh. v.d. Brink* 21191; Sungai Liang, Sungai Lumut, *Kirkup* 598 • Borneo

XANTHOMYRTUS
Scott, A.J. A revision of *Xanthomyrtus* (Myrtaceae). Kew Bull. 33: 461–484 (1979)

X. flava Stapf
Midstorey/subcanopy tree • HAB: ridge
TEM: Amo, *Wong* 1853 • Borneo, Sulawesi

MYRTACEAE INDET.
(n.v.)
BEL: Andulau F.R., *Smythies* BRUN 834; Melilas, Sg. Topi–Ingei watershed, *Kirkup* 754. **TUT:** Lamunin, Kpg. Menangah, *Kirkup* 728

NEPENTHACEAE
M. CHEEK & M. JEBB

NEPENTHES

N. albomarginata Lindl.
Climber • VEG: Kerangas, Degraded HDF • HAB: flat ground, ridge; impeded drainage; near still fresh water • GEO: Belait formation • ALT: 190–660 m
BEL: Melilas, *Wong* 686; Melilas, Batu Patam, *Wong* 1044; Melilas, Bt. Batu Patam, *Boyce* 327. **TEM:** Batu Apoi, Bt. Gelagas (Bt. Suang), *Simpson* 2274. **Without prov.:** *van Niel* 4180 • Sumatra, Malaya, Borneo

N. ampullaria Jack
Climber • VEG: Peatswamp Forest, Kerangas, HDF • HAB: terrace • GEO: Lambir formation, Sand/clay • ALT: 100 m
BEL: Labi, Bt. Teraja, *Sands* 5465; Melilas, Ulu Ingei, *Atkins* 568. **TEM:** Amo, *Ashton* A 415. **TUT:** Telisai, Jln. K. Belait–Pekan Muara, *Jacobs* 5686 • Malaya to New Guinea

N. bicalcarata Hook.f.
Herbaceous climber, climber • VEG: Peatswamp Forest, Kerangas Forest with Agathis • HAB: impeded drainage • GEO: peat • ALT: 1580 m
BEL: Seria, Badas F.R., *Sands* 3565; Seria, Badas F.R., *Wong* 1574; Sungai Liang, Sg. Lumut, *Sinclair* 10432. **TEM:** Amo, *Ashton* A 318. **TUT:** Telisai, Jln. K. Belait–Pekan Muara, *Jacobs* 5689. **Without prov.:** *van Niel* 3632; *van Niel* 4056 • Borneo

N. fusca Danser
Climber; herbaceous climber • VEG: Kerangas • HAB: steep slope ridge • GEO: Belait formation • ALT: 50–200 m
BEL: Melilas, Bt. Batu Patam, *Boyce* 293. **TEM:** Amo, Bt. Retak, *Wong* 900 • Borneo

N. gracilis Korth.
Climber • VEG: Peatswamp Forest, Kerangas, Degraded Kerangas, Roadsides, beside still freshwater • GEO: Miri formation, White sand; sandy soil • ALT: 10–100 m
BEL: Andulau F.R., *Sands* 3563; Bukit Sawat, Labi Hills F.R., *Sands* 3561; Sungai Liang, Jln. Labi, *Forman* 852; Sungai Liang, Jln. Labi, *Forman* 853. **BRM:** Kilanas, *Sands* 5682. **TUT:** Telisai, *Sands* 5423; Telisai, Jln. K. Belait–Pekan Muara, *Jacobs* 5682. **Without prov.:** *van Niel* 3396 • Sumatra, Malaya, Borneo

N. cf. gracilis Korth.
Epiphytic; shrub • VEG: LMDF • HAB: near running fresh water • GEO: Belait formation; sandy soil
TUT: Ulu Tutong, Bukit Bahak, *Kirkup* 552. **Without prov.:** *van Niel* 3599; *van Niel* 3631; *van Niel* 4022; *van Niel* 4103.

N. hirsuta Hook.f.
Climber • HAB: ridge • GEO: Setap Shales; clay soil; Mor • ALT: 610–980 m
TEM: Amo, *Ashton* BRUN 5238; Amo, Batu Apoi Forest Reserve, *Nielsen* 1077; Amo, Bt. Belalong, *Wong* 1447; Amo, Sg. Temburong Machang, *Wong* 1998 • Borneo

N. cf. hirsuta Hook.f.
Herbaceous climber • GEO: sandstone
TEM: Amo, Bt. Retak, *Wong* 911.

N. lowii Hook.f.
Climber • ALT: 1580 m
TEM: Amo, *Ashton* A 426; Amo, Bt. Retak, *Wong* 453 • Borneo

N. mirabilis (Lour.) Druce
Climber • ALT: 40 m
BEL: Sungai Liang, Jln. Labi, *Forman* 843 • SE Asia, China, N. Australia

N. rafflesiana Jack
Climber • VEG: Kerangas, Peatswamp Forest, Open areas • HAB: flat ground, ridge; impeded drainage; near still fresh water • GEO: Lambir formation; stony • ALT: 100–270 m
BEL: Labi, Bt. Teraja, *Sands* 5497; Labi, Bt. Teraja, *Sands* 5498; Seria, Kpg. Badas, *Symington* KEP 35651. **BRM:** Berakas, Berakas camp, *Sinclair* 10543. **TUT:** Telisai, Jln. K. Belait–Pekan Muara, *Jacobs* 5684; Telisai, Pasir Puteh, *Sands* 5774. **Without prov.:** *Jacobs* 5683 • Sumatra, Malaya, Borneo

N. cf. rafflesiana Jack
Without prov.: *van Niel* 3630; *van Niel* 3633; *van Niel* 3928.

N. reinwardtiana Miq.
Herbaceous climber • HAB: ridge
TEM: Amo, Bt. Retak, *Wong* 819 • Sumatra, Borneo

N. stenophylla Mast.
• ALT: 1430 m
TEM: Amo, *Ashton* A 212; Amo, Bt. Retak, *Wong* 455 • Borneo

N. tentaculata Hook.f.
• ALT: 1430–1580 m
TEM: Amo, *Ashton* A 210; Amo, *Ashton* A 425; Amo, G. Pagon, *Coode* 7560; Amo, Bt. Retak, *Wong* 454 • Borneo, Sulawesi

N. veitchii Hook.f.
Epiphytic; climber • ALT: 1580 m
TEM: Amo, *Ashton* A 453; Amo, Bt. Retak, *Wong* 750 • Borneo

N. spp. indet. (n.v.)
BEL: Labi, *Johns* 6888; Melilas, Paleh Bangawong, *Thomas* 79; Melilas, Ulu Ingei, *Cowley* 132; Seria, Badas F.R., *Coode* 7343. **TEM:** *Johns* 7413; Amo, *Sands* 5248; Amo, Bt. Belalong, *Prance* 30548; Amo, Bt. Retak, *Sands* 5275; Amo, Bt. Retak, *Sands* 5329; Amo, Bt. Retak, *Sands* 5330; Amo, Bt. Retak, *Sands* 5333; Amo, G. Pagon, *Coode* 7444; Amo, G. Pagon, *Coode* 7451; Amo, G. Pagon, *Coode* 7453; Amo, G. Pagon, *Coode* 7467; Bangar, *Sands* 5621; Batu Apoi, Bt. Gelagas (Bt. Suang), *Simpson* 2031B; Batu Apoi, Bt. Gelagas (Bt. Suang), *Simpson* 2319. **TUT:** *Johns* 6773; *Johns* 6783; *Johns* 6785; *Johns* 7529; Rambai, Sg. Medit, *Simpson* 2586; Rambai, Tasek Merimbun, *Bernstein* 297; Telisai, *Coode* 7382. **Without prov.:** *van Niel* 3472; *van Niel* 3634.

NYCTAGINACEAE

PISONIA

P. umbellifera (Forst. & G. Forst.) Seem.
Midstorey/subcanopy tree
BRM: Pilong Rocks, BRUN 17358 • Throughout the Indian & Pacific Oceans

NYMPHAEACEAE

BARCLAYA

B. motleyi Hook.f. — *Engkub Babag* (Dus.), *Kabang Lor* (Dus.)
Herb • VEG: Peatswamp Forest, Kerangas, LMDF • HAB: flat ground, gentle slope; impeded drainage; near still fresh water • GEO: sandstone, Setap Shales; White sand • ALT: 10–70 m • USES: Edible (whole plant), Medicinal, roots used to treat stomach ache
BEL: Melilas, *Wong* 985. **TEM:** Batu Apoi, *Dransfield J.* 6967; Labu, *Ashton* A 117. **TUT:** Rambai, Tasek Merimbun, *Bernstein* 294, 388 • Thailand, Malaya, Sumatra, Borneo, New Guinea

B. rotundifolia M.Hotta
Herb • VEG: LMDF • HAB: steep slope • GEO: Setap Shales • ALT: 20–80 m
TEM: Amo, K. Belalong, *Boyce* 405 • Borneo

NYMPHAEA

N. pubescens Willd.
• ALT: 70 m
BEL: *Johns* 7120 • Thailand, Malaya, Java, Borneo

N. sp. indet.
BEL: Jln. Kuala Belait–Pekan Muara, *Jacobs* 5699.

OCHNACEAE
Kanis in Fl. Males. 7: 97–119 (1971)

BRACKENRIDGEA

B. palustris Bartell
Without prov.: *van Niel* 3744; *van Niel* 4300 • Sumatra, Malaya, Borneo

B. palustris Bartell subsp. **palustris** — *Kayu Masam* (Ib.)
Midstorey/subcanopy tree, treelet • HAB: well-drained • GEO: White sand; Podsol, sandy soil; Mor • ALT: 20 m
TEM: Batu Apoi, Bt. Pasir Puteh, *Ashton* BRUN 5036. **TUT:** *Johns* 6791; Telisai, *Coode* 6860; Telisai, *Niga* 80 • Sumatra, Malaya, Borneo

EUTHEMIS

E. leucocarpa Jack — *Kawi* (Ib.)
Midstorey/subcanopy tree, treelet, shrub, suffrutescent herb/subshrub • VEG: Peatswamp Forest, Kerangas, Kerangas Forest with Agathis, HDF • HAB: flat ground, ridge; well-drained, impeded drainage; near still fresh water • GEO: Belait formation, Lambir formation, clay; alluvial deposits; sandy soil, White sand • ALT: 100 m • USES: Medicinal, fruit used in curing eye diseases, Wood used for fencing poles
BEL: Bt. Sawat, UBD plot, *Thomas* 229; Labi, Bt. Teraja, *Sands* 5475; Labi, Bt. Teraja, *Simpson* 2116; Labi, Jln. Labi, *Niga* 27; Melilas, *Wong* 672; Melilas, Sg. Topi–Ingei watershed, *Kirkup* 750; Seria, *Fuchs* 21192; Seria, *Fuchs* 21199; Seria, Badas F.R., *Coode* 7633; Seria, Badas F.R., *Smythies* S 5881. **TUT:** Tanjong Maya, *Forman* 816; Telisai, Jln. K. Belait–Pekan

Muara, *Jacobs* 5687. **Without prov.**: *van Niel* 3445; *van Niel* 4057 • Cambodia, Sumatra, Malaya

E. minor Jack
Treelet, shrub • VEG: Peatswamp Forest with Shorea albida, Peatswamp Forest
BEL: Melilas, Batu Patam, *Wong* 1137; Seria, Badas Stateland Forest, *Mat Salleh* 2436b; Seria, Kpg. Badas, *Richards* 5578. **Without prov.**: *van Niel* 3623 • Sumatra, Malaya, Borneo

OURATEA

O. serrata (Gaertn.) Robson (*Gomphia serrata* (Gaertn.) Kanis) — Bekakang Bukid (Dus.), Mending (Ib.), Topo'on (Dus.), Ubar (Mur.), Ubor Bakakang (Dus.)
Tree, midstorey/subcanopy tree, treelet, shrub • VEG: Alluvial Forest, Degraded Kerangas, LMDF, Degraded LMDF, HDF • HAB: flat ground, gentle slope, raised beach, ridge; periodically flooded • GEO: Belait formation, sandstone, shale, Sand, Setap Shales; alluvial deposits; yellow sandy clay soil • ALT: 250 m • USES: Used to make axe handles
BEL: Andulau F.R., *Wong* 1543; Bukit Sawat, Jln. Labi–Merangking, *Kirkup* 256; Labi, Bt. Telingan, *Kirkup* 238; Labi, Bt. Teraja, *Coode* 6952; Labi, Bt. Teraja, *Simpson* 2049; Sungai Liang, Sungei Liang, *Forman* 1092. BRM: Berakas, Berakas F.R., *Ashton* S 7841. TEM: Amo, Bt. Belalong, *Wong* 1371; Amo, K. Belalong, *Ashton* A 1; Amo, Sg. Temburong, *Coode* 6511; Batu Apoi, *Dransfield J.* 6916; Batu Apoi, *Kirkup* 328. TUT: *Brunig* S 1170; *Johns* 7559; Jln. Tutong, *Abang Suhaili* KEP 37058; Rambai, Tasek Merimbun, *Bernstein* 271, 391, 406, 531. Rambai, Tasik Merimbun, *Wong* 333; Ukong, Bt. Besong, *Niga* 199. **Without prov.**: *van Niel* 4075 • SE Asia, W & C Malesia

SAUVAGESIA

S. calophylla (Boerl.) Amaral (*Indovethia calophylla* Boerl.)
Treelet, shrub, suffrutescent herb/subshrub • VEG: Degraded Peatswamp Forest, HDF • GEO: Lambir formation • ALT: 20–250 m
BEL: Labi, Bt. Teraja, *Sands* 5461; Sungai Liang, Sg. Lumut, *Coode* 7738; Sungai Liang, Sungei Liang Arboretem, *Wong* 141 • Sumatra, Borneo

S. serrata (Korth.) Sastre (*Neckia serrata* Korth.)
Lithophyte, rheophyte; shrub, suffrutescent herb/subshrub, herb • VEG: Kerangas, LMDF, HDF, Lower Montane Forest, Belukar • HAB: flat ground, valley bottom, gentle slope, steep slope, vertical, ridge; periodically flooded; waterfall spray zone, near • GEO: Belait formation, Lambir formation, Meligan formation, sandstone, shale, Setap Shales; bare rock and boulders; moss; Leaf • ALT: 60–780 m
BEL: *Johns* 6876; Labi, Bt. Teraja, *Simpson* 2074; Labi, Labi Hills F.R., *Symington* KEP 35682; Labi, Mendarem Valley, *Sands* 5450; Labi, Rampayoh, *Sands* 5994; Melilas, Batu Patam, *Wong* 1013; Melilas, Bt. Batu Patam, *Boyce* 280; Melilas, Bt. Batu Patam, *Boyce* 338; Melilas, Paleh Bangawong, *Thomas* 98. BRM: Kumbang Pasang, *Sands* 5656. TEM: *Johns* 6970; *Johns* 6975; Amo, *Sands* 5564; Amo, Batu Apoi Forest Reserve, *Poulsen* 65; Amo, Batu Apoi Forest Reserve, *Poulsen* 370; Amo, Bt. Belalong, *Dransfield J.* 7119; Amo, Bt. Belalong, *Dransfield J.* 7222; Amo, Bt. Retak, *Sands* 5297; Amo, K. Belalong, *Jacobs* 5578; Amo, Sg. Temburong, *Coode* 6488; Amo, Sg. Temburong, *Schatz* 3288; Amo, Sg. Temburong, *Wong* 243; Amo, Sungai Temburong, *Argent* 9149; Amo, Temburong river, *Atkins* 472; Labu, *Wong* 315. TUT: Rambai, Bt. Bahak, *Coode* 6993 • W & C Malesia

S. serrata (Korth.) Sastre f. **A.**
Shrub • VEG: HDF • HAB: steep slope, ridge • GEO: Setap Shales • ALT: 760–840 m
TEM: Amo, Bt. Belalong, *Dransfield J.* 7189; Amo, Bt. Belalong, *Wong* 1472.

S. serrata (Korth.) Sastre f. **B.**
Shrub, herb • VEG: LMDF • HAB: gentle slope • GEO: Setap Shales • ALT: 10–30 m
BEL: Melilas, Batu Patam, *Wong* 1126. TEM: Batu Apoi, *Dransfield J.* 6964.

S. spp. indet.
BEL: Melilas, Sg. Ingei, *Wong* 639. TEM: Labu, Peradayan Forest Reserve, *Sands* 5777.

OCHNACEAE INDET.
BEL: Bt. Sawat, UBD plot, *Thomas* 222; Bukit Sawat, Sg. Belait, *Wong* 97; Labi, Bukit Teraja, *Kirkup* 406; Labi, Sungai Rampayoh, *Kirkup* 831; Melilas, Ulu Ingei, *Kirkup* 763; Sukang, Sungai Paleh Bangawong, *Kirkup* 682; Sungai Liang, Arboretum Forest Reserve, *Duling* 10.

OLACACEAE
Sleumer in F. Males. 10: 1–29 (1984)

ANACOLOSA

A. frutescens (Blume) Blume
Treelet • VEG: Secondary Forest • HAB: terrace • GEO: White sand; Podsol • ALT: 20 m
BRM: Berakas, Berakas F.R., *Ashton* BRUN 5053. **TUT:** Telisai, Andulau F.R., *Niga* 202y • SE Asia, W & C Malesia

ERYTHROPALUM

E. scandens Blume
Climber • VEG: Secondary Forest • ALT: 20–80 m
TEM: Bangar, Bt. Biang, *Forman* 891 • SE Asia, W & C Malesia

OCHANOSTACHYS

O. amentacea Mast. — *Tagiras* (Dus.), *Entikal* (Ib.)
Midstorey/subcanopy tree • VEG: LMDF, Secondary Forest • HAB: ridge • GEO: Belait formation • ALT: 30–50 m • USES: Wood used for making posts
BEL: Labi, *Dransfield J.* 6535; Labi, Kampong Rampayoh, *Niga* 368. **Without prov.:** *Sow Tandang* KEP 80189 • Sumatra, Malaya, Borneo

OLAX

O. imbricata Roxb.
Scrambling shrub • HAB: near running fresh water
BEL: Sukang, Sg. Belait,, *Kirkup* 381 • SE Asia, Malesia to Pacific

SCORODOCARPUS

S. borneensis Becc. — *Sembawang* (Dus.), *Sinoh* (Ib.)
Canopy/emergent tree, midstorey/subcanopy tree • VEG: LMDF, Degraded Secondary Forest • HAB: flat ground, ridge; seasonal watercourse, periodically flooded • GEO: Belait formation, Meligan formation; alluvial deposits; Mor • ALT: 20–760 m • USES: Edible fruit, young leaves eaten as vegetable
BEL: Melilas, Sg. Belait, *Forman* 1201; Melilas, Sg. Topi, *Ashton* BRUN 213; Melilas, Ulu Ingei, *Sands* 5904. **TEM:** Amo, *Ashton* BRUN 5268. **TUT:** Rambai, Tasek Merimbun, *Bernstein* 489. • Thailand, Sumatra, Malaya, Borneo

STROMBOSIA

S. ceylanica Gardner — *Belian Landak* (Ib., Br.)
Midstorey/subcanopy tree
BEL: Sungai Liang, Sungai Liang Arboretum, *Niga* 97; Sungai Liang, Sungai Liang Arboretum, *Niga* 121. **Without prov.:** *Smith* KEP 30563 • SW India, Ceylon, W & C Malesia

OLACACEAE INDET.
BEL: Melilas, Sg. Belait, *Kirkup* 739. **TEM:** Amo, Bt. Belalong, *Prance* 30601.

OLEACEAE
with help from P.S. GREEN & R. KIEW

CHIONANTHUS
Kiew in The Malaysian Forester 43(3): 362–392 (1980), 44(1): 143–162 (1981) & Gard. Bull. Sing. 37(2): 209–212 (1984)

C. crispus Kiew
Midstorey/subcanopy tree • HAB: well-drained • GEO: White sand • ALT: 10–20 m
TUT: Telisai, *Coode* 6854.

C. curvicarpus Kiew
Canopy/emergent tree, midstorey/subcanopy tree • VEG: Freshwater Swamp Forest, Alluvial Forest • HAB: valley bottom, ridge; periodically flooded • GEO: alluvial deposits • ALT: 20–30 m
BEL: Labi, Sg. Rampayoh, *Dransfield J.* 7317; Melilas, Kuala Ingei, *Puff* 9008081/2. **TEM:** Amo, Bt. Belalong, *Wong* 1394. **Without prov.:** *Ashton* BRUN 997 • Malaya, Sumatra, Borneo

C. enerve (Steenis) Kiew
Scrambling shrub, climber • VEG: Upper Montane Shrubbery • HAB: ridge • ALT: 1500 m
TEM: Amo, *Wong* 1823; Amo, Bt. Retak, *Wong* 730; Amo, G. Pagon, *Coode* 7483 • Borneo

C. evenius (Stapf) Kiew — *Mengkulat* (Mal.)
Midstorey/subcanopy tree • VEG: Peatswamp Forest with Shorea albida, Peatswamp Forest • GEO: peat • ALT: sea level–10 m
BEL: Seria, Seria, *Smythies* S 5888; Sungai Liang, Badas, *Coode* 6479 • Malaya, Borneo

C. laxiflorus Blume (*Linociera pluriflora* Knobl.) — *Mangan Komayan* (Tut., Dus.)
Canopy/emergent tree, midstorey/subcanopy tree, treelet, shrub • VEG: Peatswamp Forest, Kerangas, LMDF, HDF, Secondary Forest • HAB: gentle slope, raised beach, ridge; well-drained • GEO: White sand; sandy soil • ALT: 620 m
BEL: Seria, Anduki F.R., *Niga* 145. **BRM:** Berakas, Berakas F.R., *Anderson* S 2201; Lumapas, Bukit Lumapas, *Bygrave* 41; Serasa, Kpg. Muara, *Ashton* BRUN 103; Serasa, Kpg. Muara, *Haviland* 782. **TEM:** Amo, Sg. Temburong Machang, *Wong* 1997; Batu Apoi, Bt. Gelagas (Bt. Suang), *Simpson* 2301; Batu Apoi, Bt. Pasir Puteh, *Ashton* BRUN 290. **TUT:** Tanjong Maya, *Forman* 811; Telisai, *Coode* 6853; Telisai, *Wong* 153. **Without prov.:** *van Niel* 4063; *van Niel* 4145 • Malaya, Borneo

C. pachyphyllus (Merr.) Kiew
Midstorey/subcanopy tree • VEG: Degraded LMDF, HDF • HAB: gentle slope, ridge • GEO: Belait formation, shale, Setap Shales • ALT: 50–850 m
BEL: Sukang, Sungai Paleh Bangawong, *Kirkup* 604. **TEM:** Amo, Bt. Belalong, *Dransfield J.* 7210; Amo, Sg. Temburong, *Coode* 6620 • Borneo: Sarawak, Sabah

C. palustris Kiew — *Mengilas* (*)
Midstorey/subcanopy tree, treelet • VEG: Peatswamp Forest with Shorea albida, Kerangas • HAB: gentle slope • GEO: Belait formation • ALT: sea level
BEL: Melilas, Ulu Ingei, *Sands* 5929; Seria, Badas F.R., *Brunig* S 1059. **Without prov.:** *Anderson* S 2041 • Borneo: Sarawak, Sabah

C. pluriflorus (Knobl.) Kiew
Midstorey/subcanopy tree, treelet • VEG: LMDF • HAB: terrace; periodically flooded; near running fresh water • GEO: Belait formation; alluvial deposits • ALT: 30 m
BEL: Melilas, K. Ingei, *Ashton* BRUN 205; Melilas, Ulu Belait, *Ashton* BRUN 5640; Melilas, Ulu Belait, *Sands* 5877; Melilas, Ulu Belait, *Sands* 5878. **TUT:** Rambai, Sg. Tutong, *Coode* 6366 • Borneo: Sarawak, Sabah

C. ramiflorus Roxb. (*Linociera ramiflora* (Roxb.) Wall.) — *Kemanian* (Br.), *Kemanian Larat* (Ked.)
Midstorey/subcanopy tree, treelet • VEG: Peatswamp Forest, Secondary Forest • HAB: gentle slope, terrace • GEO: White sand • ALT: 10 m
BEL: Jln. Muara, *Ashton* BRUN 5143; Telisai, Pasir Puteh, *Atkins* 451. **BRM:** Serasa, Kpg. Sabun, *Wong* 925. **TUT:** Tanjong Maya, Jln. Tutong–Seria, *Simpson* 2182; Telisai, *Wong* 150. **Without prov.:** *van Niel* 3503; *van Niel* 4156 • E India, Assam, Adamans, throughout Malesia to Australia

C. spicatus Blume
Treelet • VEG: HDF • ALT: 300 m
TEM: Amo, K. Belalong Fld. Studies Centre, *Schatz* 3252.

C. sp. 1
Treelet, shrub • VEG: LMDF, HDF • HAB: near running fresh water • ALT: 100–50 m
TEM: *Johns* 7419; Amo, *Wong* 1956; Amo, Batu Apoi F.R., K Belalong FSC, *Hansen* 1605; Batu Apoi, Bt. Gelagas (Bt. Suang), *Simpson* 2385.

C. sp. 2
Treelet • VEG: LMDF • HAB: steep slope • GEO: Setap Shales • ALT: 80 m
TEM: Amo, K. Belalong, *Dransfield J.* 7063.

C. spp. indet.
BEL: Sungai Liang, Andulau F.R., *Smythies* SAN 17562. **TEM:** Amo, Bt. Retak, *Wong* 763; Amo, Ulu Belalong, *Dransfield J.* 7394; Amo, Ulu Belalong, *Dransfield J.* 7423; Labu, *Ashton* BRUN 3023. **Without prov.:** *Ashton* BRUN 535.

JASMINUM
Kiew in Sandakania 4: 1–29 (1994) for descriptions of new taxa from Brunei, Sandakania 5: 1–44 (1994) for checklist of Malesian Taxa

J. aemulum R.Br.
Climber • VEG: Degraded Peatswamp Forest • HAB: near running fresh water • ALT: 20 m
TUT: Rambai, Sg. Tutong, *Simpson* 2628 • Burma, Thailand, throughout Malesia to Australia

J. kostermansii Kiew
Climber • VEG: Alluvial Forest • HAB: valley bottom • GEO: alluvial deposits • ALT: 20 m
BEL: Labi, Sg. Rampayoh, *Dransfield J.* 7301 • Borneo

J. melastomifolium Ridl.
Climber • VEG: Alluvial Forest • HAB: valley bottom • GEO: alluvial deposits • ALT: 20 m
BEL: Labi, Sg. Rampayoh, *Dransfield J.* 7326 • Borneo

J. oreophilum Kiew
Without prov.: *Bygrave* 9a • Borneo: Sarawak

J. steenisii Kiew
Climber • VEG: Degraded Alluvial Forest, LMDF, Lower Montane Forest • HAB: valley bottom, gentle slope, steep slope, ridge; periodically flooded • GEO: Setap Shales; alluvial deposits • ALT: 10–70 m
TEM: Amo, Bt. Pagon, *Wong* 1788; Amo, K. Belalong, *Dransfield J.* 6680; Batu Apoi, *Dransfield J.* 6938; Batu Apoi, *Dransfield J.* 6940 • Endemic

MYXOPYRUM

M. nervosum Blume subsp. **coriaceum** (Blume) Kiew
Liana, climber • VEG: Peatswamp Forest • ALT: sea level–10 m
BEL: Seria, Badas F.R., *Coode* 7345; Seria, Kpg. Badas, *Wong* 172 • Borneo

M. nervosum Blume subsp. **nervosum**
Liana • VEG: Peatswamp Forest • ALT: sea level–10 m
BEL: Sungai Liang, Badas, *Coode* 6845 • Malaya, Sumatra, Java, Borneo, Sulawesi, New Guinea

OLEA

O. javanica (Blume) Knobl.
Treelet • VEG: Kerangas • GEO: sandstone; White sand • ALT: 240 m
TEM: Labu, *Ashton* BRUN 531.

ONAGRACEAE
Raven in Fl. Males. 8: 98–113 (1977)

LUDWIGIA

L. hyssopifolia (G.Don) Exell
Herb • VEG: Roadsides • ALT: 20–200 m
BEL: Labi, Labi Hills F. R., *Coode* 6824. **TUT:** Tanjong Maya, *Forman* 823. **Without prov.:** *van Niel* 3564; *van Niel* 3803; *van Niel* 3987 • Trop. Africa, SE Asia, Malesia to N Australia & Pacific

L. octovalvis (Jacq.) Raven
Treelet • VEG: Peatswamp Forest
BEL: Labi, *Niga* 311. **Without prov.:** *van Niel* 3986 • Pantropic

OPILIACEAE
Hiepko in Fl. Males. 10: 31–52 (1984)

CANSJERA

C. rheedii J.F.Gmel.
Climber • VEG: Secondary Forest
TUT: Ukong, Telisai, *Niga* 343. **Without prov.:** *Wong* s.n. 10.iii.88 • SE Asia, Malesia, Australia

LEPIONURUS

L. sylvestris Blume
Name in Hassan & Ashton • SE Asia, W & C Malesia

UROBOTRYA

U. parviflora Hiepko
• ALT: 10–350 m
TEM: Bangar, *Hotta* 13313 • Borneo

OPILIACEAE INDET.
TUT: Rambai, Tasek Merimbun, *Bernstein* 348.

OXALIDACEAE
Veldkamp in Fl. Males. 7: 151–178 (1971)

AVERRHOA

A. bilimbi L.
Without prov.: *Ashton* BRUN 5709; *van Niel* 3825 • Widely cultivated; origin unknown

A. carambola L.
   Without prov.: *van Niel* 3664 • Cultivated, origin ?Java

DAPANIA

D. racemosa Korth.
   Epiphytic; liana • HAB: near running fresh water • GEO: sandstone; sandy soil • ALT: 80 m
   BEL: Labi, Sg. Rampayoh, *Coode* 7296 • Malaya, Sumatra, Borneo

D. sp. indet.
   BEL: Sukang, Sungai Paleh Bangawong, *Kirkup* 653.

SARCOTHECA

S. diversifolia (Miq.) Hallier f. (*S. acuminata* (H.Pearson) Hall.f.) — *Parapa* (Dus.)
   Midstorey/subcanopy tree • VEG: Secondary Forest • HAB: gentle slope • GEO: Sand/clay; clay soil • ALT: 20 m • USES: Edible fruit
   TUT: Rambai, Tasek Merimbun, *Bernstein* 234; Telisai, Bukit Pasir Puteh, *Ashton* BRUN 295. **Without prov.:** *Ashton* BRUN 638; *van Niel* 3603 • Malaya, Sumatra, Borneo; often cultivated as fruit tree & as such have a wider distribution

S. glauca (Hook.f.) Hall.f. — *Arak-Arak* (Dus.), *Asam Piai* (Br., Dus.)
   Midstorey/subcanopy tree, treelet • VEG: Mangrove, Peatswamp Forest, LMDF, Degraded LMDF, Secondary Forest, Belukar • HAB: valley bottom, gentle slope • GEO: sandstone, Sediments; clay soil • ALT: sea level–60 m • USES: Edible fruit
   BEL: Sungai Liang, Badas, *Coode* 6453; Sungei Liang, Andulau F.R., *Dransfield J.* 7247. **BRM:** Kilanas, Kpg. Kilanas, *Dransfield J.* 7095; Sengkurong, Bt. Shahbandar, *Wong* 193; Muara, Mentiri, Brunei Bay, off Jln. Muara, *Coode* 7310. **TEM:** Batu Apoi, Selapon, *Dransfield J.* 7469. **TUT:** Rambai, Tasek Merimbun, *Bernstein* 104; Rambai, Tasik Merimbun, *Wong* 336. **Without prov.:** *Anderson* S 2160; *van Niel* 4144; *van Niel* 4266 • Borneo: Sarawak, Sabah

PANDACEAE

GALEARIA
Forman in Kew Bull. 26: 153–165 (1971)

G. fulva (Tul.) Miq. — *Tis* (Dus.)
   Tree, midstorey/subcanopy tree, treelet, climber; in understorey/low vegetation • VEG: Peatswamp Forest, LMDF, Secondary Forest • HAB: flat ground, gentle slope, ridge; impeded drainage; near still fresh water • GEO: Seria formation, Setap Shales; sandy soil • ALT: 10–210 m • USES: Edible leaves as vegetable
   BEL: Andulau F.R., *Wong* 1549; Bukit Sawat, Buau, *Kirkup* 710; Labi, Bt. Teraja, *Simpson* 2149; Labi, Kpg. Tenajor, *Haslani-Mohd. A.* 68; Melilas, Sg. Belait, *Forman* 1136; Sungai Liang, Sungai Lumut, *Kirkup* 596. **TEM:** Amo, K. Belalong, *Dransfield J.* 6725; Amo, K. Belalong, *Wong* 1233. **TUT:** Rambai, Tasek Merimbun, *Bernstein* 149.; *Johns* 7564 • Burma, W & C Malesia

G. cf. fulva (Tul.) Miq. — *Tis* (Dus.)
   • USES: Edible leaves
   TUT: Rambai, Tasek Merimbun, *Bernstein* 117.

G. maingayi Hook.f.
   Canopy/emergent tree, midstorey/subcanopy tree • HAB: near running fresh water • GEO: shale; alluvial deposits • ALT: 300 m
   BEL: Ulu Poti, *Ashton* BRUN 386. **TEM:** Amo, Sg. Temburong, *Coode* 6604 • Sumatra, Malaya, Borneo

G. stenophylla Merr.
Treelet • VEG: Secondary Forest • HAB: terrace • GEO: White sand
BRM: Serasa, Kpg. Sabun, *Wong* 924 • Malaya, Borneo: Sabah

PASSIFLORACEAE
de Wilde in Fl. Males. 7: 405–434 (1972)

ADENIA

A. cordifolia (Blume) Engl.
Climber • VEG: Peatswamp Forest with Shorea albida, Peatswamp Forest, Degraded Peatswamp Forest • HAB: near running fresh water • ALT: 20 m
BEL: Seria, Badas, *Sinclair* 10537; Seria, Jln. Badas, *Mat Salleh* 2418b; Sungai Liang, *Niga* 147. **TUT:** Rambai, Sg. Tutong, *Simpson* 2596. **Without prov.:** *van Niel* 3661; *van Niel* 3998 • W & C Malesia

A. macrophylla (Blume) Koord. var. **macrophylla** — *Akar Pecah Tutuban* (Br.)
Climber • VEG: Freshwater Swamp Forest, LMDF, Degraded LMDF, Secondary Forest, Roadsides • HAB: gentle slope; periodically flooded; near running fresh water • GEO: Belait formation, White sand; alluvial deposits; Podsol • ALT: 30–100 m
BEL: Labi, Jln. Melayan, *Dransfield J.* 7274; Labi, Labi Hills F. R., *Coode* 6798; Sukang, Sukang, *Puff* 9008121/4; Sungai Liang, Jln. Labi, *Forman* 841. **BRM:** Berakas, Berakas camp, *Hassan Pukol* BRUN 5416. **TUT:** Lamunin, Ladan Hills F.R., *Sands* 5713. **Without prov.:** *Haslani-Mohd. A.* 13 • W & C Malesia

A. sp. indet. — *Ramang* (Dus.)
TUT: Rambai, Tasek Merimbun, *Bernstein* 251.

PASSIFLORA

P. foetida L. — *Ketupak* (Dus.), *Lakup-Lakup* (Br.), *Letup* (Ib.), *Opak-Opak* (Dus.), *Opak-Opak Libuan* (Dus.)
Climber • USES: Edible fruit, Edible fruit, leaves eaten as vegetable
BEL: Labi, *Wong* 356. **TEM:** Bukok, *Forman* 936. **TUT:** Rambai, Tasek Merimbun, *Bernstein* 67, 106. **Without prov.:** *van Niel* 3855 • Cultivated

PENTAPHRAGMATACEAE
Airy Shaw in Fl. Males. 4: 517–528 (1954)

PENTAPHRAGMA

P. acuminatum Airy Shaw
Lithophyte; suffrutescent herb/subshrub, herb • VEG: LMDF, HDF, Lower Montane Forest • HAB: flat ground, gentle slope, steep slope, vertical, terrace; impeded drainage, periodically flooded; waterfall spray zone, near • GEO: Belait formation, Lambir formation, Meligan formation; alluvial deposits; moss; Leaf litter • ALT: 200 m
BEL: Labi, Bt. Teraja, *Sands* 5473; Labi, Rampayoh, *Sands* 5997; Melilas, *Wong* 681; Melilas, Paleh Bangawong, *Thomas* 111; Melilas, Ulu Belait, *Sands* 5886; Melilas, Ulu Ingei, *Sands* 5946; Melilas, Ulu Ingei,, *Wong* 1123. **TEM:** Amo, Bt. Retak, *Sands* 5295; Amo, Bt. Retak, *Wong* 826. **TUT:** Lamunin, Ladan Hills F.R., *Sands* 5732; Rambai, Bt. Bahak, *Coode* 7116 • Borneo

P. cf. albiflorum H.H.W.Pearson
Herb
TEM: Amo, Sg. Belalong, *Wong* 1160 • The species is known from Borneo (?Philippines & Sulawesi)

P. aurantiacum Stapf
- ALT: 1430 m
- TEM: Amo, *Ashton* A 272 • Malaya, Borneo, Philippines

P. prostratum Kiew
Herb • VEG: LMDF • HAB: steep slope; impeded drainage; near running fresh water • GEO: Setap Shales; clay soil • ALT: 60–70 m
TEM: Amo, Batu Apoi Forest Reserve, *Poulsen* 254; Amo, K. Belalong, Sg. Belalong, *Dransfield J.* 7051; Amo, K. Belalong, Batu Apoi F.R., *Hansen* 1513 • Borneo: Sarawak

P. cf. prostratum Kiew
Herb • VEG: LMDF • HAB: valley bottom, gentle slope • GEO: Setap Shales • ALT: 10–100 m
TEM: Amo, Kuala Belalong F.S.C., *Argent* 9125; Batu Apoi, *Dransfield J.* 6971. TUT: Rambai, Ladan Hills F.R., *Coode* 6405.

P. spatulisepalum Airy Shaw — *Tungod* (Dus.)
Herb; on ground • VEG: Peatswamp Forest with Shorea albida, LMDF • HAB: gentle slope; near running fresh water • GEO: Belait formation, Lambir formation, sandstone; sandy soil • ALT: 80 m
BEL: Labi, Sg. Rampayoh, *Coode* 7274; Labi, Sg. Mendaram, *Sands* 5503; Melilas, Bt. Batu Patam, *Boyce* 313; Melilas, Ulu Ingei,, *Wong* 1107; Seria, Kpg. Badas, *Ashton* A 138; Sungai Liang, Sg. Lumut, *Wong* 1609. TUT: Rambai, Tasek Merimbun, *Bernstein* 174 • Borneo: Sarawak

P. viride Stapf & M.L.Green
Herb; on ground • VEG: Kerangas, Secondary Forest • HAB: valley bottom, gentle slope • GEO: Belait formation, Lambir formation • ALT: 150 m
BEL: Labi, Rampayoh, *Cowley* 164; Labi, Rampayoh, *Sands* 5984. BRM: Mentiri, *Sands* 5669 • Borneo: Sarawak, Sabah

P. spp. indet.
BEL: Bt. Sawat, UBD plot, *Thomas* 238; Labi, Labi F.R., *Sands* 3557; Melilas, Paleh Bangawong, *Thomas* 128. BRM: Lumapas, Bukit Lumapas, *Bygrave* 44. TEM: Amo, Bt. Belalong, *Dransfield S.* 1213.

PIPERACEAE

PIPER

P. cf. abbreviatum Opiz
Climber • VEG: LMDF • HAB: ridge • GEO: Setap Shales • ALT: 250 m
TEM: Amo, Batu Apoi Forest Reserve, *Poulsen* 241 • The species is known from W & C Malesia

P. caninum Blume
Shrub, climber • VEG: LMDF, Lower Montane Forest • HAB: steep slope • GEO: Meligan formation, Setap Shales • ALT: 20–800 m
TEM: Amo, Bt. Retak, *Sands* 5349; Amo, K. Belalong, *Boyce* 410 • Malesia

P. macropiper Pennant
Climber • VEG: Peatswamp Forest with Shorea albida
BEL: Seria, Jln. Badas, *Mat Salleh* 2410 • Malesia, Solomon Is.

P. muricatum Blume
Shrub, suffrutescent herb/subshrub, herbaceous climber, climber • VEG: LMDF, HDF, Degraded Secondary Forest • HAB: gentle slope; near running fresh water • GEO: Belait formation; sandy soil • ALT: 120–50 m
BEL: Labi, *Forman* 1055; Labi, *Forman* 1064; Labi, *Forman* 1066; Melilas, Batu Patam, *Wong* 1092; Melilas, Batu Patam, *Wong* 1100; Melilas, Sg. Belait, *Forman* 1204; Melilas, Sg.

Belait, *Forman* 1214; Sungai Liang, Jln. Labi, *Wong* 965. **TEM:** Batu Apoi, Bt. Gelagas (Bt. Suang), *Simpson* 2473; Labu, *Sands* 5640. **TUT:** Lamunin, Ladan Hills F.R., *Sands* 5718; Lamunin, Ladan Hills F.R., *Sands* 5721 • Malaya, Sumatra, Java, Borneo

P. muricatum Blume 'Blume var.'
Shrub, climber • VEG: Alluvial Forest, HDF, Lower Montane Forest • HAB: valley bottom, ridge • GEO: Lambir formation; alluvial deposits • ALT: 20–400 m
BEL: Labi, Bt. Teraja, *Sands* 5492; Labi, Bt. Teraja,, *Sands* 5504; Labi, Sg. Rampayoh, *Dransfield J.* 7316; Labi, Sg. Rampayoh, *Dransfield J.* 7319 • Borneo

P. cf. muricatum Blume 'Blume var.'
Shrub, herb • VEG: Alluvial Forest • HAB: flat ground; periodically flooded; near running fresh water • GEO: alluvial deposits • ALT: 10 m
TEM: Amo, Sg. Temburong Machang, *Wong* 1933; Batu Apoi, *Dransfield J.* 6914.

P. porphyrophyllum N.E.Br. — *Daing Lamatai* (Dus.)
TUT: Rambai, Tasek Merimbun, *Bernstein* 312 • Malaya

P. vestitum C.DC.
Suffrutescent herb/subshrub, herb • VEG: LMDF, Degraded LMDF • HAB: gentle slope; periodically flooded • GEO: Belait formation, Lambir formation, sandstone, Setap Shales; alluvial deposits • ALT: 80 m
BEL: Labi, *Kirkup* 361; Labi, Mendarem Valley, *Sands* 5451. **TEM:** Amo, Sg. Temburong, *Sands* 5613; Labu, *Sands* 5644. **TUT:** Lamunin, Ladan Hills F.R., *Dransfield J.* 6872. **Without prov.:** *Sands* 3555 • Borneo

P. spp. indet.
BEL: Ulu Belait, *Ashton* BRUN 241; Labi, Rampayoh, *Cowley* 158; Labi, Rampayoh, *Sands* 5745; Labi, Rampayoh Sg. , *Joffre* 18; Labi, Sg. Rampayoh, *Coode* 7257; Labi, Sg. Rampayoh, *Coode* 7259; Labi, Sùngai Rampayoh, *Coode* 7776; Labi, Wong Kadir, *Coode* 7182; Labi, Wong Kadir, *Coode* 7199; Labi, Wong Kadir, *Coode* 7202; Melilas, Ulu Ingei, *Sands* 5890; Seria, Seria, *Smythies* S 5853; Seria, Seria, *Smythies* S 5893. **TEM:** *Johns* 7315; Amo, *Wong* 468; Amo, Apan, *Cowley* 81; Amo, Apoi Forest Reserve, *Cowley* 94; Amo, Apoi Forest Reserve, *Sands* 5862; Amo, Batu Apoi Forest Reserve, *Nielsen* 1044; Amo, Batu Apoi Forest Reserve, *Poulsen* 106; Amo, Batu Apoi F.R., K. Belalong FSC, *Hansen* 1556; Amo, Batu Apoi F.R., K. Belalong FSC, *Hansen* 1557; Amo, Bt. Belalong, *Dransfield J.* 7159; Amo, Bt. Retak, *Wong* 746; Amo, K. Belalong, *Abd. Latip* BRUN 5671; Amo, K. Belalong, *Boyce* 360; Amo, K. Belalong, *Boyce* 375; Amo, Sg. Temburong, *Coode* 6632; Amo, Ulu Belalong, *Dransfield J.* 7357; Batu Apoi, *Dransfield J.* 6975; Batu Apoi, Bt. Gelagas (Bt. Suang), *Simpson* 2466; Batu Apoi, Selapon, *Dransfield J.* 7470; Batu Apoi, Selapon, *Dransfield J.* 7497; Batu Apoi, Sg. Selapon, *Wong* 2085; Labu, Peradayan Forest Reserve, *Sands* 5776. **TUT:** *Johns* 7503; Lamunin, *Dransfield J.* 6888; Rambai, *Ashton* BRUN 905; Rambai, Bt. Bahak, *Coode* 7098; Rambai, Tasek Merimbun, *Bernstein* 135, 141, 273; Ukong, Kpg. Ukong, *Niga* 191. **Without prov.:** *van Niel* 3917; *van Niel* 4245.

PIPERACEAE INDET.
BEL: Labi, Sungai Rampayoh, *Atkins* 590; Labi, Sungai Rampayoh, *Atkins* 591. **TEM:** Batu Apoi, Selapon, *Kirkup* 936.

POLYGALACEAE
van der Meijden in Fl. Males. 10: 455–539 (1988)

EPIRHIZANTHES

E. cylindrica Blume
Saprophytic; herb • HAB: flat ground; impeded drainage • GEO: Setap Shales; clay soil • ALT: 800 m
TEM: Amo, Batu Apoi Forest Reserve, *Poulsen* 304; Amo, K. Belalong, Batu Apoi F.R., *Hansen* 1540. **Without prov.:** *De Vogel* 8989 • SE Asia, W & C Malesia

E. elongata Blume
Parasitic, saprophytic; herb • VEG: LMDF, Secondary Forest • HAB: gentle slope, ridge • GEO: Belait formation, Setap Shales • ALT: 30–0 m
BEL: Labi, Bt. Teraja, *Coode* 6881. **TEM:** Amo, Batu Apoi Forest Reserve, *Poulsen* 224; Bangar, Bt. Biang, *Ashton* A 86. **Without prov.:** *Dransfield S.* 1007 • SE Asia, W & C Malesia

E. pallida Wendt
Saprophytic • VEG: LMDF • HAB: ridge • GEO: Setap Shales • ALT: 80 m
TEM: Amo, Batu Apoi Forest Reserve, *Poulsen* 3 • Borneo, Sulawesi

E. spp. indet.
BEL: Labi, Sungai Rampayoh, *Coode* 7784. **TEM:** Amo, Bt. Belalong, *Dransfield S.* 1246; Amo, Bt. Belalong, *Dransfield S.* 1266; Amo, Ulu Belalong, *Coode* 7845.

POLYGALA

P. venenosa Poir.
Treelet, shrub, suffrutescent herb/subshrub, herb • VEG: Kerangas, Kerangas Forest with Agathis, LMDF, Lower Montane Forest, Secondary Forest • HAB: valley bottom, gentle slope, ridge; near running fresh water • GEO: Belait formation, Meligan formation, Setap Shales; sandy soil, Brown clay-loam; moss • ALT: 860 m
BEL: Labi, Sg. Rampayoh, *Joffre* 17; Labi, Sungai Rampayoh, *Coode* 7774; Seria, Badas F.R., *Coode* 7632; Seria, Badas F.R., *Niga* 172. **TEM:** Amo, Bt. Belalong, *Prance* 30593; Amo, Bt. Belalong, *Wong* 1365; Amo, Bt. Retak, *Wong* 410; Amo, Bukit Retak, *Hussain Hj. Osman* 15; Amo, Bukit Tudal, *Davis* 494; Amo, G. Pagon Periok, *Ashton* BRUN 2365; Amo, Sg. Temburong, *Dransfield J.* 6704; Amo, Sungai Isu, *Duling* 15; Bangar, Temburong river, *Sands* 5629. **Without prov.:** *van Niel* 3471 • S Thailand, W & C Malesia

P. spp. indet.
BEL: Sukang, Sungai Paleh Bangawong, *Kirkup* 617. **TEM:** Amo, Bt. Retak, *Wong* 739; Amo, G. Retak, *Sands* 5234. **TUT:** Muara–Tutong highway, BRUN 15060.

SALOMONIA

S. cantoniensis Lour.
Herb • ALT: 360 m
TEM: Bangar, Bt. Biang, *Ashton* A 168. **Without prov.:** *van Niel* 3582 • SE Asia, Malesia (except New Guinea)

S. ciliata (L.) DC.
Endotrophic terrestrial; herb • GEO: White sand • ALT: 50–150 m
TUT: Tanjong Maya, Jalan Tutong–Seria, *Thomas* 252. **Without prov.:** *van Niel* 3628 • E Asia, Malesia, Australia, Pacific

S. spp. indet.
TEM: Batu Apoi, Selapon, *Coode* 7910. **TUT:** Telisai, *Coode* 7414.

SECURIDACA

S. inappendiculata Hassk. var. inappendiculata (*S. tavoyana* A.W. Benn.) — *Pakar* (Ib.)
Liana, climber • VEG: Secondary Forest • GEO: sandy soil • ALT: 10 m • USES: Medicinal, bark used for bathing and washing hair
BEL: Sukang, Sg. Belait, *Forman* 1123. **BRM:** Berakas, Berakas camp, *Ashton* BRUN 5138 • SE Asia, W & C Malesia

XANTHOPHYLLUM
Determinations by VAN DER MEIJDEN

X. adenotus Miq. — *Bait* (Ib.)
Midstorey/subcanopy tree, treelet • VEG: LMDF • HAB: gentle slope, ridge; near running fresh water • ALT: 60 m
BEL: Bukit Sawat, Merangking Buau, *Coode* 7660; Labi, *Johns* 7442; Labi, Mendaram, *Kirkup* 357; Sungai Liang, Sungei Liang Arboretum, *Niga* 94. **TEM:** Amo, Sungai Temburong, *Argent* 91176 • Sumatra, Borneo

X. affine Miq.
Midstorey/subcanopy tree, treelet • VEG: Empran, LMDF • HAB: ridge; seasonal watercourse; near running fresh water • GEO: Belait formation, White sand; alluvial deposits; stony • ALT: 40 m
BEL: Melilas, Sg. Ingei, *Ashton* BRUN 123; Melilas, Ulu Ingei, *Sands* 5950; Sungai Liang, Andulau F.R., *Ashton* BRUN 624. **TEM:** Amo, Batu Apoi F.R., K Belalong FSC, *Hansen* 1628; Amo, Bt. Belalong, *Wong* 1372; Amo, Sg. Temburong Machang, *Wong* 1954 • SE Asia, Sumatra, Malaya, Borneo, Philippines

X. cf. affine Miq.
Without prov.: *Tan* 54; *Tan* 110; *Tan* 113; *Tan* 421.

X. amoenum Chodat
Treelet • VEG: Peatswamp Forest with Shorea albida • ALT: sea level
BEL: Seria, Kpg. Seria, *Smythies* S 5846. **TEM:** Batu Apoi, Bt. Pasir Puteh, *Ladi* BRUN 5113 • Sumatra, Malaya, Borneo

X. ancolanum Miq.
• Endemic to Sumatra, ? misidentification in Hassan & Ashton

X. beccarianum Chodat
Epiphytic
TEM: Amo, Sg. Temburong, *Wong* 1308 • Borneo: Sarawak

X. clovis (Meijden) Meijden — *Kebangking* (Dus.)
Midstorey/subcanopy tree
TUT: Rambai, Tasek Merimbun, *Bernstein* 293; Rambai, Tasik Merimbun, *Forman* 868A • Borneo: Sabah

X. discolor Chodat
Treelet • VEG: LMDF, HDF • HAB: gentle slope; near running fresh water • GEO: Setap Shales • ALT: 20–90 m
TEM: Amo, Apan, *Cowley* 77; Amo, Sg. Temburong, *Sands* 5605; Batu Apoi, Kpg. Selapon, *Dransfield J.* 6949 • Malaya, Borneo, Philippines

X. ecarinatum Chodat — *Limau Sebayan* (Ib.)
Midstorey/subcanopy tree, treelet • VEG: HDF, Secondary Forest • HAB: ridge • GEO: sandstone; Leaf litter • ALT: 560 m
TEM: Amo, Ulu Belalong, *Dransfield J.* 7410. **TUT:** Ukong, Kpg. Ukong, *Niga* 188 • Borneo

X. ellipticum Miq. — *Meliak* (Dus.)
Canopy/emergent tree, midstorey/subcanopy tree • VEG: Peatswamp Forest, Secondary Forest, Degraded Secondary Forest • HAB: flat ground, terrace; impeded drainage, periodically flooded; near running fresh water, near still fresh water • GEO: alluvial deposits; sandy clay soil; peat • ALT: 30 m
BEL: Bukit Sawat, Kpg. Sungei Mau, *Haslani-Mohd. A.* 64; Labi, Rampayoh, *Bujang Abg.* KEP 30391; Seria, Badas, *Wong* 546; Seria, Badas Stateland Forest, *Mat Salleh* 2424b; Seria, Kpg. Badas, *Ashton* BRUN 974. **BRM:** Gadong, Kpg. Gadong, *Ladi* BRUN 5698. **TEM:** Batu Apoi, Selapon, *Dransfield J.* 7437. **Without prov.:** *van Niel* 4341 • S Thailand, Sumatra, Malaya, Borneo

X. ferrugineum Meijden — *Senumpol* (Ib.)
Treelet; in understorey/low vegetation • HAB: gentle slope • GEO: sandy clay soil • ALT: 40 m
BEL: Labi, Bt. Teraja, *Ashton* BRUN 3038. **Without prov.:** *Tan* 65; *Tan* 119; *Tan* 157; *Tan* 472 • Borneo: Sarawak, Sabah

X. flavescens Roxb. (*X. excelsum* (Bl.) Miq.) — *Kebangking* (Dus.), *Mata Pelanok* (Dus.)
Midstorey/subcanopy tree
BEL: Labi, Kampong Rampayoh, *Niga* 369. **TUT:** Rambai, Tasek Merimbun, *Bernstein* 443, 460 • SE Asia, W & C Malesia

X. griffithii Benn. subsp. **angustifolium** (Ng) Meijden
Midstorey/subcanopy tree • VEG: HDF • HAB: gentle slope • ALT: 850 m
TEM: Amo, Bt. Belalong, *Prance* 30688 • Sumatra, Borneo, Philippines

X. heterophyllum Meijden
Midstorey/subcanopy tree • HAB: gentle slope • GEO: clay • ALT: 10 m
BEL: Sungai Liang, Andulau F.R., *Ashton* BRUN 599 • Borneo: Sarawak, Sabah

X. macrophyllum Baker
Treelet • HAB: ridge • ALT: 10 m
BEL: Sungai Liang, Andulau F.R., *Smythies* SAN 17503. **TEM:** Amo, Bt. Belalong, *Wong* 1377 • Borneo: Sarawak, Sabah

X. cf. nigricans Meijden
Without prov.: *Tan* 40; *Tan* 64; *Tan* 90; *Tan* 109 • The species is known from Borneo: Sabah

X. obscurum A.W.Benn. (*X. scortechinii* King) — *Merabatu* (Ib.)
Canopy/emergent tree, midstorey/subcanopy tree • VEG: LMDF • HAB: steep slope, ridge • GEO: sandstone; yellow clay soil, yellow sandy clay soil • ALT: 250–70 m
TEM: Amo, Ulu Belalong, *Coode* 7870; Batu Apoi, Sebatu–Arur Mangan watershed, *Ashton* BRUN 344 • Malaya, Sumatra, Borneo

X. penibukanense Heine
Canopy/emergent tree, midstorey/subcanopy tree • HAB: near running fresh water • GEO: sandy soil
BEL: Bukit Sawat, Sg. Mau, *Niga* 182; Labi, Kpg. Tenajor, *Haslani-Mohd. A.* 80 • Borneo: Sarawak, Kalimantan

X. petiolatum Meijden
Midstorey/subcanopy tree • ALT: 10 m
BEL: Sungai Liang, Andulau F.R., *Smythies* SAN 17480 • Endemic

X. purpureum Ridl.
Midstorey/subcanopy tree, treelet, shrub • VEG: HDF • HAB: gentle slope, ridge; near running fresh water • ALT: 80–350 m
TEM: Amo, Bt. Belalong, *Wong* 1380; Amo, K. Belalong, *Wong* 1235; Batu Apoi, Bt. Gelagas (Bt. Suang), *Simpson* 2494 • Borneo

X. cf. purpureum Ridl.
Treelet • VEG: LMDF
BEL: Labi, Labi Hills F.R., *Wong* 1585.

X. ramiflorum Meijden
Canopy/emergent tree • VEG: Peatswamp Forest with Shorea albida
BEL: Seria, Badas railway, *Ashton* BRUN 977 • Borneo: Sarawak

X. resupinatum Meijden — *Minyak Berok* (Mal.)
Canopy/emergent tree • VEG: Alluvial Forest, LMDF • HAB: flat ground, steep slope; periodically flooded • GEO: Setap Shales; alluvial deposits • ALT: 10–100 m
TEM: Amo, Sg. Temburong, *Dransfield J.* 6636; Batu Apoi, Kpg. Selapon, *Kirkup* 313 • Borneo

X. reticulatum Chodat
Midstorey/subcanopy tree, treelet • VEG: Degraded Peatswamp Forest • HAB: near running fresh water • GEO: clay soil • ALT: sea level–150 m
BEL: Labi, Rampayoh, *Sands* 5743; Labi, Wong Kadir, *Coode* 7245; Melilas, Ulu Ingei, *Wong* 1118. TUT: Rambai, Benutan, *Forman* 984 • Borneo: Sabah

X. rufum Benn. — *Minyak Berok* (Br.)
Canopy/emergent tree, midstorey/subcanopy tree • HAB: gentle slope
BEL: Labi, Bt. Rotan, *Flemmich* KEP 32586; Labi, Labi State land, *Bujang Abg.* KEP 37109 • Sumatra, Malaya, Borneo

X. stipitatum A.W.Benn.
Without prov.: *Tan* 150; *Tan* 339; *Tan* 476; *van Niel* 4336 • Malaya, Sumatra, Borneo

X. subcoriaceum Meijden
Midstorey/subcanopy tree • HAB: ridge • GEO: sandstone; yellow sandy clay soil • ALT: 120 m
TEM: Amo, K. Sekurop, *Ashton* BRUN 737 • Borneo: Sarawak, Sabah

X. velutinum Chodat
Midstorey/subcanopy tree, treelet • VEG: Degraded Kerangas, Degraded LMDF, Secondary Forest • HAB: valley bottom, gentle slope; near running fresh water • GEO: Lambir formation, sandstone • ALT: 30 m
BEL: Labi, Jln. Melayan, *Dransfield J.* 7273; Sungai Liang, Andulau F.R., *Smythies* SAN 17537. BRM: Berakas, Berakas F.R., *Ashton* S 7848; Berakas, Berakas F.R., *Hassan Pukol* S 4889 • Borneo: Sarawak, Sabah

X. vitellinum (Blume) Dietrich
Treelet • VEG: Kerangas, LMDF • HAB: gentle slope • GEO: Belait formation, Miri formation • ALT: 10–50 m
BEL: Labi, New road to Merankin, *Dransfield J.* 6848. BRM: Kilanas, Terjun Menyusop, *Sands* 5673 • W & C Malesia

X. spp. indet.
BEL: Bukit Sawat, Labi, *Joffre* 10; Labi, Sungai Rampayoh, *Coode* 7814. TEM: Batu Apoi, Kpg. Selapon, *Dransfield J.* 6928. TUT: Rambai, Tasek Merimbun, *Bernstein* 285.

POLYGALACEAE INDET.
BEL: Sukang, Sungai Paleh Bangawong, *Kirkup* 687.

POLYGONACEAE

PERSICARIA

P. dichotoma (Blume) Masam.
Herb • VEG: Peatswamp Forest • HAB: flat ground; impeded drainage; near still fresh water
BEL: Andulau F.R., *Richards* 5571; Melilas, *Wong* 991 • Thailand, W & C Malesia

P. minus (Huds.) Opiz subsp. procerum (Danser) Sojak (*Polygonum minus* Huds. subsp. *procerum* (Danser) Sojak)
Without prov.: *van Niel* 4167 • Borneo, Sulawesi, Moluccas

PORTULACACEAE
Geesink in Fl. Males. 7: 121–133 (1971)

PORTULACA

P. oleracea L. — *Kenjiru* (Dus.), *Lenguih* (Ked.), *Sesagan* (Tut.)
Herb • VEG: Secondary Forest
TUT: Ukong, Kpg. Ukong, *Niga* 192. **Without prov.:** *van Niel* 3667 • Pantropic

P. pilosa L.
TUT: Telisei, Danau, *Coode* 7758 (det. J.G. West) • Pantropic

PROTEACEAE
Sleumer in Fl. Males., 5: 147–206 (1955)

HELICIA

H. attenuata Blume
Midstorey/subcanopy tree • HAB: near running fresh water
BEL: Melilas, Ulu Ingei,, *Wong* 1109; Melilas, Ulu Ingei,, *Wong* 1110. **Without prov.:** *Anderson* S 4939 • Thailand, W & C Malesia

H. fuscotomentosa Suess. — *Palih* (Br.)
Canopy/emergent tree, midstorey/subcanopy tree • HAB: gentle slope • GEO: yellow sandy clay soil, yellow sandy loam • ALT: 40 m
BEL: Andulau F.R., *Ashton* BRUN 5504; Andulau F.R., *Ashton* S 5932; Bukit Sawat, *Niga* 140 • Borneo

H. petiolaris Benn. — *Palih* (Ib.)
Midstorey/subcanopy tree, treelet • VEG: Peatswamp Forest with Shorea albida, Kerangas, Degraded Kerangas, Lower Montane Forest • HAB: flat ground, gentle slope, ridge; impeded drainage; near still fresh water • GEO: Meligan formation, sandstone, clay; yellow sandy clay soil, sandy soil, Brown clay-loam • ALT: 1160 m
BEL: Andulau F.R., *Ashton* BRUN 258; Melilas, *Wong* 689; Sungai Liang, Sungai Liang Arboretum, *Niga* 59. **BRM:** Berakas, Berakas F.R., *Ashton* S 7849. **TEM:** Amo, Bt. Belalong, *Wong* 1442; Amo, Bukit Tudal, *Davis* 477. **TUT:** Rambai, Sg. Medit, *Simpson* 2515; Tanjong Maya, *Forman* 800 • Malaya, Borneo

H. robusta (Roxb.) Wall.
Treelet • HAB: near still fresh water
TEM: Amo, Sg. Belalong, *Ashton* BRUN 5226 • India, Indochina, W & C Malesia

H. rufescens Prain
Canopy/emergent tree • ALT: 10 m
BRM: Berakas, Berakas F.R., *Anderson* S 4867 • ?Sumatra, Malaya

H. serrata (R.Br.) Blume — *Palih* (Br., Dus., Ib.)
Canopy/emergent tree, midstorey/subcanopy tree • VEG: Degraded Alluvial Forest, LMDF, Cultivated Areas • HAB: flat ground; periodically flooded; near running fresh water • GEO: Belait formation; alluvial deposits • ALT: 20 m
BEL: Bukit Sawat, Sg. Belait, *Niga* 53; Bukit Sawat, Sg. Mau, *Coode* 7720; Melilas, Sg. Belait, *Ashton* BRUN 234; Melilas, Ulu Ingei, *Sands* 5969; Sukang, Kpg. Sukang, *Wong* 112. **BRM:** Gadong, Kpg. Rimba, *Wong* 1632 • Sumatra, Malaya, Borneo, Moluccas

H. sp. 1 — *Palih* (Ib.)
Canopy/emergent tree • VEG: HDF • HAB: steep slope • GEO: Setap Shales • ALT: 850 m
TEM: Amo, Bt. Belalong, *Dransfield J.* 7163.

H. spp. indet.
BEL: Andulau F.R., *Ashton* BRUN 383; Sg. Liang, Andulau Forest Reserve, *Suhaili Hj. Zinin* BRUN 15019; Sukang, Sungai Paleh Bangawong, *Kirkup* 697. TEM: Amo, Ulu Belalong LP382, *Kirkup* 853; Bangar, Pekan Bangar, *Ashton* BRUN 3186; Batu Apoi, Bt. Pasir Puteh, *Ashton* BRUN 5025.

HELICIOPSIS

H. artocarpoides (Elmer) Sleumer
Midstorey/subcanopy tree, treelet, sapling • VEG: Alluvial Forest, LMDF • HAB: flat ground, valley bottom, gentle slope; impeded drainage; near still fresh water • GEO: Belait formation; alluvial deposits • ALT: 130–280 m
BEL: Labi, Bt. Teraja, *Coode* 6973; Labi, Sg. Rampayoh, *Dransfield J.* 7323; Labi, Wong Kadir, *Coode* 7218; Melilas, *Wong* 700. TUT: Lamunin, Ladan Hills F.R., *Sands* 5704 • Borneo, Philippines

PROTEACEAE INDET.
TUT: Bukit Basong, *Suhaili Hj. Zinin* BRUN 15017.

RAFFLESIACEAE

RAFFLESIA

R. pricei Meijer
Parasitic • HAB: ridge
TEM: Amo, *Wong* 1888 • Borneo: Sabah

RHIZANTHES

R. sp. indet.
Parasite • VEG: LMDF
TEM.: Amo, K. Belalong, *Puff & Buchner* 920506-1/8

RHAMNACEAE

ALPHITONIA

A. philippinensis Braid — *Balik Angin* (*), *Gelagong Balik Angin* (Dus.), *Gelagung Purak* (Dus.), *Mergang* (Br., Ib.)
Midstorey/subcanopy tree, treelet • VEG: Degraded Peatswamp Forest, LMDF, Degraded LMDF, Secondary Forest • HAB: flat ground, terrace, ridge; periodically flooded; near running fresh water • GEO: Belait formation, Setap Shales; alluvial deposits; Podsol; Mor • ALT: 30 m • USES: Medicinal, used to make soap, produces lather
BEL: Labi, Sungai Rampayoh, *Kirkup* 789; Sungai Liang, Sungei Liang Arboretem, *Wong* 579. BRM: Berakas, Berakas camp, *Hassan Pukol* BRUN 5417; Berakas, Berakas F.R., *Ashton* BRUN 5040. TEM: Batu Apoi, *Kirkup* 310. TUT: Luagan Merimbun, *Forman* 874; Lamunin, Ladan Hills F.R., *Sands* 5712; Rambai, Sg. Tutong, *Simpson* 2597; Rambai, Tasek Merimbun, *Bernstein* 229. **Without prov.:** *van Niel* 3436; *van Niel* 3600 • Borneo, Philippines

COLUBRINA

C. beccariana Warb.
Midstorey/subcanopy tree • VEG: Alluvial Forest • GEO: alluvial deposits
BEL: Sungai Liang, Sg. Lumut, *Wong* 954 • Borneo

SMYTHEA

S. lancifolia Ridl.
Shrub • VEG: Secondary Forest • HAB: terrace • GEO: Sand/clay • ALT: 10 m
BEL: Sukang, Kampong Sukang, *Atkins* 518 • Malaya

S. pacifica Seem.
Without prov.: *van Niel* 4188 • Malaya, Borneo to New Guinea, Fiji

ZIZIPHUS

Z. angustifolius (Miq.) Steenis — *Ensaria* (Ib.), *Merjawai* (Ib.), *Otoi Paseng* (Pun.)
Canopy/emergent tree, treelet • VEG: LMDF • HAB: ridge • GEO: sandstone • ALT: 300 m
BEL: Labi, Labi F.R., *Ja'amat* KEP 39641. **TUT:** Rambai, Bt. Bahak, *Coode* 7052; Rambai, Sg. Tutong, *Coode* 6318 • Sumatra, Borneo to Moluccas

Z. borneensis Merr. — *Kukulang* (Mal., Ib.)
Midstorey/subcanopy tree, treelet, liana, scrambling shrub • VEG: Degraded Kerangas, LMDF, Lower Montane Forest • HAB: gentle slope, raised beach, ridge • GEO: Belait formation, Meligan formation, White sand; Podsol, Brown clay-loam • ALT: 10–1160 m • USES: Edible fruit
BEL: Bukit Sawat, Merangking Buau, *Coode* 7688; Labi, Bt. Teraja, *Coode* 6900; Labi, Labi F.R., *Forman* 862. **BRM:** Berakas, Berakas F.R., *Ashton* S 7817. **TEM:** Amo, Bukit Tudal, *Davis* 463. **TUT:** Lamunin, Ladan Hills F.R., *Sands* 5717 • Borneo

Z. calophylla Wall.
Canopy/emergent tree • VEG: Degraded Peatswamp Forest • HAB: near running fresh water • ALT: 20 m
BEL: Bukit Sawat, Sg. Mau, *Simpson* 2006 • Sumatra, Malaya, Borneo

Z. cf. calophylla Wall.
Liana • VEG: Lower Montane Forest • GEO: Meligan formation • ALT: 900 m
TEM: Amo, Bt. Retak, *Sands* 5369.

Z. cupularis Suesseng. & Overkott — *Akar Duri Menaul* (Ib.)
Liana • HAB: periodically flooded; near running fresh water • GEO: alluvial deposits • ALT: 10 m
TUT: Rambai, Ulu Supon, *Ashton* BRUN 867 • Borneo: Sarawak

Z. havilandii Ridl.
Climber • VEG: LMDF, HDF • HAB: steep slope • GEO: Setap Shales • ALT: 900 m
TEM: Amo, Bt. Belalong, *Dransfield J.* 7157; Labu, *Wong* 1598. **Without prov.:** *Joffre* s.n.23.vii.89 • Borneo: Sarawak, Sabah

Z. horsfieldii Miq. — *Kukulang* (Ib.), *Unak Menaul* (Ib.)
Climber • VEG: Degraded LMDF • HAB: near running fresh water • GEO: Setap Shales • ALT: 20 m
TEM: Amo, *Wong* 1281; Amo, K. Belalong, *Dransfield J.* 6667, Amo, Sg. Temburong, *Johns* 6967 • W & C Malesia

Z. spp. indet.
BEL: Labi, Along edges of unsurfaced road, *Davis* 453. **TUT:** Lamunin, Ladan Hills F.R., *Wong* 1675.

RHAMNACEAE INDET.

BEL: Labi, Wong Kadir, *Coode* 7210.
Bt. Bahak, *Coode* 7016; Rambai, Tasek Merimbun, *Bernstein* 170, 516. **Without prov.:** *van Niel* 3891 • Malesia to Australia & Pacific

G. sp. indet.
BEL: Labi, Wong Kadir, *Coode* 7174.

RHIZOPHORACEAE
Ding Hou in Fl. Males. 5: 429–493 (1958) see also Anisophylleaceae

BRUGUIERA

B. cylindrica (L.) Blume
Midstorey/subcanopy tree • VEG: Mangrove
TUT: Telisai, Danau, *Forman* 1025 • SE Asia to N Queensland

B. gymnorhiza (L.) Lam.
Midstorey/subcanopy tree • VEG: Mangrove
TEM: Labu, Pulau Siarau, *Ashton* BRUN 5127. **TUT:** Telisai, Kpg. Danau, *Wong* 1615 • S & E Africa, SE Asia to Australia & Pacific

B. sexangula (Lour.) Poir.
Midstorey/subcanopy tree • VEG: Mangrove
BRM: Kilanas, Sg. Brunei, *Ashton* BRUN 5121; Pengkalan Batu, Sg. Brunei, *Ashton* BRUN 5076; Pengkalan Batu, Sg. Brunei, *Ashton* BRUN 5081. **TUT:** Telisai, Danau, *Forman* 1015. **Without prov.:** *van Niel* 3777; *van Niel* 3839 • SE Asia, Malesia

CARALLIA

C. borneensis Oliv.
Midstorey/subcanopy tree • VEG: Secondary Forest • HAB: raised beach • GEO: White sand • ALT: 10 m
BRM: Berakas, Berakas F.R., *Ashton* S 7823. **Without prov.:** *Anderson* S 4893; *Ashton* SAN 17541 • Borneo, Philippines, W. New Guinea

C. brachiata (Lour.) Merr. — *Bara* (Ib.), *Sabar Buku* (Ib.), *Sawar Bubu* (Br.), *Sikup* (Ib.)
Tree, midstorey/subcanopy tree, treelet • VEG: Degraded Peatswamp Forest, Kerangas, Kerapah, Secondary Forest • HAB: flat ground, gentle slope, terrace; impeded drainage, periodically flooded; near running fresh water • GEO: Belait formation, clay; alluvial deposits; clay soil, yellow sand; peat • ALT: 30 m
BEL: Bukit Sawat, Sg. Mau, *Niga* 47; Bukit Sawat, Sg. Mau, *Simpson* 2012; Bukit Sawat, Sungai Mau, *Sands* 5979A; Labi, Bt. Puan, *Niga* 113; Melilas, K. Ingei, *Ashton* BRUN 177; Melilas, K. Ingei, *Ashton* BRUN 191; Melilas, Sg. Ingei, *Brunig* S 989; Sukang, Kampong Sukang, *Sands* 5871. **BRM:** Berakas, Berakas F.R., *Ashton* BRUN 844; Berakas, Berakas F.R., *Ashton* S 7833. **TUT:** *Forman* 1000; Tanjong Maya, *Coode* 6866 • Madagascar, SE Asia to Australia

C. sp. indet.
BEL: Melilas, Sg. Topi–Ingei watershed, *Kirkup* 755.

CERIOPS

C. tagal (Perr.) C.B.Rob. — *Tengar* (Mal.)
Midstorey/subcanopy tree • VEG: Mangrove
TUT: Telisai, *Ashton* BRUN 6150; Telisai, Danau, *Forman* 1012. **Without prov.:** *van Niel* 4189 • E Africa, SE Asia to Australia & Pacific

GYNOTROCHES

G. axillaris Blume — *Bubuk* (Dus.), *Kerakas Payoh* (Dus.), *Sabar Bubu Mata Punai* (Ib.), *Sibubu* (Dus.)
Midstorey/subcanopy tree, treelet, shrub • VEG: LMDF • HAB: gentle slope, ridge; near running fresh water • GEO: sandstone • ALT: 70–150 m • USES: Edible fruit, wood used for fish traps
BEL: Bukit Sawat, Jln. Labi, *Wong* 90; Labi, Wong Kadir, *Coode* 7214. **TEM:** *Johns* 7322; Amo, K. Belalong, *Smythies* S 5709; Amo, Sg. Temburong Machang, *Wong* 1930. **TUT:** Rambai, Bt. Bahak, *Coode* 7016; Rambai, Tasek Merimbun, *Bernstein* 170, 516. **Without prov.:** *van Niel*

3891 • Malesia to Australia & Pacific

G. sp. indet.
BEL: Labi, Wong Kadir, *Coode* 7174.

KANDELIA

K. candel (L.) Druce
Midstorey/subcanopy tree • VEG: Mangrove
BRM: Sg. Brunei, *Ashton* BRUN 5062. **Without prov.:** *van Niel* 3778; *van Niel* 4191 • SE Asia, Sumatra, Malaya, Borneo

PELLACALYX

P. lobbii (Hook.f.) Schimp. — *Sabar Bubu* (Ib.), *Sawar Bubu* (Ib.)
Midstorey/subcanopy tree, treelet, shrub • VEG: Degraded LMDF, Secondary Forest • HAB: gentle slope; periodically flooded • GEO: sandstone; alluvial deposits; White sand; Mor • ALT: 30 m
BEL: Bukit Sawat, Sungai Mau, *Niga* 381. **BRM:** *Ashton* BRUN 5414. **TUT:** Lamunin, Ladan Hills F.R., *Dransfield J.* 6869; Rambai, Tasik Merimbun, *Wong* 331; Telisai, *Ashton* BRUN 5013 • Sumatra, Borneo

P. symphiodiscus Stapf — *Sawar Bubu* (Br.)
Midstorey/subcanopy tree, treelet • VEG: LMDF, HDF • HAB: ridge; near running fresh water • GEO: Lambir formation • ALT: 340–350 m
BEL: Labi, Bt. Teraja, *Niga* 299; Labi, Bt. Teraja, *Simpson* 2075; Labi, Bukit Teraja, *Kirkup* 410. **Without prov.:** *Davies* A 650 • Borneo: Sarawak, Sabah

RHIZOPHORA

R. apiculata Blume
Midstorey/subcanopy tree • VEG: Mangrove • HAB: flat ground • GEO: Sea/marine sands, silts • ALT: sea level
BRM: *Ashton* BRUN 5063; Pengkalan Batu, Sg. Brunei, *Ashton* BRUN 5072; Serasa, Serasa Yacht Club, *Bygrave* 6; Serasa, Serasa Yacht Club, *Bygrave* 7. **TEM:** Labu, Pulau Siarau, *Ashton* BRUN 5126. **TUT:** Telisai, Danau, *Forman* 1022. **Without prov.:** Sg. Palu-Palu, BRUN 15660; *van Niel* 3414 • SE Asia, Malesia to Pacific

R. mucronata Lam.
Canopy/emergent tree • VEG: Mangrove
BRM: Kilanas, Sg. Brunei, *Ashton* BRUN 5129. **Without prov.:** Sg. Palu-Palu, BRUN 15657; *van Niel* 3842 • E Africa to SE Asia, N Australia & Pacific

ROSACEAE
Kalkman in Fl. Males. 11: 227–351 (1993)

PRUNUS

P. arborea (Blume) Kalkman var. **stipulacea** (King) Kalkman (*Pygeum stipulaceum* King) — *Menteli* (Ib.)
Canopy/emergent tree, midstorey/subcanopy tree, treelet • VEG: Degraded LMDF • HAB: gentle slope, terrace; near running fresh water • ALT: sea level–80 m
BEL: Labi, Jln. Melayan, *Dransfield J.* 7268; Melilas, Ulu Ingei,, *Wong* 1117; Seria, Badas F.R., *Brunig* S 1079; Sungai Liang, Sungei Liang Arboretem, *Wong* 130 • Sumatra, Malaya, Borneo

P. beccarii (Ridl.) Kalkman
Canopy/emergent tree • HAB: ridge • ALT: 650 m
TEM: Amo, Bt. Belalong, *Wong* 1537 • Sumatra, Borneo

P. oocarpa (Stapf) Kalkman (*Pygeum oocarpa* Stapf)
• HAB: ridge • GEO: sandstone • ALT: 1860 m
TEM: Amo, *Ashton* BRUN 2392 • Borneo: Sarawak, Sabah

P. polystachya (Hook.f.) Kalkman
Canopy/emergent tree
TEM: Bukok, Kpg. Sibatang, *Forman* 946 • Sumatra, Malaya

P. spicata Kalkman
Treelet • HAB: gentle slope
TEM: Amo, *Wong* 1912 • Borneo, Philippines

P. spp. indet.
BEL: Labi, Sungai Rampayoh, *Kirkup* 826. **TEM:** Amo, Bt. Belalong, *Prance* 30701; Bangar, Bt. Biang, *Forman* 902.

RUBUS

R. moluccana L. var. **discolor** (Blume) Kalkman — *Akar Emperingat* (Ib.)
Climber • GEO: shale • ALT: 120–550 m
TEM: Amo, Sg. Temburong, *Coode* 6713 • Malesia to Pacific

R. moluccana L. var. **moluccana** — *Emperingat* (Ib.)
Treelet, shrub, climber • VEG: LMDF, Lower Montane Forest, Upper Montane Shrubbery • HAB: steep slope, ridge; near running fresh water • GEO: Meligan formation, sandstone; yellow clay soil • ALT: 1500 m • USES: Edible fruit
TEM: *Johns* 7372; Amo, Bt. Retak, *Sands* 5337; Amo, G. Pagon, *Coode* 7527; Amo, K. Belalong, Batu Apoi F.R., *Hansen* 1535; Amo, Ulu Belalong, *Dransfield J.* 7407 • SE Asia, Malesia to Australia and Pacific

RUBIACEAE
A.P. DAVIS, L.L. FORMAN, C.E. RIDSDALE, K.M. WONG
Puff & Wong, A synopsis of the genera of Rubiaceae in Borneo, in
Sandakania 2: 13–34 (1993)

ACRANTHERA

A. cf. athroophlebia Bremek.
• VEG: Lower Montane Forest • GEO: Meligan formation • ALT: 850 m
TEM: Amo, Bt. Retak, *Sands* 5346B • The species is known from Borneo

A. aff. atropella Stapf
Suffrutescent herb/subshrub • VEG: Lower Montane Forest • HAB: gentle slope • GEO: Meligan formation • ALT: 1170–900 m
TEM: Amo, Bt. Retak, *Sands* 5298; Amo, Bt. Retak, *Sands* 5390 • *Acranthera atropella* is known from Borneo

A. involucrata Valeton
Treelet, suffrutescent herb/subshrub, herb; in understorey/low vegetation • VEG: LMDF, HDF, Secondary Forest • HAB: flat ground, gentle slope; periodically flooded; near running fresh water • GEO: Belait formation, shale, Setap Shales; alluvial deposits; clay soil • ALT: 20–130 m
BEL: *Puff* 9008291/3; Labi, Labi road, *Bygrave* 1; Labi, Sungai Rampayoh, *Coode* 7811; Melilas, Paleh Bangawong, *Thomas* 83; Melilas, Ulu Ingei, *Sands* 5965. **TEM:** *Puff* 9008181/9; Amo, Batu Apoi Forest Reserve, *Nielsen* 987; Amo, Batu Apoi Forest Reserve, *Poulsen* 51; Amo, Batu Apoi F.R., K Belalong FSC, *Hansen* 1583; Amo, K. Belalong, *Puff* 9205061/2; Amo, K. Belalong, *Ashton* A 45; Amo, Sg. Belalong, *Wong* 1164; Amo, Sg. Temburong, *Coode* 6532; Amo, Sg. Temburong, *Coode* 6629; Batu Apoi, Bt. Gelagas (Bt. Suang), *Simpson* 2369; Labu, *Sands* 5646. **TUT:** Rambai, Ladan Hills F.R., *Coode* 6407. **Without prov.:** *Ja'amat and Bujang* KEP 39615 • Borneo

A. aff. involucrata Valeton
TEM: Amo, Apoi Forest Reserve, *Cowley* 93; Amo, Batu Apoi Forest Reserve, *Poulsen* 52; Amo, Temburong river, *Atkins* 483.

A. aff. longipetiolata Bremek.
Herb • VEG: LMDF • HAB: near running fresh water • GEO: Setap Shales • ALT: 100 m
TEM: Amo, Batu Apoi Forest REserve, *Poulsen* 286.

A. ophiorrhizoides Valeton
Shrub • VEG: HDF • HAB: gentle slope; near running fresh water • ALT: 350 m
TEM: Batu Apoi, Bt. Gelagas (Bt. Suang), *Simpson* 2482 • Borneo

A. sp. 1
Suffrutescent herb/subshrub, herb • VEG: HDF • GEO: Setap Shales • ALT: 220 m
TEM: Amo, Sg. Sibut, *Sands* 5516; Amo, Temburong river, *Atkins* 479.

A. sp. 2
Shrub, suffrutescent herb/subshrub, herb • VEG: HDF • HAB: base of slope, gentle slope, steep slope, ridge; near running fresh water • GEO: Belait formation, Lambir formation, shale, Setap Shales; clay soil • ALT: 100–350 m
BEL: Labi, Bt. Teraja, *Sands* 5463; Labi, Labi F.R., *Sands* 3559; Labi, Rampayoh, *Sands* 5993. **TEM:** Amo, *Sands* 5535; Amo, Batu Apoi F.R., K. Belalong FSC, *Hansen* 1563; Amo, Bt. Belalong, *Dransfield S.* 1261; Amo, K. Belalong, *Puff* 9205061/1; Amo, Kuala Belalong F.S.C., *Argent* 9133; Amo, Sg. Belalong, *Sands* 5572; Amo, Sg. Temburong, *Coode* 6680; Amo, Temburong river, *Atkins* 487; Batu Apoi, Bt. Gelagas (Bt. Suang), *Simpson* 2200; Batu Apoi, Bt. Gelagas (Bt. Suang), *Simpson* 2321; Batu Apoi, Bt. Gelagas (Bt. Suang), *Simpson* 2373. **TUT:** Lamunin, Ladan Hills, *Atkins* 444.

A. sp. 3
Shrub, herb • VEG: LMDF, Lower Montane Forest • HAB: steep slope; near running fresh water • GEO: Meligan formation, sandstone; yellow clay soil • ALT: 1020–850 m
TEM: *Johns* 7255; Amo, Bt. Retak, *Puff* 9204301/6; Amo, Bt. Retak, *Sands* 5346A; Amo, Ulu Belalong, *Dransfield J.* 7398.

A. spp. indet.
BEL: Labi, Bt. Teraja, *Sands* 5479; Labi, Sungai Rampayoh, *Atkins* 593. **TEM:** Amo, Apoi Forest Reserve, *Atkins* 464; Amo, Bt. Retak, *Wong* 862; Amo, Bukit Pagon, *Niga* 362; Amo, Sg. Belalong, *Wong* 1176; Amo, Sg. Temburong, *Coode* 6635; Amo, Sg. Temburong, *Coode* 6730. **TUT:** *Johns* 7554; Rambai, Sg. tutong, *Wong* 1690; Rambai, Tasek Merimbun, *Bernstein* 402. **Without prov.:** *van Niel* 3560.

AIDIA
see also comments under *Gynopachis*

A. 'acutipetala' Ridsd. ined.
Epiphytic; shrub • VEG: LMDF • HAB: near running fresh water • GEO: Belait formation; vertical tree trunk
TUT: Ulu Tutong, Bukit Bahak, *Kirkup* 516.

A. densiflora (Wall.) Masamune
Treelet • HAB: ridge • ALT: 280 m
TEM: Amo, Batu Apoi F.R., K Belalong FSC, *Hansen* 1573 • Malaya, Sumatra, Java, Borneo

A. racemosa (Cav.) Tirveng. (*Randia densiflora* Benth.)
Name in Hassan & Ashton

A. sp. nov.
Midstorey/subcanopy tree, treelet, scrambling shrub, shrub • VEG: LMDF, Degraded LMDF, HDF • HAB: gentle slope, ridge; near running fresh water • GEO: Belait formation, sandstone, Setap Shales; yellow sandy clay soil • ALT: 10–500 m

BEL: Labi, Bt. Telingan, *Dransfield J.* 6818; Labi, Bt. Teraja, *Niga* 292; Labi, Bt. Teraja, *Simpson* 2108; Labi, Labi Hills F. R., *Coode* 6796; Labi, Wong Kadir, *Coode* 7205. **BRM:** Mentiri, *Coode* 6303. **TEM:** *Johns* 7135; *Puff* 9008171/3; Amo, K. Belalong, *Wong* 1155; Batu Apoi, Bt. Gelagas (Bt. Suang), *Simpson* 2254; Batu Apoi, Jln. Bangar–Batu Apoi, *Smythies* SAN 17115x. **TUT:** Lamunin, *Kirkup* 224; Lamunin, Jln. Abang, *Ashton* BRUN 76; Lamunin, Ladan Hills F.R., *Niga* 212.

A. sp. indet.
TUT: Rambai, Sg. tutong, *Wong* 1689.

AIDIOPSIS
Not in Puff & Wong

A. sp. indet.
TEM: Amo, *Wong* 1744 (specimen not at K).

ANOMANTHODIA

A. dilleniacea Baill.
Climber • VEG: Secondary Forest
BEL: Labi, Bt. Puan–Labi Road, *Sinclair* 10510 • Borneo

A. lancifolia (K.M.Wong) Tirveng.
Climber • ALT: 40 m
BEL: Sungai Liang, Andulau F.R., *Smythies* SAN 17510 • Borneo

ARGOSTEMMA
β. Bremer in Ann. Missouri Bot. Gard. 76: 7–49 (1989)

A. borragineum DC. — *Sari Jantong* (Dus.)
Herb • VEG: Lower Montane Forest, Upper Montane Shrubbery • HAB: steep slope, ridge • GEO: Meligan formation, sandstone • ALT: 1500 m • USES: Medicinal
TEM: Amo, Bt. Retak, *Sands* 5392; Amo, Bt. Retak, *Wong* 857; Amo, G. Pagon, *Coode* 7517. TUT: Rambai, Tasek Merimbun, *Bernstein* 506 • Borneo

A. cf. borragineum DC.
Epiphytic
BEL: Melilas, Batu Patam, *Wong* 1090.

A. densifolium Ridl.
Herb • VEG: Freshwater Swamp Forest, HDF • HAB: steep slope, ridge; periodically flooded; near running fresh water • GEO: shale; alluvial deposits; stony • ALT: 30–500 m
BEL: Melilas, Kuala Ingei, *Puff* 9008101/8. TEM: Amo, Sg. Temburong, *Coode* 6638; Batu Apoi, Bt. Gelagas (Bt. Suang), *Simpson* 2266; Batu Apoi, Bt. Gelagas (Bt. Suang), *Simpson* 2420 • Borneo

A. gracile Stapf
Herb • VEG: LMDF, Lower Montane Forest, Upper Montane Forest • HAB: ridge • GEO: Meligan formation; moss • ALT: 1350–900 m
TEM: Amo, *Sands* 5267; Amo, Bt. Retak, *Puff* 9205031/13; Amo, Bt. Retak, *Sands* 5383 • Borneo

A. hameliifolium Wernham (*A. moultonii* Ridley) *sens. lat.*
Lithophyte; shrub, suffrutescent herb/subshrub, herb, climber; on ground • VEG: Freshwater Swamp Forest, LMDF, HDF, Lower Montane Forest, Upper Montane Forest, Secondary Forest, Roadsides • HAB: flat ground, valley bottom, gentle slope, steep slope, ridge; impeded drainage, periodically flooded; near running fresh • GEO: Belait formation, Lambir formation, Meligan formation, sandstone, shale, Setap Shales; alluvial deposits; bare rock and • ALT: 30–1160 m

BEL: Labi, Bt. Teraja, *Sands* 5472; Labi, Bt. Teraja, *Simpson* 2094; Labi, Mendarem Valley, *Sands* 5448; Labi, Rampayoh, *Cowley* 172; Labi, Sungai Rampayoh, *Atkins* 604; Labi, Wong Kadir, *Coode* 7176; Melilas, *Wong* 677; Melilas, Bt. Batu Patam, *Boyce* 337; Melilas, Kuala Ingei, *Puff* 9008101/5; Melilas, Kuala Ingei, *Puff* 9008101/6. **TEM:** *Johns* 6759; *Johns* 7152; *Puff* 8907221/11; *Puff* 8907231/2; *Puff* 9008171/9; Amo, *Ashton* A 462; Amo, *Sands* 5265; Amo, *Wong* 1806; Amo, Apan, *Cowley* 84; Amo, Batu Apoi Forest Reserve, *Nielsen* 1029; Amo, Batu Apoi Forest Reserve, *Poulsen* 12; Amo, Batu Apoi Forest Reserve, *Poulsen* 253; Amo, Batu Apoi Forest Reserve, *Poulsen* 309; Amo, Bt. Retak, *Puff* 9205031/15; Amo, Bt. Retak, *Sands* 5314; Amo, Bt. Retak, *Sands* 5391; Amo, Bt. Retak, *Wong* 749; Amo, Bukit Tudal, *Davis* 488; Amo, G. Pagon, *Coode* 7524; Amo, K. Belalong, *Wong* 1211; Amo, Kuala Belalong F.S.C., *Argent* 9189; Amo, Kuala Belalong F.S.C., *Argent* 91102; Amo, Sg. Belalong, *Sands* 5575; Amo, Ulu Belalong, *Dransfield J.* 7435; Bangar, Bt. Biang, *Ashton* A 169B; Batu Apoi, Bt. Gelagas (Bt. Suang), *Simpson* 2424; Batu Apoi, Selapon, *Coode* 7943. **TUT:** *Johns* 7508; Lamunin, Ladan Hills F.R., *Kirkup* 277; Lamunin, Ladan Hills F.R., *Sands* 5729. **Without prov.:** *Ashton* A 42; *Ashton* A 199; *van Niel* 3558 • Borneo

A. psychotrioides Ridl.

Herb; on ground • VEG: Freshwater Swamp Forest, Peatswamp Forest, LMDF, HDF • HAB: flat ground, steep slope, terrace; periodically flooded; near running fresh water • GEO: Belait formation, Sand/clay; alluvial deposits; sandy soil; moss • ALT: 30–90 m

BEL: Melilas, Bt. Batu Patam, *Boyce* 321; Melilas, Kuala Ingei, *Puff* 9008071/1; Melilas, Ulu Belait, *Cowley* 112; Melilas, Ulu Ingei, *Sands* 5934; Melilas, Ulu Ingei, *Sands* 5954 • Borneo

A. cf. psychotrioides Ridl.

Herb • HAB: near running fresh water • ALT: 40–50 m

BEL: Melilas, Kuala Ingei, *Puff* 9008101/9. **BRM:** Lumapas, Bukit Lumapas, *Davis* 510.

A. cf. rupestre Ridl.

Herb • VEG: Lower Montane Forest, Upper Montane Shrubbery • HAB: ridge • GEO: moss • ALT: 1500 m

TEM: Amo, Bt. Pagon, *Wong* 1785; Amo, G. Pagon, *Coode* 7554 • The species is known from Borneo

A. subfalcifolium Bakh.f.

Herb; on ground • GEO: Setap Shales • ALT: 850 m

TEM: Amo, Batu Apoi Forest Reserve, *Poulsen* 325; Amo, Sg. Belalong, *Wong* 1178 • Borneo

A. cf. subfalcifolium Bakh.f.

Without prov.: *Puff* 8907231/5.

A. sp. 1

Herb • VEG: HDF, Upper Montane Forest, Upper Montane Shrubbery • HAB: ridge • GEO: Meligan formation; moss • ALT: 1500 m

TEM: Amo, *Sands* 5268; Amo, G. Pagon, *Coode* 7494; Batu Apoi, Bt. Gelagas (Bt. Suang), *Simpson* 2293.

A. cf. sp. 1

• VEG: HDF • HAB: ridge • ALT: 500 m

TEM: Batu Apoi, Bt. Gelagas (Bt. Suang), *Simpson* 2263.

A. sp. 2

Herb • VEG: HDF, Upper Montane Forest • HAB: ridge • GEO: Meligan formation; moss • ALT: 1220–1300 m

TEM: Amo, Bt. Retak, *Puff* 9205031/14; Amo, Bt. Retak, *Puff* 9205031/17; Amo, Bt. Retak, *Puff* 9205041/6; Amo, Bt. Retak, *Sands* 5224.

A. sp. 3

Herb • VEG: Upper Montane Forest • HAB: ridge • GEO: Meligan formation • ALT: 1300 m

TEM: Amo, Bt. Retak, *Sands* 5235.

A. sp. 4
- VEG: HDF • HAB: ridge • ALT: 500 m

TEM: Amo, Bt. Retak, *Puff* 9205031/16; Batu Apoi, Bt. Gelagas (Bt. Suang), *Simpson* 2264.

A. sp. 5
Lithophyte; herb • VEG: LMDF, HDF, Secondary Forest • HAB: gentle slope • GEO: Belait formation, Lambir formation • ALT: 120–40 m

BEL: Labi, Bt. Teraja, *Sands* 5468. **TEM:** Bangar, *Sands* 5631. **TUT:** Lamunin, Ladan Hills F.R., *Sands* 5727.

A. sp. 6.
- VEG: LMDF

TUT: *Johns* 7501.

A. spp. indet.
BEL: Melilas, Batu Patam, *Wong* 1129; Melilas, Batu Patam, *Wong* 1130; Melilas, Sg. Ingei, *Wong* 652. **TEM:** Amo, *Wong* 1719; Amo, Bt. Retak, *Wong* 747; Amo, Bt. Retak, *Wong* 888; Amo, G. Pagon, *Coode* 7564; Amo, Sg. Belalong, *Wong* 1177; Amo, Sg. Temburong, *Coode* 6581; Amo, Sg. Temburong, *Coode* 6599; Amo, Sg. Temburong, *Coode* 6651; Batu Apoi, Sg. Selapon, *Wong* 2047. **TUT:** Lamunin, Ladan Hills F.R., *Wong* 1673; Rambai, Bt. Bahak, *Coode* 7087; Ulu Tutong, Bukit Bahak, *Kirkup* 472. **Without prov.:** *Puff* 9207231/5.

CANTHIUM

C. confertum Korth.
Midstorey/subcanopy tree, treelet • VEG: Peatswamp Forest with Shorea albida • HAB: gentle slope • GEO: yellow sand • ALT: sea level

BEL: Andulau F.R., *Ashton* S 5944; Labi, Bt. Puan, *Ashton* S 7887; Seria, Seria, *Smythies* S 5905; Sungai Liang, Arboretum Reserve, *Wong* 947. **TEM:** Batu Apoi, Jln. Bangar–Batu Apoi, *Smythies* SAN 17094 • W & C Malesia

C. aff. confertum Korth.
Treelet, shrub • VEG: Alluvial Forest, LMDF, HDF • HAB: valley bottom, gentle slope, steep slope • GEO: Belait formation; alluvial deposits; sandy soil • ALT: 20–100 m

BEL: Labi, *Forman* 1044; Labi, Bt. Teraja, *Coode* 6945; Labi, Bt. Teraja, *Coode* 6946; Labi, Bt. Teraja, *Dransfield J.* 6861; Labi, Bt. Teraja, *Simpson* 2026; Labi, Sg. Rampayoh, *Dransfield J.* 7322.

C. didymum Gaertn.
Name in Hassan & Ashton

C. glabrum Blume — *Dah Pahma* (Ib.)
Midstorey/subcanopy tree, treelet • VEG: Secondary Forest, Belukar • HAB: gentle slope; periodically flooded • GEO: alluvial deposits • ALT: 50 m

BEL: Labi, Kpg. Tenajor, *Haslani-Mohd. A.* 47. **BRM:** Sengkurong, Bt. Shahbandar, *Wong* 196. **TUT:** Lamunin, Layong–Gadong Pipeline track, *Dransfield J.* 7234 • W & C Malesia

C. horridum Blume *sens. lat.*
Treelet, climber • VEG: LMDF, Secondary Forest • HAB: gentle slope • ALT: 20–80 m

BEL: Labi, Bt. Teraja, *Coode* 6984; Labi, Bt. Teraja, *Wong* 77. **TEM:** Bangar, Bt. Biang, *Forman* 910 • W & C Malesia

C. sp. nov.
Treelet, shrub • VEG: LMDF • HAB: ridge

TEM: *Johns* 6948. **TUT:** *Johns* 7589; *Johns* 7590.

C. spp. indet.
Without prov.: *van Niel* 4313; *van Niel* 4325; *van Niel* 4326; *van Niel* 4331; *van Niel* 4344.

CHASSALIA

C. cf. bracteata Ridl.
Shrub • VEG: Lower Montane Forest • HAB: ridge
TEM: Amo, Bt. Pagon, *Wong* 1796 • The species is known from Malaya

C. chartacea Craib *sens. lat.* (*C. curviflora* sensu Ridl. non (Wall.) Thwaites) — *Petali* (Dus.)
Treelet, shrub, suffrutescent herb/subshrub, herb; on ground • VEG: Peatswamp Forest, Degraded Peatswamp Forest, Kerangas Forest with Agathis, LMDF, HDF, Lower Montane Forest, Secondary Forest • HAB: valley bottom, gentle slope, steep slope, terrace, ridge; well-drained, periodically flooded; waterfall spray zone, near • GEO: Lambir formation, Meligan formation, White sand, Sand/clay, Setap Shales; Kerangas soil, clay soil, sandy soil • ALT: sea level–70 m
BEL: *Puff* 8907261/1; Labi, *Johns* 6802; Labi, *Wong* 73; Labi, Rampayoh, *Cowley* 167; Seria, Badas F.R., *Coode* 7635; Seria, Badas–Lumut F.R., *Fuchs* 21178; Seria, Kpg. Badas, *Wong* 165; Sukang, Kampong Sukang, *Cowley* 109. **TEM:** *Puff* 8907231/6; Amo, *Wong* 1915; Amo, Apoi Forest Reserve, *Cowley* 52; Amo, Batu Apoi Forest Reserve, *Nielsen* 1005; Amo, Bt. Retak, *Puff* 9204301/11; Amo, Bt. Retak, *Puff* 9205021/4; Amo, Bt. Retak, *Puff* 9205031/6; Amo, Bt. Retak, *Sands* 5280; Amo, Bukit Pagon, *Niga* 361; Amo, Kuala Belalong, *Argent* 9176; Amo, Sungai Belalong, *Argent* 918. **TUT:** *Forman* 991; Rambai, Sg. Medit, *Simpson* 2590; Rambai, Tasek Merimbun, *Bernstein* 128; Rambai, Tasik Merimbun, *Hussain Hj. Osman* 44. • Indochina, Malaya, Borneo. NOTE: More than one taxon in this complex.

C. nom. nov. ined. — *Usak Ampagi* (Dus.)
Treelet, shrub, herb • VEG: LMDF • HAB: ridge; near running fresh water • GEO: sandstone; stony; sandy soil • ALT: 150 m
BEL: Labi, *Forman* 1038; Labi, Wong Kadir, *Coode* 7177. **TEM:** Amo, *Wong* 484; Amo, Batu Apoi F.R., K Belalong FSC, *Hansen* 1608; Amo, Sg. Belalong, *Ashton* BRUN 5227; Amo, Sg. Belalong, *Wong* 1175. **TUT:** Rambai, Tasek Merimbun, *Bernstein* 405. **Without prov.:** *Ashton* BRUN 480 • Borneo

C. sp. indet.
BEL: Labi, Rampayoh, *Cowley* 175.

COELOSPERMUM

C. truncatum (Wall.) K.Schum.
Canopy/emergent tree, climber • VEG: Degraded Peatswamp Forest • HAB: near running fresh water • ALT: 20 m
BEL: Apak-Apak, *Awong* 14; Bukit Sawat, Sg. Belait, *Niga* 68; Bukit Sawat, Sg. Mau, *Simpson* 2001 • W & C Malesia

C. spp. indet.
BEL: Bukit Sawat, Sg. Belait, *Niga* 69. **TEM:** Amo, Bt. Retak, *Wong* 744. **TUT:** Rambai, Sg. Tutong, *Coode* 6315.

COFFEA

C. arabica L.
Without prov.: *Haslani-Mohd. A.* 25 • Cultivated

COPTOPHYLLUM

C. sp. nov.
Herbaceous climber • VEG: HDF • HAB: near running fresh water • GEO: Setap Shales
TEM: Amo, Apan, *Cowley* 76.

COPTOSAPELTA

C. spp. indet.
TEM: Amo, Bt. Belalong, *Prance* 30545; Amo, K. Belalong, *Abd. Latip* BRUN 5667. **TUT:** Rambai, Tasek Merimbun, *Bernstein* 101.

DIPLOSPORA

D. malaccense Hook. f.
Midstorey/subcanopy tree
BEL: Labi, *Wong* 1000 • Malaya, Sumatra, Borneo

D. tinagoense (Elmer) Ali & Robbr.
Midstorey/subcanopy tree, treelet • VEG: Freshwater Swamp Forest, HDF • HAB: steep slope, terrace; periodically flooded • GEO: Sand/clay, Setap Shales; alluvial deposits; grey clay soil • ALT: 30 m
BEL: Melilas, Kuala Ingei, *Puff* 9008081/1; Melilas, Kuala Ingei, *Puff* 9008101/3; Melilas, Paleh Bangawong, *Thomas* 51; Melilas, Ulu Ingei, *Atkins* 532. **TEM:** Amo, Apoi Forest Reserve, *Sands* 5791 • Borneo

D. spp. indet.
BEL: Bukit Sawat, Andulau F.R., *Coode* 6752; Labi, Sungai Rampayoh, *Atkins* 595; Melilas, Ulu Belait, *Sands* 5885. **TEM:** *Johns* 7331; Amo, Apoi Forest Reserve, *Atkins* 508; Amo, G. Pagon, *Coode* 7589; Amo, K. Belalong, *Dransfield J.* 7037; Amo, K. Belalong, *Dransfield J.* 6673.

GAERTNERA
van Beusekom in Blumea 15: 359–391 (1969)

G. oblanceolata King & Gamble var. **diversifolia** (Ridl.) Beusekom
Treelet • HAB: ridge
BEL: Melilas, Batu Patam, *Wong* 1088 • Malaya, Borneo

G. vaginans (DC.) Merr. subsp. **junghuhniana** (Miq.) Beusekom (*G. brevistylis* Ridley) — *Bila Pinggan* (Dus.), *Bila Pinggan Purak* (Dus.), *Pitaling* (Ked.), *Tonton Baya* (Dus.)
Epiphytic; tree, canopy/emergent tree, midstorey/subcanopy tree, treelet, shrub, herb • VEG: Freshwater Swamp Forest, Empran, Peatswamp Forest with Shorea albida, Kerangas, Degraded Kerangas, LMDF, Degraded LMDF, HDF, Degraded HDF, Lower Montane Forest, Secondary Forest • HAB: gentle slope, steep slope, raised beach, ridge; well-drained, impeded drainage, periodically flooded; near running fresh water • GEO: Belait formation, White sand, sandstone, shale, Setap Shales; alluvial deposits; Podsol, Kerangas soil, sandy clay soil, • ALT: 900 m • USES: Medicinal, leaves used as bandage for wounds, Medicinal, young leaves soaked and applied to cuts
BEL: *Puff* 8907241/9; *Puff* 9008041/1; Andulau F.R., *Ashton* BRUN 245; Andulau F.R., *Richards* 5566; Andulau F.R., *Smythies* SAN 17540; Badas, Badas, *Puff* 8907261/3; Bukit Sawat, Sungai Mau, *Niga* 380; Labi, Bt. Teraja, *Simpson* 2119; Melilas, Kuala Ingei, *Puff* 9008101/2; Melilas, Sg. Ingei, *Ashton* BRUN 165; Melilas, Ulu Ingei, *Ashton* BRUN 382; Seria, *Fuchs* 21195; Seria, Badas F.R., *Brunig* S 1060; Seria, Seria, *Smythies* S 5909; Sukang, Sg. Belait, *Forman* 1150; Sungai Liang, Andulau F.R., *Wong* 22. **BRM:** Berakas, Berakas F.R., *Ashton* S 7809; Berakas, Berakas F.R., *Hassan Pukol* S 2200. **TEM:** *Puff* 8907221/3; Amo, Apoi Forest Reserve, *Atkins* 512; Amo, Batu Apoi Forest Reserve, *Nielsen* 1059; Amo, Batu Apoi F.R., K. Belalong FSC, *Hansen* 1565; Amo, Batu Apoi F.R.., K. Belalong FSC, *Hansen* 1552; Amo, Bt. Retak, *Puff* 9205031/1; Amo, Bt. Retak, *Puff* 9205031/3; Amo, Bt. Retak, *Puff* 9205031/7; Amo, Bt. Retak, *Wong* 397; Batu Apoi, Bt. Gelagas (Bt. Suang), *Simpson* 2257; Batu Apoi, Selapon, *Coode* 7927. **TUT:** *Johns* 7567; *Puff* 9008253/1; Lamunin, Ladan Hills F.R., *Dransfield J.* 6870; Lamunin, Ladan Hills F.R., *Kirkup* 304; Rambai, Tasek Merimbun, *Bernstein* 150; Rambai, Tasek Merimbun, *Bernstein* 385; Tanjong Maya, *Forman* 802; Tanjong Maya, *Forman* 808; Telisai, Bt. Basong,

Wong 175; Ukong, Bt. Besong, *Niga* 222; Ukong, Kpg. Ukong, *Niga* 190. **Without prov.:** *van Niel* 4005 • Indochina, Sumatra, Malaya, Borneo. NOTE: Probably more than one taxon in this complex.

G. cf. vaginans (DC.) Merr. subsp. **junghuhniana** (Miq.) Beusekom (*G. brevistylis* Ridley)
Treelet • VEG: HDF • HAB: ridge • ALT: 820 m
BEL: Melilas, Sg. Topi, *Thomas* 173. **TEM:** Amo, Bt. Belalong, *Prance* 30544; Amo, Bt. Belalong, *Prance* 30590; Batu Apoi, Bt. Gelagas (Bt. Suang), *Simpson* 2279. **TUT:** Lamunin, Ladan Hills, *Coode* 7366.

G. spp. indet.
BEL: Sungai Liang, Compartment 5, BRUN 15265; Sungai Liang, Sungai Lumut, *Kirkup* 593. **TEM:** Amo, *Wong* 1705; Amo, *Wong* 1724; Labu, *Hassan Pukol* BRUN 3116. **TUT:** *Johns* 7577.

GARDENIA

G. pterocalyx Valeton — *Sugang* (Dus.), *Sulang-Sulang* (Br.)
Tree, midstorey/subcanopy tree • VEG: Peatswamp Forest, Kerangas, Secondary Forest • ALT: 30 m
BEL: Seria, Anduki F.R., *Corner* BRUN 5346; Seria, Badas F.R., *Wong* 205. **Without prov.:** *Brunig* S 1191 • Malaya, Borneo

G. tubifera Wall. var. **tubifera** f. **elata** (Ridl.) K.M.Wong — *Sugang* (Dus.), *Sulang-Sulang* (Br.)
Canopy/emergent tree, midstorey/subcanopy tree • VEG: Degraded Peatswamp Forest, Secondary Forest • HAB: terrace; periodically flooded; near running fresh water • GEO: Belait formation; alluvial deposits • ALT: sea level • USES: Edible fruit, rind colours rice yellow
BEL: Bukit Sawat, Sg. Belait, *Wong* 571; Bukit Sawat, Sg. Mau, *Niga* 52; Bukit Sawat, Sg. Mau, *Niga* 63; Bukit Sawat, Sg. Mau, *Simpson* 2007; Sukang, Kampong Sukang, *Sands* 5869.
BRM: Berakas, Berakas F.R., *Ashton* BRUN 1008; Berakas, Berakas F.R., *Ashton* S 7834 • Thailand, W & C Malesia

G. sp. nov.
Midstorey/subcanopy tree, treelet • VEG: LMDF • ALT: 20 m
BEL: *Puff* 8907241/5; Labi, Jln. Labi, *Ashton* BRUN 10; Sungai Liang, Andulau F.R., *Wong* 86.

G. sp. indet.
Without prov.: *Ashton* BRUN 274.

GARDENIOPSIS

G. longifolia Miq.
Treelet • VEG: Secondary Forest • HAB: near running fresh water • ALT: 20–80 m
TEM: Bangar, Bt. Biang, *Forman* 928 • Sumatra, Malaya, Borneo

GEOPHILA

G. pilosa H.H.W.Pearson
Herb • VEG: Kerangas
BEL: Labi, Jln. Teraja–Redan, *Niga* 273 • Malaya, Borneo

G. cf. pilosa H.H.W.Pearson
TEM: Amo, Apoi Forest Reserve, *Sands* 5819.

GYNOCHTHODES

G. motleyi (Hook.f.) comb. ined. (*Tetralopha motleyi* Hook.f.)
Strangling; climber • VEG: Padang, Kerangas, LMDF • HAB: vertical; near sea water • ALT: sea level
BEL: Badas, *Puff* 8907261/2; Bukit Sawat, Jln. Labi, *Wong* 1294; Seria, Seria, *Smythies* S 5863. **BRM:** Sengkurong, Kpg. Jerudong, *Ashton* BRUN 5403; Sengkurong, Kpg. Jerudong, *Wong* 188. **TUT:** Telisai, Bukit Pasir, *Niga* 350.

G. spp. indet.
Without prov.: *van Niel* 3613; *van Niel* 4314.

GYNOPACHIS

Ridsdale considers the species of this genus to belong to *Aidia*; however, the combinations have not yet been made so the following taxa are retained.

G. impressinervia (King & Gamble) Tirveng.
Epiphytic • ALT: 60 m
TEM: Amo, *Smythies* SAN 17395 • Malaya, Borneo

G. jambosoides (Valeton) Tirveng. (*Randia jambosoides* Valeton)
Epiphytic; midstorey/subcanopy tree, liana, shrub, climber • VEG: Alluvial Forest, Degraded Peatswamp Forest, LMDF • HAB: valley bottom, gentle slope, ridge; near running fresh water • GEO: Lambir formation, sandstone; alluvial deposits; sandy clay soil, sandy soil; fallen logs • ALT: 90 m
BEL: Labi, Mendarem Valley, *Sands* 5436; Labi, Sg. Rampayoh, *Coode* 7265; Labi, Sg. Rampayoh, *Dransfield J.* 7312; Sungai Liang, Sg. Lumut, *Coode* 7742. **TEM:** Amo, Sg. Belalong, *Ashton* BRUN 5228; Labu, Bt. Peradayan, *Smythies* S 5832. **TUT:** Rambai, Bt. Bahak, *Coode* 7111 • Borneo

G. aff. jambosoides (Valeton) Tirveng.
TUT: Rambai, Tasek Merimbun, *Bernstein* 445.

G. cf. jambosoides (Valeton) Tirveng.
Epiphytic
TEM: Amo, K. Belalong, *Ashton* BRUN 5208.

G. sp. indet.
TEM: Amo, K. Belalong, *Dransfield J.* 7035.

HEDYOTIS

H. capitellata G.Don — *Tabak Mata Seluang* (Dus.)
Rheophyte; shrub, herbaceous climber, herb, climber • VEG: LMDF, Lower Montane Forest, Secondary Forest • HAB: gentle slope; near running fresh water • GEO: Lambir formation, Meligan formation • ALT: 750 m • USES: Medicinal, leaves squeezed into eyes cure blindness
BEL: *Puff* 9008291/1; Labi, *Kirkup* 350; Labi, Bt. Teraja, *Coode* 6982; Labi, Bt. Teraja, *Sands* 5692; Labi, Bt. Teraja, *Sands* 5695; Labi, Jln. Labi–Teraja, *Wong* 996. **TEM:** Amo, Bt. Retak, *Sands* 5358; Batu Apoi, Selapon, *Coode* 7915. **TUT:** Rambai, Tasek Merimbun, *Bernstein* 512 • W & C Malesia

H. congesta G.Don (*H. rigida* (Bl.) Miq.)
Treelet, shrub, suffrutescent herb/subshrub, herb, climber; on ground • VEG: Degraded Peatswamp Forest, LMDF, HDF, Lower Montane Forest, Secondary Forest • HAB: valley bottom, gentle slope, steep slope, ridge • GEO: Belait formation, Lambir formation, Meligan formation, sandstone, Setap Shales; bare rock and boulders; yellow sandy clay • ALT: 100–1160 m
BEL: Labi, *Johns* 6830; Labi, Bt. Telingan, *Ashton* BRUN 25; Labi, Bt. Teraja, *Niga* 298x; Labi, Bt. Teraja, *Sands* 5464; Labi, Bt. Teraja, *Simpson* 2128; Labi, Rampayoh, *Cowley* 168; Melilas, Batu Patam, *Wong* 1020; Sungai Liang, Sg. Lumut, *Coode* 7739. **TEM:** *Puff* 9008221/1;

Amo, Batu Apoi Forest Reserve, *Nielsen* 1064; Amo, Bt. Retak, *Puff* 9205031/11; Amo, Bt. Retak, *Sands* 5300; Amo, Bukit Tudal, *Davis* 458. **TUT:** *Johns* 7616; Lamunin, Ladan Hills F.R., *Sands* 5701. **Without prov.:** *Niga* 298y • SE Asia, W & C Malesia

H. moultonii Ridl.
Herb; on ground • VEG: LMDF, HDF • HAB: ridge • GEO: shale, Setap Shales; bare rock and boulders • ALT: 120–900 m
TEM: *Puff* 8907191/5; *Puff* 9008221/4; Amo, Batu Apoi Forest Reserve, *Nielsen* 1083; Bangar, Bt. Biang, *Ashton* A 184. **Without prov.:** *Puff* 9208221/4 • Borneo

H. aff. moultonii Ridl.
• ALT: 1430 m
TEM: Amo, *Ashton* A 202.

H. pinaster Ridl.
Suffrutescent herb/subshrub, herb • VEG: LMDF, HDF • HAB: flat ground; periodically flooded; near running fresh water • GEO: shale, Setap Shales • ALT: 110–500 m
TEM: *Johns* 7264; *Puff* 9008171/10; Amo, K. Belalong, *Jacobs* 5647; Amo, K. Belalong, Batu Apoi F.R., *Hansen* 1515; Amo, Sg. Temburong, *Coode* 6489; Amo, Sg. Temburong, *Sands* 5559; Amo, Sg. Temburong, *Schatz* 3290; Amo, Sg. Temburong, *Wong* 245; Amo, Sg. Temburong, *Wong* 1220; Amo, Temburong river, *Atkins* 473 • Borneo

H. pinifolia G.Don
Suffrutescent herb/subshrub, herb • VEG: Padang, Kerangas, Degraded Kerangas • HAB: flat ground; near brackish water • GEO: White sand; Podsol, sandy soil • ALT: 10–0 m
BEL: Bukit Sawat, Sg. Mau, *Puff* 8907271/1. **TUT:** *Puff* 9008253/3; Telisai, *Coode* 7387; Telisai, *Sands* 5208; Telisai, Danau, *Coode* 7763; Telisai, Jln. K. Belait–Pekan Muara, *Jacobs* 5672 • India, W & C Malesia

H. pulchella Stapf
Treelet, herb • VEG: Kerangas, Lower Montane Forest, Upper Montane Shrubbery • HAB: ridge • GEO: moss • ALT: 1500 m
TEM: Amo, *Wong* 1841; Amo, Bukit Pagon, *Niga* 356; Amo, G. Pagon, *Coode* 7507 • Borneo

H. verticillata (L.) Lam.
Without prov.: *van Niel* 3467 • SE Asia, Malesia

H. spp. indet.
TEM: *Puff* 9008201/2; Amo, Apoi Forest Reserve, *Sands* 5863. **Without prov.:** *Puff* 9208221/1; *Puff* 9208291/1; *van Niel* 3465; *van Niel* 3466; *van Niel* 3540; *van Niel* 3791; *van Niel* 4018.

HYDNOPHYTUM

H. formicarum Jack
Epiphytic; shrub • VEG: LMDF • HAB: near running fresh water • ALT: 50–250 m
BEL: Labi, Labi Hills F. R., *Coode* 6810. **TEM:** *Puff* 9008201/1; Amo, K. Belalong, *Wong* 267. **TUT:** Rambai, Bt. Bahak, *Coode* 7121. **Without prov.:** *Jacobs* 5634 • Indochina, Malesia

HYPOBATHRUM

H. spp. indet.
TEM: Amo, *Wong* 261; Amo, Bukit Belalong, *Argent* 91124. **TUT:** Lamunin, Ladan Hills F.R., *Kirkup* 305.

IXORA
A.P. DAVIS

I. acuticauda Bremek.
Shrub • HAB: near running fresh water • GEO: Setap Shales • ALT: 70 m

TEM: Amo, Batu Apoi Forest Reserve, *Poulsen* 103 • Borneo: Sarawak

I. barberae Bremek.
Treelet • VEG: HDF • ALT: 990 m
TEM: Amo, K. Belalong Fld. Studies Centre, *Schatz* 3312 • Borneo: Sarawak

I. blumei Zoll. & Mor.
Treelet • GEO: shale • ALT: 120–130 m
TEM: Amo, Sg. Temburong, *Coode* 6512 • Sumatra, Java, Borneo

I. brachyantha Merr.
Midstorey/subcanopy tree, treelet • VEG: Peatswamp Forest, LMDF, HDF • HAB: steep slope, ridge • GEO: Belait formation, sandstone, Setap Shales • ALT: 20–90 m
BEL: Labi, Bt. Teraja, *Kirkup* 266; Labi, Teraja, *Sands* 6015; Sungai Liang, Sungei Liang Arboretem, *Wong* 304. TEM: Amo, Bt. Retak, *Puff* 9204301/12; Amo, K. Belalong, *Dransfield J.* 6690; Amo, Sg. Belalong, *Sands* 5580; Batu Apoi, Bt. Gelagas (Bt. Suang), *Simpson* 2255. TUT: Lamunin, Ladan Hills, *Coode* 7326; Rambai, Bt. Bahak, *Coode* 7042; Rambai, Sg. Medit, *Simpson* 2573. Without prov.: *Ashton* BRUN 160; *Ashton* BRUN 381; *Ashton* BRUN 913; *Ashton* BRUN 2549 • Borneo

I. brachyanthera Bremek. — *Bila Pinggan* (Dus.), *Usak Bila Pinggan* (Dus.)
Midstorey/subcanopy tree, treelet, shrub; on ground • VEG: Freshwater Swamp Forest, Kerangas, LMDF, Degraded LMDF, HDF • HAB: steep slope, terrace, ridge; periodically flooded • GEO: Belait formation, Lambir formation, Miri formation, sandstone, Setap Shales; alluvial deposits; stony; clay soil • ALT: 30–500 m
BEL: Melilas, Kuala Ingei, *Puff* 9008071/6; Melilas, Ulu Ingei, *Sands* 5939. BRM: Kilanas, *Sands* 5678. TEM: Amo, Batu Apoi Forest Reserve, *Nielsen* 1061; Amo, K. Belalong, *Wong* 1188; Amo, Ulu Belalong, *Dransfield J.* 7355. TUT: *Johns* 7090; *Johns* 7560; *Johns* 7562; Rambai, Tasek Merimbun, *Bernstein* 8; Rambai, Tasek Merimbun, *Bernstein* 378; Rambai, Tasik Merimbun, *Wong* 332 • Borneo

I. cf. brachyanthera Bremek.
Treelet
BEL: Sukang, Sg. Belait, *Wong* 719.

I. brevicaudata Bremek. — *Belah Pinggan* (Dus., Br.), *Bunga Kemensai* (Ib.), *Kemansai* (Ib.), *Pecah Pinggan* (Br.)
Midstorey/subcanopy tree, treelet, shrub • VEG: LMDF • HAB: steep slope • GEO: sandstone; bare rock and boulders • ALT: 170 m
BEL: Melilas, Batu Patam, *Wong* 1032; Melilas, Sg. Ingei, *Wong* 603; Sungai Liang, Sungei Liang Arboretem, *Wong* 139. TEM: *Puff* 9008181/3; Amo, K. Belalong, *Wong* 287; Amo, Sg. Temburong, *Wong* 233. TUT: *Johns* 7538. Without prov.: *Ashton* BRUN 721 • Borneo

I. caudata Bremek.
Midstorey/subcanopy tree, treelet, shrub; on ground • VEG: Kerangas, LMDF • HAB: gentle slope • GEO: Belait formation, Lambir formation; alluvial deposits; sandy clay soil; Leaf litter • ALT: 100 m
BEL: Labi, Rampayoh, *Sands* 5982; Melilas, Sungai Mutip, *Atkins* 583; Melilas, Ulu Ingei, *Atkins* 579; Melilas, Ulu Ingei, *Sands* 5931; Sungai Liang, Labi Road, *Forman* 838. Without prov.: *Sands* 3560 • Borneo

I. aff. caudata Bremek.
Treelet, shrub • VEG: LMDF • HAB: ridge; near running fresh water • ALT: 70 m
TEM: Amo, Kuala Belalong F.S.C., *Argent* 9122; Amo, Sungai Belalong, *Argent* 9115; Amo, Sungai Temburong, *Argent* 9141; Amo, Sungai Temburong, *Argent* 91185. TUT: *Johns* 7537; *Johns* 7563. Without prov.: *Fuchs and Muller* 21170.

I. concinna Hook.f.
Treelet • VEG: LMDF • HAB: terrace • GEO: Belait formation • ALT: 20 m
BEL: Melilas, Trail to Sungai Mutip, *Cowley* 149. TEM: Amo, Ulu Belalong, *Coode* 7851 • Sumatra, Malaya

I. cf. concinna Hook.f.
* ALT: 150 m
BEL: Melilas, Ulu Belait, *Brunig* S 1182.

I. elliptica Ridl.
Name in Hassan & Ashton

I. fluminalis Ridl. — *Empitap Paya* (Ib.)
Midstorey/subcanopy tree, treelet, shrub, climber • VEG: Degraded Empran, Peatswamp Forest with Shorea albida, Peatswamp Forest • HAB: flat ground; impeded drainage, seasonal watercourse; near still fresh water • GEO: alluvial deposits • ALT: 10 m
BEL: Sungai Melayan, *Awong* 12; Bukit Sawat, Jln. Labi, *Niga* 287; Kuala Balai, *Kirkup* 205; Seria, Anduki F.R., *Sinclair* 10416. **TUT:** *Puff* 9008032/6. **Without prov.:** *Hassan Pukol* BRUN 3105 • Burma, Sumatra, Malaya, Borneo

I. fucosa Bremek.
Treelet • VEG: Kerangas • GEO: Belait formation • ALT: 30 m
BRM: Mentiri, *Sands* 5671 • Borneo: Sarawak, Sabah

I. glomeruliflora Bremek. — *Belah Pinggan* (Dus.), *Pecah Periok* (Br.)
Midstorey/subcanopy tree, treelet • VEG: LMDF • HAB: steep slope; periodically flooded • GEO: alluvial deposits; yellow clay soil • ALT: 10–120 m
BEL: Andulau F.R., *Ashton* S 21577; Melilas, Batu Patam, *Wong* 1056. **TEM:** Labu, *Ashton* BRUN 3020 • Borneo

I. grandifolia Zoll. & Mor. (*I. lancifolia* Ridley)
Name in Hassan & Ashton • SE Asia, W & C Malesia

I. griffithii Hook.
Treelet, shrub • VEG: HDF • HAB: periodically flooded; near running fresh water • GEO: Setap Shales; alluvial deposits • ALT: 110–350 m
BEL: Melilas, Paleh Bangawong, *Thomas* 62. **TEM:** *Puff* 9008171/8; Amo, Sg. Temburong, *Sands* 5556; Batu Apoi, Bt. Gelagas (Bt. Suang), *Simpson* 2390. **TUT:** Lamunin, Ladan Hills F.R., *Wong* 1669 • Sumatra, Borneo

I. havilandii Ridl.
Treelet, scrambling shrub • VEG: Peatswamp Forest, Kerangas Forest with Agathis • HAB: terrace • GEO: Sand; peat • ALT: sea level–10 m
BEL: Seria, Badas F.R., *Wong* 4; Sungai Liang, Badas, *Coode* 6836. **Without prov.:** *Ashton* BRUN 702 • Sumatra, Borneo

I. javanica (Blume) DC. — *Belah Periok* (Br.), *Panggil Panggil* (Ked.)
Tree, midstorey/subcanopy tree, treelet • VEG: HDF, Secondary Forest • HAB: gentle slope, ridge, sharp ridge • GEO: Setap Shales; grey clay soil • ALT: 500 m
BEL: Sungai Liang, Jln. Muara,, *Hassan Pukol* BRUN 5137. **TEM:** Amo, Apoi Forest Reserve, *Sands* 5833; Amo, K. Belalong, *Wong* 1256; Labu, *Wong* 1150. **TUT:** Rambai, Ladan Hills F.R., *Coode* 6417 • Sumatra, Java, Borneo

I. cf. javanica (Blume) DC.
TEM: Amo, Sg. Belalong, *Sands* 5589; Batu Apoi, Bt. Gelagas (Bt. Suang), *Simpson* 2259. **Without prov.:** *Ashton* BRUN 5271.

I. lancisepala Ridl.
Midstorey/subcanopy tree, treelet, shrub • VEG: Kerangas • HAB: flat ground, gentle slope, terrace, ridge; impeded drainage; near still fresh water • GEO: White sand, Sand/clay • ALT: 30–360 m
BEL: Melilas, *Wong* 675; Melilas, Batu Patam, *Wong* 1053; Melilas, Sg. Topi, *Thomas* 174; Melilas, Ulu Ingei, *Atkins* 566. **BRM:** Lumapas, Bukit Lumapas, *Davis* 502. **TEM:** Bangar, Bt. Biang, *Smythies* S 5778; Labu, *Wong* 318. **Without prov.:** *Ashton* BRUN 193; *Ashton* BRUN 509; *Ashton* BRUN 942 • Borneo: Sarawak, Kalimantan

I. aff. lancisepala Ridl. — *Belah Pinggan* (Br., Dus.), *Memansai* (Ib.)
Shrub • VEG: Padang • GEO: White sand; Kerangas soil; peat
BEL: Bukit Sawat, Jln. Labi, *Wong* 1602.

I. pendula Jack
Treelet • VEG: LMDF • HAB: steep slope • GEO: Setap Shales • ALT: 20–100 m
TEM: Amo, K. Belalong, *Boyce* 366 • Sumatra, Malaya

I. pyrantha Bremek.
Treelet, shrub • VEG: Coastal MDF, LMDF • HAB: gentle slope • GEO: sandy clay soil
BEL: Labi, Bt. Teraja, *Niga* 294a; Sungai Liang, Andulau F.R., *Wong* 25; Sungai Liang, Andulau F.R., *Forman* 1112. **Without prov.:** *Ashton* BRUN 49 • Borneo

I. cf. pyrantha Bremek.
Treelet • HAB: valley bottom • GEO: White sand • ALT: 250 m
TEM: Labu, *Smythies* S 5824.

I. urophylla Bremek.
Treelet • VEG: Kerangas Forest with Agathis, LMDF • HAB: gentle slope; periodically flooded • GEO: alluvial deposits • ALT: 10–20 m
BEL: Andulau F.R., *Ashton* S 21578; Badas, *Puff* 8907261/4; Labi, Bt. Teraja, *Niga* 294b. **Without prov.:** *Puff* 9008151/6a • Borneo: Sarawak, Sabah

I. cf. urophylla Bremek.
Treelet, herb; on ground • VEG: Lower Montane Forest • HAB: ridge • ALT: 130–150 m
TEM: *Johns* 7357; Amo, K. Belalong, *Wong* 1194.

I. sp. 1
Treelet, shrub • VEG: Kerangas • GEO: White sand; sandy soil • ALT: 10 m
TUT: *Johns* 6501; Telisai, *Sands* 5409; Telisai, *Sands* 5411; Telisai, *Wong* 159. **Without prov.:** *Jacobs* 5677.

I. sp. 2
Treelet, shrub • VEG: Upper Montane Forest, Upper Montane Shrubbery • HAB: ridge • ALT: 1500 m
TEM: Amo, Bt. Retak, *Puff* 9205011/14; Amo, Bt. Retak, *Wong* 440; Amo, G. Pagon, *Coode* 7445.

I. spp. indet.
BEL: Bukit Sawat, *Niga* 150; Kuala Balai, Kuala Balai, BRUN 15646; Labi, Bukit Teraja, *Kirkup* 411; Melilas, Sg. Ingei, *Wong* 623; Melilas, Ulu Ingei,, *Wong* 1113; Sukang, Sungai Paleh Bangawong, *Kirkup* 606; Sukang, Sungai Paleh Bangawong, *Kirkup* 684. **TEM:** *Johns* 7279; Amo, *Wong* 1697; Amo, *Wong* 1707; Amo, *Wong* 1721; Amo, *Wong* 1824; Amo, *Wong* 1905; Amo, Batu Apoi Forest Reserve, *Nielsen* 988; Amo, Batu Apoi Forest Reserve, *Nielsen* 990; Amo, Batu Apoi F.R., K Belalong FSC, *Hansen* 1602; Amo, Batu Apoi F.R., K. Belalong FSC, *Hansen* 1572; Amo, Bt. Retak, *Sands* 5360; Amo, Bukit Tudal, *Davis* 484b; Amo, Sg. Belalong, *Ashton* BRUN 5213; Batu Apoi, Sg. Selapon, *Wong* 2029. **TUT:** *Johns* 7466; *Johns* 7568; *Johns* 7583; Rambai, Sg. Medit, *Simpson* 2543; Rambai, Tasek Merimbun, *Bernstein* 192; Rambai, Tasek Merimbun, *Bernstein* 279; Rambai, Tasek Merimbun, *Bernstein* 442; Rambai, Tasek Merimbun, *Bernstein* 529; Ulu Tutong, Bukit Bahak, *Kirkup* 535; Ulu Tutong, Bukit Bahak, *Kirkup* 536. **Without prov.:** *Puff* 9207261/4; *Puff* 9208032/6; *Puff* 9208071/6; *Puff* 9208151/6A; *van Niel* 3588; *van Niel* 3589; *van Niel* 3590; *van Niel* 3620; *van Niel* 3817; *van Niel* 3818; *van Niel* 3830; *van Niel* 3831; *van Niel* 3927; *van Niel* 4060; *van Niel* 4110; *van Niel* 4137.

I. aff. sp. indet.
TEM: *Puff* 8907211/2.

JACKIOPSIS

J. ornata (Wall.) Ridsd. (*Jackia ornata* Wall.) — *Selumar* (Br.)
Midstorey/subcanopy tree • VEG: Peatswamp Forest

TEM: Labu, Kpg. Labu Estet, *Smythies* BRUN 380. **TUT:** *Puff* 9008032/7; Lamunin, Kpg. Lamunin, *Wong* 2003. **Without prov.:** *van Niel* 3871 • Sumatra, Malaya, Borneo

J. sp. indet.
Without prov.: *van Niel* 3763.

LASIANTHUS
A.P. DAVIS

L. borneensis Merr. — *Perangop* (Dus.), *Siong Pelanok* (Dus.)
• VEG: HDF • HAB: ridge • ALT: 350 m
BEL: *Puff* 8907241/1; Labi, Bt. Teraja, *Simpson* 2118; Melilas, Kuala Ingei, *Puff* 9008091/3. **TEM:** Amo, Bt. Retak, *Puff* 9205011/13. **TUT:** Rambai, Tasek Merimbun, *Bernstein* 386; Rambai, Tasek Merimbun, *Bernstein* 488 • Borneo

L. aff. borneensis Merr.
Treelet • HAB: ridge
BEL: Melilas, Sg. Ingei, *Wong* 647.

L. chryseus Ridl.
Treelet, shrub • VEG: LMDF, HDF • HAB: periodically flooded; near running fresh water • GEO: White sand; alluvial deposits • ALT: 350–0 m
BEL: Andulau F.R., *Ashton* BRUN 559; Labi, Bt. Teraja, *Simpson* 2100; Sungai Liang, Andulau F.R., *Wong* 26 • Malaya, Borneo

L. cf. cyanocarpus Jack
Shrub • GEO: shale • ALT: 120–550 m
TEM: Amo, Sg. Temburong, *Coode* 6732 • The species is known from India to Malaya

L. densifolius Miq.
Shrub • GEO: Setap Shales; Leaf litter • ALT: 20–100 m
TEM: Amo, Apoi Forest Reserve, *Atkins* 501. **TUT:** Rambai, Ladan Hills F.R., *Coode* 6402 • Malaya

L. aff. hirtus Ridl.
Shrub • GEO: clay soil; Leaf litter
BEL: Melilas, Kuala Ingei, *Puff* 9008081/4. **TEM:** Amo, Batu Apoi F.R., K Belalong FSC, *Hansen* 1622 • *Lasianthus hirtus* is known from Malaya

L. kinabaluensis Stapf
Treelet, shrub • VEG: HDF, Lower Montane Forest • HAB: gentle slope; near running fresh water • ALT: 350 m
TEM: Amo, *Wong* 1804; Batu Apoi, Bt. Gelagas (Bt. Suang), *Simpson* 2464 • Borneo: Sabah

L. aff. kinabaluensis Stapf
Shrub • HAB: gentle slope • GEO: clay soil
TEM: Amo, Batu Apoi F.R.., K. Belalong FSC, *Hansen* 1555.

L. longifolius Wight — *Engkiaung* (Dus.)
Treelet • VEG: LMDF, HDF • HAB: steep slope; near running fresh water • GEO: Belait formation • ALT: 50–80 m • USES: Wood used for boards, medicinal
BEL: *Puff* 9008121/1; Labi, Bt. Teraja, *Dransfield J.* 6854; Labi, Bt. Teraja, *Simpson* 2076. **TEM:** Amo, K. Belalong, *Wong* 1639. **TUT:** Rambai, Tasek Merimbun, *Bernstein* 186a • Malaya, Sumatra, Borneo

L. aff. longifolius Wight
Treelet • VEG: LMDF • HAB: gentle slope • GEO: Belait formation • ALT: 310 m
BEL: Labi, *Wong* 1569; Labi, Bt. Teraja, *Coode* 6896.

L. maingayi Hook.f.
Treelet, shrub; on ground • VEG: LMDF, HDF • HAB: gentle slope; near running fresh water • GEO: Belait formation; alluvial deposits • ALT: 350 m
   BEL: Melilas, Sungai Mutip, *Sands* 5971. TEM: Batu Apoi, Bt. Gelagas (Bt. Suang), *Simpson* 2451; Batu Apoi, Bt. Gelagas (Bt. Suang), *Simpson* 2477 • Indochina, Malaya, Sumatra, Borneo

L. membranaceus Stapf
Treelet, suffrutescent herb/subshrub • VEG: LMDF, HDF • HAB: gentle slope, steep slope, terrace; periodically flooded • GEO: shale, Sand/clay, Setap Shales • ALT: 20–760 m
   BEL: Melilas, Ulu Ingei, *Cowley* 143. TEM: *Puff* 8907211/4; *Puff* 9008191/2; Amo, Bt. Belalong, *Prance* 30563a; Amo, K. Belalong, *Dransfield J.* 6674; Amo, Sg. Temburong, *Coode* 6706 • Borneo

L. retosus Wight
Shrub • HAB: terrace, ridge • GEO: Sand/clay • ALT: 220 m
   BEL: *Puff* 9008291/2; Melilas, Ulu Ingei, *Atkins* 574. TEM: *Puff* 8907201/10; *Puff* 8907231/4. TUT: *Johns* 7587 • Malaya

L. retosus Wight *vel aff.*
Treelet, suffrutescent herb/subshrub; on ground • VEG: LMDF • HAB: gentle slope, terrace • GEO: Belait formation, Lambir formation; alluvial deposits • ALT: 130 m
   BEL: Labi, Rampayoh, *Sands* 5988; Melilas, Ulu Ingei, *Sands* 5966. TUT: Lamunin, Ladan hills, *Atkins* 449.

L. robinsonii Ridl.
Treelet • VEG: HDF, Lower Montane Forest • HAB: valley bottom, ridge • GEO: Meligan formation; Brown clay-loam • ALT: 100–1160 m
   TEM: *Puff* 8907231/3; Amo, Bukit Belalong, *Argent* 91139; Amo, Bukit Tudal, *Bygrave* 35; Amo, K. Belalong, *Puff* 9205061/6; Batu Apoi, Bt. Gelagas (Bt. Suang), *Simpson* 2201 • Malaya

L. scabridus King & Gamble
Shrub • HAB: ridge • GEO: sandy soil
   BEL: Andulau F.R., *Sinclair* 10439 • Malaya, Borneo

L. stipularis Blume
Treelet, shrub • VEG: LMDF, HDF, Secondary Forest • HAB: flat ground, valley bottom, steep slope; near running fresh water • GEO: Lambir formation, Setap Shales; stony; clay soil, grey clay soil • ALT: 70 m
   BEL: Labi, Rampayoh, *Sands* 5747; Melilas, Kuala Ingei, *Puff* 9008091/1. TEM: *Puff* 9008181/8; Amo, Apoi Forest Reserve, *Sands* 5848; Amo, Batu Apoi F.R., K Belalong FSC, *Hansen* 1584; Amo, Kuala Belalong F.S.C., *Argent* 91103 • Malaya, Sumatra, Borneo

L. subinaequalis King & Gamble — *Kayu Mato Siong Pelanok* (Dus.)
Treelet, shrub • VEG: Peatswamp Forest with Shorea albida, HDF • HAB: base of slope, ridge; near running fresh water • ALT: 20–200 m
   TEM: *Puff* 9008181/1; Amo, K. Belalong, *Wong* 225; Amo, K. Belalong, *Wong* 1262; Batu Apoi, Bt. Gelagas (Bt. Suang), *Simpson* 2356. TUT: Rambai, Sg. Medit, *Simpson* 2518; Rambai, Tasek Merimbun, *Bernstein* 300 • W & C Malesia

L. sp. 1
Midstorey/subcanopy tree, treelet, shrub • VEG: LMDF, Upper Montane Forest • HAB: gentle slope, steep slope, ridge • GEO: Meligan formation; moss • ALT: 1220–1350 m
   BEL: Bukit Sawat, Sg. Mau, *Puff* 8907271/2. TEM: Amo, *Sands* 5244; Amo, *Sands* 5249; Amo, Bt. Retak, *Puff* 9205011/5; Amo, Bt. Retak, *Puff* 9205011/7; Amo, Bt. Retak, *Puff* 9205011/8; Amo, Bt. Retak, *Puff* 9205021/1; Amo, Bt. Retak, *Wong* 403

L. sp. 2
Treelet • VEG: LMDF, HDF • HAB: gentle slope • GEO: Setap Shales • ALT: 300 m
   BEL: Sungai Liang, Andulau F.R., *Wong* 29. TEM: Amo, K. Belalong, *Dransfield J.* 7069.

L. sp. 3
• GEO: shale • ALT: 120–130 m
TEM: *Puff* 8907221/7; Amo, Sg. Temburong, *Coode* 6538.

L. sp. 4
Treelet • VEG: LMDF, Lower Montane Forest • HAB: steep slope, ridge • GEO: sandstone; yellow clay soil • ALT: 1220–900 m
TEM: Amo, Ulu Belalong, *Coode* 7871.

L. sp. 5
Treelet • VEG: Upper Montane Forest • HAB: gentle slope, ridge • GEO: moss • ALT: 1120–1350 m
TEM: *Johns* 6592; Amo, Bt. Belalong, *Prance* 30620; Amo, Bt. Retak, *Puff* 9205011/2; Amo, Bt. Retak, *Puff* 9205021/2; Amo, Bt. Retak, *Wong* 795.

L. sp. 6
Treelet • HAB: gentle slope • ALT: 220 m
TEM: Amo, Bt. Retak, *Puff* 9205011/6; Amo, Bt. Retak, *Wong* 404.

L. sp. 7
TEM: *Puff* 9008181/11; Amo, *Wong* 253.

L. spp. indet.
BEL: Labi, *Dransfield J.* 6537; Melilas, Melilas, *Puff* 9008111/1; Sukang, Sungai Paleh Bangawong, *Kirkup* 607a; Sukang, Sungai Paleh Bangawong, *Kirkup* 619; Sukang, Sungai Paleh Bangawong, *Kirkup* 629. **TEM:** Amo, *Coode* 6493; Amo, *Sands* 5537; Amo, *Wong* 1696; Amo, *Wong* 1711; Amo, Bt. Retak, *Wong* 775; Amo, G. Pagon, *Coode* 7506; Amo, Sg. Temburong, *Coode* 6733; Amo, Sungai Belalong, *Argent* 9111; Amo, Ulu Belalong, *Coode* 7838; Amo, Ulu Belalong LP382, *Kirkup* 898. **TUT:** *Forman* 978; Rambai, Sg. tutong, *Wong* 1688. **Without prov.:** *Puff* 9207211/4; *Puff* 9208191/2.

LECANANTHUS

L. erubescens Jack
Epiphytic; shrub, climber • VEG: Peatswamp Forest with Shorea albida, Peatswamp Forest, LMDF • GEO: sandy soil • ALT: 10 m
BEL: Seria, *Richards* 5606; Seria, Badas, *Sinclair* 10469; Seria, Jln. Badas, *Mat Salleh* 2404; Seria, Seria, *Smythies* S 5849; Sungai Liang, Badas, *Coode* 6458; Sungai Liang, Sg. Lumut, *Richards* 5567; Sungai Liang, Sg. Lumut, *Richards* 5867. **Without prov.:** *Richards* 127; *van Niel* 3406 • W & C Malesia

LUCINAEA

L. membranacea King
Epiphytic; shrub, climber • VEG: Freshwater Swamp Forest, Alluvial Forest, LMDF • HAB: periodically flooded; near running fresh water • GEO: sandstone; alluvial deposits; sandy soil • ALT: sea level–250 m
BEL: Melilas, Kuala Ingei, *Puff* 9008091/7; Melilas, Ulu Ingei, *Wong* 1108. **TEM:** *Puff* 9008181/7; Batu Apoi, Jln. Bangar–Batu Apoi, *Smythies* SAN 17106. **TUT:** Rambai, Bt. Bahak, *Coode* 7088 • Malaya, Borneo

L. montana Korth. *vel aff.*
Liana, shrub, climber • VEG: Peatswamp Forest, Padang, Kerangas Forest with Agathis, HDF • HAB: flat ground, ridge; impeded drainage • GEO: peat • ALT: 810 m
BEL: Badas, *Puff* 8907261/7; Badas, *Puff* 9008051/2; Melilas, Batu Patam, *Wong* 1135; Seria, Badas Stateland Forest, *Mat Salleh* 2437b; Seria, Kpg. Badas, *Smythies* S 5871; Sungai Liang, Badas, *Coode* 6469; Sungai Liang, Badas, *Coode* 6471. **TEM:** Amo, Bt. Belalong, *Prance* 30606. **TUT:** Telisai, Jln. K. Belait–Pekan Muara, *Jacobs* 5681 • Borneo

L. morinda DC. — *Rendau* (Ib.)
Canopy/emergent tree, liana • HAB: periodically flooded; in still fresh water • GEO: White sand; alluvial deposits • ALT: sea level
BEL: Andulau F.R., *Ashton* BRUN 626; Andulau F.R., *Ashton* BRUN 629 • Borneo: Sarawak, Sabah

L. cf. morinda DC.
Climber • VEG: Peatswamp Forest with Shorea albida
BEL: Seria, Kpg. Badas, *Richards* 5575.

L. ridleyi King
Epiphytic; treelet, shrub, climber; in understorey/low vegetation • VEG: LMDF, Upper Montane Forest, Upper Montane Shrubbery • HAB: gentle slope, ridge • GEO: Meligan formation, sandstone; moss • ALT: 1500 m
TEM: Amo, *Sands* 5261; Amo, Bt. Pagon, *Ashton* BRUN 1042; Amo, Bt. Retak, *Puff* 9205011/10; Amo, Bt. Retak, *Puff* 9205011/3; Amo, Bt. Retak, *Puff* 9205031/2; Amo, Bt. Retak, *Wong* 414; Amo, G. Pagon, *Coode* 7503. **TUT:** Rambai, Bt. Bahak, *Coode* 7035 • Malaya, Borneo

L. spp. indet.
TEM: Bangar, Bt. Biang, *Ashton* A 163. **Without prov.:** *van Niel* 4001; *van Niel* 4059; *van Niel* 4106; *van Niel* 4323.

LUDEKIA

L. borneensis Ridsd.
Recorded in Puff & Wong • Borneo

MORINDA

M. rigida Miq.
Midstorey/subcanopy tree, liana, climber • VEG: Peatswamp Forest, Degraded Kerangas, Secondary Forest • HAB: gentle slope, terrace, raised beach; near running fresh water • GEO: Belait formation, White sand, sandstone; alluvial deposits; Podsol, sandy soil, yellow sandy loam • ALT: 80 m
BEL: Andulau F.R., *Ashton* BRUN 5509; Bukit Sawat, Andulau F.R., *Coode* 6772; Bukit Sawat, Jln. Labi, *Niga* 115; Labi, Sg. Rampayoh, *Coode* 7286; Seria, Badas, *Coode* 7623; Sukang, Kampong Sukang, *Sands* 5876; Sungai Liang, Andulau F.R., *Wong* 595. **BRM:** Berakas, Berakas F.R., *Ashton* S 7828 • Malaya, Borneo

M. spp. indet.
BEL: Labi, Bt. Teraja, *Simpson* 2126; Labi, Labi Hills F. R., *Coode* 6799. **TEM:** Amo, Bt. Pagon, *Wong* 1757.

MUSSAENDA

M. cf. elmeri Merr.
Liana, climber • GEO: sandy soil • ALT: 10 m
BEL: Labi, Kpg. Tenajor, *Haslani-Mohd. A.* 39; Melilas, Sg. Belait, *Forman* 1196 • The species is known from Borneo

M. cf. hirsuta Ridl. — *Akau Lalap* (Dus.), *Galap* (Dus.)
Climber • VEG: LMDF • USES: Wood used to make matches
TUT: Rambai, Tasek Merimbun, *Bernstein* 49, 89; Ukong, Bt. Besong, *Niga* 195 • The species is known from Sumatra, Borneo

M. cf. lanuginosa Ridl.
• VEG: LMDF
TEM: *Johns* 6960.

M. laxiflora Merr.
Treelet, climber • VEG: Degraded Peatswamp Forest • HAB: terrace; periodically flooded; near running fresh water • GEO: Sand/clay; clay soil • ALT: sea level–10 m
BEL: Melilas, Ulu Belait, *Cowley* 111. **TUT:** *Forman* 990 • Borneo

M. sp. 1
Climber • VEG: LMDF • HAB: near running fresh water • ALT: 120–250 m
TEM: *Puff* 9008171/12; Amo, Bt. Belalong, *Wong* 389. **Without prov.:** *Puff* 9208171/2.

M. spp. indet.
BEL: Labi, *Johns* 6799. **TEM:** Amo, Sg. Temburong, *Wong* 249. **TUT:** *Puff* 9008032/2. **Without prov.:** *van Niel* 3780.

MUSSAENDOPSIS

M. beccariana Baill.
Canopy/emergent tree, midstorey/subcanopy tree • VEG: LMDF • HAB: gentle slope • GEO: White sand, shale • ALT: 20–130 m
BEL: Sungai Liang, Sungai Liang, *Puff* 9008031/1; Sungai Liang, Sungei Liang Arboretem, *Wong* 920. **TEM:** Amo, Sg. Temburong, *Coode* 6583; Bangar, Pekan Bangar, *Smythies* S 5797 • Sumatra, Malaya, Borneo

M. sp. indet.
BEL: Melilas, Sg. Ingei, *Wong* 1106.

MYRIONEURON

M. borneense Stapf
Shrub • VEG: HDF • ALT: 830 m
TEM: Amo, Bt. Belalong, *Prance* 30613 • Borneo

M. cyaneum Hallier f.
Suffrutescent herb/subshrub, herb • VEG: Degraded LMDF, HDF • HAB: gentle slope, ridge; periodically flooded; near running fresh water • GEO: Setap Shales; alluvial deposits • ALT: 20–60 m
TEM: Amo, Bt. Belalong, *Prance* 30708; Amo, K. Belalong, *Boyce* 380; Amo, Kuala Belalong, *Argent* 91112; Amo, Sg. Belalong, *Smythies* SAN 17064; Amo, Sg. Belalong, *Wong* 1162; Amo, Sg. Sibut, *Sands* 5511; Batu Apoi, Bt. Gelagas (Bt. Suang), *Simpson* 2446. **TUT:** Rambai, Sg. tutong, *Wong* 1680 • Borneo

M. pubescens Valeton
Suffrutescent herb/subshrub, herb • VEG: LMDF, Secondary Forest • HAB: gentle slope; periodically flooded; near running fresh water • GEO: Belait formation, shale, Setap Shales; alluvial deposits • ALT: 20– 250 m
TEM: *Puff* 9008181/10; Amo, Batu Apoi Forest Reserve, *Poulsen* 160; Amo, Batu Apoi Forest Reserve, *Poulsen* 292; Amo, Sg. Belalong, *Wong* 1163; Amo, Sg. Temburong, *Coode* 6630; Bangar, Bt. Biang, *Forman* 915; Labu, *Sands* 5642. **TUT:** Rambai, Sg. Tutong, *Coode* 6381. **Without prov.:** *Jacobs* 5606.

M. spp. indet.
TEM: *Johns* 6723; Amo, Apoi Forest Reserve, *Atkins* 463; Amo, Apoi Forest Reserve, *Sands* 5797; Amo, Temburong river, *Atkins* 480; Batu Apoi, Bt. Gelagas (Bt. Suang), *Simpson* 2198.

MYRMECODIA

M. tuberosa Jack
Epiphytic • VEG: Kerangas, HDF • HAB: ridge
BEL: Labi, Jln. Labi, *Niga* 29. **TEM:** *Johns* 7036; Amo, *Wong* 1818. **Without prov.:** *Wong* s.n. 9.ii.88 • Malesia

M. spp. indet.
BEL: Sukang, Sungai Paleh Bangawong, *Kirkup* 601. **Without prov.**: *van Niel* 4330.

MYRMECONAUCLEA
Ridsdale in Blumea 24: 342–344 (1978)

M. stipulacea Ridsd. — *Mumban* (Ib.)
Lithophyte; shrub, herb • VEG: LMDF, HDF, Secondary Forest • HAB: gentle slope; near running fresh water • GEO: Belait formation • ALT: 20–80 m
TEM: Bangar, Bt. Biang, *Forman* 922; Batu Apoi, *Wong* 2055; Batu Apoi, Bt. Gelagas (Bt. Suang), *Simpson* 2465; Labu, *Sands* 5650 • Borneo: Sabah

M. cf. stipulacea Ridsd.
Midstorey/subcanopy tree • VEG: LMDF • HAB: terrace; periodically flooded; near running fresh water • GEO: Belait formation; alluvial deposits
BEL: Melilas, Ulu Ingei, *Sands* 5935.

M. strigosa (Korth.) Merr. — *Bongkol* (Dus.), *Mumban* (Ib.)
Midstorey/subcanopy tree, treelet, shrub, herb • VEG: LMDF, HDF, Lower Montane Forest • HAB: ridge; periodically flooded; near running fresh water, in running fresh water • GEO: Meligan formation, shale, Setap Shales • ALT: 110–800 m
BEL: Labi, Bt. Teraja, *Wong* 186. TEM: *Johns* 7192; *Puff* 9008171/1; Amo, Apoi Forest Reserve, *Atkins* 457; Amo, Batu Apoi Forest REserve, *Poulsen* 9; Amo, Bt. Retak, *Sands* 5344; Amo, Sg. Temburong, *Coode* 6749; Amo, Sg. Temburong, *Sands* 5531; Amo, Sg. Temburong, *Wong* 229; Amo, Temburong river, *Atkins* 493; Batu Apoi, Bt. Gelagas (Bt. Suang), *Simpson* 2399 • Borneo, Philippines

NAUCLEA
Ridsdale in Blumea 24: 325–331 (1978)

N. officinalis (Pitard) Merr. & Chun
Midstorey/subcanopy tree
Without prov.: *van Niel* 3551 • SE Asia, Sumatra, Malaya, Borneo

N. parva (Havil.) Merr.
Shrub • VEG: Peatswamp Forest with Shorea albida
BEL: Seria, Badas, *Sinclair* 10461 • Borneo

N. subdita (Korth.) Steud. — *Bangka* (Ib.), *Bongkol* (Dus.)
Midstorey/subcanopy tree, treelet, shrub • VEG: Degraded Peatswamp Forest, LMDF, Secondary Forest • HAB: terrace; periodically flooded; near running fresh water • GEO: Belait formation; alluvial deposits; clay soil, sandy soil • ALT: sea level–30 m • USES: Wood used for boards and firewood
BEL: Bukit Sawat, Sg. Belait, *Wong* 564; K. Balai, Sungai Belait, *Awong* 3; Labi, Rampayoh Sg. , *Joffre* 19; Melilas, K. Penipir, *Ashton* BRUN 232; Sukang, Kampong Sukang, *Sands* 5867. TUT: *Forman* 973; Rambai, Sg. Tutong, *Coode* 6330; Rambai, Sg. Tutong, *Coode* 6394; Rambai, Sg. Tutong, *Simpson* 2632; Rambai, Tasek Merimbun, *Bernstein* 130. **Without prov.**: *Haslani-Mohd. A.* 28 • India, W & C Malesia

N. sp. indet.
BEL: Labi, Wasai Teraja, *Thomas* 272.

NEOLAMARCKIA

N. cadamba (Roxb.) Bosser (*Anthocephalus chinensis* auctt. non (Lam.) Walp.)
Recorded in Puff & Wong • India to New Guinea

NEONAUCLEA
Ridsdale in Blumea 34: 177–275 (1989)

N. artocarpoides Ridsd. — *Empitap* (*), *Empitap Melabi* (Ib.)
Canopy/emergent tree, midstorey/subcanopy tree, treelet • VEG: LMDF, HDF, Secondary Forest, Roadsides • HAB: gentle slope, ridge • GEO: Setap Shales; yellow sandy clay soil • ALT: 10–300 m
BEL: Labi, Wasai, *Niga* 340. **TEM:** *Ashton* BRUN 762; Amo, K. Belalong Fld. Studies Centre, *Schatz* 3275; Amo, Sg. Temburong, *Wong* 230; Labu, *Forman* 890. **TUT:** Lamunin, *Kirkup* 226 • Borneo

N. borneensis Ridsd.
• VEG: Degraded Empran • ALT: 30 m
BEL: Melilas, Ulu Ingei, *Brunig* S 995 • Borneo

N. cyrtopoda (Miq.) Merr.
Name in Hassan & Ashton

N. cf. excelsa (Blume) Merr. (*N. synkorynos* (Korth.) Merr.)
TEM: Amo, K. Belalong, *Wong* 1209 • W & C Malesia

N. lanceolata (Blume) Merr. subsp. **gracilis** (Vidal) Ridsd.
Midstorey/subcanopy tree • HAB: gentle slope • GEO: clay soil • ALT: 240 m
TEM: Amo, K. Belalong, *Ashton* BRUN 5684 • Malesia

N. longipedunculata Merr. — *Empitap* (Ib.)
Midstorey/subcanopy tree, treelet • VEG: LMDF • ALT: 120–250 m
TUT: Lamunin, Ladan Hills F.R., *Wong* 328 • Borneo

N. cf. paracyrtopoda (Bakh. f.) Ridsd.
TEM: *Puff* 9008211/3.

N. spp. indet.
BEL: Bukit Sawat, Kampong Pukol, *Joffre* 20; Labi, Bt. Teraja, *Wong* 185; Sukang, Sungai Paleh Bangawong, *Kirkup* 677.

OLDENLANDIA

O. corymbosa L.
Annual herb • ALT: 30 m
BRM: Berakas, Berakas, *Coode* 7418 • Pantropic

O. herbacea (L.) Roxb.
Herb • VEG: Roadsides • GEO: sandy soil • ALT: 10 m
TUT: Telisai, *Coode* 7410 • Tropical Africa & Asia

O. trinervia Retz.
Herb • VEG: Roadsides • GEO: sandy soil • ALT: 10 m
TUT: Telisai, *Coode* 7403 • SE Asia, Malesia

O. sp. indet.
TUT: Telisai, Danau, *Coode* 7759.

OPHIORRHIZA

O. winkleri Valeton
Suffrutescent herb/subshrub, herb • VEG: LMDF, HDF • HAB: near running fresh water • GEO: Setap Shales; bare rock and boulders; grey clay soil • ALT: 350–70 m
BEL: Labi, Sungai Rampayoh, *Coode* 7770. **TEM:** Amo, *Wong* 1277; Amo, Apoi Forest Reserve, *Sands* 5798; Amo, Sg. Temburong, *Sands* 5610; Batu Apoi, Bt. Gelagas (Bt. Suang), *Simpson* 2447. **Without prov.:** *Ashton* A 351 • Borneo

O. sp. 1
Herb • VEG: Lower Montane Forest • HAB: gentle slope; periodically flooded; near running fresh water • GEO: Meligan formation, shale • ALT: 120–900 m
 TEM: *Johns* 6724; *Johns* 6725; Amo, *Coode* 6495; Amo, *Wong* 1899; Amo, Bt. Retak, *Sands* 5311; Amo, Bt. Retak, *Sands* 5400; Amo, K. Belalong, *Jacobs* 5628; Amo, Sg. Temburong, *Coode* 6652; Amo, Ulu Belalong, *Coode* 7880.

O. sp. 2
Herb • VEG: LMDF • HAB: steep slope • ALT: 50 m
 TEM: Amo, Kuala Belalong F.S.C., *Argent* 91101.

O. spp. indet.
 TEM: *Puff* 9008171/2; Batu Apoi, Sg. Selapon, *Wong* 2045. **Without prov.:** *van Niel* 3448.

OXYCEROS

O. longiflorus (Lam.) Yamazaki — *Akau Terakang* (Dus.)
Scrambling shrub, climber • VEG: Mangrove, Peatswamp Forest, Degraded Peatswamp Forest • HAB: near running fresh water, near brackish water • GEO: Sea/marine sands, silts • ALT: 20 m
 BEL: Bukit Sawat, Sg. Mau, *Simpson* 2014; Seria, Badas Stateland Forest, *Mat Salleh* 2423b. **BRM:** *Puff* 9008272/2. **TUT:** Rambai, Sg. Medit, *Simpson* 2581; Rambai, Tasek Merimbun, *Bernstein* 277. **Without prov.:** *Ashton* BRUN 950; *Ashton* BRUN 5148; *van Niel* 3977; *van Niel* 4261 • Indochina, Malaya, Borneo

O. sp. 1
Treelet, liana, climber • VEG: LMDF, Degraded Secondary Forest • HAB: gentle slope; near running fresh water • GEO: sandstone, shale; sandy soil • ALT: 10–430 m
 BEL: Bukit Sawat, Andulau F.R., *Coode* 6759. **TEM:** Amo, Sg. Temburong, *Coode* 6735; Batu Apoi, Selapon, *Dransfield J.* 7492. **TUT:** Ukong, Bt. Besong, *Niga* 203

O. cf. sp. 1
 BEL: Labi, *Forman* 1049; Melilas, Sg. Belait, *Forman* 1133.

PAEDERIA

P. foetida L.
 BRM: *Puff* 9008271/1.

P. verticillata Blume subsp. verticillata
Climber • HAB: near running fresh water • GEO: Setap Shales • ALT: 10 m
 BEL: Labi, Labi F.R., *Niga* 328. **TEM:** Batu Apoi, Kpg. Selapon, *Dransfield J.* 6907 • W & C Malesia

PAVETTA
Bremekamp in Fedde Rep. Spec. Nov. 37: 1–208 (1934)

P. indica L.
Name in Hassan & Ashton

P. multiflora Bremek.
Midstorey/subcanopy tree, treelet; on ground • VEG: Degraded LMDF • HAB: valley bottom, terrace, ridge; periodically flooded • GEO: Lambir formation, Sand/clay, Setap Shales • ALT: 20 m
 TUT: Lamunin, *Kirkup* 291 • Sumatra, Java, Borneo

P. aff. multiflora Bremek. — *Taum Entalun* (Dus.)
Treelet • VEG: Degraded Peatswamp Forest • GEO: clay soil • ALT: 50 m
 BEL: Labi, Sungai Rampayoh, *Coode* 7809; Labi, Teraja, *Sands* 6012; Melilas, Ulu Ingei, *Cowley* 128. **TUT:** *Forman* 988; Rambai, Tasek Merimbun, *Bernstein* 513.

P. petiolaris Craib
Name in Hassan & Ashton

P. spp. indet.
TEM: Amo, Bt. Belalong, *Dransfield J.* 7207; Batu Apoi, Kpg. Selapon, *Wong* 2062. TUT: Lamunin, Ladan Hills, *Coode* 7336; Rambai, Tasek Merimbun, *Bernstein* 91, 314.

PERTUSADINA

P. eurhyncha (Miq.) Ridsd. (*Adina minutiflora* Valeton) — *Empopo Tandok* (Dus.), *Kepapa Laut* (Ib.)
Canopy/emergent tree, midstorey/subcanopy tree • VEG: LMDF, Secondary Forest • GEO: sandy soil • ALT: 50 m • USES: Wood used for pillars, Wood used in house building
BEL: Labi, *Forman* 1061; Labi, Bt. Telingan, *Wong* 1593.**BRM:** *Ashton* BRUN 5413. **TUT:** Rambai, Tasek Merimbun, *Bernstein* 301 • Sumatra, Malaya, Borneo

PLEIOCARPIDIA
Bremekamp in Rec. Trav. Neerland. 37: 198–238 (1940)

P. aff. cephalotes (Ridl.) Bremek.
Midstorey/subcanopy tree, Treelet • VEG: Alluvial Forest, Lower Montane Forest • HAB: gentle slope, near running fresh water • GEO: Meligan formation; Brown clay-loam; sandstone; sandy soil • ALT: 200–1160 m
TEM: Amo, Bukit Tudal, *Bygrave* 25. **TUT:** Rambai, Bt. Bahak, *Coode* 7069 • *Pleiocarpidia cephalotes* is known from Borneo

P. enneandra (Wight) K. Schum. — *Sawar Bubu* (Ib.)
Midstorey/subcanopy tree, treelet • VEG: Lower Montane Forest • HAB: ridge; periodically flooded • GEO: alluvial deposits • ALT: 30 m
BEL: Melilas, Sg. Topi, *Ashton* BRUN 209. **TEM:** Amo, Bt. Pagon, *Wong* 1786 • Malaya, Borneo

P. opaca Bremek.
Name in Hassan & Ashton • Borneo: Sarawak

P. paniculata (Ridl.) Bremek.
Midstorey/subcanopy tree, treelet • VEG: Secondary Forest • HAB: near running fresh water • GEO: Lambir formation
TEM: Amo, Sg. Belalong, *Wong* 1173 • Borneo

P. aff. paniculata (Ridl.) Bremek.
Midstorey/subcanopy tree, treelet, shrub • VEG: Degraded Kerangas, LMDF, Degraded LMDF • HAB: gentle slope, ridge; near running fresh water • GEO: Belait formation, sandstone; yellow sandy clay soil, sandy soil, yellow sand • ALT: 10–100 m
BEL: Bukit Sawat, Merangking Buau, *Coode* 7695; Labi, *Forman* 1041; Labi, Bt. Telingan, *Ashton* BRUN 19; Labi, Bt. Teraja, *Coode* 6888; Labi, Jln. Labi– Merangking, *Dransfield J.* 6842; Labi, Sungai Rampayoh, *Atkins* 610; Labi, Sungai Rampayoh, *Coode* 7781; Labi, Track with Calamus planting, *Davis* 451; Labi, Wong Kadir, *Coode* 7235.

P. sandahanica Bremek. — *Sawar Bubu* (Ib.)
Midstorey/subcanopy tree, shrub • VEG: Kerangas, Lower Montane Forest • HAB: gentle slope, raised beach • GEO: Meligan formation, White sand • ALT: 10–40 m
BRM: Berakas, Berakas F.R., *Anderson* S 4857. **TEM:** Amo, Bt. Retak, *Sands* 5292. **TUT:** Tanjong Maya, Bt. Kubub, *Ashton* BRUN 922 • Borneo

P. sp. 1
Treelet • VEG: LMDF • HAB: ridge • GEO: Belait formation • ALT: 30–50 m
BEL: Labi, *Dransfield J.* 6534.

P. sp. 2
Treelet
BEL: Melilas, Batu Patam, *Wong* 1058.

P. sp. 3
Canopy/emergent tree, midstorey/subcanopy tree • VEG: Kerangas • GEO: sandy soil • ALT: 20 m
BEL: Melilas, Batu Patam, *Wong* 1067. **TUT:** Tanjong Maya, *Forman* 807.

P. sp. 4
Treelet, shrub • VEG: LMDF, HDF, Lower Montane Forest • HAB: gentle slope, steep slope, ridge; near running fresh water • GEO: shale • ALT: 900 m
TEM: *Puff* 8907201/2; *Puff* 8907211/6; Amo, *Ashton* BRUN 5264; Amo, Bt. Belalong, *Prance* 30584; Amo, Bt. Belalong, *Prance* 30587; Amo, Bt. Belalong, *Prance* 30684; Amo, Bt. Retak, *Puff* 9204301/3A; Amo, Bt. Retak, *Puff* 9204301/3B; Amo, Sg. Temburong, *Coode* 6707; Amo, Ulu Belalong, *Coode* 7901.

P. cf. sp. 4
Treelet • HAB: steep slope • GEO: sandstone
TEM: Amo, Bt. Retak, *Wong* 861.

P. sp. 5
Treelet • HAB: near still fresh water • ALT: 730 m
TEM: Amo, Bt. Belalong, *Asah* BRUN 3096.

P. sp. indet.
TEM: *Brunig* S 1132.

PORTERANDIA

P. anisophylla (Roxb.) Ridl. — Sugang (Dus.)
Midstorey/subcanopy tree, treelet • VEG: LMDF, HDF, Lower Montane Forest • HAB: gentle slope, steep slope, ridge • GEO: Meligan formation, sandstone, shale, Setap Shales; yellow clay soil, yellow sandy clay soil • ALT: sea level–900 m
BEL: Bukit Sawat, new road to Merankin, *Thomas* 142; Labi, Bt. Teraja, *Simpson* 2160; Melilas, Sg. Ingei, *Ashton* BRUN 163. **TEM:** *Puff* 9008221/2; Amo, Apoi Forest Reserve, *Atkins* 515; Amo, Bt. Belalong, *Dransfield J.* 7219; Amo, Bt. Retak, *Sands* 5372; Amo, K. Belalong, *Ashton* BRUN 453; Amo, K. Belalong, *Dransfield J.* 6683; Amo, Sg. Temburong, *Coode* 6608; Labu, *Ashton* BRUN 3339. **TUT:** Rambai, Tasek Merimbun, *Bernstein* 136; Rambai, Tasek Merimbun, *Bernstein* 463 • Sumatra, Malaya, Borneo

P. aff. anisophylla (Roxb.) Ridl.
Midstorey/subcanopy tree • VEG: LMDF, Degraded LMDF • HAB: ridge • GEO: Lambir formation • ALT: 120–250 m
BEL: Labi, Teraja, *Sands* 6014. **TEM:** *Puff* 9008181/4.

P. pauciflora Ridl. — Sugang (Dus.), Sulang- Sulang (Br.)
Midstorey/subcanopy tree, treelet • VEG: LMDF, Degraded LMDF, Open areas • HAB: gentle slope, ridge • GEO: Podsol • ALT: 20–80 m • USES: Edible, inside of ripe fruit used for colouring rice
BEL: *Puff* 9008151/5; Labi, Bt. Teraja, *Coode* 6938; Labi, Bt. Teraja, *Coode* 6949; Labi, Jln. Melayan, *Dransfield J.* 7270; Sungai Liang, Andulau F.R., *Smythies* SAN 17511; Sungai Liang, Andulau F.R., *Fuchs and Muller* 21161; Sungai Liang, Sungei Liang Arboretem, *Wong* 121 • Borneo

P. cf. pauciflora Ridl.
Treelet • VEG: LMDF
BEL: Sungai Liang, Andulau F.R., *Wong* 87. **Without prov.:** *Anderson* S 2205; *Ashton* BRUN 5594.

P. subsessilis Ridl.
Midstorey/subcanopy tree • VEG: Secondary Forest
BEL: Labi, *Wong* 1567 • Malaya

P. sp. 1
Epiphytic
TEM: Amo, *Wong* 1340.

P. spp. indet.
BEL: Labi, Bt. Teraja, *Simpson* 2147; Sungai Liang, Compartment 7, BRUN 15255.

PRARAVINIA
Bremekamp in Rec. Trav. Bot. Neerl. 37: 237–278 (1940)

P. borneensis (Merr.) Bremek.
Treelet • VEG: HDF • HAB: steep slope • GEO: Setap Shales; grey clay soil
TEM: Amo, Apoi Forest Reserve, *Sands* 5803 • Borneo

P. coriacea Bremek.
Midstorey/subcanopy tree, treelet, shrub • VEG: LMDF, HDF, Lower Montane Forest • HAB: gentle slope, steep slope, ridge, sharp ridge; near running fresh water • GEO: Meligan formation, sandstone, shale, Setap Shales; grey clay soil • ALT: 100–900 m
TEM: *Puff* 8907221/9; Amo, *Wong* 259; Amo, Apoi Forest Reserve, *Sands* 5832; Amo, Batu Apoi F.R., K. Belalong FSC, *Hansen* 1567; Amo, Batu Apoi F.R.., K. Belalong FSC, *Hansen* 1551; Amo, Bt. Retak, *Puff* 9204301/4; Amo, Bt. Retak, *Sands* 5305; Amo, Bt. Retak, *Wong* 836; Amo, K. Belalong, *Wong* 1196; Amo, K. Belalong, *Wong* 1258; Batu Apoi, Bt. Gelagas (Bt. Suang), *Simpson* 2289. TUT: Lamunin, *Kirkup* 222. **Without prov.:** *Niga* 213 • Borneo

P. mollis Bremek.
Treelet • VEG: LMDF, HDF • HAB: gentle slope; near running fresh water • GEO: Setap Shales; clay soil • ALT: 350 m
TEM: Batu Apoi, Bt. Gelagas (Bt. Suang), *Simpson* 2404; Batu Apoi, Selapon, *Dransfield J.* 7480 • Borneo

P. suberosa (Merrill) Bremek.
Treelet • HAB: ridge • GEO: Setap Shales
TEM: Amo, Apoi Forest Reserve, *Atkins* 462; Batu Apoi, Selapon, *Kirkup* 938 • Borneo

P. sp. indet.
TEM: Batu Apoi, Kpg. Selapon, *Wong* 2063.

PRAVINARIA

P. cf. endertii Bremek.
Treelet, shrub • VEG: LMDF, Lower Montane Forest, Upper Montane Forest • HAB: ridge • GEO: Meligan formation • ALT: 1220–1350 m
TEM: Amo, *Sands* 5260; Amo, *Sands* 5262; Amo, *Wong* 1803; Amo, Bt. Retak, *Puff* 9205031/10 • The species is known from Borneo

PRISMATOMERIS

P. beccariana (Baill.) J.T. Johanss.
Midstorey/subcanopy tree, treelet • VEG: LMDF, HDF • HAB: gentle slope, steep slope, ridge • GEO: sandstone, shale; bare rock and boulders; yellow clay soil • ALT: 210–900 m
BEL: Melilas, Batu Patam, *Wong* 1029. TEM: *Johns* 7270; *Puff* 8907201/11; Amo, *Asah* BRUN 3097; Amo, K. Belalong, *Wong* 1259 • Borneo

P. cf. glabra (Korth.) Valeton
Treelet • VEG: HDF • HAB: ridge • GEO: shale • ALT: 700–900 m
TEM: *Puff* 8907231/1 • The species is known from Sumatra, Malaya, Borneo

P. robusta J.T. Johanss.
Treelet • VEG: Degraded Kerangas • ALT: 290 m
BEL: Labi, Bt. Teraja, *Coode* 6935 • Borneo: Sarawak, Sabah

P. sp. indet.
BEL: Melilas, *Wong* 694.

PSYCHOTRIA
A.P. DAVIS

P. agamae Merr.
BEL: Melilas, Kuala Ingei, *Puff* 9008071/4. **TEM:** *Puff* 9008191/3 • Borneo

P. aff. brachybotrys Ridl.
Climber • VEG: Upper Montane Forest, Upper Montane Shrubbery • HAB: ridge • ALT: 1500 m
TEM: Amo, Bt. Retak, *Puff* 9205011/9; Amo, Bt. Retak, *Puff* 9205041/1; Amo, G. Pagon, *Coode* 7450 • *Psychotria brachybotrys* is known from Malaya

P. cf. crassifolia Miq.
Treelet, shrub • VEG: Lower Montane Forest • HAB: near running fresh water • ALT: 20–100 m
BEL: Melilas, Sg. Ingei, *Wong* 662. **TEM:** Amo, *Wong* 1808. **TUT:** Rambai, Ladan Hills F.R., *Coode* 6403 • The species is known from Borneo

P. expansa Blume
Treelet, shrub • VEG: LMDF, HDF • HAB: gentle slope; near running fresh water • GEO: Setap Shales • ALT: 10–740 m
TEM: Amo, Bt. Belalong, *Prance* 30700; Batu Apoi, *Dransfield J.* 6965 • Sumatra, Java, Borneo

P. insignis Ridl.
Treelet • HAB: ridge • ALT: 220 m
TUT: *Johns* 7565 • Borneo: Sarawak

P. iteophylla Stapf
Shrub, suffrutescent herb/subshrub • VEG: Alluvial Forest • HAB: near running fresh water • GEO: sandstone, shale; sandy soil • ALT: 120–200 m
TEM: Amo, Sg. Temburong, *Coode* 6537. **TUT:** Rambai, Bt. Bahak, *Coode* 7083; Rambai, Sg. Tutong, *Coode* 6324 • Borneo

P. malayana Jack
TEM: *Puff* 8907221/8. **Without prov.:** *Wong* s.n. 29.ix.88 • Borneo, Java

P. ovoidea Hook.f. — *Akau Bancalor* (Dus.)
Climber • VEG: HDF • HAB: ridge • ALT: 350 m
BEL: Labi, Bt. Teraja, *Simpson* 2145. **TUT:** Rambai, Tasek Merimbun, *Bernstein* 214 • Malaya, Borneo

P. pachyphylla (King & Gamble) Ridl.
TEM: *Puff* 8907201/13 • Sumatra, Borneo: Sarawak

P. polycarpa (Miq.) Hook.f.
Climber • VEG: Peatswamp Forest, HDF • ALT: 20–860 m
BEL: *Puff* 9008151/1. **TEM:** Amo, Bt. Belalong, *Prance* 30551. **TUT:** Rambai, Sg. Medit, *Simpson* 2566 • Sumatra, Malaya

P. rhinocerotis Blume
Suffrutescent herb/subshrub • GEO: Setap Shales
TEM: Amo, Batu Apoi Forest Reserve, *Nielsen* 1108 • Malaya, Java

P. sarmentosa Blume
Shrub, climber • VEG: Kerangas, Degraded Kerangas, Secondary Forest • HAB: gentle slope • GEO: White sand; sandy soil • ALT: 30 m

BEL: Sungai Liang, Sungai Liang Arboretum, *Niga* 32. **BRM:** Mentiri/Muara, Meragang, SW of Muara, *Coode* 7316. **TUT:** *Puff* 9008253/2; Tanjong Maya, Coastal road-Bt. Udal junction, *Wong* 39; Telisai, *Sands* 5202; Telisai, Pasir Puteh, *Sands* 5770 • India to Thailand, Malaya, Borneo

P. aff. sarmentosa Blume
Epiphytic • VEG: HDF • ALT: 830 m
TEM: *Puff* 8907191/2; Amo, Bt. Belalong, *Prance* 30614.

P. cf. sarmentosa Blume
Without prov.: *van Niel* 3799b.

P. viridiflora Blume
Treelet, shrub • VEG: LMDF, Lower Montane Forest • HAB: gentle slope, terrace; near running fresh water • GEO: Meligan formation, Sand/clay; sandy soil, Brown clay-loam • ALT: 20–1160 m

BEL: Bukit Sawat, Merangking Buau, *Coode* 7675; Labi, *Forman* 1068; Melilas, Kuala Ingei, *Puff* 9008071/5; Melilas, Sg. Ingei, *Wong* 714; Melilas, Ulu Ingei, *Atkins* 530; Sukang, Sukang, *Puff* 9008121/3. **TEM:** Amo, Bukit Tudal, *Bygrave* 24 • Burma, W & C Malesia

P. aff. viridiflora Blume — Engkerabai (Ib.)
Treelet; on ground • VEG: Secondary Forest • HAB: gentle slope; near running fresh water • GEO: Lambir formation • ALT: 40–150 m • USES: Extract use as dye for material

BEL: Labi, Kpg. Tenajor, *Haslani-Mohd. A.* 11; Labi, Rampayoh, *Cowley* 184.

P. woodii Merr.
Treelet • HAB: steep slope • GEO: sandstone
TEM: *Puff* 8907211/5; Amo, *Wong* 1274; Amo, Bt. Retak, *Wong* 855 • Borneo: Sarawak, Sabah

P. cf. woodii Merr.
Treelet, shrub • VEG: HDF, Secondary Forest • HAB: ridge • ALT: 20–80 m
TEM: *Puff* 9008221/3; Bangar, Bt. Biang, *Forman* 912; Batu Apoi, Bt. Gelagas (Bt. Suang), *Simpson* 2209.

P. sp. 1 — Engkerabai Babi (Ib.)
Treelet, shrub • VEG: HDF • HAB: steep slope, vertical; near running fresh water • GEO: sandstone; bare rock and boulders • ALT: 20–350 m

BEL: Labi, Bt. Teraja, *Simpson* 2070; Melilas, Batu Patam, *Wong* 1017; Melilas, Paleh Bangawong, *Thomas* 68. **TEM:** Amo, K. Belalong, *Wong* 219. **TUT:** Rambai, Bt. Bahak, *Coode* 6988; Rambai, Ladan Hills F.R., *Coode* 6414.

P. sp. 2
Climber • VEG: HDF • HAB: steep slope, ridge • GEO: Setap Shales; Brown clay-loam; Leaf litter • ALT: 480–860 m
TEM: Amo, Bt. Belalong, *Dransfield J.* 7184; Amo, Ulu Belalong, *Dransfield J.* 7384.

P. sp. 3
Herbaceous climber • VEG: LMDF • HAB: gentle slope • GEO: Setap Shales • ALT: 250 m
TEM: *Puff* 8907221/4; Amo, Batu Apoi Forest Reserve, *Poulsen* 118.

P. sp. 4
Treelet, shrub, climber • VEG: LMDF, HDF, Lower Montane Forest • HAB: gentle slope, steep slope, terrace; near running fresh water • GEO: Belait formation, Sand/clay • ALT: 890 m

BEL: Melilas, Kuala Ingei, *Puff* 9008081/3; Melilas, Paleh Bangawong, *Thomas* 65; Melilas, Ulu Ingei, *Atkins* 534; Melilas, Ulu Ingei, *Sands* 5963. **TEM:** *Johns* 7382; *Puff* 8907191/1; Amo, Bt. Belalong, *Prance* 30567; Amo, Bt. Belalong, *Prance* 30622.

P. spp. indet.
BEL: Labi, *Wong* 537; Labi, Jln. Labi– Merangking, *Dransfield J.* 6840; Melilas, Sg. Ingei, *Wong* 645; Sungai Liang, Andulau F.R., *Forman* 1108. **TEM:** Amo, *Wong* 1699; Amo, *Wong* 1708; Amo, Bt. Retak, *Puff* 9205031/8; Amo, Bt. Retak, *Wong* 837; Amo, Bukit Tudal, *Davis* 482; Amo, Kuala Belalong F.S.C., *Argent* 9123; Amo, Sg. Temburong, *Coode* 6654; Amo, Ulu Belalong LP382, *Kirkup* 862; Batu Apoi, Kpg. Selapon, *Wong* 2053. **TUT:** Lamunin, Ladan Hills F.R., *Wong* 1674. **Without prov.:** *Puff* 9207221/8; *van Niel* 3505; *van Niel* 3792; *van Niel* 3799; *van Niel* 4089; *van Niel* 4140.

PSYDRAX

P. sp. 1 — *Mantang Kelait* (Dus.)
Midstorey/subcanopy tree • HAB: gentle slope • GEO: clay • ALT: 40 m
BEL: Andulau F.R., *Ashton* BRUN 566. **TUT:** Rambai, Tasek Merimbun, *Bernstein* 525.

P. sp. 2
Midstorey/subcanopy tree • GEO: shale • ALT: 120–300 m
TEM: Amo, Sg. Temburong, *Coode* 6700.

P. sp. 3 — *Sgorah* (*)
Midstorey/subcanopy tree, treelet • GEO: White sand • ALT: sea level
BEL: Andulau F.R., *Corner* BRUN 5342; Melilas, Sg. Ingei, *Brunig* S 1007; Seria, Badas railway, *Smythies* SAN 17345.

P. sp. 4 — *Burak* (Br.), *Tulans Ular* (Ib.)
• VEG: Mangrove
BRM: Kilanas, Sg. Brunei, *Ashton* BRUN 5123. **TEM:** *Puff* 9008282/1. **Without prov.:** *Anderson* S 2184.

P. sp. 5
Midstorey/subcanopy tree
BEL: Sungai Liang, Andulau F.R., *Wong* 596.

P. sp. 6 — *Tulang Ular* (Ib.)
Midstorey/subcanopy tree, treelet, shrub • VEG: Kerangas • HAB: well-drained • GEO: White sand; Kerangas soil • ALT: 10 m
TUT: Tanjong Maya, *Wong* 47; Telisai, *Coode* 6871; Telisai, *Sands* 5431; Telisai, *Wong* 2004.

P. cf. sp. 6
Midstorey/subcanopy tree • VEG: Secondary Forest • HAB: gentle slope • ALT: 60 m
BRM: Berakas, Berakas F.R., *Ashton* S 7847. **TEM:** *Puff* 9008211/1.

P. sp. 7
Midstorey/subcanopy tree, shrub • VEG: Upper Montane Forest • HAB: ridge • ALT: 1350 m
TEM: *Johns* 6548; Amo, Bt. Retak, *Puff* 9205011/11.

P. spp. indet.
BEL: Labi, Bukit Teraja, *Kirkup* 403. **BRM:** Berakas, Berakas Forest Reserve, *Ariffin Kalat* BRUN 15031.

RANDIA

R. grandifolia Ridl.
Name in Hassan & Ashton

R. grandis Valeton
Name in Hassan & Ashton

R. spp. indet.
TEM: Amo, Bt. Retak, *Sands* 5389; Batu Apoi, Jln. Bangar– Batu Apoi, *Smythies* SAN 17115y.

RENNELLIA

R. elliptica Korth. — *Kayu Penawar Apow* (Dus.), *Mengkudu Hutan* (Ib.)
Treelet, shrub • VEG: LMDF, HDF, Lower Montane Forest • HAB: flat ground, valley bottom, gentle slope, steep slope, ridge; impeded drainage; near running fresh water, near still fresh • GEO: sandstone, shale, Setap Shales; stony; clay soil • ALT: 900 m
BEL: Labi, Bt. Teraja, *Coode* 6943; Labi, Bt. Teraja, *Niga* 295; Labi, Bt. Teraja, *Simpson* 2155; Labi, Ulu Sg. Mendaram, *Niga* 13; Melilas, *Wong* 696; Sungai Liang, Sungai Liang Arboretum, *Niga* 93. TEM: Amo, *Wong* 1272; Amo, Bt. Belalong, *Dransfield J.* 7217; Amo, Sg. Temburong, *Coode* 6530; Amo, Temburong river, *Atkins* 496; Amo, Ulu Belalong, *Dransfield J.* 7359; Batu Apoi, Selapon, *Dransfield J.* 7462. TUT: *Johns* 7613; Rambai, Tasek Merimbun, *Bernstein* 215 • S Burma, Sumatra, Malaya, Borneo

R. sp. indet.
TUT: Lamunin, Ladan Hills F.R., *Wong* 1671.

ROTHMANNIA

R. kuchingensis (J.J.Sm.) K.M.Wong
Midstorey/subcanopy tree, shrub • VEG: Secondary Forest • HAB: gentle slope • GEO: sandstone; yellow sandy clay soil • ALT: 40 m
BEL: Andulau F.R., *Ashton* BRUN 48; Sungai Liang, Andulau F.R., *Smythies* SAN 17483 • Borneo

R. cf. kuchingensis (J.J.Sm.) K.M.Wong
BEL: Labi, Bt. Puan–Labi Road, *Sinclair* 10506.

R. sp. 1 — *Bedal Manok* (Ib.), *Lengang* (Dus.)
Treelet • HAB: ridge • USES: Firewood
BEL: Melilas, Kuala Ingei, *Puff* 9008101/1. TUT: Rambai, Tasek Merimbun, *Bernstein* 504; Ukong, Bt. Besong, *Niga* 231.

R. sp. 2
Canopy/emergent tree
BEL: Melilas, Sg. Ingei, *Wong* 608.

R. spp. indet.
BEL: Andulau F.R., *Puff* 8907252/1; Bukit Sawat, Andulau F.R., *Coode* 6769; Bukit Sawat, Jln. Sg. Mau– Merimbun, *Wong* 377; Sukang, Sungai Paleh Bangawong, *Kirkup* 634; Sukang, Sungai Paleh Bangawong, *Kirkup* 672; Sukang, Sungai Paleh Bangawong, *Kirkup* 673; Sungai Liang, Sungei Liang Arboretem, *Wong* 305. TEM: Amo, K. Belalong, Sg. Belalong, *Dransfield J.* 7077; Amo, Sg. Temburong, *Coode* 6601; Amo, Ulu Belalong, *Coode* 7894.

RUBIA

R. cordifolia L. *sens. lat.*
Herb • VEG: Degraded Lower Montane Forest • HAB: steep slope • ALT: 1480 m
TEM: Amo, G. Pagon, *Coode* 7586 • Temperate to tropical Old World

SAPROSMA

S. arborea Blume
Treelet
BEL: Labi, Kpg. Tenajor, *Haslani-Mohd. A.* 8 • Sumatra, Java, Borneo

S. membranacea Merr.
Shrub • HAB: valley bottom • GEO: Setap Shales • ALT: 10–20 m
TUT: Lamunin, *Kirkup* 287 • Borneo

SCYPHIPHORA

S. hydrophyllacea Gaertn.
Treelet • VEG: Mangrove • HAB: near brackish water • GEO: Sea/marine sands, silts
BRM: *Puff* 9008272/1. **Without prov.**: *van Niel* 3843; *van Niel* 3904 • India to Australia

SPERMACOCE

S. assurgens Ruiz & Pavon
Without prov.: *Puff* 9207271/3 • Pantropic weed, origin probably New World

S. cf. ocymoides Burm.f.
• VEG: Roadsides • GEO: Podsol • ALT: 30 m
BEL: *Puff* 8907271/3 • Sumatra, Java

S. spp. indet.
BEL: Sungai Liang, Kpg. Lumut, *Forman* 1104. TUT: Telisai, *Coode* 7396. **Without prov.**:
van Niel 3740; *van Niel* 4024; *van Niel* 4026; *van Niel* 4143.

STEENISIA

S. borneensis (Valeton) Bakh.f.
Shrub, herb • VEG: HDF, Lower Montane Forest • HAB: ridge • GEO: Lambir formation • ALT: 350 m
BEL: Labi, Bt. Teraja, *Sands* 5488; Labi, Bt. Teraja, *Sands* 5489; Labi, Bt. Teraja, *Simpson* 2054 • Borneo

S. pleurocarpa (Airy Shaw) Bakh.f.
Shrub, herb • VEG: Kerangas, LMDF • HAB: flat ground, steep slope; impeded drainage; near running fresh water, near still fresh water • GEO: sandstone, shale; bare rock and boulders • ALT: 250 m
BEL: Melilas, *Wong* 678; Melilas, Batu Patam, *Wong* 1007. TEM: *Puff* 9008181/12; Amo, Sg. Temburong, *Ashton* BRUN 719 • Borneo

STICHIANTHUS

S. minutiflorus Valeton
Shrub • VEG: LMDF, Lower Montane Forest • HAB: gentle slope, steep slope • GEO: Meligan formation • ALT: 1020–1150 m
TEM: Amo, Bt. Retak, *Puff* 9204301/1; Amo, Bt. Retak, *Puff* 9204301/2; Amo, Bt. Retak, *Sands* 5281 • Borneo

STREBLOSA

S. bracteata Ridl.
Shrub, herb • VEG: HDF • HAB: valley bottom; near running fresh water • GEO: Setap Shales; grey clay soil • ALT: 350 m
TEM: *Puff* 9008191/4; Amo, Apan, *Cowley* 73; Amo, Apoi Forest Reserve, *Sands* 5820; Amo, Batu Apoi Forest Reserve, *Poulsen* 11; Amo, Temburong river, *Atkins* 494; Batu Apoi, Bt. Gelagas (Bt. Suang), *Simpson* 2422 • Borneo

S. spp. indet.
TEM: *Puff* 9008171/6; Amo, K. Belalong, *Puff* 9205061/3; Amo, Sg. Temburong, *Wong* 231; Amo, Sg. Temburong, *Wong* 1226.

TARENNA

T. adpressa (King) Merr.
Treelet • VEG: Degraded Kerangas • GEO: White sand • ALT: 20–30 m
BRM: Mentiri/Muara, Meragang, SW of Muara, *Coode* 7313 • Malaya

T. arborescens Ridl.
Midstorey/subcanopy tree, treelet, shrub • VEG: LMDF, HDF, Lower Montane Forest • HAB: gentle slope, ridge • GEO: Lambir formation, Setap Shales • ALT: 20–510 m
BEL: *Puff* 8907241/4; Bukit Sawat, Andulau F.R., *Coode* 6763; Labi, Bt. Teraja, *Sands* 5491; Melilas, Batu Patam, *Wong* 1081; Sungai Liang, Andulau F. R., *Wong* 24. **TEM:** Amo, Bt. Belalong, *Prance* 30705; Amo, K. Belalong Univ.Field Stn., *Puff* 9205061/7; Batu Apoi, *Kirkup* 342. **TUT:** *Johns* 7593; Ukong, Bt. Besong, *Niga* 205. **Without prov.:** *Ashton* BRUN 12; *Ashton* BRUN 490; *Ashton* BRUN 5045; *Ashton* S 5929; *Smythies* S 5817 • Borneo

T. cf. arborescens Ridl. — *Berancang Manuk* (Dus.)
TUT: Rambai, Tasek Merimbun, *Bernstein* 112.

T. costata (Miq.) Merr.
Without prov.: *Hassan Pukol* BRUN 5421 • W & C Malesia

T. cumingiana (Vidal) Elmer — *Layab* (Dus.), *Melango* (Dus.)
Canopy/emergent tree, midstorey/subcanopy tree • VEG: Alluvial Forest, Secondary Forest • HAB: ridge; near running fresh water • GEO: sandstone, shale; sandy soil • ALT: 250 m • USES: Firewood
BEL: Melilas, Sg. Ingei, *Wong* 614; Sungai Liang, Kpg. Sungai Liang, *Wong* 352. **TEM:** Amo, Sg. Temburong, *Coode* 6597. **TUT:** Rambai, Bt. Bahak, *Coode* 7067; Rambai, Tasek Merimbun, *Bernstein* 85, 231, 530; Rambai, Tasik Merimbun, *Wong* 592; Ukong, Bt. Besong, *Niga* 204. **Without prov.:** *Ashton* BRUN 5029 • Borneo

T. hosei Ridl.
Treelet • VEG: Lower Montane Forest • HAB: ridge • ALT: 860 m
BEL: Melilas, Batu Patam, *Wong* 1087. **TEM:** *Puff* 8907221/5; Amo, Bt. Belalong, *Prance* 30543 • Borneo: Sarawak

T. macroptera (Miq.) Bremek.
Treelet • VEG: Freshwater Swamp Forest, LMDF • HAB: periodically flooded; near running fresh water • GEO: alluvial deposits; sandy soil • ALT: 10–250 m
BEL: Melilas, Sg. Belait, *Forman* 1125; Sukang, Kpg. Sukang, *Wong* 106; Sukang, Sukang, *Puff* 9008121/2. **TEM:** *Puff* 9008171/7 • Sumatra, Borneo

T. mollis (Hook.f.) B.L.Rob.
Suffrutescent herb/subshrub • ALT: 50–60 m
BEL: Bukit Sawat, Andulau F.R., *Coode* 6764 • Malaya, Sumatra

T. sumatrensis (Roth.) Bremek. (*T. fragrans* (Nees) Koord. & Valeton)
Treelet • VEG: Peatswamp Forest, Secondary Forest • HAB: near running fresh water • GEO: alluvial deposits; peat • ALT: 10–30 m
BEL: Kuala Belait, Sg. Damit, *Dransfield J.* 6792; Melilas, Melilas, *Puff* 9008111/2. **Without prov.:** *Corner* BRUN 5383; *van Niel* 3856 • W & C Malesia

T. winkleri Valeton
Midstorey/subcanopy tree, shrub • VEG: Open areas • GEO: Podsol • ALT: 20–40 m
BEL: *Puff* 9008151/2; Sungai Liang, Andulau F.R., *Fuchs and Muller* 21175 • Borneo

T. spp. indet.
BEL: Labi, Jln. Teraja-Redan, *Niga* 272; Melilas, Batu Patam, *Wong* 1059; Melilas, Batu Patam, *Wong* 1132; Melilas, Sg. Ingei, *Wong* 635; Seria, Anduki F.R., *Sinclair* 10418; Sungai Liang, Badas, *Coode* 6835. **TEM:** *Puff* 8907201/1; Amo, Batu Apoi Forest Reserve, *Nielsen* 1111; Amo, National Park, BRUN 15036; Batu Apoi, Sg. Selapon, *Wong* 2030; Batu Apoi, Sg. Selapon, *Wong* 2078; Labu, Perdayan F.R., *Sow Tandang* KEP 80170. **TUT:** Telisai, Bt. Basong,

Wong 179. **Without prov.:** *Puff* 9207241/4; *Puff* 9208111/2; *Puff* 9208121/2; *Puff* 9208151/2; *Puff* 9208171/7; *Sands* 6835; *van Niel* 3500; *van Niel* 4142.

TIMONIUS

T. borneensis Valeton
Canopy/emergent tree, midstorey/subcanopy tree, treelet • VEG: Peatswamp Forest, LMDF • HAB: gentle slope, steep slope • GEO: sandstone; Podsol, sandy clay soil, yellow sandy clay soil; peat • ALT: 250 m
BEL: *Puff* 8907241/7A; *Puff* 8907241/7B; *Puff* 9008151/3; Sungai Liang, Andulau F.R., *Wong* 82; Sungai Liang, Andulau F.R., *Wong* 83; Sungai Liang, Ulu Lumut, *Ashton* BRUN 5515. TEM: *Puff* 9008211/2; Amo, K. Belalong, *Ashton* BRUN 451; Batu Apoi, *Ashton* BRUN 339 • Borneo

T. eskerianus W.W.Sm.
Midstorey/subcanopy tree • VEG: Lower Montane Forest • HAB: ridge • GEO: Meligan formation; Brown clay-loam • ALT: 990–1160 m
BEL: *Puff* 8907241/6A; *Puff* 8907241/6B • Borneo

T. eskerianus W.W.Sm. vel aff.— Tinjau Belukar (Br., Dus.)
Midstorey/subcanopy tree, treelet • VEG: LMDF • GEO: sandy clay soil • ALT: 20–40 m
BEL: *Puff* 8907241/8; *Puff* 8907252/2; *Puff* 9008041/3; Labi, Sungai Rampayoh, *Coode* 7793. TEM: Amo, Bukit Tudal, *Bygrave* 16. TUT: Rambai, Tasik Merimbun, *Wong* 345.

T. flavescens (Jack) Baker sens. lat. — Engkerabai Kampong (*), Kelamuduk (Ib.), Medang Suid (Br.), Mulung Uduk (Ib.), Rantap Hitam (*), Rantap (Br., Tut.)
Midstorey/subcanopy tree, treelet, shrub • VEG: Degraded Peatswamp Forest with Shorea albida, Peatswamp Forest, Padang, Kerangas, Degraded Kerangas, Kerangas Forest with Agathis, LMDF, Upper Montane Forest, Secondary Forest, Roadsides, beside still freshwater • HAB: steep slope, terrace, ridge; impeded drainage; near sea water • GEO: Belait formation, White sand, sandstone/shale; Coastal beach sand; Podsol; Mor, peat • ALT: 80 m
BEL: *Puff* 9008051/1; Badas, Badas F.R., *Puff* 8907261/6; Bt. Sawat, Simpang Bukit Mau, *Awong* 10; Kuala Belait, *Sinclair* 10525; Labi, Bt. Teraja, *Kirkup* 273; Melilas, Ulu Ingei, *Brunig* S 1009; Seria, Badas, *Ashton* BRUN 704; Seria, Badas, *Coode* 7621; Seria, Badas Stateland Forest, *Mat Salleh* 2427b; Seria, Badas Stateland Forest, *Mat Salleh* 2428b; Seria, Kpg. Badas, *Fuchs* 21189; Seria, Seria, *Smythies* S 5861; Seria, Seria, *Smythies* S 5865. BRM: Berakas, Berakas F.R., *Ashton* BRUN 5037; Berakas, Berakas F.R., *Brunig* S 944; Berakas, Berakas F.R., *Hassan Pukol* S 2216; Sengkurong, Bt. Shahbandar, *Niga* 374. TEM: Amo, *Wong* 1825; Amo, Bt. Retak, *Puff* 9205011/12. TUT: *Johns* 7637; Tanjong Maya, Coastal road–Bt. Udal junction, *Wong* 37; Tanjong Maya, Jln. Tutong-Seria, *Simpson* 2176; Telisai, *Coode* 7378. **Without prov.:** *van Niel* 3726; *van Niel* 3849; *van Niel* 3867; *van Niel* 3952 • Sumatra, Borneo

T. cf. flavescens (Jack) Baker
TUT: Telisai, Kpg. Danau, *Ashton* BRUN 962.

T. cf. involucratus Merr.
Treelet • VEG: LMDF • ALT: 20–40 m
BEL: *Puff* 8907272/1 • The species is known from Borneo: Sarawak

T. mutabilis (Miq.) Walp.
Treelet • VEG: LMDF
BEL: Sungai Liang, Jln. Labi, *Wong* 962 • Borneo

T. salicifolius Valeton
Midstorey/subcanopy tree, treelet • VEG: Padang • HAB: flat ground; impeded drainage • GEO: peat • ALT: sea level
BEL: Seria, Badas railway, *Smythies* SAN 17460; Seria, Kpg. Badas, *Ashton* BRUN 701 • Borneo

T. villamilii Merr. — *Tekuyong* (Ked.)
Midstorey/subcanopy tree, treelet • VEG: LMDF, Secondary Forest • HAB: gentle slope • GEO: sandy clay soil • ALT: 40 m
BEL: *Puff* 8907251/1; *Puff* 9008041/4; Jln. Muara, *Hassan Pukol* BRUN 5130.

T. cf. villamilii Merr.
BEL: Sungai Liang, Andulau F.R., *Wong* 597 • Borneo

T. spp. indet.
BEL: *Puff* 9008041/2; Sungai Liang, Sungei Liang, *Forman* 1087. **Muara** Mentiri, Brunei Bay, off Jln. Muara, *Coode* 7307. TEM: *Puff* 9008171/11; *Puff* 9008171/4; Amo, *Wong* 1713; Amo, Ulu Belalong LP382, *Kirkup* 861.

UNCARIA
Ridsdale in Blumea 24: 68–100 (1978)

U. acida (W.Hunter) Roxb. — *Kalait* (Ib.)
Liana, climber • VEG: Degraded Peatswamp Forest with Shorea albida, Secondary Forest • ALT: sea level
BEL: Seria, Badas, *Coode* 7617; Seria, Badas railway, *Fuchs* 21187. TEM: *Puff* 9008281/1. Without prov.: *van Niel* 3605 • Indochina, W & C Malesia

U. borneensis Havil.
BEL: Bukit Sawat, new road to Merankin, *Thomas* 149 • S Thailand, Sumatra, Malaya, Borneo

U. callophylla Korth. — *Engkalait Sedi* (Ib.)
Climber • USES: Leaves can be taken with betel nut
BEL: Labi, Bt. Puan, *Sinclair* 10476; Sungai Liang, Andulau F.R., *Wong* 1611 • Malesia

U. cf. callophylla Korth.
BEL: Bukit Sawat, Jln. Labi, *Haslani - Mohd. A.* 44. TEM: Amo, Ulu Belalong, *Coode* 7853.

U. cordata (Lour.) Merr. var. **cordata** — *Akar Engkaluh* (Ib.), *Akar Kelait* (Dus., Ib.), *Kelait* (Br., Dus.)
Liana, climber • VEG: Secondary Forest, Open areas • HAB: near running fresh water
BEL: *Puff* 9008151/4; Labi, Labi F.R., *Sinclair* 10504; Sungai Liang, Andulau F.R., *Jacobs* 5661; Sungai Liang, Andulau F.R., *Wong* 19; Sungai Liang, Andulau F.R., *Niga* 34. TEM: Amo, *Wong* 469 • SE Asia, Malesia

U. cordata (Lour.) Merr. var. **cordata** f. **sundaica** Ridsd.
Climber • VEG: Lower Montane Forest • HAB: ridge • ALT: 150 m
TUT: *Johns* 7628 • SE Asia, Malesia

U. cordata (Lour.) Merr. var. **ferruginea** (Blume) Ridsd.
Climber • VEG: Secondary Forest • HAB: steep slope, terrace • GEO: Sand/clay • ALT: 90 m
TUT: Lamunin, Ladan Hills, *Coode* 7362.

U. cordata (Lour.) Merr. var. **ferruginea** (Blume) Ridsd. f. **insignis** (Bart.) Ridsd.
Liana, climber • VEG: HDF • HAB: gentle slope • GEO: Belait formation; sandy soil • ALT: 10 m
BEL: Melilas, Paleh Bangawong, *Thomas* 140; Melilas, Sg. Belait, *Forman* 1193. TUT: *Puff* 9008032/4; Lamunin, Ladan Hills, *Sands* 5765 • Sumatra, Borneo, Philippines

U. cordata (Lour.) Merr. var. **ferruginea** (Blume) Ridsd. f. **leiantha** Ridsd.
Liana, climber • VEG: Freshwater Swamp Forest • HAB: near running fresh water • GEO: sandy soil • ALT: 10–20 m

BEL: Sukang, Kampong Sukang, *Atkins* 519; Sukang, Sg. Belait, *Forman* 1153. **TUT:** Rambai, Sg. Medit, *Simpson* 2624 • SE Asia, Sumatra, Malaya, Borneo

U. elliptica G.Don — *Akar Kelait* (Br., Mal.)
Climber • VEG: Degraded Empran, Degraded Secondary Forest • HAB: near running fresh water • GEO: alluvial deposits • ALT: 10 m
BEL: Labi, Jln. Labi–Merangking, *Dransfield J.* 6836; Seria, *Richards* 5605 • SE Asia, W & C Malesia

U. gambir (W.Hunter) Roxb.
Liana • VEG: Degraded Kerangas • ALT: 290 m
BEL: Labi, Bt. Teraja, *Coode* 6961 • W & C Malesia

U. kunstleri King — *Kait Kait* (Dus., Mal.)
Liana • VEG: Peatswamp Forest, Padang
BEL: Bukit Sawat, Labi Road, *Thomas* 256. **TEM:** Labu, Kpg. Labu Estet, *Smythies* BRUN 374. **TUT:** Jln. Tutong, *Corner* BRUN 5348 • Sumatra, Malaya, Borneo

U. lanosa Wall. var. **ferrea** (Blume) Ridsd.
Climber • HAB: near running fresh water • GEO: Setap Shales • ALT: 10 m
TEM: Batu Apoi, *Kirkup* 308; Labu, *Wong* 313 • W & C Malesia

U. lanosa Wall. var. **glabrata** (Blume) Ridsd.
Climber
TEM: Amo, K. Belalong, *Wong* 1318; Amo, Ulu Belalong, *Coode* 7840 • W & C Malesia

U. spp. indet.
BEL: Bukit Sawat, Sg. Belait, *Wong* 100; Labi, Wasai Teraja, *Thomas* 280; Sungai Liang, Compartment 7, BRUN 15254. **TEM:** Amo, Bukit Tudal, *Kirkup* 969. **TUT:** Rambai, Tasek Merimbun, *Bernstein* 94. **Without prov.:** *van Niel* 3537; *van Niel* 3950.

U. cf. sp. indet.
TUT: *Puff* 9008032/5.

UROPHYLLUM

U. arboreum (Reinw.) Korth. **sens. lat.** (*U. glabrum* Wall.) — *Sabang* (Ib.), *Seringet* (Dus.)
Midstorey/subcanopy tree, treelet, shrub • VEG: Freshwater Swamp Forest, Alluvial Forest, Kerangas, LMDF, HDF, Lower Montane Forest, Belukar • HAB: gentle slope, steep slope, ridge; periodically flooded; near running fresh water • GEO: Belait formation, sandstone, shale, Setap Shales; alluvial deposits; bare rock and boulders; yellow sandy clay soil, yellow-red • ALT: 20–900 m
BEL: *Puff* 8907241/2; *Puff* 8907241/3; Labi, Jln. Teraja-Redan, *Niga* 271; Melilas, Batu Patam, *Wong* 1022; Melilas, Kuala Ingei, *Puff* 9008091/2; Melilas, Kuala Ingei, *Puff* 9008091/5; Sungai Liang, Andulau F.R., *Wong* 23; Sungai Liang, Sungai Liang Arboretum, *Haslani - Mohd. A.* 45. **BRM:** Kumbang Pasang, *Sands* 5653. **TEM:** *Johns* 6924; *Johns* 6983; *Johns* 7280; *Puff* 8907191/3; *Puff* 8907211/7; *Puff* 8907221/1; *Puff* 9008181/2; *Puff* 9008201/3; Amo, *Sands* 5557; Amo, Bt. Belalong, *Prance* 30562; Amo, Bt. Belalong, *Prance* 30582; Amo, Bt. Belalong, *Prance* 30710; Amo, Bt. Retak, *Puff* 9205031/9A; Amo, Bt. Retak, *Puff* 9205031/9B; Amo, K. Belalong, Sg. Belalong, *Dransfield J.* 7047; Amo, K. Belalong, *Wong* 1255; Amo, K. Belalong, Batu Apoi F.R., *Hansen* 1507; Amo, Temburong river, *Atkins* 475; Amo, Ulu Belalong, *Ashton* BRUN 434; Amo, Ulu Belalong, *Dransfield J.* 7409; Batu Apoi, Bt. Gelagas (Bt. Suang), *Simpson* 2471. **TUT:** Lamunin, *Kirkup* 228 • W & C Malesia

U. cf. arboreum (Reinw.) Korth. (*U. glabrum* Wall.)
Treelet, shrub • VEG: LMDF, HDF • HAB: sharp ridge • GEO: Setap Shales; grey clay soil
TEM: *Johns* 6939; Amo, Apoi Forest Reserve, *Sands* 5831.

U. congestiflorum Ridl.
Midstorey/subcanopy tree, treelet, shrub • VEG: HDF, Lower Montane Forest • HAB: ridge • GEO: shale • ALT: 600–900 m
   BEL: Melilas, Batu Patam, *Wong* 1057. TEM: *Johns* 7337; *Puff* 8907201/12 • Borneo: Sarawak, Sabah

U. cf. griffithianum Hook.f.
Shrub • HAB: ridge
TUT: *Johns* 7585.

U. hirsutum (Wight) Hook.f. — *Tisil* (Dus.)
Treelet, shrub; on ground • VEG: LMDF, Degraded LMDF, HDF, Secondary Forest • HAB: gentle slope, steep slope, ridge; near running fresh water • GEO: Belait formation, Lambir formation, sandstone, shale, Setap Shales; yellow sandy clay soil; fallen logs • ALT: 10–900 m
   BEL: Labi, Jln. Labi–Merangking, *Dransfield J.* 6838; Melilas, Kuala Ingei, *Thomas* 209. TEM: Amo, *Wong* 1725; Amo, Apoi Forest Reserve, *Atkins* 459; Amo, Apoi Forest Reserve, *Atkins* 514; Amo, Apoi Forest Reserve, *Cowley* 45; Amo, Batu Apoi Forest Reserve, *Nielsen* 1024. **Without prov.:** *Haslani - Mohd. A.* 31; *Osman Hussain Hj.* s.n. 10.iv.90e • S Thailand, Malaya, Borneo

U. cf. hirsutum (Wight) Hook.f.
TEM: Amo, Kuala Belalong, *Argent* 9178.

U. hirsutum (Wight) Hook.f. *vel aff.*
BEL: Bukit Sawat, *Niga* 307; Labi, Bt. Teraja, *Coode* 6928; Labi, Teraja, *Sands* 6009; Melilas, Trail to Sungai Mutip, *Cowley* 151; Sungai Liang, Sg. Lumut, *Coode* 7732. TEM: *Puff* 8907201/4; *Puff* 8907211/3; *Puff* 9008181/5; Amo, *Wong* 254; Amo, Bt. Belalong, *Prance* 30696; Amo, K. Belalong, *Dransfield J.* 6643; Amo, K. Belalong, *Wong* 216; Amo, Sg. Temburong, *Coode* 6703; Amo, Ulu Belalong, *Ashton* BRUN 428; Batu Apoi, Bt. Gelagas (Bt. Suang), *Simpson* 2202; Batu Apoi, Bt. Gelagas (Bt. Suang), *Simpson* 2545. TUT: *Johns* 7553; *Johns* 7588; *Johns* 7592; Rambai, Bt. Bahak, *Coode* 7117; Rambai, Sg. Tutong, *Coode* 6354; Rambai, Tasek Merimbun, *Bernstein* 98.

U. nigricans Wernh.
Treelet, shrub • VEG: Kerangas, LMDF, HDF, Secondary Forest • HAB: gentle slope, steep slope, vertical; waterfall spray zone, near running fresh water • GEO: Belait formation, Lambir formation, White sand, shale, Setap Shales; Kerangas soil • ALT: 60–130 m
   BEL: Labi, Bt. Teraja, *Coode* 6965; Labi, Bt. Teraja, *Simpson* 2073; Labi, Bt. Teraja, *Simpson* 2096; Labi, Rampayoh, *Sands* 6000. TEM: Amo, Bt. Belalong, *Dransfield J.* 7162; Amo, Bt. Retak, *Puff* 9205021/3; Amo, Sg. Temburong, *Coode* 6555; Amo, Sg. Temburong, *Coode* 6586; Bangar, *Sands* 5627; Bangar, Pekan Bangar, *Ashton* BRUN 488. TUT: *Johns* 7520; *Johns* 7543; *Johns* 7648; Lamunin, Ladan Hills, *Coode* 7337; Lamunin, Ladan Hills F.R., *Sands* 5725 • Borneo

U. salicifolium Stapf
Treelet, shrub • VEG: LMDF, HDF • HAB: steep slope • GEO: shale, Setap Shales • ALT: 120–550 m
   TEM: *Johns* 7311; *Puff* 9008171/5; Amo, K. Belalong, Batu Apoi F.R., *Hansen* 1531; Amo, Kuala Belalong F.S.C., *Argent* 91105; Amo, Sg. Belalong, *Sands* 5594; Amo, Sg. Belalong, *Sands* 5601; Amo, Sg. Temburong, *Coode* 6529; Amo, Sg. Temburong, *Coode* 6699; Amo, Sg. Temburong, *Coode* 6701 • Borneo: Sarawak, Sabah

U. aff. salicifolium Stapf
Treelet • VEG: LMDF, HDF • HAB: steep slope, ridge • GEO: shale, Setap Shales • ALT: 900 m
   TEM: *Johns* 7269; *Puff* 8907191/6; Amo, Bt. Belalong, *Dransfield J.* 7130; Amo, Bt. Retak, *Puff* 9205031/4A; Amo, Bt. Retak, *Puff* 9205031/4B; Amo, G. Pagon, *Coode* 7518.

U. cf. woodii Merr.
Midstorey/subcanopy tree, treelet • VEG: Freshwater Swamp Forest, LMDF, HDF • HAB: gentle slope, steep slope; near running fresh water • GEO: sandstone, shale; yellow sandy clay soil • ALT: 40–900 m

BEL: Melilas, Sg. Topi, *Ashton* BRUN 222. **TEM:** *Johns* 7143; *Puff* 8907201/6; Amo, Bt. Retak, *Puff* 9204301/9; Batu Apoi, *Ashton* BRUN 302. **TUT:** Rambai, Sg. Medit, *Simpson* 2615
• The species is known from Borneo: Sabah

U. sp. 1

Treelet, shrub; on ground • VEG: LMDF, HDF • HAB: gentle slope, steep slope, ridge; near running fresh water • GEO: sandstone, Setap Shales; bare rock and boulders; grey clay soil • ALT: 30–350 m

BEL: Melilas, Batu Patam, *Wong* 1024; Melilas, Sg. Ingei, *Wong* 663. **TEM:** *Puff* 8907201/8; *Puff* 9008181/6; Amo, *Sands* 5536; Amo, *Sands* 5561; Amo, Apoi Forest Reserve, *Cowley* 40; Amo, Apoi Forest Reserve, *Sands* 5792; Amo, Apoi Forest Reserve, *Sands* 5793; Amo, K. Belalong, *Puff* 9205061/4A; Amo, K. Belalong, *Puff* 9205061/4B; Amo, Sg. Belalong, *Sands* 5583; Amo, Sg. Temburong, *Wong* 232; Batu Apoi, Bt. Gelagas (Bt. Suang), *Simpson* 2204; Batu Apoi, Bt. Gelagas (Bt. Suang), *Simpson* 2489; Labu, *Johns* 7055.

U. sp. 2

Midstorey/subcanopy tree • VEG: Empran • HAB: flat ground; seasonal watercourse; near running fresh water • GEO: alluvial deposits • ALT: sea level

BEL: Sukang, Kpg. Sukang, *Ashton* BRUN 108.

U. sp. 3

Midstorey/subcanopy tree, treelet • VEG: Degraded Secondary Forest • HAB: steep slope, ridge • GEO: sandstone; bare rock and boulders • ALT: 20 m

BEL: Melilas, Batu Patam, *Wong* 1021; Melilas, Sg. Belait, *Forman* 1198. **TUT:** *Johns* 7561.

U. sp. 4

Treelet • VEG: HDF • HAB: steep slope • GEO: shale • ALT: 900 m
TEM: *Puff* 8907201/9; Amo, Sungai Belalong, *Argent* 9112.

U. sp. 5

Treelet • HAB: valley bottom • ALT: 500 m
TEM: Amo, Bukit Belalong, *Argent* 91137.

U. sp. 6

Shrub • VEG: HDF • HAB: gentle slope; near running fresh water • ALT: 350 m
TEM: Batu Apoi, Bt. Gelagas (Bt. Suang), *Simpson* 2320; Batu Apoi, Bt. Gelagas (Bt. Suang), *Simpson* 2495.

U. sp. 7

Treelet • VEG: HDF • HAB: steep slope • GEO: Setap Shales • ALT: 900 m
TEM: Amo, Bt. Belalong, *Dransfield J.* 7132.

U. sp. 8

Treelet • VEG: LMDF • HAB: ridge • ALT: 1220 m
TEM: Amo, Bt. Retak, *Puff* 9205031/5.

U. sp. 9

Treelet • VEG: HDF • GEO: shale • ALT: 900 m
TEM: *Puff* 8907191/4.

U. sp. 10

Treelet • VEG: Secondary Forest
BEL: Melilas, Paleh Bangawong, *Thomas* 101. **TUT:** Lamunin, Ladan Hill F.R., *Niga* 346.

U. sp. 11

Treelet • VEG: Degraded Lower Montane Forest • HAB: steep slope • ALT: 1480 m
TEM: Amo, G. Pagon, *Coode* 7597.

U. sp. 12

Canopy/emergent tree • VEG: Upper Montane Shrubbery • HAB: ridge • ALT: 1500 m
TEM: Amo, G. Pagon, *Coode* 7502.

U. sp. 13
Treelet • VEG: HDF • ALT: 300 m
TEM: Amo, K. Belalong Fld. Studies Centre, *Schatz* 3268.

U. spp. indet.
BEL: Labi, Sungai Rampayoh, *Kirkup* 829; Melilas, Batu Patam, *Wong* 1028; Melilas, Paleh Bangawong, *Thomas* 75; Melilas, Ulu Belait, *Atkins* 528; Sukang, Sungai Paleh Bangawong, *Kirkup* 621; Sukang, Sungai Paleh Bangawong, *Kirkup* 622; Sungai Liang, Compartment 7, BRUN 15244. TEM: Amo, *Wong* 1694; Amo, Bukit Tudal, *Bygrave* 20; Amo, K. Belalong, *Puff* 9205061/5; Batu Apoi, *Wong* 2024; Batu Apoi, Kpg. Selapon, *Wong* 2064; Batu Apoi, Selapon, *Dransfield J.* 7441; Batu Apoi, Sg. Selapon, *Wong* 2032; Batu Apoi, Sg. Selapon, *Wong* 2081.

VILLARIA

V. sp. indet.
Without prov.: *van Niel* 3508.

XANTHOPHYTUM
Axelius in Blumea 34: 425–497 (1990)

X. brookei Axelius — *Usak Jambu* (Dus.)
Treelet, shrub, suffrutescent herb/subshrub, herb; on ground • VEG: LMDF, HDF, Secondary Forest • HAB: valley bottom, steep slope, ridge, sharp ridge; near running fresh water, near hot springs • GEO: Belait formation, Lambir formation, sandstone, shale, Setap Shales; grey clay soil, sandy soil • ALT: 20–900 m • USES: Medicinal, leaves and roots used for infections
BEL: Labi, *Forman* 1040; Labi, *Wong* 530; Labi, Mendarem Valley, *Sands* 5438; Labi, Rampayoh, *Cowley* 159; Labi, Sungai Rampayoh, *Atkins* 609; Labi, Wong Kadir, *Coode* 7180; Melilas, Sg. Topi, *Thomas* 186; Melilas, Ulu Ingei, *Sands* 5943. TEM: Amo, Apoi Forest Reserve, *Sands* 5837; Amo, Batu Apoi Forest Reserve, *Nielsen* 1096; Amo, Temburong river, *Atkins* 474; Bangar, Bt. Biang, *Forman* 917; Batu Apoi, Bt. Gelagas (Bt. Suang), *Simpson* 2419; Batu Apoi, Selapon, *Coode* 7919. TUT: Rambai, Tasek Merimbun, *Bernstein* 397 • Borneo: Sarawak

X. capitatum Valeton
Treelet • VEG: LMDF • GEO: sandy soil • ALT: 50 m
BEL: Labi, *Forman* 1052 • Borneo

X. glabrum Axelius
Treelet, shrub, suffrutescent herb/subshrub, herb • VEG: LMDF • HAB: gentle slope, steep slope; near running fresh water • GEO: sandstone, Setap Shales; clay soil, yellow clay soil • ALT: 250 m
TEM: *Puff* 8907221/6; *Puff* 9008171/13; Amo, Batu Apoi F.R., K Belalong FSC, *Hansen* 1590; Amo, Bt. Retak, *Puff* 9204301/5; Amo, Bt. Retak, *Wong* 842; Amo, K. Belalong, *Smythies* SAN 17055; Amo, Kuala Belalong, *Argent* 91192; Amo, Sg. Temburong, *Sands* 5608; Amo, Ulu Belalong, *Dransfield J.* 7402. TUT: *Johns* 7646 • Borneo

X. spp. indet.
BEL: Labi, Wong Kadir, *Coode* 7190. TUT: Ukong, Bt. Besong, *Dransfield S.* 1144.

RUBIACEAE INDET.
BEL: Bukit Sawat, Buau, *Kirkup* 707; Labi, Bukit Teraja, *Kirkup* 407; Labi, Bukit Teraja, *Kirkup* 417; Labi, Bukit Teraja, *Kirkup* 426; Labi, Bukit Teraja, *Kirkup* 451; Labi, Bukit Teraja, *Kirkup* 459; Labi, Bukit Teraja, *Suhaili Hj. Zinin* BRUN 15001; Labi, Rampayoh, *Cowley* 174; Labi, Sungai Rampayoh, *Coode* 7810; Labi, Sungai Rampayoh, *Kirkup* 810; Labi, Sungai Rampayoh, *Kirkup* 812; Labi, Teraja, *Cowley* 189; Labi, Teraja, *Sands* 6010; Labi, Wasai Mendaram, *Thomas* 162; Melilas, Kuala Ingei, *Thomas* 206; Melilas, Paleh Bangawong, *Thomas* 56; Melilas, Paleh Bangawong, *Thomas* 91; Melilas, Paleh Bangawong, *Thomas* 116; Melilas, Ulu Ingei, *Kirkup* 765; Seria, Badas, *Coode* 7624; Sukang, Sungai Paleh Bangawong, *Kirkup* 607b; Sukang, Sungai Paleh Bangawong, *Kirkup* 616; Sukang, Sungai Paleh Bangawong, *Kirkup*

636; Sukang, Sungai Paleh Bangawong, *Kirkup* 668; Sukang, Sungai Paleh Bangawong, *Kirkup* 686; Sukang, Sungai Paleh Bangawong, *Kirkup* 700. **BRM:** Rimba Kumpal, *Suhaili Hj. Zinin* BRUN 15022. **TEM:** *Johns* 6554; Amo, *Sands* 5271; Amo, Apoi Forest Reserve, *Atkins* 503; Amo, Apoi Forest Reserve, *Atkins* 513; Amo, Apoi Forest Reserve, *Sands* 5783; Amo, Bt. Belalong, *Prance* 30699; Amo, G. Pagon, *Coode* 7559; Amo, Bukit Tudal, *Davis* 481; Amo, Bukit Tudal, *Kirkup* 953; Amo, Bukit Tudal, *Kirkup* 954; Amo, Bukit Tudal, *Kirkup* 955; Amo, National Park, BRUN 15037; Amo, Sg. Temburong, BRUN 15608; Amo, Sg. Temburong, BRUN 15621; Amo, Sg. Temburong, BRUN 15622; Amo, Sg. Temburong, BRUN 15626; Amo, Sg. Temburong, BRUN 15633; Amo, Sg. Temburong, BRUN 15635; Amo, Sg. Temburong, *Coode* 6672; Amo, Ulu Belalong LP382, *Kirkup* 860; Amo, Ulu Belalong LP382, *Kirkup* 879; Amo, Ulu Belalong LP382, *Kirkup* 890; Amo, Ulu Belalong LP382, *Kirkup* 899; Amo, Ulu Belalong LP382, *Kirkup* 914; Batu Apoi, Bt. Gelagas (Bt. Suang), *Simpson* 2448; Batu Apoi, Selapon, *Kirkup* 941; Labu, *Johns* 7048; Labu, Peradayan Forest Reserve, *Atkins* 453; Labu, Peradayan Forest Reserve, *Cowley* 35; Labu, Peradayan Forest Reserve, *Sands* 5775. **TUT:** *Johns* 7620; Rambai, Bt. Bahak, *Coode* 7122; Rambai, Tasek Merimbun, *Bernstein* 10; Tanjong Maya, Jalan Tutong-Seria, *Kirkup* 729; Ulu Tutong, Bukit Bahak, *Kirkup* 473; Ulu Tutong, Bukit Bahak, *Kirkup* 475; Ulu Tutong, Bukit Bahak, *Kirkup* 481; Ulu Tutong, Bukit Bahak, *Kirkup* 482; Ulu Tutong, Bukit Bahak, *Kirkup* 512; Ulu Tutong, Bukit Bahak, *Kirkup* 524; Ulu Tutong, Bukit Bahak, *Kirkup* 526; Ulu Tutong, Bukit Bahak, *Kirkup* 538; Ulu Tutong, Bukit Bahak, *Kirkup* 547; Ulu Tutong, Bukit Bahak, *Kirkup* 553; Ulu Tutong, Bukit Bahak, *Kirkup* 587.

RUTACEAE

ACRONYCHIA

A. pedunculata (L.) Miq.
Canopy/emergent tree • HAB: gentle slope • GEO: clay; yellow sand • ALT: 40 m
BEL: Melilas, K. Ingei, *Ashton* BRUN 199 • Sumatra, Java, Borneo

A. sp. indet.
BEL: Labi, Bukit Teraja, *Kirkup* 434.

CLAUSENA

C. excavata Burm.
Without prov.: *van Niel* 3708.

EUODIA

E. latifolia DC. — *Merpau* (Mal.), *Serang* (Ib.)
Canopy/emergent tree, midstorey/subcanopy tree, treelet • VEG: LMDF, HDF, Secondary Forest, Degraded Secondary Forest • HAB: gentle slope • GEO: Belait formation; yellow loam • ALT: 150 m
BEL: Bukit Sawat, Merangking Buau, *Coode* 7691; Labi, Bt. Teraja, *Coode* 6895; Seria, Badas, *Coode* 7620; Sungai Liang, Sungai Liang, *Kirkup* 386. **TEM:** Amo, *Wong* 1864; Amo, Bt. Retak, *Wong* 776; Batu Apoi, Bt. Gelagas (Bt. Suang), *Simpson* 2505; Bukok, Kpg. Sibatang, *Forman* 953. **TUT:** Lamunin, Jln. Abang, *Ashton* BRUN 5094; Lamunin, Ladan Hills, *Sands* 5768; Lamunin, Ladan Hills F.R., *Sands* 5714 • Malaya, Java, Borneo, Moluccas

E. cf. latifolia DC.
Midstorey/subcanopy tree • VEG: LMDF • GEO: Lambir formation • ALT: 20 m
BEL: Labi, Sg. Mendaram, *Sands* 5501.

E. lunu-akenda (Gaertn.) Merr.
Midstorey/subcanopy tree • ALT: 20–50 m
TUT: Rambai, Sg. Tutong, *Coode* 6380 • Sumatra, Java, Borneo

E. spp. indet.
BEL: Andulau F.R., *Wong* 1553. **TEM:** Amo, Bt. Belalong, *Wong* 1466; Amo, Bukit Retak, *Hussain Hj. Osman* 26; Amo, G. Pagon, *Coode* 7461. **TUT:** *Johns* 7470; *Johns* 7647; Rambai, Ladan Hills F.R., *Coode* 6423; Rambai, Tasek Merimbun, *Bernstein* 71; Rambai, Tasek Merimbun, *Bernstein* 115; Rambai, Tasek Merimbun, *Bernstein* 471. **Without prov.:** *Smythies* SAN 17077.

GLYCOSMIS

G. macrantha Merr. — *Ilat* (Ib.), *Mahau* (Br.), *Mata Kucing* (Sar.)
Midstorey/subcanopy tree • HAB: periodically flooded; near running fresh water • GEO: alluvial deposits • ALT: 20 m
TUT: Rambai, *Ashton* BRUN 906 • Borneo

G. superba B.C.Stone
Midstorey/subcanopy tree, treelet • VEG: LMDF • HAB: gentle slope; periodically flooded; near running fresh water • GEO: Belait formation, sandstone, Setap Shales; alluvial deposits; clay soil • ALT: 10–40 m
BEL: Bukit Sawat, Sg. Belait, *Wong* 568; Labi, Jln. Labi–Merangking, *Dransfield J.* 6849; Melilas, Sg. Ingei, *Wong* 665. **TEM:** Batu Apoi, Selapon, *Dransfield J.* 7472. **TUT:** Rambai, Bt. Bahak, *Coode* 7057 • Borneo: Sarawak

LUVUNGA

L. cf. motleyi Oliv.
Treelet, climber • VEG: LMDF, Secondary Forest • HAB: ridge • GEO: sandstone • ALT: 300 m
BEL: Labi, Jalan Wasai, *Niga* 330. **TUT:** Rambai, Bt. Bahak, *Coode* 7047.

L. sarmentosa (Blume) Kurz
Liana, climber • VEG: Secondary Forest • HAB: gentle slope, ridge • GEO: Seria formation • ALT: 50–150 m
BEL: Bukit Sawat, Buau, *Kirkup* 717. **TEM:** Amo, Bt. Belalong, *Wong* 1376 • Sumatra, Java, Borneo

L. spp. indet.
BEL: Bukit Sawat, Jln. Merangking – Buau, *Niga* 256. **TEM:** Amo, Bt. Belalong, *Prance* 30579; Labu, *Wong* 1755; Labu, Bukit Patoi, *Hussain Hj. Osman* 40. **TUT:** Rambai, Tasek Merimbun, *Bernstein* 309. **Without prov.:** *Haslani-Mohd. A.* 62.

MELICOPE

M. incana T.Harley
Midstorey/subcanopy tree • VEG: Roadsides
TEM: Bukok, *Forman* 940 • Borneo

MURRAYA

M. koenigii (L.) Spreng.
Treelet
TUT: Kampong Sengkarai, *Joffre* 12 • SE Asia, Malaya, Borneo: commonly cultivated

TETRACTOMIA

T. tetrandrum (Roxb.) Merr. — *Pauh* (Dus.), *Serang* (Ib.)
Tree, midstorey/subcanopy tree, treelet • VEG: Kerangas, Degraded HDF, Lower Montane Forest, Upper Montane Forest, Secondary Forest • HAB: gentle slope, terrace, ridge, sharp ridge; seasonal watercourse; near running fresh water • GEO: Meligan formation, White sand, sandstone; stony; yellow sandy clay soil, Brown clay-loam • ALT: 1860 m
BEL: Labi, Bukit Teraja, *Ashton* S 7898; Melilas, Batu Patam, *Wong* 1046; Melilas, Sg. Ingei, *Brunig* S 12355; Sungai Liang, Jln. Labi, *Niga* 86. **TEM:** Amo, *Ashton* BRUN 2393; Amo,

Wong 1919; Amo, Bukit Retak, *Hussain Hj. Osman* 27; Amo, Bukit Tudal, *Kirkup* 976; Bangar/Bukok, *Brunig* S 1127; Batu Apoi, Bt. Gelagas (Bt. Suang), *Simpson* 2304. **TUT:** Telisai, *Niga* 154 • Malesia to Solomon Is.

T. sp. indet.
TEM: Amo, Bt. Retak, *Wong* 433.

RUTACEAE INDET.
BEL: Melilas, Ulu Ingei, *Cowley* 127; Sungai Liang, Compartment 5, BRUN 15269. **TUT:** *Johns* 7541; Rambai, Tasek Merimbun, *Bernstein* 126.

SANTALACEAE
D. KIRKUP

DENDROTROPHE

D. buxifolia (Blume) Miq.
Slender twining shrublet • VEG: degraded kerangas • HAB: low forest, vine-like hemiparasite close to ground at 1.5–2.5 m • GEO: white sand • ALT: sea level–25 m
BEL: Labi, Jln. Labi, *Niga* 23. **TUT:** *Johns* 6502; Telisai, *Boyce* 227; Telisai, *Coode* 6873 • Bangka, Malaya, Borneo

D. varians (Blume) Miq.
Woody shrub • VEG: disturbed LMDF, secondary forest, lower montane forest, open padang, savannah-like vegetation • HAB: climbing hemiparasite at 8–20 m • ALT: 15–900 m
TEM: Amo, Bt. Retak, *Wong* 768; Amo, Bt. Belalong, *Prance* 30624; Batu Apoi, Bt. Pasir Puteh, *Ashton* BRUN 285; Labu, *Smythies* SAN 17143. **TUT:** *Brunig* S 1166; Lamunin, *Kirkup* 300; Telisai, Jln. K. Belait–Pekan Muara, *Jacobs* 5671 • Malaya, Borneo

D. spp. indet.
BEL: Melilas, Batu Patam, *Wong* 1065. **Without prov.:** *van Niel* 3800; *van Niel* 3612.

SCLEROPYRUM

S. cf. wallichianum (Wight & Arn.) Arn.
Treelet or small tree 4–10 m • VEG: HDF • HAB: ridgetops, thin soils • GEO: yellow-red clay, brown clay-loam, Setap shales • ALT: 500–900 m
TEM: Amo, Bt. Belalong, *Dransfield J.* 7140; Amo, Bt. Belalong, *Wong* 1468; Amo, Ulu Belalong, *Dransfield J.* 7379; Amo, Ulu Belalong, *Dransfield J.* 7413 • Malaya

SANTALACEAE INDET.
BEL: Melilas, Ulu Ingei, *Atkins* 561; Melilas, Paleh Bangawong, *Thomas* 132; Sukang, K. Tempinak., *Kirkup* 383. **BRM:** Mentiri/Muara, Meragang, SW of Muara, *Coode* 7322; Mentiri/Muara, Meragang, SW of Muara, *Coode* 7317.

SAPINDACEAE
Adema *et al.* in Fl. Males. 11:419–768 (1994)

ALLOPHYLUS

A. cobbe (L.) Raeusch *sens. lat.*
Tree, treelet, scrambling shrub, climber • VEG: Mangrove, LMDF • HAB: gentle slope, steep slope • GEO: Lambir formation, shale, Setap Shales • ALT: 130 m
BEL: Labi, Sungai Rampayoh, *Kirkup* 828. **BRM:** Serasa, Muara Beach, BRUN 15659. **TEM:** Amo, K. Belalong, *Dransfield J.* 6631; Amo, Sg. Temburong, *Coode* 6627; Labu, *Wong* 314. **TUT:** Lamunin, Ladan Hills F.R., *Wong* 1664; Telisai, Danau, *Forman* 1020; Telisai, Danau, *Forman* 1024 • Pantropic

ARYTERA

A. littoralis Blume
Name in Hassan & Ashton • SE Asia, Malesia, Solomon Is.

DIMOCARPUS

D. fumatus (Blume) Leenh. (*Pseudonephelium fumatum* (Bl.) Radlk.)
Name in Hassan & Ashton • SE China, Indochina, W & C Malesia

D. longan Lour. var. **malesianus** Leenh.
Midstorey/subcanopy tree • VEG: Kerangas • GEO: Miri formation • ALT: 50 m
BRM: Kilanas, Terjun Menyusop trail, *Sands* 5675 • Burma, Indochina, Malaya, Sumatra to Moluccas

GLENNIEA

G. thorelii (Pierre) Leenh.
Without prov.: *Ashton* A 4 • Indochina, Malesia

GUIOA

G. bijuga (Hiern) Radlk. — *Ilat* (Ib.), *Samala* (Br.)
Midstorey/subcanopy tree, treelet • VEG: Kerangas, Secondary Forest • HAB: terrace; well-drained • GEO: White sand; Podsol, sandy soil; Mor • ALT: 100 m • USES: Edible fruit
BRM: Berakas, Berakas camp, *Hassan Pukol* BRUN 5426; Berakas, Berakas camp, *Hassan Pukol* BRUN 5427; Berakas, Berakas F.R., *Anderson* S 2178; Berakas, Berakas F.R., *Ashton* BRUN 5038; Berakas, Berakas F.R., *Hassan Pukol* S 2190; Serasa, Kpg. Sabun, *Wong* 928. **TUT:** Telisai, *Coode* 6851; Telisai, *Niga* 79; Telisai, *Sands* 5412; Telisai, Jln. K. Belait–Pekan Muara, *Jacobs* 5667. **Without prov.:** *van Niel* 3498; *van Niel* 4311 • Thailand, W & C Malesia

G. pleuropteris (Blume) Radlk.
Without prov.: *van Niel* 4263 • Burma, Indochina, W & C Malesia

G. pubescens (Zoll. & Mor.) Radlk.
Midstorey/subcanopy tree • HAB: gentle slope • ALT: 40 m
BEL: Bukit Sawat, Merangking Buau, *Coode* 7687 • Malaya, Sumatra, Java, Borneo, Philippines

LEPISANTHES

L. alata (Blume) Leenh. — *Julok* (Dus.)
TUT: Rambai, Tasek Merimbun, *Bernstein* 537 • Malaya, Java, Borneo

L. divaricata Leenh. f. **lunduensis** Leenh.
Midstorey/subcanopy tree • VEG: Degraded Secondary Forest • ALT: 20 m
BEL: Melilas, Sg. Belait, *Forman* 1215 • Borneo: Sarawak

L. fruticosa (Roxb.) Leenh. (*Otophora fruticosa* Bl.) — *Jenjulok* (Dus., Ib.), *Julok* (Dus.),
Treelet, shrub; in understorey/low vegetation • VEG: Peatswamp Forest, LMDF, Degraded LMDF, HDF, Lower Montane Forest, Secondary Forest • HAB: gentle slope, steep slope, ridge • GEO: Belait formation, White sand, Setap Shales; peat • ALT: sea level–300 m • USES: Edible fruit and young leaves, Edible young leaves and burned fruit
BEL: Labi, Bt. Telingan, *Kirkup* 244; Labi, Bt. Teraja, *Simpson* 2034; Seria, Badas F.R., *Coode* 7352; Sukang, Sungai Paleh Bangawong, *Kirkup* 620. **TEM:** Amo, Batu Apoi Forest Reserve, *Nielsen* 1097; Amo, Bt. Belalong, *Dransfield J.* 7168; Amo, Bt. Belalong, *Wong* 1451; Batu Apoi, *Dransfield J.* 6966. **TUT:** *Ashton* BRUN 958; *Johns* 7557; *Johns* 7607; Lamunin, Ladan Hills, *Coode* 7334; Rambai, Sg. Tutong, *Coode* 6325; Rambai, Tasek Merimbun, *Bernstein* 46; Rambai, Tasek Merimbun, *Bernstein* 81; Tanjong Maya, Jln. Tutong-Seria, *Simpson* 2191.

Without prov.: *van Niel* 3433 • Indochina, W & C Malesia to Moluccas

L. aff. fruticosa (Roxb.) Leenh.
Treelet • VEG: HDF • HAB: gentle slope • ALT: 510 m
TEM: Amo, Bt. Belalong, *Prance* 30704.

L. multijuga (Hook.f.) Leenh. — *Adan Bancalau* (Dus.)
Midstorey/subcanopy tree, treelet • VEG: LMDF, Degraded LMDF, Secondary Forest • HAB: gentle slope • GEO: Belait formation, sandstone; clay soil, sandy soil • ALT: 20–50 m • USES: Edible fruit
BEL: Bukit Sawat, *Niga* 304; Labi, *Dransfield J.* 6553; Labi, *Forman* 1047. TEM: Batu Apoi, Selapon, *Coode* 7935. TUT: Rambai, Tasek Merimbun, *Bernstein* 172. • Labuan

L. senegalensis (Poir.) Leenh. (*Aphania dasypetala* Radlk.)
Midstorey/subcanopy tree • HAB: gentle slope • GEO: yellow sandy loam • ALT: 40 m
BEL: Andulau F.R., *Ashton* BRUN 3295 • Tropical Africa, SE Asia, Malesia

L. tetraphylla (Vahl) Radlk.
Midstorey/subcanopy tree, treelet • VEG: Degraded Secondary Forest • HAB: gentle slope • GEO: clay soil • ALT: 20 m
BEL: Labi, *Wong* 523; Melilas, Sg. Belait, *Forman* 1219. TEM: Amo, *Wong* 255; Amo, Batu Apoi F.R.., K. Belalong FSC, *Hansen* 1548 • SE Asia, Malesia

L. cf. sp. nov.
Treelet; in understorey/low vegetation • VEG: LMDF, HDF • HAB: gentle slope, steep slope; near running fresh water • GEO: Setap Shales • ALT: 55–70 m
TEM: Amo, Apoi Forest Reserve, *Sands* 5784; Amo, K. Belalong, Sg. Belalong, *Dransfield J.* 7086; Amo, K. Belalong, *Ashton* S 5763.

L. spp. indet.
TUT: Telisai, *Wong* 155; Ulu Tutong, Bukit Bahak, *Kirkup* 539.

LITCHI

L. chinensis Sonn. — *Mengkuris* (Ib.)
Midstorey/subcanopy tree • VEG: Degraded Alluvial Forest • HAB: near running fresh water • ALT: 20 m • USES: Edible fruit
BEL: Bukit Sawat, Sg. Belait, *Niga* 62; Bukit Sawat, Sg. Mau, *Coode* 7713 • Probably native to Indochina or SE Asia, widely cultivated

NEPHELIUM
Leenhouts in Blumea 31: 373–436 (1986)

N. cuspidata Blume var. **eriopetalum** (Miq.) Leenh. (*N. beccarianum* sensu Hassan & Ashton) — *Buah Titidong* (Ib.)
Midstorey/subcanopy tree • VEG: Secondary Forest • HAB: gentle slope • GEO: yellow sandy loam • ALT: 120 m
TEM: Labu, *Ashton* BRUN 3358 • W & C Malesia

N. cuspidata Blume var. **robustum** (Radlk.) Leenh. — *Bayong* (Br.), *Lok* (Tut.), *Rugutuloh* (Mur.)
Canopy/emergent tree • HAB: periodically flooded; near running fresh water • GEO: alluvial deposits
TEM: Labu, *Ashton* BRUN 3355 • Borneo, Philippines

N. lappaceum L. var. **lappaceum** (*N. sufferrugineum* Radlk.) — *Berasan* (Dus., Ib.), *Kelamati* (Dus.)
Canopy/emergent tree, midstorey/subcanopy tree • VEG: Peatswamp Forest with Shorea albida, Kerangas • HAB: flat ground, terrace; impeded drainage • GEO: White sand; Podsol; peat • ALT: 40 m • USES: Edible fruit

BEL: Jln. Labi, *Niga* 149; Labi, Jln. Labi, *Niga* 144; Seria, Badas F.R., *Ashton* BRUN 5532; Seria, Kpg. Badas, *Smythies* S 5878; Sungai Liang, *Niga* 130; Sungai Liang, Jln. Labi, *Forman* 847. **Without prov.**: *van Niel* 4269 • Thailand, W & C Malesia, widely cultivated

N. lappaceum L. var. **pallens** (Hiern) Leenh. — *Lakang* (Dus.), *Sangau* (Ib.)
Midstorey/subcanopy tree
BEL: Sungai Liang, Kpg. Sungai Liang, *Wong* 361 • Thailand, S China, W & C Malesia

N. macrophyllum Radlk.
Name in Hassan & Ashton • Borneo: Sarawak

N. maingayi Hiern — *Jukit* (Dus.), *Keruit* (Ib.), *Sungkit* (Br., Dus., Ked., Tut.)
Midstorey/subcanopy tree • VEG: Peatswamp Forest with Shorea albida, Secondary Forest • GEO: White sand; Podsol • ALT: 30 m • USES: Edible fruit
BEL: Labi, Labi road, *Wong* 982; Seria, Seria, *Smythies* S 5899; Sungai Liang, *Niga* 126. **BRM:** Berakas, Berakas camp, *Hassan Pukol* BRUN 5415. **Without prov.:** *van Niel* 4273 • Sumatra, Malaya, Borneo

N. meduseum Leenh. — *Ilat* (Ib.), *Sibau Dara* (Ib.)
Canopy/emergent tree, midstorey/subcanopy tree • HAB: base of slope, gentle slope, ridge • GEO: sandstone, clay; yellow sandy clay soil • ALT: 30–360 m
BEL: Andulau F.R., *Ashton* BRUN 584. **TEM:** Labu, *Ashton* BRUN 3302. **TUT:** Rambai, *Ashton* BRUN 873 • Borneo: Sarawak, Kalimantan

N. melanomiscum Radlk. — *Buah Parih* (Tut., Ib.), *Kalas Rajang* (*), *Perapahit Lapuas* (Ib.)
Canopy/emergent tree • VEG: Secondary Forest • HAB: periodically flooded; near running fresh water • GEO: alluvial deposits • ALT: 10 m
TEM: Batu Apoi, Ulu Ropan, *Ashton* BRUN 869 • Borneo, Philippines

N. ramboutan-ake (Labill.) Leenh. (*N. mutabile* Bl.) — *Meritam* (Ked.)
Midstorey/subcanopy tree • VEG: Alluvial Forest, Secondary Forest • HAB: valley bottom, ridge • GEO: alluvial deposits • ALT: 20 m
BEL: Bukit Sawat, *Niga* 303; Labi, Sg. Rampayoh, *Dransfield J.* 7303. **BRM:** Berakas, *Hassan Pukol* BRUN 5173; Berakas, *Hassan Pukol* BRUN 5418 • Assam, Burma, W & C Malesia

N. cf. ramboutan-ake (Labill.) Leenh. — *Pulasan Hutan* (*)
Canopy/emergent tree • USES: Edible fruit
BEL: Sungai Liang, Andulau F.R., *Sinclair* 10447.

N. subfalcatum Radlk. — *Rambutan Hutan* (Br.)
Canopy/emergent tree • HAB: ridge
BEL: Bukit Sawat, Jln. Labi, *Niga* 282 • Malaya, Sumatra, Borneo

N. uncinatum Leenh. — *Kemanggis* (Dus.), *Melanian* (Ib.), *Melanjan* (Ib.), *Sigir* (Br.)
Midstorey/subcanopy tree • VEG: Roadsides • GEO: sandstone, Sand/clay • ALT: 10–30 m
BEL: Labi, Bt. Puan,, *Ashton* BRUN 680; Labi, Kpg. Labi, *Wong* 1653. **TUT:** Lamunin, Ladan Hills F.R., *Kirkup* 280 • Sumatra, Malaya, Borneo

N. spp. indet.
TEM: Amo, Sg. Temburong, *Coode* 6745. **Without prov.:** *Osman Hussain Hj.* s.n. 10.iv.90b.

PARANEPHELIUM

P. joannis M.Davids
Treelet • HAB: flat ground; periodically flooded • ALT: 50 m
TEM: Amo, Sg. Temburong, *Schatz* 3294 • Borneo

P. xestophyllum Miq. (*P. nitidum* King)
Name in Hassan & Ashton • SE Asia, W & C Malesia

POMETIA

P. pinnata Forster — *Kasai Bukit* (Ib.)
Midstorey/subcanopy tree • HAB: flat ground; periodically flooded • ALT: 20–100 m
TEM: Amo, Sg. Temburong, *Schatz* 3297. **TUT:** Rambai, Ladan Hills F.R., *Coode* 6413 • SE Asia, Malesia, Solomon Islands

XEROSPERMUM
Leenhouts in Blumea 28: 389–401 (1983)

X. laevigatum Radlk. subsp. **acuminatum** (Radlk.) Leenh. (*X. acuminatum* Radlk.) — *Arut* (*)
Midstorey/subcanopy tree • VEG: Peatswamp Forest with Shorea albida, Secondary Forest • HAB: gentle slope • GEO: Seria formation • ALT: sea level–150 m
BEL: Bukit Sawat, Buau, *Kirkup* 718; Seria, Badas F.R., *Brunig* S 1066; Seria, Seria, *Smythies* S 5897 • Borneo

X. noronhianum (Blume) Blume (*X. echinulatum* Radlk.)
Midstorey/subcanopy tree, treelet • VEG: Peatswamp Forest
BEL: Labi, Rampayoh, *Niga* 366; Seria, Badas F.R., *Wong* 212. **Without prov.:** *Hassan Pukol* S 4929 • SE Asia, W & C Malesia

X. sp. indet.
TEM: Labu, *Ashton* BRUN 3321.

SAPINDACEAE INDET.
BEL: Labi, Bukit Teraja, *Kirkup* 447. **TEM:** *Johns* 7317; Batu Apoi, Batu Apoi Sungai, *Ashton* S 5769. **TUT:** Rambai, Sg. Tutong, *Wong* 1679.

SAPOTACEAE
Pennington in The Genera of Sapotaceae (1991)

AULANDRA

A. longifolia H.J.Lam
Midstorey/subcanopy tree • HAB: ridge
TEM: Amo, Sg. Temburong Machang, *Wong* 1994 • Borneo

ISONANDRA

I. lanceolata Wight
name in Hassan & Ashton

MADHUCA
Ganua: Van den Assem in Blumea 7: 364–400 (1953);
Madhuca: van Royen in Blumea 10: 2–117 (1960)

M. brochidodroma T.D.Penn. (*Ganua coriacea* Dubard)
Canopy/emergent tree • ALT: sea level
TEM: Labu, Labu F.R., *Smythies* SAN 17432 • Sumatra, Borneo

M. crassipes (Pierre) H.J.Lam
name in Hassan & Ashton

M. curtisii (King & Gamble) Ridl. (*Ganua curtisii* (King & Gamble) H.J.Lam)
Canopy/emergent tree, midstorey/subcanopy tree • VEG: Peatswamp Forest with Shorea albida, Peatswamp Forest • ALT: sea level
BEL: Seria, Badas, *Anderson* S 27679; Seria, Badas, *Ashton* BRUN 952; Seria, Badas, *Sinclair* 10472; Seria, Badas, *Smythies* SAN 17437; Seria, Seria, *Smythies* S 5866 • Malaya, Borneo

M. fusca (Engl.) Forman (*Ganua fusca* (Engl.) Merr.)
Canopy/emergent tree • HAB: ridge • GEO: sandstone; yellow sandy clay soil • ALT: 300 m
TEM: Amo, K. Belalong, *Ashton* BRUN 462 • Borneo: Sarawak

M. cf. kingiana (Brace) H.J.Lam
• VEG: Kerangas • GEO: sandstone • ALT: 240 m
TEM: Labu ?, *Ashton* BRUN 3317 • The species is known from Sumatra, Malaya, Borneo

M. ligulata (H.J.Lam) H.J.Lam (*Ganua ligulata* H.J.Lam)
name in Hassan & Ashton

M. palembanica (Miq.) Forman (*Ganua palembanica* (Miq.) Assem & Kosterm.)
Without prov.: *Wong* s.n. 19.vii.89 • Sumatra, Borneo

M. pallida (Burck) H.J.Lam (*Ganua pallida* (Burck) H.J.Lam.)
name in Hassan & Ashton

M. pubicalyx Ridl.
Canopy/emergent tree • VEG: Degraded LMDF • HAB: gentle slope; periodically flooded • GEO: sandstone; alluvial deposits • ALT: 20–30 m
TUT: Lamunin, Ladan Hills F.R., *Dransfield J.* 6879 • Borneo

M. sandakanensis van Royen
name in Hassan & Ashton

M. spp. indet.
BEL: Melilas, *Wong* 705; Melilas, Sg. Ingei, *Wong* 638; Seria, Jln. Badas, *Mat Salleh* 2405; Sukang, Ulu Pelangaoung, *Ashton* BRUN 5635; Sungai Liang, *Wong* 724; Sungai Liang, Jln. Labi, *Wong* 964. TEM: Amo, *Ashton* BRUN 2557; Amo, Bt. Retak, *Wong* 777; Batu Apoi, Kpg. Selapon, *Wong* 2065. Without prov.: *Wong* s.n. 4.i.89z.

PALAQUIUM
van Royen in Blumea 10: 432–606 (1960)

P. calophyllum (Teijsm. & Binn.) Burck — *Nyatoh Babi* (Ib.)
Midstorey/subcanopy tree • VEG: Secondary Forest • HAB: gentle slope, ridge • GEO: clay soil, yellow sandy clay soil • ALT: 10–300 m • USES: Making parang sheaths and firewood
TEM: Amo, K. Belalong, *Ashton* BRUN 3398. TUT: Rambai, Ulu Tutong, *Ashton* BRUN 894 • Malaya, Borneo, Philippines (? to New Guinea)

P. cochlearifolium van Royen
Canopy/emergent tree • VEG: Peatswamp Forest with Shorea albida, Padang • ALT: sea level
BEL: Seria, Badas, *Smythies* SAN 17443; Seria, Badas railway, *Ashton* BRUN 978; Seria, Seria, *Smythies* S 5860 • ?Malaya, Borneo

P. dasyphyllum (de Vriese) Dubard
name in Hassan & Ashton

P. decurrens H.J.Lam
name in Hassan & Ashton

P. gutta (Hook.f.) Baillon
name in Hassan & Ashton

P. herveyi King & Gamble
Canopy/emergent tree • GEO: yellow clay soil • ALT: 610 m
TEM: Amo, K. Temburong Machang, *Ashton* BRUN 2607 • Malaya

P. leiocarpum Boerl.
Canopy/emergent tree, midstorey/subcanopy tree • VEG: Kerangas • HAB: gentle slope, raised beach • GEO: White sand; Kerangas soil • ALT: 50 m
BEL: Melilas, Sg. Ingei, *Ashton* BRUN 149. **TEM:** Amo, *Wong* 1910 • Borneo, Sulawesi

P. microphyllum King & Gamble
Canopy/emergent tree • VEG: Peatswamp Forest with Shorea albida • GEO: peat • ALT: sea level
BEL: Seria, Seria, *Smythies* S 5886 • Sumatra, Malaya, Borneo

P. obtusifolium Burck
Canopy/emergent tree • ALT: 40 m
BEL: Sungai Liang, Andulau F.R., *Smythies* SAN 17492 • Malesia excluding Malaya

P. pseudocuneatum H.J.Lam
Without prov.: *van Niel* 3814 • Borneo

P. pseudorostratum H.J.Lam
name in Hassan & Ashton

P. quercifolium (de Vriese) Burck
Canopy/emergent tree • HAB: gentle slope • GEO: sandstone; yellow sandy clay soil • ALT: 60 m
BEL: Labi, Jln. Labi, *Ashton* BRUN 34 • Sumatra, Borneo to Moluccas

P. ridleyi King & Gamble
Midstorey/subcanopy tree • VEG: Secondary Forest • HAB: ridge • GEO: White sand; Podsol • ALT: 30–670 m
BRM: Berakas, Berakas camp, *Ashton* BRUN 1007. **TEM:** Amo, Bt. Belalong, *Ashton* BRUN 416 • Indochina, Malesia

P. rioense H.J.Lam
name in Hassan & Ashton

P. rivulare H.J.Lam
name in Hassan & Ashton

P. rostratum (Miq.) Burck
Canopy/emergent tree, midstorey/subcanopy tree • HAB: ridge • GEO: sandstone; clay soil, yellow sand; Mor • ALT: 40–760 m
BEL: Sungai Liang, Andulau F.R., *Smythies* SAN 17509. **TEM:** Amo, *Ashton* BRUN 5245; Amo, K. Sekurop, *Ashton* BRUN 742 • Thailand, W & C Malesia

P. sericeum H.J.Lam *vel aff.*— *Nyatoh* (Br., Dus., Ib.)
Midstorey/subcanopy tree • VEG: LMDF, Degraded LMDF • GEO: Belait formation • ALT: 50 m
BEL: Labi, *Dransfield J.* 6555; Labi, *Kirkup* 360; Labi, *Wong* 1568. **TEM:** Amo, K. Belalong, *Wong* 288; Amo, K. Belalong, *Wong* 1198 • Borneo

P. stipulare Dubard
name in Hassan & Ashton

P. walsurifolium Pierre
name in Hassan & Ashton

P. spp. indet.
BEL: Labi, *Johns* 7440; Labi, Bt. Teraja, *Dransfield J.* 7024. **TEM:** Amo, Bt. Pagon, *Ashton* BRUN 1038. **Without prov.:** *Ariffin Kalat* BRUN 15027a.

PAYENA
van Bruggen in Blumea 9: 89–138 (1958)

P. longipedicellata Brace
Midstorey/subcanopy tree • HAB: raised beach • GEO: White sand • ALT: 10 m
TEM: *Smythies* S 5800 • Borneo: Sarawak

P. microphylla (de Vriese) Pierre
Canopy/emergent tree • VEG: Degraded Kerangas • ALT: 40 m
BRM: Berakas, Berakas F.R., *Smythies* S 7804 • Borneo

P. obscura Burck — *Nyatoh* (Br., Dus., Ib.)
Midstorey/subcanopy tree • HAB: gentle slope • GEO: clay • ALT: 40 m
BEL: Andulau F.R., *Ashton* BRUN 609; Sungai Liang, Sungai Liang Arboretum, *Niga* 95 • Borneo

P. obscura Burck *vel aff.*
Canopy/emergent tree • VEG: LMDF
BEL: Sungai Liang, Andulau F.R., *Wong* 554.

P. spp. indet.
BEL: Labi, Bt. Teraja, *Coode* 6939; Seria, Seria, *Smythies* S 5907; Sukang, Sungai Paleh Bangawong, *Kirkup* 635. **BRM:** Berakas, Berakas F.R., *Ashton* BRUN 5054. **TUT:** Ukong, Kpg. Pengkalan Ran, *Ashton* BRUN 916.

POUTERIA
van Royen in Blumea 8: 235–445 (1957)

P. maclayana (F.Muell.) Baehni
name in Hassan & Ashton

P. malaccensis (Clarke) Baehni
name in Hassan & Ashton

P. obovata (R.Br.) Baehni (*Planchonella obovata* (R.Br.) Pierre)
Midstorey/subcanopy tree • VEG: Mangrove, Kerangas • HAB: raised beach; near brackish water • GEO: White sand; Coastal beach sand; bare rock and boulders • ALT: 10 m
BEL: Seria, Anduki peatswamp, *Coode* 6474. **BRM:** Sg. Brunei, *Ashton* BRUN 5066; Serasa, Kpg. Muara, *Ashton* BRUN 102; Serasa, Kpg. Muara, *Ashton* BRUN 5139. **Without prov.:** *van Niel* 3862 • SE Asia, Malesia, Australia, Pacific

P. spp. indet.
BEL: Andulau F.R., *Ashton* BRUN 3297; Andulau F.R., *Ashton* BRUN 5514.

SAPOTACEAE INDET.
BEL: Labi, Bt. Teraja, *Coode* 6910; Labi, Wong Kadir, *Coode* 7184; Sukang, Sungai Paleh Bangawong, *Kirkup* 648; Sungai Liang, Andulau F.R., *Smythies* SAN 17567; Sungai Liang, Compartment 7, BRUN 15257; Sungai Liang, Sungai Lumut, *Kirkup* 592. **TEM:** Amo, Bt. Pagon, *Ashton* BRUN 1068; Amo, Bt. Belalong, *Dransfield J.* 7114; Amo, Bt. Belalong, *Dransfield J.* 7166; Amo, Bukit Tudal, *Kirkup* 966; Amo, Bukit Tudal, *Kirkup* 968; Amo, Bukit Tudal, *Kirkup* 973; Amo, Ulu Belalong, *Dransfield J.* 7386. **TUT:** Rambai, Bt. Bahak, *Coode* 7055; Telisai, Danau, *Kirkup* 786.

SCHISANDRACEAE
Smith, Sargentia 7: 79–211 (1947)

KADSURA

K. scandens (Blume) Blume
Climber • VEG: LMDF • HAB: steep slope • GEO: Belait formation • ALT: 50– 100 m
BEL: Sukang, Sungai Paleh Bangawong, *Kirkup* 633 • Thailand, W & C Malesia

SCROPHULARIACEAE

ADENOSMA

A. capitata Benth.
Herb • VEG: Kerangas • GEO: White sand • ALT: 10 m
TUT: Tanjong Maya, *Coode* 7372 • India, Indochina, Malesia

A. indianum (Lour.) Merr.
Herb • VEG: Kerangas • HAB: well-drained • GEO: White sand; sandy soil • ALT: 10–20 m
TUT: Telisai, *Coode* 6874; Telisai, *Sands* 5210; Telisai, *Sands* 5213 • SE Asia, Malesia

A. sp. indet.
Without prov.: *van Niel* 3434.

ANGELONIA

A. goyayensis Benth.
Without prov.: *van Niel* 3674.

BACOPA

B. floribunda (R.Br.) Wettst.
Without prov.: *van Niel* 3989.

BROOKEA

B. tomentosa Benth.
Treelet, shrub • VEG: LMDF, Secondary Forest, Degraded Secondary Forest • GEO: Belait formation • ALT: 130 m
BEL: Labi, Bt. Teraja, *Simpson* 2040; Sungai Liang, Kpg. Sungai Liang, *Wong* 362. **TUT:** Lamunin, Ladan hills, *Atkins* 446; Lamunin, Ladan Hills F.R., *Niga* 216; Lamunin, Ladan Hills F.R., *Sands* 5702; Rambai, Luagan Merimbun, *Forman* 875 • Borneo

B. spp. indet.
BEL: Sg. Mendaram, *Niga* 16. **TUT:** Muara–Tutong highway, BRUN 15056.

CENTRANTHERA

C. tranquebarica (Spreng.) Merr.
Without prov.: *van Niel* 3909.

LIMNOPHILA

L. chinensis (Osbeck) Merr.
Herb • VEG: Roadsides • GEO: sandy soil • ALT: 10 m
TUT: Telisai, *Coode* 7411 • SE Asia, W & C Malesia, N Australia

L. cf. chinensis (Osbeck) Merr.
Herb • VEG: Belukar • GEO: Belait formation • ALT: 20 m
BRM: Kumbang Pasang, *Sands* 5661.

L. spp. indet.
Without prov.: *van Niel* 3464; *van Niel* 3893; *van Niel* 3965; *van Niel* 3980; *van Niel* 3991; *van Niel* 4016.

LINDERNIA

L. antipoda (L.) Alston
Herb • VEG: Roadsides • ALT: 20 m
TUT: Tanjong Maya, *Forman* 831. Without prov.: *van Niel* 3583; *van Niel* 3985 • SE Asia, Malesia, Australia to Pacific

L. ciliata (Colsm.) Pennell
Herb • VEG: Roadsides • GEO: sandy soil • ALT: 10 m
TUT: Telisai, *Coode* 7405. Without prov.: *van Niel* 3408 • W & C Malesia

L. crustacea (L.) F.Muell.
Herb • VEG: Roadsides • HAB: periodically flooded; near running fresh water • GEO: Setap Shales; bare rock and boulders, stony; sandy soil • ALT: 10–50 m
BEL: Melilas, Sg. Melilas, *Forman* 1197. TEM: Amo, Batu Apoi F.R., K Belalong FSC, *Hansen* 1631; Amo, Temburong river, *Atkins* 471. TUT: Tanjong Maya, *Forman* 826; Telisai, *Coode* 7409. Without prov.: *van Niel* 3409; *van Niel* 3463 • Pantropic

L. ruellioides (Colsm.) Pennell
Herb • HAB: gentle slope; periodically flooded; near running fresh water • ALT: 500 m
TEM: Amo, K. Belalong, *Jacobs* 5637 • W & C Malesia

SCOPARIA

S. dulcis L.
Herb, annual herb • VEG: Degraded Peatswamp Forest, Roadsides • HAB: near running fresh water • ALT: 20–30 m
BRM: Berakas, Berakas, *Coode* 7419. TUT: Rambai, Sg. Tutong, *Simpson* 2633; Tanjong Maya, *Forman* 827. Without prov.: *van Niel* 3753; *van Niel* 3804; *van Niel* 3982 • Weed, native in America

TORENIA

T. polygonoides Benth.
Herb • VEG: Degraded Peatswamp Forest • GEO: clay soil • ALT: sea level– 10 m
TUT: *Forman* 964. Without prov.: *van Niel* 3557 • Burma, W & C Malesia

SCROPHULARIACEAE INDET.
BEL: Labi, Sungai Rampayoh, *Coode* 7765; Sukang, Kampong Sukang, *Cowley* 106; Sukang, Kampong Sukang, *Sands* 5868; Sungai Liang, Sungai Liang, *Coode* 7657; Sungai Liang, Sungai Liang Arboretum, *Davis* 513. TEM: Batu Apoi, Selapon, *Coode* 7949. TUT: Lamunin, *Coode* 7744.

SIMAROUBACEAE
Nooteboom in Fl. Males. 6: 193–226 (1962); see also Irvingiaceae & Ixonanthaceae

BRUCEA

B. javanica (L.) Merr. — *Binakalud* (Dus.)
Treelet • VEG: Secondary Forest • USES: Medicinal, for high blood pressure, Mixed with Rita to make dart poison
TUT: Lamunin, Kpg. Lamunin, *Wong* 52; Rambai, Tasek Merimbun, *Bernstein* 175, 237, 340 • SE Asia, Malesia, N Australia

EURYCOMA

E. longifolia Jack — *Bina Kalut* (Dus.), *Singkayap* (Ib.), *Teratus* (Dus.), *Tongkat Ali* (Br., Ib.)
Midstorey/subcanopy tree, treelet; on ground • VEG: LMDF, Degraded LMDF, Secondary Forest • HAB: gentle slope, ridge • GEO: Lambir formation, sandstone; yellow sandy clay soil • ALT: 200 m • USES: Medicinal root
BEL: Andulau F.R., *Ashton* BRUN 59; Labi, Labi Hills F. R., *Coode* 6825; Labi, Teraja, *Sands* 6016; Sungai Liang, Sungai Liang Arboretum, *Niga* 31; Sungai Liang, Sungei Liang Arboretem, *Wong* 122 TUT: Rambai, Tasek Merimbun, *Bernstein* 102. **Without prov.:** *van Niel* 3879; *van Niel* 4080 • SE Asia to Sumatra & Borneo

PICRASMA

P. sp. indet.
TEM: Batu Apoi, Kpg. Selapon, *Wong* 2011.

QUASSIA

Q. indica (Gaertn.) Noot.
Without prov.: *Kessler* 372 • Madagascar, Ceylon, India, Burma, widespread in Malesia to Solomon Is. — often cultivated

SOLANACEAE

LYCIANTHES

L. denticulata (Blume) Bitter
Epiphytic; shrub • VEG: LMDF • HAB: near running fresh water • GEO: Setap Shales • ALT: 20–30 m
TEM: Amo, K. Belalong, *Dransfield J.* 6705 • W & C Malesia

L. parasitica Blume — *Usak Oncom Payo* (Dus.)
Parasitic; shrub • VEG: Peatswamp Forest, Secondary Forest • HAB: terrace • GEO: Sand/clay • ALT: 10–20 m
BEL: Sukang, Kampong Sukang, *Atkins* 524. TUT: Rambai, Sg. Medit, *Simpson* 2578; Rambai, Tasek Merimbun, *Bernstein* 322 • Sumatra, Borneo

PHYSALIS

P. angulata L. — *Ketupak Letup* (Dus.)
Herb
BEL: Labi, *Wong* 358 • W & C Malesia

SOLANUM

S. mammosum L.
Without prov.: *Haslani-Mohd. A.* 65 • Cultivated, Native to S. America

S. torvum Swartz — *Tarong Lowow* (Dus.), *Tarong Cit* (Ib.)
Shrub, herb • GEO: sandy soil

S. sp. indet.
TUT: Rambai, Tasek Merimbun, *Bernstein* 133.

STAPHYLEACEAE
van der Linder in Fl. Males. 6: 49–59 (1960)

TURPINIA

T. pomifera (Roxb.) DC.
Name in Hassan & Ashton • SE Asia, W & C Malesia

T. sphaerocarpa Hassk. var. **microcerotis** J.T. Pereira
Tree • VEG: Swamp forest • HAB: near standing freshwater
BEL: Bukit Sawat, *Ariffin Kalat* BRUN 17510 • Borneo: Sabah, Kalimantan

STERCULIACEAE

COMMERSONIA

C. bartramia (L.) Merr. — *Mengkiai* (Ked.)
Shrub • VEG: Secondary Forest
BEL: Andulau F.R., *Ashton* BRUN 5735. **BRM:** Berakas, Berakas F.R., *Ashton* BRUN 5737
• Malesia

HERITIERA
Kostermans in Reinwardtia 4:465–583 (1959)

H. albiflora (Ridl.) Kosterm.
Canopy/emergent tree
BEL: Andulau F.R., *Kostermans* s.n. iv. 63B • Borneo

H. aurea Kosterm.
Canopy/emergent tree • HAB: near running fresh water • GEO: yellow sandy clay soil
BEL: Andulau F.R., *Ashton* BRUN 5520 • Borneo: Sarawak

H. globosa Kosterm.
Without prov.: *Smith* KEP 30503 • Borneo

H. impressinervia Kosterm.
Midstorey/subcanopy tree
BEL: Andulau F.R., *Kostermans* s.n. iv.63C. **TUT:** Keriam, Jln. Tutong, *Abang Suhaili* KEP 37055 • Endemic

H. littoralis Dryand
Canopy/emergent tree, midstorey/subcanopy tree • VEG: Mangrove, Degraded Mangrove • HAB: flat ground; near brackish water • GEO: Sea/marine sands, silts • ALT: sea level
BRM: Serasa, Serasa Yacht Club, *Bygrave* 8. **TUT:** Telisai, Telisai Bridge, *Coode* 7385 • E Africa, SE Asia to Australia & Pacific

H. simplicifolia (Mast.) Kosterm.
Without prov.: *Ashton* BRUN 5084 • Malaya, Sumatra, Borneo

H. sumatrana (Miq.) Kosterm.
Midstorey/subcanopy tree • HAB: gentle slope • GEO: yellow sandy loam
BEL: Andulau F.R., *Ashton* BRUN 5518 • Malaya, Sumatra, Borneo

LEPTONYCHIA

L. heteroclita (Roxb.) Kurz — *Lalet Manuk* (Dus.), *Pendok Ruai* (Ib.)
Midstorey/subcanopy tree, treelet, scrambling shrub, shrub, giant herb • VEG: Degraded Peatswamp Forest, Kerangas, Degraded LMDF, HDF, Lower Montane Forest, Belukar • HAB: valley bottom, gentle slope, ridge, sharp ridge; periodically flooded; near running fresh water •

GEO: Miri formation, Sediments, Setap Shales; alluvial deposits; grey clay soil • ALT: 40–150 m • USES: Medicinal, leaves rubbed on stomach to cure ache.
  BEL: Bukit Sawat, Andulau F.R., *Coode* 6754; Bukit Sawat, Jln. Sg. Mau–Merimbun, *Wong* 368; Bukit Sawat, Merangking, *Coode* 7703; Bukit Sawat, Sg. Mau, *Simpson* 2016; Labi, *Flemmich* KEP 34449; Labi, Jln. Melayan, *Dransfield J.* 7260; Sungai Liang, Sungai Liang Arboretum, *Niga* 122; Sungai Liang, Sungei Liang Arboretem, *Wong* 138. **BRM:** Kilanas, *Sands* 5681; Kilanas, Kpg. Kilanas, *Dransfield J.* 7098; Lumapas, Bukit Lumapas, *Davis* 504. **TEM:** Amo, Apoi Forest Reserve, *Sands* 5828; Amo, K. Belalong, *Wong* 1203; Batu Apoi, Selapon, *Dransfield J.* 7448; Batu Apoi, Selapon, *Kirkup* 920; Labu, *Smythies* SAN 17125. **TUT:** *Johns* 7626; Rambai, Tasek Merimbun, *Bernstein* 56, 527; Rambai, Tasek Merimbun, *van Niel* 4081; Rambai, Tasek Merimbun, *Wong* s.n. 16.v.88 • Sumatra, Malaya, Borneo

L. spp. indet.
  BEL: Bukit Sawat, Merangking Buau, *Coode* 7662. **TEM:** Batu Apoi, Selapon, *Kirkup* 921.

MELOCHIA

M. corchorifolia L.
  TUT: Rambai, Tasek Merimbun, *Bernstein* 66, 250; Rambai, Tasek Merimbun, *van Niel* 3755 • W & C Malesia

SCAPHIUM

S. longipetiolatum (Kosterm.) Kosterm.
  Without prov.: *Tan* 474 • Borneo: Sarawak, Sabah

S. macropodum (Miq.) Heyne
  Midstorey/subcanopy tree • VEG: HDF • ALT: 300 m
  TEM: Amo, K. Belalong Fld. Studies Centre, *Schatz* 3277. **Without prov.:** *Wong* s.n. 2.i.89 • Thailand, Malaya, Sumatra, Borneo

S. parvifolium Ridl. (*S. "parviflorum"* Kosterm. (orthographic error)) — *Kepayang Babi* (Ib.), *Kembang Semangkok* (Mal.)
  Midstorey/subcanopy tree • HAB: gentle slope • GEO: clay; yellow clay soil, yellow sandy loam • ALT: 40–90 m
  BEL: Andulau F.R., *Ashton* BRUN 272; Andulau F.R., *Ashton* BRUN 2620. **TEM:** Labu, *Ashton* BRUN 3189 • Borneo: Sarawak, Sabah

STERCULIA
Tantra, Revision of the genus Sterculia in Malesia (1976)

S. coccinea Jack var. coccinea — *Ayam Antu Sebayan* (Ib.), *Melabu* (Ib.)
  Midstorey/subcanopy tree, treelet • VEG: Kerapah, LMDF • HAB: flat ground, terrace; periodically flooded; near running fresh water • GEO: alluvial deposits • ALT: 130 m
  BEL: Sungai Liang, Andulau F.R., *Wong* 1754; Sungai Liang, Sungai Liang Arboretum, *Niga* 119. **TEM:** Amo, Sg. Temburong, *Ashton* BRUN 765; Batu Apoi, Selapon, *Dransfield J.* 7451 • Borneo

S. cordata Blume var. montana (Merr.) Tantra (*S. borneensis* Ridley)
  Without prov.: *Ashton* BRUN 5631 • Borneo, Philippines

S. cuspidata R.Br.
  Treelet • VEG: LMDF • HAB: ridge • GEO: Setap Shales • ALT: 50–210 m
  TEM: Amo, K. Belalong, *Dransfield J.* 6717 • Malaya, Sumatra, Borneo, Philippines

S. gilva Miq. — *Leboh* (Ib.)
  Canopy/emergent tree • HAB: impeded drainage; near running fresh water • ALT: sea level
  BEL: Kuala Belait, K. Belait, *Ashton* S 7854; Rambai, Tasek Merimbun, *van Niel* 4017. **TUT:** Jln. Tutong, *Corner* BRUN 5347 • Sumatra, Malaya, Borneo & New Guinea

S. macrophylla Vent.
Canopy/emergent tree • VEG: LMDF • HAB: gentle slope • GEO: Setap Shales; clay soil • ALT: 40 m
BEL: Rambai, Tasek Merimbun, *Wong* 2099. TEM: Batu Apoi, Selapon, *Dransfield J.* 7473 • Sumatra, Malaya, Borneo

S. megistophylla Ridl. — *Una Mondow* (Dus.)
Midstorey/subcanopy tree, treelet, shrub • VEG: LMDF, HDF, Secondary Forest • HAB: near running fresh water • GEO: Lambir formation • ALT: 20–300 m
BEL: Labi, Sungai Rampayoh, *Atkins* 602; Sungai Liang, Sungai Liang Arboretum, *Wong* 204: TEM: Amo, K. Belalong Fld. Studies Centre, *Schatz* 3276. TUT: Rambai, Tasek Merimbun, *Bernstein* 408. Without prov.: *Niga* s.n. 17.viii.88; *Wong* s.n. 7.iv.88 • Borneo

S. rhoidifolia Ridl.
Midstorey/subcanopy tree • ALT: 10 m
BEL: Seria, Badas railway, *Smythies* SAN 17461 • Borneo

S. rhynchophylla K. Schum. (*S. cuspidella* Ridley)
Treelet • VEG: Peatswamp Forest with Shorea albida, Peatswamp Forest • GEO: White sand • ALT: sea level–10 m
BEL: Seria, Seria, *Smythies* S 5903; Sungai Liang, Badas, *Coode* 6848; Rambai, Tasek Merimbun, *van Niel* 3912. TUT: Telisai, *Wong* 157 • Sumatra, Borneo

S. rubiginosa Vent. (*S. jackiana* Wall.)
Midstorey/subcanopy tree, treelet • VEG: LMDF • HAB: steep slope • GEO: Setap Shales • ALT: 20–80 m
BEL: Labi, Jln. Labi–Teraja, *Wong* 995; Sungai Liang, Andulau F.R., *Wong* 931. TEM: Amo, K.˙Belalong, *Boyce* 409 • Malaya, Borneo, Philippines

S. rubiginosa Vent. var. **divaricata** (Merr.) Tantra
Midstorey/subcanopy tree, treelet • VEG: LMDF, Old Rubber Plantation • HAB: flat ground • GEO: sandy soil • ALT: 20–100 m
BEL: Labi, *Forman* 1033; Labi, Kpg. Labi, *Dransfield J.* 7287 • Borneo, Philippines

S. rubiginosa Vent. var. **setistipula** (Merr.) Tantra (*S. translucescens* Stapf) — *Ayam Antu Sebayan* (Ib.), *Kelumpang* (Br.), *Ona* (Dus.)
Midstorey/subcanopy tree, treelet • VEG: LMDF • HAB: gentle slope, ridge • GEO: sandstone, Setap Shales; yellow sandy clay soil • ALT: 50–150 m
BEL: Melilas, Sg. Ingei, *Ashton* BRUN 156. TUT: Lamunin, *Dransfield J.* 6806; Lamunin, Ladan Hills F.R., *Wong* 1644 • Malaya, Borneo, Philippines

S. aff. shillinglawii F.Muell.
Midstorey/subcanopy tree • VEG: Secondary Forest
BEL: Labi, Kampong Rampayoh, *Niga* 364.

S. stipulata Korth. — *Mandap* (Dus.), *Melabu* (Ib.)
Midstorey/subcanopy tree, treelet • VEG: Alluvial Forest, LMDF, Secondary Forest • HAB: valley bottom; near running fresh water • GEO: Lambir formation; alluvial deposits; sandy soil • ALT: 60 m
BEL: Labi, Kpg. Teraja, *Forman* 1072; Labi, Rampayoh, *Sands* 5744. TEM: Amo, K. Belalong, Sg. Belalong, *Dransfield J.* 7048. TUT: Lamunin, Ladan Hills F.R., *Wong* 1665 • Malaya, Borneo, Philippines

S. spp. indet.
BEL: Labi, Sungai Rampayoh, *Coode* 7829; Sukang, Sungai Paleh Bangawong, *Kirkup* 681.

STERCULIACEAE INDET.
BEL: Labi, Bt. Teraja, *Simpson* 2066. TEM: *Johns* 7346.

SYMPLOCACEAE
P. C. BYGRAVE
Nooteboom in Fl. Males. 8: 205–274 (1977)

SYMPLOCOS

S. adenophylla G.Don
Midstorey/subcanopy tree, treelet • VEG: Kerangas, HDF • HAB: gentle slope, ridge • GEO: sandstone; yellow sandy clay soil • ALT: 250–990 m
BEL: Labi, Bt. Teraja, *Ashton* BRUN 7. **TEM:** Amo, Bt. Belalong, *Asah* BRUN 3155; Amo, K. Belalong Fld. Studies Centre, *Schatz* 3301 • SE Asia, W & C Malesia

S. celastrifolia C.B.Clarke — *Belabo* (Dus., Dalam, Tasek), *Hendadak* (*)
Midstorey/subcanopy tree, treelet • VEG: Degraded Peatswamp Forest, Padang, Degraded Kerangas, Secondary Forest • HAB: gentle slope, raised beach; impeded drainage; near running fresh water, near sea water • GEO: White sand, Sand; Podsol, sandy soil • ALT: sea level
BEL: Kuala Belait, Jln. K. Belait–K. Baram, *Corner* BRUN 5361; Kuala Belait, K. Belait, *Ashton* S 7859; Seria, Badas F.R., *Ashton* BRUN 693. **BRM:** Berakas, Berakas F.R., *Ashton* S 7829; Berakas, Berakas F.R., *Hassan Pukol* S 2214; Sengkurong, Bt. Shahbandar, *Wong* 198; Sengkurong, Bt. Shahbandar, *Wong* 2093. **TEM:** Labu, *Smythies* SAN 17411. **TUT:** *Brunig* S 1173; Jln. Tutong, *Maidin* KEP 37218; Lamunin, Kpg. Lamunin, *Wong* 940; Rambai, Tasek Merimbun, *Bernstein* 286. **Without prov.:** *van Niel* 3835; *van Niel* 4309 • S Thailand, Malesia

S. costatifructa Noot.
Midstorey/subcanopy tree • VEG: Kerangas • HAB: raised beach; near running fresh water • GEO: White sand; stony; Kerangas soil • ALT: 40 m
BEL: Melilas, Sg. Topi, *Ashton* BRUN 216. **TEM:** Batu Apoi, Selapon, *Dransfield J.* 7464 • Borneo

S. crassipes C.B.Clarke **sens. lat.**
TEM: Batu Apoi, Selapon, *Kirkup* 931.

S. crassipes C.B.Clarke var. **ernae** (Brand) Noot.
Treelet • VEG: LMDF, HDF • HAB: gentle slope, ridge • GEO: sandstone; clay soil, yellow sandy clay soil • ALT: 120–500 m
BEL: Labi, Bt. Teraja, *Coode* 6950. **TEM:** Amo, K. Belalong, *Wong* 1315; Batu Apoi, Bt. Gelagas (Bt. Suang), *Simpson* 2207; Batu Apoi, Bt. Gelagas (Bt. Suang), *Simpson* 2251; Batu Apoi/Bukok, *Ashton* BRUN 359 • Borneo

S. cf. crassipes C.B.Clarke
Treelet • VEG: Lower Montane Forest • HAB: ridge • GEO: Lambir formation • ALT: 320 m
BEL: Labi, Bt. Teraja, *Sands* 5486.

S. fasciculata Zoll. — *Belabo* (Dus.), *Jirak* (Ib.)
Canopy/emergent tree, midstorey/subcanopy tree, treelet • VEG: Degraded Peatswamp Forest, LMDF, Degraded Lower Montane Forest, Secondary Forest • HAB: flat ground, steep slope, terrace; periodically flooded; near running fresh water, in still fresh water • GEO: Belait formation, Sand/clay; alluvial deposits; sandy clay soil • ALT: 40 m
BEL: Labi, Jln. Labi–Teraja, *Wong* 999; Labi, Kpg. Tenajor, *Haslani-Mohd. A.* 46; Labi, Sungai Rampayoh, *Coode* 7819; Melilas, K. Ingei, *Ashton* BRUN 150; Melilas, Ulu Belait, *Sands* 5880; Melilas, Ulu Ingei, *Sands* 5967; Sukang, Kampong Sukang, *Cowley* 102; Sukang, Kpg. Sukang, *Wong* 115. **TEM:** Amo, G. Pagon, *Coode* 7580; Amo, K. Belalong, *Wong* 266. **TUT:** Rambai, Sg. Tutong, *Coode* 6349 • W & C Malesia

S. henschelii (Mor.) C.B.Clarke **sens. lat.**
TEM: Amo, Bukit Tudal, *Bygrave* 21; Amo, Bukit Tudal, *Kirkup* 971.

S. henschelii (Mor.) C.B.Clarke var. **henschelii**
Midstorey/subcanopy tree • VEG: HDF, Lower Montane Forest • HAB: gentle slope, steep slope, ridge • GEO: Meligan formation; Brown clay-loam • ALT: 610–1160 m
TEM: Amo, Bt. Belalong, *Prance* 30538; Amo, Bt. Belalong, *Prance* 30549; Amo, Bt. Belalong, *Prance* 30564a; Amo, Bt. Belalong, *Prance* 30596; Amo, Bt. Belalong, *Prance* 30610; Amo, Bt. Belalong, *Wong* 1507 • SE Asia, W Malesia incl. Borneo

S. henschelii (Mor.) C.B.Clarke var. **maingayi** (C.B.Clarke) Noot.
Midstorey/subcanopy tree • VEG: Degraded Kerangas • HAB: raised beach • GEO: White sand; Podsol • ALT: 10–40 m
BEL: Sungai Liang, Andulau F.R., *Smythies* SAN 17499. BRM: Berakas, Berakas F.R., *Ashton* S 7826 • Malaya, Borneo: Sarawak

S. laeteviridis Stapf var. **alternifolia** Noot. — *Belabo* (Dus.), *Jirak* (Ib.)
Treelet • HAB: gentle slope
TEM: Amo, *Wong* 1878 • Borneo: Sabah

S. laeteviridis Stapf var. **mjobergii** (Merr.) Noot.
Treelet
TEM: Amo, Bukit Pagon, *Niga* 357 • Borneo: Sarawak, Sabah (montane areas)

S. odoratissima (Blume) Zoll.
Canopy/emergent tree • VEG: LMDF, Degraded Secondary Forest • HAB: gentle slope; near running fresh water • GEO: sandstone; clay soil • ALT: 250–30 m
TEM: Batu Apoi, Selapon, *Coode* 7936; Batu Apoi, Selapon, *Kirkup* 945 • Throughout Malesia except New Guinea

S. pendula Wight var. **hirtistylis** (C.B.Clarke) Noot.
Midstorey/subcanopy tree • HAB: ridge
TEM: Amo, *Wong* 1822 • SE Asia, Malesia

S. polyandra (Blanco) Brand — *Merbujok* (*)
Tree, midstorey/subcanopy tree, treelet • VEG: Degraded Kerangas, Secondary Forest, Roadsides • HAB: terrace; near running fresh water • GEO: White sand, Sediments; Kerangas soil, yellow sandy loam • ALT: 40 m
Locality not traced: *Anderson* S 2203. BRM: Berakas, Berakas camp, *Hassan Pukol* S 2191; Berakas, Berakas F.R., *Ashton* BRUN 943; Berakas, Berakas F.R., *Ashton* BRUN 944; Berakas, Berakas F.R., *Ashton* BRUN 5041; Berakas, Berakas F.R., *Smythies* S 7806; Sengkurong, Bt. Shahbandar, *Wong* 194; Sengkurong, Near Jerudong Park, *Coode* 7964 • Borneo, Sulawesi, Philippines

S. rubiginosa DC.
Shrub • VEG: LMDF • HAB: steep slope • GEO: sandstone; yellow clay soil • ALT: 500 m
TEM: Amo, Ulu Belalong LP382, *Kirkup* 888 • Malaya, Sumatra, Borneo

S. tricoccata Noot.
Midstorey/subcanopy tree • HAB: ridge
BEL: Melilas, Batu Patam, *Wong* 1079 • Borneo

S. sp. 2
Herb • VEG: LMDF • GEO: Belait formation • ALT: 120 m
TUT: Lamunin, Ladan Hills F.R., *Sands* 5731.

S. spp. indet.
BEL: Labi, Sungai Rampayoh, *Kirkup* 832; Sungai Liang, Sungai Liang Arboretum, *Davis* 514. TEM: Amo, Bukit Tudal, *Bygrave* 11; Batu Apoi, Selapon, *Coode* 7917.

TETRAMERISTACEAE

TETRAMERISTA

T. glabra Miq. (*T. crassifolia* Hall.f.) — *Amat* (Br.), *Entuyut* (Br.), *Punah* (Mal.)
Canopy/emergent tree, midstorey/subcanopy tree • VEG: Secondary Forest • HAB: flat ground; well-drained, impeded drainage, periodically flooded • GEO: alluvial deposits; White sand; peat • ALT: sea level–10 m
BEL: Sungai Liang, Lumut Hills, *Fuchs* 21194; Sungai Liang, Sungai Liang Arboretum, *Wong* 133. **BRM:** Berakas, Berakas F.R., *Ashton* BRUN 841; Berakas, Berakas F.R., *Ashton* S 7837 **TEM:** Batu Apoi, Selapon, *Coode* 7925 • Malaya, Sumatra, Borneo

THEACEAE

ADINANDRA
Kobuski in Journ. Arn. Arb. 28:1–94 (1947)

A. acuminata Korth.
Midstorey/subcanopy tree • VEG: HDF • HAB: ridge; impeded drainage • GEO: Meligan formation, Setap Shales; Brown clay-loam • ALT: 900–1100 m
TEM: Amo, Bt. Belalong, *Dransfield J.* 7204; Amo, Bukit Tudal, *Kirkup* 960 • Sumatra, Malaya, Borneo

A. clemensiae Kobuski
Midstorey/subcanopy tree • VEG: Lower Montane Forest
TEM: Amo, Landing point 307, *Wong* 1813 • Borneo: Sabah

A. cordifolia Ridl. var. **cordifolia**
Midstorey/subcanopy tree • HAB: gentle slope • GEO: sandstone • ALT: sea level
TEM: Amo, K. Belalong, *Wong* 218. **TUT:** Lamunin, K. Abang road, *Ashton* BRUN 84 • Borneo: Sarawak, Sabah

A. cordifolia Ridl. var. **strigosa** Kobuski
Midstorey/subcanopy tree • VEG: HDF • HAB: steep slope • GEO: Setap Shales • ALT: 750 m
TEM: Amo, Bt. Belalong, *Dransfield J.* 7118 • Borneo: Sabah

A. dumosa Jack — *Telikau* (Dus.), *Jomutid* (Dus.), *Legai* (Ib.), *Medang Berunok* (*), *Melasira* (Br., Ked.), *Mutit-Mutit* (Dus.), *Tiup-Tiup* (*)
Canopy/emergent tree, midstorey/subcanopy tree • VEG: Kerangas, Degraded Kerangas, HDF, Lower Montane Forest, Secondary Forest, Belukar, Roadsides • HAB: valley bottom, gentle slope, steep slope, raised beach, ridge • GEO: Belait formation, Lambir formation, White sand, Sediments; Podsol, Kerangas soil • ALT: 830 m • USES: Wood used to make boats
BEL: Labi, Bt. Teraja, *Coode* 6885; Labi, Bt. Teraja, *Sands* 5496; Sg. Liang, Andulau F.R., *Coode* 6773; Sg. Liang, Andulau Hills, *Ashton* BRUN 923; Sungai Liang, Jln. Labi, *Niga* 39. **BRM:** Berakas, Berakas F.R., *Ashton* S 7818; Berakas, Berakas F.R., *Brunig* S 946; Kilanas, Kpg. Kilanas, *Dransfield J.* 7105. **TEM:** Amo, Bt. Belalong, *Prance* 30563; Amo, G. Pagon Periok, *Ashton* BRUN 2521. **TUT:** Rambai, Tasek Merimbun, *Bernstein* 323; Rambai, Tasik Merimbun, *Wong* 329; Tanjong Maya, Kpg. Bt. Sibut, *Maidin* KEP 37220. **Without prov.:** *van Niel* 4294 • Sumatra, Malaya, Java, Borneo

A. excelsa Korth.
Midstorey/subcanopy tree • VEG: LMDF • ALT: 50 m
TEM: *Johns* 7190 • Borneo: Sabah

CAMELLIA

C. lanceolata (Blume) Seem.
Midstorey/subcanopy tree, treelet; in understorey/low vegetation • VEG: LMDF • HAB: gentle slope, ridge • GEO: Belait formation, Lambir formation • ALT: 300–340 m
BEL: Labi, Bt. Teraja, *Coode* 6953; Labi, Bukit Teraja, *Kirkup* 418 • W & C Malesia

EURYA
de Wit in Bull. Jard. Bot. Buitenz. ser.3, 17:329–375 (1947)

E. acuminata DC.
Midstorey/subcanopy tree • VEG: Degraded Kerangas • HAB: valley bottom, ridge; periodically flooded • GEO: Belait formation; alluvial deposits • ALT: 20–400 m
BEL: Labi, Bt. Teraja, *Coode* 6917; Labi, Bt. Teraja, *Coode* 6937; Labi, Sg. Rampayoh, *Dransfield J.* 7321 • SE Asia to C Malesia

E. aff. trichocarpa Korth.
Treelet • VEG: Lower Montane Forest • HAB: ridge
TEM: Amo, Bt. Pagon, *Wong* 1758.

E. sp. indet.
BEL: Labi, Bukit Teraja, *Kirkup* 435.

GORDONIA
Keng in Gard. Bull. Singapore 37:1–47 (1984)

G. borneensis H.Keng
Canopy/emergent tree • HAB: periodically flooded; near running fresh water • GEO: alluvial deposits • ALT: sea level
TEM: Batu Apoi, K. Sebatu, *Ashton* BRUN 354 • Borneo: Sabah

G. imbricata King
Midstorey/subcanopy tree • HAB: gentle slope • GEO: moss
TEM: Amo, Bt. Retak, *Wong* 420 • Malaya, Borneo: Sabah

G. aff. imbricata King
Shrub • VEG: Upper Montane Shrubbery • HAB: ridge • ALT: 1500 m
TEM: Amo, G. Pagon, *Coode* 7474.

G. sp.1
Treelet • HAB: gentle slope
TEM: Amo, Landing point 307, *Wong* 1876.

G. sp.3
Treelet • HAB: gentle slope
TEM: Amo, Landing point 307, *Wong* 1872.

G. sp.4
Treelet • VEG: Lower Montane Forest • HAB: ridge
TEM: Amo, Bt. Pagon, *Wong* 1761.

G. sp.5
Midstorey/subcanopy tree • VEG: LMDF • HAB: gentle slope • GEO: Belait formation • ALT: 280 m
BEL: Labi, Bt. Teraja, *Coode* 6966.

G. sp.6
Canopy/emergent tree • HAB: ridge • GEO: stony • ALT: 50 m
BEL: Melilas, Ulu Belait, *Brunig* S 1185.

G. spp. indet.
BEL: Labi, Bt. Teraja, *Simpson* 2102. TUT: Rambai, Tasek Merimbun, *Bernstein* 108.

PYRENARIA
Keng in Gard. Bull. Singapore 33:264–289 (1980)

P. serrata Blume var. **masocarpa** (Korth.) H.Keng
Without prov.: *Ashton* BRUN 2222 • Borneo

P. sp.1
Canopy/emergent tree, treelet • VEG: Degraded Peatswamp Forest • HAB: near running fresh water • ALT: 20 m
BEL: Bukit Sawat, Sg. Mau, *Simpson* 2013; Bukit Sawat, Sg. Mau, *Simpson* 2015.

P. sp.2 — *Lia Padang* (Ib.), *Padang Padang* (Br.)
Canopy/emergent tree • HAB: near running fresh water • GEO: shale • ALT: 120–130 m
TEM: Amo, Sg. Temburong, *Coode* 6566.

SCHIMA
Keng in Gard. Bull. Singapore 46: 77–87 (1994)

S. monticola Kurz
Canopy/emergent tree • VEG: HDF • HAB: ridge • ALT: 390 m
TEM: Amo, Ulu Temburong–Medamit, *Ashton* BRUN 2553.

S. wallichii (DC.) Korth. subsp. **crenata** (Korth.) Bloemb. var. **crenata**
Canopy/emergent tree, midstorey/subcanopy tree, treelet • VEG: HDF, Lower Montane Forest • HAB: ridge • GEO: sandstone; yellow sandy clay soil • ALT: 120–950 m
BEL: Labi, Bt. Teraja, *Ashton* S 7894. TEM: Amo, Bt. Belalong, *Prance* 30594; Amo, Bt. Belalong, *Wong* 1448; Amo, K. Belalong Fld. Studies Centre, *Schatz* 3302 • Borneo

TERNSTROEMIA

T. aneura Miq. — *Medang Pijat* (Br., Ked., Mal.), *Sisil* (Dus.)
Canopy/emergent tree, midstorey/subcanopy tree, treelet • VEG: Peatswamp Forest with Shorea albida, Peatswamp Forest, Kerangas, Secondary Forest • HAB: gentle slope, raised beach • GEO: White sand; Podsol, clay soil, yellow sandy loam • ALT: 10 m
BEL: Melilas, K. Ingei, *Ashton* BRUN 188; Seria, Anduki F.R., *Brunig* S 1150; Seria, Anduki F.R., *Sinclair* 10422; Seria, Badas Forest, *Brunig* S 1050; Sungai Liang, Andulau F.R., *Ashton* BRUN 3292. BRM: Berakas, Berakas camp, *Hassan Pukol* BRUN 5420; Berakas, Berakas camp, *Smythies* BRUN 799; Berakas, Berakas F.R., *Ashton* BRUN 947; Berakas, Berakas F.R., *Ashton* S 7808. TUT: *Ashton* BRUN 957 • Borneo: Sarawak, Sabah; Bangka

T. aff. aneura Miq.
Midstorey/subcanopy tree • ALT: sea level
BEL: Seria, Badas railway, *Smythies* SAN 17462.

T. beccarii Stapf
Treelet, shrub • VEG: Upper Montane Shrubbery • HAB: ridge • ALT: 1500 m
TEM: Amo, Bt. Retak, *Wong* 728; Amo, G. Pagon, *Coode* 7430 • Borneo: Sarawak, Sabah

T. citrina Ridl. — *Nyatoh Entilit* (Ib.)
Treelet • VEG: Degraded Kerangas • HAB: gentle slope; well-drained • GEO: White sand, sandstone; yellow sandy clay soil, sandy loam • ALT: 20 m
BEL: Labi, Labi Hills F.R., *Niga* 2; Sungai Liang, Andulau F.R., *Ashton* BRUN 67; Sungai Liang, Andulau F.R., *Ashton* BRUN 3032. TUT: Telisai, *Coode* 6861; Telisai, *Dransfield J.* 6518a; Telisai, *Dransfield J.* 6518b • Borneo: Sarawak, Sabah

T. cf. citrina Ridl.
Midstorey/subcanopy tree • HAB: ridge • ALT: 850 m
TEM: Amo, Bt. Belalong, *Wong* 1521.

T. denticulata (Pierre) Ridl.
Shrub • VEG: Upper Montane Shrubbery • HAB: ridge • ALT: 1500 m
TEM: Amo, G. Pagon, *Coode* 7465 • Borneo

T. evenia (King) A.C.Sm. (*T. scortechinii* King) — Medang Pajal (Br., Ked., Mal.)
Canopy/emergent tree, midstorey/subcanopy tree, treelet • ALT: sea level–10 m
BEL: Seria, Anduki F.R., *Anderson* S 2242; Sungai Liang, Andulau F.R., *Salleh Daud* S 2250. BRM: Berakas, Berakas F.R., *Hassan Pukol* S 2149 • Malaya

T. magnifica Stapf
Canopy/emergent tree, midstorey/subcanopy tree • VEG: Kerangas, Secondary Forest • HAB: ridge • GEO: Belait formation; alluvial deposits • ALT: 50–60 m
BEL: Melilas, Sg. Topi–Ingei watershed, *Kirkup* 752; Sukang, Sungai Paleh Bangawong, *Kirkup* 679.

T. aff. magnifica Stapf
Midstorey/subcanopy tree • VEG: HDF • HAB: ridge • GEO: sandstone; yellow-red clay soil; Leaf litter • ALT: 620 m
TEM: Amo, Ulu Belalong LP382, *Kirkup* 900. Without prov.: *Ashton* BRUN 2332.

T. aff. microcalyx Airy Shaw nom. illegit.— non Krug & Urban
Canopy/emergent tree • HAB: near running fresh water • GEO: sandstone; sandy soil • ALT: 200 m
TUT: Rambai, Bt. Bahak, *Coode* 7100.

T. sp.1
Midstorey/subcanopy tree • HAB: ridge • ALT: 80 m
TEM: Amo, *Smythies* SAN 17138.

T. sp.2
Midstorey/subcanopy tree • VEG: Upper Montane Forest • HAB: ridge • GEO: sandstone/shale • ALT: 460 m
TEM: Amo, Pagon ridge, *Ashton* BRUN 2369.

T. sp. 3
Canopy/emergent tree • VEG: HDF • HAB: ridge • ALT: 810 m
TEM: Amo, Bt. Belalong, *Prance* 30603.

T. spp. indet.
TEM: Amo, Bt. Retak, *Wong* 755; Amo, Bukit Tudal, *Kirkup* 958; Amo, Bukit Tudal, *Kirkup* 980; Amo, G. Pagon, *Coode* 7562; Amo, Ulu Belalong, *Coode* 7855. Without prov.: *van Niel* 4030; *van Niel* 4030b.

THEACEAE INDET.
TEM: Amo, Bukit Retak, *Hussain Hj. Osman* 12; Amo, Bukit Retak, *Hussain Hj. Osman* 28.

THYMELAEACEAE
Airy Shaw in Fl. Males., 4: 349–365 (1953) & Ding Hou in Fl. Males., 6: 1–48 (1960)

AMYXA

A. pluricornis (Radlk.) Domke — Gaharu Melitan (Ib.)
Canopy/emergent tree, midstorey/subcanopy tree • VEG: HDF • HAB: gentle slope • GEO: yellow clay soil • ALT: 820 m

BEL: Labi, Bt. Teraja, *Ashton* BRUN 3088. **TEM:** Amo, Bt. Belalong, *Asah* BRUN 3157; Amo, Bt. Belalong, *Prance* 30689. **TUT:** Luagan Merimbun, *Forman* 868B; Luagan Merimbun, *Forman* 871 • Borneo

A. sp. indet.
BEL: Melilas, Kuala Ingei, *Kirkup* 780.

AQUILARIA

A. beccariana Tiegh. — *Karas* (*)
Midstorey/subcanopy tree, treelet, shrub • VEG: Kerangas, Kerangas Forest with Agathis, LMDF, HDF • HAB: flat ground; near running fresh water • GEO: White sand; Kerangas soil, sandy soil • ALT: 50 m
BEL: Bt. Sawat, Sungai Mau F.R., *Argent* 91209; Bukit Sawat, Jln. Labi, *Dransfield J.* 7281; Bukit Sawat, Jln. Labi, *Wong* 1750; Labi, *Flemmich* KEP 34453; Labi, *Johns* 7438; Labi, Bt. Teraja, *Simpson* 2024; Labi, Jln. Bt. Puan, *Richards* 5563; Seria, Badas F.R., *Coode* 7648 • Sumatra, Malaya, Borneo

A. cf. beccariana Tiegh.
BEL: Andulau area, *Wong* s.n. 88.

A. sp. indet.
TUT: Rambai, Tasek Merimbun, *Bernstein* 358.

GONYSTYLUS

G. affinis Radlk.
Canopy/emergent tree • HAB: ridge • GEO: sandstone; Podsol • ALT: 270 m
TEM: Labu, *Ashton* BRUN 5653 • Malaya, Borneo

G. bancanus (Miq.) Kurz — *Melawis* (Ib.), *Ramin* (Br., Dus., Ib.)
Canopy/emergent tree • VEG: Peatswamp Forest • HAB: flat ground; impeded drainage; near still fresh water
BEL: Bukit Sawat, Sg. Mau, *Niga* 117; Kuala Balai, Kpg. K. Balai, *Bujang Abg.* KEP 30433. **Without prov.:** *Ladi* s.n. 2.x.61; *Ladi* s.n. 24.iv.61; *Smith* KEP 30557; *Smith* KEP 30590; *Zainal Abidin* KEP 30354 • Sumatra, Malaya, Borneo

G. borneensis (Tiegh.) Gilg
Canopy/emergent tree, midstorey/subcanopy tree • VEG: LMDF • HAB: gentle slope • GEO: sandstone; yellow sandy clay soil, sandy soil • ALT: 50 m
BEL: Labi, *Kirkup* 356; Labi, Kpg. Teraja, *Forman* 1078. **TEM:** Batu Apoi, *Ashton* BRUN 316 • Borneo

G. calophylloides Airy Shaw
Canopy/emergent tree, midstorey/subcanopy tree, treelet • VEG: LMDF, Secondary Forest • HAB: steep slope; near running fresh water • GEO: Setap Shales • ALT: 20–100 m
BEL: Labi, Wong Kadir, *Coode* 7242. **TEM:** Amo, K. Belalong, *Dransfield J.* 6651; Bangar, Bt. Biang, *Forman* 927; Batu Apoi, Sg. Selapon, *Wong* 2082; Labu, *Wong* 1151 • Borneo: Sarawak

G. keithii Airy Shaw — *Buah Sukon* (Ib.)
Midstorey/subcanopy tree • HAB: periodically flooded; near running fresh water • GEO: alluvial deposits • ALT: 10 m
TUT: Rambai, Ulu Supon, *Ashton* BRUN 868 • Borneo

G. lucidulus Airy Shaw
Canopy/emergent tree, midstorey/subcanopy tree • HAB: gentle slope • GEO: yellow sandy clay soil, yellow sand • ALT: 30 m
BEL: Andulau F.R., *Ashton* S 5928; Labi, Bt. Puan, *Ashton* S 7875 • Borneo: Sarawak

G. macrophyllus (Miq.) Airy Shaw — *Gaharu Melitan* (Ib.), *Melawis* (Ib.), *Ramin* (Ib.)
Canopy/emergent tree • ALT: 30 m
BEL: Andulau F.R., *Anderson* S 2039 • Nicobar Is., Malesia

G. maingayi Hook.f. — *Mitan* (Ib.), *Ramin* (Br., Dus.)
Canopy/emergent tree • VEG: Degraded Peatswamp Forest • GEO: peat • USES: Wood used for timber
BEL: Bukit Sawat, *Niga* 136; Seria, K. Badas, *Ashton* BRUN 976 • Sumatra, Malaya

G. spectabilis Airy Shaw
Without prov.: *Tan* 27 • Borneo: Sarawak

G. stenosepalus Airy Shaw — *Ramin Melawis* (Br.)
Midstorey/subcanopy tree
BEL: Sungai Liang, Sungai Liang Arboretum, *Niga* 57; Sungai Liang, Sungai Liang Arboretum, *Wong* 938 • Borneo: Sarawak

G. cf. stenosepalus Airy Shaw
Canopy/emergent tree • HAB: ridge • ALT: 80 m
TEM: Amo, K. Belalong, *Wong* 1243.

G. velutinus Airy Shaw — *Ramin Batu* (Mal.)
Canopy/emergent tree • VEG: Kerangas • HAB: raised beach • GEO: White sand; Kerangas soil • ALT: 50 m
BEL: Melilas, Sg. Ingei, *Ashton* BRUN 147 • Sumatra, Borneo

G. sp. nov. — *Gaharu Melitan* (Ib.)
Canopy/emergent tree • HAB: ridge • GEO: yellow sandy loam
TUT: *Ashton* BRUN 5633.

G. spp. indet.
BEL: Labi, Jln. Labi–Merangking, *Dransfield J.* 6845; Labi, Labi Hills F. R., *Coode* 6806.
TEM: Amo, Bukit Pagon, *Niga* 355.

LINOSTOMA

L. pauciflorum Griff.
Climber • VEG: Kerangas, Roadsides • HAB: gentle slope • GEO: White sand, clay • ALT: 40 m
BEL: Andulau F.R., *Ashton* BRUN 573; Bukit Sawat, Jln. Labi, *Dransfield J.* 6524; Labi, Bt. Puan, *Sinclair* 10485 • Thailand, Sumatra, Malaya, Borneo

WIKSTROEMIA

W. androsaemifolia Decne.
Treelet • VEG: Kerangas, Secondary Forest • HAB: terrace • GEO: White sand; Kerangas soil • ALT: 50 m
BEL: Bt. Sawat, UBD plot, *Thomas* 221; Bukit Sawat, Jln. Labi, *Wong* 1573. **BRM:** Sengkurong, Bt. Shahbandar, *Niga* 377 • C & E Malesia

W. tenuiramis Miq.
Without prov.: *van Niel* 4299 • Sumatra, Borneo

THYMELAEACEAE INDET.
BEL: Melilas, Paleh Bangawong, *Thomas* 129.

TILIACEAE

BROWNLOWIA

B. argentata Kurz — *Itek-Itekan* (May.)
Treelet • VEG: Mangrove • HAB: near brackish water
BRM: Pengkalan Batu, Ulu Brunei, *Ashton* BRUN 5060 • Malesia, Solomon Is.

B. tersa (L.) Kosterm.
Without prov.: *van Niel* 3903 • India, W & C Malesia

GREWIA

G. acuminata Juss.
Shrub • VEG: Degraded LMDF • HAB: near running fresh water • GEO: Setap Shales • ALT: 20 m
TEM: Amo, K. Belalong, *Boyce* 383 • Sumatra, Java, Borneo

MICROCOS

M. antidesmifolia (King) Burret — *Bunsi* (Ib.), *Kekadong* (Dus.)
Treelet • HAB: ridge
TEM: Amo, K. Temburong Machang, *Wong* 1947 • Malaya, Borneo: Sarawak

M. borneensis Burret — *Nemak-Nemak* (Dus.)
Midstorey/subcanopy tree • VEG: Peatswamp Forest with Shorea albida • GEO: peat
BEL: Seria, Kpg. Badas, *Smythies* S 5877 • Borneo: Sarawak

M. cinnamomifolia Burret — *Kekadong* (Dus.)
Canopy/emergent tree, midstorey/subcanopy tree • VEG: Degraded Alluvial Forest, Peatswamp Forest, LMDF, Degraded LMDF, HDF • HAB: gentle slope, ridge; near running fresh water • GEO: Belait formation, Lambir formation, sandstone; clay soil, yellow sandy clay soil, yellow sandy loam • ALT: 540 m • USES: Edible fruit, wood used for firewood
BEL: Andulau F.R., *Ashton* BRUN 62; Andulau F.R., *Ashton* BRUN 5505; Andulau F.R., *Ashton* S 5936; Bukit Sawat, Jln. Labi–Merangking, *Kirkup* 259; Bukit Sawat, Sg. Mau, *Coode* 7716; Labi, Bukit Teraja, *Kirkup* 427; Sungei Liang, Andulau F.R., *Dransfield J.* 7252. **TEM:** Amo, K. Temburong Machang, *Asah* BRUN 3132; Amo, Ulu Belalong, *Dransfield J.* 7376. **TUT:** Rambai, Tasek Merimbun, *Bernstein* 307; • Borneo: Sarawak

M. elmeri Merr.
Treelet • HAB: raised beach • GEO: White sand • ALT: sea level
TEM: Bangar, Pekan Bangar, *Ashton* BRUN 476 • Borneo: Sabah

M. fibrocarpa (Mast.) Burret — *Bunsi* (Ib.), *Kekadong* (Dus.)
Midstorey/subcanopy tree • VEG: Degraded LMDF • HAB: gentle slope • ALT: 80 m
BEL: Labi, Jln. Melayan, *Dransfield J.* 7255; Labi, Kpg. Tenajor, *Haslani-Mohd. A.* 26 • Malaya

M. gracilis Ridl. — *Buah Tusa* (Ib.), *Bunsi* (Ib.), *Kekadong* (Dus.), *Putih Enkuliong* (Ib.)
Midstorey/subcanopy tree, treelet • VEG: Degraded LMDF • HAB: valley bottom, gentle slope • GEO: clay • ALT: 60 m
BEL: Andulau F.R., *Ashton* BRUN 248; Andulau F.R., *Wong* 1544; Sungai Liang, Andulau F.R., *Coode* 6776; Sungai Liang, Andulau F.R., *Wong* 1564; Sungai Liang, Sungai Liang Arboretum, *Niga* 118; Sungei Liang, Andulau F.R., *Dransfield J.* 7243 • Borneo: Sarawak

M. henrici (Bakh.f.) Burret
Midstorey/subcanopy tree, treelet • VEG: LMDF • HAB: gentle slope • GEO: Belait formation • ALT: 320 m
BEL: Andulau F.R., *Wong* 1545; Labi, Bt. Teraja, *Coode* 6914 • Borneo: Sarawak

M. hirsuta (Korth.) Burret — *Kekadong* (Dus.)
   Midstorey/subcanopy tree, treelet, shrub • VEG: LMDF, HDF • HAB: flat ground, valley bottom, gentle slope, steep slope; impeded drainage, periodically flooded; near running fresh water, near • GEO: Lambir formation, sandstone, Setap Shales; alluvial deposits; stony; clay soil, sandy soil • ALT: 30–780 m
   BEL: Labi, *Forman* 1053; Labi, Rampayoh, *Atkins* 433; Melilas, *Wong* 704; Melilas, K. Ingei, *Ashton* BRUN 155. **TEM:** Amo, Apoi Forest Reserve, *Atkins* 504; Amo, Bt. Belalong, *Dransfield J.* 7224; Amo, Ulu Belalong LP382, *Kirkup* 855; Batu Apoi, Selapon, *Kirkup* 935. **TUT:** Rambai, Bt. Bahak, *Coode* 7110 • Malaya, Sumatra, Borneo

M. latistipulata (Ridl.) Burret
   Midstorey/subcanopy tree • HAB: gentle slope • GEO: sandstone; yellow sandy clay soil
   BEL: Labi, Jln. Labi, *Ashton* BRUN 31. **TEM:** Batu Apoi, Selapon, *Coode* 7923 • Sumatra, Borneo

M. aff. loerzingii Burret
   Canopy/emergent tree • VEG: Degraded LMDF • HAB: gentle slope • GEO: Belait formation • ALT: 120–180 m
   BEL: Labi, Bt. Telingan, *Dransfield J.* 6825.

M. ossea Burret — *Bunsi* (Ib.), *Kekadong* (Dus.)
   Scrambling tree, midstorey/subcanopy tree, treelet, suffrutescent herb/subshrub • VEG: Alluvial Forest, HDF • HAB: flat ground, ridge; impeded drainage, periodically flooded; near still fresh water • GEO: Setap Shales; alluvial deposits; clay soil • ALT: 10–70 m • USES: Edible fruit
   BEL: Bukit Sawat, Jln. Sg. Mau–Merimbun, *Wong* 379; Bukit Sawat, Kpg. Tarap, *Haslani-Mohd. A.* 36; Labi, Labi road, *Wong* 1290. **TEM:** Amo, Batu Apoi Forest Reserve, *Nielsen* 1006; Amo, K. Belalong, *Wong* 1244; Batu Apoi, *Kirkup* 314 • Borneo: Sarawak

M. pearsonii (Merr.) Burret
   Without prov.: *Nielsen* 1109 • Borneo: Sabah

M. reticulata Ridl.
   Canopy/emergent tree • HAB: ridge; • GEO: Setap Shales • ALT: 50 m
   TEM: Amo, Apoi Forest Reserve, *Atkins* 460 • Borneo

M. stylocarpa (Warb.) Burret
   Midstorey/subcanopy tree • VEG: LMDF • HAB: gentle slope • GEO: Setap Shales • ALT: 20 m
   TEM: Batu Apoi, *Kirkup* 323 • Philippines

M. spp. indet.
   BEL: Sg. Liang, Andulau Forest Reserve, BRUN 15652. **TEM:** Amo, Bt. Belalong, *Wong* 1540; Amo, Ulu Belalong, *Coode* 7865. **TUT:** Lamunin, Kpg. Menangah, *Kirkup* 727.

MUNTINGIA

M. calabura L.
   Without prov.: *van Niel* 3668 • Widely cultivated in tropics, origin tropical America

PENTACE

P. adenophora Kosterm.
   Canopy/emergent tree • ALT: sea level
   TEM: Batu Apoi, Jln. Bangar–Batu Apoi, *Smythies* SAN 17096 • Malaya, Sumatra, Borneo

P. cf. adenophora Kosterm.
   Canopy/emergent tree • HAB: ridge; near running fresh water • GEO: sandstone • ALT: 120–150 m
   BEL: Labi, Wong Kadir, *Coode* 7216.

P. erectinervia Kosterm.
Canopy/emergent tree • HAB: gentle slope • GEO: yellow clay soil • ALT: 60–150 m
BEL: Andulau F.R., *Wyatt-Smith* KEP 80077; Labi, Bt. Teraja, *Smythies* S 2127. TEM: Labu, *Ashton* BRUN 3310 • Borneo: Sarawak, Sabah

P. laxiflora Merr. — *Melunak* (Br.), *Tekalis* (Br., Dus., Ib., Ked.)
Canopy/emergent tree, midstorey/subcanopy tree • VEG: Secondary Forest • HAB: gentle slope, ridge • GEO: Seria formation • ALT: 150 m • USES: Bark used for wall building.
BEL: Bukit Sawat, Buau, *Kirkup* 704; Bukit Sawat, Jln. Labi, *Niga* 284; Bukit Sawat, Merangking Buau, *Coode* 7664; Bukit Sawat, Sg. Mau, *Niga* 65; Sungai Liang, *Wong* 723; Sungai Liang, Andulau F.R., *Smythies* SAN 17552; Sungai Liang, Arboretum Reserve, *Wong* 941 • Borneo

SCHOUTENIA

S. glomerata King — *Banyur* (Ib.)
Midstorey/subcanopy tree, treelet • HAB: near running fresh water
BEL: Bukit Sawat, Sg. Mau, *Niga* 181; Labi, Bt. Puan, *Sinclair* 10515 • Malaya, Borneo

S. stellata King
Tree • ALT: 30 m
BEL: Andulau F.R., *Anderson* S 2173 • Borneo: Sarawak

TRICHOSPERMUM

T. javanicum Blume
Midstorey/subcanopy tree • VEG: Secondary Forest • HAB: periodically flooded • GEO: alluvial deposits • ALT: 20 m
TEM: Batu Apoi, *Kirkup* 346 • Malaya, W & C Malesia

TRIUMFETTA

T. repens Merr. & Rolfe
Without prov.: *van Niel* 4281 • Indochina, Borneo

TILIACEAE INDET.
TUT: Muara–Tutong highway, BRUN 15052.

TRIGONIACEAE
van Steenis in Fl. Males. 4: 59–60 (1949)

TRIGONIASTRUM

T. hypoleucum Miq. — *Antelu* (Ib.), *Mengilas Babi* (Ib.)
Canopy/emergent tree, midstorey/subcanopy tree • VEG: LMDF • HAB: flat ground, gentle slope, ridge; periodically flooded; near running fresh water • GEO: Belait formation, sandstone; alluvial deposits; sandy soil, yellow sandy loam • ALT: 80 m
BEL: Labi, Sg. Rampayoh, *Coode* 7285; Melilas, Ulu Ingei, *Sands* 5910; Sungai Liang, Andulau F.R., *Ashton* BRUN 3256. TEM: Amo, Sg. Temburong Machang, *Wong* 1993 • Sumatra, Malaya, Borneo

ULMACEAE
Soepadmo in Fl. Males. 8: 31–76 (1977)

GIRONNIERA

G. hirta Ridl. — *Entabuloh* (Ib.)
Midstorey/subcanopy tree • HAB: gentle slope • GEO: sandstone; yellow sandy clay soil • ALT: 120 m
BEL: Labi, Bt. Teraja, *Ashton* BRUN 664; Sungai Liang, Sungei Liang Arboretem, *Wong* 131 • Malesia

G. nervosa Planch. — *Entabuloh* (*), *Royon* (Dus.)
Canopy/emergent tree, midstorey/subcanopy tree • VEG: Alluvial Forest, Degraded LMDF • HAB: valley bottom, gentle slope; periodically flooded • GEO: sandstone; alluvial deposits • ALT: 20–50 m • USES: Wood used in house building
BEL: Labi, Sg. Rampayoh, *Dransfield J.* 7296; Labi, Sg. Rampayoh, *Dransfield J.* 7297. TUT: Lamunin, Ladan Hills F.R., *Dransfield J.* 6878; Rambai, Belebau, *Coode* 6389; Rambai, Tasek Merimbun, *Bernstein* 539 • Sumatra, Malaya, Borneo

G. parvifolia Planch.
Midstorey/subcanopy tree, treelet • VEG: LMDF, Degraded LMDF • HAB: gentle slope, ridge • GEO: Belait formation, sandstone; yellow sandy clay soil • ALT: 60–180 m
BEL: Labi, Bt. Telingan, *Dransfield J.* 6821; Labi, Bt. Teraja, *Dransfield J.* 7028; Labi, Jln. Labi, *Ashton* BRUN 39 • Ceylon, Sumatra, Malaya, Borneo

G. subaequalis Planch. — *Entabuloh* (Ib.)
Midstorey/subcanopy tree • VEG: HDF, Secondary Forest • HAB: flat ground, gentle slope, steep slope; impeded drainage, periodically flooded; near still fresh water • GEO: clay, Setap Shales; alluvial deposits • ALT: 10–850 m
BEL: Andulau F.R., *Ashton* BRUN 617; Melilas, *Wong* 709. TEM: Amo, Bt. Belalong, *Dransfield J.* 7161. TUT: Rambai, Ulu Supon, *Ashton* BRUN 859 • SE Asia, Malesia

G. spp. indet.
BEL: Bukit Sawat, Buau, *Kirkup* 709; Melilas, Ulu Ingei, *Sands* 5952; Sungai Liang, Compartment 7, BRUN 15248. TEM: Kampong Negalang, *Hussain Hj. Osman* 42; Amo, Ulu Belalong LP382, *Kirkup* 872. TUT: Rambai, Tasek Merimbun, *Bernstein* 534; Tanjong Maya, Andulau F.R., *Niga* 313.

TREMA

T. cannabina Lour. — *Galagong Guis* (Dus.), *Gelagong Lapad* (Dus.)
Treelet, shrub, suffrutescent herb/subshrub • VEG: LMDF, Secondary Forest, Degraded Secondary Forest, Roadsides • HAB: gentle slope; near sea water • GEO: Belait formation; Coastal beach sand • ALT: sea level
BEL: K. Balai, Sungai Belait, *Awong* 2; Labi, Bt. Telingan, *Wong* 1591; Seria, Badas, *Coode* 7618. TUT: Lamunin, Ladan hills, *Atkins* 448; Rambai, Tasek Merimbun, *Bernstein* 92, 120; Telisai, K. Tutong, *Ashton* BRUN 959. **Without prov.:** *van Niel* 4028; *van Niel* 4289 • SE Asia, Malesia to Australia & Pacific

T. cf. cannabina Lour.
Treelet • VEG: Roadsides
TUT: Lamunin, *Forman* 877.

T. orientalis (L.) Blume — *Gelagong* (Dus.)
Canopy/emergent tree
TUT: Rambai, Tasek Merimbun, *Bernstein* 69. **Without prov.:** *van Niel* 3548; *van Niel* 3988 • SE Asia, Malesia, Pacific

T. tomentosa (Roxb.) Hara (*T. amboinensis* (Willd.) Bl.) — *Lindagong* (Ked.)
Treelet • VEG: Degraded Peatswamp Forest, Secondary Forest • GEO: clay soil • ALT: 10 m

BRM: Berakas, Berakas camp, *Ashton* BRUN 5741. **TUT:** *Forman* 969 • E Tropical Africa, SE Asia to Pacific

ULMACEAE INDET.
BEL: Labi, Sungai Rampayoh, *Kirkup* 833.

UMBELLIFERAE
Buwalda in Fl. Males. 4: 113–140 (1949)

CENTELLA

C. asiatica (L.) Urban — *Pegaga* (Dus.)
- USES: Medicinal, for stomach ache
TUT: Rambai, Tasek Merimbun, *Bernstein* 333. **Without prov.:** *van Niel* 3665 • Pantropic

URTICACEAE
Determinations by C.M. WILMOT-DEAR

DENDROCNIDE

D. stimulans (L.f.) Chew — *Anjerapai* (Dus.), *Jerapai* (Br., Ib., Dus.)
  Treelet • VEG: Degraded LMDF • HAB: gentle slope, ridge; periodically flooded; near running fresh water • GEO: sandstone; alluvial deposits; stony • ALT: 20–30 m
  TEM: Amo, Bt. Belalong, *Wong* 1400; Amo, Sg. Belalong, *Wong* 1167. **TUT:** Lamunin, Ladan Hills F.R., *Dransfield J.* 6873 • SE Asia, W & C Malesia

D. cf. stimulans (L.f.) Chew
  Treelet • VEG: HDF • HAB: valley bottom; near running fresh water • ALT: 780 m
  TEM: Amo, Bt. Belalong, *Dransfield J.* 7223.

D. sp. indet.
  TEM: Amo, Temburong river, *Atkins* 490.

ELATOSTEMA

E. caudatum Hallier f. *vel aff.*
  Lithophyte; herb • GEO: shale • ALT: 120–130 m
  TEM: Amo, Sg. Temburong, *Coode* 6644 • Borneo: Kalimantan

E. aff. kabayense (Gibbs) H.E.Schroet.
  Epiphytic • HAB: near running fresh water • GEO: Setap Shales • ALT: 60 m
  TEM: Amo, Batu Apoi Forest reserve, *Poulsen* 193 • *Elatostema kabayense* is known from Borneo: Sabah

E. penninerve H.E.Schroet.
  Herb • VEG: HDF, Secondary Forest • HAB: near running fresh water • GEO: bare rock and boulders • ALT: 20–80 m
  TEM: Bangar, Bt. Biang, *Forman* 918; Batu Apoi, Bt. Gelagas (Bt. Suang), *Simpson* 2430 • Borneo

E. cf. penninerve H.E.Schroet.
  • VEG: Secondary Forest • HAB: near running fresh water • ALT: 20–80 m
  TEM: Bangar, Bt. Biang, *Forman* 920.

E. aff. sesquifolium Hassk.
  Herb • VEG: LMDF • HAB: gentle slope • GEO: Setap Shales
  TEM: Amo, Batu Apoi Forest Reserve, *Poulsen* 159.

URTICACEAE   DICOTYLEDONS

E. vittatum Hallier f.
Herb • HAB: near running fresh water
TEM: Amo, Sg. Temburong Machang, *Wong* 1932 • Borneo

E. sp. 1
Epiphytic; herb • VEG: LMDF, HDF, Lower Montane Forest • HAB: near running fresh water • GEO: Meligan formation, shale, Setap Shales • ALT: 120–800 m
TEM: Amo, Bt. Retak, *Sands* 5380; Amo, Sg. Temburong, *Coode* 6657; Amo, Sg. Temburong, *Sands* 5612; Batu Apoi, Bt. Gelagas (Bt. Suang), *Simpson* 2417.

E. sp. 2
Herb • VEG: LMDF • GEO: Lambir formation, sandstone • ALT: 20–90 m
BEL: Labi, *Wong* 532; Labi, Bt. Teraja, *Sands* 5697; Labi, Mendarem Valley, *Sands* 5442.

E. sp. 3
Herb • HAB: valley bottom; impeded drainage; near running fresh water • GEO: Setap Shales • ALT: 50–70 m
TEM: Amo, Batu Apoi Forest Reserve, *Poulsen* 107; Amo, Kuala Belalong F.S.C., *Argent* 91100; Amo, Sg. Temburong Machang, *Wong* 1934.

E. cf. sp. 3
Periodically flooded • HAB: periodically flooded; near running fresh water • GEO: shale; bare rock and boulders • ALT: 500 m
TEM: Amo, K. Belalong, *Jacobs* 5592.

E. sp. 4
Suffrutescent herb/subshrub • VEG: Lower Montane Forest • GEO: Meligan formation • ALT: 800 m
TEM: Amo, Bt. Retak, *Sands* 5352; Amo, Bt. Retak, *Sands* 5381.

E. sp. 5
Herb • HAB: periodically flooded; near running fresh water • GEO: Setap Shales • ALT: 70 m
BEL: Melilas, Batu Patam, *Wong* 1131. **TEM:** Amo, Batu Apoi Forest Reserve, *Poulsen* 111.

E. sp. 6
Herb • VEG: Lower Montane Forest • GEO: Meligan formation • ALT: 800 m
TEM: Amo, Bt. Retak, *Sands* 5379.

E. sp. 7
Herb
TEM: Amo, Sg. Belalong, *Wong* 1174.

E. sp. 8
Suffrutescent herb/subshrub • VEG: HDF • GEO: Setap Shales • ALT: 200 m
TEM: Amo, Sg. Sibut, *Sands* 5514.

E. sp. 9
Rheophyte • VEG: LMDF • HAB: near running fresh water • GEO: Setap Shales • ALT: 20–30 m
TEM: Amo, K. Belalong, *Dransfield J.* 6696.

E. sp. 10
Herbaceous climber • HAB: gentle slope
TEM: Amo, *Wong* 1911.

E. sp. 11
Herb • VEG: Lower Montane Forest • HAB: steep slope • GEO: Meligan formation, sandstone • ALT: 900 m
TEM: Amo, Bt. Retak, *Sands* 5384; Amo, Bt. Retak, *Wong* 886.

E. spp. indet.
TEM: Amo, *Ashton* A 447; Amo, Apoi Forest Reserve, *Sands* 5796; Amo, Apoi Forest Reserve, *Sands* 5855; Amo, Batu Apoi Forest Reserve, *Nielsen* 1032; Amo, Batu Apoi Forest Reserve, *Nielsen* 1033; Amo, Batu Apoi Forest Reserve, *Poulsen* 252; Amo, Bt. Retak, *Wong* 767; Amo, G. Pagon, *Coode* 7484; Amo, G. Pagon, *Coode* 7519; Amo, K. Belalong, *Boyce* 389; Amo, K. Belalong, *Boyce* 391; Amo, K. Belalong, *Dransfield J.* 6703. **TUT:** Ukong, Bt. Besong, *Dransfield S.* 1142. **Without prov.:** *van Niel* 3555.

LEUCOSYKE

L. capitellata (Poir.) Wedd. — *Sembutu* (Ib.)
Midstorey/subcanopy tree, treelet • VEG: LMDF • HAB: ridge • GEO: Setap Shales • ALT: 60–150 m

TEM: Amo, K. Belalong, *Smythies* SAN 17380; Amo, Sg. Temburong, *Sands* 5611; Amo, Sg. Temburong, *Sands* 5614; Amo, Sg. Temburong, *Wong* 238. **TUT:** Lamunin, *Kirkup* 225 • W & C Malesia

OREOCNIDE

O. trinervis (Wedd.) Miq.
Treelet • VEG: LMDF • HAB: near running fresh water • GEO: Setap Shales • ALT: 20–30 m

TEM: Amo, K. Belalong, *Dransfield J.* 6695 • Malesia

POUZOLZIA

P. zeylanica (L.) Benn. — *Encaranga Belut* (Ib.), *Serangga* (Dus.)
Herb • VEG: Degraded Peatswamp Forest, Cultivated Areas • HAB: periodically flooded • GEO: alluvial deposits; clay soil • ALT: sea level–10 m

BEL: Labi, *Wong* 359. **TEM:** Batu Apoi, *Dransfield J.* 6961. **TUT:** *Forman* 1005 • SE Asia, Malesia

URTICACEAE INDET.
TEM: *Johns* 6756; *Johns* 7144; *Johns* 7324; *Johns* 7362; *Johns* 7377; Amo, Apan, *Cowley* 89; Amo, Bukit Retak, *Hussain Hj. Osman* 29; Amo, Sg. Temburong, *Coode* 6691; Batu Apoi, Kpg. Selapon, *Wong* 2072; Batu Apoi, Selapon, *Coode* 7948. **TUT:** *Johns* 7464.

VERBENACEAE
S. ATKINS

CALLICARPA

C. badipilosa S.Atkins in press
Climber • VEG: HDF, Lower Montane Forest • HAB: ridge • GEO: Setap Shales • ALT: 850–900 m

TEM: Amo, Batu Apoi Forest Reserve, *Nielsen* 1076; Amo, Bt. Belalong, *Dransfield J.* 7172; Amo, Bt. Belalong, *Prance* 30558.

C. glabrifolia S.Atkins in press
Treelet, shrub • VEG: LMDF, HDF • HAB: steep slope • GEO: sandstone, Setap Shales; clay soil • ALT: 850 m

TEM: Amo, Bt. Belalong, *Dransfield J.* 7160; Amo, Ulu Belalong, *Coode* 7902.

C. havilandii (King & Gamble) H.J.Lam — *Bilau* (Ib.)
Midstorey/subcanopy tree, treelet • VEG: HDF, Degraded Secondary Forest • HAB: ridge; near running fresh water • GEO: sandstone • ALT: 500 m • USES: Edible fruit

BEL: Sg. Mendaram, *Niga* 11; Labi, Bt. Teraja, *Simpson* 2038; Labi, Labi Hills F. R., *Coode* 6823. **TEM:** Amo, *Wong* 476; Batu Apoi, Bt. Gelagas (Bt. Suang), *Simpson* 2253. **TUT:** Rambai, Bt. Bahak, *Coode* 7017 • Borneo

C. involucrata Merr.
Midstorey/subcanopy tree, treelet, shrub • VEG: LMDF, HDF • HAB: valley bottom, steep slope; impeded drainage; near running fresh water • GEO: Setap Shales; clay soil, grey clay soil • ALT: 130 m
TEM: *Johns* 7266; Amo, *Ashton* BRUN 5248; Amo, Apoi Forest Reserve, *Atkins* 468; Amo, Apoi Forest Reserve, *Sands* 5852; Amo, Batu Apoi Forest Reserve, *Poulsen* 142; Amo, Batu Apoi F.R., K Belalong FSC, *Hansen* 1580; Amo, K. Belalong, Sg. Belalong, *Dransfield J.* 7090; Amo, Temburong river, *Atkins* 488; Batu Apoi, Bt. Gelagas (Bt. Suang), *Simpson* 2412 • Borneo

C. longifolia H.J.Lam
Without prov.: *van Niel* 3604; *van Niel* 3918 • Malesia

C. longifolia H.J.Lam f. **subglabrata** Schauer
Suffrutescent herb/subshrub • HAB: steep slope • GEO: sandstone • ALT: 210 m
TUT: Rambai, Bt. Bahak, *Coode* 6998 • Malesia

C. pentandra Roxb. — *Bilau* (Ib.)
Midstorey/subcanopy tree, treelet • HAB: near running fresh water • ALT: 50–100 m
BEL: Labi, Bt. Teraja, *Wong* 76; Labi, Labi Hills F. R., *Coode* 6795. **TEM:** Amo, K. Belalong, *Wong* 215 • Malesia

C. pentandra Roxb. f. **farinosa** (Blume) Bakh.f.
Treelet, shrub • HAB: steep slope • GEO: Belait formation • ALT: 130–90 m
TUT: Lamunin, Ladan hills, *Atkins* 447; Lamunin, Ladan Hills, *Coode* 7359; Rambai, Tasek Merimbun, *Bernstein* 186b • Malesia

C. spp. indet.
BEL: Sukang, Sungai Paleh Bangawong, *Kirkup* 663. **TEM:** Batu Apoi, Kpg. Selapon, *Wong* 2076.

CLERODENDRUM

C. 'album' Ridl. ined. — *Bayam Nuhur* (*), *Taum* (Dus.)
Shrub • VEG: Peatswamp Forest with Shorea albida, Secondary Forest • ALT: sea level • USES: Edible leaves, Medicinal, used to cure hypertension
BEL: Seria, Badas, *Coode* 7615; Seria, Jln. Badas, *Mat Salleh* 2419b. **TUT:** Rambai, Tasek Merimbun, *Bernstein* 209 • Borneo

C. cf. 'album' Ridl. ined.
Without prov.: *Haslani-Mohd. A.* 22.

C. fistulosum Becc.
Shrub • VEG: Kerangas, Kerangas Forest with Agathis • HAB: terrace • GEO: Sand/clay, Sand; peat • ALT: 30 m
BEL: *Puff* 8907261/5; Melilas, Ulu Ingei, *Atkins* 569; Seria, Badas F.R., *Wong* 5 • Borneo

C. myrmecophilum Ridl.
Treelet, shrub • VEG: Coastal MDF, LMDF • HAB: ridge; near running fresh water • GEO: Lambir formation; stony; sandy clay soil • ALT: 80 m
BEL: Labi, Mendarem Valley, *Sands* 5439; Sungai Liang, Andulau F.R., *Forman* 1105. **TEM:** Amo, Bt. Belalong, *Wong* 1399. **Without prov.:** *van Niel* 3493 • Borneo: Sarawak

C. spp. indet.
BEL: Labi, Bt. Teraja, *Ashton* BRUN 665; Seria, Badas F.R., *Coode* 7645. **BRM:** Serasa, *Ashton* BRUN 5141. **TEM:** Amo, K. Belalong, *Dransfield J.* 6706; Batu Apoi, Sg. Selapon, *Wong* 2043. **TUT:** Ulu Tutong, Bukit Bahak, *Kirkup* 485.

GMELINA

G. asiatica L.
Without prov.: *van Niel* 3770; *van Niel* 4049 • SE Asia, W & C Malesia

G. asiatica L. var. **villosa** (Roxb.) Bakh.
Shrub, climber • VEG: Kerangas, Roadsides • GEO: White sand; sandy soil • ALT: 10 m
TUT: Telisai, *Coode* 7399; Telisai, Pasir Puteh, *Cowley* 32 • Indochina, W & C Malesia

G. uniflora Stapf — *Akar Inklis* (Ib.), *Paginggi* (Dus.)
Liana, shrub • VEG: Degraded Secondary Forest • HAB: gentle slope; near running fresh water • GEO: sandstone • ALT: 20–50 m • USES: Edible seed
TEM: Batu Apoi, Selapon, *Dransfield J.* 7488. TUT: Rambai, Sg. Tutong, *Coode* 6379; Rambai, Tasek Merimbun, *Bernstein* 503. • Borneo

HOSEA

H. lobbiana (C.B.Clarke) Ridl. (*Hoseanthus lobbii* Merrill)
Liana, climber • VEG: Degraded Alluvial Forest, Peatswamp Forest with Shorea albida, Peatswamp Forest, Degraded Peatswamp Forest, Secondary Forest • HAB: flat ground; periodically flooded; near running fresh water • GEO: alluvial deposits; peat • ALT: sea level
BEL: Bukit Sawat, Sg. Mau, *Coode* 7719; Bukit Sawat, Sg. Mau, *Simpson* 2008; Bukit Sawat, Sungai Mau, *Atkins* 517; Labi, Bt. Puan, *Ashton* S 7861; Seria, Badas F.R., *Wong* 1571; Seria, Badas Stateland Forest, *Mat Salleh* 2422b. TEM: Amo, Temburong river, *Duling* 47. Without prov.: *van Niel* 3494; *van Niel* 4173; *van Niel* 4236 • Borneo: Sarawak

LANTANA

L. camara L.
Suffrutescent herb/subshrub • VEG: Coastal Forest • HAB: near sea water • GEO: White sand; Coastal beach sand
BRM: Serasa, Kpg. Muara, *Ashton* BRUN 951 • Pantropic weed

PETRAEOVITEX

P. sumatrana H.J.Lam
Climber • VEG: LMDF • GEO: Belait formation • ALT: 150 m
TUT: Lamunin, Ladan Hills F.R., *Sands* 5716 • Sumatra, Borneo

P. spp. indet.
TEM: Amo, K. Belalong, *Dransfield J.* 6707; Amo, Ulu Belalong, *Coode* 7877.

PREMNA

P. serratifolia L. (*P. corymbosa* Rottl. & Wild)
Shrub, climber • VEG: Kerangas • GEO: Coastal beach sand
BEL: Sungai Liang, Kpg. Lumut, *Wong* 15; Sungai Liang, Kpg. Lumut, *Wong* 201. TUT: Tanjong Maya, *Wong* 44. Without prov.: *van Niel* 3501 • Madagascar to SE Asia, Pacific

P. serratifolia L. var. **minor** (Ridl.) Moldenke
Shrub • VEG: Degraded Kerangas • GEO: White sand • ALT: sea level
TUT: Telisai, *Coode* 7388.

P. sp. indet.
Without prov.: *van Niel* 4165.

SPHENODESME
Munir in Gard. Bull. Singapore, 21: 315–378 (1966)

S. pentandra Jack var. **pentandra**
Climber • VEG: LMDF • GEO: Belait formation • ALT: 130 m
TUT: Lamunin, Ladan Hills F.R., *Sands* 5720 • Indochina, Malaya, Borneo

S. racemosa (Presl) Moldenke var. **racemosa**
Climber • VEG: Kerangas • HAB: ridge • GEO: Belait formation • ALT: 350 m
BEL: Labi, Bt. Teraja, *Dransfield J.* 6866 • Sumatra, Malaya, Borneo

S. triflora Wight
Climber
BEL: Melilas, Batu Patam, *Wong* 1054 • Malaya, Sumatra, Borneo

S. triflora Wight var. **riparia** Munir
Liana • VEG: LMDF • HAB: ridge • GEO: sandy clay soil
BEL: Labi, Sungai Rampayoh, *Coode* 7824.

S. spp. indet.
BEL: Labi, Bukit Teraja, *Kirkup* 444. TEM: Batu Apoi, Selapon, *Kirkup* 930.

STACHYTARPHETA

S. urticifolia Sims — *Usak Pukul Lima* (Dus.)
TUT: Rambai, Tasek Merimbun, *Bernstein* 242; Telisei, *Coode* 7760 • Pantropic

TEIJSMANNIODENDRON
Kostermans in Reinwardtia, 1: 75–106 (1951)

T. ahernianum (Merr.) Bakh.
Tree • GEO: White sand • ALT: 10 m
BRM: Berakas, Berakas F.R., *Anderson* S 2197. TEM: Batu Apoi, Bt. Pasir Puteh, *Ladi* BRUN 5110 • Bangka, Borneo, Philippines to Solomon Is.

T. coriaceum (C.B.Clarke) Kosterm.
Midstorey/subcanopy tree • VEG: HDF, Lower Montane Forest • HAB: gentle slope, ridge • GEO: Meligan formation, sandstone; yellow-red clay soil, Brown clay-loam; Leaf litter • ALT: 620–1160 m
TEM: Amo, Bt. Belalong, *Prance* 30541; Amo, Bukit Tudal, *Bygrave* 22; Amo, Ulu Belalong, *Dransfield J.* 7422. Without prov.: *Wong* s.n. 21.vii.89 • Malaya, Sumatra, Borneo

T. cf. glabrum Merr.
Without prov.: *Wong* s.n.3.i.89c • The species is known from Borneo

T. hollrungii (Warb.) Kosterm.
Treelet • VEG: Peatswamp Forest • HAB: near running fresh water • GEO: alluvial deposits; peat • ALT: 10 m
BEL: Kuala Belait, Sg. Damit, *Dransfield J.* 6797. Without prov.: *van Niel* 4186 • Malesia

T. holophyllum (Baker) Kosterm.
Midstorey/subcanopy tree, scrambling shrub • VEG: Peatswamp Forest with Shorea albida • HAB: ridge • GEO: sandstone; yellow sandy clay soil, sandy soil • ALT: 10 m
BEL: Labi, Bt. Puan, *Ashton* S 7862; Labi, Bt. Telingan, *Ashton* BRUN 22A; Melilas, Sg. Belait, *Forman* 1129. TUT: Rambai, Luagan Merimbun, *Forman* 869 • Malaya, Borneo

T. pteropodum (Miq.) Bakh. — *Merkulat* (Br., Ib.)
Midstorey/subcanopy tree, treelet; on ground • VEG: Degraded Alluvial Forest, Peatswamp Forest • HAB: impeded drainage, periodically flooded; near running fresh water, near still fresh water • GEO: alluvial deposits; sandy soil; peat • ALT: 10–70 m
BEL: Bukit Sawat, Jln. Labi, *Niga* 288; Bukit Sawat, Sg. Belait, *Wong* 569; Bukit Sawat, Sg. Mau, *Coode* 7746; Kuala Belait, Sg. Damit, *Dransfield J.* 6796; Melilas, Sg. Belait, *Forman* 1138. TEM: Amo, Sg. Belalong, *Smythies* SAN 17572 • Sumatra, Malaya, Borneo, Philippines

T. sarawakanum (H.Pearson) Kosterm. — *Mertuboh* (Ib.)
Midstorey/subcanopy tree • VEG: Degraded Empran, Roadsides • HAB: ridge; periodically flooded • GEO: alluvial deposits • ALT: 10 m

TEM: Amo, Sg. Temburong Machang, *Wong* 1981. **TUT:** Rambai, Ulu Supon, *Ashton* BRUN 863 • Sumatra, Borneo

T. 'scaberrimum' Kosterm. ined.
Midstorey/subcanopy tree; treelet • VEG: LMDF, Degraded LMDF • HAB: gentle slope • GEO: Belait formation, clay; sandy clay soil • ALT: 10–180 m
BEL: Andulau F.R., *Ashton* BRUN 256; Bukit Sawat, Jln. Labi–Merangking, *Kirkup* 253; Labi, Bt. Telingan, *Dransfield J.* 6828 (det. Rusea); Melilas, Sungai Mutip, *Atkins* 588. • Borneo

T. simplicifolium Merr.
Midstorey/subcanopy tree • HAB: ridge • GEO: sandstone; yellow sandy clay soil • ALT: 270 m
BEL: Labi, Bt. Teraja, *Ashton* S 7890 • Sumatra, Borneo

T. smilacifolium (H.Pearson) Kosterm.
Canopy/emergent tree • HAB: gentle slope • GEO: clay • ALT: 40 m
BEL: Andulau F.R., *Ashton* BRUN 611 • Borneo

T. subspicatum (Hallier f.) Kosterm. — *Kedaras* (Dus.), *Mertuboh* (Ib.)
Midstorey/subcanopy tree, treelet • HAB: terrace; near running fresh water • GEO: White sand, Sand/clay; Kerangas soil • ALT: 20 m
BEL: Sg. Belait, *Niga* 46; Melilas, Ulu Belait, *Atkins* 529. **TUT:** Rambai, Tasek Merimbun, *Bernstein* 292; Telisai, Bt. Basong, *Wong* 177 • Sumatra, Borneo

T. unifoliolatum (Merr.) Moldenke
TEM: Bukok, *Forman* 939 (det. Rusea) • Borneo

T. spp. indet.
BEL: Labi, Sungai Rampayoh, *Coode* 7827; Melilas, Kuala Ingei, *Kirkup* 783. **TEM:** Amo, K. Belalong, *Ashton* BRUN 3379. **TUT:** Ulu Tutong, Bukit Bahak, *Kirkup* 523. **Without prov.:** KEP 30468.

VITEX

V. pinnata L. (*V. pubescens* Vahl) — *Limpapo* (Dus.)
Midstorey/subcanopy tree, treelet • VEG: Degraded Peatswamp Forest, LMDF, Secondary Forest • HAB: terrace; near running fresh water • GEO: Sand/clay • ALT: 10–30 m • USES: Wood to make oars and firewood
BEL: Seria, Badas, *Coode* 7355; Sukang, Kampong Sukang, *Atkins* 522. **BRM:** Sengkurong, Bt. Shahbandar, *Niga* 375. **TUT:** Rambai, Sg. Tutong, *Coode* 6368; Rambai, Sg. Tutong, *Simpson* 2627; Rambai, Tasek Merimbun, *Bernstein* 47. **Without prov.:** *van Niel* 3711; *van Niel* 3936 • India to Malesia

V. vestita Schauer — *Limpapo* (Dus.), *Jimpalang* (Dus.)
Midstorey/subcanopy tree, treelet, shrub, suffrutescent herb/subshrub • VEG: LMDF, Degraded LMDF, HDF, Lower Montane Forest, Secondary Forest, Roadsides • HAB: gentle slope • GEO: Belait formation, sandstone; yellow sandy clay soil • ALT: 890 m • USES: Edible flowers, Leaves used to wrap new padi harvest
BEL: Bukit Sawat, Labi Road, *Thomas* 253; Bukit Sawat, Merangking Buau, *Coode* 7681; Bukit Sawat, new road to Merankin, *Thomas* 147; Labi, Bt. Telingan, *Ashton* BRUN 14; Labi, Bt. Telingan, *Dransfield J.* 6820; Labi, Bt. Telingan, *Wong* 1588; Labi, Labi Hills F. R., *Coode* 6794. **TEM:** Amo, Bt. Belalong, *Prance* 30557. **TUT:** Lamunin, Ladan Hills, *Sands* 5760. Rambai, Tasek Merimbun, *Bernstein* 42, 244. **Without prov.:** *Haslani-Mohd. A.* 74 • Burma, W & C Malesia

V. spp. indet.
BEL: Labi, Bukit Teraja, *Suhaili Hj. Zinin* BRUN 15004; Labi, Jln. Labi, *Ashton* BRUN 38. **TEM:** Amo, Ulu Belalong, *Coode* 7897.

VERBENACEAE INDET.
TUT: Tanjong Maya, Jalan Tutong-Seria, *Kirkup* 731.

VIOLACEAE
L.L. FORMAN & JOFFRE BIN HJ ALI AHMAD
Jacobs & Moore in Fl. Males. 7: 179–212 (1971)

RINOREA

R. horneri (Korth.) Kuntze
Midstorey/subcanopy tree, treelet • VEG: LMDF, Secondary Forest • HAB: ridge; near running fresh water • GEO: Setap Shales • ALT: 20–150 m
TEM: *Johns* 6946; Bangar, Bt. Biang, *Forman* 926. **TUT:** Lamunin, Layong–Gadong, *Dransfield J.* 6807 • Thailand, Malesia, Solomon Is.

R. longiracemosa (Kurz) Craib (*R. macropyxis* (Capit.) Merr.)
Midstorey/subcanopy tree, treelet • VEG: LMDF • HAB: gentle slope, steep slope; periodically flooded; near running fresh water • GEO: Setap Shales; alluvial deposits • ALT: 100 m
BEL: Sungai Liang, Andulau F.R., *Ashton* BRUN 2634. **TEM:** Amo, Kuala Belalong F.S.C., *Argent* 9135; Amo, Sg. Belalong, *Wong* 1165; Amo, Sg. Temburong, *Dransfield J.* 6632 • SE Asia, Malaya, Java, Borneo

R. congesta Forman
Treelet, shrub; in understorey/low vegetation • VEG: LMDF, HDF • HAB: ridge; near running fresh water • GEO: sandstone, Setap Shales; yellow sandy clay soil • ALT: 10–80 m
BEL: Labi, *Johns* 7452. **TEM:** Amo, Bt. Belalong, *Sands* 5534; Amo, K. Belalong, *Wong* 250; Amo, K. Belalong, *Wong* 1189; Amo, Ulu Belalong, *Ashton* BRUN 427; Batu Apoi, Kpg. Selapon, *Dransfield J.* 6924; Batu Apoi, Kpg. Selapon, *Dransfield J.* 6976; Batu Apoi, Kpg. Selapon, *Kirkup* 337.

R. spp. indet.
TEM: Amo, K. Belalong, Batu Apoi F.R., *Hansen* 1533; Amo, K. Belalong, Batu Apoi F.R., *Hansen* 1534; Batu Apoi, Sg. Selapon, *Wong* 2054.

VISCACEAE
D.KIRKUP
see Barlow in Flora Malesiana Bulletin 10 (4): 335–338 (1991) for a provisional key to the genera

GINALLOA
Danser in Bull. Jard. Bot. Buitenz. Ser. III, XI, 448–452 (1931)

G. arnottiana Korth.
Shrublet • VEG: LMDF, disturbed LMDF • HAB: alluvial flats, undulating hills, aerial hemiparasite in crowns of small trees, recorded on *Acronychia pedunculata*, *Antidesma* (with *Macrosolen curvinervis*) host • GEO: deep sandy soil, yellow sand over tertiary clays, Belait series sandstone • ALT: near sea level–150 m
BEL: Labi, Bt. Telingan, *Kirkup* 247; Melilas, Batu Patam, *Wong* 1062; Melilas, Sg. Ingei, *Kessler* 365; Melilas, K. Ingei, *Ashton* BRUN 201 • Borneo, Lesser Sunda Is., Sulawesi, Moluccas

G. linearis Danser
Shrublet • VEG: disturbed LMDF • HAB: aerial hemiparasite at 10 m recorded on *Croton* host • ALT: 50–200 m
BEL: Labi, Labi Hills F.R., *Coode* 6811. **TEM:** Amo, K.Belalong, *Smythies* SAN 17082 • Borneo

KORTHALSELLA
Danser in Bull. Jard. Bot. Buitenz. Ser. III, XI: 452–454 (1931)

K. geminata Engl.
Small shrublet • HAB: open ridgetop, aerial hemiparasite on *Garcinia* host • ALT: 1600 m
TEM: Amo, Bt. Pagon, *Wong* 1855 • Borneo

NOTOTHIXOS
Danser in Bull. Jard. Bot. Buitenz. Ser. III, XI: 456–459 (1931)

N. cf. leiophyllus K. Schum.
Small shrub • VEG: lower montane forest • HAB: steep slope, aerial hemiparasite in understorey tree • ALT: 850 m
TEM: Amo, Bt. Belalong, *Prance* 30577 • The species is known from the Philippines, Moluccas, New Guinea, Queensland

VISCUM
Danser in Bull. Jard. Bot. Buitenz. Ser. III, XI: 459–470 (1931)

V. articulatum Burm.f.
Leafless shrublet • VEG: peatswamp forest, secondary forest, disturbed riparian vegetation • HAB: riverside, flats, aerial hemiparasite recorded on *Blumeodendron tokbrai* host, also hyperparasitic on *Macrosolen* • GEO: recent alluvium, raised white sand terrace • ALT: near sea level.
BEL: Bukit Sawat, Jln. Labi–Merangking, *Kirkup* 366; Seria, Seria, *Smythies* S 5900. **BRM:** Serasa, Kpg. Sabun, *Wong* 923 • Malaya, Sumatra, Java, Borneo, Lesser Sunda Is., Sulawesi, Moluccas

V. orientale Willd.
Leafy shrublet • VEG: LMDF, disturbed LMDF • HAB: valley bottom, steep slopes, forest remnants and roadside, aerial hemiparasite recorded at 2–6 m on *Eugenia, Euodia, Tristania* hosts • GEO: Belait series sandstone, Setap shales • ALT: near sea level–100 m
BEL: Bukit Sawat, Jln. Labi, *Kirkup* 395; Labi, Bt. Teraja, *Kirkup* 271; Sungai Liang, Sungai Liang, *Kirkup* 385. **TUT:** Lamunin, *Kirkup* 299. **Without prov.:** *van Niel* 4183 • Malaya, Sumatra, Java, Borneo, Lesser Sunda Is., Sulawesi, New Guinea

VISCACEAE INDET.
BEL: Labi, Bukit Teraja, *Kirkup* 425; Labi, Bt. Telingan, *Ashton* BRUN 26; Melilas, Sg. Topi–Ingei watershed, *Kirkup* 751. **TUT:** Ulu Tutong, Bukit Bahak, *Kirkup* 588.

VITACEAE

AMPELOCISSUS

A. borneensis Merr.
Liana • VEG: Secondary Forest
TUT: Lamunin, Kpg. Lamunin, *Wong* 2010 • Borneo, Philippines

A. capillaris Ridl. — *Akar Kerandak* (Ib.)
Climber • HAB: near running fresh water
TEM: Amo, Temburong river, *Wong* 478 • Borneo: Sarawak

A. imperialis (Miq.) Planch.
Climber • VEG: Alluvial Forest, LMDF, Degraded LMDF • HAB: gentle slope; near running fresh water • GEO: Setap Shales; alluvial deposits; sandy soil • ALT: 20–100 m
BEL: Bukit Sawat, Merangking Buau, *Coode* 7682; Labi, Mendaram, *Forman* 1027; Melilas, Sg. Ingei, *Wong* 713. **TEM:** *Johns* 7287; Amo, Batu Apoi Forest Reserve, *Nielsen* 1048; Amo, Sg. Temburong, *Dransfield J.* 6663. **Without prov.:** *Haslani-Mohd. A.* 79 • Sumatra, Borneo

A. lowii (Hook.f.) Planch.
Liana, climber • VEG: Kerangas, LMDF • HAB: steep slope • GEO: sandstone; clay soil • ALT: 500 m
TEM: Amo, K. Belalong, *Wong* 299; Amo, Ulu Belalong, *Dransfield J.* 7431. **TUT:** Tanjong Maya, Andulau F.R., *Niga* 316 • Borneo

A. ochracea (Teijsm. & Binn.) Merr.
Climber • VEG: LMDF, Lower Montane Forest • HAB: ridge • GEO: Meligan formation, Setap Shales • ALT: 100–870 m
TEM: Amo, Sg. Temburong, *Sands* 5367. **TUT:** Lamunin, Lamunin, *Kirkup* 227 • Sumatra, Borneo

A. pedicellata Merr.
Climber • VEG: Kerangas Forest with Agathis • GEO: sandy soil; • ALT: 20–10 m
BEL: Seria, Badas F.R., *Coode* 7655 • Borneo: Sarawak

A. rubiginosa Lauterb.
Climber • HAB: ridge
BEL: Melilas, Bt. Batu Patam, *Wong* 1143 • Sumatra, Borneo

A. winkleri Lauterb. — *Akau Kombuyat Diok* (Dus.)
Climber • VEG: Degraded LMDF • HAB: steep slope, ridge; near running fresh water • GEO: Belait formation; sandy clay soil • ALT: 20–90 m • USES: Medicinal, leaves put on forehead of baby with ache
BEL: Melilas, Sungai Mutip, *Atkins* 584; Sg. Liang, Andulau F.R., *Coode* 6783; Sg. Liang, Sungai Liang Arboretum, *Forman* 1091. **TEM:** Amo, K. Temburong Machang, *Wong* 1946. **TUT:** Lamunin, Ladan Hills, *Coode* 7356; Rambai, Tasek Merimbun, *Bernstein* 404. **Without prov.:** *van Niel* 3405 • Borneo

A. cf. winkleri Lauterb.
Climber • VEG: Degraded Secondary Forest • ALT: 100 m
BEL: Labi, Bt. Teraja, *Simpson* 2140.

CAYRATIA

C. geniculata (Blume) Gagnep.
Without prov.: *van Niel* 3601 • Sumatra, Java, Borneo

C. mollissima (Wall.) Gagnep.
Climber • VEG: Peatswamp Forest with Shorea albida
BEL: Seria, Jln. Badas, *Mat Salleh* 2417b • Sumatra, Java, Borneo

C. cf. mollissima (Wall.) Gagnep.
Without prov.: *van Niel* 3997.

C. trifolia (L.) Domin
Without prov.: *van Niel* 4141 • Sumatra, Java, Borneo

CISSUS

C. adnata Roxb.
Climber • ALT: 50–100 m
BEL: Labi, Labi Hills F.R., *Coode* 6797. **Without prov.:** *van Niel* 3598 • SE Asia to Philippines

C. angustata Ridl. — *Akar Engkaranda* (Ib.)
Climber • VEG: LMDF, Degraded LMDF, Secondary Forest, Roadsides • HAB: gentle slope; near running fresh water • ALT: 910 m
BEL: Labi, Andulau F.R., *Niga* 37; Labi, Labi Hills F.R., *Coode* 6803; Labi, Labi Hills F.R., *Coode* 6822; Labi, Labi Hills F.R., *Wong* 1587. **TEM:** Amo, Bt. Belalong, *Prance* 30554. **TUT:** Rambai, Sg. Tutong, *Coode* 6443. **Without prov.:** *van Niel* 4275 • Borneo

C. hastata Miq.
Climber • VEG: Peatswamp Forest, Degraded Peatswamp Forest, Degraded LMDF • GEO: yellow sand; peat • ALT: 90 m
BEL: Labi, Edges of unsurfaced road, *Davis* 452; Seria, Badas, *Coode* 6838; Seria, Badas, *Coode* 7619; Seria, Badas Stateland Forest, *Mat Salleh* 2439b. **Without prov.:** *van Niel* 3857; *van Niel* 3995 • Malesia

C. nodosa Blume — *Akar Engkaranda* (Ib.)
Herbaceous climber, climber • VEG: LMDF • HAB: gentle slope; near running fresh water • GEO: shale, Setap Shales • ALT: 120–550 m
TEM: Amo, Sg. Belalong, *Dransfield J.* 7076; Amo, Sg. Temburong, *Coode* 6717 • Malesia

C. rostrata (Miq.) Planch.
Climber
TEM: Amo, Sg. Temburong, *Wong* 1280. **Without prov.:** *van Niel* 4317 • Malesia

C. simplex Blanco
Midstorey/subcanopy tree • VEG: HDF • HAB: ridge • ALT: 500 m
TEM: Batu Apoi, Bt. Gelagas (Bt. Suang), *Simpson* 2246 • Borneo

C. sp. indet.
BEL: Labi, Sg. Rampayoh, *Coode* 7284.

PTERISANTHES
Latiff in Fed. Mus. Journ. 27: 42–68 (1982)

P. cissoides Blume
Climber • VEG: LMDF • HAB: ridge; near running fresh water • ALT: 20–30 m
TEM: Amo, Bt. Belalong, *Wong* 1349. **TUT:** Rambai, Sg. Tutong, *Coode* 6357 • W & C Malesia

P. grandis Ridl.
Climber • VEG: Belukar • GEO: alluvial deposits • ALT: 10 m
BEL: Labi, Mendaram, *Dransfield J.* 6556 • Borneo: Sarawak

P. polita (Miq.) Lawson — *Amban Ambok* (Br., Ked.), *Dilah Hantu* (Ib.)
Climber • VEG: Alluvial Forest, Degraded Empran, Kerangas, Degraded Kerangas, LMDF, Degraded LMDF, HDF • HAB: flat ground, gentle slope, terrace, ridge; impeded drainage, periodically flooded; near running fresh water, near still fresh • GEO: Belait formation, Sand/clay; alluvial deposits • ALT: 10–250 m
BEL: Bukit Sawat, Jln. Merangking–Buau, *Niga* 250; Labi, Bt. Telingan, *Kirkup* 239; Labi, Bt. Teraja, *Coode* 6934; Labi, Bt. Teraja, *Simpson* 2124; Labi, Jln. Melayan, *Dransfield J.* 7256; Labi, Labi Hills F.R., *Coode* 6812; Labi, New road to Merankin, *Kirkup* 200; Melilas, *Wong* 701; Melilas, Ulu Belait, *Atkins* 526. **BRM:** Berakas, Berakas camp, *Ashton* BRUN 5430. **TEM:** *Johns* 7021; Amo, Kuala Belalong, *Argent* 91201; Amo, Sg. Temburong, *Wong* 1230; Batu Apoi, Kpg. Selapon, *Dransfield J.* 6911. **TUT:** Lamunin, Ladan Hills, *Coode* 7330; Rambai, Sg. Tutong, *Coode* 6352 • Burma, Thailand, Sumatra, Malaya, Borneo

P. rufula (Miq.) Planch.
Climber • VEG: LMDF • ALT: 20 m
BEL: Sg. Liang, Sungai Liang Arboretum, *Forman* 1089; Sungai Liang, Sungai Liang Arboretum Reserve, *Wong* 126 • Sumatra, Java, Borneo

P. spp. indet.
BEL: Sukang, Sungai Paleh Bangawong, *Kirkup* 654. TEM: Amo, Bt. Belalong, *Dransfield J.* 7147; Amo, Sg. Temburong, *Dransfield J.* 6647. TUT: Ulu Tutong, Bukit Bahak, *Kirkup* 513. Without prov.: *van Niel* 4267.

TETRASTIGMA

T. megacarpum Latiff — *Akau Belibit* (Dus.)
Liana
TUT: Rambai, Tasek Merimbun, *Bernstein* 519. TEM: Amo, Sg. Temburong, *Wong* 1307 • Borneo

T. pedunculare (Wall.) Planch. — *Akar Luran* (Ib.)
Liana, climber • VEG: Alluvial Forest, Degraded LMDF, Roadsides • HAB: flat ground, gentle slope; impeded drainage; near still fresh water • GEO: alluvial deposits • ALT: 10–100 m
BEL: Labi, Bt. Teraja, *Dransfield J.* 7019; Labi, Kpg. Mendaram Besar, *Coode* 7728; Labi, Labi Hills F.R., *Coode* 6801. TEM: Amo, K. Belalong, *Wong* 271; Amo, Kpg. Batang Duri, *Wong* 1346 • Malesia

T. cf. pedunculare (Wall.) Planch.
Liana • HAB: ridge
TEM: Amo, Pagon ridge, *Wong* 1887.

T. sp. indet.
TEM: Amo, K. Belalong, *Puff* 9205061/88.

VITACEAE INDET.
BEL: Labi, Bukit Teraja, *Kirkup* 455; Labi, Sungai Rampayoh, *Coode* 7800. TEM: Amo, K. Belalong Machang, *Ashton* BRUN 2608; Amo, Ulu Belalong, *Coode* 7846; Batu Apoi, Bt. Gelagas (Bt. Suang), *Simpson* 2242. TUT: Ulu Tutong, Bukit Bahak, *Kirkup* 464.

WINTERACEAE

DRIMYS

D. piperita Hook.f.
Shrub • VEG: Upper Montane Shrubbery • HAB: gentle slope, ridge • GEO: moss • ALT: 1500 m
TEM: Amo, Bt. Retak, *Wong* 401; Amo, G. Pagon, *Coode* 7431 • Borneo & Philippines to New Guinea, Australia

D. sp. indet.
TEM: Amo, G. Pagon, *Coode* 7447.

MONOCOTYLEDONS

AMARYLLIDACEAE
E.J. COWLEY
Geerinck in Fl. Males. 11: 353–373 (1993)

PANCRATIUM

P. zeylanicum L.
Without prov.: *Burbidge* s.n. • W & C Malesia and widely cultivated

P. sp. indet.
Without prov.: *van Niel* 3762.

ARACEAE
P.C. BOYCE

AGLAODORUM

A. griffithii (Schott) Schott
Presumably present but not yet recorded • Vietnam, Malaya, Sumatra, Borneo: Sarawak

AGLAONEMA

A. nitidum (Jack) Kunth (*A. oblongifolium* (Roxb.) Kunth)
Endotrophic terrestrial; suffrutescent herb/subshrub, herb • VEG: Alluvial Forest, Degraded Alluvial Forest, LMDF, Degraded LMDF, Secondary Forest • HAB: valley bottom, gentle slope; near running fresh water • GEO: Belait formation, Lambir formation, sandstone; alluvial deposits; stony; sandy soil • ALT: 10–150 m
  BEL: Labi, *Boyce* 236; Labi, *Boyce* 237; Labi, *Boyce* 344; Labi, *Forman* 1060B; Labi, Rampayoh, *Cowley* 20; Labi, Sg. Rampayoh, *Dransfield S.* 1278; Labi, Wasai Teraja, *Thomas* 271. TEM: Batu Apoi, Selapon, *Dransfield J.* 7496; Labu, *Sands* 5648. Without prov.: *Hotta* 13462; *Hotta* 13468 • Indochina, Thailand, Malaya, Sumatra, Java, Borneo

A. simplex Blume — *Tatu'od* (Dus.)
Herb • VEG: Alluvial Forest, LMDF • HAB: valley bottom; near running fresh water • GEO: Lambir formation, sandstone; alluvial deposits; sandy soil • ALT: 80 m
  BEL: Labi, *Forman* 1065; Labi, *Wong* 529; Labi, Rampayoh, *Atkins* 440; Labi, Sg. Rampayoh, *Coode* 7268; Labi, Sg. Rampayoh, *Dransfield S.* 1281. TUT: Lamunin, Belabau, *Coode* 6400; Rambai, Tasek Merimbun, *Bernstein* 481. Without prov.: *Poulsen* 212 • Indochina, Thailand, Malaya, Java, Sumatra, Java, Borneo, Philippines

A. spp. indet.
  BEL: Labi, *Boyce* 342. TEM: Amo, *Wong* 1741; Amo, K. Belalong, *Boyce* 367; Amo, K. Belalong, *Boyce* 431.

A. cf. sp. indet.
Without prov.: *van Niel* 4306.

ALOCASIA

A. beccarii Engl.
Herb; on ground • VEG: Kerangas, LMDF, HDF • HAB: steep slope, ridge • GEO: Belait formation • ALT: 120–620 m
  BEL: Melilas, Bt. Batu Patam, *Boyce* 274. TEM: Batu Apoi, Bt. Gelagas (Bt. Suang), *Simpson* 2271; Labu ?, *Boyce* 350 • Malaya, Borneo: Sarawak, Sabah

A. guttata N.E.Br.
Herb • HAB: gentle slope; near running fresh water • GEO: Setap Shales; stony • ALT: 60–70 m
TEM: Amo, Batu Apoi Forest Reserve, *Poulsen* 43; Amo, Batu Apoi Forest Reserve, *Poulsen* 108 • Borneo: Sabah

A. longiloba Miq.
Without prov.: *Hotta* 12495; *Hotta* 12601; *Hotta* 13589 • ?Indochina, Thailand, Malaya, Java, Borneo

A. lowii Hook.f.
Herb • HAB: near running fresh water • GEO: Setap Shales • ALT: 60 m
TEM: Amo, Batu Apoi Forest Reserve, *Poulsen* 18 • Borneo

A. macrorrhizos (L.) G.Don
Seen in cultivation (P.C.B.) but not collected • SE Asia and Malesia to Australia; cultivated

A. peltata M.Hotta
Herb • HAB: gentle slope, steep slope • GEO: sandstone
TEM: Amo, *Wong* 1903; Amo, Bt. Retak, *Wong* 838. **Without prov.:** *Poulsen* 213 • Borneo: Sarawak

A. reginae N.E.Br.
Without prov.: *Hotta* 13227 • Borneo

A. sp. A
Herb • VEG: Degraded LMDF, Lower Montane Forest, Secondary Forest • HAB: near running fresh water • GEO: Setap Shales • ALT: 20–800 m
TEM: *Johns* 6733; Amo, K. Belalong, *Boyce* 384a; Bangar, Bt. Biang, *Forman* 897; Bangar, Bt. Biang, *Forman* 931 • Endemic

A. sp. B
Herb; on ground • VEG: LMDF, Degraded LMDF • HAB: steep slope, ridge; near running fresh water • GEO: Setap Shales • ALT: 20–100 m
BEL: Sungai Liang, Sungei Liang, *Forman* 1082. **TEM:** Amo, Bt. Belalong, *Wong* 1417; Amo, K. Belalong, *Boyce* 359; Amo, K. Belalong, *Boyce* 384. **TUT:** Lamunin, Ladan Hills, *Coode* 7332 • Endemic

A. sp. C
• VEG: Lower Montane Forest • ALT: 800 m
TEM: *Johns* 6721. **Without prov.:** *Kessler* 404 • Endemic

A. sp. D
• GEO: Lambir formation • ALT: 30 m
BEL: Labi, Rampayoh, *Atkins* 441 • Endemic

A. sp. E
Without prov.: *Poulsen* 235 • Endemic

A. sp. F
Without prov.: *Poulsen* 264 • Endemic

A. sp. G
Without prov.: *Poulsen* 79 • Endemic

A. spp. indet.
BEL: Labi, *Boyce* 343; Melilas, Kuala Ingei, *Thomas* 216; Melilas, Ulu Ingei, *Cowley* 144. **TEM:** Amo, K. Belalong, *Boyce* 418. **Without prov.:** *van Niel* 4247.

AMORPHOPHALLUS

A. paeoniifolius (Dennst.) Nicolson
Seen in cultivation (P.C.B.) but not collected • SE Asia and Malesia to Australia; cultivated

A. pendulus Mayo & Bogner
BEL: Labi, *Boyce* 247. **TEM:** Amo, Apoi Forest Reserve, *Sands* 5788; Amo, K. Belalong, *Boyce* 376; Amo, K. Belalong, *Boyce* 437.

AMYDRIUM

A. medium (Zoll. & Mor.) Nicolson — *Sipak* (Dus.)
Herb, climber; on ground • VEG: Freshwater Swamp Forest, LMDF, HDF • HAB: gentle slope, steep slope, terrace, ridge; periodically flooded; near running fresh water • GEO: Belait formation, White sand, Sand/clay, Setap Shales; alluvial deposits • ALT: 10–350 m • USES: Edible leaves
BEL: Labi, Bt. Teraja, *Simpson* 2135; Labi, Kpg. Tenajor, *Haslani-Mohd. A.* 15; Melilas, Ulu Ingei, *Cowley* 145; Sungai Liang, Labi road, *Boyce* 449. **BRM:** Kota Batu, *Boyce* 220. **TEM:** Amo, Batu Apoi Forest Reserve, *Poulsen* 173; Amo, K. Belalong, *Boyce* 403; Amo, K. Belalong, *Boyce* 408; Labu, Bukit Patoi, *Hussain Hj. Osman* 37; Labu ?, *Boyce* 347. **TUT:** Rambai, Tasek Merimbun, *Bernstein* 159; Rambai, Tasek Merimbun, *Bernstein* 384. **Without prov.:** *Poulsen* 236; *Poulsen* 364 • ?Indochina, Thailand, Malaya, Sumatra, Java, Borneo, Philippines

ANADENDRUM

A. affine Schott
Without prov.: *Hotta* 13337 • Sumatra

A. cordatum Schott
Climber • VEG: Alluvial Forest, Secondary Forest • HAB: valley bottom • GEO: alluvial deposits • ALT: 20–80 m
BEL: Labi, Sg. Rampayoh, *Dransfield S.* 1280. **TEM:** Bangar, Bt. Biang, *Forman* 901 • Sumatra

A. latifolium Hook.f.
Climber • VEG: Alluvial Forest • HAB: valley bottom • GEO: alluvial deposits
BEL: Labi, Sg. Rampayoh, *Dransfield S.* 1284. **Without prov.:** *Kessler* 355 • Malaya

A. lobbii Schott
Climber • VEG: LMDF • HAB: near running fresh water • GEO: Belait formation • ALT: 30–40 m
BEL: Labi, *Boyce* 249 • ?Indochina, Thailand, Malaya, Sumatra, Java, Borneo, Sulawesi

A. marginatum (Wall.) Schott
Without prov.: *Boyce* 249a • Malaya

A. microstachyum (de Vriese & Miq.) Baker
Climber • VEG: Degraded Peatswamp Forest, LMDF • GEO: clay soil, sandy soil • ALT: sea level–50 m
BEL: Labi, Kpg. Teraja, *Forman* 1073. **TUT:** *Forman* 989. **Without prov.:** *Hotta* 13517 • Sumatra, Java

A. spp. indet.
TEM: Amo, K. Belalong, *Boyce* 374; Batu Apoi, *Kirkup* 320.

ARIDARUM

A. caulescens M.Hotta
Rheophyte; herb • VEG: LMDF • HAB: near running fresh water • GEO: Belait formation, Lambir formation • ALT: 20–40 m
BEL: Labi, *Boyce* 250; Labi, Sg. Mendaram, *Sands* 5506 • Borneo: Sarawak

A. caulescens M.Hotta var. **angustifolium** Bogner & Nicolson
Rheophyte; herb • VEG: LMDF, Secondary Forest • HAB: waterfall spray zone, near running fresh water • GEO: Lambir formation • ALT: 90–20 m
BEL: Labi, *Johns* 6813; Labi, Sungai Rampayoh, *Atkins* 605. **Without prov.:** *Boyce* 250a; *van Niel* 3492 • Borneo: Sarawak

A. sp. indet.
BEL: Labi, *Kirkup* 352.

ARISAEMA

A. filiforme (Reinw.) Blume
Herb • VEG: HDF • HAB: near running fresh water • ALT: 350 m
BEL: Labi, Bt. Teraja, *Simpson* 2062 • Malaya, Sumatra, Java, Borneo

A. umbrinum Ridl.
Herb • VEG: Lower Montane Forest • GEO: Meligan formation • ALT: 800 m
TEM: Amo, Bt. Retak, *Sands* 5347 • Borneo: Sarawak

BUCEPHALANDRA

B. motleyana Schott (*Microcasia oblanceolata* M.Hotta)
Lithophyte, rheophyte; acaulescent, herb • VEG: LMDF, HDF • HAB: flat ground, valley bottom, gentle slope, ridge; seasonal watercourse, periodically flooded; near running fresh water, in • GEO: Belait formation, shale, Setap Shales; alluvial deposits; bare rock and boulders; grey clay soil • ALT: 130 m
BRM: Lumapas, Bukit Lumapas, *Bygrave* 45. **TEM:** *Johns* 7130; *Johns* 7149; Amo, Apoi Forest Reserve, *Sands* 5821; Amo, Batu Apoi Forest Reserve, *Nielsen* 1012; Amo, Batu Apoi Forest Reserve, *Poulsen* 109; Amo, Batu Apoi F.R., K Belalong FSC, *Hansen* 1625; Amo, Bt. Belalong, *Wong* 1514; Amo, K. Belalong, *Boyce* 377; Amo, K. Belalong, *Boyce* 386; Amo, K. Belalong, *Boyce* 416; Amo, Sg. Belalong, *Wong* 1179; Amo, Sg. Temburong, *Coode* 6549; Amo, Sg. Temburong, *Coode* 6636; Amo, Temburong river, *Atkins* 484; Bangar, Bt. Biang, *Simpson* 148; Batu Apoi, Bt. Gelagas (Bt. Suang), *Simpson* 2425; Batu Apoi, Kpg. Selapon, *Dransfield S.* 1170; Labu, *Sands* 5647. **TUT:** Rambai, Tasek Merimbun, *Bernstein* 399a. **Without prov.:** *Argent* 9142a; *Coode* 6584a; *Hotta* 13586; *Hotta* 13855 • Borneo

CALADIUM

C. bicolor Vent.
Seen in cultivation (P.C.B.) but not collected • Central and S America; naturalised in Malesia and elsewhere in tropics

COLOCASIA

C. esculenta (L.) Schott
Seen in cultivation (P.C.B.) but not collected • Pantropic; widely cultivated and naturalised across the tropics and subtropics, native distribution uncertain

CRYPTOCORYNE

C. ciliata (Roxb.) Schott
Not yet recorded but presumably present • SE Asia and Malesia to Australia

C. longicauda Engl.
Herb • VEG: Peatswamp Forest, LMDF • HAB: flat ground, ridge; impeded drainage; near still fresh water • GEO: Belait formation • ALT: 30–50 m
BEL: Labi, *Boyce* 459; Melilas, *Wong* 983 • Malaya, Sumatra, Borneo: Sarawak

C. zonata de Wit
Herb • VEG: Peatswamp Forest, LMDF • HAB: flat ground, ridge; impeded drainage; near still fresh water • GEO: Belait formation • ALT: 30–50 m
BEL: Labi, *Boyce* 458. **Without prov.**: *Richards* 5601; *van Niel* 3395 • Malaya, Sumatra, Borneo: Sarawak

CYRTOSPERMA

C. ferox Linden & N.E.Br.
Herb • HAB: flat ground; impeded drainage; near still fresh water
BEL: Labi, *Wong* 1003. **Without prov.**: *Hotta* 13592 • Borneo

EPIPREMNUM

E. falcifolium Engl.
Epiphytic; climber • VEG: Degraded Peatswamp Forest, LMDF • HAB: gentle slope • GEO: Setap Shales; clay soil • ALT: sea level–150 m
TEM: Amo, Batu Apoi Forest Reserve, *Poulsen* 172. TUT: *Forman* 986. **Without prov.**: *Poulsen* 233; *Poulsen* 363 • Endemic

HAPALINE

H. celatrix P.C.Boyce in press
Herb; on ground • VEG: LMDF, Degraded LMDF • HAB: impeded drainage; near running fresh water • GEO: Setap Shales • ALT: 20–30 m
TEM: Amo, K. Belalong, *Boyce* 358; Amo, K. Belalong, *Boyce* 417 • Endemic

HOMALOMENA

H. aromatica (Roxb.) Schott (*H. cordata* (Houtt.) Schott)
Herb • VEG: LMDF • HAB: ridge • GEO: Setap Shales • ALT: 250 m
TEM: Amo, Batu Apoi Forest Reserve, *Poulsen* 25. **Without prov.**: *Hotta* 13951 • Indochina, Thailand, Malaya, Borneo, Moluccas, ?New Guinea

H. geniculata M.Hotta
Herb • VEG: LMDF • HAB: steep slope • GEO: sandstone; yellow clay soil • ALT: 450 m
TEM: Amo, Ulu Belalong, *Dransfield J.* 7401. **Without prov.**: *Poulsen* 322 • Borneo: Sarawak

H. hostifolia Engl. — *Kelemuyang* (Ib.), *Latu* (Dus.)
Lithophyte, rheophyte; herb • VEG: LMDF, HDF • HAB: gentle slope, ridge; impeded drainage; near running fresh water • GEO: Belait formation, Setap Shales; stony; clay soil • ALT: 20–40 m
BEL: Labi, *Boyce* 253. TEM: Amo, *Wong* 1894; Amo, Apan, *Cowley* 74; Amo, Bt. Belalong, *Wong* 1516; Amo, K. Belalong, *Boyce* 433; Batu Apoi, Bt. Gelagas (Bt. Suang), *Simpson* 2493; Batu Apoi, Selapon, *Dransfield J.* 7478; Batu Apoi, Selapon, *Dransfield J.* 7479. **Without prov.**: *Poulsen* 168; *Poulsen* 268 • Borneo: Sarawak, Kalimantan

H. humilis (Jack) Hook.f.
Rheophyte; herb • VEG: Degraded LMDF • HAB: near running fresh water • GEO: Setap Shales; bare rock and boulders • ALT: 20–60 m
TEM: Amo, Batu Apoi Forest Reserve, *Poulsen* 190; Amo, K. Belalong, *Boyce* 399. **Without prov.**: *Hotta* 12581; *Hotta* 13131; *Hotta* 13279 • Malaya, Sumatra

H. minutissima M.Hotta
Lithophyte; herb • VEG: LMDF • HAB: ridge • GEO: Belait formation • ALT: 50–150 m
BEL: Melilas, Bt. Batu Patam, *Boyce* 301. **Without prov.**: *Hotta* 12857 • Endemic

H. modesta Schott
Herb • VEG: LMDF • HAB: gentle slope • GEO: Setap Shales • ALT: 150 m

TEM: Amo, Batu Apoi Forest Reserve, *Poulsen* 177 • Borneo: Kalimantan

H. propinqua Schott
Lithophyte; herb • VEG: Kerangas • GEO: Belait formation • ALT: 180–200 m
BEL: Melilas, Bt. Batu Patam, *Boyce* 276 • Borneo

H. pygmaea (Hassk.) Engl. — *Latu Biasa* (Dus.)
Epiphytic, lithophyte, rheophyte; herb • VEG: Kerangas, LMDF, Degraded LMDF, Lower Montane Forest • HAB: gentle slope, ridge; waterfall spray zone, near running fresh water • GEO: Belait formation, Meligan formation, shale, Setap Shales; stony • ALT: 20–200 m
BEL: Labi, *Boyce* 255; Labi, *Boyce* 266; Labi, *Wong* 533; Melilas, Bt. Batu Patam, *Boyce* 284; Melilas, Bt. Batu Patam, *Boyce* 285. TEM: Amo, Bt. Retak, *Sands* 5322; Amo, K. Belalong, *Boyce* 356; Amo, K. Belalong, *Boyce* 378; Amo, Sg. Temburong, *Coode* 6584. TUT: Rambai, Tasek Merimbun, *Bernstein* 399. Without prov.: *Jacobs* 5603 • Malaya, Sumatra, Java, Borneo, Sulawesi, Philippines

H. rostrata Griff.
• HAB: near running fresh water
TEM: Bukok, Kpg. Temada, *Simpson* 155. Without prov.: *Hotta* 12785; *Hotta* 12972; *Hotta* 13457 • Borneo: Sarawak, ?Kalimantan

H. cf. rostrata Griff.
Herb • VEG: Peatswamp Forest • HAB: flat ground; impeded drainage; near still fresh water
BEL: Melilas, *Wong* 986.

H. sagittifolia Schott
Without prov.: *Hotta* 12690; *Hotta* 13320; *Hotta* 13466; *Hotta* 13658; *Hotta* 13850 • Malaya, Borneo

H. subcordata Engl.
Without prov.: *Hotta* 13457a • Borneo: Sarawak

H. vagans P.C.Boyce
Herb; on ground • VEG: LMDF, Secondary Forest • HAB: gentle slope; near running fresh water • GEO: Lambir formation • ALT: 20–150 m
BEL: Labi, Rampayoh, *Cowley* 180. TUT: Rambai, Sg. Tutong, *Coode* 6365. Without prov.: *Jacobs* 5615; *Poulsen* 47; *Poulsen* 273 • Endemic

H. sp. A
Herb; on ground • VEG: LMDF • HAB: impeded drainage; near running fresh water • GEO: Belait formation; alluvial deposits • ALT: 100–120 m
TUT: Lamunin, Ladan Hills, *Cowley* 29; Lamunin, Ladan Hills F.R., *Sands* 5728 • Endemic

H. cf. sp. A
Herb • HAB: ridge • GEO: shale • ALT: 800 m
TEM: Amo, Bt. Belalong, *Wong* 1463.

H. sp. B
Herb • VEG: LMDF • HAB: near running fresh water • GEO: Belait formation • ALT: 20–40 m
BEL: Labi, *Boyce* 244 • Endemic

H. sp. C — *Ratun Latu* (Dus.)
• VEG: HDF • ALT: 390 m
BEL: Labi, *Johns* 6875. TUT: Rambai, Tasek Merimbun, *Bernstein* 199 • Endemic

H. sp. D
Herb; on ground • VEG: LMDF, Secondary Forest • HAB: gentle slope, steep slope • GEO: Lambir formation, Setap Shales; clay soil • ALT: 80 m
BEL: Labi, Teraja, *Atkins* 615. TEM: Amo, K. Belalong, *Boyce* 400; Amo, Kuala Belalong F.S.C., *Argent* 9185; Batu Apoi, Selapon, *Dransfield J.* 7482; Batu Apoi, Sg. Selapon, *Wong* 2083 • Endemic

H. sp. E
Herb; on ground • VEG: LMDF, Degraded LMDF • HAB: steep slope; near running fresh water • GEO: Belait formation • ALT: 20–90 m

BEL: Labi, *Boyce* 252; Labi, *Boyce* 263. **TUT:** Lamunin, Ladan Hills, *Coode* 7328. **Without prov.:** *Coode* 6370a • Endemic

H. sp. F
• VEG: HDF • HAB: near running fresh water • GEO: Setap Shales • ALT: 40 m

TEM: Amo, Apan, *Cowley* 78 • Endemic

H. sp. G
BEL: Labi, Rampayoh, *Sands* 5742; Labi, Sungai Rampayoh, *Kirkup* 792; Melilas, Bt. Batu Patam, *Boyce* 339. **BRM:** Lumapas, Bukit Lumapas, *Bygrave* 47. **TEM:** Amo, Batu Apoi Forest Reserve, *Poulsen* 181; Amo, Batu Apoi F.R., K Belalong FSC, *Hansen* 1614; Amo, K. Belalong, *Boyce* 361; Amo, K. Belalong, *Boyce* 369; Amo, K. Belalong, *Boyce* 381; Amo, K. Belalong, *Boyce* 422; Bangar, Bt. Biang, *Simpson* 147. **Without prov.:** *Poulsen* 234; *Poulsen* 315; *van Niel* 3447.

H. sp. nov. 1
Herb; on ground • VEG: LMDF, HDF • HAB: impeded drainage; near running fresh water • GEO: Setap Shales • ALT: 20–40 m

TEM: Amo, Apan, *Cowley* 79; Amo, K. Belalong, *Boyce* 420.

HOTTARUM

H. truncatum (M.Hotta) Bogner & Nicolson
Rheophyte • VEG: Degraded LMDF • HAB: near running fresh water • GEO: Setap Shales • ALT: 20 m

TEM: Amo, K. Belalong, *Boyce* 399A • Borneo: Sarawak

H. strictum P.C.Boyce in press
based on a Johns collection from Brunei, label lost • Endemic

H. dacryon P.C.Boyce in press
Herb • VEG: Lower Montane Forest • GEO: Meligan formation • ALT: 800–900 m

TEM: *Johns* 6743; Amo, Bt. Retak, *Sands* 5375 • Endemic

H. sp. indet.
TEM: Temburong R., Sungai Wong, *Coode* 6549a.

LASIA

L. spinosa (L.) Thwaites — *Bungor* (Dus.)
Herb • VEG: Peatswamp Forest, Degraded Peatswamp Forest, Degraded LMDF • GEO: Belait formation; clay soil • ALT: sea level–40 m • USES: Edible leaves, cooked as a vegetable

BEL: Labi, *Boyce* 340. **TUT:** *Forman* 975; Rambai, Sg. Medit, *Simpson* 2592; Rambai, Tasek Merimbun, *Bernstein* 35. **Without prov.:** *Hotta* 12560; *Hotta* 13461 • Continental SE Asia: India to China, Sumatra, Java, Borneo, New Guinea

PHYMATARUM

P. borneense M.Hotta
Rheophyte; herb • VEG: Degraded LMDF • HAB: flat ground; near running fresh water • GEO: Belait formation, Setap Shales; alluvial deposits; stony • ALT: 10–40 m

BEL: Labi, *Boyce* 341. **TEM:** Amo, K. Belalong, *Boyce* 398; Batu Apoi, Kpg. Selapon, *Dransfield J.* 6919. **Without prov.:** *Hotta* 13314; *Hotta* 13722 • Borneo: Sarawak, Kalimantan

P. crassum P.C.Boyce in press
• HAB: near running fresh water • GEO: Setap Shales • ALT: 10 m

TEM: Batu Apoi, Kpg. Selapon, *Dransfield S.* 1150 • Endemic

PIPTOSPATHA

P. burbidgei (N.E.Br.) M.Hotta
Rheophyte; herb • VEG: Degraded LMDF • HAB: periodically flooded; near running fresh water • GEO: Setap Shales; bare rock and boulders • ALT: 20–70 m
TEM: Amo, *Wong* 1329; Amo, Batu Apoi Forest Reserve, *Poulsen* 19; Amo, K. Belalong, *Boyce* 355; Amo, Sungai Temburong, *Argent* 9142. **Without prov.:** *Hotta* 13721; *Hotta* 13735 • Borneo

P. elongata (Engl.) N.E.Br.
Rheophyte; herb • HAB: flat ground; near running fresh water • GEO: Setap Shales; alluvial deposits; stony • ALT: 10–20 m
TEM: Batu Apoi, Kpg. Selapon, *Dransfield J.* 6918 • Malaya, Borneo

P. spp. indet.
TEM: Amo, K. Belalong, *Boyce* 414; Amo, K. Belalong, *Boyce* 432; Amo, K. Belalong, *Boyce* 436.

PISTIA

P. stratiotes L.
Seen in cultivated rice-fields (P.C.B.) but not collected • Pantropic

POTHOS

P. atropurpureus M.Hotta
Climber • HAB: ridge; near running fresh water • GEO: sandstone • ALT: 120–150 m
BEL: Labi, Wong Kadir, *Coode* 7181 • Borneo: Sarawak

P. barberianus Schott
Epiphytic; climber • VEG: Kerangas, LMDF, HDF • HAB: gentle slope, steep slope, ridge • GEO: Belait formation, sandstone, Setap Shales; clay soil, yellow clay soil • ALT: 70–850 m
BEL: Melilas, Bt. Batu Patam, *Boyce* 302; Melilas, Bt. Batu Patam, *Boyce* 304; Melilas, Bt. Batu Patam, *Boyce* 316. **TEM:** Amo, Bt. Belalong, *Dransfield J.* 7176; Amo, Ulu Belalong, *Dransfield J.* 7405; Batu Apoi, Selapon, *Kirkup* 944b • Malaya, Sumatra, Borneo: Kalimantan

P. beccarianus Engl.
Climber • VEG: HDF • HAB: steep slope • GEO: Setap Shales • ALT: 820 m
TEM: Amo, Bt. Belalong, *Dransfield J.* 7169. **Without prov.:** *Poulsen* 174 • Borneo: Sarawak

P. brevistylus Engl.
Climber • VEG: LMDF, Degraded LMDF • HAB: gentle slope • GEO: Setap Shales • ALT: 20–80 m
BEL: Labi, Jln. Melayan, *Dransfield J.* 7269. **TEM:** Batu Apoi, *Dransfield J.* 6944 • Borneo: Sarawak

P. hosei Rendle
Climber • VEG: Kerapah, LMDF • HAB: ridge • GEO: Setap Shales • ALT: 30–210 m
TEM: Amo, K. Belalong, *Boyce* 440; Amo, K. Belalong, *Boyce* 445; Batu Apoi, *Dransfield J.* 6955 • Borneo: Sarawak

P. insignis Engl.
Climber • VEG: LMDF • HAB: impeded drainage • GEO: Setap Shales • ALT: 20–30 m
TEM: Amo, K. Belalong, *Boyce* 438. **Without prov.:** *Poulsen* 183 • Borneo: Sarawak

P. laurifolius P.C.Boyce in press
Climber • VEG: Alluvial Forest • HAB: valley bottom • GEO: alluvial deposits
BEL: Labi, Sg. Rampayoh, *Dransfield S.* 1282 • Endemic

P. leptostachyus Schott
Climber • VEG: LMDF • HAB: gentle slope • GEO: sandstone; clay soil • ALT: 150 m

TEM: Batu Apoi, Selapon, *Dransfield J.* 7465. **Without prov.:** *Poulsen* 147 • Borneo: Kalimantan

P. aff. leptostachyus Schott
Climber • VEG: LMDF • HAB: gentle slope • GEO: Setap Shales • ALT: 20–40 m
TEM: Batu Apoi, *Dransfield J.* 6934.

P. oxyphyllus Miq.
Without prov.: *Poulsen* 180; *Poulsen* 208 • Sumatra, Java, Borneo

P. scandens L.
Climber • GEO: vertical tree trunk
BRM: Gadong, Kpg. Rimba, *Wong* 1635 • India to Indochina and Malaya, Sumatra, Java, Borneo, Sulawesi, Moluccas

P. volans P.C.Boyce in press
Epiphytic; climber • VEG: HDF • HAB: ridge • GEO: sandstone; yellow-red clay soil; Leaf litter • ALT: 620 m
TEM: Amo, Bt. Belalong, *Wong* 1488; Amo, Ulu Belalong, *Dransfield J.* 7419. **Without prov.:** *Dransfield J.* 7169a • Endemic

P. cf. volans P.C. Boyce in press
Climber • VEG: LMDF • HAB: ridge • GEO: Belait formation • ALT: 30–50 m
BEL: Labi, *Boyce* 248.

P. sp. indet.
TEM: Amo, Bt. Belalong, *Dransfield S.* 1226.

RHAPHIDOPHORA

R. angustifolia Schott
Climber • VEG: LMDF • HAB: ridge • GEO: Setap Shales • ALT: 250 m
TEM: Amo, Batu Apoi Forest Reserve, *Poulsen* • Java, Borneo: Kalimantan

R. beccarii Engl.
Rheophyte; herb • VEG: LMDF, Degraded LMDF • HAB: near running fresh water • GEO: Belait formation, Setap Shales • ALT: 20–40 m
BEL: Labi, *Boyce* 245. **TEM:** Amo, K. Belalong, *Boyce* 396; Amo, Sg. Temburong, *Wong* 242. **Without prov.:** *Hotta* 13463; *Jacobs* s.n. • Thailand, Malaya, Sumatra, Borneo

R. foramanifera (Engl.) Engl.
Climber • VEG: LMDF • HAB: near running fresh water • GEO: Belait formation; sandy soil • ALT: 30–40 m
BEL: Labi, *Boyce* 235; Labi, Rampayoh Sg. , *Joffre* 15. **Without prov.:** *Hotta* 13324 • Malaya, Sumatra, Borneo

R. korthalsii Schott
Epiphytic, lithophyte; climber • VEG: LMDF • HAB: steep slope • GEO: Belait formation • ALT: 50–350 m
BEL: Melilas, Bt. Batu Patam, *Boyce* 322. **TEM:** Labu ?, *Boyce* 349 • Thailand, Malaya, Sumatra, Java, Borneo, Philippines to New Guinea

R. lobbii Schott
Climber • VEG: Peatswamp Forest • HAB: flat ground; periodically flooded • GEO: Belait formation; alluvial deposits • ALT: 20 m
BEL: Melilas, Ulu Ingei, *Sands* 5919 • Thailand, Malaya, Sumatra, Java, Borneo

R. minor Hook.f.
Epiphytic; climber • VEG: LMDF • HAB: gentle slope • GEO: Setap Shales; sandy soil • ALT: 10–200 m
BEL: Sukang, Sg. Keduan, *Forman* 1174. **TEM:** Amo, Batu Apoi Forest Reserve, *Poulsen* 153 • ?Indochina, Thailand, Malaya, Sumatra, Java, Borneo, Sulawesi

R. nigrescens Ridl.
Climber • VEG: Kerangas • HAB: ridge • GEO: Belait formation • ALT: 170–200 m
BEL: Melilas, Bt. Batu Patam, *Boyce* 298 • Borneo: Sarawak, Sabah

R. sylvestris (Blume) Engl.
Climber • VEG: Alluvial Forest • HAB: flat ground; periodically flooded • GEO: alluvial deposits • ALT: 10 m
TEM: Batu Apoi, *Dransfield J.* 6917. **Without prov.:** *Hotta* 13214 • Java, Borneo, Moluccas, New Guinea

R. cf. sylvestris (Blume) Engl.
Without prov.: *van Niel* 3944.

R. tenuis Engl.
Epiphytic; climber • VEG: LMDF • HAB: gentle slope, steep slope; near running fresh water • GEO: Belait formation; vertical tree trunk • ALT: 80 m
BEL: Melilas, Bt. Batu Patam, *Boyce* 312. **TEM:** Amo, *Wong* 1727; Amo, Sungai Temburong, *Argent* 9136 • Borneo: Sarawak

R. sp. A
Climber • VEG: Degraded LMDF • GEO: Belait formation • ALT: 10–40 m
BEL: Labi, *Boyce* 345 • Endemic

R. sp. B
Climber • VEG: LMDF • HAB: steep slope • GEO: White sand, Setap Shales • ALT: 20–100 m
BRM: Kota Batu, *Boyce* 221. **TEM:** Amo, K. Belalong, *Boyce* 372 • Endemic

R. sp. C
Climber • VEG: LMDF • HAB: steep slope • GEO: Setap Shales • ALT: 20–80 m
TEM: Amo, K. Belalong, *Boyce* 402 • Endemic

R. sp. D
Without prov.: *Poulsen* 362 • Endemic

R. sp. E
Without prov.: *Poulsen* 207 • Endemic

R. spp. indet.
BEL: Labi, *Boyce* 243; Melilas, Bt. Batu Patam, *Boyce* 271; Melilas, Bt. Batu Patam, *Boyce* 325; Melilas, Bt. Batu Patam, *Boyce* 330; Melilas, Bt. Batu Patam, *Boyce* 332. **TEM:** Amo, Batu Apoi Forest Reserve, *Poulsen* 152; Amo, Batu Apoi Forest Reserve, *Poulsen* 165. **Without prov.:** *Poulsen* 211; *van Niel* 4138; *van Niel* 4250.

SCHISMATOGLOTTIS

S. beccariana Engl.
Lithophyte; herb; on ground • VEG: LMDF, Degraded LMDF • HAB: ridge; near running fresh water • GEO: Belait formation • ALT: 20–40 m
BEL: Labi, *Boyce* 238; Labi, *Boyce* 242; Labi, *Boyce* 257. **TEM:** *Johns* 6979. **TUT:** *Johns* 7107; Ukong, Bt. Besong, *Dransfield S.* 1146; Rambai, Tasek Merimbun, *Wong* s.n. **Without prov.:** *Hotta* 13211; *Hotta* 13212 • Borneo: Sarawak, Kalimantan

S. aff. beccariana Engl.
Herb; on ground • VEG: LMDF • HAB: ridge • GEO: Setap Shales • ALT: 50–210 m
TEM: Amo, K. Belalong, *Boyce* 446.

S. brevicuspis Hook.f.
Lithophyte; herb • VEG: Kerangas • HAB: steep slope, ridge; near running fresh water • GEO: Belait formation, Setap Shales; bare rock and boulders • ALT: 180–200 m
BEL: Melilas, Bt. Batu Patam, *Boyce* 283. **TEM:** Amo, Batu Apoi Forest Reserve, *Poulsen* 139 • Malaya, Java, Borneo: Sarawak

S. calyptrata (Roxb.) Zoll. & Mor.
Herb • VEG: Degraded LMDF • HAB: valley bottom, gentle slope; near running fresh water • GEO: Setap Shales • ALT: 20–60 m
TEM: Amo, Batu Apoi Forest Reserve, *Poulsen* 192. TUT: Lamunin, *Dransfield J.* 6886 • Widespread across SE Asia and Malesia to New Guinea

S. cyria P.C.Boyce
Climber • HAB: valley bottom
TEM: Amo, Kuala Belalong F.S.C., *Argent* 91203 • Endemic

S. ferruginea Merr.
Herb • VEG: Degraded LMDF, HDF • HAB: gentle slope; periodically flooded; near running fresh water • GEO: Belait formation, sandstone; alluvial deposits; sandy soil • ALT: 150 m
TUT: Lamunin, Ladan Hills, *Sands* 5764; Lamunin, Ladan Hills F.R., *Dransfield J.* 6871 • Borneo: Sabah

S. gillianae P.C.Boyce
Rheophyte; herb; on ground • VEG: LMDF • HAB: flat ground; impeded drainage; near running fresh water • GEO: Belait formation, shale, Setap Shales; alluvial deposits; bare rock and boulders, stony • ALT: 10–130 m
BEL: Labi, *Boyce* 254. TEM: Amo, K. Belalong, Sg. Belalong, *Dransfield J.* 7041; Amo, K. Belalong, *Boyce* 424; Amo, Sg. Temburong, *Coode* 6665; Batu Apoi, Kpg. Selapon, *Dransfield J.* 6920. TUT: Rambai, Sg. Tutong, *Coode* 6313. Without prov.: *Poulsen* 47a • Endemic

S. hottae Bogner & Nicolson (*S. cordifolia* M.Hotta)
Lithophyte; herb • VEG: Kerangas, HDF • HAB: ridge • GEO: Belait formation • ALT: 180–200 m
BEL: Labi, *Johns* 6872; Melilas, Bt. Batu Patam, *Boyce* 279. Without prov.: *Hotta* 12886 • Endemic

S. monoplacenta M.Hotta
Cited by Hotta but not seen at Kew • Borneo: Sarawak

S. aff. monoplacenta M.Hotta
Herb • VEG: LMDF • HAB: ridge • GEO: Setap Shales • ALT: 250 m
TEM: Amo, Batu Apoi Forest Reserve, *Poulsen* 86.

S. parviflora M.Hotta
Without prov.: *Hotta* 12582; *Hotta* 12585; *Hotta* 12672 • ?Endemic

S. platystigma M.Hotta
Without prov.: *Hotta* 13132; *Hotta* 13321 • ?Endemic

S. schottii Bogner & Nicolson — *Latu Payoh* (Dus.)
Herb; on ground • HAB: seasonal watercourse; near running fresh water • GEO: sandstone, shale; alluvial deposits; sandy soil; fallen logs • ALT: 300 m • USES: Used to catch spirit of new rice
BEL: Labi, Sg. Rampayoh, *Coode* 7297. BRM: Lumapas, Bukit Lumapas, *Bygrave* 46. TEM: Amo, Sg. Temburong, *Coode* 6696. TUT: Rambai, Tasek Merimbun, *Bernstein* 228. Without prov.: *Poulsen* 365 • Borneo: Sarawak, Kalimantan

S. wallichii Hook.f.
Herb; on ground • VEG: Alluvial Forest, LMDF, Degraded LMDF • HAB: valley bottom, ridge; near running fresh water • GEO: Belait formation, Lambir formation; alluvial deposits • ALT: 20–40 m
BEL: Labi, *Boyce* 239; Labi, *Boyce* 259; Labi, Rampayoh, *Atkins* 434; Labi, Sg. Rampayoh, *Dransfield S.* 1277. TUT: Ukong, Bt. Besong, *Dransfield S.* 1147 • Malaya

S. cf. wallichii Hook.f.
Rheophyte; herb; on ground • VEG: Degraded LMDF • GEO: Belait formation • ALT: 20–50 m

BEL: Labi, *Boyce* 267; Labi, *Boyce* 270.

S. sp. A
BEL: Labi, *Boyce* 240; Labi, *Boyce* 241; Labi, *Boyce* 251; Labi, *Boyce* 256; Labi, *Boyce* 258; Labi, *Boyce* 265; Labi, Sg. Rampayoh, *Dransfield S.* 1283; Labi, Wong Kadir, *Coode* 7194. **TEM:** *Johns* 6734; Amo, Apan, *Cowley* 85; Amo, Apoi Forest Reserve, *Cowley* 96; Amo, K. Belalong, *Boyce* 357; Amo, K. Belalong, *Boyce* 385; Amo, K. Belalong, *Boyce* 415; Amo, K. Belalong, *Boyce* 419; Amo, K. Belalong, *Boyce* 434; Batu Apoi, Selapon, *Dransfield J.* 7485. **TUT:** Lamunin, Ladan Hills F.R., *Sands* 5730; Ukong, Bt. Besong, *Dransfield S.* 1145. **Without prov.:** *Poulsen* 143; *Poulsen* 237; *Poulsen* 238; *Poulsen* 239; *Poulsen* 296.

S. cf. sp. A
TEM: Amo, K. Belalong, *Boyce* 354; Amo, K. Belalong, *Boyce* 421.

SCINDAPSUS

S. beccarii Engl. — *Lukut* (Dus.)
Epiphytic • GEO: White sand • ALT: 20 m
BRM: Kota Batu, *Boyce* 222. **TUT:** Rambai, Tasek Merimbun, *Bernstein* 24. **Without prov.:** *Hotta* 13590 • Malaya, Sumatra, Borneo

S. borneensis Engl. & K.Krause
• VEG: LMDF • GEO: sandy soil • ALT: 50 m
BEL: Labi, *Forman* 1060A • Borneo: Sabah, Kalimantan

S. hederaceus Schott
Climber • VEG: Lower Montane Forest • HAB: ridge • ALT: 150 m
TEM: *Johns* 7352 • Thailand, Malaya, Sumatra, Java, Borneo

S. latifolius M.Hotta
Climber • VEG: LMDF • HAB: steep slope • GEO: Belait formation • ALT: 150–350 m
TEM: Labu ?, *Boyce* 351. **Without prov.:** *Hotta* 13512 • Borneo: Sarawak

S. longipes Engl.
Climber • VEG: LMDF • HAB: steep slope, ridge • GEO: Belait formation, Setap Shales • ALT: 150–350 m
TEM: Amo, Batu Apoi Forest Reserve, *Poulsen* 313; Labu ?, *Boyce* 353 • Borneo: Sarawak

S. perakensis Hook.f.
Climber • HAB: steep slope • GEO: vertical tree trunk • ALT: 90 m
TUT: Lamunin, Ladan Hills, *Coode* 7331. **Without prov.:** *Hotta* 12584 • Thailand, Malaya, Borneo

S. pictus Hassk.
Climber • VEG: Degraded Kerangas • GEO: White sand • ALT: 10–20 m
TUT: Telisai, *Boyce* 225. **Without prov.:** *Poulsen* 206 • Thailand, Malaya, Sumatra, Java, Borneo, Sulawesi, Philippines

S. rupestris Ridl.
Epiphytic, rheophyte; herb, climber; on ground • VEG: Kerangas, LMDF, Lower Montane Forest • HAB: steep slope • GEO: Belait formation, sandstone, shale, Setap Shales • ALT: 20–300 m
BEL: Melilas, Bt. Batu Patam, *Boyce* 275. **TEM:** *Johns* 7261; Amo, *Wong* 1834; Amo, K. Belalong, *Boyce* 413; Amo, Sg. Temburong, *Coode* 6694. **TUT:** Rambai, Bt. Bahak, *Coode* 7009; Rambai, Tasek Merimbun, *Bernstein* 38. **Without prov.:** *Nielsen* 1013; *Poulsen* 205 • Thailand, Malaya, Sumatra, Borneo

S. spp. indet.
BEL: Labi, Sg. Rampayoh, *Dransfield S.* 1279; Melilas, Bt. Batu Patam, *Boyce* 318. **Without prov.:** *Hotta* 13516; *van Niel* 4095.

SYNGONIUM

S. podophyllum Schott
  Seen in cultivation (P.C.B.) but not collected • C & S America; naturalised in many parts of tropics

TYPHONIUM

T. blumei Nicolson & Sivadasan
  Seen in cultivation (P.C.B.) but not collected • Native to China & Japan; elsewhere introduced across tropical and sub-tropical areas

T. roxburghii Schott
  Seen in cultivation (P.C.B.) but not collected • Native to W & C Malesia; introduced in S America, Africa, India, Philippines and New Guinea

XANTHOSOMA

X. sagittifolium (L.) Schott
  Seen in cultivation (P.C.B.) but not collected • Native to C & S America; cultivated and widely naturalised throughout SE Asia

BURMANNIACEAE
E.J. COWLEY
Jonker in Fl. Males. 4: 13–26 (1948)

BURMANNIA

B. championii Thwaites
  BEL: Labi, Wong Kadir, *Coode* 7201.

B. coelestis D.Don
  Parasitic; herb • VEG: Kerangas, HDF, Roadsides • HAB: ridge • GEO: White sand; sandy clay soil, sandy soil • ALT: 20 m
  BEL: Jln. Labi, *Wong* 31; Bt. Sawat, UBD plot, *Thomas* 224; Seria, Kpg. Badas, *Fuchs and Diederix* 21188. **TEM:** Batu Apoi, Bt. Gelagas (Bt. Suang), *Simpson* 2294; Bukok, Kpg. Simbatang, *Simpson* 158. **TUT:** Tanjong Maya, *Forman* 830; Telisai, *Sands* 5418. **Without prov.:** *De Vogel* 8892; *van Niel* 3435 • Tropical Asia to Pacific

B. longifolia Becc.
  Herb • VEG: Lower Montane Forest • HAB: ridge
  TEM: Amo, Bt. Pagon, *Wong* 1781 • Malesia

B. spp. indet.
  BEL: Labi, Sungai Rampayoh, *Coode* 7782; Melilas, Paleh Bangawong, *Thomas* 133. **TEM:** Amo, Bt. Retak, *Wong* 807; Amo, Bt. Retak, *Wong* 892; Amo, Bukit Tudal, *Bygrave* 17; Amo, G. Pagon, *Coode* 7464.

GYMNOSIPHON

G. aphyllus Blume
  Saprophytic • VEG: Kerangas, Degraded Kerangas • HAB: ridge • GEO: Belait formation, White sand • ALT: 10–200 m
  BEL: Melilas, Bt. Batu Patam, *Boyce* 300. **TUT:** Telisai, *Boyce* 226 • S Thailand, Malesia

G. sp. indet.
  TEM: Amo, Bt. Belalong, *Dransfield S.* 1264.

BURMANNIACEAE INDET.
TEM: *Johns* 6552; Amo, Bt. Belalong, *Dransfield S.* 1267.

COLCHICACEAE
E.J. COWLEY

GLORIOSA

G. superba L.
Without prov.: *van Niel* 3596 • Tropical Africa, SE Asia, W & C Malesia

COMMELINACEAE
E.J. COWLEY

AMISCHOTOLYPE

A. glabrata (Hassk.) Hassk.
Herb; on ground • VEG: HDF • GEO: Setap Shales • ALT: 80 m
TEM: Amo, Apoi Forest Reserve, *Cowley* 67.

A. griffithii (C.B.Clarke) I.M. Turner
Herb • VEG: Secondary Forest • HAB: valley bottom • GEO: Lambir formation, Setap Shales • ALT: 20–50 m
BEL: Labi, Rampayoh, *Cowley* 19. **TEM:** Amo, Temburong river, *Atkins* 481; Batu Apoi, Selapon, *Coode* 7946.

A. laxiflora (Merr.) Faden
Herb • VEG: HDF • HAB: valley bottom; near running fresh water • GEO: Setap Shales; grey clay soil • ALT: 80 m
TEM: Amo, Apoi Forest Reserve, *Sands* 5823.

A. marginata (Blume) Hassk. — *Bungor* (Dus.), *Tabu-Tabu* (Dus.)
Herb; on ground • VEG: Degraded Peatswamp Forest, LMDF, HDF, Secondary Forest • HAB: flat ground, valley bottom, gentle slope; near running fresh water • GEO: Lambir formation, Setap Shales; alluvial deposits; stony; clay soil, sandy soil • ALT: sea level–50 m • USES: Ornamental
BEL: Labi, *Forman* 1046; Labi, Kpg. Tenajor, *Haslani-Mohd. A.* 17; Labi, Rampayoh, *Cowley* 11; Labi, Rampayoh, *Cowley* 101. **TEM:** Amo, Apan, *Cowley* 87; Amo, Batu Apoi Forest Reserve, *Poulsen* 156; Amo, K. Belalong, Batu Apoi F.R., *Hansen* 1525; Batu Apoi, Kpg. Selapon, *Dransfield S.* 1159. **TUT:** *Forman* 983; Rambai, Tasek Merimbun, *Bernstein* 162; Rambai, Tasek Merimbun, *Bernstein* 243 • Thailand, W & C Malesia

A. mollissima (Blume) Hassk.
Herb; on ground • VEG: Secondary Forest • HAB: near running fresh water • GEO: Lambir formation, Setap Shales; Leaf litter • ALT: 40–150 m
BEL: Labi, Rampayoh, *Cowley* 157. **TEM:** Amo, Batu Apoi Forest Reserve, *Poulsen* 186.

A. sphagnorhiza Cowley
Herb • VEG: Peatswamp Forest, LMDF, HDF • HAB: gentle slope, terrace; impeded drainage • GEO: Belait formation, Lambir formation, sandstone; alluvial deposits • ALT: 230 m
BEL: Labi, Jln. Labi–Merangking, *Dransfield S.* 1141; Labi, Rampayoh, *Cowley* 170; Labi, Rampayoh, *Sands* 5981; Labi, Sungai Rampayoh, *Kirkup* 808; Labi, Sungai Rampayoh, *Kirkup* 808a; Melilas, Sungai Mutip, *Sands* 5976; Melilas, Ulu Ingei, *Sands* 5953. **TUT:** Rambai, Bt. Bahak, *Coode* 7062 • Endemic

A. spp. indet.
TEM: Amo, Apan, *Cowley* 88; Amo, Apoi Forest Reserve, *Cowley* 49; Amo, Sg. Temburong, BRUN 15617; Bangar, Bt. Biang, *Ashton* A 156; Labu, Peradayan Forest Reserve, *Cowley* 36.

FLOSCOPA

F. scandens Lour.
Herb • VEG: Degraded LMDF • GEO: Belait formation • ALT: 10–40 m
BEL: Labi, *Boyce* 346 • SE Asia, Malesia, Australia

MURDANNIA

M. nudiflora (L.) Brenan
Herb • VEG: Roadsides • ALT: 20 m
TUT: Tanjong Maya, *Forman* 828 • W Tropical Africa, Tropical Asia

M. spp. indet.
TUT: Lamunin, *Coode* 7745. Without prov.: *van Niel* 3473; *van Niel* 4121.

POLLIA

P. thrysifolia (Blume) Steud.
Herb • VEG: LMDF • GEO: Belait formation • ALT: 30 m
TEM: Labu, *Sands* 5652 • S China, Andaman Is., Malesia

TRICARPELEMA

T. pumilum (Hallier f.) Faden
Herb • HAB: near running fresh water • GEO: Setap Shales • ALT: 60 m
TEM: Amo, Batu Apoi Forest Reserve, *Poulsen* 187.

COMMELINACEAE INDET.
BEL: Labi, Rampayoh, *Sands* 5980.

CONVALLARIACEAE
E.J. COWLEY

PELIOSANTHES

J.P. Jessop, A revision of *Peliosanthes* (Liliaceae) in Blumea 23: 141-159 (1976)

P. teta Andr. subsp. **humilis** (Andr.) Jessop
Without prov.: *Poulsen* 368 • China, Taiwan, Indian subcontinent, Indochina, Malaya, Borneo

COSTACEAE
E.J. COWLEY

COSTUS

C. aff. acanthocephalus K.Schum.
Herb; on ground • GEO: shale • ALT: 120–130 m
TEM: Amo, Sg. Temburong, *Coode* 6666 • *Costus acanthocephalus* is known from Sumatra

C. globosus Blume
Herb; on ground • VEG: LMDF, HDF • HAB: gentle slope, ridge; impeded drainage; near running fresh water • GEO: Setap Shales; alluvial deposits • ALT: 130 m
TEM: Amo, Apan, *Cowley* 82; Amo, Apoi Forest Reserve, *Cowley* 53; Amo, Apoi Forest Reserve, *Cowley* 72; Amo, Apoi Forest Reserve, *Cowley* 92; Amo, Batu Apoi Forest Reserve, *Poulsen* 175; Amo, K. Belalong, *Boyce* 423; Batu Apoi, Sg. Selapon, *Wong* 2046 • W & C Malesia

C. cf. globosus Blume
  On ground • VEG: HDF • GEO: Setap Shales • ALT: 80 m
  TEM: Amo, Apoi Forest Reserve, *Cowley* 68.

C. paradoxus K.Schum.
  Herb; on ground • VEG: LMDF, HDF, Secondary Forest • HAB: valley bottom; near running fresh water • GEO: Lambir formation, shale, Setap Shales • ALT: 40–150 m
  BEL: Labi, Rampayoh, *Cowley* 160; Labi, Rampayoh, *Cowley* 176. **TEM:** Amo, Batu Apoi Forest Reserve, *Poulsen* 400; Amo, Sg. Temburong, *Coode* 6521; Amo, Sg. Temburong, *Wong* 1965; Batu Apoi, Bt. Gelagas (Bt. Suang), *Simpson* 2381 • Borneo: Sarawak

C. speciosus (J.Konig) Sm. — *Badui* (Dus.), *Tumid Entalun* (Dus.)
  Herb • VEG: HDF, Secondary Forest • HAB: near running fresh water • GEO: Lambir formation, Setap Shales; stony • ALT: 70 m • USES: Edible shoot, Edible shoot, used to make soap
  BEL: Labi, Rampayoh, *Cowley* 100. **TEM:** Amo, Batu Apoi Forest Reserve, *Poulsen* 54; Amo, sg.Temburong, *Sands* 5560; Bukok, *Forman* 937. **TUT:** Rambai, Tasek Merimbun, *Bernstein* 134; Rambai, Tasek Merimbun, *Bernstein* 176; Rambai, Tasek Merimbun, *Bernstein* 450; Rambai, Tasek Merimbun, *Bernstein* 256. **Without prov.:** *van Niel* 3938 • India, W & C Malesia

C. spp. indet.
  BEL: Melilas, Sg. Topi, *Thomas* 192. **TEM:** Amo, Sg. Temburong, *Coode* 6664; Amo, Sg. Temburong, *Wong* 1231.

CYPERACEAE
D.A. SIMPSON

BULBOSTYLIS

B. barbata (Rottb.) C.B.Clarke
  Herb • VEG: Roadsides
  BEL: Seria, Mumong, *Simpson* 105 • Old World tropics, Southern USA

B. puberula (Poir.) C.B.Clarke
  Herb • GEO: White sand • ALT: 100 m
  TUT: Telisai, Jln. K. Belait–Pekan Muara, *Jacobs* 5691. **Without prov.:** *van Niel* 3854 • Old World tropics

CYPERUS

C. compactus Retz.
  Herb • VEG: Roadsides, Open areas • HAB: impeded drainage • GEO: sandy soil • ALT: 20 m
  BEL: Seria, Mumong, *Simpson* 86. **TUT:** Tanjong Maya, *Forman* 818; Rambai, Tasek Merimbun, *Bernstein* 75 • India to S China and Taiwan, Malesia

C. compressus L.
  Herb • VEG: Belukar, Roadsides, Open areas • HAB: impeded drainage • GEO: sandy soil
  BEL: Seria, Mumong, *Simpson* 90. **TEM:** Labu, *Simpson* 159. **TUT:** Keriam, Jln. Tutong, *Simpson* 2511 • Pantropic weed

C. cyperinus (Retz.) Valck.-Sur.
  Herb • HAB: impeded drainage; near running fresh water • ALT: 500 m
  TEM: Amo, K. Belalong, *Jacobs* 5622 • India to S China and Taiwan, Malesia, N Australia and Pacific

C. distans L.f.
  • VEG: beside still freshwater
  BRM: *Barber* 305 • Pantropic weed

C. haspan L.
Herb • VEG: Degraded Peatswamp Forest, Open areas, beside still freshwater • HAB: impeded drainage; in still fresh water • GEO: clay soil, sandy soil • ALT: 10 m
BEL: Seria, Badas F.R., *Simpson* 83; Seria, Mumong, *Simpson* 89; Sungai Liang, Anduki F.R., *Simpson* 65. **TUT:** *Forman* 961 • Pantropic weed

C. iria L.
Herb • VEG: Roadsides, Open areas • HAB: impeded drainage • GEO: sandy soil • ALT: 100 m
BEL: Labi, Bt. Teraja, *Simpson* 2164; Seria, Mumong, *Simpson* 92 • Pantropic weed, common in rice paddies

C. javanicus Houtt.
Herb • VEG: Open areas • HAB: impeded drainage • GEO: sandy soil
BEL: Seria, Mumong, *Simpson* 102 • Tropical Africa, Madagascar, India to S China, Malesia to N Australia & Pacific

C. laxus Lam. (*C. diffusus* Vahl)
Herb; on ground • VEG: Alluvial Forest, Degraded Peatswamp Forest, LMDF, HDF • HAB: gentle slope; periodically flooded; near running fresh water • GEO: Setap Shales; alluvial deposits • ALT: 20–100 m
TEM: *Johns* 7417; Amo, Batu Apoi Forest Reserve, *Nielsen* 980; Amo, Batu Apoi Forest Reserve, *Poulsen* 66; Amo, K. Belalong, *Jacobs* 5612; Amo, sg.Temburong, *Sands* 5526; Batu Apoi, Bt. Gelagas (Bt. Suang), *Simpson* 2435. **TUT:** Rambai, Ladan Hills F.R., *Coode* 6420; Rambai, Sg. Tutong, *Simpson* 2610 • Pantropic

C. platystylis R.Br.
Herb • VEG: beside still freshwater • HAB: in still fresh water
BEL: Sungai Liang, Anduki F.R., *Simpson* 63 • India to Taiwan, Malesia, N Australia

C. radians Kunth
• VEG: Kerangas • GEO: White sand • ALT: 100 m
TUT: Telisai, Jln. K. Belait–Pekan Muara, *Jacobs* 5668 • India, Indochina, SE China, Taiwan, Malaya, Borneo

C. rotundus L.
Herb • VEG: Roadsides • GEO: bare rock and boulders
Locality not traced: *Sunny* s.n. **BEL:** Seria, Mumong, *Simpson* 106 • Pantropic weed of cultivation

C. sphacelatus Rottb.
Herb • VEG: Peatswamp Forest with Shorea albida, Degraded Peatswamp Forest, Roadsides, Open areas, beside still freshwater • HAB: well-drained • GEO: clay soil, sandy soil • ALT: 20 m
BEL: Seria, Badas F.R., *Simpson* 80; Seria, Badas F.R., *Jacobs* 5698; Seria, Mumong, *Simpson* 91; Sungai Liang, Anduki F.R., *Simpson* 72. **TUT:** *Forman* 966; Tanjong Maya, *Forman* 820 • Pantropic, native to America & Africa, introduced elsewhere

C. tenuiculmis Boeck
• VEG: beside still freshwater
BRM: *Barber* 365 • Tropical Africa, SE Asia, N Australia to Micronesia

C. spp. indet.
TEM: Amo, Batu Apoi Forest Reserve, *Nielsen* 1034; Batu Apoi, Kpg. Selapon, *Wong* 2022.

DIPLACRUM

D. caricinum R.Br.
Herb • VEG: Roadsides, beside still freshwater • HAB: impeded drainage; near running fresh water • ALT: 20 m
BEL: Bukit Sawat, Jln. Labi, *Simpson* 111. **TUT:** Tanjong Maya, *Forman* 834 • India to S China, Japan, Taiwan, Malesia, N Australia to Micronesia

ELEOCHARIS

E. geniculata (L.) Roem. & Schult.
Herb • VEG: beside still freshwater • GEO: sandy soil
BEL: Sungai Liang, Anduki F.R., *Simpson* 75 • Pantropic & warm temperate regions

E. ochrostachys Steud. — *Purun Uyut-Uyut* (Dus.)
Herb • VEG: Peatswamp Forest, Degraded Peatswamp Forest, Roadsides, Open areas; beside still freshwater • HAB: flat ground; impeded drainage; near still fresh water, in still fresh water • GEO: alluvial deposits; clay soil • ALT: 20 m
BEL: Labi, Luagan Lalak, *Simpson* 118; Seria, Mumong, *Simpson* 95; Sungai Liang, Anduki F.R., *Simpson* 66. TUT: *Forman* 970; Keriam, Jln. Tutong, *Simpson* 2513; Rambai, Sg. Medit, *Simpson* 2564; Rambai, Tasek Merimbun, *Bernstein* 288 • S & SE Asia, Pacific

E. retroflexa (Poir.) Urb.
Rheophyte; herb • VEG: Peatswamp Forest, LMDF, beside still freshwater • HAB: flat ground; impeded drainage, periodically flooded; in running fresh water, near still fresh water • GEO: Setap Shales; alluvial deposits; sandy clay soil • ALT: 500 m
BEL: Labi, Luagan Lalak, *Simpson* 119. TEM: Amo, K. Belalong, *Boyce* 439; Amo, K. Belalong, *Jacobs* 5627. TUT: Rambai, Luagan Merimbun, *Simpson* 127; Rambai, Sg. Medit, *Simpson* 2585 • Pantropic

E. spp. indet.
BRM: Kumbang Pasang, *Sands* 5660. TUT: Rambai, Sg. Medit, *Simpson* 2589; Telisai, *Coode* 7401.

FIMBRISTYLIS

F. acuminata Vahl
Herb • VEG: LMDF, Belukar, Roadsides, Open areas • HAB: impeded drainage; near running fresh water • GEO: Belait formation; sandy soil • ALT: 20 m
BEL: Bukit Sawat, Jln. Labi, *Simpson* 114; Seria, Mumong, *Simpson* 98; Sungai Liang, Andulau F.R., *Jacobs* 5653. BRM: Kumbang Pasang, *Sands* 5663. TUT: *Johns* 6781. Without prov.: *van Niel* 3458 • SE Asia to N Australia

F. cymosa R.Br.
Herb • VEG: Roadsides, Open areas, beside still freshwater • HAB: well-drained; near running fresh water • GEO: sandy soil • ALT: 10 m
BEL: Labi, Jln. Labi, *Simpson* 122; Seria, Mumong, *Simpson* 96; Seria, Seria, *Simpson* 107; Sungai Liang, Anduki F.R., *Simpson* 76. TUT: Telisai, Sg. Liang, *Coode* 7395. **Without prov.**: *van Niel* 3765 • Pantropic

F. dichotoma (L.) Vahl
Herb • VEG: Degraded Peatswamp Forest, Roadsides, Open areas • HAB: impeded drainage, periodically flooded; near running fresh water • GEO: clay soil • ALT: 500 m
BEL: Seria, Mumong, *Simpson* 100. TEM: Amo, K. Belalong, *Jacobs* 5641; Bukok, Kpg. Temada, *Simpson* 150. TUT: *Forman* 968; Tanjong Maya, *Forman* 821 • Pantropic

F. dura (Zoll. & Mor.) Merr.
Herb • VEG: Secondary Forest, beside still freshwater • HAB: impeded drainage • GEO: sandy soil • ALT: 10 m
BEL: Labi, Luagan Lalak, *Simpson* 117; Melilas, Sg. Belait, *Forman* 1187. TEM: Bangar, Bt. Biang, *Simpson* 149 • SE Asia to W Malesia

F. ferruginea (L.) Vahl
• VEG: Roadsides
TUT: Rambai, Luagan Merimbun, *Simpson* 129. **Without prov.**: *van Niel* 3779 • Pantropic

F. globulosa (Retz.) Kunth
Herb • VEG: Degraded Peatswamp Forest, Lower Montane Forest, Roadsides, beside still freshwater • HAB: ridge; in still fresh water • GEO: Lambir formation; clay soil, sandy soil •

ALT: 410 m
>BEL: Labi, Bt. Teraja, *Sands* 5485; Sungai Liang, Anduki F.R., *Simpson* 69. **TUT:** *Forman* 971; Keriam, Jln. Tutong, *Simpson* 2512; Tanjong Maya, *Forman* 819 • S China, S & SE Asia to Pacific

F. griffithii Boeck
>Herb • VEG: Degraded Peatswamp Forest • HAB: impeded drainage; near running fresh water, near still fresh water • GEO: clay soil • ALT: 20 m
>**BEL:** Bukit Sawat, Sg. Mau, *Simpson* 2022. **TUT:** *Forman* 962; Rambai, Luagan Merimbun, *Simpson* 124 • S & SE Asia

F. littoralis Gaudich.
>Herb, annual herb • VEG: Degraded Peatswamp Forest, Roadsides, Open areas, beside still freshwater • HAB: impeded drainage • GEO: clay soil, sandy soil • ALT: 100 m
>**BEL:** Labi, Bt. Teraja, *Simpson* 2167; Seria, Mumong, *Simpson* 85; Seria, Mumong, *Simpson* 97; Sungai Liang, Anduki F.R., *Simpson* 70. **TUT:** *Forman* 965 • Pantropic

F. miliacea (L.) Vahl
>Impeded drainage • VEG: LMDF • HAB: impeded drainage
>**BEL:** Sungai Liang, Andulau F.R., *Jacobs* 5660 • S China, S & SE Asia to Pacific

F. nutans (Retz.) Vahl
>Herb • VEG: Belukar • GEO: Belait formation • ALT: 20 m
>**BRM:** Kumbang Pasang, *Sands* 5662 • S China, Taiwan, S & SE Asia, Malesia to N Australia

F. obtusata (C.B.Clarke) Ridl.
>Herb • VEG: Roadsides
>**BEL:** Labi, Jln. Labi, *Simpson* 123 • N India, Burma, Thailand, Malaya, Borneo, Sulawesi

F. pauciflora R.Br.
>Herb • VEG: Kerangas, LMDF, HDF, Lower Montane Forest, Upper Montane Shrubbery, Roadsides • HAB: steep slope, ridge; well-drained • GEO: Lambir formation, Meligan formation, sandstone; sandy soil • ALT: 410 m • USES: Medicinal, rubbed on belly to induce labour in pregnant women
>**BEL:** Labi, Bt. Teraja, *Sands* 5487; Labi, Bt. Teraja, *Simpson* 2057; Seria, Badas F.R., *Simpson* 81; Sungai Liang, Anduki F.R., *Simpson* 73; Sungai Liang, Andulau F.R., *Jacobs* 5659; **TEM:** Amo, Bt. Belalong, *Dransfield S.* 1257; Amo, Bt. Retak, *Sands* 5324; Amo, Bt. Retak, *Wong* 904; Labu, *Simpson* 141. **TUT:** Rambai, Tasek Merimbun, *Bernstein* 195 • India to S China, Malaya, Sumatra, Borneo, Moluccas, N Australia to Pacific

F. schoenoides (Retz.) Vahl
>Herb • VEG: Peatswamp Forest, Roadsides, Open areas • GEO: sandy soil • ALT: 100 m
>**BEL:** Labi, Bt. Teraja, *Simpson* 2165; Seria, Anduki F. R., *Simpson* 133; Seria, Mumong, *Simpson* 101; Sungai Liang, Jln. Labi, *Simpson* 109 • SE Asia to N Australia, introduced to Americas

F. vanoverberghii Kük.
>Herb • HAB: periodically flooded; near running fresh water • ALT: 500 m
>**TEM:** Amo, K. Belalong, *Jacobs* 5638 • Sumatra, Borneo, Philippines, New Guinea

F. spp. indet.
>**BEL:** Seria, Mumong, *Simpson* 99. **TEM:** Batu Apoi, Kpg. Selapon, *Wong* 2023.

FUIRENA

F. ciliaris Nees
>Herb • GEO: sandy soil • ALT: 10 m
>**TUT:** *Johns* 6782 • Old World tropics

F. umbellata Rottb.
Shrub, herb • VEG: Peatswamp Forest, Open areas, beside still freshwater • HAB: flat ground; impeded drainage; near still fresh water, in still fresh water
BEL: Bukit Sawat, Jln. Labi, *Simpson* 113; Labi, *Niga* 312; Labi, Jln. Labi, *Simpson* 122a; Labi, Kpg. Tenajor, *Haslani-Mohd. A.* 6; Seria, Mumong, *Simpson* 87; Sungai Liang, Anduki F.R., *Simpson* 78 • Pantropic

GAHNIA

G. javanica Zoll. & Mor.
Herb • VEG: LMDF • HAB: ridge • ALT: 200 m
BEL: Labi, Bt. Teraja, *Simpson* 2163. TEM: Amo, *Wong* 1847 • S China, Malaya, Sumatra, Java, Borneo, Sulawesi, Philippines, New Guinea

HYPOLYTRUM

H. nemorum (Vahl) Spreng. — *Engkarong* (Ib.)
Herb • VEG: Peatswamp Forest with Shorea albida, Degraded Peatswamp Forest, LMDF • HAB: near running fresh water • GEO: Belait formation, sandstone; sandy clay soil, sandy soil • ALT: 210 m
BEL: Bukit Sawat, Jln. Labi, *Niga* 114; Bukit Sawat, Sg. Mau, *Simpson* 2002; Melilas, Sungai Mutip, *Atkins* 589; Sukang, Sg. Belait, *Forman* 1168. TEM: Amo, *Ashton* A 200; Amo, *Ashton* A 319; Amo, K. Belalong, *Ashton* A 108; Batu Apoi, Kpg. Selapon, *Dransfield S.* 1165. TUT: Rambai, Bt. Bahak, *Coode* 7053; Rambai, Sg. Medit, *Simpson* 2532; Rambai, Sg. Tutong, *Coode* 6367 • India across Malesia to N Australia

KYLLINGA

K. brevifolia Rottb.
Herb • VEG: Peatswamp Forest • GEO: Podsol
BEL: Seria, Anduki F. R., *Simpson* 132. TEM: Bukok, Kpg. Temada, *Simpson* 152 • Pantropic

K. polyphylla Kunth
Herb • VEG: Open areas, beside still freshwater • HAB: gentle slope; near still fresh water • GEO: sandy soil
BEL: Seria, Mumong, *Simpson* 88; Sungai Liang, Anduki F.R., *Simpson* 67 • Introduced, native to Africa

LEPIRONIA

L. articulata (Retz.) Domin — *Purun* (Dus.)
Herb • VEG: beside still freshwater • HAB: flat ground; impeded drainage, periodically flooded; near still fresh water, in still fresh water • GEO: alluvial deposits
BEL: Labi, Bt. Puan, *Ashton* A 196; Labi, Jln. Bt. Puan, *Richards* 5565; Labi, Luagan Lalak, *Haslani-Mohd. A.* 1; Labi, Luagan Lalak, *Simpson* 116. TUT: Rambai, Luagan Merimbun, *Simpson* 128; Rambai, Tasek Merimbun, *Bernstein* 287 • Madagascar, Sri Lanka, Indochina, S China, Malesia

MACHAERINA

M. aspericaulis (Kük.) T.Koyama
Herb • VEG: Upper Montane Shrubbery • HAB: ridge • ALT: 1500 m
TEM: Amo, G. Pagon, *Coode* 7459 • Borneo

M. sp. indet.
TEM: Amo, *Wong* 1831.

MAPANIA
D.A.Simpson, A revision of the genus *Mapania* (1992)

M. bancana (Miq.) B.D.Jacks.
Herb • VEG: Peatswamp Forest with Shorea albida, Peatswamp Forest, Degraded Kerangas, Open areas • HAB: impeded drainage; near still fresh water, in still fresh water • GEO: White sand; peat • ALT: 20 m
BEL: Seria, Badas F.R., *Simpson* 84; Seria, Badas F.R., *Jacobs* 5697; Seria, Badas F.R., *Richards* 5576. TUT: Rambai, Sg. Medit, *Simpson* 2541; Tanjong Maya, Jln. Tutong–Seria, *Simpson* 2173; Tanjong Maya, Jln. Tutong–Seria, *Simpson* 2184. **Without prov.**: *van Niel* 4124 • Thailand, Malaya, Sumatra, Borneo, Sulawesi, New Guinea

M. caudata Kük.
Herb; on ground • VEG: Kerangas, LMDF, HDF • HAB: gentle slope, steep slope; impeded drainage; near running fresh water • ALT: 350 m
TEM: Amo, *Wong* 1728; Amo, Sg. Temburong Machang, *Wong* 1925; Bangar, Bt. Biang, *Simpson* 143; Batu Apoi, Bt. Gelagas (Bt. Suang), *Simpson* 2368; Batu Apoi, Bt. Gelagas (Bt. Suang), *Simpson* 2478; Labu, *Simpson* 135 • Malaya, Borneo

M. cuspidata (Miq.) Uittien
Herb • VEG: LMDF, HDF • HAB: gentle slope; periodically flooded; near running fresh water • GEO: Setap Shales • ALT: 70 m
BEL: Labi, Bt. Teraja, *Simpson* 2063. TEM: Amo, Batu Apoi Forest Reserve, *Poulsen* 135; Amo, Batu Apoi Forest Reserve, *Poulsen* 300; Amo, Batu Apoi Forest REserve, *Poulsen* 369; Bangar, Bt. Biang, *Simpson* 146.

M. cuspidata (Miq.) Uittien var. **cuspidata**
Herb; on ground • VEG: Degraded LMDF, HDF • GEO: Belait formation • ALT: 30–50 m
BEL: Labi, *Boyce* 264; Labi, *Johns* 6881B • Thailand, Malaya, Borneo

M. cuspidata (Miq.) Uittien var. **petiolata** (C.B.Clarke) Uittien — *Kirop Mantui* (Dus.), *Pandan Tanah* (Dus.)
Herb; on ground • VEG: Kerangas, LMDF • HAB: gentle slope; impeded drainage • GEO: Belait formation • ALT: 50 m
BEL: Labi, Jln. Labi–Merangking, *Dransfield S.* 1138. TEM: *Johns* 7223; *Johns* 7292; Labu, *Simpson* 137. TUT: Rambai, Sg. Tutong, *Coode* 6331; Rambai, Tasek Merimbun, *Bernstein* 121; Rambai, Tasek Merimbun, *Bernstein* 270 • Nicobar Is., Thailand, Malaya, Sumatra, Java, Borneo, Sulawesi, Philippines, New Guinea, Solomon Is., New Hebrides

M. cf. cuspidata (Miq.) Uittien var. **petiolata** (C.B.Clarke) Uittien
Herb • HAB: near running fresh water • ALT: 150 m
BEL: Labi, Wong Kadir, *Coode* 7220.

M. debilis Ridl.
Herb; on ground • VEG: HDF • HAB: steep slope, ridge • GEO: Setap Shales • ALT: 250 m
TEM: Amo, Bt. Belalong, *Dransfield S.* 1208; Amo, Bt. Belalong, *Wong* 1359; Batu Apoi, Bt. Gelagas (Bt. Suang), *Simpson* 2342 • Borneo

M. graminea Uittien — *Bayah* (Dus.)
Herb; on ground • VEG: Kerangas, LMDF, HDF • HAB: base of slope, gentle slope, steep slope, ridge; near running fresh water • GEO: Belait formation, Setap Shales • ALT: 350 m
BEL: Melilas, Paleh Bangawong, *Thomas* 78. TEM: Amo, Batu Apoi Forest Reserve, *Poulsen* 41; Bangar, Bt. Biang, *Simpson* 144; Batu Apoi, Bt. Gelagas (Bt. Suang), *Simpson* 2194; Batu Apoi, Bt. Gelagas (Bt. Suang), *Simpson* 2343; Batu Apoi, Bt. Gelagas (Bt. Suang), *Simpson* 2383; Labu, *Simpson* 136. TUT: Rambai, Tasek Merimbun, *Bernstein* 383 • Borneo

M. hispida D.A.Simpson
Herb; on ground • VEG: Alluvial Forest, Kerangas, Degraded LMDF • HAB: flat ground, valley bottom, ridge; near running fresh water • GEO: Belait formation, sandstone, Setap Shales; alluvial deposits; stony; sandy soil • ALT: 200 m
BEL: Labi, Sg. Rampayoh, *Coode* 7258; Labi, Sg. Rampayoh, *Dransfield S.* 1285; Melilas, Bt. Batu Patam, *Boyce* 288. TEM: Batu Apoi, Kpg. Selapon, *Dransfield S.* 1162. TUT: Ukong, Bt. Besong, *Dransfield S.* 1143 • Borneo

M. latifolia Uittien
Herb • VEG: LMDF, HDF • HAB: flat ground, ridge; periodically flooded; near running fresh water • GEO: Setap Shales; alluvial deposits; stony • ALT: 10–250 m
TEM: Amo, K. Belalong, *Dransfield J.* 6698; Amo, Sg. Belalong, *Sands* 5590; Batu Apoi, Bt. Gelagas (Bt. Suang), *Simpson* 2345; Batu Apoi, Kpg. Selapon, *Dransfield S.* 1163 • Borneo

M. longiflora C.B.Clarke
Herb • VEG: LMDF, HDF • HAB: ridge; near running fresh water • GEO: Setap Shales • ALT: 250–350 m
BEL: Labi, Bt. Teraja, *Simpson* 2079. **TEM:** Amo, Batu Apoi Forest Reserve, *Poulsen* 318; Batu Apoi, Bt. Gelagas (Bt. Suang), *Simpson* 2340 • Borneo

M. meditensis D.A.Simpson
Herb • VEG: Peatswamp Forest with Shorea albida, LMDF • HAB: steep slope • GEO: Belait formation • ALT: 20–200 m
BEL: Melilas, Paleh Bangawong, *Thomas* 84. **TEM:** Amo, Sg. Temburong, *Schatz* 3280. **TUT:** Rambai, Sg. Medit, *Simpson* 2530 • Thailand, Malaya, Borneo

M. monostachya Uittien — *Telincim Bukit* (Dus.)
Lithophyte; herb; on ground • VEG: Kerangas, LMDF, HDF • HAB: ridge; near running fresh water • GEO: Belait formation, sandstone, Setap Shales; sandy soil • ALT: 50–950 m
BEL: Labi, *Johns* 6882; Labi, *Johns* 6883; Labi, Bt. Teraja, *Simpson* 2030; Labi, Sg. Rampayoh, *Coode* 7276; Melilas, Bt. Batu Patam, *Boyce* 281; Melilas, Bt. Batu Patam, *Boyce* 303; Melilas, Sg. Ingei, *Wong* 634. **TEM:** Amo, Batu Apoi Forest Reserve, *Poulsen* 32; Amo, Batu Apoi Forest Reserve, *Poulsen* 39; Amo, Batu Apoi Forest Reserve, *Poulsen* 284 • Malaya, Borneo

M. palustris (Steud.) F.-Vill. var. palustris
Endotrophic terrestrial; herb; on ground • VEG: Peatswamp Forest, LMDF, HDF • HAB: gentle slope, steep slope, ridge; near running fresh water • GEO: Belait formation, Setap Shales • ALT: 100–350 m
BEL: Labi, *Johns* 6844; Labi, Bt. Teraja, *Simpson* 2061; Melilas, Paleh Bangawong, *Thomas* 139. **TEM:** *Johns* 7291; Amo, Batu Apoi Forest Reserve, *Poulsen* 201; Amo, Bt. Belalong, *Dransfield S.* 1209; Amo, Bt. Belalong, *Wong* 1453; Amo, K. Belalong, *Boyce* 373; Bangar, Bt. Biang, *Simpson* 145; Batu Apoi, Bt. Gelagas (Bt. Suang), *Simpson* 2452 • Thailand, Malaya, Sumatra, Java, Borneo, Philippines, New Guinea, Solomon Is., New Hebrides

M. richardsii Uittien
Herb; on ground • VEG: LMDF, HDF, Lower Montane Forest • HAB: steep slope, ridge; near running fresh water • GEO: shale, Setap Shales • ALT: 20–800 m
TEM: *Johns* 6680; *Johns* 6727; Amo, Batu Apoi Forest Reserve, *Poulsen* 36; Amo, K. Belalong, *Boyce* 363; Amo, K. Belalong, *Dransfield J.* 6709; Amo, Sg. Temburong, *Coode* 6594; Batu Apoi, Bt. Gelagas (Bt. Suang), *Simpson* 2203; Batu Apoi, Bt. Gelagas (Bt. Suang), *Simpson* 2453. **TUT:** Lamunin, *Dransfield S.* 1132 • Borneo

M. spadicea Uittien
Herb; on ground
TEM: Amo, *Wong* 1962 • Borneo

M. squamata (Kurz) C.B.Clarke
Herb • HAB: impeded drainage
TEM: Bukok, Kpg. Temada, *Simpson* 154 • Malaya, Sumatra, Java, Borneo

M. sumatrana (Miq.) Benth.
Herb • VEG: Peatswamp Forest with Shorea albida, beside still freshwater • HAB: impeded drainage; near still fresh water, in still fresh water • ALT: 20 m
BEL: Labi, Luagan Lalak, *Niga* 187; Labi, Luagan Lalak, *Simpson* 115. **TUT:** Rambai, Sg. Medit, *Simpson* 2544 • Malaya, Sumatra, Java, Borneo, Sulawesi, New Guinea, Australia

M. sumatrana (Miq.) Benth. subsp. sumatrana — *Bingkarong* (Ib.), *Telincim*

(Dus.)
Herb • HAB: flat ground; impeded drainage, periodically flooded; near still fresh water • GEO: alluvial deposits
BEL: Labi, Bt. Puan, *Ashton* A 193; Labi, Bt. Puan, *Ashton* A 194; Labi, Luagan Lalak, *Haslani-Mohd.* A. 2. **TUT:** Rambai, Tasek Merimbun, *Bernstein* 318 • Sumatra, Java, Borneo

M. wallichii C.B.Clarke
Herb • VEG: LMDF • HAB: gentle slope, steep slope • GEO: sandstone; stony; clay soil • ALT: 220–500 m
TEM: Amo, Ulu Belalong, *Dransfield J.* 7356. **TUT:** Rambai, Bt. Bahak, *Coode* 7115 • Malaya, Sumatra, Borneo

M. spp. indet.
BEL: Bukit Sawat, Labi Road, *Thomas* 267; Labi, Sg. Rampayoh, *Dransfield J.* 7325; Labi, Sungai Rampayoh, *Coode* 7788; Melilas, Paleh Bangawong, *Thomas* 67; Melilas, Sg. Topi, *Thomas* 200; Melilas, Sg. Topi, *Thomas* 205. **TEM:** *Johns* 6657; *Johns* 6658; *Johns* 6728; Amo, *Wong* 1700; Amo, *Wong* 1701; Amo, Bt. Belalong, *Wong* 1361; Amo, Sg. Temburong, *Coode* 6543; Amo, Sg. Temburong, *Coode* 6685; Amo, Ulu Belalong, *Coode* 7843; Amo, Ulu Belalong, *Coode* 7873; Amo, Ulu Belalong, *Coode* 7882; Batu Apoi, Bt. Gelagas (Bt. Suang), *Simpson* 2193; Batu Apoi, Bt. Gelagas (Bt. Suang), *Simpson* 2213; Batu Apoi, Bt. Gelagas (Bt. Suang), *Simpson* 2344; Batu Apoi, Bt. Gelagas (Bt. Suang), *Simpson* 2347; Batu Apoi, Selapon, *Coode* 7920; Batu Apoi, Sg. Selapon, *Wong* 2034; Labu, *Simpson* 134. **TUT:** Rambai, Bt. Bahak, *Coode* 7058; Rambai, Ladan Hills F.R., *Coode* 6408; Rambai, Sg. Tutong, *Coode* 6333; Rambai, Sg. Tutong, *Coode* 6361; Ulu Tutong, Bukit Bahak, *Kirkup* 474; Ulu Tutong, Bukit Bahak, *Kirkup* 480; Ulu Tutong, Bukit Bahak, *Kirkup* 492; Ulu Tutong, Bukit Bahak, *Kirkup* 495; Ulu Tutong, Bukit Bahak, *Kirkup* 501.

PARAMAPANIA

P. parvibracteata (C.B.Clarke) Uittien
Herb • VEG: LMDF • HAB: gentle slope • GEO: Setap Shales • ALT: 250 m
TEM: Amo, Batu Apoi Forest Reserve, *Poulsen* 53 • Malesia, Pacific

P. radians (C.B.Clarke) Uittien — Telincim (Dus.)
Endotrophic terrestrial; herb; on ground • VEG: LMDF, HDF, Secondary Forest • HAB: flat ground, gentle slope, steep slope, ridge; impeded drainage, periodically flooded; near running fresh water • GEO: Belait formation, Lambir formation, sandstone, Setap Shales; alluvial deposits; stony; sandy soil • ALT: 10–200 m
BEL: Labi, Bt. Teraja, *Simpson* 2037; Labi, Rampayoh, *Cowley* 183; Labi, Sg. Rampayoh, *Coode* 7273; Melilas, Bt. Batu Patam, *Boyce* 333; Melilas, Paleh Bangawong, *Thomas* 70. **TEM:** *Johns* 7364; Amo, *Jacobs* 5597; Amo, Bt. Belalong, *Dransfield S.* 1207; Amo, K. Belalong, Sg. Belalong, *Dransfield S.* 1204; Amo, K. Belalong, *Boyce* 430; Amo, K. Belalong, Batu Apoi F.R., *Hansen* 1516; Amo, Sg. Belalong, *Smythies* SAN 17066; Amo, sg.Temburong, *Sands* 5555; Amo, Sg. Temburong, *Wong* 1971; Bangar, Bt. Biang, *Simpson* 142; Batu Apoi, Bt. Gelagas (Bt. Suang), *Simpson* 2215; Batu Apoi, Kpg. Selapon, *Dransfield S.* 1164. **TUT:** *Johns* 7106; Rambai, Sg. Tutong, *Coode* 6332; Rambai, Tasek Merimbun, *Bernstein* 230 • Borneo

P. spp. indet.
TEM: Amo, Sg. Temburong, *Coode* 6637; Amo, Ulu Belalong, *Coode* 7893.

PYCREUS

P. polystachyos (Rottb.) Beauv.
Herb • VEG: Open areas, beside still freshwater • HAB: impeded drainage • GEO: sandy soil
BEL: Seria, Badas F.R., *Simpson* 79; Seria, Mumong, *Simpson* 103; Sungai Liang, Anduki F.R., *Simpson* 71 • Pantropic

P. pumilus L.
Annual herb • VEG: Roadsides • ALT: 100 m

BEL: Labi, Bt. Teraja, *Simpson* 2166 • Pantropic

RHYNCHOSPORA

R. corymbosa (L.) Britt.
Herb • VEG: Degraded Peatswamp Forest, Open areas • HAB: impeded drainage; near still fresh water • GEO: clay soil • ALT: sea level–10 m
BEL: Seria, Mumong, *Simpson* 104. TUT: *Forman* 960; *Johns* 7472 • Pantropic

R. rugosa (Vahl) Gale
Herb • VEG: Coastal MDF, Degraded LMDF, beside still freshwater • GEO: sandy clay soil
BEL: Sungai Liang, Andulau F.R., *Forman* 1116; Sungai Liang, Jln. Labi, *Simpson* 108. BRM: Serasa, Bt. Tempayan Pisang, *Barber* 378 • Pantropic

SCHOENUS

S. calostachyus (R.Br.) Poir.
Herb • VEG: Peatswamp Forest, Kerangas • GEO: White sand • ALT: 10–100 m
TUT: Tanjong Maya, Jln. Tutong–Seria, *Simpson* 2189; Telisai, Jln. K. Belait–Pekan Muara, *Jacobs* 5665 • Indochina, Malesia, N Australia to Micronesia

S. sp. indet.
TEM: Amo, K. Belalong, *Ashton* A 356.

SCIRPODENDRON

S. ghaeri (Gaertn.) Merr.
Herb • VEG: Freshwater Swamp Forest • GEO: alluvial deposits; peat • ALT: 10 m
BEL: Labi, *Dransfield J.* 6543 • Sri Lanka, Thailand, Malesia, N Australia to Polynesia

SCLERIA

S. ciliaris Nees
Herb • VEG: Degraded Kerangas, Secondary Forest, Roadsides • GEO: White sand, sandstone; sandy soil • ALT: 50 m
BEL: Sungai Liang, Jln. Labi, *Simpson* 110. Muara: Mentiri, Brunei Bay, off Jln. Muara, *Coode* 7311. TUT: *Johns* 7462; Tanjong Maya, Jln. Tutong–Seria, *Simpson* 2169; Telisai, *Sands* 5424 • Burma, Indochina, S China, Malesia, N Australia to Solomon Is.

S. motleyi C.B.Clarke
Herb • VEG: HDF • HAB: ridge; periodically flooded; near running fresh water • GEO: Setap Shales • ALT: 350–900 m
BEL: Labi, Bt. Teraja, *Simpson* 2121. TEM: Amo, Batu Apoi Forest Reserve, *Poulsen* 97; Amo, Bt. Belalong, *Dransfield S.* 1237; Amo, Bt. Belalong, *Wong* 1482; Amo, K. Belalong, *Jacobs* 5644 • Malaya, Borneo, Philippines, New Guinea

S. oblata S.T.Blake — *Telasai Encareng* (Dus.)
TUT: Rambai, Tasek Merimbun, *Bernstein* 218 • Sri Lanka, Indochina, S China, Malesia excluding New Guinea

S. purpurascens Steud. — *Telasai Biasa* (Dus.)
Treelet, herb • VEG: Peatswamp Forest, HDF, Secondary Forest, Roadsides, beside still freshwater • HAB: periodically flooded; near running fresh water • GEO: sandy soil • ALT: 500 m
BEL: Bukit Sawat, new road to Merankin, *Thomas* 148; Labi, Bt. Teraja, *Simpson* 2059; Labi, Luagan Lalak, *Simpson* 121. TEM: Amo, K. Belalong, *Jacobs* 5599; Labu, *Forman* 888. TUT: Rambai, Luagan Merimbun, *Simpson* 131; Rambai, Sg. Medit, *Simpson* 2568; Rambai, Tasek Merimbun, *Bernstein* 219 • Burma, Indochina, Malaya, Java, Borneo, Sulawesi, Philippines

S. sumatrensis Retz.
Herb • VEG: Open areas, beside still freshwater • HAB: impeded drainage; in still fresh water • GEO: sandy soil
BEL: Seria, Badas F.R., *Simpson* 82; Sungai Liang, Anduki F.R., *Simpson* 64. **Without prov.:** *van Niel* 3942 • India, Taiwan, across Malesia (excluding New Guinea) to N Australia

S. cf. sumatrensis Retz.
Herb • VEG: Degraded Peatswamp Forest • GEO: clay soil • ALT: sea level–10 m
TUT: *Forman* 1008.

S. terrestris (L.) Fassett
Herb • VEG: Secondary Forest, Roadsides • HAB: flat ground; near running fresh water • GEO: Setap Shales; alluvial deposits; stony • ALT: 20 m
TEM: Batu Apoi, Kpg. Selapon, *Dransfield S.* 1154. **TUT:** Rambai, Luagan Merimbun, *Simpson* 130 • India across Malesia to N Australia

S. spp. indet.
BEL: Labi, Bt. Teraja, *Simpson* 2031A; Labi, Bt. Teraja, *Simpson* 2093; Labi, Bt. Teraja, *Simpson* 2123; Labi, Wasai Teraja, *Thomas* 279. **TEM:** Amo, *Ashton* A 18; Amo, Batu Apoi Forest Reserve, *Nielsen* 1043; Amo, Batu Apoi Forest Reserve, *Nielsen* 1075; Amo, Batu Apoi Forest Reserve, *Nielsen* 1082; Amo, K. Belalong, *Ashton* A 362; Amo, Sg. Temburong, *Wong* 241.

TETRARIA

T. borneensis Kern
Herb • VEG: Degraded Kerangas • GEO: White sand • ALT: 10 m
TUT: Tanjong Maya, Jln. Tutong–Seria, *Simpson* 2170 • Borneo

TRICOSTULARIA

T. undulata (Thwaites) Kern
Herb • VEG: Kerangas, Degraded Kerangas • GEO: White sand; sandy soil • ALT: sea level
BRM: Berakas, Berakas camp, *Richards* s.n. 14.iv.59. **TUT:** Telisai, *Sands* 5422 • Sri Lanka across Malesia to N Australia

CYPERACEAE INDET.
BEL: Sukang, Kampong Sukang, *Cowley* 104. **BRM:** Mentiri/Muara, Meragang, SW of Muara, *Coode* 7320. **TEM:** *Johns* 6934; Amo, *Wong* 1748. **TUT:** Telisai, *Coode* 7381; Telisai, Danau, *Coode* 7754; Telisai, Danau, *Coode* 7756; Ulu Tutong, Bukit Bahak, *Kirkup* 499.

DIOSCOREACEAE
P. WILKIN
Burkill in Fl. Males. 4: 293–335 (1951)

DIOSCOREA

D. flabellifolia Prain & Burkill
Herbaceous climber • HAB: near running fresh water
BEL: Sungai Liang, Andulau F.R., *Wong* 1613 • Borneo: Sabah, Philippines, Pacific

D. aff. havilandii Prain & Burkill
Climber • HAB: ridge • ALT: 900 m
TEM: Amo, Bt. Belalong, *Wong* 1426 • *Dioscorea havilandii* is known from Borneo

D. laurifolia Hook.f.
Climber • VEG: Upper Montane Shrubbery • HAB: ridge • ALT: 1500 m
TEM: Amo, G. Pagon, *Coode* 7550 • Malaya, Borneo

D. piscatorum Prain & Burkill
Climber • GEO: sandstone • ALT: 210 m
TUT: Rambai, Bt. Bahak, *Coode* 7014 • Sumatra, Malaya, Borneo

D. pyrifolia Kunth
Climber • VEG: LMDF, Old Rubber Plantation • HAB: flat ground, gentle slope • GEO: Lambir formation • ALT: 30 m
BEL: Bukit Sawat, Sg. Belait, *Niga* 66; Labi, Bt. Teraja, *Coode* 6978; Labi, Kpg. Labi, *Dransfield J.* 7288; Labi, Kpg. Mendaram Besar, *Coode* 7727; Labi, Sg. Mendaram, *Sands* 5500; Labi, Sungai Rampayoh, *Coode* 7764. TEM: *Johns* 6962; Batu Apoi, Selapon, *Dransfield J.* 7442 • Sumatra, Malaya, Java, Borneo

D. salicifolia Blume
Climber
BEL: Sungai Liang, Jln. Labi, *Niga* 87 • Sumatra, Java, Borneo

D. aff. salicifolia Blume
Climber
BEL: Sukang, Sg. Belait, *Wong* 720.

D. spp. indet.
TUT: Telisai, K. Tutong, *Ashton* BRUN 965. Without prov.: *van Niel* 3545.

STENOMERIS

S. borneensis Oliv.
Climber • VEG: Kerangas • GEO: sandy soil • ALT: 20 m
TUT: Tanjong Maya, *Forman* 809 • Malaya, Sumatra, Borneo, Philippines

DRACAENACEAE
E.J. COWLEY

DRACAENA

D. angustifolia Roxb.
Treelet, scrambling shrub, shrub, suffrutescent herb/subshrub • VEG: Kerangas, LMDF, HDF, Lower Montane Forest • HAB: steep slope, ridge • GEO: Belait formation, Lambir formation, Setap Shales • ALT: 150–500 m
BEL: Labi, Bt. Teraja, *Dransfield J.* 6862; Labi, Bt. Teraja, *Niga* 296; Labi, Bt. Teraja, *Sands* 5474; Labi, Bt. Teraja, *Sands* 5484. TEM: Amo, Batu Apoi Forest Reserve, *Nielsen* 989; Amo, Batu Apoi Forest Reserve, *Poulsen* 37; Amo, Bt. Belalong, *Dransfield J.* 7226; Amo, Kuala Belalong, *Argent* 91107; Amo, Sg. Sibut, *Sands* 5508 • India, Malesia

D. aff. angustifolia Roxb.
Midstorey/subcanopy tree • HAB: ridge • ALT: 700 m
TEM: Amo, Bt. Belalong, *Wong* 1416.

D. aurantiaca Wall.
Suffrutescent herb/subshrub, Shrub • VEG: Kerangas • HAB: ridge
BEL: Melilas, Batu Patam, *Wong* 1086. TUT: Tanjong Maya, Andulau F.R., *Niga* 321 • Malaya, Borneo

D. congesta Ridl.
Suffrutescent herb/subshrub, herb; on ground • VEG: Kerangas, LMDF • HAB: gentle slope, ridge • GEO: Belait formation, Setap Shales • ALT: 20–250 m
BEL: Melilas, Bt. Batu Patam, *Boyce* 290. TEM: Amo, Batu Apoi Forest Reserve, *Poulsen* 210; Batu Apoi, *Dransfield J.* 6951 • Malaya, Borneo

D. elliptica Thunb.
Midstorey/subcanopy tree, treelet, shrub • VEG: Kerangas, LMDF, HDF, Upper Montane Forest, Secondary Forest • HAB: steep slope, terrace, ridge • GEO: Meligan formation, White sand, Setap Shales • ALT: 850– 870 m
BEL: Labi, Bt. Teraja, *Niga* 300. BRM: Serasa, Kpg. Sabun, *Wong* 927. TEM: Amo, *Sands* 5239; Amo, Batu Apoi Forest Reserve, *Poulsen* 403; Amo, Bt. Belalong, *Dransfield J.* 7134; Amo, Bt. Belalong, *Wong* 1502; Amo, Bukit Retak, *Hussain Hj. Osman* 2 • India, W & C Malesia

D. racilis Hook.f. *vel aff.*
BEL: Melilas, Batu Patam, *Wong* 1086 • Thailand, W & C Malesia

D. aff. terniflora Roxb.
Treelet • HAB: near running fresh water • GEO: Lambir formation, sandstone; sandy soil • ALT: 80 m
BEL: Labi, Rampayoh, *Atkins* 437; Labi, Sg. Rampayoh, *Coode* 7269 • *Dracaena terniflora* is known from Thailand

D. spp. indet.
BEL: Andulau F.R., *Ashton* A 148; Andulau F.R., *Wong* 1551; Labi, Bt. Teraja, *Coode* 6958; Seria, Badas F.R., *Coode* 7640. BRM: Berakas, Berakas F.R., *Ashton* BRUN 72. TEM: Amo, Bt. Belalong, *Wong* 1484; Amo, K. Belalong, *Ashton* BRUN 5670. **Without prov.:** *Wong* s.n. 3.i.89y.

ERIOCAULACEAE
P.C. BOYCE & D.A. SIMPSON

ERIOCAULON

E. longifolium Nees
Herb • VEG: Kerangas, Belukar • GEO: Belait formation, White sand; sandy soil • ALT: 20–0 m
BEL: Bt. Sawat, UBD plot, *Thomas* 237. BRM: Kumbang Pasang, *Sands* 5654. TUT: Telisai, *Sands* 5421.

E. truncatum Mart.
Herb • VEG: Roadsides • HAB: impeded drainage; in still fresh water • GEO: clay soil, sandy soil • ALT: 10 m
BEL: Seria, Kpg. Badas, *Richards* 5593. TEM: Bukok, Kpg. Simbatang, *Simpson* 157. TUT: *Johns* 6777; Telisai, *Coode* 7400 • SE Asia, Malesia

E. cf. truncatum Mart.
Herb • VEG: Roadsides • ALT: 40 m
BEL: Sungai Liang, Jln. Labi, *Forman* 851.

E. spp. indet.
BEL: Bukit Sawat, Jln. Labi, *Simpson* 112. TEM: Bangar, Bt. Biang, *Ashton* A 167. **Without prov.:** *van Niel* 3474; *van Niel* 3475.

FLAGELLARIACEAE
Backer in Fl. Males. 4: 245–250 (1951)

FLAGELLARIA

F. indica L. — *Rotan Buntak* (Ib.), *Uwai Asu-Asu* (Dus.), *Uwai Asu-Asu Bukid* (Dus.)
Liana, climber • VEG: Peatswamp Forest with Shorea albida • HAB: flat ground; impeded drainage, periodically flooded; near still fresh water • GEO: alluvial deposits; sandy soil • ALT: 40 m • USES: Used for tying

BEL: Bukit Sawat, Sg. Mau, *Niga* 159; Labi, Luagan Lalak, *Forman* 856; Labi, Luagan Lalak, *Haslani-Mohd. A.* 3; Labi, Sungai Rampayoh, *Kirkup* 820. TUT: *Johns* 6775; Rambai, Sg. Medit, *Simpson* 2542; Rambai, Tasek Merimbun, *Bernstein* 280; Rambai, Tasek Merimbun, *Bernstein* 377. Without prov.: *van Niel* 3935; *van Niel* 4104; *van Niel* 4139 • SE Asia to Australia & Pacific

GRAMINEAE-POOIDEAE
Determinations by T.A. COPE
M.Lazarides, Tropical Grasses of SE Asia (1980)

ACROCERAS

A. munroanum (Balansa) Henrard
Herb • VEG: Degraded Peatswamp Forest • HAB: near running fresh water • ALT: 20 m
BEL: Bukit Sawat, Sg. Mau, *Simpson* 2021 • SE Asia, Malesia

ANDROPOGON

A. sp. indet.
Without prov.: *van Niel* 3456.

AXONOPUS

A. affinis A.Chase
Herb • VEG: HDF • ALT: 350 m
BEL: Labi, Bt. Teraja, *Simpson* 2060 • Introduced; native to tropical America

CENCHRUS

C. echinatus L.
Herb • HAB: near running fresh water • GEO: sandy soil • ALT: 40 m
BEL: Labi, Luagan Lalak, *Forman* 858 • Introduced; native in New World tropics

C. sp. indet.
Without prov.: *van Niel* 3489.

CENTOTHECA

C. lappacea (L.) Desv.
Without prov.: *Dransfield S.* 929; *Dransfield S.* 1001; *Dransfield S.* 1019 • Africa, SE Asia to Pacific

CHRYSOPOGON

C. aciculatus (Retz.) Trin. — *Gilang-Gilang* (Dus.)
Herb • VEG: Roadsides • GEO: sandy soil • ALT: 20 m
TUT: Rambai, Luagan Merimbun, *Simpson* 125; Tanjong Maya, *Forman* 829; Rambai, Tasek Merimbun, *Bernstein* 315 • Tropical Asia to Australia & Pacific

COELORACHIS

C. glandulosa (Trin.) Ridl. — *Kebatung* (Dus.)
Herb • VEG: Old Rubber Plantation • HAB: flat ground; periodically flooded; near running fresh water • ALT: 500 m • USES: Fed as fodder to cows
BEL: Labi, Kpg. Labi, *Dransfield S.* 1276. TEM: Amo, K. Belalong, *Jacobs* 5645. TUT: Rambai, Tasek Merimbun, *Bernstein* 346. Without prov.: *Dransfield S.* 1010 • Indochina, Malesia

CYNODON

C. dactylon (L.) Pers.
Herb • VEG: Roadsides • GEO: sandy soil • ALT: 10 m
BEL: Sungai Liang, Sungai Liang, *Coode* 7611 • Widespread worldwide across tropics and warm temperate areas, throughout SE Asia

CYRTOCOCCUM

C. accrescens (Trin.) Stapf — *Silong* (Dus.)
TUT: Rambai, Tasek Merimbun, *Bernstein* 295 • Ceylon, India, China, Japan, throughout Malesia, common weed of cultivation and disturbed areas

C. oxyphyllum (Steud.) Stapf
Herb • HAB: periodically flooded; near running fresh water • GEO: Sand; stony
TEM: Amo, Batu Apoi F.R., K Belalong FSC, *Hansen* 1599 • SE Asia to Australia & Pacific

C. patens (L.) A.Camus
Herb • VEG: Secondary Forest • HAB: terrace; periodically flooded; near running fresh water • GEO: Sand/clay; clay soil • ALT: 10–500 m
BEL: Sukang, Kampong Sukang, *Cowley* 107. TEM: Amo, K. Belalong, *Jacobs* 5605 • SE Asia, Malesia to Pacific

DACTYLOCTENIUM

D. aegyptium (L.) Willd.
Herb • GEO: White sand; moss • ALT: 100 m
TUT: Telisai, Jln. K. Belait–Pekan Muara, *Jacobs* 5692 • Old World tropics and subtropics

DIGITARIA

D. ciliaris (Retz.) Koeler
• ALT: 30 m
BRM: Berakas, Berakas, *Coode* 7609 • Widespread worldwide across tropics and warm temperate areas, throughout SE Asia, ruderal and weed of cultivation

D. longiflora (Retz.) Pers.
Herb • VEG: Kerangas • GEO: White sand; sandy soil • ALT: 10 m
TUT: Telisai, *Sands* 5415. Without prov.: *Dransfield S.* 923 • Old World tropics and subtropics

ELEUSINE

E. indica (L.) Gaertn.
Herb • VEG: Roadsides • GEO: sandy soil • ALT: 20 m
BEL: Sungai Liang, Sungai Liang, *Coode* 7730 • Pantropics and subtropics

ERAGROSTIS

E. atrovirens (Desf.) Steud.
Herb • VEG: Degraded Peatswamp Forest, Roadsides • GEO: clay soil, sandy soil • ALT: sea level–10 m
TUT: *Forman* 963; *Forman* 976; Telisai, *Coode* 7390 • Africa, E & SE Asia

E. cumingii Steud.
Herb • VEG: Degraded Kerangas, Roadsides • GEO: White sand; sandy soil • ALT: 10–0 m
BEL: Sungai Liang, Sungai Liang, *Coode* 7612. TUT: Telisai, *Coode* 7379; Telisai, *Coode* 7391. Without prov.: *Dransfield S.* 927; *Dransfield S.* 930 • Burma, throughout Malesia to Australia

E. malayana Stapf
Herb • VEG: Kerangas • GEO: White sand; sandy soil • ALT: 10 m
TUT: Telisai, *Sands* 5414 • Indochina, Malesia

E. unioloides (Retz.) Steud.
Herb • VEG: LMDF, Roadsides • HAB: periodically flooded; near running fresh water • GEO: sandy soil • ALT: 10–500 m
BEL: Labi, Bt. Teraja, *Simpson* 2139; Sungai Liang, Sungai Liang, *Coode* 7610. **TEM:** Amo, K. Belalong, *Jacobs* 5649 • SE Asia, Malaya, Borneo

ERIACHNE

E. pallescens R.Br.
Herb • VEG: Peatswamp Forest, Kerangas, HDF • HAB: steep slope, ridge • GEO: White sand, Setap Shales; sandy soil • ALT: 10–950 m
TEM: Amo, Batu Apoi Forest Reserve, *Nielsen* 1071; Amo, Bt. Belalong, *Dransfield S.* 1235; Amo, Bt. Belalong, *Wong* 1483. **TUT:** Tanjong Maya, Jln. Tutong–Seria, *Simpson* 2190; Telisai, *Sands* 5416. **Without prov.:** *Dransfield S.* 925 • SE Asia to Australia

GARNOTIA

G. acutigluma (Steud.) Ohwi
Herb • HAB: steep slope; periodically flooded; near running fresh water • GEO: Setap Shales; bare rock and boulders, stony • ALT: 10–500 m
TEM: Amo, Batu Apoi Forest Reserve, *Nielsen* 1035; Amo, K. Belalong, *Jacobs* 5585; Amo, Sg. Temburong, *Wong* 246; Batu Apoi, Kpg. Selapon, *Dransfield S.* 1151. **Without prov.:** *Dransfield S.* 1000 • SE Asia, Malesia

HYMENACHNE

H. acutigluma (Steud.) Gilliland
Herb • VEG: Roadsides
TUT: Keriam, Jln. Tutong, *Simpson* 2514 • SE Asia to Australia & Pacific

IMPERATA

I. conferta (J.Presl) Ohwi
Herb • VEG: HDF • ALT: 350 m
BEL: Labi, Bt. Teraja, *Simpson* 2056 • India, Malesia

ISACHNE

I. confusa Ohwi
Herb • VEG: Kerangas • GEO: White sand; sandy soil • ALT: sea level
TUT: Telisai, *Sands* 5420 • India, Malesia, Australia

I. sp. indet.
Without prov.: *van Niel* 4021.

ISCHAEMUM

I. barbatum Retz. var. glaberrimum Bor
Herb • VEG: Kerangas • GEO: White sand • ALT: 100 m
TUT: Telisai, Jln. K. Belait–Pekan Muara, *Jacobs* 5666 • Thailand

I. magnum Rendle
• GEO: sandy soil • ALT: 10 m
TUT: *Johns* 6779 • Burma, Thailand, throughout Malesia

I. muticum L.
Herb • VEG: Roadsides • GEO: sandy soil • ALT: 10 m
TUT: Telisai, *Coode* 7406. **Without prov.:** *Dransfield S.* 921; *van Niel* 3488 • SE Asia to Australia & Pacific

I. sp. indet.
Without prov.: *van Niel* 3490.

LEERSIA

L. hexandra Sw.
Herb • VEG: Peatswamp Forest • HAB: in running fresh water • GEO: alluvial deposits; peat • ALT: 10 m
BEL: Kuala Belait, Sg. Damit, *Dransfield S.* 1130 • Pantropic

LOPHATHERIUM

L. gracile Brongn. — *Miau-Miau* (Dus.)
• VEG: LMDF, Degraded LMDF, HDF • HAB: gentle slope, steep slope; near running fresh water • GEO: Belait formation, Lambir formation, shale, Setap Shales; • ALT: 180 m
BEL: Labi, Bt. Telingan, *Dransfield S.* 1137; Labi, Rampayoh, *Sands* 6003. **TEM:** Amo, Bt. Belalong, *Dransfield S.* 1236; Amo, K. Belalong, Sg. Belalong, *Dransfield S.* 1203; Amo, Sg. Temburong, *Coode* 6646. **TUT:** Rambai, Tasek Merimbun, *Bernstein* 37. **Without prov.:** *Dransfield S.* 928; *Dransfield S.* 996 • Madagascar, SE Asia to Australia

MISCANTHUS

M. floridulus (Labill.) K.Schum.
Without prov.: *Dransfield S.* 931 • Taiwan, Japan, throughout SE Asia and Malesia

ORYZA

O. minuta J.Presl (*O. officinalis* (Wall.) Watt)
Herb • VEG: LMDF, Old Rubber Plantation • HAB: flat ground, ridge; near running fresh water • GEO: Setap Shales • ALT: 150 m
BEL: Labi, *Katayama* s.n. 4.iv.63; Labi, Kpg. Labi, *Dransfield S.* 1273. **TUT:** Lamunin, *Dransfield S.* 1131 • SE Asia

OTTOCHLOA

O. nodosa (Kunth) Dandy
Herb • VEG: Degraded LMDF • HAB: gentle slope • GEO: Belait formation • ALT: 180 m
BEL: Labi, Bt. Telingan, *Dransfield S.* 1133. **TEM:** FMS 35444 • Africa, SE Asia to Australia

PANICUM

P. auritum Nees — *Kumpai Lumus* (Dus.)
Herb • VEG: Old Rubber Plantation • HAB: flat ground
BEL: Labi, Kpg. Labi, *Dransfield S.* 1274. **TUT:** Rambai, Tasek Merimbun, *Bernstein* 281 • SE Asia

P. humidorum Hook.f. (*P. perakense* (Hook.f.) Merr.)
Without prov.: *Denison - (Mrs.)* s.n. • India, Malesia

P. incomtum Trin. — *Perabun* (Dus.)
TUT: Rambai, Tasek Merimbun, *Bernstein* 354 • SE Asia to Australia

P. repens L.
Without prov.: *Dransfield S.* 924 • Widespread worldwide across tropics and warm temperate areas, throughout SE Asia

PASPALUM

P. conjugatum Berg. — *Belena* (Ib.), *Kumpau* (Dus.)
Herb • VEG: Alluvial Forest • HAB: periodically flooded; near running fresh water • GEO: Sand, Setap Shales; alluvial deposits; stony; sandy soil • ALT: 60 m
TEM: Amo, Batu Apoi Forest Reserve, *Nielsen* 981; Amo, Batu Apoi Forest Reserve, *Poulsen* 17; Amo, Batu Apoi F.R., K Belalong FSC, *Hansen* 1600; Amo, K. Belalong, *Jacobs* 5579. TUT: Rambai, Luagan Merimbun, *Simpson* 126a; Rambai, Tasek Merimbun, *Bernstein* 316 • Pantropics & subtropics

P. longifolium Roxb.
Herb • VEG: Old Rubber Plantation, Roadsides • HAB: flat ground • ALT: 20 m
BEL: Labi, Kpg. Labi, *Dransfield S.* 1275. TUT: Tanjong Maya, *Forman* 822 • SE Asia to Australia

P. scrobiculatum L.
Herb • VEG: Roadsides • GEO: sandy soil • ALT: 10 m
TUT: Rambai, Luagan Merimbun, *Simpson* 126; Telisai, *Coode* 7397 • Old World tropics

PEROTIS

P. indica (L.) Kuntze
Herb • VEG: Degraded Kerangas • HAB: flat ground; near brackish water • GEO: White sand • ALT: sea level
TUT: Telisai, *Coode* 7380; Telisai, Danau, *Coode* 7753 • Africa, SE Asia

PHRAGMITES

P. karka (Retz.) Steud. — *Terupuk* (Dus.)
Herb • VEG: Peatswamp Forest • HAB: near running fresh water • GEO: alluvial deposits; peat • ALT: 10 m • USES: Straw for rice wine drinking
BEL: Kuala Belait, Sg. Damit, *Dransfield S.* 1129. TUT: Rambai, Tasek Merimbun, *Bernstein* 347 • Tropical Africa & Asia to N Australia, Pacific

POGONATHERUM

P. paniceum (Lam.) Hack.
Herb • HAB: periodically flooded; near running fresh water • GEO: shale • ALT: 500 m
TEM: Amo, K. Belalong, *Jacobs* 5598. Without prov.: *Dransfield S.* 1018 • SE Asia to Australia & Pacific

SACCHARUM

S. arundinaceum Retz. — *Tebu Minyak* (Ib.)
Herb
BEL: Seria, Seria, *Haslani-Mohd. A.* 34 • SE Asia

SACCIOLEPIS

S. indica (L.) Chase
Herb • VEG: Roadsides • HAB: periodically flooded; near running fresh water • GEO: sandy soil • ALT: 500 m
TEM: Amo, K. Belalong, *Jacobs* 5648; Bukok, Kpg. Temada, *Simpson* 156. TUT: Telisai, *Coode* 7412. Without prov.: *Dransfield S.* 926 • SE Asia to Australia & Pacific

SORGHUM

S. propinquum (Kunth) Hitchc.
Herb • HAB: near running fresh water • GEO: Setap Shales • ALT: 10 m

TEM: Batu Apoi, Kpg. Selapon, *Dransfield S.* 1152 • India and throughout SE Asia

THEMEDA

T. villosa (Poir.) A.Camus — *Abuk Abai* (Dus.)
Herb • VEG: LMDF, Old Rubber Plantation • HAB: flat ground • GEO: sandy soil • ALT: 50 m • USES: Burned to get rid of insects
BEL: Labi, *Forman* 1048; Labi, Kpg. Labi, *Dransfield S.* 1272. **TUT:** Rambai, Tasek Merimbun, *Bernstein* 239 • SE Asia

THUAREA

T. involuta (Forst.) Roem. & Sch.
Herb • VEG: Roadsides • HAB: near sea water • GEO: Coastal beach sand • ALT: 20 m
BEL: Sungai Liang, Kpg. Lumut, *Forman* 1102. **TUT:** Tanjong Maya, *Forman* 833 • SE Asia to Australia & Pacific

THYSANOLAENA

T. maxima (Roxb.) Kuntze
Herb • VEG: Lower Montane Forest • HAB: steep slope; near running fresh water • GEO: Meligan formation, Setap Shales; stony • ALT: 70–750 m
TEM: Amo, Batu Apoi Forest reserve, *Poulsen* 274; Amo, Bt. Retak, *Sands* 5357 • SE Asia

TRIPSACUM

T. dactyloides (L.) L.
Herb • VEG: Degraded Peatswamp Forest • HAB: near running fresh water • ALT: 20 m
TUT: Rambai, Sg. Tutong, *Simpson* 2634 • Introduced; native in N America

GRAMINEAE-POOIDEAE INDET.

BEL: Labi, Bt. Teraja, *Simpson* 2048; Labi, Bt. Teraja, *Simpson* 2138; Labi, Sungai Rampayoh, *Coode* 7828; Seria, Mumong, *Simpson* 94; Sungai Liang, Sungai Liang, *Coode* 7614. **BRM:** Mentiri/Muara, Meragang, SW of Muara, *Coode* 7324. **TEM:** Amo, *Wong* 1746;; Amo, Sg. Temburong, BRUN 15610. **TUT:** Rambai, Tasek Merimbun, *Bernstein* 220; Rambai, Tasek Merimbun, *Bernstein* 298.

GRAMINEAE-BAMBUSOIDEAE
S. DRANSFIELD

BAMBUSA

B. multiplex (Lour.) Rauesch. ex J.A. & J.H. Schultes (*B. glaucescens* (Willd.) Munro)
Bamboo
TEM: Amo, Kpg. Batang Duri, *Wong* 1627 • Widely cultivated in tropics

B. vulgaris Schrad.
Seen in cultivation (S.D.) but not collected

DENDROCALAMUS

D. sp. nov. — *Buluh Panik* (Pun.)
Bamboo • HAB: near running fresh water
BEL: Melilas, Sg. Ingei, *Wong* 1606.

DINOCHLOA

D. cf. sipitangensis S.Dransf. — *Buluh Badan* (Br., Dus.), *Buloh Engkarong* (Ib.)
Scrambling bamboo
BEL: Labi, Jln. Labi, *Wong* 50 • The species is known from Borneo

D. trichogona S.Dransf.
Climber • HAB: flat ground; near running fresh water • GEO: Setap Shales; alluvial deposits; stony • ALT: 10–20 m
BEL.: Belait, *Dransfield S.* 933. **TEM:** *Dransfield S.* 933; Batu Apoi, Kpg. Selapon, *Dransfield S.* 1171 • Borneo

D. cf. trichogona S.Dransf.
Without prov.: *Wong* s.n. 4.i.89a.

D. sp. nov. — *Buluh Badan* (Br., Dus., Ib.)
Scrambling bamboo • VEG: LMDF • HAB: periodically flooded; near running fresh water • GEO: alluvial deposits • ALT: 80 m
BEL: Bukit Sawat, Sg. Belait, *Wong* 565. **TEM:** Labu, *Wong* 1576.

D. spp. indet.
BEL: Purau-parau, *Wong* 105. **TEM.:** *Dransfield S.* 985. **TUT:** Rambai, Sg. Tutong, *Coode* 6363. Without prov.: *Wong* s.n. 3.i.89a; *Wong* s.n. 21.vii.88.

GIGANTOCHLOA

G. apus (Schult.) Kurz — *Buluh Munti* (Ib.)
Bamboo • VEG: Secondary Forest
BEL: Labi, *Wong* 70 • Cultivated, origin Java

G. cf. apus (Schult.) Kurz
Without prov.: *Wong* 2102.

G. aff. atter (Hassk.) Kurz — *Buluh Balui* (Br.)
Bamboo • HAB: flat ground; impeded drainage; near still fresh water
TUT: Lamunin, Kpg. Lamunin, *Wong* 517; Rambai, Kpg. Benutan, *Wong* 1657 • *Gigantochloa atter* is cultivated, origin Java

G. balui K.M.Wong — *Buluh Balui* (*)
Bamboo • VEG: Secondary Forest • HAB: flat ground; impeded drainage; near still fresh water
BEL: Labi, Kpg. Labi, *Wong* 576. **BRM:** Jln. Mulaut, *Wong* 587; Berakas, Jln. Muara, *Wong* 590; Pengkalan Batu, Kpg. Pengkalan Batu, *Wong* 588 • Borneo

G. cf. balui K.M.Wong
Bamboo
BRM: Gadong, Jln. Gadong, *Wong* 586.

G. levis (Blanco) Merr.
Seen in cultivation (S.D.) but not collected • Borneo, Philippines

G. aff. levis (Blanco) Merr. — *Buluh Betung* (Br., Dus.), *Buluh Abang* (Br., Dus.)
Bamboo
TUT: Lamunin, *Wong* 348.

G. spp. indet.
BEL: Labi, Wong Kadir, *Coode* 7192; Melilas, Kpg. Melilas, *Wong* 1599. Without prov.: *Wong* 2104.

KINABALUCHLOA

K. nebulensis K.M.Wong
Bamboo • VEG: Lower Montane Forest • HAB: ridge
TEM: Amo, Bt. Pagon, *Wong* 1798 • Borneo

LEPTASPIS

L. urceolata (Roxb.) R.Br. — *Temiang Berani* (Dus.)
Herb; on ground • VEG: LMDF, HDF • HAB: gentle slope; periodically flooded; waterfall spray zone, near running fresh water • GEO: Setap Shales; alluvial deposits; stony • ALT: 20–70 m • USES: Used to trap animals
BEL: Labi, *Wong* 539. **TEM:** Amo, Apoi Forest Reserve, *Cowley* 97; Amo, Batu Apoi Forest Reserve, *Poulsen* 293; Amo, Sg. Temburong, *Dransfield S.* 981; Batu Apoi, *Kirkup* 321. **TUT:** Lamunin, Belabau, *Coode* 6398; Rambai, Tasek Merimbun, *Bernstein* 26 • SE Asia to Australia

RACEMOBAMBOS

R. glabra Holttum
Scrambling bamboo • VEG: Lower Montane Forest • HAB: gentle slope, ridge • GEO: moss • ALT: 1240–1430 m
TEM: *Johns* 6557; Amo, *Ashton* A 256; Amo, *Wong* 1863; Amo, Bt. Retak, *Wong* 421; Amo, Bt. Retak, *Wong* 773 • Borneo

SCHIZOSTACHYUM

S. blumei Nees — *Buluh Lacau* (Ib.)
Bamboo • VEG: HDF • HAB: gentle slope, steep slope, ridge • GEO: Setap Shales; clay soil • ALT: 910 m
TEM: Amo, Bt. Belalong, *Dransfield S.* 1229; Amo, Bt. Belalong, *Wong* 1431; Amo, K. Belalong, *Wong* 300 • Sumatra, Borneo

S. brachycladum (Kurz) Kurz
Seen in cultivation (S.D.) but not collected

S. latifolium Gamble — *Buluh Angkalat* (Ib.), *Buluh Nanap* (Dus.)
Bamboo • VEG: Alluvial Forest, LMDF, HDF, Secondary Forest • HAB: gentle slope, steep slope; near running fresh water • GEO: Setap Shales; alluvial deposits • ALT: 10–60 m
BEL: Labi, Kpg. Tenajor, *Haslani-Mohd. A.* 23. **TEM:** Amo, Batu Apoi Forest Reserve, *Nielsen* 1045; Amo, Batu Apoi Forest Reserve, *Poulsen* 15; Amo, K. Belalong, Sg. Belalong, *Dransfield S.* 1206; Amo, K. Belalong, *Wong* 292; Amo, sg.Temburong, *Sands* 5523; Batu Apoi, Kpg. Selapon, *Dransfield S.* 1153; *Dransfield S.* 1013. **TUT:** Lamunin, Benutan Dam, *Niga* 341; Lamunin, Kpg. Lamunin, *Wong* 503; Rambai, Tasik Merimbun, *Wong* 342 • Malaya, Sumatra, Borneo

S. terminale Holttum
Scrambling bamboo • HAB: periodically flooded; near running fresh water • GEO: alluvial deposits
BEL: Sg. Belait, *Wong* 2096 • Malaya, Borneo

S. sp. nov.
• VEG: LMDF • HAB: steep slope; near running fresh water • GEO: Setap Shales
TEM: Amo, K. Belalong, Sg. Belalong, *Dransfield S.* 1201. **Without prov.:** *Jacobs* 5651.

S. aff. sp. nov.
Bamboo • HAB: near running fresh water • ALT: 70 m
TEM: Amo, K. Belalong, *Wong* 214.

S. spp. indet.
BEL: Labi, Bt. Puan, *Ashton* A 495. **TEM:** *Johns* 7000; Amo, Sungai Temburong, *Argent* 91184. **TUT:** Rambai, Tasek Merimbun, *Bernstein* 431

TEMBURONGIA
Dransfield, S. & Wong K.M. in Sandakania 7: 49–58 (1996)

T. simplex S.Dransf. & K.M.Wong
Scrambling bamboo • VEG: Degraded Alluvial Forest, LMDF, HDF • HAB: gentle slope, steep slope, ridge; near running fresh water • GEO: sandstone, Setap Shales; alluvial deposits; clay soil • ALT: 30–800 m
TEM: Amo, *Wong* 1740; Amo, *Wong* 1749; Amo, Bt. Belalong, *Dransfield S.* 1234; Amo, Bt. Belalong, *Dransfield S.* 1255; Amo, K. Belalong, Sg. Belalong, *Dransfield S.* 1200; Amo, K. Belalong, Sg. Belalong, *Dransfield S.* 1205; Amo, K. Belalong, *Wong* 1152; Amo, K. Belalong, *Wong* 1641; Amo, Ulu Belalong, *Dransfield J.* 7348; Batu Apoi, Selapon, *Dransfield J.* 7498 • Endemic

GRAMINEAE-BAMBUSOIDEEAE INDET.
TUT: Rambai, Tasek Merimbun, *Bernstein* 21.

HANGUANACEAE
E.J. COWLEY
Backer in Fl. Males. 4: 245–250 (1951), under Flagellariaceae

HANGUANA

H. malayana (Jack) Merr.
Suffrutescent herb/subshrub, herb • VEG: Lower Montane Forest, Secondary Forest • HAB: gentle slope, ridge; near running fresh water • GEO: Meligan formation, Setap Shales • ALT: 20–80 m
TEM: Amo, Apoi Forest Reserve, *Atkins* 458; Amo, Bati Apoi Forest Reserve, *Poulsen* 121; Amo, Bt. Retak, *Sands* 5296; Bangar, Bt. Biang, *Forman* 899 • Ceylon, Indochina, Malesia

H. major Airy Shaw
Without prov.: *Niga* 378 • Borneo

H. spp. indet.
BEL: Labi, Sungai Rampayoh, *Kirkup* 793. **TEM:** Amo, Batu Apoi Forest Reserve, *Poulsen* 33; Amo, K. Belalong, *Boyce* 397; Amo, K. Belalong, *Dransfield J.* 6697; Amo, Sg. Belalong, *Wong* 1181; Amo, Ulu Belalong LP382, *Kirkup* 892; Batu Apoi, *Dransfield J.* 6937. **TUT:** Lamunin, Ladan Hills F.R., *Wong* 1677.

HYDROCHARITACEAE
Hartog in Fl. Males. 5: 381–413 (1957)

HYDRILLA

H. verticillata (L.f.) Royle
Herb • VEG: beside still freshwater • HAB: periodically flooded; near still fresh water, in still fresh water • GEO: alluvial deposits • ALT: 10 m
BEL: Seria, Jln. K. Belait–Seria, *Sands* 5736; Sungai Liang, Anduki F.R., *Simpson* 74. **Without prov.:** *van Niel* 3748 • Old World Tropics

HYPOXIDACEAE
E.J. COWLEY
Geerinck in Fl. Males. 11: 366–370 under Amaryllidaceae; see also corrections to acount by Noltie in Edinb. J. Bot. 50(3): 381(1993)

CURCULIGO

C. latifolia Dryand. *sens. lat.* (*C. villosa* Kurz) — Lemba (Ib.)
Epiphytic; herb; on ground • VEG: HDF, Kerangas, Secondary Forest • HAB: gentle slope, steep slope, terrace; periodically flooded; near running fresh water • GEO: Belait formation, Lambir formation, sandstone, Sand/clay, Setap Shales; sandy soil; Leaf litter • ALT: 850 m. USES: Edible fruit, leaves used for tying

BEL: Bukit Sawat, Jln. Merangking - Buau, *Niga* 243; Labi, Bt. Teraja, *Simpson* 2035; Labi, Bukit Teraja, *Kirkup* 428; Labi, Rampayoh, *Cowley* 22; Labi, Rampayoh, *Cowley* 156; Labi, Rampayoh, *Sands* 5983; Labi, Sg. Rampayoh, *Coode* 7261; Labi, Sg. Rampayoh, *Coode* 7266; Melilas, Paleh Bangawong, *Thomas* 124; Melilas, Ulu Ingei, *Cowley* 118. **TEM:** Amo, Apoi Forest Reserve, *Cowley* 65; Amo, Batu Apoi Forest Reserve, *Poulsen* 90; Amo, Batu Apoi Forest Reserve, *Poulsen* 295; Amo, Batu Apoi F.R., K. Belalong FSC, *Hansen* 1575; Bukok, *Forman* 934. **TUT:** Rambai, Tasek Merimbun, *Bernstein* 72 • India, Burma, Thailand, Malaya, Sumatra, Java, Borneo, Sulawesi, Philippines

C. racemosa Ridl. — Lemba Gabuk (Dus.)
Epiphytic; herb; on ground • VEG: LMDF, Degraded LMDF, HDF • HAB: gentle slope, steep slope, ridge; near running fresh water • GEO: Belait formation, Setap Shales; bare rock and boulders; clay soil • ALT: 80 m • USES: Edible fruit, leaves used for tying

BEL: Labi, *Boyce* 260. **TEM:** Amo, Apoi Forest Reserve, *Cowley* 58; Amo, Apoi Forest Reserve, *Cowley* 91; Amo, Batu Apoi Forest Reserve, *Poulsen* 38; Amo, Batu Apoi Forest Reserve, *Poulsen* 60; Amo, Batu Apoi Forest REserve, *Poulsen* 278; Amo, K. Belalong, *Boyce* 412; Amo, K. Belalong, *Jacobs* 5610; Amo, K. Belalong, Batu Apoi F.R., *Hansen* 1539. **TUT:** Rambai, Tasek Merimbun, *Bernstein* 19 • Borneo

C. spp. indet.
BEL: Labi, Bukit Teraja, *Kirkup* 401; Labi, Labi road, *Bygrave* 3. **TEM:** Amo, Bt. Belalong, *Dransfield S.* 1216; Amo, Kuala Belalong F.S.C., *Argent* 91132; Amo, Sg. Temburong, *Coode* 6709; Batu Apoi, Selapon, *Kirkup* 917.

JOINVILLEACEAE

JOINVILLEA

J. ascendens Brongn. & Gris
Herb • HAB: gentle slope
TEM: Amo, *Wong* 1880 • Malesia, Pacific

J. ascendens Brongn. & Gris subsp. **borneensis** (Becc.) T.K.Newell
Herb • VEG: Degraded Lower Montane Forest • HAB: steep slope • GEO: sandstone • ALT: 1480 m
TEM: Amo, Bt. Retak, *Wong* 848; Amo, G. Pagon, *Coode* 7575.

J. sp. indet.
TEM: Amo, *Ashton* A 478.

LIMNOCHARITACEAE

LIMNOCHARIS

L. flava (L.) Buch.
Herb

BRM: Gadong, Kpg. Rimba, *Wong* 1636 • Native to Tropical S America

LOWIACEAE
E.J. COWLEY

Holttum in Gard. Bull. Sing. 25: 239–247 (1970); K.Larsen in Nord. J. Bot. 13: 285–288 (1993)

ORCHIDANTHA

O. holttumii K.Larsen
Herb • VEG: Degraded HDF • HAB: gentle slope • GEO: Belait formation • ALT: 30–40 m
BEL: Bukit Sawat, Merangking, *Coode* 7700; Labi, *Boyce* 232; Labi, Sungai Rampayoh, *Kirkup* 819; Labi, Teraja, *Poulsen* 298 • Borneo: Sabah

MARANTACEAE
E.J. COWLEY

DONAX

D. canniformis (G.Forst.) K.Schum. — *Bamban* (Dus.), *Bamban Batu* (Br., Dus.)
Shrub, suffrutescent herb/subshrub, herb • VEG: Degraded Peatswamp Forest, LMDF • HAB: flat ground; periodically flooded • GEO: Belait formation, Setap Shales; alluvial deposits; sandy clay soil • ALT: 150–30 m • USES: Used to make mats, tekiding, tikam, nyiru
BEL: Bukit Sawat, Jln. Sg. Mau–Merimbun, *Wong* 371; Labi, Sungai Rampayoh, *Coode* 7818**TEM:** Amo, *Wong* 1284; Amo, Batu Apoi Forest Reserve, *Poulsen* 166; Labu, *Sands* 5651.
TUT: Rambai, Tasek Merimbun, *Bernstein* 289; Rambai, Tasek Merimbun, *Bernstein* 517 • C & E Malesia, W Pacific

PHACELOPHRYNIUM

P. maximum (Blume) K.Schum. — *Daun Nyirik* (Br.), *Kükub* (Dus.), *Lirik* (Ib.), *Nyirik* (Br.)
Giant herb, herb; on ground • VEG: Degraded Peatswamp Forest, LMDF, HDF, Lower Montane Forest, Upper Montane Shrubbery, Secondary Forest • HAB: flat ground, gentle slope, steep slope, ridge; periodically flooded; near running fresh water, in running fresh water, near • GEO: Lambir formation, Meligan formation, sandstone, Setap Shales; stony; clay soil • ALT: 1500 m
BEL: Labi, Rampayoh, *Cowley* 181. **TEM:** Amo, Apoi Forest Reserve, *Cowley* 41; Amo, Apoi Forest Reserve, *Cowley* 56; Amo, Batu Apoi Forest Reserve, *Poulsen* 2; Amo, Batu Apoi Forest Reserve, *Poulsen* 44; Amo, Batu Apoi Forest Reserve, *Poulsen* 61; Amo, Batu Apoi F.R., K Belalong FSC, *Hansen* 1620; Amo, Bt. Retak, *Sands* 5294; Amo, Bt. Retak, *Wong* 864; Amo, G. Pagon, *Coode* 7523; Amo, K. Belalong, *Jacobs* 5601; Amo, K. Belalong, Batu Apoi F.R., *Hansen* 1526; Amo, Kuala Belalong F.S.C., *Argent* 9199; Amo, Sg. Temburong Machang, *Wong* 1929; Batu Apoi, *Kirkup* 325; Batu Apoi, Selapon, *Coode* 7916. **TUT:** *Forman* 1007; Rambai, Sg. Tutong, *Simpson* 2609. **Without prov.:** *Haslani - Mohd. A.* 4 • Sumatra, Java, Borneo

P. sp. indet.
TEM: Amo, *Ashton* A 277.

SCHUMANNIANTHUS

S. dichotomus (Roxb.) Gagnep.
VEG: Degraded Peatswamp Forest • HAB: near running fresh water • ALT: 20 m
BEL: Bukit Sawat, Sg. Mau, *Simpson* 2000 • India to Indochina, Sumatra, Borneo, Philippines

S. cf. dichotomus (Roxb.) Gagnep. — *Bamban Air* (Dus.)
• USES: Skin used to make saging + rice carrier.
TUT: Rambai, Tasek Merimbun, *Bernstein* 349.

STACHYPHRYNIUM

S. borneense Ridl.
Herb • VEG: LMDF, HDF, Degraded Secondary Forest • HAB: terrace, ridge; periodically flooded • GEO: Sand/clay, Setap Shales • ALT: 20–500 m
BEL: Melilas, Sg. Belait, *Forman* 1200; Melilas, Ulu Ingei, *Cowley* 117. **TEM:** Amo, Batu Apoi Forest Reserve, *Poulsen* 75; Batu Apoi, Bt. Gelagas (Bt. Suang), *Simpson* 2241 • Borneo

S. cf. borneense Ridl.
Herb; on ground • GEO: shale • ALT: 120–130 m
TEM: Amo, Sg. Temburong, *Coode* 6520.

S. aff. jagorianum (K.Koch) K.Schum.
Herb • VEG: LMDF, Degraded LMDF • HAB: ridge • GEO: Setap Shales • ALT: 250 m
TEM: Amo, Batu Apoi Forest Reserve, *Poulsen* 401. **TUT:** Ukong, Bt. Besong, *Dransfield S.* 1148 • *Stachyphrynium jagorianum* is known from Thailand, Malaya, Borneo

S. parvum (K.Koch) K.Schum.
Herb • VEG: LMDF • HAB: gentle slope • GEO: Setap Shales • ALT: 250 m
TEM: Amo, Batu Apoi Forest Reserve, *Poulsen* 282 • Malaya, Borneo

S. sp. indet.
TEM: Amo, Batu Apoi Forest Reserve, *Poulsen* 191.

MARANTACEAE INDET.
BEL: Melilas, Sg. Topi–Ingei watershed, *Kirkup* 746; Sukang, Sungai Paleh Bangawong, *Kirkup* 698. **TEM:** Amo, Batu Apoi Forest Reserve, *Poulsen* 209.**TUT:** Lamunin, Ladan Hills, *Cowley* 28; Rambai, Tasek Merimbun, *Bernstein* 222; Rambai, Tasek Merimbun, *Bernstein* 367.

MELANTHIACEAE
E.J. COWLEY

PETROSAVIA

P. stellaris Becc.
TEM: Amo, Bt. Belalong, *Dransfield S.* 1231.

P. sakuraii (Makino) J.J. Sm.
Without prov.: *De Vogel* 9000.

MUSACEAE
E.J. COWLEY

MUSA

M. borneensis Becc.
• ALT: 50–300 m
TEM: *Hotta* 13877 • Borneo

M. campestris Becc. — *Rutai* (Dus.)
Giant herb, herb • VEG: LMDF, Secondary Forest • HAB: waterfall spray zone, near running fresh water • GEO: Lambir formation • ALT: 20–100 m
BEL: Labi, *Johns* 6800; Labi, Labi Hills F. R., *Coode* 6792; Labi, Rampayoh, *Cowley* 14.
TUT: Rambai, Luagan Merimbun, *Hotta* 12460; Rambai, Tasek Merimbun, *Bernstein* 225 •

Borneo

M. textilis Nee
- ALT: 50–100 m

BEL: Labi, Jln. Labi–Bt. Puan, *Hotta* 13017 • Native to Philippines, widley cultivated (Manila Hemp)

M. tuberculata M.Hotta
- ALT: 50 m

TEM: *Hotta* 13878 • Borneo

ORCHIDACEAE
DETS BY J.J. WOOD
Wood, J.J. & Cribb, P.J. Checklist of the Orchids of Borneo (1994)

ACRIOPSIS

A. javanica Blume
Epiphytic; herb • VEG: LMDF, Degraded LMDF • HAB: ridge; near running fresh water • GEO: Belait formation, shale, Setap Shales • ALT: 20–550 m
BEL: Melilas, Kuala Ingei, *Thomas* 215. TEM: Amo, K. Belalong, *Boyce* 390; Amo, Sg. Temburong, *Coode* 6714.

A. javanica Blume var. **javanica**
Epiphytic; herb • VEG: LMDF • GEO: vertical tree trunk
BEL: Labi, Bt. Telingan, *Wong* 1596 • Thailand to Malaya, Malesia to New Guinea, Australia, Solomon Is.

AGROSTOPHYLLUM

A. bicuspidatum J.J.Sm. — *Ukit Entalun* (Dus.)
Epiphytic; herb; on ground • VEG: LMDF • HAB: steep slope, ridge; near running fresh water • GEO: Belait formation • ALT: 50–200 m
BEL: Melilas, Paleh Bangawong, *Thomas* 54; Melilas, Paleh Bangawong, *Thomas* 73; Melilas, Paleh Bangawong, *Thomas* 103; Melilas, Sg. Topi, *Thomas* 198. TEM: *Johns* 6963; Amo, *Wong* 474. TUT: Rambai, Tasek Merimbun, *Bernstein* 40 • Burma, Thailand, W & C Malesia

A. glumaceum Hook.f.
Epiphytic
TEM: Amo, K. Belalong, *Wong* 279 • Sumatra, Malaya, Borneo

A. stipulatum (Griff.) Schltr.
Epiphytic • VEG: LMDF • ALT: 50 m
TEM: *Johns* 7165 • Thailand, Malaya, Sumatra, Borneo

A. spp. indet.
BEL: Melilas, Paleh Bangawong, *Thomas* 107. TEM: Amo, Bukit Tudal, *Bygrave* 15.

APHYLLORCHIS

A. pallida Blume
Parasitic, saprophytic; herb • VEG: Lower Montane Forest • HAB: ridge • GEO: Leaf litter • ALT: 150–350 m
BEL: Labi, Wong Kadir, *Coode* 7226. TEM: Amo, Batu Apoi F.R., K Belalong FSC, *Hansen* 1586. TUT: *Johns* 7619 • W & C Malesia

APOSTASIA

A. elliptica J.J.Sm.
Herb • VEG: LMDF • HAB: ridge • GEO: Setap Shales • ALT: 500 m

TEM: Amo, Batu Apoi Forest Reserve, *Poulsen* 89B • Malaya, Sumatra, Borneo

A. nuda R.Br.
Herb; on ground • VEG: Peatswamp Forest with Shorea albida, LMDF, HDF • HAB: gentle slope, ridge • GEO: Belait formation, Setap Shales • ALT: 20–850 m
BEL: Melilas, Bt. Batu Patam, *Boyce* 306. **TEM:** Amo, Bt. Belalong, *Dransfield J.* 7208; Batu Apoi, Bt. Gelagas (Bt. Suang), *Simpson* 2252. **TUT:** Rambai, Sg. Medit, *Simpson* 2531 • Burma, Indochina, W & C Malesia

A. wallichii R.Br.
Herb • VEG: LMDF • HAB: gentle slope • GEO: Setap Shales • ALT: 250–800 m
TEM: Amo, Batu Apoi Forest Reserve, *Poulsen* 122; Amo, Batu Apoi Forest Reserve, *Poulsen* 312 • India, Indochina, Thailand, Malaya, Sumatra, Java, Borneo, Philippines, New Guinea, Australia

A. sp. indet.
BEL: Melilas, Paleh Bangawong, *Thomas* 96.

APPENDICULA

A. anceps Blume
Epiphytic; herb • VEG: LMDF, Degraded LMDF • HAB: near running fresh water • GEO: Setap Shales • ALT: 20–50 m
TEM: *Johns* 7176; Amo, K. Belalong, *Boyce* 394; Amo, K. Belalong, *Wong* 290 • Thailand, W & C Malesia

A. cornuta Blume
Epiphytic; herb • VEG: Lower Montane Forest • GEO: Meligan formation, shale • ALT: 120–130 m
TEM: Amo, Bt. Retak, *Sands* 5385; Amo, Sg. Temburong, *Coode* 6585 • SE Asia, W & C Malesia

A. cristata Blume
Lithophyte • GEO: shale • ALT: 120–550 m
TEM: Amo, Sg. Temburong, *Coode* 6711 • Sumatra, Java, Borneo, Sulawesi

A. aff. pauciflora Blume
Epiphytic • VEG: LMDF • HAB: steep slope • GEO: Setap Shales • ALT: 20– 100 m
TEM: Amo, K. Belalong, *Boyce* 371 • *Appendicula pauciflora* is known from Sumatra, Java

A. pendula Blume
Epiphytic • VEG: HDF • HAB: ridge; near running fresh water • ALT: 250 m
TEM: Amo, Batu Apoi F.R., K. Belalong FSC, *Hansen* 1543; Batu Apoi, Bt. Gelagas (Bt. Suang), *Simpson* 2335 • Thailand, W & C Malesia

A. reflexa Blume
Epiphytic • VEG: LMDF • ALT: 50 m
TEM: *Johns* 7162; *Johns* 7169; *Johns* 7185 • Widespread across SE Asia and Malesia to Pacific

A. uncata Ridl. subsp. sarawakensis J.J.Wood
Epiphytic • VEG: Kerangas • HAB: terrace • GEO: Sand/clay • ALT: 30 m
BEL: Melilas, Ulu Ingei, *Atkins* 571 • Borneo

A. spp. indet.
BEL: Bt. Sawat, UBD plot, *Thomas* 223; Melilas, *De Vogel* 8863; Melilas, Bt. Batu Patam, *Boyce* 335. **TEM:** *Johns* 7019. **TUT:** Rambai, Bt. Bahak, *Coode* 6992.

ARACHNIS

A. hookeriana (Rchb.f.) Rchb.f.
Climber • GEO: White sand • ALT: 50–150 m
TUT: Tanjong Maya, Jalan Tutong–Seria, *Thomas* 247 • Malaya, Borneo

ARUNDINA

A. graminifolia (D.Don) Hochr. (*A. bambusifolia* (Roxb.) Lindl.)
Without prov.: *van Niel* 3639 • Widespread across SE Asia and Malesia to Pacific

ASCIDIERIA

A. longifolia (Hook.f.) Seidenf.
Epiphytic; herb • HAB: steep slope • GEO: sandstone
TEM: Amo, Bt. Retak, *Wong* 846 • Thailand, Sumatra, Malaya, Borneo

BROMHEADIA

B. borneensis J.J.Sm.
Herb; on ground • VEG: Kerangas, Lower Montane Forest • HAB: ridge • GEO: Belait formation • ALT: 170–350 m
BEL: Melilas, Bt. Batu Patam, *Boyce* 299. **TUT:** *Johns* 7618 • Malaya, Borneo

B. finlaysoniana (Lindl.) Miq.
Herb; on ground • VEG: Degraded Kerangas, Open areas • HAB: ridge • GEO: Lambir formation; stony • ALT: 270–290 m
BEL: Labi, Bt. Teraja, *Coode* 6936; Labi, Bt. Teraja, *Sands* 5477. **Without prov.:** *van Niel* 4012 • Indochina, Malesia

BULBOPHYLLUM

B. acuminatum (Ridl.) Ridl.
Epiphytic; herb • VEG: Kerangas • GEO: White sand; Podsol • ALT: 10–30 m
BEL: Bukit Sawat, Jln. Labi, *Boyce* 230. **Without prov.:** *van Niel* 3377 • Thailand, Malaya, Borneo

B. armeniacum J.J.Sm.
Without prov.: *Wong* s.n. 17.ix.89a • Malaya, Sumatra, Borneo

B. auratum (Lindl.) Rchb.f.
Epiphytic • GEO: sandy soil • ALT: 10 m
BEL: Sukang, Sg. Belait, *Forman* 1156 • Thailand, Sumatra, Malaya, Borneo

B. elongatum (Blume) Hassk.
Epiphytic • VEG: Lower Montane Forest • HAB: gentle slope • GEO: Meligan formation • ALT: 1120 m
TEM: Amo, Bt. Retak, *Sands* 5285 • Malaya, Java, Borneo

B. flavescens (Blume) Lindl.
Epiphytic • VEG: Lower Montane Forest • ALT: 800 m
TEM: *Johns* 6762 • Malaya, Sumatra, Java, Borneo, Philippines

B. inunctum J.J.Sm.
Epiphytic • VEG: LMDF • ALT: 50 m
TEM: *Johns* 7239; *Johns* 7285 • Borneo

B. macranthum Lindl.
Epiphytic; herb • HAB: terrace; impeded drainage • GEO: Sand; peat
BEL: Seria, Badas F.R., *Wong* 1603. **Without prov.:** *van Niel* 3845 • Burma, Indochina, W & C Malesia

B. macrochilum Rolfe
Epiphytic • VEG: Kerangas • HAB: gentle slope • GEO: Belait formation, shale • ALT: 120–130 m
BEL: Melilas, Ulu Ingei, *Sands* 5936. **TEM:** Amo, Sg. Temburong, *Coode* 6564 • Malaya, Borneo

B. medusae (Lindl.) Rchb.f.
Without prov.: *van Niel* 4152 • Thailand, Malaya, Sumatra, Borneo

B. cf. medusae (Lindl.) Rchb.f.
• VEG: LMDF • HAB: ridge • GEO: Setap Shales • ALT: 50–210 m
TEM: Amo, K. Belalong, *Boyce* 443.

B. mirabile Hallier f.
• ALT: 200–300 m
Locality not traced: *Jongejan* 4031 • Borneo

B. mutabile (Blume) Lindl. var. mutabile
Epiphytic • VEG: LMDF • ALT: 50 m
TEM: *Johns* 7186 • Thailand, Malaya, Sumatra, Java, Borneo, Philippines

B. refractilingue J.J.Sm.
Epiphytic • VEG: LMDF, Degraded LMDF • GEO: Belait formation; sandy soil • ALT: 20–100 m
BEL: Labi, *Boyce* 262; Labi, *Forman* 1042 • Borneo

B. rhizomatosum Ames & C.Schweinf.
Epiphytic • GEO: shale • ALT: 120–130 m
TEM: Amo, *Wong* 1266; Amo, Sg. Temburong, *Coode* 6531 • Borneo: Sabah

B. sopoetanense Schltr.
• VEG: Upper Montane Shrubbery • HAB: ridge • GEO: moss • ALT: 1500 m
TEM: Amo, G. Pagon, *Coode* 7473 • Borneo, Sulawesi

B. cf. uniflorum (Blume) Hassk.
Epiphytic; herb
TEM: Amo, Bt. Retak, *Wong* 817 • The species is known from W & C Malesia

B. vaginatum (Lindl.) Rchb.f.
Without prov.: *van Niel* 3716; *van Niel* 3824 • Thailand, Malaya, Sumatra, Java, Borneo

B. vermiculare Hook.f.
Epiphytic • VEG: LMDF • ALT: 50 m
TEM: *Johns* 7183 • Malaya, Borneo, Philippines

B. spp. indet.
BEL: Bt. Sawat, UBD plot, *Thomas* 226; Labi, *Kirkup* 353; Labi, Sg. Rampayoh, *Coode* 7295; Labi, Wong Kadir, *Coode* 7251; Melilas, *De Vogel* 8883; Melilas, Bt. Batu Patam, *Boyce* 317; Melilas, Bt. Batu Patam, *Boyce* 323; Melilas, Bt. Batu Patam, *Boyce* 336; Melilas, Paleh Bangawong, *Thomas* 121; Melilas, Paleh Bangawong, *Thomas* 135; Melilas, Sg. Topi, *Thomas* 177; Melilas, Ulu Ingei, *Sands* 5927; Sungai Liang, Jln. Labi, *Boyce* 451. **TEM:** Amo, Bt. Retak, *Wong* 816; Amo, K. Belalong, *Boyce* 426; Amo, Sg. Temburong, *Coode* 6588; Amo, Sg. Temburong, *Coode* 6605; Amo, Sg. Temburong, *Coode* 6639. **TUT:** Rambai, Bt. Bahak, *Coode* 6991; Tanjong Maya, Jalan Tutong–Seria, *Thomas* 251. **Without prov.:** *van Niel* 3656; *van Niel* 3719.

CERATOSTYLIS

C. aff. alata Carr
Epiphytic • GEO: shale • ALT: 120–430 m
TEM: Amo, Sg. Temburong, *Coode* 6737 • *Ceratostylis alata* is known from Borneo: Sarawak

CLADERIA

C. viridiflora Hook.f. — *Ukit Entalun* (Dus.)
Epiphytic; herb, climber; on ground • VEG: LMDF • HAB: gentle slope, steep slope, ridge • GEO: Setap Shales • ALT: 20–300 m
BEL: Sungai Liang, Sungei Liang, *Forman* 1088. **TEM:** Amo, Batu Apoi Forest Reserve, *Poulsen* 219; Amo, Batu Apoi Forest Reserve, *Poulsen* 371; Amo, K. Belalong, *Boyce* 401; Batu Apoi, *Kirkup* 340. **TUT:** Rambai, Tasek Merimbun, *Bernstein* 25 • Thailand, W & C Malesia

CLEISOSTOMA

C. cf. halophilum (Ridl.) Garay
Without prov.: *van Niel* 4154 • The species is known from Borneo: Sarawak

COELOGYNE
E.F. DE VOGEL

de Vogel, E.F. Revisions in Coelogyninae (Orchidaceae) IV. *Coelogyne* section *Tomentosae*. Orchid Monogrphs 6: 1–42 (1992)

C. bruneiensis de Vogel
Epiphytic
BEL.: without locality, *Leiden, cult. hort. (de Vogel)* 27697 • Endemic

C. echinolabium de Vogel
Epiphytic • VEG: LMDF, Lower Montane Forest • HAB: ridge • ALT: 150–50 m
TEM: *Johns* 7191; *Johns* 7348 • Borneo: Sarawak

C. eraticulilabris Carr
Epiphytic; herb • VEG: HDF • HAB: steep slope • GEO: Setap Shales • ALT: 870 m
TEM: Amo, Bt. Belalong, *Dransfield J.* 7141; Amo, Bt. Retak, *Wong* 812 • Borneo

C. exalata Ridl.
Epiphytic; herb • VEG: Lower Montane Forest, Degraded Lower Montane Forest, Upper Montane Forest • HAB: steep slope • GEO: Meligan formation • ALT: 1350–870 m
TEM: *Johns* 6516; Amo, Bt. Retak, *Sands* 5343; Amo, Bt. Retak, *Wong* 813; Amo, G. Pagon, *Coode* 7601 • Borneo

C. hirtella J.J.Sm.
Herb; on ground • VEG: Upper Montane Forest • HAB: ridge • GEO: Meligan formation • ALT: 1350 m
TEM: Amo, *Sands* 5259 • Borneo

C. aff. incrassata (Blume) Lindl.
Epiphytic; herb • VEG: LMDF • HAB: gentle slope; near running fresh water • GEO: Belait formation, shale, Sand; stony • ALT: 100–430 m
BEL: Melilas, Bt. Batu Patam, *Boyce* 334. **TEM:** Amo, Batu Apoi F.R., K Belalong FSC, *Hansen* 1621; Amo, Sg. Temburong, *Coode* 6750.

C. incrassata (Blume) Lindl. var. **incrassata**
• VEG: LMDF • ALT: 50 m
TEM: *Johns* 7203 • Sumatra, Java, Borneo

C. longibulbosa Ames & C.Schweinf.
Epiphytic • GEO: shale • ALT: 120–130 m
TEM: Amo, Sg. Temburong, *Coode* 6527 • Borneo: Sarawak, Sabah

C. odoardi Schltr.
Epiphytic; herb • HAB: ridge
BEL: Melilas, Batu Patam, *Wong* 1069 • Borneo: Sarawak, Sabah

C. pandurata Lindl.
Without prov.: *van Niel* 3794 • Borneo: Sarawak, Sabah

C. peltastes Rchb.f.
Epiphytic; climber • VEG: Kerangas, LMDF • HAB: steep slope, ridge • GEO: Belait formation, White sand; Podsol, Loam • ALT: sea level–350 m
BEL: Melilas, *De Vogel* 8879; Sungai Liang, Jln. Labi, *Boyce* 456. **TEM:** Labu ?, *Boyce* 352 • Borneo

C. roehussenii de Vries
Epiphytic; shrub • VEG: LMDF, Secondary Forest • HAB: steep slope; near running fresh water • GEO: Belait formation • ALT: 20–200 m
BEL: Melilas, Sg. Topi, *Thomas* 165. **TUT:** Rambai, Sg. Tutong, *Coode* 6344 • W & C Malesia

C. sanderiana Rchb.f.
Epiphytic • VEG: Secondary Forest • HAB: near running fresh water • GEO: stony • ALT: 50–150 m
BEL: Labi, Wasai Mendaram, *Thomas* 159 • Sumatra, Borneo

C. septemcostata J.J.Sm.
Epiphytic • GEO: shale • ALT: 120–500 m
TEM: Amo, Sg. Temburong, *Coode* 6487 • Sumatra, Borneo

C. swaniana Rolfe
Epiphytic • GEO: shale • ALT: 120–130 m
TEM: Amo, Sg. Temburong, *Coode* 6552 • Malaya, Sumatra, Borneo

C. venusta Rolfe
TEM: cited in de Vogel (1992) • Borneo: Sarawak, Sabah

C. spp. indet.
BEL: Melilas, Paleh Bangawong, *Thomas* 61; Melilas, Paleh Bangawong, *Thomas* 92; Melilas, Sg. Topi, *Thomas* 187. **TEM:** Amo, K. Belalong, *Boyce* 444; Amo, Sg. Temburong, *Coode* 6575. **TUT:** Ulu Tutong, Bukit Bahak, *Kirkup* 466.

CORYBAS

C. pictus (Blume) Reichb.f.
Endotrophic terrestrial • VEG: Kerangas, LMDF • HAB: ridge • GEO: Belait formation, White sand • ALT: 10–150 m
BEL: Bukit Sawat, Jln. Labi, *Dransfield J.* 6527; Melilas, Sg. Topi, *Thomas* 193 • Sumatra, Java, Borneo

CORYMBORCHIS

C. veratrifolia (Reinw.) Blume — *Lamba*(Dus.), *Tabu-Tabu* (Dus.)
Herb • VEG: Secondary Forest • USES: Medicinal, cure for leprosy, Medicinal, reduces swelling
TUT: Lamunin, Kpg. Lamunin, *Wong* 63; Rambai, Tasek Merimbun, *Bernstein* 146; Rambai, Tasek Merimbun, *Bernstein* 160; Rambai, Tasek Merimbun, *Bernstein* 518 • SE Asia, Malesia, Pacific

CRYPTOSTYLIS

C. acutata J.J.Sm.
Herb • VEG: HDF • HAB: ridge • ALT: 500 m
TEM: Batu Apoi, Bt. Gelagas (Bt. Suang), *Simpson* 2235 • Sumatra, Java, Borneo

C. aff. acutata J.J.Sm.
Without prov.: *Wong* s.n. 17.ix.89b.

CYMBIDIUM

C. finlaysonianum Lindl.
Without prov.: *van Niel* 3782 • Indochina, W & C Malesia

CYSTORCHIS

C. macrophysa Schltr.
• VEG: HDF • HAB: ridge • ALT: 250 m
TEM: Batu Apoi, Bt. Gelagas (Bt. Suang), *Simpson* 2351 • Borneo

C. variegata Blume
Herb • VEG: LMDF • GEO: Setap Shales • ALT: 250 m
TEM: Amo, Batu Apoi Forest Reserve, *Poulsen* 323.

C. variegata Blume var. **variegata**
• VEG: Lower Montane Forest • ALT: 800 m
TEM: *Johns* 6758 • Malaya, Sumatra, Java, Borneo, Vanuatu

DENDROBIUM

D. attenuatum Lindl.
Lithophyte; herb • VEG: Kerangas • HAB: ridge • GEO: Belait formation • ALT: 190–200 m
BEL: Melilas, Bt. Batu Patam, *Boyce* 278 • Borneo

D. cinnabarinum Rchb.f. var. **cinnabarinum**
Epiphytic • VEG: HDF • HAB: gentle slope • ALT: 850 m
TEM: Amo, Bt. Belalong, *Prance* 30687 • Borneo

D. crocatum Hook.f.
Without prov.: *van Niel* 3788 • Malaya

D. crumenatum Sw.
Epiphytic; periodically flooded • VEG: Belukar • HAB: periodically flooded • GEO: alluvial deposits • ALT: 10 m
TEM: Bangar, Pekan Bangar, *Sands* 5639. Without prov.: *van Niel* 3646 • SE Asia, Malesia

D. hosei Ridl.
Epiphytic • VEG: LMDF, HDF • HAB: ridge; near running fresh water • GEO: Belait formation • ALT: 50–150 m
BEL: Melilas, Sg. Topi, *Thomas* 195. TEM: *Johns* 7025; *Johns* 7198; *Johns* 7271 • Malaya, Borneo

D. lamellatum (Blume) Lindl.
Epiphytic; seasonal watercourse • VEG: Degraded Empran • HAB: seasonal watercourse • GEO: alluvial deposits • ALT: 10 m
BEL: Kuala Balai, *Kirkup* 212 • Burma, Thailand, W & C Malesia

D. leonis (Lindl.) Rchb.f.
Without prov.: *van Niel* 3657 • Indochina, W & C Malesia

D. lobbii Teijsm. & Binn.
Herb • VEG: Degraded Kerangas • ALT: 290 m
BEL: Labi, Bt. Teraja, *Coode* 6960 • Vietnam, Malesia, Australia

D. lobulatum Rolfe & J.J.Sm.
Epiphytic; herb • HAB: steep slope
TEM: Amo, Bt. Retak, *Wong* 895 • W & C Malesia

D. cf. lobulatum Rolfe & J.J.Sm.
Epiphytic • VEG: Degraded Secondary Forest • ALT: 20 m
BEL: Melilas, Sg. Belait, *Forman* 1207.

D. secundum (Blume) Lindl.
Without prov.: *van Niel* 3994 • Burma, Indochina, Malesia

D. sinuatum (Lindl.) Rchb.f.
Epiphytic • VEG: LMDF • ALT: 50 m
TEM: *Johns* 7228 • Thailand, Malaya, Borneo

D. spp. indet.
BEL: Bukit Sawat, Labi Road, *Thomas* 255; Bukit Sawat, Labi Road, *Thomas* 259; Labi, Bukit Teraja, *Kirkup* 452; Melilas, Paleh Bangawong, *Thomas* 72; Sungai Liang, Jln. Labi, *Boyce* 457. TEM: Amo, *Wong* 473; Amo, Bt. Retak, *Wong* 805; Amo, Bt. Retak, *Wong* 806; Labu, *Wong* 1298. TUT: Lamunin, *Thomas* 155. **Without prov.**: *van Niel* 3957.

DENDROCHILUM

D. aff. conopseum Ridl.
Epiphytic • VEG: LMDF • HAB: gentle slope, steep slope • GEO: Belait formation; clay soil • ALT: 50–100 m
BEL: Melilas, Bt. Batu Patam, *Boyce* 319. TEM: Amo, K. Belalong, *Wong* 297 • *Dendrochilum conopseum* is known from Borneo

D. dulitense Carr
Epiphytic • VEG: Upper Montane Shrubbery • HAB: ridge • GEO: Meligan formation • ALT: 1350 m
TEM: Amo, Bt. Retak, *Sands* 5335 • Borneo: Sarawak, Sabah

D. gracile (Hook.f.) J.J.Sm. **var. nov.** J.J.Wood ined.
Without prov.: *Ashton* A 250 • Endemic

D. intermedium Ridl.
Epiphytic • VEG: Kerangas • HAB: ridge • GEO: Belait formation • ALT: 50–200 m
BEL: Melilas, Bt. Batu Patam, *Boyce* 295a • Borneo: Sarawak

D. muluense J.J.Wood
Epiphytic; herb
TEM: Amo, Bt. Retak, *Wong* 802 • Borneo: Sarawak, Sabah

D. pallideflavens Blume
Epiphytic • VEG: LMDF • ALT: 170 m
TUT: *Johns* 7555 • Burma, Thailand, Malaya, Java, Borneo

D. pubescens L.O.Williams
Epiphytic; herb • VEG: LMDF, Lower Montane Forest • HAB: ridge; near running fresh water • GEO: Belait formation • ALT: 50–200 m
BEL: Melilas, Paleh Bangawong, *Thomas* 102; Melilas, Sg. Topi, *Thomas* 197. TEM: *Johns* 7341 • Borneo

D. spp. indet.
BEL: Bukit Sawat, Labi Road, *Thomas* 262; Melilas, Bt. Batu Patam, *Boyce* 295; Melilas, Paleh Bangawong, *Thomas* 106. TEM: Amo, Bt. Retak, *Sands* 5327; Batu Apoi, *Dransfield J.*

6979.

DIPLOCAULOBIUM

D. vanleeuwenii (J.J.Sm.) P.F.Hunt & Summerh.
Brunei: *van Niel* 3655 • Borneo, New Guinea

DIPODIUM

D. pictum (Lindl.) Rchb.f.
Herb • VEG: LMDF • HAB: gentle slope • GEO: Belait formation • ALT: 100–170 m
BEL: Melilas, Bt. Batu Patam, *Boyce* 328 • W & C Malesia

D. sp. indet.
BEL: Melilas, Paleh Bangawong, *Thomas* 108.

ENTOMOPHOBIA

E. kinabaluensis (Ames) de Vogel
Epiphytic; herb
TEM: Amo, Bt. Retak, *Wong* 810 • Borneo

EPIGENEIUM

E. tricallosum (Ames & C.Schweinf.) J.J.Wood
Epiphytic • VEG: Upper Montane Shrubbery • HAB: ridge • ALT: 1500 m
TEM: Amo, G. Pagon, *Coode* 7532 • Borneo

ERIA

E. cordifera Schltr. subsp. **borneensis** J.J.Wood
Epiphytic; herb • VEG: LMDF • HAB: impeded drainage • GEO: Setap Shales • ALT: 20–30 m
TEM: Amo, K. Belalong, *Boyce* 427 • Borneo: Sarawak

E. floribunda Lindl.
Epiphytic; herb • VEG: Lower Montane Forest • HAB: ridge
TEM: Amo, Bt. Pagon, *Wong* 1765 • Burma, Indochina, W & C Malesia

E. javanica (Sw.) Blume
Without prov.: *van Niel* 3787 • SE Asia, Malesia

E. leiophylla Lindl.
Without prov.: *van Niel* 3635 • Sumatra, Malaya, Borneo, Sulawesi

E. longerepens Ridl.
Epiphytic; herb • VEG: Freshwater Swamp Forest, LMDF • HAB: ridge; near running fresh water • GEO: Belait formation • ALT: 20–150 m
BEL: Melilas, Sg. Topi, *Thomas* 180. TUT: Rambai, Sg. Medit, *Simpson* 2611 • Malaya, Borneo

E. magnicallosa Ames & C.Schweinf.
• ALT: 1580 m
TEM: Amo, Bt. Pagon, *Ashton* A 449 • Borneo: Sabah

E. megalopha Ridl.
Epiphytic • VEG: LMDF • ALT: 50 m
BEL: Labi, Bt. Teraja, *Vermeulen and Lamb* 130791 • Borneo: Sarawak

E. melaleuca Ridl.
Epiphytic • VEG: LMDF • ALT: 50 m

TEM: *Johns* 7206 • Borneo: Sarawak, Sabah

E. nutans Lindl.
Epiphytic • VEG: LMDF • HAB: ridge • GEO: Belait formation • ALT: 50–150 m
BEL: Melilas, Sg. Topi, *Thomas* 190 • Thailand, Malaya, Borneo

E. robusta (Blume) Lindl.
Epiphytic; herb
TEM: Amo, Bt. Retak, *Wong* 809 • Thailand, Sumatra, Java, Borneo, Pacific

E. spp. indet.
BEL: Melilas, Paleh Bangawong, *Thomas* 81; Melilas, Sg. Topi, *Thomas* 204; Sungai Liang, Jln. Labi, *Boyce* 455. TEM: *Johns* 7182; *Johns* 7195; Amo, *Sands* 5276; Amo, Apoi Forest Reserve, *Sands* 5811; Amo, Batu Apoi F.R., K Belalong FSC, *Hansen* 1615; Amo, Bt. Retak, *Wong* 815; Amo, Bt. Retak, *Wong* 834; Batu Apoi, Bt. Gelagas (Bt. Suang), *Simpson* 2287. Without prov.: *van Niel* 3714.

EULOPHIA

E. graminea Lindl.
Herb; on ground • VEG: Roadsides • ALT: 20 m
TUT: Tanjong Maya, *Forman* 835; Tanjong Maya, *Forman* 836 • SE Asia, Sumatra, Malaya, Borneo

GLOMERA

G. sp. indet.
BEL: Melilas, Paleh Bangawong, *Thomas* 63.

GRAMMATOPHYLLUM

G. scriptum Blume
Without prov.: *van Niel* 3647 • C & E Malesia, Solomon Is.

G. speciosum Blume
Seen by E.F. de Vogel but not collected.

G. sp. indet.
BRM: Rimba Kumpal, *Suhaili Hj. Zinin* BRUN 15023.

HETAERIA

H. obliqua Blume
Herb; on ground • HAB: gentle slope • ALT: 10–20 m
BEL: Sungai Liang, Sungai Liang, *Coode* 6305 • Sumatra, Malaya, Borneo

H. sp. indet.
BEL: Melilas, Paleh Bangawong, *Thomas* 95.

LECANORCHIS

L. multiflora J.J.Sm.
Saprophytic; herb; on ground • VEG: LMDF • HAB: steep slope, ridge • GEO: Belait formation, Setap Shales; Leaf litter • ALT: 20–350 m
BEL: Melilas, Sg. Topi, *Thomas* 168. TEM: Amo, Batu Apoi Forest Reserve, *Poulsen* 88; Amo, K. Belalong, *Boyce* 370. Without prov.: *van Niel* 3404 • Thailand, W & C Malesia

LIPARIS

L. ferruginea Lindl.
Without prov.: *Simpson* 78a • China, Indochina to Malaya, Sumatra, Java, Borneo

L. lacerata Ridl.
• VEG: LMDF • HAB: ridge • GEO: Setap Shales • ALT: 50–210 m
TEM: Amo, K. Belalong, *Boyce* 448 • Burma, Malaya, Sumatra, Borneo

L. rhombea J.J.Sm.
Epiphytic • VEG: LMDF • HAB: ridge • GEO: Belait formation • ALT: 50–150 m
BEL: Melilas, Sg. Topi, *Thomas* 184 • Thailand, Malaya, Java, Borneo

L. wrayii Hook.f.
Herb; on ground • VEG: LMDF, Open areas • HAB: ridge • GEO: Lambir formation, Setap Shales; stony; sandy soil; fallen logs • ALT: 270–50 m
BEL: Labi, Bt. Teraja, *Sands* 5478; Labi, Kpg. Teraja, *Forman* 1077. **TEM:** Amo, Batu Apoi Forest Reserve, *Poulsen* 200 • Burma, Thailand, Malesia

L. spp. indet.
BEL: Melilas, *De Vogel* 8859; Melilas, Bt. Batu Patam, *Boyce* 308. **TEM:** Amo, Sg. Temburong, *Coode* 6504; Batu Apoi, Bt. Gelagas (Bt. Suang), *Simpson* 2441. **Without prov.:** *van Niel* 3650.

MACODES

M. sp. indet.
TEM: Amo, Bt. Retak, *Sands* 5310.

MALAXIS

M. commelinifolia (Zoll. & Mor.) Kuntze
• VEG: Coastal MDF • GEO: sandy clay soil
BEL: Sungai Liang, Andulau F.R., *Forman* 1114 • Java, Borneo

M. latifolia Sm. — *Lamba Entalun* (Dus.)
TUT: Rambai, Tasek Merimbun, *Bernstein* 198 • SE Asia, Malesia, Australia

M. sp. indet.
TEM: Amo, Batu Apoi Forest Reserve, *Poulsen* 255.

MISCHOBULBUM

M. scapigerum (Hook.f.) Schltr.
Herb • GEO: Setap Shales • ALT: 850 m
TEM: Amo, Batu Apoi Forest Reserve, *Poulsen* 373 • Borneo

NEUWIEDIA

N. borneensis de Vogel — *Lamba Entalun* (Dus.)
Herb • VEG: Coastal MDF • GEO: sandy clay soil
BEL: Sungai Liang, Andulau F.R., *Forman* 1113; Sungai Liang, Sungai Liang Arboretum, *Wong* 939. **TUT:** Rambai, Tasek Merimbun, *Bernstein* 392 • Borneo: Sarawak, Sabah

N. veratrifolia Blume
Herb • VEG: HDF • HAB: ridge • ALT: 350 m
BEL: Labi, Bt. Teraja, *Simpson* 2103 • Borneo

N. sp. indet.
BEL: Labi, *Dransfield J.* 6550.

OBERONIA

O. anceps Lindl.
Epiphytic • VEG: LMDF • ALT: 50 m
BEL: Labi, Bt. Teraja, *Vermeulen and Lamb* 94588 • Burma, Indochina, W & C Malesia

PERISTYLIS

P. hallieri J.J.Sm.
Epiphytic • VEG: LMDF • ALT: 50 m
TEM: *Johns* 7166 • Borneo

PHAIUS

P. sp. indet.
TEM: Amo, *Sands* 5258.

PHOLIDOTA

P. carnea (Blume) Lindl. var. **carnea**
Epiphytic; herb
TEM: Amo, Bt. Retak, *Wong* 804 • Thailand, Malesia

P. pectinata Ames
Epiphytic • VEG: Upper Montane Shrubbery • HAB: ridge • ALT: 1500 m
TEM: Amo, G. Pagon, *Coode* 7482. **Without prov.:** *De Vogel* 8824 • Borneo

PLOCOGLOTTIS

P. acuminata Blume
Herb; on ground • VEG: Kerangas Forest with Agathis, LMDF • GEO: sandy soil • ALT: 20–50 m
BEL: Labi, Kpg. Teraja, *Forman* 1071; Seria, Badas F.R., *Coode* 7638 • W & C Malesia

P. borneensis Ridl.
Herb • VEG: Secondary Forest
TEM: Amo, K. Belalong, Batu Apoi F.R., *Hansen* 1505. **TUT:** Lamunin, Kpg. Lamunin, *Wong* 61 • Borneo: Sarawak, Sabah

P. hirta Ridl.
Endotrophic terrestrial; on ground • VEG: LMDF • HAB: ridge • GEO: Belait formation • ALT: 50–150 m
BEL: Melilas, Sg. Topi, *Thomas* 203 • Borneo

P. lowii Rchb.f.
Without prov.: *van Niel* 3483 • Thailand, W & C Malesia

P. spp. indet.
BEL: Labi, Sungai Rampayoh, *Coode* 7815; Labi, Wasai Teraja, *Thomas* 269; Melilas, Sg. Topi, *Thomas* 182. **TEM:** Amo, Batu Apoi Forest Reserve, *Poulsen* 218; Batu Apoi, Selapon, *Coode* 7928. **Without prov.:** *van Niel* 3484.

PODOCHILUS

P. lucescens Blume
Epiphytic; herb • VEG: LMDF, HDF, Lower Montane Forest • HAB: gentle slope, steep slope, ridge; near running fresh water • GEO: Belait formation, Meligan formation, Setap Shales; clay soil; vertical tree trunk • ALT: 100–850 m
BEL: Melilas, Paleh Bangawong, *Thomas* 76. **TEM:** Amo, Batu Apoi F.R., K. Belalong FSC, *Hansen* 1559; Amo, Bt. Belalong, *Dransfield J.* 7173; Amo, Bt. Belalong, *Dransfield S.* 1214; Amo, Bt. Retak, *Sands* 5386; Amo, K. Belalong, *Boyce* 442; Amo, K. Belalong, Batu Apoi F.R., *Hansen* 1521; Batu Apoi, Bt. Gelagas (Bt. Suang), *Simpson* 2498 • Burma, Thailand, W & C Malesia

P. microphyllus Lindl.
Epiphytic; herb • VEG: LMDF • HAB: gentle slope; near running fresh water • GEO: Belait formation, sandstone, shale • ALT: 100–170 m

BEL: Melilas, Bt. Batu Patam, *Boyce* 329. **TEM:** *Johns* 7178; Amo, Sg. Temburong, *Coode* 6573. **TUT:** Rambai, Bt. Bahak, *Coode* 7020. **Without prov.:** *Ashton* A 431 • Burma, Thailand, W & C Malesia

P. serpyllifolius (Blume) Lindl.
Epiphytic; herb • VEG: HDF, Lower Montane Forest • HAB: gentle slope, ridge • GEO: Meligan formation; bare rock and boulders • ALT: 1020–500 m
TEM: Amo, Bt. Retak, *Sands* 5313; Amo, Bt. Retak, *Sands* 5376; Amo, K. Belalong, *Wong* 282; Batu Apoi, Bt. Gelagas (Bt. Suang), *Simpson* 2225 • Sumatra, Java, Borneo

P. tenuis (Blume) Lindl.
Epiphytic; climber • VEG: LMDF, Secondary Forest • HAB: ridge • GEO: Belait formation, Lambir formation • ALT: 100–200 m
BEL: Labi, Mendarem Valley, *Sands* 5441; Melilas, Paleh Bangawong, *Thomas* 126; Melilas, Paleh Bangawong, *Thomas* 136. **TUT:** *Johns* 7511 • Malaya, Sumatra, Java, Borneo

P. spp. indet.
BEL: Bukit Sawat, Labi Road, *Thomas* 263. **TEM:** Amo, *Sands* 5558.

POMATOCALPA

P. kunstleri (Hook.f.) J.J.Sm.
• VEG: LMDF • HAB: steep slope • GEO: Setap Shales • ALT: 20–80 m
TEM: Amo, K. Belalong, *Boyce* 411 • Thailand, W & C Malesia

ROBIQUETIA

R. spathulata (Blume) J.J.Sm.
Epiphytic • VEG: LMDF • ALT: 150 m
TUT: *Johns* 7113 • China, India, Indochina, Malaya, Sumatra, Java, Borneo

SPATHOGLOTTIS

S. microchilina Kraenzl.
Endotrophic terrestrial; herb; on ground • VEG: LMDF • HAB: ridge; periodically flooded; near running fresh water • GEO: Belait formation; alluvial deposits • ALT: 50–150 m
BEL: Melilas, Bt. Batu Patam, *Boyce* 315; Melilas, Sg. Topi, *Thomas* 194 • Sumatra, Malaya, Borneo

S. spp. indet.
BEL: Melilas, *Wong* 691; Melilas, Paleh Bangawong, *Thomas* 99.

TAENIOPHYLLUM

T. sp. indet.
TEM: Amo, K. Belalong, *Boyce* 362.

TAINIA

T. paucifolia (Breda) J.J.Sm.
Herb • VEG: LMDF • HAB: ridge • GEO: Setap Shales • ALT: 250 m
TEM: Amo, Batu Apoi Forest Reserve, *Poulsen* 214 • Java, Borneo

T. purpureifolia Carr
Epiphytic; herb; on ground • VEG: Upper Montane Shrubbery • HAB: ridge • ALT: 1500 m
TEM: *Johns* 6571; Amo, G. Pagon, *Coode* 7477 • Borneo

THECOSTELE

T. alata (Roxb.) C.Parish & Rchb.f.
Epiphytic
BEL: Labi, Kpg. Tenajor, *Haslani-Mohd. A.* 10. **Without prov.:** *van Niel* 3649 • India, SE Asia, Malaya, Sumatra, Java, Borneo, Philippines

THELASIS

T. carinata Blume
Without prov.: *van Niel* 3955 • Thailand, Malesia

T. micrantha (Brongn.) J.J.Sm.
Epiphytic • GEO: shale • ALT: 120–130 m
TEM: Amo, Sg. Temburong, *Coode* 6515 • Burma, Indochina, W & C Malesia

THRIXSPERMUM

T. calceolus (Lindl.) Rchb.f.
• GEO: White sand • ALT: 50–150 m
TUT: Tanjong Maya, Jalan Tutong–Seria, *Thomas* 249 • Thailand, Malaya, Sumatra, Borneo

T. centipeda Lour.
Epiphytic • VEG: Kerangas, LMDF • GEO: White sand; Podsol • ALT: 20–30 m
BEL: Bt. Sawat, UBD plot, *Thomas* 228; Bukit Sawat, Jln. Labi, *Boyce* 231. **TEM:** *Johns* 6940 • SE Asia, W & C Malesia

T. ridleyanum Schltr.
Epiphytic • GEO: sandy soil • ALT: 10 m
BEL: Melilas, Sg. Belait, *Forman* 1181 • Thailand, Malaya, Borneo

T. spp. indet.
BEL: Kuala Belait, Sg. Damit, *Dransfield J.* 6793. **TEM:** Amo, Sg. Temburong, *Coode* 6565. **Without prov.:** *van Niel* 3959.

TRICHOGLOTTIS

T. bipenicillata J.J.Sm.
Epiphytic • VEG: LMDF • GEO: Belait formation • ALT: 100–200 m
BEL: Melilas, Paleh Bangawong, *Thomas* 138 • Borneo

T. lanceolaria Blume
Epiphytic • VEG: HDF • HAB: sharp ridge • GEO: Setap Shales; grey clay soil • ALT: 220 m
TEM: Amo, Apoi Forest Reserve, *Sands* 5835 • Indochina, Thailand, Malaya, Sumatra, Java, Borneo

T. sp. indet.
TEM: Amo, Bt. Belalong, *Dransfield J.* 7110.

TRICHOTOSIA

T. aff. annulata Blume
Epiphytic • VEG: Upper Montane Shrubbery • HAB: ridge • ALT: 1500 m
TEM: Amo, G. Pagon, *Coode* 7441; Amo, G. Pagon, *Coode* 7511 • *Trichotosia annulata* is known from Sumatra, Java, Borneo

T. aurea (Ridl.) Carr
Epiphytic; herb • VEG: Upper Montane Forest • HAB: ridge • GEO: Meligan formation • ALT: 1370 m
TEM: Amo, *Sands* 5256; Amo, Bt. Retak, *Wong* 808 • Borneo

T. aff. ferox Blume
Epiphytic • VEG: LMDF, Secondary Forest • HAB: ridge • GEO: Belait formation • ALT: 50–150 m
BEL: Bukit Sawat, Labi Road, *Thomas* 264; Melilas, Sg. Topi, *Thomas* 178 • *Trichotosia ferox* is known from Thailand, Malaya, Sumatra, Java, Borneo

T. velutina (Lindl.) Kraenzl. (*Eria velutina* Lindl.) — *Ukit Entalun* (Dus.)
TUT: Rambai, Tasek Merimbun, *Bernstein* 28. **Without prov.:** *van Niel* 3651 • Burma to Malaya, Sumatra, Java, Borneo, New Guinea

T. vestita (Lindl.) Kraenzl.
Endotrophic terrestrial; herb; on ground • VEG: LMDF • GEO: Belait formation • ALT: 100–200 m
BEL: Melilas, Paleh Bangawong, *Thomas* 89 • Malaya, Sumatra, Borneo

T. spp. indet.
BEL: Bukit Sawat, Labi Road, *Thomas* 258; Melilas, Paleh Bangawong, *Thomas* 52; Melilas, Paleh Bangawong, *Thomas* 88; Melilas, Sg. Topi, *Thomas* 171; Melilas, Sg. Topi, *Thomas* 201. **TEM:** Amo, Bt. Retak, *Wong* 803; Amo, Bt. Retak, *Wong* 811.

TROPIDIA

T. graminea Blume
Herb; on ground • VEG: LMDF, HDF • HAB: steep slope, ridge • GEO: Setap Shales • ALT: 250–850 m
TEM: Amo, Batu Apoi Forest Reserve, *Poulsen* 216; Amo, Batu Apoi Forest Reserve, *Poulsen* 372; Amo, Bt. Belalong, *Dransfield S.* 1225 • Malaya, ?Sumatra, Java, Borneo

VANILLA

V. cf. borneensis Rolfe
Climber • VEG: Kerangas • GEO: White sand; Podsol • ALT: 10–30 m
BEL: Bukit Sawat, Jln. Labi, *Wong* 974; Sungai Liang, Jln. Labi, *Boyce* 452 • The species is known from Borneo: Kalimantan

V. griffithii Rchb.f.
Climber • VEG: Kerangas Forest with Agathis • ALT: 50 m
BEL: Bukit Sawat, Sg. Mau, *Johns* 7456 • Malaya, Sumatra, Borneo

V. sp. indet.
BEL: Labi, Jln. Labi, *Niga* 25.

ORCHIDACEAE INDET.

BEL: Labi, Bt. Teraja, *Sands* 5495; Labi, Bukit Teraja, *Kirkup* 412; Labi, Bukit Teraja, *Kirkup* 416; Labi, Sungai Rampayoh, *Coode* 7798; Melilas, Ulu Ingei, *Cowley* 134; Melilas, Ulu Ingei, *Sands* 5928. **TEM:** *Johns* 6550; *Johns* 6672; Amo, *Sands* 5257; Amo, *Sands* 5263; Amo, *Sands* 5266; Amo, *Sands* 5277; Amo, *Sands* 5279; Amo, Bt. Belalong, *Dransfield S.* 1265; Amo, Bt. Retak, *Sands* 5290; Amo, Bt. Retak, *Sands* 5312; Amo, Bt. Retak, *Wong* 818; Amo, G. Pagon, *Coode* 7436; Amo, G. Pagon, *Coode* 7476; Amo, G. Pagon, *Coode* 7479; Amo, G. Pagon, *Coode* 7488; Amo, G. Pagon, *Coode* 7489; Amo, G. Pagon, *Coode* 7493; Amo, G. Pagon, *Coode* 7514; Amo, G. Pagon, *Coode* 7604; Amo, Sg. Temburong, BRUN 15606; Amo, Sg. Apan area, BRUN 15282; Amo, Sg. Temburong, *Coode* 6572; Amo, Sg. Temburong, *Coode* 6612; Amo, Sg. Temburong, *Coode* 6613; Batu Apoi, Bt. Gelagas (Bt. Suang), *Simpson* 2295; Batu Apoi, Bt. Gelagas (Bt. Suang), *Simpson* 2428. **TUT:** Telisai, *Sands* 5427; Telisai, Kpg. Danau, *Wong* 2095; Ulu Tutong, Bukit Bahak, *Kirkup* 521; Ulu Tutong, Bukit Bahak, *Kirkup* 567.

PALMAE
J. DRANSFIELD

ARECA

A. andersonii J.Dransf.
BEL.: Andulau, Sg. Lumut, *Ariffin* BRUN 15726. **Without prov.**: BRUN 15222; BRUN 15726 • Borneo (Sarawak)

A. arundinacea Becc.
• HAB: near running fresh water
BEL: Melilas, Sg. Ingei, *Wong* 1608 • Borneo: Sarawak

A. insignis (Becc.) J.Dransf. var. **insignis**
• VEG: LMDF, Secondary Forest • HAB: near running fresh water • GEO: Lambir formation • ALT: 20–60 m
BEL: Labi, Sungai Rampayoh, *Atkins* 597; Sungai Liang, Andulau F.R., *Wong* 548; Sungai Liang, Andulau F.R., *Coode* 6816; Sungai Liang, Andulau F.R., *Dransfield J.* 802 • Borneo: Sarawak

A. insignis (Becc.) J.Dransf. var. **moorei** (J.Dransf.) J.Dransf.
• VEG: Kerangas, LMDF, HDF • HAB: steep slope, ridge • GEO: Belait formation; Loam • ALT: sea level–200 m
BEL: Labi, *Johns* 6884; Melilas, *De Vogel* 8878; Melilas, Batu Patam, *Wong* 1052; Melilas, Bt. Batu Patam, *Dransfield J.* 6559 • Borneo: Sarawak

A. kinabaluensis Furt.
• HAB: open ridge top • ALT: 1020 m
TEM.: Amo, Gn Pagon, *Wong* 1889 • Borneo

A. minuta Scheff. — *Enjuok* (Dus.), *Landai Tiwow* (Dus.), *Pinang Surok Palandok* (Ib.)
Treelet, shrub • VEG: Peatswamp Forest with Shorea albida, Kerangas, LMDF, Degraded LMDF, HDF, Lower Montane Forest • HAB: gentle slope, steep slope, terrace, ridge; periodically flooded; near running fresh water • GEO: Belait formation, Meligan formation, White sand, sandstone, Setap Shales; alluvial deposits; clay soil, Brown clay-loam • ALT: 1160 m
BEL: Bt. Sawat, UBD plot, *Thomas* 219; Bukit Sawat, Jln. Labi, *Dransfield J.* 6523; Melilas, Bt. Batu Patam, *Dransfield J.* 6570; Melilas, Bt. Batu Patam, *Dransfield J.* 6571; Melilas, Ulu Belait, *Sands* 5884; Seria, Kpg. Badas, *Ashton* A 137. **TEM:** Amo, Batu Apoi Forest Reserve, *Nielsen* 1058; Amo, Batu Apoi Forest Reserve, *Nielsen* 1087; Amo, Batu Apoi F.R., K Belalong FSC, *Hansen* 1587; Amo, Bt. Belalong, *Wong* 1357; Amo, Bt. Belalong, *Wong* 1358; Amo, Bukit Tudal, *Davis* 466; Amo, Bukit Tudal, *Davis* 478; Amo, K. Belalong, *Ashton* A 57; Amo, K. Belalong, *Ashton* A 58; Amo, K. Belalong, *Dransfield J.* 6624; Amo, K. Belalong, *Wong* 220; Amo, K. Belalong, *Wong* 221; Amo, Ulu Belalong, *Ashton* BRUN 5234; Batu Apoi, Bt. Gelagas (Bt. Suang), *Simpson* 2227. **TUT:** Lamunin, Ladan Hills F.R., *Dransfield J.* 6898; Rambai, Tasek Merimbun, *Bernstein* 181; Rambai, Tasek Merimbun, *Bernstein* 382 • Borneo

A. subacaulis (Becc.) J.Dransf.
TUT.: Telisai, Bt. Beruang, *Ariffin Kalat* 55 • Borneo: Sarawak

ARENGA

A. 'distincta' Mogea ined.
• VEG: LMDF • HAB: gentle slope, steep slope • GEO: Setap Shales • ALT: 20–100 m
TEM: Amo, K. Belalong, *Dransfield J.* 6627; Batu Apoi, *Dransfield J.* 6941 • Borneo

A. hastata (Becc.) Whitmore — *Dudus* (Br.)
BEL: Bukit Sawat, Jln. Sg. Mau–Merimbun, *Wong* 372 • Malaya, Borneo

A. undulatifolia Becc. — *Aping* (Ib.), *Jakah* (Pen.), *Mengkala* (Br., Mal.),

Ramok (Dus.)
- VEG: LMDF • HAB: ridge • GEO: Setap Shales • ALT: 100–150 m • USES: Edible shoot, leaves used to make trap
TUT: Lamunin, *Dransfield J.* 6814; Rambai, Tasek Merimbun, *Bernstein* 161• Borneo, Sulawesi, Philippines

BORASSODENDRON

B. borneense J.Dransf. — *Bidang* (Ib.)
Tree palm • VEG: LMDF, Degraded LMDF • HAB: gentle slope; periodically flooded • GEO: sandstone, Setap Shales; alluvial deposits • ALT: 20–30 m
TEM: Batu Apoi, *Dransfield J.* 6947; Batu Apoi, *Dransfield J.* 6948. TUT: Lamunin, Ladan Hills F.R., *Dransfield J.* 6876 • Borneo

CALAMUS

C. acanthochlamys J.Dransf.
Liana • VEG: Alluvial Forest, LMDF • HAB: valley bottom, gentle slope, ridge; waterfall spray zone, near running fresh water • GEO: Belait formation, sandstone, Setap Shales; alluvial deposits; stony; clay soil, sandy soil • ALT: 20–70 m
BEL: Labi, *Dransfield J.* 6539; Labi, *Dransfield J.* 6542; Labi, *Wong* 538; Melilas, Bt. Batu Patam, *Dransfield J.* 6607. TEM: Amo, Bt. Belalong, *Wong* 1364; Batu Apoi, *Dransfield J.* 6932; Batu Apoi, Selapon, *Dransfield J.* 7459. TUT: Rambai, Bt. Bahak, *Coode* 7056; Rambai, Bt. Bahak, *Coode* 7090 • Borneo

C. amplijugus J.Dransf.
- VEG: Degraded LMDF • HAB: gentle slope • GEO: Belait formation • ALT: 20–350 m
BEL: Labi, *Dransfield J.* 6544; Labi, *Dransfield J.* 6548. TEM: Amo, *Stockdale* 47; Amo, *Stockdale* 49; Amo, Kuala Belalong, *Stockdale* 38. Without prov.: BRUN 15124 • Borneo

C. ashtonii J.Dransf.
- VEG: LMDF • HAB: steep slope, ridge • GEO: Belait formation • ALT: 50– 2100 m
BEL: Melilas, Bt. Batu Patam, *Dransfield J.* 6578; Melilas, Bt. Batu Patam, *Dransfield J.* 6580; Melilas, Bt. Batu Patam, *Dransfield J.* 6603. TEM: Amo, Bukit Belalong, *Stockdale* 55 • Borneo: Sarawak

C. axillaris Becc. — *Uwai Taut* (Dus.), *Wi Gemaing* (Dus., Ib.), *Wi Lemaing* (Ib.)
Seasonal watercourse, periodically flooded • VEG: Freshwater Swamp Forest, Peatswamp Forest • HAB: flat ground; seasonal watercourse, periodically flooded; near running fresh water, near still fresh water • GEO: alluvial deposits • ALT: 10 m
BEL: Bukit Sawat, Sg. Mau–Sg. Belait confluence, *Wong* 1620; Labi, Jln. Labi, *Wong* 519; Sungai Liang, Labi Road, *Dransfield J.* 6726. Without prov.: BRUN 15141 • Malaya, Borneo

C. blumei Becc.
- VEG: Peatswamp Forest, Degraded LMDF, HDF • HAB: steep slope, ridge • GEO: Setap Shales • ALT: 80–900 m
BEL: Bukit Sawat, Jln. Labi, *Wong* 542; Sungei Liang, Andulau F.R., *Dransfield J.* 7253. TEM: Amo, Bt. Belalong, *Dransfield J.* 7131; Amo, Sg. Temburong Machang, *Wong* 1987 • Malaya, Borneo

C. comptus J.Dransf. — *Uwai Pios* (Dus.), *Wi Tunggal* (Ib.)
Liana • VEG: LMDF • HAB: ridge; near running fresh water • ALT: 150–500 m • USES: Used for weaving carrier
TEM: Amo, *Stockdale* 20; Amo, *Stockdale* 45; Amo, *Stockdale* 69; Amo, *Wong* 1693; Amo, Bt. Belalong, *Wong* 1389. TUT: Rambai, Tasek Merimbun, *Bernstein* 13 • Borneo

C. conirostris Becc. — *Uwai Pegit* (Dus.), *Wi Danum* (Ib.)
Climber • VEG: Kerangas, LMDF • HAB: gentle slope, ridge; near running fresh water • GEO: Belait formation; Podsol • ALT: 120–900 m

BEL: Bukit Sawat, Merangking Buau, *Coode* 7679; Melilas, Bt. Batu Patam, *Dransfield J.* 6575; Melilas, Bt. Batu Patam, *Dransfield J.* 6587; Melilas, Bt. Batu Patam, *Dransfield J.* 6590; Sungai Liang, Arboretum Reserve, *Wong* 945. **TEM:** Amo, *Stockdale* 17; Amo, *Stockdale* 46; Amo, *Stockdale* 67; Amo, *Wong* 479; Amo, Belalong, *Stockdale* 4; Amo, Belalong, *Stockdale* 8; Amo, Kerangan Meritam, BRUN 15632. **Without prov.:** BRUN 15093; BRUN 15341; BRUN 15399 • Malaya, Sumatra, Borneo

C. convallium J.Dransf.
• HAB: ridge; seasonal watercourse; near running fresh water • GEO: stony
TEM: Amo, *Wong* 1917 • Borneo

C. diepenhorstii Miq.
• VEG: LMDF • HAB: steep slope • GEO: Belait formation • ALT: 50–140 m
BEL: Melilas, Bt. Batu Patam, *Dransfield J.* 6583; Melilas, Bt. Batu Patam, *Dransfield J.* 6604 • S Thailand, Malaya, Sumatra, Borneo, Philippines

C. aff. divaricatus Becc.
• VEG: LMDF • HAB: ridge • GEO: Belait formation • ALT: 120–150 m
BEL: Melilas, Bt. Batu Patam, *Dransfield J.* 6586 • *Calamus divaricatus* is known from Borneo

C. divaricatus Becc. var. divaricatus
Climber • VEG: Lower Montane Forest • HAB: ridge • GEO: Meligan formation; Brown clay-loam • ALT: 990–1160 m
TEM: Amo, Bukit Tudal, *Davis* 461 • Borneo

C. erinaceus (Becc.) J.Dransf.
• VEG: Mangrove • HAB: near sea water • GEO: Coastal beach sand
TUT: Telisai, Kpg. Danau, *Wong* 2094 • S Thailand, Malaya, Sumatra, Borneo, Philippines

C. flabellatus Becc. — *Wi Takong* (Ib.)
Climber • VEG: LMDF, Lower Montane Forest, Upper Montane Forest • HAB: gentle slope, ridge • GEO: Belait formation, Meligan formation; Brown clay-loam • ALT: 70–1160 m
BEL: Melilas, Bt. Batu Patam, *Dransfield J.* 6592. **TEM:** *Johns* 6520; Amo, Bt. Belalong, *Wong* 1383; Amo, Bukit Tudal, *Davis* 460. **Without prov.:** BRUN 15123; BRUN 15484 • Malaya, Borneo

C. gonospermus Becc.
Climber • VEG: LMDF, Degraded HDF • HAB: gentle slope, ridge • GEO: Belait formation • ALT: 30–170 m
BEL: Labi, *Dransfield J.* 6528; Melilas, Bt. Batu Patam, *Dransfield J.* 6613; Sungai Liang, Andulau F.R., *Wong* 490. **TEM:** Amo, Bukit Belalong, *Stockdale* 58 • Borneo

C. hispidulus Becc.
Liana • VEG: LMDF, HDF • HAB: steep slope, ridge • GEO: sandstone, Setap Shales • ALT: 230–750 m
TEM: Amo, *Wong* 1737; Amo, Bt. Belalong, *Dransfield J.* 7124. TUT: Lamunin, Ladan Hills F.R., *Wong* 507; Rambai, Bt. Bahak, *Coode* 7028; Rambai, Bt. Bahak, *Coode* 7059; Rambai, Tasik Merimbun, *Wong* 341. **Without prov.:** BRUN 15744 • Borneo

C. javensis Blume — *Uwai Peladas* (Dus., Br.), *Uwai Podos* (Dus.), *Wi Anak* (Ib.), *Wi Peladas* (Ib.)
Liana, climber • VEG: LMDF, HDF, Upper Montane Forest • HAB: gentle slope, steep slope, ridge; near running fresh water • GEO: Belait formation, sandstone, Setap Shales; Brown clay-loam; Leaf litter • ALT: 50–210 m • USES: Used to make fish traps, carrying baskets
BEL: Melilas, Bt. Batu Patam, *Dransfield J.* 6591. **TEM:** *Johns* 6509; *Johns* 6673A; Amo, *Ashton* A 289; Amo, *Ashton* A 487; Amo, *Wong* 1907; Amo, Bt. Belalong, *Dransfield J.* 7122; Amo, Bt. Belalong, *Dransfield J.* 7123; Amo, Bt. Belalong, *Wong* 1386; Amo, Bt. Retak, *Wong* 745; Amo, Bt. Retak, *Wong* 792; Amo, Bt. Retak, *Wong* 831; Amo, K. Belalong, *Dransfield J.* 6716; Amo, Kuala Belalong, *Stockdale* 37; Amo, Ulu Belalong, *Dransfield J.* 7388. **TUT:** Lamunin, Kpg. Lamunin, *Wong* 504; Rambai, Bt. Bahak, *Coode* 7022; Rambai, Tasek Merimbun,

Bernstein 355 • S Thailand, Malaya, Sumatra, Java, Borneo, Philippines

C. kiahii Furtado
- VEG: Lower Montane Forest
TEM: Amo, *Wong* 1812 • Borneo

C. laevigatus Mart. var. **laevigatus** — *Rotan Liah* (Br., Mal.), *Wi Anak* (Ib.)
Climber • VEG: LMDF, HDF, Open areas • HAB: ridge, sharp ridge • GEO: Setap Shales; Loam • ALT: 20–850 m
BEL: Sungai Liang, Andulau F.R., *Fuchs* 21153. TEM: Amo, Belalong, *Stockdale* 11; Amo, Bt. Belalong, *Dransfield J.* 7111. TUT: Lamunin, *Dransfield J.* 6805 • Malaya, Sumatra, Borneo

C. laevigatus Mart. var. **mucronatus** (Becc.) J.Dransf. — *Rotan Peladas* (Br.), *Uwai Padas* (Dus.), *Wi Anak* (Ib.)
- VEG: HDF • HAB: ridge, sharp ridge • GEO: Setap Shales • ALT: 750–900 m
TEM: Amo, Bt. Belalong, *Dransfield J.* 7109; Amo, Bt. Belalong, *Wong* 1360; Amo, Bt. Belalong, *Wong* 1388; Amo, K. Belalong, *Stockdale* 13; Amo, K. Belalong, *Stockdale* 54; Bangar, Bt. Biang, *Ashton* A 169 • Borneo

C. lambirensis J.Dransf. — *Uwai Pagau* (Dus., Br.)
- VEG: LMDF, Degraded LMDF • HAB: ridge • GEO: sandstone • ALT: 360–1200 m
BEL: Sungai Liang, Andulau F.R., *Wong* 30; Sungei Liang, Andulau F.R., *Dransfield J.* 7236. TEM: Bangar, Bt. Biang, *Ashton* A 90 • Borneo: Sarawak

C. leloi J.Dransf.
Without prov.: BRUN 15406 • Borneo (Sarawak)

C. marginatus (Blume) Mart. — *Uwai Pagit* (Dus.), *Wi Matahari* (Ib.)
Liana • VEG: LMDF • HAB: gentle slope, ridge; impeded drainage, periodically flooded; near running fresh water • GEO: Belait formation; alluvial deposits • ALT: 50–1000 m • USES: Used for tying
BEL: Bukit Sawat, Sg. Mau–Sg. Belait confluence, *Wong* 1622; Sukang, Sungai Paleh Bangawong, *Kirkup* 661; Sungai Liang, Sungei Liang Arboretem, *Wong* 142. TEM: Amo, Bt. Retak, *Wong* 790; Amo, K. Belalong, Jalan Tengah, *Stockdale* 64. TUT: Rambai, Tasek Merimbun, *Bernstein* 338 • Sumatra, Borneo

C. muricatus Becc. — *Wi Tunggal* (Ib.)
Liana, climber • VEG: LMDF, Degraded LMDF • HAB: gentle slope, ridge; near running fresh water • GEO: Belait formation, Setap Shales; clay soil, sandy clay soil • ALT: 20–700 m
BEL: Bukit Sawat, Merangking Buau, *Coode* 7678; Labi, *Dransfield J.* 6545; Sungai Liang, Andulau F.R., *Wong* 551; Sungai Liang, Compartment 7, BRUN 15249. TEM: Amo, *Stockdale* 10; Amo, *Stockdale* 70; Amo, Belalong, *Stockdale* 24; Amo, K. Belalong, *Dransfield J.* 6711; Amo, Kuala Belalong, *Stockdale* 29; Amo, Kuala Belalong, *Stockdale* 32; Amo, Ulu Belalong, *Ashton* BRUN 5239. Without prov.: BRUN 15347 • Borneo

C. myriacanthus Becc. — *Uwai Jimpalak* (Dus.)
- VEG: Peatswamp Forest with Shorea albida, LMDF • ALT: 20 m • USES: Edible shoot
BEL: Sungai Liang, Andulau F.R., *Wong* 491. TUT: Rambai, Sg. Medit, *Simpson* 2535; Rambai, Tasek Merimbun, *Bernstein* 245 • Borneo

C. nanodendron J.Dransf. — *Wi Mata Hari* (Ib.)
- VEG: LMDF
BEL: Sungai Liang, Andulau F.R., *Wong* 324 • Borneo

C. optimus Becc. — *Wi Sego* (Ib.)
- VEG: LMDF • HAB: gentle slope • GEO: Belait formation • ALT: 100–170 m
BEL: Labi, *Wong* 524; Melilas, Bt. Batu Patam, *Dransfield J.* 6614 • Borneo

C. ornatus Blume — *Uwai Kiton* (Dus.)
Liana • USES: Edible fruit or made into sambal
TEM: Amo, *Stockdale* 71. TUT: Rambai, Tasek Merimbun, *Bernstein* 274 • S Thailand,

Malaya, Sumatra, Java, Borneo, Sulawesi, Philippines

C. oxleyanus Miq.
• VEG: Kerangas • HAB: ridge • GEO: Belait formation • ALT: 190–200 m
BEL: Melilas, Bt. Batu Patam, *Dransfield J.* 6561; Melilas, Bt. Batu Patam, *Dransfield J.* 6563 • S Thailand, Malaya, Sumatra, Borneo

C. paspalanthus Becc. — *Wi Singkau* (Ib.)
• VEG: LMDF • HAB: steep slope • GEO: Setap Shales • ALT: 40–70 m
TEM: Amo, K. Belalong, *Dransfield J.* 6672 • Malaya, Borneo

C. pilosellus Becc. — *Wi Labu* (Ib.)
• VEG: Kerangas • HAB: ridge • GEO: Belait formation; • ALT: 350 m
TEM: Amo, Bukit Belalong, *Stockdale* 56; Labu ?, *Dransfield J.* 6620; Labu ?, *Dransfield J.* 6621 • Borneo

C. pogonacanthus Becc. — *Uwai Taut* (Dus.), *Wi Tut* (Ib.)
• VEG: Peatswamp Forest, LMDF, Degraded LMDF • HAB: flat ground, gentle slope, steep slope, ridge; periodically flooded; near running fresh water • GEO: Belait formation, sandstone, Setap Shales; alluvial deposits; stony; clay soil • ALT: 20–900 m • USES: Used for weaving and tying
BEL: Melilas, Ulu Ingei, *Sands* 5918. **TEM:** Amo, *Ashton* A 286; Amo, *Stockdale* 18; Amo, Bt. Retak, *Wong* 903; Amo, K. Belalong, *Dransfield J.* 6657; Amo, K. Belalong, *Wong* 265; Amo, Kuala Belalong, *Stockdale* 50; Amo, Ulu Belalong, *Dransfield J.* 7363. **TUT:** Lamunin, Ladan Hills F.R., *Dransfield J.* 6893; Rambai, Tasek Merimbun, *Bernstein* 32. **Without prov.:** BRUN 15125 • Borneo

C. praetermissus J.Dransf.
• VEG: LMDF • HAB: gentle slope, steep slope, ridge; near running fresh water • GEO: Setap Shales • ALT: 20–500 m
TEM: Amo, *Stockdale* 43; Amo, *Wong* 1735; Amo, K. Belalong, *Dransfield J.* 6630; Amo, Kuala Belalong, *Stockdale* 27 • Borneo

C. ruvidus Becc.
Without prov.: BRUN 15066 • Borneo

C. sarawakensis Becc. — *Uwai Bulu Giok* (Dus.)
• USES: Used for tying and making tekiding
TUT: Rambai, Tasek Merimbun, *Bernstein* 337 • Borneo

C. scipionum Lour.
• VEG: Old Rubber Plantation • HAB: flat ground • ALT: 20 m
BEL: Labi, Kpg. Labi, *Dransfield J.* 7289. **Without prov.:** BRUN 15202 • Indochina to Malaya, Sumatra, Borneo, Philippines

C. aff. semoi Becc.
• VEG: HDF • HAB: steep slope, ridge • GEO: Setap Shales • ALT: 700–800 m
TEM: Amo, Bt. Belalong, *Dransfield J.* 7117; Amo, Bt. Belalong, *Wong* 1407 • *Calamus semoi* is known from Borneo

C. sordidus J.Dransf. — *Wi Taram* (Ib.)
Climber • VEG: LMDF, HDF • HAB: gentle slope, steep slope, ridge • GEO: Setap Shales • ALT: 20–900 m
TEM: Amo, K. Belalong, *Stockdale* 1; Amo, K. Belalong, *Dransfield J.* 6633; Amo, K. Belalong, *Dransfield J.* 6718; Amo, Kuala Belalong, *Stockdale* 25; Amo, Kuala Belalong, *Stockdale* 26; Amo, Kuala Belalong, *Stockdale* 30; Amo, Sg. Belalong, *Sands* 5578. **TUT:** Lamunin, Ladan Hills F.R., *Wong* 514 • Borneo

C. zonatus Becc. — *Wi Pagau* (Ib.), *Wi Pagau* (Ib.)
Liana • VEG: Degraded Peatswamp Forest, HDF • HAB: gentle slope, steep slope, ridge; near running fresh water • GEO: Setap Shales • ALT: 20– 900 m

TEM: Amo, *Wong* 1736; Amo, Bt. Belalong, *Dransfield J.* 7133; Amo, Bt. Belalong, *Wong* 1408; Amo, Kuala Belalong, *Stockdale* 34. **TUT:** Lamunin, Ladan Hills F.R., *Wong* 508; Rambai, Sg. Tutong, *Simpson* 2635 • Borneo

C. sp. nov. 1 — *Wi Tulang* (Ib.)
• VEG: LMDF • HAB: gentle slope, ridge • GEO: Belait formation • ALT: 70– 80 m
BEL: Labi, Bt. Teraja, *Dransfield J.* 7027; Melilas, Bt. Batu Patam, *Dransfield J.* 6593.

C. sp. nov. 2
Acaulescent • VEG: LMDF, HDF • HAB: gentle slope, steep slope, ridge; impeded drainage • GEO: Setap Shales • ALT: 40–850 m
TEM: Amo, K. Belalong, *Dransfield J.* 7066; Amo, K. Belalong, *Dransfield J.* 6669; Amo, K. Belalong, *Dransfield J.* 6671; Amo, K. Belalong, Jalan Tengah, *Stockdale* 15; Amo, K. Belalong, *Stockdale* 60.

C. spp. indet.
BEL: Melilas, Bt. Batu Patam, *Dransfield J.* 6599; Melilas, Bt. Batu Patam, *Dransfield J.* 6601; Melilas, Sg. Ingei, *Wong* 613. **TEM:** Amo, Temburong River, BRUN 15623. **TUT:** Lamunin, *Dransfield J.* 6809.

CARYOTA

C. mitis Lour.
• VEG: Old Rubber Plantation • HAB: flat ground • ALT: 20 m
BEL: Labi, Kpg. Labi, *Dransfield J.* 7286 • Widespread in SE Asia to Sulawesi

CERATOLOBUS

C. concolor Blume
• VEG: HDF • HAB: gentle slope • GEO: Setap Shales • ALT: 400–850 m
TEM: Amo, Bt. Belalong, *Dransfield J.* 7149; Amo, Kuala Belalong, *Stockdale* 22; Amo, Kuala Belalong, *Stockdale* 33; Amo, Kuala Belalong, *Stockdale* 40. **TUT:** Lamunin, Ladan Hills F.R., *Wong* 511 • Sumatra, Borneo

C. discolor Becc.
• VEG: LMDF • ALT: 100–200 m
BEL: Labi, Labi Hills F. R., *Coode* 6830; Sungai Liang, Andulau F.R., *Wong* 489. **Without prov.:** BRUN 15120 • Sumatra, Borneo

C. subangulatus (Miq.) Becc.
• VEG: LMDF, HDF • HAB: ridge • GEO: Belait formation • ALT: 80–250 m
District not traced: Jalan Tengah, *Stockdale* 52. **BEL:** Melilas, Bt. Batu Patam, *Dransfield J.* 6576; Sungai Liang, Andulau F.R., *Wong* 322. **TEM:** Amo, *Wong* 1739; Amo, K. Belalong, *Wong* 1186; Batu Apoi, Bt. Gelagas (Bt. Suang), *Simpson* 2364. **Without prov.:** BRUN 15143; BRUN 15408 • Malaya, Sumatra, Borneo

CYRTOSTACHYS

C. renda Blume — *Raring* (Dus.)
• VEG: Degraded Kerangas • HAB: flat ground • GEO: White sand • ALT: 50 m • USES: Wood used in house construction, bark as flooring, leaves in roofing
BEL: Labi, Jln. Labi, *Dransfield J.* 7279. **TUT:** Rambai, Tasek Merimbun, *Bernstein* 278 • S Thailand, Malaya, Sumatra, Borneo

DAEMONOROPS

D. asteracantha Becc.
• VEG: Lower Montane Forest, Upper Montane Forest • HAB: ridge • ALT: 1350–1430 m
TEM: *Johns* 6521; Amo, *Ashton* A 251; Amo, *Ashton* A 259; Amo, Bt. Pagon, *Wong* 1762; Amo, Bt. Retak, *Wong* 449; Amo, Bt. Retak, *Wong* 791 • Borneo

D. atra J.Dransf.
- HAB: ridge • ALT: 220 m

TUT: *Johns* 7578.

D. collarifera Becc.
- VEG: LMDF

BEL: Andulau F.R., *Ashton* S 21574; Sungai Liang, Andulau F.R., *Jacobs* 5658; Sungai Liang, Andulau F.R., *Wong* 550 • Borneo

D. cristata Becc.
- VEG: LMDF • HAB: gentle slope • GEO: Belait formation • ALT: 100–170 m

BEL: Melilas, Bt. Batu Patam, *Dransfield J.* 6618. **Without prov.:** BRUN 15092 • Borneo

D. didymophylla Becc. — *Wi Darum* (Ib.)

TUT: Lamunin, Ladan Hills F.R., *Wong* 513 • Malaya, Sumatra, Borneo

D. fissa Blume

Climber • VEG: Degraded Empran, Peatswamp Forest, HDF • HAB: flat ground; impeded drainage, periodically flooded; near running fresh water • GEO: Setap Shales; peat • ALT: 850 m

BEL: Bukit Sawat, Kpg. Sungei Mau, *Dransfield J.* 7291; Kuala Balai, K. Balai, BRUN 15643. **TEM:** Amo, Bt. Belalong, *Dransfield J.* 7145 • Borneo

D. formicaria Becc. — *Uwai Singkurung* (Dus.)

Liana • VEG: Kerangas, LMDF • HAB: steep slope, ridge • GEO: Belait formation • ALT: 190–210 m • USES: Edible fruit, rattan used for tying

BEL: Melilas, Bt. Batu Patam, *Dransfield J.* 6573; Sungai Liang, Andulau F.R., *Wong* 323. **TUT:** Ulu Tutong, Bukit Bahak, *Kirkup* 470; Rambai, Tasek Merimbun, *Bernstein* 487 • Borneo

D. ingens J.Dransf. — *Podowon* (Dus.), *Wi Baloboh* (Ib.)

Acaulescent • VEG: LMDF, Degraded LMDF • HAB: valley bottom, gentle slope, steep slope, ridge • GEO: Belait formation, sandstone, Setap Shales; yellow clay soil • ALT: 20–420 m • USES: Edible fruit

BEL: Melilas, Batu Patam, *Wong* 1093; Melilas, Bt. Batu Patam, *Dransfield J.* 6612. **TEM:** Amo, *Wong* 1893; Amo, Ulu Belalong, *Dransfield J.* 7403; Amo, Ulu Belalong, *Dransfield J.* 7406. **TUT:** Lamunin, *Dransfield J.* 6891; Lamunin, Ladan Hills F.R., *Sands* 5706; Lamunin, Ladan Hills F.R., *Sands* 5707; Rambai, Tasek Merimbun, *Bernstein* 183. **Without prov.:** BRUN 15414 • Borneo

D. korthalsii Blume — *Wi Taram* (Ib.)
- VEG: Degraded LMDF, Secondary Forest • HAB: gentle slope, ridge; near running fresh water • GEO: Setap Shales • ALT: 20–700 m

TEM: Amo, *Stockdale* 39; Amo, K. Belalong, *Dransfield J.* 6655; Amo, Kuala Belalong, *Stockdale* 36; Amo, Kuala Belalong, *Stockdale* 48. **TUT:** Lamunin, Kpg. Lamunin, *Wong* 65 • Borneo

D. longipes (Griff.) Mart.

Liana, acaulescent • VEG: Alluvial Forest, LMDF, Degraded LMDF, Secondary Forest • HAB: gentle slope, steep slope, ridge; impeded drainage; near running fresh water • GEO: Belait formation, sandstone, Setap Shales; sandy soil • ALT: 20–850 m

District not traced: Jalan Tengah, *Stockdale* 16; *Stockdale* 61. **BEL:** Labi, *Dransfield J.* 6549; Melilas, Bt. Batu Patam, *Dransfield J.* 6581; Melilas, Bt. Batu Patam, *Dransfield J.* 6582. **TEM:** Amo, *Stockdale* 21; Amo, *Stockdale* 42; Amo, *Stockdale* 44; Amo, Batu Apoi Forest Reserve, *Poulsen* 42; Amo, Bukit Belalong, *Stockdale* 57; Amo, Bukit Belalong, *Stockdale* 59; Amo, K. Belalong, *Dransfield J.* 6713; Amo, Kerangan Maritim, BRUN 15279. **TUT:** Lamunin, Kpg. Lamunin, *Wong* 62; Rambai, Bt. Bahak, *Coode* 7073. **Without prov.:** BRUN 15400; BRUN 15415 • Malaya, Sumatra, Borneo, Palawan

D. longispatha Becc. — *Wi Belubu* (Br., Dus.)
- GEO: White sand

TUT: Telisai, *Wong* 148. **Without prov.:** BRUN 15305 • Borneo

D. longistipes Burret
• VEG: Lower Montane Forest • HAB: gentle slope, ridge
TEM: Amo, *Wong* 1914; Amo, Bt. Pagon, *Wong* 1756; Amo, Bt. Retak, *Wong* 789 • Borneo

D. maculata J.Dransf.
• VEG: Kerangas • HAB: steep slope • GEO: Belait formation, sandstone • ALT: 200–210 m
BEL: Melilas, Bt. Batu Patam, *Dransfield J.* 6557. TUT: Rambai, Bt. Bahak, *Coode* 6987 • Borneo

D. microstachys Becc.
Liana, acaulescent • VEG: LMDF, HDF • HAB: steep slope, ridge; impeded drainage, periodically flooded • GEO: Belait formation, Lambir formation, Setap Shales; alluvial deposits; Brown clay-loam; Leaf litter • ALT: 500 m
District not traced: Jalan Tengah, *Stockdale* 53; *Stockdale* 62; *Stockdale* 63. BEL: Labi, Bt. Teraja, *Sands* 5457; Labi, Bt. Teraja, *Simpson* 2127; Sungai Liang, Andulau F.R., *Ashton* S 21572. TEM: Amo, Bt. Belalong, *Wong* 1390; Amo, K. Belalong, *Dransfield J.* 6670; Amo, Ulu Belalong, *Dransfield J.* 7380. TUT: Ulu Tutong, Bukit Bahak, *Kirkup* 468 • Borneo

D. oblata J.Dransf.
• VEG: Kerapah • GEO: White sand, Setap Shales • ALT: 30 m
TEM: Batu Apoi, *Dransfield J.* 6954. TUT: Telisai, *Wong* 147. Without prov.: BRUN 15380 • Borneo

D. oxycarpa Becc. — *Uwai Bintango* (Dus.), *Wi Tulang* (Ib.)
• VEG: LMDF • HAB: ridge • ALT: 700–900 m • USES: Edible shoot and fruit, use for weaving baskets etc.
BEL: Sungai Liang, Andulau F.R., *Wong* 81. TEM: Amo, Belalong, *Stockdale* 9; Amo, Bt. Belalong, *Wong* 1418. TUT: Rambai, Tasek Merimbun, *Bernstein* 65. Without prov.: BRUN 15083; BRUN 15313; BRUN 15407 • Borneo

D. cf. oxycarpa Becc.
Liana • VEG: LMDF • HAB: ridge • GEO: sandstone • ALT: 300 m
TUT: Rambai, Bt. Bahak, *Coode* 7045.

D. periacantha Miq. — *Uwai Lambat* (Br., Dus.), *Wi Empunok* (Ib.)
Liana • VEG: LMDF • HAB: gentle slope, ridge; near running fresh water • GEO: sandstone; sandy soil • ALT: 750 m
BEL: Labi, Sg. Rampayoh, *Coode* 7280; Melilas, Sg. Ingei, *Wong* 609; Sungai Liang, Andulau F.R., *Wong* 321. TEM: Amo, Belalong, *Stockdale* 3; Amo, Belalong, *Stockdale* 5; Amo, Belalong, *Stockdale* 7; Amo, K. Belalong, *Wong* 224; Amo, Kuala Belalong, *Stockdale* 2 • Malaya, Sumatra, Borneo

D. ruptilis Becc. var. **acaulescens** J.Dransf. — *Wi Tulang* (Ib.)
• VEG: LMDF, Degraded LMDF • HAB: gentle slope • GEO: Belait formation • ALT: 120–180 m
BEL: Labi, Bt. Telingan, *Dransfield J.* 6829; Sungai Liang, Andulau F.R., *Wong* 494 • Borneo

D. ruptilis Becc. var. **ruptilis**
• VEG: LMDF • HAB: ridge • GEO: Belait formation • ALT: 140–150 m
BEL: Melilas, Bt. Batu Patam, *Dransfield J.* 6577 • Borneo

D. sabut Becc. — *Wi Lepoh* (Ib.)
Liana, climber • VEG: Secondary Forest • HAB: steep slope, ridge • GEO: sandstone • ALT: 210–220 m
BEL: Melilas, Sg. Ingei, *Wong* 637. TUT: *Johns* 7600; Lamunin, Kpg. Lamunin, *Wong* 66; Rambai, Bt. Bahak, *Coode* 7037 • Malaya, Borneo

D. scapigera Becc.
• VEG: LMDF • HAB: gentle slope • GEO: Belait formation • ALT: 70–80 m
BEL: Melilas, Bt. Batu Patam, *Dransfield J.* 6595 • Malaya, Borneo

D. sparsiflora Becc.
Climber • VEG: Peatswamp Forest, LMDF, Degraded LMDF, Secondary Forest • HAB: steep slope, ridge; impeded drainage, periodically flooded; near running fresh water • GEO: sandstone, Setap Shales; alluvial deposits; peat • ALT: 20 m
   BEL: Bukit Sawat, Sg. Mau–Sg. Belait confluence, *Wong* 1621; Kuala Balai, K. Balai, BRUN 15649; Labi, *Wong* 69. TEM: Amo, Bt. Belalong, *Wong* 1420; Amo, Bt. Retak, *Wong* 832; Amo, K. Belalong, *Dransfield J.* 6656. TUT: Lamunin, Kpg. Lamunin, *Wong* 54. Without prov.: BRUN 15095; BRUN 15200 • Borneo

D. sp. nov. aff. D. longipes (Griff.)Mart.
Without prov.: BRUN 15331.

D. spp. indet.
   BEL: Sungai Liang, Andulau F.R., *Wong* 493. TEM: Amo, Bt. Belalong, *Wong* 1384; Amo, Bt. Belalong, *Wong* 1385.

ELEIODOXA

E. conferta (Griff.) Burret — *Kelubi* (Mal.), *Maram* (Ib.)
• VEG: Peatswamp Forest • HAB: flat ground • ALT: 10 m • USES: Edible fruit
   BEL: Seria, Badas F.R., *Dransfield J.* 7285 • SE Asia to Sumatra & Borneo

EUGEISSONA

E. minor Becc. — *Tiad* (Dus.)
• VEG: LMDF • HAB: gentle slope • GEO: Kerangas soil • ALT: 310 m • USES: Edible fruit, root used as fish trap, Edible young fruit, used for fish trap
   BEL: Andulau F.R., *Sinclair* 10440; Labi, Bt. Teraja, *Coode* 6940; Seria, Badas F.R., *Anderson* S 2228. TUT: Ukong, Kpg. Pengkalan Ran, *Symington* KEP 35548; Rambai, Tasek Merimbun, *Bernstein* 182; Rambai, Tasek Merimbun, *Bernstein* 373 • Borneo

E. utilis Becc.
• VEG: Secondary Forest • HAB: gentle slope, ridge • GEO: yellow sand • ALT: 30 m
   BRM: Berakas, Jln. Muara, *Dransfield J.* 797; Pengkalan Batu, Ulu Brunei, *Ashton* A 192. TUT: Sg. Tutong, *Symington* KEP 35513 • Borneo

IGUANURA

I. borneensis Scheff.
• VEG: Degraded Peatswamp Forest • GEO: clay soil • ALT: sea level–10 m
   TUT: *Forman* 1001 • Borneo

KORTHALSIA

K. debilis Blume
• VEG: HDF • HAB: gentle slope, steep slope, ridge • GEO: sandstone, Setap Shales • ALT: 450–870 m
   TEM: Amo, Bt. Belalong, *Dransfield J.* 7142; Amo, Bt. Retak, *Wong* 830; Amo, Kuala Belalong, *Stockdale* 23; Amo, Kuala Belalong, *Stockdale* 35 • Sumatra, Borneo

K. echinometra Becc. — *Wi Keruk* (Ib..)
Liana • VEG: LMDF, HDF • HAB: ridge • GEO: Setap Shales • ALT: 50–250 m • USES: Used to make basket frames
   BEL: Sungai Liang, Sungei Liang Arboretem, *Wong* 143. TEM: Amo, K. Belalong, *Dransfield J.* 6721; Batu Apoi, Bt. Gelagas (Bt. Suang), *Simpson* 2365. Without prov.: BRUN 15126 • Malaya, Sumatra, Borneo

K. ferox Becc. — *Uwai Selika* (Dus.)
• VEG: Roadsides • HAB: near running fresh water • GEO: sandstone • ALT: 30–300 m • USES: Leaves used for tekiding

TEM: Amo, Kuala Belalong, *Stockdale* 28. **TUT:** Lamunin, Ladan Hills F.R., *Dransfield J.* 6884; Rambai, Tasek Merimbun, *Bernstein* 131 • Borneo

K. flagellaris Miq.
• VEG: Freshwater Swamp Forest • HAB: periodically flooded; near running fresh water • GEO: alluvial deposits • ALT: 10 m
BEL: Sungai Liang, Labi Road, *Dransfield J.* 6727. **Without prov.:** BRUN 15069 • Malaya, Sumatra, Borneo

K. furtadoana J.Dransf.
Liana • VEG: LMDF, Degraded LMDF • HAB: gentle slope; periodically flooded; near running fresh water • GEO: sandstone, Setap Shales; alluvial deposits; clay soil • ALT: 20–550 m
TEM: *Johns* 7282; Amo, *Stockdale* 68; Amo, *Wong* 1326; Batu Apoi, Selapon, *Dransfield J.* 7477. **TUT:** Lamunin, Ladan Hills F.R., *Dransfield J.* 6875 • Borneo

K. hispida Becc. — *Wi Semut* (Ib.)
Liana • VEG: Degraded Secondary Forest • HAB: gentle slope; waterfall spray zone, near running fresh water • GEO: sandstone; stony • ALT: 150–300 m
BEL: Labi, *Wong* 540; Labi, Wong Kadir, *Coode* 7231. **TEM:** Amo, Kuala Belalong, *Stockdale* 31; Batu Apoi, Selapon, *Dransfield J.* 7494. **TUT:** Lamunin, Ladan Hills F.R., *Wong* 1663 • Malaya, Sumatra, Borneo

K. jala J.Dransf. — *Wi Danan* (Ib.)
• VEG: LMDF • HAB: ridge • GEO: Setap Shales • ALT: 50–210 m
TEM: Amo, K. Belalong, *Dransfield J.* 6712. **TUT:** Lamunin, Ladan Hills F.R., *Wong* 515; Lamunin, Ladan Hills F.R., *Wong* 516 • Borneo

K. rigida Blume
• VEG: LMDF • HAB: ridge • GEO: Belait formation • ALT: 140–150 m
BEL: Melilas, Bt. Batu Patam, *Dransfield J.* 6579 • Malaya, Sumatra, Borneo, Palawan

K. rostrata Blume — *Uwai Merah* (Dus.), *Wi Semut* (Ib.)
• VEG: LMDF, HDF • HAB: gentle slope, ridge • GEO: Setap Shales • ALT: 1000–850 m
District not traced: Jalan Tengah, *Stockdale* 14. **BEL:** Sungai Liang, Andulau F.R., *Wong* 495; Sungai Liang, Sungei Liang Arboretem, *Wong* 137. **TEM:** Amo, *Stockdale* 19; Amo, Bt. Belalong, *Dransfield J.* 7150 • Malaya, Sumatra, Borneo

K. sp. nov. — *Wi Cit* (Ib.)
• VEG: HDF • HAB: ridge • GEO: Setap Shales • ALT: 300 m
TEM: Amo, *Wong* 1738; Amo, K. Belalong, *Dransfield J.* 7064.

LICUALA

L. bidentata Becc.
• VEG: HDF • HAB: ridge • ALT: 350 m
BEL: Labi, Bt. Teraja, *Simpson* 2130 • Borneo

L. bintulensis Becc. — *Gernis* (Ib.), *Gernis Besar* (Ib.), *Silad* (Br., Dus.)
Acaulescent • VEG: Freshwater Swamp Forest, Peatswamp Forest, LMDF • HAB: gentle slope; impeded drainage, periodically flooded; near running fresh water, near still fresh water • GEO: alluvial deposits; peat • ALT: 10 m
BEL: *Ashton* A 497; Andulau F.R., *Ashton* A 149; Labi, Labi road, *Wong* 981; Sungai Liang, Andulau F.R., *Wong* 497; Sungai Liang, Andulau F.R., *Wong* 553; Sungai Liang, Labi Road, *Dransfield J.* 6728 • Borneo

L. aff. bintulensis Becc.
• HAB: gentle slope
BEL: Sungai Liang, Jln. Labi, *Dransfield J.* 794.

L. borneensis Becc. — *Gernis* (Ib.)
 Acaulescent • VEG: LMDF • HAB: gentle slope, steep slope, ridge; near running fresh water • GEO: sandstone, Setap Shales; clay soil • ALT: 10–100 m
 TEM: Amo, K. Belalong, *Dransfield J.* 6629; Amo, K. Belalong, *Wong* 1310; Amo, Sg. Belalong, *Wong* 1182; Batu Apoi, Kpg. Selapon, *Dransfield J.* 6929; Batu Apoi, Selapon, *Dransfield J.* 7457 • Borneo

L. paludosa Griff. — *Benjiru* (Dus.), *Pala* (Ib.)
 TUT: Lamunin, Ladan Hills F.R., *Wong* 1645 • Widespread in SE Asia

L. spp. indet.
 BEL: Andulau F.R., *Ashton* A 145; Labi, *Dransfield J.* 6533; Labi, *Dransfield J.* 6541; Labi, *Wong* 520; Labi, *Wong* 521; Labi, *Wong* 527; Labi, Bt. Teraja, *Sands* 5483; Labi, Kpg. Tenajor, *Haslani-Mohd. A.* 33; Labi, Labi Hills F. R., *Coode* 6831; Labi, Mendarem Valley, *Sands* 5435; Melilas, Bt. Batu Patam, *Dransfield J.* 6596; Melilas, Bt. Batu Patam, *Dransfield J.* 6605; Melilas, Ulu Ingei,, *Wong* 1124; Sungai Liang, Andulau F.R., *Ashton* S 21575; Sungai Liang, Andulau F.R., *Wong* 498. **BRM:** Berakas, Jln. Muara, *Dransfield J.* 798. **TEM:** Amo, Batu Apoi Forest Reserve, *Nielsen* 1067; Amo, Batu Apoi Forest Reserve, *Nielsen* 1067a; Amo, Batu Apoi Forest Reserve, *Poulsen* 149; Amo, Bt. Belalong, *Dransfield J.* 7138; Amo, K. Belalong, *Dransfield J.* 7070; Amo, K. Belalong, *Dransfield J.* 6668; Amo, K. Belalong, *Wong* 1239; Amo, K. Belalong Fld. Studies Centre, *Schatz* 3267; Amo, Ulu Belalong, *Ashton* BRUN 5254b; Amo, Ulu Belalong, *Ashton* BRUN 5277; Amo, Ulu Belalong, *Dransfield J.* 7415; Bangar, Bt. Biang, *Forman* 900; Batu Apoi, Bt. Gelagas (Bt. Suang), *Simpson* 2361; Batu Apoi, Kpg. Selapon, *Dransfield J.* 6927. **TUT:** Lamunin, *Dransfield J.* 6804; Lamunin, Ladan Hills, *Coode* 7329; Lamunin, Ladan Hills F.R., *Wong* 1642; Rambai, Ladan Hills F.R., *Coode* 6412; Rambai, Sg. tutong, *Wong* 1683; Rambai, Sg. tutong, *Wong* 1684; Rambai, Tasek Merimbun, *Bernstein* 60; Rambai, Tasek Merimbun, *Bernstein* 61; Rambai, Tasek Merimbun, *Bernstein* 168. **Without prov.:** BRUN 15340.

LIVISTONA

L. exigua J.Dransf.
 • VEG: Kerangas • HAB: gentle slope, ridge • GEO: Belait formation; yellow sandy loam • ALT: 200 m
 BEL: Andulau F.R., *Ashton* BRUN 5513y; Melilas, Bt. Batu Patam, *Dransfield J.* 6568; Melilas, Ulu Ingei, *Morgan* s.n. ix.82 • Endemic

METROXYLON

M. sagu Rottb.
 Seen in cultivation (J.D.) but not collected • Native to Papuasia, widespread in cultivation in SE Asia

NENGA

N. pumila (Mart.) H.Wendl. var. **pachystachya** (Blume) E.S. Fernando
 • VEG: Peatswamp Forest, LMDF • HAB: gentle slope • GEO: Setap Shales • ALT: 20–30 m
 BEL: Seria, Kpg. Badas, *Wong* 543. **TEM:** Batu Apoi, *Dransfield J.* 6945. **Without prov.:** BRUN 15190 • Malaya, Sumatra, Borneo

NYPA

N. fruticans Wurmb — *Apung* (Ib., Br., Mal.)
 • VEG: Degraded Empran • HAB: flat ground; periodically flooded; near running fresh water • ALT: 10 m
 BEL: Bukit Sawat, Kpg. Sungei Mau, *Dransfield J.* 7292 • Widespread in SE Asia to Pacific

ONCOSPERMA

O. horridum (Griff.) Sheff.
Midstorey/subcanopy tree • VEG: Degraded LMDF, HDF • HAB: steep slope; near running fresh water • ALT: 350–50 m
BEL: Labi, Kpg. Teraja, *Dransfield J.* 7290. TEM: Batu Apoi, Bt. Gelagas (Bt. Suang), *Simpson* 2457 • Widespread in SE Asia

O. tigillarium (Jack) Ridl.
Seen widely (J.D.) but not collected • Malaya, Sumatra, Borneo

PHOLIDOCARPUS

P. maiadum Becc. — *Jaong* (Ib.), *Seradang* (Br.), *Yul* (Dus.)
Tree palm • HAB: flat ground; impeded drainage; near still fresh water
BEL: Melilas, *Wong* 702. TUT: Lamunin, Ladan Hills F.R., *Wong* 510 • Borneo

PINANGA

P. aff. angustisecta Becc.
• VEG: HDF • HAB: steep slope • GEO: Setap Shales • ALT: 800–850 m
TEM: Amo, Bt. Belalong, *Dransfield J.* 7116; Amo, Bt. Belalong, *Dransfield J.* 7146 • *Pinanga angustisecta* is known from Borneo

P. aristata (Burret) J.Dransf.
Impeded drainage • VEG: Alluvial Forest, LMDF, Degraded Lower Montane Forest • HAB: flat ground, steep slope; impeded drainage; near still fresh water • GEO: Belait formation, Setap Shales; alluvial deposits • ALT: 50–80 m
BEL: Melilas, *Wong* 684; Melilas, Bt. Batu Patam, *Dransfield J.* 6600. TEM: Amo, *Wong* 1714; Amo, G. Pagon, *Coode* 7596; Amo, K. Belalong, *Dransfield J.* 7031 • Borneo

P. auriculata Becc. — *Buding* (Dus.), *Pinang Buding* (Dus.)
• VEG: Peatswamp Forest with Shorea albida, Peatswamp Forest, LMDF • HAB: flat ground; impeded drainage; near running fresh water • GEO: alluvial deposits; sandy soil; peat • ALT: 10–50 m • USES: Stalk used to make fish trap
BEL: Sg. Badas, *Wong* 545; Kuala Belait, Sg. Damit, *Dransfield J.* 6801; Melilas, *De Vogel* 8854. TUT: Rambai, Sg. Medit, *Simpson* 2540; Rambai, Sg. Medit, *Simpson* 2569; Rambai, Tasek Merimbun, *Bernstein* 227 • Borneo

P. aff. auriculata Becc.
Shrub • VEG: LMDF • HAB: near running fresh water • GEO: Belait formation; sandy soil • ALT: 200 m
TUT: Ulu Tutong, Bukit Bahak, *Kirkup* 560.

P. aff. brevipes Becc.
Acaulescent; on ground • VEG: LMDF • HAB: ridge; near running fresh water • GEO: Belait formation, sandstone • ALT: 120–150 m
BEL: Labi, *Wong* 526; Labi, Wong Kadir, *Coode* 7188. TEM: *Johns* 7140; Amo, *Wong* 1715. TUT: Ulu Tutong, Bukit Bahak, *Kirkup* 509 • *Pinanga brevipes* is known from Borneo

P. capitata Gibbs var. **capitata**
• VEG: Kerangas, Upper Montane Forest • HAB: ridge • GEO: Meligan formation • ALT: 1300–1350 m
TEM: Amo, *Sands* 5247; Amo, *Wong* 1859; Amo, Bt. Belalong, *Wong* 1541; Amo, Bt. Retak, *Sands* 5217; Amo, Bt. Retak, *Wong* 737; Amo, Bt. Retak, *Wong* 824; Amo, Bukit Retak, *Hussain Hj. Osman* 1 • Borneo

P. capitata Gibbs var. **divaricata** J.Dransf.
• VEG: Lower Montane Forest • HAB: ridge • GEO: sandstone • ALT: 1430 m
TEM: Amo, *Ashton* A 257; Amo, *Ashton* A 281; Amo, Bt. Pagon, *Wong* 1780; Amo, Bt. Retak, *Wong* 452; Amo, Bt. Retak, *Wong* 910 • Borneo

P. chaiana J.Dransf.
Shrub; in understorey/low vegetation • VEG: Kerangas, LMDF • HAB: ridge; periodically flooded; near running fresh water • GEO: Belait formation; clay soil • ALT: 300 m
BEL: Andulau F.R., *Ashton* A 501; Andulau F.R., *Ashton* S 21570; Melilas, Bt. Batu Patam, *Dransfield J.* 6560; Melilas, Sg. Ingei, *Wong* 650. TUT: Ulu Tutong, Bukit Bahak, *Kirkup* 540 • Borneo

P. dumetosa J.Dransf. — *Pinang Moring* (Ib.)
• VEG: LMDF, HDF • HAB: gentle slope, steep slope; near running fresh water • GEO: Setap Shales • ALT: 20–100 m
BEL: Labi, *Wong* 525. TEM: *Johns* 7234; Amo, *Wong* 1712; Amo, Batu Apoi Forest Reserve, *Poulsen* 260; Amo, K. Belalong, *Dransfield J.* 6625; Amo, Sg. Temburong Machang, *Wong* 1923; Batu Apoi, *Dransfield J.* 6931; Batu Apoi, Bt. Gelagas (Bt. Suang), *Simpson* 2411. Without prov.: BRUN 15173 • Borneo

P. lepidota Rendle
Shrub • VEG: Kerangas, LMDF, HDF, Upper Montane Forest • HAB: flat ground, steep slope, ridge; impeded drainage; near still fresh water • GEO: Belait formation, Lambir formation, Meligan formation, White sand, sandstone, Setap Shales; clay soil, yellow-red clay • ALT: sea level–950 m
BEL: Bukit Sawat, Jln. Labi, *Dransfield J.* 6729; Labi, Bukit Teraja, *Kirkup* 420; Melilas, *De Vogel* 8876; Melilas, *De Vogel* 8877; Melilas, *Wong* 687; Melilas, Bt. Batu Patam, *Dransfield J.* 6558. TEM: *Johns* 6591; Amo, *Ashton* A 261; Amo, Batu Apoi Forest Reserve, *Nielsen* 1079; Amo, Bt. Belalong, *Wong* 1353; Amo, Bt. Belalong, *Wong* 1504; Amo, Bt. Belalong, *Wong* 1518; Amo, Bt. Retak, *Sands* 5221; Amo, Bt. Retak, *Wong* 787; Amo, Bukit Retak, *Hussain Hj. Osman* 16; Amo, Ulu Belalong, *Dransfield J.* 7417; Amo, Ulu Temburong, *Ashton* BRUN 5233. TUT: Ulu Tutong, Bukit Bahak, *Kirkup* 520; Ulu Tutong, Bukit Bahak, *Kirkup* 527 • Borneo

P. minuta Furtado
• VEG: LMDF, HDF • HAB: gentle slope, steep slope • GEO: shale, Setap Shales • ALT: 20–300 m
TEM: Amo, K. Belalong, *Dransfield J.* 7068; Amo, K. Belalong, *Dransfield J.* 6626; Amo, K. Belalong, *Dransfield J.* 6678; Amo, Sg. Temburong, *Coode* 6615; Batu Apoi, *Dransfield J.* 6943 • Borneo

P. mirabilis Becc.
• VEG: LMDF • HAB: gentle slope, steep slope; periodically flooded • GEO: Belait formation; alluvial deposits • ALT: 90 m
BEL: Andulau F.R., *Ashton* A 498; Melilas, Bt. Batu Patam, *Dransfield J.* 6608; Melilas, Sg. Ingei, *Wong* 605; Sukang, Sungai Paleh Bangawong, *Kirkup* 662; Sungai Liang, Andulau F.R., *Wong* 496 • Borneo

P. cf. mirabilis Becc.
• VEG: LMDF • HAB: near running fresh water • GEO: Belait formation • ALT: 220 m
TUT: Ulu Tutong, Bukit Bahak, *Kirkup* 494.

P. mooreana J.Dransf. — *Pinang Ayat* (Ib.)
Midstorey/subcanopy tree, shrub, herb; in understorey/low vegetation • VEG: LMDF, Degraded LMDF • HAB: flat ground, gentle slope, ridge; periodically flooded; waterfall spray zone, near running fresh water • GEO: Belait formation; alluvial deposits; stony; sandy soil • ALT: 20–50 m
BEL: Labi, *Dransfield J.* 6531; Labi, *Wong* 541; Melilas, *De Vogel* 8825; Melilas, Ulu Ingei, *Sands* 5896; Sukang, Sungai Paleh Bangawong, *Kirkup* 614; Sungei Liang, Andulau Forest Reserve, *Ariffin Kalat* BRUN 15035. TUT: Ulu Tutong, Bukit Bahak, *Kirkup* 556 • Borneo

P. patula Blume var. microcarpa Martelli — *Barang* (Dus.)
• USES: Edible fruit, eaten with betel as substitute for Areca
TUT: Rambai, Tasek Merimbun, *Bernstein* 216 • Borneo

P. ridleyana Furtado
• VEG: LMDF • HAB: flat ground; periodically flooded • GEO: Setap Shales; alluvial deposits • ALT: 60 m
TEM: Amo, K. Belalong, Sg. Belalong, *Dransfield J.* 7043 • Borneo

P. rivularis Becc.
Rheophyte; periodically flooded • VEG: Alluvial Forest, LMDF • HAB: periodically flooded; near running fresh water, in running fresh water • GEO: Belait formation, sandstone; alluvial deposits; sandy soil • ALT: 50 m
BEL: Melilas, Bt. Batu Patam, *Dransfield J.* 6597; Melilas, Bt. Batu Patam, *Dransfield J.* 6609; Melilas, Bt. Batu Patam, *Dransfield J.* 6610; Melilas, Bt. Batu Patam, *Dransfield J.* 6611; Melilas, Sg. Ingei, *Wong* 669; Melilas, Ulu Ingei, *Sands* 5941. **TUT:** Rambai, Bt. Bahak, *Coode* 7012; Rambai, Bt. Bahak, *Coode* 7084; Rambai, Sg. Tutong, *Coode* 6369 • Borneo

P. salicifolia Blume — *Pinang Moring* (Ib.)
Treelet, shrub • VEG: Kerangas, Kerangas Forest with Agathis, LMDF, Lower Montane Forest • HAB: valley bottom, ridge; well-drained • GEO: Belait formation, Meligan formation, White sand, sandstone; Kerangas soil, clay soil, sandy soil, White sand, Brown • ALT: 1160 m
BEL: Andulau F.R.,, *Dransfield J.* 795; Bukit Sawat, Andulau F.R., *Ashton* A 144; Melilas, Bt. Batu Patam, *Dransfield J.* 6566; Melilas, Bt. Batu Patam, *Dransfield J.* 6585; Seria, Badas F.R., *Coode* 7636; Seria, Badas F.R., *Jacobs* 5696; Seria, Badas–Lumut F.R.,, *Fuchs* 21180; Seria, Badas–Lumut F.R.,, *Fuchs* 21181. **TEM:** Amo, *Ashton* A 311; Amo, *Ashton* A 313; Amo, *Wong* 1745; Amo, Bt. Belalong, *Wong* 1485; Amo, Bukit Tudal, *Davis* 468; Amo, Ulu Belalong, *Ashton* BRUN 5232. **TUT:** Ulu Tutong, Bukit Bahak, *Kirkup* 533 • Borneo

P. sessilifolia Furtado
Shrub • VEG: LMDF • HAB: near running fresh water • GEO: Belait formation; sandy soil
TUT: Ulu Tutong, Bukit Bahak, *Kirkup* 551.

P. simplicifrons (Miq.) Becc.
• VEG: LMDF • HAB: gentle slope • GEO: Setap Shales • ALT: 20 m
TEM: Batu Apoi, *Dransfield J.* 6942 • Malaya, Sumatra, Borneo

P. tenella (H.Wendl.) Scheff. var. **tenella**
Rheophyte • VEG: Alluvial Forest, LMDF, Degraded LMDF, HDF • HAB: periodically flooded; near running fresh water • GEO: Setap Shales; alluvial deposits • ALT: 20–60 m
TEM: Amo, Batu Apoi Forest Reserve, *Nielsen* 995; Amo, K. Belalong, *Ashton* A 17; Amo, K. Belalong, *Dransfield J.* 6653; Amo, K. Belalong, *Dransfield J.* 6658; Amo, K. Belalong, *Dransfield J.* 6659; Amo, K. Belalong, *Dransfield J.* 6710; Amo, K. Belalong, *Jacobs* 5588; Amo, Sg. Belalong, *Sands* 5596; Amo, Sg. Temburong, *Wong* 235 • Borneo

P. tomentella Becc.
• VEG: LMDF, HDF • HAB: gentle slope, steep slope, ridge; near running fresh water • GEO: Belait formation, Setap Shales • ALT: 100–750 m
BEL: Melilas, Bt. Batu Patam, *Dransfield J.* 6617. **TEM:** Amo, *Wong* 1717; Amo, Bt. Belalong, *Dransfield J.* 7125; Amo, Bt. Belalong, *Wong* 1425 • Borneo

P. veitchii H.Wendl.
• VEG: Kerangas, LMDF, HDF • HAB: valley bottom, gentle slope, steep slope, terrace, ridge; near running fresh water • GEO: Belait formation, sandstone, Setap Shales • ALT: 20–200 m
BEL: Melilas, Bt. Batu Patam, *Boyce* 296; Melilas, Bt. Batu Patam, *Dransfield J.* 6584. **TEM:** Amo, *Wong* 1709; Amo, K. Belalong, *Ashton* A 59; Amo, K. Belalong, *Dransfield J.* 6652; Amo, Sg. Belalong, *Sands* 5586. **Without prov.:** BRUN 15416 • Borneo

P. yassinii J.Dransf.
• VEG: Kerangas • HAB: gentle slope, ridge; near running fresh water • GEO: Belait formation; yellow sand • ALT: 190–200 m
BEL: Melilas, Batu Patam, *Wong* 1048; Melilas, Bt. Batu Patam, *Dransfield J.* 6567; Melilas, Bt. Batu Patam, *Dransfield J.* 6569; Melilas, Sg. Ingei, *Wong* 1607; Melilas, Ulu Ingei, *Ashton*

BRUN 5524 • Borneo

P. spp. indet.
BEL: Andulau F.R., *Ashton* A 146; Bukit Sawat, Andulau F.R., *Dransfield J.* 796; Labi, *Boyce* 246. **TEM:** Amo, *Ashton* A 252; Amo, *Ashton* A 260; Amo, *Wong* 1832; Amo, Batu Apoi Forest Reserve, *Poulsen* 185; Amo, Ulu Belalong, *Dransfield J.* 7387; Amo, Ulu Temburong, *Ashton* BRUN 5250. **TUT:** Rambai, Bt. Bahak, *Coode* 7006; Rambai, Bt. Bahak, *Coode* 7034.

PLECTOCOMIA

P. elongata Mart. ex Blume
TEM: Amo, Bt. Retak, *Wong* 450 • Malaya, Sumatra, Java, Borneo, Philippines

P. mulleri Blume — *Uwai Semerangan* (Dus.), *Wi Tibu* (Ib.)
• VEG: Degraded Upper Montane Forest • HAB: steep slope • ALT: 920 m
TEM: Amo, Bt. Belalong, *Dransfield J.* 7211. **TUT:** Rambai, Tasek Merimbun, *Bernstein* 246 • Malaya, Borneo

PLECTOCOMIOPSIS

P. geminiflora (Griff.) Becc.
• HAB: ridge • ALT: 750 m
TEM: Amo, Bt. Belalong, *Wong* 1393 • S Thailand, Malaya, Sumatra, Borneo

P. mira J.Dransf.
• VEG: Degraded LMDF • HAB: ridge • ALT: 80–800 m
District not traced: Jalan Tengah, *Stockdale* 12. **BEL:** Sungei Liang, Andulau F.R., *Dransfield J.* 7248 • Malaya, Borneo

P. triquetra (Becc.) J.Dransf.
• VEG: Peatswamp Forest • HAB: flat ground • ALT: 10 m
BEL: Seria, Badas F.R., *Dransfield J.* 7282 • Borneo

POGONOTIUM

P. divaricatum J.Dransf.
Liana • VEG: Alluvial Forest, LMDF, HDF • HAB: gentle slope, steep slope, ridge; near running fresh water • GEO: Belait formation, sandstone, Setap Shales; sandy soil, Brown clay-loam; Leaf litter • ALT: 70–870 m
BEL: Melilas, Bt. Batu Patam, *Dransfield J.* 6594. **TEM:** Amo, Bt. Belalong, *Dransfield J.* 7139; Amo, Bt. Belalong, *Dransfield J.* 7186; Amo, Bt. Belalong, *Wong* 1508; Amo, Ulu Belalong, *Dransfield J.* 7378. **TUT:** Rambai, Bt. Bahak, *Coode* 7093 • Borneo

RETISPATHA

R. dumetosa J.Dransf.
• VEG: LMDF • HAB: steep slope; impeded drainage • GEO: Belait formation, Setap Shales • ALT: 50–350 m
BEL: Melilas, Bt. Batu Patam, *Dransfield J.* 6602. **TEM:** Amo, K. Belalong, *Dransfield J.* 7073 • Borneo

SALACCA

S. affinis Griff. — *Redan* (Ib.), *Tuncum* (Dus.)
• VEG: Degraded LMDF • HAB: near running fresh water • GEO: Belait formation • ALT: 20–300 m
BEL: Labi, *Dransfield J.* 6546; Labi, *Dransfield J.* 6547. **TEM:** Amo, Kuala Belalong, *Stockdale* 41 • Malaya, Borneo

S. magnifica Mogea
• VEG: Alluvial Forest, Kerangas • HAB: valley bottom; waterfall spray zone • GEO: Belait formation, sandstone; alluvial deposits • ALT: 30– 50 m
BEL: Melilas, Bt. Batu Patam, *Dransfield J.* 6606; Melilas, Sg. Ingei, *Wong* 1605. **TUT:** *Johns* 7631 • Borneo

S. vermicularis Becc. — *Kepela* (Ib.), *Lemaiong* (Ib.), *Terateh* (Dus.)
Acaulescent • VEG: Alluvial Forest, LMDF • HAB: flat ground, steep slope; impeded drainage, periodically flooded; near still fresh water • GEO: Setap Shales; alluvial deposits • ALT: 10–100 m • USES: Edible fruit, Rachis for fishing poles by Ibans
BEL: Labi, Bt. Teraja, *Dransfield J.* 7015; Labi, Bt. Teraja, *Dransfield J.* 7016. **TEM:** Amo, K. Belalong, *Dransfield J.* 6649. **TUT:** Lamunin, Ladan Hills F.R., *Wong* 1670 • Borneo

PALMAE INDET.
BEL: Labi, Bukit Teraja, *Suhaili Hj. Zinin* BRUN 15015. **TEM:** Amo, Apoi Forest Reserve, *Cowley* 37; Amo, Belalong River, *Duling* 28; Amo, Sg. Apan area, BRUN 15284.

PANDANACEAE
A.P. DAVIS

FREYCINETIA

F. corneri B.C.Stone
Climber • HAB: well-drained • GEO: White sand • ALT: 10–20 m
TUT: Telisai, *Coode* 6864 • Malaya, Borneo

F. imbricata Blume
Liana, climber • VEG: LMDF
BEL: Labi, *Kirkup* 351; Labi, *Wong* 528 • Malaya, Java, Borneo, Philippines

F. rigidifolia Hemsl.
Climber • VEG: LMDF • HAB: gentle slope • GEO: Setap Shales • ALT: 10–30 m
TEM: Batu Apoi, *Dransfield J.* 6980 • Malaya, Borneo

F. winkleriana Martelli
Epiphytic; climber • VEG: LMDF • HAB: gentle slope
BEL: Andulau F.R., *Ashton* S 21573. **TEM:** Amo, K. Temburong Machang, *Wong* 2001 • Borneo

F. spp. indet.
BEL: Bukit Sawat, Simpson 2004b; Melilas, Ulu Ingei, *Cowley* 120; Seria, Badas F.R., *Kirkup* 390; Sungai Liang, Badas, *Coode* 6837. **TEM:** Amo, *Wong* 1288; Amo, K. Belalong, Sg. Belalong, *Dransfield J.* 7074.

PANDANUS
Stone in Sandakania 2: 35–84 (1993)

P. affinis Kurz — *Rasau* (Br.)
• VEG: Mangrove
TEM: Labu, *Wong* 1658 • Indochina, Malaya, Sumatra, Borneo

P. ashtonii B.C.Stone
• VEG: Degraded Lower Montane Forest • HAB: steep slope • ALT: 1430– 1480 m
TEM: Amo, *Ashton* A 283; Amo, G. Pagon, *Coode* 7577 • Borneo

P. borneensis Warb. — *Pandan* (Br., Dus.)
• VEG: HDF • ALT: 350 m
BEL: Labi, Bt. Teraja, *Simpson* 2058; Melilas, Batu Patam, *Wong* 1042 • Borneo

P. brevistylis H.St.John
BEL: Melilas, Batu Patam, *Wong* 1051 • Borneo

P. bruneiensis St.John
Without prov.: *van Niel* 3707.

P. discostigma Martelli — *Ming* (Ib.)
Rheophyte; treelet; on ground • VEG: LMDF, Secondary Forest • HAB: valley bottom, gentle slope; near running fresh water • GEO: Lambir formation, sandstone, Setap Shales • ALT: 210 m

BEL: Labi, Rampayoh, *Cowley* 16; Melilas, Sg. Ingei, *Wong* 632. **TEM:** Batu Apoi, Kpg. Selapon, *Dransfield J.* 6905. **TUT:** *Johns* 7552; Rambai, Bt. Bahak, *Coode* 7011 • Borneo

P. epiphyticus Martelli — *Mengkuang Bukit* (Br.)
• VEG: Kerangas • HAB: gentle slope, ridge
TEM: Amo, Sg. Temburong Machang, *Wong* 2000; Labu, *Simpson* 140 • Malaya, Borneo

P. militaris Warb. var. malayanus B.C.Stone — *Pandan* (Ib.)
• VEG: Peatswamp Forest with Shorea albida • ALT: sea level
BEL: Seria, Kpg. Badas, *Fuchs & Diederix* 21185 • Malaya, Sumatra

P. monotheca Martelli
• VEG: Kerangas • HAB: ridge • GEO: Belait formation • ALT: 190–200 m
BEL: Melilas, Bt. Batu Patam, *Dransfield J.* 6574 • Thailand, Malaya, Sumatra, Borneo

P. motleyanus Solms
Treelet • HAB: flat ground, terrace, ridge; impeded drainage, periodically flooded; in running fresh water, near still fresh water • GEO: sandstone, Sand/clay • ALT: 210–360 m

BEL: Melilas, Sg. Ingei, *Wong* 1102; Melilas, Ulu Ingei, *Cowley* 129. **BRM:** Berakas, *Wong* 1296. **TEM:** Bangar, Bt. Biang, *Ashton* A 95. **TUT:** Rambai, Bt. Bahak, *Coode* 7005 • Borneo, Banka and Jahore

P. pachyphyllus Merr.
Acaulescent • VEG: LMDF • HAB: gentle slope • GEO: Setap Shales • ALT: 10–30 m
TEM: Batu Apoi, *Dransfield J.* 6978 • Borneo

P. parvus Ridl.
Shrub
BEL: Labi, *Wong* 531. **Without prov.:** *Niga* 275 • Malaya, Borneo

P. pectinatus Martelli
• VEG: Upper Montane Shrubbery • HAB: ridge • ALT: 1500 m
TEM: Amo, G. Pagon, *Coode* 7546 • Sumatra, Borneo

P. pumilis H.St.John
Climber • VEG: LMDF, HDF • HAB: ridge; near running fresh water • GEO: Belait formation • ALT: 620 m

TEM: Batu Apoi, Bt. Gelagas (Bt. Suang), *Simpson* 2297. **TUT:** Ulu Tutong, Bukit Bahak, *Kirkup* 517 • Borneo: Sarawak, Sabah

P. spp. indet.
BEL: Melilas, Bt. Batu Patam, *Boyce* 294; Sungai Liang, Andulau F.R., *Forman* 1110. **TEM:** Amo, *Wong* 1342; Amo, *Wong* 1860; Amo, Bt. Belalong, *Dransfield J.* 7220; Amo, Ulu Belalong, *Dransfield J.* 7365; Batu Apoi, *Dransfield J.* 6915. **Without prov.:** *Wong* s.n. 30.xii.1988.

PANDANACEAE INDET.
(n.v.)

BEL: Labi, Bt. Teraja, *Simpson* 2042; Labi, Bt. Teraja, *Simpson* 2081; Labi, Bt. Teraja, *Simpson* 2133. **TEM:** Batu Apoi, Bt. Gelagas (Bt. Suang), *Simpson* 2212; Batu Apoi, Bt. Gelagas (Bt. Suang), *Simpson* 2408.

PHORMIACEAE
E.J. COWLEY

DIANELLA

D. ensifolia (L.) DC. — *Sari Gumi* (Dus.)
Epiphytic; herb; on ground • VEG: Kerangas, Lower Montane Forest, Upper Montane Forest, Secondary Forest • HAB: steep slope, ridge • GEO: Meligan formation, White sand, sandstone; Brown clay-loam; branch bark; Leaf litter • ALT: 20–1300 m • USES: Leaves burned to ward off insects
   BEL: Sungai Liang, Sungai Liang Arboretum, *Niga* 33. TEM: Amo, Bt. Pagon, *Wong* 1783; Amo, Bt. Retak, *Sands* 5230; Amo, Bt. Retak, *Wong* 833; Amo, Bukit Tudal, *Bygrave* 12. TUT: *Johns* 6508; Tanjong Maya, *Coode* 7384; Tanjong Maya, Jalan Tutong–Seria, *Thomas* 158; Rambai, Tasek Merimbun, *Bernstein* 152; Rambai, Tasek Merimbun, *Bernstein* 204. **Without prov.:** *van Niel* 3399; *van Niel* 3621 • Malesia

D. javanica (Blume) Kunth
   • HAB: ridge
   TEM: Amo, *Wong* 1845 • W & C Malesia

D. aff. javanica (Blume) Kunth
   Herb • GEO: White sand • ALT: 100 m
   TUT: Telisai, Jln. K. Belait–Pekan Muara, *Jacobs* 5694.

PONTEDERIACEAE
E.J. COWLEY
Backer in Fl. Males. 4: 255–261 (1951)

EICHHORNIA

E. crassipes (Mart.) Solms
   Without prov.: *van Niel* 3706 • Native to Brazil, naturalised

MONOCHORIA

M. hastata (L.) Solms
   Herb • ALT: 20 m
   TUT: *Johns* 7458. **Without prov.:** *van Niel* 3972 • SE Asia, Malesia

M. vaginalis (Burm.f.) C.Presl
   Herb • ALT: 20 m
   BEL: Sungai Liang, Sungai Liang, *Coode* 7371. **Without prov.:** *van Niel* 3990 • E & SE Asia, Malesia

SMILACACEAE
E.J. COWLEY

SMILAX

S. barbata A.DC.
   Climber • VEG: Lower Montane Forest • HAB: ridge
   TEM: Amo, Bt. Pagon, *Wong* 1759 • Bangka, Malaya, Borneo

S. borneensis C.DC.
   Climber • ALT: 150 m
   BEL: Labi, Wong Kadir, *Coode* 7232 • Borneo: Sarawak, Sabah

S. hypoglauca Benth.
Climber • VEG: Lower Montane Forest, Upper Montane Shrubbery • HAB: ridge • GEO: Meligan formation; Brown clay-loam • ALT: 1500 m
TEM: Amo, Bt. Pagon, *Wong* 1764; Amo, Bukit Tudal, *Davis* 476; Amo, G. Pagon, *Coode* 7446 • S China, Borneo

S. laevis A.DC. — *Akau Bogong* (Dus.), *Ramugang* (Ib.)
Treelet, shrub, climber • VEG: Peatswamp Forest, Lower Montane Forest, Upper Montane Forest, Upper Montane Shrubbery, Secondary Forest • HAB: ridge; near running fresh water • GEO: Meligan formation • ALT: 1500 m
TEM: Amo, *Sands* 5242; Amo, Bt. Belalong, *Prance* 30547; Amo, G. Pagon, *Coode* 7481; Bangar, Pekan Bangar, *Ashton* BRUN 495; Batu Apoi, Kpg. Selapon, *Wong* 2074. **TUT:** Rambai, Sg. Medit, *Simpson* 2555; Rambai, Tasek Merimbun, *Bernstein* 145 • China, Malaya, Borneo, Sulawesi

S. aff. laevis A.DC.
Climber • HAB: ridge • ALT: 160 m
TEM: Amo, K. Belalong, *Wong* 1251. **Without prov.:** *Hassan Pukol* BRUN 3106.

S. leucophylla Blume — *Bogong* (Dus.), *Ramugang* (Ib.)
Climber • ALT: 150 m
BEL: Labi, Wong Kadir, *Coode* 7223. **TEM:** Amo, *Wong* 1283 • Indochina, W & C Malesia

S. megacarpa A.DC.
Climber • VEG: Lower Montane Forest • GEO: Meligan formation • ALT: 900 m
TEM: Amo, Bt. Retak, *Sands* 5371 • SE Asia, W & C Malesia

S. cf. modesta A.DC.
Climber • VEG: Lower Montane Forest
TEM: Amo, *Wong* 1807 • The species is known from Sumatra, Java, Borneo

S. mysotiflora A.DC.
Without prov.: *van Niel* 4308 • S Thailand, Malaya

S. odoratissima Blume
Climber • VEG: LMDF • HAB: near running fresh water • GEO: Setap Shales • ALT: 20–30 m
TEM: Amo, K. Belalong, *Dransfield J.* 6700 • India, W & C Malesia

S. woodii Merr.
Climber • VEG: Kerangas Forest with Agathis • GEO: sandy soil • ALT: 20–10 m
BEL: Seria, Badas F.R., *Coode* 7646 • Borneo: Sarawak, Sabah

S. spp. indet.
BEL: Seria, Badas F.R., *Coode* 7644; Sungai Liang, Sungai Liang Arboretum, *Niga* 125. **TEM:** Amo, *Ashton* BRUN 2522; Amo, G. Pagon, *Coode* 7529.

TACCACEAE
E.J. COWLEY
Drenth in Blumea 20: 375–406 (1972)

TACCA

T. bibracteata Drenth
Herb; on ground • VEG: LMDF, Secondary Forest, Belukar • HAB: valley bottom, gentle slope; near running fresh water • GEO: Lambir formation, sandstone, Sediments; sandy soil • ALT: 40–150 m
BEL: Labi, Rampayoh, *Cowley* 179; Labi, Rampayoh, *Sands* 5986; Labi, Sungai Rampayoh, *Coode* 7775; Labi, Sg. Rampayoh, *Coode* 7282. **BRM:** Kilanas, Kpg. Kilanas, *Dransfield J.* 7097. **TUT:** *Johns* 7110 • Borneo: Sarawak

T. integrifolia Ker-Gawl.
Shrub, herb • HAB: flat ground, gentle slope; impeded drainage; near running fresh water, near still fresh water • GEO: clay soil • ALT: 120 m
BEL: Melilas, *Wong* 703. TEM: Amo, Batu Apoi F.R., K. Belalong FSC, *Hansen* 1560; Labu ?, *Boyce* 348 • Assam to S. Thailand, W & C Malesia

T. leontopetaloides (L.) Kuntze
Herb • VEG: Mangrove
TUT: Telisai, Danau, *Forman* 1021 • Tropical Africa, Tropical Asia, Australia, Pacific

T. spp. indet.
BEL: Melilas, Bt. Batu Patam, *Boyce* 320. TEM: Amo, K. Belalong, *Boyce* 435. TUT: Rambai, Bt. Bahak, *Coode* 6995.

TRIURIDACEAE
P.C. BOYCE
van der Meerendonk 10: 109–121 (1984)

SCIAPHILA

S. densiflora Schltr.
Saprophytic; on ground • VEG: LMDF • HAB: flat ground, ridge; impeded drainage; near running fresh water, near still fresh water • GEO: Setap Shales; sandy soil; Leaf litter • ALT: 80 m • USES: Medicinal, antidote to poison
BEL: Labi, Kpg. Teraja, *Forman* 1076; Melilas, *Wong* 707; Sungai Liang, Sg. Lumut, *Richards* 5520. TEM: Amo, Batu Apoi Forest Reserve, *Poulsen* 27. TUT: Rambai, Tasek Merimbun, *Bernstein* 232 • Ceylon, Borneo, Moluccas, Philippines, New Guinea and New Caledonia

S. maculata Miers
Saprophytic • VEG: HDF • HAB: gentle slope; near running fresh water • GEO: Setap Shales; clay soil; Humus • ALT: 800 m
TEM: Amo, Batu Apoi F.R., K Belalong FSC, *Hansen* 1585; Amo, Bt. Belalong, *Dransfield J.* 7194 • Malaya, Borneo, New Guinea

S. secundiflora Thwaites (*S. major* Becc.)
Saprophytic; herb • VEG: Kerangas, Degraded LMDF • HAB: valley bottom, ridge; impeded drainage; near still fresh water • GEO: Belait formation, sandstone; alluvial deposits; Leaf litter • ALT: sea level–200 m
BEL: Melilas, Bt. Batu Patam, *Boyce* 287; Seria, Badas F.R., *Coode* 7344; Sungai Liang, Sungai Liang Arboretum, *Dransfield J.* 7345 • Ceylon, Malaya, Sumatra, Borneo, New Guinea to Solomon Is.

S. spp. indet.
BEL: Bt. Sawat, UBD plot, *Thomas* 236; Labi, Sungai Rampayoh, *Coode* 7783; Melilas, Kuala Ingei, *Puff* 9008091/4. TEM: Amo, Sg. Temburong, *Coode* 6727. TUT: Rambai, Bt. Bahak, *Coode* 7049.

TRIURIDACEAE INDET.
BEL: Melilas, Sg. Topi, *Thomas* 181. TEM: Amo, Apoi Forest Reserve, *Sands* 5786.

XYRIDACEAE
E.J. COWLEY
van Royen in Fl. Males. 4:366–376 (1953)

XYRIS

X. bancana Miq.
• VEG: Degraded Kerangas • GEO: White sand • ALT: 10 m

TUT: Tanjong Maya, Jln. Tutong–Seria, *Simpson* 2172 • Banka and Billiton

X. complanata R.Br.
Herb • VEG: Kerangas, Degraded Kerangas, Roadsides • GEO: White sand; sandy soil • ALT: 100 m

BEL: Labi, Bt. Puan, *Sinclair* 10483. TUT: Tanjong Maya, *Coode* 7415; Tanjong Maya, Jln. Tutong–Seria, *Simpson* 2171; Telisai, *Sands* 5211; Telisai, *Wong* 151; Telisai, Jln. K. Belait–Pekan Muara, *Jacobs* 5663. **Without prov.:** *van Niel* 3394 • SE Asia, Malesia, Australia

X. pauciflora Willd.
• VEG: Degraded HDF; open wet sand • HAB: gentle slope • GEO: Belait formation • ALT: 30 m

BEL: Labi, *Boyce* 234; Sungai Liang, Anduki F.R., *Simpson* 68 • Se Asia, W & C Malesia, Australia

ZINGIBERACEAE
E.J. COWLEY

R.M.Smith, A Review of Bornean Zingiberaceae; Edin. J. Bot. 42(2): 261–314 (1985) I. *Alpinieae* p.p., 44: 203–232 (1987) II. *Alpinia* concluded, 45: 409–423 (1989) III. *Hedychieae*, 45: 1–19 (1988) IV. *Globbeae*, 45: 409–423 (1989) V. *Zingiber*

ALPINIA

A. aquatica (Retz.) Roscoe — *Encilongon Kara* (Dus.), *Layo Entalun* (Dus.), *Sagang* (Dus.)
Herb • VEG: Degraded Secondary Forest • HAB: near sea water • GEO: White sand; Coastal beach sand

BEL: Seria, Anduki F. R., *Forman* 878. BRM: Serasa, Kpg. Muara, *Hose* 16. TUT: Telisai, *Niga* 82; Telisai, K. Tutong, *Ashton* BRUN 971; Rambai, Tasek Merimbun, *Bernstein* 119; Rambai, Tasek Merimbun, *Bernstein* 467. **Without prov.:** *van Niel* 3451 • Malaya, Sumatra, Borneo

A. aff. capitellata Jack
Herb • VEG: LMDF • HAB: ridge • GEO: Setap Shales • ALT: 250 m

TEM: Amo, Batu Apoi Forest Reserve, *Poulsen* 226 • *Alpinia capitellata* is known from Malaya, Sumatra, Borneo

A. galanga (L.) Willd.
Herb • HAB: gentle slope

BEL: Bukit Sawat, Bukit Sungai Mau, *Awong* 23.

A. glabra Ridl. — *Terabak Bukid* (Dus.)
Herb; on ground • VEG: Peatswamp Forest with Shorea albida, LMDF, HDF, Lower Montane Forest, Secondary Forest • HAB: flat ground, valley bottom, gentle slope, steep slope, ridge; impeded drainage, periodically flooded; near running fresh water • GEO: Lambir formation, Meligan formation, shale, Setap Shales; clay soil; peat • ALT: sea level–150 m • USES: Edible fruit

BEL: Andulau F.R., *Ashton* A 187; Labi, Bt. Teraja, *Simpson* 2162; Labi, Rampayoh, *Cowley* 155; Seria, Kpg. Badas, *Ashton* A 140; Sungai Liang, Sungei Liang, *Forman* 1095. TEM: *Johns* 7332; Amo, *Ashton* A 308; Amo, Batu Apoi Forest Reserve, *Nielsen* 1070; Amo, Batu Apoi Forest Reserve, *Poulsen* 29; Amo, Batu Apoi Forest Reserve, *Poulsen* 279; Amo, Bt. Belalong, *Dransfield S.* 1219; Amo, Bt. Belalong, *Wong* 1428; Amo, Bt. Retak, *Sands* 5282; Amo, K. Belalong, *Ashton* A 361; Amo, Sg. Temburong, *Coode* 6682; Batu Apoi, Selapon, *Kirkup* 934. TUT: *Johns* 7513; Rambai, Tasek Merimbun, *Bernstein* 380. **Without prov.:** *Nielsen* 1021; *Wong* s.n. 9.iv.88 • Borneo

A. aff. glabra Ridl.
• ALT: 1580 m

TEM: Amo, *Ashton* A 428.

A. aff. glabra Ridl. var. **reticulata** R.M.Sm.
>On ground • VEG: HDF • HAB: ridge • GEO: Setap Shales • ALT: 130 m
>**TEM:** Amo, Apoi Forest Reserve, *Cowley* 43 • *Alpinia glabra var reticulata* is known from Borneo

A. havilandii K.Schum. *vel aff.*
>**BEL:** Labi, Sungai Rampayoh, *Kirkup* 803.

A. ligulata K.Schum.
>Herb • VEG: Degraded Peatswamp Forest, LMDF, HDF, Lower Montane Forest • HAB: valley bottom, gentle slope, steep slope; near running fresh water • GEO: Meligan formation, Setap Shales; clay soil • ALT: sea level–90 m
>**TEM:** Amo, Bt. Retak, *Sands* 5303; Amo, Sungai Belalong, *Poulsen* 329; Batu Apoi, Bt. Gelagas (Bt. Suang), *Simpson* 2376. **TUT:** *Forman* 985; Lamunin, *Kirkup* 288; Lamunin, Ladan Hills, *Coode* 7365; Rambai, Sg. Tutong, *Coode* 6346. **Without prov.:** *Kessler* 412 • Borneo

A. nieuwenhuizii Valeton
>On ground • VEG: HDF • HAB: gentle slope, ridge; near running fresh water • GEO: Setap Shales • ALT: 130 m
>**TEM:** Amo, Apoi Forest Reserve, *Cowley* 47; Amo, Apoi Forest Reserve, *Cowley* 64 • Borneo: Sarawak, Sabah

A. spp. indet.
>**TEM:** Amo, Apoi Forest Reserve, *Cowley* 51. **Without prov.:** *Poulsen* 327; *Poulsen* 328; *van Niel* 3450.

AMOMUM

A. anomalum R.M.Sm.
>Herb; on ground • GEO: shale • ALT: 120–130 m
>**TEM:** Amo, Sg. Temburong, *Coode* 6633 • Borneo: Sarawak

A. aff. apiculatum K.Schum.
>Herb • VEG: Lower Montane Forest • GEO: Meligan formation • ALT: 850 m
>**TEM:** Amo, Bt. Retak, *Sands* 5354 • *Amomum apiculatum* is known from Sumatra

A. borneense (K.Schum.) R.M.Sm.
>Epiphytic • VEG: LMDF • ALT: 20–30 m
>**TUT:** Rambai, Sg. Tutong, *Coode* 6334 • Borneo: Sarawak

A. cerasinum Ridl.
>Herb; on ground • VEG: HDF • HAB: gentle slope, ridge; near running fresh water • ALT: 350 m
>**TEM:** Amo, Sg. Temburong Machang, *Wong* 1985; Batu Apoi, Bt. Gelagas (Bt. Suang), *Simpson* 2480 • Borneo: Sarawak

A. coriaceum R.M.Sm.
>Herb; on ground • VEG: LMDF, HDF, Secondary Forest • HAB: valley bottom, base of slope, gentle slope, steep slope, terrace, ridge; impeded drainage, periodically flooded; near running • GEO: Belait formation, Lambir formation, shale, Sand/clay, Setap Shales; sandy soil • ALT: 150 m
>**BEL:** Labi, Labi F.R., *Forman* 863; Labi, Labi F.R., *Forman* 864; Labi, Rampayoh, *Cowley* 152; Melilas, Ulu Ingei, *Cowley* 121. **TEM:** Amo, Batu Apoi Forest Reserve, *Poulsen* 21; Amo, Batu Apoi Forest Reserve, *Poulsen* 277; Amo, Sg. Temburong, *Coode* 6540; Batu Apoi, Bt. Gelagas (Bt. Suang), *Simpson* 2363; Batu Apoi, Bt. Gelagas (Bt. Suang), *Simpson* 2400; Labu, Peradayan Forest Reserve, *Cowley* 34 • Borneo: Sarawak

A. epiphyticum R.M.Sm.
>Giant herb • VEG: Kerangas Forest with Agathis • GEO: sandy soil • ALT: 20–10 m
>**BEL:** Seria, Badas F.R., *Coode* 7651 • Borneo: Sarawak

A. aff. flavoalbum R.M.Sm.
Herb • VEG: Degraded Peatswamp Forest, LMDF • HAB: gentle slope • GEO: Setap Shales; clay soil • ALT: sea level–500 m
TEM: Amo, Batu Apoi Forest Reserve, *Poulsen* 280. TUT: *Forman* 1004 • *Amomum flavoalbum* is known from Borneo: Sarawak

A. laxisquamosum K.Schum.
Giant herb • VEG: LMDF • HAB: steep slope; near running fresh water • GEO: sandstone; bare rock and boulders; yellow clay soil • ALT: 500 m
TEM: Amo, Ulu Belalong, *Coode* 7881 • Borneo: Sarawak, Sabah

A. ligulatum R.M.Sm. — *Asam Landak* (Ib.)
Herb • ALT: 50–100 m
BEL: Labi, Labi Hills F. R., *Coode* 6793 • Borneo: Sabah

A. aff. oliganthum K.Schum.
Herb • VEG: LMDF • HAB: ridge • GEO: Setap Shales • ALT: 250 m
TEM: Amo, Batu Apoi Forest Reserve, *Poulsen* 24 • *Amomum oliganthum* is known from Borneo: Sarawak

A. aff. paucifolium R.M.Sm.
Herb • VEG: Upper Montane Forest • GEO: Meligan formation • ALT: 1320 m
TEM: Amo, Bt. Retak, *Sands* 5270 • *Amomum paucifolium* is known from Borneo: Sarawak

A. pungens R.M.Sm.
On ground • VEG: HDF • HAB: ridge • GEO: Setap Shales • ALT: 130 m
TEM: Amo, Apoi Forest Reserve, *Cowley* 54. TUT: Ulu Tutong, Bukit Bahak, *Kirkup* 484 • Borneo: Sarawak

A. ridleyi R.M.Sm.
Giant herb • VEG: Alluvial Forest • HAB: near running fresh water • GEO: Setap Shales; alluvial deposits; clay soil
TEM: Amo, Batu Apoi Forest Reserve, *Nielsen* 1056 • Borneo: Sarawak

A. aff. ridleyi R.M.Sm.
Endotrophic terrestrial; herb; on ground • VEG: LMDF, HDF • HAB: base of slope, steep slope, ridge; near running fresh water • GEO: sandstone, Setap Shales; yellow clay soil • ALT: 500 m
TEM: Amo, Apoi Forest Reserve, *Cowley* 66; Amo, Batu Apoi Forest Reserve, *Poulsen* 87; Amo, Ulu Belalong, *Coode* 7883; Batu Apoi, Bt. Gelagas (Bt. Suang), *Simpson* 2338.

A. uliginosum Retz.
Herb • VEG: HDF • GEO: Setap Shales; fallen logs • ALT: 80 m
TEM: Amo, Apoi Forest Reserve, *Cowley* 70 • Thailand, Malaya, Borneo

A. aff. uliginosum Retz.
Herb • VEG: LMDF • ALT: 250 m
TEM: Amo, Batu Apoi Forest Reserve, *Poulsen* 326.

A. xanthophlebium Baker
Herb • VEG: LMDF • HAB: gentle slope • GEO: Belait formation • ALT: 50–80 m
BEL: Melilas, Bt. Batu Patam, *Boyce* 314. TUT: Tanjong Maya, Jln. Tutong-Seria, *Simpson* 2168 • Malaya, Borneo

A. sp. A
Herb • HAB: near running fresh water • GEO: sandstone • ALT: 210 m
TUT: Rambai, Bt. Bahak, *Coode* 7019.

A. sp. B
Without prov.: *Poulsen* 20.

A. sp. C
Giant herb • VEG: LMDF • HAB: gentle slope • GEO: Belait formation • ALT: 320 m
BEL: Labi, Bt. Teraja, *Coode* 6901.

A. sp. D
Giant herb • VEG: LMDF, HDF • HAB: gentle slope, steep slope; near running fresh water • GEO: sandstone, Setap Shales; yellow clay soil • ALT: 350–500 m
TEM: Amo, Bt. Belalong, *Dransfield S.* 1228; Amo, Ulu Belalong, *Coode* 7878; Batu Apoi, Bt. Gelagas (Bt. Suang), *Simpson* 2481.

A. spp. indet.
TEM: Amo, Apoi Forest Reserve, *Cowley* 62; Amo, Batu Apoi Forest Reserve, *Poulsen* 261; Amo, Batu Apoi Forest Reserve, *Poulsen* 267; Amo, Bt. Belalong, *Dransfield S.* 1220.

BOESENBERGIA

B. belalongensis A.D.Poulsen
Herb • HAB: steep slope; near running fresh water • GEO: Setap Shales; bare rock and boulders • ALT: 60 m
TEM: Amo, Batu Apoi Forest Reserve, *Poulsen* 182 • Endemic

B. flavoalba R.M.Sm.
Endotrophic terrestrial; herb; on ground • VEG: Kerangas, LMDF, HDF, Secondary Forest • HAB: flat ground, gentle slope, steep slope, ridge; near running fresh water • GEO: Belait formation, sandstone, shale, Setap Shales; alluvial deposits; bare rock and boulders, stony • ALT: 200 m
BEL: Melilas, Paleh Bangawong, *Thomas* 71. **TEM:** Amo, Batu Apoi Forest Reserve, *Poulsen* 50; Amo, Bt. Belalong, *Dransfield S.* 1215; Amo, Sg. Temburong, *Coode* 6536; Bangar, Bt. Biang, *Ashton* A 76; Bangar, Bt. Biang, *Ashton* A 99; Bangar, Bt. Biang, *Ashton* A 162; Batu Apoi, Bt. Gelagas (Bt. Suang), *Simpson* 2260; Batu Apoi, Kpg. Selapon, *Dransfield S.* 1169; Labu, *Simpson* 138 • Borneo: Sarawak, Sabah

B. flavorubra R.M.Sm.
Herb • VEG: HDF • HAB: base of slope, gentle slope, ridge; near running fresh water • ALT: 200–620 m
TEM: Batu Apoi, Bt. Gelagas (Bt. Suang), *Simpson* 2292; Batu Apoi, Bt. Gelagas (Bt. Suang), *Simpson* 2358; Batu Apoi, Bt. Gelagas (Bt. Suang), *Simpson* 2468. **TUT:** Ulu Tutong, Bukit Bahak, *Kirkup* 471 • Borneo: Sarawak, Sabah

B. gracilipes (K.Schum.) R.M.Sm. vel aff.
Herb • GEO: Setap Shales • ALT: 70 m
TEM: Amo, Batu Apoi Forest Reserve, *Poulsen* 137 • Borneo

B. grandifolia (Valeton) Merr.
Herb; on ground • VEG: HDF • HAB: ridge • GEO: Setap Shales • ALT: 130 m
TEM: Amo, Apoi Forest Reserve, *Cowley* 44; Amo, Apoi Forest Reserve, *Cowley* 50. **TUT:** Ulu Tutong, Bukit Bahak, *Kirkup* 479 • Borneo: Sarawak

B. aff. grandis R.M.Sm.
Herb; on ground • VEG: LMDF, Kerangas, Secondary Forest • HAB: valley bottom, ridge; near running fresh water • GEO: Belait formation, Lambir formation; Leaf litter • ALT: 100–200 m
BEL: Labi, Rampayoh, *Cowley* 13; Labi, Rampayoh, *Cowley* 153; Labi, Sungai Rampayoh, *Kirkup* 790; Melilas, Bt. Batu Patam, *Boyce* 292; Melilas, Paleh Bangawong, *Thomas* 114.

B. kerbyi R.M.Sm.
On ground • VEG: LMDF • HAB: steep slope • GEO: Belait formation • ALT: 100–200 m
BEL: Melilas, Paleh Bangawong, *Thomas* 77 • Borneo: Sarawak

B. cf. oligosperma (K.Schum.) R.M.Sm.
• VEG: Kerangas
BEL: Labi, Jln. Bt. Puan, *Richards* 5864 • The species is known from Borneo: Sarawak

B. orbiculata R.M.Sm.
Herbaceous climber, herb; on ground • VEG: LMDF, Degraded LMDF, HDF, Secondary Forest • HAB: valley bottom, gentle slope, terrace, ridge; impeded drainage, periodically flooded; near running fresh water • GEO: Lambir formation, sandstone, Sand/clay, Setap Shales; clay soil, sandy soil; Leaf litter • ALT: 150 m

BEL: Labi, *Forman* 1062; Labi, Rampayoh, *Cowley* 21; Labi, Rampayoh, *Cowley* 99; Labi, Wong Kadir, *Coode* 7175; Melilas, Kuala Ingei, *Puff* 9008071/3; Melilas, Ulu Ingei, *Cowley* 124; Melilas, Ulu Ingei, *Sands* 5944. **TEM:** Amo, Apoi Forest Reserve, *Cowley* 61; Amo, Batu Apoi Forest Reserve, *Poulsen* 257; Amo, Batu Apoi F.R.., K. Belalong FSC, *Hansen* 1553; Amo, K. Belalong, *Boyce* 395 • Borneo: Sarawak

B. aff. orbiculata R.M.Sm.
Herb • VEG: Peatswamp Forest • HAB: terrace; impeded drainage; near still fresh water • GEO: Belait formation; fallen logs; Leaf litter • ALT: 20 m

BEL: Melilas, Trail to Sungai Mutip, *Cowley* 148. **TUT:** Ulu Tutong, Bukit Bahak, *Kirkup* 580.

B. parva (Ridl.) Merr.
Herb; on ground, in understorey/low vegetation • VEG: LMDF, Secondary Forest • HAB: steep slope, terrace; periodically flooded • GEO: Belait formation, Lambir formation, Sand/clay; fallen logs; Leaf litter • ALT: 40–200 m

BEL: Labi, Rampayoh, *Cowley* 177; Melilas, Paleh Bangawong, *Thomas* 64; Melilas, Ulu Ingei, *Cowley* 139 • Borneo: Sarawak

B. aff. parva (Ridl.) Merr.
Herb; on ground • VEG: LMDF • GEO: Belait formation; Leaf litter • ALT: 100–110 m
TUT: Lamunin, Ladan Hills, *Cowley* 25.

B. stenophylla R.M.Sm.
Herb • ALT: sea level–150 m

BEL: Labi, Wong Kadir, *Coode* 7249; Seria, Badas F.R., *Coode* 7349. **TEM:** Amo, Ulu Belalong LP382, *Kirkup* 859.

B. urceoligena A.D.Poulsen
Herb • HAB: impeded drainage; near running fresh water • GEO: Setap Shales; clay soil • ALT: 60 m

TEM: Amo, Batu Apoi Forest Reserve, *Poulsen* 251; Amo, K. Belalong, Batu Apoi F.R., *Hansen* 1519 • Endemic

B. sp. A
Herb • VEG: HDF • HAB: gentle slope; near running fresh water • GEO: Setap Shales • ALT: 80 m

TEM: Amo, Apoi Forest Reserve, *Cowley* 60.

B. sp. B
Herb; on ground • VEG: Degraded Secondary Forest • GEO: Lambir formation • ALT: 70 m
BEL: Labi, Bt. Telingan, *Dransfield S.* 1136; Labi, Teraja, *Cowley* 185.

B. sp. C
Herb • VEG: HDF • HAB: steep slope • ALT: 180–350 m

BEL: Labi, Bt. Teraja, *Simpson* 2036. **TEM:** Amo, Batu Apoi F.R., K Belalong FSC, *Hansen* 1613.

B. spp. indet.
BEL: Labi, Bt. Telingan, *Dransfield S.* 1136. **Without prov.:** *van Niel* 4307.

BURBIDGEA

B. nitida Hook.f.
Epiphytic • VEG: Kerangas, HDF • HAB: ridge; near running fresh water • GEO: sandstone; bare rock and boulders • ALT: 210–500 m

TEM: Bangar, Bt. Biang, *Ashton* A 155; Bangar, Bt. Biang, *Ashton* A 171; Batu Apoi, Bt. Gelagas (Bt. Suang), *Simpson* 2391; Labu, *Ashton* A 118. TUT: Rambai, Bt. Bahak, *Coode* 7008. Without prov.: *Dransfield S.* 970 • Borneo: Sarawak

B. stenantha Ridl.
Epiphytic; herb; on ground • VEG: HDF • HAB: ridge; near running fresh water • GEO: shale, Setap Shales • ALT: 1300 m
  TEM: *Johns* 6547; Amo, Apoi Forest Reserve, *Cowley* 55; Amo, Sg. Temburong, *Coode* 6562; Amo, Sg. Temburong, *Wong* 1224. Without prov.: *Dransfield S.* 951; *Poulsen* 272 • Borneo: Sarawak

B. cf. stenantha Ridl.
Without prov.: *Wong* s.n. 17.ix.88.

B. pauciflora Valeton
Epiphytic • GEO: Setap Shales • ALT: 60 m
  TEM: Amo, Batu Apoi Forest Reserve, *Poulsen* 14 • Borneo: Sarawak

B. sp. A
Epiphytic; herb • VEG: LMDF • HAB: gentle slope • GEO: Belait formation • ALT: 80 m
  BEL: Labi, Wong Kadir, *Coode* 7240; Melilas, Bt. Batu Patam, *Boyce* 307. TEM: Batu Apoi, Bt. Gelagas (Bt. Suang), *Simpson* 2208.

B. sp. indet.
BEL: Melilas, Ulu Ingei, *Kirkup* 761.

ELETTARIA

E. multiflora (Ridl.) R.M.Sm.
Endotrophic terrestrial • VEG: HDF, Secondary Forest • HAB: steep slope • GEO: Setap Shales • ALT: 50–150 m
  BEL: Bukit Sawat, Labi Road, *Thomas* 260. TEM: Amo, Bt. Belalong, *Dransfield S.* 1223 • Borneo: Sarawak, Sabah

E. rubida R.M.Sm.
Herb; on ground • VEG: LMDF • ALT: 50 m
  TEM: *Johns* 7222; *Johns* 7366 • Borneo: Sarawak, Sabah

E. sp. A
On ground • HAB: terrace; periodically flooded • GEO: Sand/clay • ALT: 20 m
  BEL: Melilas, Ulu Ingei, *Cowley* 138.

E. sp. B
Herb • VEG: HDF • ALT: 390–350 m
  BEL: Labi, *Johns* 6885; Labi, Bt. Teraja, *Simpson* 2043.

ELETTARIOPSIS

E. aff. curtisii Baker
Herb • VEG: LMDF • HAB: ridge • GEO: Setap Shales • ALT: 250 m
  TEM: Amo, Batu Apoi Forest Reserve, *Poulsen* 227 • *Elettariopsis curtisii* is known from Malaya, Borneo

E. kerbyi R.M.Sm.
Herb • VEG: LMDF • HAB: ridge • GEO: Setap Shales • ALT: 250 m
  TEM: Amo, Batu Apoi Forest Reserve, *Poulsen* 74 • Borneo: Sarawak

E. sp. A
Herb; on ground • HAB: terrace; periodically flooded • GEO: Sand/clay • ALT: 20 m
  BEL: Melilas, Ulu Ingei, *Cowley* 142.

E. sp. B
BEL: Labi, Sg. Rampayoh, *Coode* 7275.

E. sp. C
Herb; on ground • VEG: Secondary Forest • HAB: valley bottom, terrace; periodically flooded; near running fresh water • GEO: Lambir formation, sandstone, Sand/clay; sandy soil; Leaf litter • ALT: 150 m
BEL: Labi, Rampayoh, *Cowley* 154; Melilas, Ulu Ingei, *Cowley* 122.

E. sp. indet.
TEM: Amo, Sungai Esu, *Poulsen* 330.

ETLINGERA

E. brevilabris (Valeton) R.M.Sm. — *Sagang* (Dus.), *Sagang Mondow* (Dus.)
Endotrophic terrestrial; herb; on ground • VEG: LMDF, HDF, Secondary Forest • HAB: flat ground, gentle slope, ridge; near running fresh water • GEO: Belait formation, Setap Shales; sandy soil • ALT: 70–200 m • USES: Edible fruit
BEL: Labi, *Forman* 1063; Melilas, Paleh Bangawong, *Thomas* 127. TEM: *Johns* 6921; Amo, Apoi Forest Reserve, *Cowley* 48; Amo, Batu Apoi Forest Reserve, *Poulsen* 170; Amo, Sg. Temburong, *Wong* 1227; Batu Apoi, *Kirkup* 339; Bukok, Kpg. Sibatang, *Forman* 954. TUT: Rambai, Tasek Merimbun, *Bernstein* 217; Rambai, Tasek Merimbun, *Bernstein* 269 • Borneo: Sarawak, Sabah

E. fimbriobracteata (K.Schum.) R.M.Sm. — *Sagang* (Dus.)
Giant herb, herb • HAB: flat ground; impeded drainage • GEO: Setap Shales; alluvial deposits • ALT: 60 m
TEM: Amo, *Wong* 1279; Amo, Batu Apoi Forest Reserve, *Poulsen* 56. **Without prov.:** *Poulsen* 376 • Borneo: Sarawak

E. nasuta (K.Schum.) R.M.Sm.
On ground • VEG: LMDF • GEO: Belait formation • ALT: 100–110 m
BRM: Lumapas, Bukit Lumapas, *Bygrave* 43. TUT: Lamunin, Ladan Hills, *Cowley* 23 • Borneo: Sarawak

E. punicea (Roxb.) R.M.Sm. — *Sagang* (Dus.)
Herb; on ground • VEG: Lower Montane Forest • HAB: gentle slope; near running fresh water • GEO: Meligan formation, Setap Shales • ALT: 850 m • USES: Edible fruit and stalk
TEM: Amo, Batu Apoi Forest Reserve, *Poulsen* 46; Amo, Bt. Retak, *Sands* 5302; Amo, Bt. Retak, *Sands* 5355; Amo, Bt. Retak, *Sands* 5366; Bukok, Kpg. Sibatang, *Forman* 955. TUT: Rambai, Tasek Merimbun, *Bernstein* 43 • Sumatra, Malaya, Borneo

E. velutina (Ridl.) R.M.Sm.
Herb; on ground • VEG: LMDF, Secondary Forest • HAB: valley bottom; near running fresh water • GEO: Lambir formation, shale, Setap Shales; sandy soil • ALT: 20–550 m
BEL: Labi, *Forman* 1059; Labi, Rampayoh, *Cowley* 15; Labi, Rampayoh, *Cowley* 17. TEM: Amo, *Poulsen* 83; Amo, Sg. Temburong, *Coode* 6710; Amo, Sg. Temburong, *Coode* 6715 • Borneo: Sarawak

E. sp. A
Herb • VEG: LMDF • HAB: ridge • GEO: Setap Shales • ALT: 80 m
TEM: Amo, Batu Apoi Forest Reserve, *Poulsen* 35.

E. sp. B
Herb • VEG: LMDF • HAB: gentle slope • GEO: Setap Shales • ALT: 220 m
TEM: Amo, Batu Apoi Forest Reserve, *Poulsen* 130.

E. sp. C
Herb • GEO: Setap Shales • ALT: 250 m
TEM: Amo, Batu Apoi Forest Reserve, *Poulsen* 225.

E. sp. D
Herb • VEG: LMDF • HAB: gentle slope; near running fresh water • GEO: Setap Shales; clay soil • ALT: 60 m
TEM: Amo, Batu Apoi Forest Reserve, *Poulsen* 169; Amo, Batu Apoi F.R., K Belalong FSC, *Hansen* 1607.

GLOBBA

G. atrosanguinea Teijsm. & Binn.
Endotrophic terrestrial; herb • VEG: LMDF, HDF, Lower Montane Forest, Secondary Forest • HAB: gentle slope; impeded drainage; near running fresh water • GEO: Meligan formation, shale, Setap Shales; stony; sandy soil • ALT: 850 m
BEL: Labi, *Forman* 1067; Labi, Wasai Teraja, *Thomas* 277. **TEM:** *Johns* 7289; Amo, Apoi Forest Reserve, *Cowley* 57; Amo, Batu Apoi Forest Reserve, *Poulsen* 171; Amo, Bt. Retak, *Sands* 5377; Amo, K. Belalong, *Boyce* 429; Amo, Sg. Temburong, *Coode* 6723; Amo, Sungai Belalong, *Poulsen* 331; Batu Apoi, Bt. Gelagas (Bt. Suang), *Simpson* 2401 • Sumatra, Borneo

G. brachyanthera K.Schum. var. **brachyanthera**
BEL: Melilas, Trail to Sungai Mutip, *Cowley* 146. **TEM:** Amo, Sg. Temburong, *Coode* 6721; Amo, Ulu Belalong LP382, *Kirkup* 882.

G. brachyanthera K.Schum. var. **rubra** R.M.Sm. — *Layoh Lamatai* (Dus.)
Endotrophic terrestrial; herb; on ground • VEG: Peatswamp Forest, LMDF, HDF, Secondary Forest, Degraded Secondary Forest • HAB: flat ground, valley bottom, gentle slope, terrace, raised beach; impeded drainage, periodically flooded; near running fresh • GEO: Belait formation, Lambir formation, White sand, sandstone, Sand/clay; yellow sandy clay soil, sandy soil • ALT: 20–200 m
BEL: Labi, *Forman* 1036; Labi, Bt. Teraja, *Sands* 5471; Labi, Mendarem Valley, *Sands* 5440; Labi, Rampayoh, *Cowley* 173; Labi, Teraja, *Cowley* 188; Melilas, *Wong* 692; Melilas, Paleh Bangawong, *Thomas* 105; Melilas, Ulu Ingei, *Cowley* 114. **BRM:** Lumapas, Bukit Lumapas, *Davis* 509. **TEM:** Bangar, Bt. Biang, *Ashton* A 74; Bangar, Bt. Biang, *Ashton* A 164. **TUT:** *Johns* 7104; Lamunin, Ladan Hills, *Cowley* 24; Lamunin, Ladan Hills, *Cowley* 27; Rambai, Belebau, *Coode* 6385; Rambai, Tasek Merimbun, *Bernstein* 372; Ulu Tutong, Bukit Bahak, *Kirkup* 478 • Borneo: Sarawak

G. tricolor Ridl. var. **gibbsiae** (Ridl.) R.M.Sm.
Herb • VEG: LMDF, HDF, Secondary Forest • HAB: gentle slope, steep slope, ridge; impeded drainage; near running fresh water • GEO: Belait formation, sandstone, Setap Shales; bare rock and boulders; Leaf litter • ALT: 90 m
TEM: *Johns* 7294; Amo, Apoi Forest Reserve, *Cowley* 63; Amo, Batu Apoi Forest Reserve, *Nielsen* 1014; Amo, Batu Apoi Forest Reserve, *Poulsen* 116; Amo, Batu Apoi Forest Reserve, *Poulsen* 263; Amo, Batu Apoi Forest Reserve, *Poulsen* 275; Amo, Bt. Belalong, *Wong* 1427; Bangar, *Sands* 5632; Bangar, Bt. Biang, *Ashton* A 75; Bangar, Bt. Biang, *Ashton* A 182; Batu Apoi, Bt. Gelagas (Bt. Suang), *Simpson* 2392 • Borneo: Sarawak, Sabah

G. spp. indet.
BEL: Labi, Sungai Rampayoh, *Kirkup* 794; Melilas, Sg. Topi, *Thomas* 191; Sungei Liang, Andulau Forest Reserve, *Ariffin Kalat* BRUN 15034. **TEM:** Amo, Ulu Belalong LP382, *Kirkup* 891. **TUT:** Ulu Tutong, Bukit Bahak, *Kirkup* 504; Ulu Tutong, Bukit Bahak, *Kirkup* 563. **Without prov.:** *van Niel* 3496.

HEDYCHIUM

H. horsfieldii Wall. (*Brachychilum horsfieldii* (Wall.) G.O. Petersen ex K. Schum.)
TEM: Amo, Batu Apoi Reserve, *Duling* 48.

H. muluense R.M.Sm. — *Kunyit Lamatai* (Dus.)
Endotrophic terrestrial, epiphytic; herb • VEG: Kerangas, Degraded LMDF • HAB: gentle slope • GEO: shale; yellow sand • ALT: 100–130 m • USES: Medicinal
BEL: Labi, Sungai Rampayoh, *Coode* 7804. TEM: Amo, Bt. Retak, *Wong* 769; Amo, Bukit Retak, *Hussain Hj. Osman* 8; Amo, Sg. Temburong, *Coode* 6563. TUT: Rambai, Tasek Merimbun, *Bernstein* 462. Without prov.: *Poulsen* 287 • Borneo

HORNSTEDTIA

H. aff. affinis Ridl.
Herb • VEG: HDF • GEO: Setap Shales • ALT: 130 m
TEM: Amo, Sg. Belalong, *Sands* 5573 • *Hornstedtia affinis* is known from Borneo: Sarawak

H. reticulata (K.Schum.) K.Schum. — *Sumbang* (Dus.)
Herb; on ground • VEG: Peatswamp Forest with Shorea albida, LMDF, HDF, Degraded Secondary Forest • HAB: gentle slope, steep slope; near running fresh water • GEO: Lambir formation, Setap Shales • ALT: 20–70 m • USES: Edible fruit
BEL: Labi, Labi F.R., *Forman* 867; Labi, Teraja, *Cowley* 186. TEM: Amo, Bt. Belalong, *Dransfield S.* 1221. TUT: Rambai, Bt. Bahak, *Coode* 7112; Rambai, Sg. Medit, *Simpson* 2522; Rambai, Sg. Medit, *Simpson* 2552; Rambai, Tasek Merimbun, *Bernstein* 39 • Borneo: Sarawak

H. scottiana R.M.Sm.
Herb • VEG: Secondary Forest • HAB: valley bottom • GEO: Lambir formation • ALT: 40 m
BEL: Labi, Rampayoh, *Cowley* 18 • Moluccas, New Guinea, Australia, New Hebrides

H. scyphifera (Koenig) Steud.
Herb • HAB: flat ground, steep slope; impeded drainage; near running fresh water • GEO: Setap Shales; alluvial deposits • ALT: 70 m
TEM: Amo, Batu Apoi Forest Reserve, *Poulsen* 55; Amo, Batu Apoi Forest Reserve, *Poulsen* 64 • Malaya, Borneo

H. cf. tomentosa (Blume) Bakh.f.
Herb • ALT: 850 m
TEM: Amo, Bukit Belalong, *Poulsen* 332 • The species is known from Java, Borneo

PLAGIOSTACHYS

P. albiflora Ridl.
Herb • VEG: Freshwater Swamp Forest, Degraded Peatswamp Forest, LMDF, Degraded Lower Montane Forest • HAB: steep slope, terrace, ridge; periodically flooded; near running fresh water • GEO: Sand/clay, Setap Shales; alluvial deposits; clay soil • ALT: sea level–250 m
BEL: Melilas, Ulu Ingei, *Cowley* 116; Sungai Liang, Labi road, *Boyce* 450. TEM: Amo, Ashton A 442; Amo, Batu Apoi Forest Reserve, *Pou¹ n* 34; Amo, Batu Apoi Forest Reserve, *Poulsen* 229; Amo, G. Pagon, *Coode* 7591. TUT: *Form in* 995; Rambai, Ladan Hills F.R., *Coode* 6430; Rambai, Sg. Medit, *Simpson* 2619 • Malaya, Borneo

P. bracteolata R.M.Sm.
Herb; on ground • VEG: LMDF • HAB: gentle slope • GEO: Belait formation • ALT: 60–80 m
BEL: Melilas, Bt. Batu Patam, *Boyce* 311 • Borneo: Sarawak, Sabah,

P. crocydocalyx (K.Schum.) B.L.Burtt & R.M.Sm. — *Encalongon* (Dus.)
Giant herb; on ground • VEG: Peatswamp Forest with Shorea albida, LMDF, HDF, Secondary Forest • HAB: valley bottom, gentle slope, steep slope • GEO: Belait formation, Lambir formation, Setap Shales; sandy soil • ALT: 150 m • USES: Edible young fruit and stems
BEL: Bukit Sawat, Merangking Buau, *Coode* 7668; Labi, Rampayoh, *Cowley* 171. TEM: Amo, Apoi Forest Reserve, *Cowley* 71; Labu, Peradayan Forest Reserve, *Cowley* 33. TUT: Rambai, Sg. Medit, *Simpson* 2551; Rambai, Tasek Merimbun, *Bernstein* 41 • Borneo: Sarawak

P. cf. crocydocalyx (K.Schum.) B.L.Burtt & R.M.Sm.
Herb • VEG: LMDF • HAB: steep slope • GEO: Setap Shales • ALT: 20–80 m
TEM: Amo, K. Belalong, *Boyce* 406.

P. strobilifera (Baker) Ridl. — *Tumed Lamatal* (Dus.)
Endotrophic terrestrial; giant herb, herb; on ground • VEG: Peatswamp Forest with Shorea albida, Degraded Peatswamp Forest, LMDF, HDF, Secondary Forest, Degraded Secondary Forest • HAB: valley bottom, gentle slope, steep slope, terrace, ridge; periodically flooded; near running fresh water • GEO: Belait formation, Lambir formation, sandstone, shale, Sand/clay, Setap Shales; clay soil, sandy soil • ALT: 750 m

BEL: Bukit Sawat, Jln. Labi–Merangking, *Kirkup* 257; Labi, Bt. Teraja, *Simpson* 2099; Labi, Rampayoh, *Cowley* 12; Labi, Rampayoh, *Cowley* 162; Labi, Rampayoh, *Cowley* 163; Labi, Rampayoh, *Cowley* 166; Labi, Sg. Rampayoh, *Coode* 7287; Melilas, Kuala Ingei, *Thomas* 212; Melilas, Sg. Belait, *Forman* 1199; Melilas, Ulu Ingei, *Cowley* 113; Melilas, Ulu Ingei, *Cowley* 136; Sukang, Sungai Paleh Bangawong, *Kirkup* 678. TEM: Amo, *Ashton* A 307; Amo, Apoi Forest Reserve, *Cowley* 38; Amo, Batu Apoi Forest Reserve, *Poulsen* 4; Amo, Batu Apoi Forest Reserve, *Poulsen* 22; Amo, Bt. Belalong, *Dransfield J.* 7120; Amo, Sg. Temburong, *Coode* 6722; Batu Apoi, Bt. Gelagas (Bt. Suang), *Simpson* 2370; Labu, *Forman* 885. TUT: *Forman* 1003; *Johns* 7087; Rambai, Sg. Medit, *Simpson* 2523; Rambai, Sg. Tutong, *Coode* 6371; Rambai, Tasek Merimbun, *Bernstein* 313 • Borneo: Sarawak, Sabah

P. aff. strobilifera (Baker) Ridl.
• VEG: HDF • HAB: near running fresh water • ALT: 350 m
TEM: Amo, Ulu Belalong LP382, *Kirkup* 910.

P. sp. A
Herb; on ground • VEG: LMDF, HDF • HAB: gentle slope, ridge; near running fresh water • GEO: shale, Setap Shales • ALT: 550 m
TEM: Amo, Apoi Forest Reserve, *Cowley* 42; Amo, Batu Apoi Forest Reserve, *Poulsen* 176; Amo, Sg. Temburong, *Coode* 6724; Batu Apoi, Bt. Gelagas (Bt. Suang), *Simpson* 2374.

P. sp. B
• VEG: HDF • HAB: steep slope • GEO: Setap Shales
TEM: Amo, Bt. Belalong, *Dransfield S.* 1222.

SCAPHOCHLAMYS

S. aff. argentea R.M. Sm.
TEM: Amo, Bt. Belalong, *Wong* 1429.7

S. petiolata (K.Schum.) R.M.Sm.
Endotrophic terrestrial; herb • HAB: ridge; near running fresh water • GEO: sandstone • ALT: 120–150 m
BEL: Labi, Wong Kadir, *Coode* 7183 • Borneo: Sarawak

S. aff. petiolata (K.Schum.) R.M.Sm.
Herb; on ground • VEG: Kerangas, HDF • HAB: gentle slope, terrace, ridge; periodically flooded; near running fresh water • GEO: Belait formation, Sand/clay, Setap Shales; Leaf litter • ALT: 200 m
BEL: Melilas, Bt. Batu Patam, *Boyce* 272; Melilas, Bt. Batu Patam, *Boyce* 297; Melilas, Ulu Ingei, *Cowley* 140. TEM: Amo, Apoi Forest Reserve, *Cowley* 59.

S. sp. nov.
• VEG: Degraded LMDF • HAB: ridge
TUT: Ukong, Bt. Besong, *Dransfield S.* 1149.

S. spp. indet.
BEL: Melilas, Bt. Batu Patam, *Boyce* 291. TEM: Amo, K. Belalong, *Boyce* 388; Amo, Sg. Temburong, *Wong* 1218.

ZINGIBER

Z. griffithii Baker
Herb • VEG: LMDF, Secondary Forest • HAB: steep slope • GEO: Setap Shales • ALT: sea level–70 m
BEL: Seria, Badas, *Coode* 7626. TEM: Amo, Batu Apoi Forest Reserve, *Poulsen* 202 • Malaya, Borneo

Z. longipedunculatum Ridl.
Herb • VEG: Degraded Peatswamp Forest, LMDF, Lower Montane Forest, Upper Montane Forest • HAB: ridge • GEO: Meligan formation; clay soil, sandy soil • ALT: sea level–800 m
BEL: Labi, Kpg. Teraja, *Forman* 1075. TEM: *Johns* 6716; Amo, *Sands* 5241. TUT: *Forman* 980 • Borneo: Sarawak

Z. pseudopungens R.M.Sm.
Herb; on ground • VEG: LMDF, HDF • HAB: gentle slope; periodically flooded; near running fresh water • GEO: Setap Shales; alluvial deposits • ALT: 80 m
TEM: Amo, Apoi Forest Reserve, *Cowley* 69; Amo, Batu Apoi Forest Reserve, *Poulsen* 110; Amo, Batu Apoi Forest Reserve, *Poulsen* 289 • Borneo: Sabah

Z. puberulum Ridl. var. borneense R.M.Sm. — *Sagang* (Dus.)
Herb; on ground • VEG: LMDF • HAB: terrace; periodically flooded • GEO: Sand/clay • ALT: 20–30 m • USES: Edible fruit
BEL: Melilas, Ulu Ingei, *Cowley* 115. TUT: Rambai, Sg. Tutong, *Coode* 6359; Rambai, Tasek Merimbun, *Bernstein* 96 • Borneo: Sarawak

Z. zerumbet (L.) Sm. — *Tampuyang* (Dus.)
• USES: Medicinal, tapped on head to make hair grow
TUT: Rambai, Tasek Merimbun, *Bernstein* 143 • Widely cultivated throughout SE Asia

Z. sp. D — *Tempuyang Entalun* (Dus.)
Herb; on ground • VEG: Peatswamp Forest, LMDF, HDF • HAB: ridge; near running fresh water • ALT: sea level–10 m
BEL: Labi, Bt. Teraja, *Coode* 6926; Sungai Liang, Badas, *Coode* 6454. TEM: Batu Apoi, Bt. Gelagas (Bt. Suang), *Simpson* 2375. TUT: Rambai, Tasek Merimbun, *Bernstein* 541.

Z. spp. indet.
TEM: Amo, Batu Apoi Forest Reserve, *Poulsen* 228; Amo, Batu Apoi Forest Reserve, *Poulsen* 337; Amo, Batu Apoi Forest Reserve, *Poulsen* 402; Amo, K. Belalong, Batu Apoi F.R., *Hansen* 1537; Batu Apoi, *Kirkup* 334. TUT: Rambai, Tasek Merimbun, *Bernstein* 197. **Without prov.:** van Niel 4114.

ZINGIBERACEAE INDET.
BEL: Labi, Bukit Teraja, *Kirkup* 458; Labi, Sungai Rampayoh, *Kirkup* 802; Labi, Sungai Rampayoh, *Kirkup* 818; Melilas, Paleh Bangawong, *Thomas* 118; Melilas, Sg. Topi, *Thomas* 202; Melilas, Ulu Ingei, *Sands* 5962. TEM: Amo, Bt. Belalong, *Dransfield S.* 1241; Batu Apoi, Bt. Gelagas (Bt. Suang), *Simpson* 2240; Batu Apoi, Bt. Gelagas (Bt. Suang), *Simpson* 2483. TUT: Rambai, Tasek Merimbun, *Bernstein* 97; Tanjong Maya, Jalan Tutong-Seria, *Thomas* 240; Ulu Tutong, Bukit Bahak, *Kirkup* 496; Ulu Tutong, Bukit Bahak, *Kirkup* 506; Ulu Tutong, Bukit Bahak, *Kirkup* 508; Ulu Tutong, Bukit Bahak, *Kirkup* 565.

GYMNOSPERMS
R.J. Johns

ARAUCARIACEAE

AGATHIS

A. borneensis Warb.
BEL: Labi, Bt. Labi F.R., *Sinclair* 10493; Seria, Badas, *Flemmich* KEP 36992; Seria, Badas F.R., *Abbe L.B. & E.C.* 9908; Seria, Badas F.R., *Haslani - Mohd. A.* s.n.. 10.viii..88 **TEM:** Bangar, Bt. Biang, *Ashton* BRUN 502; Labu, Bt. Patoi, *Ashton* BRUN 528. **Without prov.:** *van Niel* 3444

A. dammara (Lamb.) Rich.
TEM: Amo, Bt. Pagon, *Wong* 1896

CUPRESSACEAE

CALLITRIS

C. sp. indet.
BRM: Bandar, Bandar Seri Begawan, *Wong* s.n.. 22.iv.88. Introduced & cultivated

GNETACEAE

GNETUM

G. gnemon L.
BEL: Labi, Jln. Teraja-Redan, *Niga* 279 **BRM:** Mentiri, Mentiri pools, *Sands* 5667

G. gnemon L. var. **brunonianum** (Griff.) Markgr.
BEL: Sungai Liang, Arboretum, *Forman* 1086

G. gnemon L. var. **tenerum** Markgr.
• ALT: 60–600 m
TEM: Bangar, Bukit Biang, *Ashton* BRUN 3024; Bangar, Bangar-Batu Apas Rd., *Smythies* SAN 17102

G. gnemonoides Brongn.
• HAB: River bank • ALT: 85 m,
BEL: Labi, c. 0.5 miles above Bkt. Puan, Sg. Belait, *Sinclair* 10519 **TEM:** Amo, Sungai Belalong, *Smythies* SAN 17375

G. klossii Merr. ex Markgr.
BEL: Sungei Liang, Sungei Liang Arboretum, *Wong* 582 **TEM:** Amo, Temburong River just below Kuala Belalong, *Wong* 1306

G. latifolium Blume s.l.
• ALT: sea level to 240 m
BRM: Muara, Muara, *Hassan Pukol* BRUN 936. **TEM:** Amo, Gunong Pagon Periok?, *Ashton* BRUN 2379; Bangar, E end of Bkt. Biang Ridge, *Smythies* SAN 17121. **TUT:** Telisai, Telamba, Bkt Pasir Puteh, *Ashton* BRUN 5011; Telisai, Danau, *Ashton* BRUN 967. **Without prov.:** 9.5 miles along Muara Rd., '15 m Bkt.', *Hassan Pukol* BRUN 937

G. leptostachyum Blume s.l.
TEM: Amo, Sg. Temburong River upstream from Wong Nguan rapids, *Coode* 6698; Amo, K.Belalong, *Wong* 1341

G. macrostachyum Hook.f.
TEM: Amo, Belalong R. *Jacobs* 5571

G. neglectum Blume
- 20 m. Forest. 50 m.

BEL: Bukit Sawat, 13 km along Jln. Labi in heath forest, *Wong* 1292; Sungai Liang, Jln. Labi, 8 miles from Sg. Liang Junction, *Boyce* 454 **TEM:** Bangar, *Sands* 5628. **Without prov.** : *Ashton* S 5752

G. sp. nov. 2
TEM: Batu Apoi, Selapon Valley, Sungei Selapon, E of village, *Kirkup* 335. **TUT:** Rambai, Ulu Tutong, *Johns* 7602; Rambai, Ulu Tutong, *Johns* 7617

G. sp.nov. 3
BEL: Bukit Sawat, Ulu Sg. Badas, *Niga* 135

G. sp. nov. 4
BEL: Sukang, Kpg. Sukang (upstream from Sukang at Tempinak), *Wong* 114. **TUT:** Kiudang, Lamunin, Kpg. Kiudang, *Wong* 559; Rambai, Sg. Tutong, upstream from Belabau on Tutong River, *Coode* 6337

G. sp. nov. 5
- ALT: 200 m

TEM: Amo, K. Belalong on ridge bounded by Temburong River, *Wong* 1205; Amo, K. Temburong Machang, *Wong* 1953

G. sp. nov. 6
TEM: Amo, Sungai Temburong at K. Belalong, *Dransfield J.* 6675

G. sp. nov. 7
- ALT: 250m

TEM: Amo, Bt. Belalong, E ridge above Temburong River, *Sands* 5528

G. sp. nov. 8
BRM: Kilanas, Kpg. Kilanas, *Dransfield J.* 7104. **TUT:** Telisai, Bt. Pasir Puteh, *Wong* 154

G. sp. nov. 9
- ALT: 15–20 m

TEM: Batu Apoi, Kpg. Selapon on banks of Sg. Selapon, *Kirkup* 316. **TUT:** Rambai, Belabau & Benutan on Tutong River, *Coode* 6447

G. sp. nov. 10
- ALT: 25–30m

TEM: Batu Apoi, Sg. Selapon., *Wong* 2084. **TUT:** Lamunin, Upstream from Belabau, Ladan Hills Forest Res., *Coode* 6395

G. spp. indet
BEL: Bt. Sawat, Sg. Mau, *Thomas* 234; Bukit Sawat, Merangking, *Coode* 7701; Labi, Bukit Teraja, *Kirkup* 448; Labi, Bukit Teraja, *Kirkup* 446; Labi, Sg. Rampayoh, *Coode* 7298; Labi, Rampayoh, *Sands* 5754; Labi, Sungai Rampayoh, *Kirkup* 822; Labi, Sg. Rampayoh, *Coode* 7260; Labi, Labi Hills F. R., *Coode* 6827; Labi, Rampayoh, *Sands* 5746; Labi, Rampayoh Sg., *Joffre* 16; Labi, Teraja, *Sands* 6020; Labi, Teraja, *Sands* 6011; Labi, Wong Kadir, *Coode* 7241; Labi, Rampayoh, *Sands* 5758; Labi, Sungai Rampayoh, *Kirkup* 806; Labi, Rampayoh, *Cowley* 178; Labi, Sg. Rampayoh, *Dransfield J.* 7318; Labi, Sg.Rampayoh, *Dransfield J.* 7307; Melilas, Paleh Bangawong, *Thomas* 130; Melilas, Sg.Belait, *Forman* 1126; Melilas, Ulu Ingei, *Sands* 5925; Seria, Badas F.R., *Niga* 170; Seria, Badas Forest Reserve, *Duling* 1; Sukang, Sungai Paleh Bangawong, *Kirkup* 683b; Sukang, Sungai Paleh Bangawong, *Kirkup* 694; Sukang, Sg. Belait, *Wong* 598; Sukang, Sungai Paleh Bangawong, *Kirkup* 669; Sungai Liang, Sungei Liang Arboretem, *Wong* 582; Sungai Liang, Sungei Liang Arboretum, *Wong* 136; Sungei Liang, Andulau F.R., *Niga* 338. **BRM:** Serasa, Kpg. Sabun, *Wong* 929 **TEM:** LP 286, *Johns* 7330; LP 286, *Johns* 7316; Amo, Belalong River, *Duling* 9; Amo, Temburong river, *Atkins* 499; Amo, Belalong River,

Duling 11; Amo, Busin Camp, *Duling* 42; Amo, Kuala Belalong, *Duling* 16; Amo, Belalong River, *Duling* 8; Amo, Belalong river, *Duling* 46; Amo, Temburong river, *Duling* 45; Amo, Kuala Belalong, *Duling* 34; Amo, Kuala Belalong, *Duling* 36; Amo, Temburong river, *Duling* 44; Amo, Temburong river, *Duling* 43; Amo, Belalong ridge, *Duling* 41; Amo, K. Belalong, *Wong* 1306; Amo, Belalong ridge, *Duling* 3; Amo, Belalong ridge, *Duling* 40; Amo, Belalong River, *Duling* 7; Amo, Batu Apoi F.R., K. Belalong FSC, *Hansen* 1639; Amo, K. Belalong, Batu Apoi F.R., *Hansen* 1520; Amo, Bukit Belalong, *Duling* 6; Amo, Bukit Belalong, *Duling* 5; Amo, Belalong River, *Duling* 4; Amo, Batu Apoi Forest Reserve, *Nielsen* 1022; Batu Apoi, Selapon, *Dransfield J.* 7475. **TUT:** Lake Tutong, *Johns* 747; Lake Tutong, *Johns* 7475; Lamunin, Kpg. Lamunin, *Wong* 506; Lamunin, Ladan Hills F.R., *Niga* 211; Rambai, Tasek Merimbun, *Bernstein* 200; Rambai, Tasek Merimbun, *Bernstein* 522; Rambai, Tasek Merimbun, *Bernstein* 167; Rambai, Tasek Merimbun, *Bernstein* 147; Rambai, Tasek Merimbun, *Bernstein* 235; Rambai, Sg. Medit, *Simpson* 2575; Rambai, Bt. Bahak, *Coode* 7044; Rambai, Tasek Merimbun, *Bernstein* 137; Tanjong Maya, Jalan Tutong–Seria, *Kirkup* 734; Tanjong Maya, Jln. Tutong–Seria, *Simpson* 2192; Telisai, Bt. Pasir Puteh, *Wong* 152; Ukong, Kpg. Ukong, *Niga* 189 Ulu Tutong, Bukit Bahak, *Kirkup* 522. **Without prov.:** *van Niel* 4304, *Coode* 7215, BRUN 15047, *van Niel* 3808, *van Niel* 4093, *van Niel* 4178

PHYLLOCLADACEAE

PHYLLOCLADUS

P. hypophyllus Hook. f.
TEM: Amo, Bt. Retak, *Wong* 390

PODOCARPACEAE

DACRYCARPUS

D. imbricatus (Blume) de Laub.
TEM: Amo, Bt. Retak, *Wong* 770

DACRYDIUM

D. elatum (Roxb.) Wall.
Without prov.: *van Niel* 3625

D. cf. elatum (Roxb.) Wall.
TEM: Amo, Bt. Retak, *Wong* s.n.. 1.ii.89a

D. pectinatum de Laub.
TUT: Telisai, Bt. Pasir Puteh, *Ashton* BRUN 5024

D. xanthandrum Pilg.
TEM: Amo, Bt. Retak, *Wong* s.n.. 18.ix.89; Amo, Bt. Retak, *Wong* s.n.. 1.ii.89b

D. cf. xanthandrum Pilg.
TEM: Amo, Bt. Pagon, *Wong* 1821; Amo, Bt. Retak, *Wong* 447; Amo, Bt. Retak, *Wong* 915

D. spp. indet.
TEM: Amo, Bt. Retak, *Johns* 6558; Amo, Bt. Retak, *Johns* 6542; Amo, G. Pagon, *Coode* 7457

NAGEIA

N. sp. indet.
TEM: Amo, Bt. Belalong, *Dransfield J.* 7201; Batu Apoi, Selapon, *Dransfield J.* 7474

PODOCARPUS

P. micropedunculatus de Laub.
BEL: Labi, Bt. Labi F.R., *Sinclair* 10496; Seria, Badas, *Corner* BRUN 5366. **TEM:** Labu, Bt. Sagan, *Hassan Pukol* BRUN 3188; Labu, Bt. Patoi, *Smythies* BRUN 370; Labu, Bt. Patoi, *Ashton* BRUN 529. **Without prov.:** *van Niel* 4092

P. neriifolius D. Don ex Lam.
• ALT: 1425 m
TEM: Amo, Bt. Pagon ridge, *Ashton* BRUN 1047

P. polystachyus R. Br. ex Endl.
Without prov.: *van Niel* 3925

P. cf. polystachyus R. Br. ex Endl.
BEL: Seria, Badas F.R., *Kirkup* 389; Seria, Badas F.R., *Niga* 169

P. sp. 1
TUT: Telisai, *Johns* 6788; Telisai, Danau, *Forman* 1026

P. sp. indet.
TEM: Batu Apoi, Bt. Beliton, *Dransfield J.* 6953

APPENDIX 1 - ORCHID LIST FROM LEIDEN

The following appendix, kindly provided by Dr E. de Vogel, lists collections being grown at Leiden in August 1996. It is extracted from a fuller list and represents only those taxa which are not given under the Orchidaceae above. Five genera (printed in bold) are not otherwise represented and 73 species in genera already recorded. Herbarium/spirit specimens and duplicates are being prepared as the plants flower, for distribution to BRUN etc. We decided to keep this list separate for the time being, since the rest of the Checklist (and the underlying database) is based upon available herbarium specimens. It is intended that, eventually, all these collections will be fully incorporated in the database.

The material provided by de Vogel also included locality information, which we have decided to omit from this appendix so as not to delay production further. The numbers are the accession numbers of the Hortus Botanicus, Leiden and the name in the final column is that of the determinator; where left blank the determinations are usually by E. de Vogel.

Agrostophyllum cyathiforme J.J.Sm.	30265	Schuiteman
Agrostophyllum elongatum (Ridl.) Schuit.	914576	Schuiteman
	914678	
Agrostophyllum javanicum Blume	26846	
Agrostophyllum trifidum Schltr.	27679	Schuiteman
	911209	Schuiteman
Bromheadia ensifolia J.J. Sm.	27709	Kruizinga
	27839	Kruizinga
	914713	Kruizinga
	914912	Kruizinga
Bromheadia grandiflora Kruizinga & de Vogel	27700	Kruizinga
Bromheadia scirpoidea Ridl.	27710	Kruizinga
	914911	Kruizinga
	30180	Kruizinga
	30184	Kruizinga
Bromheadia truncata Seidenf.	27695	Kruizinga
Bulbophyllum acuminatum Ridl.	930253	Kruizinga
Bulbophyllum acutum J.J.Sm.	26663	Vermeulen
	930260	Vermeulen
Bulbophyllum beccarii Rchb. f.	914620	Schuiteman & de Vogel
	930236	Schuiteman & de Vogel
Bulbophyllum binnendijkii J.J.Sm.	911144	Vermeulen
	940538	Vermeulen
Bulbophyllum caudatisepalum Ames & Schweinf.	914842	Vermeulen
	914990	Vermeulen
Bulbophyllum cleistogamum Ridl.	930235	Vermeulen
Bulbophyllum glaucifolium J.J. Verm. (aff., sp.n.)	930591	Vermeulen

ORCHID APPENDIX

Bulbophyllum gracillimum (Rolfe) Rolfe	914746	Vermeulen
Bulbophyllum grandilabre Carr	26859	Vermeulen
	27881	Vermeulen
Bulbophyllum grudense J.J.Sm.	26666	Vermeulen
Bulbophyllum heldiorum J.J. Verm. (aff.)	27859	Vermeulen
Bulbophyllum inunctum J.J.Sm.	930592	Vermeulen
Bulbophyllum kemulense J.J.Sm.	26847	Vermeulen
	930254	
	930256	
	930268	
Bulbophyllum korthalsii Schltr.	914988	Vermeulen
Bulbophyllum limbatum Lindl. (aff.)	26873	Vermeulen
Bulbophyllum marudiense Carr (cf.)	930250	Vermeulen
	930261	
Bulbophyllum membranifolium Hook.f.	930473	Vermeulen
Bulbophyllum nabawanense J.J. Wood	930245	Vermeulen
	930246	
Bulbophyllum nematocaulon Ridl.	930225	Vermeulen
Bulbophyllum obtusipetalum J.J.Sm.	914988	Vermeulen
Bulbophyllum odoardii Rchb.f.	930241	Vermeulen
Bulbophyllum odoratum Lindl.	914590	Vermeulen
Bulbophyllum otochilum J.J. Verm.	930228	Vermeulen
Bulbophyllum pileatum Lindl. (c.f.)	930265	Vermeulen
Bulbophyllum pulchellum Ridl.	26659	Vermeulen
	26664	Vermeulen
	914593	Vermeulen
Bulbophyllum refractilingue J.J.Sm.	930244	Vermeulen
Bulbophyllum rhizomatosum Ames & Schweinf.	930258	Vermeulen
Bulbophyllum singaporeanum Schltr.	914591	Vermeulen
Bulbophyllum stipitatibulbum J.J.Sm. (cf.)	911142	Vermeulen
Bulbophyllum stipitatibulbum J.J.Sm.	914850	Vermeulen
Bulbophyllum subumbellatum Ridl.	930564	Vermeulen
Bulbophyllum tardeflorens Carr	911299	Vermeulen
Bulbophyllum tenuifolium (Blume) Lindl.	930295	Vermeulen
Bulbophyllum teter Verm.	914623	Vermeulen
Bulbophyllum trifolium Ridl.	930251	Vermeulen

ORCHID APPENDIX

Bulbophyllum unguiculatum Rchb. f.	27880	Vermeulen
	911301	Vermeulen
Bulbophyllum uniflorum Hassk.	930648	Vermeulen
Bulbophyllum vermiculare Hook.f.	930247	Vermeulen
Chelonistele amplissima Ames & Schweinf.	26834	de Vogel
	30070	de Vogel
	30075	de Vogel
	30076	de Vogel
	30081	de Vogel
	26862	de Vogel
	914749	de Vogel
Chelonistele angustifolia spec. nov.	914747	de Vogel
Chelonistele lamellulifera Carr	914750	de Vogel
Chelonistele richardsii Carr	914759	Schuiteman & de Vogel
Chelonistele sulphurea (Blume) Pfitzer	30082	de Vogel
	30083	
	30084	
	26858	
	914753	
	914755	
	914757	
Coelogyne asperata Lindl.	28185	de Vogel
Coelogyne bruneiensis de Vogel	27697	de Vogel
Coelogyne cuprea Wendl. & Kraenzl.	30120	de Vogel
	30295	de Vogel
	911193	de Vogel
Coelogyne dayana Rchb. f.	28186	de Vogel
	28192	de Vogel
	28193	de Vogel
Coelogyne endertii J.J. Sm.	30248	de Vogel
	30240	
Coelogyne exalata Ridl. (cf.)	911152	de Vogel
Coelogyne kinabaluense Ames & Schweinf.	30246	de Vogel
	30294	
Coelogyne naja J.J.Sm.	27119	de Vogel
	27199	de Vogel
	30238	de Vogel

ORCHID APPENDIX

	30247	de Vogel
	911151	de Vogel
	911114	Schuiteman & de Vogel
Coelogyne pholidotoides J.J.Sm.	26848	de Vogel
	27628	de Vogel
Coelogyne planiscapa Carr (cf.)	26845	de Vogel
Coelogyne radioferens Ames & Schweinf.	911182	Schuiteman & de Vogel
	914761	de Vogel
Coelogyne reflexa J.J. Wood	914770	de Vogel
	26631	de Vogel
Coelogyne testacea Lindl.	30210	de Vogel
	30321	de Vogel
Dendrobium cinereum J.J. Sm.	914860	de Vogel
	914894	de Vogel
Dendrobium johannes-winkleri J.J. Sm.	26836	de Vogel
Dendrochilum pandurichilum J.J. Wood	911260	de Vogel
Eria bractescens Lindl.	914573	de Vogel
	914655	Schuiteman & de Vogel
Eria brookesii Ridl.	30195	Schuiteman & de Vogel
Eria longifolia Hook. f.	30234	Schuiteman & de Vogel
	30243	
Flickingeria spp. indet.	26867	Schuiteman & de Vogel
	27825	
Flickingeria *bancana* (J.J.Sm.) Hawkes	27530	Schuiteman & de Vogel
	914815	
Geesinkorchis sp. indet.	30182	Schuiteman & de Vogel
Malleola spp. indet.	30244	Schuiteman & de Vogel
	11143	
Octarrhena *condensata* (Ridl.) Holttum	914899	Schuiteman
Phalaenopsis sp. indet.	26807	Schuiteman
Pholidota gibbosa (Blume) de Vriese	26871	de Vogel
	26882	de Vogel
Pholidota ventricosa (Blume) Rchb. f.	911179	de Vogel
Plocoglottis javanica Blume	911163	Schuiteman & de Vogel
Trichoglottis smithii Carr	26810	Schuiteman & de Vogel
Trichoglottis vandiflora J.J.Sm.	914865	Schuiteman

APPENDIX 2 - NEW TAXA
THE FOLLOWING NEW TAXA OR COMBINATIONS ARE NEEDED

Begoniaceae

Omnes species *Begoniae* Bruneienses sequentes adhuc inventae novae epeltataeque videntur, praeter *B. baramensis* Merr. foliis peltatis.

Begonia leucochlora Sands sp. nov.

a *B. baramensi* foliis numquam integris semper plusminusve remote serrulatis et ovario in fructu elliptico (non late-elliptico vel globoso) differt.

Brunei: Temburong, Amo, 0.5 km downstream from Kuala Belalong, secondary vegetation at edge of lowland dipterocarp forest, 100 m, stout herb with cane habit, 23 March 1991, Sands 5566 *et al.* (holotype K; isotype BRUN; further duplicates of this and other type collections of *Begonia* to be distributed later).

Begonia papyraptera Sands sp.nov.

a *B congesta* Ridley alis fructus latioribus, caulibus plusminusve glabris (non 'hirtis'), staminibus 15 vel plus (non 12), tepalis staminibus multo longioribus (non brevioribus); a B. leucochlora (vide supra) fructus apice rotundato (non alis acutis et fructus apice truncato), petiolis longioribus differt.

Brunei: Temburong, Amo, Temburong R. downstream from helipad 286, lowland dipterocarp forest, 30–50 m, 28 April 1992, *Johns* 7422 *et al.* (holotype K; isotype BRUN).

Begonia temburongensis Sands sp. nov.

a *B. baramensi* planta glabra, stylis caducis differt. Stipulae marcescentes; flores masculi parvi albi plerumque in rachide patentes, juventute evidenter bracteis paene occulti.

Brunei: Temburong, Amo, headwaters of the Temburong R., northeast of Gn. Retak, lower montane forest, 800 m, very stout erect plant to 1 m, 12 March 1991, *Sands* 5399 *et al.* (holotype K; isotype BRUN).

Begonia chlorandra Sands sp. nov.

B. temburongensi (vide supra) affinis sed foliis friabilibus majoribus (18–22 cm non c.15 cm longis) dentatis et (interdum remote et paene) denticulatis, stipulis caducis, floribus masculis dilute viridibus differt.

Brunei: Tutong, Lamunin, Ladan Hills F.R., lowland dipterocarp forest, 125 m, ****, 30 March 1991, Sands 5700 *et al.* (holotype K; isotype BRUN).

Begonia stenogyna Sands sp. nov.

a *B. baramensi* petiolis brevioribus (usque 2 cm longis, non 4 cm vel plus) differt; a *B. leucochlora* (vide supra) fructu alis angustioribus minus acutis distinguenda. Planta glabra vel fere glabra; stipulae conspicuae; folia ovata, oblique cordata; tepala feminea serrata acide viridia; tepala mascula colore variabilia sed plerumque basin versus rubra; fructus obovato-oblongi.

Brunei: Temburong, Amo, Batu Apoi F.R., Kuala Belalong, riverside secondary growth in dipterocarp forest, 40 m, stout erect herb 1–1.5 m, 13 July 1993, *Sands* 5782 *et al.* (holotype K; isotype BRUN).

Begonia bahakensis Sands sp. nov.

a ceteris speciebus Bruneiensibus bracteis glanduloso-denticulatis distinguenda. Planta habitu reclinato; flores parvi tenelli; fructus parvi.

Brunei: Tutong, Ulu Tutong, Bukit Bahak, streamside in steep small valley, 220 m, red-stemmed creeping-shrubby herb rooting at nodes, Kirkup 503 et al. (holotype K; isotype BRUN).

Begonia awongii Sands sp. nov.

a ceteris speciebus Bruneiensibus bracteis dilute viridis, tepalis femineis fimbriatis differt. Caules cum petiolis et inflorescentiis pilos patentes usque 4 mm longos gerentibus; folia magna 15–24 (–30) x 10–17 cm; flores feminei dilute virides, flores masculi apicem versus pedunculi longi congesti.

Brunei: Temburong, Amo, upper Belalong R. west of Bukit Belalong, hill dipterocarp forest,

150 m, stout succulent herb reclinate at base, 24 March 1991, *Sands* 5568 with *(Ibrahim) Awong Kaya* (holotype K with spirit material; isotype BRUN).

Begonia sibutensis *Sands* sp. nov.

aff. *B. xiphophyllae* Irmsch. foliis saepe ovato-ellipticis basi paene obliquis sed dentibus marginalibus foliorum magis numerosis plusminusve acroscopicis (non distantibus repandisque) differt. Caules glabri; folia brevipetiolata, longe acuminata, infra (saltem in sicco) pallidiora; inflorescentia mascula fragilis; flores masculi albi, flores feminei pallide viridi vel rosei; fructus alis apice rotundatis.

Brunei: Temburong, Amo, Batu Apoi F.R., W of Kuala Belalong, mixed dipterocarp forest, 250 m, erect herb, 23 March 1991, *Poulsen* 31 (holotype K; isotypes AAU, BRUN).

Begonia fuscisetosa *Sands* sp. nov.

a *B. sibutensi* (vide supra) caulibus supra pilosis, foliis magis distincte serratis. Planta basi reclinata usque 60 cm alta; folia brevipetiolata, supra pilos singulos erectos plusminusve rigidos atros (saepe rubros) inter venas gerentia; fructus axillares, solitarii vel bini, alis rotundatis.

Brunei: Temburong, Amo, upstream from Kuala Belalong, hill dipterocarp forest, 90 m, reclinate and rooting then erect to 15–20 cm, 25 March 1991, *Sands* 5606 *et al.* (holotype K; isotype BRUN).

Begonia cyanescens *Sands* sp. nov.

a *B. sibutensi* (vide supra) foliis plerumque obovato-ellipticis, caulibus pilos breves adpressos gerentibus, fructibus plerumque solitariis brevipedicellatis alis acutis trans apicem fructus truncatis distincta. Folia semper iridescenti-cyanescentia.

Brunei:, Hill dipterocarp forest, 140 m, herb reclinate & rooting then erect to 20 (–25) cm, 24 March 1991, Sands 5577 *et al.* (holotype K; isotype BRUN).

Begonia bruneiana *Sands* sp. nov.

a *B. cyanescenti* (vide supra) stipulis 5–18 cm majoribus (non usque 3 cm), caulibus pilos longiores aliquantum adpressos vel patulos gerentibus (non pilis brevibus crebre adpressis), floribus masculis pedicellis minus 1 cm longis (non 1–2 cm longis) portatis, ovario in fructu ovoideo vel ellipsoideo (non obovoideo), alis fructus obtusis non vel paene stylos excedentibus (non acutis et stylos distincte excedentibus).

Brunei: Tutong, Lamunin, Ladan Hills F.R., lowland dipterocarp forest, 150 m, erect suffruticose, sometimes reclinate at base, 15–30 cm, 30 March 1991, *Sands* 5735 *et al.* (holotype K; isotype BRUN).

Subspecies 4 distingui possent:

subsp. **bruneiana**.

Folia usque 3 x longiora quam latiora, in dimidio distali obscure serrata; stipulae late ovato-lanceolatae (10–) 12–18 mm longae, pilis sparsis in pagina abaxiali; pili caulium breves, patentes et adpressi; alae fructus pilos distantes gerentes, integrae.

subsp. **retakensis** *Sands* subsp.nov.

Folia usque 3 x longiora quam latiora, in dimidio distali distincte serrata; stipulae late ovatae, acuminatae 5–8 (–10) mm longae, glabrae; pili caulium breves plerumque adpressi; alae fructus glabrae glandulis minutis distantibus interdum obsitae, integrae. Brunei: Temburong, Amo, Headwaters of the Temburong R. NE of Gn. Retak, lower montane forest, 1150 m, herb, reclinate and/or rooting at nodes to 45 cm, 10 March, *Sands* 5316 *et al.* (holotype K; isotype BRUN).

subsp. **labiensis** *Sands* subsp. nov.

Folia usque 3 x longiora quam latiora, in dimidio distali obscure serrata; stipulae anguste ovato-lanceolatae, 5–8 (–10) cm longae, glabrae; pili caulium breves plerumque adpressi; alae fructus glabrae margine dentatae vel remote setosae. Brunei: Belait, Labi, Sungei Rampayoh, 5 km upstream from road, disturbed riverside forest, low altitude, 20 March 1993, *Coode* 7293 *et al.* (holotype K; isotype BRUN).

subsp. **angustifolia** *Sands* subsp. nov.

Folia pro ratione angusta, 3–4 x longiora quam latiora, basim versus angustata vel interdum leviter constricta, in dimidio distali serrata et setoso-ciliata; stipulae ovato-lanceolatae, 8–12 mm longae, pilis adpressis nonnullis in costa paginae abaxialis; pili caulium longi, plusminusve adpressi; alae fructus margine distanter setosae glandulis minutis interdum obsitae. Brunei: Tutong, Rambai, E of helipad 239 (4°25′ N, 114°50′ E), lowland dipterocarp forest, c. 200 m, 7 May 1992, *Johns* 7510 *et al.* (holotype K; isotype BRUN).

Begonia eutricha *Sands* sp. nov.

a *B.pubescenti* Ridley fructus non rostrato alis trans apicem truncatis (non longe rostrato alis fructus trans apicem rotundatis), foliis apice magis distincte acuminatis et in dimidio proximali aliquantum angustatis vel leviter subspathulatis differt. Folia supra bullata, dense ciliata.

Brunei: Temburong, Amo, Batu Apoi F.R., at Kuala Belalong, mixed dipterocarp forest, 20 m, herb to 15 cm, young leaves pink, leaves iridescent blue covered in pink hairs, J. Dransfield 6708 *et al.* (holotype K; isotype BRUN).

Begonia hexaptera *Sands* sp. nov.

a *B. bruneiana* (vide supra) tota planta dense et patenter molle pilosa et a *B. trichophylla* (supra - similiter pilosa) planta altiore robustioreque foliis 30–45 cm longis majoribus (non usque 15 cm) differt. A ceteris speciebus bruneiensibus fructu cristis 3 inter alas veras 3 obsita (ita apparenter) 6-alato distinguenda.

Brunei: Belait, Melilas, between Batu Melintang and hot springs, hill dipterocarp forest, 60–80 m, herb, arching stems from reclinate base to 30–45 cm, 25 July 1993, *Sands* 5940 *et al.* (holotype K; isotype BRUN).

Begonia leucotricha *Sands* sp. nov.

aff. *B.angustifoliae* Merr. foliis angustis stipulis persistentibus angustis et floribus parvis axillaribus sed foliis apice longe attenuatis supra conspicue albo-pilosis (non glabris) pilis sericeis margine tenuiter ciliato-serrulatis differt (in B. angustifolia foliis apice acutis non angustatis, in dimidio distali margine irregulariter et distanter acute dentato-serratis setis paucis magis distantibus obsitis).

Brunei: Belait, Labi, Mendaram valley near waterfall, lowland dipterocarp forest, 70 m, herb up to 25–30 cm, leaves up to 21 x 3 cm with erect colourless hairs all over the surface, 18 March 1991, *Sands* 5452 with *R.J. Johns* (holotype K; isotype BRUN).

Begonia laccophora *Sands* sp. nov.

a *B. pyrrha* Ridley foliis infra (sub basibus latis pilorum distantium paginae superioris) foveas distinctas gerentibus, bracteis latioribus integris (non denticulatis), inflorescentia breviore usque 4 cm longa (non usque 7.5 cm), staminibus plus quam 20 (non 13–15). Herba prostrata foliis rotundatis (supra in vivo acute rugosis) margine dentibus irregularibus cum setis intermixtis.

Brunei: Temburong, Amo, near helipad 286, lowland dipterocarp forest, 30–50 m, terrestrial, flowers white, 25 April 1992, *Johns* 7303 *et al.* (holotype K; isotype BRUN).

Commelinaceae

Amischotolype laxiflora (Merr.) Faden comb. nov.
Forrestia laxiflora Merr. in Philipp. J. Sci. 29: 354 (1926).

Amischotolype sphagnorrhiza *Cowley* sp. nov.

Forrestia laxiflorae Merr. affinis sed vaginis foliorum plusminus glabris obliquis non differentiatis, foliis spiratim insertis oblongo-lanceolatis apice obtusis lamina valde tranverseque nervatis basin versus in petiolos latos decurrentibus, surculis foliosis brevibus erectis congestis e caulibus prostratis vel subterraneis orientibus distinguenda. Radices adventitiae longae, vaginas perforantes, saepe radicellas numerosas congestas aureos muscos simulantes gerentes, radicellae deinde in basibus foliorum jacentes. Inflorescentiae pedunculatae, perlaxae usque 7 cm longae, ramis usque 3 cm longis; segmenta perianthii exteriora subviridia vel purpurea, interiora nivea; stamina lutea. Fructus usque 2.4 cm longi, laxe brunneo-hirti.

Brunei: Tutong, Rambai, Ulu Tutong, Bukit Bahak, terrestrial, creeping, roots in own leaf axils resembling orange *Sphagnum,* flowering stems erect, inflorescences purple in bud, sepals 3 purple, petals 3 white, filaments white all held closely erect, anthers yellow, fruit purplish-brown, *Coode* 7062 with *Kirkup et al.* (holotype K; isotype BRUN).

Tricarpelema pumilum *(Hallier f.)* Faden comb. nov.
Pollia pumila Hallier f. in Beih. Bot. Centralbl. 34 (2): 52 (1917). Borneo: [Kalimantan] Sungei Tepussey, 1896–97, *Exped. Nieuwenhuis* 764 (lectotype BO, chosen here).

Connaraceae

Connarus peltatus *Forman* sp. nov.;
(*Connarus sp. B*, TFSS 1: 190 (1995) is probably the same) species insignis foliis magnis unifoliolatis peltatis, petiolulo 4–5 mm a margine basali laminae inserto, lamina 22–29 x 5.7–8.1 cm anguste ovata basi rotundata apice acuminata 8–9 paribus nervorum lateralium supra impressis omnino glabra, petiolo 1.7–3 cm longo, fructu ambitu obtriangulari-obovato 5 x 3.5 x 1.5 cm vestigio styli laterali reticulato-striato glabro, stipite 1 cm longo 3 mm crasso distinguenda. Flores ignoti.
Brunei: Belait, Batu Patam; fruits deep red; 10 June 1989, *K.M. Wong* 1089 (holotype K; isotype BRUN).

Convolvulaceae

Erycibe villosa *Forman* sp. nov.
E. magnificae Prain ut videtur affinis sed foliis anguste obovatis, basi obtusis vel rotundatis apice acuminatis 8–11.5 x 2.5–3 cm nervis lateralibus 6–7 paribus cum costa supra impressis infra dense fulvo-villosis, petiolo 5–10 mm longo; floribus in fasciculis densis axillaribus; fructibus sessilibus late ellipsoideis 3 x 2.3–2.5 cm densissime fulvo-villosis pilis c.6 mm longis distinguenda.
Brunei: Tutong, Andulau For. Res., Bt. Basang; climber up to 10 m high, 3 cm diam.; 20 Aug. 1991, *Niga Nangkat* NN 314 (holotype K; isotype BRUN).

Argyreia elongata *Forman* sp. nov.
A. erinaceae Ooststr. arcte affinis sed petiolis longioribus 7–10 cm longis, inflorescentiis pedunculis perlongis 26–40 cm longis folia reducta infra cymas gerentibus distinguenda.
Brunei: Temburong, Amo, Bt. Belalong; climber 35 m, corolla white with purple centre; J. Dransfield JD 7115 (holotype K; isotypes BRUN, KEP, L).

Elaeocarpaceae

Elaeocarpus clementis Merr. var. **clemensiae** *Coode* comb. & stat. nov.
Elaeocarpus clemensiae Knuth in Reprium. Spec. Nov. 44: 128 (1938). Type: Borneo, *Clemens* 51312 (isotype L).

Elaeocarpus ferrugineus *(Jack) Steud.* subsp. **elliptifolius** *(Merr.) Coode* in press in Kew Bulletin.
Elaeocarpus elliptifolius Merr. in Journ. Str. Br. Roy. As. Soc. 77: 193 (1917). Type: Borneo, *Clemens* 10783 (isotype A).

Elaeocarpus obtusus *Bl.* subsp. **apiculatus** *(Masters) Coode* comb. & stat. nov.
Elaeocarpus apiculatus Masters in Hook., Fl. Brit. Ind. 1: 407 (1872). Type: 'Malacca, Maingay' [no. 262], (holotype K).

Elaeocarpus pagonensis *Coode* sp. nov.
ab *E. nano* subsp. *congestifolio* ovario glabro non sericeo, foliis minus congestis, stipulis caducis non persistentibus, floribus 4–6 (non 7–13) per racemum pedicellis longioribus distinguitur.
Brunei: Temburong, Amo, Gunung Pagon, 1450–1500 m, 30 March 1993, Coode 7466 with Ferguson, Niga, Ariffin, Awong, Jangarun, Ramlee & Malinau (holotype K!; isotype BRUN, duplicates sent to A, L, SAN, SAR).

Elaeocarpus retakensis Coode sp.nov.

ab *E. muluensis* (cui foliorum aspectu subsimilis) divisionibus petalorum numero 14–18 (nec 3–5), petalis extra glabris (nec breviter sericeis), floribus 3–6 per racemum (nec 8–15) differt; a ceteris speciebus sectionis petala in divisionibus usque 16–18 divisa gerentibus foliis ad apicem ramulorum crebre confertis distincta.

Brunei: Temburong, Amo, Bukit Retak, Wong 760 (holotype K!; isotype BRUN!).

Gesneriaceae

Cyrtandra erythrotricha B.L. Burtt sp. nov.

foliis *C. glomeruliflorae* B.L. Burtt (vide infra) aliquantum similis, sed bracteis laciniatis, inflorescentia minus arcte aggregata, floribus multo majoribus (corolla 3 cm, nec 1.5 cm, longa), calyce 6 mm segmentis anguste triangularibus, superioribus 5 mm inferioribus 4.5 mm longis, fructibus ovoideo-ellipsoideis rostro excluso 10 mm longis (nec 6.5 x 4.5 mm erostrato).

Sarawak: 4th Division, Lambir Hills, c. 4° 7' N, 113° 55' E, damp sandy ground without litter & sandy cliff, fl. white with wide sinus between upper and lower lip, centre of middle lobe yellow, 4 July 1962, *Burtt & Woods* B2361 (holotype E).

Cyrtandra glomeruliflora B.L. Burtt sp. nov.

inter species borneenses floribus in glomerulos rotundatos axillares sessiles aggregatis, calyce cylindrico brevidentato glabro, fructu suborbiculari distincta. *C. poulsenii* B.L. Burtt (vide infra) fortasse affinis sed indumento foliorum haud setoso et fructu suborbiculari (nec ellipsoideo) facile distinguitur.

Brunei: Seria distr., hill in vicinity of Kampong Mendaram (Iban's longhouse), 50–150 m, 17 Dec. 1963, *M. Hotta* 12632 (holotype E; isotype KYO).

Cyrtandra integerrima B.L.Burtt sp. nov.

C. russae C.B. Clarke affinis sed foliis in sicco haud rufo-brunnescentibus, subtus glabris, nervis lateralibus subtus distinctis (nec vix visibilibus), floribus pedicellis 5–7 mm longis (nec subsessilibus) sub fructu decurvis calycis segmentis filiformibus 6 mm longis.

Brunei: Temburong, Batu Apoi F.R., Setap Shale formation, ridge top west of Kuala Belalong F.S. Centre, near Danish Plot 1, mixed dipterocarp forest, 250 m, 20 May 1991, *Poulsen* 76 (holotype AAU; isotype K).

Cyrtandra neiothiantha B.L. Burtt sp. nov.

C. basiflorae C.B. Clarke affinis sed foliis ambobus cujusque paris bene evolutis integris (nec dentatis) subtus glabris (nec pilosis), bracteis primariis ad medium connatis cupulam 15 x 7–10 mm formantibus subtruncatis acumine apicali 2 mm longo terminatis differt. Calyx 10 mm longus lobis 3 mm longis inclusis, valde 5-nervus nervis in apice loborum incrassatis, extra parce brunneo-setosis. Corolla nondum aperta 19 mm longa, extra pilis longis tenuibus induta, intus pilis parvis glandulosis in fauce praedita aliter glabra.

Brunei: Temburong, east ridge above Kuala Belalong F.S. Centre, 4° 30'N 15° 10' E, clump-forming herb to 1 m high, flowers pale yellow with two red guides deep in throat, 7 March 1991, *Argent & Mitchell* 91204 (holotype E).

Cyrtandra paragibbsiae B.L. Burtt sp nov.

C. gibbsiae S. Moore affinis sed caulibus petiolisque subglabris (nec rufo-hirsutis), foliis minoribus cujusque paris subulatis c. 12 mm longis (nec laminatis), foliis majoribus subtus subglabris (nec breviter dense hirsutis), pilis pedicellorum at calycum densioribus at brevioribus, calyci lobis brevioribus inter alia facile distinguitur.

Brunei: Temburong, Amo, Apoi F.R., Temburong River catchment, Apan, tributary of Sg Tulan, 120–130 m, hill dipterocarp forest on Setap Shale formation, 14 July 1993, *Sands* 5800 (holotype K; isotype BRUN n.v.).

Cyrtandra poulsenii B.L.Burtt sp. nov.

primo aspectu *C. urceolatam* C.B. Cl. revocans sed foliorum nervis tertiariis reticulum conspicuum haud formantibus et inflorescentiis glomerulatis in axillis sessilibus (nec cupulatis et pedunculatis) statim distinguenda. Inflorescentia tenus *C. glomeruliflorae* B.L.Burtt (vide supra) similis sed indumento fusco-setoso, foliis ellipticis vel obovato-ellipticis (nec anguste ellipticis vel oblanceolatis), calyce setosa facile distinguitur.

Brunei: Temburong, Batu Apo F.R., Setap Shale formation, ridge W of Kuala Belalong F.S. Centre, in Danish plot, mixed dipterocarp forest, 250 m, terrestrial herb, flowers white, 1 April 1991–1992, *Poulsen* 119 (holotype AAU; isotypes E, K).

Cyrtandra prolata *B.L. Burtt* sp. nov.

C. longicarpae Merr. affinis sed foliis sessilibus ad basin longe lateque attenuatis, floribus duplo longioribus (5 cm nec 2.5 cm longis), calycis segmentis c. 8 mm (nec 5–6 mm) longis, pedicellis fructiferis usque 5 cm longis.

Sarawak: Lambir N.P., Sungai Liam Libau, wet forest slopes, corolla pale cream marked yellow in throat (only a single fallen corolla found), 18 Sept. 1978, Burtt 11518 (holotype E).

HENCKELIA *Spreng.*
(*Didymocarpus* auctt. non Wall.)
(*Loxocarpus* R. Br.)

[Note: it is shown elsewhere (A. Weber & B.L. Burtt in press) that the genus *Didymocarpus* Wall., in its current usage, consists of two main groups. True *Didymocarpus* of N. India and China ranges southwards through Burma, Thailand and Vietnam, with a very few species in the Malay Peninsula (one reaching Sumatra). All the remaining species of S. India, Sri Lanka and Malesia must be segregated as a distinct genus for which the correct name is *Henckelia* Spreng. (1817). *Loxocarpus* R. Br. (1839) cannot be separated from *Henckelia*. Necessary new combinations for species occurring in Brunei, or mentioned in the diagnoses of new species, are given here]

Henckelia coodei *B.L.Burtt* sp. nov.

H. petiolari (C.B. Cl.) B.L. Burtt proxima, sed calycis segmentis 5 mm longis (nec 2–3 mm tantum), fructu leviter curvato (nec recto) distinguenda.

Brunei: Temburong, Temburong River at Wong Nguan rapids, 120 m, mixed lowland forest; shales; forest floor, terrestrial herb, 5 March 1990, *Coode* 6617 (holotype K; isotype BRUN n.v.).

Henckelia diffusa *B.L.Burtt* sp. nov.

H. violoidei (C.B. Cl.) B.L. Burtt affinis sed habitu diffuso repente (nec rosulato) caulibus nodis radicantibus, foliis alternis superne pilis strigosis tantum indutis (nec aliis brevioribus interspersis), floribus minoribus (corollae limbo verticaliter c. 1.5 mm, nec 2.5 mm, metiente), fructu breviore (15 mm, nec 20 mm longo), ut in *H. violoide* horizontali receptaculo fructifero obliquo.

Brunei: Belait, subd. Labi, Mendaram valley below and close to waterfall, 4° 20' N, 114° 27' E, 100 m, Lambir formation, sandstone and shale, lowland dipterocarp forest, 18 March 1991, *Sands* 5443 (holotype K; isotypes BRUN, E).

Henckelia gardneri *B.L. Burtt* sp. nov.

corollae labio inferiore plus minusve ad medium trilobo quam superiore sesquilongiore (inferiore c. 11 mm superiore c. 6 mm) more *Boeae lawesii* Forbes e Nova Guinea inter species borneenses insignis. Herba rosulata, foliis ellipticis vel fere ovatis petiolatis utrinque breviter pilosis, pedunculis folia superantibus c. 6-floris, fructu 6 mm longo basi ampliato etiam distincta.

Sabah: Trus Madi, Kaintano ridge, 3500 ft [1050 m], growing on well-drained stream-bank, very local, *Gardner* 37 cult. in Hort. Bot. Reg. Edin. sub 77 2460, fl. 8 Aug. 1978 (holotype E).

Henckelia pagonensis *B.L. Burtt* sp. nov.

H. pleuropogoni (B.L. Burtt) B.L. Burtt similis sed caulibus petiolisque appresse sericeo-pilosis (nec breviter pubescentibus), foliis integris (nec crebre denticulatis) utrinque densius pubescentibus et ad nervos dense appresse sericeo-pilosis (nec breviter pubescentibus), floribus brevioribus (2.5–3 cm, nec 4 cm longis) differt. Fortasse *Henckelia* (*Didymocarpo malayano* Hook. f.) potius affinis ob marginibus foliorum integris linea pilorum pallidorum notatis, sed ab hac specie peninsulae malayanae foliis subtus ad nervos sericeo-pilosis et fructibus pubescentibus facile distinguitur.

Brunei: Temburong, Bukit Pagon, east ridge, 1470 m, lower montane forest; ground herb, leaves with pale margins, corolla white with two yellow streaks down the throat on the side of the "lip" petal, 19 July 1990 (fl.), *K.M. Wong* 1784 (holotype BRUN).

Also collected on the Sarawak side of Bukit Pagon (S 47973 - K) and on Gn. Murud (*Burtt & Martin* B 5520 - E).

Henckelia taeniophylla *B.L. Burtt* sp. nov.

species rosulata foliis numerosis late linearibus (usque 120 x 5–6 mm), floribus solitariis pedicellis 40–50 mm longis unifloris plusminusve appresse pilosis, calyce piloso tubo vix 1 mm longo, segmentis linearibus 7 mm longis, corollae tubo brevi, limbo magno plano labio superiore 7 x 10 mm plus minusve ad medium diviso, labio inferiore c. 11 x 14 mm lobo mediano 5 x 4 mm lateralibus medio subaequalibus, antherarum filamentis 4 mm longis crassis luteis dense puberulo-pubescentibus, fructu 8 mm longo (stylo subpersistente excluso) basi superne leviter inflato, margine superiore dehiscente distinguenda.

Brunei: Temburong distr., Bangar, northern slope of Bukit Bangar, 10–100 m, rather dry rock in deep forest, flower blue, 18 Jan. 1964, *M. Hotta* 13263 (holotype KYO; isotype E).

New combinations in *Henckelia* Spreng.

Henckelia amoena *(C.B. Cl.) B.L. Burtt* comb. nov.
Didymocarpus amoenus C.B. Cl. in A. & C. DC., Mon. Phan. 5 (1): 87 (1883)

Henckelia crenata *(Baker) B.L. Burtt* comb. nov.
Didymocarpus crenatus Baker in Kew Bull. 1896: 25 (1896)

Henckelia gracilipes *(C.B. Cl.) B.L. Burtt* comb. nov.
Didymocarpus gracilipes C.B. Cl. in A. & C. DC., Mon. Phan. 5 (5): 97 (1883)

Henckelia myricifolia *(Ridley) B.L. Burtt* comb. nov.
Didymocarpus myricifolius Ridley in J. Straits Br. Roy. Asiat. Soc. 43: 53 (1905)

Henckelia petiolaris *(C.B. Cl.) B.L. Burtt* comb. nov.
Didymocarpus petiolaris C.B. Cl. in A. & C. DC., Mon. Phan. 5 (1): 100 (1883)

Henckelia pleuropogon *(B.L. Burtt) B.L. Burtt* comb. nov.
Didymocarpus pleuropogon B.L. Burtt in Notes R.B.G. Edinb. 31: 44, fig. 2 (1971)

Henckelia violoides *(C.B. Cl.) B.L. Burtt* comb. nov.
Didymocarpus violoides C.B. Cl. in A. & C. DC., Mon. Phan. 5 (1): 97 (1883)

Guttiferae

Calophyllum multitudinis *P. F. Stevens*, sp. nov.,

gemmis terminalibus 2–4 mm longis internodio haud evoluto 2–3 mm longo, innovationibus axillaribus cicatricibus basalibus perularum praeditis, lamina elliptica (obovata) 6–11 x (1.7–) 2.4–4 cm, pagina superiore glauca, inflorescentiis axillaribus floribus 5–11, axibus 2.3–4 cm longis juventute indumento castaneo puberulo praeditis, bracteis subpersistentibus, floribus tepalis 2 exterioribus indumento in pagina exteriore praeditis tepalis 4 interioribus glabris, fructibus obovoideo-ellipsoideis, 2.–3.5 x 0.7–1.3 cm, pagina rugosa, stipite 10–13 x c. 8 mm, putamine c. 1.15 x 1 cm.

Brunei: Labi. Bukit Teraja, 100 m, 11 Feb. 1992, *J. Dransfield* JD 7021 with S. Dransfield et al., (holotype A; isotype K). Also Sarawak. Forest on ridges or slopes, 100–180 m.

This is *Calophyllum sp.* 65; P.F. Stevens, J. Arnold Arbor. 61: 408 (1980).

Mammea calciphila *Kostermans* var. fasciculata *P.F. Stevens* var. nov.,

a varietatibus aliis *Mammeae calciphilae* in perulis longissimis usque 20 mm longis, laminis basibus attenuatis, et floribus parvis calycibus circa 6 mm longis, differt.

Sarawak: Baram District, Gunong Api, Ulu Melinau, Tutoh, 400' [120 m], 4 Oct.1971, *Anderson* S 31767 (holotype A; isotypes BO, K, L, SAR). Brunei: Bt. Patoi, 240 m, Ec. P. 3869 (SAR). NE Sarawak, Brunei, locally not uncommon. Small tree in forest on limestone, alluvium or sandstone, 65–305 m.

The other three varieties of *M. calciphila* grow in Sabah and eastern Kalimantan.

Kayea borneensis *P.F. Stevens* sp. nov.,
gemmis terminalibus perulis lignosis 1.3–6.2 mm longis, lamina oblonga (elliptica) 11–32 (–48) x 2.7–10 (–12) cm, apice abupte breviterque acuminata, venis secondariis (18–)25–35(–40) utroque costis 2–11 cm distantibus parallelibus elevatis, venis tertiariis (raro quaternariis) parallelibus, inflorescentiis axibus complanatis usque 12 cm longis, ovariis ovulis 7–14, calycibus valde incrassatis 4.6–9 x 4.8–7.5 cm fructibus involventibus et imperfecte adnatis, pagina saepe rugosa brunnea.

Sabah: Beaufort, Beaufort Hill, 350' [105 m], 3 Sept.1955, *Wood & bin Sisiron* SAN 16253 (holotype A; isotypes BO, KEP, SAN, SING). Sarawak, Sabah, E Kalimantan. Lowland or colline forest, 10–527 m.

Sometimes identified as the Malayan *K. grandis* King, but differing most obviously in lacking foliaceous perulae and having more slender twigs and narrower leaves.

Kayea elmeri *Merrill* subsp. **tenuis** *P.F. Stevens* var. nov.
a var. *elmeri* in pedicellis longioribus (4–) 6–20 (–26) mm (haud 1–4 mm) longis and plantis gallis destitutis, differt.

Brunei: Bukit Puan, 40' [12 m], 25 Sept. 1959, *Ashton & Whitmore* BRUN 657 (holotype A; isotypes BO, SAR, SING). NE Sarawak, Brunei & adjacent Sabah. Mixed dipterocarp forest, sometimes kerangas, 12–500 m.

Var. *elmeri* is known only from eastern Sabah and eastern Kalimantan; echinate galls are quite common on the twigs.

Kayea scalarinervosa *P.F. Stevens* sp. nov.
gemmis terminalibus perulis sublignosis (1.5–) 3–6.5 (–10) mm longis, lamina ovata elliptica vel suboblonga (11–) 17–32 (–35) x (4.1–) 6.5–10.6 (–12.6) cm, apice valde abrupte acuta, venis secondariis 11–27 utroque costis 0.9–2 (–3) cm distantibus haud valde parallelibus, venis tertiariis quaternariisve parallelis, inflorescentiis axibus complanatis 3.2–11 cm longis, ovariis ovulis 8, calycibus valde incrassatis 7.5–7.8 x 5–8.3 cm fructibus involventibus et adnatis, pagina saepe sublaevis grisea vel pallide ochracei.

Brunei: Badas State Land, 50' [15 m], 13 April 1957, *Smythies et al.* SAN 17441 (holotype A; isotypes BO, KEP, SING). Sarawak, Brunei & Sabah.

Often on white and podzolic soils, locally an important member of the kerangas community, also on ultramafic rock and mixed dipterocarp forest, 25–240 m.

Menispermaceae

Albertisia triplinervis *Forman* sp. nov.
A. laurifoliae Yamamoto affinis sed foliis majoribus lamina 13–17 x 5.5–8 cm paribus principalibus nervorum basalium prope apicem prolongatis nervis lateralibus e costa exorientibus plerumque nullis, in sicco utrinque impolita, reticulatione supra pallida; drupa paullo majore 3.3 x 2.7 cm distinguenda. Flores ignoti.

Brunei: Temburong, Amo, Bukit Belalong; mature fruit yellow, 21 Febr. 1992, *Prance* 30583 (holotype K; isotypes BRUN, KEP, L, SAR, SAN).

Sapotaceae

As discussed in Pennington, The Genera of the Sapotaceae, 154–6 (1991), the genus *Ganua* Pierre ex Dubard must be regarded as a synonym of *Madhuca* Hamilton ex Gmelin. The following new combinations are therefore required for Brunei species.

Madhuca fusca *(Engler) Forman* comb. nov.
Illipe fusca Engler, Bot. Jahrb. 12: 510 (1890).
Ganua fusca (Engler) Merr. in Journ. As. Soc. Straits Br., Spec. No. 478 (1921).

Madhuca palembanica *(Miq.) Forman* comb. nov.
Podocarpus palembanicus Miq., Fl. Ned. Ind. Suppl. Sumatra 589 (1861).
Ganua? palembanica (Miq.) Van den Assem & Kosterm. in Blumea 7: 482 (1954).

Violaceae

Rinorea congesta *Forman* sp. nov.

R. anguiferae (Lour.) Kuntze affinis sed foliis basi acutis vel obtusis nunquam cordatis, sepalis anguste ovatis tenuibus pubescentibus sed saepe marginem versus glabris, vagina staminali leviter lobata, fructibus 7–8 mm longis adpresse puberulis laevibus sine processibus distinguenda.

Brunei: Temburong, Selapon, banks of Sg. Selapon upriver from village; slender shrub to 3 m tall, stems grey, leaves bright green, flowers green; 18 Nov. 1990, *J. Dransfield* JD6924 (holotype K; isotypes BRUN, KEP, L).

Plate 1

A

B

Plate 1   A River scene, upper Tutong. *Dipterocarpus oblongifolius* & *Licuala sp.* [AMcR]
B The lower reaches of the Temburong R., lined with *Nypa fruticans* [AMcR]

Plate 2

Plate 2 A *Artabotrys sp. 1* — Prance 30698 [JD]
B *Artabotrys sp. 1* — Prance 30698 [JD]
C *Uvaria ovalifolia* — Coode 6981 [MC]
D *Fissistigma sp. 3* — J. Dransfield 7383 [JD]

Plate 3

A

B

Plate 3 A *Monocarpia sp. nov.* — J. Dransfield 7030 [JD]
B *Disepalum anomalum* — Kirkup 402 [DK]

Plate 4

Plate 4
A *Thottea penitilobata* — J. Dransfield 6641 [JD]
B *Begonia eutricha* — J. Dransfield 6708 [JD]
C *Cnestis platantha* — Coode 7698 [MC]
D *Crypteronia glabriflora* — J. Dransfield 7373 [JD]

Plate 5

A

B

Plate 5   A *Weinmannia borneensis* — Coode 7566 [MC]
          B *Drypetes longifolia* — Coode 7244 [MC]

Plate 6

Plate 6 A *Blumeodendron tokbrai* — J. Dransfield 7370 [JD]
B *Elaeocarpus sphaeroblastus* — Coode 7955 [JD]
C *Elaeocarpus acrantherus* — Coode 7863 [JD]
D *Lithocarpus nieuwenhuisii* — Prance 30569 [JD]

Plate 7

Plate 7   A *Sindora leiocarpa* — Coode 7373 [MC]
B *Koompassia malaccensis* — Dransfield 7368 [JD]
C *Helixanthera setigera* — Kirkup 297 [DK]
D *Macrosolen crassus* — Kirkup 415 [DK]

Plate 8

A

B

Plate 8   A *Macrosolen beccarii* — Kirkup 258 [DK]
         B *Beilschmeidia* aff. *maingayi* — J. Dransfield 6847 [JD]

Plate 9

Plate 9   A *Knema galeata* — Coode 6922 [DK]
          B *Medinilla alternifolia* — Coode 6406 [AMcR]
          C *Dysoxylum sp. indet.* — Kirkup 571 [DK]
          D *Syzygium hirtum* — J. Dransfield 7404 [JD]

Plate 10

Plate 10 A *Praravinia sp. indet.* — Wong 2063 [JD]
B *Zizyphus horsfieldii* — J. Dransfield 6667 [JD]
C *Payena sp. indet.* — Coode 6939 [MC]
D *Pterisanthes grandis* — J. Dransfield 6556 [JD]

Plate 11

A

B

Plate 11 A *Scleropyrum sp. indet* — J. Dransfield 7413 [JD]
B *Ternstroemia aff. microcalyx* — Coode 7100 [MC]

Plate 12

A

B

Plate 12   A *Corybas pictus* — J. Dransfield 6527 [JD]
          B *Vanilla borneensis* — Boyce 452 [JD]

Plate 13

Plate 13 (Palms) A *Borassodendron borneense*— J. Dransfield 6947 [JD]
B *Pogonotium divaricatum* — J. Dransfield 6594 [JD]
C *Daemonorops ingens* — J. Dransfield 6612 [JD]
D *Pinanga yassinii* — J. Dransfield 6569 [JD]

Plate 14

A

B

Plate 14 A *Livistona exigua* — J. Dransfield 6568 [JD]
B *Pinanga rivularis* — J. Dransfield 6597 [JD]

With the compliments of the editorial team

Thank you for your contribution to the Brunei Checklist. We are hoping that a new collaborative venture may be set up between Kew and Brunei in the not too distant future and we look forward to the possibility that you may be able to help us again!

M.J.E. Coode, J. Dransfield, L.L. Forman, D.W. Kirkup, Idris M. Said

Plate 15

Plate 15　　A *Hapaline celatrix* — Boyce 358 [JD]
　　　　　　B *Temburongia simplex* — S. Dransfield 1200 [SD]
　　　　　　C *Orchidantha holttumii* — Boyce 232 [JD]
　　　　　　D *Pinanga veitchii* — J. Dransfield 6584 [JD]

Plate 16

A

B

Plate 16 A *Costus globosus* — Cowley 92 [JC]
B *Etlingera nasuta* — Cowley 121 [JC]

INDEX TO SCIENTIFIC NAMES

A

Abarema borneense 165
ABSOLMSIA 34
Absolmsia spartioides 34
ACACIA 164
Acacia auriculiformis 164
Acacia holosericea 164
Acacia mangium 164
ACANTHACEAE 1
ACANTHUS 1
Acanthus ebracteatus 1
Acanthus ilicifolius 1
ACMENA 233
Acmena acuminatissima 233
ACRANTHERA 263
Acranthera aff. atropella 263
Acranthera aff. involucrata 264
Acranthera aff. longipetiolata 264
Acranthera cf. athroophlebia 263
Acranthera involucrata 263
Acranthera ophiorrhizoides 264
Acranthera sp. 1 264
Acranthera sp. 2 264
Acranthera sp. 3 264
ACRIOPSIS 378
Acriopsis javanica 378
Acriopsis javanica var javanica 378
ACROCERAS 366
Acroceras munroanum 366
ACRONYCHIA 299
Acronychia pedunculata 299
ACTEPHILA 100
ACTINIDIACEAE 4
ACTINODAPHNE 149
Actinodaphne aff. borneensis 149
Actinodaphne aff. glomerata 149
Actinodaphne aff. pruinosa 149
Actinodaphne borneensis 149
Actinodaphne diversifolia 149
Actinodaphne glomerata 149
Actinodaphne macrophylla 149
Actinodaphne oleifolia 149

Actinodaphne pruinosa 149
ADENANTHERA 165
Adenanthera pavonina 165
ADENIA 251
Adenia cordifolia 251
Adenia macrophylla var macrophylla 251
ADENOSMA 309
Adenosma capitata 309
Adenosma indianum 309
Adina minutiflora 284
ADINANDRA 317
Adinandra acuminata 317
Adinandra clemensiae 317
Adinandra cordifolia var cordifolia 317
Adinandra cordifolia var strigosa 317
Adinandra dumosa 317
Adinandra excelsa 317
AEGICERAS 228
Aegiceras corniculatum 228
AESCHYNANTHUS 131
Aeschynanthus albidus 131
Aeschynanthus angustifolius 131
Aeschynanthus bicolor 131
Aeschynanthus curtisii 131
Aeschynanthus magnificus 131
Aeschynanthus parvifolius 131
Aeschynanthus speciosus 131
Aeschynanthus trichocalyx 132
Aeschynanthus tricolor 132
AESCHYNOMENE 167
Aeshynomene indica 167
AGALMYLA 132
Agalmyla johannis-winkleri 132
AGANOPE 167
Aganope heptaphylla 167
AGATHIS 424
Agathis borneensis 424
Agathis dammara 424
AGELAEA 58
Agelaea borneensis 58
Agelaea macrophylla 58
AGERATUM 56
Ageratum conyzoides ssp conyzoides 56
AGLAIA 200
Aglaia aff. crassinervia 200
Aglaia angustifolia 200
Aglaia argentea 200
Aglaia beccariana 200

Aglaia coriacea 200
Aglaia crassinervia 200
Aglaia cucullata 200
Aglaia cumingiana 200
Aglaia elliptica 200
Aglaia exstipulata 201
Aglaia forbesii 201
Aglaia foveolata 201
Aglaia griffithii 201
Aglaia laxiflora 201
Aglaia leptantha 201
Aglaia leucophylla 201
Aglaia meliosmoides 202
Aglaia odoratissima 201
Aglaia rubiginosa 201
Aglaia sexipetala 201
Aglaia silvestris 201
Aglaia simplicifolia 202
Aglaia squamulosa 202
Aglaia tenuicaulis 202
Aglaia tomentosa 202
AGLAODORUM 339
Aglaodorum griffithii 339
AGLAONEMA 339
Aglaonema nitidum 339
Aglaonema oblongifolium 339
Aglaonema simplex 339
AGROSTISTACHYS 100
Agrostistachys borneensis 100
Agrostistachys longifolia 100
AGROSTOPHYLLUM 378
Agrostophyllum bicuspidatum 378
Agrostophyllum cyathiforme 428
Agrostophyllum elongatum 428
Agrostophyllum glumaceum 378
Agrostophyllum javanicum 428
Agrostophyllum stipulatum 378
Agrostophyllum trifidum 428
AIDIA 264
Aidia acutipetala 264
Aidia densiflora 264
Aidia racemosa 264
Aidia sp. nov. 264
AIDIOPSIS 265
AIRYANTHA 168
Airyantha borneensis 168
ALANGIACEAE 5
ALANGIUM 5

441

INDEX

Alangium griffithii 5
Alangium havilandii 5
Alangium hirsutum 5
Alangium javanicum 5
ALBERTISIA 208
Albertisia aff. papuana 208
Albertisia papuana 208
Albertisia triplinervis 208, 439
ALBIZIA 165
Albizia chinensis ssp nov. 165
Albizia corniculata 165
Albizia pedicellata 165
Albizia rosulata 165
ALEURITES 101
Aleurites moluccana 101
ALLAMANDA 24
Allamanda cathartica 24
ALLANTOSPERMUM 147
Allantospermum borneense var rostratum 147
Allantospermum borneense var. borneense 147
ALLOPHYLUS 301
Allophylus cobbe s.l. 301
ALOCASIA 339
Alocasia beccarii 339
Alocasia guttata 340
Alocasia longiloba 340
Alocasia lowii 340
Alocasia macrorrhizos 340
Alocasia peltata 340
Alocasia reginae 340
Alocasia sp. A 340
Alocasia sp. B 340
Alocasia sp. C 340
Alocasia sp. D 340
Alocasia sp. E 340
Alocasia sp. F 340
Alocasia sp. G 340
ALPHITONIA 259
Alphitonia philippinensis 259
ALPINIA 413
Alpinia aff. capitellata 413
Alpinia aff. glabra 413
Alpinia aff. glabra var reticulata 414
Alpinia aquatica 413
Alpinia galanga 413
Alpinia glabra 413
Alpinia havilandii vel aff. 414
Alpinia ligulata 414
Alpinia nieuwenhuizii 414
ALSEODAPHNE 150
Alseodaphne aff. bancana 150
Alseodaphne aff. obovata 150
Alseodaphne bancana 150
Alseodaphne borneensis 150
Alseodaphne coriacea 156
Alseodaphne insignis 150
Alseodaphne oblanceolata 150
Alseodaphne obovata 150
ALSTONIA 24
Alstonia angustifolia 24
Alstonia angustiloba 25
Alstonia scholaris 25
Alstonia spatulata 25
ALTERNANTHERA 6
Alternanthera sessilis 6
ALYSICARPUS 168
Alysicarpus vaginalis 168
ALYXIA 25
Alyxia pagonensis 25
Alyxia palawanensis 25
Alyxia pilosa 25
Alyxia reinwardtii var. lucida 25
Alyxia sp. 1 25
AMARANTHACEAE 6
AMARANTHUS 6
Amaranthus gracilis 6
AMARYLLIDACEAE 339
AMISCHOTOLYPE 352
Amischotolype glabrata 352
Amischotolype griffithii 352
Amischotolype laxiflora 352, 434
Amischotolype marginata 352
Amischotolype mollissima 352
Amischotolype sphagnorhiza 352
Amischotolype sphagnorrhiza 434
AMOMUM 414
Amomum aff. apiculatum 414
Amomum aff. flavoalbum 415
Amomum aff. oliganthum 415
Amomum aff. paucifolium 415
Amomum aff. ridleyi 415
Amomum aff. uliginosum 415
Amomum anomalum 414
Amomum borneense 414
Amomum cerasinum 414
Amomum coriaceum 414
Amomum epiphyticum 414
Amomum laxisquamosum 415
Amomum ligulatum 415
Amomum pungens 415
Amomum ridleyi 415
Amomum sp. A 415
Amomum sp. B 415
Amomum sp. C 416
Amomum sp. D 416
Amomum uliginosum 415
Amomum xanthophlebium 415
AMORPHOPHALLUS 341
Amorphophallus paeoniifolius 341
Amorphophallus pendulus 341
AMPELOCISSUS 335
Ampelocissus borneensis 335
Ampelocissus capillaris 335
Ampelocissus cf. winkleri 336
Ampelocissus imperialis 336
Ampelocissus lowii 336
Ampelocissus ochracea 336
Ampelocissus pedicellata 336
Ampelocissus rubiginosa 336
Ampelocissus winkleri 336
AMYDRIUM 341
Amydrium medium 341
AMYEMA 176
Amyema beccarii 176
AMYLOTHECA 177
Amylotheca duthieana 177
AMYXA 320
Amyxa pluricornis 320
ANACARDIACEAE 6
ANACARDIUM 6
Anacardium occidentale 6
ANACOLOSA 246
Anacolosa frutescens 246
ANADENDRUM 341
Anadendrum affine 341
Anadendrum cordatum 341
Anadendrum latifolium 341
Anadendrum lobbii 341
Anadendrum marginatum 341
Anadendrum microstachyum 341
Andorgraphis paniculata 1
ANDROGRAPHIS 1
ANDROPOGON 366

INDEX

ANDROTIUM 6
Androtium astylum 6
ANERINCLEISTUS 184
Anerincleistus bracteatus 184
Anerincleistus dispar 194
Anerincleistus hispidissimus 184
Anerincleistus macrophyllus 185
Anerincleistus purpureus 185
Angelesia splendens 53
ANGELONIA 309
Angelonia goyayensis 309
ANISOPHYLLEA 11
Anisophyllea corneri 11
Anisophyllea disticha 11
Anisophyllea ferruginea 12
ANISOPHYLLEACEAE 11
ANISOPTERA 66
Anisoptera costata 66
Anisoptera grossivenia 66
Anisoptera laevis 66
Anisoptera marginata 66
Anisoptera reticulata 67
ANNONA 12
Annona muricata 12
ANNONACEAE 12
ANODENDRON 25
Anodendron borneense 25
ANOMANTHODIA 265
Anomanthodia dilleniacea 265
Anomanthodia lancifolia 265
Anthocephalus chinensis 281
Antiaria toxicaria 210
ANTIARIS 210
ANTIDESMA 101
Antidesma brachybotrys 101
Antidesma bunius 101
Antidesma cauliflorum 102
Antidesma cf. brachybotrys 101
Antidesma cf. hosei var hosei 102
Antidesma cf. polystylum 102
Antidesma cf. stipulare 103
Antidesma coriaceum 101
Antidesma cuspidatum 101
Antidesma globuligerum 101
Antidesma hosei var angustatum 101
Antidesma hosei var hosei 101
Antidesma hosei var microcarpum 102
Antidesma leucopodum var leucopodum 102
Antidesma leucopodum var platyphyllum 102
Antidesma linearifolium 102
Antidesma montanum 102
Antidesma neurocarpum 102
Antidesma plumbeum 101
Antidesma riparium 103
Antidesma stipulare 103
Antidesma tomentosum 103
Antidesma venenosum 103
APHANAMIXIS 202
Aphanamixis polystachya 203
Aphania dasypetala 303
Aphanmyxis borneensis 202
APHYLLORCHIS 378
Aphyllorchis pallida 378
APOCYNACEAE 24
APORUSA 103
Aporusa acuminatissima 105
Aporusa aff. symplocoides 105
Aporusa alia 103
Aporusa antennifera 103
Aporusa benthamiana 104
Aporusa bullatissima 104
Aporusa cf. falcifera 104
Aporusa cf. subcaudata 105
Aporusa cf. symplocoides var symplocoides 105
Aporusa elmeri 104
Aporusa falcifera 104
Aporusa frutescens 104
Aporusa grandistipula 104
Aporusa granularis 104
Aporusa illustris 105
Aporusa lucida 104
Aporusa lucida var trilocularis 104
Aporusa lunata 105
Aporusa maingayi 105
Aporusa miqueliana 105
Aporusa nigricans 105
Aporusa nitida 105
Aporusa prainiana 105
Aporusa sarawakensis 105
Aporusa subcaudata 105
APOSTASIA 378
Apostasia elliptica 378
Apostasia nuda 379
Apostasia wallichii 379
APPENDICULA 379
Appendicula aff. pauciflora 379
Appendicula anceps 379
Appendicula cornuta 379
Appendicula cristata 379
Appendicula pendula 379
Appendicula reflexa 379
Appendicula uncata ssp sarawakensis 379
AQUIFOLIACEAE 30
AQUILARIA 321
Aquilaria beccariana 321
Aquilaria cf. beccariana 321
ARACEAE 339
ARACHNIS 380
Arachnis hookeriana 380
ARALIACEAE 31
ARALIDIACEAE 33
ARALIDIUM 33
Aralidium pinnatifidum 33
ARAUCARIACEAE 424
ARCHIDENDRON 165
Archidendron aff. kinabaluense 166
Archidendron borneense 165
Archidendron clypearia ssp. clypearia 165
Archidendron clypearia ssp. clypearia vel aff. 165
Archidendron cockburnii 166
Archidendron ellipticum ssp ellipticum 166
Archidendron fagifolium var borneense 166
Archidendron kinabaluense 166
Archidendron kunstleri ssp ashtonii 166
Archidendron microcarpum 166
ARDISIA 228
Ardisia borneensis 228
Ardisia breviramea 228
Ardisia cf. lancifolia 229
Ardisia cf. macrophylla 229
Ardisia cf. synneura 230
Ardisia colorata 228
Ardisia copelandii 228
Ardisia elliptica 228
Ardisia korthalsiana 229
Ardisia lamponga 229
Ardisia lancifolia 229
Ardisia livida 229
Ardisia macrocalyx 229
Ardisia macrophylla 229

INDEX

Ardisia megistosepala 229
Ardisia miniscula 229
Ardisia obovatifolia 229
Ardisia oxyphylla 229
Ardisia polyactis 230
Ardisia sanguinolenta vel aff. 230
Ardisia sarawakensis vel aff. 230
Ardisia sp. 1 230
Ardisia sp. 2 230
Ardisia sp. 3 230
Ardisia sp. 4 231
Ardisia steiranthera 230
Ardisia subamplexicaulis 230
Ardisia synneura 230
Ardisia synneura vel aff. 230
ARECA 393
Areca andersonii 393
Areca arundinacea 393
Areca insignis var insignis 393
Areca insignis var moorei 393
Areca kinabaluensis 393
Areca minuta 393
Areca subacaulis 393
ARENGA 393
'Arenga distincta' 393
Arenga hastata 393
Arenga undulatifolia 394
ARGOSTEMMA 265
Argostemma borragineum 265
Argostemma cf. borragineum 265
Argostemma cf. psychotrioides 266
Argostemma cf. rupestre 266
Argostemma cf. sp. 1 266
Argostemma cf. subfalcifolium 266
Argostemma densifolium 265
Argostemma gracile 265
Argostemma hameliifolium s.l. 265
Argostemma psychotrioides 266
Argostemma sp. 1 266
Argostemma sp. 2 266
Argostemma sp. 3 266
Argostemma sp. 4 267
Argostemma sp. 5 267
Argostemma sp. 6. 267
Argostemma subfalcifolium

266
ARGYREIA 60
Argyreia elongata 60, 435
ARIDARUM 341
Aridarum caulescens 341
Aridarum caulescens var angustifolium 342
ARISAEMA 342
Arisaema filiforme 342
Arisaema umbrinum 342
ARISTOLOCHIA 33
Aristolochia cf. foveolata 33
Aristolochia transtillifera 34
ARISTOLOCHIACEAE 33
ARTABOTRYS 12
Artabotrys borneensis 12
Artabotrys cf. gracilis 12
Artabotrys cf. polygynus 12
Artabotrys havilandii 12
Artabotrys sp. 1 13
Artabotrys sp. 2 13
Artabotrys suaveolens 12
ARTHROPHYLLUM 31
Arthrophyllum ahernianum 31
Arthrophyllum angustifolium 31
Arthrophyllum ashtonii 31
Arthrophyllum diversifolium 31
ARTOCARPUS 210
Artocarpus altilis 210
Artocarpus anisophyllus 210
Artocarpus cf. nitidus 211
Artocarpus communis 210
Artocarpus dadah 210
Artocarpus elasticus 210
Artocarpus excelsus 210
Artocarpus glaucus 210
Artocarpus heterophyllus 211
Artocarpus integer var integer 211
Artocarpus kemanda 211
Artocarpus lanceifolius 211
Artocarpus melinoxylus ssp brevipedunculatus 211
Artocarpus nitidus ssp nitidus 211
Artocarpus odoratissimus 211
Artocarpus sericicarpus 211
Artocarpus tamaran 211
ARUNDINA 380
Arundina graminifolia 380
ARYTERA 302

Arytera littoralis 302
ASCIDIERIA 380
Ascidieria longifolia 380
ASCLEPIADACEAE 34
ASCLEPIAS 34
Asclepias curassavica 34
ASHTONIA 106
Ashtonia excelsa 106
ASPIDOPTERYS 183
Aspidopterys concava 183
ASTRONIA 185
Astronia cumingiana 185
ASYSTASIA 1
Asystasia gangetica 1
ATUNA 53
Atuna racemosa ssp racemosa 53
Atuna racemosa subsp. excelsa 53
AULANDRA 305
Aulandra longifolia 305
AUSTROBUXUS 106
Austrobuxus nitidus 106
AVERRHOA 249
Averrhoa bilimbi 249
Averrhoa carambola 250
AVICENNIA 37
Avicennia alba 37
Avicennia marina 37
AVICENNIACEAE 37
AXONOPUS 366
Axonopus affinis 366
AZADIRACHTA 203
Azadirachta excelsa 203

B

BACCAUREA 106
Baccaurea aff. maingayi 107
Baccaurea angulata 106
Baccaurea bracteata var bracteata 106
Baccaurea bracteata var crassifolia 106
Baccaurea cf. racemosa 107
Baccaurea cf. trunciflora 108
Baccaurea costulata 106
Baccaurea javanica 106
Baccaurea kunstleri 106
Baccaurea lanceolata 107
Baccaurea latifolia 107
Baccaurea macrocarpa 107
Baccaurea membranacea 107
Baccaurea motleyana 107
Baccaurea pyriformis 107
Baccaurea racemosa 107
Baccaurea reticulata 108

INDEX

Baccaurea stipulata 108
Baccaurea sumatrana 108
Baccaurea trunciflora 108
BACOPA 309
Bacopa floribunda 309
BAHARUIA 26
Baharuia gracilis 26
BALANOPHORA 37
Balanophora aff. reflexa 38
Balanophora papuana 37
BALANOPHORACEAE 37
BAMBUSA 371
Bambusa glaucescens 371
Bambusa multiplex 371
Bambusa vulgaris 371
BARCLAYA 244
Barclaya motleyi 244
Barclaya rotundifolia 244
BARLERIA 1
Barleria cristata 1
Barleria lupulina 1
BARRINGTONIA 158
Barringtonia acutangula ssp acutangula 158
Barringtonia asiatica 158
Barringtonia cf. gigantostachya var megistophylla 158
Barringtonia conoidea 158
Barringtonia fusiformis 158
Barringtonia havilandii 158
Barringtonia lanceolata 159
Barringtonia macrostachya 159
Barringtonia pauciflora 159
Barringtonia racemosa 159
Barringtonia reticulata 159
Barringtonia revoluta 159
Barringtonia sarcostachys f dolichophylla 159
BAUHINIA 160
Bauhinia acuminata 160
Bauhinia aff. excelsa var excelsa 160
Bauhinia aff. kockiana 161
Bauhinia aff. lambiana 161
Bauhinia campanulata 160
Bauhinia cf. semibifida 161
Bauhinia cf. semibifida var longebracteata 161
Bauhinia diptera 160
Bauhinia excelsa 160
Bauhinia excelsa var excelsa 160
Bauhinia finlaysoniana var leptopus 160
Bauhinia foraminifera var falcata 160
Bauhinia havilandii 160

Bauhinia kockiana 160
Bauhinia purpurea 161
Bauhinia semibifida var bruneiana 161
Bauhinia wrayi var borneensis 161
Bauhinia wrayi var cardiophylla 161

BEGONIA 38

Begonia awongii 38, 432
Begonia bahakensis 38, 432
Begonia baramensis 38
Begonia bruneiana 433
Begonia bruneiana ssp angustifolia 38
Begonia bruneiana ssp bruneiana 38
Begonia bruneiana ssp labiensis 38
Begonia bruneiana ssp retakensis 39
Begonia bruneiana subsp. angustifolia 433
Begonia bruneiana subsp. bruneiana 433
Begonia bruneiana subsp. labiensis 433
Begonia bruneiana subsp. retakensis 433
Begonia cf. bruneiana ssp labiensis 39
Begonia cf. bruneiana ssp retakensis 39
Begonia chlorandra 39, 432
Begonia cyanescens 39, 433
Begonia eutricha 39, 434
Begonia fuscisetosa 39, 433
Begonia hexaptera 40, 434
Begonia laccophora 40, 434
Begonia leucochlora 40, 432
Begonia leucotricha 40, 434
Begonia papyraptera 40, 432
Begonia sibutensis 40, 433
Begonia stenogyna 40, 432
Begonia temburongensis 40, 432

BEGONIACEAE 38
BEILSCHMIEDIA 150

Beilschmiedia aff. maingayi 150
Beilschmiedia eusideroxylocarpa 150
Beilschmiedia praecox 150
BHESA 50
Bhesa paniculata 50
Bhesa robusta 50
BIGNONIACEAE 41
BLUMEA 56
BLUMEODENDRON 108
Blumeodendron calophyllum 108
Blumeodendron cf. concolor 108
Blumeodendron cf. tokbrai var borneense 109
Blumeodendron kurzii 108
Blumeodendron tokbrai var borneense 108
Blumeodendron tokbrai var tokbrai 109
BOESENBERGIA 416
Boesenbergia aff. grandis 416
Boesenbergia aff. orbiculata 417
Boesenbergia aff. parva 417
Boesenbergia belalongensis 416
Boesenbergia cf. oligosperma 416
Boesenbergia flavoalba 416
Boesenbergia flavorubra 416
Boesenbergia gracilipes vel aff. 416
Boesenbergia grandifolia 416
Boesenbergia kerbyi 416
Boesenbergia orbiculata 417
Boesenbergia parva 417
Boesenbergia sp. A 417
Boesenbergia sp. B 417
Boesenbergia sp. C 417
Boesenbergia stenophylla 417
Boesenbergia urceoligena 417
BOMBACACEAE 41
BORAGINACEAE 43
BORASSODENDRON 394
Borassodendron borneense 394
BORNEACANTHUS 1
Borneacanthus grandifolius 1

445

INDEX

BOUEA 6
Bouea macrophylla 6
Bouea oppositifolia 6
BOWRINGIA 168
Bowringia callicarpa 168
BRACKENRIDGEA 244
Brackenridgea palustris 244
Brackenridgea palustris ssp palustris 244
BREYNIA 109
Breynia coronata 109
BRIDELIA 109
Bridelia glauca 109
Bridelia minutiflora 109
Bridelia penangiana 109
Bridelia stipularis 109
BROMHEADIA 380
Bromheadia borneensis 380
Bromheadia ensifolia 428
Bromheadia finlaysoniana 380
Bromheadia grandiflora 428
Bromheadia scirpoidea 428
Bromheadia truncata 428
BROOKEA 309
Brookea tomentosa 309
BROWNLOWIA 323
Brownlowia argentata 323
Brownlowia tersa 323
BRUCEA 310
Brucea javanica 310
BRUGUIERA 261
Bruguiera cylindrica 261
Bruguiera gymnorhiza 261
Bruguiera sexangula 261
BUCEPHALANDRA 342
Bucephalandra motleyana 342
BUCHANANIA 7
Buchanania arborescens 7
Buchanania sessifolia 7
BULBOPHYLLUM 380
Bulbophyllum acuminatum 380, 428
Bulbophyllum acutum 428
Bulbophyllum armeniacum 380
Bulbophyllum auratum 380
Bulbophyllum beccarii 428
Bulbophyllum binnendijkii 428
Bulbophyllum caudatisepalum 428
Bulbophyllum cf. medusae 381
Bulbophyllum cf. uniflorum 381
Bulbophyllum cleistogamum 428

Bulbophyllum elongatum 380
Bulbophyllum flavescens 380
Bulbophyllum glaucifolium 428
Bulbophyllum gracillimum 429
Bulbophyllum grandilabre 429
Bulbophyllum grudense 429
Bulbophyllum heldiorum 429
Bulbophyllum inunctum 380, 429
Bulbophyllum kemulense 429
Bulbophyllum korthalsii 429
Bulbophyllum limbatum 429
Bulbophyllum macranthum 380
Bulbophyllum macrochilum 381
Bulbophyllum marudiense 429
Bulbophyllum medusae 381
Bulbophyllum membranifolium 429
Bulbophyllum mirabile 381
Bulbophyllum mutabile var mutabile 381
Bulbophyllum nabawanense 429
Bulbophyllum nematocaulon 429
Bulbophyllum obtusipetalum 429
Bulbophyllum odoardii 429
Bulbophyllum odoratum 429
Bulbophyllum otochilum 429
Bulbophyllum pileatum 429
Bulbophyllum refractilingue 381, 429
Bulbophyllum rhizomatosum 381, 429
Bulbophyllum singaporeanum 429
Bulbophyllum sopoetanense 381
Bulbophyllum stipitatibulbum 429
Bulbophyllum subumbellatum 429

Bulbophyllum tardeflorens 429
Bulbophyllum tenuifolium 429
Bulbophyllum teter 429
Bulbophyllum trifolium 429
Bulbophyllum unguiculatum 430
Bulbophyllum uniflorum 430
Bulbophyllum vaginatum 381
Bulbophyllum vermiculare 381, 430
BULBOSTYLIS 354
Bulbostylis barbata 354
Bulbostylis puberula 354
BURBIDGEA 417
Burbidgea cf. stenantha 418
Burbidgea nitida 417
Burbidgea pauciflora 418
Burbidgea sp. A 418
Burbidgea stenantha 418
BURMANNIA 351
Burmannia championii 351
Burmannia coelestis 351
Burmannia longifolia 351
BURMANNIACEAE 351
BURSERACEAE 43

C

CAESALPINIA 161
Caesalpinia crista 161
Caesalpinia latisiliqua 161
Caesalpinia major 161
Caesalpinia pulcherrima 161
CALADIUM 342
Caladium bicolor 342
CALAMUS 394
Calamus acanthochlamys 394
Calamus aff. divaricatus 395
Calamus aff. semoi 397
Calamus amplijugus 394
Calamus ashtonii 394
Calamus axillaris 394
Calamus blumei 394
Calamus comptus 394
Calamus conirostris 394
Calamus convallium 395
Calamus diepenhorstii 395
Calamus divaricatus var divaricatus 395
Calamus erinaceus 395
Calamus flabellatus 395
Calamus gonospermus 395

INDEX

Calamus hispidulus 395
Calamus javensis 395
Calamus kiahii 396
Calamus laevigatus var
    laevigatus 396
Calamus laevigatus var
    mucronatus 396
Calamus lambirensis 396
Calamus leloi 396
Calamus marginatus 396
Calamus muricatus 396
Calamus myriacanthus 396
Calamus nanodendron 396
Calamus optimus 396
Calamus ornatus 396
Calamus oxleyanus 397
Calamus paspalanthus 397
Calamus pilosellus 397
Calamus pogonacanthus
    397
Calamus praetermissus 397
Calamus ruvidus 397
Calamus sarawakensis 397
Calamus scipionum 397
Calamus sordidus 397
Calamus sp. nov. 1 398
Calamus sp. nov. 2 398
Calamus zonatus 397
CALLERYA 168
Callerya eriantha 168
Callerya nieuwenhuisii 168
CALLIANDRA 166
Calliandra haematocephala
    166
CALLICARPA 329
Callicarpa badipilosa 329
Callicarpa glabrifolia 329
Callicarpa havilandii 329
Callicarpa involucrata 330
Callicarpa longifolia 330
Callicarpa longifolia f
    subglabrata 330
Callicarpa pentandra 330
Callicarpa pentandra f
    farinosa 330
CALLITRIS 424
CALOPHYLLUM 137
Calophyllum alboramulum
    137
Calophyllum ardens 137
Calophyllum biflorum 137
*Calophyllum borneense
    137*
Calophyllum canum 137
Calophyllum cf. canum 137
Calophyllum cf.
    sclerophyllum 139
Calophyllum confertum 137
Calophyllum
    depressinervium 137
*Calophyllum
    depressinervium 138*
Calophyllum ferrugineum
    137
Calophyllum ferrugineum
    var orientale 138
*Calophyllum floribundum
    139*
Calophyllum garcinoides
    138
Calophyllum gracilipes 138
Calophyllum griseum 138
Calophyllum havilandii 138
Calophyllum incumbens
    138
*Calophyllum inophylloide
    139*
Calophyllum inophyllum
    138
Calophyllum lowii 138
Calophyllum macrocarpum
    138
Calophyllum multitudinis
    138, 438
*Calophyllum muscigerum
    139*
Calophyllum nodosum 138
Calophyllum
    obliquinervium 139
*Calophyllum obliquinervium
    137*
*Calophyllum rhizophorum
    138*
Calophyllum rigidum 139
Calophyllum sclerophyllum
    139
Calophyllum soulatri 139
Calophyllum teijsmannii
    var. inophylloide 139
Calophyllum tetrapterum
    var ovale 139
Calophyllum tetrapterum
    var tetrapterum 139
Calophyllum wallichianum
    var. incrassatum 139
Calophyllum woodii 139
CALOPOGONIUM 168
Calopogonium mucunoides
    168
CALOTROPIS 34
Calotropis gigantea 34
CAMELLIA 318
Camellia lanceolata 318
CAMPANULACEAE 47
CAMPNOSPERMA 7
Campnosperma auriculatum
    7
Campnosperma coriaceum
    7
Campnosperma squamatum
    7
CANARIUM 43
Canarium apertum 43
Canarium caudatum 43
Canarium caudatum f.
    auriculiferum 43
Canarium cf. caudatum 43
Canarium dichotomum 43
Canarium littorale f
    pruinosum 44
Canarium littorale s.l. 44
Canarium megalanthum 44
Canarium patentinervium
    44
Canarium pilosum ssp
    pilosum 44
Canarium
    pseudopatentinervium
    44
CANAVALIA 168
Canavalia rosea 168
CANSJERA 249
Cansjera rheedii 249
CANTHIUM 267
Canthium aff. confertum
    267
Canthium confertum 267
Canthium didymum 267
Canthium glabrum 267
Canthium horridum s.l. 267
Canthium sp. nov. 267
CANTLEYA 145
Cantleya corniculata 145
CAPPARACEAE 48
CAPPARIS 48
Capparis buwaldae 48
CARALLIA 261
Carallia borneensis 261
Carallia brachiata 261
CARYOTA 398
Caryota mitis 398
CASEARIA 128
Casearia cf. elliptifolia 128
Casearia cf. flexula 128
Casearia cf. rugulosa 128
Casearia elliptifolia 128
Casearia grewiifolia var
    deglabrata 128
Casearia lobbiana 128
Casearia rugulosa 128
Casearia sp. 1 128
CASSIA 162
Cassia alata 162
Cassia alata 164
Cassia fistula 162
Cassia siamea 164
CASSINE 50

447

Cassine viburnifolia 50
CASSYTHA 151
Cassytha filiformis 151
CASTANOPSIS 123
Castanopsis borneensis 123
Castanopsis costata 124
Castanopsis foxworthii 124
Castanopsis fulva 124
Castanopsis hypophoenicea 124
Castanopsis motleyana 124
Castanopsis oligoneura 124
CASUARINA 48
Casuarina equisetifolia 48
Casuarina nobilis 48
CASUARINACEAE 48
CATANTHERA 185
Catanthera tetrandra 185
CATHARANTHUS 26
Catharanthus roseus 26
CAYRATIA 336
Cayratia cf. mollissima 336
Cayratia geniculata 336
Cayratia mollissima 336
Cayratia trifolia 336
CECROPIACEAE 49
CEIBA 41
Ceiba pentandra 41
CELASTRACEAE 50
CELASTRUS 50
Celastrus monospermoides 50
CENCHRUS 366
Cenchrus echinatus 366
CENTELLA 327
Centella asiatica 327
CENTOTHECA 366
Centotheca lappacea 366
CENTRANTHERA 309
Centranthera tranquebarica 309
CENTROSEMA 168
Centrosema pubescens 168
CEPHALOMAPPA 110
Cephalomappa beccariana var. tenuifolia 110
Cephalomappa lepidotula 110
CERATOLOBUS 398
Ceratolobus concolor 398
Ceratolobus discolor 398
Ceratolobus subangulatus 398
CERATOSTYLIS 381
Ceratostylis aff. alata 381
CERBERA 26
Cerbera manghas 26
CERIOPS 261
Ceriops tagal 261

CHAETOCARPUS 110
Chaetocarpus castanocarpus 110
CHASSALIA 268
Chassalia cf. bracteata 268
Chassalia chartacea s.l. 268
Chassalia curviflora 268
Chassalia nom. nov. ined. 268
CHEILOSA 110
Cheilosa montana 110
Chelonistele amplissima 430
Chelonistele angustifolia 430
Chelonistele lamellulifera 430
Chelonistele richardsii 430
Chelonistele sulphurea 430
CHILOCARPUS 26
Chilocarpus anguineus 26
Chilocarpus beccarianus 26
Chilocarpus conspicuus 26
Chilocarpus obtusifolius 26
Chilocarpus torulosus 26
CHIONANTHUS 247
Chionanthus crispus 247
Chionanthus curvicarpus 247
Chionanthus enerve 247
Chionanthus evenius 247
Chionanthus laxiflorus 247
Chionanthus pachyphyllus 247
Chionanthus palustris 247
Chionanthus pluriflorus 247
Chionanthus ramiflorus 248
Chionanthus sp. 1 248
Chionanthus sp. 2 248
Chionanthus spicatus 248
CHISOCHETON 203
Chisocheton aff. ceramicus 203
Chisocheton amabilis 203
Chisocheton ceramicus 203
Chisocheton erythrocarpus 203
Chisocheton lansiifolius 203
Chisocheton macranthus 203
Chisocheton patens 203
Chisocheton pentandrus ssp medius 203
Chisocheton pentandrus ssp paucijugus 203
Chisocheton polyandrus 203
Chisocheton sarawakanus

204
Chisocheton setosus 204
CHLORANTHACEAE 53
CHLORANTHUS 53
Chloranthus erectus 53
CHROMOLAENA 56
Chromolaena odorata 56
CHRYSOBALANACEAE 53
CHRYSOPOGON 366
Chrysopogon aciculatus 366
Cicca acida 121
CINNAMOMUM 151
Cinnamomum aff. cuspidatum 151
Cinnamomum aff. 'pseudo-javanicum' 151
Cinnamomum cf. burmannii 151
Cinnamomum cuspidatum 151
Cinnamomum iners 151
Cinnamomum javanicum 151
Cinnamomum politum 151
Cinnamomum 'pseudo-javanicum' 151
CISSUS 336
Cissus adnata 336
Cissus angustata 337
Cissus hastata 337
Cissus nodosa 337
Cissus rostrata 337
Cissus simplex 337
CLADERIA 382
Claderia viridiflora 382
CLAOXYLON 110
Claoxylon cf. longifolium 110
Claoxylon longifolium 110
CLAUSENA 299
Clausena excavata 299
CLEISOSTOMA 382
Cleisostoma cf. halophilum 382
CLEISTANTHUS 110
Cleistanthus bakonensis 110
Cleistanthus baramicus 110
Cleistanthus brideliifolius 110
Cleistanthus contractus 110
Cleistanthus coriaceus 111
Cleistanthus glaber 111
Cleistanthus gracilis 111
Cleistanthus myrianthus var spicatus 111
Cleistanthus

INDEX

pseudopodocarpus
111
Cleistanthus pyrrhocarpus
111
Cleistanthus sumatranus
111
Cleistanthus winkleri 111
CLEISTOCALYX 233
Cleistocalyx
   barringtonioides 233
Cleistocalyx nitidus 234
Cleistocalyx
   perspicuinervius 234
CLEOME 48
Cleome rutidosperma 48
Cleome spinosa 48
CLERODENDRUM 330
'Clerodendrum album' 330
Clerodendrum cf. 'album'
   330
Clerodendrum fistulosum
   330
Clerodendrum
   myrmecophilum 330
CLETHRA 54
Clethra longispicata 54
Clethra pachyphylla 54
CLETHRACEAE 54
CLIDEMIA 185
Clidemia hirta 185
CLITORIA 169
Clitoria falcata 169
Clitoria ternatea 169
CNESTIS 58
Cnestis palala 58
Cnestis platantha 58
COELOGYNE 382
Coelogyne aff. incrassata
   382
Coelogyne asperata 430
Coelogyne bruneiensis
   382, 430
Coelogyne cuprea 430
Coelogyne dayana 430
Coelogyne echinolabium
   382
Coelogyne endertii 430
Coelogyne eraticulilabris
   382
Coelogyne exalata
   382, 430
Coelogyne hirtella 382
Coelogyne incrassata var
   incrassata 382
Coelogyne kinabaluense
   430
Coelogyne longibulbosa
   382
Coelogyne naja 430

Coelogyne odoardi 383
Coelogyne pandurata 383
Coelogyne peltastes 383
Coelogyne pholidotoides
   431
Coelogyne planiscapa 431
Coelogyne radioferens 431
Coelogyne reflexa 431
Coelogyne roehussenii 383
Coelogyne sanderiana 383
Coelogyne septemcostata
   383
Coelogyne swaniana 383
Coelogyne testacea 431
Coelogyne venusta 383
COELORACHIS 366
Coelorachis glandulosa 366
COELOSPERMUM 268
Coelospermum truncatum
   268
COELOSTEGIA 41
Coelostegia griffithii 41
COFFEA 268
Coffea arabica 268
COLCHICACEAE 352
COLOCASIA 342
Colocasia esculenta 342
COLUBRINA 259
Colubrina beccariana 259
COMBRETACEAE 55
COMBRETOCARPUS 12
Combretocarpus rotundatus
   12
COMBRETUM 55
Combretum borneense 55
Combretum sp.1 55
Combretum sundaicum 55
Combretum tetralophum 55
COMMELINACEAE 352
COMMERSONIA 312
Commersonia bartramia
   312
COMPOSITAE 56
CONNARACEAE 58
CONNARUS 59
Connarus aff. winkleri 59
Connarus monocarpus ssp.
   malayensis 59
Connarus odoratus 59
Connarus peltatus 59, 435
Connarus semidecandrus 59
CONVALLARIACEAE
   353
CONVOLVULACEAE 60
COPAIFERA 162
Copaifera palustris 162
COPTOPHYLLUM 268
Coptophyllum sp. nov. 268
COPTOSAPELTA 269

CORDIA 43
Cordia curassavica 43
Cordia cylindristachya 43
CORNACEAE 62
CORYBAS 383
Corybas pictus 383
CORYMBORCHIS 383
Corymborchis veratriflora
   383
COSCINIUM 208
Coscinium fenestratum 208
COSMIANTHEMUM 1
Cosmianthemum
   angustifolium 2
Cosmianthemum dido 1
Cosmianthemum
   obtusifolium 2
COSMOS 56
Cosmos caudatus 56
COSTACEAE 353
COSTERA 96
Costera cyclophylla 96
Costera endertii 96
Costera ovalifolia 96
COSTUS 353
Costus aff. acanthocephalus
   353
Costus cf. globosus 354
Costus globosus 353
Costus paradoxus 354
Costus speciosus 354
COTYLELOBIUM 67
Cotylelobium burckii 67
Cotylelobium cf. burckii 67
Cotylelobium lanceolatum
   67
Cotylelobium malayanum
   67
Cotylelobium melanoxylon
   67
CRASSOCEPHALUM 56
Crassocephalum
   crepidioides 56
CRATAEVA 48
Crateva nurvala 48
CRATOXYLUM 140
Cratoxylum arborescens
   140
Cratoxylum cochinchinense
   140
Cratoxylum formosum ssp
   formosum 140
Cratoxylum glaucum 140
Cratoxylum hypericinum
   140
Cratoxylum ligustrinum
   140
Cratoxylum sumatranum ssp
   sumatranum 140

449

INDEX

CREOCHITON 185
Creochiton monticola 185
CROTALARIA 169
Crotalaria pallida 169
Crotalaria retusa 169
Crotallaria mucronata 169
CROTON 111
Croton argyratus 111
Croton caudatus 111
Croton cf. griffithii 112
Croton coriifolius 111
Croton heterocarpus 112
Croton korthalsii 112
Croton krabas 112
Croton oblongus 112
CRUDIA 162
Crudia beccarii 162
Crudia beccarii vel aff. 162
Crudia tenuipes 162
CRYPTERONIA 62
Crypteronia borneensis 62
Crypteronia elegans 62
Crypteronia glabriflora 62
Crypteronia griffithii 62
Crypteronia macrophylla 62
CRYPTERONIACEAE 62
CRYPTOCARYA 151
Cryptocarya crassinervia 151
Cryptocarya densiflora 151
Cryptocarya enervis 151
Cryptocarya ferrea 152
Cryptocarya kurzii 152
Cryptocarya nigra 152
Cryptocarya scortechinii 152
Cryptocarya tuanku-bujangii 152
CRYPTOCORYNE 342
Cryptocoryne ciliata 342
Cryptocoryne longicauda 342
Cryptocoryne zonata 343
CRYPTOSTEGIA 35
Cryptostegia grandiflora 35
CRYPTOSTYLIS 384
Cryptostylis acutata 384
Cryptostylis aff. acutata 384
CTENOLOPHON 63
Ctenolophon parvifolius 63
CTENOLOPHONACEAE 63
CUCUMIS 63
CUCURBITACEAE 63
CUNONIACEAE 64
CUPRESSACEAE 424
CURCULIGO 375
Curculigo latifolia s.l. 375
Curculigo racemosa 375

CUSCUTA 60
CYANANDRIUM 185
Cyanandrium sp. nov. 185
CYATHOCALYX 13
Cyathocalyx bancana 13
Cyathocalyx biovulatus 13
Cyathocalyx carinatus 13
Cyathocalyx havilandii 13
Cyathocalyx magnificus 13
Cyathocalyx sp.1 (sp.nov. Sinclair) 13
CYATHOSTEMMA 14
Cyathostemma excelsum 14
CYATHULA 6
Cyathula prostrata 6
CYCLEA 208
Cyclea cf. laxiflora 208
Cyclea elegans 208
CYMBIDIUM 384
Cymbidium finlaysonianum 384
CYNANCHUM 35
Cynanchum ovalifolium 35
CYNODON 367
Cynodon dactylon 367
CYPERACEAE 354
CYPERUS 354
Cyperus compactus 354
Cyperus compressus 354
Cyperus cyperinus 354
Cyperus distans 354
Cyperus haspan 355
Cyperus iria 355
Cyperus javanicus 355
Cyperus laxus 355
Cyperus platystylis 355
Cyperus radians 355
Cyperus rotundus 355
Cyperus sphacelatus 355
Cyperus tenuiculmis 355
CYRTANDRA 132
Cyrtandra aff. digitaliflora 133
Cyrtandra aff. lacerata 133
Cyrtandra aff. trisepala 134
Cyrtandra ammitophila 132
Cyrtandra athrocarpa 132
Cyrtandra basiflora 132
Cyrtandra bracheia 132
Cyrtandra bullifolia 132
Cyrtandra chrysea 132
Cyrtandra cuprea 132
Cyrtandra digitaliflora 133
Cyrtandra elmeri 133
Cyrtandra erythrotricha 133, 436
Cyrtandra eximia 133
Cyrtandra glomeruliflora 133, 436

Cyrtandra hololeuca 133
Cyrtandra hoseana 133
Cyrtandra integerrima 133, 436
Cyrtandra lacerata 133
Cyrtandra lambirensis 134
Cyrtandra neiothiantha 134, 436
Cyrtandra oblongifolia 134
Cyrtandra paragibbsiae 134, 436
Cyrtandra penduliflora 134
Cyrtandra phoenicolasia 134
Cyrtandra poulsenii 436
Cyrtandra prolata 134, 437
Cyrtandra sarawakensis 134
Cyrtandra sp. 1 134
Cyrtandra sp. 2 135
Cyrtandra tenebrosa 134
CYRTOCOCCUM 367
Cyrtococcum accrescens 367
Cyrtococcum oxyphyllum 367
Cyrtococcum patens 367
CYRTOSPERMA 343
Cyrtosperma ferox 343
CYRTOSTACHYS 398
Cyrtostachys renda 398
CYSTORCHIS 384
Cystorchis macrophysa 384
Cystorchis variegata 384
Cystorchis variegata var variegata 384

D

DACRYCARPUS 426
Dacrycarpus imbricatus 426
DACRYDIUM 426
Dacrydium cf xanthandrum 426
Dacrydium cf. elatum 426
Dacrydium elatum 426
Dacrydium pectinatum 426
Dacrydium xanthandrum 426
DACRYODES 44
Dacryodes cf. breviracemosa 44
Dacryodes costata 44
Dacryodes expansa 44
Dacryodes incurvata 45
Dacryodes laxa 45
Dacryodes longifolia var penangensis 45
Dacryodes macrocarpa var macrocarpa 45
Dacryodes macrocarpa var

patentinervia 45
Dacryodes rostrata 45
Dacryodes rugosa 45
DACTYLOCLADUS 62
Dactylocladus stenostachys 62
DACTYLOCTENIUM 367
Dactyloctenium aegyptium 367
DAEMONOROPS 398
Daemonorops asteracantha 398
Daemonorops atra 399
Daemonorops cf. oxycarpa 400
Daemonorops collarifera 399
Daemonorops cristata 399
Daemonorops didymophylla 399
Daemonorops fissa 399
Daemonorops formicaria 399
Daemonorops ingens 399
Daemonorops korthalsii 399
Daemonorops longipes 399
Daemonorops longispatha 399
Daemonorops longistipes 400
Daemonorops maculata 400
Daemonorops microstachys 400
Daemonorops oblata 400
Daemonorops oxycarpa 400
Daemonorops periacantha 400
Daemonorops ruptilis var acaulescens 400
Daemonorops ruptilis var ruptilis 400
Daemonorops sabut 400
Daemonorops scapigera 400
Daemonorops sp. nov. aff. D. longipes 401
Daemonorops sparsiflora 401
DALBERGIA 169
Dalbergia beccarii 169
Dalbergia candenatensis 169
Dalbergia cf. havilandii 169
Dalbergia parviflora 169
Dalbergia pinnata 169
Dalbergia rostrata 169
DALENIA 185
Dalenia beccariana 185

Dalenia pulchra 186
DAPANIA 250
Dapania racemosa 250
DAPHNIPHYLLACEAE 64
DAPHNIPHYLLUM 64
Daphniphyllum laurinum 64
DASYMASCHALON 14
Dasymaschalon clusiflorum 14
DATISCACEAE 64
DEHAASIA 152
Dehaasia caesia 152
Dehaasia corynantha 152
Dehaasia firma 152
Dehaasia incrassata 152
Dehaasia turfosa 152
DELONIX 162
Delonix regia 162
DENDROBIUM 384
Dendrobium attenuatum 384
Dendrobium cf. lobulatum 385
Dendrobium cinereum 431
Dendrobium cinnabarinum var cinnabarinum 384
Dendrobium crocatum 384
Dendrobium crumenatum 384
Dendrobium hosei 384
Dendrobium johannes-winkleri 431
Dendrobium lamellatum 384
Dendrobium leonis 384
Dendrobium lobbii 385
Dendrobium lobulatum 385
Dendrobium secundum 385
Dendrobium sinuatum 385
DENDROCALAMUS 371
Dendrocalamus sp. nov. 371
DENDROCHILUM 385
Dendrochilum aff. conopseum 385
Dendrochilum dulitense 385
Dendrochilum gracile var nov. 385
Dendrochilum intermedium 385
Dendrochilum muluense 385
Dendrochilum pallideflavens 385
Dendrochilum pandurichilum 431

Dendrochilum pubescens 385
DENDROCNIDE 327
Dendrocnide cf. stimulans 327
Dendrocnide stimulans 327
DENDROPHTHOE 177
Dendrophthoe constricta 177
Dendrophthoe curvata 177
Dendrophthoe longituba 177
Dendrophthoe pentandra 177
DENDROTROPHE 301
Dendrotrophe buxifolia 301
Dendrotrophe varians 301
DEPLANCHEA 41
Deplanchea bancana 41
Deplanchea glabra 41
DERRIS 169
Derris aff. scandens 169
Derris elegans 169
Derris heterophylla 170
Derris sinuata 167
Derris trifoliata 170
DESMODIUM 170
Desmodium heterocarpon 170
Desmodium heterophyllum 170
Desmodium motorium 170
Desmodium triflorum 170
Desmodium umbellatum 170
DESMOS 14
Desmos dumosus 14
Desmos teijsmannii 14
DIALIUM 162
Dialium indum var bursa 162
Dialium indum var. indum 162
Dialium kunstleri var kunstleri 163
Dialium platysepalum 163
Dialium procerum 163
DIANELLA 410
Dianella aff. javanica 410
Dianella ensifolia 410
Dianella javanica 410
DICHAPETALACEAE 64
DICHAPETALUM 64
Dichapetalum gelonioides ssp. pilosum 64
Dichapetalum setosum 64
Dichapetalum setosum vel aff. 64
Dichapetalum timoriense 64

INDEX

DICOELIA 112
Dicoelia beccariana 112
Dicoelia cf. beccariana 112
DICOTYLEDONS 1
DIGITARIA 367
Digitaria ciliaris 367
Digitaria longiflora 367
DILLENIA 65
Dillenia beccariana 65
Dillenia excelsa var excelsa 65
Dillenia excelsa var tomentella 65
Dillenia eximia 65
Dillenia indica 65
Dillenia pulchella 65
Dillenia reticulata 65
Dillenia suffruticosa 65
Dillenia sumatrana 65
DILLENIACEAE 65
DIMOCARPUS 302
Dimocarpus fumatus 302
Dimocarpus longan var malesianus 302
DIMORPHOCALYX 112
Dimorphocalyx cf. denticulatus 112
Dimorphocalyx denticulatus 112
Dimorphocalyx muricatus 112
Dimorphocalyx muricatus vel aff. 112
DINOCHLOA 372
Dinochloa cf. sipitangensis 372
Dinochloa cf. trichogona 372
Dinochloa sp. nov. 372
Dinochloa trichogona 372
DIOSCOREA 363
Dioscorea aff. havilandii 363
Dioscorea aff. salicifolia 364
Dioscorea flabellifolia 363
Dioscorea laurifolia 363
Dioscorea piscatorum 364
Dioscorea pyrifolia 364
Dioscorea salicifolia 364
DIOSCOREACEAE 363
DIOSPYROS 87
Diospyros aff. mindanaensis 89
Diospyros bantamensis 87
Diospyros beccarii 87
Diospyros borneensis 87
Diospyros buxifolia 88
Diospyros cf. borneensis 88
Diospyros cf. buxifolia 88
Diospyros cf. elliptifolia 88
Diospyros cf. ferox 88
Diospyros cf. pendula 89
Diospyros confertiflora 88
Diospyros consanguinea 88
Diospyros dictyoneura 88
Diospyros elliptifolia 88
Diospyros euphlebia 88
Diospyros evena 88
Diospyros ferox 88
Diospyros ferruginescens 88
Diospyros frutescens 89
Diospyros hermaphroditica 89
Diospyros korthalsiana var macrocarpa 89
Diospyros maingayi 89
Diospyros mindanaensis 89
Diospyros mindanaensis vel aff. 89
Diospyros pendula 89
Diospyros pilosanthera 89
Diospyros pseudomalabarica 89
Diospyros puncticulosa 89
Diospyros rigida 89
Diospyros sarawakana 89
Diospyros sp. 2 90
Diospyros sumatrana s.l. 90
Diospyros swingleri 90
Diospyros toposioides 90
Diospyros venosa 90
Diospyros wallichii 90
DIPLACRUM 355
Diplacrum caricinum 355
DIPLECTRIA 186
Diplectria latifolia 186
Diplectria stipularis 186
Diplectria viminalis 186
DIPLOCAULOBIUM 386
Diplocaulobium vanleeuwenii 386
DIPLOCLISIA 208
Diploclisia kunstleri 208
DIPLOSPORA 269
Diplospora malaccense 269
Diplospora tinagoense 269
DIPLYCOSIA 96
Diplycosia elliptica 96
Diplycosia fimbriata 96
Diplycosia punctulata 96
Diplycosia salicifolia 96
DIPODIUM 386
Dipodium pictum 386
DIPTEROCARPACEAE 66
DIPTEROCARPUS 67
Dipterocarpus acutangulus 67
Dipterocarpus apterus 67
Dipterocarpus borneensis 67
Dipterocarpus caudatus ssp penangianus 68
Dipterocarpus caudiferus 68
Dipterocarpus cf. acutangulus 67
Dipterocarpus cf. kerrii 69
Dipterocarpus cf. stellatus 70
Dipterocarpus confertus 68
Dipterocarpus conformis ssp borneensis 68
Dipterocarpus crinitus 68
Dipterocarpus elongatus 68
Dipterocarpus eurynchus 68
Dipterocarpus exalatus 69
Dipterocarpus geniculatus ssp grandis 68
Dipterocarpus globosus 68
Dipterocarpus gracilis 68
Dipterocarpus humeratus 68
Dipterocarpus kunstleri 69
Dipterocarpus lamellatus 69
Dipterocarpus lowii 69
Dipterocarpus nudus 69
Dipterocarpus oblongifolius 69
Dipterocarpus pachyphyllus 69
Dipterocarpus palembanicus ssp. borneensis 69
Dipterocarpus penangianus 68
Dipterocarpus sarawakensis 69
Dipterocarpus stellatus 69
Dipterocarpus stellatus ssp parvus 70
Dipterocarpus verrucosus 70
DISCHIDIA 35
Dischidia acutifolia 35
Dischidia albida 35
Dischidia gaudichaudii 35
Dischidia hirsuta 35
Dischidia latifolia 35
Dischidia major 35
Dischidia nummularia 35
Dischidia rafflesiana 35
Dischidia tubiflora 35
DISEPALUM 14
Disepalum anomalum 14
Disepalum coronatum 14
DISSOCHAETA 186
Dissochaeta annulata var annulata 186

INDEX

Dissochaeta beccariana 186
Dissochaeta bracteata 186
Dissochaeta celebica 186
Dissochaeta rostrata 186
DONAX 376
Donax canniformis 376
DRACAENA 364
Dracaena aff. angustifolia 364
Dracaena aff. terniflora 365
Dracaena angustifolia 364
Dracaena aurantiaca 364
Dracaena congesta 364
Dracaena elliptica 365
Dracaena gracilis vel aff. 365
DRACAENACEAE 364
DRACONTOMELON 7
Dracontomelum dao 7
DRIESSENIA 187
Driessenia glanduligera 187
Driessenia inaequalifolia 187
Driessenia inaequalifolia var alata 187
Driessenia inaequalifolia var inaequalifolia 187
Driessenia microthrix var microthrix 187
DRIMYS 338
Drimys piperita 338
DROSERA 87
Drosera burmanii 87
DROSERACEAE 87
DRYOBALANOPS 70
Dryobalanops aromatica 70
Dryobalanops beccarii 70
Dryobalanops lanceolata 70
Dryobalanops rappa 70
DRYPETES 112
Drypetes cf. fusiformis 113
Drypetes eriocarpa 112
Drypetes longifolia 113
Drypetes sibuyanensis 113
DUABANGA 182
Duabanga moluccana 182
DURIO 41
Durio acutifolius 41
Durio aff. carinatus 41
Durio aff. oblongus 42
Durio affinis 41
Durio carinatus 41
Durio cf. carinatus 41
Durio cf. graveolens 42
Durio dulcis 42
Durio excelsus 42
Durio grandiflorus 42
Durio graveolens 42
Durio griffithii 42

Durio kutejensis 42
Durio lanceolatus 42
DYERA 26
Dyera costulata 26
Dyera lowii 26
DYSCHORISTE 2
Dyschoriste oligosperma 2
DYSOXYLUM 204
Dysoxylum aff. cauliflorum 204
Dysoxylum aff. cyrtobotryum 205
Dysoxylum aff. excelsum 205
Dysoxylum aff. grande 205
Dysoxylum alliaceum 204
Dysoxylum augustifolium 204
Dysoxylum brachybotrys 204
Dysoxylum carolinae 204
Dysoxylum cauliflorum 204
Dysoxylum cf. cyrtobotryum 205
Dysoxylum cf. ramosii 205
Dysoxylum cyrtobotryum 205
Dysoxylum densiflorum 205
Dysoxylum excelsum 205
Dysoxylum flavescens 205
Dysoxylum pachyrache 205
Dysoxylum rugulosum 205
Dysoxylum sp. nov. 205

E

EBENACEAE 87
ECLIPTA 56
Eclipta prostrata 56
EICHHORNIA 410
Eichhornia crassipes 410
ELAEOCARPACEAE 90
ELAEOCARPUS 90
Elaeocarpus acmocarpus 90
Elaeocarpus acrantherus 91
Elaeocarpus aff. mastersii 93
Elaeocarpus baramii 91
Elaeocarpus barbulatus 91
Elaeocarpus cf. angustipes 91
Elaeocarpus cf. cupreus 91
Elaeocarpus cf. euneurus 91
Elaeocarpus cf. mastersii 93
Elaeocarpus cf. nitidus 93
Elaeocarpus cf. pachyophrys 94
Elaeocarpus cf. palembanicus 94

Elaeocarpus cf. petiolatus 94
Elaeocarpus cf. pseudopaniculatus 94
Elaeocarpus chrysophyllus 91
Elaeocarpus clementis var clemensiae 91
Elaeocarpus clementis var. clemensiae 435
Elaeocarpus cupreus 91
Elaeocarpus euneurus 91
Elaeocarpus ferrugineus ssp elliptifolius 91
Elaeocarpus ferrugineus ssp ferrugineus 92
Elaeocarpus ferrugineus subsp. elliptifolius 435
Elaeocarpus floribundus 92
Elaeocarpus glaberrimus 92
Elaeocarpus griffithii 92
Elaeocarpus gustaviifolius 92
Elaeocarpus hochreutineri 92
Elaeocarpus knuthii ssp knuthii 92
Elaeocarpus macrocerus ssp macrocerus 92
Elaeocarpus marginatus 92
Elaeocarpus mastersii 93
Elaeocarpus miriensis 93
Elaeocarpus multinervosus 93
Elaeocarpus muluensis 93
Elaeocarpus murudensis 93
Elaeocarpus mutabilis 93
Elaeocarpus nitidus 93
Elaeocarpus obtusus ssp apiculatus 94
Elaeocarpus obtusus subsp. apiculatus 435
Elaeocarpus pachyophrys 94
Elaeocarpus pagonensis 94, 435
Elaeocarpus pedunculatus 94
Elaeocarpus pseudopaniculatus 94
Elaeocarpus retakensis 94, 436
Elaeocarpus roslii ssp bracteolatus 94
Elaeocarpus roslii ssp terajanus 95
Elaeocarpus sphaeroblastus 95

INDEX

Elaeocarpus stipularis s.l. 95
Elaeocarpus submonoceras ssp lasionyx 95
Elaeocarpus truncatus 95
ELATERIOSPERMUM 113
Elateriospermum tapos 113
ELATOSTEMA 327
Elatostema aff. kabayense 327
Elatostema aff. sesquifolium 327
Elatostema caudatum vel aff. 327
Elatostema cf. penninerve 327
Elatostema cf. sp. 3 328
Elatostema penninerve 327
Elatostema sp. 1 328
Elatostema sp. 10 328
Elatostema sp. 11 328
Elatostema sp. 2 328
Elatostema sp. 3 328
Elatostema sp. 4 328
Elatostema sp. 5 328
Elatostema sp. 6 328
Elatostema sp. 7 328
Elatostema sp. 8 328
Elatostema sp. 9 328
Elatostema vittatum 328
ELEIODOXA 401
Eleiodoxa conferta 401
ELEOCHARIS 356
Eleocharis geniculata 356
Eleocharis ochrostachys 356
Eleocharis retroflexa 356
ELEPHANTOPUS 56
Elephantopus scaber 56
ELETTARIA 418
Elettaria multiflora 418
Elettaria rubida 418
Elettaria sp. A 418
Elettaria sp. B 418
ELETTARIOPSIS 418
Elettariopsis aff. curtisii 418
Elettariopsis kerbyi 418
Elettariopsis sp. A 418
Elettariopsis sp. B 419
Elettariopsis sp. C 419
ELEUSINE 367
Eleusine indica 367
ELLIPANTHUS 59
Ellipanthus beccarii var beccarii 59
ELLIPEIA 14
Ellipeia sp. 1 14

ELYTRANTHE 178
Elytranthe albida 178
Elytranthe sp. A 178
EMBELIA 231
Embelia cf. dasythyrsa 231
Embelia coriacea 231
Embelia corymbifera 231
Embelia dasythyrsa 231
Embelia effusa 231
Embelia minutifolia 231
Embelia myriantha 231
Embelia ribes 231
EMILIA 56
Emilia prenanthoidea 56
Emilia sonchifolia 57
ENDIANDRA 152
Endiandra aff. rubescens 153
Endiandra clavigera 152
Endiandra coriacea 153
Endiandra 'falcata' 153
Endiandra maingayi 153
ENDOCOMIA 220
Endocomia virella 220
ENDOSPERMUM 113
Endospermum diadenum 113
Endospermum malaccense 113
ENGELHARDIA 147
Engelhardia rigida 147
Engelhardia serrata 148
ENICOSANTHUM 15
Enicosanthum coriaceum 15
Enicosanthum paradoxum 15
ENTADA 167
Entada borneensis 167
Entada rheedii 167
ENTOMOPHOBIA 386
Entomophobia kinabaluensis 386
EPACRIDACEAE 95
EPIGENEIUM 386
Epigeneium tricallosum 386
EPIPREMNUM 343
Epipremnum falcifolium 343
EPIRHIZANTHES 253
Epirhizanthes cylindrica 253
Epirhizanthes elongata 254
Epirhizanthes pallida 254
ERAGROSTIS 367
Eragrostis atrovirens 367
Eragrostis cumingii 367
Eragrostis malayana 368
Eragrostis unioloides 368

ERECHTITES 57
Erechtites hieraciifolia 57
Erechtites valerianifolia 57
ERIA 386
Eria bractescens 431
Eria brookesii 431
Eria cordifera 386
Eria floribunda 386
Eria javanica 386
Eria leiophylla 386
Eria longerepens 386
Eria longifolia 431
Eria magnicallosa 386
Eria megalopha 386
Eria melaleuca 386
Eria nutans 387
Eria robusta 387
Eria velutina 392
ERIACHNE 368
Eriachne pallescens 368
ERICACEAE 96
ERIOCAULACEAE 365
ERIOCAULON 365
Eriocaulon cf. truncatum 365
Eriocaulon longifolium 365
Eriocaulon truncatum 365
Ervatamia macrocarpa 28
ERYCIBE 60
Erycibe borneensis var collina 60
Erycibe cf. bullata 60
Erycibe cf. impressa 60
Erycibe crassipes 60
Erycibe glomerata ssp angustifolia 60
Erycibe stenophylla 60
Erycibe villosa 60, 435
ERYTHRINA 170
Erythrina variegata 170
ERYTHROPALUM 246
ERYTHROXYLACEAE 99
ERYTHROXYLUM 99
Erythroxylum latifolium 99
ESCALLONIACEAE 100
ETLINGERA 419
Etlingera brevilabris 419
Etlingera fimbriobracteata 419
Etlingera nasuta 419
Etlingera punicea 419
Etlingera sp. A 419
Etlingera sp. B 419
Etlingera sp. C 419
Etlingera sp. D 420
Etlingera velutina 419
EUCORYMBIA 27
EUGEISSONA 401
Eugeissona minor 401

INDEX

Eugeissona utilis 401
EULOPHIA 387
Eulophia graminea 387
EUODIA 299
Euodia cf. latifolia 299
Euodia latifolia 299
Euodia lunu-akenda 299
EUONYMUS 50
Euonymus castaneifolius 50
Eupatorium odoratum 56
EUPHORBIA 113
Euphorbia thymifolia 113
EUPHORBIACEAE 100
EURYA 318
Eurya acuminata 318
Eurya aff. trichocarpa 318
EURYCOMA 311
Eurycoma longifolia 311
Eurycombia alba 27
Eusideroxylon melagangai 158
EUTHEMIS 244
Euthemis leucocarpa 244
Euthemis minor 245
EXCOECARIA 113
Excoecaria agallocha 113
Excoecaria indica 114
Eythropalum scandens 246

F

FAGACEAE 123
FAGRAEA 174
Fagraea auriculata ssp auriculata 174
Fagraea belukar 174
Fagraea borneensis 174
Fagraea carnosa 174
Fagraea caudata 174
Fagraea crassipes 174
Fagraea cuspidata 174
Fagraea elliptica 174
Fagraea fragrans 174
Fagraea gigantea 174
Fagraea involucrata 174
Fagraea kinabaluensis 174
Fagraea littoralis var borneensis 175
Fagraea macroscypha 175
Fagraea racemosa 175
Fagraea resinosa 175
Fagraea ridleyi 175
Fagraea rugulosa 175
Fagraea sp. 2 176
Fagraea sp. A 176
Fagraea spicata 175
Fagraea splendens 175
Fagraea stenophylla 175
Fagraea volubilis var microcalyx 175

FAHRENHEITIA 114
Fahrenheitia pendula 114
FIBRAUREA 208
Fibraurea tinctoria 208
FICUS 211
Ficus acamptophylla 211
Ficus aff. lowii 215
Ficus androchaete 211
Ficus annulata 212
Ficus apiocarpa 212
Ficus apiocarpa var. apiocarpa 212
Ficus aurata s.l. 212
Ficus aurata var. longipilosa 212
Ficus beccarii var latifolia 212
Ficus binnendykii var coriacea 212
Ficus bruneiensis 212
Ficus brunneo-aurata 212
Ficus callophylla 212
Ficus cereicarpa 212
Ficus chartacea var chartacea 213
Ficus condensa 213
Ficus consociata 213
Ficus consociata var murtoni 213
Ficus crassiramea var crassiramea 213
Ficus delosyce 213
Ficus delosyce var obtusa 213
Ficus deltoidea 213
Ficus deltoidea var angustifolia 213
Ficus deltoidea var arenaria 213
Ficus deltoidea var borneensis 214
Ficus deltoidea var motleyana 214
Ficus deltoidea var. deltoidea 214
Ficus dubia 214
Ficus fistulosa var fistulosa 214
Ficus fistulosa var tengerensis 214
Ficus francisci 214
Ficus fulva 214
Ficus fulva var fulva 214
Ficus geocharis 214
Ficus glandulifera var glandulifera 215
Ficus globosa 215
Ficus grandiflora 215
Ficus grossivenis 215

Ficus grossularioides 215
Ficus grossularioides var grossularioides 215
Ficus hemsleyana 215
Ficus lanata 215
Ficus lepicarpa s.l. 215
Ficus leptocalama 215
Ficus lowii 215
Ficus macilenta var gibbsae 215
Ficus macilenta var macilenta 215
Ficus megaleia var. megaleia 216
Ficus microcarpa var. microcarpa 216
Ficus obscura var borneensis 216
Ficus obscura var obscura 216
Ficus oleifolia s.l. 216
Ficus oleifolia var dodonaeiformis 216
Ficus oleifolia var linearifolia 216
Ficus oleifolia var riparia 216
Ficus oleifolia var valida 216
Ficus paracamptophylla 216
Ficus parietalis 216
Ficus pellucido-punctata 216
Ficus pisocarpa 217
Ficus punctata 217
Ficus recurva var recurva 217
Ficus retusa 217
Ficus retusa var borneensis 217
Ficus rubrocuspidata 217
Ficus rubromidotis 217
Ficus ruginervia 217
Ficus schwarzii 217
Ficus setiflora var adelpha 217
Ficus setiflora var puberula 217
Ficus sp. 1 219
Ficus spathulifolia var spathulifolia 218
Ficus stolonifera 218
Ficus subgelderi s.l. 218
Ficus subterranea 218
Ficus sumatrana var circumscissa 218
Ficus sundaica 218
Ficus sundaica var beccariana 218

455

INDEX

Ficus sundaica vel aff. 218
Ficus supperforata 218
Ficus treubii 218
Ficus uncinata 218
Ficus uncinata var gracilis 219
Ficus uncinata var pilosa 219
Ficus uncinata var strigosa 219
Ficus uncinata var truncata 219
Ficus uncinata var. parva 219
Ficus uncinulata 219
Ficus uniglandulosa var parviflora 219
Ficus uniglandulosa var uniglandulosa 219
Ficus urnigera 219
Ficus variegata s.l. 219
Ficus virescens 219
Ficus xylophylla 219
FIMBRISTYLIS 356
Fimbristylis acuminata 356
Fimbristylis cymosa 356
Fimbristylis dichotoma 356
Fimbristylis dura 356
Fimbristylis ferruginea 356
Fimbristylis globulosa 356
Fimbristylis griffithii 357
Fimbristylis littoralis 357
Fimbristylis miliacea 357
Fimbristylis nutans 357
Fimbristylis obtusata 357
Fimbristylis pauciflora 357
Fimbristylis schoenoides 357
Fimbristylis vanoverberghii 357
FINLAYSONIA 35
Finlaysonia obovata 35
FISSISTIGMA 15
Fissistigma aff. hypoglaucum 15
Fissistigma fulgens 15
Fissistigma paniculata 15
Fissistigma sp. 1 15
Fissistigma sp. 2 15
Fissistigma sp. 3 15
FLACOURTIA 129
Flacourtia rukam 129
FLACOURTIACEAE 128
FLAGELLARIA 365
Flagellaria indica 365
FLAGELLARIACEAE 365
Flickingeria bancana 431
FLOSCOPA 353
Floscopa scandens 353

FORDIA 170
Fordia brachybotrys 170
Fordia sp. nov. 170
Fordia splendidissima ssp splendidissima 170
FREYCINETIA 408
Freycinetia corneri 408
Freycinetia imbricata 408
Freycinetia rigidifolia 408
Freycinetia winkleriana 408
FRIESODIELSIA 15
Friesodielsia argentea var pubescens 15
Friesodielsia biglandulosa 15
FUIRENA 357
Fuirena ciliaris 357
Fuirena umbellata 358

G

GAERTNERA 269
Gaertnera brevistylis 269, 270
Gaertnera cf. vaginans ssp junghuhniana 270
Gaertnera oblanceolata var diversifolia 269
Gaertnera vaginans ssp junghuhniana 269
GAHNIA 358
Gahnia javanica 358
GALEARIA 250
Galearia cf. fulva 250
Galearia fulva 250
Galearia maingayi 250
Galearia stenophylla 251
Ganua coriacea 305
Ganua curtisii 306
Ganua fusca 439
Ganua fusca 306
Ganua ligulata 306
Ganua palembanica 306
Ganua pallida 306
GARCINIA 140
Garcinia aff. lateriflora 141
Garcinia aff. nitida 142
Garcinia bancana 140
Garcinia beccarii 141
Garcinia cantleyana var grandifolia 141
Garcinia celebica 141
Garcinia cf. beccarii 141
Garcinia cf. cuneifolia 141
Garcinia cf. desrousseauxii 141
Garcinia cf. murtonii 142
Garcinia cf. parvifolia 142
Garcinia cuneifolia 141
Garcinia dryobalanoides 141

Garcinia gaudichaudii 141
Garcinia hombroniana 141
Garcinia humilis 141
Garcinia linearis 142
Garcinia maingayi 142
Garcinia mangostana 142
Garcinia myristicaefolia 140
Garcinia nervosa 142
Garcinia parvifolia 142
Garcinia penangiana 142
Garcinia sarawakensis 142
Garcinia scortechinii 141
Garcinia sp. 1 142
Garcinia sp. 2 143
Garcinia sp. 3 143
Garcinia sp. 5 143
Garcinia sp. 6 143
Garcinia sp. 7 143
Garcinia sp. 8 143
Garcinia spectabilis 142
Garcinia stigmacantha 142
Garcinia trianii 142
Garcinia. beccarii s.l. 141
GARDENIA 270
Gardenia pterocalyx 270
Gardenia sp. nov. 270
Gardenia tubifera 270
GARDENIOPSIS 270
Gardeniopsis longifolia 270
GARNOTIA 368
Garnotia acutigluma 368
GEOPHILA 270
Geophila cf. pilosa 270
Geophila pilosa 270
GESNERIACEAE 131
GIGANTOCHLOA 372
Gigantochloa aff. atter 372
Gigantochloa aff. levis 372
Gigantochloa apus 372
Gigantochloa balui 372
Gigantochloa cf. apus 372
Gigantochloa cf. balui 372
Gigantochloa levis 372
GINALLOA 334
Ginalloa arnottiana 334
Ginalloa linearis 334
GIRONNIERA 326
Gironniera hirta 326
Gironniera nervosa 326
Gironniera parvifolia 326
Gironniera subaequalis 326
GLENNIEA 302
Glenniea thorelii 302
Gliricida sepium 171
GLIRICIDIA 171
GLOBBA 420
Globba atrosanguinea 420

456

INDEX

Globba brachyanthera var brachyanthera 420
Globba brachyanthera var rubra 420
Globba tricolor var gibbsiae 420
Glochidin borneense 114
GLOCHIDION 114
Glochidion brunneum 114
Glochidion celastroides var nov. 114
Glochidion cf. pubicapsa var pubicapsa 115
Glochidion cf. rubrum 115
Glochidion glomerulatum 114
Glochidion kerangae 114
Glochidion lanceisepalum 114
Glochidion littorale 114
Glochidion littorale var littorale 114
Glochidion lutescens 115
Glochidion obscurum 115
Glochidion rubrum 115
Glochidion sericeum 115
Glochidion singaporense vel aff. 115
Glochidion sp. 1 115
Glochidion superbum 115
Glochidion williamsii 115
GLOMERA 387
GLORIOSA 352
Gloriosa superba 352
GLUTA 7
Gluta aptera 7
Gluta beccarii 8
Gluta laxiflora 8
Gluta rugulosa 8
Gluta speciosa 8
Gluta torquata 8
Gluta velutina 8
Gluta wallichii 8
GLYCOSMIS 300
Glycosmis macrantha 300
Glycosmis superba 300
GMELINA 330
Gmelina asiatica 330
Gmelina asiatica var villosa 331
Gmelina uniflora 331
GNETACEAE 424
GNETUM 424
Gnetum gnemon 424
Gnetum gnemon var brunonianum 424
Gnetum gnemon var tenerum 424
Gnetum gnemonoides 424
Gnetum klossii 424
Gnetum latifolium s.l. 424
Gnetum leptostachyum s.l. 424
Gnetum macrostachyum 425
Gnetum neglectum 425
Gnetum sp. nov. 10 425
Gnetum sp. nov. 2 425
Gnetum sp. nov. 4 425
Gnetum sp. nov. 5 425
Gnetum sp. nov. 6 425
Gnetum sp. nov. 7 425
Gnetum sp. nov. 8 425
Gnetum sp. nov. 9 425
Gnetum sp.nov. 3 425
GOMPHANDRA 145
Gomphandra cumingiana 145
Gomphandra sp. nov. 145
Gomphia serrata 245
GOMPHOSTEMMA 148
Gomphostemma javanicum 148
GOMPHRENA 6
Gomphrena globosa 6
GONIOTHALAMUS 16
Goniothalamus andersonii 16
Goniothalamus cf. umbrosus 16
Goniothalamus macrophyllus 16
Goniothalamus malayanus 16
Goniothalamus ridleyi 16
Goniothalamus sp. 1 17
Goniothalamus sp. 2 17
Goniothalamus sp. 3 17
Goniothalamus umbrosus 16
Goniothalamus uvarioides 16
Goniothalamus velutinus 16
GONOCARYUM 145
Gonocaryum cf. macrophyllum 145
Gonocaryum macrophyllum 145
Gonocaryum minus 145
GONYSTYLUS 321
Gonystylus affinis 321
Gonystylus bancanus 321
Gonystylus borneensis 321
Gonystylus calophylloides 321
Gonystylus cf. stenosepalus 322
Gonystylus keithii 321
Gonystylus lucidulus 321
Gonystylus macrophyllus 322
Gonystylus maingayi 322
Gonystylus sp. nov. 322
Gonystylus spectabilis 322
Gonystylus stenosepalus 322
Gonystylus velutinus 322
GOODENIACEAE 137
GORDONIA 318
Gordonia aff. imbricata 318
Gordonia borneensis 318
Gordonia imbricata 318
Gordonia sp.1 318
Gordonia sp.3 318
Gordonia sp.4 318
Gordonia sp.5 318
Gordonia sp.6 318
GOSSYPIUM 184
Gossypium barbadense var acuminatum 184
GRAMMATOPHYLLUM 387
Grammatophyllum scriptum 387
Grammatophyllum speciosum 387
GRENACHERIA 232
Grenacheria fulva 232
GREWIA 323
Grewia acuminata 323
GUIOA 302
Guioa bijuga 302
Guioa pleuropteris 302
Guioa pubescens 302
GUTTIFERAE 137
GYMNACRANTHERA 221
Gymnacranthera bancana 221
Gymnacranthera contracta 221
Gymnacranthera farquhariana var eugeniifolia 221
Gymnacranthera farquhariana var farquhariana 221
Gymnacranthera forbesii var forbesii 221
Gymnacranthera ocellata 221
GYMNOSIPHON 351
Gymnosiphon aphyllus 351
GYMNOSPERMS 424
GYMNOSTOMA 48
Gymnostoma nobile 48
GYNOCHTHODES 271

INDEX

Gynochthodes motleyi 271
GYNOPACHIS 271
Gynopachis aff.
jambosoides 271
Gynopachis cf. jambosoides 271
Gynopachis impressinervia 271
Gynopachis jambosoides 271
GYNOSTEMMA 63
Gynostemma pentaphyllum 63
GYNOTROCHES 261
Gynotroches axillaris 261

H

HAEMATOCARPUS 209
Haematocarpus validus 209
HANGUANA 374
Hanguana major 374
Hanguana malayana 374
HANGUANACEAE 374
HAPALINE 343
Hapaline celatrix 343
HEDYCHIUM 420
Hedychium horsfieldii 420
Hedychium muluense 421
HEDYOTIS 271
Hedyotis aff. moultonii 272
Hedyotis capitellata 271
Hedyotis congesta 271
Hedyotis moultonii 272
Hedyotis pinaster 272
Hedyotis pinifolia 272
Hedyotis pulchella 272
Hedyotis rigida 271
Hedyotis verticillata 272
HELICIA 258
Helicia attenuata 258
Helicia fuscotomentosa 258
Helicia petiolaris 258
Helicia robusta 258
Helicia rufescens 258
Helicia serrata 258
Helicia sp. 1 258
HELICIOPSIS 259
Heliciopsis artocarpoides 259
HELIXANTHERA 178
Helixanthera cf. setigera 178
Helixanthera coccinea 178
Helixanthera cylindrica 178
Helixanthera parasitica 178
Helixanthera setigera 178
Helixanthera xestophylla 179
HEMIGRAPHIS 2

Hemigraphis bicolor 2
HENCKELIA 135, 437
Henckelia aff. amoena 135
Henckelia aff. gracilipes 136
Henckelia aff. myricifolia 136
Henckelia amoena 135, 438
Henckelia cf. crinita 135
Henckelia coodei 135, 437
Henckelia crenata 438
Henckelia crinita s.l. 135
Henckelia diffusa 135, 437
Henckelia gardneri 135, 437
Henckelia gracilipes 135, 438
Henckelia myricifolia 438
Henckelia pagonensis 136, 437
Henckelia petiolaris 136, 438
Henckelia pleuropogon 438
Henckelia sp. 1 136
Henckelia sp. 2 136
Henckelia sp. 3 136
Henckelia sp. 4 136
Henckelia taeniophylla 136, 438
Henckelia violoides 438
HERITIERA 312
Heritiera albiflora 312
Heritiera aurea 312
Heritiera globosa 312
Heritiera impressinervia 312
Heritiera littoralis 312
Heritiera simplicifolia 312
Heritiera sumatrana 312
HETAERIA 387
Hetaeria obliqua 387
HEYNEA 206
Heynea trijuga 206
HIBISCUS 184
Hibiscus acetosella 184
Hibiscus tiliaceus 184
HODGSONIA 63
Hodgsonia macrocarpa 63
HOMALANTHUS 116
Homalanthus caloneurus 116
Homalanthus cf. populneus 116
Homalanthus populneus 116
HOMALIUM 129
Homalium caryophyllaceum 129

Homalium moultonii 129
HOMALOMENA 343
Homalomena aromatica 343
Homalomena cf. rostrata 344
Homalomena cf. sp. A 344
Homalomena cordata 343
Homalomena geniculata 343
Homalomena hostifolia 343
Homalomena humilis 343
Homalomena minutissima 343
Homalomena modesta 343
Homalomena propinqua 344
Homalomena pygmaea 344
Homalomena rostrata 344
Homalomena sagittifolia 344
Homalomena sp. A 344
Homalomena sp. B 344
Homalomena sp. C 344
Homalomena sp. D 344
Homalomena sp. E 345
Homalomena sp. F 345
Homalomena sp. G 345
Homalomena sp. nov. 1 345
Homalomena subcordata 344
Homalomena vagans 344
HOPEA 71
Hopea acuminata 71
Hopea aff. pedicellata 72
Hopea beccariana 71
Hopea bracteata 71
Hopea centipeda 71
Hopea cernua 71
Hopea cf. subalata 73
Hopea coriacea 71
Hopea dryobalanops 71
Hopea dyeri 71
Hopea ferruginea 71
Hopea fluvialis 71
Hopea garangbuaya 71
Hopea griffithii 72
Hopea latifolia 72
Hopea mesuoides 72
Hopea micrantha 72
Hopea nervosa 72
Hopea nutans 72
Hopea pachycarpa 72
Hopea pedicellata 72
Hopea pentanervia 72
Hopea pterygota 73
Hopea sangal 73
Hopea sphaerocarpa 73
Hopea subulata 72
Hopea tenuinervula 73

INDEX

Hopea treubii 73
Hopea vacciniifolia 73
Hopea wyatt-smithii 73
HORNSTEDTIA 421
Hornstedtia aff. affinis 421
Hornstedtia cf. tomentosa 421
Hornstedtia reticulata 421
Hornstedtia scottiana 421
Hornstedtia scyphifera 421
Horsefieldia disticha 222
Horsefieldia fragillima 222
HORSFIELDIA 221
Horsfieldia affinis 221
Horsfieldia brachiata 221
Horsfieldia carnosa 221
Horsfieldia cf. gracilis 222
Horsfieldia crassifolia 221
Horsfieldia gracilis 222
Horsfieldia grandis 222
Horsfieldia irya 222
Horsfieldia montana 222
Horsfieldia oligocarpa 222
Horsfieldia polyspherula s.l. 222
Horsfieldia polyspherula var maxima 223
Horsfieldia polyspherula var polyspherula 223
Horsfieldia polyspherula var sumatrana 223
Horsfieldia punctatifolia 223
Horsfieldia ridleyana 223
Horsfieldia sabulosa 223
Horsfieldia tenuifolia 223
Horsfieldia wallichii 223
HOSEA 331
Hosea lobbiana 331
Hoseanthus lobbii 331
HOTTARUM 345
Hottarum dacryon 345
Hottarum strictum 345
Hottarum truncatum 345
HOYA 36
Hoya acuta 36
Hoya aff. campanulata 36
Hoya aff. coronaria 36
Hoya aff. lacunosa 36
Hoya campanulata 36
Hoya cf. lacunosa 36
Hoya coronaria 36
Hoya diversifolia 36
Hoya finlaysonii 36
Hoya lacunosa 36
Hoya lasiantha 36
Hoya mitrata 36
Hoya multiflora 36
Hoya sussuela 36

HYDNOCARPUS 129
Hydnocarpus borneensis 129
Hydnocarpus cf. borneensis 129
Hydnocarpus cf. calophylla 129
Hydnocarpus elmeri 129
Hydnocarpus kunstleri 129
Hydnocarpus pentagyna 129
Hydnocarpus pinguis 129
Hydnocarpus polypetala 130
Hydnocarpus subfalcata 130
Hydnocarpus woodii 130
HYDNOPHYTUM 272
Hydnophytum formicarum 272
HYDRILLA 374
Hydrilla verticillata 374
HYDROCHARITACEAE 374
HYGROPHILA 2
Hygrophila cf. polysperma 2
Hymenachme acutigluma 368
HYMENACHNE 368
HYMENANDRA 232
Hymenandra iteophylla vel aff. 232
HYPOBATHRUM 272
HYPOLYTRUM 358
Hypolytrum nemorum 358
HYPOXIDACEAE 375
HYPSERPA 209
Hypserpa nitida 209
HYPTIS 148
Hyptis brevipes 148
Hyptis capitata 148
Hyptis suaveolens 148

I

ICACINACEAE 145
ICHNOCARPUS 27
Ichnocarpus frutescens 27
IGUANURA 401
Iguanura borneensis 401
ILEX 30
Ilex cf. laurocerasus 30
Ilex cissoidea 30
Ilex clemensiae 30
Ilex cymosa 30
Ilex glomerata 30
Ilex glomerata var. nov. 30
Ilex havilandii 30
Ilex malaccensis 30

Ilex polyphylla 31
Ilex sp. 1. ?spicata 30
Ilex sp. 4 31
Ilex sp. 5 31
Ilex sp. 8 31
Ilex stapfiana 30
Ilex triflora 31
Ilex wallichii 31
IMPERATA 368
Imperata conferta 368
INDIGOFERA 171
Indigofera arrecta 171
Indigofera suffruticosa 171
INDOROUCHERA 173
Indorouchera contestiana 173
Indorouchera griffithiana 173
Indorouchera rhamnifolia 173
Indovethia calophylla 245
INTSIA 163
Intsia bijuga 163
Intsia palembanica 163
IODES 146
Iodes cf. cirrhosa 146
IPOMOEA 61
Ipomoea aquatica 61
Ipomoea cairica 61
Ipomoea gracilis 61
Ipomoea pres-caprae 61
Ipomoea quamoclit 61
IRVINGIA 147
Irvingia malayana 147
IRVINGIACEAE 147
ISACHNE 368
Isachne confusa 368
ISCHAEMUM 368
Ischaemum barbatum 368
Ischaemum magnum 368
Ischaemum muticum 369
ISONANDRA 305
Isonandra lanceolata 305
IXONANTHACEAE 147
IXONANTHES 147
Ixonanthes reticulata 147
IXORA 272
Ixora acuticauda 272
Ixora aff. caudata 273
Ixora aff. lancisepala 275
Ixora barberae 273
Ixora blumei 273
Ixora brachyantha 273
Ixora brachyanthera 273
Ixora brevicaudata 273
Ixora caudata 273
Ixora cf. brachyanthera 273
Ixora cf. concinna 274
Ixora cf. javanica 274

459

Ixora cf. pyrantha 275
Ixora cf. urophylla 275
Ixora concinna 273
Ixora elliptica 274
Ixora fluminalis 274
Ixora fucosa 274
Ixora glomeruliflora 274
Ixora grandifolia 274
Ixora griffithii 274
Ixora havilandii 274
Ixora javanica 274
Ixora lancisepala 274
Ixora pendula 275
Ixora pyrantha 275
Ixora sp. 1 275
Ixora sp. 2 275
Ixora urophylla 275

J

Jackia ornata 275
JACKIOPSIS 275
Jackiopsis ornata 275
JACQUEMONTIA 61
Jacquemontia tomentella 61
Jacquemontia tomentella var micrantha 61
Jacquemontia tomentella var tomentosa 61
JASMINUM 248
Jasminum aemulum 248
Jasminum kostermansii 248
Jasminum melastomifolium 248
Jasminum oreophilum 248
Jasminum steenisii 248
JATROPHA 116
Jatropha gossypiifolia 116
JOINVILLEA 375
Joinvillea ascendens 375
Joinvillea ascendens ssp borneensis 375
JOINVILLEACEAE 375
JUGLANDACEAE 147

K

KADSURA 309
Kadsura scandens 309
KANDELIA 262
Kandelia candel 262
KAYEA 143
Kayea borneensis 143, 439
Kayea calophylloides 143
Kayea cf. elmeri 143
Kayea elmeri ssp tenuis. 143
Kayea elmeri subsp. tenuis 439
Kayea ferruginea 144

Kayea hexapetala s.l. 144
Kayea macrantha 144
Kayea oblongifolia 144
Kayea scalarinervosa 144, 439
Kayea sp. nov. 144
KIBARA 210
Kibara coriacea 210
KINABALUCHLOA 373
Kinabaluchloa nebulensis 373
KNEMA 224
Knema aff. latericia ssp latericia var subtilis 225
Knema aff. tridactyla ssp sublaevis 226
Knema ashtonii var ashtonii 224
Knema cf. glaucescens 224
Knema cf. kunstleri ssp alpina 224
Knema cinerea 224
Knema curtisii var amoena 224
Knema curtisii var curtisii 224
Knema elmeri 224
Knema furfuracea 224
Knema galeata 224
Knema glaucescens 224
Knema kunstleri ssp coriacea 225
Knema kunstleri ssp kunstleri 225
Knema latericia ssp albifolia 225
Knema latericia ssp ridleyi 225
Knema latifolia 225
Knema laurina 225
Knema linguiformis 225
Knema lunduensis 225
Knema membranifolia 225
Knema percoriacea f fusca 225
Knema percoriacea f sarawakensis 226
Knema pulchra 226
Knema rufa 226
Knema sericea 226
Knema stenophylla ssp longipedicellata 226
Knema subhirtella 226
Knema tridactyla 226
Knema tridactyla ssp tridactyla 226
KOILODEPAS 116
Koilodepas longifolium 116

KOKOONA 51
Kokoona cf. littoralis 51
Kokoona cf. reflexa 51
Kokoona littoralis 51
Kokoona ovatolanceolata 51
KOOMPASSIA 163
Koompassia excelsa 163
Koompassia malaccensis 163
KOORDERSIODENDRON 8
Koordersiodendron pinnatum 8
KOPSIA 27
Kopsia caudata 27
Kopsia fruticosa 27
KORTHALSELLA 335
Korthalsella geminata 335
KORTHALSIA 401
Korthalsia debilis 401
Korthalsia echinometra 401
Korthalsia ferox 401
Korthalsia flagellaris 402
Korthalsia furtadoana 402
Korthalsia hispida 402
Korthalsia jala 402
Korthalsia rigida 402
Korthalsia rostrata 402
Korthalsia sp. nov. 402
KOSTERMANTHUS 53
Kostermanthus heteropetalus 53
KUNSTLERIA 171
Kunstleria ridleyi 171
KYLLINGA 358
Kyllinga polyphylla 358
Kyllingia brevifolia 358

L

LABIATAE 148
LABISIA 232
Labisia pumila s.l. 232
LAGERSTROEMIA 182
LANSIUM 206
Lansium domesticum 206
LANTANA 331
Lantana camara 331
LASIA 345
Lasia spinosa 345
LASIANTHUS 276
Lasianthus aff. borneensis 276
Lasianthus aff. hirtus 276
Lasianthus aff. kinabaluensis 276
Lasianthus aff. longifolius 276
Lasianthus borneensis 276

INDEX

Lasianthus cf. cyanocarpus 276
Lasianthus chryseus 276
Lasianthus densifolius 276
Lasianthus kinabaluensis 276
Lasianthus longifolius 276
Lasianthus maingayi 277
Lasianthus membranaceus 277
Lasianthus retosus 277
Lasianthus retosus vel aff. 277
Lasianthus robinsonii 277
Lasianthus scabridus 277
Lasianthus sp. 1 277
Lasianthus sp. 2 277
Lasianthus sp. 3 278
Lasianthus sp. 4 278
Lasianthus sp. 5 278
Lasianthus sp. 6 278
Lasianthus sp. 7 278
Lasianthus stipularis 277
Lasianthus subinaequalis 277
LAURACEAE 149
LAURENTIA 47
Laurentia longiflora 47
LAWSONIA 182
Lawsonia inermis 182
LECANANTHUS 278
Lecananthus erubescens 278
LECANORCHIS 387
Lecanorchis multiflora 387
LECYTHIDACEAE 158
LEEA 159
Leea indica 159
LEEACEAE 159
LEERSIA 369
Leersia hexandra 369
LEGUMINOSAE-CAESALPINIOIDEAE 160
LEGUMINOSAE-MIMOSOIDEAE 164
LEGUMINOSAE-PAPILIONOIDEAE 167
LENTIBULARIACEAE 173
LEPEOSTEGERES 179
Lepeostegeres aff. bahajensis 179
Lepeostegeres aff. lancifolius 179
Lepeostegeres bahajensis 179
Lepeostegeres beccarii 179

Lepeostegeres lancifolius 179
LEPIDARIA 179
Lepidaria aff. forbesii 179
Lepidaria pulchella 180
Lepioneurus sylvestris 249
LEPIONURUS 249
LEPIRONIA 358
Lepironia articulata 358
LEPISANTHES 302
Lepisanthes aff. fruticosa 303
Lepisanthes alata 302
Lepisanthes cf. sp. nov. 303
Lepisanthes divaricata f. lunduensis 302
Lepisanthes fruticosa 302
Lepisanthes multijuga 303
Lepisanthes senegalensis 303
Lepisanthes tetraphylla 303
LEPTASPIS 373
Leptaspis urceolata 373
LEPTONYCHIA 312
Leptonychia heteroclita 312
LEPTOSPERMUM 234
Leptospermum javanicum 234
LEUCAS 148
Leucas lavandulifolia 148
Leucas zeylanica 148
LEUCONOTIS 27
Leuconotis anceps 27
Leuconotis eugeniifolius 27
LEUCOSYKE 329
Leucosyke capitellata 329
LICANIA 53
Licania splendens 53
LICUALA 402
Licuala aff. bintulensis 402
Licuala bidentata 402
Licuala bintulensis 402
Licuala borneensis 403
Licuala paludosa 403
LIJNDENIA 187
Lijndenia laurina 187
LIMACIA 209
Limacia oblonga 209
LIMNOCHARIS 375
Limnocharis flava 375
LIMNOCHARITACEAE 375
LIMNOPHILA 309
Limnophila cf. chinensis 309
Limnophila chinensis 309
LINACEAE 173
LINARIANTHA 2
Linariantha bicolor 2

LINDERA 153
Lindera caesia 153
Lindera lucida 153
Lindera subumbellifera 153
LINDERNIA 310
Lindernia antipoda 310
Lindernia ciliata 310
Lindernia crustacea 310
Lindernia ruellioides 310
Linociera pluriflora 247
Linociera ramiflora 248
LINOSTOMA 322
Linostoma pauciflorum 322
LIPARIS 387
Liparis ferruginea 387
Liparis lacerata 388
Liparis rhombea 388
Liparis wrayii 388
LITCHI 303
Litchi chinensis 303
LITHOCARPUS 124
Lithocarpus aff. jacobsii 126
Lithocarpus andersonii 124
Lithocarpus bancanus 124
Lithocarpus beccarianus 124
Lithocarpus bennettii 124
Lithocarpus blumeanus 125
Lithocarpus borneensis 126
Lithocarpus cantleyanus 125
Lithocarpus cf. pseudokunstleri 127
Lithocarpus cf. pulcher 127
Lithocarpus cf. sundaicus 127
Lithocarpus conocarpus 125
Lithocarpus coopertus 125
Lithocarpus cyclophorus 125
Lithocarpus cyrtorhynchus 126
Lithocarpus daphnoideus 125
Lithocarpus dasystachyus 125
Lithocarpus echinifer 125
Lithocarpus elegans 125
Lithocarpus ewyckii 125
Lithocarpus ferrugineus 126
Lithocarpus gracilis 126
Lithocarpus hystrix 126
Lithocarpus jacobsii 126
Lithocarpus leptogyne 126
Lithocarpus lucidus 126
Lithocarpus meijeri 126
Lithocarpus nieuwenhuisii

126
Lithocarpus papillifer 126
Lithocarpus pseudokunstleri 126
Lithocarpus pulcher 127
Lithocarpus ruminatus 127
Lithocarpus sarawakensis 125
Lithocarpus sp. nov. 127
Lithocarpus spicata 125
Lithocarpus urceolaris 127
LITSEA 153
Litsea accedens 153
Litsea aff. chewii 153
Litsea aff. curtisii 154
Litsea aff. ferruginea 154
Litsea aff. fulva 154
Litsea cauliflora 153
Litsea cubeba 153
Litsea cylindrocarpa 154
Litsea elliptica 154
Litsea fenestrata 154
Litsea ferruginea 154
Litsea ficoidea 154
Litsea firma 154
Litsea garciae 154
Litsea gracilipes 155
Litsea grandis 155
Litsea lanceolata 155
Litsea lancifolia 155
Litsea machilifolia 155
Litsea megacarpa 155
Litsea ochracea 155
Litsea oppositifolia 155
Litsea pallidifolia 155
Litsea palustris 155
Litsea resinosa 155
Litsea rubicunda 156
Litsea sessilis 156
Litsea trunciflora 156
Litsea turfosa 156
Litsea varians 156
LIVISTONA 403
Livistona exigua 403
LOGANIACEAE 174
Longetia malayana 106
LOPHATHERIUM 369
Lophatherium gracile 369
LOPHOPETALUM 51
Lophopetalum beccarianum 51
Lophopetalum glabrum 51
Lophopetalum javanicum 51
Lophopetalum multinervium 51
Lophopetalum rigidum 51
Lophopetalum subobovatum 51

LORANTHACEAE 176
LOWIACEAE 376
LOXANTHERA 180
Loxanthera speciosa 180
LUCINAEA 278
Lucinaea cf. morinda 279
Lucinaea membranacea 278
Lucinaea montana vel aff. 278
Lucinaea morinda 279
Lucinaea ridleyi 279
LUDEKIA 279
Ludekia borneensis 279
LUDWIGIA 249
Ludwigia hyssopifolia 249
Ludwigia octovalvis 249
LUMNITZERA 55
Lumnitzera littorea 55
Lumnitzera racemosa 55
LUVUNGA 300
Luvunga cf. motleyi 300
Luvunga sarmentosa 300
LYCIANTHES 311
Lycianthes denticulata 311
Lycianthes parasitica 311
LYTHRACEAE 182

M

MACARANGA 116
Macaranga aetheadenia 116
Macaranga anceps 116
Macaranga beccariana 117
Macaranga brevipetiolata 117
Macaranga caladiifolia 117
Macaranga calcifuga 117
Macaranga cf. motleyana ssp motleyana 118
Macaranga cf. triloba 119
Macaranga conifera 117
Macaranga costulata 117
Macaranga curtisii var glabra 117
Macaranga depressa f depressa 117
Macaranga depressa f strigosa 117
Macaranga gigantea 117
Macaranga hosei 117
Macaranga hullettii 118
Macaranga hullettii ssp borneensis 118
Macaranga hypoleuca 118
Macaranga kingii var platyphylla 118
Macaranga lowii 118
Macaranga populifolia 118
Macaranga praestans 118
Macaranga puberula 118

Macaranga recurvata 118
Macaranga repando-dentata 118
Macaranga tanarius 118
Macaranga trachyphylla 118
Macaranga triloba 119
Macaranga winkleri 119
MACHAERINA 358
Machaerina aspericaulis 358
MACODES 388
MACROLENES 187
Macrolenes stellulata var stellulata 187
MACROSOLEN 180
Macrosolen aff. formosus 181
Macrosolen beccarii 180
Macrosolen borneanus 180
Macrosolen cochinchinensis 180
Macrosolen crassus 181
Macrosolen curvinervis 181
Macrosolen retusus 181
Macrosolen sp A 181
Macrosolen sp B 181
MADHUCA 305
Madhuca brochidodroma 305
Madhuca cf. kingiana 306
Madhuca crassipes 305
Madhuca curtisii 306
Madhuca fusca 306, 439
Madhuca ligulata 306
Madhuca palembanica 306, 439
Madhuca pallida 306
Madhuca pubicalyx 306
Madhuca sandakanensis 306
MAESA 232
Maesa ramentacea 232
Maesa sp. 1 232
Maesa striata 232
MAGNOLIA 183
Magnolia ashtonii 183
Magnolia bintuluensis 183
Magnolia candollei var candollei 183
Magnolia candollei var obovata 183
Magnolia carsonii var drimifolia 183
Magnolia gigantifolia 183
Magnolia uvariifolia 183
MAGNOLIACEAE 183
MALAXIS 388
Malaxis commelinifolia 388

Malaxis latifolia 388
MALLOTUS 119
Mallotus caudatus 120
Mallotus cf. macrostachyus 119
Mallotus cf. wrayi 120
Mallotus eucaustus 119
Mallotus floribundus 119
Mallotus griffithianus 119
Mallotus macrostachyus 119
Mallotus mollissimus 119
Mallotus penangensis 120
Mallotus sarawacensis 120
Mallotus tenuipes 120
Mallotus wrayi 120
MALPIGHIACEAE 183
MALVACEAE 184
MALVAVISCUS 184
Malvaviscus arboreus 184
MAMMEA 144
Mammea calciphila 438
Mammea calciphila var fasciculata 144
Mammea woodii 144
MANGIFERA 8
Mangifera caesia 8
Mangifera cf. havilandii 9
Mangifera cf. indica 9
Mangifera decandra 9
Mangifera foetida 9
Mangifera griffithii 9
Mangifera khoonmengiana 9
Mangifera lagenifera 9
Mangifera longipes 9
Mangifera longipetiolata 9
Mangifera odorata 9
Mangifera pajang 9
Mangifera parvifolia 9
Mangifera quadrifida Jack 9
Mangifera rigida 9
MANGLIETIA 183
Manglietia sabahensis 183
MAPANIA 358
Mapania bancana 359
Mapania caudata 359
Mapania cf. cuspidata var petiolata 359
Mapania cuspidata 359
Mapania cuspidata var cuspidata 359
Mapania cuspidata var petiolata 359
Mapania debilis 359
Mapania graminea 359
Mapania hispida 359
Mapania latifolia 360
Mapania longiflora 360

Mapania meditensis 360
Mapania monostachya 360
Mapania palustris var. palustris 360
Mapania richardsii 360
Mapania spadicea 360
Mapania squamata 360
Mapania sumatrana 360
Mapania sumatrana ssp sumatrana 361
Mapania wallichii 361
MARANTACEAE 376
MARANTHES 53
Maranthes corymbosa 53
MARSYPOPETALUM 17
Marsypopetalum pallidum 17
MASTERSIA 171
Mastersia bakeri 171
MASTIXIA 62
Mastixia eugenioides 62
Mastixia pentandra 62
Mastixia trichotoma var. maingayi 62
MATTHAEA 210
Matthaea sancta 210
MEDINILLA 188
Medinilla aff. fragilis 189
Medinilla aff. latericha 189
Medinilla alternifolia 188
Medinilla botryocarpa 188
Medinilla botryocarpa vel aff. 188
Medinilla crassifolia 188
Medinilla decurrens 188
Medinilla formanii 188
Medinilla fragilis 188
Medinilla laxiflora 189
Medinilla macrophylla 189
Medinilla muricata 189
Medinilla myrmecorhiza 189
Medinilla quadrialata 189
Medinilla rufopilosa 189
Medinilla sessiliflora 189
Medinilla sp. 1 190
Medinilla sp. 2 190
Medinilla sp. 3 190
Medinilla sp. 4 190
Medinilla subauriculata 189
Medinilla succulenta 190
MEIOGYNE 17
Meiogyne virgata 17
MELANOCHYLA 9
Melanochyla beccariana 9
Melanochyla condensata 10
Melanochyla elmeri 10
Melanorrhoea beccarii 8
Melanorrhoea speciosa 8

Melanorrhoea torquata 8
Melanorrhoea tricolor 7
Melanorrhoea wallichii 8
MELANTHERA 57
Melanthera biflora 57
MELANTHIACEAE 377
MELASTOMA 190
Melastoma aff. boryanum 190
Melastoma aff. pulcherrimum 191
Melastoma beccarianum 190
Melastoma malabathricum 190
Melastoma malabathricum malabathricum 190
Melastoma nitidum 191
Melastoma sanguineum 191
MELASTOMATACEAE 184
MELIACEAE 200
MELICOPE 300
Melicope incana 300
MELIOSMA 207
Meliosma cf. pinnata 207
Meliosma elmeri 207
Meliosma sarawakensis 207
Meliosma sp. 1 207
Meliosma sumatrana 207
MELIOSMACEAE 207
MELOCHIA 313
Melochia corchorifolia 313
MELODINUS 27
Melodinus lancifolius 27
Melodinus orientalis 27
MEMECYLON 191
Memecylon acuminatissimum 191
Memecylon amplexicaule 191
Memecylon borneense 191
Memecylon borneense vel aff. 191
Memecylon cf. acuminatissimum 191
Memecylon cf. borneense 191
Memecylon confertiflorum 192
Memecylon durum 192
Memecylon edule 192
Memecylon floridum 192
Memecylon garcinioides 192
Memecylon lilacinum 192
Memecylon paniculatum 192
Memecylon scolopacinum

INDEX

192
Memecylon sp. 1 193
MENISPERMACEAE 208
MERREMIA 61
Merremia borneensis 61
Merremia korthalsiana 61
Merremia peltata 61
Merremia pulchra 61
Merremia sp. nov. 61
MESUA 144
METROXYLON 403
Metroxylon sagu 403
Mezzetia havilandii 17
MEZZETTIA 17
Mezzettia macrocarpa 17
Mezzettia parviflora 17
Mezzettia umbellata 18
Microcasia oblanceolata 342
MICROCOS 323
Microcos aff. loerzingii 324
Microcos antidesmifolia 323
Microcos borneensis 323
Microcos cinnamomifolia 323
Microcos elmeri 323
Microcos fibrocarpa 323
Microcos gracilis 323
Microcos henrici 323
Microcos hirsuta 324
Microcos latistipulata 324
Microcos ossea 324
Microcos pearsonii 324
Microcos reticulata 324
Microcos stylocarpa 324
MICROTROPIS 52
Microtropis rigida 52
Microtropis sp. nov. 52
MIKANIA 57
Mikania micrantha 57
MILLETTIA 171
Millettia xylocarpa 171
MIMOSA 167
Mimosa pudica 167
MISCANTHUS 369
Miscanthus floridulus 369
MISCHOBULBUM 388
Mischobulbum scapigerum 388
MITRELLA 18
Mitrella dielsii 18
Mitrella kentii 18
MITREPHORA 18
Mitrephora cf. glabra 18
Mitrephora glabra 18
MONIMIACEAE 210
MONOCARPIA 18
Monocarpia marginalis 18

Monocarpia sp. nov. 18
MONOCHORIA 410
Monochoria hastata 410
Monochoria vaginalis 410
MONOCOTYLEDONS **339**
MORACEAE 210
MORINDA 279
Morinda rigida 279
MOULTONIANTHUS 120
Moultonianthus leembruggianus 120
MUNTINGIA 324
Muntingia calabura 324
MURDANNIA 353
Murdannia nudiflora 353
MURRAYA 300
Murraya koenigii 300
MUSA 377
Musa borneensis 377
Musa campestris 377
Musa textilis 378
Musa tuberculata 378
MUSACEAE 377
MUSSAENDA 279
Mussaenda cf lanuginosa 279
Mussaenda cf. elmeri 279
Mussaenda cf. hirsuta 279
Mussaenda laxiflora 280
Mussaenda sp. 1 280
MUSSAENDOPSIS 280
Mussaendopsis beccariana 280
MYRICA 220
Myrica javanica 220
MYRICACEAE 220
MYRIONEURON 280
Myrioneuron borneense 280
Myrioneuron cyaneum 280
Myrioneuron pubescens 280
MYRISTICA 226
Myristica borneensis 226
Myristica cinnamomea 227
Myristica cortica 227
Myristica crassa 227
Myristica extensa 227
Myristica guatteriifolia 227
Myristica iners 227
Myristica lowiana 227
Myristica maxima 227
Myristica smythiesii 227
Myristica villosa 227
MYRISTICACEAE 220
MYRMECODIA 280
Myrmecodia tuberosa 280
MYRMECONAUCLEA 281
Myrmeconauclea cf.

stipulacea 281
Myrmeconauclea stipulacea 281
Myrmeconauclea strigosa 281
MYRSINACEAE 228
MYRTACEAE 233
MYXOPYRUM 248
Myxopyrum nervosum ssp coriaceum 248
Myxopyrum nervosum ssp nervosum 249

N

NAGEIA 426
NAUCLEA 281
Nauclea bernadoi 4
Nauclea officinalis 281
Nauclea parva 281
Nauclea subdita 281
Neckia serrata 245
NEESIA 42
Neesia altissima 42
Neesia glabra 42
Neesia pilulifera 43
NENGA 403
Nenga pumila var pachystachya 403
NEO-UVARIA 18
Neo-Uvaria acuminatissima 18
Neo-Uvaria foetida 19
NEODRIESSENIA 193
Neodriessenia pilosa 193
Neodriessenia scorpioidea 193
Neodriessenia sp. nov. 193
NEOLAMARCKIA 281
Neolamarckia cadamba 281
NEONAUCLEA 282
Neonauclea artocarpoides 282
Neonauclea borneensis 282
Neonauclea cf paracyrtopoda 282
Neonauclea cf. excelsa 282
Neonauclea cyrtopoda 282
Neonauclea lanceolata ssp gracilis 282
Neonauclea longipedunculata 282
Neonauclea synkorynos 282
NEOSCORTECHINIA 120
Neoscortechinia cf. kingii 120
Neoscortechinia kingii 120
Neoscortechinia sumatrensis var sumatrensis 120

INDEX

NEPENTHACEAE 242
NEPENTHES 242
Nepenthes albomarginata 242
Nepenthes ampullaria 242
Nepenthes bicalcarata 242
Nepenthes cf. gracilis 242
Nepenthes cf. hirsuta 243
Nepenthes cf. rafflesiana 243
Nepenthes fusca 242
Nepenthes gracilis 242
Nepenthes hirsuta 243
Nepenthes lowii 243
Nepenthes mirabilis 243
Nepenthes rafflesiana 243
Nepenthes reinwardtiana 243
Nepenthes stenophylla 243
Nepenthes tentaculata 243
Nepenthes veitchii 243
NEPHELIUM 303
Nephelium beccarianum 303
Nephelium cuspidata var eriopetalum 303
Nephelium cuspidata var robustum 303
Nephelium lappaceum var lappaceum 303
Nephelium lappaceum var pallens 304
Nephelium macrophyllum 304
Nephelium maingayi 304
Nephelium meduseum 304
Nephelium melanomiscum 304
Nephelium mutabile 304
Nephelium ramboutan-ake 304
Nephelium subfalcatum 304
Nephelium sufferrugineum 303
Nephelium uncinatum 304
NERIUM 28
Nerium indicum 28
Nerium oleander 28
NEUWIEDIA 388
Neuwiedia borneensis 388
Neuwiedia veratrifolia 388
NORRISIA 176
Norrisia maior 176
NOTHAPHOEBE 156
Nothaphoebe cf. heterophylla 157
Nothaphoebe coriacea 156
Nothaphoebe 'havilandii' 157

Nothaphoebe heterophylla 157
Nothaphoebe panduriformis 157
Nothaphoebe 'sarawacensis' 157
NOTOTHIXOS 335
Notothixos cf. leiophyllus 335
NYCTAGINACEAE 244
NYMPHAEA 244
Nymphaea pubescens 244
NYMPHAEACEAE 244
NYPA 403
Nypa fruticans 403

O

OBERONIA 388
Oberonia anceps 388
OCHANOSTACHYS 246
Ochanostachys amentacea 246
OCHNACEAE 244
OCHTHOCHARIS 193
Ochthocharis borneensis 193
Ochthocharis javanica 193
Ochthocharis ovata 193
Ochthocharis paniculata 193
Octarrhena condensata 431
OCTOMELES 64
Octomeles sumatrana 64
OISTONEMA 37
Oistonema aff. dischidioides 37
OLACACEAE 246
OLAX 246
Olax imbricata 246
OLDENLANDIA 282
Oldenlandia corymbosa 282
Oldenlandia herbacea 282
Oldenlandia trinervia 282
OLEA 249
Olea javanica 249
OLEACEAE 247
OMPHALEA 120
Omphalea bracteata 120
Omphalea cf. malayana var. nov. ? 121
Omphalea malayana 121
ONAGRACEAE 249
ONCOSPERMA 404
Oncosperma horridum 404
Oncosperma tigillarium 404
OPERCULINA 62
Operculina riedeliana 62
OPHIORRHIZA 282
Ophiorrhiza sp. 1 283

Ophiorrhiza sp. 2 283
Ophiorrhiza winkleri 282
OPILIACEAE 249
ORCHIDACEAE 378
ORCHIDANTHA 376
Orchidantha holttumii 376
OREOCNIDE 329
ORMOSIA 171
Ormosia bancana 171
Ormosia sumatrana 171
Ormosia sumatrana vel aff. 172
OROPHEA 19
Orophea kostermansiana 19
ORYZA 369
Oryza minuta 369
Oryza officinalis 369
OSMELIA 130
Osmelia philippina 130
OSMOXYLON 32
Osmoxylon borneense 32
Otophora fruticosa 302
OTTOCHLOA 369
Ottochloa nodosa 369
OURATEA 245
Ouratea serrata 245
OXALIDACEAE 249
OXYCEROS 283
Oxyceros cf. sp. 1 283
Oxyceros longiflorus 283
Oxyceros sp. 1 283
OXYSPORA 193
Oxyspora auriculata 193
Oxyspora beccarii 194
Oxyspora cf. auriculata 194

P

PACHYCENTRIA 194
Pachycentria constricta 194
Pachycentria glauca 194
PAEDERIA 283
Paederia foetida 283
Paederia verticillata ssp verticillata 283
PALAQUIUM 306
Palaquium calophyllum 306
Palaquium cochlearifolium 306
Palaquium dasyphyllum 306
Palaquium decurrens 306
Palaquium gutta 306
Palaquium herveyi 307
Palaquium leiocarpum 307
Palaquium microphyllum 307
Palaquium obtusifolium 307
Palaquium pseudocuneatum

INDEX

307
Palaquium pseudorostratum 307
Palaquium quercifolium 307
Palaquium ridleyi 307
Palaquium rioense 307
Palaquium rivulare 307
Palaquium rostratum 307
Palaquium sericeum vel aff. 307
Palaquium stipulare 307
Palaquium walsurifolium 307
PALMAE 393
PANCRATIUM 339
Pancratium zeylanicum 339
PANDACEAE 250
PANDANACEAE 408
PANDANUS 408
Pandanus affinis 408
Pandanus ashtonii 408
Pandanus borneensis 408
Pandanus brevistylis 409
Pandanus bruneiensis 409
Pandanus discostigma 409
Pandanus epiphyticus 409
Pandanus militaris var malayanus 409
Pandanus monotheca 409
Pandanus motleyanus 409
Pandanus pachyphyllus 409
Pandanus parvus 409
Pandanus pectinatus 409
Pandanus pumilis 409
PANICUM 369
Panicum auritum 369
Panicum humidorum 369
Panicum incomtum 369
Panicum perakense 369
Panicum repens 369
PARAMAPANIA 361
Paramapania parvibracteata 361
Paramapania radians 361
PARAMERIA 28
Parameria laevigata 28
Parameria polyneura 28
PARANEPHELIUM 304
Paranephelium joannis 304
Paranephelium xestophyllum 304
PARARTOCARPUS 220
Parartocarpus venenosus ssp borneensis 220
Parartocarpus venenosus ssp forbesii 220
PARASHOREA 73
Parashorea macrophylla 73

Parashorea malaanonan 73
Parashorea parvifolia 73
Parashorea smythiesii 74
PARASTEMON 54
Parastemon grandifructus 54
Parastemon urophyllus 54
PARINARI 54
Parinari canarioides 54
Parinari costata 54
Parinari metallica 54
Parinari oblongifolia 54
Parinari oblongifolia vel aff. 54
Parinarium asperulum 53
Parinarium racemosa 53
PARISHIA 10
Parishia cf. maingayi 10
Parishia maingayi 10
Parishia paucijuga 10
Parishia polycarpa 10
Parishia sericea 10
PARKIA 167
Parkia singularis ssp borneensis 167
Parkia speciosa 167
Parkia timoriana 167
PARSONSIA 28
Parsonsia alboflavescens 28
PASPALUM 370
Paspalum conjugatum 370
Paspalum longifolium 370
Paspalum scrobiculatum 370
PASSIFLORA 251
Passiflora foetida 251
PASSIFLORACEAE 251
PAVETTA 283
Pavetta aff. multiflora 283
Pavetta indica 283
Pavetta multiflora 283
Pavetta petiolaris 284
PAYENA 308
Payena longipedicellata 308
Payena microphylla 308
Payena obscura 308
Payena obscura vel aff. 308
PELIOSANTHES 353
Peliosanthes teta ssp humilis 353
PELLACALYX 262
Pellacalyx lobbii 262
Pellacalyx symphiodiscus 262
PELTOPHORUM 163
Peltophorum pterocarpum 163
PENTACE 324
Pentace adenophora 324

Pentace cf. adenophora 324
Pentace erectinervia 325
Pentace laxiflora 325
PENTAPHRAGMA 251
Pentaphragma acuminatum 251
Pentaphragma aurantiacum 252
Pentaphragma cf. albiflorum 251
Pentaphragma cf. prostratum 252
Pentaphragma prostratum 252
Pentaphragma spatulisepalum 252
Pentaphragma viride 252
PENTAPHRAGMATACEAE 251
PENTASPADON 10
Pentaspadon motleyi 10
PERISTYLIS 389
Peristylis hallieri 389
PEROTIS 370
Perotis indica 370
PERROTTETIA 52
Perrottetia alpestris ssp. philippinensis 52
PERSEA 157
PERSICARIA 257
Persicaria dichotoma 257
Persicaria minus ssp procerum 257
PERTUSADINA 284
Pertusadina eurhyncha 284
PETRAEOVITEX 331
Petraeovitex sumatrana 331
PETROSAVIA 377
Petrosavia sakuraii 377
Petrosavia stellaris 377
PHACELOPHRYNIUM 376
Phacelophrynium maximum 376
PHAEANTHUS 19
Phaeanthus ophthalmicus 19
PHAIUS 389
Phanera cardiophylla 161
Phanera excelsa 160
Phanera finlaysonia var leptopus 160
Phanera kockiana 160
Pheanthus crassipetalus 19
PHILBORNEA 173
Philbornia magnifolia 173
PHOEBE 157
Phoebe declinata 157
Phoebe grandis 157

INDEX

Phoebe 'nana' 157
Phoebe opaca 157
PHOLIDOCARPUS 404
Pholidocarpus maiadum 404
PHOLIDOTA 389
Pholidota carnea var carnea 389
Pholidota gibbosa 431
Pholidota pectinata 389
Pholidota ventricosa 431
PHORMIACEAE 410
PHRAGMITES 370
Phragmites karka 370
PHYLLAGATHIS 194
Phyllagathis dispar 194
Phyllagathis gymnantha var ovalifolia 194
Phyllagathis sp. 1 194
Phyllagathis sp. 3 195
PHYLLANTHUS 121
Phyllanthus acidus 121
Phyllanthus chamaepeuce 121
Phyllanthus reticulatus 121
Phyllanthus urinaria 121
PHYLLOCLADACEAE 426
PHYLLOCLADUS 426
Phyllocladus hypophyllus 426
PHYMATARUM 345
Phymatarum borneense 345
Phymatarum crassum 345
PHYSALIS 311
Physalis angulata 311
PHYTOCRENE 146
Phytocrene bracteata 146
Phytocrene cf. borneensis 146
Phytocrene cf. racemosa 146
PICRASMA 311
PIMELEODENDRON 121
Pimeleodendron griffithianum 121
Pimeleodendron zoanthogyne 121
PINANGA 404
Pinanga aff. angustisecta 404
Pinanga aff. auriculata 404
Pinanga aff. brevipes 404
Pinanga aristata 404
Pinanga auriculata 404
Pinanga capitata var capitata 404
Pinanga capitata var divaricata 404

Pinanga cf. mirabilis 405
Pinanga chaiana 405
Pinanga dumetosa 405
Pinanga lepidota 405
Pinanga minuta 405
Pinanga mirabilis 405
Pinanga mooreana 405
Pinanga patula var microcarpa 405
Pinanga ridleyana 406
Pinanga rivularis 406
Pinanga salicifolia 406
Pinanga sessilifolia 406
Pinanga simplicifrons 406
Pinanga tenella var tenella 406
Pinanga tomentella 406
Pinanga veitchii 406
Pinanga yassinii 406
PIPER 252
Piper caninum 252
Piper cf. abbreviatum 252
Piper cf. muricatum 'Blume var.' 253
Piper macropiper 252
Piper muricatum 252
Piper muricatum 'Blume var' 253
Piper porphyrophyllum 253
Piper vestitum 253
PIPERACEAE 252
PIPTOSPATHA 346
Piptospatha burbidgei 346
Piptospatha elongata 346
PISONIA 244
Pisonia umbellifera 244
PISTIA 346
Pistia stratiotes 346
PITHECELLOBIUM 167
Pithecellobium dulce 167
PLAGIOSTACHYS 421
Plagiostachys aff. strobilifera 422
Plagiostachys albiflora 421
Plagiostachys bracteolata 421
Plagiostachys cf. crocydocalyx 422
Plagiostachys crocydocalyx 421
Plagiostachys sp. A 422
Plagiostachys sp. B 422
Plagiostachys strobilifera 422
Planchonella obovata 308
PLATEA 146
Platea cf excelsa 146
Platea excelsa var borneensis 146

PLECTOCOMIA 407
Plectocomia elongata 407
Plectocomia mulleri 407
PLECTOCOMIOPSIS 407
Plectocomiopsis geminiflora 407
Plectocomiopsis mira 407
Plectocomiopsis triquetra 407
PLECTRANTHUS 148
Plectranthus scutellarioides 148
PLEIOCARPIDIA 284
Pleiocarpidia aff. cephalotes 284
Pleiocarpidia aff. paniculata 284
Pleiocarpidia cf. sp. 4 285
Pleiocarpidia enneandra 284
Pleiocarpidia opaca 284
Pleiocarpidia paniculata 284
Pleiocarpidia sandahanica 284
Pleiocarpidia sp. 1 284
Pleiocarpidia sp. 2 285
Pleiocarpidia.sp. 3 285
Pleiocarpidia sp. 4 285
Pleiocarpidia sp. 5 285
PLETHIANDRA 195
Plethiandra beccariana 195
Plethiandra cuneata 195
Plethiandra hookeri 195
Plethiandra motleyi 195
Plethiandra rejangensis 195
Plethiandra robusta 195
PLOCOGLOTTIS 389
Plocoglottis acuminata 389
Plocoglottis borneensis 389
Plocoglottis hirta 389
Plocoglottis javanica 431
Plocoglottis lowii 389
PLOIARIUM 144
Ploiarium alternifolium 144
Ploiarium cf. alternifolium 145
PLUMERIA 28
Plumeria obtusa 28
PODOCARPACEAE 426
PODOCARPUS 427
Podocarpus cf polystachyus 427
Podocarpus micropedunculatus 427
Podocarpus neriifolius 427
Podocarpus polystachyus 427

Podocarpus sp. 1 427
PODOCHILUS 389
Podochilus lucescens 389
Podochilus microphyllus 389
Podochilus serpyllifolius 390
Podochilus tenuis 390
POGONANTHERA 195
Pogonanthera pulverulenta 195
POGONATHERUM 370
Pogonatherum paniceum 370
POGONOTIUM 407
Pogonotium divaricatum 407
POGOSTEMON 148
Pogostemon auricularia 148
POIKILOSPERMUM 49
Poikilospermum aff. suaveolens 49
Poikilospermum cf. peltatum 49
Poikilospermum cf. suaveolens 49
Poikilospermum cordifolium 49
Poikilospermum microstachys 49
Poikilospermum oblongifolium 49
Poikilospermum scabrinervium 49
Poikilospermum sp. 1 50
Poikilospermum suaveolens 49
Poikilospermum subtrinervium 49
Poikilospermum tangaum 49
POLLIA 353
Pollia pumila 435
Pollia thyrsifolia 353
POLYALTHIA 19
Polyalthia cauliflora s.l. 19
Polyalthia cauliflora var beccarii 19
Polyalthia cf. asteriella 19
Polyalthia chrysotricha 19
Polyalthia clavigera 20
Polyalthia flagellaris 20
Polyalthia glauca 20
Polyalthia hookeriana 20
Polyalthia hypogaea 20
Polyalthia hypoleuca 20
Polyalthia insignis 20
Polyalthia jenkinsii 20
Polyalthia laterifolia 20

Polyalthia longipes 20
Polyalthia motleyana 20
Polyalthia rumphii 21
Polyalthia sp. 1 21
Polyalthia sp. 2 21
Polyalthia sp. 3 21
Polyalthia sumatrana 21
Polyalthia tenuipes 21
POLYAULAX 22
Polyaulax cylindrocarpa 22
POLYGALA 254
Polygala venenosa 254
POLYGALACEAE 253
POLYGONACEAE 257
Polygonum minus ssp procerum 257
POLYOSMA 100
Polyosma cf. ilicifolia 100
Polyosma integrifolia 100
Polyosma latifolia 100
Polyosma sp. 1 100
Polyosma sp. 2 100
Polyosma sp. 3 100
Polyosma sp. 4 100
POLYSCIAS 32
POMATOCALPA 390
Pomatocalpa kunstleri 390
POMETIA 305
Pometia pinnata 305
PONGAMIA 172
Pongamia pinnata 172
PONTEDERIACEAE 410
POPOWIA 22
Popowia pisocarpa 22
Popowia sp. 1 22
Popowia sp. 2 22
Popowia sp. 3 22
PORTERANDIA 285
Porterandia aff. anisophylla 285
Porterandia anisophylla 285
Porterandia cf. pauciflora 285
Porterandia sp. 1 286
Porterandia subsessilis 286
PORTULACA 258
Portulaca oleracea 258
Portulaca pilosa 258
PORTULACACEAE 258
POTHOS 346
Pothos aff. leptostachyus 347
Pothos atropurpureus 346
Pothos barberianus 346
Pothos beccarianus 346
Pothos brevistylus 346
Pothos cf. volans 347
Pothos hosei 346
Pothos insignis 346

Pothos laurifolius 346
Pothos leptostachyus 346
Pothos oxyphyllus 347
Pothos scandens 347
Pothos volans 347
POTOXYLON 158
Potoxylon melagangai 158
POUTERIA 308
Pouteria maclayana 308
Pouteria malaccensis 308
Pouteria obovata 308
POUZOLZIA 329
Pouzolzia zeylanica 329
PRAINEA 220
Prainea limpato 220
PRARAVINIA 286
Praravinia borneensis 286
Praravinia coriacea 286
Praravinia mollis 286
Praravinia suberosa 286
PRAVINARIA 286
Pravinaria cf. endertii 286
PREMNA 331
Premna corymbosa 331
Premna serratifolia 331
Premna serratifolia var minor 331
PRISMATOMERIS 286
Prismatomeris beccariana 286
Prismatomeris cf. glabra 286
Prismatomeris robusta 287
PROTEACEAE 258
PRUNUS 262
Prunus arborea var stipulacea 262
Prunus beccarii 262
Prunus oocarpa 263
Prunus polystachya 263
Prunus spicata 263
Pschotria sp. 4 288
PSEUDERANTHEMUM 2
Pseudonephelium fumatum 302
Pseudosindora palustris 162
PSEUDUVARIA 22
Pseuduvaria pamathonis 22
PSYCHOTRIA 287
Psychotria aff. brachybotrys 287
Psychotria aff. sarmentosa 288
Psychotria aff. viridiflora 288
Psychotria agamae 287
Psychotria cf. crassifolia 287

Psychotria cf. sarmentosa 288
Psychotria cf. woodii 288
Psychotria expansa 287
Psychotria insignis 287
Psychotria iteophylla 287
Psychotria malayana 287
Psychotria ovoidea 287
Psychotria pachyphylla 287
Psychotria polycarpa 287
Psychotria rhinocerotis 287
Psychotria sarmentosa 288
Psychotria sp. 1 288
Psychotria sp. 2 288
Psychotria sp. 3 288
Psychotria viridiflora 288
Psychotria woodii 288
PSYDRAX 289
Psydrax cf. sp. 6 289
Psydrax sp. 1 289
Psydrax sp. 2 289
Psydrax sp. 3 289
Psydrax sp. 4 289
Psydrax sp. 5 289
Psydrax sp. 6 289
Psydrax sp. 7 289
PTELEOCARPA 43
Pteleocarpa lamponga 43
PTERISANTHES 337
Pterisanthes cissoides 337
Pterisanthes grandis 337
Pterisanthes polita 337
Pterisanthes rufula 337
PTERNANDRA 196
Pternandra azurea var azurea 196
Pternandra cf. rostrata 197
Pternandra coerulescens 196
Pternandra cogniauxii 196
Pternandra cordata 196
Pternandra crassicalyx 196
Pternandra galeata var galeata 196
Pternandra gracilis 197
Pternandra hirtella 197
Pternandra multiflora 197
Pternandra rostrata 197
Pternandra sp. nov. 197
PTEROCARPUS 172
Pterocarpus indicus 172
PTYCHOPYXIS 121
Ptychopyxis kingii 121
PTYSSIGLOTTIS 2
Ptyssiglottis frutescens 3
Ptyssiglottis gibbsiae 3
Ptyssiglottis peranthera 3
Ptyssiglottis psychotriifolia 2

Ptyssiglottis staminodifera 3
PUERARIA 172
Pueraria phaseoloides var javanica 172
PYCREUS 361
Pycreus polystachyos 361
Pycreus pumilus 361
Pygeum oocarpa 263
Pygeum stipulaceum 262
PYRAMIDANTHE 22
Pyramidanthe prismatica 22
PYRENARIA 319
Pyrenaria serrata var masocarpa 319
Pyrenaria sp.1 319
Pyrenaria sp.2 319

Q

QUASSIA 311
Quassia indica 311
QUERCUS 127
Quercus kerangasensis 127
Quercus percoriacea 127
Quercus subsericea 127
Quercus valdinervosa 127
QUISQUALIS 55
Quisqualis indica 55

R

RACEMOBAMBOS 373
Racemobambos glabra 373
RAFFLESIA 259
Rafflesia pricei 259
RAFFLESIACEAE 259
RANDIA 289
Randia densiflora 264
Randia grandifolia 289
Randia grandis 289
Randia jambosoides 271
RAPANEA 233
Rapanea avenis 233
Rapanea capitellata 233
Rapanea multibracteata 233
Rapanea umbellulata 233
RENNELLIA 290
Rennellia elliptica 290
RETISPATHA 407
Retispatha dumetosa 407
RHAMNACEAE 259
RHAPHIDOPHORA 347
Rhaphidophora angustifolia 347
Rhaphidophora beccarii 347
Rhaphidophora cf. sylvestris 348
Rhaphidophora foramanifera 347

Rhaphidophora korthalsii 347
Rhaphidophora lobbii 347
Rhaphidophora minor 347
Rhaphidophora nigrescens 348
Rhaphidophora sp. A 348
Rhaphidophora sp. B 348
Rhaphidophora sp. C 348
Rhaphidophora sp. D 348
Rhaphidophora sp. E 348
Rhaphidophora sylvestris 348
Rhaphidophora tenuis 348
RHIZANTHES 259
RHIZOPHORA 262
Rhizophora apiculata 262
Rhizophora mucronata 262
RHIZOPHORACEAE 261
RHODAMNIA 234
Rhodamnia cinerea var cinerea 234
RHODODENDRON 96
Rhododendron borneense ssp villosum 96
Rhododendron brookeanum var brookeanum 96
Rhododendron brookeanum var gracile 97
Rhododendron cf. longiflorum 97
Rhododendron commutatum 97
Rhododendron crassifolium 97
Rhododendron durionifolium 97
Rhododendron lineare 97
Rhododendron longiflorum 97
Rhododendron malayanum 97
Rhododendron micromalayanum 97
Rhododendron nieuwenhuisii 97
Rhododendron orbiculatum 97
Rhododendron quadrasianum var villosum 98
Rhododendron stenophyllum ssp angustifolium 98
RHODOMYRTUS 234
Rhodomyrtus tomentosa 234
RHUS 10

INDEX

Rhus borneensis 10
RHYNCHOSPORA 362
Rhynchospora corymbosa 362
Rhynchospora rugosa 362
RINOREA 334
Rinorea congesta 334, 440
Rinorea horneri 334
Rinorea longiracemosa 334
ROBIQUETIA 390
Robiquetia spathulata 390
ROSACEAE 262
ROTHMANNIA 290
Rothmannia cf. kuchingensis 290
Rothmannia kuchingensis 290
Rothmannia sp. 1 290
Rothmannia sp. 2 290
ROUREA 59
Rourea mimosoides 59
Rourea minor 59
RUBIA 290
Rubia cordifolia s.l. 290
RUBIACEAE 263
RUBUS 263
Rubus moluccana var discolor 263
Rubus moluccana var moluccana 263
RUTACEAE 299
RYPAROSA 130
Ryparosa acuminata 130
Ryparosa aff. javanica 131
Ryparosa cf. glauca 130
Ryparosa hirsuta 130
Ryparosa hullettii 130
Ryparosa kostermansii 131

S

SACCHARUM 370
Saccharum arundinaceum 370
SACCIOLEPIS 370
Sacciolepis indica 370
SAGERAEA 22
Sageraea elliptica 22
Sageraea lanceolata 23
SALACCA 407
Salacca affinis 407
Salacca magnifica 408
Salacca vermicularis 408
SALACIA 52
Salacia cf. chinensis 52
Salacia cf. oblongifolia 52
Salacia chinensis 52
Salacia laurifolia 52
Salacia macrophylla 52
Salacia oblongifolia 52

Salacia sp. 2 52
Salacia sp. 3 52
SALOMONIA 254
Salomonia cantoniensis 254
Salomonia ciliata 254
SANDORICUM 206
Sandoricum borneense 206
Sandoricum caudatum 206
Sandoricum dasyneuron 206
Sandoricum koetjape 206
SANTALACEAE 301
SANTIRIA 46
Santiria aff. apiculata 46
Santiria aff. griffithii 46
Santiria apiculata var apiculata 46
Santiria conferta 46
Santiria grandiflora 46
Santiria griffithii 46
Santiria laevigata f. glabrifolia 46
Santiria laevigata f. laevigata 46
Santiria megaphylla 46
Santiria mollis 46
Santiria oblongifolia 47
Santiria rubiginosa 47
Santiria tomentosa 47
SAPINDACEAE 301
SAPOTACEAE 305
SAPROSMA 290
Saprosma arborea 290
Saprosma membranacea 291
SARACA 163
Saraca declinata 163
SARCOSTIGMA 146
Sarcostigma paniculata 146
SARCOTHECA 250
Sarcotheca acuminata 250
Sarcotheca diversifolia 250
Sarcotheca glauca 250
SAURAUIA 4
Saurauia agamae 4
Saurauia bruneiensis 4
Saurauia euryphylla 4
Saurauia ferox 4
Saurauia glabra 4
Saurauia hooglandii 4
Saurauia horrida 4
Saurauia isosepala 5
Saurauia javanica 5
Saurauia kinabaluensis 5
Saurauia longistyla 5
Saurauia myrmecoidea 5
SAUROPUS 122
Sauropus androgynus 122
Sauropus bacciformis 122

SAUVAGESIA 245
Sauvagesia calophylla 245
Sauvagesia serrata 245
Sauvagesia serrata f. A. 245
Sauvagesia serrata f. B. 245
SCAEVOLA 137
Scaevola taccada 137
SCAPHIUM 313
Scaphium longipetiolatum 313
Scaphium macropodum 313
Scaphium 'parviflorum' 313
Scaphium parvifolium 313
SCAPHOCHLAMYS 422
Scaphochlamys aff. argentea 422
Scaphochlamys aff. petiolata 422
Scaphochlamys petiolata 422
Scaphochlamys sp. nov. 422
SCHEFFLERA 32
Schefflera elliptica 32
Schefflera lasiocalyx 32
Schefflera littoralis 32
Schefflera 'mangiferifolia' 32
Schefflera petiolosa 33
Schefflera 'rhododendrifolia' 33
Schefflera sp. 1 33
Schefflera sp. 2 33
Schefflera tomentosa 33
Schefflera 'trineura' 33
Schefflera 'verticilligera' 33
Schefflera 'andulauensis' 32
Schefflera 'ficifolia' 32
SCHIMA 319
Schima monticola 319
Schima wallichii ssp crenata var crenata 319
SCHISANDRACEAE 309
SCHISMATOGLOTTIS 348
Schismatoglottis aff. beccariana 348
Schismatoglottis aff. monoplacenta 349
Schismatoglottis beccariana 348
Schismatoglottis brevicuspis 348
Schismatoglottis calyptrata 349
Schismatoglottis cf. sp. A 350

INDEX

Schismatoglottis cf. wallichii 349
Schismatoglottis cordifolia 349
Schismatoglottis cyria 349
Schismatoglottis ferruginea 349
Schismatoglottis gillianae 349
Schismatoglottis hottae 349
Schismatoglottis monoplacenta 349
Schismatoglottis parviflora 349
Schismatoglottis platystigma 349
Schismatoglottis schottii 349
Schismatoglottis sp. A 350
Schismatoglottis wallichii 349
SCHIZOSTACHYUM 373
Schizostachyum aff. sp. nov. 373
Schizostachyum blumei 373
Schizostachyum brachycladum 373
Schizostachyum latifolium 373
Schizostachyum terminale 373
SCHOENUS 362
Schoenus calostachyus 362
SCHOUTENIA 325
Schoutenia glomerata 325
Schoutenia stellata 325
SCHUMANNIANTHUS 376
Schumannianthus cf. dichotomus 377
Schumannianthus dichotomus 376
SCIAPHILA 412
Sciaphila densiflora 412
Sciaphila maculata 412
Sciaphila major 412
Sciaphila secundiflora 412
SCINDAPSUS 350
Scindapsus beccarii 350
Scindapsus borneensis 350
Scindapsus hederaceus 350
Scindapsus latifolius 350
Scindapsus longipes 350
Scindapsus perakensis 350
Scindapsus pictus 350
Scindapsus rupestris 350
SCIRPODENDRON 362
Scirpodendron ghaeri 362
SCLERIA 362

Scleria cf. sumatrensis 363
Scleria ciliaris 362
Scleria motleyi 362
Scleria oblata 362
Scleria purpurascens 362
Scleria sumatrensis 363
Scleria terrestris 363
SCLEROPYRUM 301
Scleropyrum cf. wallichianum 301
SCOPARIA 310
Scoparia dulcis 310
SCORODOCARPUS 246
Scorodocarpus borneensis 246
SCROPHULARIACEAE 309
SCURRULA 181
Scurrula ferruginea 181
SCUTINANTHE 47
Scutinanthe brunnea 47
SCYPHIPHORA 291
Scyphiphora hydrophyllacea 291
Sebastiana borneensis 122
SEBASTIANIA 122
Sebastiania chamaelea 122
SECURIDACA 254
Securidaca inappendiculata var inappendiculata 254
Securidaca tavoyana 254
SEMECARPUS 11
Semecarpus bunburyanus 11
Semecarpus cuneiformis 11
Semecarpus glaucus 11
Semecarpus oblanceolatus 11
Semecarpus rufovelutinus 11
SENNA 164
Senna alata 164
Senna occidentalis 164
Senna siamea 164
SHOREA 74
Shorea acuminatissima 74
Shorea acuta 74
Shorea agamii ssp agamii 74
Shorea albida 74
Shorea amplexicaulis 74
Shorea andulensis 74
Shorea angustifolia 74
Shorea argentifolia 75
Shorea asahii 75
Shorea atrinervosa 75
Shorea balanocarpoides 75
Shorea beccariana 75

Shorea biawak 75
Shorea bracteolata 75
Shorea bullata 75
Shorea cf. brunnescens 76
Shorea cf. ochracea 80
Shorea confusa 76
Shorea coriacea 76
Shorea crassa 76
Shorea cristata 81
Shorea curtisii ssp curtisii 76
Shorea dolichocarpa 75
Shorea domatiosa 76
Shorea elliptica 76
Shorea exelliptica 76
Shorea faguetiana 76
Shorea faguetioides 77
Shorea falciferoides 77
Shorea falciferoides ssp glaucescens 77
Shorea fallax 77
Shorea ferruginea 77
Shorea flaviflora 77
Shorea flemmichii 77
Shorea foraminifera 77
Shorea foxworthii 77
Shorea geniculata 77
Shorea gibbosa 78
Shorea glauca 78
Shorea glaucescens 77
Shorea havilandii 78
Shorea hopeifolia 78
Shorea inaequilateralis 78
Shorea inappendiculata 78
Shorea isoptera 78
Shorea johorensis 78
Shorea kunstleri 78
Shorea ladiana 78
Shorea laevis 78
Shorea laxa 78
Shorea leprosula 79
Shorea leptoclados 78
Shorea longiflora 79
Shorea longisperma 79
Shorea macrophylla 79
Shorea macroptera ssp macropterifolia 79
Shorea materialis 79
Shorea maxwelliana 79
Shorea mecistopteryx 79
Shorea micans 79
Shorea monticola 79
Shorea multiflora 80
Shorea myrionerva 80
Shorea obscura 80
Shorea ochracea 80
Shorea ovalis 80
Shorea ovalis ssp sarawakensis 80

INDEX

Shorea ovata 80
Shorea pachyphylla 81
Shorea parvifolia 81
Shorea parvistipulata 81
Shorea parvistipulata ssp albifolia 81
Shorea parvistipulata ssp parvistipulata 81
Shorea patoiensis 81
Shorea pauciflora 81
Shorea pilosa 81
Shorea pinanga 81
Shorea platycarpa 81
Shorea platyclados 81
Shorea quadrinervis 82
Shorea revoluta 82
Shorea rubella 82
Shorea rubra 82
Shorea rugosa 82
Shorea scaberrima 82
Shorea scabrida 82
Shorea scrobiculata 82
Shorea seminis 83
Shorea slootenii 83
Shorea smithiana 83
Shorea superba 83
Shorea teysmanniana 83
Shorea venulosa 83
Shorea virescens 83
Shorea virescens 76
Shorea xanthophylla 83
SIDA 184
Sida acuta ssp. acuta 184
SIMAROUBACEAE 310
SINDORA 164
Sindora beccariana 164
Sindora leiocarpa 164
SLOANEA 95
Sloanea javanica 95
SMILACACEAE 410
SMILAX 410
Smilax aff. laevis 411
Smilax barbata 410
Smilax borneensis 410
Smilax cf. modesta 411
Smilax hypoglauca 411
Smilax laevis 411
Smilax leucophylla 411
Smilax megacarpa 411
Smilax mysotiflora 411
Smilax odoratissima 411
Smilax woodii 411
SMYTHEA 260
Smythea lancifolia 260
Smythea pacifica 260
SOLANACEAE 311
SOLANUM 311
Solanum mammosum 311
Solanum torvum 311

SONERILA 197
Sonerila aff. begoniifolia 197
Sonerila aff. nervulosa 198
Sonerila begoniifolia 197
Sonerila cf. heterophylla 198
Sonerila gibbsiae 198
Sonerila heterophylla 198
Sonerila minima 198
Sonerila nervulosa 198
Sonerila obovata 198
Sonerila pulchella 198
Sonerila pusilla 198
Sonerila sp. 2 198
Sonerila sp. 3aii aff. nervulosa var hirsutissima 198
Sonerila sp. 3b 198
Sonerila sp. 3c ?heterophylla 198
Sonerila sp. 5 198
Sonerila sp. 6 199
Sonerila sp. 7 199
Sonerila sp. 8 199
Sonerila tenuifolia 198
SONNERATIA 182
Sonneratia alba 182
Sonneratia caseolaris 182
Sonneratia ovata 183
SORGHUM 370
Sorghum propinquum 370
SPATHOGLOTTIS 390
Spathoglottis microchilina 390
SPATHOLOBUS 172
Spatholobus ferrugineus 172
Spatholobus macropterus 172
Spatholobus oblongifolius 172
Spatholobus sanguineus 172
Spatholobus viridis 172
SPERMACOCE 291
Spermacoce (Borreria) assurgens 291
Spermacoce cf. ocymoides 291
SPHENODESME 331
Sphenodesme pentandra var pentandra 331
Sphenodesme racemosa var racemosa 332
Sphenodesme triflora 332
Sphenodesme triflora var riparia 332
SPILANTHES 57

Spilanthes anactina 57
SPONDIAS 11
Spondias cytherea 11
STACHYPHRYNIUM 377
Stachyphrynium aff. jagorianum 377
Stachyphrynium borneense 377
Stachyphrynium cf. borneense 377
Stachyphrynium parvum 377
STACHYTARPHETA 332
Stachytarpheta urticifolia 332
STAPHYLEACEAE 312
STAUROGYNE 3
Staurogyne jaherii var nov. 3
Staurogyne jaherii var. jaherii 3
STEENISIA 291
Steenisia borneensis 291
Steenisia pleurocarpa 291
STELECHOCARPUS 23
Stelechocarpus cauliflorus 23
STEMONURUS 146
Stemonurus cf. secundiflorus var lanceolatus 146
Stemonurus malaccensis 146
Stemonurus scorpioides 146
Stemonurus umbellatus 146
STENOMERIS 364
Stenomeris borneensis 364
STEPHANIA 209
Stephania corymbosa 209
STEPHANOTIS 37
Stephanotis suaveolens 37
STERCULIA 313
Sterculia aff. shillinglawii 314
Sterculia coccinea var coccinea 313
Sterculia cordata var montana 313
Sterculia cuspidata 313
Sterculia gilva 313
Sterculia macrophylla 314
Sterculia megistophylla 314
Sterculia rhoidifolia 314
Sterculia rhynchophylla 314
Sterculia rubiginosa 314
Sterculia rubiginosa var divaricata 314
Sterculia rubiginosa var

INDEX

setistipula 314
Sterculia stipulata 314
Sterculia translucescens 314
STERCULIACEAE 312
STICHIANTHUS 291
Stichianthus minutiflorus 291
STIXIS 48
Stixis scortechinii 48
STREBLOSA 291
Streblosa bracteata 291
STREBLUS 220
Streblus glaber 220
STROMBOSIA 246
Strombosia ceylanica 246
STRUCHIUM 57
Struchium sparganophorum 57
STRYCHNOS 176
Strychnos cf. borneensis 176
Strychnos ignatii 176
Strychnos sp. 1 176
Strychnos sp. 3 176
STYPHELIA 95
Styphelia malayana 95
SUREGADA 122
Suregada glomerulata 122
SWINTONIA 11
Swintonia acuta 11
Swintonia foxworthyi 11
Swintonia glauca 11
Swintonia schwenkii 11
SYMPLOCACEAE 315
SYMPLOCOS 315
Symplocos adenophylla 315
Symplocos celastrifolia 315
Symplocos cf. crassipes 315
Symplocos costatifructa 315
Symplocos crassipes s.l. 315
Symplocos crassipes var ernae 315
Symplocos fasciculata 315
Symplocos henschelii s.l. 315
Symplocos henschelii var henschelii 316
Symplocos henschelii var maingayi 316
Symplocos laeteviridis var alternifolia 316
Symplocos laeteviridis var mjobergii 316
Symplocos odoratissima 316
Symplocos pendula var hirtistylis 316
Symplocos polyandra 316
Symplocos rubiginosa 316
Symplocos sp. 2 316
Symplocos tricoccata 316
SYNGONIUM 351
Syngonium podophyllum 351
SYZYGIUM 234
Syzygium aff. creaghii 236
Syzygium aff. jambos 237
Syzygium aff. lineatum 238
Syzygium aff. ovatifolium 238
Syzygium aff. panzeri 238
Syzygium alcinae 234
Syzygium ampullarium 234
Syzygium aqueum 234
Syzygium attenuatum 234
Syzygium attenuatum vel aff. 235
Syzygium bankense 235
Syzygium beccarii 235
Syzygium borneense 235
Syzygium brachyrachis 235
Syzygium caryophylliflorum 235
Syzygium castaneum 235
Syzygium caudatilimbum 235
Syzygium caudatum 235
Syzygium chloranthum 235
Syzygium confertum 235
Syzygium cuneiforme 236
Syzygium curtisii 236
Syzygium curtisii vel aff. 236
Syzygium densiflorum vel aff. 236
Syzygium elliptilimbum 236
Syzygium fastigiatum 236
Syzygium foxworthianum 236
Syzygium gaultherioides 236
Syzygium grande 236
Syzygium griffithii 236
Syzygium griffithii vel aff. 236
Syzygium helferi 237
Syzygium heterocladum 237
Syzygium hirtum 237
Syzygium incarnatum 237
Syzygium kiauense 237
Syzygium kinabaluense 237
Syzygium kingii 237
Syzygium korthalsianum 237
Syzygium kuchingense 237
Syzygium leptostemon 237
Syzygium leucocladum 237
Syzygium leucoxylon var phaeophyllum 238
Syzygium lilacinum 238
Syzygium lineatum 238
Syzygium medium 238
Syzygium megalophyllum 238
Syzygium ochneocarpum 238
Syzygium palawanense 238
Syzygium polyanthum 238
Syzygium praineanum var praineanum 239
Syzygium pseudoformosum 239
Syzygium punctilimbum 239
Syzygium ramiflorum 239
Syzygium rejangense 239
Syzygium rostratum 239
Syzygium rosulentum 239
Syzygium sandakanense 239
Syzygium sarawacense 239
Syzygium sp. 2 240
Syzygium sp. 3 240
Syzygium sp. aff. megalophyllum 238
Syzygium syzygioides 239
Syzygium tawahense 239
Syzygium tenuicaudatum 240
Syzygium velutinum var parviflorum 240
Syzygium velutinum var velutinum 240
Syzygium villamillii 240
Syzygium zeylanicum 240

T

TABERNAEMONTANA 28
Tabernaemontana antheonycta 28
Tabernaemontana macrocarpa 28
Tabernaemontana pauciflora 28
TACCA 411
Tacca bibracteata 411
Tacca integrifolia 412
Tacca leontopetaloides 412
TACCACEAE 411
TAENIOPHYLLUM 390
TAINIA 390

INDEX

Tainia paucifolia 390
Tainia purpureifolia 390
TARENNA 292
Tarenna adpressa 292
Tarenna arborescens 292
Tarenna cf arborescens 292
Tarenna costata 292
Tarenna cumingiana 292
Tarenna hosei 292
Tarenna macroptera 292
Tarenna mollis 292
Tarenna sumatrensis 292
Tarenna winkleri 292
TAYLORIOPHYTON 199
Tayloriophyton glabrum 199
TEIJSMANNIODENDRON 332
Teijsmanniodendron ahernianum 332
Teijsmanniodendron cf. glabrum 332
Teijsmanniodendron coriaceum 332
Teijsmanniodendron hollrungii 332
Teijsmanniodendron holophyllum 332
Teijsmanniodendron pteropodum 332
Teijsmanniodendron sarawakanum 332
Teijsmanniodendron 'scaberrimum' 333
Teijsmanniodendron simplicifolium 333
Teijsmanniodendron smilacifolium 333
Teijsmanniodendron subspicatum 333
Teijsmanniodendron unifoliolatum 333
TELOSMA 37
TEMBURONGIA 374
Temburongia simplex 374
TERMINALIA 55
Terminalia catappa 55
Terminalia creaghii 55
Terminalia foetidissima 55
Terminalia phellocarpa 56
TERNSTROEMIA 319
Ternstroemia aff. aneura 319
Ternstroemia aff. magnifica 320
Ternstroemia aff. microcalyx 320
Ternstroemia aneura 319
Ternstroemia beccarii 319

Ternstroemia cf. citrina 320
Ternstroemia citrina 319
Ternstroemia denticulata 320
Ternstroemia evenia 320
Ternstroemia magnifica 320
Ternstroemia scortechinii 320
Ternstroemia sp. 2 320
Ternstroemia sp. 3 320
Ternstroemia sp.1 320
TETRACERA 65
Tetracera akara 65
Tetracera arborescens 66
Tetracera cf. macrophylla 66
Tetracera fagifolia 66
Tetracera fagifolia var borneensis 66
Tetracera macrophylla 66
TETRACTOMIA 300
Tetractonia tetrandrum 300
Tetralopha motleyi 271
TETRAMERISTA 317
Tetramerista crassifolia 317
Tetramerista glabra 317
TETRAMERISTACEAE 317
TETRARIA 363
Tetraria borneensis 363
TETRASTIGMA 338
Tetrastigma cf. pedunculare 338
Tetrastigma megacarpum 338
Tetrastigma pedunculare 338
THEACEAE 317
THECOSTELE 391
Thecostele alata 391
THELASIS 391
Thelasis carinata 391
Thelasis micrantha 391
THELECHITONIA 57
Thelechitonia trilobata 57
THEMEDA 371
Themeda villosa 371
THOTTEA 34
Thottea cf. paucifida 34
Thottea cf. penitilobata 34
Thottea muluensis 34
Thottea paucifida 34
Thottea penitilobata 34
THRIXSPERMUM 391
Thrixspermum calceolus 391
Thrixspermum centipeda 391

Thrixspermum ridleyanum 391
THUAREA 371
Thuarea involuta 371
THUNBERGIA 3
Thunbergia affinis 3
Thunbergia grandiflora 3
THYMELAEACEAE 320
THYSANOLAENA 371
Thysanolaena maxima 371
TILIACEAE 323
TIMONIUS 293
Timonius borneensis 293
Timonius cf. flavescens 293
Timonius cf. involucratus 293
Timonius cf. villamilii 294
Timonius eskerianus 293
Timonius eskerianus vel aff. 293
Timonius flavescens s.l. 293
Timonius mutabilis 293
Timonius salicifolius 293
Timonius villamilii 294
TINOMISCIUM 209
Tinomiscium petiolare 209
TINOSPORA 209
Tinospora crispa 209
Tinospora glabra 209
TORENIA 310
Torenia polygonoides 310
TREMA 326
Trema amboinensis 326
Trema cannabina 326
Trema cf. cannabina 326
Trema orientalis 326
Trema tomentosa 326
TRICARPELEMA 353
Tricarpelema pumilum 353, 435
TRICHILIA 206
TRICHOGLOTTIS 391
Trichoglottis bipenicillata 391
Trichoglottis lanceolaria 391
Trichoglottis smithii 431
Trichoglottis vandiflora 431
TRICHOSANTHES 63
Trichosanthes cf. celebica 63
Trichosanthes tricuspidata s.l. 63
TRICHOSPERMUM 325
Trichospermum javanicum 325
TRICHOTOSIA 391
Trichotosia aff. annulata

391
Trichotosia aff. ferox 392
Trichotosia aurea 391
Trichotosia velutina 392
Trichotosia vestita 392
TRICOSTULARIA 363
Tricostulata undulata 363
TRIGONIACEAE 325
TRIGONIASTRUM 325
Trigoniastrum hypoleucum 325
TRIGONOPLEURA 122
Trigonopleura malayana 122
TRIGONOSTEMON 122
Trigonostemon detritiferus 122
Trigonostemon ionthocarpus 123
Trigonostemon laevigatus 123
Trigonostemon merrillianus 123
Trigonostemon polyanthus 123
Trigonostemon polyanthus var lychnus 123
Trigonostemon salicifolius 123
Trigonostemon sp. A 123
TRIOMMA 47
Triomma malaccensis 47
TRIPSACUM 371
Tripsacum dactyloides 371
TRISTANIOPSIS 241
Tristaniopsis anomala 241
Tristaniopsis merguensis 241
Tristaniopsis obovata 241
Tristaniopsis pentandra 241
Tristaniopsis whiteana 241
TRITHECANTHERA 182
Trithecanthera sparsa 182
Trithecanthera xiphostachya 182
TRIUMFETTA 325
Triumfetta repens 325
TRIURIDACEAE 412
TROPIDIA 392
Tropidia graminea 392
TURPINIA 312
Turpinia pomifera 312
Turpinia sphaerocarpa var microcerotis 312
TYLOPHORA 37
Tylophora wallichii 37
TYPHONIUM 351
Typhonium blumei 351
Typhonium roxburghii 351

U

ULMACEAE 326
UMBELLIFERAE 327
UNCARIA 294
Uncaria acida 294
Uncaria borneensis 294
Uncaria callophylla 294
Uncaria cf. callophylla 294
Uncaria cordata var cordata 294
Uncaria cordata var cordata f. sundaica 294
Uncaria cordata var ferruginea 294
Uncaria cordata var ferruginea f insignis 294
Uncaria cordata var ferruginea f leiantha 294
Uncaria elliptica 295
Uncaria gambir 295
Uncaria kunstleri 295
Uncaria lanosa var ferrea 295
Uncaria lanosa var glabrata 295
UPUNA 84
Upuna borneensis 84
URCEOLA 28
Urceola aff. torulosa 29
Urceola brachysepala 28
Urceola torulosa 29
URENA 184
Urena lobata ssp viminia 184
Urena lobata var. lobata 184
UROBOTRYA 249
Urobotrya parviflora 249
UROPHYLLUM 295
Urophyllum aff. salicifolium 296
Urophyllum arboreum s.l. 295
Urophyllum cf arboreum 295
Urophyllum cf griffithianum 296
Urophyllum cf. hirsutum 296
Urophyllum cf. woodii 296
Urophyllum congestiflorum 296
Urophyllum hirsutum 296
Urophyllum hirsutum vel aff. 296
Urophyllum nigricans 296

Urophyllum salicifolium 296
Urophyllum sp. 1 297
Urophyllum sp. 10 297
Urophyllum sp. 11 297
Urophyllum sp. 12 297
Urophyllum sp. 13 298
Urophyllum sp. 2 297
Urophyllum sp. 3 297
Urophyllum sp. 4 297
Urophyllum sp. 5 297
Urophyllum sp. 6 297
Urophyllum sp. 7 297
Urophyllum sp. 8 297
Urophyllum sp. 9 297
URTICACEAE 327
UTRICULARIA 173
Utricularia bifida 173
Utricularia gibba 173
Utricularia minutissima 173
UVARIA 23
Uvaria lamponga 23
Uvaria lanuginosa 23
Uvaria ovalifolia 23
Uvaria rufa 23

V

VACCINIUM 98
Vaccinium bancanum 98
Vaccinium bancanum var tenuinervium 98
Vaccinium cf. clementis 98
Vaccinium claoxylon 98
Vaccinium clementis 98
Vaccinium flagellatifolium 98
Vaccinium leptanthum 98
Vaccinium leptanthum f leptanthum 98
Vaccinium pachydermum 99
Vaccinium tenax 99
Vaccinium tenerellum 99
Vaccinium uniflorum 99
Vaccinium uniflorum var monanthum 99
VANILLA 392
Vanilla cf. borneensis 392
Vanilla griffithii 392
VATICA 84
Vatica aff. nitens 85
Vatica albiramis 84
Vatica badiifolia 84
Vatica bantamensis 84
Vatica borneensis 84
Vatica brunigii 84
Vatica cf. micrantha 85
Vatica coriacea 84
Vatica dulitensis 84

Vatica glabrata 84
Vatica granulata ssp
　　sabaensis 84
Vatica havilandii 85
Vatica mangachapoi 85
Vatica mangachapoi ssp
　　mangachapoi 85
Vatica maritima 85
Vatica micrantha 85
Vatica nitens 85
Vatica oblongifolia ssp
　　crassilobata 86
Vatica oblongifolia ssp
　　elliptifolia 86
Vatica oblongifolia ssp
　　multinervosa 86
Vatica oblongifolia ssp
　　oblongifolia 86
Vatica odorata ssp
　　mindanensis 86
Vatica parvifolia 86
Vatica rynchocarpa 86
Vatica sarawakensis 86
Vatica umbonata ssp
　　umbonata 86
Vatica venulosa 87
Vatica vinosa 87
VERBENACEAE 329
VERNONIA 57
Vernonia arborea s.l. 57
Vernonia arborea var
　　arborea 58
Vernonia arborea var
　　obovata 58
Vernonia cinerea s.l. 58
VILLARIA 298
VIOLACEAE 334
VISCACEAE 334
VISCUM 335
Viscum articulatum 335
Viscum orientale 335
VITACEAE 335
VITEX 333
Vitex pinnata 333
Vitex vestita 333

W

WALSURA 206
Walsura chrysogyne s.l. 206
Walsura pachycaulon 207
Wedelia biflora 57
Wedelia trilobata 57
WEINMANNIA 64
Weinmannia borneensis 64
WHITEODENDRON 241
Whiteodendron
　　moultonianum 241
Whitfordiodendron
　　erianthum 168

Whitfordiodendron
　　nieuwenhuisii 168
WIKSTROEMIA 322
Wikstroemia
　　androsaemifolia 322
Wikstroemia tenuiramis
　　322
WILLUGHBEIA 29
Willughbeia angustifolia 29
Willughbeia anomala 29
Willughbeia beccariana 29
Willughbeia coriacea 29
Willughbeia gigantea 29
Willughbeia grandiflora 29
Willughbeia sarawacensis
　　29
WINTERACEAE 338
WOODIELLANTHA 23
Woodiellantha sympetala
　　23
Woodiellantha sympetala
　　var grandifolia 23

X

XANTHOMYRTUS 242
Xanthomyrtus flava 242
XANTHOPHYLLUM 255
Xanthophyllum adenotus
　　255
Xanthophyllum affine 255
Xanthophyllum amoenum
　　255
Xanthophyllum ancolanum
　　255
Xanthophyllum
　　beccarianum 255
Xanthophyllum cf. affine
　　255
Xanthophyllum cf. nigricans
　　256
Xanthophyllum cf.
　　purpureum 256
Xanthophyllum clovis 255
Xanthophyllum discolor
　　255
Xanthophyllum ecarinatum
　　255
Xanthophyllum ellipticum
　　255
Xanthophyllum ferrugineum
　　256
Xanthophyllum flavescens
　　256
Xanthophyllum griffithii ssp
　　angustifolium 256
Xanthophyllum
　　heterophyllum 256
Xanthophyllum
　　macrophyllum 256

Xanthophyllum obscurum
　　256
Xanthophyllum
　　penibukanense 256
Xanthophyllum petiolatum
　　256
Xanthophyllum purpureum
　　256
Xanthophyllum ramiflorum
　　256
Xanthophyllum resupinatum
　　256
Xanthophyllum reticulatum
　　257
Xanthophyllum rufum 257
Xanthophyllum scortechinii
　　syn 256
Xanthophyllum stipitatum
　　257
Xanthophyllum
　　subcoriaceum 257
Xanthophyllum velutinum
　　257
Xanthophyllum vitellinum
　　257
XANTHOPHYTUM 298
Xanthophytum brookei 298
Xanthophytum capitatum
　　298
Xanthophytum glabrum 298
XANTHOSOMA 351
Xanthosoma sagittifolium
　　351
XEROSPERMUM 305
Xerospermum acuminatum
　　syn 305
Xerospermum echinulatum
　　syn 305
Xerospermum laevigatum
　　ssp acuminatum 305
Xerospermum noronhianum
　　305
XYLOCARPUS 207
Xylocarpus granatum 207
XYLOPIA 24
Xylopia aff. coriifolia 24
Xylopia aff. fusca 24
Xylopia coriifolia 24
Xylopia ferruginea 24
Xylopia malayana 24
XYRIDACEAE 412
XYRIS 412
Xyris bancana 412
Xyris complanata 413
Xyris pauciflora 413

Z

ZEHNERIA 63
Zehneria marginata 63

ZINGIBER 423
Zingiber griffithii 423
Zingiber longipedunculatum 423
Zingiber pseudopungens 423
Zingiber puberulum var borneense 423
Zingiber sp. D 423
Zingiber zerumbet 423
ZINGIBERACEAE 413
ZIZIPHUS 260
Ziziphus angustifolius 260
Ziziphus borneensis 260
Ziziphus calophylla 260
Ziziphus cf. calophylla 260
Ziziphus cupularis 260
Ziziphus havilandii 260
Ziziphus horsfieldii 260
ZORNIA 172

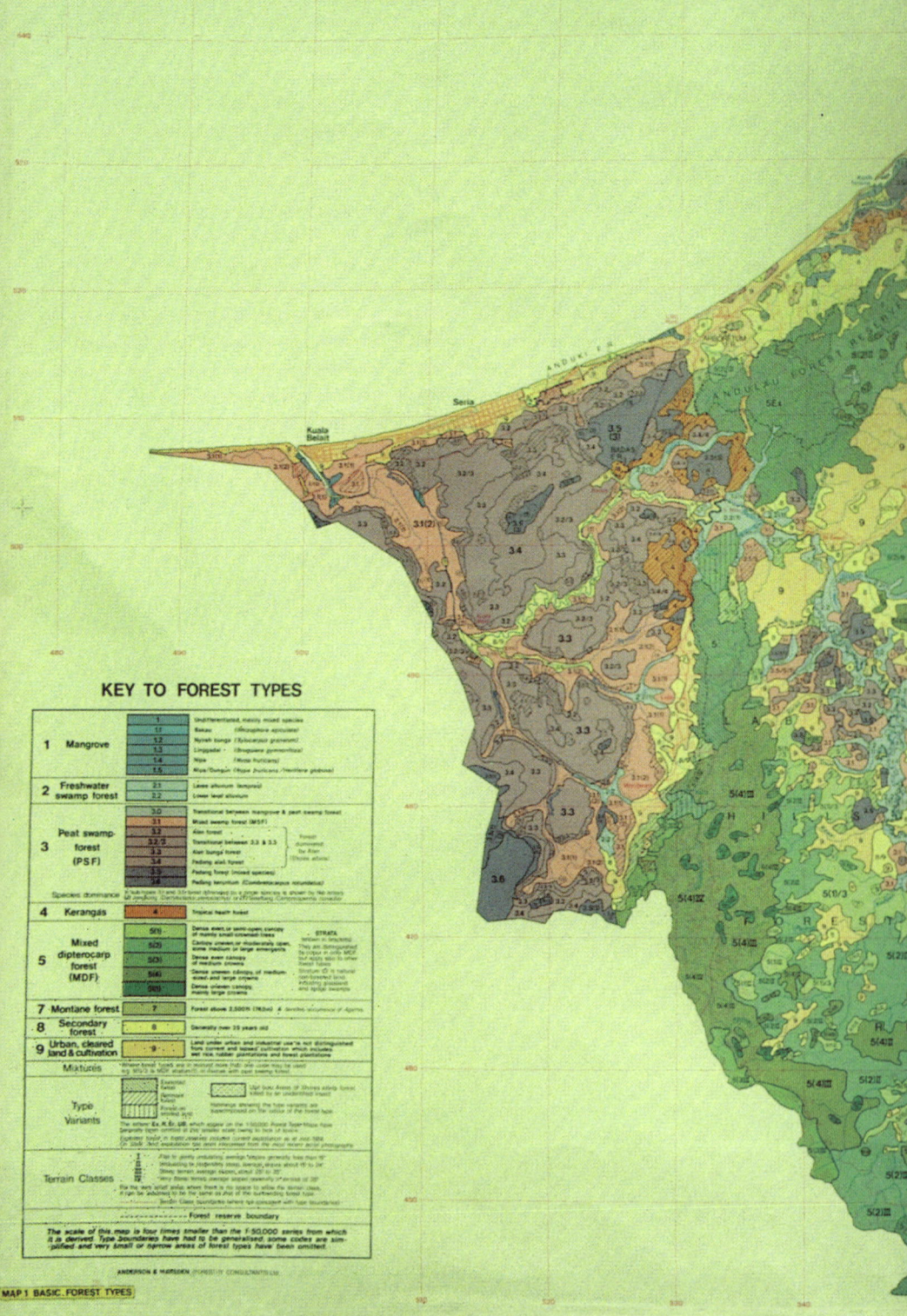